합격률 및 시험 일정 안내

2024년 합격률 알아보기 (발행일 현재 큐넷에서 2025년 합격률 미공지)

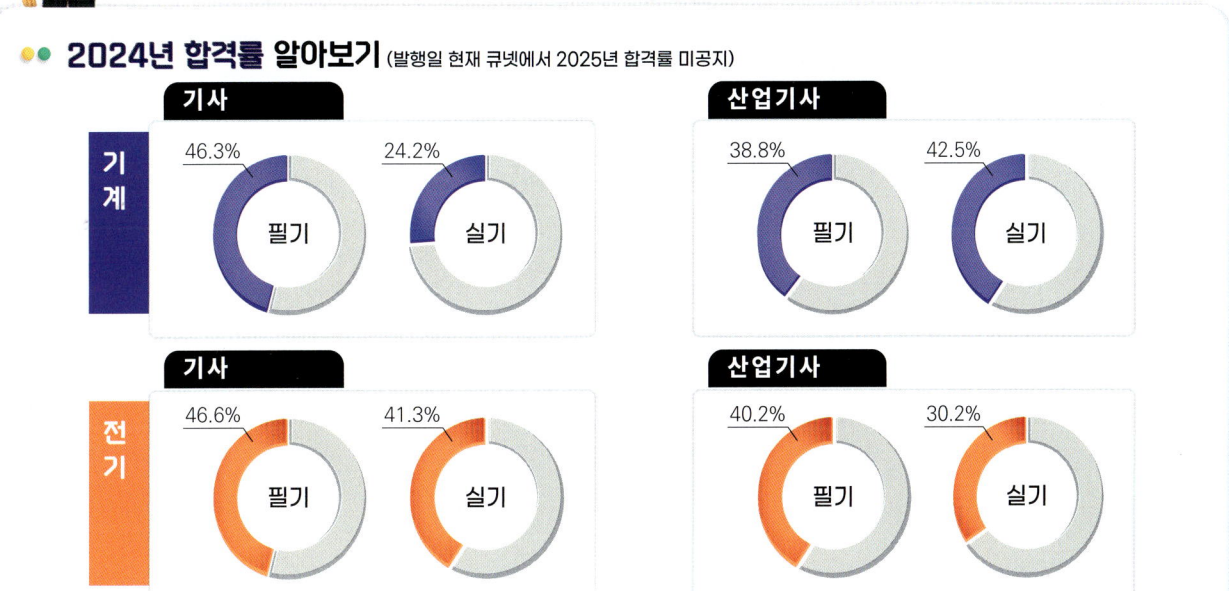

	기사 필기	기사 실기	산업기사 필기	산업기사 실기
기계	46.3%	24.2%	38.8%	42.5%
전기	46.6%	41.3%	40.2%	30.2%

2026년 시험일정 〈고용노동부 공고 제2025-387호〉

제1회
- 접수: 3월 23일(월) ~ 26일(목)
- 시험: 4월 18일(토) ~ 5월 6일(수)

제2회
- 접수: 6월 22일(월) ~ 25일(목)
- 시험: 7월 18일(토) ~ 8월 5일(수)

제3회
- 접수: 9월 21일(월) ~ 23일(수), 28일(월)
- 시험: 10월 24일(토) ~ 11월 13일(금)

※ 정확한 시험 일정과 관련된 정보는 한국산업인력공단(Q-Net)에서 확인하시길 바랍니다.

합격으로 입증할 오직 초격차만의 가치

2025년 모든 회차 수록
2025년 기출문제 전 회차를 수록하여
최신 출제 경향을 정확하게 파악할 수 있습니다.

신유형 문제
새로운 유형에 대한 적응력을 높여 실전에서
자신있게 문제를 해결할 수 있습니다.

문제별 배점 기재
다양한 난이도의 문제에 적응하고 대비할 수
있습니다.

모아's Pick! Plus N제
15개년 기출문제를 주제별로 엄선한
Plus N제를 통해 기출 유형을 폭넓게 경험하고
대비할 수 있습니다.

다회독으로 마스터하기
다회독에 최적화된 초격차만의 구성으로
편리한 반복학습이 가능합니다.

풍부한 해설과 꿀팁 암기법
초격차가 제시하는 꿀팁과 풍부한 해설로
해당 내용을 완벽하게 마스터할 수 있습니다.

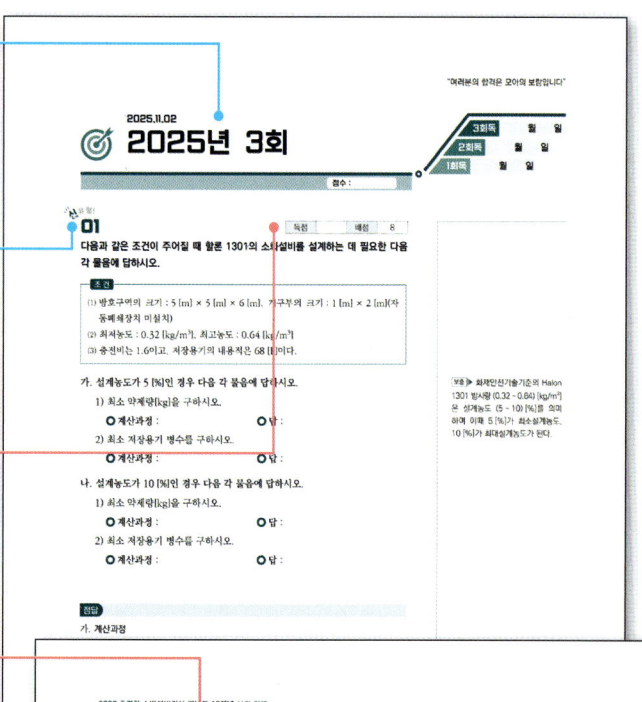
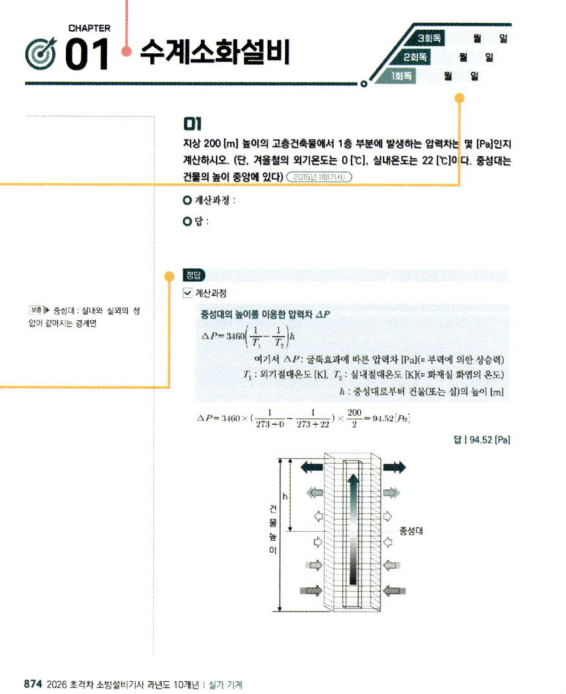

소방설비기사 실기 기계 학습방법

소방유체역학

실기시험에 출제되는 소방유체역학 및 펌프 관련 문제는 주로 연속방정식, 베르누이방정식, 마찰손실 및 펌프의 이상현상과 관련된 문제가 대다수입니다. 따라서 초격차 이론서에 나와 있는 공식을 암기하고 문제의 풀이 순서를 이해하는 것이 중요합니다. 실기시험에 출제되는 유체역학 문제는 과년도 기출문제에서 수치값만 바뀌어 반복되는 유형이 많으므로 유형별로 학습한다면 쉽게 점수 향상이 가능합니다.

소화설비

소화설비 파트는 화재안전성능·기술기준에 명시된 설치기준을 암기하는 것이 중요합니다. 수계소화설비에서는 수원의 양, 펌프의 소요동력, 마찰손실 등과 관련된 문제가 자주 출제되는데, 방수량 및 방수압력 등을 반드시 암기해야 합니다. 특히 스프링클러설비는 거의 매회 출제가 되고 있으며 기출문제 중 대다수의 고난도 문제가 스프링클러설비에 집중되어 있습니다. 고난도 문제의 경우 맞추기 쉬운 소문항들을 섭렵하여 부분점수를 획득하는 것이 합격의 지름길입니다. 가스계소화설비는 상대적으로 고난도 문제가 많지 않고, 약제량[kg] 산정, 저장용기 병수 산정과 같은 유형의 문제가 반복되는 성격을 띠고 있습니다. 따라서 기출문제 중심으로 학습한다면 가스계소화설비는 어렵지 않게 점수 획득이 가능합니다.

소방활동설비

소화활동설비 중 가장 중요한 챕터는 단연 제연설비입니다. 거실제연설비에서 배출량을 산정하는 문제, 특별피난계단의 계단실 및 부속실 제연설비에서 누설틈새면적의 합계를 구하는 문제와 누설량 구하는 문제는 확실하게 학습해야 합니다. 아울러 연결송수관설비, 연결살수설비, 연소방지설비는 자주 출제되지 않으며, 계산문제보다는 주로 단답형 문제로 출제되기 때문에 키워드 위주의 암기가 필요합니다.

피난구조설비

피난구조설비의 기출문제는 주로 설치장소별 피난기구의 적응성과 관련된 파트에서 출제되었습니다. 기존에는 단답형 문제로 특정소방대상물의 해당 층에 어떤 피난기구를 설치해야 하는지를 묻는 문제가 많았지만, 최근에는 피난기구의 개수를 묻는 형태가 많아졌습니다. 따라서 층별 용도에 따른 피난기구의 설치개수 기준을 반드시 암기하고, 피난기구의 설치 감소에 관해 기출된 내용에 대해서는 반드시 암기해야 합니다.

소화용수설비 및 기타

소화용수설비에서 소화수조 및 저수조의 저수량을 구하는 문제와 그에 따른 채수구의 개수, 흡수관투입구의 개수를 묻는 문제가 주로 출제됩니다. 기출 유형이 크게 바뀌지 않으므로 기출 중심으로 학습한다면 점수 획득이 상대적으로 쉬운 파트입니다.

밸브 및 관 부속류와 소방시설 도시기호

실기시험에서 도시기호를 그리거나 도시기호에 해당하는 명칭을 쓰는 문제가 종종 출제됩니다. 도시기호 문제는 합격을 위해 반드시 맞혀야 하는 문제로, 초격차 이론서에 별(★)표시가 되어 있는 주요 도시기호를 암기하시기 바랍니다.

초격차로 압도적인 합격의 격차를 만들다!
- <초격차>로 공부했던 선배 합격생들의 리얼 합격 스토리 -

"비전공자도 이해할 수 있는 초격차!"

비전공자인 저한테는 다소 전기분야가 어려웠습니다. 하지만 외우는 꿀팁이나 노하우 등 상세한 설명 덕분에 자연스럽게 암기가 되었고, 사진과 함께 설명된 부분이 이해하는데 도움이 가상 많이 되었던 것 같습니다. 처음에 도전할 때는 소방에 대한 기본적인 지식도 모르고 막막했지만 모아의 체계적인 커리큘럼이 저에게 큰 힘이 되어 주었습니다. 비전공자인 저도 처음에 이해를 못하고 지루했지만 반복 끝에 점점 저의 지식이 쌓이는게 느껴졌고 약간의 흥미가 생기면서 그 결과 소방설비기사(전기분야) 필기/실기 한번에 합격이라는 좋은 결과를 얻을 수 있었습니다.

2025년 2회 합격자 조○○

"이론-기출 다회독으로 끝내는 초격차!"

2025년 2회 합격자 주○○

기계 전공이라서 전기 분야에 대한 두려움이 있었습니다. 강조한 핵심용어와 기준치들을 반복 암기하는 것부터 시작했습니다. 계산 문제는 빈출 문제로 단원별 정리가 잘 되어 있어 반복 풀이를 했습니다. 전체 틀을 이해하려고 이론 한번 쭉 학습하고, 두 번째 볼 때는 중요 개념과 계산 문제 부분은 먼저 문제를 풀고 이해 안되는 부분을 다시 학습하여 가성비를 높였습니다. 기출문제는 시험을 본다는 기분으로 먼저 문제를 풀다보니 반복 문제에서는 실수를 하지 않고 몸으로 이해가 되었습니다. 체득할 때까지 반복한 게 복이 되어 운좋게 합격할 수 있었습니다.

"체계적인 학습이 가능한 초격차!"

중요한 부분을 집중적으로 공부하고 반복학습한 것이 시험 중 기억을 끄집어내는 데 큰 도움이 되었습니다. 공부하기 좋은 모아 교재의 구성도 한몫 하였습니다. 요약 노트가 불필요하다고 느꼈고 시간도 아낄 수 있었습니다. 먼저 교재의 목차 순서를 외우고 그 각각의 내용을 연상하는 방법으로 공부하였습니다. 이로써 공식의 헷갈림을 방지할 수 있었습니다. 모아의 커리큘럼과 교재를 절대적으로 신뢰하면 합격은 자동적으로 따라 온다고 말씀 드리고 싶습니다.

2024년 2회 합격자 김○○

"효율적인 학습이 가능한 초격차!"

2024년 1회 합격자 장○○

저는 전기공학을 전공한 40대 직장인으로 소방설비 쌍기사를 목표로 소방설비기사 기계분야에 도전하였습니다. 처음엔 공식을 이해하는데 어려움이 있었습니다. 하지만 해당 공식이 어떻게 수식화 되었는지 쉽게 개념 정리가 되어 차근차근 이해할 수 있었습니다. 이전 기출문제를 폭넓게 분석하여 가장 중요하고 핵심적인 문제들만 주제별로 담아놓은 과년도 7개년과 Plus N제 교재로 학습한 것이 가장 도움이 되었습니다. 초격차 과년도 7개년 교재로 계산기를 사용하여 직접 혼자 풀 수 있을 때까지 학습하고 그렇게 과년도 7개년을 5회독 하였습니다. 그 결과 시험에 합격하는 좋은 결과를 얻을 수 있었습니다.

소방설비기사 실기 기계 과년도 10개년

2026 초超격格차差

황모아 · 이지원

모아북스

CONTENTS

2025년
- 1회 | 2025.04.20 6
- 2회 | 2025.07.19 35
- 3회 | 2025.11.02 61

2024년
- 1회 | 2024.04.27 90
- 2회 | 2024.07.28 127
- 3회 | 2024.11.02 159

2023년
- 1회 | 2023.04.23 188
- 2회 | 2023.07.22 224
- 4회 | 2023.11.05 261

2022년
- 1회 | 2022.05.07 290
- 2회 | 2022.07.24 326
- 4회 | 2022.11.19 358

2021년
- 1회 | 2021.04.24 394
- 2회 | 2021.07.22 425
- 4회 | 2021.11.13 449

2020년
- 1,2회 | 2020.05.09 478
- 3회 | 2020.07.25 505
- 4회 | 2020.10.10 532
- 5회 | 2020.11.14 556

2019년	1회	2019.04.14	580
	2회	2019.06.29	611
	4회	2019.11.09	641

2018년	1회	2018.04.15	664
	2회	2018.06.30	688
	4회	2018.11.10	715

2017년	1회	2017.04.16	738
	2회	2017.06.25	757
	4회	2017.11.11	783

2016년	1회	2016.04.17	804
	2회	2016.06.26	824
	4회	2016.11.12	847

Plus N제	CHAPTER 01	수계소화설비	874
	CHAPTER 02	가스계소화설비	887
	CHAPTER 03	소화활동설비 및 기타설비	893

격차를 뛰어넘어 압도적인 격차를 만들다

2025

1회	2025.04.20
2회	2025.07.19
3회	2025.11.02

2025.04.20 2025년 1회

01   배점 10

다음 그림은 어느 일제살수식 스프링클러설비의 계통을 나타내는 Isometric Diagram 이다. 주어진 [조건]을 참조하여 이 설비가 작동되었을 경우 방수압, 방수량 등을 답란의 요구순서대로 수리계산하여 산출하시오.

조건

(1) 설치된 개방형 헤드의 방출계수(K)는 80이다.
(2) 살수 시 최저방수압이 걸리는 헤드에서의 방수압은 0.1 [MPa]이다.
    (단, 각 헤드의 방수압이 같지 않음을 유의할 것)
(3) 사용배관은 KS D 3507 탄소강관으로서 아연도금강관이다.
(4) 가지관으로부터 헤드까지의 마찰손실은 무시한다.
(5) 호칭구경 50 [A] 이하의 배관은 나사 접속식, 65 [A] 이상의 배관은 용접 접속식이다.
(6) 배관 내의 유수에 따른 마찰손실압력은 하젠-윌리엄공식을 적용하되, 계산의 편의상 공식은 다음과 같다고 가정한다.

$$\triangle P = \frac{6 \times Q^2 \times 10^4}{120^2 \times D^5}$$

    $\triangle P$: 배관의 길이 1 [m]당 마찰손실압력 [MPa/m]
    Q : 배관 내의 유수량 [L/min]
    D : 배관의 내경 [mm]

(7) 배관의 내경은 호칭구경별로 다음과 같다고 가정한다.

호칭구경[A]	25	32	40	50	65	80	100
내경[mm]	27	36	42	53	69	81	105

(8) 배관 부속 및 밸브류의 마찰손실은 무시한다.
(9) 수리계산 시 속도수두는 무시한다.
(10) 계산 시 소수점 셋째자리 이하의 숫자는 반올림하여 소수점 둘째자리까지 나타낸다.
(11) 살수 시 중력수조 내의 수위의 변동은 없다고 가정한다.

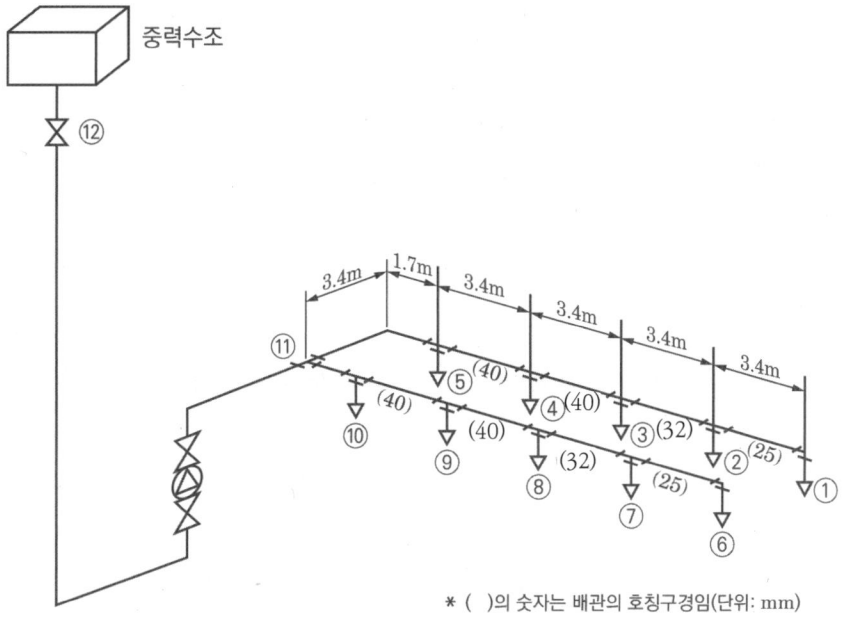

* ( )의 숫자는 배관의 호칭구경임(단위: mm)

가. 스프링클러헤드 ①의 방수량[L/min]을 구하시오.

   ○ 계산과정 :

   ○ 답 :

나. 스프링클러헤드 ②의 방수압[kPa]과 방수량[L/min]을 구하시오.

  1) 헤드 ②의 방수압[kPa]

    ○ 계산과정 :

    ○ 답 :

  2) 헤드 ②의 방수량[L/min]

    ○ 계산과정 :

    ○ 답 :

다. 스프링클러헤드 ③의 방수압[kPa]과 방수량[L/min]을 구하시오.

  1) 헤드 ③의 방수압[kPa]

    ○ 계산과정 :

    ○ 답 :

  2) 헤드 ③의 방수량[L/min]

    ○ 계산과정 :

    ○ 답 :

라. 스프링클러헤드 ④의 방수압[kPa]과 방수량[L/min]을 구하시오.

  1) 헤드 ④의 방수압[kPa]
    ○ 계산과정 :
    ○ 답 :
  2) 헤드 ④의 방수량[L/min]
    ○ 계산과정 :
    ○ 답 :

마. 스프링클러헤드 ⑤의 방수압[kPa]과 방수량[L/min]을 구하시오.

  1) 헤드 ⑤의 방수압[kPa]
    ○ 계산과정 :
    ○ 답 :
  2) 헤드 ⑤의 방수량[L/min]
    ○ 계산과정 :
    ○ 답 :

바. 도면의 배관 구간 ⑤ ~ ⑪의 유량[L/min]은? (단, 배관의 호칭구경은 40 [A]이다)
  ○ 계산과정 :
  ○ 답 :

정답

가. 계산과정
  - 헤드 ①의 방수량[L/min]
  $Q_1 = K\sqrt{10P} = 80 \times \sqrt{10 \times 0.1} = 80[L/min]$ 답 | 80 [L/min]

나. 계산과정
  1) 헤드 ②의 방수압[kPa]
  $P_2[kPa]$ = ① 노즐 방사압 + ①, ② 간 관로 손실압
  $= 0.1 \times 10^3 + \dfrac{6 \times 80^2 \times 10^4}{120^2 \times 27^5} \times 10^3 \times 3.4 = 106.32[kPa]$

  답 | 106.32 [kPa]

  2) 헤드 ②의 방수량[L/min]
  $Q_2 = K\sqrt{10P} = 80 \times \sqrt{10 \times 0.10632} = 82.49[L/min]$ 답 | 82.49 [L/min]

다. 계산과정

1) 헤드 ③의 방수압[kPa]

$P_3[kPa] =$ ② 노즐 방사압 + ②, ③ 간 관로 손실압

$$= 106.32 + \frac{6 \times (80+82.49)^2 \times 10^4}{120^2 \times 36^5} \times 10^3 \times 3.4 = 112.51[kPa]$$

답 | 112.51 [kPa]

2) 헤드 ③의 방수량[L/min]

$Q_3 = K\sqrt{10P} = 80 \times \sqrt{10 \times 0.11251} = 84.86[L/min]$

답 | 84.86 [L/min]

라. 계산과정

1) 헤드 ④의 방수압[kPa]

$P_4[kPa] =$ ③ 노즐 방사압 + ③, ④ 간 관로 손실압

$$= 112.51 + \frac{6 \times (80+82.49+84.86)^2 \times 10^4}{120^2 \times 42^5} \times 10^3 \times 3.4 = 119.14[kPa]$$

답 | 119.14 [kPa]

2) 헤드 ④의 방수량[L/min]

$Q_4 = K\sqrt{10P} = 80 \times \sqrt{10 \times 0.11914} = 87.32[L/min]$

답 | 87.32 [L/min]

마. 계산과정

1) 헤드 ⑤의 방수압[kPa]

$P_5[kPa] =$ ④ 노즐 방사압 + ④, ⑤ 간 관로 손실압

$$= 119.14 + \frac{6 \times (80+82.49+84.86+87.32)^2 \times 10^4}{120^2 \times 42^5} \times 10^3 \times 3.4$$

$$= 131.28[kPa]$$

답 | 131.28 [kPa]

2) 헤드 ⑤의 방수량[L/min]

$Q_5 = K\sqrt{10P} = 80 \times \sqrt{10 \times 0.13128} = 91.66[L/min]$

답 | 91.66 [L/min]

바. 계산과정

구간 ⑤ ~ ⑪의 유량[L/min] = $Q_1 + Q_2 + Q_3 + Q_4 + Q_5$
= 80 + 82.49 + 84.86 + 87.32 + 91.66
= 426.33 [L/min]

답 | 426.33 [L/min]

02
배점 7

경유를 저장하는 탱크의 내부직경 40 [m]인 플로팅루프탱크에 포소화설비의 특형 방출구를 설치하여 방호하려고 할 때 다음 물음에 답하시오.

조건
(1) 소화약제는 3 [%]의 단백포를 사용하며, 수용액의 분당 방출량은 10 [$L/m^2 \cdot min$], 방사시간은 20분으로 한다.
(2) 탱크 내면과 굽도리판의 간격은 2 [m]로 한다.
(3) 펌프의 효율은 65 [%], 여유율은 20 [%]로 한다.
(4) 보조소화전은 설치되지 않은 것으로 가정한다.

가. 상기탱크의 특형 방출구에 의하여 소화하는 데 필요한 포수용액량, 수원량, 포소화약제 원액량은 각각 몇 [m^3] 이상이어야 하는가?

1) 포수용액량[m^3]
   ○ 계산과정 :
   ○ 답 :

2) 수원량[m^3]
   ○ 계산과정 :
   ○ 답 :

3) 포소화약제 원액량[m^3]
   ○ 계산과정 :
   ○ 답 :

나. 펌프의 분당 방수량[L/min]을 계산하시오. (단, 포수용액을 기준으로 산출한다)
   ○ 계산과정 :
   ○ 답 :

다. 펌프의 전양정이 120 [m]라고 할 때 전동기의 출력은 몇 [kW] 이상이어야 하는가?
   ○ 계산과정 :
   ○ 답 :

정답

가. 계산과정

1) 포수용액량[m³]

$$Q_{포수용액}[m^3] = A[m^2] \times Q_A[L/m^2 \cdot \min] \times T[\min] \times 10^{-3}[m^3/L]$$

$$= \frac{\pi \times (40^2 - 36^2)}{4}[m^2] \times 10[L/m^2 \cdot \min] \times 20[\min] \times 10^{-3}[m^3/L]$$

$$= 47.75[m^3]$$

답 | 47.75 [m³]

2) 수원량[m³]

$$Q_{수원}[m^3] = (A[m^2] \times Q_A[L/m^2 \cdot \min] \times T[\min] \times 10^{-3}[m^3/L]) \times (1-S)$$

$$= 47.75[m^3] \times 0.97 = 46.32[m^3]$$

답 | 46.32 [m³]

3) 포소화약제 원액량[m³]

$$Q_{포소화약제}[m^3] = (A[m^2] \times Q_A[L/m^2 \cdot \min] \times T[\min] \times 10^{-3}[m^3/L]) \times S$$

$$= 47.75[m^3] \times 0.03 = 1.43[m^3]$$

답 | 1.43 [m³]

나. 계산과정

$$Q[L/\min] = A[m^2] \times Q_A[L/m^2 \cdot \min]$$

$$= \frac{\pi \times (40^2 - 36^2)}{4}[m^2] \times 10[L/m^2 \cdot \min] = 2387.61[L/\min]$$

답 | 2387.61 [L/min]

다. 계산과정

전동기의 출력 $P[kW] = \dfrac{\gamma[kN/m^3] \times Q[m^3/s] \times H[m]}{\eta} \times K$

$$P = \frac{9.8[kN/m^3] \times \frac{2.38761}{60}[m^3/s] \times 120[m]}{0.65} \times 1.2 = 86.394 \fallingdotseq 86.39[kW]$$

답 | 86.39 [kW]

03

다음은 옥내소화전설비에 관한 설명이다. 다음 물음에 답하시오.

조건

(1) 특정소방대상물의 층수는 10층이며 각 층의 층당 바닥면적은 2000 [m²]이다.
(2) 각 층에 설치된 옥내소화전의 개수는 6개이다.
(3) 옥내소화전설비의 실양정은 40 [m]이고, 배관 및 관 부속품의 마찰손실수두는 20 [m]이다.
(4) 소방용 호스는 15 [m] 길이로 된 1매를 사용하며, 호스의 마찰손실수두는 100 [m]당 26 [m]로 사용한다.
(5) 기타 제시되지 않은 조건은 화재안전기술기준에 따른다.

가. 옥내소화전설비의 수원량[m³]은 얼마인가? (단, 옥상수원을 포함하여 산출한다)
　○ 계산과정 :　　　　　　　　　○ 답 :

나. 가압송수장치인 펌프의 토출량[L/min]은 얼마인가?
　○ 계산과정 :　　　　　　　　　○ 답 :

다. 옥내소화전설비에 필요한 펌프의 전양정[m]은 얼마인가?
　○ 계산과정 :　　　　　　　　　○ 답 :

라. 펌프의 소요동력은 몇 [kW] 인가? (단, 펌프의 효율은 60 [%], 전달계수는 1.2 이다)
　○ 계산과정 :　　　　　　　　　○ 답 :

마. 도면에서 표시한 번호의 부품 또는 설비의 명칭을 쓰시오.

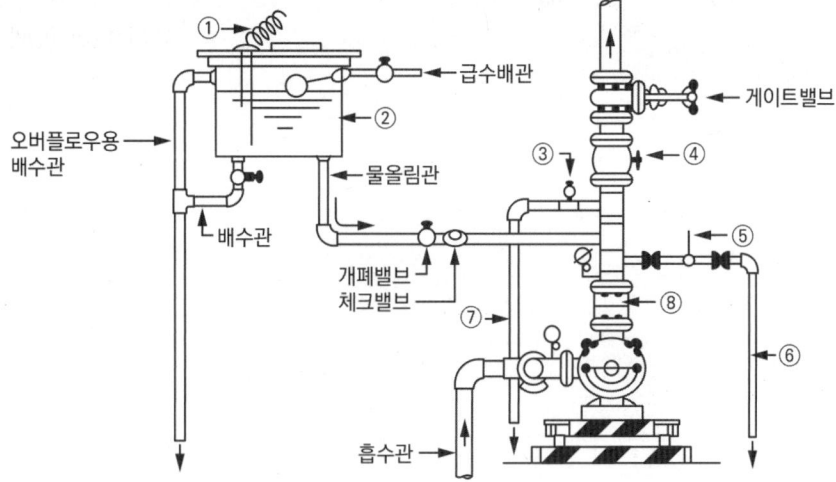

번호	부품(또는 설비)의 명칭
①	
②	
③	
④	
⑤	유량측정장치
⑥	성능시험배관
⑦	순환배관
⑧	

바. 「마」항의 ⑦에 체절압력 미만에서 개방되는 밸브를 설치하는 목적은 무엇인가?

　○ 답 :

사. 「마」항의 ⑧을 설치하는 목적은 무엇인가?

　○ 답 :

정답

가. 계산과정

　① 주수원 : $2[개] \times 2.6[m^3] = 5.2[m^3]$

　② 옥상수원 : $2[개] \times 2.6[m^3] \times \dfrac{1}{3} = 1.73[m^3]$

　∴ 옥내소화전설비의 수원량 $= 5.2[m^3] + 1.73[m^3] = 6.93[m^3]$　　**답 | 6.93 [m³]**

나. 계산과정

　$2[개] \times 130[L/\min] = 260[L/\min]$　　**답 | 260 [L/min]**

다. 계산과정

　$H = h_1 + h_2 + h_3 + 17$
　$= 40[m] + 20[m] + \left(15[m] \times 1[매] \times \dfrac{26[m]}{100[m]}\right) + 17[m] = 80.9[m]$

　　답 | 80.9 [m]

라. 계산과정

　$P[kW] = \dfrac{\gamma \times Q \times H}{\eta} = \dfrac{9.8[kN/m^3] \times \dfrac{0.26}{60}[m^3/s] \times 80.9[m]}{0.6} \times 1.2$
　$= 6.871 ≒ 6.87[kW]$

　　답 | 6.87 [kW]

마.

번호	부품(또는 설비)의 명칭
①	감수경보장치
②	물올림수조
③	릴리프밸브
④	체크밸브
⑤	유량측정장치
⑥	성능시험배관
⑦	순환배관
⑧	플렉시블조인트

바. 가압송수장치의 체절운전 시 수온의 상승을 방지하기 위하여

> **옥내소화전설비의 화재안전기술기준(NFTC 102)**
> 2.3.8 가압송수장치의 체절운전 시 수온의 상승을 방지하기 위하여 체크밸브와 펌프 사이에서 분기한 구경 20 [mm] 이상의 배관에 <u>체절압력 미만에서 개방되는</u> 릴리프밸브를 설치할 것

사. 펌프의 진동을 흡수하여 배관의 변형 및 파손을 막기 위해

04   배점 6

그림은 어느 배관 평면도이며 화살표의 방향으로 물이 흐르고 있다. (단, 주어진 조건을 참조하여 배관 AEFD의 내경 [mm]를 계산하시오)

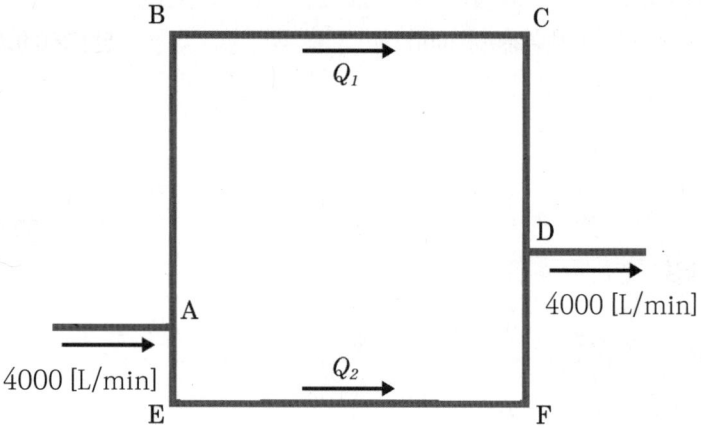

조건

(1) 하젠-윌리엄공식은 다음과 같다.

$$\Delta P_m = 6 \times 10^4 \times \frac{Q^2}{100^2 \times D^5}$$

단, ΔP_m : 배관 1 [m]당 마찰손실압력 [MPa]

Q : 유량 [L/min]

D : 배관의 내경 [mm]

(2) 배관 ABCD의 총 길이는 220 [m], 내경은 200 [mm]이다.
(3) 배관 AEFD의 총 길이는 140 [m]이다.
(4) 배관 ABCD에 흐르는 유량 Q_1 = 30 [L/s]이다.
(5) A 및 D점에 있는 티의 마찰손실과 B, C, E, F점에 있는 엘보의 마찰손실은 무시한다.

○ 계산과정 :

○ 답 :

정답

☑ 계산과정

$Q_T = 4000 [L/\min] = Q_1 + Q_2$ ·· (1)식

$\Delta P_1 = \Delta P_2$ ·· (2)식

(여기서 $\Delta P_1 = \Delta P_{ABCD}$, $\Delta P_2 = \Delta P_{AEFD}$)

$Q_1 [L/\min] = 30 [L/s] \times \frac{60 [s]}{1 [\min]} = 1800 [L/\min]$

따라서 (1)식에 의해 Q_2를 구하면

$4000 [L/\min] = 1800 [L/\min] + Q_2$

∴ $Q_2 = 4000 [L/\min] - 1800 [L/\min] = 2200 [L/\min]$

조건 (1)에 의해 각 배관의 마찰손실 [MPa]을 구하면

$\Delta P_1 = 6 \times 10^4 \times \frac{Q_1^2}{100^2 \times D_1^5} \times L_1 = 6 \times 10^4 \times \frac{1800^2}{100^2 \times 200^5} \times 220$

$\Delta P_2 = 6 \times 10^4 \times \frac{Q_2^2}{100^2 \times D_2^5} \times L_2 = 6 \times 10^4 \times \frac{2200^2}{100^2 \times D_2^5} \times 140$

여기서 (2)식에 의해 $\Delta P_1 = \Delta P_2$ 이므로

$6 \times 10^4 \times \frac{1800^2}{100^2 \times 200^5} \times 220 = 6 \times 10^4 \times \frac{2200^2}{100^2 \times D_2^5} \times 140$

$\frac{1800^2}{200^5} \times 220 = \frac{2200^2}{D_2^5} \times 140$

∴ $D_2 = 197.984 ≒ 197.98 [mm]$

답 | 197.98 [mm]

05 [배점 6]

가로 13 [m], 세로 10 [m], 높이 4 [m]인 전기실에 할로겐화합물소화약제 중 HFC-23을 사용할 경우 아래 [조건]을 참조하여 다음 각 물음에 답하시오.

조건

(1) HFC-23의 소화농도는 A급 화재의 경우 12 [%]이며, C급 화재일 때 체적에 따른 소화약제의 설계농도[%]는 안전계수 1.35를 적용한 값 이상으로 한다.
(2) HFC-23의 저장용기는 68 [L]이며, 충전밀도는 720.6 [kg/m³]이다.
(3) 방호구역의 최소예상온도는 10 [℃]이다.
(4) 소화약제량 산정 시 신형상수를 이용한다.

소화약제	K_1	K_2
HFC-23	0.3164	0.0012

(5) 전기실의 화재는 C급 화재로 가정한다.

가. HFC-23의 최소 설계농도 [%]를 구하시오.
　○ 계산과정 :　　　　　　　　○ 답 :

나. HFC-23의 최소 소화약제량 [kg]을 구하시오.
　○ 계산과정 :　　　　　　　　○ 답 :

다. HFC-23의 저장용기 수 [병]를 구하시오.
　○ 계산과정 :　　　　　　　　○ 답 :

정답

가. 계산과정
　• 설계농도[%]
　$C = $ 소화농도 [%] × 안전계수 $= 12[\%] \times 1.35 = 16.2[\%]$

> **할로겐화합물 및 불활성기체소화설비의 화재안전기술기준(NFTC 107A)**
> 2.4.1.3 체적에 따른 소화약제의 설계농도(%)는 상온에서 제조업체의 설계기준에 따라 인증받은 소화농도(%)에 표 2.4.1.3에 따른 안전계수를 곱한 값 이상으로 할 것 〈개정 2024.8.1.〉
>
> | 설계농도 | 소화농도 | 안전계수 |
> |---|---|---|
> | A급 | A급 | 1.2 |
> | B급 | B급 | 1.3 |
> | C급 | A급 | 1.35 |

답 | 16.2 [%]

나. 계산과정

> 📌 **핵심이론** 할로겐화합물소화설비의 소화약제량 산정 〈개정 2024.8.1.〉
>
> $$W[kg] = \frac{V[m^3]}{S[m^3/kg]} \times \left(\frac{C[\%]}{100-C[\%]}\right)$$
>
> 여기서 W: 소화약제의 무게 [kg], V: 방호구역의 체적 [m^3]
> S: 소화약제별 선형상수($K_1 + K_2 \times t$) [m^3/kg]
> t: 방호구역의 최소예상온도 [℃]
> C: 체적에 따른 소화약제의 설계농도 [%]
> ⇒ 설계농도는 소화농도(%)에
> 안전계수[A급 화재 1.2, B급 화재 1.3, C급 화재 1.35]를 곱한 값 이상으로 할 것

$$W[kg] = \frac{V[m^3]}{S[m^3/kg]} \times \frac{C[\%]}{100-C[\%]}$$

$V = 13 \times 10 \times 4 = 520 [m^3]$

$S = K_1 + K_2 \times t[℃] = 0.3164 + 0.0012 \times 10 = 0.3284 [m^3/kg]$

$C = 16.2 [\%]$ (소문항 '가'에서 산출한 값)

∴ $W = \dfrac{520[m^3]}{0.3284[m^3/kg]} \times \dfrac{16.2[\%]}{100-16.2[\%]} = 306.105 ≒ 306.11 [kg]$

답 | 306.11 [kg]

다. 계산과정

충전밀도 $720.6[kg/m^3] = 0.7206[kg/L]$

병당 약제량 $0.7206[kg/L] \times 68[L] = 49.0008 ≒ 49[kg]$

∴ $\dfrac{306.11[kg]}{49[kg/병]} = 6.247 ≒ 7[병]$

답 | 7 [병]

06 배점 7

습식 스프링클러설비를 백화점(지상 8층)에 아래의 [조건]을 이용하여 시공하는 경우 다음 각 물음에 답하시오.

조건

(1) 최상층의 가장 먼 말단헤드의 방수압력은 0.1 [MPa]을 기준으로 한다.
(2) 펌프의 흡입양정은 3 [m]이다.
(3) 펌프에서 최상층의 헤드까지의 낙차압은 0.4 [MPa]이다.
(4) 배관 및 부속류의 총 마찰손실은 펌프 자연 낙차압의 20 [%]이다.
(5) 해당 건축물은 내화구조이다.
(6) 펌프의 효율은 60 [%]이다.
(7) 각 층당 설치된 폐쇄형 스프링클러헤드는 70개이다.
(8) 기타 필요한 사항은 화재안전기술기준에 따르며, 최소량을 기준으로 한다.

가. 펌프의 전양정[m]을 구하시오.
  ○ 계산과정: ○ 답:

나. 펌프의 축동력 [kW]를 구하시오.
  ○ 계산과정: ○ 답:

다. 백화점에 설치해야 하는 유수검지장치의 개수를 구하시오.
  ○ 답:

라. 펌프의 체절압력[MPa]을 산출하시오.
  ○ 계산과정: ○ 답:

마. 스프링클러헤드의 최대 설치간격[m]을 구하시오. (단, 헤드는 정방형으로 배치한다)
  ○ 계산과정: ○ 답:

정답

가. 계산과정

전양정 $H = h_1 + h_2 + 10 [m]$

$H = 40 + (40 \times 0.2) + 3 + 10 = 61 [m]$

답 | 61 [m]

나. 계산과정

방수량 Q = N(기준개수) × 80 [L/min]
     = 30 × 80 [L/min] = 2400 [L/min]

(여기서 N에 기준개수와 설치개수 중 작은 값 대입)

※ 폐쇄형 헤드의 설치장소별 기준개수

설치장소			기준개수
지하층을 제외한 층수가 10층 이하인 소방대상물	공장	특수가연물을 저장·취급하는 것	30개
		그 밖의 것	20개
	근린생활시설, 판매시설·운수시설 또는 복합건축물	판매시설 또는 복합건축물 (판매시설이 설치된 복합건축물)	30개
		그 밖의 것	20개
	그 밖의 것	헤드의 부착높이가 8 [m] 이상의 것	20개
		헤드의 부착높이가 8 [m] 미만의 것	10개
층수가 11층 이상인 소방대상물(아파트 제외)·지하가 또는 지하역사			30개

펌프의 축동력 $P[kW] = \dfrac{\gamma[kN/m^3] \times Q[m^3/s] \times H[m]}{\eta}$

$P = \dfrac{9.8[kN/m^3] \times \dfrac{2.4}{60}[m^3/s] \times 61[m]}{0.6} = 39.85[kW]$

답 | 39.85 [kW]

다. 계산과정

하나의 방호구역은 2개 층에 미치지 않도록 하고, 하나의 방호구역에는 1개 이상의 유수검지장치를 설치하므로 총 8개 설치한다.

답 | 8 [개]

> **스프링클러설비의 화재안전기술기준(NFTC 103)**
> 2.3.1 폐쇄형 스프링클러헤드를 사용하는 설비의 방호구역(스프링클러설비의 소화범위에 포함된 영역을 말한다. 이하 같다) 및 유수검지장치는 다음의 기준에 적합해야 한다.
> 2.3.1.1 하나의 방호구역의 바닥면적은 3,000 [m²]를 초과하지 않을 것. 다만 폐쇄형 스프링클러설비에 격자형 배관방식(2 이상의 수평주행배관 사이를 가지배관으로 연결하는 방식을 말한다)을 채택하는 때에는 3,700 [m²] 범위 내에서 펌프용량, 배관의 구경 등을 수리학적으로 계산한 결과 헤드의 방수압 및 방수량이 방호구역 범위 내에서 소화목적을 달성하는 데 충분하도록 해야 한다.
> 2.3.1.2 하나의 방호구역에는 1개 이상의 유수검지장치를 설치하되, 화재 시 접근이 쉽고 점검하기 편리한 장소에 설치할 것
> 2.3.1.3 하나의 방호구역은 2개 층에 미치지 않도록 할 것. 다만 1개 층에 설치되는 스프링클러헤드의 수가 10개 이하인 경우와 복층형 구조의 공동주택에는 3개 층 이내로 할 수 있다.

라. 계산과정

체절압력 = 전압력의 140 [%]에 해당
61 [m] × 1.4 = 85.4 [m] ≒ 0.854 [MPa]

답 | 0.85 [MPa]

마. 계산과정

설치장소별 수평거리 R

설치장소	수평거리(R)
• 특수가연물을 저장 또는 취급하는 장소 • 무대부	1.7 [m] 이하
• 기타구조로 된 경우 • 라지드롭형 스프링클러헤드를 설치하는 창고 　(단, ① 특수가연물을 저장 또는 취급하는 창고 : 1.7 [m] 이하 　　② 내화구조로 된 창고 : 2.3 [m] 이하)	2.1 [m] 이하
• 내화구조로 된 경우	2.3 [m] 이하
• 아파트	2.6 [m] 이하

R(수평거리) = 2.3 [m]
S(헤드 간 거리) = 2Rcosθ = 2 × 2.3 × cos45° ≒ 3.25 [m]

답 | 3.25 [m]

암기 ▶ 특수 무기 창 내아

07 배점 6

물올림장치에 대한 다음 각 물음에 답하시오.

가. 물올림장치를 설치하지 않아도 되는 경우를 쓰시오.

　○ 답 :

나. 물올림장치의 설치기준에 대한 사항이다. (　) 안에 알맞게 채우시오.

> (1) 물올림장치에는 전용의 (㉠)를 설치할 것
> (2) (㉠)의 유효수량은 (㉡) [L] 이상으로 하되, 구경 (㉢) [mm] 이상의 (㉣)에 따라 해당 수조에 물이 계속 보급되도록 할 것

　○ 답

　　㉠　　　　　㉡　　　　　㉢　　　　　㉣

정답

가. 수원의 수위가 펌프보다 높은 위치에 있는 경우
나. ㉠ 수조, ㉡ 100, ㉢ 15, ㉣ 급수배관

> **옥내소화전설비의 화재안전기술기준(NFTC 102)**
> 2.2.1.12 수원의 수위가 펌프보다 낮은 위치에 있는 가압송수장치에는 다음의 기준에 따른 물올림장치를 설치할 것
> 2.2.1.12.1 물올림장치에는 전용의 수조를 설치할 것
> 2.2.1.12.2 수조의 유효수량은 100 [L] 이상으로 하되, 구경 15 [mm] 이상의 급수배관에 따라 해당 수조에 물이 계속 보급되도록 할 것

08 배점 4

연결송수관설비의 송수구 부근에 자동배수밸브를 설치하는 목적 2가지를 쓰시오.

○ 답 :

정답

① 연결송수구와 체크밸브 사이 배관 내에 고인 물을 자동으로 배수시켜 배관의 동파방지를 위해
② 배관의 부식을 방지하기 위해

09

신축이음의 종류 5가지를 쓰시오.

○ 답 :

정답

① 루프형, ② 슬리브형, ③ 벨로우즈형, ④ 스위블형, ⑤ 볼조인트형

참고 | 신축이음의 종류

배관의 팽창 및 신축을 흡수하는 이음을 말한다.

배관이 온도 변화에 의해 팽창 또는 수축되면 관 접합부 및 기타 기기가 파손이 생길 우려가 있으므로 관 접합부 등에 설치하여 설비의 파손을 방지하는 역할을 한다.

(1) **루프형**(Loop Type) : 신축곡관이라고도 하며, 강관 또는 동관 등을 루프(Loop) 모양으로 구부려서 그 휨에 의하여 신축을 흡수하는 것이다.
(2) **슬리브형**(Sleeve Type) : 본체와 슬리브 파이프로 구성되고, 관의 신축은 본체 속 슬리브 관에 의해 흡수되며, 슬리브와 본체 사이에 패킹을 넣어 누설을 방지한다.
(3) **벨로우즈형**(Bellows Type) : 일반적으로 급수, 냉난방 배관에서 많이 사용되는 신축이음이다. 일명 팩리스(Packless) 신축이음이라고도 하며, 벨로즈를 주름잡아 신축을 흡수하는 형태이다.
(4) **스위블형**(Swivel Type) : 2개 이상의 엘보를 연결하여 한쪽이 팽창하면 비틀림을 일으켜 팽창을 흡수한다. 신축량이 큰 경우 배관의 나사 이음부가 헐거워져 누설의 우려가 있다.
(5) **볼조인트형**(Ball Joint) : 관 끝에 볼 부분을 만들고, 케이싱으로 감싸되 그 사이를 가스켓으로 밀봉한다. 이음을 2 ~ 3개 사용하면 관절 작용으로 관의 신축을 흡수할 수 있다.

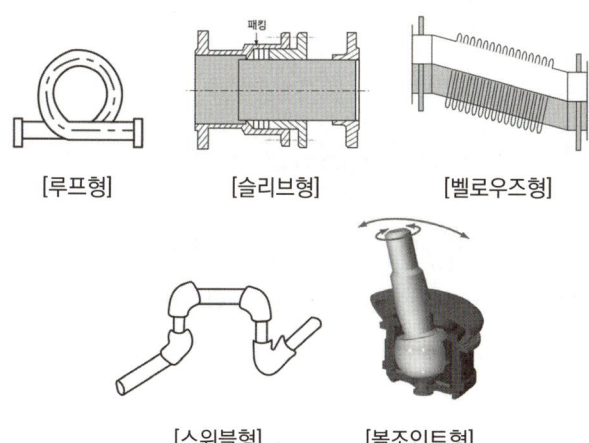

[루프형] [슬리브형] [벨로우즈형]

[스위블형] [볼조인트형]

10

배점 7

다음은 제연설비에 대한 설명이다. 다음 물음에 답하시오.

가. 화재실의 바닥면적이 350 [m²], 층 높이는 5 [m]이다. FAN의 효율은 65 [%]이고, 전압이 75 [mmAq]일 때 필요한 동력[kW]을 구하시오. (단, 동력의 여유율은 10 [%]로 한다)

○ 계산과정 :

○ 답 :

나. 유입공기의 배출방식 3가지를 쓰시오.

○ 답 :

다. 다음은 옥내로부터 제연구역 내로 연기의 유입을 유효하게 방지할 수 있는 풍속인 방연풍속의 기준표이다. 빈칸을 채우시오.

제연구역		방연풍속
계단실 및 그 부속실을 동시에 제연하는 것 또는 계단실만 단독으로 제연하는 것		(①) [m/s] 이상
부속실만 단독으로 제연하는 것	부속실 또는 승강장이 면하는 옥내가 거실인 경우	(②) [m/s] 이상
	부속실이 면하는 옥내가 복도로서 그 구조가 방화구조(내화시간이 30분 이상인 구조를 포함한다)인 것	(③) [m/s] 이상

정답

가. 계산과정 : $P[kW] = \dfrac{P_t[mmAq] \times Q[m^3/s]}{102\eta} \times K$

$Q = 350[m^2](소규모거실) \times 1[CMM/m^2] = 350[CMM]$

$\therefore P = \dfrac{75[mmAq] \times \dfrac{350}{60}[m^3/s]}{102 \times 0.65} \times 1.1 = 7.26[kW]$

답 | 7.26 [kW]

나. 수직풍도에 따른 배출, 배출구에 따른 배출, 제연설비에 따른 배출

다. ① 0.5, ② 0.7, ③ 0.5

11

배점 5

스프링클러설비의 가압송수장치에 대한 성능시험을 위하여 오리피스로 시험한 결과, 그림과 같이 유체의 높이차가 200 [mm]로 측정되었다. 이 오리피스를 통과하는 실제 유량[L/s]을 구하시오. (단, 유체의 비중은 4, 유량계수 C는 0.95, 중력가속도 g는 9.8 [m/s²]이다)

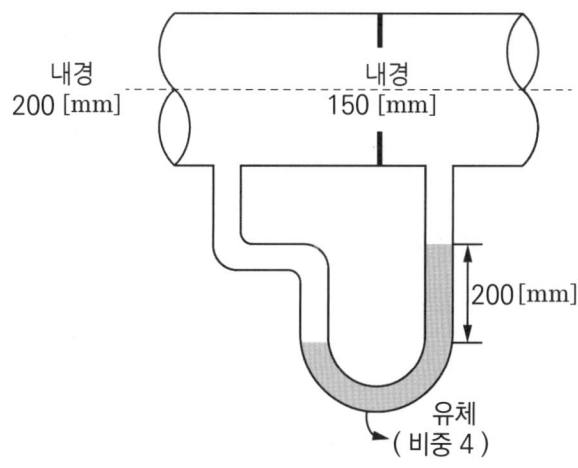

O 계산과정 :

O 답 :

정답

☑ 계산과정

$$Q = CA_2\sqrt{2gh\left(\frac{S_0}{S}-1\right)} = 0.95 \times \frac{\pi \times 0.15^2}{4} \times \sqrt{2 \times 9.8 \times 0.2 \times \left(\frac{4}{1}-1\right)}$$
$$= 0.05757 [\text{m}^3/\text{s}] = 57.57 [\text{L/s}]$$

답 | 57.57 [L/s]

심화 1 벤추리미터 유량계의 유량 공식

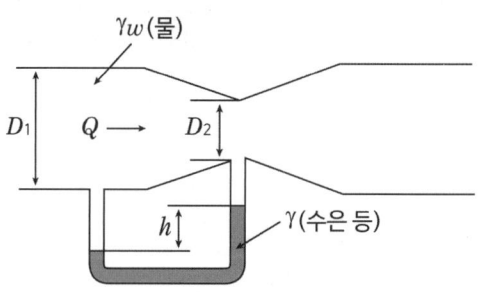

TIP 벤추리미터 유량계와 오리피스 유량계를 구분하여 유량을 계산해야 합니다.

1) 벤추리미터의 이론 유속

$$\text{이론}\,V_2 = \frac{1}{\sqrt{1-\left(\dfrac{D_2}{D_1}\right)^4}}\sqrt{2gh\left(\dfrac{\gamma}{\gamma_w}-1\right)}$$

이론 V_2 : 이론 유속 [m/s]
D_2 : 교축부 직경 [m]
D_1 : 배관의 직경 [m]
g : 중력가속도 [m/s²]
γ : 유체 비중량 [N/m³]
γ_w : 물의 비중량 [N/m³]
h : 높이 [m]

2) 벤추리미터의 실제 유속

$$\text{실제}\,V_2 = C_V\frac{1}{\sqrt{1-\left(\dfrac{D_2}{D_1}\right)^4}}\sqrt{2gh\left(\dfrac{\gamma}{\gamma_w}-1\right)}$$

실제 V_2 : 실제 유속 [m/s]
C_V : 속도계수
D_2 : 교축부 직경 [m]
D_1 : 배관의 직경 [m]
g : 중력가속도 [m/s²]
γ : 유체 비중량 [N/m³]
γ_w : 물의 비중량 [N/m³]
h : 높이 [m]

3) 벤추리미터의 이론 유량

$$\text{이론}\,Q = \frac{A_2}{\sqrt{1-\left(\dfrac{D_2}{D_1}\right)^4}}\sqrt{2gh\left(\dfrac{\gamma}{\gamma_w}-1\right)}$$

이론 Q : 이론 유량 [m³/s]
A_2 : 교축부 단면적 [m²]
D_2 : 교축부 직경 [m]
D_1 : 배관의 직경 [m]
g : 중력가속도 [m/s²]
γ : 유체 비중량 [N/m³]
γ_w : 물의 비중량 [N/m³]
h : 높이 [m]

4) 벤추리미터의 실제 유량

실제 유체의 흐름에서는 관로의 형상변화, 마찰 저항 등에 따른 손실로 인하여 유량이 이론값보다 작아진다. 이러한 손실들을 실험적으로 얻어지는 보정계수를 곱하여 실제 유량을 구할 수 있다.

$$\text{실제}\,Q = C_V \cdot \frac{A_2}{\sqrt{1-\left(\dfrac{D_2}{D_1}\right)^4}}\sqrt{2gh\left(\dfrac{\gamma}{\gamma_w}-1\right)}$$

$$= C_d \cdot \frac{A_2}{\sqrt{1-\left(\dfrac{D_2}{D_1}\right)^4}}\sqrt{2gh\left(\dfrac{\gamma}{\gamma_w}-1\right)}$$

실제 Q : 실제 유량 [m³/s]
C_V : 속도계수
C_d : 방출계수(= 유량계수)
A_2 : 교축부 단면적 [m²]
D_2 : 교축부 직경 [m]
D_1 : 배관의 직경 [m]
g : 중력가속도 [m/s²]
γ : 유체 비중량 [N/m³]
γ_w : 물의 비중량 [N/m³]
h : 높이 [m]

5) C_d 방출계수(= 유량계수), Discharge Coeffcient
   ① 이론 유량(Ideal Flow)에 대한 실제 유량(Actual Flow)의 비
   ② 방출계수(C_d) = 속도계수(C_V) × 수축계수(C_C)
   ③ 방출계수 C_d는 1보다 작음
   ④ 벤추리 유량계 C_d : 0.95 ~ 0.99로 매우 큼(Re가 클수록 C_d도 커짐)
      오리피스 유량계 C_d : 0.61로 일정한 값(Re가 큰[Re > 30000] 유동에 대해)

6) 벤추리미터의 이론 유속 유도과정
   관로의 ①지점과 ②지점에 대하여 베르누이방정식을 적용하면
   $\dfrac{P_1}{\gamma_w} + \dfrac{V_1^2}{2g} + Z_1 = \dfrac{P_2}{\gamma_w} + \dfrac{V_2^2}{2g} + Z_2$, 여기서 $Z_1 = Z_2$이므로

   $\dfrac{P_1}{\gamma_w} + \dfrac{V_1^2}{2g} = \dfrac{P_2}{\gamma_w} + \dfrac{V_2^2}{2g}$

   $\dfrac{P_1 - P_2}{\gamma_w} = \dfrac{V_2^2 - V_1^2}{2g}$

   $\quad\quad\quad = \dfrac{1}{2g}(V_2^2 - V_1^2)$

   $\quad\quad\quad = \dfrac{V_2^2}{2g}\left(1 - \dfrac{V_1^2}{V_2^2}\right)$

   연속방정식 $A_1 V_1 = A_2 V_2$에서 $\dfrac{V_1}{V_2} = \dfrac{A_2}{A_1}$이므로

   $\dfrac{P_1 - P_2}{\gamma_w} = \dfrac{V_2^2}{2g}\left\{1 - \left(\dfrac{A_2}{A_1}\right)^2\right\}$

   위 식을 V_2에 대해 정리하면,

   $V_2^2 = \dfrac{1}{1 - \left(\dfrac{A_2}{A_1}\right)^2}\left\{2g \times \dfrac{(P_1 - P_2)}{\gamma_w}\right\}$

   $\therefore V_2 = \dfrac{1}{\sqrt{1 - \left(\dfrac{A_2}{A_1}\right)^2}} \sqrt{2g \times \dfrac{(P_1 - P_2)}{\gamma_w}}$

   시차액주계에서 $P_1 - P_2 = (\gamma - \gamma_w)h$ 이고, $\left(\dfrac{A_2}{A_1}\right)^2 = \left(\dfrac{\frac{\pi}{4}D_2^2}{\frac{\pi}{4}D_1^2}\right)^2 = \left(\dfrac{D_2}{D_1}\right)^4$이므로

   $V_2 = \dfrac{1}{\sqrt{1 - \left(\dfrac{A_2}{A_1}\right)^2}} \sqrt{2g \times \dfrac{(\gamma - \gamma_w)h}{\gamma_w}} = \dfrac{1}{\sqrt{1 - \left(\dfrac{D_2}{D_1}\right)^4}} \sqrt{2gh\left(\dfrac{\gamma}{\gamma_w} - 1\right)}$

Q. 심화 2 | 오리피스 유량계의 유량 공식

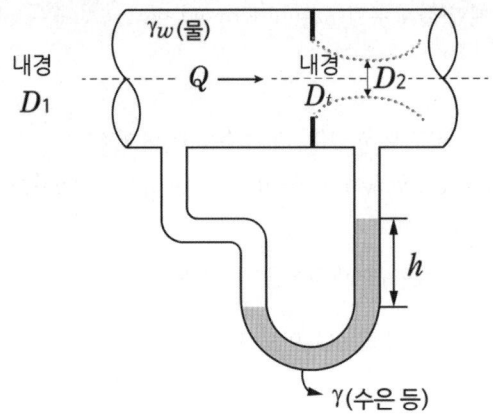

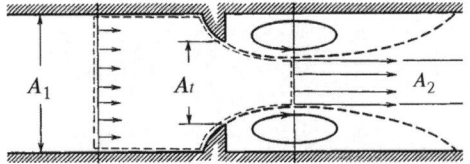

1) 오리피스 유량계의 이론 유속

$$\text{이론 } V_2 = \frac{1}{\sqrt{1-\left(\frac{D_2}{D_1}\right)^4}} \sqrt{2gh\left(\frac{\gamma}{\gamma_w}-1\right)}$$

이론 V_2 : 이론 유속 [m/s]
D_2 : 분류 수축부 직경 [m]
D_1 : 배관의 직경 [m]
g : 중력가속도 [m/s²]
γ : 유체 비중량 [N/m³]
γ_w : 물의 비중량 [N/m³]
h : 높이 [m]

2) 오리피스 유량계의 이론 유량

$$\text{이론 } Q = \frac{A_2}{\sqrt{1-\left(\frac{D_2}{D_1}\right)^4}} \sqrt{2gh\left(\frac{\gamma}{\gamma_w}-1\right)}$$

이론 Q : 이론 유량 [m³/s]
A_2 : 분류 수축부 단면적 [m²]
D_2 : 분류 수축부 직경 [m]
D_1 : 배관의 직경 [m]
g : 중력가속도 [m/s²]
γ : 유체 비중량 [N/m³]
γ_w : 물의 비중량 [N/m³]
h : 높이 [m]

※ 오리피스 유량계에서 분류 수축부의 직경 D_2, 분류 수축부의 단면적 A_2를 정확하게 측정할 수 없기 때문에 유동계수 K가 주어져야 실제 유량을 구할 수 있다.

3) 오리피스 유량계의 실제 유량

$$실제 Q = C_d \cdot \frac{A_t}{\sqrt{1-\left(\frac{D_2}{D_1}\right)^4}} \sqrt{2gh\left(\frac{\gamma}{\gamma_w}-1\right)}$$

$$= K \cdot A_t \cdot \sqrt{2gh\left(\frac{\gamma}{\gamma_w}-1\right)}$$

실제 Q : 실제 유량 [m³/s]
C_d : 방출계수
K : 유동계수(= 유량계수)

$$\left(K = \frac{C_d}{\sqrt{1-\left(\frac{D_2}{D_1}\right)^4}}\right)$$

A_t : 교축부 단면적 [m²]
D_t : 교축부 직경 [m]
D_2 : 분류 수축부 직경 [m]
D_1 : 배관의 직경 [m]
g : 중력가속도 [m/s²]
γ : 유체 비중량 [N/m³]
γ_w : 물의 비중량 [N/m³]
h : 높이 [m]

4) K 유동계수(= 유량계수), Flow Coefficient

$$K = \frac{C_d}{\sqrt{1-\left(\frac{D_2}{D_1}\right)^4}}$$

12 [배점 6]

다음 각 특정소방대상물의 해당 층에 피난기구를 설치하고자 한다. 다음 물음에 답하시오.

조건
(1) 각 특정소방대상물의 용도 및 구조는 다음과 같다.
   Ⓐ 바닥면적은 1200 [m²]이며, 주요구조부가 내화구조이고 거실의 각 부분으로 직접 복도로 피난할 수 있는 강의실 용도의 학교(4층)
   Ⓑ 바닥면적은 800 [m²]이며, 옥상층으로서 객실 수 6개인 숙박시설(5층)
   Ⓒ 바닥면적은 1000 [m²]이며, 주요구조부가 내화구조이고 피난계단이 2개소 설치된 병원(8층)
(2) 피난기구는 완강기를 설치하며, 간이완강기는 설치하지 않는 것으로 가정한다.
(3) 만약 피난기구를 설치하지 않아도 되는 경우에는 계산과정을 적지 아니하고 답란에 0을 적는다.
(4) 기타 조건 이외의 감소되거나 면제되는 조건은 없다.

가. 특정소방대상물의 각 층(Ⓐ, Ⓑ, ⓒ)에 설치하여야 할 피난기구의 개수를 각각 구하시오.

1) Ⓐ에 설치하여야 할 피난기구의 개수
   ○ 계산과정 :   ○ 답 :
2) Ⓑ에 설치하여야 할 피난기구의 개수
   ○ 계산과정 :   ○ 답 :
3) ⓒ에 설치하여야 할 피난기구의 개수
   ○ 계산과정 :   ○ 답 :

나. Ⓑ의 경우 적응성 있는 피난기구 3가지를 쓰시오. (단, 완강기와 간이완강기는 제외하고 답할 것)
   ○ 답 :

> 정답

가. 계산과정

1) Ⓐ : 바닥면적은 1200 [m²]이며, 주요구조부가 내화구조이고 거실의 각 부분으로 직접 복도로 피난할 수 있는 <u>강의실 용도의 학교(4층)</u>는 <u>피난기구의 설치 제외 장소</u>이므로 0개

   답 | 설치개수 0개

2) Ⓑ : 바닥면적은 800 [m²]이며, 옥상 층으로서 객실 수 6개인 숙박시설(5층)

용도	피난기구 설치개수
숙박시설·노유자시설·의료시설	그 층의 바닥면적 500 [m²]마다 1개 이상
위락시설·문화집회 및 운동시설·판매시설로 사용되는 층 또는 복합용도의 층	그 층의 바닥면적 800 [m²]마다 1개 이상
그 밖의 용도의 층	그 층의 바닥면적 1000 [m²]마다 1개 이상
계단실형 아파트	각 세대마다

※ **숙박시설(휴양콘도미니엄 제외)의 경우**
기준에 따라 설치한 피난기구 외에 <u>추가로</u> 객실마다 <u>완강기 또는 2 이상의 간이완강기 설치</u>할 것

따라서 총 설치해야 할 피난기구의 개수 = 기본 설치개수(㉠) + 객실마다 추가 완강기(㉡)

㉠ 기본 설치개수 = $\dfrac{\text{바닥면적}[m^2]}{500[m^2/개]} = \dfrac{800[m^2]}{500[m^2/개]} = 1.6개 ≒ 2개$

ⓛ 객실마다 추가할 완강기 개수 = 6개(객실 수 6개, 조건에 따라 간이완강기 설치 불가)

∴ 총 설치해야 할 피난기구의 개수 = 2개 + 6개 = 8개

답 | 설치개수 8개

3) ⓒ : 바닥면적은 1000 [m²]이며, 주요구조부가 내화구조이고 피난계단이 2개소 설치된 **병원(8층)**

기본설치개수 = $\dfrac{바닥면적[m^2]}{500[m^2/개]} = \dfrac{1000[m^2]}{500[m^2/개]} = 2개$

설치감소 조건에 적합하므로 $2개 \times \dfrac{1}{2}$ ➜ 설치개수 = 1개

> **참고** **피난기구의 설치 감소**
>
> 피난기구를 설치하여야 할 소방대상물 중 다음의 기준에 적합한 층에는 피난기구의 2분의 1을 감소할 수 있다. 이 경우 설치하여야 할 피난기구의 수에 있어서 소수점 이하의 수는 1로 한다.
> 1. 주요구조부가 내화구조로 되어 있을 것
> 2. 직통계단인 피난계단 또는 특별피난계단이 2 이상 설치되어 있을 것

답 | 설치개수 1개

나. ⓑ : 4층 이상 10층 이하 숙박시설의 경우 적응성 있는 피난기구
(문제 조건에 따라 완강기, 간이완강기 제외)

답 | 구조대, 다수인피난장비, 승강식 피난기, 피난교, 피난사다리 중 3가지 기술할 것

> **참고** **피난기구의 설치 제외**
>
> 피난구조설비의 설치 면제 요건의 규정에 따라 다음의 어느 하나에 해당하는 특정소방대상물 또는 그 부분에는 피난기구를 설치하지 않을 수 있다. 다만 숙박시설(휴양콘도미니엄을 제외한다)에 설치되는 완강기 및 간이완강기의 경우에는 그렇지 않다.
> 1. 다음의 기준에 적합한 층
>   (1) 주요구조부가 내화구조로 되어 있어야 할 것
>   (2) 실내의 면하는 부분의 마감이 불연재료·준불연재료 또는 난연재료로 되어 있고 방화구획이 적합하게 구획되어 있어야 할 것
>   (3) 거실의 각 부분으로부터 직접 복도로 쉽게 통할 수 있어야 할 것
>   (4) 복도에 2 이상의 피난계단 또는 특별피난계단이 적합하게 설치되어 있어야 할 것
>   (5) 복도의 어느 부분에서도 2 이상의 방향으로 각각 다른 계단에 도달할 수 있어야 할 것
> 2. 다음의 기준에 적합한 특정소방대상물 중 그 옥상의 직하층 또는 최상층 (문화 및 집회시설, 운동시설 또는 판매시설을 제외한다)
>   ......
> 5. <u>주요구조부가 내화구조로서 거실의 각 부분으로 직접 복도로 피난할 수 있는 학교(강의실 용도로 사용되는 층에 한한다)</u>
>   ......

13 [배점 4]

다음 미분무소화설비에 대한 물음에 답하시오.

가. 다음 [조건]을 참고하여 미분무소화설비의 수원 저장량[m³]을 구하시오.

조건
- ㉠ 헤드 개수 30개
- ㉡ 헤드당 설계유량 50 [L/min]
- ㉢ 설계방수시간 1시간
- ㉣ 배관의 총 체적 0.07 [m³]

○ 계산과정 :

○ 답 :

나. 미분무소화설비의 폐쇄형 미분무헤드의 표시온도가 79 [℃]일 때 그 설치장소의 평상시 최고 주위온도 [℃]를 구하시오.

○ 계산과정 :

○ 답 :

정답

가. 계산과정

$Q = N \times D \times T \times S + V$

$= 30 \times 0.05 \, [\text{m}^3/\text{min}] \times 60 \, [\text{min}] \times 1.2 + 0.07 \, [\text{m}^3] = 108.07 \, [\text{m}^3]$

답 | 108.07 [m³]

참고

※ 수원의 양은 다음의 식을 이용하여 계산한 양 이상으로 해야 한다. ★

$Q = N \times D \times T \times S + V$

- Q : 수원의 양 [m³]
- N : 방호구역(방수구역) 내 헤드의 개수
- D : 설계유량 [m³/min]
- T : 설계방수시간 [min]
- S : 안전율(1.2 이상), V : 배관의 총체적 [m³]

나. 계산과정

$T_a = 0.9 T_m - 27.3 \, [℃] = 0.9 \times 79 - 27.3 = 43.8 \, [℃]$

답 | 43.8 [℃]

참고

※ 폐쇄형 미분무헤드는 그 설치장소의 평상시 최고주위온도에 따라 다음 식에 따른 표시온도의 것으로 설치해야 한다.

$$T_a = 0.9 T_m - 27.3$$

여기에서 Ta : 최고주위온도(℃), Tm : 헤드의 표시온도(℃)

14
배점 6

에탄저장창고에 이산화탄소소화설비를 다음 조건에 따라 고압식으로 설치하고자 한다. 다음 물음에 답하시오.

조건
(1) 해당 방호구역은 가로 6 [m], 세로 6 [m], 높이 5 [m]이다.
(2) 약제방출방식은 전역방출방식이며, 표면화재를 가정한다.
(3) 이산화탄소소화설비의 설계농도는 40 [%]를 적용한다. (단, 보정계수 = 1.2)
(4) 개구부는 2 [m] × 1 [m] 1개소, 1 [m] × 1 [m] 1개소가 있으며, 개구부 모두 자동폐쇄장치가 설치되어 있지 않다.
(5) 소화약제 산정기준 및 기타 필요한 사항은 국가 화재안전기술기준에 따른다.

가. 에탄저장창고에 필요한 소화약제의 양[kg]을 산출하시오.
  ○ 계산과정 :   ○ 답 :

나. 화재 시 이산화탄소소화약제가 방출 완료 후, 설계농도가 유지되고 있는 상태이다. 이때 산소농도[%]를 구하시오.
  ○ 계산과정 :   ○ 답 :

정답

가. 계산과정 : 이산화탄소소화설비 전역방출방식 표면화재 약제량 산정

핵심이론 이산화탄소소화설비 전역방출방식 표면화재 약제량 산정

$W = (V \times \alpha) \times N + (A \times \beta)$

W : 약제량 [kg], V : 방호구역 체적 [m^3]
α : 방호구역 1 [m^3]에 대한 소화약제의 양 [kg/m^3]
A : 개구부 면적 [m^2], β : 개구부 가산량(표면화재 : 5 [kg/m^2])
N : 보정계수(설계농도가 34 [%] 이상인 방호대상물의 소화약제량을 구할 때 보정계수를 곱하여 산출함)

방호구역 체적	방호구역의 체적 1 [m³]에 대한 소화약제의 양 α	최저 한도의 양	개구부 가산량[kg/m²] β (자동폐쇄장치 미설치 시)
45 [m³] 미만	1 [kg/m³]	45 [kg](1병)	5 [kg/m²]
45 [m³] 이상 150 [m³] 미만	0.9 [kg/m³]	45 [kg](1병)	5 [kg/m²]
150 [m³] 이상 1450 [m³] 미만	0.8 [kg/m³]	135 [kg](3병)	5 [kg/m²]
1450 [m³] 이상	0.75 [kg/m³]	1125 [kg](25병)	5 [kg/m²]

에탄 저장창고 [표면화재]

$W = (V \times \alpha) \times N + (A \times \beta)$

① 방호구역의 체적 = 6 × 6 × 5 = 180 [m³]
　⇨ 방호구역의 체적이 150 [m³] 이상 1450 [m³] 미만이므로
　　화재안전기술기준상 체적 1 [m³]에 대한 소화약제의 양 α = 0.8 [kg/m³]

② $V \times \alpha$를 먼저 계산한 뒤, 값이 최저한도의 양 미만이 될 경우에는 그 최저한도의 양으로 한다.
　⇨ $V \times \alpha$ = 180 [m³] × 0.8 [kg/m³] = 144 [kg] → 최저한도의 양(135 [kg])보다 큼

③ 위 기준에 따라 산출한 기본 소화약제량에 보정계수를 곱하여 산출한다.
　⇨ $W = (V \times \alpha) \times N + (A \times \beta)$
　　= 144 [kg] × 1.2 + (2 × 1 + 1 × 1) [m²] × 5 [kg/m²] = 187.8 [kg]

답 | 187.8 [kg]

나. 계산과정 : $CO_2 [\%] = \dfrac{21 - O_2 [\%]}{21} \times 100$

$40 = \dfrac{21 - O_2}{21} \times 100$　∴ O_2 = 12.6 [%]

답 | 12.6 [%]

15　　　　　　　　　　　　　　　　　　　　득점　　　배점　5

다음 소방시설 도시기호에 대한 명칭을 쓰시오.

번호	도시기호	명칭
①	─┤├─	
②	⎴	
③	⌀	
④	H	
⑤	⊳	

정답

번호	도시기호	명칭
①	─┤├─	유니온
②	⏄⏌	라인 프로포셔너
③	(포헤드 기호)	포헤드(입면도)
④	⌂H	옥외소화전
⑤	(가스체크밸브 기호)	가스체크밸브

16

득점 | 배점 4

다음은 소화기구 및 자동소화장치의 화재안전기술기준에 따른 주거용 주방자동소화장치의 설명이다. 다음 각 괄호를 완성하시오.

가. 소화약제 방출구는 (㉠)과 분리되어 있어야 하며, 형식승인 받은 유효설치 (㉡) 및 (㉢)에 따라 설치할 것

○ 답

㉠   ㉡   ㉢

나. 가스용 주방자동소화장치를 사용하는 경우 탐지부는 수신부와 분리하여 설치하되, 메탄가스를 사용하는 경우에는 (㉠) 면으로부터 (㉡) [cm] 이하의 위치에 설치하고, 프로판가스를 사용하는 장소에는 (㉢) 면으로부터 (㉣) [cm] 이하의 위치에 설치할 것

○ 답

㉠   ㉡   ㉢   ㉣

정답

가. 소화약제 방출구는 (㉠ 환기구의 청소부분)과 분리되어 있어야 하며, 형식승인 받은 유효설치 (㉡ 높이) 및 (㉢ 방호면적)에 따라 설치할 것

나. 가스용 주방자동소화장치를 사용하는 경우 탐지부는 수신부와 분리하여 설치하되, 메탄가스를 사용하는 경우에는 (㉠ 천장) 면으로부터 (㉡ 30) [cm] 이하의 위치에 설치하고, 프로판가스를 사용하는 장소에는 (㉢ 바닥) 면으로부터 (㉣ 30) [cm] 이하의 위치에 설치할 것

2025년 2회

2025.07.19

01

다음은 할론소화설비의 배치도이다. 아래 그림의 조건에 적합하도록 체크밸브를 최소 개수만 설치하여 도시하시오.

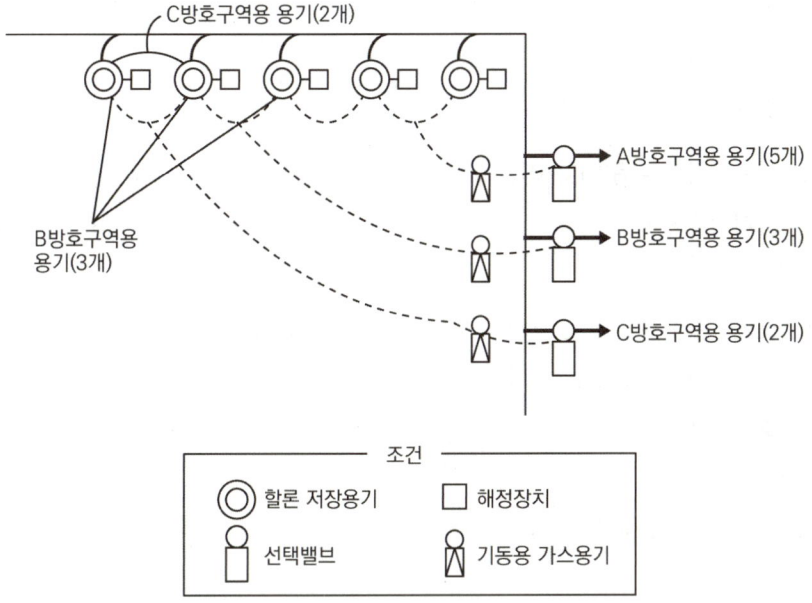

[정답]

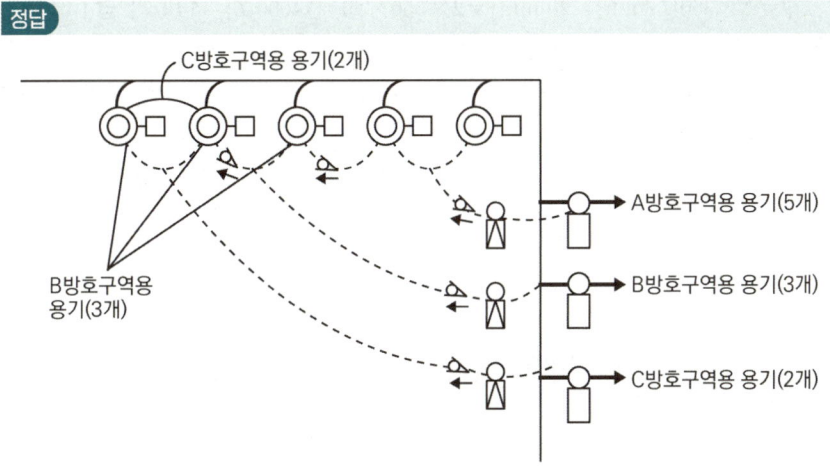

02

어떤 소방대상물에 옥외소화전 3개를 화재안전기술기준 등과 다음 [조건]을 따라 설치하려고 한다. 다음 각 물음에 답하시오.

> **조건**
> (1) 옥외소화전은 지상용 A형을 사용한다.
> (2) 펌프에서 첫째 옥외소화전까지의 직관길이는 150 [m], 관의 내경은 100 [mm]이다.
> (3) 모든 규격치는 최소량을 적용한다.

가. 수원의 최소 유효저수량은 몇 [m³]인가?
  ○ 계산과정 :
  ○ 답 :

나. 펌프의 최소 토출량[LPM]은 얼마인가?
  ○ 계산과정 :
  ○ 답 :

다. 직관부분에서의 마찰손실수두[m]는 얼마인가? (Darcy Weisbach의 식을 사용하고 마찰손실계수는 0.02이다)
  ○ 계산과정 :
  ○ 답 :

정답

가. 계산과정
  $Q = N \times 350[L/\min] \times 20[\min] = 2 \times 350 \times 20 = 14000[L] = 14[m^3]$ **답 | 14 [m³]**

나. 계산과정
  $Q = N \times 350[L/\min] = 2 \times 350 = 700[L/\min]$ **답 | 700 [L/min]**

다. 계산과정
  Darcy Weisbach방정식 : $h_L[m] = f \times \dfrac{L[m]}{D[m]} \times \dfrac{(V[m/s])^2}{2g[m/s^2]}$

  $V = \dfrac{4Q}{\pi D^2} = \dfrac{4 \times \dfrac{0.7}{60}[m^3/s]}{\pi \times 0.1^2[m^2]} = 1.485[m/s]$

  $\therefore h_L = 0.02 \times \dfrac{150}{0.1} \times \dfrac{1.485^2}{2 \times 9.8} = 3.38[m]$ **답 | 3.38 [m]**

03

배점 8

아래 그림과 같이 물이 흐르는 배관의 A점은 직경 50 [mm], 압력 12 [kPa], B점은 직경 50 [mm], 압력 11.5 [kPa], C점은 직경 30 [mm], 압력 10.5 [kPa]이며, 유량은 5 [L/s]이다. 각 물음에 답하시오.

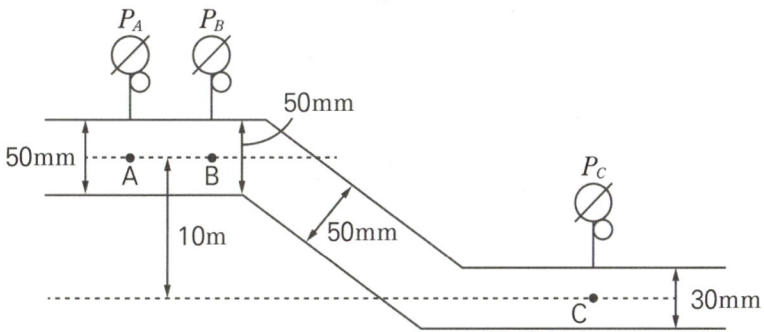

가. A지점에서 유속[m/s]을 구하시오.

　○ 계산과정 :

　○ 답 :

나. C지점에서 유속[m/s]을 구하시오.

　○ 계산과정 :

　○ 답 :

다. A지점과 B지점 간의 마찰손실[m]을 구하시오.

　○ 계산과정 :

　○ 답 :

라. A지점과 C지점 간의 마찰손실[m]을 구하시오.

　○ 계산과정 :

　○ 답 :

정답

가. 계산과정 : $V_A = \dfrac{4Q}{\pi D_A^2} = \dfrac{4 \times 5 \times 10^{-3}[m^3/s]}{\pi \times 0.05^2 [m^2]} = 2.546 ≒ 2.55[m/s]$

답 | 2.55 [m/s]

나. 계산과정 : $V_C = \dfrac{4Q}{\pi D_C^2} = \dfrac{4 \times 5 \times 10^{-3}[m^3/s]}{\pi \times 0.03^2 [m^2]} = 7.074 ≒ 7.07[m/s]$

답 | 7.07 [m/s]

다. 계산과정

$$\dfrac{P_A}{\gamma} + \dfrac{V_A^2}{2g} + Z_A = \dfrac{P_B}{\gamma} + \dfrac{V_B^2}{2g} + Z_B + h_L$$

여기서 $V_A = V_B$ (∵ A점과 B점의 배관 구경이 동일하므로), $Z_A = Z_B$

$$h_L = \dfrac{P_A - P_B}{\gamma} = \dfrac{12 - 11.5[kPa]}{9.8[kN/m^3]} = 0.051 ≒ 0.05[m]$$

답 | 0.05 [m]

라. 계산과정

$$\dfrac{P_A}{\gamma} + \dfrac{V_A^2}{2g} + Z_A = \dfrac{P_C}{\gamma} + \dfrac{V_C^2}{2g} + Z_C + h_L$$

$$\dfrac{12[kPa]}{9.8[kN/m^3]} + \dfrac{(2.55[m/s])^2}{2 \times 9.8[m/s^2]} + 10[m]$$

$$= \dfrac{10.5[kPa]}{9.8[kN/m^3]} + \dfrac{(7.07[m/s])^2}{2 \times 9.8[m/s^2]} + 0[m] + h_L$$

∴ $h_L ≒ 7.93[m]$

답 | 7.93 [m]

04

배점 5

도로터널에 옥내소화전설비를 설치하고자 한다. 다음 조건을 참조하여 각 물음에 답하시오.

조건

(1) 도로터널의 길이는 3000 [m]이다.
(2) 도로터널은 일방향 터널로서 4차선이다.
(3) 도로터널의 양 끝에 옥내소화전설비 방수구가 설치되어 있다.

가. 도로터널에 설치해야 하는 옥내소화전설비 방수구의 설치개수를 산출하시오.

○ 계산과정 :
○ 답 :

나. 옥내소화전설비에 대한 수원의 양 [m³]을 구하시오.
  ○ 계산과정 :
  ○ 답 :

정답

가. 도로터널에 설치해야 하는 옥내소화전설비 방수구의 설치개수

참고 도로터널의 화재안전기술기준(NFTC 603) - 2.2 옥내소화전설비

2.2 옥내소화전설비
2.2.1 옥내소화전설비는 다음의 기준에 따라 설치해야 한다.
2.2.1.1 <u>소화전함과 방수구</u>는 주행차로 우측 측벽을 따라 50 [m] 이내의 간격으로 설치하며, 편도 2차선 이상의 양방향터널이나 4차로 이상의 일방향터널의 경우에는 양쪽 측벽에 각각 50 [m] 이내의 간격으로 엇갈리게 설치할 것
2.2.1.2 <u>수원</u>은 그 저수량이 옥내소화전의 설치개수 2개(4차로 이상의 터널의 경우 3개)를 동시에 40분 이상 사용할 수 있는 충분한 양 이상을 확보할 것
2.2.1.3 가압송수장치는 옥내소화전 2개(4차로 이상의 터널인 경우 3개)를 동시에 사용할 경우 각 옥내소화전의 노즐선단에서의 방수압력은 0.35 [MPa] 이상이고 방수량은 190 [L/min] 이상이 되는 성능의 것으로 할 것. 다만 하나의 옥내소화전을 사용하는 노즐선단에서의 방수압력이 0.7 [MPa]을 초과할 경우에는 호스접결구의 인입 측에 감압장치를 설치해야 한다.

소화전함과 방수구는 편도 2차선 이상의 양방향 터널이나 4차로 이상의 일방향 터널의 경우에는 양쪽 측벽에 각각 50 [m] 이내의 간격으로 엇갈리게 설치할 것

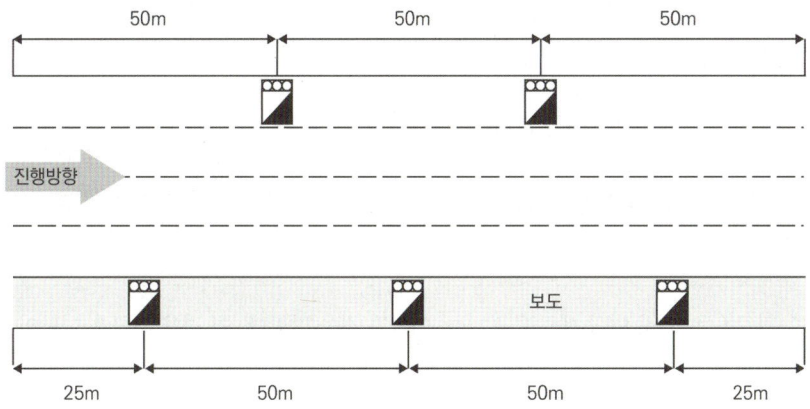

계산과정

[풀이 1] ∴ N = $\dfrac{3000[m]}{25[m/개]} - 1 = 119$ [개]

[풀이 2] 한쪽 측벽의 방수구 개수 = $\frac{3000[m]}{50[m/개]}$ = 60[개]

맞은 편 측벽의 방수구 개수 = $\frac{3000[m]}{50[m/개]}$ - 1 = 59[개]

∴ N = 60[개] + 59[개] = 119[개]

답 | 119[개]

나. 옥내소화전설비에 대한 수원의 양 [m³]

(1) 수원은 그 저수량이 옥내소화전의 설치개수 2개(4차로 이상의 터널의 경우 3개)를 동시에 40분 이상 사용할 수 있는 충분한 양 이상을 확보할 것
(2) 가압송수장치는 옥내소화전 2개(4차로 이상의 터널인 경우 3개)를 동시에 사용할 경우 각 옥내소화전의 노즐선단에서의 방수압력은 0.35 [MPa] 이상이고 방수량은 190 [L/min] 이상이 되는 성능의 것으로 할 것

계산과정
∴ Q = N × 190[L/min] × 40[min]
= N × 7600[L]
= 3 × 7.6[m³] = 22.8[m³]

답 | 22.8[m³]

05

배점 6

피난기구에 대한 다음 각 물음에 답하시오.

가. 의료시설에 적응성이 있는 설치장소별 피난기구에 대해 다음 빈칸을 채우시오.

3층		4층	
• ( )	• ( )	• ( )	• ( )
• ( )	• ( )	• ( )	• ( )
• ( )	• 승강식 피난기	• 승강식 피난기	

나. 피난 또는 소화활동상 유효한 개구부의 기준에 대한 설명이다. 다음 괄호를 완성하시오.

――― [보기] ―――
가로 (㉠) [m] 이상 세로 (㉡) [m] 이상인 것을 말한다. 이 경우 개구부 하단이 바닥에서 (㉢) [m] 이상이면 발판 등을 설치하여야 하고, 밀폐된 창문은 쉽게 파괴할 수 있는 파괴장치를 비치해야 한다.

○ 답
㉠　　　　　　　　㉡　　　　　　　　㉢

정답

가.

3층	4층
• (구조대) • (다수인피난장비) • (피난교) • (피난용 트랩) • (미끄럼대) • 승강식 피난기	• (구조대) • (다수인피난장비) • (피난교) • (피난용 트랩) • 승강식 피난기

핵심이론 | 소방대상물의 설치장소별 피난기구의 적응성

장소별 \ 층별	1층	2층	3층	4층 이상 10층 이하
1. 노유자시설	• 미끄럼대 • 구조대 • 다수인피난장비 • 승강식 피난기 • 피난교	• 미끄럼대 • 구조대 • 다수인피난장비 • 승강식 피난기 • 피난교	• 미끄럼대 • 구조대 • 다수인피난장비 • 승강식 피난기 • 피난교	• 구조대[1)] • 다수인피난장비 • 승강식 피난기 • 피난교
2. 의료시설·근린생활시설 중 입원실이 있는 의원·접골원·조산원	-	-	• 미끄럼대 • 구조대 • 다수인피난장비 • 승강식 피난기 • 피난교 • 피난용 트랩	• 구조대 • 다수인피난장비 • 승강식 피난기 • 피난교 • 피난용 트랩
3. 다중이용업소로서 영업장의 위치가 4층 이하인 다중이용업소	-	• 미끄럼대 • 구조대 • 다수인피난장비 • 승강식 피난기 • 완강기 • 피난사다리	• 미끄럼대 • 구조대 • 다수인피난장비 • 승강식 피난기 • 완강기 • 피난사다리	• 미끄럼대 • 구조대 • 다수인피난장비 • 승강식 피난기 • 완강기 • 피난사다리
4. 그 밖의 것	-	-	• 미끄럼대 • 구조대 • 다수인피난장비 • 승강식 피난기 • 완강기 • 간이완강기[2)] • 공기안전매트 • 피난교 • 피난사다리 • 피난용 트랩	• 구조대 • 다수인피난장비 • 승강식 피난기 • 완강기 • 간이완강기[2)] • 공기안전매트 • 피난교 • 피난사다리

[비고] 1) 구조대의 적응성은 장애인 관련 시설로서 주된 사용자 중 스스로 피난이 불가한 자가 있는 경우 추가로 설치하는 경우에 한한다.
2) 간이완강기의 적응성은 숙박시설의 3층 이상에 있는 객실에 추가로 설치하는 경우에 한한다.

나. 가로 (㉠ 0.5) [m] 이상 세로 (㉡ 1) [m] 이상인 것을 말한다. 이 경우 개구부 하단이 바닥에서 (㉢ 1.2) [m] 이상이면 발판 등을 설치하여야 하고, 밀폐된 창문은 쉽게 파괴할 수 있는 파괴장치를 비치해야 한다.

06

배점 5

건축물 내부에 설치된 주차장에 전역방출방식의 분말소화설비를 설치하고자 한다. 조건을 참조하여 다음 각 물음에 답하시오.

[조건]
(1) 방호구역의 바닥면적은 600 [m²]이고 높이는 4 [m]이다.
(2) 방호구역에는 자동폐쇄장치가 설치되지 아니한 개구부가 있으며 그 면적은 10 [m²]이다.
(3) 소화약제는 인산암모늄이 주성분인 분말소화약제를 사용한다.
(4) 축압용 가스는 질소가스를 사용한다.

가. 최소 소화약제량[kg]을 구하시오.
  ○ 계산과정 :   ○ 답 :

나. 필요한 축압용 가스의 최소량[m³]을 구하시오. (단, 35 [℃], 1기압으로 환산한 값을 구할 것)
  ○ 계산과정 :   ○ 답 :

[정답]

가. 계산과정

분말소화설비 전역방출방식의 약제량 $W[kg] = (V \times \alpha) + (A \times \beta)$
  V : 방호구역 체적 [m³], α : 방호구역 1 [m³]에 대한 소화약제의 양 [kg/m³]
  A : 개구부 면적 [m²], β : 개구부 가산량 [kg/m²]

소화약제의 종별	방호구역 체적 1 [m³]에 대한 소화약제량[kg]	개구부 면적 1 [m²]에 대한 소화약제량[kg]
제1종 분말	0.60 [kg]	4.5 [kg]
제2종·제3종 분말	0.36 [kg]	2.7 [kg]
제4종 분말	0.24 [kg]	1.8 [kg]

$V = 600[m^2] \times 4[m] = 2400[m^3]$

약제량 $= 2400[m^3] \times 0.36[kg/m^3] + 10[m^2] \times 2.7[kg/m^2] = 891[kg]$ **답 | 891 [kg]**

나. 계산과정

가압용 가스	• 질소가스는 소화약제 1 [kg]마다 40 [L] 이상 • 이산화탄소는 소화약제 1 [kg]에 대하여 20 [g] 이상	+	배관 청소에 필요한 양 (이산화탄소만 해당)
축압용 가스	• 질소가스는 소화약제 1 [kg]에 대하여 10 [L] 이상 • 이산화탄소는 소화약제 1 [kg]에 대하여 20 [g] 이상	+	배관 청소에 필요한 양 (이산화탄소만 해당)

* 배관의 청소에 필요한 양의 가스는 별도의 용기에 저장할 것

축압용 가스(질소) 양 $891[kg] \times 10[L/kg] = 8910[L] = 8.91[m^3]$ **답 | 8.91 [m³]**

07

배점 5

지상 2층의 근린생활시설에 간이스프링클러설비를 설치하고자 한다. 다음 각 물음에 답하시오.

> **조건**
> (1) 근린생활시설의 평면도에서 가로 길이는 30 [m], 세로 길이는 20 [m]이다.
> (2) 근린생활시설의 지상 1, 2층에 간이 스프링클러헤드를 정방형으로 배치하여 동일하게 설치한다.

가. 전용수조 설치 시 최소 수원의 양[m³]은?
- 계산과정 :
- 답 :

나. 근린생활시설에 설치해야 하는 헤드의 최소 수량을 구하시오.
- 계산과정 :
- 답 :

정답

가. 계산과정
- 최소 수원의 양[m³]

근린생활시설로 사용하는 부분의 바닥면적 합계가 1200 [m²]이므로
$Q = 5[개] \times 50[L/min] \times 20[min] = 5000[L] = 5[m^3]$

답 | 5 [m³]

참고 간이스프링클러설비의 수원

1) 상수도직결형의 경우 : 수돗물
2) 수조(캐비닛형 포함)를 사용하는 경우

설치대상 헤드의 종류	간이스프링클러 설치 대상 (일반시설)	근린생활시설(1000 [m²] 이상) 숙박시설(300 [m²] 이상 600 [m²] 미만) 복합건축물(1000 [m²] 이상)
간이헤드	$2 \times 50[L/min] \times 10[min]$ $= 1000[L] = 1[m^3]$	$5 \times 50[L/min] \times 20[min]$ $= 5000[L] = 5[m^3]$
주차장에 표준반응형 헤드를 사용할 경우	$2 \times 80[L/min] \times 10[min]$ $= 1600[L] = 1.6[m^3]$	$5 \times 80[L/min] \times 20[min]$ $= 8000[L] = 8[m^3]$

> **간이스프링클러설비의 화재안전기술기준(NFTC 103A) – 2.1 수원**
> 2.1.1.2 수조("캐비닛형"을 포함한다)를 사용하고자 하는 경우에는 적어도 1개 이상의 자동급수장치를 갖추어야 하며, 2개의 간이헤드에서 최소 10분[영 별표 4 제1호 마목2) 가) 또는 6)과 8)에 해당하는 경우에는 5개의 간이헤드에서 최소 20분] 이상 방수할 수 있는 양 이상을 수조에 확보할 것
> …
> 2.2.1 방수압력(상수도직결형은 상수도압력)은 가장 먼 가지배관에서 2개[영 별표 4 제1호 마목 2) 가) 또는 6)과 8)에 해당하는 경우에는 5개]의 간이헤드를 동시에 개방할 경우 각각의 간이헤드 선단 방수압력은 0.1 MPa 이상, 방수량은 50 [L/min] 이상이어야 한다. 다만 2.3.1.7에 따른 주차장에 표준반응형 스프링클러헤드를 사용할 경우 헤드 1개의 방수량은 80 [L/min] 이상이어야 한다.

나. 계산과정

- 근린생활시설에 설치해야 하는 헤드의 최소 수량

$S = 2R\cos 45°$ (정방형 배치 헤드 간 거리)

$S = 2 \times 2.3 \times \cos 45° = 3.25\,[m]$

① 가로 변에 설치할 헤드 수 : $\dfrac{\text{가로변 길이}}{S} = \dfrac{30}{3.25} = 9.23 \fallingdotseq 10\,[개]$

② 세로 변에 설치할 헤드 수 : $\dfrac{\text{세로변 길이}}{S} = \dfrac{20}{3.25} = 6.15 \fallingdotseq 7\,[개]$

③ 1개의 층에 설치해야 하는 헤드 개수 : 10 × 7 = 70 [개]

④ 지상 1, 2층에 설치해야 하는 헤드 개수 : 70 × 2 = 140 [개]

답 | 140 [개]

참고 간이헤드

2.6.1.3 간이헤드를 설치하는 천장·반자·천장과 반자 사이·덕트·선반 등의 각 부분으로부터 간이헤드까지의 수평거리는 2.3 [m](「스프링클러헤드의 형식승인 및 제품검사의 기술기준」에 따른 유효살수반경의 것으로 한다) 이하가 되도록 해야 한다. 다만 성능이 별도로 인정된 간이헤드를 수리계산에 따라 설치하는 경우에는 그렇지 않다.

08

포소화설비의 배관방식에서 송액관에 배액밸브를 설치하는 목적과 설치장소를 간단히 설명하시오.

가. 설치목적 :

나. 설치위치 :

다. 포워터스프링클러설비 또는 포헤드설비의 헤드 수에 대한 내용으로 괄호를 채우시오.

> 포워터스프링클러설비 또는 포헤드설비의 가지배관의 배열은 토너먼트방식이 아니어야 하며, 교차배관에서 분기하는 지점을 기점으로 한쪽 가지배관에 설치하는 헤드의 수는 (   )개 이하로 한다.

정답

가. 설치목적 : 포의 방출종료 후 배관 안의 액을 방출하기 위하여

나. 설치위치 : 송액관의 가장 낮은 부분

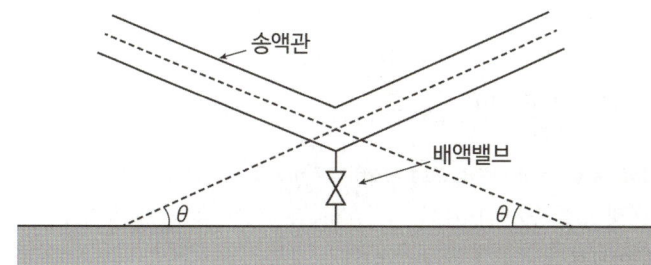

[배액밸브의 설치장소]

다. 8

포소화설비의 화재안전기술기준(NFTC 105)

2.4.4 포워터스프링클러설비 또는 포헤드설비의 가지배관의 배열은 토너먼트방식이 아니어야 하며, 교차배관에서 분기하는 지점을 기점으로 한쪽 가지배관에 설치하는 헤드의 수는 8개 이하로 한다.

09

| 득점 | 배점 6 |

화재조기진압용 스프링클러헤드의 방수상수 K가 200이고 방수압력이 0.35 [MPa]인 헤드의 오리피스 구경 [mm]을 구하시오. (단, 중력가속도는 9.8 [m/s²]이다)

○ 계산과정 :

○ 답 :

정답

☑ 계산과정

1. 방수량(Q) 계산

   K = 200
   P = 0.35 MPa
   $Q = K\sqrt{10P} = 200\sqrt{10 \times 0.35} ≒ 374.166 [L/min]$

2. 유량(Q)을 m^3/s로 변환

   $Q = 374.166 [L/min] \times \dfrac{1[m^3]}{1000[L]} \times \dfrac{1[min]}{60[s]} ≒ 6.236 \times 10^{-3} [m^3/s]$

3. 유출속도(V) 계산

   압력 $P = 0.35 [MPa] = 0.35 \times 10^6 [Pa]$

   $h = \dfrac{P}{\gamma} = \dfrac{P}{\rho g} = \dfrac{0.35 \times 10^6}{1000 \times 9.8} ≒ 35.714 [m]$

   $V = \sqrt{2gh} = \sqrt{2 \times 9.8 \times 35.714} ≒ 26.457 [m/s]$

4. 단면적(A) 및 노즐 구경(D) 계산

   $Q = AV$ 이므로

   $Q = \dfrac{\pi D^2}{4} \times V$

   $D = \sqrt{\dfrac{4Q}{\pi V}} = \sqrt{\dfrac{4 \times 6.236 \times 10^{-3}}{\pi \times 26.457}} = 0.017323 [m] ≒ 17.32 [mm]$

답 | 17.32 [mm]

10

| 득점 | | 배점 | 6 |

가압송수장치의 펌프방식에서 펌프의 성능곡선, 성능기준, 성능시험배관에 대한 다음 각 물음에 답하시오.

> **조건**
> (1) 펌프의 정격토출량은 800 [LPM]이다.
> (2) 펌프의 정격토출양정은 80 [m]이다.

가. 원심펌프의 성능특성곡선을 그리고 체절점, 설계점, 150 [%] 유량점을 명시하시오.
  ○ 답 :

나. 펌프의 성능에 대한 기준을 2가지만 쓰시오.
  ○ 답 :

다. 펌프의 성능시험배관의 설치기준을 2가지만 쓰시오.
  ○ 답 :

정답

가.

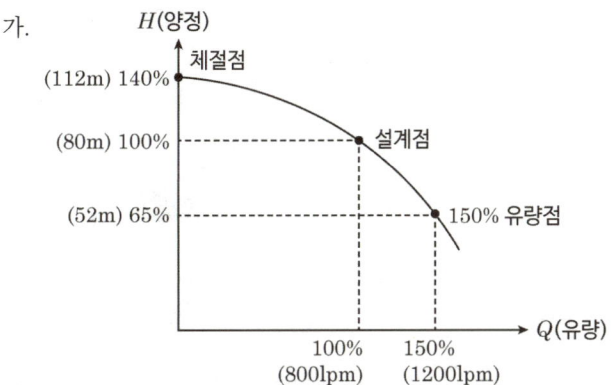

나. 1) 펌프의 성능은 체절운전 시 정격토출압력의 140 [%]를 초과하지 않을 것
  2) 정격토출량의 150 [%]로 운전 시 정격토출압력의 65 [%] 이상이 되어야 할 것

다. 1) 성능시험배관은 펌프의 토출 측에 설치된 개폐밸브 이전에서 분기하여 직선으로 설치하고, 유량측정장치를 기준으로 전단 직관부에는 개폐밸브를 후단 직관부에는 유량조절밸브를 설치할 것. 이 경우 개폐밸브와 유량측정장치 사이의 직관부 거리 및 유량측정장치와 유량조절밸브 사이의 직관부 거리는 해당 유량측정장치 제조사의 설치사양에 따르고, 성능시험배관의 호칭지름은 유량측정장치의 호칭지름에 따른다.
  2) 유량측정장치는 펌프의 정격토출량의 175 [%] 이상 측정할 수 있는 성능이 있을 것

11

다음 관 부속류 또는 배관방식 등에 관한 소방시설 도시기호 명칭 또는 도시기호를 그리시오.

번호	명칭	도시기호
가		─┤├─
나		◣
다	압력계	
라	플렉시블조인트	

정답

번호	명칭	도시기호
가	유니온	─┤├─
나	옥내소화전함	◣
다	압력계	⌀
라	플렉시블조인트	─▨─

12

다음과 같이 옥내소화전을 설치하고자 한다. 물음에 답하시오.

조건

(1) 지표면으로부터 최상층 방수구까지의 거리는 28 [m]이고, 소방펌프는 지표면으로부터 3.5 [m] 아래에 설치되어 있으며, 흡입고는 1.5 [m]이다.
(2) 직관의 마찰손실 6 [m], 호스의 마찰손실 6.5 [m], 관 부속품의 마찰손실 8 [m]이다.
(3) 소화전의 설치개수는 1층 2개소, 2 ~ 4층까지 각 4개소씩, 5, 6층에 각 3개소, 옥상층에는 시험용 소화전을 설치하였다.
(4) 수원의 양은 옥상수조의 양을 포함하여 산정한다.
(5) 수원의 양 및 가압펌프의 토출량은 15 [%] 가산한 양으로 한다. (단, 중복 가산하지 않는다)

가. 수원의 용량[m^3]을 구하시오.

　○ 계산과정 :

　○ 답 :

나. 옥내소화전 가압송수장치의 펌프토출량[L/min]을 구하시오.

　○ 계산과정 :

　○ 답 :

다. 펌프의 양정[m]을 구하시오.

　○ 계산과정 :

　○ 답 :

라. 가압송수장치의 전동기용량[kW]을 구하시오. (단, 전동기 효율 η는 0.65, 동력 전달계수 K는 1.1이다)

　○ 계산과정 :

　○ 답 :

정답

☑ 계산과정

가. 전용수원 $= 2 \times 2.6 [m^3] \times 1.15 = 5.98 [m^3]$

　　옥상수원 $= 2 \times 2.6 [m^3] \times 1.15 \times \dfrac{1}{3} = 1.993 [m^3]$

　　조건 (4)에 의해 수원의 양 $= 5.98 + 1.993 = 7.973 ≒ 7.97 [m^3]$　　　**답 | 7.97 [m^3]**

나. $Q = 2 \times 130[L/min] \times 1.15 = 299[L/min]$ 답 | 299 [L/min]

다. 전양정 $H = h_1 + h_2 + h_3 + 17\,[m]$
$$= (1.5 + 3.5 + 28) + (6 + 6.5 + 8) + 17 = 70.5\,[m]$$
답 | 70.5 [m]

라.
$$동력\ P[kW] = \frac{\gamma[kN/m^3] \times Q[m^3/s] \times H[m]}{\eta} \times K$$

$$P = \frac{\gamma Q H}{\eta} \times K = \frac{9.8[N/m^3] \times \frac{0.299}{60}[m^3/s] \times 70.5[m]}{0.65} \times 1.1 = 5.83\,[kW]$$

답 | 5.83 [kW]

13

득점 | 배점 7

스프링클러설비에 관한 사항이다. 빈칸에 알맞은 내용을 보기에서 찾아서 번호로 적어 넣으시오.

보기

① 가압수/공기   ② 가압수/압축공기
③ 폐쇄형   ④ 개방형
⑤ ×   ⑥ ○
⑦ 가압수/가압수

스프링클러설비	배관(1차 측/2차 측)	헤드의 종류	감지기 유무(○, ×)
습식	( )	( )	( )
건식	( )	( )	( )
일제살수식	( )	( )	( )

정답

스프링클러설비	배관(1차 측/2차 측)	헤드의 종류	감지기 유무(○, ×)
습식	(⑦ 가압수/가압수)	(③ 폐쇄형)	(⑤ ×)
건식	(② 가압수/압축공기)	(③ 폐쇄형)	(⑤ ×)
일제살수식	(① 가압수/공기)	(④ 개방형)	(⑥ ○)

핵심이론 스프링클러설비의 종류

구분	밸브 1차 측	밸브 2차 측	헤드의 종류	밸브의 종류(명칭/도시기호)		감지기 설치유무
습식	가압수	가압수	폐쇄형	습식 유수검지장치 (알람체크밸브)	▲	×
건식		압축공기 또는 질소		건식 유수검지장치 (드라이밸브)	△	×
준비 작동식		대기압		준비작동식 유수검지장치 (프리액션밸브)	Ⓟ	○
부압식		부압수		준비작동식 유수검지장치 (프리액션밸브)	Ⓟ	○
일제 살수식		대기압	개방형	일제개방밸브 (델류지밸브)	◀D	○

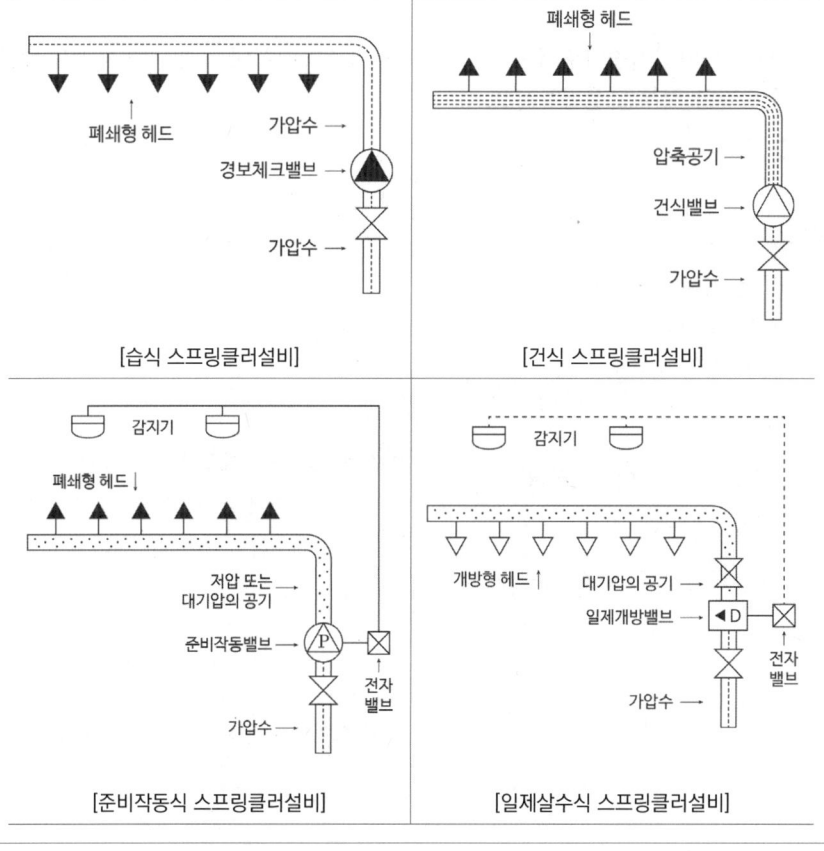

[습식 스프링클러설비]   [건식 스프링클러설비]

[준비작동식 스프링클러설비]   [일제살수식 스프링클러설비]

14

| 득점 | 배점 6 |

특별피난계단의 계단실 및 부속실 제연설비에 대하여 주어진 조건을 참고하여 다음 각 물음에 답하시오.

조건

(1) 거실과 부속실의 출입문 개방에 필요한 힘 F_1 = 60 [N]이다.
(2) 화재 시 거실과 부속실의 출입문 개방에 필요한 힘 F_2 = 110 [N]이다.
(3) 출입문 폭(W)은 1 [m]이고, 높이(H)는 2.1 [m]이다.
(4) 손잡이는 출입문 끝에 있다고 가정한다.
(5) 스프링클러설비는 설치되어 있지 않다.

가. 제연구역 선정기준 3가지만 쓰시오.
　○ 답 :

나. 제시된 조건을 이용하여 부속실과 거실 사이의 차압[Pa]을 구하시오.
　○ 계산과정 :
　○ 답 :

다. 국가화재안전기술기준에 따른 최소 차압기준과 '나'에서 계산한 차압을 비교하여 적합 여부를 설명하시오.
　○ 답 :

정답

가. ① 계단실 및 그 부속실을 동시에 제연
　　② 부속실을 단독으로 제연
　　③ 계단실을 단독으로 제연

나. 계산과정

문을 개방하는 데 필요한 힘
$$F = F_{dc} + F_P$$
$$= F_{dc} + \Delta P \cdot A \cdot \frac{W}{2(W-d)}$$

여기서 F_{dc} : 도어체크의 저항력 [N]
F_P : 차압이 작용할 때 방화문을 개방하기 위한 힘 [N]
$$(F_P = \Delta P \cdot A \cdot \frac{W}{2(W-d)})$$
ΔP : 제연구역과 비제연구역의 차압 [Pa]
A : 방화문 면적 [m²], W : 문의 폭 [m]
d : 손잡이에서 문의 끝까지의 거리 [m]

$$F = F_{dc} + \Delta P \cdot A \cdot \frac{W}{2(W-d)}$$

$$110[N] = 60[N] + \Delta P[Pa] \cdot (1[m] \times 2.1[m]) \cdot \frac{1[m]}{2(1[m]-0[m])}$$

∴ $\Delta P = 47.62[Pa]$

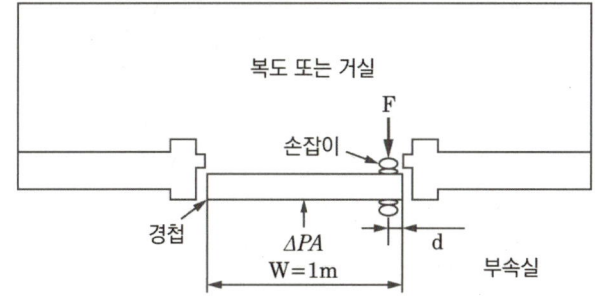

답 | 47.62 [Pa]

다. 계산결과 차압이 47.62 [Pa]로서 화재안전기술기준에 의한 최소 차압 40 [Pa]보다 크기 때문에 적합하다.

15

| 득점 | 배점 10 |

연결송수관설비가 겸용된 옥내소화전설비가 설치된 어느 건물이 있다. 옥내소화전이 2층에 3개, 3층에 4개, 4층에 5개일 때 [조건]을 참고하여 다음 각 물음에 답하시오.

조건

(1) 실양정은 20 [m], 배관의 마찰손실수두는 실양정의 20 [%], 관 부속품의 마찰손실수두는 배관 마찰손실수두의 50 [%]로 한다.
(2) 소방호스의 마찰손실수두 값은 호스 100 [m]당 26 [m]이며, 호스의 길이는 15 [m]이다.
(3) 펌프의 효율은 60 [%], 전달계수는 1.2이다.
(4) 호칭경에 따른 배관의 내경은 다음 표와 같다.

호칭경	15 [A]	20 [A]	25 [A]	32 [A]	40 [A]	50 [A]	65 [A]	80 [A]	100 [A]
내경 [mm]	16.4	21.9	27.5	36.2	42.1	53.2	69	81	105.3

가. 펌프의 전양정[m]을 구하시오.

○ 계산과정 :

○ 답 :

나. 설치된 펌프의 성능곡선을 참고하여 펌프의 적합성 여부를 판정하시오.

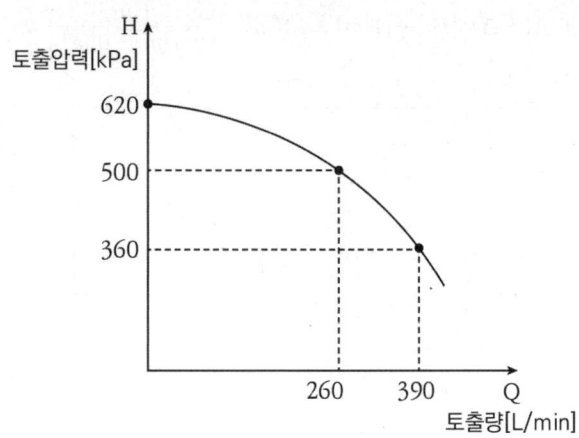

○ 계산과정 :
○ 답 :

다. 펌프의 성능시험을 위한 유량측정장치의 최대 측정유량[L/min]이 얼마 이상 이어야 하는지 구하시오.
○ 계산과정 :
○ 답 :

라. 토출 측 주배관에서 배관의 최소 구경을 호칭경으로 답하시오.
○ 계산과정 :
○ 답 :

마. 펌프의 동력[kW]을 구하시오.
○ 계산과정 :
○ 답 :

정답

☑ 계산과정
가. 실양정 $h_1 = 20[m]$, 배관 및 관 부속품의 마찰손실수두
$$h_2 = (20 \times 0.2) + (20 \times 0.2 \times 0.5) = 6[m]$$
호스의 마찰손실수두 $h_3 = 15 \times \dfrac{26}{100} = 3.9[m]$
따라서 전양정 $H = h_1 + h_2 + h_3 + 17 = 20 + 6 + 3.9 + 17 = 46.9[m]$

답 | 46.9 [m]

나. 펌프의 정격토출량 $Q = 2[개] \times 130[L/min] = 260[L/min]$

펌프의 정격토출압력 $P = 46.9[m] \times \dfrac{101.325[kPa]}{10.332[mAq]} = 459.94[kPa]$

① 체절운전 시 〈토출량이 0인 운전〉

정격토출압력의 140 [%] : 459.94 × 1.4 = 643.92 [kPa]

성능시험곡선상의 압력 : 620 [kPa]

⇨ 체절운전 시 정격토출압력의 140 [%]를 초과하지 않으므로 적합

② 정격부하로 운전 시 〈260 [L/min]으로 운전〉

정격토출압력 : 459.94 [kPa]

성능시험곡선상의 압력 : 500 [kPa]

⇨ 정격부하로 운전 시 정격토출압력의 100 [%] 이상이므로 적합

③ 정격토출량의 150 [%]로 운전 시 〈390 [L/min] (= 260 [L/min] × 1.5)으로 운전〉

정격토출압력의 65 [%] : 459.94 × 0.65 = 298.96 [kPa]

성능시험곡선상의 압력 : 360 [kPa]

⇨ 정격토출량의 150 [%]로 운전 시 정격토출압력의 65 [%] 이상이므로 적합

∴ 성능시험곡선상의 펌프 사용이 적합하다. **답 | 적합**

다. 유량측정장치는 펌프의 정격토출량의 175 [%] 이상까지 측정할 수 있는 성능이 있을 것

$260 \times 1.75 = 455[L/min]$ **답 | 455 [L/min]**

라. $Q = A \times V = \dfrac{\pi}{4} D^2 \times V$

$D = \sqrt{\dfrac{4Q}{\pi V}} = \sqrt{\dfrac{4 \times \dfrac{0.26}{60}[m^3/s]}{\pi \times 4[m/s]}} = 0.03714[m] = 37.14[mm] \rightarrow 100[mm]$

연결송수관설비의 배관과 겸용할 경우의 주배관은 구경 100 [mm] 이상의 것으로 해야 한다.

호칭경으로 답하라고 하였으므로 100 [A]가 답이다.

> **옥내소화전설비의 화재안전기술기준(NFTC 102)**
>
> 2.3.5 펌프의 토출 측 주배관의 구경은 유속이 4 [m/s] 이하가 될 수 있는 크기 이상으로 해야 하고, 옥내소화전방수구와 연결되는 가지배관의 구경은 40 [mm](호스릴옥내소화전설비의 경우에는 25 [mm]) 이상으로 해야 하며, 주배관 중 수직배관의 구경은 50 [mm](호스릴옥내소화전설비의 경우에는 32 [mm]) 이상으로 해야 한다.
>
> 2.3.6 연결송수관설비의 배관과 겸용할 경우의 주배관은 구경 100 [mm] 이상, 방수구로 연결되는 배관의 구경은 65 [mm] 이상의 것으로 해야 한다.

답 | 100 [A]

마. 펌프의 동력 P

$$P[kW] = \frac{\gamma[kN/m^3] \times Q[m^3/s] \times H[m]}{\eta} \times K$$

$$P[kW] = \frac{9.8[kN/m^3] \times \frac{0.26}{60}[m^3/s] \times 46.9[m]}{0.6} \times 1.2 = 3.98[kW]$$

답 | 3.98 [kW]

16   득점   배점 6

다음 조건을 기준으로 이산화탄소소화설비에 대한 물음에 답하시오.

조건

(1) 이산화탄소소화설비는 전역방출방식으로 하며, 설치장소는 케이블실, 박물관, 일산화탄소 저장창고이다.
(2) 각 실의 체적은 다음과 같다.
 - 케이블실의 체적 : 400 [m³]
 - 박물관의 체적 : 240 [m³]
 - 일산화탄소 저장창고 체적 : 32 [m³] (단, 보정계수는 1.9를 적용한다)
(3) 케이블실과 박물관에는 가로 1 [m] × 세로 2 [m]의 개구부가 각각 1개씩 설치되어 있고, 일산화탄소 저장창고에는 가로 2 [m] × 세로 3 [m]의 개구부가 2개 설치되어 있으며, 모두 자동폐쇄장치가 설치되어 있다.
(4) 이산화탄소 저장용기의 내용적은 68 [L], 충전비는 1.7로 동일한 충전비이다.

가. 각 실에 필요한 최소 약제량[kg]을 구하시오.

 1) 케이블실에 필요한 최소 약제량[kg]

  ◯ 계산과정 :

  ◯ 답 :

 2) 박물관에 필요한 최소 약제량[kg]

  ◯ 계산과정 :

  ◯ 답 :

 3) 일산화탄소 저장창고에 필요한 최소 약제량[kg]

  ◯ 계산과정 :

  ◯ 답 :

나. 이산화탄소 저장용기 한 병당 약제 저장량[kg]을 구하시오.
- 계산과정 :
- 답 :

다. 각 실에 필요한 이산화탄소 저장용기 수와 저장용기실의 최소 저장용기 수를 구하시오.

1) 케이블실에 필요한 저장용기 수
- 계산과정 :
- 답 :

2) 박물관에 필요한 저장용기 수
- 계산과정 :
- 답 :

3) 일산화탄소 저장창고에 필요한 저장용기 수
- 계산과정 :
- 답 :

4) 저장용기실에 설치할 저장용기 수
- 계산과정 :
- 답 :

라. 이산화탄소 방출 후 산소 농도를 측정했더니 14 [%]였다. CO_2 체적 농도[%]를 구하시오.
- 계산과정 :
- 답 :

마. '라'의 산소농도를 기준으로 케이블실과 박물관의 CO_2 방출 체적[m³]을 각각 구하시오.

1) 케이블실의 CO_2 방출 체적[m³]
- 계산과정 :
- 답 :

2) 박물관의 CO_2 방출 체적[m³]
- 계산과정 :
- 답 :

정답

가. 계산과정

1) 케이블실 [심부화재]

$$W = (V \times \alpha) = 400[m^3] \times 1.3[kg/m^3] = 520[kg]$$

답 | 520 [kg]

2) 박물관 [심부화재]

$$W = (V \times \alpha) = 240[m^3] \times 2[kg/m^3] = 480[kg]$$

답 | 480 [kg]

핵심이론 | 이산화탄소소화설비 전역방출방식 심부화재 약제량 산정

$$W = (V \times \alpha) + (A \times \beta)$$

W : 약제량 [kg], V : 방호구역 체적 [m³]
α : 방호구역 1 [m³]에 대한 소화약제의 양 [kg/m³]
A : 개구부 면적 [m²]
β : 개구부 가산량(심부화재 : 10 [kg/m²])

방호대상물	방호구역 1 [m³]에 대한 소화약제의 양 α	설계농도 [%]	개구부 가산량[kg/m²] β (자동폐쇄장치 미설치 시)
유압기기를 제외한 전기설비, 케이블실	1.3 [kg/m³]	50	10 [kg/m²]
체적 55 [m³] 미만의 전기설비	1.6 [kg/m³]	50	
서고, 전자제품창고, 목재가공품 창고, 박물관	2.0 [kg/m³]	65	
고무류, 모피창고, 집진설비, 석탄창고, 면화류 창고	2.7 [kg/m³]	75	

3) 일산화탄소 저장창고 [표면화재]

$$W = (V \times \alpha) \times N$$

(a) $V \times \alpha$를 먼저 계산한 뒤, 값이 최저한도의 양 미만이 될 경우에는 그 최저한도의 양으로 한다.

⇨ $V \times \alpha = 32[m^3] \times 1[kg/m^3] = 32[kg]$ → 최저한도의 양 : 45 [kg]

(b) 위 기준에 따라 산출한 기본 소화약제량에 보정계수를 곱하여 산출한다.

⇨ $W = 45[kg] \times 1.9 = 85.5[kg]$

암기 ▶ 서전목박

암기 ▶ 고모집석면

> **핵심이론** 이산화탄소소화설비 전역방출방식 표면화재 약제량 산정

W = (V × α) × N + (A × β)

W : 약제량 [kg], V : 방호구역 체적 [m^3],
α : 방호구역 1 [m^3]에 대한 소화약제의 양 [kg/m^3]
A : 개구부 면적 [m^2], β : 개구부 가산량(표면화재 : 5 [kg/m^2])
N : 보정계수(설계농도가 34 [%] 이상인
방호대상물의 소화약제량을 구할 때 보정계수를 곱하여 산출함)

방호구역 체적	방호구역의 체적 1 [m^3]에 대한 소화약제의 양 α	최저 한도의 양	개구부 가산량[kg/m^2] (자동폐쇄장치 미설치 시) β
45 [m^3] 미만	1 [kg/m^3]		
45 [m^3] 이상 150 [m^3] 미만	0.9 [kg/m^3]	45 [kg](1병)	5 [kg/m^2]
150 [m^3] 이상 1450 [m^3] 미만	0.8 [kg/m^3]	135 [kg](3병)	
1450 [m^3] 이상	0.75 [kg/m^3]	1125 [kg](25병)	

답 | 85.5 [kg]

나. 계산과정

저장용기의 충전비 = $\frac{저장용기 내부용적[L]}{소화약제의 중량[kg]}$

∴ 약제의 중량[kg] = $\frac{68[L]}{1.7[L/kg]} = 40[kg]$

답 | 40 [kg]

다. 계산과정

1) 케이블실에 필요한 용기 수 = $\frac{520[kg]}{40[kg/병]} = 13[병]$ 답 | 13 [병]

2) 박물관에 필요한 용기 수 = $\frac{480[kg]}{40[kg/병]} = 12[병]$ 답 | 12 [병]

3) 일산화탄소 저장창고에 필요한 용기 수 = $\frac{85.5[kg]}{40[kg/병]} = 2.137 ≒ 3[병]$ 답 | 3 [병]

4) 저장용기실의 최소 저장용기 수

∴ ① ~ ③ 중 최대 병 수 = 13 [병]   답 | 13 [병]

라. 계산과정

이산화탄소 농도 $CO_2[\%] = \frac{21 - O_2}{21} \times 100 = \frac{21 - 14[\%]}{21} \times 100 = 33.33[\%]$

답 | 33.33 [%]

마. 계산과정

1) 케이블실 CO_2 방출 체적[m³]

$$CO_2\ 체적[m^3] = \frac{21-O_2}{O_2} \times 방호구역의\ 체적[m^3]$$

$$= \frac{21-14[\%]}{14} \times 400[m^3] = 200[m^3]$$

답 | 200 [m³]

2) 박물관 CO_2 방출 체적[m³]

$$CO_2\ 체적[m^3] = \frac{21-O_2}{O_2} \times 방호구역의\ 체적[m^3]$$

$$= \frac{21-14[\%]}{14} \times 240[m^3] = 120[m^3]$$

답 | 120 [m³]

> **핵심이론** CO_2 농도(%) 및 체적(m³) 관련 공식 정리

1) CO_2 농도[%]

① $CO_2\ 농도[\%] = \dfrac{21-O_2[\%]}{21} \times 100$

② $CO_2\ 농도[\%] = \dfrac{방출\ CO_2\ 체적}{방호구역\ 체적 + 방출\ CO_2\ 체적} \times 100$

2) CO_2 체적[m³]

① $CO_2\ 체적[m^3] = \dfrac{21-O_2}{O_2} \times 방호구역의\ 체적[m^3]$

② $PV = \dfrac{W}{M}RT \rightarrow V = \dfrac{WRT}{PM}$

2025.11.02
2025년 3회

점수 :

01

득점 | 배점 | 8

다음과 같은 조건이 주어질 때 할론 1301의 소화설비를 설계하는 데 필요한 다음 각 물음에 답하시오.

조건
(1) 방호구역의 크기 : 5 [m] × 5 [m] × 6 [m], 개구부의 크기 : 1 [m] × 2 [m](자동폐쇄장치 미설치)
(2) 최저농도 : 0.32 [kg/m³], 최고농도 : 0.64 [kg/m³]
(3) 충전비는 1.6이고, 저장용기의 내용적은 68 [L]이다.

가. 설계농도가 5 [%]인 경우 다음 각 물음에 답하시오.
  1) 최소 약제량[kg]을 구하시오.
    ○ 계산과정 :   ○ 답 :
  2) 최소 저장용기 병수를 구하시오.
    ○ 계산과정 :   ○ 답 :

나. 설계농도가 10 [%]인 경우 다음 각 물음에 답하시오.
  1) 최소 약제량[kg]을 구하시오.
    ○ 계산과정 :   ○ 답 :
  2) 최소 저장용기 병수를 구하시오.
    ○ 계산과정 :   ○ 답 :

보충 ▶ 화재안전기술기준의 Halon 1301 방사량 (0.32 ~ 0.64) [kg/m³]은 설계농도 (5 ~ 10) [%]를 의미하며 이때 5 [%]가 최소설계농도, 10 [%]가 최대설계농도가 된다.

정답

가. 계산과정
  1) 최소 약제량[kg]
    $(5 \times 5 \times 6)[m^3] \times 0.32[kg/m^3] + (1 \times 2)[m^2] \times 2.4[kg/m^2] = 52.8[kg]$
    답 | 52.8 [kg]
  2) 최소 저장용기 병수
    1병당 약제량 $68[L] \div 1.6[L/kg] = 42.5[kg]$
    $\therefore \dfrac{52.8[kg]}{42.5[kg/병]} = 1.242 ≒ 2[병]$
    답 | 2 [병]

보충 ▶ 충전비
$= \dfrac{저장용기의\ 내부\ 용적[L]}{소화약제의\ 중량[kg]}$

나. 계산과정

1) 최소 약제량[kg]

$(5 \times 5 \times 6)[m^3] \times 0.64[kg/m^3] + (1 \times 2)[m^2] \times 2.4[kg/m^2] = 100.8[kg]$

답 | 100.8 [kg]

2) 최소 저장용기 병수

$\therefore \dfrac{100.8[kg]}{42.5[kg/병]} = 2.372 ≒ 3[병]$

답 | 3 [병]

02

배점 4

옥내소화전설비의 펌프 토출측 배관의 구경을 선정하려고 한다. 배관 내의 유량이 600 [L/min]이고, 유속은 화재안전기술기준에 최대유속으로 배관의 구경 [mm]을 선정하시오. (단, 배관의 호칭구경[∅] : 25, 32, 40, 50, 65, 80, 90, 100으로 한다)

○ 계산과정 :

○ 답 :

정답

✓ 계산과정

$D = \sqrt{\dfrac{4 \times Q}{\pi \times V}} = \sqrt{\dfrac{4 \times \dfrac{0.6}{60}[m^3/s]}{\pi \times 4[m/s]}} = 0.056419[m] = 56.42[mm] \rightarrow 65[mm]$

(옥내소화전 주배관 중 수직 배관의 구경은 50 [mm] 이상으로 해야 함)

옥내소화전설비의 화재안전기술기준(NFTC 102)
2.3.5 펌프의 토출 측 주배관의 구경은 유속이 4 [m/s] 이하가 될 수 있는 크기 이상으로 해야 하고, 옥내소화전방수구와 연결되는 가지배관의 구경은 40 [mm](호스릴옥내소화전설비의 경우에는 25 [mm]) 이상으로 해야 하며, 주배관 중 수직배관의 구경은 50 [mm](호스릴옥내소화전설비의 경우에는 32 [mm]) 이상으로 해야 한다.
2.3.6 연결송수관설비의 배관과 겸용할 경우의 주배관은 구경 100 [mm] 이상, 방수구로 연결되는 배관의 구경은 65 [mm] 이상의 것으로 해야 한다.

답 | 65 [mm]

03

득점 ___ 배점 4

옥내소화전과 스프링클러설비에 있어서 소방용 배관을 합성수지배관으로 설치할 수 있는 장소 2가지를 쓰시오. (단, 「소방용 합성수지배관의 성능인증 및 제품검사의 기술기준」에 적합한 소방용 합성수지배관으로 설치한다)

O 답 :

정답

① 배관을 지하에 매설하는 경우
② 다른 부분과 내화구조로 구획된 덕트 또는 피트의 내부에 설치하는 경우
③ 천장과 반자를 불연재료 또는 준불연재료로 설치하고 소화배관 내부에 항상 소화수가 채워진 상태로 설치하는 경우
위 3가지 중 2가지 기술하면 정답

04

득점 ___ 배점 3

고정지붕구조 또는 부상덮개부착고정지붕구조의 탱크에 상부포주입법을 이용하는 것으로서 방출된 포가 탱크옆판의 내면을 따라 흘러내려 가면서 액면 아래로 몰입되거나 액면을 뒤섞지 않고 액면상을 덮을 수 있는 반사판 및 탱크 내의 위험물증기가 외부로 역류되는 것을 저지할 수 있는 구조·기구를 갖는 포방출구 방식을 쓰시오.

O 답 :

정답

Ⅱ형 포방출구

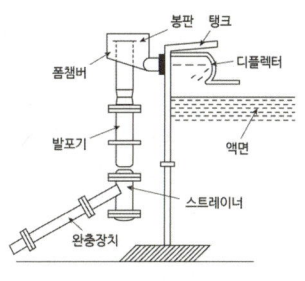

[Ⅱ형 방출구]

05

다음 조건과 그림을 보고 물음에 답하시오.

조건

(1) 설계기준온도는 20 [℃]이고 이때 포화 수증기압은 2.45 [kPa]이다.
(2) 대기압은 0.1 [MPa]이다.
(3) 물의 비중량은 9800 [N/m³]이다.
(4) 배관 내 마찰손실수두는 0.3 [m]이다.

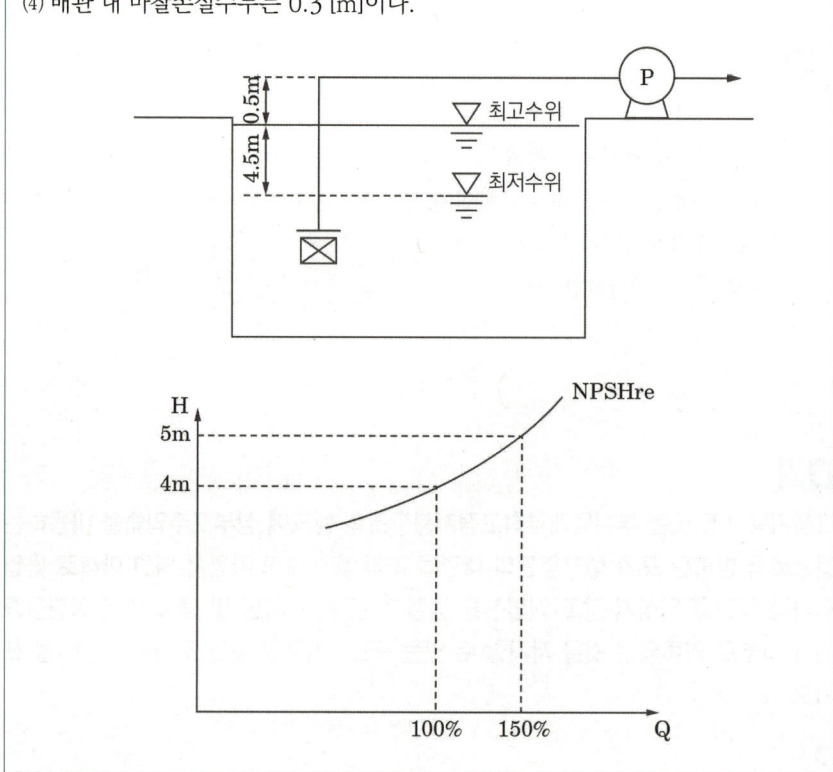

가. 유효흡입수두($NPSH_{av}$)는 몇 [m]인가?

　○ 계산과정 :

　○ 답 :

나. 필요흡입수두($NPSH_{re}$) 그래프를 보고 펌프의 사용 가능 여부와 그 이유를 설명하시오.

　○ 답 :

정답

가. 계산과정

$$NPSH_{av} = H_a - H_v - H_f - H_s$$
$$= \left(0.1[\text{MPa}] \times \frac{10.332[\text{m}]}{0.101325[\text{MPa}]}\right) - \left(2.45[kPa] \times \frac{10.332[\text{m}]}{101.325[kPa]}\right)$$
$$- 0.3[m] - (4.5[m] + 0.5[m])$$
$$= 4.647 ≒ 4.65[m]$$

답 | 4.65 [m]

나. $NPSH_{av} > NPSH_{re}$ 일 때 공동현상 발생하지 않음
- 정격운전 시 : 유효흡입수두(4.65 [m])가 필요흡입수두(4 [m])보다 더 크므로 공동현상이 발생하지 않는다.
- 150 [%] 유량으로 운전 시 : 유효흡입수두(4.65 [m])가 필요흡입수두(5 [m])보다 더 작으므로 공동현상이 발생한다.

따라서 펌프의 운전이 불가능하다.
(소화설비용 펌프는 150 [%] 유량으로 운전 시, 정격토출압력의 65 [%] 이상이 되어야 하기 때문)

답 | 정격운전 시에는 공동현상이 발생하지 않지만, 150 [%] 유량으로 운전 시 공동현상이 발생하여 펌프 운전이 불가능하다.

06

배점 11

아래 그림은 어느 거실에 대한 급기 및 배출풍도와 급기 및 배출 FAN을 나타내고 있는 평면도이다. 그림 및 [조건]을 참조하여 각 물음에 답하시오. (단, 각 구역의 바닥면적은 같다고 가정한다)

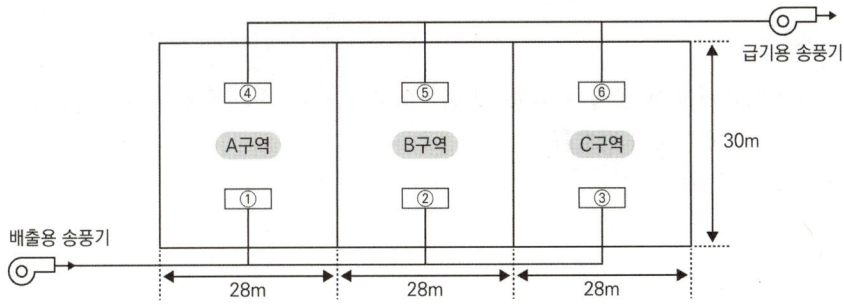

> **조건**
>
> (1) 공동예상제연구역 안에 설치된 예상제연구역이 각각 제연경계로 구획되어 있으며, 제연방식은 인접구역 상호제연방식으로 한다.
> (2) 바닥으로부터 천장까지의 높이는 4.3 [m]이며, 천장고는 3 [m]이다.
> (3) 제연설비벽 하단부터 천장까지는 0.8 [m]이다.
> (4) 배출구의 저항은 24 [mmHg]이고, 배기그릴저항은 13 [mmHg], 관부속품 저항은 8 [mmHg]이다.
> (5) 송풍기의 효율은 65 [%]이고, 여유율은 20 [%]이다.
> (6) 배출풍도의 크기에 따른 강판의 두께 기준은 다음과 같다.
>
> | 풍도단면의 긴변 또는 직경의 크기 | 450 [mm] 이하 | 450 [mm] 초과 750 [mm] 이하 | 750 [mm] 초과 1500 [mm] 이하 | 1500 [mm] 초과 2250 [mm] 이하 | 2250 [mm] 초과 |
> |---|---|---|---|---|---|
> | 강판 두께 | 0.5 [mm] | 0.6 [mm] | 0.8 [mm] | 1.0 [mm] | 1.2 [mm] |

가. 공동예상제연구역에 대한 최소 배출량[m³/hr]을 산정하시오.

○ 계산과정 :

○ 답 :

나. 배출기의 배출 측 덕트의 폭[mm]은 얼마 이상인지 구하시오. (단, 덕트의 높이는 700 [mm]로 일정하다고 가정한다)

○ 계산과정 :

○ 답 :

다. 배출풍도 강판의 최소 두께[mm]를 구하시오. (단, 배출풍도의 크기는 (나)에서 구한 값을 기준으로 한다)

○ 답 :

라. B구역에서 화재 발생 시 배출 및 급기댐퍼(①~⑥)의 개폐를 구분하여 해당하는 부분에 각각의 번호를 쓰시오.

(1) 열린 댐퍼 :

(2) 닫힌 댐퍼 :

정답

가. 계산과정

① 바닥면적 : 28 × 30 = 840 [m²] (바닥면적이 400 [m²] 이상)

② 실의 대각선 거리 : $\sqrt{28^2 + 30^2}$ = 41.04 [m]이므로 직경 40 [m] 원의 범위를 초과함

③ 수직거리 : 3 - 0.8 = 2.2 [m]이므로 "2 [m] 초과 2.5 [m] 이하"에 해당한다.

∴ 배출량은 50000 [m³/hr]

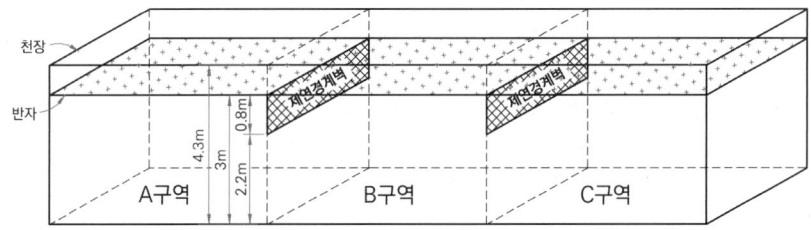

답 | 50000 [m³/hr]

나. 계산과정

① 배출 측 덕트 최소 면적(배출기 배출 측 최대 풍속 : 20 [m/s])

$$A = \frac{Q}{V} = \frac{\frac{50000}{3600}[m^3/s]}{20[m/s]} = 0.694[m^2]$$

② 배출 측 덕트 최소 폭[mm]

$A = 0.7[m] \times$ 폭 $= 0.694[m^2]$

∴ 폭 = 0.991429 [m] = 991.43 [mm]

답 | 991.43 [mm]

다. 풍도단면의 긴변이 991.43 [mm]이므로 750 [mm] 초과 1500 [mm] 이하에 해당되므로

강판 두께는 최소 0.8 [mm]

답 | 0.8 [mm]

라. B구역 화재 시 댐퍼의 동작 상태

댐퍼의 작동 여부(○ : open ● : close)

구분	배기			급기		
	1	2	3	4	5	6
B실 화재	●	○	●	○	●	○

답 | (1) 열린 댐퍼 : 2, 4, 6, (2) 닫힌 댐퍼 : 1, 3, 5

> **참고** 제연설비의 화재안전기술기준(NFTC 501) - 배출량

1. 거실의 바닥면적이 400 [m²] 미만으로 구획된 예상제연구역에 대한 배출량
   바닥면적 1 [m²]당 1 [m³/min] 이상으로 하되, 예상제연구역에 대한 최소 배출량은 5000 [m³/hr] 이상으로 할 것
   $$Q = A[m^2] \times 1[m^3/min \cdot m^2] \times 60[min/hr]$$
   여기서, Q : 배출량 [m³/hr] (최소 배출량은 5000 [m³/hr] 이상)
   A : 바닥면적 [m²]

2. 바닥면적 400 [m²] 이상인 거실의 예상제연구역의 배출량
   1) 예상제연구역이 직경 40 [m]인 원의 범위 안에 있을 경우
      배출량 40000 [m³/hr] 이상
      다만 예상제연구역이 제연경계로 구획된 경우에는 그 수직거리에 따른 배출량으로 산정

수직거리	배출량
2 [m] 이하	40000 [m³/hr] 이상
2 [m] 초과 2.5 [m] 이하	45000 [m³/hr] 이상
2.5 [m] 초과 3 [m] 이하	50000 [m³/hr] 이상
3 [m] 초과	60000 [m³/hr] 이상

   2) 예상제연구역이 직경 40 [m]인 원의 범위를 초과할 경우
      배출량 45000 [m³/hr] 이상
      다만 예상제연구역이 제연경계로 구획된 경우에는 그 수직거리에 따른 배출량으로 산정

수직거리	배출량
2 [m] 이하	45000 [m³/hr] 이상
2 [m] 초과 2.5 [m] 이하	50000 [m³/hr] 이상
2.5 [m] 초과 3 [m] 이하	55000 [m³/hr] 이상
3 [m] 초과	65000 [m³/hr] 이상

07

지상 10층 건물에 설치한 옥내소화전설비의 계통도가 다음 그림과 같다. 각 물음에 답하시오.

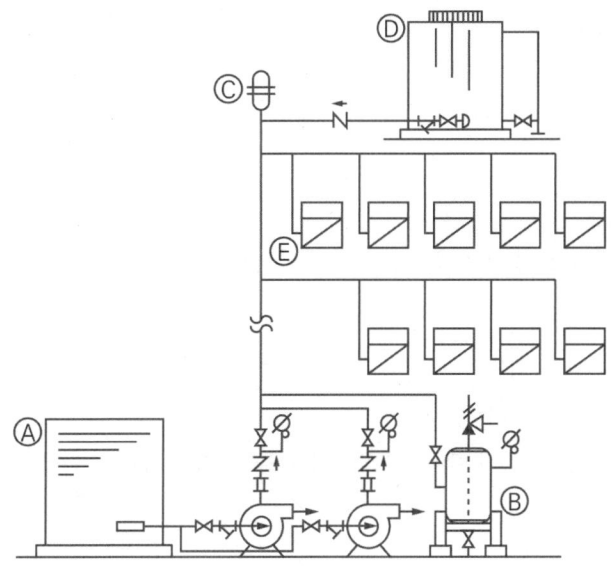

조건
(1) 소화펌프부터 옥내소화전까지 실양정과 배관 및 소방호스의 마찰손실 포함 40 [m]이다.
(2) 펌프의 효율은 65 [%], 여유율은 10 [%]이다.

가. Ⓐ ~ Ⓔ의 각 명칭을 쓰시오.
　Ⓐ　　　　　　　　　　　　　Ⓑ
　Ⓒ　　　　　　　　　　　　　Ⓓ
　Ⓔ

나. "Ⓓ"에 저장하여야 할 수원의 양은 얼마[m³] 이상인가?
　○ 계산과정 :
　○ 답 :

다. "Ⓑ"의 설치목적을 쓰시오.
　○ 답 :

라. "Ⓒ"의 설치목적을 쓰시오.
　○ 답 :

마. "Ⓔ"의 문짝의 면적[m²]은 얼마 이상인가?
　○ 답 :

바. 전동기 동력[kW]을 구하시오.
　○ 계산과정 :
　○ 답 :

정답

가. Ⓐ (소화)저수조, Ⓑ 압력챔버, Ⓒ 수격방지기, Ⓓ 옥상수조, Ⓔ 옥내소화전

나. 계산과정

$$2[개] \times 2.6[m^3/개] \times \frac{1}{3} = 1.73[m^3]$$

답 | 1.73 [m³]

다. 배관 내의 압력변동에 따라 펌프의 자동기동·정지를 위해 설치하며 설비 내 충격 완화

라. 수격 작용의 방지

마. 0.5 [m²] 이상

바. 계산과정

$$P[kW] = \frac{\gamma[kN/m^3] \times Q[m^3/s] \times H[m]}{\eta} \times K$$

$Q = N \times 130[L/min] = 2 \times 130[L/min] = 260[L/min]$

$$P = \frac{9.8[kN/m^3] \times \frac{0.26}{60}[m^3/s] \times (40+17)[m]}{0.65} \times 1.1$$

$= 4.10[kW]$

답 | 4.1 [kW]

08

압축공기포소화설비를 조건에 따라 설치하려고 할 때 다음 각 물음에 답하시오.

조건
(1) 특수가연물을 다루는 창고이다.
(2) 바닥면적은 200 [m²]이다.
(3) 나머지 조건은 화재안전기술기준에 따른다.

가. 압축공기포 소화설비의 정의와 배관방식은?
  ○답 :

나. 분사헤드의 최소 개수는?
  ○계산과정 :
  ○답 :

다. 포 수용액 최소량[m³]은?
  ○계산과정 :
  ○답 :

정답

가. 압축공기포 소화설비
  - 정의 : 압축공기 또는 압축질소를 일정 비율로 포수용액에 강제 주입 혼합하는 방식을 말한다.
  - 배관방식 : 토너먼트배관

나. 계산과정

$$\frac{200[m^2]}{9.3[m^2/개]} = 21.50[개] \rightarrow 22\,[개]$$

답 | 22 [개]

다. 계산과정

$$2.3[L/m^2 min] \times 200[m^2] \times 10[min] = 4600[L] = 4.6[m^3]$$

답 | 4.6 [m³]

핵심이론 | 압축공기포소화설비의 1분당 방출량 및 분사헤드 설치기준

(1) 압축공기포소화설비 설치에 따른 포수용액의 양

① 압축공기포소화설비를 설치하는 경우 방수량은 설계 사양에 따라 방호구역에 최소 10분간 방사할 수 있어야 한다.

② 설계방출밀도[L/min · m²]

방호대상물	방호면적 1 [m²]에 대한 1분당 방출량
특수가연물, 알코올류와 케톤류	2.3 [$L/min \cdot m^2$] 이상
일반가연물, 탄화수소류	1.63 [$L/min \cdot m^2$] 이상

(2) 압축공기포소화설비 설치 시 바닥면적에 따른 최소 분사헤드의 개수

방호대상물	분사헤드 설치기준
특수가연물저장소	바닥면적 9.3 [m^2]마다 1개 이상
유류탱크 주위	바닥면적 13.9 [m^2]마다 1개 이상

09
득점 [ ] 배점 6

그림은 어느 배관 평면도이며 화살표의 방향으로 물이 흐르고 있다. 단, 주어진 조건을 참조하여 배관 ABCD 및 AEFD에 흐르는 유량 Q_1 [L/min], Q_2 [L/min]를 각각 계산하시오.

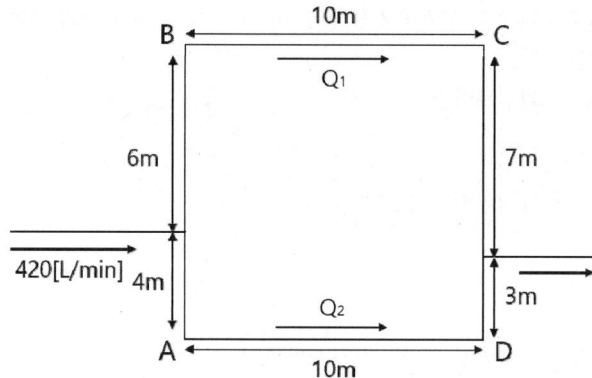

> **조건**
>
> (1) 하젠-윌리엄공식은 다음과 같다.
>
> $$\Delta P_m = 6.05 \times 10^4 \times \frac{Q^{1.85}}{100^{1.85} \times D^{4.87}}$$
>
> 단, ΔP_m : 배관 1 [m]당 마찰손실압력 [MPa]
> D : 배관의 내경 [mm], Q : 유량 [L/min]
>
> (2) 90° 엘보의 등가길이는 1개당 0.9 [m]로 한다.
> (3) A 및 D점에 있는 티의 마찰손실은 무시한다.

○ 계산과정 :

○ 답 :

정답

☑ 계산과정

$Q_{ABCD} = Q_1$, $Q_{AEFD} = Q_2$

$Q_T = 420 [L/\min] = Q_1 + Q_2$ ··· (1)식

$\Delta P_1 = \Delta P_2$ ··· (2)식

$\Delta P_1 = 6.05 \times 10^4 \times \dfrac{Q_1^{1.85}}{100^{1.85} \times D^{4.87}} \times (6 + 10 + 7 + \boxed{0.9 \times 2})$ → 90°엘보 2개

$\Delta P_2 = 6.05 \times 10^4 \times \dfrac{Q_2^{1.85}}{100^{1.85} \times D^{4.87}} \times (4 + 10 + 3 + \boxed{0.9 \times 2})$ → 90°엘보 2개

$\Delta P_1 = \Delta P_2$ 이므로

$Q_1^{1.85} \times (6 + 10 + 7 + 0.9 \times 2) = Q_2^{1.85} \times (4 + 10 + 3 + 0.9 \times 2)$

$24.8 \times Q_1^{1.85} = 18.8 \times Q_2^{1.85}$

$Q_1^{1.85} = \dfrac{18.8}{24.8} \times Q_2^{1.85}$

$\left(Q_1^{1.85}\right)^{\frac{1}{1.85}} = \left(\dfrac{18.8}{24.8}\right)^{\frac{1}{1.85}} \times \left(Q_2^{1.85}\right)^{\frac{1}{1.85}}$

∴ $Q_1 = 0.861 \times Q_2$ ·· (1)식에 대입

$420 [L/\min] = Q_1 + Q_2$

$420 [L/\min] = (0.861 \times Q_2) + Q_2 = 1.861 Q_2$

∴ $Q_2 = 225.69 [L/\min]$

∴ $Q_1 = 420 - 225.69 = 194.31 [L/\min]$

답 | Q_1 = 194.31 [L/min], Q_2 = 225.69 [L/min]

10 | 배점 4

제연설비의 배출용 송풍기를 설계하려고 한다. 다음 조건을 참조하여 각 물음에 답하시오.

[조건]
(1) Duct의 소요전압은 80 [mmAq]이다.
(2) 송풍기의 효율은 60 [%], 여유율은 15 [%], 풍량은 24000 [m^3/h]이다.

가. 송풍기를 작동하기 위한 동력[kW]을 구하여라.
　○ 계산과정 :
　○ 답 :

나. 위 송풍기를 현장에 설치하여 시운전한 결과 600 [rpm], 18000 [m^3/h]로 용량이 부족하게 나왔다. 설계풍량이 나오도록 하려면 회전수를 몇 [rpm]으로 변경해야 하는지 계산하시오.
　○ 계산과정 :
　○ 답 :

[정답]

가. 계산과정 : 송풍기의 동력[kW]

$$P[kW] = \frac{P_t[mmAq] \times Q[m^3/s]}{102 \times \eta} \times K$$

$$= \frac{80[mmAq] \times \frac{24000}{3600}[m^3/s]}{102 \times 0.6} \times 1.15 = 10.022 ≒ 10.02[kW]$$

답 | 10.02 [kW]

나. 계산과정 : 상사의 법칙 $Q_2 = \left(\frac{N_2}{N_1}\right) \times Q_1$

$$N_2 = N_1 \times \frac{Q_2}{Q_1}$$

$$\therefore 600 \times \frac{24000}{18000} = 800[rpm]$$

답 | 800 [rpm]

11

| 득점 | 배점 5 |

어느 노유자시설에 설치된 호스릴 옥내소화전설비 주펌프의 성능시험과 관련하여 다음 물음에 답하시오.

[조건]
(1) 호스릴 옥내소화전의 층별 설치개수는 지하 1층 2개, 지상 1층 및 2층은 4개, 3층은 3개, 4층은 2개이다.
(2) 호스릴 옥내소화전의 방수구는 바닥으로부터 1 m의 높이에 설치되어 있다.
(3) 펌프가 저수조보다 높은 위치이며 흡수면으로부터 펌프까지의 수직거리는 4 m이다.
(4) 펌프로부터 최상층 4층 바닥까지의 높이는 15 m이다.
(5) 배관(관부속 포함) 및 호스의 마찰손실은 실양정의 30 %를 적용한다.

가. 호스릴 옥내소화전의 운전에 필요한 펌프의 전양정[m]과 유량[L/min]을 구하시오.
　○ 계산과정 :
　○ 답 :

나. (가)에서 구한 펌프의 전양정과 유량을 정격토출압력과 정격유량으로 한 펌프를 사용하고자 한다. 이 펌프를 가지고 과부하운전(정격토출량의 150 [%]로 운전)을 하였을 때 펌프의 토출압력이 0.24 [MPa]로 측정되었다면, 이 펌프가 화재안전기술기준에서 요구하는 성능을 만족하는지 여부를 판정하시오. (단, 반드시 계산과정이 작성되어야 하며 답란에는 결과에 따라 '만족' 또는 '불만족'으로 표시하시오)
　○ 계산과정 :
　○ 답 :

[정답]

가. 계산과정
① 전양정 : $H = h_1 + h_2 + h_3 + 17 [m]$
$H = (4 + 15 + 1) [m] + (4 + 15 + 1) \times 0.3 [m] + 17 [m] = 43 [m]$
② 토출유량 : 2 [개] × 130 [L/min · 개] = 260 [L/min]

답 | 43 [m], 260 [L/min]

나. 계산과정
펌프의 성능은 정격토출량의 150 [%]로 운전할 때 정격토출압력의 65 [%] 이상
∴ 43 [m] × 0.65 = 27.95 [m] = 0.28 [MPa]
0.28 [MPa] 이상이여야 하므로 부적합하다.

답 | 불만족

12

에탄저장창고에 이산화탄소소화설비를 다음 조건에 따라 고압식으로 설치하고자 한다. 다음 물음에 답하시오.

[조건]
(1) 이산화탄소소화설비의 설계농도는 40 [%]를 적용한다. (단, 보정계수 = 1.2)
(2) 약제방출방식은 전역방출방식이며, 표면화재를 가정한다.
(3) 개구부는 2 [m] × 1 [m] 1개소가 있으며, 자동폐쇄장치가 설치되어 있지 않다.
(4) 약제량의 충전비는 1.9이다.
(5) 저장용기의 체적은 68 [L]이다.
(6) 방호구역의 체적은 125 [m³]이다.

가. 이 실에 필요한 소화약제의 양[kg]을 산출하시오.
  ○ 계산과정 :
  ○ 답 :

나. 화재실에 이산화탄소가 조건 (1)의 설계농도만큼 방출되었을 경우 산소농도[%]를 구하시오.
  ○ 계산과정 :
  ○ 답 :

다. 저장용기실에 저장하여야 하는 저장용기의 병 수를 구하시오.
  ○ 계산과정 :
  ○ 답 :

라. 다음은 이산화탄소소화설비에 대한 설치기준이다. 주어진 조건을 적용하여 괄호를 채우시오.

• 이산화탄소소화약제의 방출압력은 (㉠) [MPa] 이상이여야 한다.
• 배관의 구경은 이산화탄소소화약제의 소요량이 (㉡) [분] 내에 방출될 수 있는 것으로 해야 한다.
• 이산화탄소소화약제의 저장용기실의 온도는 (㉢) [℃] 이하이어야 한다.
• 이산화탄소소화설비 강관을 사용하는 경우의 배관은 (㉣) 이상의 것 또는 이와 동등 이상의 강도를 가진 것으로 아연도금 등으로 방식 처리된 것을 사용해야 한다.

마. 이산화탄소소화설비에 화재감지기회로를 일반감지기로 설치하는 경우 어떠한 방식을 사용하여야 하는지 그 회로방식과 정의를 쓰시오.
  ○ 답 :

정답

가. 계산과정

📌 핵심이론 이산화탄소소화설비 전역방출방식 표면화재 약제량 산정

W = (V × α) × N + (A × β)

W : 약제량 [kg], V : 방호구역 체적 [m³]
α : 방호구역 1 [m³]에 대한 소화약제의 양 [kg/m³]
A : 개구부 면적 [m²], β : 개구부 가산량(표면화재 : 5 [kg/m²])
N : 보정계수(설계농도가 34 [%] 이상인 방호대상물의 소화약제량을 구할 때 보정계수를 곱하여 산출함)

방호구역 체적	방호구역의 체적 1 [m³]에 대한 소화약제의 양 α	최저 한도의 양	개구부 가산량[kg/m²] (자동폐쇄장치 미설치 시) β
45 [m³] 미만	1 [kg/m³]	45 [kg](1병)	5 [kg/m²]
45 [m³] 이상 150 [m³] 미만	0.9 [kg/m³]	45 [kg](1병)	5 [kg/m²]
150 [m³] 이상 1450 [m³] 미만	0.8 [kg/m³]	135 [kg](3병)	5 [kg/m²]
1450 [m³] 이상	0.75 [kg/m³]	1125 [kg](25병)	5 [kg/m²]

에탄 저장창고 [표면화재]
W = (V × α) × N + (A × β)
① 방호구역의 체적이 45 [m³] 이상 150 [m³] 미만이므로
  화재안전기술기준상 체적 1[m³]에 대한 소화약제의 양 α = 0.9 [kg/m³]
② V × α를 먼저 계산한 뒤, 값이 최저한도의 양 미만이 될 경우에는 그 최저한도의 양으로 한다.
  ⇨ V × α = 125[m³] × 0.9[kg/m³] = 112.5[kg] → 최저한도의 양(45 [kg])보다 큼
③ 위 기준에 따라 산출한 기본 소화약제량에 보정계수를 곱하여 산출한다.
  ⇨ W = (V × α) × N + (A × β)
    = 125 [m³] × 0.9 [kg/m³] × 1.2 + (2 × 1) [m²] × 5 [kg/m²] = 145 [kg]

답 | 145 [kg]

나. 계산과정 : $CO_2[\%] = \dfrac{21 - O_2[\%]}{21} \times 100$

$40 = \dfrac{21 - O_2}{21} \times 100$, ∴ $O_2 = 12.6\,[\%]$

답 | 12.6 [%]

다. 계산과정

충전비 = $\dfrac{\text{소화약제 저장용기의 내부 용적}[L]}{\text{소화약제 중량}[kg]}$, $1.9 = \dfrac{68[L]}{x[kg]}$, ∴ $x = 35.79\,[kg]$

$\dfrac{145[kg]}{35.79[kg/병]} = 4.05\,[병] ≒ 5\,[병]$

답 | 5 [병]

라. ㉠ 2.1, ㉡ 1, ㉢ 40, ㉣ 압력배관용 탄소강관(KS D 3562) 중 스케줄 80

마. • 회로방식 : 교차회로 방식
   • 정의 : 하나의 방호구역 내에서 2 이상의 화재감지기 회로를 설치하고 인접한 2 이상의 화재감지기가 동시에 감지되는 때에 설비가 작동하는 방식

13

배점 6

다음 표를 보고 각각의 설비 이름과 유수검지장치의 도식화를 채워 넣으시오.

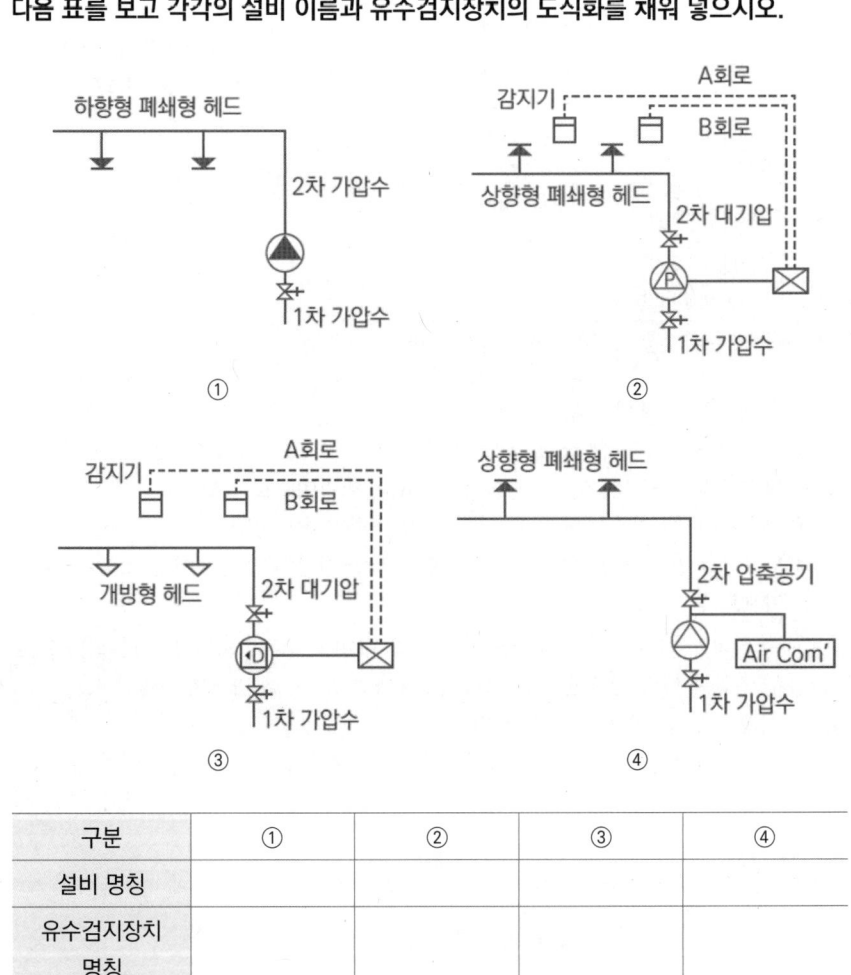

구분	①	②	③	④
설비 명칭				
유수검지장치 명칭				

정답

구분	①	②	③	④
설비 명칭	습식 스프링클러설비	준비작동식 스프링클러설비	일제살수식 스프링클러설비	건식 스프링클러설비
유수검지장치 명칭	알람체크밸브 (습식 밸브)	프리액션밸브 (준비작동식 밸브)	일제개방밸브 (델류지밸브)	드라이밸브 (건식 밸브)

참고

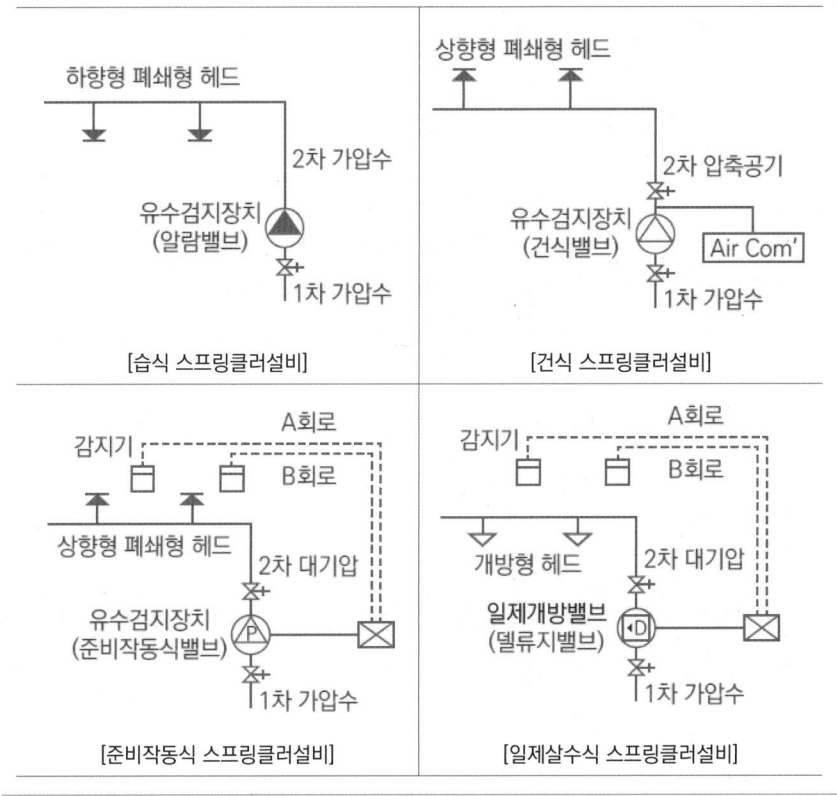

14

득점 | 배점 7

폐쇄형 헤드를 사용한 스프링클러설비의 도면이다. A의 스프링클러헤드만 개방되었을 때 다음 각 물음에 답하시오. (단, 주어진 조건을 적용하여 계산하고, 설비 도면의 길이단위는 [mm]이다)

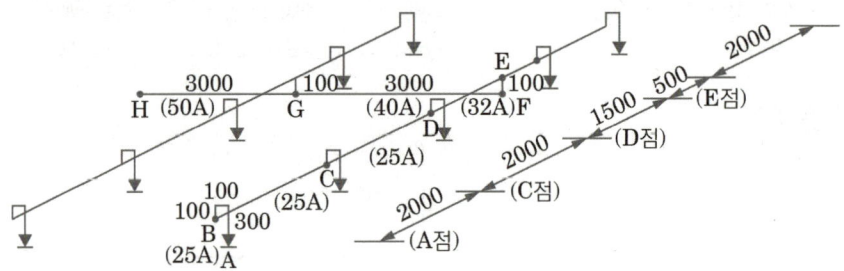

조건

(1) 급수관 중 H점에서의 가압수 압력은 0.15 [MPa]로 계산한다.
(2) 엘보는 배관지름과 동일한 지름의 엘보를 사용하고 티의 크기는 다음 표와 같이 사용한다. 그리고 관경 축소는 오직 레듀셔만을 사용한다.

지점	C지점	D지점	E지점	G지점
티의 크기	25 [A]	32 [A]	40 [A]	50 [A]

(3) 스프링클러헤드는 15 [A]용 헤드가 설치된 것으로 한다.
(4) 직관의 100 [m]당 마찰손실수두(단, A점에서의 헤드 방수량을 80 [L/min]로 계산한다) (단위 : [m])

구분	25 [A]	32 [A]	40 [A]	50 [A]
마찰손실수두	39.52	11.38	5.40	1.68

(5) 관이음쇠의 마찰손실에 해당되는 직관길이(등가길이) (단위 : [m])

구분	25 [A]	32 [A]	40 [A]	50 [A]
엘보(90°)	0.90	1.20	1.50	2.10
레듀셔	0.54 (25 [A] × 15 [A])	0.72 (32 [A] × 25 [A])	0.90 (40 [A] × 32 [A])	1.20 (50 [A] × 40 [A])
티(직류)	0.27	0.36	0.45	0.60
티(분류)	1.50	1.80	2.10	3.00

※ 25 [A] 크기의 90°엘보의 손실수두는 25 [A], 직관 0.9 [m]의 손실수두와 같다.

(6) 가지배관 말단(B지점)과 교차배관 말단(F지점)은 엘보로 한다.
(7) 관경이 변하는 관부속품은 관경이 큰 쪽으로 손실수두를 계산한다.
(8) 중력가속도는 9.8 [m/s^2]로 한다.
(9) 구간별 관경은 다음 표와 같다.

구간	관경
A ~ D	25 [A]
D ~ E	32 [A]
E ~ G	40 [A]
G ~ H	50 [A]

가. A ~ H까지의 전체 배관 마찰손실압력[MPa]을 계산하시오. (단, 직관 및 관이음쇠를 모두 고려하여 구한다)

○ 계산과정 :

○ 답 :

나. A지점과 H지점에서의 위치수두의 차이를 구하시오.

(　　　)가 (　　　)보다 (　　　)[m]만큼 더 크다.

다. A헤드에서의 방사압력[MPa]을 계산하시오. (단, 계산과정을 상세히 명시하시오)

○ 계산과정 :

○ 답 :

정답

가. **계산과정** : 배관의 마찰손실압력

① 50 [A] [H - G]

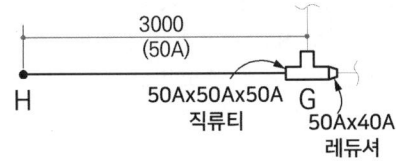

[50 [A] (H – G구간)]

㉠ 직관길이 : 3 [m]

㉡ 상당길이
- 50 × 40 [A] 레듀셔 : 1개 × 1.20 = 1.20 [m]
- 50 × 50 × 50 [A] 직류티 : 1개 × 0.60 = 0.60 [m]

ⓒ 직관길이 및 상당길이 합계 : 4.8 [m]

ⓓ 마찰손실수두 = $4.8 \times \dfrac{1.68}{100}$ = 0.08064 [m]

② 40 [A] [G - E]

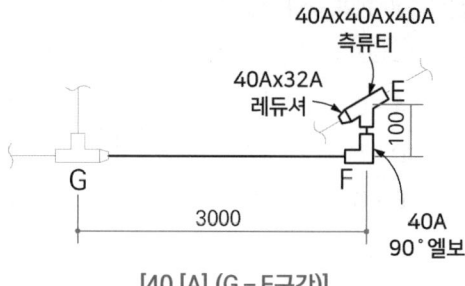

[40 [A] (G – E구간)]

㉠ 직관길이 : 0.1 + 3 = 3.1 [m]
㉡ 상당길이
  • 40 × 32 [A] 레듀셔 : 1개 × 0.90 = 0.90 [m]
  • 40 [A] 90°엘보 : 1개 × 1.50 = 1.50 [m]
  • 40 × 40 × 40 [A] 측류티 : 1개 × 2.10 = 2.10 [m]
㉢ 직관길이 및 상당길이 합계 : 7.6 [m]
㉣ 마찰손실수두 = $7.6 \times \dfrac{5.40}{100}$ = 0.4104 [m]

③ 32 [A] [E - D]

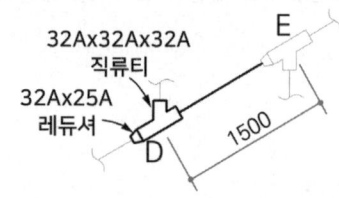

[32 [A] (E – D구간)]

㉠ 직관길이 : 1.5 [m]
㉡ 상당길이
  • 32 × 25 [A] 레듀셔 : 1개 × 0.72 = 0.72 [m]
  • 32 × 32 × 32 [A] 직류티 : 1개 × 0.36 = 0.36 [m]
㉢ 직관길이 및 상당길이 합계 : 2.58 [m]
㉣ 마찰손실수두 = $2.58 \times \dfrac{11.38}{100}$ = 0.2936 [m]

④ 25 [A] [D - A]

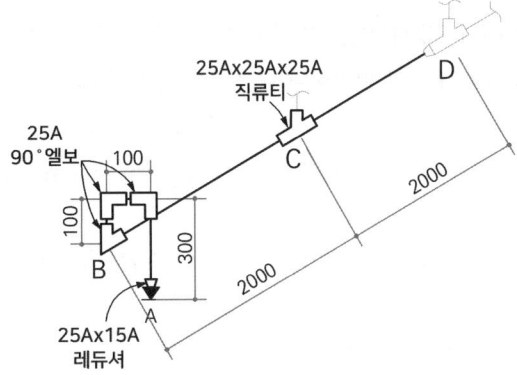

[25 [A] (D – A구간)]

　㉠ 직관길이 : 0.1 + 0.1 + 0.3 + 2 + 2 = 4.5 [m]
　㉡ 상당길이
　　• 25 × 15 [A] 레듀셔 : 1개 × 0.54 = 0.54 [m]
　　• 25 [A] 90°엘보 : 3개 × 0.9 = 2.7 [m]
　　• 25 × 25 × 25 [A] 직류티 : 1개 × 0.27 = 0.27 [m]
　㉢ 직관길이 및 상당길이 합계 : 8.01 [m]
　㉣ 마찰손실수두 = $8.01 \times \dfrac{39.82}{100}$ = 3.1895 [m]

⑤ 배관의 마찰손실수두 합계 = 3.1895 + 0.2936 + 0.4104 + 0.0806
　　　　　　　　　　　　　= 3.9741 [m]
　∴ 배관 마찰손실압력 = 0.0397 [MPa]

답 | 0.0397 [MPa]

나. H지점을 기준으로 한 A지점의 낙차
　낙차 = 0.1 + 0.1 - 0.3 = - 0.1 [m]
　(기준점으로부터 올라가면 +, 내려가면 -)
　따라서, H지점으로부터 0.1 [m] 아래에 A지점이 있다.

　(H)가 (A)보다 (0.1) [m]만큼 더 크다.

답 | H, A, 0.1

다. 계산과정 : A지점에서의 방사압력
　A지점에서의 방사압력 = H점에서의 압력 - H점과 A점 사이 마찰손실압력 - 낙차압
　　　　　　　　　　　 = 0.15[MPa] - 0.0397[MPa] - (-0.001[MPa])

답 | 0.1113 [MPa]

15

배점 6

3층의 바닥면적이 1,800 [m²]인 병원에 소화기구를 화재안전기술기준에 따라 설치하려고 한다. 다음 조건을 참고하여 각 물음에 답하시오.

조건
(1) 의료시설의 주요구조부는 내화구조로 되어 있고, 벽 및 반자의 실내에 면하는 부분이 준불연재료로 되어 있다.
(2) 3층에는 바닥면적이 66 [m²]인 병실이 15개, 33 [m²] 미만인 병실이 10개가 있다.
(3) 지하 1층에는 바닥면적이 30 [m²]인 주방이 있다.
(4) ABC급 3단위 수동식 소화기로 설치한다.

가. 3층에 소화기구를 설치해야 할 소화기구의 능력단위는? (단, 병실에 추가로 설치해야할 소화기는 제외한다)
  ○ 계산과정 :
  ○ 답 :

나. 병실에 추가 설치해야 할 소화기의 개수는? (단, 가에서 계산한 소화기구 능력단위는 제외한다)
  ○ 계산과정 :
  ○ 답 :

다. 주방에 설치해야 할 자동확산소화기의 개수는?
  ○ 계산과정 :
  ○ 답 :

정답

가. 계산과정
  능력단위 = $\dfrac{1800[m^2]}{50 \times 2[m^2/단위]}$ = 18[단위]   답 | 18 [단위]

나. 계산과정
  바닥면적 33 [m²] 이상으로 구획된 거실에 추가 배치   답 | 15 [개]

다. 계산과정
  자동확산소화기는 해당 용도의 바닥면적을 기준으로 10 [m²] 이하는 1개, 10 [m²] 초과는 2개 이상을 설치   답 | 2개 이상

📌 **핵심이론** 특정소방대상물별 소화기구의 능력단위 표

특정소방대상물	소화기구의 능력단위
위락시설	해당 용도의 바닥면적 30 [m²]마다 능력단위 1단위 이상
공연장, 집회장, 관람장, 문화재, 장례식장 및 의료시설	해당 용도의 바닥면적 50 [m²]마다 능력단위 1단위 이상
근린생활시설, 판매시설, 운수시설, 숙박시설, 노유자시설, 전시장, 공동주택, 업무시설, 방송통신시설, 공장, 창고시설, 항공기 및 자동차 관련 시설 및 관광휴게시설	해당 용도의 바닥면적 100 [m²]마다 능력단위 1단위 이상
그 밖의 것	해당 용도의 바닥면적 200 [m²]마다 능력단위 1단위 이상

[비고] 소화기구의 능력단위를 산출함에 있어서 건축물의 주요구조부가 내화구조이고, 벽 및 반자의 실내에 면하는 부분이 불연재료·준불연재료 또는 난연재료로 된 특정소방대상물에 있어서는 위 표의 바닥면적의 2배를 해당 특정소방대상물의 기준면적으로 한다.

16

득점 ___ 배점 6

다음은 옥내소화전설비의 배관계통도의 일부분이다. 다음 각 물음에 답하시오.

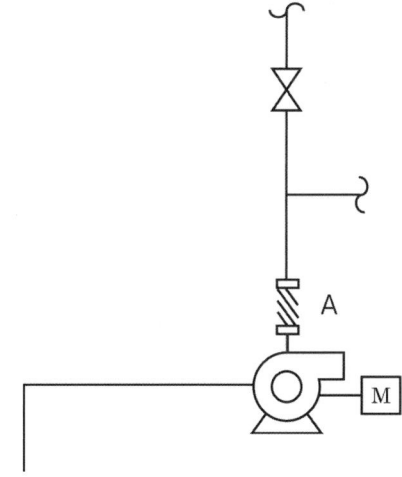

가. 위 도면에 압력계, 연성계, 체크밸브, 리듀서를 도시하시오.

　○답 :

나. 다음 도면의 A에 해당하는 도시기호의 명칭을 쓰시오.

　○답 :

다. 리듀서의 기능을 설명하시오.
◯ 답 :

정답

가. 도시화

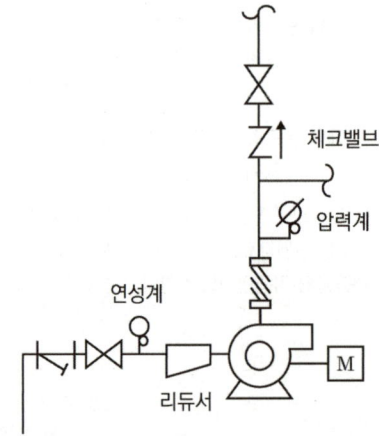

나. 플랙시블조인트

다. 리듀서의 기능
　펌프의 흡입 측 배관 내 공기고임을 방지하기 위하여
　공동현상(Cavitation)을 방지하기 위하여

모아바 www.moa-ba.com
모아소방전기학원 www.moate.co.kr

격차를 뛰어넘어 압도적인 격차를 만들다

2024

1회	2024.04.27
2회	2024.07.28
3회	2024.11.02

2024년 1회

2024.04.27

01

제연설비에서 사용되는 솔레노이드댐퍼, 모터댐퍼, 퓨즈댐퍼를 설명하시오.

○ 답
- 솔레노이드댐퍼 :
- 모터댐퍼 :
- 퓨즈댐퍼 :

정답

- 솔레노이드댐퍼 : 건축물 화재발생 시 화재감지기의 신호를 받아 전자밸브에 의하여 누름핀을 이동시킴으로써 로크(잠김)를 해제하여 스프링의 힘 또는 중력에 의하여 작동되는 댐퍼(제연경계, 도어폐쇄 등에 이용)
- 모터댐퍼 : 전동댐퍼로서 화재 시 열, 연기감지기의 신호를 받아 모터에 의하여 누름핀을 이동시킴으로써 로크를 해제하여 스프링의 힘 또는 전동기 작동에 의하여 작동되는 댐퍼(방연댐퍼, 풍량조절댐퍼, 방화셔터 등에 쓰임)
- 퓨즈댐퍼 : 화재 시 온도가 상승하여 70[℃] 이상이 되면 퓨즈가 녹아 덕트가 폐쇄되는 댐퍼

솔레노이드 댐퍼	모터댐퍼	퓨즈댐퍼

02

옥외저장탱크에 포소화설비를 설치하려고 한다. 그림 및 [조건]을 참고하여 다음 각 물음에 답하시오.

배점 9

조건

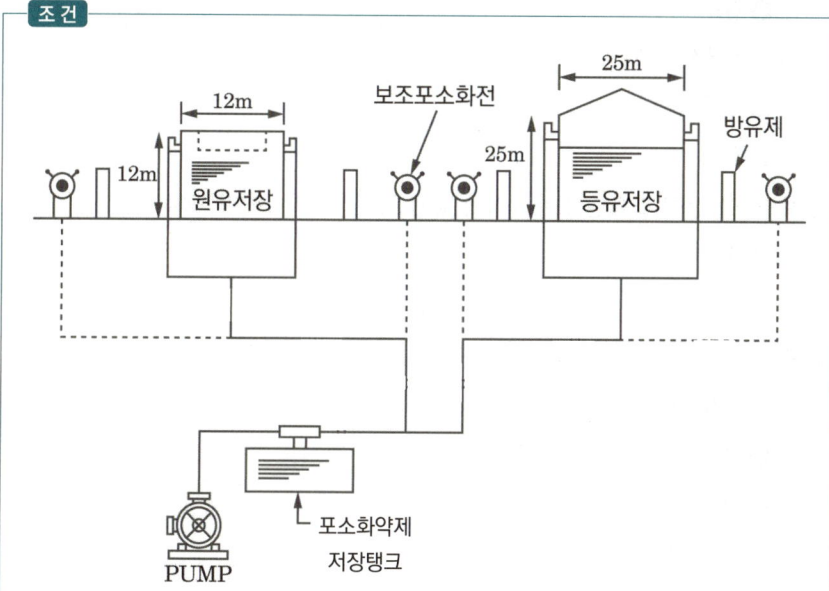

(1) 탱크용량 및 형태
  - 원유저장탱크 : 플로팅루프탱크(부상지붕구조)이며, 탱크 내 측면과 굽도리판 사이의 거리는 1.2 [m]이다.
  - 등유저장탱크 : 콘루프탱크
(2) 원유저장탱크에 특형 고정포방출구가 2개 설치되어 있고, 등유저장탱크에 I형 고정포방출구가 2개 설치되어 있다.
(3) 포소화약제는 3 [%] 수성막포를 사용한다.
(4) 보조소화전은 4개가 설치되어 있다.
(5) 고정포방출구의 방출량 및 방사시간

포방출구의 종류 방출량 및 방사시간	I형	II형	특형
방출량 [L/min·m²]	4	4	8
방사시간 [min]	30	55	30

(6) 가장 먼 탱크까지 송액관(내경 75 [mm] 이하의 송액관은 제외)에 충전하기 위하여 필요한 포소화약제량은 72.07 [L]이다.
(7) 탱크 2대에서의 동시화재는 없는 것으로 간주한다.
(8) 그림이나 조건에 없는 것은 제외한다.

가. 각 탱크에 필요한 포수용액의 양 [L/min]은 얼마인지 구하시오.
　1) 원유저장탱크
　　○ 계산과정 :
　　○ 답 :
　2) 등유저장탱크
　　○ 계산과정 :
　　○ 답 :

나. 보조소화전에 필요한 포수용액의 양 [L/min]은 얼마인지 구하시오.
　○ 계산과정 :
　○ 답 :

다. 각 탱크에 필요한 포소화약제의 양 [L]은 얼마인지 구하시오.
　1) 원유저장탱크
　　○ 계산과정 :
　　○ 답 :
　2) 등유저장탱크
　　○ 계산과정 :
　　○ 답 :

라. 보조소화전에 필요한 소화약제의 양 [L]은 얼마인지 구하시오.
　○ 계산과정 :
　○ 답 :

마. 포소화설비에 필요한 최소 포소화약제의 양 [L]은 얼마인지 구하시오.
　○ 계산과정 :
　○ 답 :

정답

가. 1) 원유저장탱크
　　※ 포수용액의 양 단위가 [L/min]이므로 문제에서 '분당 포수용액의 양'을 묻는 것이다.
　　계산과정 : $Q[L/\min] = A[m^2] \times Q_A[L/m^2 \cdot \min]$
　　$= \dfrac{\pi \times (12^2 - 9.6^2)}{4}[m^2] \times 8[L/\min \cdot m^2] = 325.72[L/\min]$

　　답 | 325.72 [L/min]

2) 등유저장탱크

※ 포수용액의 양 단위가 [L/min]이므로 문제에서 '분당 포수용액의 양'을 묻는 것이다.

계산과정 : $= 0.827 \times 0.013 \times \sqrt{40} = 0.0679 ≒ 0.068[m^3/s]$

$= \dfrac{\pi \times 25^2}{4}[m^2] \times 4[L/min \cdot m^2] = 1963.50[L/min]$

답 | 1963.5 [L/min]

나. 계산과정

※ 포수용액의 양 단위가 [L/min]이므로 문제에서 '분당 포수용액의 양'을 묻는 것이다.

$Q[L/min] = N \times 400[L/min]$
$= 3[개] \times 400[L/min] = 1200[L/min]$

답 | 1200 [L/min]

다. 1) 원유저장탱크

계산과정 : $Q[L] = A[m^2] \times Q_A[L/m^2 \cdot min] \times T[min] \times S$

$= \dfrac{\pi \times (12^2 - 9.6^2)}{4}[m^2] \times 8[L/min \cdot m^2] \times 30[min] \times 0.03$

$= 293.15[L]$

답 | 293.15 [L]

2) 등유저장탱크

계산과정 : $Q[L] = A[m^2] \times Q_A[L/m^2 \cdot min] \times T[min] \times S$

$= \dfrac{\pi \times 25^2}{4}[m^2] \times 4[L/min \cdot m^2] \times 30[min] \times 0.03 = 1767.15[L]$

답 | 1767.15 [L]

라. 계산과정 : $Q[L] = N \times 400[L/min] \times 20[min] \times S$

$= 3[개] \times 400[L/min] \times 20[min] \times 0.03 = 720[L]$

답 | 720 [L]

마. 계산과정

포소화약제의 양 = 고정포방출구에서 필요한 양 + 보조소화전에서 필요한 양 + 송액관 충전량
= 1767.15 + 720 + 72.07 = 2559.22 [L]

답 | 2559.22 [L]

핵심이론 포소화약제의 저장량 - 고정포방출구방식

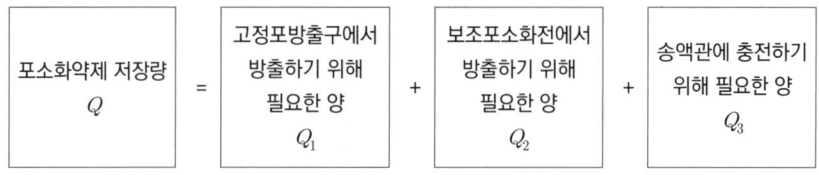

고정포방출구방식은 다음의 양을 합한 양 이상으로 할 것

1) 고정포방출구에서 방출하기 위하여 필요한 양

$$Q_1 = A \cdot Q_A \cdot T \cdot S$$

Q_1 : 포소화약제의 양 [L]
A : 탱크의 액표면적 [m²]
Q_A : 단위 포소화수용액의 양 [L/m² · min]
T : 방출시간 [min]
S : 포소화약제의 사용농도 [%]

2) 보조포소화전에서 방출하기 위하여 필요한 양

$$Q_2 = N \cdot 8000 \cdot S$$

Q_2 : 포소화약제의 양 [L]
N : 호스 접결구의 수 (3개 이상인 경우는 3개)
S : 포소화약제의 사용농도 [%]

3) 가장 먼 탱크까지의 송액관에 충전하기 위하여 필요한 양(내경 75 [mm] 이하의 송액관은 제외)

$$Q_3 = V \times S \times 1000 \, [L/m^3]$$

Q_3 : 포소화약제의 양 [L]
V : 송액관 내부의 체적 [m³]
S : 포소화약제의 사용농도 [%]

* 송액관 : 수원으로부터 포헤드, 고정포방출구 또는 이동식 노즐에 급수하는 배관

03 〔배점 4〕

펌프의 흡입 측 배관에 버터플라이밸브 외의 개폐표시형 밸브를 설치해야 하는 이유를 2가지 쓰시오.

O 답
  ①
  ②

> 정답
① 유효흡입양정의 감소로 공동현상이 발생할 우려가 있다.
② 밸브의 순간적인 개폐로 수격작용이 발생할 수 있다.

04

조건을 참조하여 인명구조기구에 관한 다음 각 물음에 답하시오.

> **조건**
> 특정소방대상물의 용도는 다음 3가지이다.
> (1) 관광호텔 : 지하 2층, 지상 5층이다.
> (2) 영화상영관 : 영화상영관의 바닥면적은 500 [m²]이다.
> (3) 물분무등소화설비 중 할로겐화합물소화설비가 설치된 특정소방대상물

가. 소방시설 설치 및 관리에 관한 법률상 특정소방대상물의 수용인원 산정방법에 따라 영화상영관의 수용인원이 몇 명인지 산정하시오. (단, 수용인원 산정 시 고정식 의자와 긴 의자는 고려하지 않는다)

○ 계산과정 :

○ 답 :

나. 특정소방대상물의 용도 및 장소별로 설치해야 할 인명구조기구의 종류와 최소 설치수량을 아래 표에 쓰시오. (단, 인명구조기구의 설치 대상이 아닐 경우 ×로 표기하고, 영화상영관의 경우 '가'항에서 산정한 수용인원을 기준으로 한다)

특정소방대상물	인명구조기구의 종류	설치 수량
(1) 관광호텔	①	②
(2) 영화상영관	③	④
(3) 물분무등소화설비 중 할로겐화합물소화설비가 설치된 특정소방대상물	⑤	⑥

정답

가. 계산과정

수용인원 = $\dfrac{500[m^2]}{4.6[m^2/인]}$ = 108.69 ≒ 109[인]

핵심이론 소방시설 설치 및 관리에 관한 법률 시행령 [별표 7] 수용인원의 산정방법

1. 숙박시설이 있는 특정소방대상물
   가. 침대가 있는 숙박시설 : 해당 특정소방대상물의 종사자 수에 침대 수(2인용 침대는 2개로 산정한다)를 합한 수
   나. 침대가 없는 숙박시설 : 해당 특정소방대상물의 종사자 수에 숙박시설 바닥면적의 합계를 3 [m²]로 나누어 얻은 수를 합한 수
2. 제1호 외의 특정소방대상물
   가. 강의실·교무실·상담실·실습실·휴게실 용도로 쓰는 특정소방대상물 : 해당 용도로 사용하는 바닥면적의 합계를 1.9 [m²]로 나누어 얻은 수
   나. 강당, <u>문화 및 집회시설</u>, 운동시설, 종교시설 : <u>해당 용도로 사용하는 바닥면적의 합계를 4.6 [m²]로 나누어 얻은 수</u> (관람석이 있는 경우 고정식 의자를 설치한 부분은 그 부분의 의자 수로 하고, 긴 의자의 경우에는 의자의 정면 너비를 0.45 [m]로 나누어 얻은 수로 한다)
   다. 그 밖의 특정소방대상물 : 해당 용도로 사용하는 바닥면적의 합계를 3 [m²]로 나누어 얻은 수

[비고]
1. 위 표에서 바닥면적을 산정할 때에는 복도(「건축법 시행령」 제2조 제11호에 따른 준불연재료 이상의 것을 사용하여 바닥에서 천장까지 벽으로 구획한 것을 말한다), 계단 및 화장실의 바닥면적을 포함하지 않는다.
2. <u>계산 결과 소수점 이하의 수는 반올림한다.</u>

답 | 109명

나.

특정소방대상물	인명구조기구의 종류	설치 수량
(1) 관광호텔	① • 방열복 또는 방화복 • 공기호흡기 • 인공소생기	② 각 2개
(2) 영화상영관	③ 공기호흡기	④ 층마다 2개
(3) 물분무등소화설비 중 할로겐화합물소화설비가 설치된 특정소방대상물	⑤ ×	⑥ ×

※ ⑤, ⑥ 추가 해설
물분무등소화설비 중 이산화탄소소화설비를 설치해야 하는 특정소방대상물에 공기호흡기를 설치해야 한다. 할로겐화합물소화설비가 설치된 특정소방대상물은 인명구조기구를 설치해야 하는 대상물이 아니다.

핵심이론 인명구조기구의 화재안전기술기준(NFTC 302)- 2.1 인명구조기구의 설치기준

특정소방대상물	인명구조기구	설치 수량
지하층을 포함하는 층수가 7층 이상인 관광호텔 및 5층 이상인 병원	• 방열복 또는 방화복 (안전모, 보호장갑 및 안전화 포함) • 공기호흡기 • 인공소생기	각 2개 이상 비치할 것 (단, 병원은 인공소생기 설치하지 않을 수 있다)
• 문화 및 집회시설 중 수용인원 100명 이상의 영화상영관 • 판매시설 중 대규모 점포 • 운수시설 중 지하역사 • 지하가 중 지하상가	• 공기호흡기	층마다 2개 이상 비치할 것 (단, 각 층마다 갖추어 두어야 할 공기호흡기 중 일부를 직원이 상주하는 인근 사무실에 갖추어 둘 수 있다)
• 물분무등소화설비 중 이산화탄소소화설비를 설치해야 하는 특정소방대상물	• 공기호흡기	이산화탄소소화설비가 설치된 장소의 출입구 외부 인근에 1개 이상 비치할 것

[방열복]

[방화복]

[공기호흡기]

[인공소생기]

05

배점 12

다음 그림과 같이 6층 건물(철근콘크리트 건물)에 1층부터 6층까지 각 층에 1개씩 옥내소화전을 설치하고자 한다. 그림과 주어진 [조건]을 이용하여 다음 각 물음에 답하시오.

조건

(1) 노즐의 최소 방수량 : 130 [L/min] (구경 13 [mm] 노즐)
(2) 수원의 용량 : 소화전 조작 시 20분간 계속 사용할 수 있는 양 이상으로 한다.
(3) 소화전 노즐 선단의 압력 : 0.17 [MPa] 이상
(4) 직관의 마찰손실은 다음 표를 참조할 것

[100 [m]당 직관의 마찰손실수두]

구경 \ 유량	130 [L/min]	260 [L/min]	390 [L/min]	520 [L/min]
40 [A]	14.7 [m]	-	-	-
50 [A]	5.10 [m]	18.4 [m]	-	-
65 [A]	1.72 [m]	6.20 [m]	13.2 [m]	-
80 [A]	0.71 [m]	2.57 [m]	5.47 [m]	9.20 [m]

(5) 관이음 및 밸브 등의 등가길이는 다음 표를 이용할 것

관이음 및 밸브의 호칭경	90° (엘보)	45° (엘보)	분류 (측류)티	직류티	게이트 밸브	글로브 밸브	앵글 밸브
	등가길이[m]						
40 [A]	1.5	0.9	2.1	0.45	0.30	13.5	6.5
50 [A]	2.1	1.2	3.0	0.60	0.39	16.5	8.4
65 [A]	2.4	1.5	3.6	0.75	0.48	19.5	10.2
80 [A]	3.0	1.8	4.5	0.90	0.60	24.0	12.0
100 [A]	4.2	2.4	6.3	1.20	0.81	37.5	16.5
125 [A]	5.1	3.0	7.5	1.50	0.969	42.0	21.0
150 [A]	6.0	3.6	9.0	1.80	1.20	49.5	24.0

※ 체크밸브와 풋밸브의 등가길이는 이 표의 앵글밸브에 준한다.

(6) 펌프 토출 측 주배관에서 옥내소화전으로 배관이 분기될 때, 티는 80 [A] × 80 [A] × 80 [A]를 설치하고 배관의 축소 부분은 80 [A] × 40 [A] 레듀셔를 사용한다.
(7) 관이음 중 엘보는 모두 90°엘보만 사용할 것

(8) 호스의 마찰손실수두는 다음 표를 이용할 것

[100 [m]당 호스의 마찰손실수두]

구분	호스의 호칭경					
	40 [A]		50 [A]		65 [A]	
유량 [L/min]	마호스	고무내장 호스	마호스	고무내장 호스	마호스	고무내장 호스
130	26 [m]	12 [m]	7 [m]	3 [m]	-	-
350	-	-	-	-	100 [m]	4 [m]

(9) 호스는 길이 15 [m], 구경 40 [mm]의 마호스 2개를 사용한다.
(10) 펌프의 효율은 55 [%]이며, 전동기의 동력 전달계수는 1로 계산한다.
(11) 기타의 제시되지 않은 조건은 화재안전기술기준에 따른다.

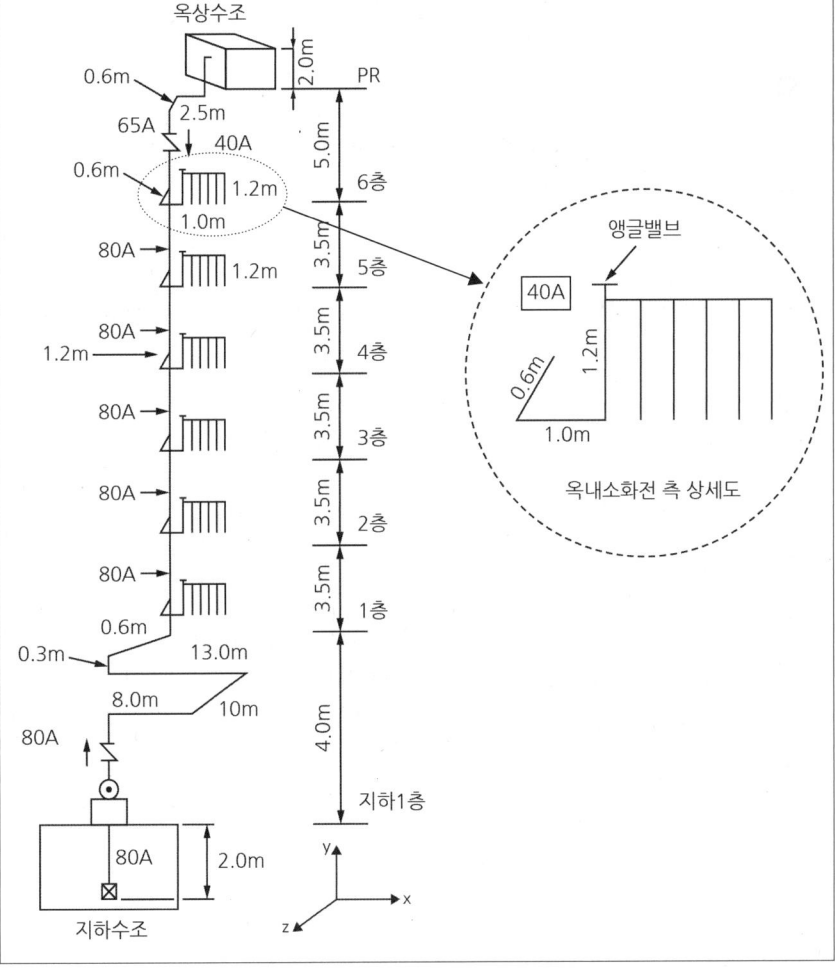

가. 펌프의 송수량 [L/min]을 구하시오.
　○ 계산과정 :
　○ 답 :

나. 수원의 소요 저수량[m^3]을 구하시오. (단, 옥상수조를 포함하여 계산한다)
　○ 계산과정 :
　○ 답 :

다. 펌프의 전양정을 산정하는 데 필요한 실양정[m]을 구하시오.
　○ 계산과정 :
　○ 답 :

라. 펌프의 전양정을 산정하는 데 필요한 호스의 마찰손실수두[m]를 구하시오.
　○ 계산과정 :
　○ 답 :

마. 펌프의 전양정을 산정하는 데 필요한 직관의 마찰손실수두[m]를 구하시오.
　○ 계산과정 :
　○ 답 :

바. 펌프의 전양정을 산정하는 데 필요한 관이음 및 밸브의 마찰손실수두[m]를 구하시오.
　○ 계산과정 :
　○ 답 :

사. 펌프의 전양정[m]을 구하시오.
　○ 계산과정 :
　○ 답 :

아. 펌프 구동을 위한 전동기 동력[kW]을 구하시오.
　○ 계산과정 :
　○ 답 :

> 정답

가. 계산과정

$Q = N \times 130[L/min] = 1 \times 130[L/min] = 130[L/min]$

답 | 130 [L/min]

나. 계산과정

Q = 전용수원의 저수량 + 옥상수조의 저수량

$= (1 \times 130[L/min] \times 20[min]) + \left(1 \times 130[L/min] \times 20[min] \times \dfrac{1}{3}\right)$

$= 3466.666[L] = 3.47[m^3]$

답 | 3.47 [m³]

다. 계산과정

실양정(풋밸브로부터 최상층 방수구까지 수직거리) = 2 + 4 + (3.5 × 5) + 1.2
= 24.7 [m]

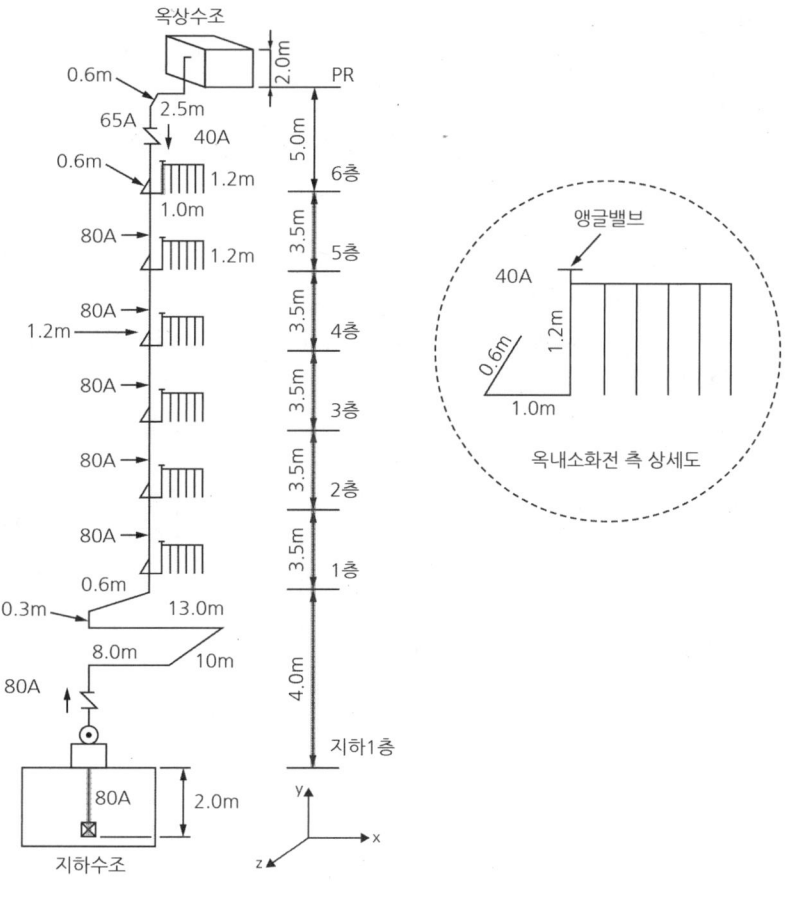

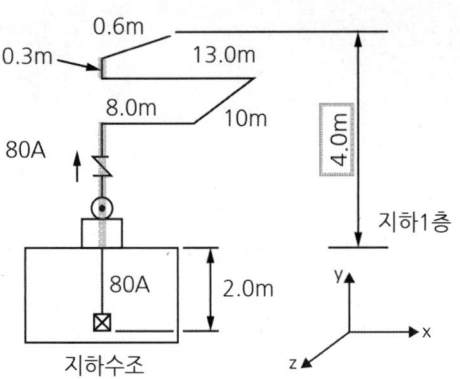

답 | 24.7 [m]

라. 계산과정

호스의 마찰손실수두 = (15 [m/개] × 2 [개]) × $\dfrac{26[m]}{100[m]}$ = 7.8 [m]

답 | 7.8 [m]

마. 계산과정

1) 직관길이[m]
   ① 80 [A]
      2 + 8 + 10 + 13 + 0.6 + 4 + (3.5 × 5) = 55.1 [m]
   ② 40 [A]
      0.6 + 1.0 + 1.2 = 2.8 [m]

2) 직관의 마찰손실수두[m]

   조건 (4)에 의해 80 [A] 배관에 130 [L/min] 유량일 때 100 [m]당 마찰손실은 0.71 [m], 40 [A] 배관에 130 [L/min] 유량일 때 100 [m]당 마찰손실은 14.7 [m]이므로

   ∴ 직관의 마찰손실수두[m] = $\left(55.1[m] \times \dfrac{0.71[m]}{100[m]}\right) + \left(2.8[m] \times \dfrac{14.7[m]}{100[m]}\right)$
   = 0.802 ≒ 0.8 [m]

답 | 0.8 [m]

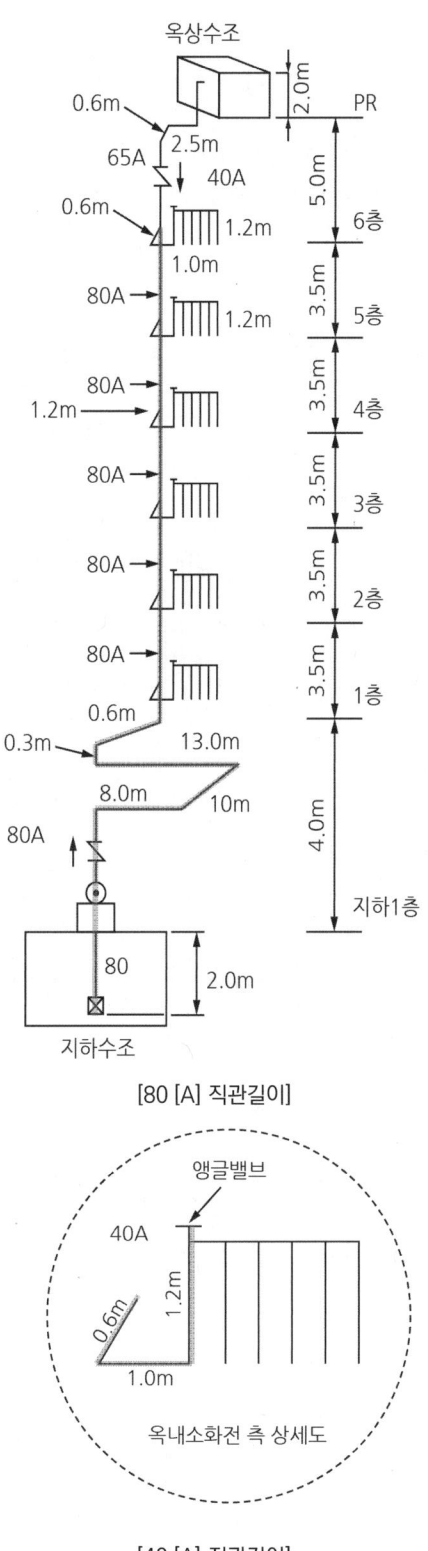

[80 [A] 직관길이]

[40 [A] 직관길이]

바. 계산과정

1) 관이음 및 밸브의 등가길이[m]

① 80 [A]
  (1) 풋밸브 1개 × 12.0 = 12.0 [m]
  (2) 체크밸브 1개 × 12.0 = 12.0 [m]
  (3) 90°엘보 6개 × 3.0 = 18 [m]
  (4) 직류티 5개 × 0.9 = 4.5 [m]
  (5) 분류티 1개 × 4.5 = 4.5 [m]
  ∴ 80 [A] 관이음 및 밸브의 등가길이[m] : 12 + 12 + 18 + 4.5 + 4.5 = 51 [m]

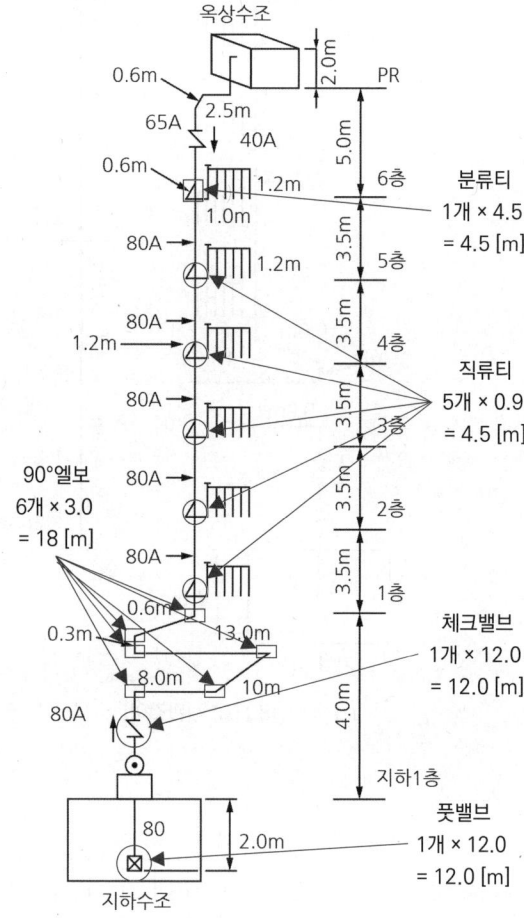

② 40 [A]
  (1) 90°엘보 2개 × 1.5 = 3.0 [m]
  (2) 앵글밸브 1개 × 6.5 = 6.5 [m]
  ∴ 40 A 관이음 및 밸브의 등가길이[m] : 3 + 6.5 = 9.5 [m]

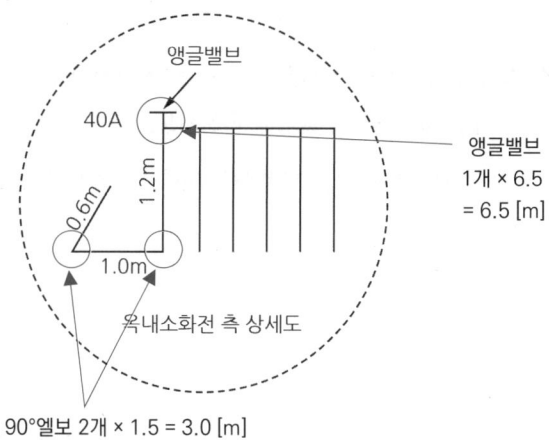

90°엘보 2개 × 1.5 = 3.0 [m]

2) 관이음 및 밸브의 마찰손실수두[m]

조건 (4)에 의해 80 [A] 배관에 130 [L/min] 유량일 때 100 [m]당 마찰손실은 0.71 [m], 40 [A] 배관에 130 [L/min] 유량일 때 100 [m]당 마찰손실은 14.7 [m]이므로

∴ 관이음 및 밸브의 마찰손실수두 [m]

$$= \left(51[m] \times \frac{0.71[m]}{100[m]}\right) + \left(9.5[m] \times \frac{14.7[m]}{100[m]}\right)$$
$$= 1.758 ≒ 1.76[m]$$

답 | 1.76 [m]

사. 계산과정

$$H = h_1 + h_2 + h_3 + 17[m]$$
$$(0.17[MPa] = 17[m])$$

H : 옥내소화전의 전양정 [m]
h_1 : 배관 및 관 부속품의 마찰손실수두 [m]
h_2 : 호스의 마찰손실수두 [m]
h_3 : 낙차 [m]

① h_1(배관 및 관 부속품의 마찰손실수두) = 직관의 마찰손실수두
  + 관 부속품의 마찰손실수두
  = 0.8 [m] + 1.76 [m]

② h_2(호스의 마찰손실수두) = 7.8 [m]

③ h_3(낙차) = 24.7 [m]

∴ 전양정 $H = h_1 + h_2 + h_3 + 17$ = (0.8+1.76) + 7.8 + 24.7 + 17 = 52.06 [m]

답 | 52.06 [m]

아. 계산과정

$$전동기\ 동력\ P[kW] = \frac{\gamma[kN/m^3] \times Q[m^3/s] \times H[m]}{\eta} \times K$$

$$P[kW] = \frac{9.8[kN/m^3] \times \frac{0.13}{60}[m^3/s] \times 52.06[m]}{0.55} \times 1 = 2.009 ≒ 2.01[kW]$$

답 | 2.01 [kW]

06

주차장에 물분무소화설비를 설치하려고 한다. 주차장의 최대 방수구역이 가로 5 [m], 세로 8 [m]일 때, 다음 각 물음에 답하시오.

가. 물분무소화설비의 펌프 최소 토출량 [L/min]을 계산하시오.
- 계산과정 :
- 답 :

나. 수원의 최소 저수량 [m³]을 계산하시오.
- 계산과정 :
- 답 :

정답

✓ 계산과정

가. $Q = A\,[m^2] \times 20\,[L/min \cdot m^2]$

여기서 A : 바닥면적
(단, 최대 방수구역의 바닥면적을 기준으로 함. 50 [m²] 이하인 경우에는 50 [m²])
주차장의 최대 방수면적 $A = 5[m] \times 8[m] = 40[m^2]$이므로 물분무소화설비의 펌프 최소 토출량은 50 [m²]를 기준으로 산정한다.

$Q = 50\,[m^2] \times 20\,[L/m^2 \cdot min] = 1000\,[L/min]$

답 | 1000 [L/min]

나. 수원의 양 $[m^3] = 1000\,[L/min] \times 20\,[min] = 20000\,[L] = 20\,[m^3]$

답 | 20 [m³]

★ 핵심이론 물분무소화설비 수원의 저수량

소방대상물	수원량 산정방법	비고
특수가연물을 저장·취급하는 특정소방대상물 또는 그 부분	A [m²] × 10 [L/min·m²] × 20 [min] 이상 (A : 바닥면적)	최대 방수구역의 바닥면적을 기준으로 함 50 [m²] 이하인 경우에는 50 [m²]
절연유 봉입 변압기	A [m²] × 10 [L/min·m²] × 20 [min] 이상 (A : 바닥부분을 제외한 표면적을 합한 면적)	-
컨베이어벨트 등	A [m²] × 10 [L/min·m²] × 20 [min] 이상 (A : 벨트 부분의 바닥면적)	-
케이블 트레이, 케이블 덕트 등	A [m²] × 12 [L/min·m²] × 20 [min] 이상 (A : 투영된 바닥면적)	-
차고·주차장	A [m²] × 20 [L/min·m²] × 20 [min] 이상 (A : 바닥면적)	최대 방수구역의 바닥면적을 기준으로 함 50 [m²] 이하인 경우에는 50 [m²]

07

할로겐화합물 및 불활성기체소화설비의 화재안전기술기준에 관한 다음 각 물음에 답하시오.

가. 할로겐화합물 및 불활성기체소화설비에서 배관의 구경기준에 관한 다음 각 괄호를 채우시오.

> 배관의 구경은 해당 방호구역에 할로겐화합물소화약제는 (㉠)초 이내에, 불활성기체소화약제는 A·C급 화재 (㉡)분, B급 화재 (㉢)분 이내에 방호구역 각 부분에 최소설계농도의 (㉣) [%] 이상에 해당하는 약제량이 방출되도록 해야 한다.

○ 답

㉠   ㉡   ㉢   ㉣

나. 불활성기체소화약제보다 할로겐화합물소화약제의 약제 방출시간이 짧은 이유는 무엇인가?

○ 답 :

정답

가. ㉠ 10, ㉡ 2, ㉢ 1, ㉣ 95
나. 할로겐화합물소화약제가 열분해 시 생성되는 유독가스(HF, HCl, HBr …)의 발생을 줄이기 위해

08

아래 그림과 같은 루프(Loop) 배관에 직접 연결된 스프링클러헤드에서 물이 방수되고 있다. 화살표 방향으로 흐르는 Q_1 [L/min], Q_2 [L/min]를 산출하시오.

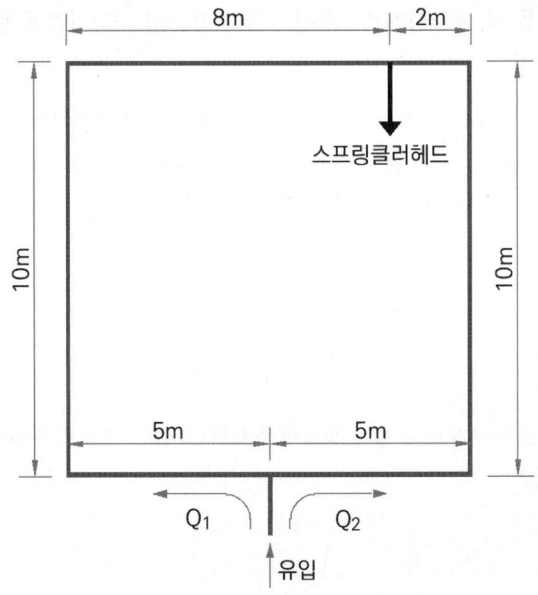

조건

(1) 배관 마찰손실은 하젠 - 윌리엄공식을 사용하되 계산 편의상 다음과 같다고 가정한다.

$$\Delta P_m = \frac{6 \times 10^4 \times Q^2}{100^2 \times d^5}$$

단, ΔP_m : 배관 1 [m]당 마찰손실압력 [MPa]
Q : 유량 [L/min], d : 배관의 내경 [mm]

(2) 루프 배관의 호칭구경은 모두 같다.
(3) 헤드 선단의 방수압 및 방사량은 화재안전기술기준상 최소 방수압 및 최소 방사량으로 한다.
(4) 90°엘보의 등가길이는 1개당 1 [m]로 하고, 주어지지 않은 기타 조건은 고려하지 않는다.

○ 계산과정 :

○ 답 :

정답

☑ 계산과정

$Q_1 + Q_2 = 80[L/\min]$ ·· (1)식

$\Delta P_1 = \Delta P_2$ ··· (2)식

$\Delta P_1 = \dfrac{6 \times 10^4 \times Q_1^2}{100^2 \times d^5} \times L_1$

$\Delta P_2 = \dfrac{6 \times 10^4 \times Q_2^2}{100^2 \times d^5} \times L_2$

여기서 L_1 = 직관길이 + 관부속품의 상당길이
$= (5+10+8) + \boxed{(1+1)}$ → 90°엘보 2개
$= 25[m]$

L_2 = 직관길이 + 관부속품의 상당길이
$= (5+10+2) + \boxed{(1+1)}$ → 90°엘보 2개
$= 19[m]$

$\Delta P_1 = \Delta P_2$ 이므로

$\dfrac{6 \times 10^4 \times Q_1^2}{100^2 \times d^5} \times 25 = \dfrac{6 \times 10^4 \times Q_2^2}{100^2 \times d^5} \times 19$

$\dfrac{\cancel{6 \times 10^4} \times Q_1^2}{\cancel{100^2 \times d^5}} \times 25 = \dfrac{\cancel{6 \times 10^4} \times Q_2^2}{\cancel{100^2 \times d^5}} \times 19$

$Q_1^2 \times 25 = Q_2^2 \times 19$

$Q_1^2 = \dfrac{19}{25} \times Q_2^2$

$Q_1 = \sqrt{\dfrac{19}{25}} \times Q_2$

∴ $Q_1 = 0.872 \times Q_2$ ·· (1)식에 대입

$80[L/\min] = Q_1 + Q_2$
$= (0.872 \times Q_2) + Q_2 = 1.872 Q_2$

∴ $Q_2 = 42.735 ≒ 42.74[L/\min]$

∴ $Q_1 = 80 - 42.74 = 37.26[L/\min]$

답 | $Q_1 = 37.26[L/\min]$
$Q_2 = 42.74[L/\min]$

09

헤드 H-1의 방수압력이 0.1 [MPa]이고 방수량이 80 [L/min]인 개방형 스프링클러설비의 수리계산에 대하여 [조건]을 참고하여 다음 각 물음에 답하시오.

배점 7

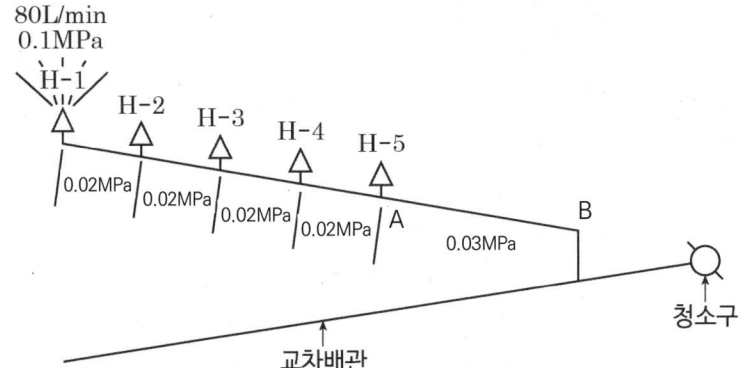

조건
(1) 헤드 H-1에서 H-5까지의 각 헤드마다의 방수압력 차이는 0.02 [MPa]이다.
  (단, 계산 시 헤드와 가지배관 사이의 배관에서의 마찰손실은 무시한다)
(2) A - B구간의 마찰손실압은 0.03 [MPa]이다.
(3) H-1 헤드에서의 방수량은 80 [L/min]이다.

가. A지점에서의 필요 최소압력은 몇 [MPa]인가?
  ○ 계산과정 :
  ○ 답 :

나. A - B구간에서의 유량은 몇 [L/min]인가?
  ○ 계산과정 :
  ○ 답 :

다. A - B구간에서의 최소 내경은 몇 [mm]인가?
  ○ 계산과정 :
  ○ 답 :

정답

가. 계산과정 : 0.1 + (0.02 × 4) = 0.18 [MPa]   답 | 0.18 [MPa]

나. 계산과정

A - B구간에서의 유량은 $H-1, H-2, H-3, H-4, H-5$ 각 헤드 유량의 합과 같다.

① $H-1$: 80[L/min] (조건상에 주어짐)

$$Q_1 = K\sqrt{10P}$$
$$80 = K\sqrt{10 \times 0.1}$$
$$\therefore K = 80$$

② $H-2$: $Q_2 = 80\sqrt{10 \times (0.1 + 0.02)} = 87.636[L/\min]$

③ $H-3$: $Q_3 = 80\sqrt{10 \times (0.1 + 0.02 + 0.02)} = 94.657[L/\min]$

④ $H-4$: $Q_4 = 80\sqrt{10 \times (0.1 + 0.02 + 0.02 + 0.02)}$
$= 101.193[L/\min]$

⑤ $H-5$: $Q_5 = 80\sqrt{10 \times (0.1 + 0.02 + 0.02 + 0.02 + 0.02)}$
$= 107.331[L/\min]$

따라서

$Q = Q_1 + Q_2 + Q_3 + Q_4 + Q_5$
$= 80 + 87.636 + 94.657 + 101.193 + 107.331$
$= 470.817 ≒ 470.82[L/mim]$ 답 | 470.82 [L/min]

다. 계산과정

$$Q = AV = \frac{\pi D^2}{4} \times V$$

$$D = \sqrt{\frac{4Q}{\pi V}} = \sqrt{\frac{4 \times \frac{0.47082}{60}}{\pi \times 6}} = 0.0408066[m] = 40.806[mm] ≒ 40.81[mm]$$

답 | 40.81 [mm]

> **보충** ▶ 방출계수 K(나머지 헤드의 방수량을 구하기 위해 '방출계수 K'를 H-1 헤드를 통해 산출한다)

10   배점 5

그림과 같은 벤추리미터(Venturi Meter)에서 관 속에 흐르는 물의 유량[L/min]을 구하시오.

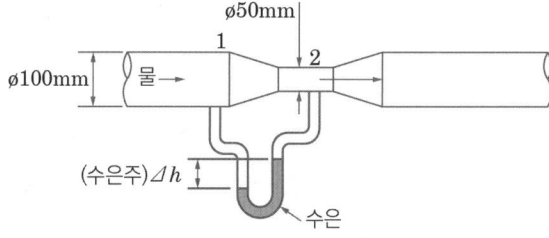

> **조건**
> (1) 벤추리관 입구 지름은 100 [mm], 목(Throat) 지름은 50 [mm]이다.
> (2) 수은의 비중은 13.6이다.
> (3) 수은주의 높이 차 $\triangle h$는 25 [mm]이다.
> (4) 중력가속도는 9.8 [m/s^2]이다.

○ 계산과정 :

○ 답 :

정답

☑ 계산과정

벤추리미터의 유량 공식

$$Q = \frac{A_2}{\sqrt{1-\left(\frac{A_2}{A_1}\right)^2}} \sqrt{2gh\left(\frac{S_0}{S}-1\right)}$$

Q : 유량 [m^3/s], C_d : 유량계수
A_1 : 배관 단면적 [m^2], A_2 : 벤추리관 단면적 [m^2]
$\frac{A_2}{A_1}$: 개구비, h : 마노미터 높이차 [m]
S : 배관유체 비중, S_0 : U자관 액주계유체 비중

$$Q = \frac{A_2}{\sqrt{1-\left(\frac{A_2}{A_1}\right)^2}} \sqrt{2gh\left(\frac{S_0}{S}-1\right)}$$

$$= \frac{\pi \times 0.05^2}{4} \times \frac{1}{\sqrt{1-\left(\frac{0.05^2}{0.1^2}\right)^2}} \times \sqrt{2 \times 9.8 \times 0.025 \times \left(\frac{13.6}{1}-1\right)}$$

$$= 5.0388 \times 10^{-3} [\text{m}^3/\text{s}]$$

$$= 5.0388 \times 10^{-3} [\text{m}^3/\text{s}] \times \frac{1000 [\text{L}]}{1 [\text{m}^3]} \times \frac{60 [\text{s}]}{1 [\text{min}]}$$

$$= 302.328 ≒ 302.33 [\text{L/min}]$$

답 | 302.33 [L/min]

Q·심화 1 │ 벤추리미터 유량계의 유량 공식

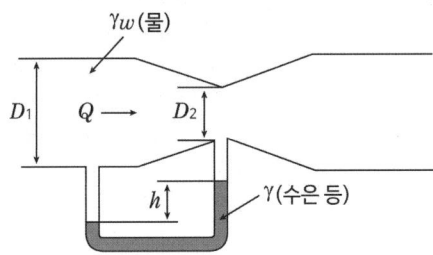

1) 벤추리미터의 이론 유속

$$\text{이론 } V_2 = \frac{1}{\sqrt{1-\left(\frac{D_2}{D_1}\right)^4}} \sqrt{2gh\left(\frac{\gamma}{\gamma_w}-1\right)}$$

이론 V_2 : 이론 유속 [m/s]
D_2 : 교축부 직경 [m]
D_1 : 배관의 직경 [m]
g : 중력가속도 [m/s²]
γ : 유체 비중량 [N/m³]
γ_w : 물의 비중량 [N/m³]
h : 높이 [m]

2) 벤추리미터의 실제 유속

$$\text{실제 } V_2 = C_V \frac{1}{\sqrt{1-\left(\frac{D_2}{D_1}\right)^4}} \sqrt{2gh\left(\frac{\gamma}{\gamma_w}-1\right)}$$

실제 V_2 : 실제 유속 [m/s]
C_V : 속도계수
D_2 : 교축부 직경 [m]
D_1 : 배관의 직경 [m]
g : 중력가속도 [m/s²]
γ : 유체 비중량 [N/m³]
γ_w : 물의 비중량 [N/m³]
h : 높이 [m]

3) 벤추리미터의 이론 유량

$$\text{이론 } Q = \frac{A_2}{\sqrt{1-\left(\frac{D_2}{D_1}\right)^4}} \sqrt{2gh\left(\frac{\gamma}{\gamma_w}-1\right)}$$

이론 Q : 이론 유량 [m³/s]
A_2 : 교축부 단면적 [m²]
D_2 : 교축부 직경 [m]
D_1 : 배관의 직경 [m]
g : 중력가속도 [m/s²]
γ : 유체 비중량 [N/m³]
γ_w : 물의 비중량 [N/m³]
h : 높이 [m]

4) 벤추리미터의 실제 유량
　실제 유체의 흐름에서는 관로의 형상변화, 마찰 저항 등에 따른 손실로 인하여 유량이 이론값보다 작아진다. 이러한 손실들을 실험적으로 얻어지는 보정계수를 곱하여 실제 유량을 구할 수 있다.

$$\text{실제}\, Q = C_V \cdot \frac{A_2}{\sqrt{1-\left(\frac{D_2}{D_1}\right)^4}} \sqrt{2gh\left(\frac{\gamma}{\gamma_w}-1\right)}$$

$$= C_d \cdot \frac{A_2}{\sqrt{1-\left(\frac{D_2}{D_1}\right)^4}} \sqrt{2gh\left(\frac{\gamma}{\gamma_w}-1\right)}$$

실제 Q : 실제 유량 [m³/s]
C_V : 속도계수
C_d : 방출계수(= 유량계수)
A_2 : 교축부 단면적 [m²]
D_2 : 교축부 직경 [m]
D_1 : 배관의 직경 [m]
g : 중력가속도 [m/s²]
γ : 유체 비중량 [N/m³]
γ_w : 물의 비중량 [N/m³]
h : 높이 [m]

5) C_d 방출계수(= 유량계수, Discharge Coeffcient)
  ① 이론 유량(Ideal Flow)에 대한 실제 유량(Actual Flow)의 비
  ② 방출계수(C_d) = 속도계수(C_V) × 수축계수(C_C)
  ③ 방출계수 C_d는 1보다 작음
  ④ 벤추리 유량계 C_d : 0.95 ~ 0.99로 매우 큼(Re가 클수록 C_d도 커짐)
    오리피스 유량계 C_d : 0.61로 일정한 값(Re가 큰[Re > 30000] 유동에 대해)

6) 벤추리미터의 이론 유속 유도과정
  관로의 ①지점과 ②지점에 대하여 베르누이방정식을 적용하면

  $\frac{P_1}{\gamma_w}+\frac{V_1^2}{2g}+Z_1 = \frac{P_2}{\gamma_w}+\frac{V_2^2}{2g}+Z_2$, 여기서 $Z_1 = Z_2$이므로

  $\frac{P_1}{\gamma_w}+\frac{V_1^2}{2g} = \frac{P_2}{\gamma_w}+\frac{V_2^2}{2g}$

  $\frac{P_1-P_2}{\gamma_w} = \frac{V_2^2-V_1^2}{2g} = \frac{1}{2g}(V_2^2-V_1^2) = \frac{V_2^2}{2g}\left(1-\frac{V_1^2}{V_2^2}\right)$

  연속방정식 $A_1V_1 = A_2V_2$에서 $\frac{V_1}{V_2} = \frac{A_2}{A_1}$이므로

  $\frac{P_1-P_2}{\gamma_w} = \frac{V_2^2}{2g}\left\{1-\left(\frac{A_2}{A_1}\right)^2\right\}$

  위 식을 V_2에 대해 정리하면,

  $V_2^2 = \frac{1}{1-\left(\frac{A_2}{A_1}\right)^2}\left\{2g\times\frac{(P_1-P_2)}{\gamma_w}\right\}$

  $\therefore V_2 = \frac{1}{\sqrt{1-\left(\frac{A_2}{A_1}\right)^2}}\sqrt{2g\times\frac{(P_1-P_2)}{\gamma_w}}$

시차액주계에서 $P_1 - P_2 = (\gamma - \gamma_w)h$ 이고, $\left(\dfrac{A_2}{A_1}\right)^2 = \left(\dfrac{\frac{\pi}{4}D_2^{\,2}}{\frac{\pi}{4}D_1^{\,2}}\right)^2 = \left(\dfrac{D_2}{D_1}\right)^4$ 이므로

$$V_2 = \dfrac{1}{\sqrt{1-\left(\dfrac{A_2}{A_1}\right)^2}}\sqrt{2g \times \dfrac{(\gamma - \gamma_w)h}{\gamma_w}} = \dfrac{1}{\sqrt{1-\left(\dfrac{D_2}{D_1}\right)^4}}\sqrt{2gh\left(\dfrac{\gamma}{\gamma_w}-1\right)}$$

심화 2 오리피스 유량계의 유량 공식

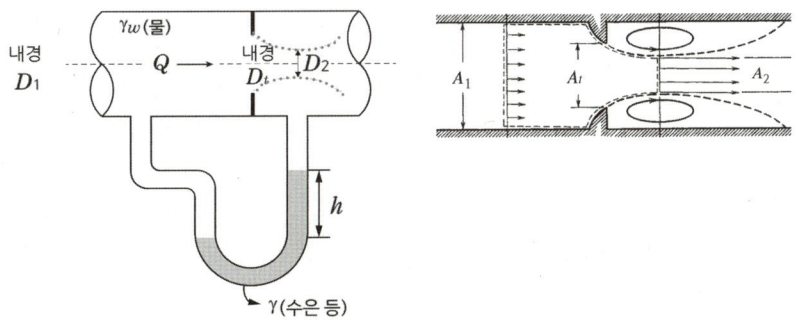

1) 오리피스 유량계의 이론 유속

이론 $V_2 = \dfrac{1}{\sqrt{1-\left(\dfrac{D_2}{D_1}\right)^4}}\sqrt{2gh\left(\dfrac{\gamma}{\gamma_w}-1\right)}$

이론 V_2 : 이론 유속 [m/s]
D_2 : 분류 수축부 직경 [m]
D_1 : 배관의 직경 [m]
g : 중력가속도 [m/s²]
γ : 유체 비중량 [N/m³]
γ_w : 물의 비중량 [N/m³]
h : 높이 [m]

2) 오리피스 유량계의 이론 유량

이론 $Q = \dfrac{A_2}{\sqrt{1-\left(\dfrac{D_2}{D_1}\right)^4}}\sqrt{2gh\left(\dfrac{\gamma}{\gamma_w}-1\right)}$

이론 Q : 이론 유량 [m³/s]
A_2 : 분류 수축부 단면적 [m²]
D_2 : 분류 수축부 직경 [m]
D_1 : 배관의 직경 [m]
g : 중력가속도 [m/s²]
γ : 유체 비중량 [N/m³]
γ_w : 물의 비중량 [N/m³]
h : 높이 [m]

※ 오리피스 유량계에서 분류 수축부의 직경 D_2, 분류 수축부의 단면적 A_2를 정확하게 측정할 수 없기 때문에 유동계수 K가 주어져야 실제 유량을 구할 수 있다.

3) 오리피스 유량계의 실제 유량

$$실제 Q = C_d \cdot \frac{A_t}{\sqrt{1-\left(\frac{D_2}{D_1}\right)^4}} \sqrt{2gh\left(\frac{\gamma}{\gamma_w}-1\right)}$$

$$= K \cdot A_t \cdot \sqrt{2gh\left(\frac{\gamma}{\gamma_w}-1\right)}$$

실제 Q : 실제 유량 [m³/s]
C_d : 방출계수
K : 유동계수(= 유량계수)

$$\left(K = \frac{C_d}{\sqrt{1-\left(\frac{D_2}{D_1}\right)^4}}\right)$$

A_t : 교축부 단면적 [m²]
D_t : 교축부 직경 [m]
D_2 : 분류 수축부 직경 [m]
D_1 : 배관의 직경 [m]
g : 중력가속도 [m/s²]
γ : 유체 비중량 [N/m³]
γ_w : 물의 비중량 [N/m³]
h : 높이 [m]

4) K 유동계수(= 유량계수), Flow Coefficient

$$K = \frac{C_d}{\sqrt{1-\left(\frac{D_2}{D_1}\right)^4}}$$

11

득점 □ 배점 6

다음 그림은 어느 실들의 평면도이다. 이 중 A실을 급기가압하고자 할 때 주어진 조건을 이용하여 다음을 구하시오.

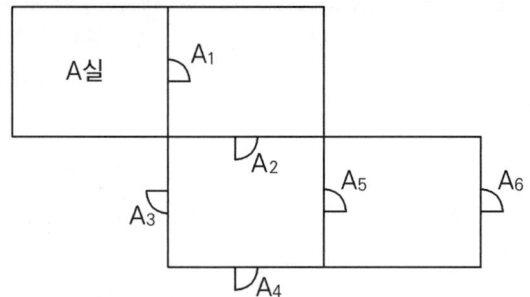

> **조건**
> (1) 실 외부 대기의 기압은 101.3 [kPa]로 일정하다.
> (2) A실에 유지하고자 하는 기압은 101.4 [kPa]이다.
> (3) 각 문의 틈새면적은 0.01 [m²]이다.
> (4) 어느 실을 급기가압할 때 급기하는 공기의 양은 다음의 식에 따른다.
>
> $$Q = 0.827 \times A \times P^{\frac{1}{2}}$$
>
> 여기서 Q : 급기하는 공기의 양 [m³/s]
> A : 문의 전체 누설틈새면적 [m²]
> P : 문을 경계로 한 기압 차 [Pa]

가. A실의 전체 누설틈새면적 A [m²]을 구하시오. (단, 틈새면적 계산 시 소수점 아래 여섯째자리에서 반올림하여 소수점 아래 다섯째자리까지 나타내시오)

  ○ 계산과정 :

  ○ 답 :

나. A실에 유입해야 할 풍량 [m³/s]을 구하시오. (단, 풍량 계산 시 소수점 아래 다섯째자리에서 반올림하여 소수점 아래 넷째자리까지 나타내시오)

  ○ 계산과정 :

  ○ 답 :

정답

✓ 계산과정

가.
> **틈새면적[m²]의 합계 구하는 공식**
>
> 1. 병렬상태인 경우 : $A_T[m^2] = A_1 + A_2 + \cdots + A_n$
>
> 2. 직렬상태인 경우 :
>
> $$A_T[m^2] = \frac{1}{\sqrt{\frac{1}{A_1^2} + \frac{1}{A_2^2} + \cdots + \frac{1}{A_n^2}}} = \left(\frac{1}{A_1^2} + \frac{1}{A_2^2} + \cdots + \frac{1}{A_n^2}\right)^{-\frac{1}{2}}$$

A_5, A_6 직렬 $A_{5-6} = \left(\dfrac{1}{0.01^2} + \dfrac{1}{0.01^2}\right)^{-\frac{1}{2}} = 0.00707 [m^2]$

A_3, A_4, A_{5-6} 병렬 $A_{3-6} = 0.01 + 0.01 + 0.00707 = 0.02707 [m^2]$

A_1, A_2, A_{3-6} 직렬 $A_{1-6} = \left(\dfrac{1}{0.01^2} + \dfrac{1}{0.01^2} + \dfrac{1}{0.02707^2}\right)^{-\frac{1}{2}} = 0.00684 [m^2]$

답 | 0.00684 [m²]

나. 급기량 산정

$Q = 0.827 \times A \times \sqrt{P}$

여기서 $P = 101.4 - 101.3 = 0.1[kPa] = 100[Pa]$

$Q = 0.827 \times A \times \sqrt{P} = 0.827 \times 0.00684 \times \sqrt{100} = 0.05656 ≒ 0.0566[m^3/s]$

답 | 0.0566 [m³/s]

12

방호구역의 체적이 90 [m³]인 특정소방대상물에 이산화탄소소화설비를 설치하였다. 이곳에 45 [kg]의 이산화탄소소화약제를 방출하였을 때 이산화탄소의 농도를 구하시오. (단, 실내압력은 표준대기압이고 온도는 20 [℃]이며, 무유출(No efflux)의 경우를 전제로 계산한다)

◯ 계산과정 :   ◯ 답 :

정답

☑ 계산과정

이상기체 상태방정식 $PV = \dfrac{W}{M}RT$

여기서 일반기체상수 $R = 0.082[atm \cdot m^3/kmol \cdot K] = 8.314[kJ/kmol \cdot K]$

① CO_2 체적 $V = \dfrac{WRT}{PM} = \dfrac{45[kg] \times 0.082[atm \cdot m^3/kmol \cdot K] \times (273+20)[K]}{1[atm] \times 44[kg/kmol]}$

$= 24.572[m^3]$

② CO_2 농도[%] $= \dfrac{방출\,CO_2\,가스체적}{방호구역체적 + 방출\,CO_2\,가스체적} \times 100$

$= \dfrac{24.572}{90 + 24.572} \times 100 = 21.446 ≒ 21.45[\%]$

답 | 21.45 [%]

핵심이론 CO₂ 농도[%] 및 체적[m³] 관련 공식 정리

1) CO_2 농도[%]

① CO_2 농도[%] $= \dfrac{21 - O_2[\%]}{21} \times 100$

② CO_2 농도[%] $= \dfrac{방출\,CO_2\,체적}{방호구역\,체적 + 방출\,CO_2\,체적} \times 100$

2) CO_2 체적[m³]

① CO_2 체적[m³] $= \dfrac{21 - O_2}{O_2} \times 방호구역의\,체적[m^3]$

② $PV = \dfrac{W}{M}RT \rightarrow V = \dfrac{WRT}{PM}$

13

배점 5

전력 통신 배선 전용 지하구에 연소방지설비를 설치하고자 한다. 다음 조건을 참조하여 각 물음에 답하시오.

조건
(1) 지하구의 크기는 폭 2.5 [m], 높이 2 [m], 길이 1000 [m]이다.
(2) 지하구 양 끝으로부터 100 [m] 거리에 환기구가 실치되어 있으며, 환기구 사이에 방화벽을 설치하지 않는다.
(3) 살수구역에는 연소방지설비 전용헤드를 설치한다.

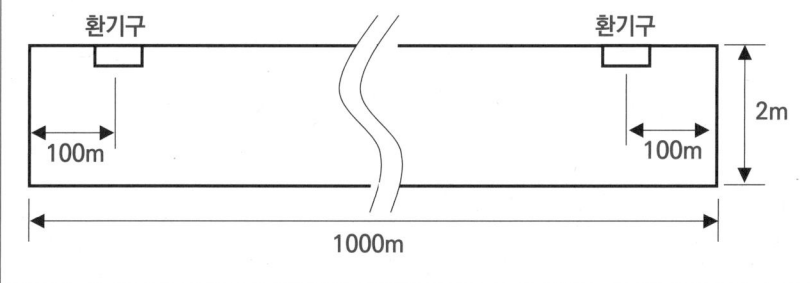

가. 지하구에 설치해야 하는 살수구역은 최소 몇 개인가?
　○ 계산과정 :
　○ 답 :

나. '가'항의 살수구역 전체에 설치하는 연소방지설비 전용헤드의 최소 수량[개]을 구하시오.
　○ 계산과정 :
　○ 답 :

다. '나'항에서 산정한 헤드 수를 기준으로 급수관의 최소 구경[mm]을 구하시오.
　○ 계산과정 :
　○ 답 :

> **정답**

가. 계산과정 : 지하구에 설치해야 하는 살수구역

> **★ 핵심이론** 지하구의 화재안전기술기준(NFTC 605)
>
> 2.4.2 연소방지설비의 헤드는 다음의 기준에 따라 설치해야 한다.
> 2.4.2.1 천장 또는 벽면에 설치할 것
> 2.4.2.2 헤드 간의 수평거리는 연소방지설비 전용헤드의 경우에는 2 [m] 이하, 개방형 스프링클러헤드의 경우에는 1.5 [m] 이하로 할 것
> 2.4.2.3 소방대원의 출입이 가능한 환기구·작업구마다 지하구의 양쪽방향으로 살수헤드를 설정하되, 한쪽 방향의 살수구역의 길이는 3 [m] 이상으로 할 것. 다만 환기구 사이의 간격이 700 [m]를 초과할 경우에는 700 [m] 이내마다 살수구역을 설정하되, 지하구의 구조를 고려하여 방화벽을 설치한 경우에는 그렇지 않다.
> 2.4.2.4 연소방지설비 전용헤드를 설치할 경우에는 「소화설비용 헤드의 성능인증 및 제품검사 기술기준」에 적합한 살수헤드를 설치할 것

① 환기구마다 양쪽방향으로 살수구역 설치
   환기구 수×2[개] = 2×2 = 4[개]

② 환기구 사이의 간격이 700 [m]를 초과할 경우 살수구역 설치

$$\frac{800[m]}{700[m]} - 1 ≒ 0.14(절상) → 1[개]$$

∴ 살수구역의 최소 개수 = 4 + 1 = 5[개]

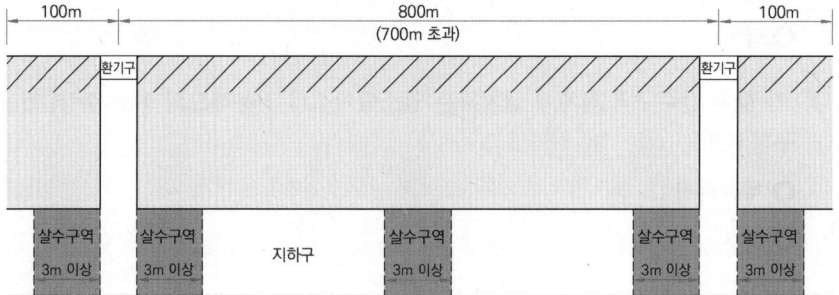

답 | 5 [개]

나. 계산과정 : 연소방지설비 전용헤드의 최소 수량

> **★ 핵심이론** 지하구의 화재안전기술기준(NFTC 605)
>
> 2.4.2 연소방지설비의 헤드는 다음의 기준에 따라 설치해야 한다.
> 2.4.2.1 천장 또는 벽면에 설치할 것
> 2.4.2.2 헤드 간의 수평거리는 연소방지설비 전용헤드의 경우에는 2 [m] 이하, 개방형 스프링클러헤드의 경우에는 1.5 [m] 이하로 할 것

1) 1개의 살수구역 천장면에 설치하는 헤드의 수
   ① 지하구 폭(2.5 [m])에 설치해야 하는 헤드 개수

   $$= \frac{2.5[m]}{2[m/개]} = 1.25(절상) = 2[개]$$

② 최소 살수구역 길이(3 [m])에 설치해야 하는 헤드 개수 = $\dfrac{3[m]}{2[m/개]} = 1.5$

→ 2 [개]

∴ 1개 살수구역에 설치하는 헤드의 개수 = 2[개] × 2[개] = 4[개]

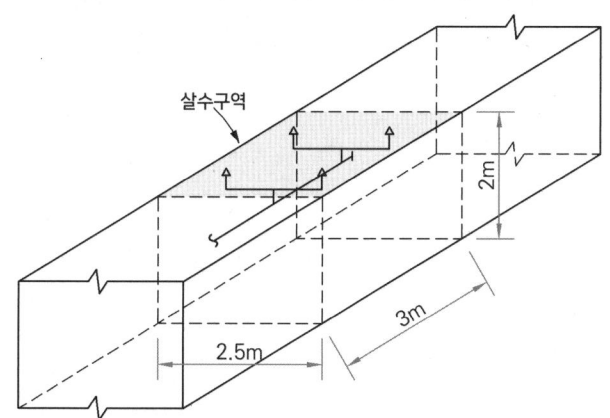

[지하구 '천장'에 설치하는 연소방지설비 전용헤드]

2) 1개의 살수구역 벽면에 설치하는 헤드의 수

① 지하구 높이(2 [m])에 설치해야 하는 헤드 개수 = $\dfrac{2[m]}{2[m/개]} = 1[개]$

② 최소 살수구역 길이(3 [m])에 설치해야 하는 헤드 개수 = $\dfrac{3[m]}{2[m/개]} = 1.5$

→ 2 [개]

∴ 1개 살수구역에 설치하는 헤드의 개수 = 1[개] × 2[개] = 2[개]

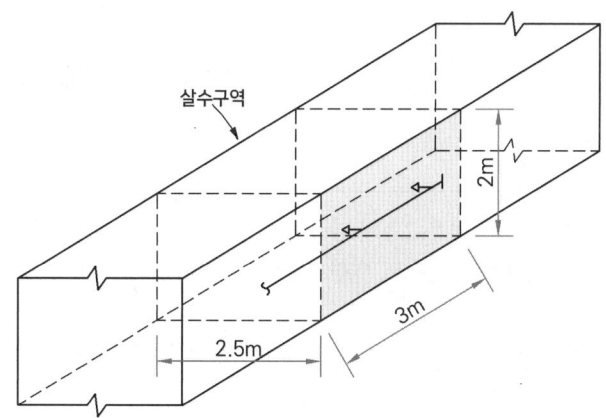

[지하구 '벽면'에 설치하는 연소방지설비 전용헤드]

⇒ 벽면에 설치하는 헤드의 수가 더 작으므로 '벽면'에 연소방지 전용헤드를 설치한다.

따라서 살수구역에 설치하는 연소방지설비 전용헤드의 최소 수량은

헤드수 = 1개의 살수구역에 설치하는 헤드의 수 × 살수구역의 수
= 2 [개/구역] × 5 [구역] = 10 [개]

답 | 10 [개]

다. 계산과정 : 급수관의 최소 구경[mm]

설치하는 헤드의 개수가 10개이므로, 배관의 구경은 80 [mm]로 해야 한다.

> **참고** 지하구의 화재안전기술기준(NFTC 605)
>
> 2.4.1.3 배관의 구경은 다음의 기준에 적합한 것이어야 한다.
> 2.4.1.3.1 연소방지설비전용헤드를 사용하는 경우에는 다음 표에 따른 구경 이상으로 할 것
>
> | 하나의 배관에 부착하는
연소방지설비 전용헤드의 개수 | 1개 | 2개 | 3개 | 4개 또는 5개 | 6개 이상 |
> |---|---|---|---|---|---|
> | 배관구경[mm] | 32 | 40 | 50 | 65 | 80 |

답 | 80 [mm]

14
배점 6

아래 그림은 특정소방대상물을 방호하기 위한 옥외소화전설비의 평면도이다. 다음 조건을 참조하여 각 물음에 답하시오.

> **조건**
> (1) 특정소방대상물의 평면도는 다음과 같다.
>
>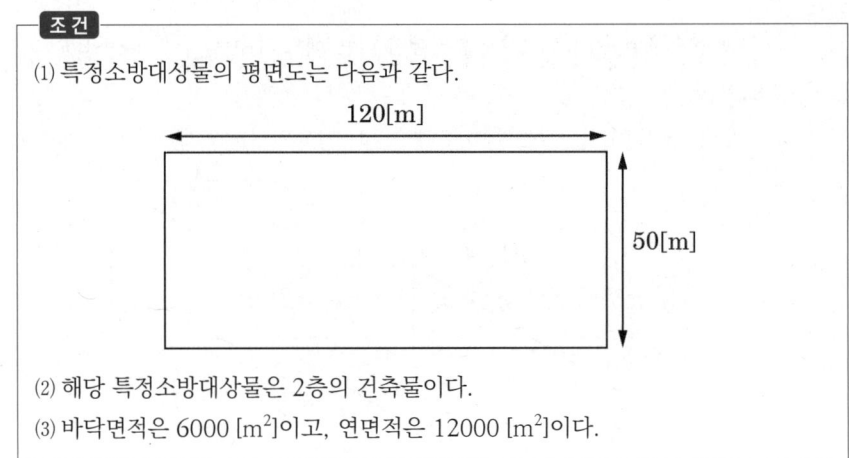
>
> (2) 해당 특정소방대상물은 2층의 건축물이다.
> (3) 바닥면적은 6000 [m²]이고, 연면적은 12000 [m²]이다.

가. 특정소방대상물의 각 부분으로부터 하나의 호스 접결구까지의 수평거리는 몇 [m] 이하인가?

　○ 답 :

나. 옥외소화전의 최소 설치수량[개]을 산출하시오.

　○ 계산과정 :

　○ 답 :

다. 가압송수장치의 토출량은 몇 [L/min]인가?
　○ 계산과정 :
　○ 답 :

라. 수원의 저수량은 몇 [m³]인가?
　○ 계산과정 :
　○ 답 :

정답

가. 40 [m]

옥외소화전설비의 화재안전기술기준(NFTC 109) – 2.3 배관 등
2.3.1 호스접결구는 지면으로부터의 높이가 0.5 [m] 이상 1 [m] 이하의 위치에 설치하고 특정소방대상물의 각 부분으로부터 하나의 호스접결구까지의 수평거리가 40 [m] 이하가 되도록 설치해야 한다.

나. 계산과정

$$\text{옥외소화전 최소 설치수량} = \frac{\text{건물의 총 둘레길이}}{\text{수평거리} \times 2} = \frac{(120 \times 2) + (50 \times 2)}{80} = 4.25$$

≒ 5 [개]

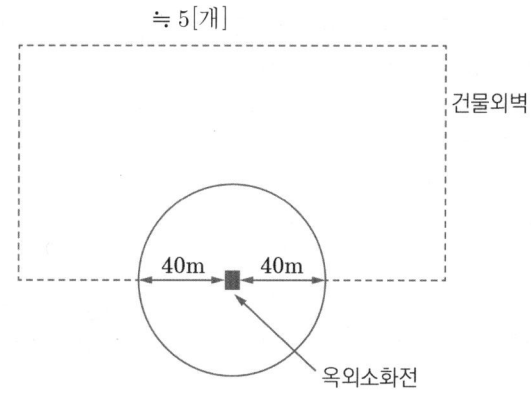

답 | 5 [개]

다. 계산과정

옥외소화전설비의 화재안전기술기준(NFTC 109) – 2.2 가압송수장치
2.2.1.3 특정소방대상물에 설치된 옥외소화전(2개 이상 설치된 경우에는 2개의 옥외소화전)을 동시에 사용할 경우 각 옥외소화전의 노즐선단에서의 방수압력이 0.25 [MPa] 이상이고, 방수량이 350 [L/min] 이상이 되는 성능의 것으로 할 것. 다만 하나의 옥외소화전을 사용하는 노즐선단에서의 방수압력이 0.7 [MPa]을 초과할 경우에는 호스접결구의 인입 측에 감압장치를 설치해야 한다.

$$Q = N \times 350 [L/min]$$

Q: 가압송수장치의 토출량[L/min]
N: 옥외소화전의 설치개수
(옥외소화전이 2개 이상 설치된 경우에는 2개)

해당 특정소방대상물에 설치할 옥외소화전의 최소 설치수량이 5개이므로 $N=2$
따라서
가압송수장치의 토출량 = $2 \times 350[L/min] = 700[L/min]$

답 | 700 [L/min]

라. 계산과정

옥외소화전설비의 화재안전기술기준(NFTC 109) - 2.1 수원
2.1.1 옥외소화전설비의 수원은 그 저수량이 옥외소화전의 설치개수(옥외소화전이 2개 이상 설치된 경우에는 2개)에 7 [m³]를 곱한 양 이상이 되도록 해야 한다.

$$수원 = 2 \times 350[L/min] \times 20[min] \times \frac{1[m^3]}{1000[L]} = 14[m^3]$$

답 | 14 [m³]

15 [배점 6]

다음은 소화기구 및 자동소화장치의 화재안전기술기준에 따른 주거용 주방자동소화장치의 설명이다. 다음 각 괄호를 완성하시오.

- 소화약제 (㉠)는 환기구(주방에서 발생하는 열기류 등을 밖으로 배출하는 장치를 말한다. 이하 같다)의 청소부분과 분리되어 있어야 하며, 형식승인 받은 유효설치 높이 및 방호면적에 따라 설치할 것
- (㉡)(전기 또는 가스)는 상시 확인 및 점검이 가능하도록 설치할 것
- 가스용 주방자동소화장치를 사용하는 경우 탐지부는 (㉢)와 분리하여 설치하되, 공기보다 가벼운 가스를 사용하는 경우에는 (㉣) 면으로부터 (㉤) [cm] 이하의 위치에 설치하고, 공기보다 무거운 가스를 사용하는 장소에는 (㉥) 면으로부터 (㉤) [cm] 이하의 위치에 설치할 것

O 답

㉠   ㉡
㉢   ㉣
㉤   ㉥

> **정답**
> - 소화약제 (㉠ 방출구)는 환기구(주방에서 발생하는 열기류 등을 밖으로 배출하는 장치를 말한다. 이하 같다)의 청소부분과 분리되어 있어야 하며, 형식승인 받은 유효설치 높이 및 방호면적에 따라 설치할 것
> - (㉡ 차단장치)(전기 또는 가스)는 상시 확인 및 점검이 가능하도록 설치할 것
> - 가스용 주방자동소화장치를 사용하는 경우 탐지부는 (㉢ 수신부)와 분리하여 설치하되, 공기보다 가벼운 가스를 사용하는 경우에는 (㉣ 천장) 면으로부터 (㉤ 30) [cm] 이하의 위치에 설치하고, 공기보다 무거운 가스를 사용하는 장소에는 (㉥ 바닥) 면으로부터 (㉤ 30) [cm] 이하의 위치에 설치할 것

16 [배점 5]

습식 유수검지장치 또는 건식 유수검지장치를 사용하는 스프링클러설비와 부압식 스프링클러설비에 동 장치를 시험할 수 있는 시험장치의 설치기준이다. 다음 각 물음에 답하시오.

가. 시험장치의 설치목적을 2가지 쓰시오.

○ 답
  ①
  ②

나. 시험장치에 대한 다음 각 괄호를 완성하시오.

> 시험장치 배관의 구경은 (㉠) [mm] 이상으로 하고, 그 끝에 개폐밸브 및 (㉡) 또는 스프링클러헤드와 동등한 방수성능을 가진 (㉢)를 설치할 것. 이 경우 (㉡)는 반사판 및 프레임을 제거한 (㉢)만으로 설치할 수 있다.

○ 답
  ㉠
  ㉡
  ㉢

정답

가. ① 유수검지장치의 기능(성능) 확인
② 펌프의 자동기동 확인
③ 음향경보장치의 작동 확인
④ 제어반의 화재표시등 및 밸브개방표시등 점등 확인
위 4가지 중 2가지 기술할 것

나. 시험장치 배관의 구경은 (㉠ 25) [mm] 이상으로 하고, 그 끝에 개폐밸브 및 (㉡ 개방형 헤드) 또는 스프링클러헤드와 동등한 방수성능을 가진 (㉢ 오리피스)를 설치할 것. 이 경우 (㉡ 개방형 헤드)는 반사판 및 프레임을 제거한 (㉢ 오리피스)만으로 설치할 수 있다.

스프링클러설비의 화재안전기술기준(NFTC 103) – 2.5 배관

2.5.12 습식 유수검지장치 또는 건식 유수검지장치를 사용하는 스프링클러설비와 부압식 스프링클러설비에는 동 장치를 시험할 수 있는 시험장치를 다음의 기준에 따라 설치해야 한다.

2.5.12.1 습식 스프링클러설비 및 부압식 스프링클러설비에 있어서는 유수검지장치 2차 측 배관에 연결하여 설치하고 건식 스프링클러설비인 경우 유수검지장치에서 가장 먼 거리에 위치한 가지배관의 끝으로부터 연결하여 설치할 것. 이 경우 유수검지장치 2차 측 설비의 내용적이 2840 [L]를 초과하는 건식 스프링클러설비는 시험장치 개폐밸브를 완전 개방 후 1분 이내에 물이 방사되어야 한다.

2.5.12.2 시험장치 배관의 구경은 25 [mm] 이상으로 하고, 그 끝에 개폐밸브 및 개방형 헤드 또는 스프링클러헤드와 동등한 방수성능을 가진 오리피스를 설치할 것. 이 경우 개방형 헤드는 반사판 및 프레임을 제거한 오리피스만으로 설치할 수 있다.

2.5.12.3 시험배관의 끝에는 물받이 통 및 배수관을 설치하여 시험 중 방사된 물이 바닥에 흘러내리지 않도록 할 것. 다만 목욕실·화장실 또는 그 밖의 곳으로서 배수처리가 쉬운 장소에 시험배관을 설치한 경우에는 그렇지 않다.

2024년 2회

2024.07.28

01

수리계산으로 배관의 유량과 압력을 해석할 때 동일한 지점에서 서로 다른 2개의 유량과 압력이 산출될 수 있으며 이런 경우 유량과 압력을 보정해주어야 한다. 그림과 같이 6개의 물분무헤드에서 소화수가 방사되고 있을 때 조건을 참고하여 다음 각 물음에 답하시오.

[조건]

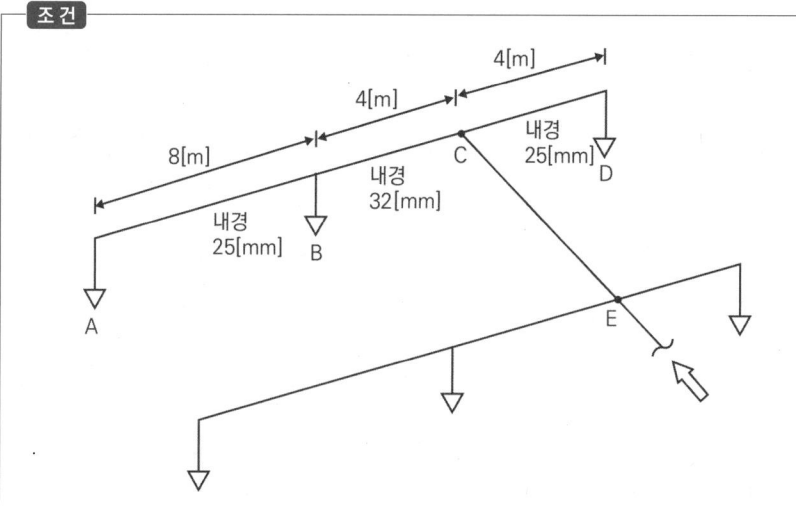

(1) 각 헤드의 방출계수는 동일하다.
(2) 각 구간별 배관의 길이와 배관의 내경은 다음과 같다.

구간	A ~ B	B ~ C	C ~ D
배관 길이[m]	8	4	4
배관의 내경[mm]	25	32	25

(3) A지점 헤드의 유량은 60 [L/min], 방사압은 350 [kPa]이다.
(4) 직관 이외의 관로상 마찰손실은 무시하고, 수리계산 시 동압은 고려하지 않는다.
(5) 가지관과 헤드 사이의 마찰손실은 무시한다.
(6) 직관에서의 마찰손실은 다음의 Hazen - Williams공식을 적용한다.

$$\triangle P = 6.053 \times 10^7 \times \frac{Q^{1.85}}{100^{1.85} \times D^{4.87}} \times L$$

여기서 $\triangle P$: 마찰손실압력 [kPa], Q : 유량 [L/min]
D : 배관의 내경 [mm], L : 배관의 길이 [m]

가. A지점 헤드에서 시작하여 C지점까지의 경로로 계산 시,

　1) A ~ B구간의 유량[L/min]과 마찰손실압력[kPa]을 구하시오.

　　○ 계산과정 :

　　○ 답 :

　2) B지점 헤드의 압력[kPa]과 유량[L/min]을 구하시오.

　　○ 계산과정 :

　　○ 답 :

　3) B ~ C구간의 유량[L/min]과 마찰손실압력[kPa]을 구하시오.

　　○ 계산과정 :

　　○ 답 :

　4) C지점의 압력[kPa]과 유량[L/min]을 구하시오.

　　○ 계산과정 :

　　○ 답 :

나. D지점 헤드의 유량과 압력이 A지점 헤드의 유량 및 압력과 동일하다고 가정하고, D지점 헤드에서 시작하여 C지점까지의 경로로 계산 시,

　1) D ~ C구간의 유량[L/min]과 마찰손실압력[kPa]을 구하시오.

　　○ 계산과정 :

　　○ 답 :

　2) C지점의 압력[kPa]과 유량[L/min]을 구하시오.

　　○ 계산과정 :

　　○ 답 :

다. D지점 헤드의 방사압력이 380 [kPa]이라면, A지점 헤드로부터 산출한 C지점의 압력과 동일한지 여부를 판정하시오. (단, C지점의 동일 압력기준에 대한 오차 범위는 ±5 [kPa]이다)

　○ 계산과정 :

　○ 답 :

정답

✓ 계산과정

가. A지점 헤드에서 시작하여 C지점까지의 경로로 계산 시,

   1) A ~ B구간의 유량[L/min]과 마찰손실압력[kPa]

      ① A ~ B구간의 유량 $Q_{A-B} = 60[L/\min]$

      ② A ~ B구간의 마찰손실압력

$$\triangle P_{A-B} = 6.053 \times 10^7 \times \frac{60^{1.85}}{100^{1.85} \times 25^{4.87}} \times 8 = 29.29[kPa]$$

                                                  답 | 60 [L/min], 29.29 [kPa]

   2) B지점 헤드의 압력[kPa]과 유량

      ① B지점 헤드의 압력 $= P_A + \triangle P_{A-B} = 350 + 29.29 = 379.29[kPa]$

      ② B헤드의 유량 $Q_B = K\sqrt{10P}$

        ⅰ) K factor

          A헤드를 기준으로 산출한다.

          $Q_A = K\sqrt{10 \times P_A}$

          $60 = K\sqrt{10 \times 0.35}$, $K = 32.071$

        ⅱ) B헤드의 유량

          $Q_B = K\sqrt{10P}$

          $Q_B = 32.071 \times \sqrt{10 \times 0.37929} = 62.46[L/\min]$

                                                  답 | 62.46 [L/min], 379.29 [kPa]

   3) B ~ C구간의 유량[L/min]과 마찰손실압력[kPa]

      ① B ~ C구간의 유량 $Q_{B-C} = 60 + 62.46 = 122.46[L/\min]$

      ② B ~ C구간의 마찰손실압력

$$\triangle P_{B-C} = 6.053 \times 10^7 \times \frac{122.46^{1.85}}{100^{1.85} \times 32^{4.87}} \times 4 = 16.47[kPa]$$

                                                 답 | 122.46 [L/min], 16.47 [kPa]

   4) C지점의 압력[kPa]과 유량[L/min]

      ① C지점의 압력 $= P_B + \triangle P_{B-C} = 379.29 + 16.47 = 395.76[kPa]$

      ② C지점의 유량 $Q_C = 122.46[L/\min]$

                                                 답 | 395.76 [kPa], 122.46 [L/min]

나. D지점 헤드의 유량과 압력이 A지점 헤드의 유량 및 압력과 동일하다고 가정하고, D지점 헤드에서 시작하여 C지점까지의 경로로 계산 시,

   1) D ~ C구간의 유량[L/min]과 마찰손실압력[kPa]

      ① D ~ C구간의 유량 $Q_{D-C} = 60[L/\min]$

      ② D ~ C구간의 마찰손실압력

$$\triangle P_{D-C} = 6.053 \times 10^7 \times \frac{60^{1.85}}{100^{1.85} \times 25^{4.87}} \times 4 = 14.64[kPa]$$

                                                 답 | 60 [L/min], 14.64 [kPa]

2) C지점의 압력[kPa]과 유량[L/min]

$Q_C = 60 [L/min]$

$P_C = 350 + 14.64 = 364.64 [kPa]$

답 | 60 [L/min], 364.64 [kPa]

다. A ~ C경로에서 수리계산으로 산출한 C지점 압력 395.76 [kPa]이 C지점에 작용하는 압력이다.

D지점 헤드의 압력을 380 [kPa]로 할 때

1) D지점 헤드의 방수량

$Q_B = K\sqrt{10P}$

$Q_B = 32.071 \times \sqrt{10 \times 0.38} = 62.517 ≒ 62.52 [L/min]$

2) D ~ C구간의 마찰손실압력

$\triangle P_{D-C} = 6.053 \times 10^7 \times \dfrac{62.52^{1.85}}{100^{1.85} \times 25^{4.87}} \times 4 ≒ 15.8 [kPa]$

3) C지점의 압력[kPa]

C지점의 압력 $= 380 + 15.8 = 395.8 [kPa]$

따라서
A ~ C경로에서 수리계산으로 산출한 C지점 압력(395.76 [kPa])과 D지점 헤드의 압력을 380 [kPa]로 할 때 C지점 압력(395.8 [kPa]) 사이의 차는 $395.8 - 395.76 = 0.04 [kPa]$ 이므로 오차 범위 ±5 [kPa] 사이 값이다. 즉, 동일 압력이라고 볼 수 있다.

답 | 동일 압력이다.

02 배점 6

제1석유류(비수용성)를 저장하는 위험물의 옥외탱크에 Ⅰ형 고정포방출구로 포소화설비를 다음 조건과 같이 설치하고자 할 때 다음 각 물음에 답하시오.

조건

(1) 탱크의 지름 : 12 [m]
(2) 고정포방출구의 약제 방출량은 4.2 [L/m²·min]이며, 방사시간은 30분이다.
(3) 포소화약제의 농도는 6 [%]이다.
(4) 보조 소화전은 1개소에 설치되어 있으며, 호스 접결구는 1개이다.
(5) 송액관의 길이는 20 [m](포원액탱크에서 포방출구까지), 관내경은 150 [mm]이며, 기타 조건은 무시한다. 다만 수원의 양은 다음과 같다.
  ※ 약제 농도 x [%] : 포수용액(약제 + 물)을 100 [%]로 보았을 때, x [%]를 약제 농도로 한다.

가. 포소화약제의 원액량[L]을 구하시오.

　○ 계산과정 :

　○ 답 :

나. 포소화약제를 제외한 수원의 양[m³]을 구하시오.

　○ 계산과정 :

　○ 답 :

정답

가. 계산과정

　① 고정포방출구의 포소화약제의 양

$$Q_1[L] = A[m^2] \times Q_A[L/m^2 \cdot \min] \times T[\min] \times S$$

$$= (\frac{\pi}{4} \times 12^2)[m^2] \times 4.2[L/\min \cdot m^2] \times 30[\min] \times 0.06 = 855.02[L]$$

　② 보조 소화전의 포소화약제의 양

$$Q_2[L] = N \times 400[L/\min] \times 20[\min] \times S$$

$$= 1[개] \times 400[L/\min] \times 20[\min] \times 0.06 = 480[L]$$

　③ 송액관의 소화약제 보정량

$$Q_3[L] = V[m^3] \times S \times 1000[L/m^3]$$

$$= (\frac{\pi}{4} \times 0.15^2 \times 20)[m^3] \times 0.06 \times 1000[L/m^3] = 21.21[L]$$

∴ $Q = Q_1 + Q_2 + Q_3 = 855.02 + 480 + 21.21 = 1356.23[L]$

답 | 1356.23 [L]

핵심이론 포소화약제의 저장량 – 고정포방출구방식

포소화약제 저장량 Q = 고정포방출구에서 방출하기 위해 필요한 양 Q_1 + 보조포소화전에서 방출하기 위해 필요한 양 Q_2 + 송액관에 충전하기 위해 필요한 양 Q_3

고정포방출구방식은 다음의 양을 합한 양 이상으로 할 것

1) 고정포방출구에서 방출하기 위하여 필요한 양

$$Q_1 = A \cdot Q_A \cdot T \cdot S$$

Q_1 : 포소화약제의 양 [L]
A : 탱크의 액표면적 [m²]
Q_A : 단위 포소화수용액의 양 [L/m² · min]
T : 방출시간 [min]
S : 포소화약제의 사용농도 [%]

2) 보조포소화전에서 방출하기 위하여 필요한 양

$$Q_2 = N \cdot 8000 \cdot S$$

Q_2 : 포소화약제의 양 [L]
N : 호스 접결구의 수
  (3개 이상인 경우는 3개)
S : 포소화약제의 사용농도 [%]

3) 가장 먼 탱크까지의 송액관에 충전하기 위하여 필요한 양(내경 75 [mm] 이하의 송액관은 제외)

$$Q_3 = V \times S \times 1000 [L/m^3]$$

Q_3 : 포소화약제의 양 [L]
V : 송액관 내부의 체적 [m³]
S : 포소화약제의 사용농도 [%]

* 송액관 : 수원으로부터 포헤드, 고정포방출구 또는 이동식 노즐에 급수하는 배관

나. 계산과정

① 고정포방출구의 수원의 양

$$Q_1[L] = A[m^2] \times Q_A[L/m^2 \cdot \min] \times T[\min] \times (1-S)$$
$$= (\frac{\pi}{4} \times 12^2)[m^2] \times 4.2[L/\min \cdot m^2] \times 30[\min] \times 0.94 = 13395.25[L]$$

② 보조 소화전의 수원의 양

$$Q_2[L] = N \times 400[L/\min] \times 20[\min] \times (1-S)$$
$$= 1[개] \times 400[L/\min] \times 20[\min] \times 0.94 = 7520[L]$$

③ 송액관 보정량에 대한 수원의 양

$$Q_3[L] = V[m^3] \times (1-S) \times 1000[L/m^3]$$
$$= (\frac{\pi}{4} \times 0.15^2 \times 20)[m^3] \times 0.94 \times 1000[L/m^3] = 332.22[L]$$

∴ $Q = Q_1 + Q_2 + Q_3 = 13395.25 + 7520 + 332.22 = 21247.47[L] ≒ 21.25[m^3]$

답 | 21.25 [m³]

03

다음은 전산실, 전기실, 발전실, 케이블실에 대한 평면도이다. 전역방출방식으로 이산화탄소소화설비를 설치하고자 할 때, [조건]을 참고하여 다음 각 물음에 답하시오.

조건

(1) 층의 높이는 4.5 [m]이다.
(2) 개구부의 면적은 다음과 같다.
  • 전산실 : 5 [m²], 전기실 : 7 [m²], 발전실 : 3.5 [m²], 케이블실 : 개구부 없음
  (단, 전산실의 개구부에는 자동폐쇄장치가 설치되어 있다)
(3) 약제 방출방식은 전역방출방식을 적용하였으며, 표면화재로 가정한다.
(4) 최소 설계농도는 34 [%]이며, 보정계수는 무시한다.
(5) 저장용기 1병당 충전량은 45 [kg]이다.
(6) 분사헤드 1개당 방출량은 50 [kg/min]이다.
(7) 「가, 나, 라」항의 표에는 계산과정을 적지 않는다.
(8) 「가, 나」항의 소화약제량은 저장용기 수와 관계없이 위 조건 및 화재안전기술기준에 따라 산출한 최소량을 기준으로 한다.
(9) 「라」항의 소화약제량은 저장용기 수를 기준으로 산출한다.
(10) 방호구역 체적에 따른 소화약제 및 최저한도의 양은 아래 표와 같다.

방호구역 체적	방호구역의 체적 1 [m³]에 대한 소화약제의 양	소화약제 저장량의 최저 한도의 양
45 [m³] 미만	1 [kg/m³]	45 [kg]
45 [m³] 이상 150 [m³] 미만	0.9 [kg/m³]	
150 [m³] 이상 1450 [m³] 미만	0.8 [kg/m³]	135 [kg]
1450 [m³] 이상	0.75 [kg/m³]	1125 [kg]

가. 각 방호구역에 필요한 소화약제의 양 [kg]을 구하시오. (단, 방호구역의 개구부에 소화약제 가산량이 없는 경우 '-'표시를 한다. 또한 계산과정은 생략하고 표에 정답만 기재한다)

○ 답

방호구역	체적 [m³]	방호구역의 체적 1 [m³]에 대한 소화약제의 양 [kg/m³]	최저 한도의 양을 고려한 소화약제량 [kg]	개구부 면적 [m²]	개구부 가산량 [kg/m²]	필요한 소화약제량 [kg]
전산실				5		
전기실				7		
발전실				3.5		
케이블실				-		

나. 각 방호구역에 필요한 소화약제 저장용기 수 [병]를 구하시오. (단, 계산과정은 생략하고 표에 정답만 기재한다)

○ 답

방호구역	필요한 소화약제량 [kg]	1병당 소화약제 저장량 [kg]	저장용기 수 [병]
전산실		45	
전기실		45	
발전실		45	
케이블실		45	

다. 저장해야 하는 소화약제 저장용기 수 [병]를 구하시오.

○ 답 :

라. 각 방호구역에 설치할 헤드 수는 최소 몇 개인지 구하시오. (단, 계산과정은 생략하고 표에 정답만 기재한다)

○ 답

방호구역	저장용기 수에 따른 소화약제량 [kg]	분사헤드 1개당 방출량 [kg/min]	설치할 헤드 수 [개]
전산실		50	
전기실		50	
발전실		50	
케이블실		50	

마. 「다」항에서 산출한 소화약제 저장용기 수를 기준으로 이산화탄소소화설비의 계통도를 완성하시오. 단, 기동용 동관은 점선(- - -)으로 표기하고, 「소방시설 자체점검사항 등에 관한 고시」에 따른 소방시설도시기호에 적합한 가스체크밸브를 도시하시오.

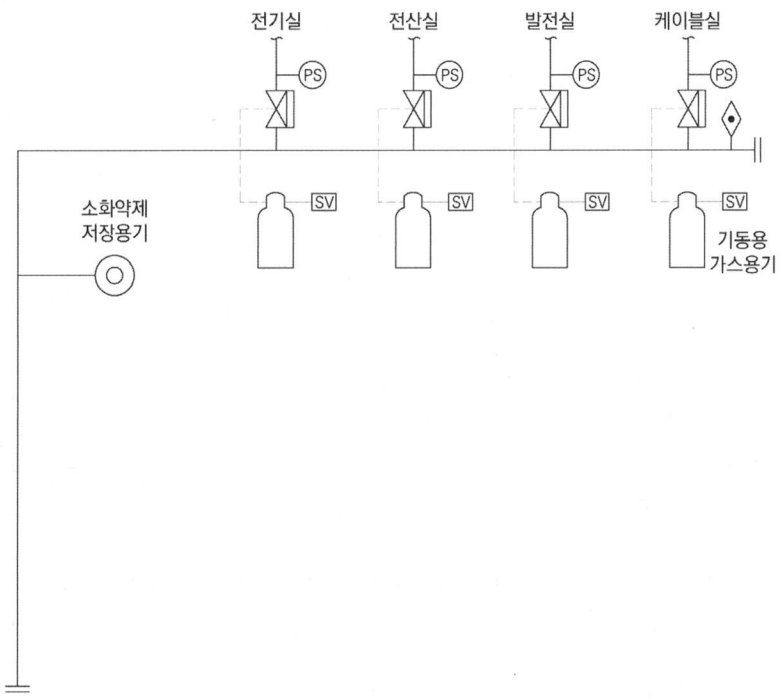

정답

가. 각 방호구역에 필요한 소화약제의 양 [kg]

방호구역	체적 [m³]	방호구역의 체적 1 [m³]에 대한 소화약제의 양 [kg/m³]	최저한도의 양을 고려한 소화약제량 [kg]	개구부 면적 [m²]	개구부 가산량 [kg/m²]	필요한 소화약제량 [kg]
전산실	189 (7 × 6 × 4.5)	0.8	151.2 (189 × 0.8)	5	–	151.2
전기실	243 (9 × 6 × 4.5)	0.8	194.4 (243 × 0.8)	7	5	229.4 (194 + 7 × 5)
발전실	90 (5 × 4 × 4.5)	0.9	81 (90 × 0.9)	3.5	5	98.5 (81 + 3.5 × 5)
케이블실	45 (5 × 2 × 4.5)	0.9	45*	–	–	45

* 45 × 0.9 = 40.5 [kg]이므로 최저한도의 양 45 [kg]보다 작다. 따라서 최저한도의 양을 고려한 소화약제량은 45 [kg]이다.

✂ 계산과정은 생략하고 표에 정답만 기재하는 것이므로 별색 표기된 수치만 적으면 정답이다.

> **핵심이론** 이산화탄소소화설비 전역방출방식 표면화재 약제량 산정

$W = (V \times \alpha) \times N + (A \times \beta)$

W : 약제량[kg], V : 방호구역 체적[m^3]
α : 방호구역 1 [m^3]에 대한 소화약제의 양[kg/m^3]
A : 개구부 면적[m^2], β : 개구부 가산량(표면화재 : 5 [kg/m^2])
N : 보정계수(설계농도가 34 [%] 이상인 방호대상물의 소화약제량을 구할 때 보정계수를 곱하여 산출함)

방호구역 체적	방호구역의 체적 1 [m^3]에 대한 소화약제의 양 α	최저 한도의 양	개구부 가산량[kg/m^2] β (자동폐쇄장치 미설치 시)
45 [m^3] 미만	1 [kg/m^3]	45 [kg] (1병)	5 [kg/m^2]
45 [m^3] 이상 150 [m^3] 미만	0.9 [kg/m^3]		
150 [m^3] 이상 1450 [m^3] 미만	0.8 [kg/m^3]	135 [kg] (3병)	
1450 [m^3] 이상	0.75 [kg/m^3]	1125 [kg] (25병)	

✅ 계산과정은 생략하고 표에 정답만 기재하는 것이므로 별색 표기된 수치만 적으면 정답이다.

나. 각 방호구역에 필요한 소화약제 저장용기 수 [병]

방호구역	필요한 소화약제량 [kg]	1병당 소화약제 저장량 [kg]	저장용기 수 [병]
전산실	151.2	45	4 ($\frac{151.5}{45} = 3.36 \rightarrow 4$)
전기실	229.4	45	6 ($\frac{229.4}{45} = 5.09 \rightarrow 6$)
발전실	98.5	45	3 ($\frac{98.5}{45} = 2.18 \rightarrow 3$)
케이블실	45	45	1 ($\frac{45}{45} = 1 \rightarrow 1$)

다. 저장해야 하는 소화약제 저장용기 수 [병]   답 | 6 [병]

라. 각 방호구역에 설치할 헤드 수

방호구역	저장용기 수에 따른 소화약제량 [kg]	분사헤드 1개당 방출량 [kg/min]	설치할 헤드 수 [개]
전산실	180 (4병×45kg/병)	50	4 ($\frac{180}{50} = 3.6 \rightarrow 4$)
전기실	270 (6병×45kg/병)	50	6 ($\frac{270}{50} = 5.4 \rightarrow 6$)
발전실	135 (3병×45kg/병)	50	3 ($\frac{135}{50} = 2.7 \rightarrow 3$)
케이블실	45 (1병×45kg/병)	50	1 ($\frac{45}{50} = 0.9 \rightarrow 1$)

> 계산과정은 생략하고 표에 정답만 기재하는 것이므로 별색 표기된 수치만 적으면 정답이다.

이산화탄소소화설비의 화재안전기술기준(NFTC 106)

2.5.2.1 전역방출방식에 있어서 가연성 액체 또는 가연성 가스 등 표면화재 방호대상물의 경우에는 1분

2.5.2.2 전역방출방식에 있어서 종이, 목재, 석탄, 섬유류, 합성수지류 등 심부화재 방호대상물의 경우에는 7분. 이 경우 설계농도가 2분 이내에 30 [%]에 도달하여야 한다.

2.5.2.3 국소방출방식의 경우에는 30초

마. 이산화탄소소화설비의 계통도

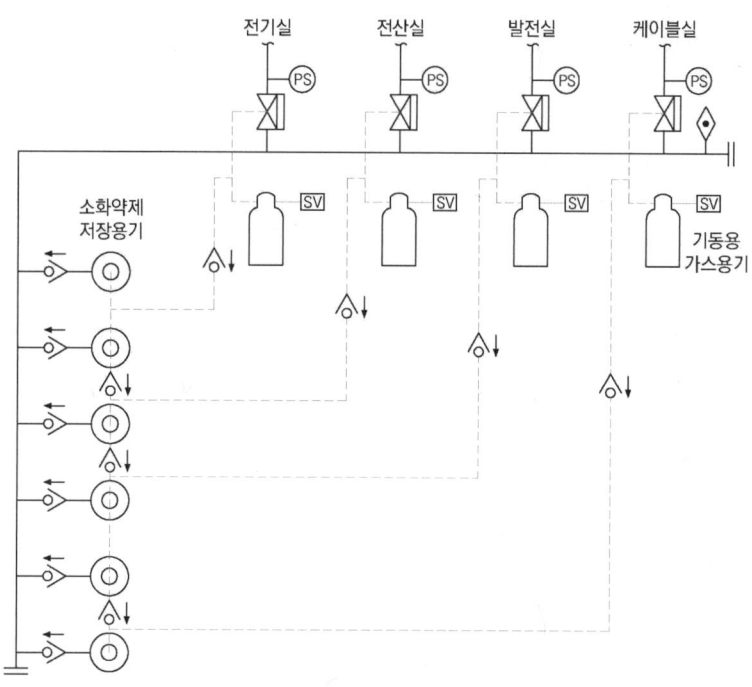

04
배점 3

바닥면적이 500 [m²]인 숙박시설에 소화기구를 설치하고자 한다. 소화기구 및 자동소화장치의 화재안전기술기준에 따라 소화기구의 능력단위를 산정할 때 소화기구의 능력단위는 몇 단위 이상인가? (단, 건축물의 주요구조부는 비내화구조이다)

○ 계산과정 :

○ 답 :

정답

☑ 계산과정 : $\dfrac{500[\text{m}^2]}{100[\text{m}^2/\text{단위}]} = 5[\text{단위}]$

답 | 5 [단위]

핵심이론 특정소방대상물별 소화기구의 능력단위 표

특정소방대상물	소화기구의 능력단위
위락시설	해당 용도의 바닥면적 30 [m²]마다 능력단위 1단위 이상
공연장, 집회장, 관람장, 문화재, 장례식장 및 의료시설	해당 용도의 바닥면적 50 [m²]마다 능력단위 1단위 이상
근린생활시설, 판매시설, 운수시설, 숙박시설, 노유자시설, 전시장, 공동주택, 업무시설, 방송통신시설, 공장, 창고시설, 항공기 및 자동차 관련 시설 및 관광휴게시설	해당 용도의 바닥면적 100 [m²]마다 능력단위 1단위 이상
그 밖의 것	해당 용도의 바닥면적 200 [m²]마다 능력단위 1단위 이상

[비고] 소화기구의 능력단위를 산출함에 있어서 건축물의 주요구조부가 내화구조이고, 벽 및 반자의 실내에 면하는 부분이 불연재료·준불연재료 또는 난연재료로 된 특정소방대상물에 있어서는 위 표의 바닥면적의 2배를 해당 특정소방대상물의 기준면적으로 한다.

05

배점 4

어떤 소방대상물의 소화설비로 옥외소화전을 7개 설치하였다. 다음 각 물음에 답하시오.

가. 수원의 저수량(m^3)은 얼마 이상인가?
- 계산과정 :
- 답 :

나. 가압송수장치의 토출량(L/min)은 얼마 이상인가?
- 계산과정 :
- 답 :

다. 다음은 배관 등 설치기준이다. ( ) 안에 알맞은 답을 쓰시오.

> 호스접결구는 지면으로부터 높이가 (㉠) [m] 이상 (㉡) [m] 이하의 위치에 설치하고 특정소방대상물의 각 부분으로부터 하나의 호스접결구까지의 수평거리가 (㉢) [m] 이하가 되도록 설치해야 한다.

정답

가. $Q = N \times 350[L/min] \times 20[min] = 2 \times 350 \times 20 = 14000[L] = 14[m^3]$

답 | 14 [m^3]

나. $Q = N \times 350[L/min] = 2 \times 350 = 700[L/min]$

답 | 700 [L/min]

다. ㉠ 0.5, ㉡ 1, ㉢ 40

06

배점 5

한 개의 방호구역으로 구성된 가로 15 [m], 세로 26 [m], 높이 8 [m]인 랙식 창고에 특수가연물을 저장하고 있고 라지드롭형 스프링클러헤드를 정방형으로 설치하려고 한다. 해당 창고에 설치되는 스프링클러헤드의 총 개수를 구하시오. (단, 건축구조는 비내화구조이며 주어진 조건 외의 것은 고려하지 않는다)

- 계산과정 :
- 답 :

> [!TIP] 랙식 창고의 경우에는 라지드롭형 스프링클러헤드를 랙 높이 3 [m] 이하마다 설치할 것

정답

✓ 계산과정

설치장소별 수평거리 R

라지드롭형 스프링클러헤드를 설치한 창고시설	수평거리
특수가연물을 저장 또는 취급하는 창고	1.7 [m] 이하
창고	2.1 [m] 이하
내화구조로 된 창고	2.3 [m] 이하

창고시설의 화재안전기술기준 [시행 2024.1.1.]

R(수평거리) = 1.7 [m]

① S(헤드 간 거리) = $2R\cos\theta = 2 \times 1.7 \times \cos 45 = 2.404 [m]$

② 가로 변에 설치할 헤드 수 : $\dfrac{15[m]}{2.404[m/개]} = 6.24[개] ≒ 7[개]$

③ 세로 변에 설치할 헤드 수 : $\dfrac{26[m]}{2.404[m/개]} = 10.82[개] ≒ 11[개]$

④ 랙 높이에 따른 열 수 : $\dfrac{8[m]}{3[m/열]} = 2.67 \Rightarrow 3열$

> 2.3.1.1 창고시설에 설치하는 스프링클러설비는 라지드롭형 스프링클러헤드를 습식으로 설치할 것. 다만 다음의 어느 하나에 해당하는 경우에는 건식 스프링클러설비로 설치할 수 있다.
> (1) 냉동창고 또는 영하의 온도로 저장하는 냉장창고
> (2) 창고시설 내에 상시 근무자가 없어 난방을 하지 않는 창고시설
> 2.3.1.2 랙식 창고의 경우에는 2.3.1.1에 따라 설치하는 것 외에 라지드롭형 스프링클러헤드를 랙 높이 3 [m] 이하마다 설치할 것. 이 경우 수평거리 15 [cm] 이상의 송기공간이 있는 랙식 창고에는 랙 높이 3 [m] 이하마다 설치하는 스프링클러헤드를 송기공간에 설치할 수 있다.

⑤ 설치할 총 헤드 수 : 7 [개] × 11 [개] × 3 [열] = 231 [개]

답 | 231 [개]

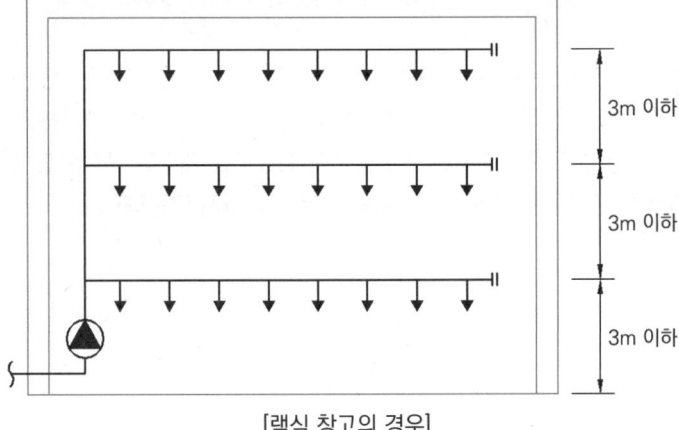

[랙식 창고의 경우]

※ 송기공간 예시 사진

(1) 착화　　　　　　(2) 1분 후　　　　(3) 1분 17초 후 스프링클러 동작

> **참고** 창고시설의 화재안전기술기준(NFTC 609) 2.3 스프링클러설비 [시행 2024.1.1.]

2.3.1 스프링클러설비의 설치방식은 다음 기준에 따른다.
2.3.1.1 창고시설에 설치하는 스프링클러설비는 라지드롭형 스프링클러헤드를 습식으로 설치할 것. 다만 다음의 어느 하나에 해당하는 경우에는 건식 스프링클러설비로 설치할 수 있다.
⑴ 냉동창고 또는 영하의 온도로 저장하는 냉장창고
⑵ 창고시설 내에 상시 근무자가 없어 난방을 하지 않는 창고시설
2.3.1.2 랙식 창고의 경우에는 2.3.1.1에 따라 설치하는 것 외에 라지드롭형 스프링클러헤드를 랙 높이 3 [m] 이하마다 설치할 것. 이 경우 수평거리 15 [cm] 이상의 송기공간이 있는 랙식 창고에는 랙 높이 3 [m] 이하마다 설치하는 스프링클러헤드를 송기공간에 설치할 수 있다.
2.3.1.3 창고시설에 적층식 랙을 설치하는 경우 적층식 랙의 각 단 바닥면적을 방호구역 면적으로 포함할 것
2.3.1.4 2.3.1.1 내지 2.3.1.3에도 불구하고 천장 높이가 13.7 [m] 이하인 랙식 창고에는 「화재조기진압용 스프링클러설비의 화재안전기술기준(NFTC 103B)」에 따른 화재조기진압용 스프링클러설비를 설치할 수 있다.
2.3.1.5 높이가 4 [m] 이상인 창고(랙식 창고를 포함한다)에 설치하는 폐쇄형 스프링클러 헤드는 그 설치장소의 평상시 최고 주위온도에 관계없이 표시온도 121 [℃] 이상의 것으로 할 수 있다.
2.3.2 수원의 저수량은 다음의 기준에 적합해야 한다.
2.3.2.1 라지드롭형 스프링클러헤드의 설치개수가 가장 많은 방호구역의 설치개수(30개 이상 설치된 경우에는 30개)에 3.2 [m³](랙식 창고의 경우에는 9.6 [m³])를 곱한 양 이상이 되도록 할 것
2.3.2.2 2.3.1.4에 따라 화재조기진압용 스프링클러설비를 설치하는 경우 「화재조기진압용 스프링클러설비의 화재안전기술기준(NFTC 103B)」 2.2.1에 따를 것
2.3.3 가압송수장치의 송수량은 다음 기준의 기준에 적합해야 한다.

2.3.3.1 가압송수장치의 송수량은 0.1 [MPa]의 방수압력 기준으로 160 [L/min] 이상의 방수성능을 가진 기준개수의 모든 헤드로부터의 방수량을 충족시킬 수 있는 양 이상인 것으로 할 것. 이 경우 속도수두는 계산에 포함하지 않을 수 있다.

2.3.3.2 2.3.1.4에 따라 화재조기진압용 스프링클러설비를 설치하는 경우「화재조기진압용 스프링클러설비의 화재안전기술기준(NFTC 103B)」2.3.1.10에 따를 것

2.3.4 교차배관에서 분기되는 지점을 기점으로 한쪽 가지배관에 설치되는 헤드의 개수(반자 아래와 반자 속의 헤드를 하나의 가지배관 상에 병설하는 경우에는 반자 아래에 설치하는 헤드의 개수)는 4개 이하로 해야 한다. 다만 2.3.1.4에 따라 화재조기진압용 스프링클러설비를 설치하는 경우에는 그렇지 않다.

2.3.5 스프링클러헤드는 다음의 기준에 적합해야 한다.

2.3.5.1 라지드롭형 스프링클러헤드를 설치하는 천장·반자·천장과 반자 사이·덕트·선반 등의 각 부분으로부터 하나의 스프링클러헤드까지의 수평거리는「화재의 예방 및 안전관리에 관한 법률 시행령」별표2의 특수가연물을 저장 또는 취급하는 창고는 1.7 [m] 이하, 그 외의 창고는 2.1 [m](내화구조로 된 경우에는 2.3 [m]를 말한다) 이하로 할 것

2.3.5.2 화재조기진압용 스프링클러헤드는「화재조기진압용 스프링클러설비의 화재안전기술기준(NFTC 103B)」2.7.1에 따라 설치할 것

2.3.6 물품의 운반 등에 필요한 고정식 대형기기설비의 설치를 위해「건축법 시행령」제46조 제2항에 따라 방화구획이 적용되지 아니하거나 완화 적용되어 연소할 우려가 있는 개구부에는「스프링클러설비의 화재안전기술기준(NFTC 103)」2.7.7.6에 따른 방법으로 드렌처설비를 설치해야 한다.

2.3.7 비상전원은 자가발전설비, 축전지설비(내연기관에 따른 펌프를 사용하는 경우에는 내연기관의 기동 및 제어용 축전지를 말한다) 또는 전기저장장치(외부 전기에너지를 저장해두었다가 필요한 때 전기를 공급하는 장치를 말한다. 이하 같다)로서 스프링클러설비를 유효하게 20분(랙식 창고의 경우 60분을 말한다) 이상 작동할 수 있어야 한다.

수원의 저수량

① 일반 창고 : $Q[m^3] = N \times 3.2 \, [m^3]$
  ($Q \, [L] = N \times 160 \, [L/min] \times 20 \, [min]$)

② 랙식 창고 : $Q \, [m^3] = N \times 9.6 \, [m^3]$
  ($Q \, [L] = N \times 160 \, [L/min] \times 60 \, [min]$)

N : 헤드의 설치개수가 가장 많은 방호구역의 설치개수
(30개 이상 설치된 경우 30개)

07

맥동현상의 정의와 방지대책 2가지를 설명하시오.

가. 맥동현상의 정의

　○ 답 :

나. 방지대책

　○ 답

　　1)

　　2)

정답

가. 펌프 운전 중 송출 유량이 주기적으로 변하면서 펌프 입구의 진공계와 출구의 압력계 지침이 흔들리고 진동과 소음을 수반하는 현상

나. 아래 6가지 중 2가지 기술할 것
　1) 펌프의 유량 - 양정곡선이 우하향인 특성인 것을 사용한다.
　2) 유량조절밸브를 펌프 토출 측 직후에 설치한다.
　3) 배관은 공기가 고이지 않도록 약간 상향 구배의 배관을 한다.
　4) 회전차의 회전수를 변화시킨다.
　5) 배관 중에 불필요한 수조를 제거한다.
　6) 관로에 있어서 불필요한 공기탱크 등을 제거한다.

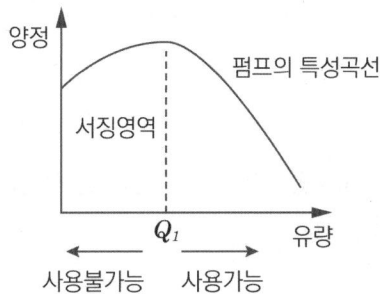

08

배점 3

소방시설 설치 및 관리에 관한 법률에 따라 특정소방대상물의 관계인이 특정소방대상물에 주거용 주방자동소화장치를 설치하려 한다. 빈칸에 알맞은 말을 넣으시오.

> 자동소화장치를 설치해야 하는 특정소방대상물은 다음의 어느 하나에 해당하는 특정소방대상물 중 (㉠) 및 덕트가 설치되어 있는 주방이 있는 특정소방대상물로 한다. 이 경우 해당 주방에 자동소화장치를 설치해야 한다.
> 1) 주거용 주방자동소화장치를 설치해야 하는 것 : (㉡) 및 (㉢)의 모든 층
> 2) 상업용 주방자동소화장치를 설치해야 하는 것
>   가) 판매시설 중 「유통산업발전법」 제2조 제3호에 해당하는 대규모 점포에 입점해 있는 일반음식점
>   나) 「식품위생법」 제2조 제12호에 따른 집단급식소
> 3) 캐비닛형 자동소화장치, 가스자동소화장치, 분말자동소화장치 또는 고체에어로졸자동소화장치를 설치해야 하는 것 : 화재안전기술기준에서 정하는 장소

O 답

㉠   ㉡   ㉢

정답

㉠ 후드, ㉡ 아파트등, ㉢ 오피스텔

09

배점 5

특정소방대상물에 전역방출방식의 분말소화설비를 설치하고자 한다. 조건을 참조하여 다음 각 물음에 답하시오.

> **조건**
> (1) 특정소방대상물의 크기(가로 × 세로 × 높이) : 10 [m] × 20 [m] × 4 [m]
> (2) 소화약제는 제 3종분말이고 전역방출방식을 적용하며, 소방대상물에 설치된 개구부는 없다.
> (3) 분사헤드 1개당 방출률은 20 [kg/min]이다.
> (4) 가압용 가스는 질소가스를 사용한다.
> (5) 기타의 제시되지 않은 조건은 화재안전기술기준에 따른다.

가. 최소 소화약제량[kg]을 구하시오.
  ○ 계산과정 :   ○ 답 :

나. 특정소방대상물에 설치할 분사헤드의 최소 개수[개]를 구하시오.
  ○ 계산과정 :   ○ 답 :

다. 필요한 가압용 가스의 최소량[m³]을 구하시오. (단, 35[℃], 1기압으로 환산한 값을 구할 것)
  ○ 계산과정 :   ○ 답 :

정답

☑ 계산과정

가. 분말소화설비 전역방출방식의 약제량 $W[kg] = (V \times \alpha) + (A \times \beta)$

  V : 방호구역 체적 [m³], α : 방호구역 1 [m³]에 대한 소화약제의 양 [kg/m³]
  A : 개구부 면적 [m²], β : 개구부 가산량 [kg/m²]

소화약제의 종별	방호구역 체적 1 [m³]에 대한 소화약제량[kg]	개구부 면적 1 [m²]에 대한 소화약제량[kg]
제1종 분말	0.60 [kg]	4.5 [kg]
제2종 · 제3종 분말	0.36 [kg]	2.7 [kg]
제4종 분말	0.24 [kg]	1.8 [kg]

약제량 $= (10[m] \times 20[m] \times 4[m]) \times 0.36[kg/m^3] = 288[kg]$

답 | 288 [kg]

나. 분사헤드의 최소 개수[개]

분사헤드 1개의 방출률 $20 [kg/min \cdot 개] = \dfrac{288[kg]}{0.5[min] \times N[개]}$

∴ $N = 28.8 ≒ 29[개]$

답 | 29 [개]

다.

가압용 가스	· 질소가스는 소화약제 1 [kg]마다 40 [L] 이상 · 이산화탄소는 소화약제 1 [kg]에 대하여 20 [g] 이상	+	배관 청소에 필요한 양 (이산화탄소만 해당)
축압용 가스	· 질소가스는 소화약제 1 [kg]에 대하여 10 [L] 이상 · 이산화탄소는 소화약제 1 [kg]에 대하여 20 [g] 이상	+	배관 청소에 필요한 양 (이산화탄소만 해당)

* 배관의 청소에 필요한 양의 가스는 별도의 용기에 저장할 것

가압용 가스(질소) 양 : $288[kg] \times 40[L/kg] = 11520[L] = 11.52[m^3]$

답 | 11.52 [m³]

10 배점 5

다음 그림과 같은 벤추리관(Venturi)에 유량이 5.6 [m³/min]으로 물이 흐르고 있다. 내경이 36 [cm]인 본관에 내경이 13 [cm]인 벤추리미터(Venturi Meter)가 설치되어 있을 때, 압력 차($P_1 - P_2$) [kPa]를 계산하시오. (단, 벤추리관의 송출계수는 0.85이며, 배관 벽의 마찰손실은 고려하지 않는다)

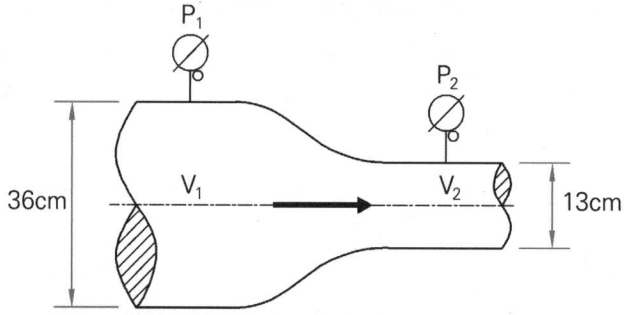

○ 계산과정 :

○ 답 :

정답

☑ 계산과정

[풀이 1] 베르누이방정식 적용

P_1지점과 P_2지점의 유체의 역학적 총에너지가 서로 같으므로 베르누이방정식을 적용함

$$\frac{P_1}{\gamma} + \frac{V_1^2}{2g} + Z_1 = \frac{P_2}{\gamma} + \frac{V_2^2}{2g} + Z_2$$

$\frac{P_1}{\gamma} + \frac{V_1^2}{2g} + \cancel{Z_1} = \frac{P_2}{\gamma} + \frac{V_2^2}{2g} + \cancel{Z_2}$ ($\because Z_1 = Z_2$이므로)

$\frac{P_1}{\gamma} - \frac{P_2}{\gamma} = \frac{V_2^2}{2g} - \frac{V_1^2}{2g}$

$P_1 - P_2 = \gamma \left(\frac{V_2^2}{2g} - \frac{V_1^2}{2g} \right)$

여기에서 유속 V_1, V_2는 연속방정식에 의해 구한다.

$$Q = C_d \times A \times V$$

따라서 $V = \dfrac{Q}{C_d A} = \dfrac{4Q}{C_d \pi D^2}$

① $V_1 = \dfrac{4Q}{C_d \pi D_1^2} = \dfrac{4 \times \dfrac{5.6}{60}[m^3/s]}{0.85 \times \pi \times (0.36[m])^2} = 1.0787 ≒ 1.079[m/s]$

② $V_2 = \dfrac{4Q}{C_d \pi D_2^2} = \dfrac{4 \times \dfrac{5.6}{60}[m^3/s]}{0.85 \times \pi \times (0.13[m])^2} = 8.2725 ≒ 8.273[m/s]$

그러므로 압력 차 $(P_1 - P_2)$는

$P_1 - P_2 = \gamma \left(\dfrac{V_2^2 - V_1^2}{2g} \right) = 9.8[kN/m^3] \times \left\{ \dfrac{(8.273[m/s])^2 - (1.079[m/s])^2}{2 \times 9.8[m/s^2]} \right\}$
$≒ 33.64[kPa]$

답 | 33.64 [kPa]

[풀이 2] 벤추리미터의 유량 공식 적용

벤추리미터의 유량 공식

$Q = C_d \dfrac{A_2}{\sqrt{1 - \left(\dfrac{A_2}{A_1}\right)^2}} \sqrt{2gh} = C_d \dfrac{A_2}{\sqrt{1 - \left(\dfrac{D_2}{D_1}\right)^4}} \sqrt{2gh}$

Q : 유량 [m³/s], C_d : 송출계수
A_1 : 배관 단면적 [m²], A_2 : 벤추리관 단면적 [m²]
$\dfrac{A_2}{A_1}$: 개구비, h : 압력 차에 의한 수두 [m]

$Q = C_d \dfrac{A_2}{\sqrt{1 - \left(\dfrac{D_2}{D_1}\right)^4}} \sqrt{2gh}$

$\dfrac{5.6}{60}[m^3/s] = 0.85 \dfrac{\dfrac{\pi}{4} 0.13^2}{\sqrt{1 - \left(\dfrac{0.13}{0.36}\right)^4}} \sqrt{2 \times 9.8 \times h}$

∴ $h = 3.432[m]$

그러므로 압력 차 $\triangle P(P_1 - P_2)$는

∴ $\triangle P = \gamma h = 9.8[kN/m^3] \times 3.432[m] ≒ 33.63[kPa]$

답 | 33.63 [kPa]

※ [풀이 1]에 의한 답과 [풀이 2]에 의한 답 모두 정답이다.

11

배점 6

지상 6층의 업무용 시설에 옥내소화전설비를 설치하려고 한다. 조건을 참조하여 다음 각 물음에 답하시오.

조건

(1) 옥내소화전은 층당 3개씩 설치한다.
(2) 풋밸브로부터 최고위 방수구까지의 수직거리 : 24 [m]
(3) 배관의 마찰손실수두 : 8 [m]
(4) 소방용 호스의 마찰손실수두 : 7.8 [m]
(5) 펌프의 효율은 55 [%]이고, 동력전달계수는 1.1이다.

가. 소화설비에 필요한 수원의 최소 유효저수량 [m³]을 산출하시오. (단, 옥상수조는 고려하지 않는다)
  ○ 계산과정 :
  ○ 답 :

나. 펌프의 전양정 [m]을 산출하시오.
  ○ 계산과정 :
  ○ 답 :

다. 펌프의 토출량 [m³/min]을 산출하시오.
  ○ 계산과정 :
  ○ 답 :

라. 펌프의 소요동력 [kW]을 산출하시오.
  ○ 계산과정 :
  ○ 답 :

정답

☑ 계산과정

가. 옥내소화전 수원량(옥상수조 포함)
  $V = 2 \times 2.6 [m^3] = 5.2 [m^3]$ 답 | 5.2 [m³]

나. 옥내소화전 전양정
  $H = h_1 + h_2 + h_3 + 17 = 24 + 8 + 7.8 + 17 = 56.8 [m]$ 답 | 56.8 [m]

다. 옥내소화전 펌프 토출량
  $Q = 2 \times 130 [L/min] = 260 [L/min] = 0.26 [m^3/min]$ 답 | 0.26 [m³/min]

라. 펌프의 소요동력[kW]

$$동력 \ P[kW] = \frac{\gamma[kN/m^3] \times Q[m^3/s] \times H[m]}{\eta} \times K$$

$$P[kW] = \frac{9.8[kN/m^3] \times \frac{0.26}{60}[m^3/s] \times 56.8[m]}{0.55} \times 1.1 = 4.824 ≒ 4.82[kW]$$

답 | 4.82 [kW]

12

배점 9

수계소화설비에서 가압송수장치가 펌프방식일 때, 성능시험배관에 대한 다음 각 물음에 답하시오.

가. 펌프의 토출 측 배관과 성능시험배관을 밸브 및 계측장치 등을 도시하여 계통도를 완성하시오. (단, 엘보, 티는 제외하고, 펌프 토출 측 배관의 개폐밸브까지 작도한다. 또한 펌프 흡입 측 배관과 순환배관은 작도하지 않는다)

[조건]
(1) 펌프 토출 측 배관에는 플렉시블조인트를 설치할 것
(2) 「소방시설 자체점검사항 등에 관한 고시」에 따른 소방시설도시기호를 사용하여 도시할 것

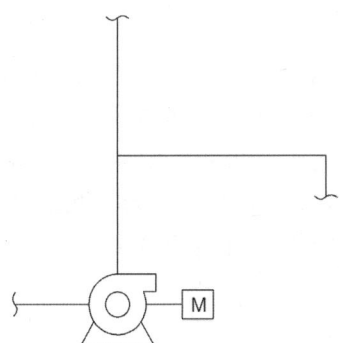

나. 펌프의 성능시험에 대하여 판정기준 3가지를 쓰시오. (단, 토출압력과 토출량을 기준으로 답안을 작성하시오)

○ 답 :
①
②
③

보충 ▶ 성능시험배관의 밸브를 폐쇄상태로 표기하라는 별도 조건이 없을 경우 밸브를 색칠하지 않아도 정답이다.

정답

가.

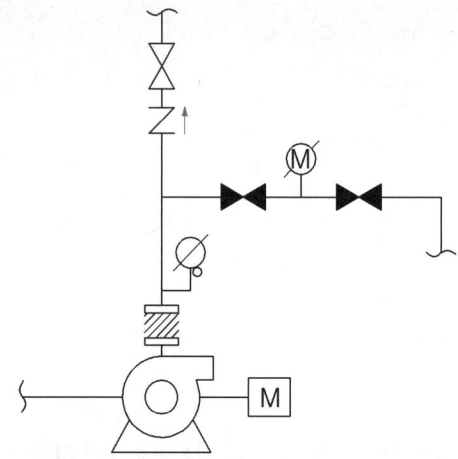

나. ① 체절운전시험 - 토출량이 0인 상태로 운전 시 압력은 정격토출압력의 140 [%]를 초과하지 않을 것
② 정격(설계)운전시험 - 정격토출량으로 운전 시 압력은 정격토출압력 이상일 것
③ 과부하(최대)운전시험 - 정격토출량의 150 [%]로 운전 시 압력은 정격토출압력의 65 [%] 이상일 것

13

득점 ___ 배점 5

수면이 펌프보다 1 [m] 낮은 지하수조에서 0.3 [m³/min]의 물을 이송하는 원심펌프가 있다. 이 펌프에 공동현상이 발생하는지 여부를 판별하시오. (단, 흡입 측의 손실수두는 0.5 [m]이고, 흡입관의 속도수두는 무시한다. 대기압은 표준대기압, 물의 온도는 20 [℃]이고, 이때의 포화수증기압은 2340 [Pa], 비중량은 9789 [N/m³]이며, 필요흡입양정은 11 [m]이다)

O 계산과정:

O 답:

정답

☑ 계산과정

공동현상을 방지하고 펌프를 사용할 수 있는 범위 $NPSH_{av} > NPSH_{re}$

유효흡입양정 $NPSH_{av} = \dfrac{P_a}{\gamma} - \dfrac{P_v}{\gamma} - H_f \pm H_s$

$= \dfrac{101325[Pa]}{9789[N/m^3]} - \dfrac{2340[Pa]}{9789[N/m^3]} - 0.5[m] - 1[m]$

$\fallingdotseq 8.61[m]$

답 | $NPSH_{av}(8.61[m]) < NPSH_{re}(11[m])$ 이므로 공동현상은 발생한다.

※ 공동현상 발생 여부

① $NPSH_{av} < NPSH_{re}$: 공동현상 발생함
② $NPSH_{av} = NPSH_{re}$: 공동현상 발생한계
③ $NPSH_{av} > NPSH_{re}$: 공동현상 발생하지 않음

14   득점 □ 배점 8

다음의 [조건]을 참조하여 제연설비의 배출기에 대한 다음 각 물음에 답하시오.

> **조건**
> (1) 거실 바닥면적은 390 [m²]이다.
> (2) Duct의 길이는 80 [m]이고, Duct 저항은 1.96 [Pa/m]이다.
> (3) 배출구 저항은 78 [Pa], 배기 그릴 저항은 29 [Pa], 관 부속류는 Duct 저항의 50 [%]로 한다.
> (4) 배출기의 효율[E]은 50 [%]로 하고, 전동기 전달계수[K]는 1.1이다.

가. 예상제연구역에 대한 최소 배출량 [m³/h]을 구하시오.
　　◯ 계산과정 :　　　　　　　◯ 답 :

나. 배출기에 필요한 최소 정압 [Pa]을 구하시오.
　　◯ 계산과정 :　　　　　　　◯ 답 :

다. 배출기의 전동기 최소 동력 [kW]을 구하시오.
　　◯ 계산과정 :　　　　　　　◯ 답 :

라. 「나」항에서 산출한 정압으로 배출기가 1750 [rpm]으로 회전할 때, 배출기의 정압을 1.2배로 높이려면 회전수는 얼마로 증가시켜야 하는지 구하시오.
　　◯ 답 :

정답

가. 계산과정

$$390[m^2] \times 1[CMM/m^2] = 390[CMM] = 23400[CMH = m^3/h]$$

답 | 23400 [m³/h]

나. 계산과정

$$P_t = (80[m] \times 1.96[Pa/m]) + 78[Pa] + 29[Pa] + (80[m] \times 1.96[Pa/m] \times 0.5)$$
$$= 342.2[Pa]$$

답 | 342.2 [Pa]

다. 계산과정

[풀이 1]

$$P[kW] = \frac{P_t[kPa] \times Q[m^3/s]}{\eta} \times K = \frac{0.3422[Pa] \times \frac{23400}{3600}[m^3/s]}{0.5} \times 1.1 = 4.893$$
$$\fallingdotseq 4.89[kW]$$

[풀이 2]

$$P_t = 342.2[Pa] \times \frac{10332[mmAq]}{101325[Pa]} = 34.89[mmAq]$$

따라서

$$P[kW] = \frac{P_t[mmAq] \times Q[m^3/s]}{102\eta} \times K = \frac{34.89[mmAq] \times \frac{23400}{3600}[m^3/s]}{102 \times 0.5} \times 1.1$$
$$= 4.891 \fallingdotseq 4.89[kW]$$

답 | 4.89 [kW]

라. 펌프의 상사법칙

서로 다른 치수의 펌프를 비교(상사)했을 때
유량 $[m^3/s]$ $Q_2 = \left(\frac{N_2}{N_1}\right)^1 \times \left(\frac{D_2}{D_1}\right)^3 \times Q_1$
압력(양정) [Pa] $P_2 = \left(\frac{N_2}{N_1}\right)^2 \times \left(\frac{D_2}{D_1}\right)^2 \times P_1$
동력 [kW] $L_2 = \left(\frac{N_2}{N_1}\right)^3 \times \left(\frac{D_2}{D_1}\right)^5 \times L_1$

$P_2 = \left(\frac{N_2}{N_1}\right)^2 \times P_1$ 이므로

$$P_1 \times 1.2 = \left(\frac{N_2}{1750}\right)^2 \times P_1$$

$$1.2 = \left(\frac{N_2}{1750}\right)^2$$

$$\therefore N_2 = 1917.03[rpm]$$

답 | 1917.03 [rpm]

15 배점 10

다음은 업무시설과 슈퍼마켓(판매시설)에 설치하는 스프링클러설비에 대한 단면도와 평면도를 나타낸 것이다. 문제의 조건을 참조하여 각 물음에 답하시오.

조건

(1) 건축물은 내화구조이며 기준층(지상 1층 ~ 지상 8층)의 단면도와 평면도는 다음과 같다.

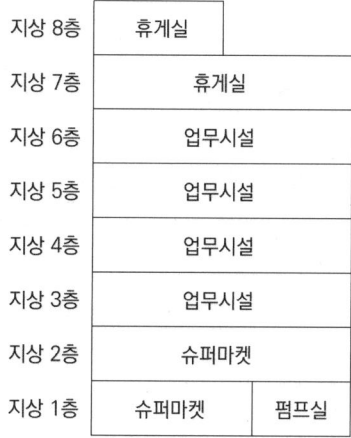

[특정소방대상물의 단면도]

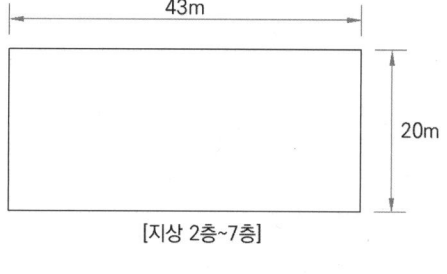

[지상 2층~7층]

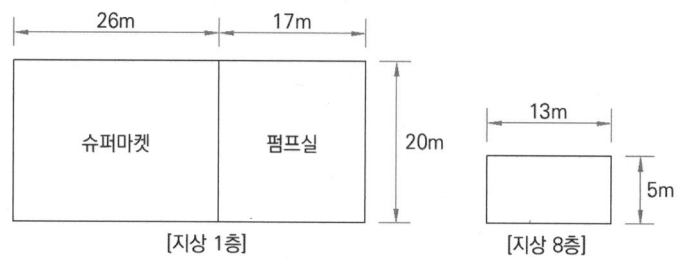

[특정소방대상물의 평면도]

(2) 해당 특정소방대상물에 설치한 헤드는 폐쇄형 헤드이고 정방형으로 배치한다.
(3) 급수관의 관경은 층당 설치된 헤드 개수 중 가장 많은 개수를 기준으로 산정한다.
(4) 기타 필요한 사항은 화재안전기술기준에 따르며, 최소량을 기준으로 한다.

가. 지상층에 설치된 스프링클러헤드의 총 개수는 몇 개인지 구하시오.
　○ 계산과정 :
　○ 답 :

나. 다음의 표를 참고하여 헤드 개수에 따른 유수검지장치의 규격과 수량을 구하시오.

스프링클러 헤드 수	2	3	5	10	30	60	80	100	160	161 이상
급수관의 구경[mm]	25	32	40	50	65	80	90	100	125	150

구분	유수검지장치의 관경 [mm]	유수검지장치 필요 수량
지상 1층		(　　) 개
지상 2층 ~ 지상 7층		각 층당 (　　) 개, 총 (　　) 개
지상 8층		(　　) 개

다. 주배관의 유속 [m/s]을 구하시오. (단, 주배관의 구경은 「나」에서 산출한 급수관의 최대 구경으로 한다)
　○ 계산과정 :
　○ 답 :

보충 ▶ 스프링클러설비의 화재안전기술기준, 공동주택의 화재안전기술기준 및 창고시설의 화재안전기술기준에 명시된 내용을 반영한 표

정답

가. 계산과정 : 설치장소별 수평거리 R

설치장소	수평거리(R)
• 특수가연물을 저장 또는 취급하는 장소 • 무대부	1.7 [m] 이하
• 기타구조로 된 경우 • 라지드롭형 스프링클러헤드를 설치하는 창고 　(단, ① 특수가연물을 저장 또는 취급하는 창고 : 1.7 [m] 이하 　　　② 내화구조로 된 창고 : 2.3 [m] 이하)	2.1 [m] 이하
• 내화구조로 된 경우	2.3 [m] 이하
• 아파트등의 세대 내	2.6 [m] 이하

조건 (1)에 의해 내화구조이므로 R(수평거리) = 2.3 [m]
S(헤드 간 거리) $= 2 \times R \times \cos 45° = 2 \times 2.3 \times \cos 45 = 3.253 [m]$

1) 지상 1층에 설치할 헤드 수(슈퍼마켓)

   ① 가로열 헤드개수 : $\dfrac{가로길이}{S} = \dfrac{26[m]}{3.253[m/개]} = 7.99 ≒ 8[개]$ (소수점 이하는 절상)

   ② 세로열 헤드개수 : $\dfrac{세로길이}{S} = \dfrac{20[m]}{3.253[m/개]} = 6.15 ≒ 7[개]$ (소수점 이하는 절상)

   ∴ 지상 1층에 설치할 헤드 개수 = 가로열 헤드 개수 × 세로열 헤드 개수
   = 8 × 7 = 56 [개]

2) 지상 2층 ~ 7층에 설치할 헤드 수

   ① 가로열 헤드개수 : $\dfrac{가로길이}{S} = \dfrac{43[m]}{3.253[m/개]} = 13.22 ≒ 14[개]$ (소수점 이하는 절상)

   ② 세로열 헤드개수 : $\dfrac{세로길이}{S} = \dfrac{20[m]}{3.253[m/개]} = 6.15 ≒ 7[개]$ (소수점 이하는 절상)

   따라서 1개 층당 설치할 헤드 개수 = 가로열 헤드 개수 × 세로열 헤드 개수
   = 14 × 7 = 98 [개]

   ∴ 6개 층(지상 2층 ~ 지상 7층)에 설치할 헤드 개수
   = 1개 층 설치할 헤드 개수 × 층수 = 98 × 6 = 588 [개]

3) 지상 8층에 설치할 헤드 수

   ① 가로열 헤드개수 : $\dfrac{가로길이}{S} = \dfrac{13[m]}{3.253[m/개]} = 3.99 ≒ 4[개]$ (소수점 이하는 절상)

   ② 세로열 헤드개수 : $\dfrac{세로길이}{S} = \dfrac{5[m]}{3.253[m/개]} = 1.54 ≒ 2[개]$ (소수점 이하는 절상)

   ∴ 지상 8층에 설치할 헤드 개수 = 가로열 헤드 개수 × 세로열 헤드 개수
   = 4 × 2 = 8 [개]

4) 지상층에 설치할 총 헤드 수

   ∴ 총 헤드 개수 = 56 + 588 + 8 = 652 [개]   답 | 652 [개]

보충 ▶ 스프링클러설비의 화재안전기술기준(NFTC 103)에 따라 펌프실은 헤드의 설치 제외 장소이므로 헤드를 설치하지 않는다

※ 스프링클러설비의 화재안전기술기준(NFTC 103) - 2.12 헤드의 설치 제외

…

2.12.1.8 펌프실·물탱크실 엘리베이터 권상기실 그 밖의 이와 비슷한 장소

…

나. 유수검지장치의 관경 및 수량

구분	유수검지장치의 관경 [mm]	유수검지장치 필요 수량
지상 1층	80	(1)개
지상 2층 ~ 지상 7층	100	각 층당 (1)개, 총 (6)개
지상 8층	50	(1)개

1) 유수검지장치의 관경

스프링클러 헤드 수	2	3	5	10	30	60	80	100	160	161 이상
급수관의 구경[mm]	25	32	40	50	65	80	90	100	125	150

2) 유수검지장치의 수량
　① 지상 1층의 유수검지장치 수량
　　면적 $20[m] \times 26[m] = 520[m^2]$ → 유수검지장치 1개
　② 지상 2 ~ 7층의 각 층당 유수검지장치 수량
　　면적 $43[m] \times 20[m] = 860[m^2]$ → 유수검지장치 1개
　③ 지상 8층의 유수검지장치 수량
　　면적 $13[m] \times 5[m] = 65[m^2]$ → 유수검지장치 1개

> ※ 스프링클러설비의 화재안전기술기준(NFTC 103)
> **2.3 폐쇄형 스프링클러설비의 방호구역 및 유수검지장치**
> 2.3.1 폐쇄형 스프링클러헤드를 사용하는 설비의 방호구역(스프링클러설비의 소화범위에 포함된 영역을 말한다. 이하 같다) 및 유수검지장치는 다음의 기준에 적합해야 한다.
> 2.3.1.1 하나의 방호구역의 바닥면적은 3,000 [m²]를 초과하지 않을 것. 다만 폐쇄형 스프링클러설비에 격자형 배관방식(2 이상의 수평주행배관 사이를 가지배관으로 연결하는 방식을 말한다)을 채택하는 때에는 3,700 [m²] 범위 내에서 펌프용량, 배관의 구경 등을 수리학적으로 계산한 결과 헤드의 방수압 및 방수량이 방호구역 범위 내에서 소화목적을 달성하는데 충분하도록 해야 한다.
> 2.3.1.2 하나의 방호구역에는 1개 이상의 유수검지장치를 설치하되, 화재 시 접근이 쉽고 점검하기 편리한 장소에 설치할 것
> 2.3.1.3 하나의 방호구역은 2개 층에 미치지 않도록 할 것. 다만 1개 층에 설치되는 스프링클러헤드의 수가 10개 이하인 경우와 복층형 구조의 공동주택에는 3개 층 이내로 할 수 있다.

다. **계산과정** : 주배관의 유속

토출량($Q[m^3/s]$)은 $Q = N \times 80[L/min]$

$Q = N \times 80[L/min] = 30 \times 80[L/min] = 2400[L/min]$

※ 폐쇄형 스프링클러헤드를 사용하는 경우 설치장소별 기준개수
[스프링클러설비의 설치장소별 스프링클러헤드의 기준개수]

스프링클러설비의 설치장소			기준개수
지하층을 제외한 층수가 10층 이하인 특정소방대상물	공장	특수가연물을 저장·취급하는 것	30개
		그 밖의 것	20개
	근린생활시설, 판매시설·운수시설 또는 복합건축물	판매시설 또는 복합건축물(판매시설이 설치되는 복합건축물)	30개
		그 밖의 것	20개
	그 밖의 것	헤드의 부착높이가 8 [m] 이상의 것	20개
		헤드의 부착높이가 8 [m] 미만의 것	10개
지하층을 제외한 층수가 11층 이상인 특정소방대상물·지하가 또는 지하역사			30개

[비고] 하나의 소방대상물이 2 이상의 "스프링클러헤드의 기준개수"란에 해당하는 때에는 기준개수가 많은 것을 기준으로 한다. 다만 각 기준개수에 해당하는 수원을 별도로 설치하는 경우에는 그렇지 않다.

따라서 주배관 유속은

$$V[m/s] = \frac{4 \times Q[m^3/s]}{\pi \times (D[mm])^2} = \frac{4 \times \frac{2.4}{60}}{\pi \times 0.1^2} = 5.09[m/s]$$

답 | 5.09 [m/s]

16 〔배점 6〕

거실제연 시 제1종 기계제연방식, 제2종 기계제연방식, 제3종 기계제연방식의 제연방법에 대해 설명하시오.

가. 제1종 기계제연방식 :

나. 제2종 기계제연방식 :

다. 제3종 기계제연방식 :

정답

가. 제1종 기계제연방식 : 송풍기와 배출기를 설치하여 제연하는 방식
나. 제2종 기계제연방식 : 송풍기만 설치하여 제연하는 방식
다. 제3종 기계제연방식 : 배출기만 설치하여 제연하는 방식

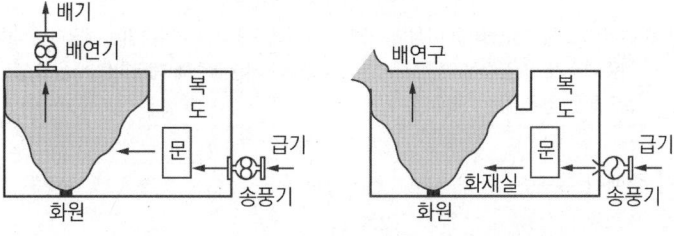

[제1종 기계제연]　　　　[제2종 기계제연]

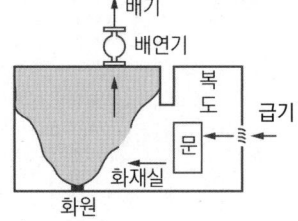

[제3종 기계제연]

2024년 3회

2024.11.02

01 [배점 5]

다음의 [조건]을 참조하여 제연설비 배출기의 전동기 최소 동력 [kW]을 구하시오.

조건

(1) 거실 바닥면적은 850 [m²]이다.
(2) 예상제연구역은 직경 50 [m]인 원의 범위 내에 있다.
(3) 예상제연구역이 제연경계로 구획되어 있으며, 수직거리는 2.7 [m]이다.
(4) 덕트의 길이는 165 [m]이고, 덕트 저항은 0.2 [mmAq/m]이다.
(5) 배출구 저항은 7.5 [mmAq], 배기 그릴 저항은 3 [mmAq], 관 부속류 저항은 덕트 저항의 55 [%]로 한다.
(6) 배출기의 효율[E]은 50 [%]로 하고, 전동기 전달계수[K]는 1.1이다.
(7) 예상제연구역의 수직거리에 따른 배출량 기준은 아래 표와 같다.

수직거리	배출량	
	예상제연구역이 직경 40 [m]인 원의 범위 안에 있을 경우	예상제연구역이 직경 40 [m]인 원의 범위를 초과할 경우
2 [m] 이하	40000 [m³/hr] 이상	45000 [m³/hr] 이상
2 [m] 초과 2.5 [m] 이하	45000 [m³/hr] 이상	50000 [m³/hr] 이상
2.5 [m] 초과 3 [m] 이하	50000 [m³/hr] 이상	55000 [m³/hr] 이상
3 [m] 초과	60000 [m³/hr] 이상	65000 [m³/hr] 이상

○ 계산과정 :

○ 답 :

> **정답**
>
> ☑ 계산과정
>
> $$\text{배출기 동력 } P[kW] = \frac{P_t[mmAq] \times Q[m^3/s]}{102\eta} \times K$$

① 배출량 Q

수직거리가 2.7 [m]이므로 조건 (7)의 표에서 '2.5 [m] 초과 3 [m] 이하'에 해당하며, 예상제연구역이 직경 40[m]인 원의 범위를 초과하므로 최소 배출량: 55000 [m^3/h]이다.

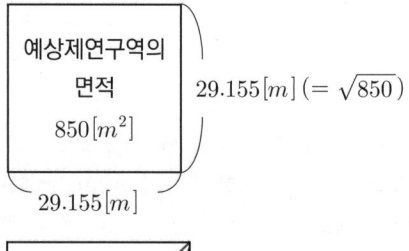

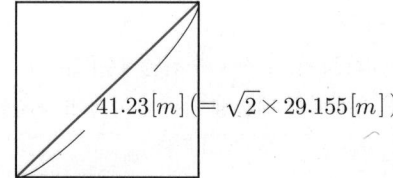

② 전압 P_t

$$P_t = (165[m] \times 0.2[mmAq/m]) + 7.5[mmAq] + 3[mmAq]$$
$$\quad + (165[m] \times 0.2[mmAq/m] \times 0.55)$$
$$= 61.65[mmAq]$$

③ 배출기의 전동기 최소 동력

$$P[kW] = \frac{P_t[mmAq] \times Q[m^3/s]}{102\eta} \times K = \frac{61.65[mmAq] \times \frac{55000}{3600}[m^3/s]}{102 \times 0.5} \times 1.1$$
$$= 20.314 ≒ 20.31[kW]$$

답 | 20.31 [kW]

> **참고** 제연설비의 화재안전기술기준(NFTC 501) – 배출량

1. 거실의 바닥면적이 400 [m^2] 미만으로 구획된 예상제연구역에 대한 배출량
   바닥면적 1 [m^2]당 1 [m^3/min] 이상으로 하되, 예상제연구역에 대한 최소 배출량은 5000 [m^3/hr] 이상으로 할 것

   $$Q = A[m^2] \times 1[m^3/\text{min}\cdot m^2] \times 60[\text{min/hr}]$$

   여기서 Q: 배출량 [m^3/hr] (최소 배출량은 5000 [m^3/hr] 이상)
   A: 바닥면적 [m^2]

2. 바닥면적 400 [m²] 이상인 거실의 예상제연구역의 배출량
   1) 예상제연구역이 직경 40 [m]인 원의 범위 안에 있을 경우
      배출량 40000 [m³/hr] 이상
      다만 예상제연구역이 제연경계로 구획된 경우에는 그 수직거리에 따른 배출량으로 산정

수직거리	배출량
2 [m] 이하	40000 [m³/hr] 이상
2 [m] 초과 2.5 [m] 이하	45000 [m³/hr] 이상
2.5 [m] 초과 3 [m] 이하	50000 [m³/hr] 이상
3 [m] 초과	60000 [m³/hr] 이상

   2) 예상제연구역이 직경 40 [m]인 원의 범위를 초과할 경우
      배출량 45000 [m³/hr] 이상
      다만 예상제연구역이 제연경계로 구획된 경우에는 그 수직거리에 따른 배출량으로 산정

수직거리	배출량
2 [m] 이하	45000 [m³/hr] 이상
2 [m] 초과 2.5 [m] 이하	50000 [m³/hr] 이상
2.5 [m] 초과 3 [m] 이하	55000 [m³/hr] 이상
3 [m] 초과	65000 [m³/hr] 이상

02

배점 6

내경이 40 [mm]인 소방용 호스에 내경이 13 [mm]인 노즐이 부착되어 있다. 이때 300 [L/min]의 방수량으로 물을 대기 중에 방사할 경우 아래 조건에 따라 각 물음에 답하시오. (단, 마찰손실은 무시한다)

가. 소방호스에서의 유속[m/s]을 구하시오.
   ○ 계산과정 :   ○ 답 :

나. 노즐선단에서의 유속[m/s]을 구하시오.
   ○ 계산과정 :   ○ 답 :

다. 방사 시 노즐의 운동량에 의한 반발력[N]을 구하시오.
   ○ 계산과정 :   ○ 답 :

> **정답**

가. 계산과정

$$V = \frac{4Q}{\pi D^2} = \frac{4 \times \frac{0.3}{60}}{\pi \times 0.04^2} = 3.978 \fallingdotseq 3.98 [\text{m/s}]$$

답 | 3.98 [m/s]

나. 계산과정

$$V = \frac{4Q}{\pi D^2} = \frac{4 \times \frac{0.3}{60}}{\pi \times 0.013^2} = 37.669 \fallingdotseq 37.67 [\text{m/s}]$$

답 | 37.67 [m/s]

다. 계산과정

$$F[\text{N}] = \rho [\text{kg/m}^3] \times Q[\text{m}^3/\text{s}] \times \triangle V[\text{m/s}]$$
$$= 1000 \times \frac{0.3}{60} \times (37.67 - 3.98) = 168.45 [\text{N}]$$

답 | 168.45 [N]

📌 핵심이론 운동량방정식의 응용(노즐의 반발력)

1) 노즐의 반발력, 반동력(= 플랜지 볼트에 작용하는 힘)

$$F[\text{N}] = P_1 \times A_1 - \rho \times Q \times \triangle V$$
$$= \frac{\gamma \times A_1 \times Q^2}{2g} \left(\frac{A_1 - A_2}{A_1 A_2} \right)^2$$

F : 노즐의 반발력, 반동력 [N]
P_1 : 호스에서 압력 [Pa]
A_1 : 호스의 단면적 [m²]
A_2 : 노즐의 단면적 [m²]
ρ : 유체의 밀도 [kg/m³]
  (물 : 1000 [kg/m³])
γ : 유체의 비중량 [N/m³]
  (물 : 9800 [N/m³])
Q : 방수량 [m³/s]
△V : 호스와 노즐의 유속 차 [m/s]

2) 운동량에 의한 노즐의 반발력, 반동력

$$F[\text{N}] = \rho \times Q \times \triangle V$$

F : 운동량에 의한 노즐의 반발력, 반동력 [N]
ρ : 유체의 밀도 [kg/m³]
  (물 : 1000 [kg/m³])
Q : 방수량 [m³/s]
△V : 호스와 노즐의 유속 차 [m/s]

3) 노즐 구경 D[mm]와 방수압 P[MPa]이 주어진 경우 노즐의 반발력

$$F[\text{N}] = 1.57 \times D^2 [\text{mm}^2] \times P[\text{MPa}]$$

F : 노즐의 반발력, 반동력[N]
D : 노즐 구경 [mm]
P : 방수압 [MPa]

03

배점 6

소화용수설비를 설치해야 하는 특정소방대상물에 소화수조를 설치하고자 한다. 해당 건축물은 지하 1층부터 지상 4층까지 사무실 건물로 사용하고 있으며, 각 층당 바닥면적은 6000 [m²]이다. 다음 각 물음에 답하시오. (단, 소화수조는 지표면으로부터의 깊이[수조 내부바닥까지의 길이를 말함]가 5 [m]인 지하에 있는 경우이다)

가. 소화수조의 저수량[m³]을 구하시오.
   ○ 계산과정 :   ○ 답 :

나. 저수조에 설치하여야 할 흡수관투입구의 최소 설치개수[개]를 구하시오.
   ○ 답 :

다. 저수조에 설치하는 가압송수장치의 최소 양수량[L/min]은 얼마인가?
   ○ 답 :

정답

가. 계산과정

① 기준면적
   지상 1, 2층의 바닥면적의 합계(6000 + 6000 = 12000 [m²])가 15000 [m²] 미만이므로
   기준면적 = 12500 [m²]

② 저수량
   $$\frac{연면적}{기준면적} = \frac{5 \times 6000[m^2]}{12500[m^2]} = 2.4 ≒ 3 \text{ (소수점 이하 절상)}$$
   $3 \times 20[m^3] = 60[m^3]$

핵심이론 소화수조 또는 저수조의 저수량

소화수조 또는 저수조의 저수량은 소방대상물의 연면적을 기준면적으로 나누어 얻은 수(소수점 이하의 수는 1로 본다)에 20 [m³]을 곱한 양 이상이 되도록 해야 한다.

[소방대상물별 기준면적]

소방대상물의 구분	기준면적
1층 2층 바닥면적 합계가 15000 [m²] 이상인 소방대상물	7500 [m²]
그 외	12500 [m²]

※ 소화수조 저수량

$$[m^3] = \frac{소방대상물의 연면적 [m^2]}{기준면적 [m^2]} (소수점 이하 절상) \times 20 [m^3]$$

답 | 60 [m³]

나. 1 [개]

> **★ 핵심이론** 소화수조 및 저수조 – 흡수관투입구와 채수구
>
> 소화수조 또는 저수조는 다음의 기준에 따라 흡수관투입구 또는 채수구를 설치해야 한다.
> 1. 흡수관투입구
>   지하에 설치하는 소화용수설비의 흡수관투입구는 그 한변이 0.6 [m] 이상이거나 직경이 0.6 [m] 이상인 것으로 하고, 소요수량이 80 [m³] 미만인 것은 1개 이상, 80 [m³] 이상인 것은 2개 이상을 설치해야 하며, "흡수관투입구"라고 표시한 표지를 할 것
> 2. 채수구
>   1) 채수구는 다음 표에 따라 소방용 호스 또는 소방용 흡수관에 사용하는 구경 65 [mm] 이상의 나사식 결합금속구를 설치할 것
>
>   [소요수량에 따른 채수구의 수]
>
> | 소요수량 | 20 [m³] 이상
40 [m³] 미만 | 40 [m³] 이상
100 [m³] 미만 | 100 [m³] 이상 |
> |---|---|---|---|
> | 채수구의 수 | 1개 | 2개 | 3개 |
>
>   2) 채수구는 지면으로부터의 높이가 0.5 [m] 이상 1 [m] 이하의 위치에 설치하고 "채수구"라고 표시한 표지를 할 것

다. 2200 [L/min]

> **★ 핵심이론** 소화수조 및 저수조 – 가압송수장치
>
> 1. 소화수조 또는 저수조가 지표면으로부터의 깊이(수조 내부바닥까지의 길이를 말함)가 4.5 [m] 이상인 지하에 있는 경우에는 다음 표에 따라 가압송수장치를 설치해야 한다. 다만 기준에 따른 저수량을 지표면으로부터 4.5 [m] 이하인 지하에서 확보할 수 있는 경우에는 소화수조 또는 저수조의 지표면으로부터의 깊이에 관계없이 가압송수장치를 설치하지 않을 수 있다.
>
>   [소요수량에 따른 가압송수장치의 1분당 양수량]
>
> | 소요수량 | 20 [m³] 이상
40 [m³] 미만 | 40 [m³] 이상
100 [m³] 미만 | 100 [m³] 이상 |
> |---|---|---|---|
> | 가압송수장치의
1분당 양수량 | 1100 [L/min] 이상 | 2200 [L/min] 이상 | 3300 [L/min] 이상 |
>
> 2. 소화수조가 옥상 또는 옥탑의 부분에 설치된 경우에는 지상에 설치된 채수구에서의 압력이 0.15 [MPa] 이상이 되도록 해야 한다.

04

경유를 저장하는 내부직경이 50 [m]인 플로팅루프탱크(부상식 지붕구조)에 포방출구를 설치하여 방호하려고 할 때 아래의 [조건]을 참조하여 다음 각 물음에 답하시오.

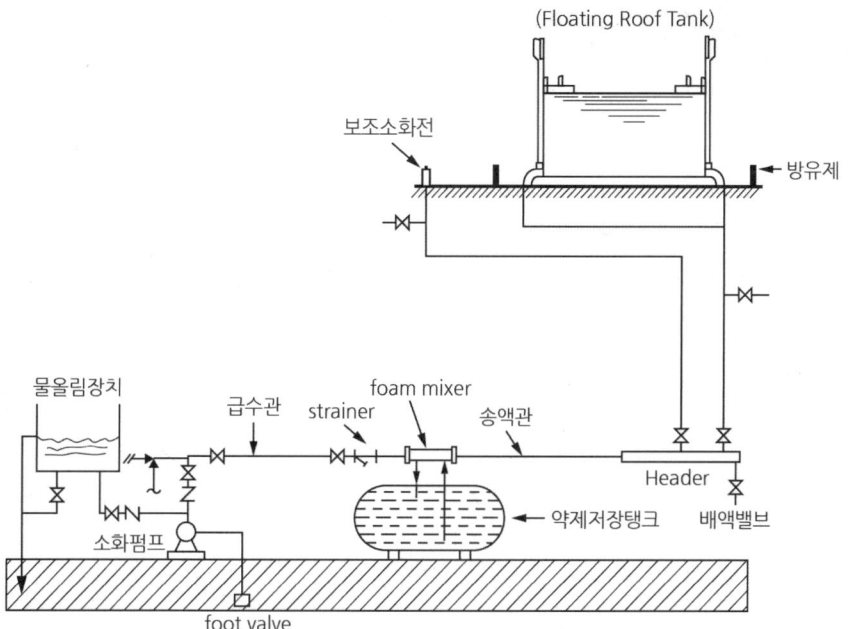

조건

(1) 소화약제는 6 [%]용의 단백포를 사용하며 수용액의 표준 방사량은 8 [L/m²·분]이고, 방사시간은 30분을 기준으로 한다.
(2) 탱크 내면과 굽도리판의 간격은 1.2 [m]로 한다.
(3) 보조포소화전은 7개 설치되어 있다.
(4) 송액배관의 길이는 200 [m]이며, 내경은 100 [mm]이다.
(5) 포소화약제의 밀도는 1050 [kg/m³]이다.
(6) 포소화약제혼합장치는 펌프와 발포기의 중간에 설치된 벤추리관의 벤추리작용과 펌프 가압수의 포소화약제 저장탱크에 대한 압력에 따라 포소화약제를 흡입·혼합하는 방식이다.

가. 고정식 포방출구의 종류는 무엇인가?

　　○ 답:

나. 포수용액을 토출하는 가압송수장치의 최소 분당 토출량 [L/min]을 계산하시오.

　　○ 계산과정:

　　○ 답:

다. 소화약제를 제외한 최소 수원의 양[m³]을 계산하시오.
　　○ 계산과정 :
　　○ 답 :

라. 최소 포소화약제의 양[L]을 계산하시오.
　　○ 계산과정 :
　　○ 답 :

마. 포소화설비에 적용된 포소화약제의 혼합방식을 쓰시오.
　　○ 답 :

> **정답**

가. 특형 방출구

나. 계산과정
　① 고정포방출구
$$Q_1[L/\min] = A[m^2] \times Q_A[L/m^2 \cdot \min]$$
$$= \frac{\pi \times (50^2 - 47.6^2)}{4}[m^2] \times 8[L/m^2 \cdot \min] = 1471.773[L/\min]$$
　② 보조소화전
$$Q_2[L/\min] = N \times 400[L/\min] = 3 \times 400[L/\min] = 1200[L/\min]$$
　∴ ① + ② = 1471.773 + 1200 = 2671.773 [L/min]　　**답 | 2671.77 [L/min]**

다. 계산과정
　① 고정포방출구
$$Q_1[L] = A[m^2] \times Q_A[L/m^2 \cdot \min] \times T[\min] \times (1-S)$$
$$= \frac{\pi \times (50^2 - 47.6^2)}{4}[m^2] \times 8[L/m^2 \cdot \min] \times 30[\min] \times 0.94$$
$$= 41504.008[L]$$
　② 보조소화전
$$Q_2[L] = N \times 400[L/\min] \times 20[\min] \times (1-S)$$
$$= 3 \times 400[L/\min] \times 20[\min] \times 0.94 = 22560[L]$$
　③ 배관 보정량
$$Q_3[L] = V[m^3] \times (1-S) \times 1000[L/m^3]$$
$$= \left(\frac{\pi \times 0.1^2}{4}\right)[m^2] \times 200[m] \times 0.94 \times 1000[L/m^3] = 1476.549[L]$$
　∴ ① + ② + ③ = 41504.008 + 22560 + 1476.549 = 65540.557 [L]
　　　　　　　= 65.54 [m³]　　**답 | 65.54 [m³]**

라. 계산과정

① 고정포방출구

$$Q_1[L] = A[m^2] \times Q_A[L/m^2 \cdot \min] \times T[\min] \times S$$

$$= \frac{\pi \times (50^2 - 47.6^2)}{4}[m^2] \times 8[L/m^2 \cdot \min] \times 30[\min] \times 0.06$$

$$= 2649.192[L]$$

② 보조소화전

$$Q_2[L] = N \times 400[L/\min] \times 20[\min] \times S$$

$$= 3 \times 400[L/\min] \times 20[\min] \times 0.06 = 1440[L]$$

③ 배관 보정량

$$Q_3[L] = V[m^3] \times S \times 1000[L/m^3]$$

$$= \left(\frac{\pi \times 0.1^2}{4}\right)[m^2] \times 200[m] \times 0.06 \times 1000[L/m^3] = 94.248[L]$$

∴ ① + ② + ③ = 2649.192 + 1440 + 94.248 = 4183.44 [L]

답 | 4183.44 [L]

핵심이론 포소화약제의 저장량 – 고정포방출구방식

포소화약제 저장량 Q = 고정포방출구에서 방출하기 위해 필요한 양 Q_1 + 보조포소화전에서 방출하기 위해 필요한 양 Q_2 + 송액관에 충전하기 위해 필요한 양 Q_3

고정포방출구방식은 다음의 양을 합한 양 이상으로 할 것

1) 고정포방출구에서 방출하기 위하여 필요한 양

$$Q_1 = A \cdot Q_A \cdot T \cdot S$$

Q_1 : 포소화약제의 양 [L]
A : 탱크의 액표면적 [m²]
Q_A : 단위 포소화수용액의 양 [L/m² · min]
T : 방출시간 [min]
S : 포소화약제의 사용농도 [%]

2) 보조포소화전에서 방출하기 위하여 필요한 양

$$Q_2 = N \cdot 8000 \cdot S$$

Q_2 : 포소화약제의 양 [L]
N : 호스 접결구의 수(3개 이상인 경우는 3개)
S : 포소화약제의 사용농도 [%]

3) 가장 먼 탱크까지의 송액관에 충전하기 위하여 필요한 양
(내경 75 [mm] 이하의 송액관은 제외)

$$Q_3 = V \times S \times 1000[L/m^3]$$

Q_3 : 포소화약제의 양 [L]
V : 송액관 내부의 체적 [m³]
S : 포소화약제의 사용농도 [%]

* 송액관 : 수원으로부터 포헤드, 고정포방출구 또는 이동식 노즐에 급수하는 배관

마. 프레셔 프로포셔너방식

📖 참고 | **포소화약제의 혼합장치**

종류	설명	
라인 프로포셔너 방식	펌프와 발포기의 중간에 설치된 벤추리관의 벤추리작용에 따라 포소화약제를 흡입·혼합하는 방식	
펌프 프로포셔너 방식	펌프의 토출관과 흡입관 사이의 배관 도중에 설치한 흡입기에 펌프에서 토출된 물의 일부를 보내고, 농도 조정 밸브에서 조정된 포소화약제의 필요량을 포소화약제 탱크에서 펌프 흡입 측으로 보내어 이를 혼합하는 방식	
프레셔 프로포셔너 방식	펌프와 발포기의 중간에 설치된 벤추리관의 벤추리작용과 펌프 가압수의 포소화약제 저장탱크에 대한 압력에 따라 포소화약제를 흡입·혼합하는 방식이다.	[압송식] [압입식]
프레셔 사이드 프로포셔너 방식	펌프의 토출관에 압입기를 설치하여 포소화약제 압입용 펌프로 포소화약제를 압입시켜 혼합하는 방식이다.	
압축공기포 믹싱챔버방식	압축공기 또는 압축질소를 일정비율로 포수용액에 강제 주입 혼합하는 방식이다.	

05

배점 8

습식 스프링클러설비를 백화점(지하 1층 ~ 지상 9층)에 아래의 [조건]을 이용하여 시공하는 경우 다음 각 물음에 답하시오.

[조건]
(1) 최상층의 가장 먼 말단헤드의 방수압력은 0.11 [MPa]을 기준으로 한다.
(2) 펌프의 진공계 눈금은 300 [mmHg]이다.
(3) 배관 및 부속류의 총 마찰손실은 펌프 자연 낙차압의 20 [%]이다.
(4) 펌프에서 최상층의 헤드까지의 수직높이는 50 [m]이다.
(5) 헤드의 오리피스 구경은 11 [mm]로 가정한다.
(6) 펌프의 효율은 68 [%]이다.
(7) 각 층당 설치된 폐쇄형 스프링클러헤드는 90개이다.

가. 주 펌프의 전양정[m]을 구하시오.
  ○ 계산과정 :
  ○ 답 :

나. 펌프의 최소 토출량 [L/min]을 구하시오. (단, 조건 (1)과 (5)를 기준으로 헤드의 방수량을 산출하여 계산한다)
  ○ 계산과정 :
  ○ 답 :

다. '나'항의 값을 기준으로 최소 수원의 양 [m³]을 구하시오. (단, 옥상수원은 고려하지 않는다)
  ○ 계산과정 :
  ○ 답 :

라. 펌프의 축동력 [kW]를 구하시오. (단, '가'항 및 '나'항의 값을 기준으로 산출한다)
  ○ 계산과정 :
  ○ 답 :

[정답]

가. 계산과정 : 흡입양정 $= 300[mmHg] \times \dfrac{10.332[mAq]}{760[mmHg]} = 4.078[m]$

  토출 실양정 $= 50[m]$
  총 마찰손실 $= 50[m] \times 0.2 = 10[m]$
  방수압 환산수두 $= 11[m]$

∴ 주펌프의 양정 = 흡입양정 + 토출실양정 + 마찰손실 + 11
            = 4.078 + 50 + 10 + 11 = 75.078 ≒ 75.08[m]

답 | 75.08 [m]

나. 계산과정

헤드 오리피스 구경이 주어졌으므로 헤드 한 개의 방수량을 따로 구해야 한다.

헤드 한 개의 유량 $Q = 2.107 \times D^2 \times \sqrt{P}$
         $= 2.107 \times (11[mm])^2 \times \sqrt{0.11[MPa]} = 84.556[L/min]$

펌프 토출량 = 30 [개] × 84.556 [L/min] = 2536.68 [L/min]

답 | 2536.68[L/min]

다. 계산과정

수원의 양 = 2536.68 [L/min] × 20 [min] = 50733.6 [L] ≒ 50.73 [m³]

답 | 50.73 [m³]

라. 계산과정

펌프의 축동력 $P[kW] = \dfrac{\gamma[kN/m^3] \times Q[m^3/s] \times H[m]}{\eta}$

$P = \dfrac{9.8[kN/m^3] \times \dfrac{2.53668}{60}[m^3/s] \times 75.08[m]}{0.68} = 45.746 ≒ 45.75[kW]$

답 | 45.75 [kW]

Q 심화 방수량 공식 비교

$Q = C \times A \times V = C \times A \times \sqrt{2gh} = C \times \dfrac{\pi D^2}{4} \times \sqrt{2g\dfrac{P}{\gamma}}$

Q : 방수량 [m³/s], C : 유량계수, A : 관의 단면적 [m²], V : 유속 [m/s]

① $Q = 2.107 \times D^2 \times \sqrt{P}$	← 위 식에서 단위변환 시 표준대기압 환산 수두 적용 (10.332[mAq] = 0.101325[MPa]) 유량계수 $C = 1$ 대입
	Q : 방수량 [L/min], D : 관경(노즐구경) [mm], P : 방수압력 [MPa]
② $Q = 2.086 \times D^2 \times \sqrt{P}$	← 위 식에서 단위변환 시 표준대기압 환산 수두 적용 유량계수 $C = 0.99$ 대입
	Q : 방수량 [L/min], D : 관경(노즐구경) [mm], P : 방수압력 [MPa]
③ $Q = 0.6597 \times D^2 \times \sqrt{10P}$	← 위 식에서 단위변환 시 1[MPa] = 100[m] 적용 유량계수 $C = 1$ 대입
	Q : 방수량 [L/min], D : 관경(노즐구경) [mm], P : 방수압력 [MPa]
④ $Q = 0.653 \times D^2 \times \sqrt{10P}$	← 위 식에서 단위변환 시 1[MPa] = 100[m] 적용 유량계수 $C = 0.99$ 대입
	Q : 방수량 [L/min], D : 관경(노즐구경) [mm], P : 방수압력 [MPa]

06

| 득점 | | 배점 | 4 |

다음 지상 10층의 업무시설에 완강기를 설치하고자 한다. 다음 조건을 참고하여 해당 특정소방대상물에 설치하여야 할 완강기의 개수를 구하시오.

> **조건**
> (1) 업무시설의 각 층 바닥면적은 4000 [m²]이다.
> (2) 특정소방대상물은 주요구조부가 내화구조이고 피난계단이 2개소 설치되어 있다.
> (3) 기타 조건 이외의 감소되거나 면제되는 조건은 없다.

○ 답 :

> **정답**

① 각 층에 설치해야 할 완강기 설치개수

$$\frac{바닥면적 [m^2]}{1000 [m^2/개]} = \frac{4000 [m^2]}{1000 [m^2/개]} = 4 [개]$$

설치감소 조건에 적합하므로 $4[개] \times \frac{1}{2}$ ➡ 설치개수 = 2[개]

② 지상 10층의 업무시설에 설치해야 할 완강기 설치개수

$2[개/층] \times 8[층] = 16[개]$

(3~10층에 설치하므로 총 8개의 층에 완강기를 설치한다)

답 | 16 [개]

> **핵심이론** 소방대상물의 설치장소별 피난기구의 적응성

장소별 \ 층별	1층	2층	3층	4층 이상 10층 이하
1. 노유자시설	• 미끄럼대 • 구조대 • 다수인피난장비 • 승강식 피난기 • 피난교	• 미끄럼대 • 구조대 • 다수인피난장비 • 승강식 피난기 • 피난교	• 미끄럼대 • 구조대 • 다수인피난장비 • 승강식 피난기 • 피난교	• 구조대[1] • 다수인피난장비 • 승강식 피난기 • 피난교
2. 의료시설·근린생활시설 중 입원실이 있는 의원·접골원·조산원	–	–	• 미끄럼대 • 구조대 • 다수인피난장비 • 승강식 피난기 • 피난교 • 피난용 트랩	• 구조대 • 다수인피난장비 • 승강식 피난기 • 피난교 • 피난용 트랩

층별 장소별	1층	2층	3층	4층 이상 10층 이하
3. 다중이용업소로서 영업장의 위치가 4층 이하인 다중이용업소	-	• 미끄럼대 • 구조대 • 다수인피난장비 • 승강식 피난기 • 완강기 • 피난사다리	• 미끄럼대 • 구조대 • 다수인피난장비 • 승강식 피난기 • 완강기 • 피난사다리	• 미끄럼대 • 구조대 • 다수인피난장비 • 승강식 피난기 • 완강기 • 피난사다리
4. 그 밖의 것	-	-	• 미끄럼대 • 구조대 • 다수인피난장비 • 승강식 피난기 • 완강기 • 간이완강기[2] • 공기안전매트 • 피난교 • 피난사다리 • 피난용 트랩	• 구조대 • 다수인피난장비 • 승강식 피난기 • 완강기 • 간이완강기[2] • 공기안전매트 • 피난교 • 피난사다리

[비고]
1) 구조대의 적응성은 장애인 관련 시설로서 주된 사용자 중 스스로 피난이 불가한 자가 있는 경우 추가로 설치하는 경우에 한한다.
2) 간이완강기의 적응성은 숙박시설의 3층 이상에 있는 객실에 추가로 설치하는 경우에 한한다.

참고

1) 피난기구의 설치개수

피난기구는 다음의 기준에 따른 개수 이상을 설치해야 한다.

층마다 설치하되, 숙박시설·노유자시설 및 의료시설로 사용되는 층에 있어서는 그 층의 바닥면적 500 [m^2]마다, 위락시설·문화집회 및 운동시설·판매시설로 사용되는 층 또는 복합용도의 층에 있어서는 그 층의 바닥면적 800 [m^2]마다, 계단실형 아파트에 있어서는 각 세대마다, 그 밖의 용도의 층에 있어서는 그 층의 바닥면적 1000 [m^2]마다 1개 이상 설치할 것

용도	피난기구 설치개수
숙박시설·노유자시설·의료시설	그 층의 바닥면적 500 [m^2]마다 1개 이상
위락시설·문화집회 및 운동시설·판매시설로 사용되는 층 또는 복합용도의 층	그 층의 바닥면적 800 [m^2]마다 1개 이상
그 밖의 용도의 층	그 층의 바닥면적 1000 [m^2]마다 1개 이상
계단실형 아파트	각 세대마다

2) 피난기구의 설치 감소

피난기구를 설치하여야 할 소방대상물 중 다음의 기준에 적합한 층에는 피난기구의 2분의 1을 감소할 수 있다. 이 경우 설치하여야 할 피난기구의 수에 있어서 소수점 이하의 수는 1로 한다.
1. 주요구조부가 내화구조로 되어 있을 것
2. 직통계단인 피난계단 또는 특별피난계단이 2 이상 설치되어 있을 것

07

[득점]   [배점 10]

다음 소화기구에 대한 조건을 참고하여 각 물음에 답하시오.

조건

(1) 지상 1층은 유치원(「유아교육법」에 따른 유치원으로 아동 관련 시설), 지상 2~3층은 한의원(근린생활시설)에 해당하는 특정소방대상물이다.
(2) 해당 건축물의 주요구조부가 내화구조이고, 벽 및 반자의 실내에 면하는 부분이 난연재료로 되어 있다.
(3) 각 층의 바닥면적은 1200 [m²](가로 30 [m] × 세로 40 [m])이다.
(4) 각 층에 A급 3단위 소화기로 설치하며, 자동확산소화기는 소화기 개수 산정에서 제외한다.
(5) 간이소화용구는 지상 1층에만 설치하며, 간이소화용구의 능력단위는 A급 1단위로 한다.
   단, 간이소화용구의 능력단위는 지상 1층 능력단위의 2분의 1로 한다.
(6) 전 층에 소화설비가 없는 것으로 가정한다.
(7) 제시된 조건 이외의 감소되거나 면제 및 추가되는 조건은 없는 것으로 간주하고, 제시되지 않은 조건은 화재안전기술기준에 따른다.

가. 지상 1~3층에 필요한 소화기구의 능력단위 합계를 구하시오.

　○ 계산과정 :　　　　　　　○ 답 :

나. 지상 1층 유치원에 설치해야 하는 간이소화용구의 개수를 구하시오.

　○ 계산과정 :　　　　　　　○ 답 :

다. 지상 2~3층 한의원에 설치해야 하는 소화기의 개수를 구하시오.

　○ 계산과정 :　　　　　　　○ 답 :

라. 간이소화용구의 종류 4가지를 쓰시오.

　○ 답 :

> 정답

가. 계산과정

① 지상 1층에 필요한 소화기구의 능력단위(노유자시설 - 아동 관련 시설)

$$능력단위 = \frac{1200[m^2]}{100 \times 2[m^2/단위]} = 6[단위]$$

② 지상 2~3층에 필요한 소화기구의 능력단위 (근린생활시설)

$$층당 필요한 능력단위 = \frac{1200[m^2]}{100 \times 2[m^2/단위]} = 6[단위]$$

지상 2~3층에 필요한 소화기구의 능력단위 6[단위]×2 = 12[단위]

③ 지상 1~3층에 필요한 소화기구의 능력단위 합계

능력단위 = 6[단위] + 12[단위] = 18[단위]

답 | 18 [단위]

나. 계산과정

$$간이소화용구의 개수 = \frac{6[단위]/2}{1[단위/개]} = 3[개]$$

답 | 3 [개]

다. 계산과정

$$층당 설치해야 하는 소화기의 개수 = \frac{6[단위]}{3[단위/개]} = 2[개]$$

지상 2~3층 한의원에 설치해야 하는 소화기의 개수 = 2[개/층] × 2[층] = 4[개]

답 | 4 [개]

라. ① 에어로졸식 소화용구
② 투척용 소화용구
③ 소공간용 소화용구
④ 소화약제 외의 것을 이용한 간이소화용구(마른모래, 팽창질석 또는 팽창진주암)

★ 핵심이론 1 특정소방대상물별 소화기구의 능력단위 표

특정소방대상물	소화기구의 능력단위
위락시설	해당 용도의 바닥면적 30 [m²]마다 능력단위 1단위 이상
공연장, 집회장, 관람장, 문화재, 장례식장 및 의료시설	해당 용도의 바닥면적 50 [m²]마다 능력단위 1단위 이상
<u>근린생활시설</u>, 판매시설, 운수시설, 숙박시설, <u>노유자시설</u>, 전시장, 공동주택, 업무시설, 방송통신시설, 공장, 창고시설, 항공기 및 자동차 관련 시설 및 관광휴게시설	해당 용도의 바닥면적 <u>100</u> [m²]마다 능력단위 1단위 이상
그 밖의 것	해당 용도의 바닥면적 200 [m²]마다 능력단위 1단위 이상

[비고] 소화기구의 능력단위를 산출함에 있어서 건축물의 주요구조부가 내화구조이고, 벽 및 반자의 실내에 면하는 부분이 불연재료·준불연재료 또는 난연재료로 된 특정소방대상물에 있어서는 위 표의 바닥면적의 2배를 해당 특정소방대상물의 기준면적으로 한다.

핵심이론 2 특정소방대상물(제5조 관련) - 소방시설 설치 및 관리에 관한 법률 시행령 [별표 2]

1. 공동주택

   ……

2. 근린생활시설

   가. 슈퍼마켓과 일용품(식품, 잡화, 의류, 완구, 서적, 건축자재, 의약품, 의료기기 등) 등의 소매점으로서 같은 건축물(하나의 대지에 두 동 이상의 건축물이 있는 경우에는 이를 같은 건축물로 본다. 이하 같다)에 해당 용도로 쓰는 바닥면적의 합계가 1천 [m²] 미만인 것

   ……

   라. 의원, 치과의원, 한의원, 침술원, 접골원(接骨院), 조산원, 산후조리원 및 안마원(「의료법」 제82조 제4항에 따른 안마시술소를 포함한다)

   ……

9. 노유자시설

   가. 노인 관련 시설 : 「노인복지법」에 따른 노인주거복지시설, 노인의료복지시설, 노인여가복지시설, 주·야간보호서비스나 단기보호서비스를 제공하는 재가노인복지시설(「노인장기요양보험법」에 따른 장기요양기관을 포함한다), 노인보호전문기관, 노인일자리지원기관, 학대피해노인 전용쉼터, 그 밖에 이와 비슷한 것

   나. 아동 관련 시설 : 「아동복지법」에 따른 아동복지시설, 「영유아보육법」에 따른 어린이집, 「유아교육법」에 따른 유치원[제8호 가목1)에 따른 학교의 교사 중 병설유치원으로 사용되는 부분을 포함한다], 그 밖에 이와 비슷한 것

   다. 장애인 관련 시설 : 「장애인복지법」에 따른 장애인 거주시설, 장애인 지역사회재활시설(장애인 심부름센터, 한국수어통역센터, 점자도서 및 녹음서 출판시설 등 장애인이 직접 그 시설 자체를 이용하는 것을 주된 목적으로 하지 않는 시설은 제외한다), 장애인 직업재활시설, 그 밖에 이와 비슷한 것

   ……

핵심이론 3 소방시설(제3조 관련) - 소방시설 설치 및 관리에 관한 법률 시행령 [별표 1]

1. 소화설비 : 물 또는 그 밖의 소화약제를 사용하여 소화하는 기계·기구 또는 설비로서 다음 각 목의 것

   가. 소화기구

      1) 소화기

      2) 간이소화용구 : 에어로졸식 소화용구, 투척용 소화용구, 소공간용 소화용구 및 소화약제 외의 것을 이용한 간이소화용구

      3) 자동확산소화기

   나. 자동소화장치

      1) 주거용 주방자동소화장치   2) 상업용 주방자동소화장치

      3) 캐비닛형 자동소화장치   4) 가스자동소화장치

      5) 분말자동소화장치   6) 고체에어로졸자동소화장치

   다. 옥내소화전설비[호스릴(Hose Reel) 옥내소화전설비를 포함한다]

   ……

08

스프링클러설비 가압송수장치(펌프방식)의 성능시험을 실시하고자 한다. 다음 주어진 도면을 참조하여 성능시험방법을 쓰시오. (단, 펌프 토출 측 개폐밸브는 V1, 성능시험배관의 개폐밸브는 V2, 유량조절밸브는 V3이며, 밸브의 개폐상태를 포함하여 답을 쓰시오)

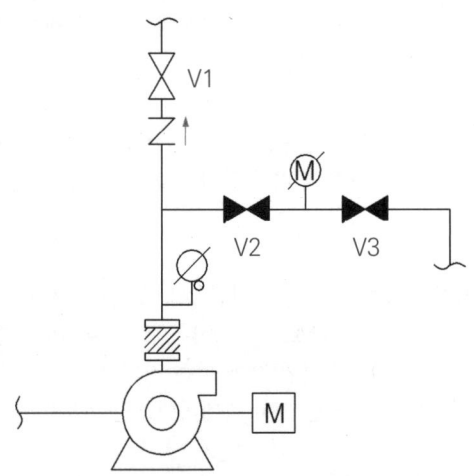

가. 체절운전
  ㅇ답 :

나. 정격부하운전
  ㅇ답 :

다. 최대부하운전
  ㅇ답 :

정답

☑ 성능시험방법

가. 체절운전
  ① 제어반에서 주, 충압펌프 선택스위치를 수동위치로 전환
  ② 펌프 토출 측 주밸브[V1] 폐쇄 (단, 성능시험배관의 V2와 V3는 폐쇄상태이어야 한다)
  ③ 주펌프 수동기동
  ④ 체절압력(정격토출압력의 140 [%]) 미만에서 릴리프밸브가 작동하는지 확인
  ⑤ 주펌프 수동정지

나. 정격부하운전
  ① 성능시험배관상의 개폐밸브[V2] 완전 개방 (단, 펌프 토출 측 주밸브[V1는] 폐쇄 상태이어야 한다)
  ② 주펌프 수동기동
  ③ 유량조절밸브[V3]을 서서히 개방하여 유량계가 정격토출량(100 [%] 유량)일 때의 압력계의 토출압력을 측정, 이때 토출압력은 정격토출압력 이상이어야 한다.
다. 최대 운전
  ① 유량조절밸브[V3]을 더욱 개방하여 유량계가 정격토출량의 150 [%]일 때의 압력계의 토출압력을 측정한다. 이때 토출압력은 정격압력의 65 [%] 이상이어야 한다.
  ② 주펌프 수동 정지

09

다음 관 부속류 또는 배관방식 등에 관한 소방시설 도시기호 명칭 또는 도시기호를 그리시오.

번호	명칭	도시기호
가		⊠
나	선택밸브	
다	편심 레듀셔	
라		⊢▬⊣

정답

번호	명칭	도시기호
가	풋밸브 (Foot밸브)	
나	선택밸브	
다	편심 레듀셔	
라	라인 프로포셔너	

10 [배점 5]

방호구역의 체적이 500 [m³]인 어느 전기실에 전역방출방식의 할론소화설비(할론 1301)를 설치하여 화재를 진압하려 한다. 할론소화약제 방출 후 방호구역 내의 산소농도가 15 [vol%]가 되었을 때 주어진 조건을 참조하여 할론소화약제(할론 1301)의 양 [kg]을 구하시오.

조건
(1) 할론소화약제 방출 전 공기 중 산소 농도는 21 [vol%]이다.
(2) 방호구역 내의 온도는 15 [℃]이다.
(3) 할론 1301 소화약제를 방출한 후 실내 기압은 1.2 [atm]으로 변화되었다.
(4) 할론 1301의 분자량은 148.9 [kg/kmol]이다.
(5) 기체상수 R은 0.082 [$atm \cdot m^3/kmol \cdot K$]로 계산한다.
(6) 개구부에는 자동 폐쇄가 가능한 개구부가 설치되어 있다.

O 계산과정 :

O 답 :

정답

☑ 계산과정

① 방출된 할론 1301의 체적 $[m^3]$

$$V[m^3] = \frac{21-O_2[vol\%]}{O_2[vol\%]} \times \text{방호구역의 체적}[m^3]$$

$$= \frac{21-15[vol\%]}{15[vol\%]} \times 500[m^3] = 200[m^3]$$

② 방출된 할론 1301의 양 [kg]

이상기체 상태방정식 $PV = nRT = \frac{W}{M}RT$ $(R=0.082[atm \cdot m^3/kmol \cdot K])$

$$W = \frac{PVM}{RT} = \frac{1.2[atm] \times 200[m^3] \times 148.9[kg/kmol]}{0.082[atm \cdot m^3/kmol \cdot K] \times (273+15)[K]} = 1513.211 ≒ 1513.21[kg]$$

답 | 1513.21 [kg]

11

배점 4

어느 배관의 인장강도가 240 [MPa]이고, 최고 사용압력이 3.6 [MPa]이다. 이 배관의 스케줄 번호(Schedule No)는 얼마인가? (단, 배관의 안전율은 5이다)

호칭지름 [mm]	바깥지름 [mm]	배관두께[mm]			
		SCH. 20	SCH. 40	SCH. 60	SCH. 80
80	89.1	4.5	5.5	6.6	7.6

◯ 계산과정 :

◯ 답 :

정답

☑ 계산과정

배관의 스케줄 번호 공식

스케줄 번호 $= \frac{\text{최고사용압력}\,P}{\text{재료의 허용응력}\,S} \times 1000$

(단, 최고 사용압력과 재료의 허용응력의 단위를 일치시킨다)

여기서 재료의 허용응력 $S = \frac{\text{인장강도}}{\text{안전율}}$

보충 ▶ 스케줄 번호 : 배관의 두께를 표시하는 번호

재료의 허용응력 $S = \dfrac{240[MPa]}{5} = 48[MPa]$

스케줄 번호 $= \dfrac{\text{최고사용압력}\, P}{\text{재료의 허용응력}\, S} \times 1000 = \dfrac{3.6[MPa]}{48[MPa]} \times 1000 = 75$

주어진 표에서 스케줄 번호를 선정하면 SCH. 80 답 | 80

12

'펌프 1대를 운전할 때 성능 곡선'과 성능이 동일한 '펌프 2대를 병렬 운전할 때 성능 곡선'을 H_1, H_2, Q_1, Q_2 기호를 사용하여 작도하고 '관로 저항 곡선'을 그리시오. (단, H_1 : 펌프 1대를 운전할 때 양정 [m], H_2 : 펌프 2대를 병렬 운전할 때 양정 [m], Q_1 : 펌프 1대의 정격토출량 [L/min], Q_2 : 펌프 2대를 병렬 운전할 때 정격토출량[L/min]이다. 성능곡선과 저항곡선에는 각 곡선의 명칭을 적어야 한다)

O 답

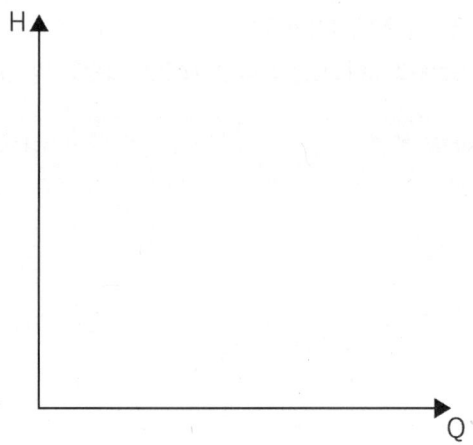

정답

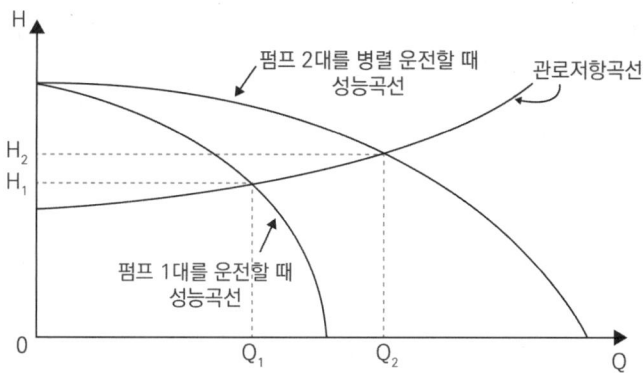

참고

1. 펌프의 직렬운전
   1) 1대 펌프의 양정을 세로축으로 2배한 값을 연결한 곡선으로 동일 유량에서 양정이 2배가 되어야 하나 실제 운전점은 저항곡선을 따라 변하므로 2배가 되지 않음
   2) 운전점 : 특성곡선과 저항곡선의 교점
   3) 양정 : 펌프 2대 운전 시 각각의 펌프가 부담하는 양정 $H_2/2$는 단독운전 시의 H_1보다 작음

2. 펌프의 병렬운전
   1) 1대 펌프의 유량을 가로축으로 2배한 값을 연결한 곡선으로 동일 양정에서 유량이 2배가 되어야 하나 실제 운전점은 저항곡선을 따라 변하므로 2배가 되지 않음
   2) 운전점 : 특성곡선과 저항곡선의 교점
   3) 유량 : 펌프 2대 병렬운전 시 각각의 펌프가 부담하는 유량 $Q_2/2$는 단독운전 시 유량 Q_1보다 작음

3. 결론
   동일 특성의 펌프를 직렬, 병렬 운전 시 배관 내에서 마찰저항으로 인하여 펌프 2대는 더 큰 마찰저항을 갖게 된다. 즉, 양정이나 유량은 2배가 되지 않으므로 설계 시 이를 고려한 여유율을 반영해야 한다.

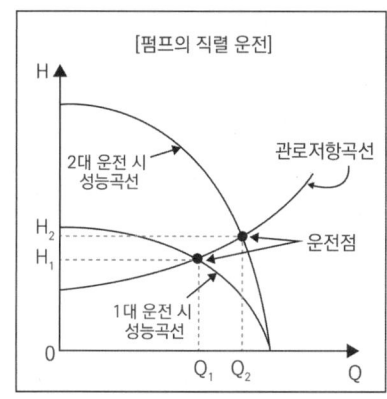

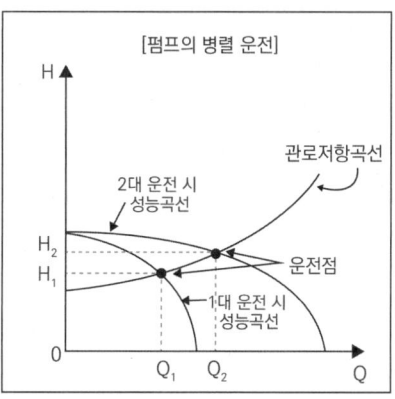

13

수계소화설비 배관의 동파방지를 위해 보온재로 피복하려 할 때, 보온재의 구비조건 4가지를 쓰시오. (단, 경제적 측면은 제외하도록 한다)

○ 답 :

정답

① 열전도율이 작고 보온능력이 커야 한다(단열효과가 뛰어나야 한다).
② 장시간 사용에도 변질되지 않아야 한다.
③ 시공이 용이해야 한다.
④ 비중이 작고 가벼워야 한다.
⑤ 흡습성이 없어야 하며, 불연성·난연성이어야 한다.
⑥ 기계적 강도가 커야 한다.
위 6가지 중 4가지를 기술하면 정답

14

다음 토너먼트(Tournament) 배관방식에 대한 각 물음에 답하시오.

가. 수계소화설비에서 토너먼트방식이 허용되지 않는 주된 이유 2가지를 쓰시오.
　○ 답 :

나. 토너먼트방식이 적합한 소화설비의 종류 3가지를 쓰시오. (단, 할로겐화합물 및 불활성기체소화설비는 제외한다)
　○ 답 :

정답

가. ① 유체의 마찰손실이 너무 크므로 압력 손실을 최소화하기 위하여
　　② 수격작용에 따른 배관의 파손을 방지하기 위하여

나. ① 이산화탄소소화설비, ② 할론소화설비, ③ 분말소화설비

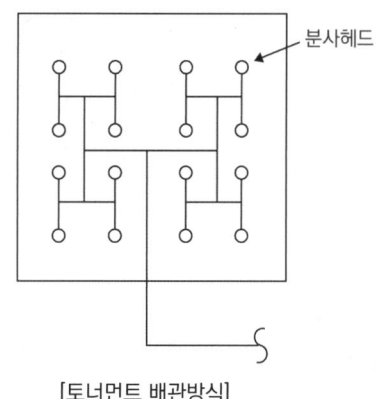

[토너먼트 배관방식]

15

다음은 옥내소화전설비에 관한 설명이다. 다음 물음에 답하시오.

조건
(1) 특정소방대상물의 층수는 5층이며 각 층의 층당 바닥면적은 2000 [m²]이다.
(2) 각 층에 설치된 옥내소화전의 개수는 6개이다.
(3) 옥내소화전설비의 실양정은 20 [m]이고, 배관 및 관 부속품의 마찰손실수두는 40 [m]이다.
(4) 소방용 호스는 15 [m] 길이로 된 2매를 사용하며, 호스의 마찰손실수두는 100 [m]당 26 [m]로 사용한다.
(5) 기타의 제시되지 않은 조건은 화재안전기술기준에 따른다.

가. 옥상수조의 최소 유효수량[m³]은 얼마인가?
　○ 계산과정 :
　○ 답 :

나. 가압송수장치인 펌프의 토출량[L/min]은 얼마인가?
　○ 계산과정 :
　○ 답 :

다. 옥내소화전설비에 필요한 양정[m]은?
  ● 계산과정 :
  ● 답 :

라. '다'항에서 구한 값을 기준으로 펌프의 성능시험을 하려고 한다. 정격토출량의 150 [%]로 운전할 경우 펌프의 토출압력은 최소 몇 [MPa] 이상이어야 하는가?
  ● 계산과정 :
  ● 답 :

마. 펌프의 토출 측 주배관의 최소 구경을 다음 〈보기〉에서 선정하시오. (단, 화재안전기술기준에 따라 최대 유속 이하가 될 수 있는 크기로 산출한다)

---[보기]---
25 [mm], 32 [mm], 40 [mm], 50 [mm], 65 [mm], 80 [mm], 100 [mm]

  ● 계산과정 :
  ● 답 :

정답

가. 계산과정

$$2[개] \times 2.6[m^3] \times \frac{1}{3} = 1.73[m^3]$$

답 | 1.73 [m³]

나. 계산과정

$$2[개] \times 130[L/\min] = 260[L/\min]$$

답 | 260 [L/min]

다. 계산과정

$$H = h_1 + h_2 + h_3 + 17$$
$$= 20[m] + 40[m] + \left(15[m] \times 2[매] \times \frac{26[m]}{100[m]}\right) + 17[m] = 84.8[m]$$

답 | 84.8 [m]

라. 계산과정

0.848 [MPa] × 0.65 = 0.55 [MPa]

답 | 0.55 [MPa]

마. 계산과정

$$D = \sqrt{\frac{4 \times Q}{\pi \times V}} = \sqrt{\frac{4 \times \frac{0.26}{60}[m^3/s]}{\pi \times 4[m/s]}} = 0.037140 \, [m] = 37.14 \, [mm]$$

> **옥내소화전설비의 화재안전기술기준(NFTC 102)**
> 2.3.5 펌프의 토출 측 주배관의 구경은 유속이 4 [m/s] 이하가 될 수 있는 크기 이상으로 해야 하고, 옥내소화전방수구와 연결되는 가지배관의 구경은 40 [mm](호스릴옥내소화전설비의 경우에는 25 [mm]) 이상으로 해야 하며, 주배관 중 수직배관의 구경은 50 [mm](호스릴옥내소화전설비의 경우에는 32 [mm]) 이상으로 해야 한다.
> 2.3.6 연결송수관설비의 배관과 겸용할 경우의 주배관은 구경 100 [mm] 이상, 방수구로 연결되는 배관의 구경은 65 [mm] 이상의 것으로 해야 한다.

답 | 50 [mm]

16 　　배점 4

이산화탄소소화설비의 분사헤드는 다음의 장소에 설치해서는 안 된다. 아래 빈칸에 알맞은 내용을 [보기]에서 골라 쓰시오.

[보기]
출입하는, 상시 근무하는, 없는, 자기연소성 물질, 산화성 액체, 산화성 고체, 활성금속물질, 변전소, 전시장

(1) 방재실·제어실 등 사람이 (㉠) 장소
(2) 니트로셀룰로스·셀룰로이드제품 등 (㉡)을/를 저장·취급하는 장소
(3) 나트륨·칼륨·칼슘 등 (㉢)을/를 저장·취급하는 장소
(4) (㉣) 등의 관람을 위하여 다수인이 출입·통행하는 통로 및 전시실 등

정답

(1) 방재실·제어실 등 사람이 (㉠ 상시 근무하는) 장소
(2) 니트로셀룰로스·셀룰로이드제품 등 (㉡ 자기연소성 물질)을 저장·취급하는 장소
(3) 나트륨·칼륨·칼슘 등 (㉢ 활성금속물질)을 저장·취급하는 장소
(4) (㉣ 전시장) 등의 관람을 위하여 다수인이 출입·통행하는 통로 및 전시실 등

격차를 뛰어넘어 압도적인 격차를 만들다

2023

1회	2023.04.23
2회	2023.07.22
4회	2023.11.05

2023년 1회 (2023.04.23)

01 [배점 6]

소화펌프는 상사의 법칙에 의하면 펌프의 임펠러 회전속도에 따라 유량, 양정, 축동력이 변화한다. 다음 조건을 참고하여 각 물음에 답하시오.

[조건]
(1) 임펠러의 직경 : 1 [m]
(2) 회전수 : 1750 [rpm]
(3) 유량 : 750 [L/min]
(4) 정압 : 50 [mmAq]
(5) 전압 : 80 [mmAq]
(6) 효율 : 75 [%]
(7) 소요동력 : 100 [kW]

가. 회전수를 2000 [rpm]으로 변경할 때 유량[L/min]은 얼마인가? (단, 임펠러의 직경은 위 [조건]과 동일하게 유지한다)
  ○ 계산과정 :
  ○ 답 :

나. 임펠러의 직경을 1.2 [m]로 변경할 때 소요동력[kW]은 얼마인가? (단, 회전수는 위 [조건]과 동일하게 유지한다)
  ○ 계산과정 :
  ○ 답 :

다. 임펠러의 직경을 1.2 [m]로 변경할 때 정압[mmAq]은 얼마인가? (단, 회전수는 위 [조건]과 동일하게 유지한다)
  ○ 계산과정 :
  ○ 답 :

정답

☑ 계산과정

> 서로 다른 치수의 펌프를 비교(상사)했을 때
>
> 유량 $[m^3/s]$ $\quad Q_2 = \left(\dfrac{N_2}{N_1}\right)^1 \times \left(\dfrac{D_2}{D_1}\right)^3 \times Q_1$
>
> 양정(압력) [m] $\quad H_2 = \left(\dfrac{N_2}{N_1}\right)^2 \times \left(\dfrac{D_2}{D_1}\right)^2 \times H_1$
>
> 동력 [kW] $\quad L_2 = \left(\dfrac{N_2}{N_1}\right)^3 \times \left(\dfrac{D_2}{D_1}\right)^5 \times L_1$

가. $Q_2 = \left(\dfrac{N_2}{N_1}\right)^1 \times Q_1 = \left(\dfrac{2000}{1750}\right) \times 750 = 857.14 \,[\text{L/min}]$ **답 | 857.14 [L/min]**

나. $L_2 = \left(\dfrac{D_2}{D_1}\right)^5 \times L_1 = \left(\dfrac{1.2}{1}\right)^5 \times 100 = 248.83 \,[\text{kW}]$ **답 | 248.83 [kW]**

다. $H_2 = \left(\dfrac{D_2}{D_1}\right)^2 \times H_1 = \left(\dfrac{1.2}{1}\right)^2 \times 50 = 72 \,[\text{mmAq}]$ **답 | 72 [mmAq]**

02

배점 6

발전기실에 아래와 같은 조건으로 이산화탄소소화설비를 설치하려고 한다. 다음 각 물음에 답하시오.

조건

(1) 방호구역의 조건
- 발전기실의 크기 : 가로 7 [m], 세로 10 [m], 높이 5 [m]
- 발전기실의 개구부 : 가로 1.8 [m], 세로 3 [m], 2개소 설치(자동폐쇄장치 설치)

(2) 이산화탄소저장용기는 1병당 충전량 45 [kg]인 것을 사용하는 것으로 한다.
(3) CO_2 방출시간은 1분을 기준으로 한다.
(4) 소화설비는 고압식으로 한다.
(5) 설계농도에 따른 보정계수는 무시한다.
(6) 약제방출방식은 전역방출방식이며 표면화재로 가정한다.
(7) 기타의 제시되지 않은 조건은 화재안전기술기준에 따른다.

가. 발전기실에 필요한 소화약제 저장용기의 수는 몇 [병]인가?

　　○ 계산과정 :　　　　　　○ 답 :

나. 선택밸브 직후의 유량은 몇 [kg/s]인가?
  ○ 계산과정 :   ○ 답 :

다. 음향경보장치는 약제 방출 개시 후 몇 분 동안 경보를 할 수 있어야 하는가?
  ○ 답 :

라. 이산화탄소소화약제 저장용기의 개방밸브의 작동방식을 3가지로 분류하여 쓰시오.
  ○ 답 :

정답

가. 계산과정

핵심이론 이산화탄소소화설비 전역방출방식 표면화재 약제량 산정

$W = (V \times \alpha) \times N + (A \times \beta)$

W : 약제량 [kg], V : 방호구역 체적 [m^3]
α : 방호구역 1 [m^3]에 대한 소화약제의 양 [kg/m^3]
A : 개구부 면적 [m^2], β : 개구부 가산량(표면화재 : 5 [kg/m^2])
N : 보정계수(설계농도가 34 [%] 이상인 방호대상물의 소화약제량을 구할 때 보정계수를 곱하여 산출함)

방호구역 체적	방호구역의 체적 1 [m^3]에 대한 소화약제의 양 α	최저 한도의 양	개구부 가산량 [kg/m^2] β (자동폐쇄장치 미설치 시)
45 [m^3] 미만	1 [kg/m^3]	45 [kg](1병)	5 [kg/m^2]
45 [m^3] 이상 150 [m^3] 미만	0.9 [kg/m^3]		
150 [m^3] 이상 1450 [m^3] 미만	0.8 [kg/m^3]	135 [kg](3병)	
1450 [m^3] 이상	0.75 [kg/m^3]	1125 [kg] (25병)	

① 발전기실 소요약제량[kg]
  $W = (V \times \alpha) + (A \times \beta)$
  ㉠ 발전기실의 체적 V[m^3]
    $V = 7 \times 10 \times 5 = 350 \ [m^3]$
    따라서 $\alpha = 0.8 \ [kg/m^3]$
  ㉡ $V \times \alpha = 350 \ [m^3] \times 0.8 \ [kg/m^3] = 280 \ [kg]$ (최저 한도의 양 135 [kg] 이상)
    ∴ W = 280 [kg] (개구부에 자동폐쇄장치 설치되어 있으므로 개구부 가산량은 더하지 않음)

② 발전기실에 필요한 소화약제 저장용기의 수[병]

$$\frac{280[kg]}{45[kg/병]} = 6.22 \rightarrow 7[병]$$

답 | 7 [병]

나. 계산과정

선택밸브 직후의 유량[kg/s] = $\frac{7[병] \times 45[kg/병]}{60[s]} = 5.25[kg/s]$

> **이산화탄소소화설비의 화재안전기술기준(NFTC 106)**
> 2.5.2 배관의 구경은 이산화탄소소화약제의 소요량이 다음의 기준에 따른 시간 내에 방출될 수 있는 것으로 해야 한다.
> 2.5.2.1 전역방출방식에 있어서 가연성 액체 또는 가연성 가스 등 표면화재 방호대상물의 경우에는 1분
> 2.5.2.2 전역방출방식에 있어서 종이, 목재, 석탄, 섬유류, 합성수지류 등 심부화재 방호대상물의 경우에는 7분. 이 경우 설계농도가 2분 이내에 30 [%]에 도달하여야 한다.
> 2.5.2.3 국소방출방식의 경우에는 30초

답 | 5.25 [kg/s]

다. 1분 이상

라. ① 전기식, ② 기계식, ③ 가스압력식

03

배점 7

옥내소화전설비의 계통도이다. 다음 각 물음에 답하시오.

가. 도면에서 표시한 번호의 부품 또는 설비의 명칭을 쓰시오.

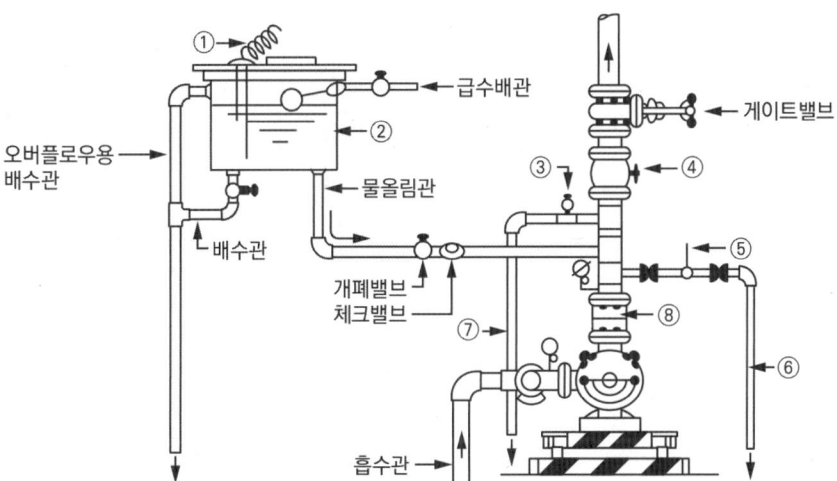

번호	부품(또는 설비)의 명칭
①	
②	
③	
④	체크밸브
⑤	
⑥	
⑦	순환배관
⑧	

나. 펌프의 정격토출압력이 1.0 [MPa]인 경우 ③부품의 작동압력[MPa] 범위를 쓰시오.

○ 계산과정 :

○ 답 :

다. ②에 연결된 급수배관의 최소 구경[mm]은 얼마인가?

○ 답 :

라. ②의 용량[L]은 얼마 이상으로 해야 하는가?

○ 답 :

정답

가.

번호	명칭
①	감수경보장치
②	물올림수조
③	릴리프밸브
④	체크밸브
⑤	유량측정장치(유량계)
⑥	성능시험배관
⑦	순환배관
⑧	플렉시블조인트

나. 계산과정 : 체절압력 = 정격토출압력 × 1.4 = 1.0 [MPa] × 1.4 = 1.4 [MPa]

옥내소화전설비의 화재안전기술기준(NFTC 102)
2.3.8 가압송수장치의 체절운전 시 수온의 상승을 방지하기 위하여 체크밸브와 펌프 사이에서 분기한 구경 20 [mm] 이상의 배관에 체절압력 미만에서 개방되는 릴리프밸브를 설치할 것

답 | 1.4 [MPa] 미만

다. 15 [mm]

라. 100 [L]

옥내소화전설비의 화재안전기술기준(NFTC 102)
2.2.1.12 수원의 수위가 펌프보다 낮은 위치에 있는 가압송수장치에는 다음의 기준에 따른 물올림장치를 설치할 것
2.2.1.12.1 물올림장치에는 전용의 수조를 설치할 것
2.2.1.12.2 수조의 유효수량은 100 [L] 이상으로 하되, 구경 15 [mm] 이상의 급수배관에 따라 해당 수조에 물이 계속 보급되도록 할 것

04

득점 / 배점 5

다음 연결송수관설비의 계통도 일부를 참조하여 각 물음에 답하시오.

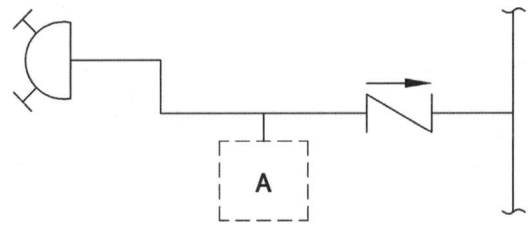

가. 위 연결송수관설비는 습식인지 건식인지 쓰시오.

　○답 :

나. "A" 의 명칭을 쓰고 도시기호를 그리시오.

명칭	도시기호

다. "A" 의 설치목적을 쓰시오.

　○답 :

> [정답]

가. 습식

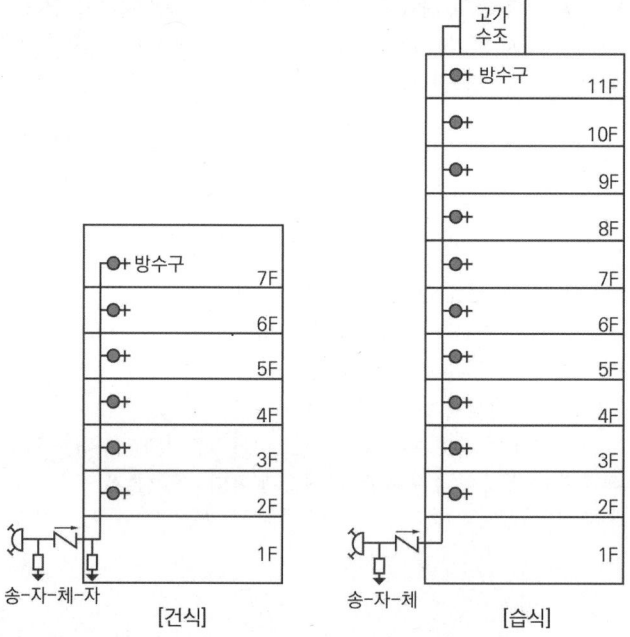

연결송수관설비의 화재안전기술기준(NFTC 502)
2.1.1.8 송수구의 부근에는 자동배수밸브 및 체크밸브를 다음의 기준에 따라 설치할 것. 이 경우 자동배수밸브는 배관 안의 물이 잘빠질 수 있는 위치에 설치하되, 배수로 인하여 다른 물건이나 장소에 피해를 주지 않아야 한다.
2.1.1.8.1 습식의 경우에는 송수구·자동배수밸브·체크밸브의 순으로 설치할 것
2.1.1.8.2 건식의 경우에는 송수구·자동배수밸브·체크밸브·자동배수밸브의 순으로 설치할 것
2.2.1.2 지면으로부터의 높이가 31 [m] 이상인 특정소방대상물 또는 지상 11층 이상인 특정소방대상물에 있어서는 습식설비로 할 것

[암기] ▶ (습식) 송자체, (건식) 송자체자

나.

명칭	도시기호
자동배수밸브	↓

다. 연결송수구와 체크밸브 사이 배관 내에 고인 물을 자동으로 배수시켜 배관의 동파 및 부식을 방지하기 위해

05

배점 10

연결송수관설비가 겸용된 옥내소화전설비가 설치된 어느 건물이 있다. 옥내소화전이 2층에 3개, 3층에 4개, 4층에 5개일 때 [조건]을 참고하여 다음 각 물음에 답하시오.

조건
(1) 실양정은 20 [m], 배관의 마찰손실수두는 실양정의 20 [%], 관 부속품의 마찰손실수두는 배관 마찰손실수두의 50 [%]로 한다.
(2) 소방호스의 마찰손실수두 값은 호스 100 [m]당 26 [m]이며, 호스의 길이는 15 [m]이다.
(3) 펌프의 효율은 60 [%], 전달계수는 1.2이다.
(4) 호칭경에 따른 배관의 내경은 다음 표와 같다.

호칭경	15 [A]	20 [A]	25 [A]	32 [A]	40 [A]	50 [A]	65 [A]	80 [A]	100 [A]
내경 [mm]	16.4	21.9	27.5	36.2	42.1	53.2	69	81	105.3

가. 펌프의 전양정[m]을 구하시오.
  ○ 계산과정 :
  ○ 답 :

나. 펌프의 성능곡선을 참고하여 펌프의 적합성 여부를 판정하시오.

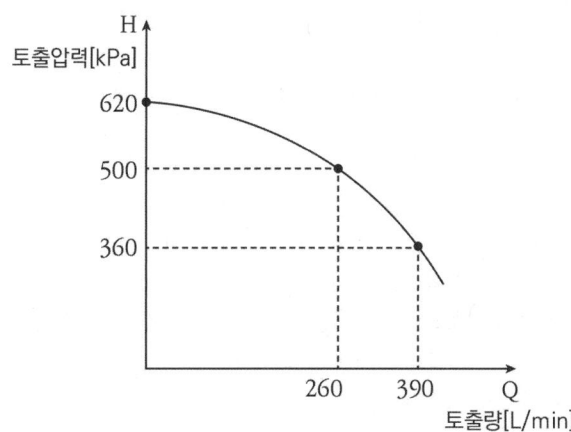

  ○ 계산과정 :
  ○ 답 :

다. 펌프의 성능시험을 위한 유량측정장치의 최대 측정유량[L/min]이 얼마 이상이어야 하는지 구하시오.
  ○ 계산과정 :
  ○ 답 :

라. 토출 측 주배관에서 배관의 최소 구경을 호칭경으로 답하시오.
  ○ 계산과정 :
  ○ 답 :

마. 펌프의 동력[kW]을 구하시오.
  ○ 계산과정 :
  ○ 답 :

정답

✓ 계산과정

가. 실양정 $h_1 = 20[m]$, 배관 및 관 부속품의 마찰손실수두
$$h_2 = (20 \times 0.2) + (20 \times 0.2 \times 0.5) = 6[m]$$

호스의 마찰손실수두 $h_3 = 15 \times \dfrac{26}{100} = 3.9[m]$

따라서 전양정 $H = h_1 + h_2 + h_3 + 17 = 20 + 6 + 3.9 + 17 = 46.9[m]$

답 | 46.9 [m]

나. 펌프의 정격토출량 $Q = 2[개] \times 130[L/min] = 260[L/min]$

펌프의 정격토출압력 $P = 46.9[m] \times \dfrac{101.325[kPa]}{10.332[mAq]} = 459.94[kPa]$

① 체절운전 시 〈토출량이 0인 운전〉
  정격토출압력의 140 [%] : 459.94 × 1.4 = 643.92 [kPa]
  성능시험곡선상의 압력 : 620 [kPa]
  ⇨ 체절운전 시 정격토출압력의 140 [%]를 초과하지 않으므로 적합

② 정격부하로 운전 시 〈260 [L/min]으로 운전〉
  정격토출압력 : 459.94 [kPa]
  성능시험곡선상의 압력 : 500 [kPa]
  ⇨ 정격부하로 운전 시 정격토출압력의 100 [%] 이상이므로 적합

③ 정격토출량의 150 [%]로 운전 시 〈390 [L/min] (= 260 [L/min] × 1.5)으로 운전〉
  정격토출압력의 65 [%] : 459.94 × 0.65 = 298.96 [kPa]
  성능시험곡선상의 압력 : 360 [kPa]
  ⇨ 정격토출량의 150 [%]로 운전 시 정격토출압력의 65 [%] 이상이므로 적합

∴ 성능시험곡선상의 펌프 사용이 적합하다.

답 | 적합

다. 유량측정장치는 펌프의 정격토출량의 175 [%] 이상까지 측정할 수 있는 성능이 있을 것

$260 \times 1.75 = 455[L/min]$

답 | 455 [L/min]

라. $Q = A \times V = \dfrac{\pi}{4} D^2 \times V$

$D = \sqrt{\dfrac{4Q}{\pi V}} = \sqrt{\dfrac{4 \times \dfrac{0.26}{60}[m^3/s]}{\pi \times 4[m/s]}} = 0.03714[m] = 37.14[mm] \rightarrow 100\ [mm]$

연결송수관설비의 배관과 겸용할 경우의 주배관은 구경 100 [mm] 이상의 것으로 해야 한다.

호칭경으로 답하라고 하였으므로 100 [A]가 답이다.

> **옥내소화전설비의 화재안전기술기준(NFTC 102)**
> 2.3.5 펌프의 토출 측 주배관의 구경은 유속이 4 [m/s] 이하가 될 수 있는 크기 이상으로 해야 하고, 옥내소화전방수구와 연결되는 가지배관의 구경은 40 [mm](호스릴옥내소화전설비의 경우에는 25 [mm]) 이상으로 해야 하며, 주배관 중 수직배관의 구경은 50 [mm](호스릴옥내소화전설비의 경우에는 32 [mm]) 이상으로 해야 한다.
> 2.3.6 연결송수관설비의 배관과 겸용할 경우의 주배관은 구경 100 [mm] 이상, 방수구로 연결되는 배관의 구경은 65 [mm] 이상의 것으로 해야 한다.

답 | 100 [A]

마. 펌프의 동력 P

$$P[kW] = \dfrac{\gamma[kN/m^3] \times Q[m^3/s] \times H[m]}{\eta} \times K$$

$P[kW] = \dfrac{9.8[kN/m^3] \times \dfrac{0.26}{60}[m^3/s] \times 46.9[m]}{0.6} \times 1.2 = 3.98[kW]$

답 | 3.98 [kW]

06

배점 6

승강식 피난기 및 하향식 피난구용 내림식 사다리의 설치기준이다. 아래 (　) 안에 알맞은 말을 채우시오.

(1) 승강식 피난기 및 하향식 피난구용 내림식 사다리는 설치경로가 설치 층에서 피난층까지 연계될 수 있는 구조로 설치할 것. 다만 건축물의 구조 및 설치 여건상 불가피한 경우에는 그렇지 않다.
(2) 대피실의 면적은 (㉠) [m²](2세대 이상일 경우에는 3 [m²]) 이상으로 하고, 「건축법 시행령」 제46조 제4항의 규정에 적합하여야 하며, 하강구(개구부) 규격은 직경 (㉡) [cm] 이상일 것. 다만 외기와 개방된 장소에는 그렇지 않다.
(3) 하강구 내측에는 기구의 연결 금속구 등이 없어야 하며 전개된 피난기구는 하강구 수평투영면적 공간 내의 범위를 침범하지 않는 구조이어야 할 것. 다만 직경 60 [cm] 크기의 범위를 벗어난 경우이거나, 직하층의 바닥 면으로부터 높이 50 [cm] 이하의 범위는 제외한다.
(4) 대피실의 출입문은 (㉢)으로 설치하고, 피난방향에서 식별할 수 있는 위치에 "대피실" 표지판을 부착할 것. 다만 외기와 개방된 장소에는 그렇지 않다.
(5) 착지점과 하강구는 상호 수평거리 (㉣) [cm] 이상의 간격을 둘 것
(6) 대피실 내에는 비상조명등을 설치할 것
(7) 대피실에는 층의 위치표시와 피난기구 사용설명서 및 주의사항 표지판을 부착할 것
(8) 대피실 출입문이 개방되거나, 피난기구 작동 시 해당층 및 직하층 거실에 설치된 표시등 및 경보장치가 작동되고, 감시 제어반에서는 피난기구의 작동을 확인할 수 있어야 할 것
(9) 사용 시 기울거나 흔들리지 않도록 설치할 것
(10) 승강식 피난기는 (㉤) 또는 법 제46조 제1항에 따라 성능시험기관으로 지정받은 기관에서 그 성능을 검증받은 것으로 설치할 것

정답

㉠ 2, ㉡ 60, ㉢ 60분 + 방화문 또는 60분 방화문, ㉣ 15, ㉤ 한국소방산업기술원

승강식 피난기
사용자의 몸무게에 의하여 자동으로 하강하고 내려서면 스스로 상승하여 연속적으로 사용할 수 있는 무동력 승강식 기기

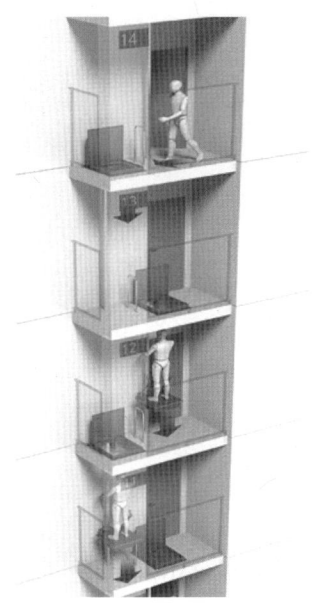

07

| 득점 | | 배점 | 6 |

맥동현상의 정의와 방지대책 2가지를 설명하시오.

가. 맥동현상의 정의

　○답 :

나. 방지대책

　○답

　　1)　　　　　　　　　　　　2)

정답

가. 펌프 운전 중 송출 유량이 주기적으로 변하면서 펌프 입구의 진공계와 출구의 압력계 지침이 흔들리고 진동과 소음을 수반하는 현상

나. 아래 6가지 중 2가지 기술할 것
　1) 펌프의 유량 - 양정곡선이 우하향인 특성인 것을 사용한다.
　2) 유량조절밸브를 펌프 토출 측 직후에 설치한다.
　3) 배관은 공기가 고이지 않도록 약간 상향 구배의 배관을 한다.
　4) 회전차의 회전수를 변화시킨다.
　5) 배관 중에 불필요한 수조를 제거한다.
　6) 관로에 있어서 불필요한 공기탱크 등을 제거한다.

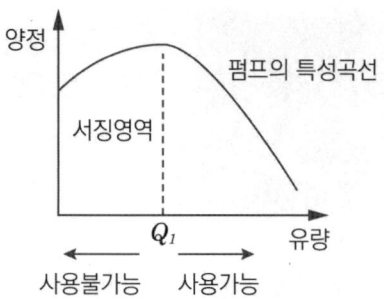

08

연소 속도가 빠르고 화재 하중이 큰 무대부에 설치해야 하는 스프링클러설비는 무엇인가?

O 답 :

정답

일제살수식 스프링클러설비

스프링클러설비의 화재안전기술기준(NFTC 103)
2.7.4 영 별표 4 소화설비의 소방시설 적용기준란 제1호 라목 3)에 따른 무대부 또는 연소할 우려가 있는 개구부에 있어서는 개방형 스프링클러헤드를 설치해야 한다.
⇨ 따라서 개방형 스프링클러헤드를 사용하는 설비인 일제살수식 스프링클러설비가 정답이다.

09
배점 10

가로 20 [m] × 세로 8 [m] × 높이 3 [m]의 발전기실에 다음의 불활성기체소화설비를 설치하고자 한다. 다음의 조건과 화재안전기술기준을 참고하여 다음 물음에 답하시오.

[조건]
(1) IG-100의 충전 시 밀도는 1.5 [kg/m³]이며, 1병당 충전량은 100 [kg]이다.
(2) 방호구역의 최소 예상온도는 10 [℃]이다.
(3) IG-100의 소화농도는 35.85 [%]이며, 발전기실의 화재는 전기화재로 가정한다.
(4) 소화약제량 산정 시 선형상수를 이용하도록 한다.

약제	K1	K2
IG-100	0.7997	0.00293

가. IG-100의 최소 필요약제량[m³]을 구하시오.
  ○ 계산과정 :   ○ 답 :

나. 소화약제 저장용기의 1병당 충전량[m³]을 구하시오.
  ○ 계산과정 :   ○ 답 :

다. IG-100의 저장용기 최소 병 수를 산정하시오.
  ○ 계산과정 :   ○ 답 :

라. 배관구경 산정조건에 따라 IG - 100의 약제량 방출 시 유량은 몇 [m^3/s]인가?
  ○ 계산과정 :   ○ 답 :

[정답]

가. 계산과정

★ 핵심이론 불활성기체소화설비의 소화약제량 산정 〈개정 2024.8.1.〉

$$X[m^3] = 2.303 \times \frac{V_s[m^3/kg]}{S[m^3/kg]} \times \log\left[\frac{100}{100-C[\%]}\right] \times V[m^3]$$

여기서 X : 소화약제의 부피 [m³]
V_s : 20 [℃]에서 소화약제의 비체적[m³/kg]
S : 소화약제별 선형상수($K_1 + K_2 \times t$)[m³/kg]
t : 방호구역의 최소예상온도 [℃], V : 방호구역의 체적 [m³]
C : 체적에 따른 소화약제의 설계농도 [%]
⇒ 설계농도는 소화농도(%)에 안전계수[A급 화재 1.2, B급 화재 1.3, C급 화재 1.35]를 곱한 값 이상으로 할 것

$$V_S = K_1 + K_2 \times 20[℃] = 0.7997 + (0.00293 \times 20) = 0.8583\,[m^3/kg]$$

$$S = K_1 + K_2 \times t[℃] = 0.7997 + (0.00293 \times 10) = 0.829\,[m^3/kg]$$

$$C = \text{소화농도} \times \text{안전계수} = 35.85 \times 1.35 ≒ 48.4\,[\%]$$

(안전계수 : C급 화재는 1.35)

$$V = 20[m] \times 8[m] \times 3[m] = 480\,[m^3]$$

$$\therefore X = 2.303 \times \left(\frac{0.8583}{0.829}\right) \times \log_{10}\left[\frac{100}{100-48.4}\right] \times 480 = 328.88\,[m^3]$$

답 | 328.88 [m³]

나. 계산과정 : 충전량$[m^3] = \dfrac{100[kg]}{1.5[kg/m^3]} = 66.67\,[m^3]$ **답 | 66.67 [m³]**

다. 계산과정 : 병 수 $= \dfrac{328.88[m^3]}{66.67[m^3/병]} = 4.93 ≒ 5\,[병]$ **답 | 5 [병]**

라. 계산과정

① 설계농도의 95 [%]에 해당하는 약제량

$$X[m^3] = 2.303 \times \frac{V_S[m^3/kg]}{S[m^3/kg]} \times \log_{10}\left[\frac{100}{100-C[\%] \times 0.95}\right] \times V[m^3]$$

$$= 2.303 \times \left(\frac{0.8583}{0.829}\right) \times \log_{10}\left[\frac{100}{100-48.4 \times 0.95}\right] \times 480 = 306.09\,[m^3]$$

② 방출 시 유량 $= \dfrac{X[m^3]}{T[s]} = \dfrac{306.09[m^3]}{120[s]} = 2.55\,[m^3/s]$ **답 | 2.55 [m³/s]**

> **할로겐화합물 및 불활성기체소화설비의 화재안전기술기준(NFTC 107A)**
> 2.7.3 배관의 구경은 해당 방호구역에 할로겐화합물소화약제는 10초 이내에, 불활성기체소화약제는 A·C급 화재 2분, B급 화재 1분 이내에 방호구역 각 부분에 최소 설계농도의 95 [%] 이상에 해당하는 약제량이 방출되도록 해야 한다.

10

득점 □ 배점 6

다음은 어느 실들의 평면도이다. 이 중 A실을 급기가압하며, 급기풍량은 0.1 [m³/s]이다. 주어진 [조건]을 이용하여 A실과 실 외부와의 차압[Pa]을 구하시오.

조건

(1) A_1, A_2의 누설틈새면적은 각각 0.005 [m²], A_3, A_4, A_5, A_6, A_7, A_8, A_9의 누설틈새면적은 각각 0.02 [m²]이다.

(2) 어느 실을 급기가압할 때 그 실의 급기 풍량은 다음의 식에 따른다.

$$Q = 0.827 \times A \times \sqrt{P}$$

여기서 Q : 급기풍량 [m³/s]
A : 문의 전체 누설틈새면적 [m²]
P : 문을 경계로 한 기압차 [Pa]

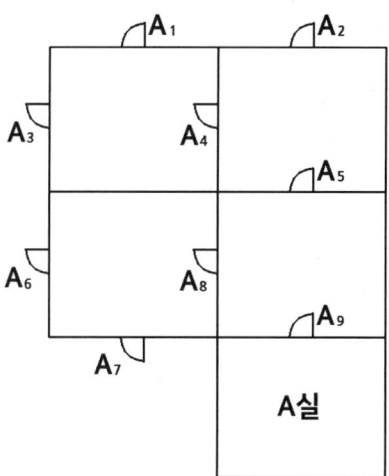

○ 계산과정 :

○ 답 :

정답

틈새면적[m²]의 합계 구하는 공식

1. 병렬상태인 경우 : $A_T[m^2] = A_1 + A_2 + \cdots + A_n$
2. 직렬상태인 경우 :

$$A_T[m^2] = \frac{1}{\sqrt{\left(\frac{1}{A_1^2} + \frac{1}{A_2^2} + \cdots + \frac{1}{A_n^2}\right)}} = \left(\frac{1}{A_1^2} + \frac{1}{A_2^2} + \cdots + \frac{1}{A_n^2}\right)^{-\frac{1}{2}}$$

✓ 계산과정

① 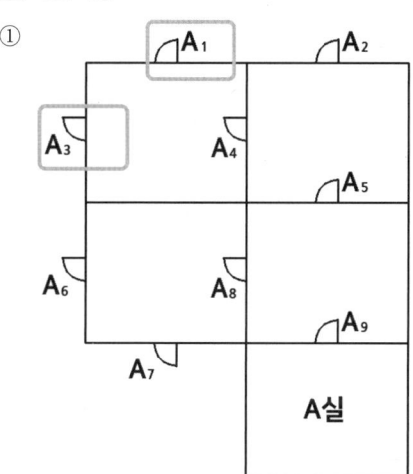 (A_1), (A_3) 병렬 :
$0.005 + 0.02 = 0.025[m^2]$

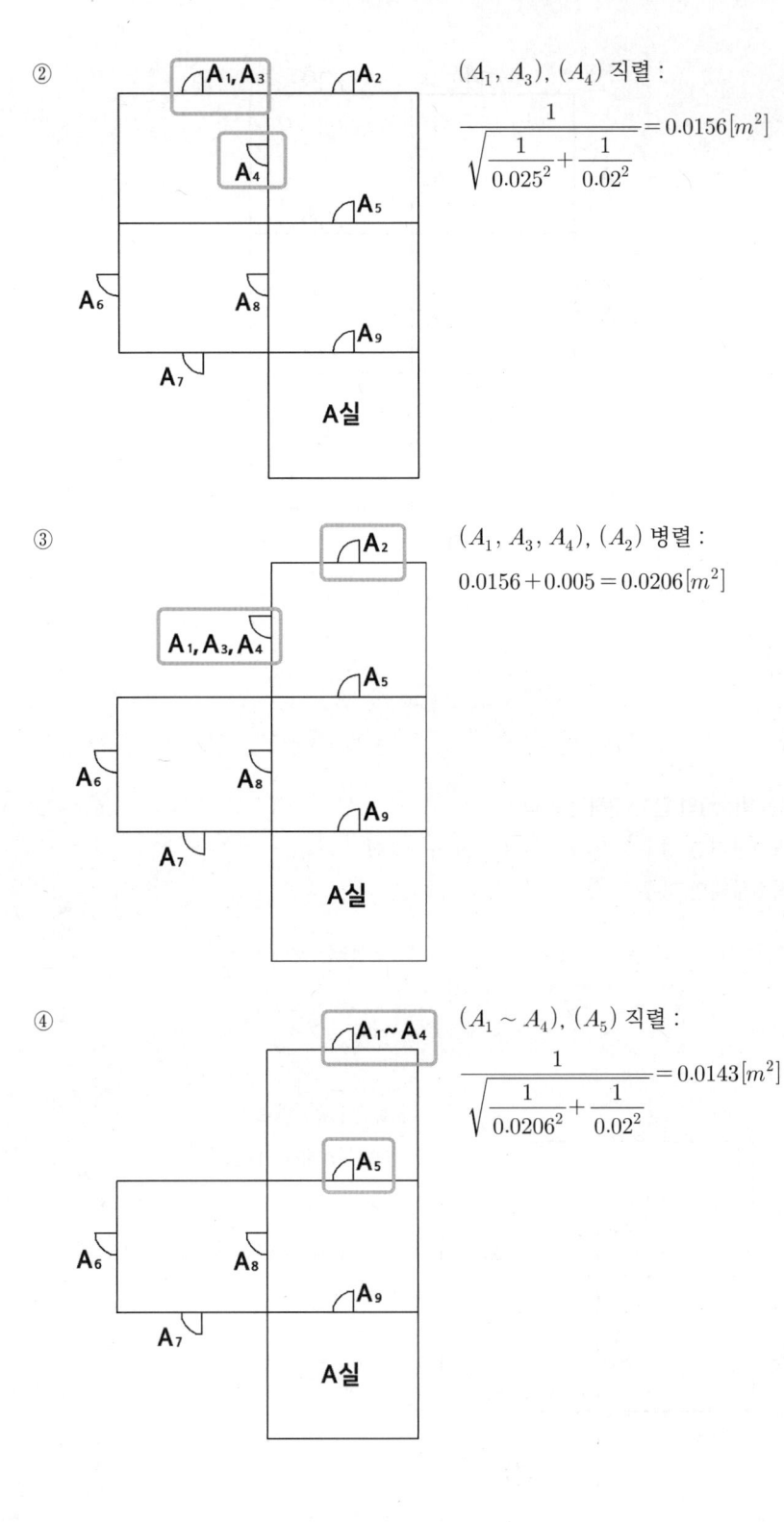

⑤ 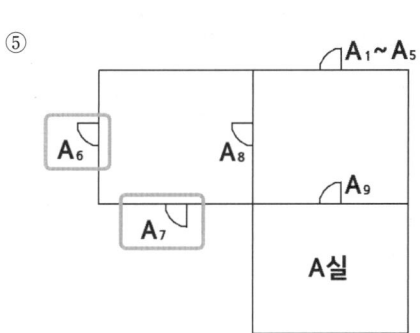 $(A_6), (A_7)$ 병렬 :
$0.02 + 0.02 = 0.04 [m^2]$

⑥ 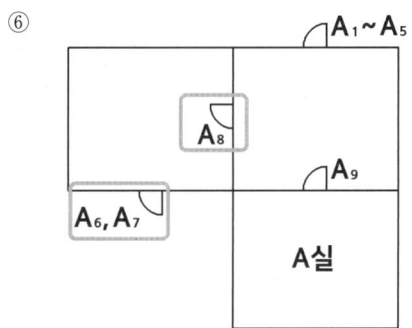 $(A_6, A_7), (A_8)$ 직렬 :
$$\frac{1}{\sqrt{\frac{1}{0.04^2}+\frac{1}{0.02^2}}} = 0.0178 [m^2]$$

⑦ 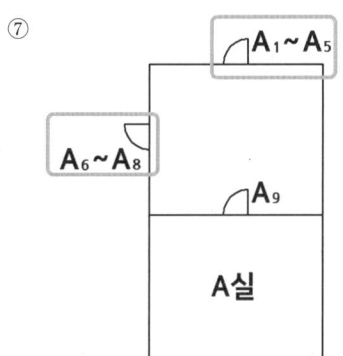 $(A_1 \sim A_5), (A_6 \sim A_8)$ 병렬 :
$0.0143 + 0.0178 = 0.0321 [m^2]$

⑧ 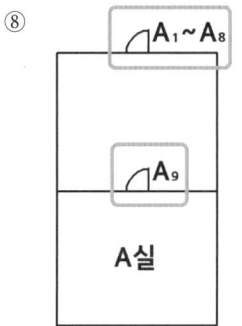 $(A_1 \sim A_8), (A_9)$ 직렬 :
$$\frac{1}{\sqrt{\frac{1}{0.0321^2}+\frac{1}{0.02^2}}} = 0.0170 [m^2]$$

⑨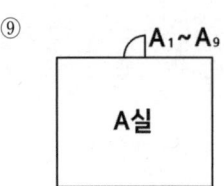

문의 전체 누설틈새면적 $(A_1 \sim A_9)$
$= 0.017 [m^2]$
$Q = 0.827 \times A \times \sqrt{P}$
$0.1 = 0.827 \times 0.017 \times \sqrt{P}$
$\therefore P = 50.59 [Pa]$

답 | 50.59 [Pa]

11

득점 / 배점 12

다음 도면은 어느 습식 스프링클러설비의 계통도이다. 이 설비에서 A 헤드만 개방되었을 때 다음 조건을 참조하여 각 물음에 답하시오.

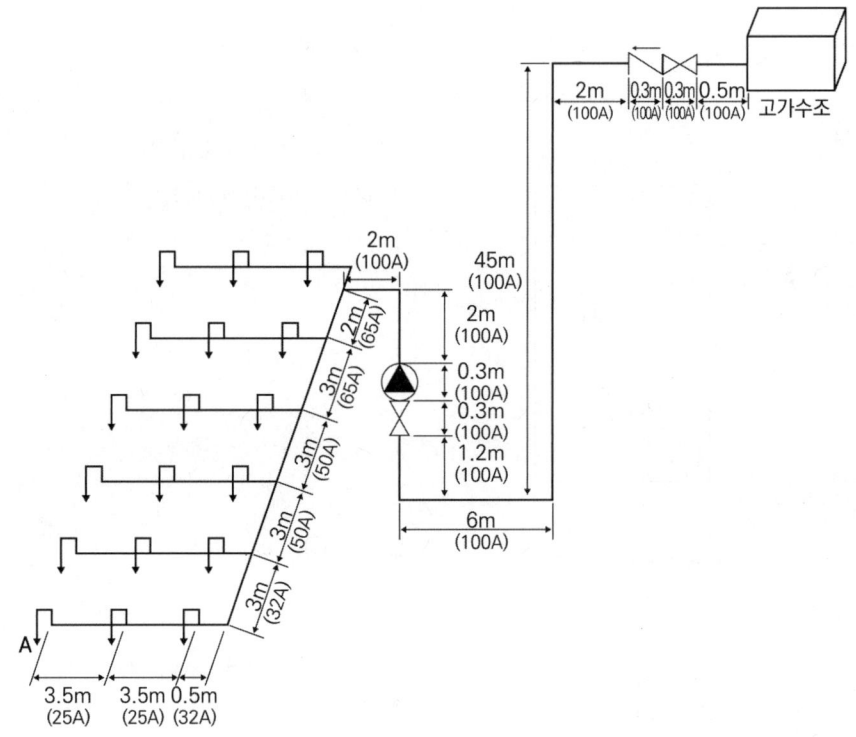

조건

(1) 설치된 헤드의 방출계수[K]는 모두 80이다.
(2) 가지배관과 헤드 사이의 마찰손실은 무시한다. (단, 구경 25 [A]에서의 마찰손실만 고려한다)
(3) 배관 내 유수에 따른 마찰손실압력은 하젠-윌리엄공식을 따르되 계산의 편의상 다음 식과 같다고 가정한다.

$$\triangle P = \frac{6 \times 10^4 \times Q^2}{C^2 \times D^5}$$

여기서 $\triangle P$: 배관 1 [m]당 마찰손실압력 [MPa/m]
Q : 배관 내의 유수량 [L/min], C : 조도(120), D : 배관의 내경 [mm]

(4) 배관의 호칭구경별 안지름은 다음과 같다.

호칭구경	25 [A]	32 [A]	40 [A]	50 [A]	65 [A]	80 [A]	100 [A]
내경[mm]	27	33	42	53	66	82	102

(5) 배관 부속 및 밸브류의 등가길이[m]는 아래 표와 같으며, 이 표에 없는 부속 또는 밸브류의 등가길이는 무시해도 좋다.

호칭구경 관 부속	25 [A]	32 [A]	40 [A]	50 [A]	65 [A]	80 [A]	100 [A]
90°엘보	0.6	0.9	1.3	1.6	2.0	2.4	3.0
분류티(측류, 분류)	1.7	2.2	2.5	3.2	4.1	4.9	6.0
게이트밸브	0.2	0.2	0.3	0.3	0.4	0.5	0.7
체크밸브	2.3	3.0	3.5	4.4	5.6	6.7	8.7
알람밸브	–	–	–	–	–	–	8.7

(6) 엘보는 배관지름과 동일한 지름의 엘보를 사용하고, 티는 동일티를 사용한다. 또한 배관이 축소되는 부분은 오직 레듀셔만을 사용한다.
(7) 관이음쇠 및 마찰손실에 해당하는 직관길이 산출 시 호칭구경이 큰 쪽에 따른다.
(8) 물의 비중량은 9.8 [kN/m³]이다.

가. 호칭구경별 등가길이[m]를 구하시오.

호칭구경	계산과정	등가길이[m]
25 [A]		
32 [A]		
50 [A]		
65 [A]		
100 [A]		

나. A헤드로부터 고가수조까지 높이[m]를 구하시오.
   ○ 계산과정: ○ 답:

다. A헤드의 낙차압[MPa]을 구하시오.
   ○ 계산과정: ○ 답:

라. 배관 1 [m]당 마찰손실압력[MPa]을 구하시오. (단, A헤드의 방수량은 $Q[L/min]$으로 하고, 마찰손실압력 산출 시 △.△△△ × $10^△$ × Q^2형태로 작성한다)

호칭구경	계산과정	마찰손실압력[MPa/m]
25 [A]		( ) × Q^2
32 [A]		( ) × Q^2
50 [A]		( ) × Q^2
65 [A]		( ) × Q^2
100 [A]		( ) × Q^2

마. A헤드의 방수량[L/min]을 구하시오.
   ○ 계산과정: ○ 답:

> 정답

가. 조건 (5)의 표에 '직류티와 레듀셔' 항목이 없기 때문에 등가길이 산정 시 직류티와 레듀셔는 무시한다. (단, 아래 표의 배관 그림에는 등가길이 산정에서 제외되는 직류티도 표현하여, 직류티와 분류티를 구분하기 용이하도록 함)

호칭구경	계산과정	등가길이[m]
25 [A]	1) 직관길이 : 3.5 [m] + 3.5 [m] = 7 [m] 2) 관 부속품 및 밸브의 상당길이 • 90°엘보 : 0.6 [m] × 3 [개] = 1.8 [m] ∴ 합계 : 7 [m] + 1.8 [m] = 8.8 [m]	8.8 [m]

호칭 구경	계산과정	등가길이 [m]
32 [A]	1) 직관길이 : 3 [m] + 0.5 [m] = 3.5 [m] 2) 관 부속품 및 밸브의 상당길이 　• 90°엘보 : 0.9 [m] × 1 [개] = 0.9 [m] ∴ 합계 : 3.5 [m] + 0.9 [m] = 4.4 [m]	4.4 [m]
50 [A]	1) 직관길이 : 3 [m] + 3 [m] = 6 [m] ∴ 합계 : 6 [m]	6 [m]

호칭 구경	계산과정	등가길이 [m]
65 [A]	1) 직관길이 : 3 [m] + 2 [m] = 5 [m] ∴ 합계 : 5 [m]	5 [m]
100 [A]	1) 직관길이 : 2 [m] + 2 [m] + 1.2 [m] + 6 [m] + 45 [m] + 2 [m] + 0.5 [m] = 58.7 [m] 2) 관 부속품 및 밸브의 상당길이 　• 분류티 : 6 [m] × 1 [개] = 6 [m] 　• 90°엘보 : 3 [m] × 4 [개] = 12 [m] 　• 알람밸브 : 8.7 [m] × 1 [개] = 8.7 [m] 　• 체크밸브 : 8.7 [m] × 1 [개] = 8.7 [m] 　• 게이트밸브 : 0.7 [m] × 2 [개] = 1.4 [m] ∴ 합계 : 58.7 [m] + 6 [m] + 12 [m] + 8.7 [m] + 8.7 [m] + 1.4 [m] 　　　 = 95.5 [m]	95.5 [m]

나. A헤드로부터 고가수조까지 높이[m]

계산과정 : 45 [m] - (2 [m] + 0.3 [m] + 0.3 [m] + 1.2 [m]) = 41.2 [m]

답 | 41.2 [m]

다. A헤드의 낙차압[MPa]

계산과정 : $P = \gamma h = 9.8[kN/m^3] \times 41.2[m] = 403.76[kPa] = 0.4[MPa]$

답 | 0.4 [MPa]

라. 배관 1 [m]당 마찰손실압력[MPa]

호칭구경	계산과정	마찰손실압력[MPa/m]
25 [A]	$\Delta P = \dfrac{6 \times 10^4 \times Q^2}{120^2 \times 27^5} = 2.904 \times 10^{-7} \times Q^2$	$(2.904 \times 10^{-7}) \times Q^2$
32 [A]	$\Delta P = \dfrac{6 \times 10^4 \times Q^2}{120^2 \times 33^5} = 1.065 \times 10^{-7} \times Q^2$	$(1.065 \times 10^{-7}) \times Q^2$
50 [A]	$\Delta P = \dfrac{6 \times 10^4 \times Q^2}{120^2 \times 53^5} = 9.963 \times 10^{-9} \times Q^2$	$(9.963 \times 10^{-9}) \times Q^2$
65 [A]	$\Delta P = \dfrac{6 \times 10^4 \times Q^2}{120^2 \times 66^5} = 3.327 \times 10^{-9} \times Q^2$	$(3.327 \times 10^{-9}) \times Q^2$
100 [A]	$\Delta P = \dfrac{6 \times 10^4 \times Q^2}{120^2 \times 102^5} = 3.774 \times 10^{-10} \times Q^2$	$(3.774 \times 10^{-10}) \times Q^2$

마. 방수량[L/min]

계산과정

$Q = K\sqrt{10P}$

여기서 $P[MPa]$는 방사압으로 P = 낙차압 - 마찰손실압

① 낙차압[MPa] : 0.4 [MPa]

② 마찰손실압[MPa]

$(2.904 \times 10^{-7} \times Q^2 \times 8.8) + (1.065 \times 10^{-7} \times Q^2 \times 4.4) + (9.963 \times 10^{-9} \times Q^2 \times 6)$
$+ (3.327 \times 10^{-9} \times Q^2 \times 5) + (3.774 \times 10^{-10} \times Q^2 \times 95.5)$
$= 3.137 \times 10^{-6} \times Q^2 [MPa]$

∴ $P[MPa] = 0.4 - 3.137 \times 10^{-6} \times Q^2$

따라서

$Q = 80\sqrt{10 \times (0.4 - 3.137 \times 10^{-6} \times Q^2)}$

∴ $Q = 146.01[L/min]$

답 | 146.01 [L/min]

참고 | 배관 접속기구의 종류

구분	종류
(1) 관의 방향을 바꿀 때	[엘보(Elbow)]
(2) 2개의 관을 연결할 때	[유니온(Union)] [플랜지(Flange)] [니플(Nipple)]
(3) 관의 지름을 바꿀 때	[레듀서(Reducer)]
(4) 관의 끝을 막을 때	[플러그(Plug)] [캡(Cap)]
(5) 관을 도중에 분기할 때	[티(Tee)] [와이(Y)] [크로스(Cross)]

12
득점 ☐　배점 6

다음과 같은 조건이 주어질 때 할론 1301의 소화설비를 설계하는 데 필요한 다음 각 물음에 답하시오.

조건

(1) 체적이 420 [m³]인 방호구역 내에 할론 1301소화설비를 전역방출방식으로 설치한다. (단, 방호구역은 전기실이며 출입구에 자동폐쇄장치를 설치함)
(2) 소방대상물 및 소화약제 종류에 따른 소화약제의 양은 다음 표를 따른다.

소방대상물	소화약제의 종류	방호구역의 체적 1 [m³]당 소화약제의 양
차고·주차장·전기실·통신기기실· 전산실 기타 이와 유사한 전기설비가 설치되어 있는 부분	할론 1301	0.32 [kg] 이상 0.64 [kg] 이하

(3) 저장용기 내 소화약제 저장압력은 4.2 [MPa]이다.
(4) 초기 압력강하는 1.5 [MPa]이다.
(5) 고저에 의한 압력손실은 0.06 [MPa]이다.
(6) A, B 간의 마찰저항에 의한 압력손실은 0.06 [MPa]이다.
(7) B - C, B - D 간의 각 압력손실은 0.03 [MPa]이다.
(8) 저장용기 1병당 충전량은 45 [kg]이다.

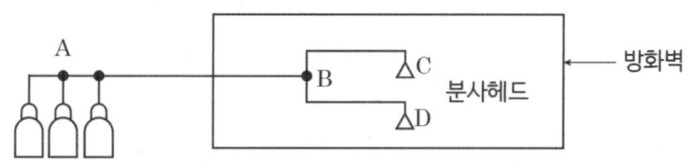

가. 소화설비가 작동하였을 때 A - B 간의 배관 내에 흐르는 유량[kg/s]은 얼마인가? (단, 소화약제의 양은 조건에 제시된 용기 1병당 충전량을 기준으로 산정한다)
　○ 계산과정 :　　　　　○ 답 :

나. B - C 간 약제의 유량[kg/s]은 얼마인가? (단, B - C 간 약제 유량과 B - D 간 약제 유량은 서로 같다)
　○ 계산과정 :　　　　　○ 답 :

다. C점에 설치된 헤드에서 방출되는 약제의 압력[MPa]은 얼마인가?
　○ 계산과정 :　　　　　○ 답 :

라. C점에 설치된 헤드에서의 방출률이 3.75 [kg/s·cm²]이면 헤드의 등가분구면적[cm²]은 얼마인가?
　○ 계산과정 :　　　　　○ 답 :

정답

가. 계산과정

> **참고** 할론소화설비(할론 1301) 전역방출방식 약제량 산정
>
> $W = (V \times \alpha) + (A \times \beta)$
>
> W : 약제량 [kg], V : 방호구역 체적 [m³]
> α : 방호구역 1 [m³]에 대한 소화약제의 양 [kg/m³]
> A : 개구부 면적 [m²]
> β : 개구부 가산량 [kg/m²](개구부에 자동폐쇄장치 미설치 시 가산)

소방대상물 또는 그 부분	방호구역의 체적 1 [m³]당 소화약제의 양 [kg/m³] α	개구부 가산량 [kg/m²] β
• 차고, 주차장, 전기실, 전산실, 통신기기실 등 이와 유사한 전기설비 • 특수가연물(가연성 고체류, 가연성 액체류, 합성수지류)을 저장·취급하는 소방대상물 또는 그 부분	0.32 이상 0.64 이하	2.4
특수가연물(면화류, 나무껍질 및 대팻밥, 넝마 및 종이부스러기, 사류, 볏짚류, 목재가공품 및 나무부스러기)을 저장·취급하는 소방대상물 또는 그 부분	0.52 이상 0.64 이하	3.9

① 필요한 최소 약제량 W[kg] = $(V \times \alpha) + (A \times \beta)$ = 420 [m³] × 0.32 [kg/m³]
  = 134.4 [kg]

② 저장용기 병 수 = $\dfrac{134.4 [kg]}{45 [kg/병]} = 2.98 ≒ 3 [병]$

③ 배관 내 흐르는 유량[kg/s] = $\dfrac{3[병] \times 45[kg/병]}{10[s]} = 13.5 [kg/s]$

답 | 13.5 [kg/s]

나. 계산과정 : B - C 간 약제의 유량[kg/s] = $\dfrac{13.5[kg/s]}{2} = 6.75 [kg/s]$

답 | 6.75 [kg/s]

다. 계산과정 : P = 저장압력 - 손실압력
  P = 4.2 - (1.5 + 0.06 + 0.06 + 0.03) = 2.55 [MPa]

답 | 2.55 [MPa]

라. 계산과정 : 헤드의 등가분구면적[cm²]
  = $\dfrac{3[병] \times 45[kg/병]}{3.75[kg/cm^2 \cdot s \cdot 개] \times 10[s] \times 2[개]} = 1.8 [cm^2]$

답 | 1.8 [cm²]

13

배점 4

지하 2층, 지상 1층인 특정소방대상물의 각 층에 소화기를 설치하고자 한다. 아래 [조건]을 참고하여 설치해야 할 소화기의 최소 개수를 산정하시오.

조건
(1) 지하 2층과 지하 1층은 주차장 용도이고, 지상 1층은 업무시설이다.
(2) 각 층의 바닥면적은 2000 [m²]이다.
(3) 지하 2층에는 150 [m²]의 보일러실이 포함되어 있다.
(4) 해당 특정소방대상물은 비내화구조이며, 전 층에 소화설비가 없는 것으로 가정한다.
(5) A급 3단위 소화기로 설치하며, 자동확산소화기는 소화기 개수 산정에서 제외한다.

가. 지하 2층에 설치해야 할 소화기의 개수
　○ 계산과정 :　　　　　　　○ 답 :

나. 지하 1층에 설치해야 할 소화기의 개수
　○ 계산과정 :　　　　　　　○ 답 :

다. 지상 1층에 설치해야 할 소화기의 개수
　○ 계산과정 :　　　　　　　○ 답 :

정답

가. 계산과정 : 지하 2층에 설치해야 할 소화기의 개수
　① 지하 2층 주차장에 설치해야 할 소화기의 개수
　　• 능력단위 $= \dfrac{2000[\text{m}^2]}{100[\text{m}^2/\text{단위}]} = 20[\text{단위}]$
　　• 소화기의 개수 $= \dfrac{20[\text{단위}]}{3[\text{단위/개}]} = 6.67 ≒ 7[\text{개}]$
　② 부속용도별로 추가해야 할 소화기 개수(보일러실)
　　• 능력단위 : $\dfrac{150[\text{m}^2]}{25[\text{m}^2/\text{단위}]} = 6[\text{단위}]$
　　• 소화기의 개수 $= \dfrac{6[\text{단위}]}{3[\text{단위/개}]} = 2[\text{개}]$
　따라서 총 소화기의 개수 = 7 + 2 = 9개　　　　답 | 9 [개]

나. 계산과정 : 지하 1층에 주차장에 설치해야 할 소화기의 개수
　• 능력단위 $= \dfrac{2000[\text{m}^2]}{100[\text{m}^2/\text{단위}]} = 20[\text{단위}]$
　• 소화기의 개수 $= \dfrac{20[\text{단위}]}{3[\text{단위/개}]} = 6.67 ≒ 7[\text{개}]$　　　　답 | 7 [개]

다. 계산과정 : 지상 1층에 업무시설에 설치해야 할 소화기의 개수

- 능력단위 $= \dfrac{2000[m^2]}{100[m^2/단위]} = 20[단위]$

- 소화기의 개수 $= \dfrac{20[단위]}{3[단위/개]} = 6.67 ≒ 7[개]$

답 | 7 [개]

핵심이론 1 특정소방대상물별 소화기구의 능력단위 표

특정소방대상물	소화기구의 능력단위
위락시설	해당 용도의 바닥면적 30 [m²]마다 능력단위 1단위 이상
공연장, 집회장, 관람장, 문화재, 장례식장 및 의료시설	해당 용도의 바닥면적 50 [m²]마다 능력단위 1단위 이상
근린생활시설, 판매시설, 운수시설, 숙박시설, 노유자시설, 전시장, 공동주택, 업무시설, 방송통신시설, 공장, 창고시설, 항공기 및 자동차 관련 시설 및 관광휴게시설	해당 용도의 바닥면적 100 [m²]마다 능력단위 1단위 이상
그 밖의 것	해당 용도의 바닥면적 200 [m²]마다 능력단위 1단위 이상

[비고] 소화기구의 능력단위를 산출함에 있어서 건축물의 주요구조부가 내화구조이고, 벽 및 반자의 실내에 면하는 부분이 불연재료·준불연재료 또는 난연재료로 된 특정소방대상물에 있어서는 위 표의 바닥면적의 2배를 해당 특정소방대상물의 기준면적으로 한다.

핵심이론 2 부속용도별로 추가해야 할 소화기구 및 자동소화장치

용도별	소화기구의 능력단위
1. 다음 각 목의 시설. 다만 스프링클러설비·간이스프링클러설비·물분무등소화설비 또는 상업용 주방자동소화장치가 설치된 경우에는 자동확산소화기를 설치하지 않을 수 있다. 가. 보일러실(아파트의 경우 방화구획된 것을 제외)·건조실·세탁소·대량화기취급소 나. 음식점(지하가의 음식점을 포함)·다중이용업소·호텔·기숙사·노유자시설·의료시설·업무시설·공장·장례식장·교육연구시설·교정 및 군사시설의 주방. 다만 의료시설·업무시설 및 공장의 주방은 공동취사를 위한 것에 한한다. 다. 관리자의 출입이 곤란한 변전실·송전실·변압기실 및 배전반실(불연재료로 된 상자 안에 장치된 것을 제외)	1. 해당 용도의 바닥면적 25 [m²]마다 능력단위 1단위 이상의 소화기로 할 것. 이 경우 나목의 주방에 설치하는 소화기 중 1개 이상은 주방화재용 소화기(K급)로 설치해야 한다. 2. 자동확산소화기는 해당 용도의 바닥면적을 기준으로 10 [m²] 이하는 1개, 10 [m²] 초과는 2개 이상을 설치하되, 보일러, 조리기구, 변전설비 등 방호대상에 유효하게 분사될 수 있는 위치에 배치될 수 있는 수량으로 설치할 것
2. 발전실·변전실·송전실·변압기실·배전반실·통신기기실·전산기기실 기타 이와 유사한 시설이 있는 장소. 다만 제1호 다목의 장소를 제외한다.	해당 용도의 바닥면적 50 [m²]마다 적응성이 있는 소화기 1개 이상 또는 유효설치방호체적 이내의 가스·분말·고체에어로졸 자동소화장치, 캐비닛형 자동소화장치

14

그림과 같은 벤추리미터(Venturi Meter)에서 관 속에 흐르는 물의 유량[L/s]을 구하시오. (단, 수은의 비중은 13.6, 유량계수 C_v는 0.97이며, 수은주의 높이 차 $\triangle h$는 500 [mm], 중력가속도 g는 9.8 [m/s²]이다)

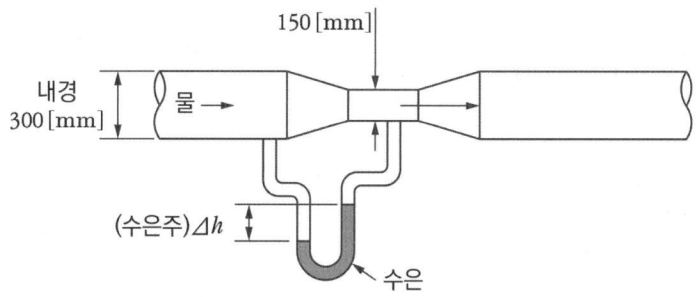

○ 계산과정 :

○ 답 :

정답

☑ 계산과정

벤추리미터의 유량 공식

$$Q = C_d \frac{A_2}{\sqrt{1-\left(\frac{A_2}{A_1}\right)^2}} \sqrt{2gh\left(\frac{S_0}{S}-1\right)}$$

Q : 유량 [m³/s], C_d : 유량계수
A_1 : 배관 단면적 [m²], A_2 : 벤추리관 단면적 [m²]
$\frac{A_2}{A_1}$: 개구비, h : 마노미터 높이차 [m]
S : 배관유체 비중, S_0 : U자관 액주계유체 비중

$$Q = C_v \frac{A_2}{\sqrt{1-\left(\frac{A_2}{A_1}\right)^2}} \sqrt{2gh\left(\frac{S_0}{S}-1\right)}$$

$$= 0.97 \times \frac{\pi \times 0.15^2}{4} \times \frac{1}{\sqrt{1-\left(\frac{0.15^2}{0.3^2}\right)^2}} \times \sqrt{2 \times 9.8 \times 0.5 \times \left(\frac{13.6}{1}-1\right)}$$

$$= 0.196723 [\text{m}^3/\text{s}] = 196.72 [\text{L/s}]$$

※ 문제에 주어진 기호(C_v)와 관계없이 유량계수라고 하였으므로 유량계수로 풀이한다.

답 | 196.72 [L/s]

Q·심화 1 벤추리미터 유량계의 유량 공식

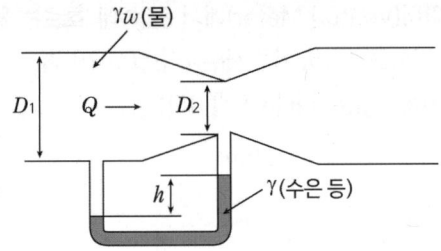

1) 벤추리미터의 이론 유속

$$\text{이론 } V_2 = \frac{1}{\sqrt{1-\left(\frac{D_2}{D_1}\right)^4}}\sqrt{2gh\left(\frac{\gamma}{\gamma_w}-1\right)}$$

이론 V_2 : 이론 유속 [m/s]
D_2 : 교축부 직경 [m]
D_1 : 배관의 직경 [m]
g : 중력가속도 [m/s²]
γ : 유체 비중량 [N/m³]
γ_w : 물의 비중량 [N/m³]
h : 높이 [m]

2) 벤추리미터의 실제 유속

$$\text{실제 } V_2 = C_V \frac{1}{\sqrt{1-\left(\frac{D_2}{D_1}\right)^4}}\sqrt{2gh\left(\frac{\gamma}{\gamma_w}-1\right)}$$

실제 V_2 : 실제 유속 [m/s]
C_V : 속도계수
D_2 : 교축부 직경 [m]
D_1 : 배관의 직경 [m]
g : 중력가속도 [m/s²]
γ : 유체 비중량 [N/m³]
γ_w : 물의 비중량 [N/m³]
h : 높이 [m]

3) 벤추리미터의 이론 유량

$$\text{이론 } Q = \frac{A_2}{\sqrt{1-\left(\frac{D_2}{D_1}\right)^4}}\sqrt{2gh\left(\frac{\gamma}{\gamma_w}-1\right)}$$

이론 Q : 이론 유량 [m³/s]
A_2 : 교축부 단면적 [m²]
D_2 : 교축부 직경 [m]
D_1 : 배관의 직경 [m]
g : 중력가속도 [m/s²]
γ : 유체 비중량 [N/m³]
γ_w : 물의 비중량 [N/m³]
h : 높이 [m]

4) 벤추리미터의 실제 유량
　실제 유체의 흐름에서는 관로의 형상변화, 마찰 저항 등에 따른 손실로 인하여 유량이 이론값보다 작아진다. 이러한 손실들을 실험적으로 얻어지는 보정계수를 곱하여 실제 유량을 구할 수 있다.

$$\text{실제}\, Q = C_V \cdot \frac{A_2}{\sqrt{1-\left(\frac{D_2}{D_1}\right)^4}} \sqrt{2gh\left(\frac{\gamma}{\gamma_w}-1\right)}$$

$$= C_d \cdot \frac{A_2}{\sqrt{1-\left(\frac{D_2}{D_1}\right)^4}} \sqrt{2gh\left(\frac{\gamma}{\gamma_w}-1\right)}$$

실제 Q : 실제 유량 [m³/s]
C_V : 속도계수
C_d : 방출계수(= 유량계수)
A_2 : 교축부 단면적 [m²]
D_2 : 교축부 직경 [m]
D_1 : 배관의 직경 [m]
g : 중력가속도 [m/s²]
γ : 유체 비중량 [N/m³]
γ_w : 물의 비중량 [N/m³]
h : 높이 [m]

5) C_d 방출계수(= 유량계수), Discharge Coeffcient

① 이론 유량(Ideal Flow)에 대한 실제 유량(Actual Flow)의 비
② 방출계수(C_d) = 속도계수(C_V) × 수축계수(C_C)
③ 방출계수 C_d는 1보다 작음
④ 벤추리 유량계 C_d : 0.95 ~ 0.99로 매우 큼(Re가 클수록 C_d도 커짐)
　오리피스 유량계 C_d : 0.61로 일정한 값(Re가 큰[Re > 30000] 유동에 대해)

6) 벤추리미터의 이론 유속 유도과정

관로의 ①지점과 ②지점에 대하여 베르누이방정식을 적용하면

$$\frac{P_1}{\gamma_w}+\frac{V_1^2}{2g}+Z_1 = \frac{P_2}{\gamma_w}+\frac{V_2^2}{2g}+Z_2,\ \text{여기서}\ Z_1 = Z_2\text{이므로}$$

$$\frac{P_1}{\gamma_w}+\frac{V_1^2}{2g}=\frac{P_2}{\gamma_w}+\frac{V_2^2}{2g}$$

$$\frac{P_1-P_2}{\gamma_w}=\frac{V_2^2-V_1^2}{2g}=\frac{1}{2g}\left(V_2^2-V_1^2\right)=\frac{V_2^2}{2g}\left(1-\frac{V_1^2}{V_2^2}\right)$$

연속방정식 $A_1 V_1 = A_2 V_2$ 에서 $\frac{V_1}{V_2}=\frac{A_2}{A_1}$ 이므로

$$\frac{P_1-P_2}{\gamma_w}=\frac{V_2^2}{2g}\left\{1-\left(\frac{A_2}{A_1}\right)^2\right\}$$

위 식을 V_2에 대해 정리하면,

$$V_2^2 = \frac{1}{1-\left(\frac{A_2}{A_1}\right)^2}\left\{2g\times\frac{(P_1-P_2)}{\gamma_w}\right\}$$

$$\therefore V_2 = \frac{1}{\sqrt{1-\left(\frac{A_2}{A_1}\right)^2}}\sqrt{2g\times\frac{(P_1-P_2)}{\gamma_w}}$$

시차액주계에서 $P_1 - P_2 = (\gamma - \gamma_w)h$ 이고, $\left(\dfrac{A_2}{A_1}\right)^2 = \left(\dfrac{\dfrac{\pi}{4}D_2^{\,2}}{\dfrac{\pi}{4}D_1^{\,2}}\right)^2 = \left(\dfrac{D_2}{D_1}\right)^4$ 이므로

$$V_2 = \dfrac{1}{\sqrt{1-\left(\dfrac{A_2}{A_1}\right)^2}}\sqrt{2g \times \dfrac{(\gamma - \gamma_w)h}{\gamma_w}} = \dfrac{1}{\sqrt{1-\left(\dfrac{D_2}{D_1}\right)^4}}\sqrt{2gh\left(\dfrac{\gamma}{\gamma_w} - 1\right)}$$

Q·심화 2 오리피스 유량계의 유량 공식

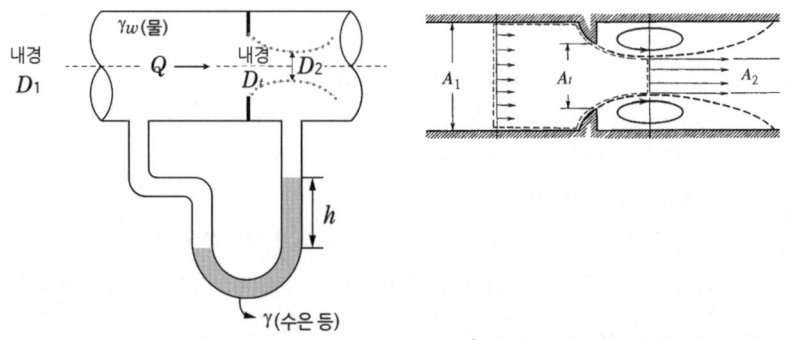

1) 오리피스 유량계의 이론 유속

$$\text{이론}\ V_2 = \dfrac{1}{\sqrt{1-\left(\dfrac{D_2}{D_1}\right)^4}}\sqrt{2gh\left(\dfrac{\gamma}{\gamma_w}-1\right)}$$

이론 V_2 : 이론 유속 [m/s]
D_2 : 분류 수축부 직경 [m]
D_1 : 배관의 직경 [m]
g : 중력가속도 [m/s²]
γ : 유체 비중량 [N/m³]
γ_w : 물의 비중량 [N/m³]
h : 높이 [m]

2) 오리피스 유량계의 이론 유량

$$\text{이론}\ Q = \dfrac{A_2}{\sqrt{1-\left(\dfrac{D_2}{D_1}\right)^4}}\sqrt{2gh\left(\dfrac{\gamma}{\gamma_w}-1\right)}$$

이론 Q : 이론 유량 [m³/s]
A_2 : 분류 수축부 단면적 [m²]
D_2 : 분류 수축부 직경 [m]
D_1 : 배관의 직경 [m]
g : 중력가속도 [m/s²]
γ : 유체 비중량 [N/m³]
γ_w : 물의 비중량 [N/m³]
h : 높이 [m]

※ 오리피스 유량계에서 분류 수축부의 직경 D_2, 분류 수축부의 단면적 A_2를 정확하게 측정할 수 없기 때문에 유동계수 K가 주어져야 실제 유량을 구할 수 있다.

3) 오리피스 유량계의 실제 유량

$$\text{실제 } Q = C_d \cdot \frac{A_t}{\sqrt{1-\left(\frac{D_2}{D_1}\right)^4}} \sqrt{2gh\left(\frac{\gamma}{\gamma_w}-1\right)}$$

$$= K \cdot A_t \cdot \sqrt{2gh\left(\frac{\gamma}{\gamma_w}-1\right)}$$

실제 Q : 실제 유량 [m³/s]
C_d : 방출계수
K : 유동계수(= 유량계수)

$$\left(K = \frac{C_d}{\sqrt{1-\left(\frac{D_2}{D_1}\right)^4}}\right)$$

A_t : 교축부 단면적 [m²]
D_t : 교축부 직경 [m]
D_2 : 분류 수축부 직경 [m]
D_1 : 배관의 직경 [m]
g : 중력가속도 [m/s²]
γ : 유체 비중량 [N/m³]
γ_w : 물의 비중량 [N/m³]
h : 높이 [m]

4) K 유동계수(= 유량계수), Flow Coefficient

$$K = \frac{C_d}{\sqrt{1-\left(\frac{D_2}{D_1}\right)^4}}$$

15

배점 4

주차장에 포소화설비를 설치하고자 한다. 다음 [조건]을 참조하여 각 물음에 답하시오.

조건

(1) 주차장의 체적은 가로 20 [m], 세로 15 [m], 높이 3 [m]이고, 포헤드를 설치한다.
(2) 포소화설비는 화재감지용 폐쇄형 스프링클러헤드의 개방과 연동하여 기동시킬 수 있도록 설치한다.
(3) 포헤드 개수에 따른 배관의 관경은 다음과 같다.

배관의 구경[mm]	25	32	40	50	65	80	100	125	150
설치 헤드 개수	1	2	5	8	15	27	55	90	91 이상

가. 포헤드의 설치개수[개]

○ 계산과정 :

○ 답 :

나. 배관의 구경[mm]

○ 답 :

정답

가. 계산과정

포헤드 개수 : $\dfrac{20[m] \times 15[m]}{9[m^2/개]} = 33.33 ≒ 34[개]$

> **포소화설비의 화재안전기술기준(NFTC 105)**
> 2.9.2.2 포헤드는 특정소방대상물의 천장 또는 반자에 설치하되, 바닥면적 9 [m²]마다 1개 이상으로 하여 해당 방호대상물의 화재를 유효하게 소화할 수 있도록 할 것

※ 이 문제는 정방형으로 헤드를 배치한다는 조건이 없으므로 주차장 바닥면적을 9 [m²]로 나누어 헤드 개수를 구한다.

답 | 34 [개]

나. 포헤드의 설치개수가 34 [개]이므로 조건 (3)에 따라 배관의 구경은 100 [mm]로 산정한다.

답 | 100 [mm]

16 [배점 4]

분말소화설비에서 분말약제 저장용기와 연결 설치되는 정압작동장치에 대한 다음 각 물음에 답하시오.

가. 정압작동장치의 설치목적은 무엇인지 쓰시오.

○ 답 :

나. 정압작동장치의 종류 중 압력스위치방식에 대해 설명하시오.

○ 답 :

> 정답

가. 저장용기의 내부압력이 설정압력이 되었을 때 주밸브를 개방시키기 위해

나. 가압용 가스가 저장용기 내에 가압되어 압력스위치가 동작되면 솔레노이드밸브가 동작되어 주밸브를 개방시키는 방식

핵심이론 | 정압작동장치

1. 설치목적 : 저장용기의 내부압력이 설정압력에 도달하면 작동하여 주밸브를 개방시키기 위해
2. 종류

종류	주밸브 개방방식	구조
압력스위치식 (가스압력식)	탱크 내의 압력이 설정 압력에 도달 시 압력스위치의 작동으로 솔레노이드밸브가 작동하여 주밸브 개방	
기계식	탱크 내의 압력이 설정 압력에 도달 시 가스 압력의 힘으로 밸브의 레버를 당겨 주밸브 개방	
시한릴레이식 (전기식)	탱크 내의 압력이 설정 압력에 도달 시 미리 시간을 시한릴레이에 입력하여 작동하면 솔레노이드밸브가 작동되어 주밸브 개방	

01

다음 그림과 같이 해발 1000 [m] 위치에 수조와 펌프를 설치하였다. [조건]을 참조하여 펌프에 공동현상이 일어나는지 여부를 판정하시오. (단, 반드시 계산과정에 중력가속도는 9.8 [m/s²]을 적용한다)

조건

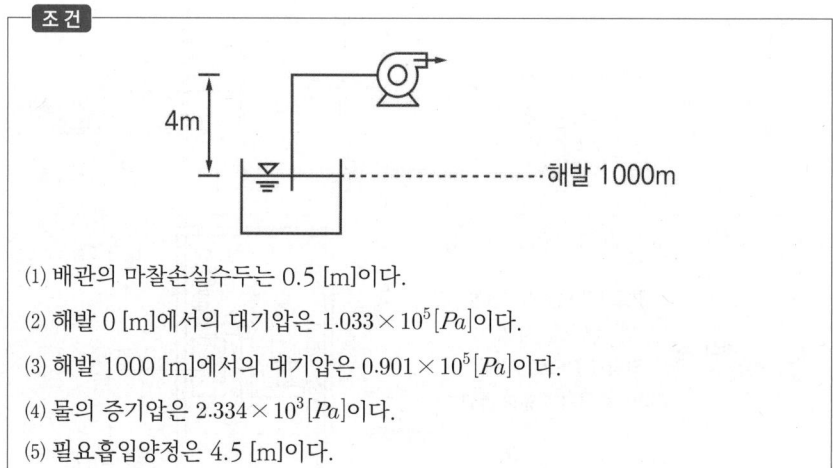

(1) 배관의 마찰손실수두는 0.5 [m]이다.
(2) 해발 0 [m]에서의 대기압은 $1.033 \times 10^5 [Pa]$이다.
(3) 해발 1000 [m]에서의 대기압은 $0.901 \times 10^5 [Pa]$이다.
(4) 물의 증기압은 $2.334 \times 10^3 [Pa]$이다.
(5) 필요흡입양정은 4.5 [m]이다.

가. 유효흡입양정[m]을 구하시오.
　　◯ 계산과정 :
　　◯ 답 :

나. 펌프의 공동현상 발생 여부를 판별하시오.
　　◯ 답 :

정답

가. 유효흡입양정[m]

유효흡입양정 $NPSH_{av} = \dfrac{P_a}{\gamma} - \dfrac{P_v}{\gamma} - H_f \pm H_s$

여기서 P_a : 흡입 수면의 대기압[N/m²]
P_v : 유체의 온도에 상당하는 포화증기압[N/m²]
H_f : 흡입 측 배관의 마찰손실수두[m]
H_s : 흡입양정(-) 또는 압입양정(+)[m]

계산과정 : $NPSH_{av} = \dfrac{0.901 \times 10^5 [Pa]}{9800 [N/m^3]} - \dfrac{2.334 \times 10^3 [Pa]}{9800 [N/m^3]} - 0.5[m] - 4[m]$

$= 4.455 ≒ 4.46[m]$

※ **압력에 대한 단위 변환**
① 표준대기압 환산 수두를 이용한 단위 변환
② $P = rh$를 이용한 단위 변환

위 2가지 압력에 대한 단위 변환 중 문제에서 '반드시 계산과정에 중력가속도는 9.8 [m/s²]을 적용한다'라고 하였으므로 '② $P = rh$를 이용한 단위 변환'을 해야 한다.

중력가속도는 9.8 [m/s²]이므로
$r = \rho g = 1000[N \cdot s^2/m^4] \times 9.8[m/s^2] = 9800[N/m^3]$
($\because$ 물의 밀도 $\rho = 1000[kg/m^3] = 1000[N \cdot s^2/m^4]$)

따라서 흡입 수면의 대기압 환산수두 $h_a[m] = \dfrac{P}{\gamma} = \dfrac{0.901 \times 10^5 [Pa]}{9800 [N/m^3]}$

(여기서 h_a는 '해발 0 [m]'에서의 대기압이 아닌 흡입 수면의 대기압인 '해발 1000 [m]에서의 대기압'을 기준으로 함)

답 | 4.46 [m]

나. 공동현상 발생 여부

답 | 필요흡입양정(4.5 [m]) > 유효흡입양정(4.46 [m])이므로 공동현상 발생

핵심이론 공동현상 발생한계 조건

1. 유효흡입양정 $NPSH_{av}$(Available Net Positive Suction Head)
   펌프 기동 시 펌프 내로 유입되는 유체의 절대압력
2. 필요흡입양정 $NPSH_{re}$(Required Net Positive Suction Head)
   펌프 기동 시 공동현상을 일으키지 않기 위해 펌프가 요구하는 최소한의 흡입 유체의 절대압력
3. 공동현상 발생한계 조건

공동현상 발생 안함	$NPSH_{av} > NPSH_{re}$
공동현상 발생한계	$NPSH_{av} = NPSH_{re}$
공동현상 발생	$NPSH_{av} < NPSH_{re}$

02

배점 6

바닥면적 400 [m²], 높이 4 [m]인 전기실에 이산화탄소소화설비를 설치할 때 저장용기(68 [L]/45 [kg])에 저장된 약제량을 방호구역 내에 전부 방출한다고 한다. 다음 물음에 답하시오. (단, 전기실에 유압기기는 없다)

조건
(1) 방호구역 내에는 3 [m²]인 출입문이 있으며, 이 문은 자동폐쇄장치가 설치되어 있지 않다.
(2) 약제 방출방식은 전역방출방식을 적용하였으며, 심부화재를 가정한다.
(3) 이산화탄소의 분자량은 44이고, 이상기체상수는 8.3143 [kJ/kmol·K]이다.
(4) 이산화탄소 저장용기에는 한 병당 45 [kg]이 저장되어 있다.
(5) 기타의 제시되지 않은 조건은 화재안전기술기준에 따른다.

가. 이산화탄소 최소 저장용기 수[병]를 구하시오.
  ○ 계산과정 :   ○ 답 :

나. 최소 저장용기를 기준으로 이산화탄소를 모두 방출할 때 선택밸브 1차 측 배관에서의 최소 유량[m³/min]을 구하시오. (단, 선택밸브 내의 온도와 압력 조건은 표준대기압, 온도 20 [℃]로 가정한다)
  ○ 계산과정 :   ○ 답 :

정답

가. 계산과정

📌 핵심이론 이산화탄소소화설비 전역방출방식 심부화재 약제량 산정

$$W = (V \times \alpha) + (A \times \beta)$$

W : 약제량 [kg], V : 방호구역 체적 [m³]
α : 방호구역 1 [m³]에 대한 소화약제의 양 [kg/m³]
A : 개구부 면적 [m²], β : 개구부 가산량(심부화재 : 10 [kg/m²])

방호대상물	방호구역 1 [m³]에 대한 소화약제의 양 α	설계농도 [%]	개구부 가산량[kg/m²] β (자동폐쇄장치 미설치 시)
유압기기를 제외한 전기설비, 케이블실	1.3 [kg/m³]	50	10 [kg/m²]
체적 55 [m³] 미만의 전기설비	1.6 [kg/m³]	50	
서고, 전자제품창고, 목재가공품 창고, 박물관	2.0 [kg/m³]	65	
고무류, 모피창고, 집진설비, 석탄창고, 면화류 창고	2.7 [kg/m³]	75	

암기 ▶ 서전목박

암기 ▶ 고모집석면

① W = (400 [m²] × 4 [m]) × 1.3 [kg/m³] + 3 [m²] × 10 [kg/m²] = 2110 [kg]

② 용기 수 = $\dfrac{2110[kg]}{45[kg/병]}$ = 46.88 ≒ 47병

답 | 47 [병]

나. 계산과정

선택밸브 1차 측 배관 유량[m³/min]

① 이산화탄소의 부피[m³]

$$PV = \dfrac{W}{M}RT$$

$$V = \dfrac{WRT}{PM} = \dfrac{(47[병] \times 45[kg/병]) \times 8.3143[kJ/kmol \cdot K] \times (273+20)[K]}{101.325[kPa] \times 44[kg/kmol]}$$

$= 1155.671 [m^3]$

② 선택밸브 1차 측 배관 유량[m³/min]

$= \dfrac{1155.671[m^3]}{7[min]} = 165.095 ≒ 165.1 [m^3/min]$

이산화탄소소화설비의 화재안전기술기준(NFTC 106)

2.5.2 배관의 구경은 이산화탄소소화약제의 소요량이 다음의 기준에 따른 시간 내에 방출될 수 있는 것으로 해야 한다.

2.5.2.1 전역방출방식에 있어서 가연성 액체 또는 가연성 가스 등 표면화재 방호대상물의 경우에는 1분

2.5.2.2 전역방출방식에 있어서 종이, 목재, 석탄, 섬유류, 합성수지류 등 심부화재 방호대상물의 경우에는 7분. 이 경우 설계농도가 2분 이내에 30 [%]에 도달하여야 한다.

2.5.2.3 국소방출방식의 경우에는 30초

답 | 165.1 [m³/min]

핵심이론 이상기체 상태방정식

$$PV = \dfrac{W}{M}RT = W\overline{R}T$$

∴ $PV = nRT = \dfrac{W}{M}RT$

$= W\left(\dfrac{R}{M}\right)T = W\overline{R}T$

P : 절대압력 [kPa]
V : 부피 [m³]
W : 질량 [kg]
n : 몰수 [kmol]
T : 절대온도 [K]
M : 분자량 [kg/kmol]
R : 일반기체상수
  [kPa·m³/kmol·K]
  = [kJ/kmol·K]
$\overline{R}$: 특정기체상수
  [kPa·m³/kg·K]
  = [kJ/kg·K]

03

배점 12

다음 그림은 어느 스프링클러설비의 Isometric Diagram이다. 이 도면과 주어진 조건에 의하여 헤드 A만을 개방하였을 때 다음 물음에 답하시오.

조건

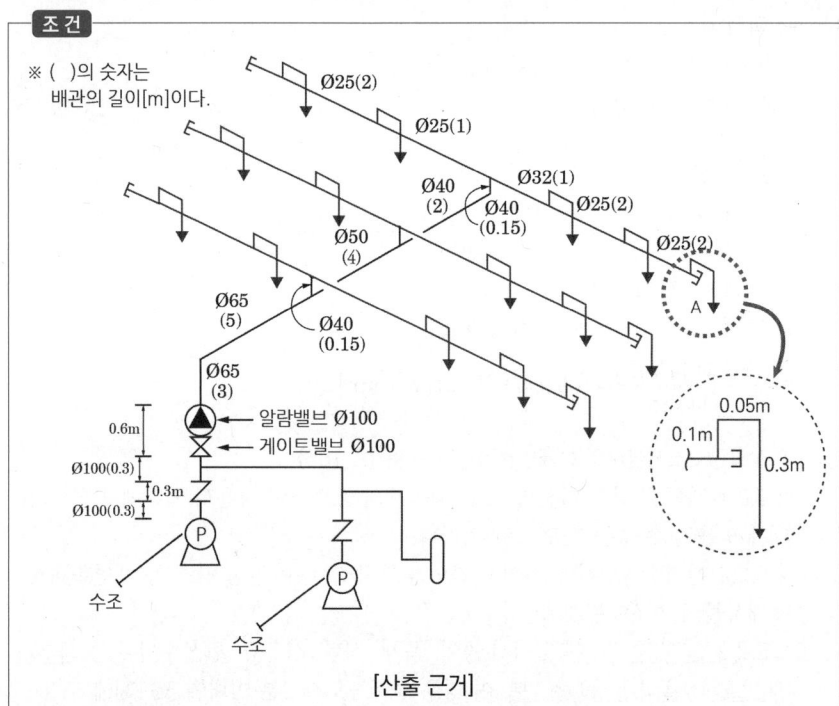

[산출 근거]

(1) 펌프의 양정력은 토출량에 관계없이 일정하다고 가정한다.
 (펌프 토출압 = 0.5 [MPa])
(2) 헤드의 방출계수[K]는 80이다.
(3) 배관의 마찰손실은 하젠 - 윌리엄공식을 따르되 계산의 편의상 다음 식과 같다고 가정한다.

$$\Delta P = \frac{6 \times 10^4 \times Q^2}{120^2 \times d^5}$$

단, ΔP : 배관 1 [m]당 마찰손실압력 [MPa/m]
Q : 배관 내의 유수량 [L/min]
d : 배관의 안지름 [mm]

(4) 배관의 호칭구경별 안지름은 다음과 같다.

호칭구경	25 [A]	32 [A]	40 [A]	50 [A]	65 [A]	80 [A]	100 [A]
내경[mm]	28	37	43	54	69	81	107

(5) 배관 부속 및 밸브류의 등가길이[m]는 아래 표와 같으며, 이 표에 없는 부속 또는 밸브류의 등가길이는 무시해도 좋다.

호칭구경	25 [A]	32 [A]	40 [A]	50 [A]	65 [A]	80 [A]	100 [A]
90°엘보	0.8	1.1	1.3	1.6	2.0	2.4	3.2
티(측류)	1.7	2.2	2.5	3.2	4.1	4.9	6.3
게이트밸브	0.2	0.2	0.3	0.3	0.4	0.5	0.7
체크밸브	2.3	3.0	3.5	4.4	5.6	6.7	8.7
알람밸브	–	–	–	–	–	–	8.7

가. 배관 1 [m]당 마찰손실, 등가길이, 마찰손실압력에 대한 표를 채우시오. (단, 산출 값은 아래 표의 호칭구경 25 [A]와 같이 구한다)

호칭구경	배관 1 [m]당 마찰손실[MPa] 산출	등가길이[m] 산출	마찰손실압력 [MPa]
25 [A]	$\triangle P = 2.421 \times 10^{-7} \times Q^2$	직관 : 2 + 2 + 0.1 + 0.05 + 0.3 = 4.45 엘보 : 2 × 0.8 = 1.6 티(측류) : 1 × 1.7 = 1.7 계 : 7.75 [m]	$1.876 \times 10^{-6} \times Q^2$
32 [A]			
40 [A]			
50 [A]			
65 [A]			
100 [A]			

나. 배관의 마찰손실압력[MPa]
- 계산과정 :
- 답 :

다. 실 층고 환산 낙차 수두[m]
- 계산과정 :
- 답 :

라. 방수량[$L/\min$]
- 계산과정 :
- 답 :

마. 방수압[MPa]
- 계산과정 :
- 답 :

정답

가.

호칭 구경	배관 1[m]당 마찰손실[MPa] 산출	등가길이[m] 산출	마찰손실압력[MPa]
25 [A]	$\Delta P = 2.421 \times 10^{-7} \times Q^2$	직관 : 2 + 2 + 0.1 + 0.05 + 0.3 = 4.45 엘보 : 2 × 0.8 = 1.6 티(측류) : 1 × 1.7 = 1.7 계 : 7.75 [m]	$1.876 \times 10^{-6} \times Q^2$
32 [A]	$\Delta P = \dfrac{6 \times 10^4 \times Q^2}{120^2 \times 37^5}$ $= 6.009 \times 10^{-8} \times Q^2$	직관 : 1 [m] 계 : 1 [m]	$1 \times 6.009 \times 10^{-8} \times Q^2$ $= 6.009 \times 10^{-8} \times Q^2$
40 [A]	$\Delta P = \dfrac{6 \times 10^4 \times Q^2}{120^2 \times 43^5}$ $= 2.834 \times 10^{-8} \times Q^2$	직관 : 2 + 0.15 = 2.15 [m] 90°엘보 : 1 × 1.3 = 1.3 [m] 티(측류) : 1 × 2.5 = 2.5 [m] 계 : 5.95 [m]	$5.95 \times 2.834 \times 10^{-8} \times Q^2$ $= 1.686 \times 10^{-7} \times Q^2$
50 [A]	$\Delta P = \dfrac{6 \times 10^4 \times Q^2}{120^2 \times 54^5}$ $= 9.074 \times 10^{-9} \times Q^2$	직관 : 4 [m] 계 : 4 [m]	$4 \times 9.074 \times 10^{-9} \times Q^2$ $= 3.63 \times 10^{-8} \times Q^2$
65 [A]	$\Delta P = \dfrac{6 \times 10^4 \times Q^2}{120^2 \times 69^5}$ $= 2.664 \times 10^{-9} \times Q^2$	직관 : 5 + 3 = 8 [m] 90°엘보 : 1 × 2.0 = 2 [m] 계 : 10 [m]	$10 \times 2.664 \times 10^{-9} \times Q^2$ $= 2.664 \times 10^{-8} \times Q^2$
100 [A]	$\Delta P = \dfrac{6 \times 10^4 \times Q^2}{120^2 \times 107^5}$ $= 2.971 \times 10^{-10} \times Q^2$	직관 : 0.3 + 0.3 = 0.6 [m] 체크밸브 : 1 × 8.7 = 8.7 게이트밸브 : 1 × 0.7 = 0.7 [m] 알람밸브 : 1 × 8.7 = 8.7 [m] 계 : 18.7 [m]	$18.7 \times 2.971 \times 10^{-10} \times Q^2$ $= 5.556 \times 10^{-9} \times Q^2$

나. 배관 마찰손실압력[MPa]

계산과정

$(1.876 \times 10^{-6} \times Q^2) + (6.009 \times 10^{-8} \times Q^2) + (1.686 \times 10^{-7} \times Q^2)$
$+ (3.63 \times 10^{-8} \times Q^2) + (2.664 \times 10^{-8} \times Q^2) + (5.556 \times 10^{-9} \times Q^2)$
$= 2.173 \times 10^{-6} \times Q^2 = 2.17 \times 10^{-6} \times Q^2 [\text{MPa}]$

답 | $2.17 \times 10^{-6} \times Q^2$ [MPa]

다. 층고 환산 낙차 수두[m]

계산과정 : 0.3 + 0.3 + 0.3 + 0.6 + 3 + 0.15 + 0.1 - 0.3 = 4.45 [m]

답 | 4.45 [m]

라. 방수량[L/min]

계산과정 : $Q = 80\sqrt{10P}$

여기서 방수압 $P[MPa]$ = 펌프토출압 - 낙차압 - 마찰손실압
$$= 0.5 - 0.0445 - (2.17 \times 10^{-6} \times Q^2)$$
$$Q = 80\sqrt{10 \times (0.5 - 0.0445 - 2.17 \times 10^{-6} \times Q^2)}$$
⇒ 계산기 Solve기능을 통해 Q 도출
∴ $Q = 159.990 ≒ 159.99 [L/min]$

답 | 159.99 [L/min]

마. 방수압[MPa]

계산과정 : P = 펌프 토출압 - 낙차압 - 마찰손실압
$$= 0.5 - 0.0445 - (2.17 \times 10^{-6} \times 159.99^2) = 0.399 ≒ 0.4 [MPa]$$

답 | 0.4 [MPa]

참고 배관 접속기구의 종류

구분	종류
(1) 관의 방향을 바꿀 때	[엘보(Elbow)]
(2) 2개의 관을 연결할 때	[유니온(Union)]　[플랜지(Flange)]　[니플(Nipple)]
(3) 관의 지름을 바꿀 때	[레듀서(Reducer)]
(4) 관의 끝을 막을 때	[플러그(Plug)]　[캡(Cap)]
(5) 관을 도중에 분기할 때	[티(Tee)]　[와이(Y)]　[크로스(Cross)]

04

건식 스프링클러설비 건식 밸브 2차 측이 압축공기 또는 압축질소가스로 채워져 있어, 설비 작동 시 시스템 내의 압축공기가 빠져나가는 시간 동안 소화수의 방출이 지연된다는 단점이 있다. 이것을 보완하기 위해 설치하는 설비 2가지를 쓰시오.

○ 답 : 1)
　　　 2)

배점 3

정답

1) 엑셀레이터

2) 익져스터

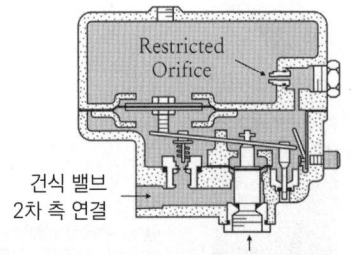

[엑셀레이터(Accelerator)의 구조]　　　[엑셀레이터 외관]

[엑셀레이터(Accelerator), 익져스터(Exhauster)의 작동원리]

구분	설치위치	작동원리
엑셀레이터 (Accelerator)	건식 밸브 2차 측 배관에 연결하고, 엑셀레이터의 출구는 중간챔버에 연결	① 내부 차압챔버에 2차 측 일정압력으로 유지 ② 헤드가 개방 후 2차 측 공기압 저하 시 가속기가 작동 ③ 2차 측 압축공기 일부를 중간챔버로 보내, 클래퍼를 신속하게 개방
익져스터 (Exhauster)	주배관의 말단에 설치	헤드가 개방되어 2차 측의 공기압이 Setting 압력보다 낮아졌을 때 공기배출기가 작동하여 2차 측 압축공기를 대기 중으로 신속하게 배출

05

물분무소화설비의 배관에 강관을 사용하지 않고 소방용 합성수지배관으로 설치할 수 있는 경우에 대해 다음 [보기] 중에서 괄호 안에 들어갈 부분에 알맞은 것을 골라 채우시오.

[보기]

지상, 소화수, 지하, 외부, 천장, 피트, 내부, 불연재료, 내화구조, 가연재료, 반자

㈀ 배관을 (㉠)에 매설하는 경우
㈁ 다른 부분과 (㉡)로 구획된 덕트 또는 피트의 내부에 설치하는 경우
㈂ (㉢)과 (㉣)를 (㉤) 또는 준불연재료로 설치하고 소화배관 내부에 항상 (㉥)가 채워진 상태로 설치하는 경우

정답

㈀ 배관을 (㉠ 지하)에 매설하는 경우
㈁ 다른 부분과 (㉡ 내화구조)로 구획된 덕트 또는 피트의 내부에 설치하는 경우
㈂ (㉢ 천장)과 (㉣ 반자)를 (㉤ 불연재료) 또는 준불연재료로 설치하고 소화배관 내부에 항상 (㉥ 소화수)가 채워진 상태로 설치하는 경우

06

일제개방밸브의 개방방식에 대해 종류를 쓰고 작동 원리에 대해 설명하시오.

종류	작동 원리

정답

종류	작동 원리
감압개방방식	화재감지기가 화재를 감지해서 전자개방밸브(Solenoid Valve)를 개방시키거나, 수동개방밸브를 개방하면 실린더실 내의 가압수가 감압되어 일제개방밸브가 열리는 방식
가압개방방식	화재감지기가 화재를 감지해서 전자개방밸브(Solenoid Valve)를 개방시키거나, 수동개방밸브를 개방하면 가압수가 실린더실을 가압하여 일제개방밸브가 열리는 방식

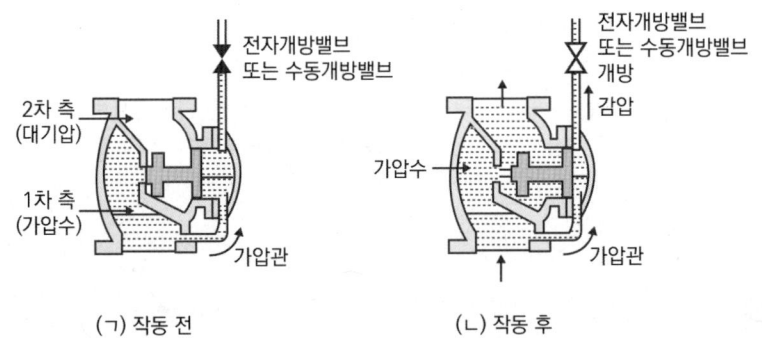

[일제개방밸브의 감압개방방식]

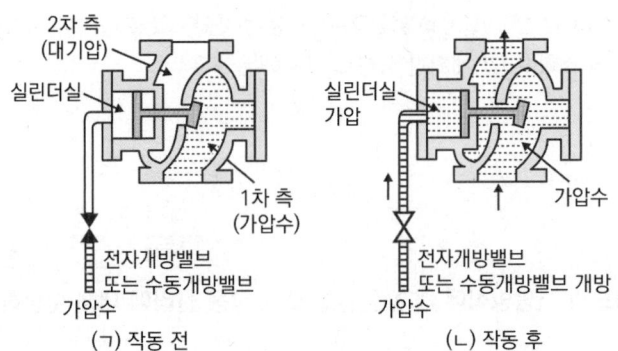

[일제개방밸브의 가압개방방식]

07

배점 6

그림과 같은 벤추리미터(Venturi Meter)에서 관 속에 흐르는 물의 유속 V_1 [m/s]을 구하시오. (단, 수은의 비중은 13.6, 속도계수 C_v는 0.97이며, 수은주의 높이 차 $\triangle h$는 30 [cm], 중력가속도 g는 9.8 [m/s²]이다)

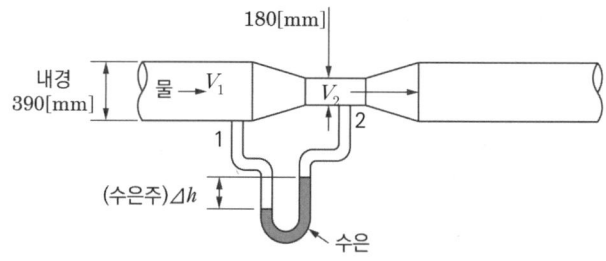

○ 계산과정 :

○ 답 :

정답

✓ 계산과정

벤추리관의 유량 공식

$$Q = C_v \frac{A_2}{\sqrt{1-\left(\frac{A_2}{A_1}\right)^2}} \sqrt{2gh\left(\frac{S_0}{S}-1\right)} = C_v \frac{A_2}{\sqrt{1-\left(\frac{D_2}{D_1}\right)^4}} \sqrt{2gh\left(\frac{S_0}{S}-1\right)}$$

Q : 유량 [m³/s], C_v : 속도계수
A_1 : 배관 단면적 [m²], A_2 : 벤추리관 단면적 [m²], $\frac{A_2}{A_1}$: 개구비
D_1 : 배관 내경 [m], D_2 : 벤추리관 내경 [m]
h : 마노미터 높이 차 [m], S : 배관유체 비중, S_0 : U자관 액주계유체 비중

① 벤추리관의 유량 Q_2

$$Q_2 = C_v \frac{A_2}{\sqrt{1-\left(\frac{D_2}{D_1}\right)^4}} \sqrt{2gh\left(\frac{S_0}{S}-1\right)}$$

$$= 0.97 \times \frac{\frac{\pi}{4} \times 0.18^2}{\sqrt{1-\left(\frac{0.18}{0.39}\right)^4}} \times \sqrt{2 \times 9.8 \times 0.3 \times \left(\frac{13.6}{1}-1\right)}$$

$$= 0.2174 ≒ 0.217 [\text{m}^3/\text{s}]$$

② 물의 유속 V_1

$$V_1 = \frac{Q_1}{A_1} = \frac{Q_2}{A_1} = \frac{0.217[m^3/s]}{\frac{\pi}{4} \times 0.39^2 [m^2]} = 1.816 ≒ 1.82[m/s] \; (\because Q_1 = Q_2 \text{이므로})$$

답 | 1.82 [m/s]

Q 심화 1   벤추리미터 유량계의 유량 공식

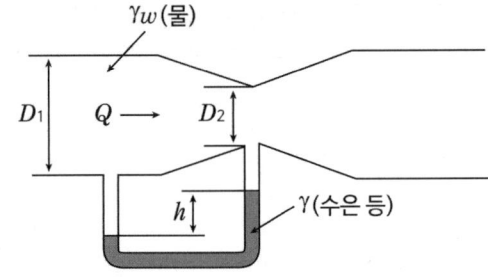

1) 벤추리미터의 이론 유속

$$\text{이론} V_2 = \frac{1}{\sqrt{1-\left(\frac{D_2}{D_1}\right)^4}} \sqrt{2gh\left(\frac{\gamma}{\gamma_w}-1\right)}$$

이론 V_2 : 이론 유속 [m/s]
D_2 : 교축부 직경 [m]
D_1 : 배관의 직경 [m]
g : 중력가속도 [m/s²]
γ : 유체 비중량 [N/m³]
γ_w : 물의 비중량 [N/m³]
h : 높이 [m]

2) 벤추리미터의 실제 유속

$$\text{실제} V_2 = C_V \frac{1}{\sqrt{1-\left(\frac{D_2}{D_1}\right)^4}} \sqrt{2gh\left(\frac{\gamma}{\gamma_w}-1\right)}$$

실제 V_2 : 실제 유속 [m/s]
C_V : 속도계수
D_2 : 교축부 직경 [m]
D_1 : 배관의 직경 [m]
g : 중력가속도 [m/s²]
γ : 유체 비중량 [N/m³]
γ_w : 물의 비중량 [N/m³]
h : 높이 [m]

3) 벤추리미터의 이론 유량

$$\text{이론} Q = \frac{A_2}{\sqrt{1-\left(\frac{D_2}{D_1}\right)^4}} \sqrt{2gh\left(\frac{\gamma}{\gamma_w}-1\right)}$$

이론 Q : 이론 유량 [m³/s]
A_2 : 교축부 단면적 [m²]
D_2 : 교축부 직경 [m]
D_1 : 배관의 직경 [m]
g : 중력가속도 [m/s²]
γ : 유체 비중량 [N/m³]
γ_w : 물의 비중량 [N/m³]
h : 높이 [m]

4) 벤추리미터의 실제 유량

실제 유체의 흐름에서는 관로의 형상변화, 마찰 저항 등에 따른 손실로 인하여 유량이 이론값보다 작아진다. 이러한 손실들을 실험적으로 얻어지는 보정계수를 곱하여 실제 유량을 구할 수 있다.

$$실제\ Q = C_V \cdot \frac{A_2}{\sqrt{1-\left(\frac{D_2}{D_1}\right)^4}} \sqrt{2gh\left(\frac{\gamma}{\gamma_w}-1\right)}$$

$$= C_d \cdot \frac{A_2}{\sqrt{1-\left(\frac{D_2}{D_1}\right)^4}} \sqrt{2gh\left(\frac{\gamma}{\gamma_w}-1\right)}$$

실제 Q : 실제 유량 [m³/s]
C_V : 속도계수
C_d : 방출계수(= 유량계수)
A_2 : 교축부 단면적 [m²]
D_2 : 교축부 직경 [m]
D_1 : 배관의 직경 [m]
g : 중력가속도 [m/s²]
γ : 유체 비중량 [N/m³]
γ_w : 물의 비중량 [N/m³]
h : 높이 [m]

5) C_d 방출계수(= 유량계수), Discharge Coeffcient

① 이론 유량(Ideal Flow)에 대한 실제 유량(Actual Flow)의 비
② 방출계수(C_d) = 속도계수(C_V) × 수축계수(C_C)
③ 방출계수 C_d는 1보다 작음
④ 벤추리 유량계 C_d : 0.95 ~ 0.99로 매우 큼(Re가 클수록 C_d도 커짐)
　오리피스 유량계 C_d : 0.61로 일정한 값(Re가 큰[Re > 30000] 유동에 대해)

6) 벤추리미터의 이론 유속 유도과정

관로의 ①지점과 ②지점에 대하여 베르누이방정식을 적용하면

$$\frac{P_1}{\gamma_w} + \frac{V_1^2}{2g} + Z_1 = \frac{P_2}{\gamma_w} + \frac{V_2^2}{2g} + Z_2,\ 여기서\ Z_1 = Z_2이므로$$

$$\frac{P_1}{\gamma_w} + \frac{V_1^2}{2g} = \frac{P_2}{\gamma_w} + \frac{V_2^2}{2g}$$

$$\frac{P_1 - P_2}{\gamma_w} = \frac{V_2^2 - V_1^2}{2g} = \frac{1}{2g}(V_2^2 - V_1^2) = \frac{V_2^2}{2g}\left(1 - \frac{V_1^2}{V_2^2}\right)$$

연속방정식 $A_1 V_1 = A_2 V_2$에서 $\frac{V_1}{V_2} = \frac{A_2}{A_1}$이므로

$$\frac{P_1 - P_2}{\gamma_w} = \frac{V_2^2}{2g}\left\{1 - \left(\frac{A_2}{A_1}\right)^2\right\}$$

위 식을 V_2에 대해 정리하면,

$$V_2^2 = \frac{1}{1-\left(\frac{A_2}{A_1}\right)^2}\left\{2g \times \frac{(P_1 - P_2)}{\gamma_w}\right\}$$

$$\therefore V_2 = \frac{1}{\sqrt{1-\left(\frac{A_2}{A_1}\right)^2}}\sqrt{2g \times \frac{(P_1 - P_2)}{\gamma_w}}$$

시차액주계에서 $P_1 - P_2 = (\gamma - \gamma_w)h$ 이고, $\left(\dfrac{A_2}{A_1}\right)^2 = \left(\dfrac{\frac{\pi}{4}D_2^{\,2}}{\frac{\pi}{4}D_1^{\,2}}\right)^2 = \left(\dfrac{D_2}{D_1}\right)^4$ 이므로

$$V_2 = \dfrac{1}{\sqrt{1-\left(\dfrac{A_2}{A_1}\right)^2}}\sqrt{2g \times \dfrac{(\gamma-\gamma_w)h}{\gamma_w}} = \dfrac{1}{\sqrt{1-\left(\dfrac{D_2}{D_1}\right)^4}}\sqrt{2gh\left(\dfrac{\gamma}{\gamma_w}-1\right)}$$

심화 2 오리피스 유량계의 유량 공식

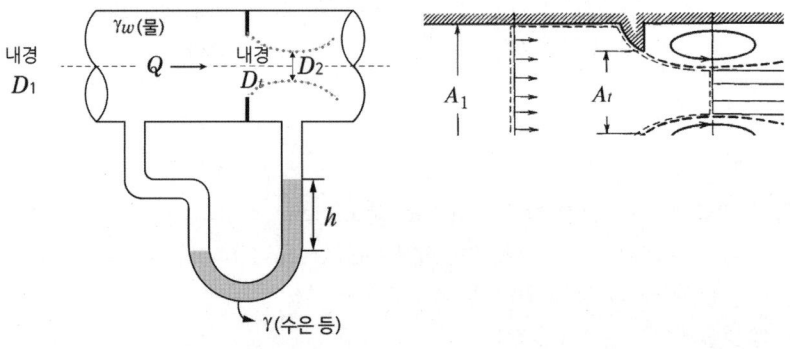

1) 오리피스 유량계의 이론 유속

$$\text{이론}\,V_2 = \dfrac{1}{\sqrt{1-\left(\dfrac{D_2}{D_1}\right)^4}}\sqrt{2gh\left(\dfrac{\gamma}{\gamma_w}-1\right)}$$

이론 V_2 : 이론 유속 [m/s]
D_2 : 분류 수축부 직경 [m]
D_1 : 배관의 직경 [m]
g : 중력가속도 [m/s²]
γ : 유체 비중량 [N/m³]
γ_w : 물의 비중량 [N/m³]
h : 높이 [m]

2) 오리피스 유량계의 이론 유량

$$\text{이론}\,Q = \dfrac{A_2}{\sqrt{1-\left(\dfrac{D_2}{D_1}\right)^4}}\sqrt{2gh\left(\dfrac{\gamma}{\gamma_w}-1\right)}$$

이론 Q : 이론 유량 [m³/s]
A_2 : 분류 수축부 단면적 [m²]
D_2 : 분류 수축부 직경 [m]
D_1 : 배관의 직경 [m]
g : 중력가속도 [m/s²]
γ : 유체 비중량 [N/m³]
γ_w : 물의 비중량 [N/m³]
h : 높이 [m]

※ 오리피스 유량계에서 분류 수축부의 직경 D_2, 분류 수축부의 단면적 A_2를 정확하게 측정할 수 없기 때문에 유동계수 K가 주어져야 실제 유량을 구할 수 있다.

3) 오리피스 유량계의 실제 유량

$$실제\ Q = C_d \cdot \frac{A_t}{\sqrt{1-\left(\frac{D_2}{D_1}\right)^4}} \sqrt{2gh\left(\frac{\gamma}{\gamma_w}-1\right)}$$

$$= K \cdot A_t \cdot \sqrt{2gh\left(\frac{\gamma}{\gamma_w}-1\right)}$$

실제 Q : 실제 유량 [m³/s]
C_d : 방출계수
K : 유동계수(= 유량계수)

$$\left(K = \frac{C_d}{\sqrt{1-\left(\frac{D_2}{D_1}\right)^4}}\right)$$

A_t : 교축부 단면적 [m²]
D_t : 교축부 직경 [m]
D_2 : 분류 수축부 직경 [m]
D_1 : 배관의 직경 [m]
g : 중력가속도 [m/s²]
γ : 유체 비중량 [N/m³]
γ_w : 물의 비중량 [N/m³]
h : 높이 [m]

4) K 유동계수(= 유량계수), Flow Coefficient

$$K = \frac{C_d}{\sqrt{1-\left(\frac{D_2}{D_1}\right)^4}}$$

08 [배점 5]

분말소화설비의 저장용기는 화재안전기술기준에 적합한 장소에 설치해야 한다. 다음 [보기] 중에서 괄호 안에 들어갈 부분에 알맞은 것을 골라 채우시오.

[보기]
방호구역 내, 방호구역 외, 1, 2, 3, 4, 5, 10, 30, 40, 50,
글로브밸브, 체크밸브, 게이트밸브

㈀ (㉠) 의 장소에 설치할 것. 다만 (㉡)에 설치할 경우에는 피난 및 조작이 용이하도록 피난구 부근에 설치해야 한다.
㈁ 온도가 (㉢) [℃] 이하이고, 온도 변화가 작은 곳에 설치할 것
㈂ 직사광선 및 빗물이 침투할 우려가 없는 곳에 설치할 것
㈃ 방화문으로 방화구획 된 실에 설치할 것
㈄ 용기의 설치장소에는 해당 용기가 설치된 곳임을 표시하는 표지를 할 것
㈅ 용기 간의 간격은 점검에 지장이 없도록 (㉣) [cm] 이상의 간격을 유지할 것
㈆ 저장용기와 집합관을 연결하는 연결배관에는 (㉤)를 설치할 것. 다만 저장용기가 하나의 방호구역만을 담당하는 경우에는 그렇지 않다.

정답

㉮ (㉠ 방호구역 외)의 장소에 설치할 것. 다만 (㉡ 방호구역 내)에 설치할 경우에는 피난 및 조작이 용이하도록 피난구 부근에 설치해야 한다.
㉯ 온도가 (㉢ 40) [℃] 이하이고, 온도 변화가 작은 곳에 설치할 것
㉰ 직사광선 및 빗물이 침투할 우려가 없는 곳에 설치할 것
㉱ 방화문으로 방화구획된 실에 설치할 것
㉲ 용기의 설치장소에는 해당 용기가 설치된 곳임을 표시하는 표지를 할 것
㉳ 용기 간의 간격은 점검에 지장이 없도록 (㉣ 3) [cm] 이상의 간격을 유지할 것
㉴ 저장용기와 집합관을 연결하는 연결배관에는 (㉤ 체크밸브)를 설치할 것. 다만 저장용기가 하나의 방호구역만을 담당하는 경우에는 그렇지 않다.

09

득점 ____ 배점 6

다음은 어느 실들의 평면도이다. 이 중 A실을 급기가압할 때 주어진 [조건]을 이용하여 다음 각 물음에 답하시오.

조건

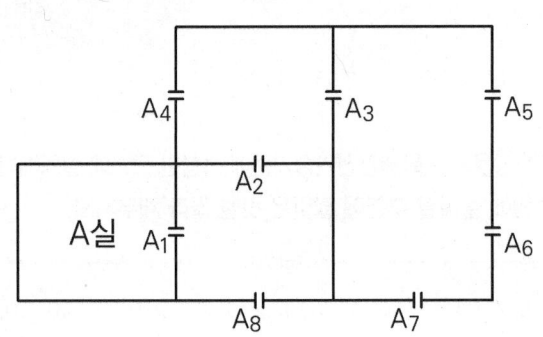

(1) A_1, A_2, A_3의 누설틈새면적은 각각 0.01 [m²], A_4, A_5, A_6, A_7, A_8의 누설틈새 면적은 각각 0.02 [m²]이다.
(2) 실 외부 대기의 기압은 101.38 [kPa]로서 일정하다.
(3) A실에 유지하고자 하는 기압은 101.55 [kPa]이다.
(4) 어느 실을 급기가압할 때 그 실의 급기 풍량은 다음의 식에 따른다.

$$Q = 0.827 \times A \times \sqrt{P}$$

여기서 Q : 급기풍량 [m³/s]
A : 문의 전체 누설틈새면적 [m²], P : 문을 경계로 한 기압차 [Pa]

가. A실의 전체 누설틈새면적 A[m²]을 구하시오. (단, 소수점 아래 여섯째자리에서 반올림하여 소수점 아래 다섯째자리까지 나타내시오)

○ 계산과정 :

○ 답 :

나. A실에 유입해야 할 풍량[m³/s]을 구하시오. (단, 소수점 아래 넷째자리에서 반올림하여 소수점 아래 셋째자리까지 나타내시오)

○ 계산과정 :

○ 답 :

정답

틈새면적[m²]의 합계 구하는 공식

1. 병렬상태인 경우 : $A_T[m^2] = A_1 + A_2 + \cdots + A_n$
2. 직렬상태인 경우

$$A_T[m^2] = \frac{1}{\sqrt{(\frac{1}{A_1^2} + \frac{1}{A_2^2} + \cdots + \frac{1}{A_n^2})}} = (\frac{1}{A_1^2} + \frac{1}{A_2^2} + \cdots + \frac{1}{A_n^2})^{-\frac{1}{2}}$$

가. A실의 전체 누설틈새면적 A[m²]

계산과정

①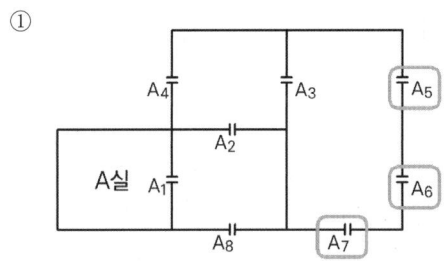

$(A_5), (A_6), (A_7)$ 병렬 :

$0.02 + 0.02 + 0.02 = 0.06 [m^2]$

$A_1, A_2, A_3 = 0.01 [m^2]$
$A_4, A_5, A_6, A_7, A_8 = 0.02 [m^2]$

②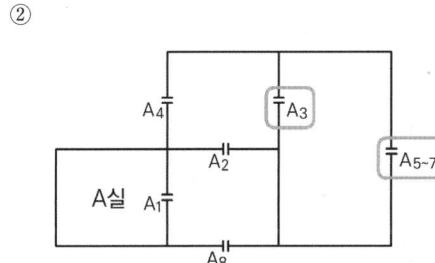

$(A_{5\sim7}), (A_3)$ 직렬 :

$$\frac{1}{\sqrt{\frac{1}{0.06^2} + \frac{1}{0.01^2}}}$$

$= 0.0098639 ≒ 0.009864 [m^2]$

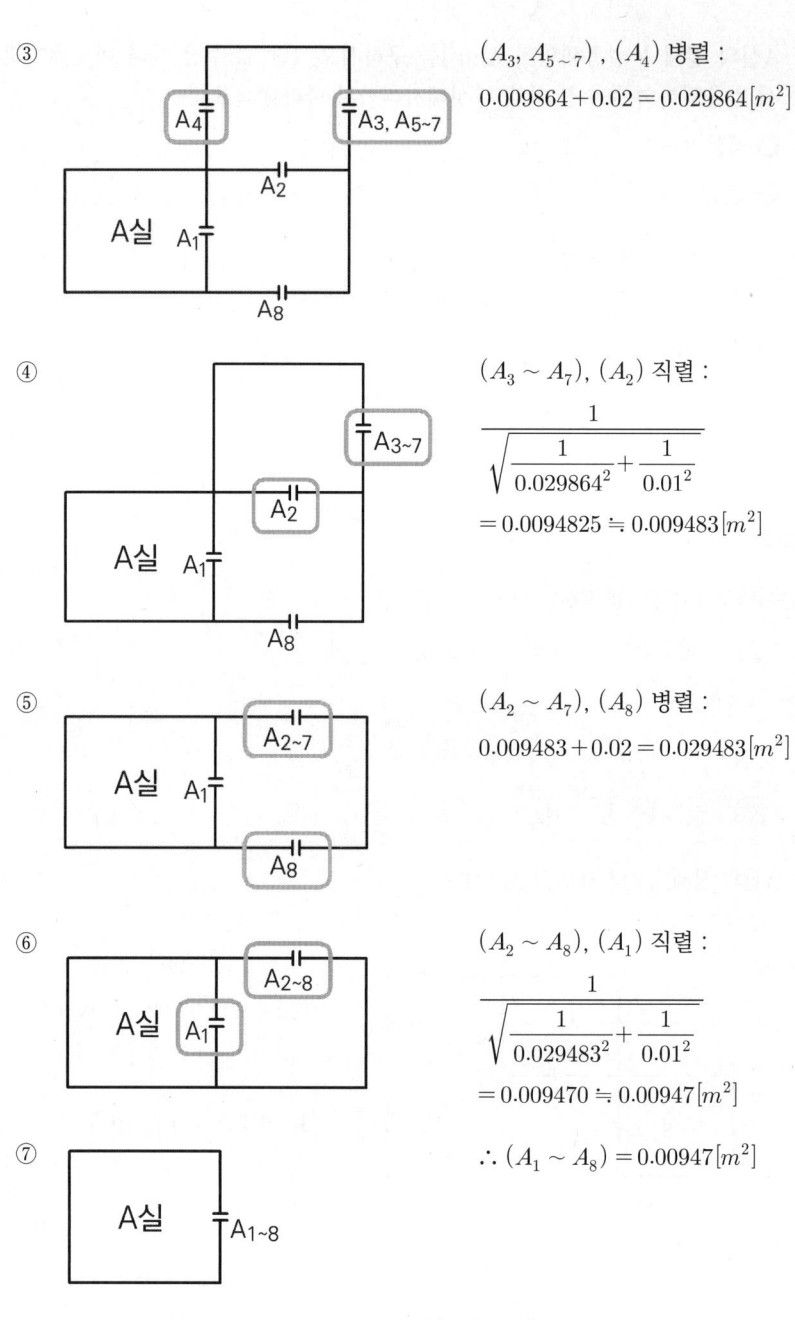

③ $(A_3, A_{5\sim7})$, (A_4) 병렬 :
$0.009864 + 0.02 = 0.029864 [m^2]$

④ $(A_3 \sim A_7)$, (A_2) 직렬 :
$$\frac{1}{\sqrt{\frac{1}{0.029864^2} + \frac{1}{0.01^2}}}$$
$= 0.0094825 ≒ 0.009483 [m^2]$

⑤ $(A_2 \sim A_7)$, (A_8) 병렬 :
$0.009483 + 0.02 = 0.029483 [m^2]$

⑥ $(A_2 \sim A_8)$, (A_1) 직렬 :
$$\frac{1}{\sqrt{\frac{1}{0.029483^2} + \frac{1}{0.01^2}}}$$
$= 0.009470 ≒ 0.00947 [m^2]$

⑦ $\therefore (A_1 \sim A_8) = 0.00947 [m^2]$

나. A실에 유입해야 할 풍량[m³/s]

계산과정 : $Q = 0.827 \times A \times \sqrt{P}$

여기서 문의 전체 누설틈새면적 $A = 0.00947 [m^2]$
문을 경계로 한 기압 차 $P = 101.55 [kPa] - 101.38 [kPa] = 0.17 [kPa] = 170 [Pa]$
$\therefore Q = 0.827 \times 0.00947 \times \sqrt{170} = 0.1021 ≒ 0.102 [m^3/s]$

답 | 0.102 [m³/s]

10

다음 그림은 옥내소화전설비의 계통도이다. 도면을 보고 틀린 점 4가지를 지적하고, 수정방법을 쓰시오.

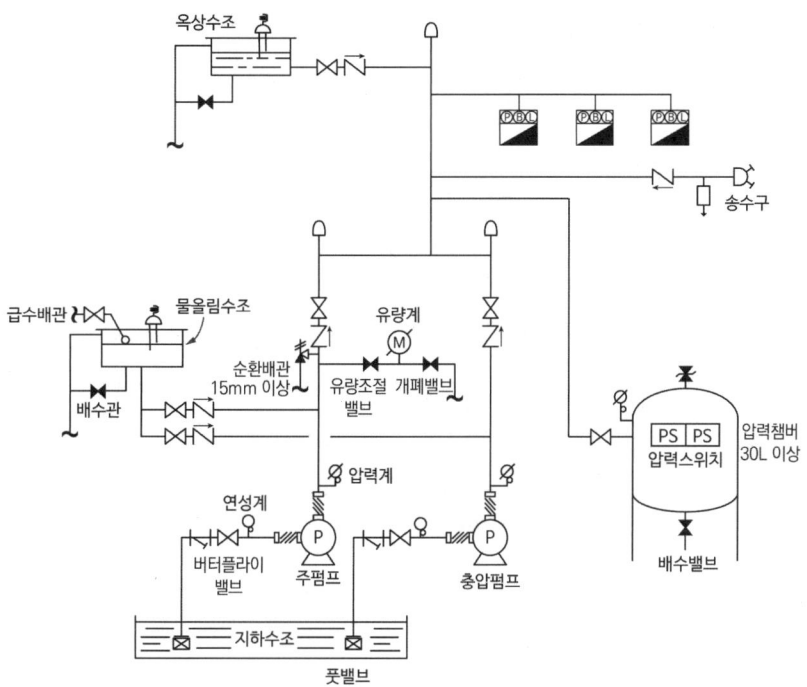

구분	틀린 부분	수정 사항
①		
②		
③		
④		

정답

구분	틀린 부분	수정 사항
①	펌프 흡입 측 배관에 버터플라이밸브가 설치됨	펌프 흡입 측 배관에 버터플라이밸브 외의 개폐표시형 밸브를 설치할 것
②	성능시험배관의 개폐밸브와 유량조절밸브의 위치	성능시험배관의 밸브는 유량측정장치를 기준으로 전단 직관부에는 개폐밸브를 후단 직관부에는 유량조절밸브를 설치할 것
③	순환배관의 구경이 15 [mm] 이상인 것	순환배관을 구경 20 [mm] 이상의 배관으로 설치할 것
④	압력챔버의 용적이 30 [L]인 것	압력챔버의 용적을 100 [L] 이상으로 할 것

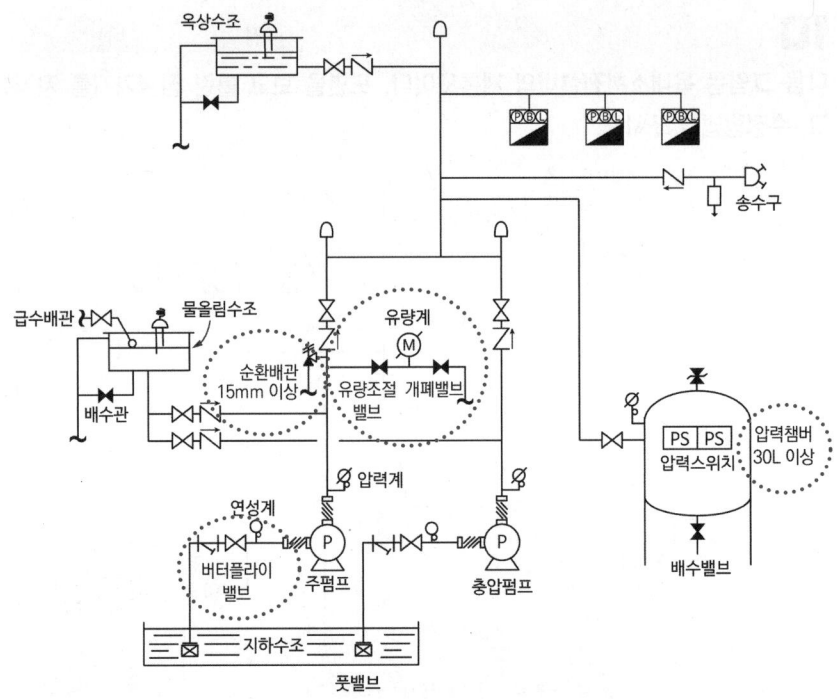

11

| 득점 | | 배점 | 4 |

가로 20 [m] × 세로 10 [m]인 특수가연물을 저장하는 창고에 압축공기포소화설비를 설치하고자 한다. 포소화약제는 저발포인 것을 사용하며, 팽창비가 최대가 되도록 포를 방출한다면 최종 방출된 포의 체적[m³]은 얼마인지 구하시오.

○ 계산과정 :   ○ 답 :

정답

핵심이론 ┃ 압축공기포소화설비의 1분당 방출량 및 분사헤드 설치기준

(1) 압축공기포소화설비 설치에 따른 포수용액의 양

① 압축공기포소화설비를 설치하는 경우 방수량은 설계 사양에 따라 방호구역에 최소 10분간 방사할 수 있어야 한다.

② 설계방출밀도[L/min · m²]

방호대상물	방호면적 1 [m²]에 대한 1분당 방출량
특수가연물, 알코올류와 케톤류	2.3 [$L/min \cdot m^2$] 이상
일반가연물, 탄화수소류	1.63 [$L/min \cdot m^2$] 이상

(2) 압축공기포소화설비 설치 시 바닥면적에 따른 최소 분사헤드의 개수

방호대상물	분사헤드 설치기준
특수가연물저장소	바닥면적 9.3 $[m^2]$마다 1개 이상
유류탱크 주위	바닥면적 13.9 $[m^2]$마다 1개 이상

✓ 계산과정

(1) 압축공기포소화설비 포수용액의 양[m³]

$Q = A \times Q_1 \times T$

여기서 Q: 포수용액의 양 [L]
A: 방호구역의 바닥면적 [m²]
Q_1: 단위 포수용액의 양 $[L/min \cdot m^2]$
T: 방출시간 [min]

∴ 포수용액의 양 $Q = (20 \times 10)[m^2] \times 2.3[L/min \cdot m^2] \times 10[min]$
$= 4600[L] = 4.6[m^3]$

(2) 포의 체적[m³]

$$팽창비 = \frac{최종 발생한 포 체적}{포수용액의 체적}$$

저발포일 때 팽창비가 최대인 값은 20이므로(∵ 저발포의 팽창비 : 20 이하)

$20 = \dfrac{최종 발생한 포 체적[m^3]}{4.6[m^3]}$

∴ 최종 발생한 포체적$[m^3] = 20 \times 4.6[m^3] = 92[m^3]$

참고 팽창비율에 따른 포 및 포방출구의 종류

팽창비율에 따른 포의 종류	포방출구의 종류
팽창비가 20 이하인 것(저발포)	포헤드, 압축공기포헤드
팽창비가 80 이상 1000 미만인 것(고발포)	고발포용 고정포방출구

답 | 92 [m³]

12

특별피난계단의 부속실에 설치하는 제연설비에 관한 다음 물음에 답하시오.

가. 옥내의 절대압력이 740 [mmHg]일 때 화재 시 부속실에 유지하여야 할 최소 압력은 절대압력으로 몇 [kPa]인지를 구하시오. (단, 옥내에 스프링클러가 설치되지 아니한 경우이다)

○ 계산과정 :　　　　　　　　　○ 답 :

나. 부속실만 단독으로 제연하는 방식이며 부속실이 면하는 옥내가 복도로서 그 구조가 방화구조이다. 제연구역에는 옥내와 면하는 2개의 출입문이 있으며 각 출입문의 크기는 가로 1 [m], 세로 2 [m]이다. 이때 유입공기의 배출을 배출구에 따른 배출방식으로 할 경우 개폐기의 개구면적은 최소 몇 [m²]인지 구하시오.

○ 계산과정 :　　　　　　　　　○ 답 :

정답

가. 계산과정

스프링클러설비가 설치되지 않은 경우
부속실에 유지하여야 할 최소 압력 = 옥내의 압력 + 40 [Pa]

① 옥내의 절대압력

$$740[mmHg] \times \frac{101325[Pa]}{760[mmHg]} = 98658.552 ≒ 98658.55[Pa]$$

② 부속실에 유지하여야 할 최소 압력

$$98658.55[Pa] + 40[Pa] = 98698.55[Pa] = 98.69855[kPa] ≒ 98.7[kPa]$$

특별피난계단의 계단실 및 부속실 제연설비의 화재안전기술기준(NFTC 501A)

2.3 차압 등

2.3.1 2.1.1.1의 기준에 따라 <u>제연구역과 옥내와의 사이에 유지해야 하는 최소 차압은 40 [Pa]</u>(옥내에 스프링클러설비가 설치된 경우에는 12.5 [Pa]) 이상으로 해야 한다.

2.3.2 제연설비가 가동되었을 경우 출입문의 개방에 필요한 힘은 110 [N] 이하로 해야 한다.

2.3.3 2.1.1.2의 기준에 따라 출입문이 일시적으로 개방되는 경우 개방되지 않은 제연구역과 옥내와의 차압은 2.3.1의 기준에도 불구하고 2.3.1의 기준에 따른 차압의 70 [%] 이상이어야 한다.

2.3.4 계단실과 부속실을 동시에 제연하는 경우 부속실의 기압은 계단실과 같게 하거나 계단실의 기압보다 낮게 할 경우에는 부속실과 계단실의 압력 차이는 5 [Pa] 이하가 되도록 해야 한다.

답 | 98.7 [kPa]

나. 계산과정

> 📌 **핵심이론** 개폐기의 개구면적
>
> 개폐기의 개구면적은 다음 식에 따라 산출한 수치 이상으로 할 것
>
> $$A_0 = \frac{Q_N}{2.5}$$
>
> A_0 : 개폐기의 개구면적 [m²]
> Q_N : 수직풍도가 담당하는 1개 층의 제연구역의 출입문 1개의 면적[m²]과 방연풍속[m/s]를 곱한 값 [m³/s]
> (여기서 출입문은 옥내와 면하는 출입문을 말한다)

① Q_N = 출입문 1개의 면적[m²] × 방연풍속[m/s]
  - 출입문 1개의 면적 : $1 \times 2 \, [m^2]$
  - 방연풍속(제연구역이 '부속실이 면하는 옥내가 복도'일 때) : $0.5 \, [m/s]$
  ∴ $Q_N = (1 \times 2)[m^2] \times 0.5[m/s] = 1[m^3/s]$

② $A_0 = \dfrac{Q_N}{2.5} = \dfrac{1}{2.5} = 0.4 \, [m^2]$

답 | 0.4 [m²]

> 📌 **핵심이론** 방연풍속[m/s] : 연기유입을 방지할 수 있는 풍속

제연구역		방연풍속
계단실 및 그 부속실을 동시에 제연하는 것 또는 계단실만 단독으로 제연하는 것		0.5 [m/s] 이상
부속실만 단독으로 제연하는 것	부속실 또는 승강장이 면하는 옥내가 거실인 경우	0.7 [m/s] 이상
	부속실이 면하는 옥내가 복도로서 그 구조가 방화구조(내화시간이 30분 이상인 구조를 포함)인 것	0.5 [m/s] 이상

13

배점 6

가로 11 [m] × 세로 7 [m] × 높이 5 [m]의 발전기실에 다음의 불활성기체소화설비를 설치하고자 한다. 다음의 조건과 화재안전기술기준을 참고하여 다음 물음에 답하시오.

조건
(1) IG-541의 저장용기는 80 [L]용이며, 충전압력은 15 [MPa](게이지압력)이다.
(2) IG-541의 소화농도는 33 [%]이다.
(3) 발전기실의 화재는 전기화재로 가정한다.
(4) 대기압는 표준대기압이다.
(5) 소화약제량 산정 시 선형상수를 이용하도록 하며 방출 시 최저예상온도는 15 [℃]이다.

약제	K1	K2
IG-541	0.65799	0.00239

가. IG-541의 최소 필요 약제량[m³]을 구하시오.
  ○ 계산과정:
  ○ 답:

나. IG-541의 저장용기 최소 병 수를 산정하시오. (단, 보일의 법칙을 적용하여 산출한다)
  ○ 계산과정:
  ○ 답:

다. IG-541의 약제량 방출 시 유량은 몇 [m³/s]인가?
  ○ 계산과정:
  ○ 답:

정답

가. 계산과정

> 📌 **핵심이론** 불활성기체소화설비의 소화약제량 산정 〈개정 2024.8.1.〉
>
> $$X[m^3] = 2.303 \times \frac{V_s[m^3/kg]}{S[m^3/kg]} \times \log\left[\frac{100}{100-C[\%]}\right] \times V[m^3]$$
>
> 여기서 X : 소화약제의 부피 [m³]
> V_s : 20 [℃]에서 소화약제의 비체적 [m³/kg]
> S : 소화약제별 선형상수($K_1 + K_2 \times t$) [m³/kg]
> t : 방호구역의 최소예상온도 [℃]
> V : 방호구역의 체적 [m³]
> C : 체적에 따른 소화약제의 설계농도 [%]
> ⇒ 설계농도는 소화농도 [%]에
> 안전계수[A급 화재 1.2, B급 화재 1.3, C급 화재 1.35]를 곱한 값 이상으로 할 것

$V_S = K_1 + K_2 \times 20[℃] = 0.65799 + (0.00239 \times 20) = 0.70579[m^3/kg]$

$S = K_1 + K_2 \times t[℃] = 0.65799 + (0.00239 \times 15) = 0.69384[m^3/kg]$

$C = 33 \times 1.35 = 44.55[\%]$ (안전계수 : A급 화재 1.2, B급 화재 1.3, C급 화재 1.35)

$V = 11[m] \times 7[m] \times 5[m] = 385[m^3]$

$\therefore X = 2.303 \times \left(\frac{0.70579}{0.69384}\right) \times \log_{10}\left[\frac{100}{100-44.55}\right] \times 385 = 230.981 ≒ 230.98[m^3]$

답 | 230.98 [m³]

나. 계산과정

저장용기 수 = $\frac{\text{최소 필요 약제량}[m^3]}{\text{1병에 충전된 약제량}[m^3]} = \frac{\text{최소 필요 약제량}[m^3]}{\text{1병에 대한 약제 방출후 체적}[m^3]}$

① 1병에 대한 방출 후 가스 체적[m³]

$$(P_a + P_1) \times V_1 = (P_a + P_2) \times V_2$$

여기서 P_a : 대기압 [kPa], P_1 : 충전압력 [kPa]
V_1 : 저장용기의 체적 [m³], P_2 : 방출 후 압력 [kPa]
V_2 : 방출 후 가스의 체적 [m³]

따라서 용기 1병에 대한 방출 후 가스 체적 $V_2[m^3]$를 구하면

$(P_a + P_1) \times V_1 = (P_a + P_2) \times V_2$

$(0.101325 + 15)[MPa] \times 0.08[m^3] = 0.101325[MPa] \times V_2$

$\therefore V_2 = 11.923[m^3]$

> **참고** 1병에 대한 방출 후 가스 체적[m³]
>
> $$\frac{(P_a+P_1) \times V_1}{T_1} = \frac{(P_a+P_2) \times V_2}{T_2}$$
>
> 여기서 P_a : 대기압 [kPa], P_1 : 충전압력 [kPa]
> V_1 : 저장용기의 체적 [m³], T_1 : 저장용기실의 온도 [K]
> P_2 : 방출 후 압력 [kPa], V_2 : 방출 후 가스의 체적 [m³]
> T_2 : 방호구역의 온도 [K]
>
> 만약 문제에서 '저장용기실의 온도'가 주어진다면 '보일 - 샤를의 법칙'을 적용하여 산출해야 한다.
> 단, 이 문제에서는 저장용기실의 온도가 주어지지 않았으므로 온도 변화에 따른 체적 변화는 고려하지 않는다.

② 저장용기 수

$$저장용기\ 수 = \frac{최소 필요 약제량[m^3]}{1병에 대한 약제 방출후 체적[m^3]}$$

$$저장용기\ 수 = \frac{230.98[m^3]}{11.923[m^3/병]} = 19.37 ≒ 20[병]$$

답 | 20 [병]

다. 계산과정

① 설계농도의 95 [%]에 해당하는 약제량

$$X[m^3] = 2.303 \times \frac{V_S[m^3/kg]}{S[m^3/kg]} \times \log_{10}[\frac{100}{100-C[\%] \times 0.95}] \times V[m^3]$$

$$= 2.303 \times (\frac{0.70579}{0.69384}) \times \log_{10}[\frac{100}{100-44.55 \times 0.95}] \times 385 = 215.554[m^3]$$

② 방출 시 유량 $= \frac{X[m^3]}{T[s]} = \frac{215.554[m^3]}{120[s]} = 1.796 ≒ 1.8[m^3/s]$

할로겐화합물 및 불활성기체소화설비의 화재안전기술기준(NFTC 107A)
2.7.3 배관의 구경은 해당 방호구역에 할로겐화합물소화약제는 10초 이내에, 불활성기체소화약제는 A·C급 화재 2분, B급 화재 1분 이내에 방호구역 각 부분에 최소 설계농도의 95 [%] 이상에 해당하는 약제량이 방출되도록 해야 한다.

답 | 1.8 [m³/s]

14

답안지의 미완성 도면은 할론소화설비의 계통도이다. A구역은 5 [B/T], B구역은 2 [B/T]의 약제용기를 필요로 할 때 동관과 가스체크밸브를 도시하여 다음 계통도를 완성하시오. (단, 가스체크밸브는 3개를 추가 설치한다)

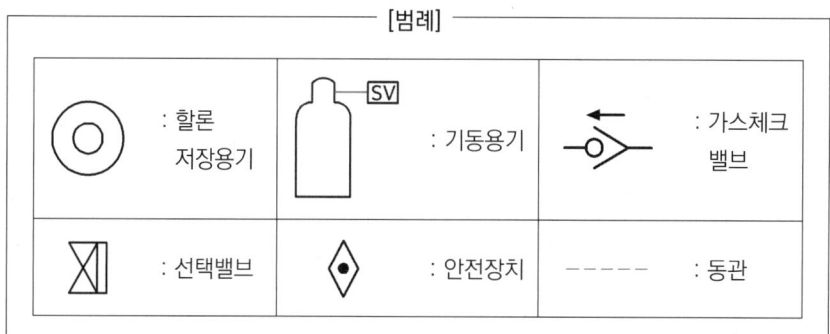

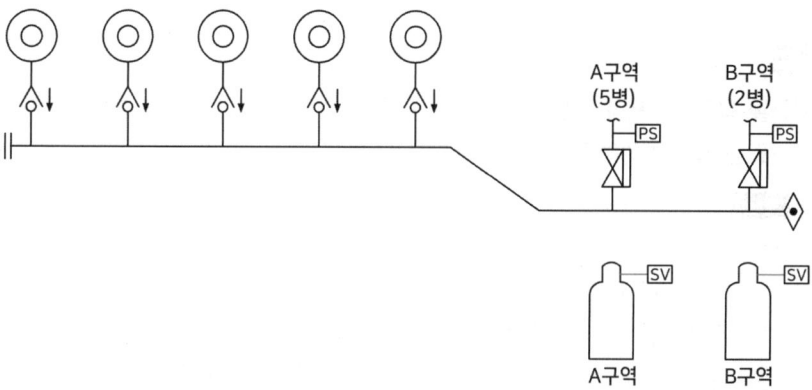

정답

[정답 1]

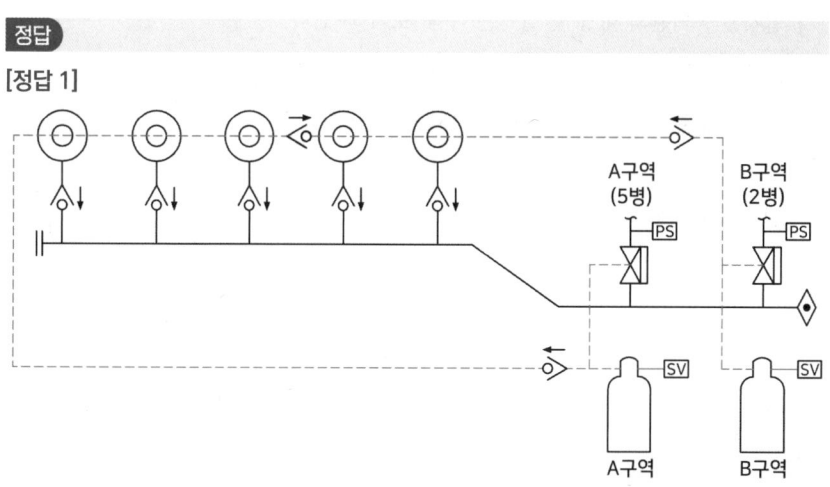

[정답 2]

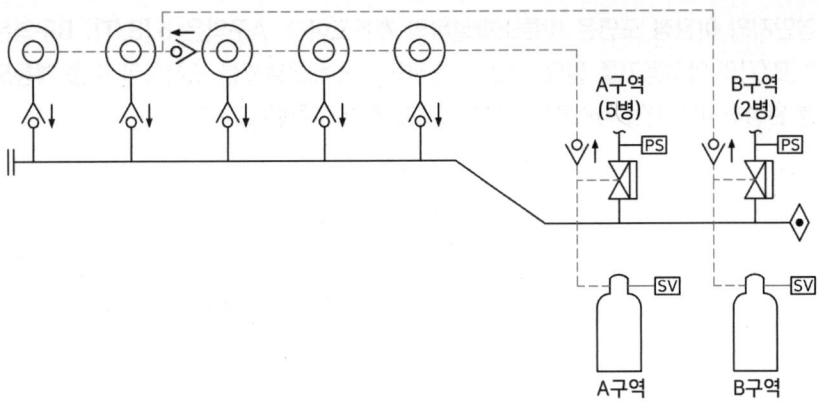

15

득점 / 배점 8

위험물 옥외탱크저장소에 직경이 서로 다른 플로팅루프탱크 2기를 설치하고자 한다. [조건]을 참조하여 다음 물음에 답하시오.

조건

(1) 탱크의 직경 및 높이
  - 직경이 15 [m]인 탱크는 탱크 높이가 13 [m]이다.
  - 직경이 10 [m]인 탱크는 탱크 높이가 9 [m]이다.
(2) 탱크 2기에 모두 제4류 위험물 중 인화점이 10 [℃] 미만인 것을 저장한다.
(3) 탱크의 내측 벽으로부터 0.3 [m] 거리에 굽도리판이 설치되어 있다.
(4) 보조포소화전은 지상에 2개 설치되어 있으며, 단구형이다.
(5) 설치된 송액관의 내경 및 길이는 다음 [보기]와 같다.

[보기]

구분	송액관의 내경	길이
배관 ⓐ	100 [mm]	32 [m]
배관 ⓑ	75 [mm]	50 [m]

(6) 탱크 직경, 구조에 따른 포방출구의 종류 및 개수기준

탱크의 구조 및 포방출구의 종류 탱크 직경	포방출구의 개수			
	고정지붕구조		부상덮개 부착 고정지붕 구조	부상지붕 구조
	Ⅰ형 또는 Ⅱ형	Ⅲ형 또는 Ⅳ형	Ⅱ형	특형
13 [m] 미만	2	1	2	2
13 [m] 이상 19 [m] 미만	2	1	3	3
19 [m] 이상 24 [m] 미만	2	1	4	4
24 [m] 이상 35 [m] 미만	2	2	5	5
35 [m] 이상 42 [m] 미만	3	3	6	6
42 [m] 이상 46 [m] 미만	4	4	7	7
46 [m] 이상 53 [m] 미만	6	6	8	8
53 [m] 이상 60 [m] 미만	8	8	10	10
60 [m] 이상 67 [m] 미만	왼쪽란에 해당하는 직경의 탱크에는 Ⅰ형 또는 Ⅱ형의 포방출구를 8개 설치하는 것 외에 오른쪽란에 표시한 직경에 따른 포방출구의 수에서 8을 뺀 수의 Ⅲ형 또는 Ⅳ형의 포방출구를 폭 30 [m]의 환상부분을 제외한 중심부의 액표면에 방출할 수 있도록 추가로 설치할 것	10		10
67 [m] 이상 73 [m] 미만		12		12
73 [m] 이상 79 [m] 미만		14		12
79 [m] 이상 85 [m] 미만		16		14
85 [m] 이상 90 [m] 미만		18		14
90 [m] 이상 95 [m] 미만		20		16
95 [m] 이상 99 [m] 미만		22		16
99 [m] 이상		24		18

※ 표에서 정한 개수[고정지붕구조의 탱크 중 탱크직경이 24 [m] 미만인 것은 당해 포방출구(Ⅲ형 및 Ⅳ형은 제외)의 개수에서 1을 뺀 개수]에 유효하게 방출할 수 있도록 설치할 것

(7) 고정포방출구의 방출량 및 방사시간

포방출구의 종류 위험물의 구분	I형		II형		특형		III형		IV형	
	포수용 액량 [L/m²]	방출률 [L/m²·min]	포수용 액량 [L/m²]	방출률 [L/m²·min]	포수용 액량 [L/m²]	방출률 [L/m²·min]	포수용 액량 [L/m²]	방출률 [L/m²·min]	포수용 액량 [L/m²]	방출률 [L/m²·min]
제4류 위험물 중 인화점이 21[℃] 미만인 것	120	4	220	4	240	8	220	4	220	4
제4류 위험물 중 인화점이 21[℃] 이상 70[℃] 미만인 것	80	4	120	4	160	8	120	4	120	4
제4류 위험물 중 인화점이 70[℃] 이상인 것	60	4	100	4	120	8	100	4	100	4

(8) 포소화약제의 종류는 3[%] 수성막포를 사용한다.
(9) 탱크 2대에서의 동시 화재는 없는 것으로 간주한다.
(10) 주어진 조건 외의 것은 화재안전기술기준에 따른다.

가. 포방출구의 종류와 포방출구의 최소 개수를 구하시오.

　1) 포방출구의 종류

　　○ 답 :

　2) 포방출구의 최소 개수

　　○ 계산과정 :

　　○ 답 :

나. 다음 포수용액의 양을 구하시오.

　1) 직경이 15[m]인 탱크에 필요한 포수용액의 양[L/min]

　　○ 계산과정 :

　　○ 답 :

2) 직경이 10 [m]인 탱크에 필요한 포수용액의 양[L/min]

  ○ 계산과정 :

  ○ 답 :

3) 보조포소화전에 필요한 포수용액의 양[L/min]

  ○ 계산과정 :

  ○ 답 :

다. 포소화약제 저장량[L]을 구하시오.

  ○ 계산과정 :

  ○ 답 :

정답

가. 1) 포방출구의 종류   답 | 특형 방출구

2) 계산과정 : 포방출구의 최소 개수

  ① 직경이 15 [m]인 탱크의 포방출구 개수 : 3개
  ② 직경이 10 [m]인 탱크의 포방출구 개수 : 2개
  ③ 포방출구의 최소 개수 = 3 + 2 = 5개

탱크의 구조 및 포방출구의 종류 탱크 직경	포방출구의 개수		부상덮개부착 고정지붕구조	부상지붕구조
	고정지붕구조			
	Ⅰ형 또는 Ⅱ형	Ⅲ형 또는 Ⅳ형	Ⅱ형	특형
13 [m] 미만			2	2
13 [m] 이상 19 [m] 미만	2	1	3	3
19 [m] 이상 24 [m] 미만			4	4
24 [m] 이상 35 [m] 미만		2	5	5

답 | 5개

나. 계산과정

1) 직경이 15 [m]인 탱크에 필요한 포수용액의 양[L/min]

$Q[L/min] = A[m^2] \times Q_A[L/m^2 \cdot min]$

$= \dfrac{\pi}{4} \times (15^2 - 14.4^2[m^2]) \times 8[L/m^2 \cdot min] = 110.835 ≒ 110.84[L/min]$

※ 포수용액의 양 단위가 [L/min]이므로 문제에서 '분당 포수용액의 양'을 묻는 것이다.

답 | 110.84 [L/min]

2) 직경이 10 [m]인 탱크에 필요한 포수용액의 양[L/min]

$$Q[L/min] = A[m^2] \times Q_A[L/m^2 \cdot min]$$
$$= \frac{\pi}{4} \times (10^2 - 9.4^2[m^2]) \times 8[L/m^2 \cdot min] = 73.136 \fallingdotseq 73.14[L/min]$$

※ 포수용액의 양 단위가 [L/min]이므로 문제에서 '분당 포수용액의 양'을 묻는 것이다.

답 | 73.14 [L/min]

3) 보조포소화전에 필요한 포수용액의 양[L/min]

$$Q[L/min] = N \times 400[L/min] = 2 \times 400[L/min] = 800[L/min]$$

※ 포수용액의 양 단위가 [L/min]이므로 문제에서 '분당 포수용액의 양'을 묻는 것이다.

답 | 800 [L/min]

다. 계산과정 : 포소화약제 저장량[L]

> 포소화약제 저장량
> = 고정포방출구의 약제량 + 보조포소화전의 약제량 + 송액관의 보충량

① 고정포방출구의 약제량 Q_1

$$Q_1[L] = (A[m^2] \times Q_A[L/m^2 \cdot min]) \times T[min] \times S$$
$$= 110.84[L/min] \times 30[min] \times 0.03 = 99.756[L]$$

② 보조포소화전의 약제량 Q_2

$$Q_2[L] = N \times 400[L/min] \times 20[min] \times S$$
$$= 2 \times 400[L/min] \times 20[min] \times 0.03 = 480[L]$$

③ 송액관의 보충량 Q_3

송액관에 충전하기 위하여 필요한 양을 산출 시 내경 75 [mm] 이하의 송액관은 제외하므로 조건의 [보기] 중 내경 100 [mm]의 송액관에 대한 것만 산출한다.

$$Q_3[L] = V[m^3] \times S \times 1000[L/m^3]$$
$$= \left(\frac{\pi}{4} \times 0.1^2[m^2] \times 32[m]\right) \times 0.03 \times 1000[L/m^3] = 7.539[L]$$

따라서

포소화약제 저장량 = $Q_1 + Q_2 + Q_3$
$$= 99.756[L] + 480[L] + 7.539[L] = 587.295 \fallingdotseq 587.3[L]$$

답 | 587.3 [L]

핵심이론 포소화약제의 저장량 – 고정포방출구방식

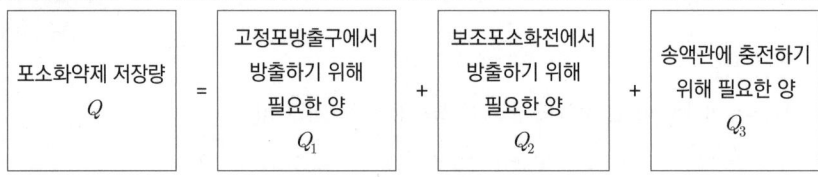

고정포방출구방식은 다음의 양을 합한 양 이상으로 할 것

1) 고정포방출구에서 방출하기 위하여 필요한 양

$$Q_1 = A \cdot Q_A \cdot T \cdot S$$

Q_1 : 포소화약제의 양 [L]
A : 탱크의 액표면적 [m²]
Q_A : 단위 포소화수용액의 양 [L/m²·min]
T : 방출시간 [min]
S : 포소화약제의 사용농도 [%]

2) 보조포소화전에서 방출하기 위하여 필요한 양

$$Q_2 = N \cdot 8000 \cdot S$$

Q_2 : 포소화약제의 양 [L]
N : 호스 접결구의 수(3개 이상인 경우는 3개)
S : 포소화약제의 사용농도 [%]

3) 가장 먼 탱크까지의 송액관에 충전하기 위하여 필요한 양(내경 75 [mm] 이하의 송액관은 제외)

$$Q_3 = V \times S \times 1000 [L/m^3]$$

Q_3 : 포소화약제의 양 [L]
V : 송액관 내부의 체적 [m³]
S : 포소화약제의 사용농도 [%]

* 송액관 : 수원으로부터 포헤드, 고정포방출구 또는 이동식 노즐에 급수하는 배관

16   배점 10

옥내소화전설비와 옥외소화전설비를 35층의 건축물에 설치하였다. [조건]을 참고하여 다음 각 물음에 답하시오.

조건

(1) 옥내소화전 방수구는 1층부터 5층까지 각 층에 7개씩, 6층부터 35층은 2개씩 설치되어 있다.
(2) 옥외소화전은 5개 설치되어 있다.
(3) 각 설비가 설치되어 있는 장소는 방화벽과 방화문으로 구획되어 있지 않고, 저수조, 펌프 및 입상배관은 겸용으로 설치되어 있다.
(4) 옥내소화전설비의 경우 실양정 환산 압력은 1.3 [MPa], 배관마찰손실은 실양정의 20 [%], 호스의 마찰손실압력은 배관마찰손실의 35 [%]를 적용한다.
(5) 옥외소화전설비의 경우 실양정 환산 압력은 0.08 [MPa], 배관 및 소방호스의 마찰손실은 실양정의 65 [%]이다.

가. 옥내소화전의 최소 펌프 토출량[L/min]을 구하시오.

○ 계산과정 :

○ 답 :

나. 옥외소화전의 최소 펌프 토출량[L/min]을 구하시오.
  ○ 계산과정 :
  ○ 답 :

다. 두 설비에 필요한 총 수원의 양[m³]을 구하시오. (단, 옥상수원은 고려하지 않는다)
  ○ 계산과정 :
  ○ 답 :

라. 펌프의 최소 토출압[MPa]을 구하시오.
  ○ 계산과정 :
  ○ 답 :

정답

가. 계산과정 : 옥내소화전의 최소 펌프 토출량[L/min]
$$Q = N \times 130 [L/min]$$
여기서 N : 옥내소화전의 설치개수가 가장 많은 층의 설치개수 (5개 이상 설치된 경우에는 5개)
(∵ 35층의 건축물이므로 고층건축물의 화재안전기술기준 적용)
∴ $Q = 5 \times 130 [L/min] = 650 [L/min]$

답 | 650 [L/min]

나. 계산과정 : 옥외소화전의 최소 펌프 토출량[L/min]
$$Q = N \times 350 [L/min]$$
여기서 N : 옥외소화전의 설치개수 (옥외소화전이 2개 이상 설치된 경우에는 2개)
$Q = 2 \times 350 [L/min] = 700 [L/min]$

답 | 700 [L/min]

다. 계산과정 : 총 수원의 양[m³]
 ① 옥내소화전에 필요한 최소 수원의 양
   옥내소화전 수원의 양 = $N \times 130 [L/min] \times 40 [min]$
   $= 5 \times 130 [L/min] \times 40 [min] = 26000 [L] = 26 [m^3]$
 ② 옥외소화전에 필요한 최소 수원의 양
   옥외소화전 수원의 양 = $N \times 350 [L/min] \times 20 [min]$
   $= 2 \times 350 [L/min] \times 20 [min] = 14000 [L] = 14 [m^3]$
 ③ 총 수원의 양
   총 수원의 양 = 옥내소화전 수원의 양 + 옥외소화전 수원의 양
   $= 26 [m^3] + 14 [m^3] = 40 [m^3]$

답 | 40 [m³]

> **참고** 옥내소화전설비의 화재안전기술기준(NFTC 102)
>
> 2.9 수원 및 가압송수장치의 펌프 등의 겸용
> 2.9.1 옥내소화전설비의 수원을 스프링클러설비·간이스프링클러설비·화재조기진압용 스프링클러설비·물분무소화설비·포소화설비 및 옥외소화전설비의 수원과 겸용하여 설치하는 경우의 저수량은 <u>각 소화설비에 필요한 저수량을 합한 양 이상</u>이 되도록 해야 한다. 다만 이들 소화설비 중 고정식 소화설비(펌프·배관과 소화수 또는 소화약제를 최종 방출하는 방출구가 고정된 설비를 말한다. 이하 같다)가 2 이상 설치되어 있고, 그 소화설비가 설치된 부분이 방화벽과 방화문으로 구획되어 있는 경우에는 각 고정식 소화설비에 필요한 저수량 중 최대의 것 이상으로 할 수 있다.
> 2.9.2 옥내소화전설비의 가압송수장치로 사용하는 펌프를 스프링클러설비·간이스프링클러설비·화재조기진압용 스프링클러설비·물분무소화설비·포소화설비 및 옥외소화전설비의 가압송수장치와 겸용하여 설치하는 경우의 펌프의 토출량은 <u>각 소화설비에 해당하는 토출량을 합한 양 이상</u>이 되도록 해야 한다. 다만 이들 소화설비 중 고정식 소화설비가 2 이상 설치되어 있고, 그 소화설비가 설치된 부분이 방화벽과 방화문으로 구획되어 있으며 각 소화설비에 지장이 없는 경우에는 펌프의 토출량 중 최대의 것 이상으로 할 수 있다.

라. 계산과정 : 펌프의 최소 토출압[MPa]

① 옥내소화전에 필요한 펌프의 토출압

$P_{옥내}$ = 실양정 환산 압력 + 배관마찰손실압력 + 호스마찰손실압력 + 0.17 [MPa]

= 1.3 + (1.3 × 0.2) + (1.3 × 0.2 × 0.35) + 0.17

= 1.821 ≒ 1.82 [MPa]

② 옥외소화전에 필요한 펌프의 토출압

$P_{옥외}$ = 실양정 환산 압력 + 배관마찰손실압력 + 호스마찰손실압력 + 0.25 [MPa]

= 0.08 + (0.08 × 0.65) + 0.25

= 0.382 ≒ 0.38 [MPa]

③ 펌프의 최소 토출압

펌프의 최소 토출압은 '옥내소화전에 필요한 펌프의 토출압'과 '옥외소화전에 필요한 펌프의 토출압' 중 최댓값이다.

따라서

펌프의 최소 토출압 = 1.82 [MPa]

답 | 1.82 [MPa]

📌 핵심이론 | 옥내소화전설비와 옥외소화전설비 비교

구분	옥내소화전설비	옥외소화전설비
펌프 토출량	N × 130 [L/min] 여기서 N : 29층 이하 - 최대 2개, 30층 이상 - 최대 5개	N × 350 [L/min] 여기서 N : 최대 2개
수원	29층 이하 : N × 130 [L/min] × 20 [min] (N : 최대 2개) 30층 이상 49층 이하 : N × 130 [L/min] × 40 [min] (N : 최대 5개) 50층 이상 : N × 130 [L/min] × 60 [min] (N : 최대 5개)	N × 350 [L/min] × 20 [min] 여기서 N : 최대 2개
전양정	$H = h_1 + h_2 + h_3 + 17$ 여기서 H : 전양정 [m] h_1 : 호스 마찰손실수두 [m] h_2 : 배관 및 관 부속품의 마찰손실수두 [m] h_3 : 낙차(실양정) [m] 17 : 최소 방수압 환산수두 [m] (0.17 [MPa])	$H = h_1 + h_2 + h_3 + 25$ 여기서 H : 전양정 [m] h_1 : 호스 마찰손실수두 [m] h_2 : 배관 및 관 부속품의 마찰손실수두 [m] h_3 : 낙차(실양정) [m] 25 : 최소 방수압 환산수두 [m] (0.25 [MPa])

2023년 4회

2023.11.05

01

배점 4

할로겐화합물 및 불활성기체소화설비에서 저장용기의 기준에 관한 설명이다. 다음 [보기]에서 ( ) 안에 알맞은 답을 골라 쓰시오.

―― [보기] ――
1, 3, 5, 10, 15, 20, 불활성 기체, 불연성 기체, 할론, 할로겐화합물

저장용기의 약제량 손실이 (㉠) [%]를 초과하거나 압력손실이 (㉡) [%]를 초과할 경우에는 재충전하거나 저장용기를 교체할 것. 다만 (㉢) 소화약제 저장용기의 경우에는 압력손실이 (㉣) [%]를 초과할 경우 재충전하거나 저장용기를 교체해야 한다.

○ 답 : ㉠　　　　　㉡　　　　　㉢　　　　　㉣

정답

㉠ 5, ㉡ 10, ㉢ 불활성 기체, ㉣ 5

02

배점 7

무대부에 개방형 스프링클러헤드를 그림과 같이 설치하였다. 조건을 참조하여 다음 각 물음에 답하시오.

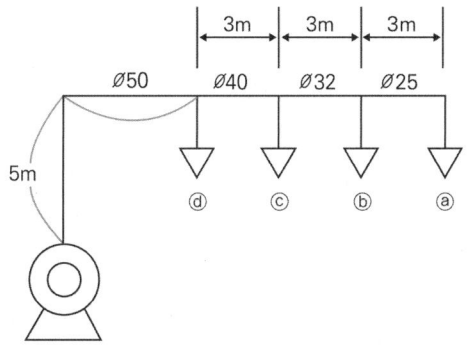

조건

(1) 배관 내의 유수에 따른 마찰손실압력은 하젠-윌리엄공식을 적용하되, 계산의 편의상 공식은 다음과 같다고 가정한다.

$$\triangle P = \frac{6 \times 10^4 \times Q^2}{100^2 \times D^5}$$

$\triangle P$: 배관의 길이 1 [m]당 마찰손실압력 [MPa/m]
Q : 배관 내의 유수량 [L/min]
D : 배관의 내경 [mm]

(2) 설치된 개방형 헤드의 방출계수(K)는 100으로 동일하며 방수압력 변화와 관계없이 일정하다.
(3) 살수 시 최저 방수압이 걸리는 말단헤드 ⓐ에서의 방수압은 0.1[MPa]이다.
(4) 가지관과 헤드 간의 마찰손실은 무시한다.
(5) 각 헤드의 방수량은 서로 다르다.
(6) 배관 내경은 호칭경과 같다고 가정한다.
(7) 배관 부속 및 밸브류의 마찰손실은 무시한다.

가. ⓑ헤드의 방사량[L/min]을 구하시오.

　○ 계산과정 :

　○ 답 :

나. ⓒ헤드의 방사량[L/min]을 구하시오.

　○ 계산과정 :

　○ 답 :

다. ⓓ헤드의 방사량[L/min]을 구하시오.

　○ 계산과정 :

　○ 답 :

라. 펌프의 토출량[L/min]을 구하시오.

　○ 계산과정 :

　○ 답 :

정답

☑ 계산과정

가. ⓑ헤드 방사량[L/min]

$Q_b = K\sqrt{10P_b}$

1) ⓐ점의 방사압 P_a = 0.1 [MPa]

   방사량 $Q_a = K\sqrt{10P_a} = 100\sqrt{10 \times 0.1} = 100$ [L/min]

2) ⓑ점의 방사압 $P_b = P_a + \Delta P_{a-b}$

   $= 0.1 + \dfrac{6 \times 10^4 \times 100^2}{100^2 \times 25^5} \times 3 = 0.118$ [MPa]

3) 방사량 $Q_b = K\sqrt{10P_b} = 100\sqrt{10 \times 0.118} = 108.63$ [L/min]

답 | 108.63 [L/min]

나. ⓒ헤드 방사량[L/min]

$Q_c = K\sqrt{10P_c}$

1) ⓒ점의 방사압 $P_c = P_b + \Delta P_{b-c}$

   $= 0.118 + \dfrac{6 \times 10^4 \times (100+108.63)^2}{100^2 \times 32^5} \times 3 = 0.141$ [MPa]

2) 방사량 $Q_c = K\sqrt{10P_c} = 100\sqrt{10 \times 0.141} = 118.74$ [L/min]

답 | 118.74 [L/min]

다. ⓓ헤드 방사량[L/min]

$Q_d = K\sqrt{10P_d}$

1) ⓓ점의 방사압 $P_d = P_c + \Delta P_{c-d}$

   $= 0.141 + \dfrac{6 \times 10^4 \times (100+108.63+118.74)^2}{100^2 \times 40^5} \times 3$

   $= 0.160$ [MPa]

2) 방사량 $Q_d = K\sqrt{10P_d} = 100\sqrt{10 \times 0.160} = 126.49$ [L/min]

답 | 126.49 [L/min]

라. 펌프의 토출량[L/min]

펌프의 토출량 = $Q_a + Q_b + Q_c + Q_d$

= 100 + 108.63 + 118.74 + 126.49 = 453.86 [L/min]

답 | 453.86 [L/min]

03

득점 | 배점 8

제연설비 중 연기배출 풍도와 배출 FAN의 평면도이다. 각 실 A, B, C, D, E의 크기는 아래 평면도와 같을 때 다음 물음에 답하시오. (단, 각 실은 제연경계로 구획되어 있지 않고, 독립배출방식을 적용한다)

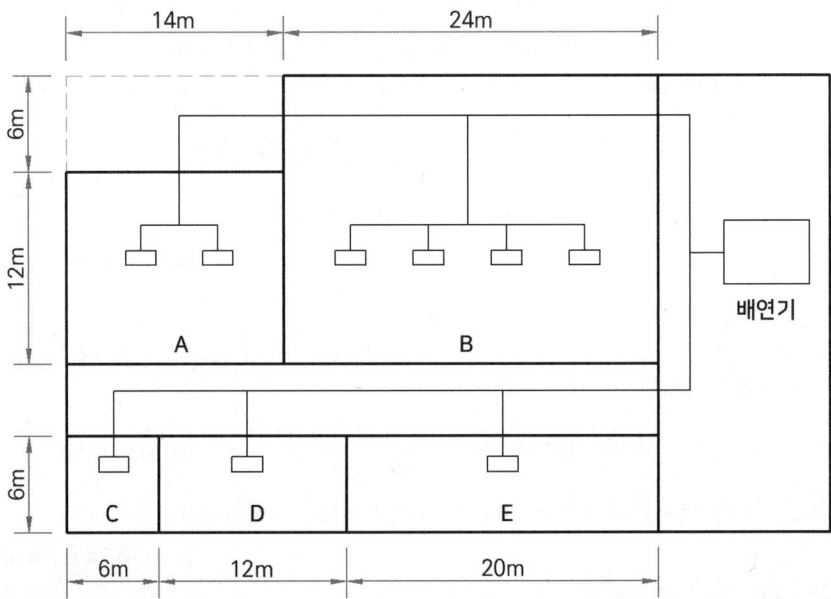

가. 댐퍼를 최소 수량으로 설치할 때 설치위치를 위 그림에 표기하시오. (단, 댐퍼 기호는 ⊘로 한다)

나. 각 실의 최소 소요배출량[m³/min]을 계산하시오.

1) A실
  ○ 계산과정 :
  ○ 답 :

2) B실
  ○ 계산과정 :
  ○ 답 :

3) C실
  ○ 계산과정 :
  ○ 답 :

4) D실
  ○ 계산과정 :
  ○ 답 :

5) E실

　　○ 계산과정 :

　　○ 답 :

다. 송풍기의 동력[kW]을 산출하시오. (단, 송풍기의 전압은 40 [mmAq], 효율은 60 [%], 여유율은 1.1로 한다)

　○ 계산과정 :

　○ 답 :

정답

가. 각 실에 댐퍼를 최소 개수로 설치할 때 다음과 같이 설치한다.

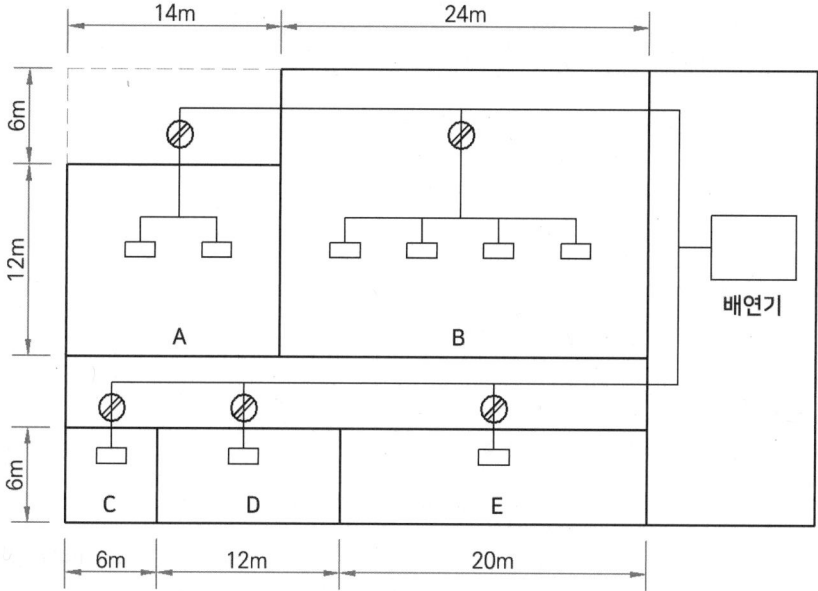

나. 계산과정

1) A실

(1) 바닥면적 : $12 \times 14 = 168 [m^2]$ → 바닥면적이 400 [m²] 미만

(2) 배출량

$168[m^2] \times 1[CMM/m^2] = 168[CMM]$

$168[m^3/min] \times \dfrac{60[min]}{1[hr]} = 10080[m^3/h]$

→ 5000[CMH](최소배출량)보다 크므로 배출량은 $168[m^3/min]$이다.

답 | A실 168 [m³/min]

2) B실

　(1) 바닥면적 : $(12+6) \times 24 = 432[m^2]$ → 바닥면적이 400 [m²] 이상

　　 따라서 예상제연구역이 직경 40 [m]인 원의 범위 안에 들어오는지 확인한다.

　(2) 실의 대각선 길이 : $\sqrt{18^2 + 24^2} = 30[m]$

　　 예상제연구역이 직경 40 [m]인 원의 범위 안에 있으므로

　(3) 배출량 : $40000 [m^3/h]$

$$40000[m^3/h] \times \frac{1[hr]}{60[min]} = 666.666 ≒ 666.67[m^3/min]$$

답 | B실 666.67 [m³/min]

3) C실

　(1) 바닥면적 : $6 \times 6 = 36[m^2]$ → 바닥면적이 400 [m²] 미만

　(2) 배출량

$$36[m^2] \times 1[CMM/m^2] = 36[CMM]$$

$$36[m^3/min] \times \frac{60[min]}{1[hr]} = 2160[m^3/h]$$

　→ $5000[CMH]$ (최소 배출량)보다 작으므로 배출량은 $5000[m^3/h]$이다.

$$5000[m^3/h] \times \frac{1[hr]}{60[min]} = 83.333 ≒ 83.33[m^3/min]$$

답 | C실 83.33[m³/min]

4) D실

　(1) 바닥면적 : $12 \times 6 = 72[m^2]$ → 바닥면적이 400 [m²] 미만

　(2) 배출량

$$72[m^2] \times 1[CMM/m^2] = 72[CMM]$$

$$72[m^3/min] \times \frac{60[min]}{1[hr]} = 4320[m^3/h]$$

　→ $5000[CMH]$ (최소 배출량)보다 작으므로 배출량은 $5000[m^3/h]$이다.

$$5000[m^3/h] \times \frac{1[hr]}{60[min]} = 83.333 ≒ 83.33[m^3/min]$$

답 | D실 83.33 [m³/min]

5) E실

　(1) 바닥면적 : $20 \times 6 = 120[m^2]$ → 바닥면적이 400 [m²] 미만

　(2) 배출량

$$120[m^2] \times 1[CMM/m^2] = 120[CMM]$$

$$120[m^3/min] \times \frac{60[min]}{1[hr]} = 7200[m^3/h]$$

　→ $5000[CMH]$(최소 배출량)보다 크므로 배출량은 $120[m^3/min]$이다.

답 | E실 120[m³/min]

다. 송풍기의 동력[kW]

$$P[kW] = \frac{P_t[mmAq] \times Q[m^3/s]}{102 \times \eta} \times K \text{(여기서 Q는 각 실의 배출량 중 최댓값인}$$

$$666.67[m^3/min])$$

$$= \frac{40[mmAq] \times \frac{666.67}{60}[m^3/s]}{102 \times 0.6} \times 1.1 = 7.988 ≒ 7.99[kW]$$

답 | 7.99 [kW]

04

옥외소화전의 설치기준에 대하여, 다음 [보기]에서 골라 답을 쓰시오.

[보기]
40 [m], 50 [m], 80 [L/min], 160 [L/min], 350 [L/min], 0.17 [MPa], 0.25 [MPa], 0.7 [MPa], 0.1 [MPa], 0.5 [m] 이상 1.5 [m] 이하, 0.5 [m] 이상 1 [m] 이하, 0.8 [m] 이상 1.5 [m] 이하, 1.0 [m] 이상 1.5 [m] 이하

가. 옥외소화전의 노즐선단에서의 방수량은 몇 [L/min] 이상이어야 하는가?
  ○ 답:

나. 옥외소화전의 노즐선단에서의 방수압력은 몇 [MPa] 이상이어야 하는가?
  ○ 답:

다. 호스접결구의 설치 높이기준을 쓰시오.
  ○ 답:

라. 특정소방대상물의 각 부분으로부터 하나의 호스접결구까지의 수평거리가 몇 [m] 이하가 되도록 설치해야 하는가?
  ○ 답:

정답

가. 350 [L/min]
나. 0.25 [MPa]
다. 0.5 [m] 이상 1 [m] 이하
라. 40 [m]

05

배점 3

소방시설 설치 및 관리에 관한 법률상 특정소방대상물의 수용인원 산정방법에 따라 아래 조건을 참조하여 숙박시설의 수용인원을 산정하시오.

[조건]
(1) 바닥면적 600 [m²]인 숙박시설로 침대가 없는 숙박시설이다.
(2) 숙박시설의 복도 면적은 30 [m²]이다.
(3) 각 실과 복도는 불연재료의 벽으로 바닥에서 천장까지 구획되어 있다.
(4) 주어진 조건 외의 것은 고려하지 않는다.

O 계산과정 :

O 답 :

[정답]

☑ 계산과정 : 수용인원 산정

① 복도를 제외한 전체 바닥면적[m²] = 600 [m²] - 30 [m²] = 570 [m²]

② 수용인원 = $\dfrac{570\,[m^2]}{3\,[m^2/인]}$ = 190[인]

답 | 190명

[참고] 소방시설 설치 및 관리에 관한 법률 시행령 [별표 7] 수용인원의 산정방법

1. 숙박시설이 있는 특정소방대상물
   가. 침대가 있는 숙박시설 : 해당 특정소방대상물의 종사자 수에 침대 수(2인용 침대는 2개로 산정한다)를 합한 수
   나. 침대가 없는 숙박시설 : 해당 특정소방대상물의 종사자 수에 숙박시설 바닥면적의 합계를 3 [m²]로 나누어 얻은 수를 합한 수

2. 제1호 외의 특정소방대상물
   가. 강의실·교무실·상담실·실습실·휴게실 용도로 쓰는 특정소방대상물 : 해당 용도로 사용하는 바닥면적의 합계를 1.9 [m²]로 나누어 얻은 수
   나. 강당, 문화 및 집회시설, 운동시설, 종교시설 : 해당 용도로 사용하는 바닥면적의 합계를 4.6 [m²]로 나누어 얻은 수(관람석이 있는 경우 고정식 의자를 설치한 부분은 그 부분의 의자 수로 하고, 긴 의자의 경우에는 의자의 정면너비를 0.45 [m]로 나누어 얻은 수로 한다)
   다. 그 밖의 특정소방대상물 : 해당 용도로 사용하는 바닥면적의 합계를 3 [m²]로 나누어 얻은 수

[비고]
1. 위 표에서 바닥면적을 산정할 때에는 복도(「건축법 시행령」제2조 제11호에 따른 준불연재료 이상의 것을 사용하여 바닥에서 천장까지 벽으로 구획한 것을 말한다), 계단 및 화장실의 바닥면적을 포함하지 않는다.
2. 계산 결과 소수점 이하의 수는 반올림한다.

06

위험물 저장탱크에 국소방출방식의 고압식 이산화탄소소화설비를 설치하려고 한다. 다음 위험물 저장탱크의 평면도와 조건을 참조하여 각 물음에 답하시오.

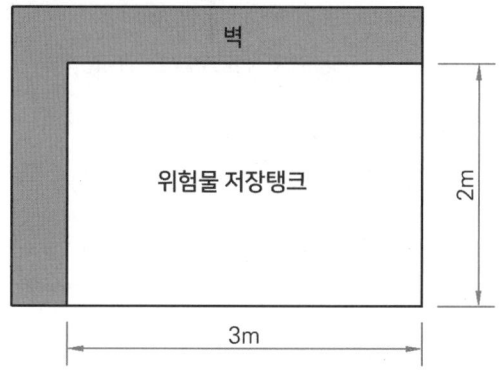

조건
(1) 위험물 저장탱크의 크기는 가로 3 [m], 세로 2 [m], 높이 2 [m]이다.
(2) 방호대상물 주위에 2면에만 그림과 같이 방호대상물과 동일한 크기의 벽이 설치되어 있다.
(3) 윗면이 개방된 용기에 저장하는 경우와 화재 시 연소면이 한정되고 가연물이 비산할 우려가 없는 경우가 아니다.

가. 방호공간의 체적[m³]을 구하시오.
  ○ 계산과정 :
  ○ 답 :

나. 이 설비에 필요한 소화약제의 양[kg]은 얼마인가?
  ○ 계산과정 :
  ○ 답 :

다. 최소 소화약제량을 기준으로 이산화탄소를 모두 방출한다고 할 때 방출량[kg/s]은 얼마인가?
  ○ 계산과정 :
  ○ 답 :

정답

가. 계산과정

V = (3 + 0.6) × (2 + 0.6) × (2 + 0.6) = 24.336 ≒ 24.34 [m³]

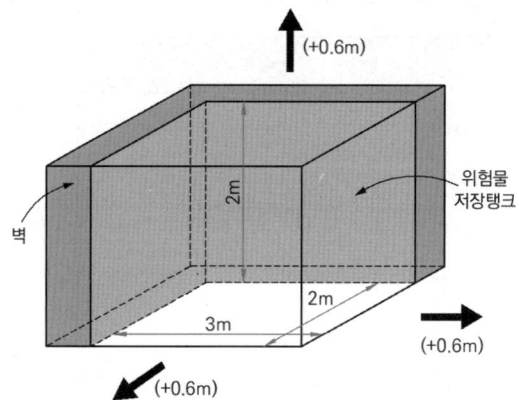

[위험물저장탱크 입체도]

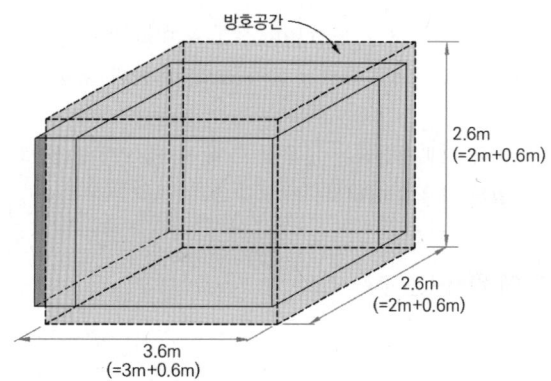

[방호공간 입체도]

답 | 24.34 [m³]

나. 계산과정 : 이산화탄소소화설비 국소방출방식 약제량 산정

$$W[kg] = V[m^3] \times \left(8 - 6\frac{a}{A}\right)[kg/m^3] \times h(할증계수)$$

W : 약제량 [kg]
V : 방호공간의 체적 [m³]
(방호대상물의 각 부분으로부터
0.6 [m]의 거리에 따라 둘러싸인 공간)
a : 방호대상물 주위에 설치된 벽면적의 합계 [m²]
A : 방호공간의 벽면적의 합계 [m²]
(벽이 없는 경우 : 벽이 있는 것으로 가정한 당해 부분의 면적)
h : 할증계수(고압식 : 1.4, 저압식 : 1.1)

① a : (3 × 2) + (2 × 2) = 10 [m²]
② A : (3.6 × 2.6 × 2) + (2.6 × 2.6 × 2) = 32.24 [m²]

∴ $W = 24.34[m^3] \times \left(8 - 6 \times \dfrac{10}{32.24}\right)[kg/m^3] \times 1.4 = 209.191 ≒ 209.19[kg]$

답 | 209.19 [kg]

다. 계산과정 : 방출량[kg/s]

$\dfrac{209.19[kg]}{30[s]} = 6.97[kg/s]$

(∵ 국소방출방식의 경우 30초 내에 소화약제 소요량이 방출되어야 함)

답 | 6.97 [kg/s]

07

배점 5

점성계수가 0.103 [N·s/m²], 비중이 0.85인 기름이 내경 30 [cm], 길이 3000 [m]인 원관에 900 [L/min]의 유량으로 흐르고 있다. 다음 각 물음에 답하시오. (단, 임계 레이놀즈수는 2100이다)

가. 배관 내 유속[m/s]을 구하시오.
   ○ 계산과정 :
   ○ 답 :

나. 레이놀즈수를 구하고, 다음 괄호에 알맞은 것을 체크하시오.

> 관 내 유체의 유동상태는 (층류, 난류)이다.

   ○ 계산과정 :
   ○ 답 :

다. 관의 마찰손실수두[m]를 구하시오.
   ○ 계산과정 :
   ○ 답 :

정답

가. 계산과정 : 유속 $V(Q = AV)$

$V = \dfrac{4Q}{\pi D^2} = \dfrac{4 \times \dfrac{0.9}{60}}{\pi \times 0.3^2} = 0.212 ≒ 0.21 [m/s]$

∴ $V = 0.21 [m/s]$

답 | 0.21 [m/s]

나. 계산과정 : 레이놀즈수 Re

$$Re = \frac{\rho VD}{\mu} = \frac{S\rho_w VD}{\mu} = \frac{0.85 \times 1000 \times 0.21 \times 0.3}{0.103} = 519.902 ≒ 519.9$$

$Re < 2100$ 이므로 층류유동

> 관 내 유체의 유동상태는 (<u>층류</u>, 난류)이다.

답 | 519.9

다. 계산과정 : 손실수두 H_L(달시방정식)

$$f = \frac{64}{Re} = \frac{64}{519.9} = 0.123 \ (\text{※ 유동상태가 층류일 때 } f = \frac{64}{Re} \text{를 적용할 수 있음})$$

$$H_L[m] = f \times \frac{L}{D} \times \frac{V^2}{2g} = 0.123 \times \frac{3000}{0.3} \times \frac{0.21^2}{2 \times 9.8} = 2.767 ≒ 2.77[m]$$

답 | 2.77 [m]

참고 레이놀즈수(Reynold's Number)

1) 레이놀즈수 계산식

레이놀즈수 $Re = \dfrac{\rho VD}{\mu} = \dfrac{VD}{\nu}$

ρ : 밀도 [kg/m^3]
V : 유속 [m/s]
D : 직경 [m]
μ : 점성계수 [N·s/m^2]
ν : 동점성계수 [m^2/s]

2) 레이놀즈수에 의한 유체의 분류

구분	층류	천이류(임계영역)	난류
Re수 범위	Re < 2100	2100 < Re < 4000	Re > 4000

하임계레이놀즈수 : 난류에서 층류로 바뀌는 임계값 (Re = 2100)
상임계레이놀즈수 : 층류에서 난류로 바뀌는 임계값 (Re = 4000)

⑴ 층류 : 유체가 규칙적으로 층상을 이루며 흐르는 유동

(※ 층류유동일 때 관마찰계수 : $f = \dfrac{64}{Re}$)

⑵ 천이류(임계영역) : 층류와 난류가 상호 전환되는 유동
⑶ 난류 : 유체가 불규칙적으로 난동을 이루며 흐르는 유동

08

경유를 저장하는 내부 직경이 50 [m]인 플로팅루프탱크에 포소화설비를 설치하여 방호하려고 할 때 다음 물음에 답하시오.

조건
(1) 소화약제는 3 [%]용의 단백포를 사용하며, 수용액의 분당 방출량은 8 [L/m²·min]이고, 방사시간은 30분으로 한다.
(2) 포소화약제의 혼합방식은 라인프로포셔너방식이다.
(3) 펌프의 효율은 65 [%]이다.
(4) 탱크 내면과 굽도리판의 간격은 1 [m]로 한다.
(5) 전양정은 80 [m]이다.

가. 탱크의 액표면적[m²]을 구하시오.
   ○ 계산과정 :
   ○ 답 :

나. 필요한 포수용액의 양[L]을 구하시오.
   ○ 계산과정 :
   ○ 답 :

다. 필요한 포원액의 양[L]을 구하시오.
   ○ 계산과정 :
   ○ 답 :

라. 필요한 수원의 양[L]을 구하시오.
   ○ 계산과정 :
   ○ 답 :

마. 수원을 토출하기 위한 펌프의 최소 동력[kW]을 구하시오.
   ○ 계산과정 :
   ○ 답 :

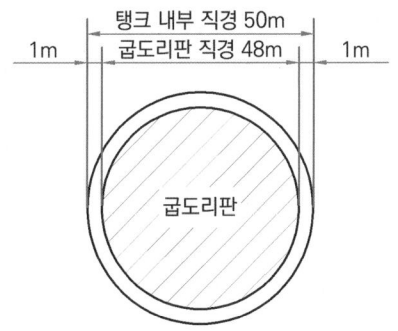

정답

가. 계산과정 : $\dfrac{\pi \times (50^2 - 48^2)}{4}[m^2] = 153.94[m^2]$

답 | 153.94 [m²]

나. 계산과정 : 포수용액의 양[L]

$Q = A \cdot Q_A \cdot T$
$= 153.94\,[m^2] \times 8\,[L/m^2 \cdot min] \times 30\,[min]$
$= 36945.6\,[L]$

답 | 36945.6 [L]

다. 계산과정 : 포원액의 양[L]

포수용액 × S = 36945.6 [L] × 0.03 = 1108.37 [L]

답 | 1108.37 [L]

라. 계산과정 : 수원의 양[L]

포수용액 × (1-S) = 36945.6 [L] × 0.97 = 35837.23 [L]

답 | 35837.23 [L]

마. 계산과정 : $P = \dfrac{\gamma QH}{\eta} \times K$ (여기서 전달계수 또는 여유율에 대한 별도 조건이 없음)

토출량 $Q = A[m^2] \times Q_A[L/m^2 \cdot min]$
$= 153.94[m^2] \times 8[L/m^2 \cdot min] = 1231.52[L/min]$

$P = \dfrac{\gamma QH}{\eta} = \dfrac{9.8[kN/m^3] \times \dfrac{1.23152}{60}[m^3/s] \times 80[m]}{0.65} = 24.76[kW]$

답 | 24.76 [kW]

09

배점 5

다음 그림과 같이 관에 유량이 100 [L/s]로 40 [℃]의 물이 흐르고 있다. ②점에서 공동현상이 발생하지 않는 ①점에서의 최소 압력[kPa]을 절대압으로 구하시오. (단, 관의 손실은 무시하고 40 [℃] 물의 증기압은 55.32 [mmHg_abs]이다)

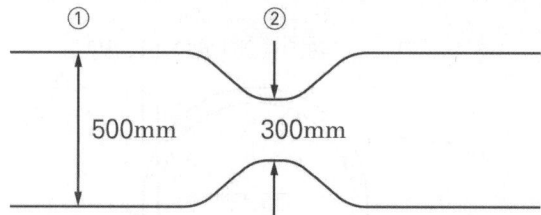

○ 계산과정 :

○ 답 :

정답

☑ 계산과정

공동현상이 발생하지 않을 조건 : P_2(②점에서의 압력) $\geq P_v$(40[℃] 물의 증기압)

$$\frac{P_1}{\gamma} + \frac{V_1^2}{2g} + Z_1 = \frac{P_2}{\gamma} + \frac{V_2^2}{2g} + Z_2$$

여기서
②점에서 공동현상이 발생하지 않는
①점에서의 최소 압력은 "$P_2 = P_v$일 때의 P_1"이 된다.

또한 관이 수평이므로 $Z_1 = Z_2$이다.

$$\frac{P_1}{\gamma} + \frac{V_1^2}{2g} = \frac{P_v}{\gamma} + \frac{V_2^2}{2g}$$

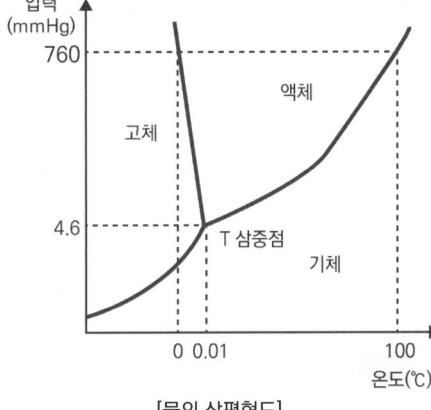

[물의 상평형도]

1) $V_1[\text{m/s}]$, $V_2[\text{m/s}]$

$Q = A \cdot V$

$V_1 = \dfrac{4Q}{\pi D_1^2} = \dfrac{4 \times 0.1[\text{m}^3/s]}{\pi \times 0.5^2[\text{m}^2]} = 0.509[\text{m/s}]$

$V_2 = \dfrac{4Q}{\pi D_2^2} = \dfrac{4 \times 0.1[\text{m}^3/s]}{\pi \times 0.3^2[\text{m}^2]} = 1.415[\text{m/s}]$

2) $\dfrac{P_v}{\gamma}[mAq]$

$H[mAq] = \dfrac{P}{\gamma}$이므로 $\dfrac{P_v}{\gamma} = 55.32[\text{mmHg}] \times \dfrac{10.332[\text{mAq}]}{760[\text{mmHg}]} = 0.752[\text{mAq}]$

3) $P_1[\text{kPa}]$

$\dfrac{P_1}{\gamma} + \dfrac{V_1^2}{2g} = \dfrac{P_v}{\gamma} + \dfrac{V_2^2}{2g}$

$\dfrac{P_1}{9.8[\text{kN/m}^3]} + \dfrac{(0.509[\text{m/s}])^2}{2 \times 9.8[\text{m/s}^2]} = 0.752[mAq] + \dfrac{(1.415[\text{m/s}])^2}{2 \times 9.8[\text{m/s}^2]}$

∴ $P_1 = 8.241 ≒ 8.24[\text{kPa}_{abs}]$

답 | 8.24 [kPa]

10 배점 7

다음 그림은 어느 실들의 평면도이다. 이 중 A실을 급기가압하고자 할 때 주어진 조건을 이용하여 다음을 구하시오.

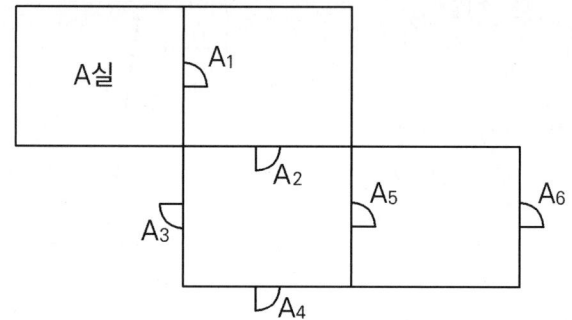

조건

(1) 실 외부 대기의 기압은 101300 [Pa]로 일정하다.
(2) A실에 유지하고자 하는 기압은 101500 [Pa]이다.
(3) 각 문의 틈새면적은 0.01 [m²]이다.
(4) 어느 실을 급기가압할 때 그 실의 문 틈새를 통하여 누출되는 공기의 양은 다음의 식에 따른다.

$$Q = 0.827 \times A \times \sqrt{P}$$

여기서 Q : 누출되는 공기의 양 [m³/s]
A : 문의 전체 누설틈새면적 [m²]
P : 문을 경계로 한 기압 차 [Pa]

가. A실의 전체 누설틈새면적 A[m²]을 구하시오. (단, 틈새면적 계산 시 소수점 아래 여섯째자리에서 반올림하여 소수점 아래 다섯째자리까지 나타내시오)
　○ 계산과정 :
　○ 답 :

나. A실에 유입해야 할 풍량[m³/s]을 구하시오.
　○ 계산과정 :
　○ 답 :

정답

☑ 계산과정

가.

틈새면적[m²]의 합계 구하는 공식

1. 병렬상태인 경우 : $A_T[m^2] = A_1 + A_2 + \cdots + A_n$

2. 직렬상태인 경우 :

$$A_T[m^2] = \frac{1}{\sqrt{(\frac{1}{A_1^2} + \frac{1}{A_2^2} + \cdots + \frac{1}{A_n^2})}} = (\frac{1}{A_1^2} + \frac{1}{A_2^2} + \cdots + \frac{1}{A_n^2})^{-\frac{1}{2}}$$

A_5, A_6 직렬 $A_{5-6} = \left(\frac{1}{0.01^2} + \frac{1}{0.01^2}\right)^{-\frac{1}{2}} = 0.00707[m^2]$

A_3, A_4, A_{5-6} 병렬 $A_{3-6} = 0.01 + 0.01 + 0.00707 = 0.02707[m^2]$

A_1, A_2, A_{3-6} 직렬 $A_{1-6} = (\frac{1}{0.01^2} + \frac{1}{0.01^2} + \frac{1}{0.02707^2})^{-\frac{1}{2}} = 0.00684[m^2]$

답 | 0.00684 [m²]

나. 누설량 산정

$Q = 0.827 \times A \times \sqrt{P}$

여기서 $P = 101500 - 101300 = 200[Pa]$

$Q = 0.827 \times A \times \sqrt{P} = 0.827 \times 0.00684 \times \sqrt{200} = 0.08[m^3/s]$

답 | 0.08 [m³/s]

11

다음은 할론 1301소화설비이다. 아래 그림의 방출방식 종류를 쓰고, 해당 방식의 특징에 대하여 설명하시오.

배점 5

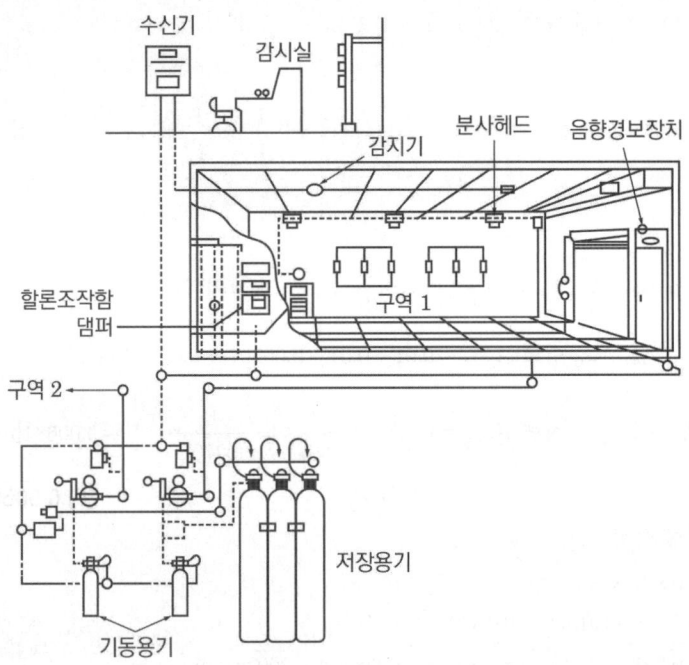

가. 방출방식 :

나. 설명 :

정답

가. 방출방식 : 전역방출방식

나. 설명 : 할론소화약제 공급장치에 배관 및 분사헤드 등을 설치하여 밀폐 방호구역 전체에 할론소화약제를 방출하는 설비

12

할론소화설비의 설치기준에 관하여 다음 각 물음에 답하시오.

가. 별도 독립방식의 정의를 쓰시오.

  ○답 :

나. 다음 괄호를 채우시오.

> 하나의 방호구역을 담당하는 소화약제 저장용기의 소화약제량의 체적합계보다 그 소화약제 방출 시 방출경로가 되는 배관(집합관을 포함)의 내용적의 비율이 (㉠)배 이상일 경우에는 해당 방호구역에 대한 설비는 별도 독립방식으로 해야 한다.

  ○답 :

정답

가. 소화약제 저장용기와 배관을 방호구역별로 독립적으로 설치하는 방식

나. ㉠ 1.5

13

스프링클러설비에 설치되는 폐쇄형 헤드와 개방형 헤드의 차이점과 적용설비를 쓰시오.

가. 폐쇄형 헤드와 개방형 헤드의 차이점을 쓰시오.

  ○답 :

나. 폐쇄형 헤드와 개방형 헤드를 사용하는 스프링클러설비의 종류를 쓰시오.

  ○답 :

개방형 헤드	폐쇄형 헤드
•	• • •

정답

가. 감열부의 유무(폐쇄형 헤드는 감열부가 있고 개방형 헤드는 감열부가 없음)

나.
개방형 헤드	폐쇄형 헤드
• 일제살수식 스프링클러설비	• 습식 스프링클러설비 • 건식 스프링클러설비 • 준비작동식 스프링클러설비 • 부압식 스프링클러설비 위 설비 중 3가지를 기술할 것

14

배점 7

습식 유수검지장치 또는 건식 유수검지장치를 사용하는 스프링클러설비와 부압식 스프링클러설비에 동 장치를 시험할 수 있는 시험장치를 기준에 따라 설치해야 한다. 다음 각 물음에 답하시오.

가. 습식 스프링클러설비에 시험장치를 설치할 때 설치위치를 쓰시오.

　○답 :

나. 시험장치 배관의 최소 구경[mm]을 쓰시오.

　○답 :

다. 시험장치배관에 대한 다음 도면을 완성하시오. 단, 도시기호는 다음과 같다.

(오리피스 : ┤├ , 압력계 : ⌀ , 개폐밸브 : ⋈)

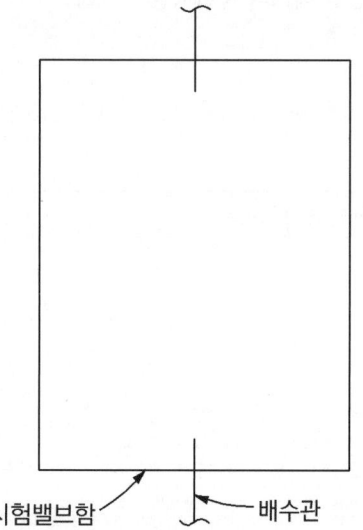

시험밸브함　배수관

정답

가. 유수검지장치 2차 측 배관에 연결하여 설치

나. 25 [mm]

다.
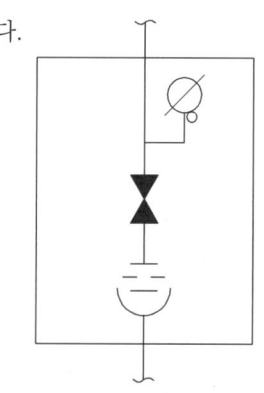

핵심이론 | 스프링클러설비의 시험장치 설치기준

1. 습식 스프링클러설비 및 부압식 스프링클러설비에 있어서는 유수검지장치 2차 측 배관에 연결하여 설치하고 건식 스프링클러설비인 경우 유수검지장치에서 가장 먼 거리에 위치한 가지배관의 끝으로부터 연결하여 설치할 것. 이 경우 유수검지장치 2차 측 설비의 내용적이 2840 [L]를 초과하는 건식 스프링클러설비는 시험장치 개폐밸브를 완전 개방 후 1분 이내에 물이 방사되어야 한다.

2. 시험장치 배관의 구경은 25 [mm] 이상으로 하고, 그 끝에 개폐밸브 및 개방형 헤드 또는 스프링클러헤드와 동등한 방수성능을 가진 오리피스를 설치할 것. 이 경우 개방형 헤드는 반사판 및 프레임을 제거한 오리피스만으로 설치할 수 있다.

3. 시험배관의 끝에는 물받이 통 및 배수관을 설치하여 시험 중 방사된 물이 바닥에 흘러내리지 않도록 할 것. 다만 목욕실·화장실 또는 그 밖의 곳으로서 배수처리가 쉬운 장소에 시험배관을 설치한 경우에는 그렇지 않다.

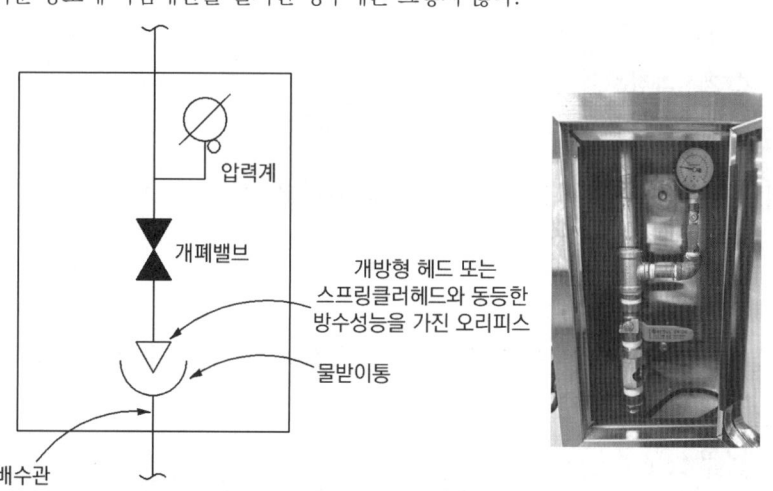

15 [배점 10]

지하 2층 지상 12층의 계단실형(계단식) APT에 옥내소화전설비(호스릴방식)와 스프링클러설비를 설치하려고 한다. 조건을 참조하여 다음 각 물음에 답하시오.

조건
(1) 옥내소화전은 지하층의 경우 층당 3개씩, 지상층의 경우 층당 1개씩 설치한다.
(2) 폐쇄형 스프링클러헤드는 층당 12개씩 설치한다.
(3) 옥내소화전의 실양정은 50 [m], 배관마찰손실은 실양정의 30 [%], 호스마찰손실은 실양정의 15 [%]로 한다.
(4) 스프링클러설비의 실양정은 52 [m], 배관마찰손실은 실양정의 35 [%]로 한다.
(5) 각 소화설비가 설치된 부분이 방화벽과 방화문으로 구획되어 있지 않고, 저수조, 펌프 및 입상배관은 겸용으로 되어 있다.
(6) 펌프의 효율은 체적효율 η_v는 75 [%], 수력효율 η_h는 90 [%], 기계효율 η_m는 80 [%]로 한다.
(7) 단, 아파트의 각 동이 주차장으로 서로 연결된 구조가 아니다.

가. 소화펌프의 전양정[m]을 산출하시오. (단, 전양정은 최댓값으로 산정한다)
  ○ 계산과정 :
  ○ 답 :

나. 소화설비에 필요한 수원의 최소 유효저수량[m³]을 산출하시오. (단, 옥상수조를 포함하여 산정한다)
  ○ 계산과정 :
  ○ 답 :

다. 펌프의 토출량[L/min]을 산출하시오.
  ○ 계산과정 :
  ○ 답 :

라. 전동기의 소요동력[kW]을 산출하시오. (단, 전달계수는 1.1로 한다)
  ○ 계산과정 :
  ○ 답 :

마. 감시제어반과 동력제어반으로 구분하여 설치하지 않을 수 있는 경우에 대해 다음 괄호를 완성하시오.
  ○ 답 :
   • (   )에 따른 가압송수장치를 사용하는 경우
   • (   )에 따른 가압송수장치를 사용하는 경우
   • (   )에 따른 가압송수장치를 사용하는 경우

정답

가. 계산과정

(1) 옥내소화전 전양정

$H_{옥내} = h_1 + h_2 + h_3 + 17 = 50 + (50 \times 0.3) + (50 \times 0.15) + 17 = 89.5[m]$

(2) 스프링클러설비 전양정

$H_{SP} = h_1 + h_2 + 10 = 52 + (52 \times 0.35) + 10 = 80.2[m]$

펌프 겸용 시 전양정은 최댓값으로 산정하므로

∴ $H = 89.5[m]$

답 | 89.5 [m]

나. 옥내소화전설비, 스프링클러설비, 화재조기진압용 스프링클러설비의 수원은 기준에 따라 계산하여 나온 유효수량 외에 유효수량의 3분의 1 이상을 옥상에 설치해야 한다. 따라서 문제 조건상 옥상수조를 포함하여 수원의 최소 유효저수량을 구하라고 하였으므로 옥내소화전설비와 스프링클러설비 모두 옥상수원을 포함하여 산정한다.

계산과정

(1) 옥내소화전설비 수원량(옥상수조 포함)

$V_{옥내} = 주수원 + 옥상수원 = (2 \times 2.6[m^3]) + (2 \times 2.6[m^3] \times \frac{1}{3}) = 6.93[m^3]$

(2) 스프링클러설비 수원량(옥상수조 포함)

$V_{SP} = 주수원 + 옥상수원 = (10 \times 1.6[m^3]) + (10 \times 1.6[m^3] \times \frac{1}{3}) = 21.33[m^3]$

(여기서 아파트의 각 동이 주차장으로 서로 연결된 구조가 아니므로 기준개수 10개)
수원 겸용 시 합산한 값으로 산정하므로

∴ $V = 6.93 + 21.33 = 28.26[m^3]$

답 | 28.26 [m³]

참고 공동주택의 화재안전성능기준(NFPC 608) - 제7조(스프링클러설비) [시행 2024.1.1.]

제7조(스프링클러설비) 스프링클러설비는 다음 각 호의 기준에 따라 설치해야 한다.
1. 폐쇄형 스프링클러헤드를 사용하는 아파트등은 기준개수 10개(스프링클러헤드의 설치개수가 가장 많은 세대에 설치된 스프링클러헤드의 개수가 기준개수보다 작은 경우에는 그 설치개수를 말한다)에 1.6 [m³]를 곱한 양 이상의 수원이 확보되도록 할 것. 다만 아파트등의 각 동이 주차장으로 서로 연결된 구조인 경우 해당 주차장 부분의 기준개수는 30개로 할 것

다. 계산과정

(1) 옥내소화전설비 토출량 : $Q_{옥내} = 2 \times 130[L/min] = 260[L/min]$

(2) 스프링클러설비 토출량 : $Q_{SP} = 10 \times 80[L/min] = 800[L/min]$

펌프 겸용 시 펌프 토출량은 합산한 값으로 산정하므로

∴ $Q = 260 + 800 = 1060[L/min]$

답 | 1060 [L/min]

라. 계산과정

$$P[kW] = \frac{9.8[kN/m^3] \times \frac{1.060}{60}[m^3/s] \times 89.5[m]}{0.9 \times 0.8 \times 0.75} \times 1.1 = 31.564 = 31.56[kW]$$

답 | 31.56[kW]

마. • (내연기관)에 따른 가압송수장치를 사용하는 경우
    • (고가수조)에 따른 가압송수장치를 사용하는 경우
    • (가압수조)에 따른 가압송수장치를 설치하는 경우

> **참고** 감시제어반과 동력제어반으로 구분하여 설치하지 않을 수 있는 경우
>
> 소화설비에는 제어반을 설치하되, 감시제어반과 동력제어반으로 구분하여 설치해야 한다. 다만 다음의 어느 하나에 해당하는 경우에는 감시제어반과 동력제어반으로 구분하여 설치하지 않을 수 있다.
> 1) 다음의 어느 하나에 해당하지 않는 특정소방대상물에 설치되는 경우
>   ⑴ 지하층을 제외한 층수가 7층 이상으로서 연면적이 2000 [m^2] 이상인 것
>   ⑵ ⑴에 해당하지 않는 특정소방대상물로서 지하층의 바닥면적 합계가 3000 [m^2] 이상인 것
> 2) 내연기관에 따른 가압송수장치를 사용하는 경우
> 3) 고가수조에 따른 가압송수장치를 사용하는 경우
> 4) 가압수조에 따른 가압송수장치를 사용하는 경우

16

득점   배점 9

전기실에 제1종 분말소화약제를 사용한 분말소화설비를 전역방출방식의 가압식으로 설치하려고 한다. 다음 [조건]을 참조하여 각 물음에 답하시오.

조건

⑴ 특정소방대상물의 크기는 가로 11 [m], 세로 9 [m], 높이 4.5 [m]인 내화구조로 되어 있다.
⑵ 특정소방대상물의 중앙에 가로 1 [m], 세로 1 [m]의 기둥이 있고, 기둥을 중심으로 가로, 세로 보가 교차되어 있으며, 보는 천장으로부터 0.6 [m], 너비 0.4 [m]의 크기이고, 보와 기둥은 내열성 재료이다.
⑶ 전기실에는 0.7 [m] × 1 [m], 1.2 [m] × 0.8 [m]인 개구부가 각각 1개씩 설치되어 있으며, 1.2 [m] × 0.8 [m]인 개구부에는 자동폐쇄장치가 설치되어 있다.
⑷ 소화약제량 산정 시 불연재료나 내열성의 재료로 밀폐된 구조물이 있는 경우에는 방호구역의 체적에서 그 구조물의 체적을 제외할 수 있다.
⑸ 분사헤드의 방출률은 7.82 [kg/mm^2·min·개]이다.
⑹ 약제 저장용기 1개의 내용적은 50 [L]이다.
⑺ 방출헤드 1개의 오리피스(방출구) 면적은 0.45 [cm^2]이다.
⑻ 소화약제 산정기준 및 기타 필요한 사항은 국가 화재안전기술기준에 준한다.

가. 저장해야 하는 분말소화약제의 최소량[kg]은?

　○ 계산과정 :

　○ 답 :

나. 저장해야 하는 약제저장용기의 병 수는?

　○ 계산과정 :

　○ 답 :

다. 설치에 필요한 방출헤드의 최소 개수는?

　○ 계산과정 :

　○ 답 :

라. 분사헤드 1개의 방출량[kg/min]은?

　○ 계산과정 :

　○ 답 :

정답

가. 계산과정 : 분말소화설비 전역방출방식 약제량 $W[kg] = (V \times \alpha) + (A \times \beta)$

V : 방호구역 체적 [m³]

α : 방호구역 1 [m³]에 대한 소화약제의 양 [kg/m³]

A : 개구부 면적 [m²], β : 개구부 가산량 [kg/m²]

소화약제의 종별	방호구역 체적 1 [m³]에 대한 소화약제량[kg]	개구부 면적 1 [m²]에 대한 소화약제량[kg]
제1종 분말	0.60 [kg]	4.5 [kg]
제2종·제3종 분말	0.36 [kg]	2.7 [kg]
제4종 분말	0.24 [kg]	1.8 [kg]

① 실의 체적 : 11 × 9 × 4.5 = 445.5 [m³]

② 기둥 체적 : 1 × 1 × 4.5 = 4.5 [m³]

③ 보의 체적

　• 가로 보의 체적 : (0.6 × 0.4 × 5 × 2) = 2.4 [m³]

　• 세로 보의 체적 : (0.6 × 0.4 × 4 × 2) = 1.92 [m³]

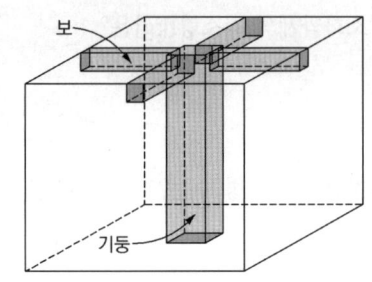

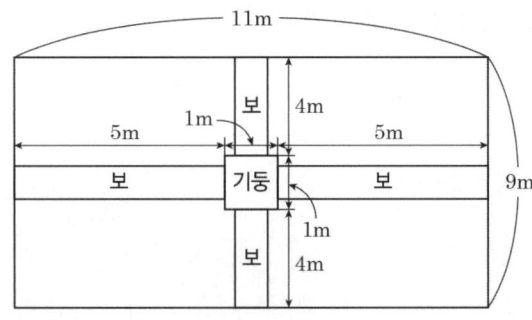

| 보 및 기둥의 배치 |

∴ 약제량 = {(V − 기둥 − 가로 보 − 세로 보) × α} + (A × β)
= {(445.5 − 4.5 − 2.4 − 1.92) [m³] × 0.6 [kg/m³]} + {(0.7 × 1) [m²] × 4.5 [kg/m²]}
= 265.16 [kg]

답 | 265.16 [kg]

나. 계산과정 : 1개의 내용적이 50 [L], 제1종 분말소화약제의 충전비가 0.8이므로 병당 약제량은

$0.8 = \dfrac{50[L]}{x[kg]}$ ∴ 한 병당 약제량 $x = 62.5 [kg]$

병 수 : $\dfrac{265.16[kg]}{62.5[kg/병]} = 4.24[병] ≒ 5[병]$

답 | 5 [병]

다. 계산과정 : 분사헤드 1개의 방출률 7.82 [kg/mm²·min·개]

$= \dfrac{5[병] \times 62.5[kg/병]}{45[mm^2] \times 0.5[\min] \times N[개]}$

∴ $N = 1.78 [개] ≒ 2 [개]$

답 | 2 [개]

라. 계산과정 : $\dfrac{5[병] \times 62.5[kg/병]}{2[개] \times 0.5[\min]} = 312.5 [kg/\min]$

답 | 312.5 [kg/min]

모아바 www.moa-ba.com
모아소방전기학원 www.moate.co.kr

격차를 뛰어넘어 압도적인 격차를 만들다

2022

1회	2022.05.07
2회	2022.07.24
4회	2022.11.19

2022년 1회

01

경유를 연료로 하는 발전기실에 전역방출방식으로 이산화탄소소화설비를 설치하고자 한다. [조건]을 참고하여 다음 각 물음에 답하시오.

[조건]
(1) 해당 설비는 고압식으로 한다.
(2) • 발전기실의 크기 : 가로 16 [m] × 세로 17 [m] × 높이 3.5 [m]
    • 발전기실의 개구부 크기 : 2 [m] × 3 [m] × 2개(자동폐쇄장치 미설치)
(3) 체적당 소화약제의 양은 0.8 [kg/m³], 개구부 가산량은 5 [kg/m²]으로 한다.
(4) 저장용기 한 병당 약제 저장량은 45 [kg]이다.
(5) 분사헤드의 방출률은 1.05 [kg/mm²·분]이다.
(6) 분사헤드 분구면적은 52 [mm²]이다.

가. 이 실에 필요한 소화약제의 양[kg]을 구하시오.
  ○ 계산과정 :
  ○ 답 :

나. 저장용기실에 저장하여야 하는 저장용기의 병 수를 구하시오.
  ○ 계산과정 :
  ○ 답 :

다. 선택밸브 직후 소화약제의 유량[kg/s]를 구하시오.
  ○ 계산과정 :
  ○ 답 :

라. 발전기실에 설치할 헤드 수는 최소 몇 개인지 구하시오.
  ○ 계산과정 :
  ○ 답 :

> [정답]

가. 필요한 소화약제의 양[kg]

※ 방호구역이 '경유를 연료로 하는 발전기실'이므로 표면화재로 가정한다.

계산과정 : $W = (V \times \alpha) \times N + (A \times \beta)$

① $V = 16 \times 17 \times 3.5 = 952 \; [m^3]$

⇨ 방호구역의 체적이 150 [m³] 이상 1450 [m³] 미만이므로 화재안전기술기준상 체적 1[m³]에 대한 소화약제의 양 α = 0.8 [kg/m³] (조건 ⑶에 체적당 소화약제의 양은 0.8 [kg/m³]으로 주어졌으므로 조건에 주어진 값 그대로 대입 가능)

② $V \times \alpha = 952[m^3] \times 0.8 \; [kg/m^3] = 761.6 \; [kg]$

⇨ 최저 한도의 양 135 [kg] 이상이므로 위 계산 값으로 적용

③ 보정계수 N은 고려하지 않는다(설계농도가 34 [%] 이상인 방호대상물에 대한 조건 없음).

④ $W = (V \times \alpha) + (A \times \beta)$
= 761.6[kg] + (2 × 3 × 2) [m²] × 5 [kg/m²]
= 821.6 [kg]

> 📌 **핵심이론** 이산화탄소소화설비 전역방출방식 표면화재 약제량 산정

$W = (V \times \alpha) \times N + (A \times \beta)$

W : 약제량 [kg], V : 방호구역 체적 [m³]
α : 방호구역 1 [m³]에 대한 소화약제의 양 [kg/m³]
A : 개구부 면적 [m²], β : 개구부 가산량(표면화재 : 5 [kg/m²])
N : 보정계수(설계농도가 34 [%] 이상인 방호대상물의 소화약제량을 구할 때 보정계수를 곱하여 산출함)

방호구역 체적	방호구역의 체적 1 [m³]에 대한 소화약제의 양 α	최저 한도의 양	개구부 가산량 [kg/m²] β (자동폐쇄장치 미설치 시)
45 [m³] 미만	1 [kg/m³]	45 [kg] (1병)	5 [kg/m²]
45 [m³] 이상 150 [m³] 미만	0.9 [kg/m³]		
150 [m³] 이상 1450 [m³] 미만	0.8 [kg/m³]	135 [kg] (3병)	
1450 [m³] 이상	0.75 [kg/m³]	1125 [kg] (25병)	

답 | 821.6 [kg]

나. 계산과정

$$병\ 수 = \frac{최소\ 필요한\ 약제량[kg]}{한\ 병당\ 약제\ 저장량[kg/병]} = \frac{821.6[kg]}{45[kg/병]} = 18.25 ≒ 19[병]$$

(소수점 이하 절상)

답 | 19 [병]

다. 계산과정 : 소화약제의 유량 $= \dfrac{45[kg/병] \times 19[병]}{60[s]} = 14.25[kg/s]$

> **이산화탄소소화설비의 화재안전기술기준(NFTC 106)**
> 2.5.2 배관의 구경은 이산화탄소소화약제의 소요량이 다음의 기준에 따른 시간 내에 방출될 수 있는 것으로 해야 한다.
> 2.5.2.1 <u>전역방출방식</u>에 있어서 가연성 액체 또는 가연성 가스 등 <u>표면화재</u> 방호대상물의 경우에는 <u>1분</u>
> 2.5.2.2 전역방출방식에 있어서 종이, 목재, 석탄, 섬유류, 합성수지류 등 심부화재 방호대상물의 경우에는 7분. 이 경우 설계농도가 2분 이내에 30 %에 도달하여야 한다.
> 2.5.2.3 국소방출방식의 경우에는 30초

답 | 14.25 [kg/s]

라. 계산과정

$$1.05[kg/mm^2 \cdot min \cdot 개] = \frac{45[kg/병] \times 19[병]}{52[mm^2] \times 1[min] \times 헤드의\ 개수[개]}$$

$$\therefore 헤드의\ 개수[개] = \frac{45[kg/병] \times 19[병]}{1.05[kg/mm^2 \cdot min \cdot 개] \times 52[mm^2] \times 1[min]}$$

$$= 15.65 ≒ 16[개]$$

답 | 16개

02   배점 6

다음 소방시설 도시기호의 명칭을 쓰시오.

정답

① 물분무 배관, ② 플러그, ③ 포헤드, ④ 가스체크밸브, ⑤ 옥외소화전

03

배점 7

바닥면적이 380 [m²]인 거실의 제연설비에 대한 다음 물음에 답하시오.

가. 소요 배출량[CMH]을 구하시오.

　○ 계산과정 :

　○ 답 :

나. 배출기의 흡입 측 풍도 높이를 최대 600 [mm]로 제한할 때 풍도의 최소 폭 [mm]을 구하시오.

　○ 계산과정 :

　○ 답 :

다. 송풍기의 전압이 50 [mmAq], 회전수는 1200 [rpm]이고 효율이 55 [%]인 다익송풍기 사용 시 전동기동력[kW]을 구하시오. (단, 송풍기의 여유율은 20 [%]이다)

　○ 계산과정 :

　○ 답 :

라. 송풍기의 회전차 크기를 변경하지 않고 배출량을 20 [%] 증가시키고자 할 때 회전수[rpm]를 구하시오.

　○ 계산과정 :

　○ 답 :

마. '라'의 계산결과 회전수로 운전할 경우 송풍기의 전압[mmAq]을 구하시오.

　○ 계산과정 :

　○ 답 :

바. '마'에서의 계산결과를 근거로 15 [kW] 전동기를 설치 후 풍량의 20 [%]를 증가시켰을 경우 전동기 가능 여부를 설명하시오. (단, 전달계수는 1.1이고 효율은 55 [%]이다)

　○ 계산과정 :

　○ 답 :

정답

가. 계산과정 : $380[m^2] \times 1[CMM/m^2] = 380[CMM] = 22800[CMH]$

답 | 22800 [CMH]

나. 계산과정 : 배출기 흡입 측 풍도 유속은 15 [m/s] 이하이므로

$$A = \frac{Q}{V} = \frac{\frac{22800}{3600}[m^3/s]}{15[m/s]} = 0.422[m^2]$$

$\therefore$ 최소 폭 $= \frac{0.422[m^2]}{0.6[m]} = 0.70333[m] = 703.33[mm]$

답 | 703.33 [mm]

다. 계산과정 : $P[kW] = \dfrac{50[mmAq] \times \dfrac{22800}{3600}[m^3/s]}{102 \times 0.55} \times 1.2 = 6.77[kW]$

답 | 6.77 [kW]

라. 계산과정 : 상사의 법칙 $Q_2 = \left(\dfrac{N_2}{N_1}\right) \times Q_1$

$N_2 = N_1 \times \dfrac{Q_2}{Q_1}$

$\therefore 1200 \times \dfrac{1.2}{1} = 1440[rpm]$

답 | 1440 [rpm]

마. 계산과정 : 상사의 법칙

서로 다른 치수의 펌프를 비교(상사)했을 때

유량 $[m^3/s]$ $\quad Q_2 = \left(\dfrac{N_2}{N_1}\right)^1 \times \left(\dfrac{D_2}{D_1}\right)^3 \times Q_1$

양정(압력) [m] $\quad H_2 = \left(\dfrac{N_2}{N_1}\right)^2 \times \left(\dfrac{D_2}{D_1}\right)^2 \times H_1$

동력 [kW] $\quad L_2 = \left(\dfrac{N_2}{N_1}\right)^3 \times \left(\dfrac{D_2}{D_1}\right)^5 \times L_1$

$H_2 = \left(\dfrac{N_2}{N_1}\right)^2 \times H_1$

$\therefore H_2 = \left(\dfrac{N_2}{N_1}\right)^2 \times H_1 = \left(\dfrac{1440}{1200}\right)^2 \times 50 = 72[mmAq]$

답 | 72 [mmAq]

바. 계산과정

$P[kW] = \dfrac{P_t[mmAq] \times Q[m^3/s]}{102 \times \eta} \times K$

$P[kW] = \dfrac{72[mmAq] \times \left(\dfrac{22800}{3600} \times 1.2\right)[m^3/s]}{102 \times 0.55} \times 1.1 = 10.73[kW]$

답 | 전동기의 이론소요동력이 10.73 [kW]이므로
15 [kW] 전동기는 사용 가능하다.

> **참고** 제연설비의 화재안전기술기준(NFTC 501) - 배출량

1. 거실의 바닥면적이 400 [m²] 미만으로 구획된 예상제연구역에 대한 배출량
   바닥면적 1 [m²]당 1 [m³/min] 이상으로 하되, 예상제연구역에 대한 최소 배출량은 5000 [m³/hr] 이상으로 할 것

   $Q = A[m^2] \times 1[m^3/min \cdot m^2] \times 60[min/hr]$

   여기서 Q : 배출량 [m³/hr] (최소 배출량은 5000 [m³/hr] 이상)
   A : 바닥면적 [m²]

2. 바닥면적 400 [m²] 이상인 거실의 예상제연구역의 배출량

   1) 예상제연구역이 직경 40 [m]인 원의 범위 안에 있을 경우
      배출량 40000 [m³/hr] 이상
      다만 예상제연구역이 제연경계로 구획된 경우에는 그 수직거리에 따른 배출량으로 산정

수직거리	배출량
2 [m] 이하	40000 [m³/hr] 이상
2 [m] 초과 2.5 [m] 이하	45000 [m³/hr] 이상
2.5 [m] 초과 3 [m] 이하	50000 [m³/hr] 이상
3 [m] 초과	60000 [m³/hr] 이상

   2) 예상제연구역이 직경 40 [m]인 원의 범위를 초과할 경우
      배출량 45000 [m³/hr] 이상
      다만 예상제연구역이 제연경계로 구획된 경우에는 그 수직거리에 따른 배출량으로 산정

수직거리	배출량
2 [m] 이하	45000 [m³/hr] 이상
2 [m] 초과 2.5 [m] 이하	50000 [m³/hr] 이상
2.5 [m] 초과 3 [m] 이하	55000 [m³/hr] 이상
3 [m] 초과	65000 [m³/hr] 이상

04

배점 6

피난기구에 대한 다음 각 물음에 답하시오.

가. 의료시설에 적응성이 있는 설치장소별 피난기구에 대해 다음 빈칸을 채우시오.

3층		4층 이상 10층 이하	
• (㉠)	• (㉡)	• (㉢)	• (㉣)
• (㉤)	• (㉥)	• (㉦)	• (㉧)
• 승강식 피난기	• 피난용 트랩	• 피난용 트랩	

- ㉠ :
- ㉡ :
- ㉢ :
- ㉣ :
- ㉤ :
- ㉥ :
- ㉦ :
- ㉧ :

나. 피난 또는 소화활동상 유효한 개구부의 기준에 대한 다음 ( ) 안을 완성하시오.

―― [보기] ――
가로 (㉠)[m] 이상 세로 (㉡)[m] 이상인 것을 말한다. 이 경우 개구부 하단이 바닥에서 (㉢)[m] 이상이면 발판 등을 설치하여야 하고, 밀폐된 창문은 쉽게 파괴할 수 있는 파괴장치를 비치해야 한다.

- ㉠ :
- ㉡ :
- ㉢ :

정답

가.
- ㉠ 미끄럼대
- ㉡ 구조대
- ㉢ 다수인 피난장비
- ㉣ 피난교
- ㉤ 구조대
- ㉥ 다수인 피난장비
- ㉦ 승강식 피난기
- ㉧ 피난교

- ㉠, ㉡, ㉢, ㉣의 정답 위치는 서로 바꿔도 무관하다.
- ㉤, ㉥, ㉦, ㉧의 정답 위치는 서로 바꿔도 무관하다.

나. ㉠ 0.5, ㉡ 1, ㉢ 1.2

05

> 득점 | 배점 9

다음 도면은 스프링클러설비가 설치된 8층 백화점이다. 다음 물음에 답하시오.

조건

(1) 펌프에서 최고위 말단헤드까지의 배관 및 부속류의 총 마찰손실은 펌프로부터 최상층 헤드까지 수직높이의 40 [%]이다.
(2) 펌프 진공계 지시압은 500 [mmHg]이다.
(3) 펌프 효율은 55 [%]이다.
(4) 전달계수는 1.1이다.
(5) 표준대기압상태이다.
(6) 8층의 헤드 개수는 40개이다.

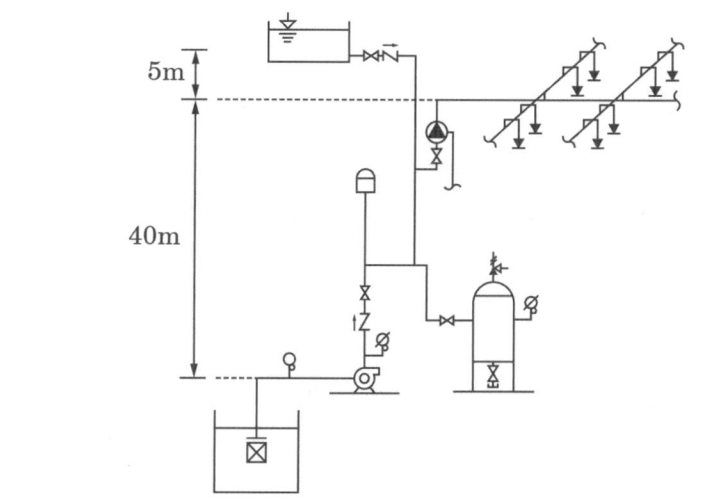

가. 전양정[m]을 구하시오.

  ○ 계산과정 :

  ○ 답 :

나. 주펌프의 토출량[m³/min]을 구하시오.

  ○ 계산과정 :

  ○ 답 :

다. 주펌프의 동력[kW]을 구하시오.

  ○ 계산과정 :

  ○ 답 :

라. 폐쇄형 스프링클러 헤드의 선정은 설치장소의 최고 주위온도와 선정된 헤드의 표시온도를 고려해야 한다. 다음 표를 완성하시오.

설치장소의 최고 주위온도	표시온도
39 [℃] 미만	79 [℃] 미만
39 [℃] 이상 64 [℃] 미만	①
64 [℃] 이상 106 [℃] 미만	②
106 [℃] 이상	162 [℃] 이상

O 답 :

정답

가. 계산과정

전양정 = 흡입양정 + 토출 실양정 + 토출 측 총 마찰손실 + 방사압

① 흡입양정 = $\left(500[mmHg] \times \dfrac{10.332[mAq]}{760[mmHg]}\right) = 6.797[m]$

② 토출 실양정 = $40[m]$

③ 토출 측 총마찰손실 = $40[m] \times 0.4 = 16[m]$

∴ 전양정 = 흡입양정 + 토출 실양정 + 토출 측 총마찰손실 + 방사압
= 6.797 + 40 + 16 + 10 = 72.797 ≒ 72.8 [m]

답 | 72.8 [m]

나. 계산과정

Q = 30 [개] × 80 [L/min] = 2400 [L/min] = 2.4 [m³/min]

답 | 2.4 [m³/min]

다. 계산과정

$P[kW] = \dfrac{\gamma Q H}{\eta} \times K \quad (\gamma_w = 9.8[kN/m^3])$

$P[kW] = \dfrac{9.8[kN/m^3] \times \dfrac{2.4}{60}[m^3/s] \times 72.8[m]}{0.55} \times 1.1 = 57.075 ≒ 57.08[kW]$

답 | 57.08 [kW]

라. ① 79 [℃] 이상 121 [℃] 미만
② 121 [℃] 이상 162 [℃] 미만

06

배점 7

지상 4층 건물에 옥내소화전설비를 설치할 경우 아래의 [조건]을 참조하여 다음 각 물음에 답하시오.

조건
(1) 각 층당 옥내소화전은 3개씩 있다.
(2) 건물의 높이는 지면으로부터 16 [m]이다.
(3) 풋밸브로부터 최상층 방수구까지의 수직거리는 18 [m]이다.
(4) 배관(관 부속 포함)의 마찰손실수두는 실양정의 25 [%]로 한다.
(5) 소방용 호스의 길이는 15 [m]이고, 호스의 총 마찰손실수두는 1 [m]이다.

가. 펌프의 총 양정[m]을 구하시오.
  ○ 계산과정 :
  ○ 답 :

나. 펌프의 최소 유량[L/min]을 구하시오.
  ○ 계산과정 :
  ○ 답 :

다. 아래 펌프의 성능시험곡선(유량 - 양정)을 참고하여, 해당 펌프의 사용 적합 여부를 쓰시오.

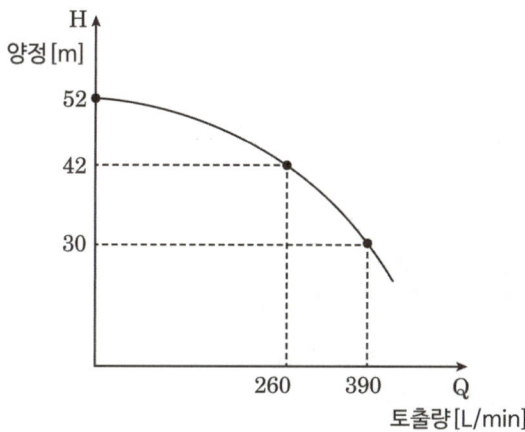

  ○ 계산과정 :
  ○ 답 :

라. 토출 측 수직 주배관은 호칭구경이 몇 [mm]인 배관을 사용하여야 하는가?
  ○ 계산과정 :
  ○ 답 :

정답

가. 계산과정

① 실양정 $h_1 = 18[m]$

② 배관의 마찰손실수두 $h_2 = 18[m] \times 0.25 = 4.5[m]$

③ 호스의 마찰손실수두 $h_3 = 1[m]$

∴ 전양정 $= h_1 + h_2 + h_3 + 17 = 18[m] + 4.5[m] + 1[m] + 17[m] = 40.5[m]$

답 | 40.5 [m]

나. 계산과정 : $Q = 2 \times 130[L/min] = 260[L/min]$

답 | 260 [L/min]

다. 계산과정

① 체절운전 시
  정격토출압력의 140 [%] : $40.5 \times 1.4 = 56.7$ [m]
  성능시험곡선상의 양정 : 52 [m]
  ⇨ 체절운전 시 정격토출압력의 140 [%]를 초과하지 않으므로 적합

② 정격부하로 운전 시
  정격토출압력 : 40.5 [m]
  성능시험곡선상의 양정 : 42 [m]
  ⇨ 정격부하로 운전 시 정격토출압력의 100 [%] 이상이므로 적합

③ 정격토출량의 150 [%]로 운전 시
  정격토출압력의 65 [%] : $40.5 \times 0.65 = 26.325$ [m]
  성능시험곡선상의 양정 : 30 [m]
  ⇨ 정격토출량의 150 [%]로 운전 시 정격토출압력의 65 [%] 이상이므로 적합

∴ 성능시험곡선상의 펌프의 사용이 적합하다.

답 | 적합

라. 계산과정

$$Q = A \cdot V = \frac{\pi}{4} D^2 \cdot V$$

$$D = \sqrt{\frac{4Q}{\pi V}} = \sqrt{\frac{4 \times \frac{0.26}{60}[m^3/s]}{\pi \times 4[m/s]}} = 0.03714[m] = 37.14[mm] \rightarrow 50[mm]$$

(옥내소화전 주배관 중 수직 배관의 구경은 50 [mm] 이상으로 해야 함)

> **옥내소화전설비의 화재안전기술기준(NFTC 102)**
> 2.3.5 펌프의 토출 측 주배관의 구경은 유속이 4 [m/s] 이하가 될 수 있는 크기 이상으로 해야 하고, 옥내소화전방수구와 연결되는 가지배관의 구경은 40 [mm](호스릴옥내소화전설비의 경우에는 25 [mm]) 이상으로 해야 하며, 주배관 중 수직배관의 구경은 50 [mm](호스릴옥내소화전설비의 경우에는 32 [mm]) 이상으로 해야 한다.
> 2.3.6 연결송수관설비의 배관과 겸용할 경우의 주배관은 구경 100 [mm] 이상, 방수구로 연결되는 배관의 구경은 65 [mm] 이상의 것으로 해야 한다.

답 | 50 [mm]

07

어느 건축물의 평면도이다. 개구부 A_4, A_5, A_6이 외기와 면해 있을 때 A실에 급기가압을 하고자 한다. 이때 A실에 공급해야 할 풍량[m³/s]을 계산하시오.

조건

(1) 실 외부대기의 기압은 101300 [Pa]로서 일정하다.
(2) A실에 유지하고자 하는 기압은 101540 [Pa]이다.
(3) 각 실의 문들의 틈새면적은 0.01 [m²]이다.
(4) 어느 실을 급기가압할 때 그 실의 문 틈새를 통하여 누출되는 공기의 양은 다음의 식에 따른다.

$Q = 0.827 \times A \times P^{\frac{1}{2}}$

여기서 Q : 누출되는 공기의 양 [m³/s]
A : 문의 전체 누설틈새면적 [m²]
P : 문을 경계로 한 기압차 [Pa]

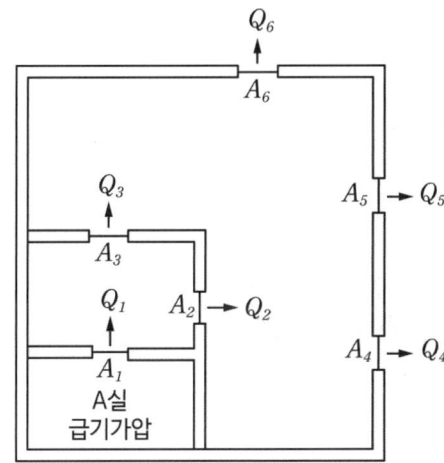

○ 계산과정 :

○ 답 :

정답

☑ 계산과정

① 틈새면적[m^2]

   ㉠ 병렬 A_4, A_5, A_6

      $A_{4-6} = 0.01 + 0.01 + 0.01 = 0.03[m^2]$

   ㉡ 병렬 A_2, A_3

      $A_{2-3} = 0.01 + 0.01 = 0.02[m^2]$

   ㉢ 직렬 A_1, A_{2-3}, A_{4-6}

$$A_{1-6} = \left(\frac{1}{0.01^2} + \frac{1}{0.02^2} + \frac{1}{0.03^2}\right)^{-\frac{1}{2}}$$

$$= 8.5714 \times 10^{-3}$$

② 누설량 산정[m^3/s]

$$Q = 0.827 \times A \times \sqrt{P}$$

$$= 0.827 \times (8.5714 \times 10^{-3}) \times \sqrt{(101540 - 101300)}$$

$$= 0.109 ≒ 0.11[m^3/s]$$

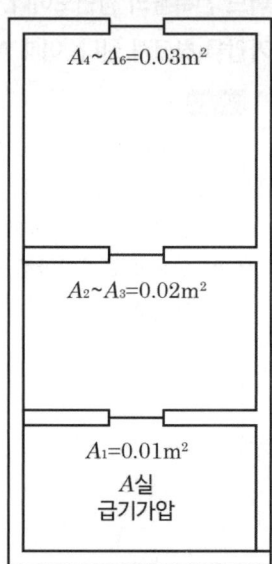

답 | 0.11 [m^3/s]

틈새면적[m^2]의 합계 구하는 공식

1. 병렬상태인 경우 : $A_T[m^2] = A_1 + A_2 + \cdots + A_n$

2. 직렬상태인 경우

$$A_T[m^2] = \frac{1}{\sqrt{\left(\frac{1}{A_1^2} + \frac{1}{A_2^2} + \cdots + \frac{1}{A_n^2}\right)}} = \left(\frac{1}{A_1^2} + \frac{1}{A_2^2} + \cdots + \frac{1}{A_n^2}\right)^{-\frac{1}{2}}$$

08

배점 4

할로겐화합물 및 불활성기체소화설비에 다음 조건과 같은 압력배관용 탄소강관(SPPS 420, Sch 40)을 사용할 때 배관의 두께[mm]를 구하시오.

조건

(1) 압력배관용 탄소강관(SPPS 420)의 인장강도는 400 [MPa]이고 항복점은 인장강도의 80 [%]이다.
(2) 용접이음에 따른 허용값[mm]은 무시한다.
(3) 가열맞대기 용접배관을 한다.
(4) 배관의 최대 허용응력(SE)은 배관재질 인장강도의 1/4과 항복점의 2/3 중 작은 값(σ_t)을 기준으로 다음의 식을 적용한다.
$$SE = \sigma_t \times 배관이음효율 \times 1.2$$
(5) 적용되는 배관 바깥지름은 65 [mm]이고, 최대 허용압력은 15 [MPa]이다.
(6) 헤드 설치 부분은 제외한다.

○ 계산과정:

○ 답:

정답

☑ 계산과정

$$t = \frac{PD}{2SE} + A$$

① SE [MPa]

- 인장강도 1/4 값 Ⓐ : $400 \times \frac{1}{4} = 100 [MPa]$

- 항복점의 2/3 값 Ⓑ : $(400 \times 0.8) \times \frac{2}{3} = 213.33 [MPa]$

SE = Ⓐ, Ⓑ 중 작은 값 × 배관이음효율 × 1.2
   (여기서 가열맞대기 용접배관의 이음효율 : 0.6)
   $= 100 \times 0.6 \times 1.2 = 72 [MPa]$

② t [mm]

$$t [mm] = \frac{15 [MPa] \times 65 [mm]}{2 \times 72 [MPa]} = 6.770 ≒ 6.77 [mm]$$

답 | 6.77 [mm]

> **참고** 할로겐화합물 및 불활성기체소화설비의 배관 – 배관의 두께

배관의 두께는 다음의 식에서 구한 값(t) 이상일 것, 다만 방출헤드 설치부는 제외한다.

$$\text{배관의 두께}(t) = \frac{PD}{2SE} + A$$

P : 최대 허용압력 [kPa]
D : 배관의 바깥지름 [mm]
SE : 최대 허용응력 [kPa]
 (인장강도 1/4 값과 항복점의 2/3 값 중 작은 값 × 배관이음효율 × 1.2)
 ※ 배관이음효율
 • 이음매 없는 배관 : 1
 • 전기저항 용접배관 : 0.85
 • 가열맞대기 용접배관 : 0.6
A : 나사이음, 홈이음 등의 허용 값 [mm](헤드의 설치부분은 제외)
 • 나사이음 : 나사의 높이
 • 절단홈이음 : 홈의 깊이
 • 용접이음 : 0

09

배점 8

제연설비 중 연기배출 풍도와 배출 FAN의 평면도이다. 각 실의 크기는 각각 A실 : 5 [m] × 6 [m], B실 : 10 [m] × 6 [m], C실 : 25 [m] × 6 [m], D실 : 4 [m] × 5 [m], E실 : 15 [m] × 15 [m], F실 : 30 [m] × 15 [m]이다. 다음 물음에 답하시오.

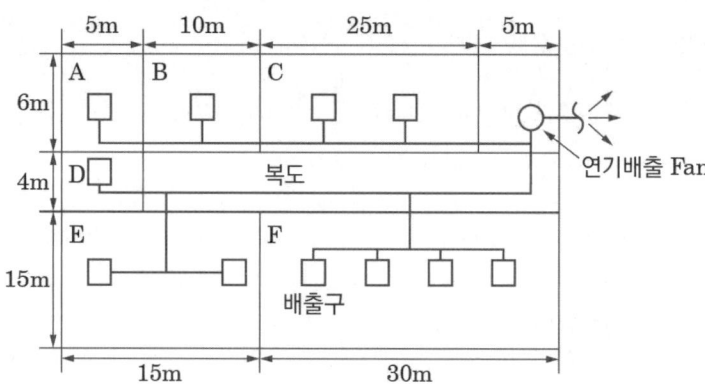

가. 제어댐퍼의 설치를 문제의 그림에 표시하고 번호(예시 : A_1, A_2, B_1, B_2 …)를 부여하시오. (단, 댐퍼의 표기는 "⊘"기호를 사용한다)

나. 각 실의 최소 소요배출량[m^3/h]을 계산하시오.

　1) A실

　　○ 계산과정 :

　　○ 답 :

　2) B실

　　○ 계산과정 :

　　○ 답 :

　3) C실

　　○ 계산과정 :

　　○ 답 :

　4) D실

　　○ 계산과정 :

　　○ 답 :

　5) E실

　　○ 계산과정 :

　　○ 답 :

　6) F실

　　○ 계산과정 :

　　○ 답 :

다. 배출 FAN의 소요 최소 배출용량[CMH]은? (CMH : m^3/h)

　○ 답 :

라. C실에서 화재발생 시 제어댐퍼의 작동 상황(개폐 여부)에 대하여 답하시오. (단, '가'에서 부여한 댐퍼 번호를 이용한다)

　1) 폐쇄댐퍼(번호기록) :

　2) 개방댐퍼(번호기록) :

정답

가.

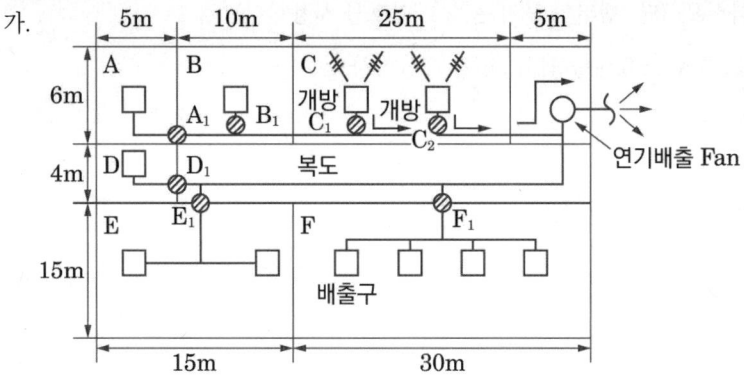

나. 계산과정

1) A실

(1) 바닥면적 : $5 \times 6 = 30 [m^2]$ → 바닥면적이 400 $[m^2]$ 미만
(2) 배출량

$30[m^2] \times 1[CMM/m^2] = 30[CMM]$

→ 최소 배출량 $5000[CMH](=83.33[CMM])$보다 작으므로
배출량은 $5000[m^3/h]$이다.

답 | A실 5000 [CMH]

2) B실

(1) 바닥면적 : $10 \times 6 = 60[m^2]$ → 바닥면적이 400 $[m^2]$ 미만
(2) 배출량

$60[m^2] \times 1[CMM/m^2] = 60[CMM]$

→ 최소 배출량 $5000[CMH](=83.33[CMM])$보다 작으므로
배출량은 $5000[m^3/h]$이다.

답 | B실 5000 [CMH]

3) C실

(1) 바닥면적 : $25 \times 6 = 150[m^2]$ → 바닥면적이 400 $[m^2]$ 미만
(2) 배출량

$150[m^2] \times 1[CMM/m^2] = 150[CMM]$

→ 최소 배출량 $5000[CMH](=83.33[CMM])$보다 크므로
배출량은 $150[m^3/\min]$이다.

∴ $150[m^3/\min] \times \dfrac{60[\min]}{1[hr]} = 9000[m^3/h]$

답 | C실 9000 [CMH]

4) D실

(1) 바닥면적 : $4 \times 5 = 20[m^2]$ → 바닥면적이 400 $[m^2]$ 미만

(2) 배출량

$20[m^2] \times 1[CMM/m^2] = 20[CMM]$

→ 최소 배출량 $5000[CMH](=83.33[CMM])$보다 작으므로
배출량은 $5000[m^3/h]$이다.

답 | D실 5000 [CMH]

5) E실

(1) 바닥면적 : $15 \times 15 = 225[m^2]$ → 바닥면적이 400 [m²] 미만

(2) 배출량

$225[m^2] \times 1[CMM/m^2] = 225[CMM]$

→ 최소 배출량 $5000[CMH](=83.33[CMM])$보다 크므로
배출량은 $225[m^3/\min]$이다.

$\therefore 225[m^3/\min] \times \dfrac{60[\min]}{1[hr]} = 13500[m^3/h]$

답 | E실 13500 [CMH]

6) F실

(1) 바닥면적 : $30 \times 15 = 450[m^2]$ → 바닥면적이 400 [m²] 이상

따라서 예상제연구역이 직경 40 [m]인 원의 범위 안에 들어오는지 확인한다.

(2) 실의 대각선 길이 : $\sqrt{30^2 + 15^2} = 33.54[m]$

예상제연구역이 직경 40 [m]인 원의 범위 안에 있으므로

(3) 배출량 : 40000 [m³/h]

답 | F실 40000 [CMH]

다. 40000 [CMH]

라. 1) 폐쇄댐퍼 : A_1, B_1, D_1, E_1, F_1

2) 개방댐퍼 : C_1, C_2

※ 추가 해설

C실에서 화재발생 시 C실에서 연기 배출을 해야 하므로 C실의 제어댐퍼를 개방하고, 나머지 실의 제어댐퍼는 폐쇄한다.

참고 제연설비의 화재안전기술기준(NFTC 501) – 배출량

1. 거실의 바닥면적이 400 [m²] 미만으로 구획된 예상제연구역에 대한 배출량

바닥면적 1 [m²]당 1 [m³/min] 이상으로 하되, 예상제연구역에 대한 최소 배출량은 5000 [m³/hr] 이상으로 할 것

$Q = A[m^2] \times 1[m^3/\min \cdot m^2] \times 60[\min/hr]$

여기서 Q : 배출량 [m³/hr] (최소 배출량은 5000 [m³/hr] 이상)

A : 바닥면적 [m²]

2. 바닥면적 400 [m²] 이상인 거실의 예상제연구역의 배출량
   1) 예상제연구역이 직경 40 [m]인 원의 범위 안에 있을 경우
   배출량 40000 [m³/hr] 이상
   다만 예상제연구역이 제연경계로 구획된 경우에는 그 수직거리에 따른 배출량으로 산정

수직거리	배출량
2 [m] 이하	40000 [m³/hr] 이상
2 [m] 초과 2.5 [m] 이하	45000 [m³/hr] 이상
2.5 [m] 초과 3 [m] 이하	50000 [m³/hr] 이상
3 [m] 초과	60000 [m³/hr] 이상

   2) 예상제연구역이 직경 40 [m]인 원의 범위를 초과할 경우
   배출량 45000 [m³/hr] 이상
   다만 예상제연구역이 제연경계로 구획된 경우에는 그 수직거리에 따른 배출량으로 산정

수직거리	배출량
2 [m] 이하	45000 [m³/hr] 이상
2 [m] 초과 2.5 [m] 이하	50000 [m³/hr] 이상
2.5 [m] 초과 3 [m] 이하	55000 [m³/hr] 이상
3 [m] 초과	65000 [m³/hr] 이상

10

득점 / 배점 11

다음과 같이 휘발유탱크 1기와 경유탱크 1기를 옥외탱크저장소에 설치하려고 한다. [조건]을 참조하여 다음 각 물음에 답하시오. (단, 그림에서 길이 단위는 [mm]이다)

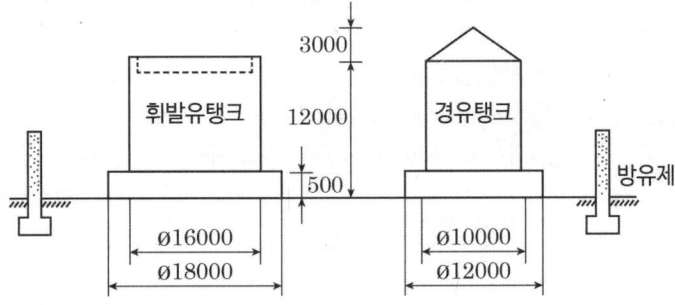

조건

(1) 휘발유 저장탱크
- 2000 [m³]으로 지정수량의 10000배가 저장되어 있다.
- 부상지붕구조의 플로팅루프탱크가 설치되어 있다.
- 탱크 내 측면과 굽도리판 사이의 거리는 0.6 [m]이다.
- 특형 방출구 수는 2개이다.

(2) 경유 저장탱크
- 콘루프탱크가 설치되어 있다.
- Ⅱ형 방출구 수는 2개이다.

(3) 약제는 수성막포 3 [%]형을 사용한다.

(4) 보조포소화전은 2개를 설치하고, 방출구는 쌍구형으로 한다.

(5) 송액관은 호칭경 100 A, 길이 50 [m]를 설치한다. (단, 호칭경을 내경으로 가정한다)

(6) 고정포방출구의 방출량 및 방사시간

포방출구의 종류 방출량 및 방사시간 위험물의 종류	Ⅰ형		Ⅱ형		특형	
	방출량 [L/m²·분]	방사시간 [분]	방출량 [L/m²·분]	방사시간 [분]	방출량 [L/m²·분]	방사시간 [분]
제4류 위험물(수용성의 것을 제외) 중 인화점이 섭씨 21 [℃] 미만의 것	4	30	4	55	8	30
제4류 위험물(수용성의 것을 제외) 중 인화점이 섭씨 21 [℃] 이상 70 [℃] 미만인 것	4	20	4	30	8	20
제4류 위험물(수용성의 것을 제외) 중 인화점이 섭씨 70 [℃] 이상인 것	4	15	4	25	8	15
제4류 위험물 중 수용성의 것인 것	-	-	-	-	-	-

(7) 옥외탱크저장소의 보유공지

옥외저장탱크의 주위에는 그 저장 또는 취급하는 위험물의 최대 수량에 따라 옥외저장탱크의 측면으로부터 다음 표에 의한 너비의 공지를 보유하여야 한다.

저장 또는 취급하는 위험물의 최대 수량	공지의 너비
지정수량의 500배 이하	3 [m] 이상
지정수량의 500배 초과 1000배 이하	5 [m] 이상
지정수량의 1000배 초과 2000배 이하	9 [m] 이상
지정수량의 2000배 초과 3000배 이하	12 [m] 이상

저장 또는 취급하는 위험물의 최대 수량	공지의 너비
지정수량의 3000배 초과 4000배 이하	15 [m] 이상
지정수량의 4000배 초과	당해 탱크의 수평단면의 최대 지름과 높이 중 큰 것과 같은 거리 이상. 다만 30 [m] 초과의 경우에는 30 [m] 이상으로 할 수 있고, 15 [m] 미만인 경우에는 15 [m] 이상으로 하여야 한다.

(8) 포소화약제 저장탱크용량 (단, 저장탱크의 용량은 포소화약제의 저장량을 의미한다)

―――――――[보기]―――――――
700 [L], 750 [L], 800 [L], 850 [L], 900 [L], 1000 [L], 1200 [L]

가. 다음 A, B, C, D의 법적으로 가능한 최소 거리[m]를 구하시오. (단, 탱크 측판의 보온 두께는 무시한다)

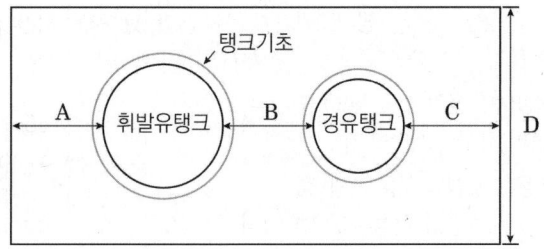

1) A(휘발유탱크 측판과 방유제 내측거리)[m]
   ○ 계산과정 :
   ○ 답 :

2) B(휘발유탱크 측판과 경유탱크 측판거리) [m] (단, 휘발유탱크만 보유공지 단축을 위한 기준에 적합한 물분무소화설비가 설치되어 있다)
   ○ 계산과정 :
   ○ 답 :

3) C(경유탱크 측판과 방유제 내측거리) [m]
   ○ 계산과정 :
   ○ 답 :

4) D(방유제 최소 폭) [m]
   ○ 계산과정 :
   ○ 답 :

나. 포소화약제 저장탱크용량[L]을 구하고, 포수용액을 토출하는 가압송수장치의 토출량[L/min], 최소 수원의 양[L]을 각각 계산하시오.

1) 포소화약제 저장탱크용량[L]

  ○ 계산과정 :

  ○ 답 :

2) 포수용액을 토출하는 가압송수장치의 토출량[L/min]

  ○ 계산과정 :

  ○ 답 :

3) 최소 수원의 양[L] (단, 소수점 이하는 절삭하여 정수로 표기하시오)

  ○ 계산과정 :

  ○ 답 :

다. 포소화약제의 혼합방식 중 펌프와 발포기의 중간에 설치된 벤추리관의 벤추리 작용과 펌프 가압수의 포소화약제 저장탱크에 대한 압력에 따라 포소화약제를 흡입·혼합하는 방식은 무엇인가?

  ○ 답 :

정답

가. 탱크 측판과 방유제 내측거리기준

탱크지름	이격거리
15 [m] 미만	탱크 높이의 $\frac{1}{3}$ 이상
15 [m] 이상	탱크 높이의 $\frac{1}{2}$ 이상

1) A(휘발유탱크 측판과 방유제 내측거리) [m]

  계산과정 : $A = 12 \times \frac{1}{2} = 6$ [m]   답 | 6 [m]

2) B(휘발유탱크 측판과 경유탱크 측판 사이 거리) [m]
  (단, 휘발유탱크만 보유공지 단축을 위한 기준에 적합한 물분무소화설비가 설치되어 있다)

  계산과정
  ① 휘발유탱크
    조건 (1)에 따라 휘발유탱크는 지정수량의 10000배이므로 조건 (7)의 표에서 '지정수량의 4000배 초과'를 적용한다.
    휘발유탱크의 공지너비는 탱크의 최대 지름(16 [m])과 탱크의 높이(12 [m]) 중 큰 것과 같은 거리 이상이므로 휘발유탱크의 공지너비 = 16 [m] 이상단, 보유공지 단축을 위한 기준에 적합한 물분무소화설비가 설치되어 있으므로 그 보유공지를 위에서 산출한 공지너비의 2분의 1 이상의 너비(최소 3 [m] 이상)로 할 수 있다.

〈위험물안전관리법 시행규칙 [별표 6] 옥외탱크저장소의 위치·구조 및 설비의 기준〉

⇨ 휘발유탱크의 보유공지 = $16[m] \times \dfrac{1}{2} = 8[m]$ 이상

② 경유탱크

$$지정수량의 배수 = \dfrac{탱크의 저장량}{지정수량}$$

경유탱크의 저장량 : $\dfrac{\pi \times 10^2}{4}[m^2] \times (12-0.5)[m] = 903.20789[m^3]$

$= 903207.89[L]$

경유(제4류 위험물 제2석유류 비수용성)의 지정수량 : 1000 [L]

따라서 지정수량의 배수 = $\dfrac{903207.89[L]}{1000[L]} ≒ 903[배]$

경유탱크의 저장량은 지정수량의 903배이므로 조건 (7)의 표에서 '지정수량의 500배 초과 1000배 이하'를 적용한다.

⇨ 경유탱크의 보유공지 = 5 [m] 이상

∴ B = 8 [m] (보유공지 중 최댓값 선정)

답 | 8 [m]

3) C(경유탱크 측판과 방유제 내측거리) [m]

계산과정 : C = $12 \times \dfrac{1}{3}$ = 4 [m]

답 | 4 [m]

4) D(방유제 최소 폭) [m]

계산과정 : D = 6 + 16 + 6 = 28 [m]

답 | 28 [m]

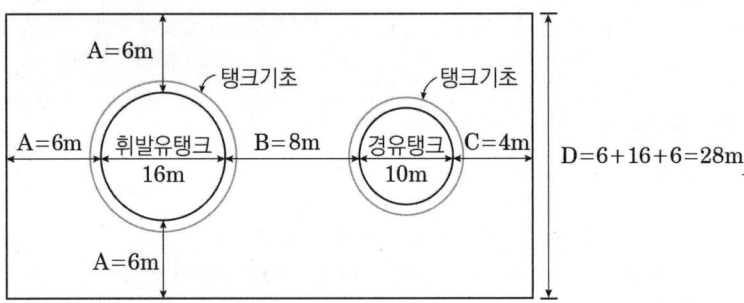

☑ **2017년 2회차 2번 기출 문제와 비교**

2017년 2회차 2번 문제에서 'B(휘발유탱크 측판과 경유탱크 측판거리)[m]'를 구할 때, 단서조항에 (단, 휘발유탱크만 보유공지 단축을 위한 기준에 적합한 물분무소화설비가 설치되어 있다)가 명시되어 있지 않으나, 위 문제는 물분무소화설비에 대한 단서조항이 있으므로 공지너비의 2분의 1이상의 너비로 할 수 있다.

> **참고** 위험물안전관리법 시행령 [별표 1] – 위험물 및 지정수량(제2조 및 제3조 관련)

위험물			지정수량
유별	성질	품명	
제4류	인화성 액체	1. 특수인화물	50 [L]
		2. 제1석유류 — 비수용성 액체(휘발유)	200 [L]
		2. 제1석유류 — 수용성 액체	400 [L]
		3. 알코올류	400 [L]
		4. 제2석유류 — 비수용성 액체(경유)	1000 [L]
		4. 제2석유류 — 수용성 액체	2000 [L]
		5. 제3석유류 — 비수용성 액체	2000 [L]
		5. 제3석유류 — 수용성 액체	4000 [L]
		6. 제4석유류	6000 [L]
		7. 동식물유류	10000 [L]

1. "위험물"이라 함은 인화성 또는 발화성 등의 성질을 가지는 것으로서 대통령령이 정하는 물품을 말한다.
2. "지정수량"이라 함은 위험물의 종류별로 위험성을 고려하여 대통령령이 정하는 수량으로서 제조소 등(제조소·저장소 및 취급소)의 설치허가 등에 있어서 최저의 기준이 되는 수량을 말한다.

나. 계산과정

1) 포소화약제 저장탱크용량 [L]

① 고정포

휘발유탱크 : $Q[L] = A[m^2] \times Q_A[L/m^2 \cdot min] \times T[min] \times S$

$$= \frac{\pi \times (16^2 - 14.8^2)}{4}[m^2] \times 8[L/m^2 \cdot min] \times 30[min] \times 0.03$$

$$= 209.004[L]$$

경유탱크 : $Q[L] = A[m^2] \times Q_A[L/m^2 \cdot min] \times T[min] \times S$

$$= \frac{\pi \times 10^2}{4}[m^2] \times 4[L/m^2 \cdot min] \times 30[min] \times 0.03$$

$$= 282.743[L]$$

→ 최댓값 282.743 [L] 산정

② 보조포 : $Q[L] = N \times 400[L/min] \times 20[min] \times S$

$$= 3[개] \times 400[L/min] \times 20[min] \times 0.03 = 720[L]$$

③ 배관 보정량 : $Q[L] = V[m^3] \times S \times 1000[L/m^3]$

$$= \left(\frac{\pi \times 0.1^2}{4}[m^2] \times 50[m]\right) \times 0.03 \times 1000[L/m^3]$$

$$= 11.781[L]$$

∴ ① + ② + ③ = 282.743 + 720 + 11.781 = 1014.524 [L]
포소화약제 최소 저장량이 1014.524 [L]이므로 조건 (8)에 따라 탱크용량은 1200 [L]로 한다.

답 | 1200 [L]

2) 포수용액을 토출하는 가압송수장치의 토출량[L/min]

① 고정포 : $Q[L/min] = A[m^2] \times Q_A[L/m^2 \cdot min]$

$$= \frac{\pi \times 10^2}{4}[m^2] \times 4[L/m^2 \cdot min] = 314.159[L/min]$$

② 보조포 : $Q[L] = N \times 400[L/min]$

$$= 3[개] \times 400[L/min] = 1200[L/min]$$

∴ ① + ② = 314.159 + 1200 = 1514.159 ≒ 1514.16 [L/min]

답 | 1514.16 [L/min]

3) 최소 수원의 양[L]

① 고정포 : $Q[L] = A[m^2] \times Q_A[L/m^2 \cdot min] \times T[min] \times (1-S)$

$$= \frac{\pi \times 10^2}{4}[m^2] \times 4[L/m^2 \cdot min] \times 30[min] \times 0.97$$

$$= 9142.035[L]$$

② 보조포 : $Q[L] = N \times 400[L/min] \times 20[min] \times (1-S)$

$$= 3[개] \times 400[L/min] \times 20[min] \times 0.97 = 23280[L]$$

③ 배관 보정량 : $Q[L] = V[m^3] \times (1-S) \times 1000[L/m^3]$

$$= \left(\frac{\pi \times 0.1^2}{4}[m^2] \times 50[m]\right) \times 0.97 \times 1000[L/m^3]$$

$$= 380.918[L]$$

∴ ① + ② + ③ = 9142.035 + 23280 + 380.918 = 32802.953 ≒ 32802 [L]
(문제 조건에 따라 소수점 이하 절삭)

답 | 32802 [L]

핵심이론 포소화약제의 저장량 – 고정포방출구방식

포소화약제 저장량 Q = 고정포방출구에서 방출하기 위해 필요한 양 Q_1 + 보조포소화전에서 방출하기 위해 필요한 양 Q_2 + 송액관에 충전하기 위해 필요한 양 Q_3

고정포방출구방식은 다음의 양을 합한 양 이상으로 할 것

1) 고정포방출구에서 방출하기 위하여 필요한 양

$$Q_1 = A \cdot Q_A \cdot T \cdot S$$

Q_1 : 포소화약제의 양 [L]
A : 탱크의 액표면적 [m²]
Q_A : 단위 포소화수용액의 양 [L/m² · min]
T : 방출시간 [min]
S : 포소화약제의 사용농도 [%]

2) 보조포소화전에서 방출하기 위하여 필요한 양

$$Q_2 = N \cdot 8000 \cdot S$$

Q_2 : 포소화약제의 양 [L]
N : 호스 접결구의 수(3개 이상인 경우는 3개)
S : 포소화약제의 사용농도 [%]

3) 가장 먼 탱크까지의 송액관에 충전하기 위하여 필요한 양(내경 75 [mm] 이하의 송액관은 제외)

$$Q_3 = V \times S \times 1000 [L/m^3]$$

Q_3 : 포소화약제의 양 [L]
V : 송액관 내부의 체적 [m³]
S : 포소화약제의 사용농도 [%]

* 송액관 : 수원으로부터 포헤드, 고정포방출구 또는 이동식 노즐에 급수하는 배관

다. 프레셔 프로포셔너방식

참고 포소화약제의 혼합장치

종류	설명
라인 프로포셔너 방식	펌프와 발포기의 중간에 설치된 벤추리관의 벤추리작용에 따라 포소화약제를 흡입·혼합하는 방식
펌프 프로포셔너 방식	펌프의 토출관과 흡입관 사이의 배관 도중에 설치한 흡입기에 펌프에서 토출된 물의 일부를 보내고, 농도 조정밸브에서 조정된 포소화약제의 필요량을 포소화약제 탱크에서 펌프 흡입 측으로 보내어 이를 혼합하는 방식
프레셔 프로포셔너 방식	펌프와 발포기의 중간에 설치된 벤추리관의 벤추리작용과 펌프 가압수의 포소화약제 저장탱크에 대한 압력에 따라 포소화약제를 흡입·혼합하는 방식이다.

종류	설명	
프레셔 사이드 프로포셔너 방식	펌프의 토출관에 압입기를 설치하여 포소화약제 압입용 펌프로 포소화약제를 압입시켜 혼합하는 방식이다.	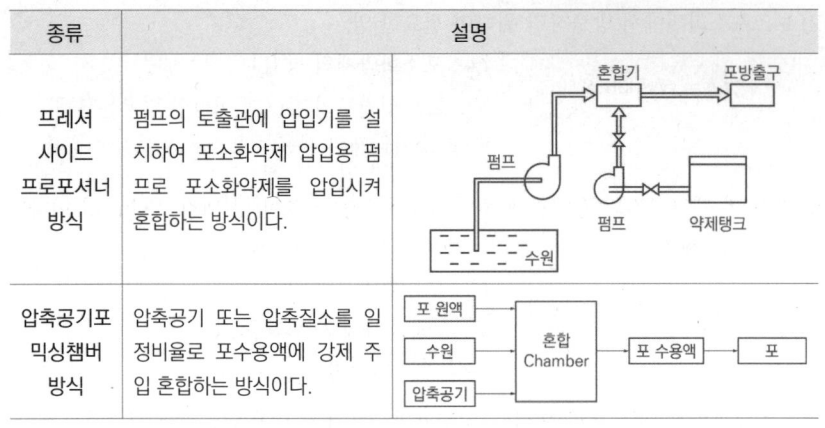
압축공기포 믹싱챔버 방식	압축공기 또는 압축질소를 일정비율로 포수용액에 강제 주입 혼합하는 방식이다.	

11   배점 5

할론소화약제에 대한 다음의 물음에 답하시오.

> **조건**
> (1) ODP(오존층파괴지수)가 할론소화약제 중 가장 높다.
> (2) 독성이 할론소화약제 중 가장 낮다.
> (3) 열분해 시 미량의 독성 물질이 발생되나, 인체에 대한 안전성은 매우 높은 편이다.

가. 조건을 참고하여 해당하는 할론소화약제의 명칭을 쓰시오.
  ○ 답 :

나. 내용적이 68 [L]인 약제저장용기에 조건의 할론소화약제를 저장하려고 한다. 이때 한 병당 저장할 수 있는 약제의 최대 저장량은 몇 [kg]인가?
  ○ 계산과정 :
  ○ 답 :

다. 체적이 950 [m³]인 전기실에 전역방출방식으로 할론소화설비를 설치하려고 한다. 위의 '가', '나'문항의 답을 적용하여 저장용기실에 보관할 최소 용기 수를 구하시오. (단, 개구부는 무시한다)
  ○ 계산과정 :
  ○ 답 :

정답

가. 할론 1301

나. 계산과정

> **할론소화설비의 화재안전기술기준(NFTC 107)**
> 2.1.2.2 저장용기의 충전비는 할론 2402를 저장하는 것 중 가압식 저장용기는 0.51 이상 0.67 미만, 축압식 저장용기는 0.67 이상 2.75 이하, 할론 1211은 0.7 이상 1.4 이하, 할론 1301은 0.9 이상 1.6 이하로 할 것

$$충전비 = \frac{소화약제\ 저장용기의\ 내부용적\,[L]}{소화약제의\ 중량\,[kg]}$$

① 충전비가 0.9일 때 소화약제 중량[kg]

$$0.9 = \frac{68\,[L]}{소화약제\ 중량\,[kg]},\ 소화약제\ 중량 = 75.56\,[kg]$$

② 충전비가 1.6일 때 소화약제 중량[kg]

$$1.6 = \frac{68\,[L]}{소화약제\ 중량\,[kg]},\ 소화약제\ 중량 = 42.5\,[kg]$$

따라서 한 병당 저장할 수 있는 약제의 최대 저장량은 75.56 [kg]

답 | 75.56 [kg]

다. 계산과정

① 소요 약제량

W = (V × α) + (A × β) = 950 [m³] × 0.32 [kg/m³] = 304 [kg]

② 용기 수

$$병\ 수 = \frac{최소\ 필요한\ 약제량\,[kg]}{한\ 병당\ 약제\ 저장량\,[kg/병]} = \frac{304\,[kg]}{75.56\,[kg/병]} = 4.023 ≒ 5\,[병]$$

답 | 5 [병]

참고 할론소화설비(할론 1301) 전역방출방식 약제량 산정

W = (V × α) + (A × β)

W : 약제량 [kg], V : 방호구역체적 [m³]
α : 방호구역 1 [m³]에 대한 소화약제의 양 [kg/m³]
A : 개구부면적 [m²], β : 개구부 가산량 [kg/m²]
(개구부에 자동폐쇄장치 미설치 시 가산)

보충 ▶ 저장용기의 내부 용적이 정해져 있을 때, 충전비가 작아질수록 용기에 저장하는 소화약제의 중량이 커진다.

소방대상물 또는 그 부분	방호구역의 체적 1 [m³]당 소화약제의 양 [kg/m³] α	개구부 가산량 [kg/m²] β
• 차고, 주차장, <u>전기실</u>, 전산실, 통신기기실 등 이와 유사한 전기설비 • 특수가연물(가연성 고체류, 가연성 액체류, 합성수지류)을 저장·취급하는 소방대상물 또는 그 부분	<u>0.32 이상</u> 0.64 이하	2.4
특수가연물(면화류, 나무껍질 및 대팻밥, 넝마 및 종이부스러기, 사류, 볏짚류, 목재가공품 및 나무부스러기)을 저장·취급하는 소방대상물 또는 그 부분	0.52 이상 0.64 이하	3.9

답 | 5 [병]

12

득점 / 배점 5

안지름이 각각 36 [cm]와 24 [cm]의 원관이 직접 연결되어 있다. 안지름이 큰 관에서 작은 관 방향으로 매초 230 [L]의 물이 흐르고 있을 때 돌연축소부분에서의 손실[kPa]을 구하시오. (단, 중력가속도는 9.8 [m/s²]이고, 부차적 손실계수는 0.86이다)

O 계산과정 :

O 답 :

정답

☑ 계산과정

① 유속 $V_2 = \dfrac{Q}{A_2} = \dfrac{4Q}{\pi D^2} = \dfrac{4 \times 0.23 [m^3/s]}{\pi \times 0.24^2 [m^2]} = 5.0841 ≒ 5.084 [m/s]$

② 손실수두 $H[m] = K\dfrac{V_2^2}{2g} = 0.86 \times \dfrac{5.084^2}{2 \times 9.8} = 1.134 [m]$

③ 손실압력 $P[kPa] = \gamma h = 9.8 [kN/m^3] \times 1.134 [m] = 11.113 ≒ 11.11 [kPa]$

답 | 11.11 [kPa]

돌연 축소관 손실수두

$$h = \frac{(V_0 - V_2)^2}{2g} = K\frac{V_2^2}{2g}$$

h_L : 부차적 손실수두 [m]
K : 손실계수
$$\left[K = \left(\frac{A_2}{A_0} - 1\right)^2 = \left(\frac{1}{C_c} - 1\right)^2\right]$$
C_c : 수축계수 $\left[C_c = \frac{A_0}{A_2}\right]$
V : 유속 [m/s]
g : 중력가속도 [m/s²]

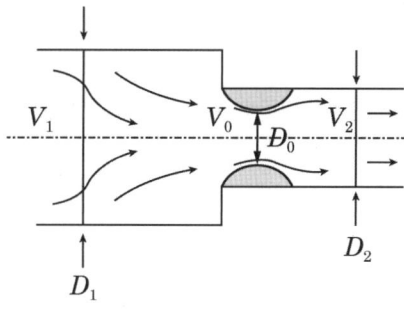

돌연 확대관 손실수두

$$h_L = \frac{(V_1 - V_2)^2}{2g} = K\frac{V_1^2}{2g}$$

h_L : 부차적 손실수두 [m]
K : 손실계수 $\left[K = \left(1 - \frac{A_1}{A_2}\right)^2\right]$
V : 유속 [m/s]
g : 중력가속도 [m/s²]

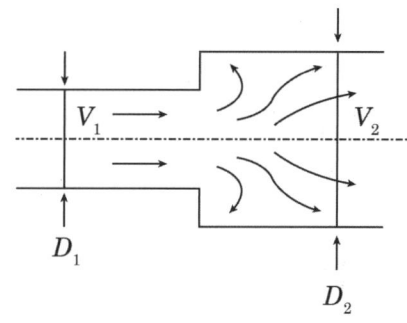

13   배점 5

A관을 흐르는 유량이 80 [L/s]이고, C관의 마찰손실은 4 [mAq]이며, B관의 유량이 30 [L/s]일 때 C관의 직경[mm]을 구하시오. (단, 마찰손실을 계산 시 하젠 윌리엄의 공식을 적용하고 C관의 조도(C)는 100이다)

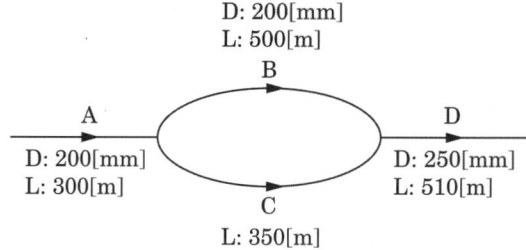

○ 계산과정 :

○ 답 :

정답

☑ 계산과정

하젠-윌리엄공식 $\triangle P[MPa] = 6.053 \times 10^4 \times \dfrac{Q[L/min]^{1.85}}{C^{1.85} \times D[mm]^{4.87}} \times L$

$\varDelta P$: 마찰손실압력 [MPa]
Q : 유량 [L/min], C : 조도
D : 직경 [mm], L : 배관의 길이 [m]

① C관에 흐르는 유량 Q_C

$Q_A = Q_B + Q_C$

$Q_C = Q_A - Q_B = 80 - 30 = 50[L/s] = 50[L/s] \times \dfrac{60[s]}{1[min]}$
$\quad = 3000[L/min]$

② 마찰손실수두[m]를 마찰손실압력[MPa]으로 변환

$\varDelta P_C = 4[mAq] \times \dfrac{0.101325[MPa]}{10.332[mAq]} = 0.039[MPa]$

③ 하젠-윌리엄공식에 대입하여 배관의 직경 D[mm] 도출

$0.039[MPa] = 6.053 \times 10^4 \times \dfrac{3000^{1.85}}{100^{1.85} \times D^{4.87}} \times 350$

∴ $D = 226.335 ≒ 226.34[mm]$

답 | 226.34 [mm]

▶ 참고

위 식에서 계산기 Solve 기능사용 시, 식이 복잡하므로 오래 기다려야 답이 도출된다.

14 | 득점 | | 배점 | 3 |

그림과 같이 바닥면이 자갈로 되어 있는 절연유 봉입 변압기에 물분무소화설비를 설치하고자 한다. 물분무소화설비의 화재안전기술기준을 참고하여 다음 각 물음에 답하시오.

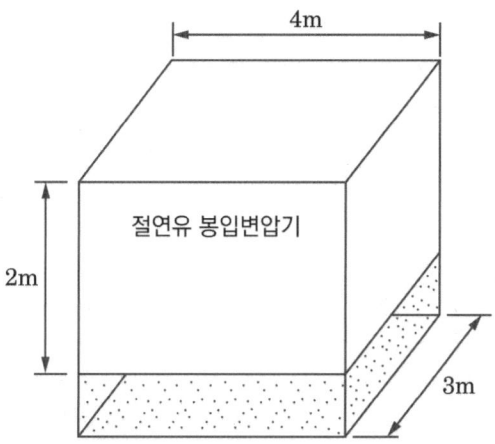

가. 소화 펌프의 최소 토출량[L/min]을 구하시오.

　○ 계산과정 :

　○ 답 :

나. 최소 수원의 양[m³]을 구하시오.

　○ 계산과정 :

　○ 답 :

정답

가. 계산과정

최소 토출량[L/min] = A[m²] × 10 [$L/min \cdot m^2$] (A : 바닥부분을 제외한 표면적)

① $A = (4[m] \times 2[m] \times 2[면]) + (3[m] \times 2[m] \times 2[면]) + (4[m] \times 3[m]) = 40[m^2]$

② $Q = 40[m^2] \times 10[L/m^2 \cdot min] = 400[L/min]$

답 | 400 [L/min]

나. 계산과정

수원의 양 $[m^3] = 400[L/min] \times 20[min] = 8000[L] = 8[m^3]$

답 | 8 [m³]

핵심이론 | 물분무소화설비 수원의 저수량

소방대상물	수원량 산정방법	비고
특수가연물을 저장·취급하는 특정소방대상물 또는 그 부분	A [m²] × 10 [L/min·m²] × 20 [min] 이상 (A : 바닥면적)	최대 방수구역의 바닥면적을 기준으로 함 50 [m²] 이하인 경우에는 50 [m²]
절연유 봉입 변압기	A [m²] × 10 [L/min·m²] × 20 [min] 이상 (A : 바닥부분을 제외한 표면적을 합한 면적)	-
컨베이어벨트 등	A [m²] × 10 [L/min·m²] × 20 [min] 이상 (A : 벨트 부분의 바닥면적)	-
케이블 트레이, 케이블 덕트 등	A [m²] × 12 [L/min·m²] × 20 [min] 이상 (A : 투영된 바닥면적)	-
차고·주차장	A [m²] × 20 [L/min·m²] × 20 [min] 이상 (A : 바닥면적)	최대 방수구역의 바닥면적을 기준으로 함 50 [m²] 이하인 경우에는 50 [m²]

15   배점 6

소화용수설비를 설치하는 지하 2층, 지상 3층의 특정소방대상물의 연면적이 38500 [m²]이고, 각 층의 바닥면적이 다음과 같을 때 물음에 답하시오.

층수	지하 2층	지하 1층	지상 1층	지상 2층	지상 3층
바닥면적	2500 [m²]	2500 [m²]	13500 [m²]	13500 [m²]	6500 [m²]

가. 소화수조의 저수량[m³]을 구하시오.

   ○ 계산과정 :

   ○ 답 :

나. 저수조에 설치하여야 할 흡수관투입구 및 채수구의 최소 설치개수[개]를 구하시오.

   ○ 답
   - 흡수관투입구의 개수 :
   - 채수구의 개수 :

다. 저수조에 설치하는 가압송수장치의 송수량[L/min]은?

   ○ 답 :

정답

가. 계산과정

① 기준면적

지상 1, 2층의 바닥면적의 합계(13500 + 13500 = 27000 [m²])가 15000 [m²] 이상이므로

기준면적 = 7500 [m²]

② 저수량

$$\frac{연면적}{기준면적} = \frac{38500\,[m^2]}{7500\,[m^2]} = 5.13 ≒ 6\ (소수점\ 이하\ 절상)$$

$6 \times 20\,[m^3] = 120\,[m^3]$

📌 핵심이론 소화수조 또는 저수조의 저수량

소화수조 또는 저수조의 저수량은 소방대상물의 연면적을 기준면적으로 나누어 얻은 수(소수점 이하의 수는 1로 본다)에 20 [m³]을 곱한 양 이상이 되도록 해야 한다.

[소방대상물별 기준면적]

소방대상물의 구분	기준면적
1층 2층 바닥면적 합계가 15000 [m²] 이상인 소방대상물	7500 [m²]
그 외	12500 [m²]

※ 소화수조 저수량

$$[m^3] = \frac{소방대상물의\ 연면적\,[m^2]}{기준면적\,[m^2]}(소수점\ 이하절상) \times 20\,[m^3]$$

답 | 120 [m³]

나. • 흡수관투입구의 개수 : 2개
   • 채수구의 개수 : 3개

📌 핵심이론 소화수조 및 저수조 – 흡수관투입구와 채수구

소화수조 또는 저수조는 다음의 기준에 따라 흡수관투입구 또는 채수구를 설치해야 한다.

1. 흡수관투입구

지하에 설치하는 소화용수설비의 흡수관투입구는 그 한변이 0.6 [m] 이상이거나 직경이 0.6 [m] 이상인 것으로 하고, <u>소요수량이 80 [m³] 미만인 것은 1개 이상, 80 [m³] 이상인 것은 2개 이상을 설치</u>해야 하며, "흡수관투입구"라고 표시한 표지를 할 것

2. 채수구

1) 채수구는 다음 표에 따라 소방용 호스 또는 소방용 흡수관에 사용하는 구경 65 [mm] 이상의 나사식 결합금속구를 설치할 것

[소요수량에 따른 채수구의 수]

소요수량	20 [m³] 이상 40 [m³] 미만	40 [m³] 이상 100 [m³] 미만	100 [m³] 이상
채수구의 수	1개	2개	3개

2) 채수구는 지면으로부터의 높이가 0.5 [m] 이상 1 [m] 이하의 위치에 설치하고 "채수구"라고 표시한 표지를 할 것

다. 3300 [L/min]

핵심이론 소화수조 및 저수조 – 가압송수장치

1. 소화수조 또는 저수조가 지표면으로부터의 깊이(수조 내부바닥까지의 길이를 말함)가 4.5 [m] 이상인 지하에 있는 경우에는 다음 표에 따라 가압송수장치를 설치해야 한다. 다만 기준에 따른 저수량을 지표면으로부터 4.5 [m] 이하인 지하에서 확보할 수 있는 경우에는 소화수조 또는 저수조의 지표면으로부터의 깊이에 관계없이 가압송수장치를 설치하지 않을 수 있다.

[소요수량에 따른 가압송수장치의 1분당 양수량]

소요수량	20 [m³] 이상 40 [m³] 미만	40 [m³] 이상 100 [m³] 미만	100 [m³] 이상
가압송수장치의 1분당 양수량	1100 [L/min] 이상	2200 [L/min] 이상	3300 [L/min] 이상

2. 소화수조가 옥상 또는 옥탑의 부분에 설치된 경우에는 지상에 설치된 채수구에서의 압력이 0.15 [MPa] 이상이 되도록 해야 한다.

16

포소화설비의 화재안전기술기준에 관한 다음 ( ) 안을 완성하시오.

포소화설비의 수동식 기동장치는 다음의 기준에 따라 설치해야 한다.
1. 직접조작 또는 원격조작에 따라 (㉠)·수동식 개방밸브 및 소화약제 혼합장치를 기동할 수 있는 것으로 할 것
2. 2 이상의 (㉡)을 가진 포소화설비에는 방사구역을 선택할 수 있는 구조로 할 것
3. 기동장치의 조작부는 화재 시 쉽게 접근할 수 있는 곳에 설치하되, 바닥으로부터 (㉢) [m] 이상 (㉣) [m] 이하의 위치에 설치하고, 유효한 보호장치를 설치할 것
4. 기동장치의 조작부 및 호스 (㉤)에는 가까운 곳의 보기 쉬운 곳에 각각 "기동장치의 조작부" 및 "(㉤)"라고 표시한 표지를 설치할 것
5. 차고 또는 주차장에 설치하는 포소화설비의 수동식 기동장치는 방사구역마다 1개 이상 설치할 것
6. 항공기격납고에 설치하는 포소화설비의 수동식 기동장치는 각 방사구역마다 2개 이상을 설치하되, 그중 1개는 각 방사구역으로부터 가장 가까운 곳 또는 조작에 편리한 장소에 설치하고, 1개는 화재감지기의 (㉥)를 설치한 감시실 등에 설치할 것

㉠   ㉡
㉢   ㉣
㉤   ㉥

정답

㉠ 가압송수장치   ㉡ 방사구역
㉢ 0.8   ㉣ 1.5
㉤ 접결구   ㉥ 수신기

2022년 2회

2022.07.24

01 배점 12

가로 15 [m], 세로 14 [m], 높이 3.5 [m]인 전산실에 할로겐화합물 및 불활성기체소화약제 중 HFC-23과 IG-541을 사용할 시 [조건]을 참고하여 다음 각 물음에 답하시오.

조건
(1) HFC-23의 소화농도는 A, C급 화재는 38 [%], B급 화재는 35 [%]이다.
(2) HFC-23의 저장용기는 68 [L]이며, 충전밀도는 720.8 [kg/m³]이다.
(3) IG-541의 소화농도는 33 [%]이다.
(4) IG-541의 저장용기는 80 [L]용 15.8 [m³/병]을 적용하며, 충전압력은 19.996 [MPa]이다.
(5) 소화약제량 산정 시 선형상수를 이용하도록 하며, 방출 시 기준온도는 30 [℃]이다.

소화약제	K_1	K_2
HFC-23	0.3164	0.0012
IG-541	0.65799	0.00239

(6) 전산실의 화재는 전기화재로 가정한다.

가. HFC-23의 필요한 약제량은 최소 몇 [kg]인가?
　○ 계산과정 :
　○ 답 :

나. HFC-23의 저장용기 수는 최소 몇 병인가?
　○ 계산과정 :
　○ 답 :

다. 배관구경 산정조건에 따라 HFC-23의 약제량 방출 시 유량은 몇 [kg/s]인가?
　○ 계산과정 :
　○ 답 :

라. IG-541의 필요한 약제량은 몇 [m^3]인가?

　○ 계산과정 :

　○ 답 :

마. IG-541의 저장용기 수는 최소 몇 병인가?

　○ 계산과정 :

　○ 답 :

바. 배관구경 산정조건에 따라 IG-541의 약제량 방출 시 유량은 몇 [m^3/s]인가?

　○ 계산과정 :

　○ 답 :

정답

가. 계산과정

> **핵심이론** 할로겐화합물소화설비의 소화약제량 산정 〈개정 2024.8.1.〉
>
> $$W[kg] = \frac{V[m^3]}{S[m^3/kg]} \times \left(\frac{C[\%]}{100 - C[\%]}\right)$$
>
> 여기서 W : 소화약제의 무게 [kg]
> V : 방호구역의 체적 [m³]
> S : 소화약제별 선형상수($K_1 + K_2 \times t$) [m³/kg]
> t : 방호구역의 최소예상온도 [℃]
> C : 체적에 따른 소화약제의 설계농도 [%]
> ⇒ 설계농도는 소화농도(%)에
> 안전계수[A급 화재 1.2, B급 화재 1.3, C급 화재 1.35]를 곱한 값 이상으로 할 것

$V = 15 \times 14 \times 3.5 = 735 [m^3]$

$S = K_1 + K_2 \times t[℃] = 0.3164 + (0.0012 \times 30) = 0.3524 [m^3/kg]$

$C = 38 \times 1.35 = 51.3 [\%]$ (안전계수 A급 화재는 1.2, B급 화재는 1.3, C급 화재는 1.35)

∴ $W = \frac{735}{0.3524} \times \frac{51.3}{100 - 51.3} = 2197.049 ≒ 2197.05 [kg]$

답 | 2197.05 [kg]

나. 계산과정

충전밀도 = $720.8 [kg/m^3] = 0.7208 [kg/L]$ (← 용기 1 [L]당 0.7208 [kg]의 약제를 충전할 수 있다는 의미)

한 병당 약제량 = $68[L] \times 0.7208 [kg/L] = 49.01 [kg]$

∴ 병 수 = $\frac{2197.05 [kg]}{49.01 [kg/병]} ≒ 44.82 \rightarrow 45$ [병]

답 | 45 [병]

다. 계산과정

① 설계농도의 95 [%]에 해당하는 약제량

$$W[kg] = \frac{V[m^3]}{S[m^3/kg]} \times \frac{C[\%] \times 0.95}{100 - C[\%] \times 0.95}$$

$$= \frac{735}{0.3524} \times \left(\frac{51.3 \times 0.95}{100 - 51.3 \times 0.95}\right) \fallingdotseq 1982.766 [kg]$$

② 방출 시 유량 $= \dfrac{W[kg]}{T[s]} = \dfrac{1982.766[kg]}{10[s]} = 198.2776 \fallingdotseq 198.28 [kg/s]$

답 | 198.28[kg/s]

라. 계산과정

> **핵심이론** 불활성기체소화설비의 소화약제량 산정 〈개정 2024.8.1.〉
>
> $$X[m^3] = 2.303 \times \frac{V_s[m^3/kg]}{S[m^3/kg]} \times \log\left[\frac{100}{100 - C[\%]}\right] \times V[m^3]$$
>
> 여기서 X : 소화약제의 부피 [m³]
> V_s : 20 [℃]에서 소화약제의 비체적[m³/kg]
> S : 소화약제별 선형상수($K_1 + K_2 \times t$)[m³/kg]
> t : 방호구역의 최소예상온도[℃]
> V : 방호구역의 체적 [m³]
> C : 체적에 따른 소화약제의 설계농도 [%]
> ⇒ 설계농도는 소화농도 [%]에
> 안전계수[A급 화재 1.2, B급 화재 1.3, C급 화재 1.35]를 곱한 값 이상으로 할 것

$V_S = K_1 + K_2 \times 20[℃] = 0.65799 + (0.00239 \times 20) = 0.70579 [m^3/kg]$

$S = K_1 + K_2 \times t[℃] = 0.65799 + (0.00239 \times 30) = 0.72969 [m^3/kg]$

$C = 33 \times 1.35 = 44.55 [\%]$

(안전계수 A급 화재는 1.2, B급 화재는 1.3, C급 화재는 1.35)

$\therefore X = 2.303 \times \left(\dfrac{0.70579}{0.72969}\right) \times \log_{10}\left[\dfrac{100}{100 - 44.55}\right] \times 735 = 419.30 [m^3]$

답 | 419.3 [m³]

마. 계산과정 : 병 수 $= \dfrac{419.3[m^3]}{15.8[m^3/병]} \fallingdotseq 26.537 \to 27 [병]$

답 | 27 [병]

바. 계산과정

① 설계농도의 95 [%]에 해당하는 약제량

$$X[m^3] = 2.303 \times \frac{V_S[m^3/kg]}{S[m^3/kg]} \times \log_{10}\left[\frac{100}{100 - C[\%] \times 0.95}\right] \times V[m^3]$$

$$= 2.303 \times \left(\frac{0.70579}{0.72969}\right) \times \log_{10}\left[\frac{100}{100 - 44.55 \times 0.95}\right] \times 735 = 391.295 [m^3]$$

② 방출 시 유량 $= \dfrac{X[m^3]}{T[s]} = \dfrac{391.295[m^3]}{120[s]} = 3.26 [m^3/s]$

답 | 3.26 [m³/s]

할로겐화합물 및 불활성기체소화설비의 화재안전기술기준(NFTC 107A)
2.7.3 배관의 구경은 해당 방호구역에 할로겐화합물소화약제는 10초 이내에, 불활성기체소화약제는 A·C급 화재 2분, B급 화재 1분 이내에 방호구역 각 부분에 최소 설계농도의 95 [%] 이상에 해당하는 약제량이 방출되도록 해야 한다.

02

득점 | 배점 5

기동용 수압개폐장치 중 압력챔버의 기능 3가지를 쓰시오.

①   ②   ③

정답

① 배관 내의 압력변동에 따라 펌프의 자동기동 및 정지
② 설비 내 충격 완화(수격작용방지)
③ 배관 내 순간적인 압력 변동으로부터 안정적인 압력을 감지함

03

득점 | 배점 5

특별피난 계단의 계단실 및 부속실 제연설비의 제연구역에 과압의 우려가 있는 경우 과압방지를 위해 해당 제연구역에 플랩댐퍼를 설치하고자 한다. 다음 각 물음에 답하시오.

가. 옥내에 급기가압에 따른 45 [Pa]의 차압이 걸려 있는 실의 문 크기가 가로 1 [m], 세로 2 [m]일 때 문을 개방하는 데 필요한 힘[N]을 구하시오. (단, 자동폐쇄장치나 경첩 등에 의한 저항력은 50 [N]이고, 문의 손잡이는 문의 가장자리에서 10 [cm] 위치에 있다)

○ 계산과정 :

○ 답 :

나. 플랩댐퍼의 설치 유무를 답하고 그 이유를 설명하시오. (단, 플랩댐퍼에 붙어 있는 경첩을 움직이는 힘은 40 [N]으로 한다)

○ 계산과정 :

○ 답 :

정답

가. 계산과정

문을 개방하는 데 필요한 힘
$$F = F_{dc} + F_P$$
$$= F_{dc} + K_d \cdot \Delta P \cdot A \cdot \frac{W}{2(W-d)}$$

여기서 F_{dc} : 도어체크의 저항력 [N]
F_P : 차압이 작용할 때 방화문을 개방하기 위한 힘 [N]
$(F_P = K_d \cdot \Delta P \cdot A \cdot \frac{W}{2(W-d)})$
K_d : 출입문의 마찰계수
ΔP : 제연구역과 비제연구역의 차압 [Pa]
A : 방화문 면적 [m²], W : 문의 폭 [m]
d : 손잡이에서 문의 끝까지의 거리[m]

$$F = F_{dc} + \Delta P \cdot A \cdot \frac{W}{2(W-d)}$$
$$F[N] = 50[N] + 45[Pa] \cdot (1[m] \times 2[m]) \cdot \frac{1[m]}{2(1[m] - 0.1[m])} = 100[N]$$
$$\therefore F = 100[N]$$

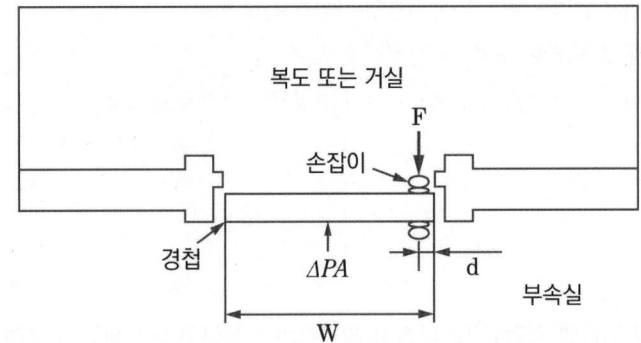

답 | 100 [N]

나. 계산과정

문을 개방하는 데 필요한 힘은 100 [N]으로 110 [N] 이하이기 때문에 플랩댐퍼는 설치하지 않아도 된다.

> 제연설비가 가동되었을 때 출입문의 개방에 필요한 힘은 110 [N] 이하이어야 한다.
> 소문항 '가'에서 문을 개방하는 데 필요한 힘은 100 [N]으로 110 [N] 이하이기 때문에 별도의 플랩댐퍼는 설치하지 않아도 된다(플랩댐퍼는 문개방에 필요한 힘이 110 [N]을 초과할 때 설치함).

답 | 설치하지 않는다.

보충 ▶ 플랩댐퍼 : 제연구역의 압력이 설정압력범위를 초과하는 경우 제연구역의 압력을 배출하여 설정압력 범위를 유지하게 하는 과압방지장치

04

가압송수장치의 펌프방식에서 펌프의 성능곡선, 성능기준, 성능시험배관에 대한 다음 각 물음에 답하시오.

조건
(1) 펌프의 정격토출량은 800 [LPM]이다.
(2) 펌프의 정격토출양정은 80 [m]이다.

가. 체절운전 시 펌프의 양정[m]을 구하시오.
  ○ 계산과정 :   ○ 답 :

나. 정격토출량의 150 [%]로 운전 시 펌프의 양정[m]을 구하시오.
  ○ 계산과정 :   ○ 답 :

다. 원심펌프의 성능특성곡선을 그리고 체절점, 설계점, 150 [%] 유량점을 명시하시오.
  ○ 답 :

정답

가. 계산과정

> 펌프의 성능은 체절운전 시 정격토출압력의 140 [%]를 초과하지 않고, 정격토출량의 150 [%]로 운전 시 정격토출압력의 65 [%] 이상이 되어야 하며, 펌프의 성능을 시험할 수 있는 성능시험배관을 설치할 것. 다만 충압펌프의 경우에는 그렇지 않다.

$80[m] \times 1.4 = 112[m]$ 답 | 112 [m]

나. 계산과정

$80[m] \times 0.65 = 52[m]$ 답 | 52 [m]

다.

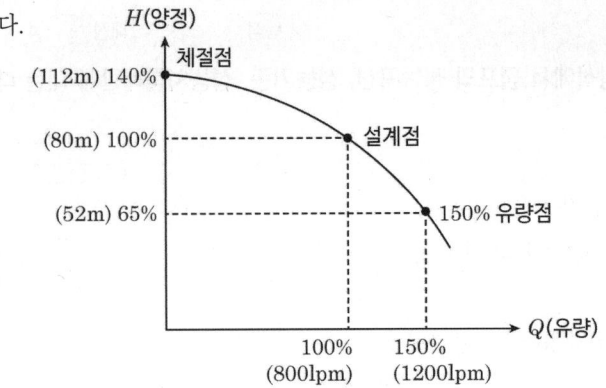

05

배점 4

서울 성곽 중에서 제일 오래된 목조 건축물인 국보 서울 숭례문의 바닥면적이 400 [m²]이며, 건축물의 주요구조부가 내화구조가 아닌 전시장의 바닥면적이 950 [m²]이다. 각 특정소방대상물에 능력단위가 2단위인 소화기를 설치하고자 한다. 다음 각 물음에 답하시오.

가. 국보 서울 숭례문에 설치해야 하는 소화기의 개수를 산정하시오.
- 계산과정 :
- 답 :

나. 전시장에 설치해야 하는 소화기의 개수를 산정하시오.
- 계산과정 :
- 답 :

정답

가. 계산과정 : $\dfrac{400[m^2]}{50[m^2/단위]} = 8[단위]$

∴ 개수 $= \dfrac{8[단위]}{2[단위/개]} = 4[개]$

답 | 4 [개]

나. 계산과정 : $\dfrac{950[m^2]}{100[m^2/단위]} = 9.5[단위]$

∴ 개수 $= \dfrac{9.5[단위]}{2[단위/개]} = 4.75 ≒ 5[개]$

답 | 5 [개]

핵심이론 특정소방대상물별 소화기구의 능력단위 표

특정소방대상물	소화기구의 능력단위
위락시설	해당 용도의 바닥면적 30 [m²]마다 능력단위 1단위 이상
공연장, 집회장, 관람장, 문화재, 장례식장 및 의료시설	해당 용도의 바닥면적 50 [m²]마다 능력단위 1단위 이상
근린생활시설, 판매시설, 운수시설, 숙박시설, 노유자시설, 전시장, 공동주택, 업무시설, 방송통신시설, 공장, 창고시설, 항공기 및 자동차 관련 시설 및 관광휴게시설	해당 용도의 바닥면적 100 [m²]마다 능력단위 1단위 이상
그 밖의 것	해당 용도의 바닥면적 200 [m²]마다 능력단위 1단위 이상

[비고] 소화기구의 능력단위를 산출함에 있어서 건축물의 주요구조부가 내화구조이고, 벽 및 반자의 실내에 면하는 부분이 불연재료·준불연재료 또는 난연재료로 된 특정소방대상물에 있어서는 위 표의 바닥면적의 2배를 해당 특정소방대상물의 기준면적으로 한다.

06 [배점 3]

제연설비의 화재안전기술기준에 관한 다음 각 물음에 답하시오.

가. 하나의 제연구역의 면적은 [m²] 이내로 하여야 하는가?

  O 답 :

나. 예상제연구역의 각 부분으로부터 하나의 배출구까지의 수평거리는 [m] 이내로 하여야 하는가?

  O 답 :

다. 유입풍도 안의 풍속은 몇 [m/s] 이하로 하여야 하는가?

  O 답 :

정답

가. 1000 [m²]
나. 10 [m]
다. 20 [m/s]

07
배점 5

소화약제를 자동으로 방사하는 고정된 소화장치인 자동소화장치의 종류를 5가지 쓰시오.

O 답 :

정답

① 주거용 주방자동소화장치
② 상업용 주방자동소화장치
③ 캐비닛형 자동소화장치
④ 가스자동소화장치
⑤ 고체에어로졸자동소화장치
⑥ 분말자동소화장치
위 6가지 중 5가지를 기술할 것

08
배점 4

미분무소화설비의 화재안전기술기준에 관한 다음 ( ) 안을 완성하시오.

"미분무"란 물만을 사용하여 소화하는 방식으로 최소 설계압력에서 헤드로부터 방출되는 물입자 중 99 [%]의 누적체적분포가 (㉠) [μm] 이하로 분무되고 (㉡)급 화재에 적응성을 갖는 것을 말한다.

㉠

㉡

정답

㉠ 400
㉡ A, B, C

09

경유를 저장하는 내부직경이 50 [m]인 플로팅루프탱크(부상식 지붕구조)에 포방출구를 설치하여 방호하려고 할 때 아래의 [조건]을 참조하여 다음 각 물음에 답하시오.

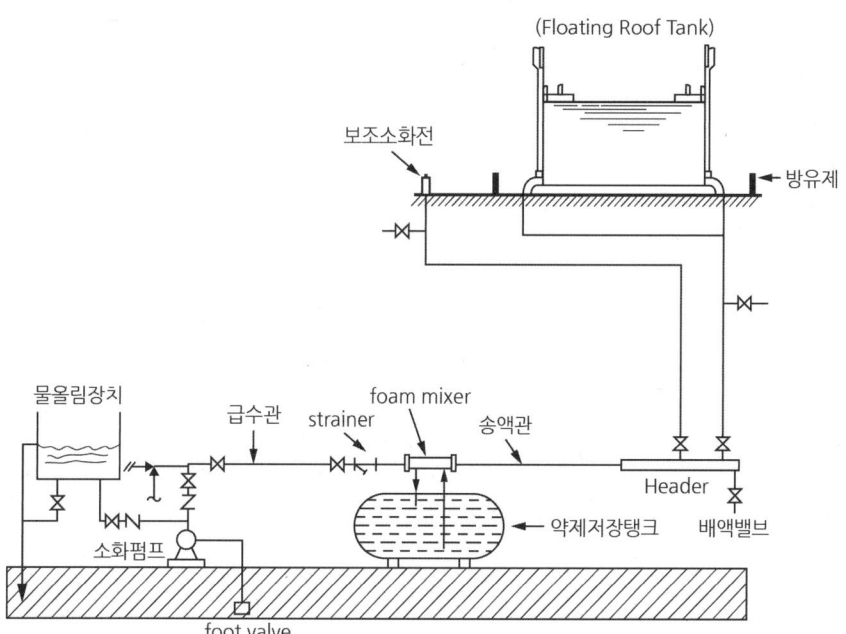

조건

(1) 소화약제는 6 [%]용의 단백포를 사용하며 수용액의 표준 방사량은 8 [L/m²·분]이고 방사시간은 30분을 기준으로 한다.
(2) 탱크 내면과 굽도리판의 간격은 1.4 [m]로 한다.
(3) 보조포소화전은 7개 설치되어 있다.
(4) 송액배관의 길이는 150 [m]이며, 안지름은 100 [mm]이다.
(5) 조건에 제시되지 않은 사항은 무시한다.

가. 포수용액을 토출하는 가압송수장치의 최소 분당 토출량 [L/min]을 계산하시오.
 ○ 계산과정 :
 ○ 답 :

나. 최소 수원의 양 [L]을 계산하시오.
 ○ 계산과정 :
 ○ 답 :

다. 최소 포소화약제의 양 [L]을 계산하시오.
 ○ 계산과정 :
 ○ 답 :

라. 탱크에 설치되는 고정포방출구의 종류와 포소화약제 혼합방식의 명칭을 쓰시오.
  ◐ 고정포방출구의 종류 :
  ◐ 포소화약제 혼합방식 :

정답

가. 계산과정

① 고정포 : $Q[L/\min] = A[m^2] \times Q_A[L/m^2 \cdot \min]$

$$= \frac{\pi \times (50^2 - 47.2^2)}{4}[m^2] \times 8[L/m^2 \cdot \min]$$

$$= 1710.031[L/\min]$$

② 보조포 : $Q[L/\min] = N \times 400[L/\min]$

$$= 3 \times 400[L/\min] = 1200[L/\min]$$

∴ ① + ② + ③ = 1710.031 + 1200 = 2910.031 ≒ 2910.03 [L/min]

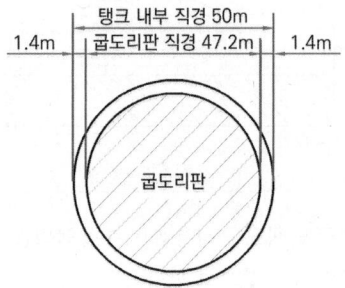

답 | 2910.03 [L/min]

나. 계산과정

① 고정포 : $Q[L] = A[m^2] \times Q_A[L/m^2 \cdot \min] \times T[\min] \times (1-S)$

$$= \frac{\pi \times (50^2 - 47.2^2)}{4}[m^2] \times 8[L/m^2 \cdot \min] \times 30[\min] \times 0.94$$

$$= 48222.894[L]$$

② 보조포 : $Q[L] = N \times 400[L/\min] \times 20[\min] \times (1-S)$

$$= 3 \times 400[L/\min] \times 20[\min] \times 0.94 = 22560[L]$$

③ 배관 보정량 : $Q[L] = V[m^3] \times (1-S) \times 1000[L/m^3]$

$$= \left(\frac{\pi \times 0.1^2}{4}\right)[m^2] \times 150[m] \times 0.94 \times 1000[L/m^3]$$

$$= 1107.411[L]$$

∴ ① + ② + ③ = 48222.894 + 22560 + 1107.411 = 71890.305 ≒ 71890.31 [L]

답 | 71890.31 [L]

다. 계산과정

① 고정포 : $Q[L] = A[m^2] \times Q_A[L/m^2 \cdot min] \times T[min] \times S$

$= \dfrac{\pi \times (50^2 - 47.2^2)}{4}[m^2] \times 8[L/m^2 \cdot min] \times 30[min] \times 0.06$

$= 3078.057[L]$

② 보조포 : $Q[L] = N \times 400[L/min] \times 20[min] \times S$

$= 3 \times 400[L/min] \times 20[min] \times 0.06 = 1440[L]$

③ 배관 보정량 : $Q[L] = V[m^3] \times S \times 1000[L/m^3]$

$= \left(\dfrac{\pi \times 0.1^2}{4}\right)[m^2] \times 150[m] \times 0.06 \times 1000[L/m^3]$

$= 70.685[L]$

∴ ① + ② + ③ = 3078.057 + 1440 + 70.685 = 4588.742 [L] ≒ 4588.74 [L]

답 | 4588.74 [L]

핵심이론 포소화약제의 저장량 - 고정포방출구방식

포소화약제 저장량 Q = 고정포방출구에서 방출하기 위해 필요한 양 Q_1 + 보조포소화전에서 방출하기 위해 필요한 양 Q_2 + 송액관에 충전하기 위해 필요한 양 Q_3

고정포방출구방식은 다음의 양을 합한 양 이상으로 할 것

1) 고정포방출구에서 방출하기 위하여 필요한 양

$Q_1 = A \cdot Q_A \cdot T \cdot S$

Q_1 : 포소화약제의 양 [L]
A : 탱크의 액표면적 [m²]
Q_A : 단위 포소화수용액의 양 [L/m²·min]
T : 방출시간 [min]
S : 포소화약제의 사용농도 [%]

2) 보조포소화전에서 방출하기 위하여 필요한 양

$Q_2 = N \cdot 8000 \cdot S$

Q_2 : 포소화약제의 양 [L]
N : 호스 접결구의 수(3개 이상인 경우는 3개)
S : 포소화약제의 사용농도 [%]

3) 가장 먼 탱크까지의 송액관에 충전하기 위하여 필요한 양(내경 75 [mm] 이하의 송액관은 제외)

$Q_3 = V \times S \times 1000[L/m^3]$

Q_3 : 포소화약제의 양 [L]
V : 송액관 내부의 체적 [m³]
S : 포소화약제의 사용농도 [%]

* 송액관 : 수원으로부터 포헤드, 고정포방출구 또는 이동식 노즐에 급수하는 배관

라. • 고정포방출구의 종류 : 특형 방출구
 • 포소화약제 혼합방식 : 프레셔 프로포셔너방식

10 · 배점 10

다음 특정소방대상물에 옥내소화전설비를 설치하려고 한다. 주어진 [조건]을 참조하여 다음 각 물음에 답하시오.

조건
(1) 특정소방대상물의 층수는 5층이며, 각 층의 층당 바닥면적은 800 [m²]이다.
(2) 각 층에 설치된 옥내소화전의 개수는 2개이다.
(3) 펌프의 흡입 측 배관에 설치된 진공계는 150 [mmHg]를 지시하고 있으며, 펌프의 토출 측 배관에 설치된 압력계는 0.5 [MPa]을 지시하고 있다.
(4) 물의 비중량은 9.8 [kN/m³]이다.
(5) 토출 측 압력계는 흡입 측 진공계보다 50 [cm] 높은 곳에 있고, 흡입관의 직경은 65 [mm], 토출관의 직경은 100 [mm]이다.

가. 다음 표의 빈 칸에 연성계와 압력계의 도시기호를 그리고 지시압력범위를 쓰시오.

구분	연성계	압력계
도시기호		
지시압력범위		

나. 흡입관 및 토출관의 유속[m/s]는 얼마인가?
  ○ 계산과정 :
  ○ 답 :

다. 펌프의 전수두[m]를 계산하시오.
  ○ 계산과정 :
  ○ 답 :

라. 펌프의 동력[kW]을 산정하시오.
  ○ 계산과정 :
  ○ 답 :

정답

가.

구분	연성계	압력계
도시기호	(기호)	(기호)
지시압력범위	대기압 이하와 대기압 이상	대기압 이상

나. 계산과정

① $V = \dfrac{4Q}{\pi D^2}$ ($\because Q = AV$)

② $Q[L/\min] = 2 \times 130[L/\min] = 260[L/\min]$

→ 흡입 측 유속 $V_1 = \dfrac{4Q}{\pi D_1^2} = \dfrac{4 \times \dfrac{0.26}{60}[m^3/s]}{\pi \times (0.065[m])^2} = 1.305 ≒ 1.31[m/s]$

→ 토출 측 유속 $V_2 = \dfrac{4Q}{\pi D_2^2} = \dfrac{4 \times \dfrac{0.26}{60}[m^3/s]}{\pi \times (0.1[m])^2} = 0.551 ≒ 0.55[m/s]$

답 | 흡입 측 유속 : 1.31 [m/s], 토출 측 유속 : 0.55 [m/s]

다. 펌프의 전양정 $H_P[m]$

계산과정 : $\dfrac{P_1}{\gamma} + \dfrac{V_1^2}{2g} + Z_1 + H_P = \dfrac{P_2}{\gamma} + \dfrac{V_2^2}{2g} + Z_2$

→ 흡입 측 압력수두 $\dfrac{P_1}{\gamma}[m]$: $-150[mmHg] \times \dfrac{10.332[mAq]}{760[mmHg]} = -2.039[m]$

→ 흡입 측 위치수두 $Z_1[m]$: $0[m]$

→ 토출 측 압력수두 $\dfrac{P_2}{\gamma}[m]$: $\dfrac{500[kPa]}{9.8[kN/m^3]}$

→ 토출 측 위치수두 $Z_2[m]$: $0.5[m]$

$-2.039[m] + \dfrac{(1.31[m/s])^2}{2 \times 9.8[m/s^2]} + 0[m] + H_P = \dfrac{500[kPa]}{9.8[kN/m^3]} + \dfrac{(0.55[m/s])^2}{2 \times 9.8[m/s^2]} + 0.5[m]$

$\therefore H_P = 53.487 ≒ 53.49[m]$

답 | 53.49 [m]

라. 계산과정

$P = \gamma Q H = 9.8[kN/m^3] \times \dfrac{0.26}{60}[m^3/s] \times 53.49[m] = 2.271 ≒ 2.27[kW]$

답 | 2.27 [kW]

> **참고**

1) **베르누이방정식으로 펌프의 전수두를 구할 때**

    베르누이방정식에서 펌프 흡입 측 압력과 토출 측 압력을 모두 게이지압을 대입하여 펌프의 전수두를 구할 때 펌프 흡입 측의 진공압을 (-)부호로 넣는 이유는 펌프 토출 측의 게이지압력과의 압력 차이를 반영하기 위함이다.
    (※ 베르누이방정식에서 펌프 흡입 측 압력과 토출 측 압력을 모두 절대압력으로 반영해도 무방하다.)

    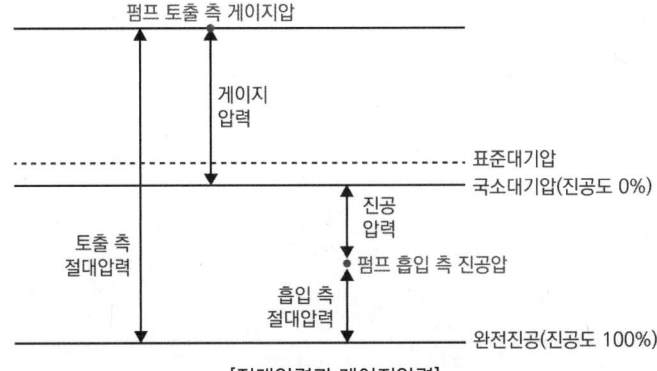

    [절대압력과 게이지압력]

2) **게이지압력, 진공압, 절대압력**

    (1) 게이지압력(= 계기압력) : 압력계로 측정한 압력으로 대기압을 기준으로 그 이상의 압력
    (2) 진공압(= 진공게이지압) : 진공계로 측정한 압력으로 대기압을 기준으로 그 이하의 압력
    (3) 절대압력 : 완전진공을 기준으로 측정한 압력
        ① 절대압력 = 대기압 + 게이지압력
        ② 절대압력 = 대기압 - 진공압

    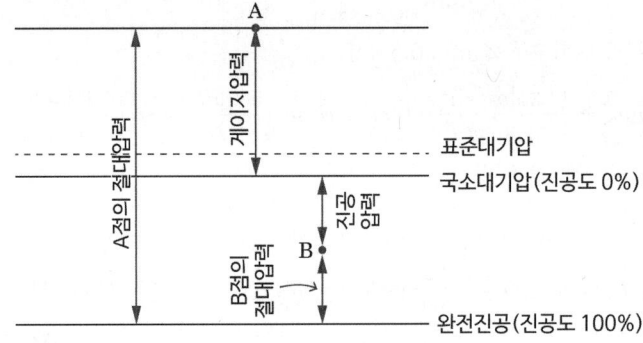

    [절대압력과 게이지압력]

11

비중이 1.2인 유체가 50 [N/s]의 유량으로 수평 원형 축소관을 통해 A지점에서 B지점으로 흐르고 있다. 아래 조건을 참고하여 A지점의 유속[m/s]과 B지점의 유속[m/s]을 구하시오. (단, 조건에 없는 내용은 무시하고, 답은 소수점 넷째자리에서 반올림하여 셋째자리까지 구하시오)

조건
(1) 배관의 재질 : 배관용 탄소강관(KS D 3507)
(2) A지점 (호칭지름 : 100 [A], 외경 : 114.3 [mm], 관의 두께 : 4.5 [mm])
(3) B지점 (호칭지름 : 80 [A], 외경 : 89.1 [mm], 관의 두께 : 4.05 [mm])

○ 계산과정 :

○ 답 :

정답

☑ 계산과정

(1) A지점의 유속[m/s]

$$\dot{G} = \gamma A V$$

$$V = \frac{\dot{G}}{\gamma A} = \frac{\dot{G}}{S\gamma_w \frac{\pi}{4} D^2}$$

$$D[m] = 114.3[mm] - 2 \times 4.5[mm]$$
$$= 105.3[mm] = 0.1053[m]$$

$$\therefore V = \frac{50[N/s]}{1.2 \times 9800[N/m^3] \times \frac{\pi}{4} \times (0.1053[m])^2} = 0.4882 ≒ 0.488[m/s]$$

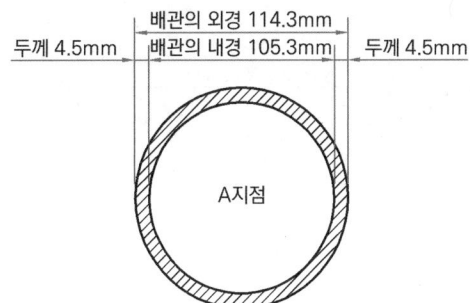

답 | 0.488 [m/s]

(2) B지점의 유속[m/s]

$$\dot{G} = \gamma A V$$

$$V = \frac{\dot{G}}{\gamma A} = \frac{\dot{G}}{S\gamma_w \frac{\pi}{4}D^2}$$

$$D[m] = 89.1[mm] - 2 \times 4.05[mm]$$
$$= 81[mm] = 0.081[m]$$

$$\therefore V = \frac{50[N/s]}{1.2 \times 9800[N/m^3] \times \frac{\pi}{4} \times (0.081[m])^2}$$
$$= 0.8250 ≒ 0.825[m/s]$$

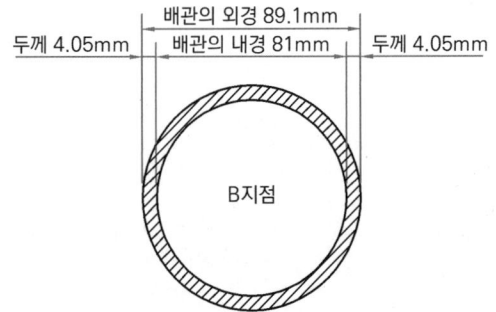

답 | 0.825 [m/s]

12   배점 7

폐쇄형 헤드를 사용한 스프링클러설비의 도면이다. 스프링클러 헤드 중 A지점에 설치된 헤드 1개만이 개방되었을 때 주어진 조건을 적용하여 다음 각 물음에 답하시오. (단, 설비 도면의 길이 단위는 [mm]이다)

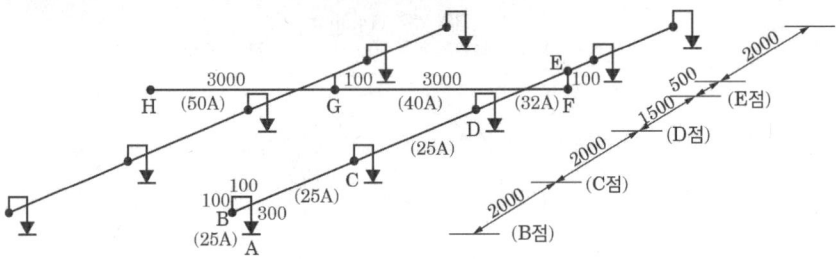

조건

(1) 급수관 중 H점에서의 가압수 압력은 0.15 [MPa]로 계산한다.
(2) 엘보는 배관지름과 동일한 지름의 엘보를 사용하고, 티는 동일티를 사용한다. 또한 관경의 축소는 오직 레듀서만을 사용한다.
(3) 스프링클러헤드는 15 [A]용 헤드가 설치된 것으로 한다.
(4) 직관의 100 [m]당 마찰손실 (단위 : m)

유량	25 [A]	32 [A]	40 [A]	50 [A]
80 [L/min]	39.82	11.38	5.40	1.68

* A점에서의 헤드 방수량을 80 [ℓ/min]로 계산한다.

(5) 관이음쇠의 마찰손실에 해당하는 직관길이 (단위 : m)

구분	25 [A]	32 [A]	40 [A]	50 [A]
90°엘보	0.90	1.20	1.50	2.10
레듀셔	(25 [A] × 15 [A]) 0.54	(32 [A] × 25 [A]) 0.72	(40 [A] × 32 [A]) 0.90	(50 [A] × 40 [A]) 1.20
티(직류)	0.27	0.36	0.45	0.60
티(측류, 분류)	1.50	1.80	2.10	3.00

(6) 관경이 변하는 관 부속품은 관경이 큰 쪽으로 손실수두를 계산한다.

가. A ~ H까지의 전체 배관 마찰손실수두[m]를 구하시오. (단, 직관 및 관이음쇠를 모두 고려한다)

 ○ 계산과정 :   ○ 답 :

나. H점과 A점 사이의 위치수두[m]에 대한 다음 빈칸을 채우시오.

(㉠)지점이 (㉡)지점보다 (㉢) [m] 더 높은 위치에 있다.

 ○ 답 :

다. 헤드 A의 방사압력[kPa]을 구하시오.

정답

가. 계산과정 : 배관의 마찰손실수두
 ① 50 [A] (H - G구간)
  ㉮ 직관길이 : 3 [m]
  ㉯ 상당길이
   • 레듀셔 : 1개 × 1.20 = 1.20 [m]
   • 직류티 : 1개 × 0.60 = 0.60 [m]

㉰ 직관길이 및 상당길이 합계 : 4.8 [m]

㉱ 마찰손실수두 = $4.8 \times \dfrac{1.68}{100}$ = 0.0806 [m]

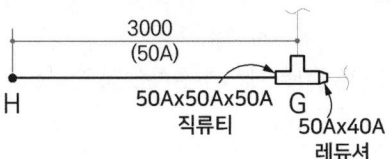

[50 [A] (H – G구간)]

② 40 [A] (G - E구간)
   ㉮ 직관길이 : 0.1 + 3 = 3.1 [m]
   ㉯ 상당길이
     • 레듀셔 : 1개 × 0.90 = 0.90 [m]
     • 90°엘보 : 1개 × 1.50 = 1.50 [m]
     • 측류티 : 1개 × 2.10 = 2.10 [m]
   ㉰ 직관길이 및 상당길이 합계 : 7.6 [m]
   ㉱ 마찰손실수두 = $7.6 \times \dfrac{5.40}{100}$ = 0.410 [m]

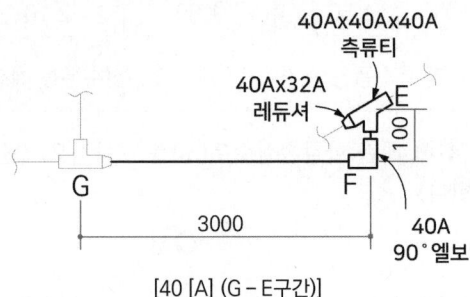

[40 [A] (G – E구간)]

③ 32 [A] (E - D구간)
   ㉮ 직관길이 : 1.5 [m]
   ㉯ 상당길이
     • 레듀셔 : 1개 × 0.72 = 0.72 [m]
     • 직류티 : 1개 × 0.36 = 0.36 [m]
   ㉰ 직관길이 및 상당길이 합계 : 2.58 [m]
   ㉱ 마찰손실수두 = $2.58 \times \dfrac{11.38}{100}$ = 0.293 [m]

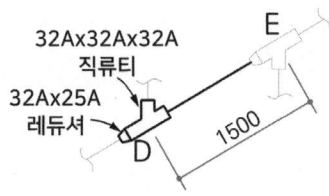

[32 [A] (E – D구간)]

④ 25 [A] (D - A구간)
  ㉮ 직관길이
    0.1 + 0.1 + 0.3 + 2 + 2 = 4.5 [m]
  ㉯ 상당길이
    • 레듀셔 : 1개 × 0.54 = 0.54 [m]
    • 90°엘보 : 3개 × 0.9 = 2.7 [m]
    • 직류티 : 1개 × 0.27 = 0.27 [m]
  ㉰ 직관길이 및 상당길이 합계 : 8.01 [m]
  ㉱ 마찰손실수두 = $8.01 \times \frac{39.82}{100}$ = 3.189 [m]

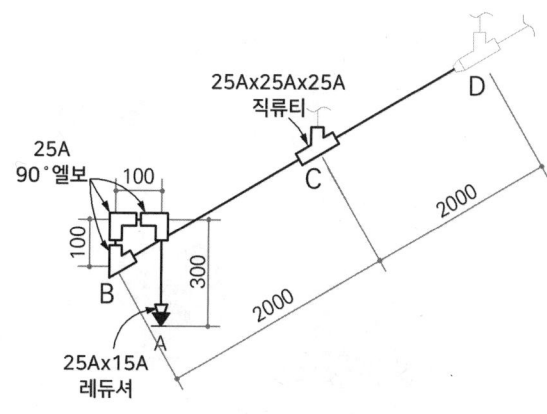

[25 [A] (D - A구간)]

⑤ 배관의 마찰손실수두 합계 = 3.189 + 0.293 + 0.410 + 0.080 = 3.972 ≒ 3.97 [m]

답 | 3.97 [m]

나. (㉠ H)지점이 (㉡ A)지점보다 (㉢ 0.1) [m] 더 높은 위치에 있다.

다. 헤드 A의 방사압력[kPa] = H점에서의 압력 - H점과 A점 사이 마찰손실압력 - 낙차압
= $150[kPa] - 3.97[m] - (-0.1[m])$
= $150[kPa] - \left(3.87[m] \times \frac{101.325[kPa]}{10.332[mAq]}\right)$
= 112.047 ≒ 112.05[kPa]

답 | 112.05 [kPa]

참고 배관 접속기구의 종류

구분	종류
(1) 관의 방향을 바꿀 때	[엘보(Elbow)]

구분	종류		
(2) 2개의 관을 연결할 때	[유니온(Union)]	[플랜지(Flange)]	[니플(Nipple)]
(3) 관의 지름을 바꿀 때	[레듀서(Reducer)]		
(4) 관의 끝을 막을 때	[플러그(Plug)]	[캡(Cap)]	
(5) 관을 도중에 분기할 때	[티(Tee)]	[와이(Y)]	[크로스(Cross)]

13

득점 | 배점 10

다음 조건을 기준으로 이산화탄소소화설비에 대한 물음에 답하시오.

조건

(1) 이산화탄소소화설비는 전역방출방식으로 하며, 설치장소는 케이블실, 박물관, 일산화탄소 저장창고이다.
(2) 각 실의 체적은 다음과 같다.
 - 케이블실의 체적 : 400 [m³]
 - 박물관의 체적 : 240 [m³]
 - 일산화탄소 저장창고 체적 : 32 [m³] (단, 보정계수는 1.9를 적용한다)
(3) 케이블실과 박물관에는 가로 1 [m] × 세로 2 [m]의 개구부가 각각 1개씩 설치되어 있고, 일산화탄소 저장창고에는 가로 2 [m] × 세로 3 [m]의 개구부가 2개 설치되어 있으며, 모두 자동폐쇄장치가 설치되어 있다.
(4) 이산화탄소 저장용기의 내용적은 68 [L], 충전비는 1.7로 동일한 충전비이다.

가. 각 실에 필요한 최소 약제량[kg]을 구하시오.

　1) 케이블실에 필요한 최소 약제량[kg]

　　○ 계산과정 :

　　○ 답 :

　2) 박물관에 필요한 최소 약제량[kg]

　　○ 계산과정 :

　　○ 답 :

　3) 일산화탄소 저장창고에 필요한 최소 약제량[kg]

　　○ 계산과정 :

　　○ 답 :

나. 이산화탄소 저장용기 한 병당 약제 저장량[kg]을 구하시오.

　○ 계산과정 :

　○ 답 :

다. 각 실에 필요한 이산화탄소 저장용기 수와 저장용기실의 최소 저장용기 수를 구하시오.

　1) 케이블실에 필요한 저장용기 수

　　○ 계산과정 :

　　○ 답 :

　2) 박물관에 필요한 저장용기 수

　　○ 계산과정 :

　　○ 답 :

　3) 일산화탄소 저장창고에 필요한 저장용기 수

　　○ 계산과정 :

　　○ 답 :

　4) 저장용기실에 설치할 저장용기 수

　　○ 계산과정 :

　　○ 답 :

라. 이산화탄소 방출 후 산소 농도를 측정했더니 14 %였다. CO_2 체적 농도[%]를 구하시오.

　○ 계산과정 :

　○ 답 :

마. '라'의 산소농도를 기준으로 케이블실과 박물관의 CO_2 방출 체적[m³]을 각각 구하시오.

1) 케이블실의 CO_2 방출 체적[m³]

　○ 계산과정 :

　○ 답 :

2) 박물관의 CO_2 방출 체적[m³]

　○ 계산과정 :

　○ 답 :

정답

가. 계산과정

1) 케이블실 [심부화재]

$$W = (V \times \alpha) = 400[m^3] \times 1.3[kg/m^3] = 520[kg]$$

답 | 520 [kg]

2) 박물관 [심부화재]

$$W = (V \times \alpha) = 240[m^3] \times 2[kg/m^3] = 480[kg]$$

답 | 480 [kg]

핵심이론 이산화탄소소화설비 전역방출방식 심부화재 약제량 산정

$$W = (V \times \alpha) + (A \times \beta)$$

W : 약제량 [kg], V : 방호구역 체적 [m³]

α : 방호구역 1 [m³]에 대한 소화약제의 양 [kg/m³]

A : 개구부 면적 [m²], β : 개구부 가산량(심부화재 : 10 [kg/m²])

방호대상물	방호구역 1 [m³]에 대한 소화약제의 양 α	설계농도 [%]	개구부 가산량[kg/m²] β (자동폐쇄장치 미설치 시)
유압기기를 제외한 전기설비, 케이블실	1.3 [kg/m³]	50	10 [kg/m²]
체적 55 [m³] 미만의 전기설비	1.6 [kg/m³]	50	
서고, 전자제품창고, 목재가공품 창고, 박물관	2.0 [kg/m³]	65	
고무류, 모피창고, 집진설비, 석탄창고, 면화류 창고	2.7 [kg/m³]	75	

암기 서전목박

암기 고모집석면

3) 일산화탄소 저장창고 [표면화재]

W = (V × α) × N

ⓐ V × α를 먼저 계산한 뒤, 값이 최저한도의 양 미만이 될 경우에는 그 최저한도의 양으로 한다.

⇨ V × α = $32[m^3] \times 1[kg/m^3] = 32[kg]$ → 최저한도의 양 : 45 [kg]

ⓑ 위 기준에 따라 산출한 기본 소화약제량에 보정계수를 곱하여 산출한다.

⇨ W = $45[kg] \times 1.9 = 85.5[kg]$

> **핵심이론** 이산화탄소소화설비 전역방출방식 표면화재 약제량 산정

W = (V × α) × N + (A × β)

W : 약제량 [kg], V : 방호구역 체적 [m³]
α : 방호구역 1 [m³]에 대한 소화약제의 양 [kg/m³]
A : 개구부 면적 [m²], β : 개구부 가산량(표면화재 : 5 [kg/m²])
N : 보정계수(설계농도가 34 [%] 이상인
방호대상물의 소화약제량을 구할 때 보정계수를 곱하여 산출함)

방호구역 체적	방호구역의 체적 1 [m³]에 대한 소화약제의 양 α	최저 한도의 양	개구부 가산량[kg/m²] β (자동폐쇄장치 미설치 시)
45 [m³] 미만	1 [kg/m³]	45 [kg](1병)	5 [kg/m²]
45 [m³] 이상 150 [m³] 미만	0.9 [kg/m³]		
150 [m³] 이상 1450 [m³] 미만	0.8 [kg/m³]	135 [kg](3병)	
1450 [m³] 이상	0.75 [kg/m³]	1125 [kg](25병)	

답 | 85.5 [kg]

나. 계산과정

저장용기의 충전비 = $\dfrac{저장용기\ 내부용적[L]}{소화약제의\ 중량[kg]}$

∴ 약제의 중량[kg] = $\dfrac{68[L]}{1.7[L/kg]} = 40[kg]$

답 | 40 [kg]

다. 계산과정

1) 케이블실에 필요한 용기 수 = $\dfrac{520[kg]}{40[kg/병]} = 13[병]$

답 | 13 [병]

2) 박물관에 필요한 용기 수 = $\dfrac{480[kg]}{40[kg/병]} = 12[병]$

답 | 12 [병]

3) 일산화탄소 저장창고에 필요한 용기 수 = $\dfrac{85.5[kg]}{40[kg/병]} = 2.137 ≒ 3[병]$

답 | 3 [병]

4) 저장용기실의 최소 저장용기 수
∴ ①~③ 중 최대 병 수 = 13 [병]

답 | 13 [병]

라. 계산과정

$$이산화탄소\ 농도\ CO_2[\%] = \frac{21-O_2}{21} \times 100 = \frac{21-14[\%]}{21} \times 100 = 33.33[\%]$$

답 | 33.33 [%]

마. 계산과정

1) 케이블실 CO_2 방출 체적[m^3]

$$CO_2\ 체적[m^3] = \frac{21-O_2}{O_2} \times 방호구역의\ 체적[m^3]$$

$$= \frac{21-14[\%]}{14} \times 400[m^3] = 200[m^3]$$

답 | 200 [m^3]

2) 박물관 CO_2 방출 체적[m^3]

$$CO_2\ 체적[m^3] = \frac{21-O_2}{O_2} \times 방호구역의\ 체적[m^3]$$

$$= \frac{21-14[\%]}{14} \times 240[m^3] = 120[m^3]$$

답 | 120 [m^3]

★ 핵심이론 CO_2 농도(%) 및 체적(m^3) 관련 공식 정리

1) CO_2 농도[%]

① CO_2 농도[%] $= \dfrac{21-O_2[\%]}{21} \times 100$

② CO_2 농도[%] $= \dfrac{방출\ CO_2\ 체적}{방호구역\ 체적 + 방출\ CO_2\ 체적} \times 100$

2) CO_2 체적[m^3]

① $CO_2\ 체적[m^3] = \dfrac{21-O_2}{O_2} \times 방호구역의\ 체적[m^3]$

② $PV = \dfrac{W}{M}RT \rightarrow V = \dfrac{WRT}{PM}$

14

배점 7

아래의 그림과 같은 배관에 물이 흐를 때 배관 ①, ②, ③에 흐르는 각각의 유량 [L/min]을 구하시오. (단, A, B 사이의 배관 ①, ②, ③의 마찰손실수두는 10 [m]로 동일하며, 마찰손실 계산은 아래의 하젠-윌리엄식을 사용한다. 답은 소수점 이하를 반올림하여 반드시 정수로 나타내시오)

[조건]

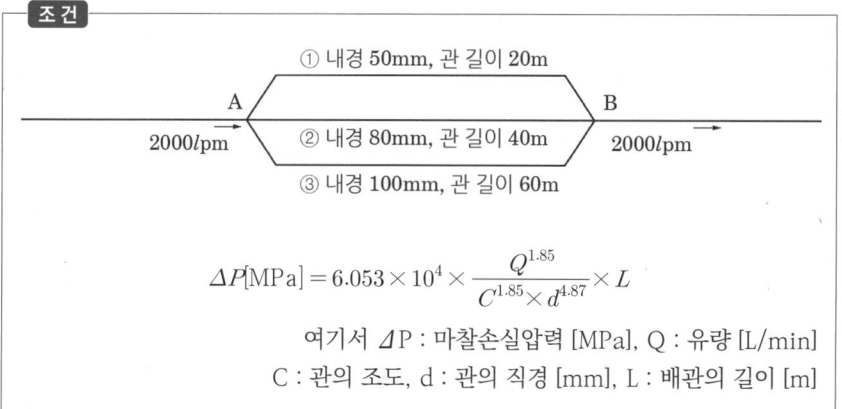

$$\Delta P[\text{MPa}] = 6.053 \times 10^4 \times \frac{Q^{1.85}}{C^{1.85} \times d^{4.87}} \times L$$

여기서 ΔP : 마찰손실압력 [MPa], Q : 유량 [L/min]
C : 관의 조도, d : 관의 직경 [mm], L : 배관의 길이 [m]

○ 계산과정 :

○ 답

• 배관 ①의 유량 :

• 배관 ②의 유량 :

• 배관 ③의 유량 :

정답

✓ 계산과정

$\triangle P_1 = \triangle P_2 = \triangle P_3$ ·········· (1)식

$Q_T = Q_1 + Q_2 + Q_3$ ·········· (2)식

(1) $\triangle P_1 = \triangle P_2 = \triangle P_3$

$$\triangle P_1 = 6.053 \times 10^4 \times \frac{Q_1^{1.85}}{C^{1.85} \times 50^{4.87}} \times 20$$

$$\triangle P_2 = 6.053 \times 10^4 \times \frac{Q_2^{1.85}}{C^{1.85} \times 80^{4.87}} \times 40$$

$$\triangle P_3 = 6.053 \times 10^4 \times \frac{Q_3^{1.85}}{C^{1.85} \times 100^{4.87}} \times 60$$

$\triangle P_1 = \triangle P_2 = \triangle P_3$ 이므로

$$\cancel{6.053 \times 10^4} \times \frac{Q_1^{1.85}}{\cancel{C^{1.85}} \times 50^{4.87}} \times 20$$

$$= \cancel{6.053 \times 10^4} \times \frac{Q_2^{1.85}}{\cancel{C^{1.85}} \times 80^{4.87}} \times 40$$

$$= \cancel{6.053 \times 10^4} \times \frac{Q_3^{1.85}}{\cancel{C^{1.85}} \times 100^{4.87}} \times 60$$

$$\frac{Q_1^{1.85}}{50^{4.87}} \times 20 = \frac{Q_2^{1.85}}{80^{4.87}} \times 40 = \frac{Q_3^{1.85}}{100^{4.87}} \times 60$$

위 식에서 Q_2, Q_3를 Q_1에 관한 식으로 정리하면

$$\frac{Q_1^{1.85}}{50^{4.87}} \times 20 = \frac{Q_2^{1.85}}{80^{4.87}} \times 40$$

$\therefore Q_2 = 2.369\, Q_1$ ············ (2)식에 대입

$$\frac{Q_1^{1.85}}{50^{4.87}} \times 20 = \frac{Q_3^{1.85}}{100^{4.87}} \times 60$$

$\therefore Q_3 = 3.424\, Q_1$ ············ (2)식에 대입

(2) $Q_T = Q_1 + Q_2 + Q_3$

$2000\,[L/\min] = Q_1 + Q_2 + Q_3$
$= Q_1 + 2.369\, Q_1 + 3.424\, Q_1$
$= 6.793\, Q_1$

$\therefore Q_1 = 294.421 = 294\,[L/\min]$

$\therefore Q_2 = 2.369 \times Q_1 = 2.369 \times 294.421\,[L/\min] = 697.483 = 697\,[L/\min]$

$\therefore Q_3 = 2000\,[L/\min] - Q_1 - Q_2$
$= 2000\,[L/\min] - 294\,[L/\min] - 697\,[L/\min]$
$= 1009\,[L/\min]$

답 | 배관 ①의 유량 : 294 [L/min]
배관 ②의 유량 : 697 [L/min]
배관 ③의 유량 : 1009 [L/min]

15

그림과 같은 위험물탱크에 국소방출방식으로 이산화탄소소화설비를 설치하고자 한다. 다음 물음에 답하시오. (단, 고압식이며, 방호대상물 주위에 설치된 벽은 없다)

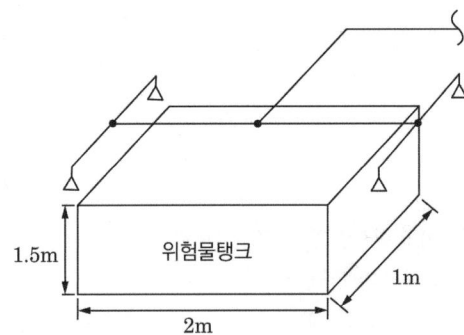

가. 방호공간의 체적[m³]을 구하시오.
　　◯ 계산과정 :　　　　　　　　◯ 답 :

나. 이 설비에 필요한 소화약제의 양[kg]은 얼마인가?
　　◯ 계산과정 :　　　　　　　　◯ 답 :

다. 하나의 분사헤드에 대한 방사량[kg/s]은 얼마인가?
　　◯ 계산과정 :　　　　　　　　◯ 답 :

정답

가. 계산과정

방호공간의 체적[m³] : 방호대상물의 각 부분으로부터 0.6 [m]의 거리에 따라 둘러싸인 공간

$V = (2 + 0.6 \times 2) \times (1 + 0.6 \times 2) \times (1.5 + 0.6) = 14.784 ≒ 14.78 [m^3]$

답 | 14.78 [m³]

나. 계산과정

이산화탄소소화설비 국소방출방식 약제량 산정

$W[kg] = V[m^3] \times \left(8 - 6\dfrac{a}{A}\right)[kg/m^3] \times h(할증계수)$

W : 약제량 [kg]
V : 방호공간의 체적 [m³]
(방호대상물의 각 부분으로부터 0.6 [m]의 거리에 따라 둘러싸인 공간)
a : 방호대상물 주위에 설치된 벽면적의 합계 [m²]
A : 방호공간의 벽면적의 합계 [m²]
(벽이 없는 경우 : 벽이 있는 것으로 가정한 당해 부분의 면적)
h : 할증계수(고압식 : 1.4, 저압식 : 1.1)

① a : 0 [m²] (∵ 방호대상물 주위에 설치된 벽이 없기 때문에)
② A : $(3.2[m] \times 2.1[m] \times 2[면]) + (2.1[m] \times 2.2[m] \times 2[면]) = 22.68[m^2]$

∴ $W = 14.78[m^3] \times \left(8 - 6 \times \dfrac{0}{22.68}\right)[kg/m^3] \times 1.4 = 165.536 ≒ 165.54[kg]$

답 | 165.54 [kg]

다. 계산과정

분사헤드에 대한 방사량[kg/s] = $\dfrac{165.54[kg]}{30[s] \times 4[개]} = 1.379 ≒ 1.38[kg/s]$

답 | 1.38 [kg/s]

이산화탄소소화설비의 화재안전기술기준(NFTC 106)
2.5.2 배관의 구경은 이산화탄소소화약제의 소요량이 다음의 기준에 따른 시간 내에 방출될 수 있는 것으로 해야 한다.
2.5.2.1 전역방출방식에 있어서 가연성 액체 또는 가연성 가스 등 표면화재 방호대상물의 경우에는 1분
2.5.2.2 전역방출방식에 있어서 종이, 목재, 석탄, 섬유류, 합성수지류 등 심부화재 방호대상물의 경우에는 7분. 이 경우 설계농도가 2분 이내에 30 [%]에 도달하여야 한다.
2.5.2.3 국소방출방식의 경우에는 30초

16 [배점 5]

특수가연물이 아닌 일반 물품을 저장하는 창고에 스프링클러설비를 설치하려고 한다. 다음 조건을 참고하여 각 물음에 답하시오. (단, 창고는 랙식 창고가 아니다)

조건
(1) 창고에 라지드롭형 스프링클러헤드로 설치하며, 이때 설치하는 헤드의 수는 80개이다.
(2) 소화펌프의 전양정은 80 [m], 회전수는 1500 [rpm]으로 운전하다가 소화펌프의 토출량을 [조건] (1)에서 필요한 최소 토출량[L/min]으로부터 20 [%] 증가시켜 운전하려고 한다.
(3) 펌프의 효율은 0.6, 전달계수는 1.1이다.
(4) 물의 비중량은 9.8 [kN/m³]이다.

가. 펌프의 토출량을 20 [%]를 증가시켰을 경우 회전수[rpm]는 얼마인가?
○ 계산과정 :
○ 답 :

나. 펌프의 토출량을 20 [%]를 증가시켰을 경우 양정[m]은 얼마인가?
- 계산과정 :
- 답 :

다. 현재 설치된 전동기의 동력은 180 [kW]이다. 위의 계산 결과를 근거로 설치된 전동기의 사용이 적합한가?
- 계산과정 :
- 답 :

정답

가. 계산과정

창고시설 – 가압송수장치의 송수량
$Q[L/min] = N \times 160[L/min]$

N : 라지드롭형 스프링클러헤드의 설치개수가 가장 많은 방호구역의 설치개수
(30개 이상 설치된 경우에는 30개)

초기 펌프의 토출량 $Q_1[L/min] = 30 \times 160[L/min] = 4800[L/min]$

상사의 법칙에 따라 $Q_2 = \left(\dfrac{N_2}{N_1}\right) \times Q_1$ 이므로

$N_2 = N_1 \times \left(\dfrac{Q_2}{Q_1}\right) = 1500[rpm] \times \left(\dfrac{1.2 \times 4800[L/min]}{4800[L/min]}\right) = 1800[rpm]$

서로 다른 치수의 펌프를 비교(상사)했을 때

유량 $[m^3/s]$ $Q_2 = \left(\dfrac{N_2}{N_1}\right)^1 \times \left(\dfrac{D_2}{D_1}\right)^3 \times Q_1$

양정(압력) [m] $H_2 = \left(\dfrac{N_2}{N_1}\right)^2 \times \left(\dfrac{D_2}{D_1}\right)^2 \times H_1$

동력 [kW] $L_2 = \left(\dfrac{N_2}{N_1}\right)^3 \times \left(\dfrac{D_2}{D_1}\right)^5 \times L_1$

답 | 1800 [rpm]

나. 계산과정

상사의 법칙 $H_2 = \left(\dfrac{N_2}{N_1}\right)^2 \times H_1$

$H_2 = \left(\dfrac{N_2}{N_1}\right)^2 \times H_1 = \left(\dfrac{1800[rpm]}{1500[rpm]}\right)^2 \times 80[m] = 115.2[m]$

답 | 115.2 [m]

다. 계산과정

① 펌프의 토출량을 20 [%]를 증가시켰을 경우 필요한 동력[kW]

$$P[kW] = \frac{9.8[kN/m^3] \times \left(\frac{4.8}{60} \times 1.2\right)[m^3/s] \times 115.2[m]}{0.6} \times 1.1$$
$$= 198.696 = 198.70[kW]$$

② 180 [kW] 전동기의 사용 적합 여부
설치된 180 [kW] 전동기보다 전동기의 이론소요동력이 198.7 [kW]으로 더 크다. 따라서 180 [kW] 전동기는 사용이 부적합하다.

답 | 180 [kW] 전동기는 사용이 부적합하다.

> **참고** 창고시설의 화재안전성능기준(NFPC 609) 제7조(스프링클러설비) [시행 2024.1.1.]

① 스프링클러설비의 설치방식은 다음 각 호에 따른다.
  1. 창고시설에 설치하는 스프링클러설비는 라지드롭형 스프링클러헤드를 습식으로 설치할 것
     다만 다음 각 목의 어느 하나에 해당하는 경우에는 건식 스프링클러설비로 설치할 수 있다.
     가. 냉동창고 또는 영하의 온도로 저장하는 냉장창고
     나. 창고시설 내에 상시 근무자가 없어 난방을 하지 않는 창고시설
  2. 랙식 창고의 경우에는 제1호에 따라 설치하는 것 외에 라지드롭형 스프링클러헤드를 랙 높이 3 [m] 이하마다 설치할 것. 이 경우 수평거리 15 [cm] 이상의 송기공간이 있는 랙식 창고에는 랙 높이 3 [m] 이하마다 설치하는 스프링클러헤드를 송기공간에 설치할 수 있다.
  3. 창고시설에 적층식 랙을 설치하는 경우 적층식 랙의 각 단 바닥면적을 방호구역 면적으로 포함할 것
  4. 제1호 내지 제3호에도 불구하고 천장 높이가 13.7 [m] 이하인 랙식 창고에는 「화재조기진압용 스프링클러설비의 화재안전성능기준(NFPC 103B)」에 따른 화재조기진압용 스프링클러설비를 설치할 수 있다.
② 수원의 저수량은 다음 각 호의 기준에 적합해야 한다.
  1. 라지드롭형 스프링클러헤드의 설치개수가 가장 많은 방호구역의 설치개수(30개 이상 설치된 경우에는 30개)에 3.2(랙식 창고의 경우에는 9.6) [m³]를 곱한 양 이상이 되도록 할 것
  2. 제1항 제4호에 따라 화재조기진압용 스프링클러설비를 설치하는 경우 「화재조기진압용 스프링클러설비의 화재안전성능기준(NFPC 103B)」 제5조 제1항에 따를 것
③ 가압송수장치의 송수량은 다음 각 호의 기준에 적합해야 한다.
  1. 가압송수장치의 송수량은 0.1 [MPa]의 방수압력 기준으로 분당 160 [L] 이상의 방수성능을 가진 기준개수의 모든 헤드로부터의 방수량을 충족시킬 수 있는 양 이상인 것으로 할 것. 이 경우 속도수두는 계산에 포함하지 않을 수 있다.
  2. 제1항 제4호에 따라 화재조기진압용 스프링클러설비를 설치하는 경우 「화재조기진압용 스프링클러설비의 화재안전성능기준(NFPC 103B)」 제6조 제1항 제9호에 따를 것

④ 교차배관에서 분기되는 지점을 기점으로 한쪽 가지배관에 설치되는 헤드의 개수(반자 아래와 반자 속의 헤드를 하나의 가지배관 상에 병설하는 경우에는 반자 아래에 설치하는 헤드의 개수)는 4개 이하로 해야 한다. 다만 제1항 제4호에 따라 화재조기진압용 스프링클러설비를 설치하는 경우에는 그렇지 않다.

⑤ 스프링클러헤드는 다음 각 호의 기준에 적합해야 한다.
  1. 라지드롭형 스프링클러헤드를 설치하는 천장·반자·천장과 반자 사이·덕트·선반 등의 각 부분으로부터 하나의 스프링클러헤드까지의 수평거리는 「화재의 예방 및 안전관리에 관한 법률 시행령」 별표2의 특수가연물을 저장 또는 취급하는 창고는 1.7 [m] 이하, 그 외의 창고는 2.1 [m](내화구조로 된 경우에는 2.3 [m]를 말한다) 이하로 할 것
  2. 화재조기진압용 스프링클러헤드는 「화재조기진압용 스프링클러설비의 화재안전성능기준(NFPC 103B)」 제10조에 따라 설치할 것

2022년 4회

01 배점 8

전기실에 제1종 분말소화약제를 사용한 분말소화설비를 전역방출방식의 가압식으로 설치하려고 한다. 다음 [조건]을 참조하여 각 물음에 답하시오.

조건
(1) 실의 크기는 가로 20 [m], 세로 10 [m], 높이 3.5 [m]이고 개구부는 없다. 단, 이 실에 체적 100 [m³]인 불연성 물질이 있다.
(2) 분사헤드 1개의 방출량은 1.5 [kg/s], 방출시간은 30초 기준이다.
(3) 헤드의 배치는 정방형으로 하고 헤드와 벽 사이의 간격은 헤드 간격의 1/2 이하로 한다.
(4) 배관은 최단거리 토너먼트 배관으로 구성한다.
(5) 소화약제량 산정 시 불연재료나 내열성의 재료로 밀폐된 구조물이 있는 경우에는 방호구역의 체적에서 그 구조물의 체적을 제외할 수 있다.

가. 소화약제의 최소 소요량[kg]을 구하시오.
  ○ 계산과정 :
  ○ 답 :

나. 가압용 가스로 질소가스를 사용하는 경우 가압용 가스(질소)의 양[L]을 구하시오. (단, 35 [℃], 1기압으로 환산한 값을 구할 것)
  ○ 계산과정 :
  ○ 답 :

다. 분사헤드의 최소 개수는?
  ○ 계산과정 :
  ○ 답 :

라. 다음 도면에 헤드를 그려 넣으시오. (단, 눈금 한 칸당 1 [m]씩 한다)

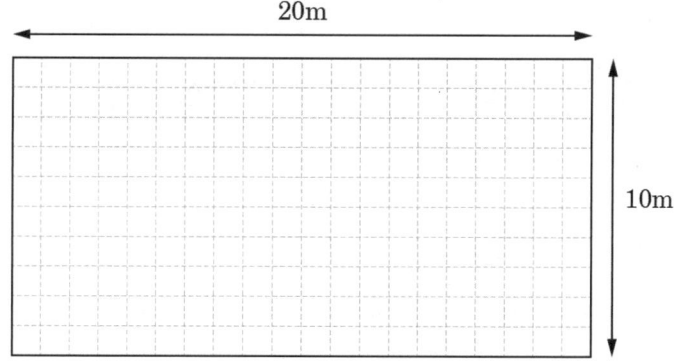

정답

가. 계산과정

분말소화설비 전역방출방식 약제량

$W[kg] = (V \times \alpha) + (A \times \beta)$

V : 방호구역 체적 [m³], α : 방호구역 1 [m³]에 대한 소화약제의 양 [kg/m³]
A : 개구부 면적 [m²], β : 개구부 가산량 [kg/m²]

소화약제의 종별	방호구역 체적 1 [m³]에 대한 소화약제량[kg]	개구부 면적 1 [m²]에 대한 소화약제량[kg]
제1종 분말	0.60 [kg]	4.5 [kg]
제2종 · 제3종 분말	0.36 [kg]	2.7 [kg]
제4종 분말	0.24 [kg]	1.8 [kg]

약제량 W = {(20 × 10 × 3.5) [m³] - 100 [m³]} × 0.6 [kg/m³] = 360 [kg]

답 | 360 [kg]

나. 계산과정

가압용 가스	• 질소가스는 소화약제 1 [kg]마다 40 [L] 이상 • 이산화탄소는 소화약제 1 [kg]에 대하여 20 [g] 이상	+	배관 청소에 필요한 양 (이산화탄소만 해당)
축압용 가스	• 질소가스는 소화약제 1 [kg]에 대하여 10 [L] 이상 • 이산화탄소는 소화약제 1 [kg]에 대하여 20 [g] 이상	+	배관 청소에 필요한 양 (이산화탄소만 해당)

* 배관의 청소에 필요한 양의 가스는 별도의 용기에 저장할 것

가압용 가스(질소) 양 = 360 [kg] × 40 [L/kg] = 14400 [L]

답 | 14400 [L]

다. 계산과정

헤드 개수 $= \dfrac{360[kg]}{1.5[kg/s \cdot 개] \times 30[s]} = 8[개]$

답 | 8개

라.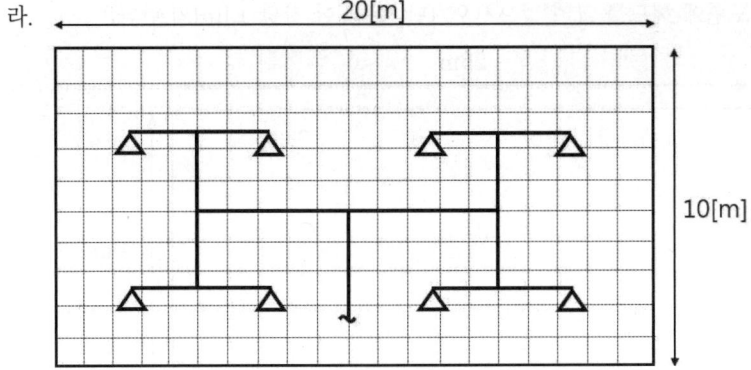

02 | 득점 | 배점 5 |

내경 65 [mm]인 소방호스에 방출구 구경 36 [mm]인 노즐이 연결되어 있다. 유량이 0.02 [m³/s]일 때 노즐에 걸리는 반발력[kN]을 구하시오. (단, 마찰손실은 무시한다)

○ 계산과정 :

○ 답 :

정답

☑ 계산과정
[풀이 1]

호스 유속 $V_1 = \dfrac{4 \times Q}{\pi \times D_1^2} = \dfrac{4 \times 0.02}{\pi \times 0.065^2} = 6.027 [\text{m/s}]$

노즐 유속 $V_2 = \dfrac{4 \times Q}{\pi \times D_2^2} = \dfrac{4 \times 0.02}{\pi \times 0.036^2} = 19.648 [\text{m/s}]$

$\dfrac{P_1}{\gamma} + \dfrac{V_1^2}{2g} + Z_1 = \dfrac{P_2}{\gamma} + \dfrac{V_2^2}{2g} + Z_2 \quad (Z_1 = Z_2, P_2 = 0[\text{대기압}])$

$\dfrac{P_1[\text{Pa}]}{9800[\text{N/m}^3]} + \dfrac{(6.027[\text{m/s}])^2}{2 \times 9.8[\text{m/s}^2]} = \dfrac{(19.648[\text{m/s}])^2}{2 \times 9.8[\text{m/s}^2]}$

$\therefore P_1 = 174859.587 [\text{Pa}]$

$F[N] = P_1[\text{Pa}] \times A_1[\text{m}^2] - \rho[\text{kg/m}^3] \times Q[\text{m}^3/\text{s}] \times \Delta V[\text{m/s}]$

$= \left(174859.587 \times \dfrac{\pi \times 0.065^2}{4}\right) - \{1000 \times 0.02 \times (19.649 - 6.027)\}$

$= 307.797 ≒ 307.80 [N] = 0.31 [\text{kN}]$

[풀이 2]

$$F[N] = \frac{\gamma \times A_1 \times Q^2}{2g}\left(\frac{A_1 - A_2}{A_1 A_2}\right)^2$$

$$= \frac{9800 \times \frac{\pi(0.065)^2}{4} \times 0.02^2}{2 \times 9.8} \times \left(\frac{\frac{\pi(0.065)^2}{4} - \frac{\pi(0.036)^2}{4}}{\frac{\pi(0.065)^2}{4} \times \frac{\pi(0.036)^2}{4}}\right)^2$$

$$= 307.852[N] \fallingdotseq 0.31[kN]$$

답 | 0.31 [kN]

핵심이론 운동량방정식의 응용(노즐의 반발력)

1) 노즐의 반발력, 반동력(= 플랜지 볼트에 작용하는 힘)

$$F[N] = P_1 \times A_1 - \rho \times Q \times \triangle V$$
$$= \frac{\gamma \times A_1 \times Q^2}{2g}\left(\frac{A_1 - A_2}{A_1 A_2}\right)^2$$

F : 노즐의 반발력, 반동력 [N]
P_1 : 호스에서 압력 [Pa]
A_1 : 호스의 단면적 [m²]
A_2 : 노즐의 단면적 [m²]
ρ : 유체의 밀도 [kg/m³]
  (물 : 1000 [kg/m³])
γ : 유체의 비중량 [N/m³]
  (물 : 9800 [N/m³])
Q : 방수량 [m³/s]
$\triangle V$: 호스와 노즐의 유속 차 [m/s]

2) 운동량에 의한 노즐의 반발력, 반동력

$$F[N] = \rho \times Q \times \triangle V$$

F : 운동량에 의한 노즐의 반발력, 반동력 [N]
ρ : 유체의 밀도 [kg/m³]
  (물 : 1000 [kg/m³])
Q : 방수량 [m³/s]
$\triangle V$: 호스와 노즐의 유속 차 [m/s]

3) 노즐 구경 D[mm]와 방수압 P[MPa]이 주어진 경우 노즐의 반발력

$$F[N] = 1.57 \times D^2[mm^2] \times P[MPa]$$

F : 노즐의 반발력, 반동력[N]
D : 노즐 구경 [mm]
P : 방수압 [MPa]

03
배점 7

다음의 특정소방대상물에 고압식 이산화탄소소화설비를 설치하려고 한다. 실의 높이는 4 [m], 용기 1병당 약제 충전량은 45 [kg]일 때 각 실에 필요한 최소 이산화탄소 저장용기 수를 산출하고, 계통도를 그리시오.

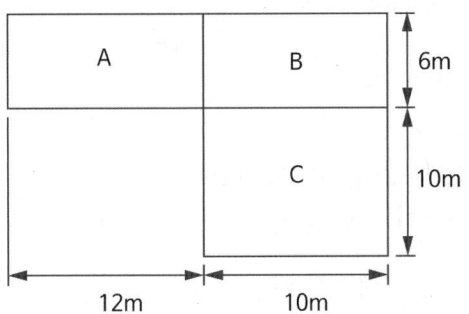

가. 각 실에 필요한 이산화탄소 저장용기 수를 구하시오.

1) A실
   ○ 계산과정 :
   ○ 답 :

2) B실
   ○ 계산과정 :
   ○ 답 :

3) C실
   ○ 계산과정 :
   ○ 답 :

나. 아래 도면을 이용하여 계통도를 그리시오. 단, 모든 배관은 실선 ——— 으로 표기한다. 도시기호는 저장용기 : 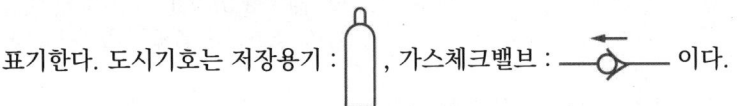, 가스체크밸브 : ——◇—— 이다.

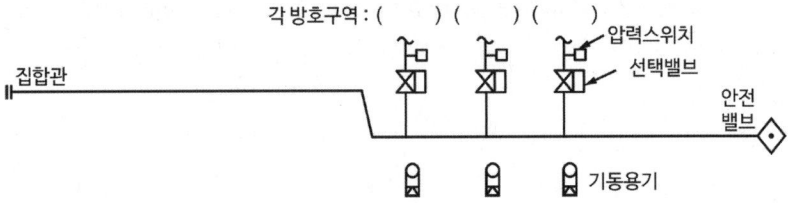

정답

가. 계산과정

> ※ 유의사항
> 본 문제는 이산화탄소 전역방출방식에서 표면화재인지, 심부화재인지 알 수 있는 조건이 나와 있지 않아서 이산화탄소 약제량을 구하기 어려움(조건 미흡) 그러나 문제에 주어진 조건으로 답을 도출하기 위해서, '방호구역의 체적'을 이용하여 '방호구역 1 [m³]에 대한 소화약제의 양 [kg/m³]'을 정하여, 약제량을 산출하는 수밖에 없으므로 "표면화재"로 답을 도출함(심부화재의 경우 방호대상물을 알아야 '방호구역 1 [m³]에 대한 소화약제의 양 [kg/m³]'을 알 수 있음)

★ 핵심이론 이산화탄소소화설비 전역방출방식 표면화재 약제량 산정

$W = (V \times \alpha) \times N + (A \times \beta)$

W : 약제량 [kg], V : 방호구역 체적 [m³]
α : 방호구역 1 [m³]에 대한 소화약제의 양 [kg/m³]
A : 개구부 면적 [m²], β : 개구부 가산량(표면화재 : 5 [kg/m²])
N : 보정계수(설계농도가 34 [%] 이상인 방호대상물의 소화약제량을 구할 때 보정계수를 곱하여 산출함)

방호구역 체적	방호구역의 체적 1 [m³]에 대한 소화약제의 양 α	최저 한도의 양	개구부 가산량[kg/m²] β (자동폐쇄장치 미설치 시)
45 [m³] 미만	1 [kg/m³]	45 [kg](1병)	5 [kg/m²]
45 [m³] 이상 150 [m³] 미만	0.9 [kg/m³]		
150 [m³] 이상 1450 [m³] 미만	0.8 [kg/m³]	135 [kg](3병)	
1450 [m³] 이상	0.75 [kg/m³]	1125 [kg](25병)	

1) A실

① V = 12 × 6 × 4 = 288 [m³]

② W = V × α = 288 [m³] × 0.8 [kg/m³] = 230.4 [kg]

③ A실 저장용기 수 : $\frac{230.4 [kg]}{45 [kg/병]} = 5.12 [병] ≒ 6 [병]$

2) B실

① V = 10 × 6 × 4 = 240 [m³]

② W = V × α = 240 [m³] × 0.8 [kg/m³] = 192 [kg]

③ B실 저장용기 수 : $\frac{192}{45 [kg/병]} = 4.26 [병] ≒ 5 [병]$

3) C실
   ① V = 10 × 10 × 4 = 400 [m³]
   ② W = V × α = 400 [m³] × 0.8 [kg/m³] = 320 [kg]
   ③ C실 저장용기 수 : $\frac{320}{45[kg/병]}$ = 7.11[병] ≒ 8[병]

답 | 1) A실 : 6 [병], 2) B실 : 5 [병], 3) C실 : 8 [병]

나.

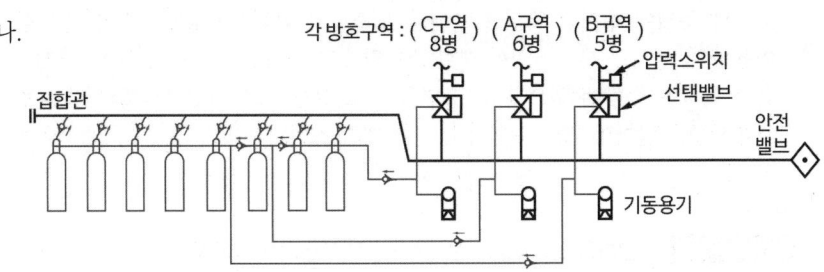

04   배점 4

다음은 제연설비의 설치 제외에 대한 기준을 나열한 것이다. ㉠ ~ ㉣까지의 빈칸을 채우시오.

제연설비를 설치해야 할 특정소방대상물 중 화장실·목욕실·(㉠)·(㉡)를 설치한 숙박시설(가족호텔 및 (㉢)에 한한다)의 객실과 사람이 상주하지 않는 기계실·전기실·공조실·(㉣) [m²] 미만의 창고 등으로 사용되는 부분에 대하여는 배출구·공기유입구의 설치 및 배출량 산정에서 이를 제외한다.

정답

㉠ 주차장, ㉡ 발코니, ㉢ 휴양콘도미니엄, ㉣ 50

05

배점 10

가로 60 [m], 세로 30 [m], 높이 12 [m]의 항공기 격납고에 조건과 같이 포소화설비를 설치하고자 한다. 다음 물음에 답하시오.

조건

(1) 격납고의 주요구조부가 내화구조이고, 벽 및 천장의 실내에 면하는 부분은 불연재료이다.
(2) 격납고 주변에 호스릴포소화설비 6개를 설치하였다.
(3) 포소화설비는 포헤드를 설치하고, 헤드의 배치는 정방형으로 한다.
(4) 포원액은 3 [%] 합성계면활성제포를 사용한다.
(5) 단, 수원의 양은 다음의 기준을 따른다.
  ※ 약제 농도 x [%] : 포수용액(약제 + 물)을 100 [%]로 보았을 때, x [%]를 약제 농도로 한다.

가. 헤드를 정방형으로 배치할 때 포헤드의 설치개수를 구하시오.
  ○ 계산과정 :
  ○ 답 :

나. 포원액의 최소 소요량[L]을 구하시오.
  ○ 계산과정 :
  ○ 답 :

다. 수원의 저수량[m³]을 구하시오.
  ○ 계산과정 :
  ○ 답 :

정답

가. 계산과정 : 포헤드 정방형 배치
  $S = 2R \times \cos 45°$

  S : 포헤드 상호 간의 거리 [m]
  R : 유효반경 [2.1 m]

  ① 포헤드 상호 간 거리 : $S = 2 \times 2.1 \times \cos 45° = 2.970 [m]$
  ② 가로열에 설치할 포헤드 수 : $\dfrac{60[m]}{2.970[m/개]} = 20.20 [개] ≒ 21 [개]$
  ③ 세로열에 설치할 포헤드 수 : $\dfrac{30[m]}{2.970[m/개]} = 10.10 [개] ≒ 11 [개]$
  ④ 포헤드 설치개수 : 21 × 11 = 231 [개]

  답 | 231 [개]

나. 계산과정

① 포헤드설비의 포소화약제의 양 산정

소방대상물	포소화약제의 종류	1분당 바닥면적 1 [m²]에 대한 방사량 Q_A
차고·주차장 및 항공기격납고	단백포소화약제	6.5 [L] 이상
	합성계면활성제포소화약제	8.0 [L] 이상
	수성막포소화약제	3.7 [L] 이상
특수가연물 저장·취급하는 소방대상물	단백포소화약제	6.5 [L] 이상
	합성계면활성제포소화약제	6.5 [L] 이상
	수성막포소화약제	6.5 [L] 이상

$\Rightarrow Q_{약제} = A[m^2] \times Q_A[L/m^2 \cdot \min] \times T[\min] \times S$

$= (60 \times 30)[m^2] \times 8[L/m^2 \cdot \min] \times 10[\min] \times 0.03 = 4320[L]$

② 호스릴포소화설비의 포소화약제의 양 산정

$$Q = N \times 6000[L] \times S$$

Q : 포소화약제의 양 [L]
N : 호스 접결구 개수(최대 5개)
S : 포소화약제의 사용농도 [%]

$\Rightarrow Q_{약제} = N \times 6000[L] \times S$

$= 5 \times 6000[L] \times 0.03 = 900[L]$

③ 포원액의 최소 소요량

∴ 포원액의 최소 소요량 = 포헤드설비에 필요한 약제량
+ 호스릴포소화설비에 필요한 약제량
$= 4320 + 900 = 5220[L]$

답 | 5220 [L]

다. 계산과정

① 포헤드설비의 수원량 산정

$Q_{수원} = A[m^2] \times Q_A[L/m^2 \cdot \min] \times T[\min] \times (1-S)$

$= (60 \times 30)[m^2] \times 8[L/m^2 \cdot \min] \times 10[\min] \times 0.97$

$= 139680[L] = 139.68[m^3]$

② 호스릴포소화설비의 수원량 산정

$Q_{수원} = N \times 6000[L] \times (1-S)$

$= 5 \times 6000[L] \times 0.97 = 29100[L] = 29.1[m^3]$

③ 수원의 저수량

∴ 수원량 = 포헤드설비에 필요한 수원량 + 호스릴포소화설비에 필요한 수원량
$= 139.68 + 29.1 = 168.78[m^3]$

답 | 168.78 [m³]

06

배점 4

옥외소화전설비에서 펌프의 소요양정이 50 [m]이고, 말단방수노즐의 방수압력이 0.15 [MPa]이었다. 관련 법에 맞게 방수압력을 0.25 [MPa]로 증가시키고자 할 때 [조건]을 참고하여 토출 측 유량[L/min]과 펌프의 압력[MPa]를 구하시오.

조건

(1) 유량 $Q = K\sqrt{10P}$를 적용하며 이때 K = 100이다.

Q : 유량 [L/min], K : 방출계수, P : 방수압력 [MPa]

(2) 배관 마찰손실은 하젠 - 윌리엄식을 적용한다.

$$\triangle P = 6.05 \times 10^4 \times \frac{Q^{1.85}}{C^{1.85} \times D^{4.87}}$$

여기서 $\triangle P$: 단위길이당 마찰손실 압력 [MPa/m]
Q : 유량 [L/min], C : 관의 조도계수, D : 관의 내경 [mm]

○ 계산과정 :

○ 답 :

정답

☑ 계산과정

① 방수압력 $P_1 = 0.15$[MPa]일 때 유량

$Q_1 = K\sqrt{10P} = 100 \times \sqrt{10 \times 0.15[\text{MPa}]} = 122.47[L/min]$

② 방수압력 $P_2 = 0.25$[MPa]일 때 유량

$Q_2 = K\sqrt{10P} = 100 \times \sqrt{10 \times 0.25[\text{MPa}]} = 158.11[L/min]$

③ 교체 후 양정

방수압력 $P_1 = 0.15$[MPa]일 때 손실압력 $\triangle P_1$은 0.5 - 0.15 = 0.35 [MPa]

방수압력 $P_2 = 0.25$[MPa]일 때 손실압력 $\triangle P_2$는

하젠 - 윌리엄식에 의해 $\triangle P \propto Q^{1.85}$이므로

∴ $0.35 : 122.47^{1.85} = \triangle P_2 : 158.11^{1.85}$

$\triangle P_2 = 0.35 \times \frac{158.11^{1.85}}{122.47^{1.85}} = 0.56$[MPa]

방수압력이 0.25[MPa]일 때 펌프 양정 = 0.56 + 0.25 = 0.81 [MPa] = 81 [m]

답 | 토출 측 유량 158.11 [L/min], 토출 측 압력 0.81 [MPa]

07 배점 6

지하층으로 가로 20 [m], 세로 10 [m]인 장소에 연결살수설비를 설치하고자 한다. 연결살수설비 전용헤드를 정방형으로 설치하는 경우 다음 각 물음에 답하시오.

가. 헤드의 최소 소요 개수를 산정하시오.
- 계산과정 :
- 답 :

나. 급수배관의 최소 구경[mm]을 구하시오.
- 계산과정 :
- 답 :

정답

가. 계산과정

R(수평거리) = 3.7 [m]

① S(헤드 간 거리) = $2R\cos\theta = 2 \times 3.7 \times \cos 45° = 5.232 [m]$

② 가로열에 설치할 헤드 수 : $\dfrac{20[m]}{5.232[m/개]} = 3.822[개] ≒ 4[개]$

③ 세로열에 설치할 헤드 수 : $\dfrac{10[m]}{5.232[m/개]} = 1.911[개] ≒ 2[개]$

④ 헤드 최소 소요 개수 = 4 × 2 = 8개

> **연결살수설비의 화재안전기술기준(NFTC 503) – 2.3 헤드**
> 2.3.2.2 천장 또는 반자의 각 부분으로부터 하나의 살수헤드까지의 수평거리가 연결살수설비 전용헤드의 경우에는 3.7 [m] 이하, 스프링클러헤드의 경우는 2.3 [m] 이하로 할 것. 다만 살수헤드의 부착면과 바닥과의 높이가 2.1 [m] 이하인 부분은 살수헤드의 살수분포에 따른 거리로 할 수 있다.

답 | 8개

나. 계산과정

배관의 구경은 "연결살수설비 전용헤드 수별 급수관의 구경" 표에 따라 선정한다. 이때 하나의 배관에 부착하는 연결살수설비 전용헤드의 개수가 8개이므로 표에서 "6개 이상 10개 이하"에 해당하는 배관의 최소 구경 "80 [mm]"로 선정한다.

답 | 80 [mm]

참고 연결살수설비 전용헤드 수별 급수관의 구경

하나의 배관에 부착하는 연결살수설비 전용헤드의 개수	1개	2개	3개	4개 또는 5개	6개 이상 10개 이하
배관의 구경[mm]	32	40	50	65	80

08

배점 4

포소화약제 중 수성막포의 장점과 단점을 각각 2가지씩 쓰시오.

가. 장점 :
   1)
   2)

나. 단점 :
   1)
   2)

정답

가. 장점
   1) 수성막포는 소화력이 우수하다.
   2) 화학적으로 안정하여 분말소화약제와 겸용이 가능하다.

나. 단점
   1) 다른 약제에 비해 가격이 비싸다.
   2) 내열성이 작아 윤화현상 발생 우려가 있다.

09

배점 6

학교의 강의실에 대한 아래 평면도를 참고하여 다음 각 물음에 답하시오. (단, 해당 층에 설치하는 소화기는 A급 화재를 기준으로 능력단위 3단위인 소형소화기로 설치한다. 이때 출입문은 실의 중앙에 있다)

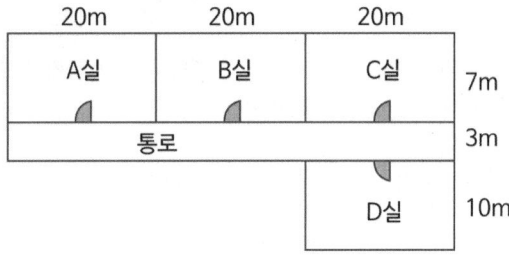

가. 바닥면적을 기준으로 필요한 소화기의 최소 능력단위를 산정하고, 소화기의 개수를 구하시오. (단, 통로는 배제하고 보행거리기준은 고려하지 않는다)
   ○ 계산과정 :
   ○ 답 :

나. 보행거리에 따른 통로에 설치하여야 할 소화기의 개수를 산정하시오. (단, 복도 끝에 소화기를 배치한다)
   ○ 계산과정 :
   ○ 답 :

다. 소문항 '가', '나'를 고려하였을 때 소화기의 최소 개수를 구하시오.
   ○ 계산과정 :
   ○ 답 :

정답

가. 계산과정

① 소화기의 최소 능력단위

$$\frac{바닥면적[m^2]}{200[m^2/단위]}$$

$$= \frac{(20[m] \times 7[m]) \times 3[실] + (20[m] \times 10[m]) \times 1[실]}{200[m^2/단위]} = 3.1[단위]$$

※ "학교의 강의실"이므로 특정소방대상물에 따른 소화기구의 능력단위 표에서 "그 밖의 것"에 해당한다. 따라서 바닥면적 200 [m²]마다 능력단위 1단위 이상으로 산출한다.

② 소화기의 개수

㉠ 특정소방대상물별 소화기구의 능력단위기준에 따라 설치해야 하는 소화기 개수

$$\therefore \frac{3.1[단위]}{3[단위/개]} = 1.03 ≒ 2[개]$$

㉡ 33 [m²] 이상의 구획된 실에 추가 설치해야 하는 소화기 개수
   바닥이 33 [m²] 이상인 거실의 개수가 4개이므로
   ∴ 4[실] × 1[개] = 4[개]
따라서 소화기의 총 개수 : 2 [개] + 4 [개] = 6 [개]

답 | 3.1 [단위], 6 [개]

나. 계산과정

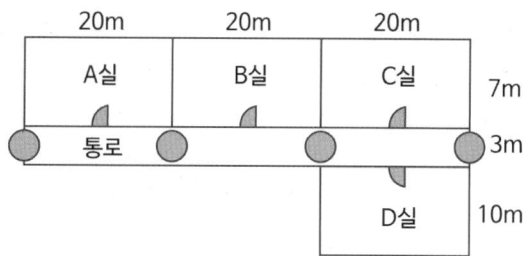

① 복도 양 끝에 설치할 소화기 개수 : 2개

② 보행거리에 따른 소화기 설치개수 : $\dfrac{60[m]}{20[m/개]} - 1[개] = 2개$

※ 소형소화기이므로 특정소방대상물의 각 부분으로부터 1개의 소화기까지의 보행거리가 20 [m] 이내이어야 함

∴ 통로에 설치하여야 할 소화기의 개수 = 2개 + 2개 = 4개

답 | 4 [개]

다. 계산과정

소화기의 최소 개수 = 6개 + 4개

답 | 10 [개]

참고 1 소화기구 및 자동소화장치의 화재안전기술기준(NFTC 101)

2.1.1.4 소화기는 다음의 기준에 따라 설치할 것

2.1.1.4.1 특정소방대상물의 각 층마다 설치하되, 각 층이 2 이상의 거실로 구획된 경우에는 각 층마다 설치하는 것 외에 바닥면적이 33 [m²] 이상으로 구획된 각 거실(아파트의 경우에는 각 세대를 말한다)에도 배치할 것

2.1.1.4.2 특정소방대상물의 각 부분으로부터 1개의 소화기까지의 보행거리가 소형소화기의 경우에는 20 [m] 이내, 대형소화기의 경우에는 30 [m] 이내가 되도록 배치할 것. 다만 가연성 물질이 없는 작업장의 경우에는 작업장의 실정에 맞게 보행거리를 완화하여 배치할 수 있다.

참고 2 국가화재안전기준 해설서 일부 발췌

33 [m²] 이상의 구획된 실의 추가 설치

당해 용도에 맞게 능력단위를 산출하고, 보행거리기준을 적용하여 소화기를 설치하게 된다. 그러나 바닥면적이 33 [m²] 이상인 거실이 별도로 구획된 경우에는 보행거리와 무관하게 추가로 소화기를 설치하여야 한다. 이 규정은 화재 초기 즉각적인 대응을 위한 것이다.

참고 3 특정소방대상물별 소화기구의 능력단위 표

특정소방대상물	소화기구의 능력단위
1. 위락시설	해당 용도의 바닥면적 30 [m²]마다 능력단위 1단위 이상
2. 공연장, 집회장, 관람장, 문화재, 장례식장 및 의료시설	해당 용도의 바닥면적 50 [m²]마다 능력단위 1단위 이상
3. 근린생활시설, 판매시설, 운수시설, 숙박시설, 노유자시설, 전시장, 공동주택, 업무시설, 방송통신시설, 공장, 창고시설, 항공기 및 자동차 관련 시설 및 관광휴게시설	해당 용도의 바닥면적 100 [m²]마다 능력단위 1단위 이상
4. 그 밖의 것	해당 용도의 바닥면적 200 [m²]마다 능력단위 1단위 이상

[비고] 소화기구의 능력단위를 산출함에 있어서 건축물의 주요구조부가 내화구조이고, 벽 및 반자의 실내에 면하는 부분이 불연재료·준불연재료 또는 난연재료로 된 특정소방대상물에 있어서는 위 표의 바닥면적의 2배를 해당 특정소방대상물의 기준면적으로 한다.

10 배점 4

어느 건축물의 평면도이다. A실에 급기가압을 하고 개구부 A_4, A_5, A_6이 외기와 면해 있을 때 A실을 기준으로 외기와의 유효 틈새면적[m²]은 얼마인가? (단, 개구부의 틈새면적은 A_1, A_2, A_3 : 0.015 [m²], A_4, A_5, A_6 : 0.01 [m²]이며, 틈새면적은 소수점 여섯째자리에서 반올림하여 다섯째자리까지 구한다)

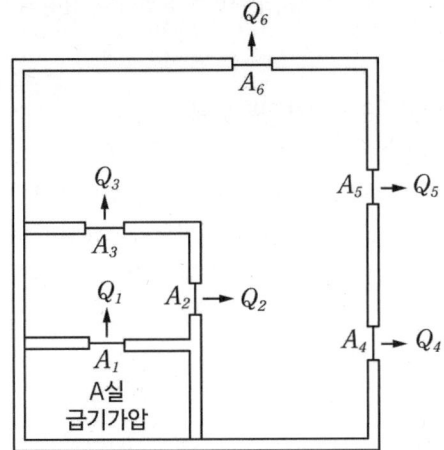

○ 계산과정 :

○ 답 :

정답

✓ 계산과정

틈새면적[m²]의 합계 구하는 공식

1. 병렬상태인 경우 : $A_T[m^2] = A_1 + A_2 + \cdots + A_n$

2. 직렬상태인 경우

$$A_T[m^2] = \cfrac{1}{\sqrt{\left(\cfrac{1}{A_1^2} + \cfrac{1}{A_2^2} + \cdots + \cfrac{1}{A_n^2}\right)}} = \left(\frac{1}{A_1^2} + \frac{1}{A_2^2} + \cdots + \frac{1}{A_n^2}\right)^{-\frac{1}{2}}$$

① A_4, A_5, A_6은 병렬

$A_{4-6} = 0.01 + 0.01 + 0.01 = 0.03[m^2]$

② A_2, A_3은 병렬 : $A_{2-3} = 0.015 + 0.015 = 0.03[m^2]$

③ A_1, A_{2-3}, A_{4-6}은 직렬

$$A_{1-6} = \left(\frac{1}{0.015^2} + \frac{1}{0.03^2} + \frac{1}{0.03^2}\right)^{-\frac{1}{2}}$$

$= 0.012247 ≒ 0.01225[m^2]$

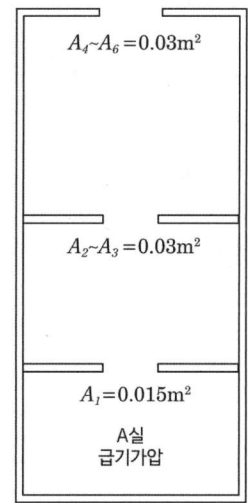

답 | 0.01225 [m²]

11 배점 8

지상 10층 건물에 설치한 옥내소화전설비의 계통도가 다음 그림과 같다. 각 물음에 답하시오.

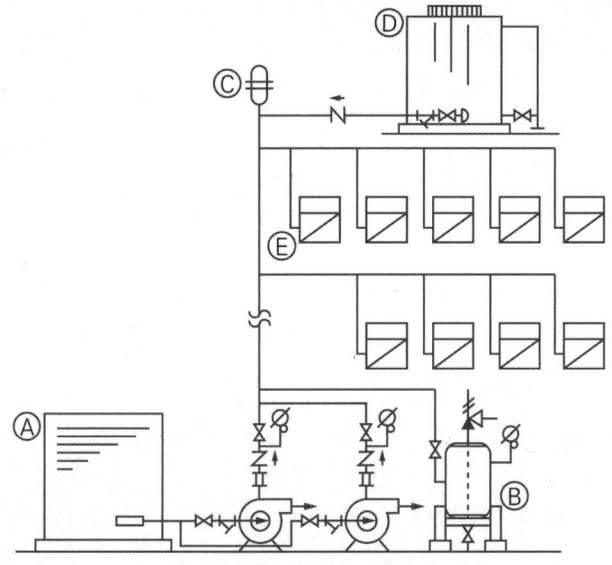

[조건]
(1) 소화펌프부터 옥내소화전까지 실양정과 배관 및 소방호스의 마찰손실 포함 40 [m]이다.
(2) 펌프의 효율은 65 [%], 여유율은 10 [%]이다.

가. Ⓐ ~ Ⓔ의 각 명칭을 쓰시오.
  Ⓐ   Ⓑ
  Ⓒ   Ⓓ
  Ⓔ

나. "Ⓓ"에 저장하여야 할 수원의 양은 얼마 [m³] 이상인가?
  ○ 계산과정 :
  ○ 답 :

다. "Ⓑ"의 설치목적을 쓰시오.
  ○ 답 :

라. "Ⓒ"의 설치목적을 쓰시오.
  ○ 답 :

마. "Ⓔ"의 문짝의 면적[m²]은 얼마 이상인가?

　　○ 답 :

바. 전동기 동력[kW]을 구하시오.

　　○ 계산과정 :

　　○ 답 :

정답

가. Ⓐ (소화)저수조, Ⓑ 압력챔버, Ⓒ 수격방지기, Ⓓ 옥상수조, Ⓔ 옥내소화전

나. 계산과정

$$2[개] \times 2.6[m^3/개] \times \frac{1}{3} = 1.73[m^3]$$

답 | 1.73 [m³]

다. 배관 내의 압력변동에 따라 펌프의 자동기동·정지를 위해 설치하며 설비 내 충격 완화

라. 수격작용의 방지

마. 0.5 [m²] 이상

바. 계산과정

$$P[kW] = \frac{\gamma[kN/m^3] \times Q[m^3/s] \times H[m]}{\eta} \times K$$

$Q = N \times 130[L/min] = 2 \times 130[L/min] = 260[L/min]$

$$P = \frac{9.8[kN/m^3] \times \frac{0.26}{60}[m^3/s] \times (40+17)[m]}{0.65} \times 1.1$$

$= 4.10[kW]$

답 | 4.1 [kW]

12

득점 ____ 배점 7

그림과 같이 직사각형 주철 관로망에서 Ⓐ점에서 0.6 [m³/s]의 유량으로 물이 들어와서 Ⓑ와 Ⓒ점으로 각각 0.2 [m³/s]와 0.4 [m³/s]의 유량으로 빠져나간다. 이때 Q_1, Q_2, Q_3의 유량[m³/s]을 구하시오. (단, 관마찰손실 이외의 손실은 무시하고, 달시-웨버공식을 이용하여 유량을 구한다)

조건

(1) 내경 d_1 : 0.4 [m], d_2 : 0.4 [m], d_3 : 0.322 [m], d_4 : 0.322 [m]

(2) d_1, d_2 배관에 대한 관마찰계수(f_1, f_2) : 0.025

(3) d_3, d_4 배관에 대한 관마찰계수(f_3, f_4) : 0.028

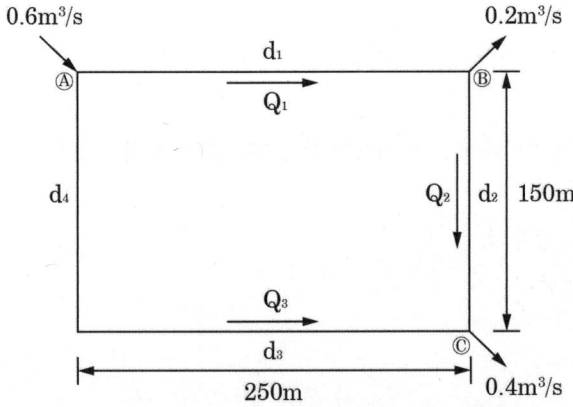

○ 계산과정 :

○ 답 :

정답

☑ 계산과정 [풀이 1]

달시 - 웨버방정식 $h_L[\text{m}] = f \times \dfrac{L[\text{m}]}{D[\text{m}]} \times \dfrac{(V[\text{m/s}])^2}{2g[\text{m/s}^2]}$

$Q_1 + Q_3 = 0.6 \,[\text{m}^3/\text{s}]$ ·················· (1)식

$Q_1 = Q_2 + 0.2 \,[\text{m}^3/\text{s}]$ ·················· (2)식

$Q_2 + Q_3 = 0.4 \,[\text{m}^3/\text{s}]$

$\triangle h_1 + \triangle h_2 = \triangle h_3 + \triangle h_4$ ·················· (3)식

(∵ Ⓐ점에서 유입된 물의 흐름 경로가 $\triangle h_1$, $\triangle h_2$가 같고, $\triangle h_3$는 다른 경로이다)

$h_L = f \times \dfrac{L}{D} \times \dfrac{V^2}{2g} = f \times \dfrac{L}{D} \times \dfrac{\left(\dfrac{4Q}{\pi D^2}\right)^2}{2g}$

$$\triangle h_1 = 0.025 \times \frac{250}{0.4} \times \frac{\left(\frac{4Q_1}{\pi D_1^{\,2}}\right)^2}{2 \times 9.8} = 0.025 \times \frac{250}{0.4} \times \frac{\left(\frac{4Q_1}{\pi 0.4^2}\right)^2}{2 \times 9.8} = 50.482\,Q_1^{\,2}$$

$$\triangle h_2 = 0.025 \times \frac{150}{0.4} \times \frac{\left(\frac{4Q_2}{\pi D_2^{\,2}}\right)^2}{2 \times 9.8} = 0.025 \times \frac{150}{0.4} \times \frac{\left(\frac{4Q_2}{\pi 0.4^2}\right)^2}{2 \times 9.8} = 30.289\,Q_2^{\,2}$$

$$\triangle h_3 + \triangle h_4 = 0.028 \times \frac{(250+150)}{0.322} \times \frac{\left(\frac{4Q_3}{\pi D_3^{\,2}}\right)^2}{2 \times 9.8}$$

$$= 0.028 \times \frac{(250+150)}{0.322} \times \frac{\left(\frac{4Q_3}{\pi 0.322^2}\right)^2}{2 \times 9.8} = 267.61\,Q_3^{\,2}$$

$\triangle h_1 + \triangle h_2 = \triangle h_3 + \triangle h_4$ ·················· (3)식

$50.482\,Q_1^{\,2} + 30.289\,Q_2^{\,2} = 267.61\,Q_3^{\,2}$

> Q_2와 Q_3를 Q_1과 관계된 식으로 정리한다. ······ (1)식, (2)식을 이용
> ⇨ $Q_3 = 0.6\,[\text{m}^3/s] - Q_1$
> ⇨ $Q_2 = Q_1 - 0.2\,[\text{m}^3/s]$

$50.482\,Q_1^{\,2} + 30.289(Q_1 - 0.2)^2 = 267.61(0.6 - Q_1)^2$

(▶ 이 단계에서 계산기 solve기능 활용 시, 반드시 초기 값 x = 0으로 입력한다)

$50.482\,Q_1^{\,2} + 30.289(Q_1^{\,2} - 0.4\,Q_1 + 0.04) = 267.61(Q_1^{\,2} - 1.2\,Q_1 + 0.36)$

$50.482\,Q_1^{\,2} + 30.289\,Q_1^{\,2} - 12.115\,Q_1 + 1.211 = 267.61\,Q_1^{\,2} - 321.132\,Q_1 + 96.339$

위 식에서 좌항을 모두 우항으로 이항한다.

$186.839\,Q_1^{\,2} - 309.017\,Q_1 + 95.128 = 0$

참고 2차방정식의 근의 공식

$ax^2 + bx + c = 0$ (단, $a \neq 0$)의 두 근은

$x = \dfrac{-b \pm \sqrt{b^2 - 4ac}}{2a}$

$Q_1 = \dfrac{-(-309.017) \pm \sqrt{309.017^2 - 4 \times 186.839 \times 95.128}}{2 \times 186.839}$

$Q_1 = 0.408\,[\text{m}^3/s]$ 또는 $1.244\,[\text{m}^3/s]$

이때 전체 유량이 $0.6\,[\text{m}^3/s]$이므로 Q_1은 $0.6\,[\text{m}^3/s]$보다 작아야 함

따라서 ∴ $Q_1 = 0.408 ≒ 0.41\,[\text{m}^3/s]$

$Q_2 = Q_1 - 0.2 = 0.41 - 0.2 = 0.21\,[\text{m}^3/s]$

$Q_3 = 0.6 - Q_1 = 0.6 - 0.41 = 0.19\,[\text{m}^3/s]$

답 | $Q_1 = 0.41\,[\text{m}^3/s]$, $Q_2 = 0.21\,[\text{m}^3/s]$, $Q_3 = 0.19\,[\text{m}^3/s]$

☑ 계산과정 [풀이 2]

$Q_1 + Q_3 = 0.6 \, [\text{m}^3/\text{s}]$ ·················· (1)식

$Q_1 = Q_2 + 0.2 \, [\text{m}^3/\text{s}]$ ·················· (2)식

$Q_2 + Q_3 = 0.4 \, [\text{m}^3/\text{s}]$

Q_2와 Q_3를 Q_1과 관계된 식으로 정리한다. ······ (1)식, (2)식을 이용
⇨ $Q_3 = 0.6 \, [\text{m}^3/\text{s}] - Q_1$
⇨ $Q_2 = Q_1 - 0.2 \, [\text{m}^3/\text{s}]$

$\triangle h_1 + \triangle h_2 = \triangle h_3 + \triangle h_4$ ·················· (3)식
(∵ Ⓐ점에서 유입된 물의 흐름 경로가 $\triangle h_1, \triangle h_2$가 같고, $\triangle h_3$는 다른 경로이다)

$$h_L = f \times \frac{L}{D} \times \frac{V^2}{2g} = f \times \frac{L}{D} \times \frac{\left(\frac{4Q}{\pi D^2}\right)^2}{2g} = f \times \frac{L}{D} \times \frac{\frac{4^2 Q^2}{\pi^2 D^4}}{2g} = \frac{4^2}{\pi^2} \times f \times \frac{L}{D^5} \times \frac{Q^2}{2g}$$

$$\triangle h_1 = \frac{4^2}{\pi^2} \times 0.025 \times \frac{250}{0.4^5} \times \frac{Q_1^2}{2 \times 9.8}$$

$$\triangle h_2 = \frac{4^2}{\pi} \times 0.025 \times \frac{150}{0.4^5} \times \frac{Q_2^2}{2 \times 9.8} = \frac{4^2}{\pi} \times 0.025 \times \frac{150}{0.4^5} \times \frac{(Q_1 - 0.2)^2}{2 \times 9.8}$$

$$\triangle h_3 + \triangle h_4 = \frac{4^2}{\pi^2} \times 0.028 \times \frac{(250 + 150)}{0.322^5} \times \frac{Q_3^2}{2 \times 9.8}$$

$$= \frac{4^2}{\pi^2} \times 0.028 \times \frac{(250 + 150)}{0.322^5} \times \frac{(0.6 - Q_1)^2}{2 \times 9.8}$$

$\triangle h_1 + \triangle h_2 = \triangle h_3 + \triangle h_4$ ·················· (3)식

$$\left(\frac{4^2}{\pi^2} \times 0.025 \times \frac{250}{0.4^5} \times \frac{Q_1^2}{2 \times 9.8}\right) + \left(\frac{4^2}{\pi} \times 0.025 \times \frac{150}{0.4^5} \times \frac{(Q_1 - 0.2)^2}{2 \times 9.8}\right)$$

$$= \frac{4^2}{\pi^2} \times 0.028 \times \frac{(250 + 150)}{0.322^5} \times \frac{(0.6 - Q_1)^2}{2 \times 9.8}$$

$$\left(\frac{\cancel{4^2}}{\cancel{\pi^2}} \times 0.025 \times \frac{250}{0.4^5} \times \frac{Q_1^2}{\cancel{2 \times 9.8}}\right) + \left(\frac{\cancel{4^2}}{\cancel{\pi}} \times 0.025 \times \frac{150}{0.4^5} \times \frac{(Q_1 - 0.2)^2}{\cancel{2 \times 9.8}}\right)$$

$$= \frac{\cancel{4^2}}{\cancel{\pi^2}} \times 0.028 \times \frac{(250 + 150)}{0.322^5} \times \frac{(0.6 - Q_1)^2}{\cancel{2 \times 9.8}}$$

$$\left(0.025 \times \frac{250}{0.4^5} \times Q_1^2\right) + \left(0.025 \times \frac{150}{0.4^5} \times (Q_1 - 0.2)^2\right)$$

$$= 0.028 \times \frac{(250 + 150)}{0.322^5} \times (0.6 - Q_1)^2$$

계산기로 해를 도출한다.
(▶ 이 단계에서 계산기 solve기능 활용 시, 반드시 초기 값 x = 0으로 입력한다)
$Q_1 = 0.408 \, [\text{m}^3/\text{s}]$ 또는 $1.244 \, [\text{m}^3/\text{s}]$

이때 전체 유량이 $0.6 \, [\text{m}^3/\text{s}]$이므로 Q_1은 $0.6 \, [\text{m}^3/\text{s}]$보다 작아야 함

따라서 $\therefore\ Q_1 = 0.408 ≒ 0.41\,[\mathrm{m^3/s}]$

$Q_2 = Q_1 - 0.2 = 0.41 - 0.2 = 0.21\,[\mathrm{m^3/s}]$

$Q_3 = 0.6 - Q_1 = 0.6 - 0.41 = 0.19\,[\mathrm{m^3/s}]$

답 | $Q_1 = 0.41\,[\mathrm{m^3/s}],\ Q_2 = 0.21\,[\mathrm{m^3/s}],\ Q_3 = 0.19\,[\mathrm{m^3/s}]$

> **참고** CASIO 계산기 매뉴얼 일부 발췌
>
> - x(해 변수)에 대한 초깃값으로 입력한 것에 따라서는 Solve가 해를 구하지 못할 수도 있습니다. 이런 경우에는 해에 가까운 것으로 초깃값을 변경해 보십시오.
> - 해가 존재하더라도 Solve가 올바른 해를 결정할 수 없는 경우가 있습니다.
> - Solve는 뉴턴의 방법을 사용하기 때문에 복수해가 있더라도 그중에서 하나만 돌려줍니다.

fx-570 ES Plus fx-991 ES Plus	Solve for X 0
fx-570 EX fx-991 EX	$x^2 + B = 0$ $x = 1$ $x^2 + B = 0$ $x = 1.414213562$ L-R = 0

13

폐쇄형 헤드를 사용한 스프링클러설비의 말단 배관 중 K점에 필요한 압력수의 수압 [MPa]을 주어진 [조건]을 이용하여 산정하시오.

득점 / 배점 8

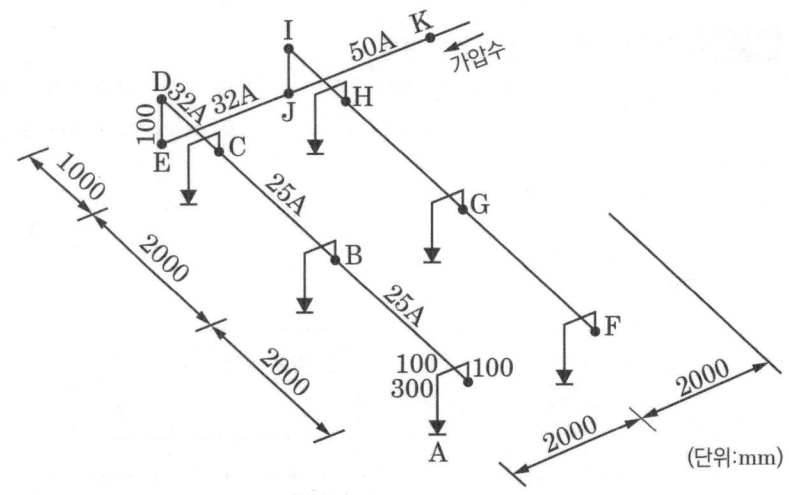

조건

(1) 직관 마찰손실수두(100 [m]당)   (단위 : [m])

개수	유량	25 [A]	32 [A]	40 [A]	50 [A]
1	80 [L/min]	39.82	11.38	5.40	1.68
2	160 [L/min]	150.42	42.84	20.29	6.32
3	240 [L/min]	307.77	87.66	41.51	12.93
4	320 [L/min]	521.92	148.66	70.40	21.93
5	400 [L/min]	789.04	224.75	106.31	32.99
6	480 [L/min]		321.55	152.26	47.43

(2) 관이음쇠 마찰손실에 해당하는 직관길이   (단위 : [m])

관이음	25 [A]	32 [A]	40 [A]	50 [A]
90°엘보	0.9	1.2	1.5	2.1
레듀셔	0.54	0.72	0.9	1.2
티(직류)	0.27	0.36	0.45	0.6
티(분류)	1.5	1.8	2.1	3.0

(3) 헤드 나사는 PT$\frac{1}{2}$(15 [A])를 적용한다.

(4) 말단 헤드의 방사압은 0.1 [MPa]이다.

(5) 동일 구경의 티를 사용한다.

(6) 수압산정에 필요한 계산과정을 상세히 명시한다.

(7) 관이음쇠 및 마찰손실에 해당하는 직관길이 산출 시 호칭구경이 큰 쪽에 따른다.

가. 배관의 마찰손실수두[m]를 구하시오. (단, 다음 표에 나온 구간별로 계산하시오)

구간	관경	유량	등가 관장길이[m]	마찰손실수두[m]
J - K	50 [A]	480 [L/min]		
C - J	32 [A]	240 [L/min]		
B - C	25 [A]	160 [L/min]		
A - B	25 [A]	80 [L/min]		

나. 말단 헤드 선단의 위치수두[m]를 구하시오.

○ 계산과정 :

○ 답 :

다. 말단 헤드 선단의 최소 방수압력을 수두[m]로 구하시오.

○ 답 :

라. K 점의 최소 요구압력[MPa]을 구하시오.

○ 계산과정 :

○ 답 :

정답

가.

구간	관경	유량	등가 관장길이[m]	마찰손실수두[m]
J – K	50 [A]	480 [L/min] (헤드 6개)	• 직관길이 : 2 [m] • 상당길이 ① 분류T 1개 : 3 [m] ② 레듀셔(50 × 32) 1개 : 1.2 [m] ∴ 총합 : 2 + 3 + 1.2 = 6.2 [m]	$6.2[m] \times \dfrac{47.43[m]}{100[m]}$ $= 2.94[m]$
C – J	32 [A]	240 [L/min] (헤드 3개)	• 직관길이 : 2 + 0.1 + 1 = 3.1 [m] • 상당길이 ① 90°엘보 2개 : 2 × 1.2 = 2.4 [m] ② 분류T 1개 : 1.8 [m] ③ 레듀셔(32 × 25) 1개 : 0.72 [m] ∴ 총합 : 3.1 + 2.4 + 1.8 + 0.72 = 8.02 [m]	$8.02[m] \times \dfrac{87.66[m]}{100[m]}$ $= 7.03[m]$
B – C	25 [A]	160 [L/min] (헤드 2개)	• 직관길이 : 2 [m] • 상당길이 ① 분류T 1개 : 1.5 [m] ∴ 총합 : 2 + 1.5 = 3.5 [m]	$3.5[m] \times \dfrac{150.42[m]}{100[m]}$ $= 5.26[m]$
A – B	25 [A]	80 [L/min] (헤드 1개)	• 직관길이 : 2 + 0.1 + 0.1 + 0.3 = 2.5 [m] • 상당길이 ① 90°엘보 3개 : 3 × 0.9 = 2.7 [m] ② 레듀셔(25 × 15) 1개 : 0.54 [m] ∴ 총합 : 2.5 + 2.7 + 0.54 = 5.74 [m]	$5.74[m] \times \dfrac{39.82[m]}{100[m]}$ $= 2.29[m]$

나. 계산과정 : $0.1 + 0.1 - 0.3 = -0.1$ [m]

답 | −0.1 [m]

다. 10 [m]

라. 계산과정 : 낙차압 = −0.001 [MPa]

총 마찰손실수두 = 2.94 + 7.03 + 5.26 + 2.29 = 17.52 [m]

K점 필요압력(토출압) = 낙차압[MPa] + 마찰손실압[MPa] + 방사압[MPa]
= (−0.001 [MPa]) + 0.1752 [MPa] + 0.1 [MPa]
= 0.2742 [MPa]

∴ K점 필요압력(토출압) = 0.27 [MPa]

답 | 0.27 [MPa]

참고 | 배관 접속기구의 종류

구분	종류
(1) 관의 방향을 바꿀 때	[엘보(Elbow)]
(2) 2개의 관을 연결할 때	[유니온(Union)] [플랜지(Flange)] [니플(Nipple)]
(3) 관의 지름을 바꿀 때	[레듀서(Reducer)]
(4) 관의 끝을 막을 때	[플러그(Plug)] [캡(Cap)]
(5) 관을 도중에 분기할 때	[티(Tee)] [와이(Y)] [크로스(Cross)]

14

| 득점 | | 배점 | 5 |

다음은 제연설비의 공기유입방식 및 유입구에 대한 기준을 나열한 것이다. ㉠ ~ ㉤ 까지의 빈칸을 채우시오.

1. 예상제연구역에 대한 공기유입은 유입풍도를 경유한 (㉠) 또는 (㉡)으로 하거나, 인접한 제연구역 또는 통로에 유입되는 공기가 해당구역으로 유입되는 방식으로 할 수 있다.
2. 예상제연구역에 설치되는 공기유입구는 다음의 기준에 적합해야 한다.
    1) 바닥면적 400 [m²] 미만의 거실인 예상제연구역에 대하여는 대해서는 공기유입구와 배출구간의 직선거리는 (㉢) [m] 이상 또는 구획된 실의 장변의 2분의 1 이상으로 할 것. 다만 공연장·집회장·위락시설의 용도로 사용되는 부분의 바닥면적이 (㉣) [m²]를 초과하는 경우의 공기유입구는 2)의 기준에 따른다.
    2) 바닥면적이 400 [m²] 이상의 거실인 예상제연구역에 대하여는 바닥으로부터 (㉤) [m] 이하의 높이에 설치하고, 그 주변은 공기의 유입에 장애가 없도록 할 것

정답

㉠ 강제유입, ㉡ 자연유입방식, ㉢ 5, ㉣ 200, ㉤ 1.5

15

| 득점 | | 배점 | 6 |

바닥면적 100 [m²]이고 높이 3.5 [m]의 발전실에 HFC-125 소화약제를 사용하는 할로겐화합물소화설비를 설치하고자 한다. 다음 조건을 참고하여 각 물음에 답하시오.

조건

(1) HFC-125의 설계농도는 8 [%], 방호구역 최소 예상온도는 20 [℃]이다.
(2) HFC-125의 용기는 90 [L]용 60 [kg]을 적용한다.
(3) HFC-125의 선형상수는 아래 표와 같다.

약제	K_1	K_2
HFC-125	0.1825	0.0007

(4) 사용하는 배관은 압력배관용 탄소강관(SPPS 250)으로 인장강도는 410 [MPa], 항복점은 250 [MPa]이다. 이 배관의 호칭지름은 DN400이며, 이음매 없는 배관이고, 이 배관의 바깥지름과 스케줄에 따른 두께는 아래 표와 같다. 또한 용접이음으로 배관을 접합하여 허용값[mm]은 무시한다.

〈압력배관용 탄소강관 SPPS 250[KS D 3562]의 규격〉

호칭지름	바깥지름 [mm]	배관두께[mm]					
		SCH 10	SCH 20	SCH 30	SCH 40	SCH 60	SCH 80
DN400	406.4	6.4	7.9	9.5	12.7	16.7	21.4

가. HFC-125의 최소 용기 수를 구하시오.

  ○ 계산과정 :   ○ 답 :

나. 배관의 최대 허용압력이 6.1 [MPa]일 때, 이를 만족하는 배관의 최소 스케줄 번호를 구하시오.

  ○ 계산과정 :   ○ 답 :

정답

가. 계산과정

핵심이론 할로겐화합물소화설비의 소화약제량 산정 〈개정 2024.8.1.〉

$$W[kg] = \frac{V[m^3]}{S[m^3/kg]} \times \left(\frac{C[\%]}{100-C[\%]}\right)$$

여기서 W : 소화약제의 무게 [kg]
V : 방호구역의 체적 [m^3]
S : 소화약제별 선형상수($K_1 + K_2 \times t$) [m^3/kg]
t : 방호구역의 최소예상온도 [℃]
C : 체적에 따른 소화약제의 설계농도 [%]
⇒ 설계농도는 소화농도(%)에
안전계수[A급 화재 1.2, B급 화재 1.3, C급 화재 1.35]를 곱한 값 이상으로 할 것

$C = 8[\%]$ (조건에 '설계농도'가 주어졌으므로 안전계수를 곱하지 않는다)
$V = 100[m^2] \times 3.5[m] = 350[m^3]$
$S = K_1 + K_2 \times t[℃] = 0.1825 + (0.0007 \times 20) = 0.1965 [kg/m^3]$
$W = \dfrac{350[m^3]}{0.1965[kg/m^3]} \times \dfrac{8[\%]}{100-8[\%]} = 154.884 [kg]$

∴ 용기 수 $= \dfrac{154.884[kg]}{60[kg/병]} = 2.58 ≒ 3[병]$

답 | 3 [병]

나. 계산과정

① 최대 허용응력 SE

- 인장강도 1/4 값 Ⓐ : $410 \times \dfrac{1}{4} = 102.5[MPa]$

- 항복점의 2/3 값 Ⓑ : $250 \times \dfrac{2}{3} = 166.666[MPa]$

$SE =$ Ⓐ, Ⓑ 중 작은 값 × 배관이음효율 × 1.2
 (여기서 이음매 없는 배관의 이음효율 : 1)
$= 102.5 \times 1 \times 1.2 = 123[MPa]$

② 두께 t

$$t[mm] = \dfrac{6.1[MPa] \times 406.4[mm]}{2 \times 123[MPa]} + 0[mm] = 10.07[mm]$$

조건 (4)의 표에서 배관 두께가 10.07 [mm]와 같거나 큰 값인 SCH 40(12.7 [mm])을 선정한다.

답 | 스케줄 40

참고 할로겐화합물 및 불활성기체소화설비의 배관 – 배관의 두께

배관의 두께는 다음의 식에서 구한 값(t) 이상일 것, 다만 방출헤드 설치부는 제외한다.

$$배관의\ 두께(t) = \dfrac{PD}{2SE} + A$$

P : 최대 허용압력 [kPa]
D : 배관의 바깥지름 [mm]
SE : 최대 허용응력 [kPa]
 (인장강도 1/4 값과 항복점의 2/3 값 중 작은 값 × 배관이음효율 × 1.2)
 ※ 배관이음효율
 - 이음매 없는 배관 : 1
 - 전기저항 용접배관 : 0.85
 - 가열맞대기 용접배관 : 0.6
A : 나사이음, 홈이음 등의 허용 값[mm] (헤드의 설치부분은 제외)
 - 나사이음 : 나사의 높이
 - 절단홈이음 : 홈의 깊이
 - 용접이음 : 0

16 | 득점 | 배점 8 |

도면은 어느 전기실(A실), 발전기실(B실), 방재반실(C실), 및 배터리실(D실)을 방호하기 위한 할론 1301설비의 배관평면도이다. 물음에 답하시오.

조건

(1) 약제 용기는 고압식이다.
(2) 하나의 용기 내에 저장되는 약제는 50 [kg]이며, 용기의 내용적은 68 [L]이다.
(3) 평면도상에 나타나 있는 각 실에 대한 배관(용기실 내의 입상관 포함)은 그 내용적이 다음과 같다.
  • A실에 대한 배관 내용적 : 198 [L]
  • B실에 대한 배관 내용적 : 78 [L]
  • C실에 대한 배관 내용적 : 28 [L]
  • D실에 대한 배관 내용적 : 10 [L]
(4) A실에 대한 할론 집합관의 내용적은 88 [L]이다.
(5) 할론용기밸브와 집합관 간의 연결관에 대한 내용적은 무시한다.
(6) 설계기준온도는 20 [℃]이다.
(7) 20 [℃]에서의 액화 할론 1301의 비중은 1.6이다.
(8) 각 실에 개구부의 존재는 없다고 가정한다.
(9) 소요 약제량 산출 시 각 실 내부의 기둥과 내용물의 체적은 무시한다.
(10) 각 실의 바닥으로부터 천장까지의 높이는 각각 다음과 같다.
  • A실 및 B실 : 5 [m]
  • C실 및 D실 : 3 [m]

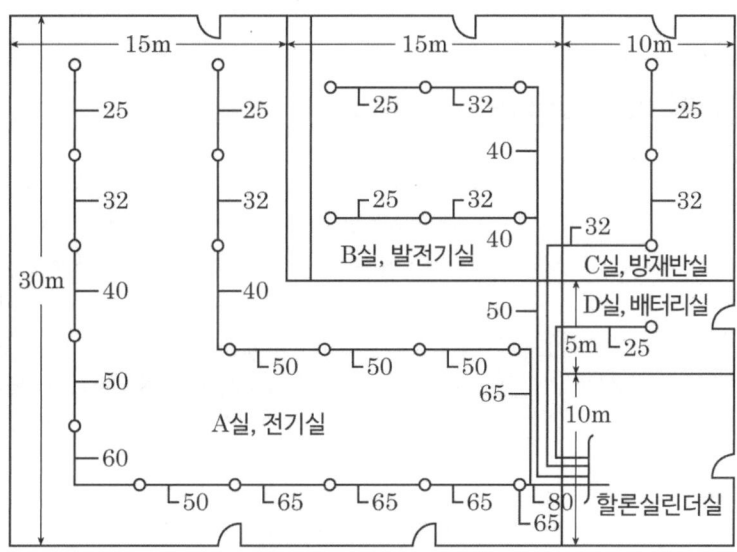

가. A실(전기실)에 들어갈 저장용기 수는?
  ○ 계산과정 :
  ○ 답 :

나. B실(발전기실)에 들어갈 저장용기 수는?
  ○ 계산과정 :
  ○ 답 :

다. C실(방재반실)에 들어갈 저장용기 수는?
  ○ 계산과정 :
  ○ 답 :

라. D실(배터리실)에 들어가 저장용기 수는?
  ○ 계산과정 :
  ○ 답 :

마. 각 실에 대한 설비를 별도 독립방식으로 해야 하는지 여부를 판별하시오.
  ○ 계산과정 :
  ○ 답 :

정답

가. 계산과정

> **참고** 할론소화설비(할론 1301) 전역방출방식 약제량 산정
>
> $W = (V \times \alpha) + (A \times \beta)$
>
> W : 약제량 [kg], V : 방호구역체적 [m³]
> α : 방호구역 1 [m³]에 대한 소화약제의 양 [kg/m³]
> A : 개구부면적 [m²], β : 개구부 가산량 [kg/m²]
> (개구부에 자동폐쇄장치 미설치 시 가산)

소방대상물 또는 그 부분	방호구역의 체적 1 [m³]당 소화약제의 양 [kg/m³] α	개구부 가산량 [kg/m²] β
• 차고, 주차장, 전기실, 전산실, 통신기기실 등 이와 유사한 전기설비 • 특수가연물(가연성 고체류, 가연성 액체류, 합성수지류)을 저장·취급하는 소방대상물 또는 그 부분	0.32 이상 0.64 이하	2.4
특수가연물(면화류, 나무껍질 및 대팻밥, 넝마 및 종이부스러기, 사류, 볏짚류, 목재가공품 및 나무부스러기)을 저장·취급하는 소방대상물 또는 그 부분	0.52 이상 0.64 이하	3.9

W = (30×30 − 15×15)[m²] × 5[m] × 0.32[kg/m³] = 1080[kg]

용기 수 = $\frac{1080[kg]}{50[kg/병]}$ = 21.6[병] ≒ 22[병]

답 | 22 [병]

나. 계산과정 : W = (15×15×5)[m³] × 0.32[kg/m³] = 360[kg]

용기 수 = $\frac{360[kg]}{50[kg/병]}$ = 7.2[병] ≒ 8[병]

답 | 8 [병]

다. 계산과정 : W = (15×10×3)[m³] × 0.32[kg/m³] = 144[kg]

용기 수 = $\frac{144[kg]}{50[kg/병]}$ = 2.88[병] ≒ 3[병]

답 | 3 [병]

라. 계산과정 : W = (10×5×3)[m³] × 0.32[kg/m³] = 48[kg]

용기 수 = $\frac{48[kg]}{50[kg/병]}$ = 0.96[병] ≒ 1[병]

답 | 1 [병]

마. 계산과정 : 하나의 구역을 담당하는 소화약제 저장용기의 소화약제량의 체적합계보다 그 소화약제 방출 시 방출경로가 되는 배관(집합관 포함)의 내용적이 1.5배 이상일 경우에는 해당 방호구역에 대한 설비는 별도 독립방식으로 해야 한다.

> **참고** 별도 독립방식
>
> $\frac{배관\ 내용적}{약제량의\ 체적합계}$ ≥ 1.5일 경우 별도 독립방식

- 액화 할론 1301의 밀도 $\rho[kg/L]$ (조건 (7)에 의해)

$\rho = S \times \rho_W = 1.6 \times 1000[kg/m^3] = 1600[kg/m^3] = 1600[kg/m^3] \times \frac{1[m^3]}{1000[L]}$

$= 1.6[kg/L]$

- 약제량의 체적[L]

$= \frac{소화약제의\ 질량[kg]}{소화약제의\ 밀도[kg/L]} = \frac{병수[병] \times 저장용기\ 1병당\ 저장량[kg/병]}{소화약제의\ 밀도[kg/L]}$

① A실

  (a) 약제량의 체적[L] = $\frac{소화약제의\ 질량[kg]}{소화약제의\ 밀도[kg/L]}$

  $= \frac{22[병] \times 50[kg/병]}{1.6[kg/L]} = 687.5[L]$

  (b) $\frac{배관\ 내용적[L]}{약제량의\ 체적[L]} = \frac{198[L] + 88[L]}{687.5[L]} = 0.416[배]$ …… 0.416 < 1.5이므로

  별도 독립방식 ×

② B실

(a) 약제량의 체적$[L]$ = $\dfrac{\text{소화약제의 질량}[kg]}{\text{소화약제의 밀도}[kg/L]}$ = $\dfrac{8[병] \times 50[kg/병]}{1.6[kg/L]}$ = $250[L]$

(b) $\dfrac{\text{배관 내용적}[L]}{\text{약제량의 체적}[L]}$ = $\dfrac{78[L] + 88[L]}{250[L]}$ = $0.664[배]$ …… $0.664 < 1.5$이므로 별도 독립방식 ×

③ C실

(a) 약제량의 체적$[L]$ = $\dfrac{\text{소화약제의 질량}[kg]}{\text{소화약제의 밀도}[kg/L]}$ = $\dfrac{3[병] \times 50[kg/병]}{1.6[kg/L]}$ = $93.75[L]$

(b) $\dfrac{\text{배관 내용적}[L]}{\text{약제량의 체적}[L]}$ = $\dfrac{28[L] + 88[L]}{93.75[L]}$ = $1.237[배]$ …… $1.237 < 1.5$이므로 별도 독립방식 ×

④ D실

(a) 약제량의 체적$[L]$ = $\dfrac{\text{소화약제의 질량}[kg]}{\text{소화약제의 밀도}[kg/L]}$ = $\dfrac{1[병] \times 50[kg/병]}{1.6[kg/L]}$ = $31.25[L]$

(b) $\dfrac{\text{배관 내용적}[L]}{\text{약제량의 체적}[L]}$ = $\dfrac{10[L] + 88[L]}{31.25[L]}$ = $3.136[배]$ …… $3.136 > 1.5$이므로 별도 독립방식 ○

D실은 배관의 내용적이 약제 체적 합계의 1.5배 이상이므로 별도 독립방식으로 해야 한다.

답 | A실 : 별도 독립방식하지 않아도 됨
B실 : 별도 독립방식하지 않아도 됨
C실 : 별도 독립방식하지 않아도 됨
D실 : 별도 독립방식으로 해야 함

모아바 www.moa-ba.com
모아소방전기학원 www.moate.co.kr

격차를 뛰어넘어 압도적인 격차를 만들다

2021

1회	2021.04.24
2회	2021.07.22
4회	2021.11.13

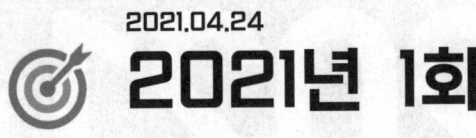
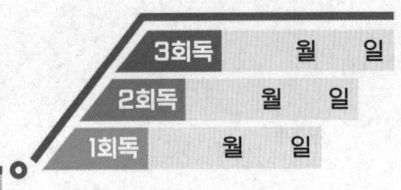

01

지하 2층, 지상 11층의 사무소 건물에 스프링클러설비를 설계하려고 한다. 다음 조건을 참조하여 각 물음에 답하시오.

조건

(1) 건축물은 내화구조이며 기준층(1 ~ 11층)의 평면도는 다음과 같다.

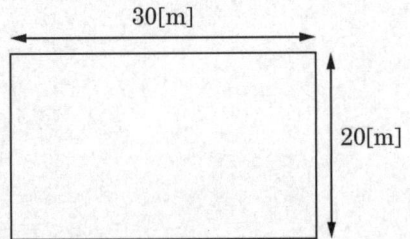

(2) 펌프의 풋밸브로부터 최상단 헤드까지의 실양정은 48 [m]이고, 배관 및 관 부속품에 대한 마찰손실수두는 12 [m]이다.
(3) 모든 규격치는 최소량을 적용한다.
(4) 펌프의 효율은 65 [%]이며, 동력전달계수는 1.1이다.

가. 지상층에 설치된 스프링클러헤드 개수는 몇 개인지 구하시오. (단, 정방형으로 배치한다)
　○ 계산과정 :
　○ 답 :

나. 펌프의 전양정[m]을 구하시오.
　○ 계산과정 :
　○ 답 :

다. 송수펌프의 전동기용량[kW]을 구하시오.
　○ 계산과정 :
　○ 답 :

정답

☑ 계산과정

가. 설치장소별 수평거리 R

설치장소	수평거리(R)
• 특수가연물을 저장 또는 취급하는 장소 • 무대부	1.7 [m] 이하
• 기타구조로 된 경우 • 라지드롭형 스프링클러헤드를 설치하는 창고 　(단, ① 특수가연물을 저장 또는 취급하는 창고 : 1.7 [m] 이하 　　② 내화구조로 된 창고 : 2.3 [m] 이하)	2.1 [m] 이하
• 내화구조로 된 경우	2.3 [m] 이하
• 아파트등의 세대 내	2.6 [m] 이하

조건 (1)에 의해 내화구조이므로 R(수평거리) = 2.3 [m]

① S(헤드 간 거리) = $2 \times R \times \cos 45° = 2 \times 2.3 \times \cos 45 = 3.253 [m]$

② 가로열 헤드개수 : $\dfrac{가로길이}{S} = \dfrac{30[m]}{3.253[m/개]} = 9.222[개] ≒ 10[개]$

　(소수점 이하는 절상)

③ 세로열 헤드개수 : $\dfrac{세로길이}{S} = \dfrac{20[m]}{3.253[m/개]} = 6.148[개] ≒ 7[개]$

　(소수점 이하는 절상)

④ 지상층 1개의 층당 설치 헤드 개수 = 가로열 헤드 개수 × 세로열 헤드 개수
　　　　　　　　　　　　　　　　 = 10 × 7 = 70개

⑤ 지상 1 ~ 11층까지의 헤드의 총 개수 = 70개 × 11층 = 770개

답 | 770개

나. 전양정 H

$$H = h_1 + h_2 + 10m$$

① h_1(실양정) = 48[m], ② h_2(마찰손실) = 12[m]

∴ $H = h_1 + h_2 + 10m = 48 + 12 + 10 = 70[m]$

답 | 70 [m]

다. 전동기용량 P

$$동력\ P[kW] = \dfrac{\gamma[kN/m^3] \times Q[m^3/s] \times H[m]}{\eta} \times K$$

여기서 토출량($Q[m^3/s]$)은
$Q = N \times 80[L/min]$
　 = $N \times 80[L/min] = 30 \times 80[L/min] = 2400[L/min]$

보충 ▶ 스프링클러설비의 화재안전기술기준, 공동주택의 화재안전기술기준 및 창고시설의 화재안전기술기준에 명시된 내용을 반영한 표

TIP ▶ 지상층에 설치된 헤드 개수를 구해야 함을 유의한다.

※ 폐쇄형 스프링클러헤드를 사용하는 경우 설치장소별 기준개수

[스프링클러설비의 설치장소별 스프링클러헤드의 기준개수]

스프링클러설비의 설치장소			기준 개수
지하층을 제외한 층수가 10층 이하인 특정소방대상물	공장	특수가연물을 저장·취급하는 것	30개
		그 밖의 것	20개
	근린생활시설, 판매시설·운수시설 또는 복합건축물	판매시설 또는 복합건축물(판매시설이 설치되는 복합건축물)	30개
		그 밖의 것	20개
	그 밖의 것	헤드의 부착높이가 8 [m] 이상의 것	20개
		헤드의 부착높이가 8 [m] 미만의 것	10개
지하층을 제외한 층수가 11층 이상인 특정소방대상물·지하가 또는 지하역사			30개

[비고] 하나의 소방대상물이 2 이상의 "스프링클러헤드의 기준개수"란에 해당하는 때에는 기준개수가 많은 것을 기준으로 한다. 다만 각 기준개수에 해당하는 수원을 별도로 설치하는 경우에는 그렇지 않다.

따라서 펌프의 전동기용량(P)은

$$P[kW] = \frac{\gamma[kN/m^3] \times Q[m^3/s] \times H[m]}{\eta} \times K$$

$$= \frac{9.8[kN/m^3] \times \frac{2400}{1000 \times 60}[m^3/s] \times 70[m]}{0.65} \times 1.1 = 46.44[kW]$$

답 | 46.44 [kW]

02   배점 4

체크밸브의 종류 중 스윙형 체크밸브와 리프트형 체크밸브의 특징을 각 2개씩 작성하시오.

가. 스윙형 체크밸브

①
②

나. 리프트형 체크밸브

①
②

정답

가. 스윙형 체크밸브

① 유체에 대한 마찰저항이 리프트형보다 작다.
② 수평배관, 수직배관에 주로 사용한다.

나. 리프트형 체크밸브

① 유체에 대한 마찰저항이 크다.
② 수평배관 주로 사용한다.

스윙형 체크밸브	리프트형 체크밸브

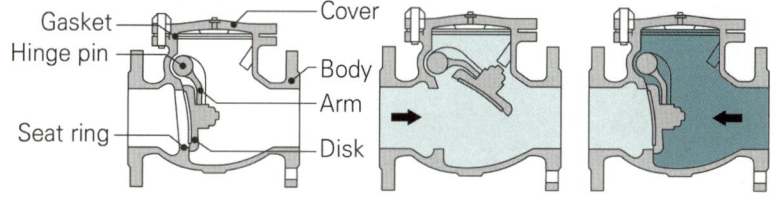

참고 체크밸브

1) 스윙형 체크밸브

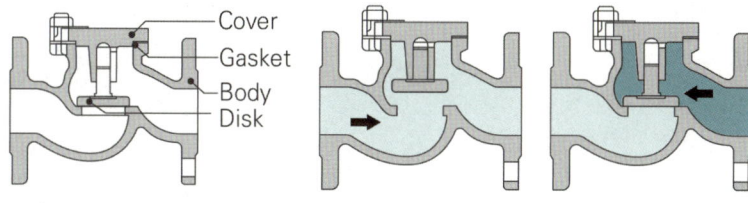

① 힌지핀을 중심으로 디스크가 회전하며 밸브 개폐
② 디스크의 회전 반경이 크고, 닫힐 때 중력에 의존하기 때문에 폐쇄 속도 느림
  따라서 소음 및 진동이 수반되며 수격작용 발생
③ 수평배관, 수직배관에 적용 가능

2) 리프트형 체크밸브

① 스프링 장력에 의해 디스크가 상하로 이동하며 밸브 개폐
② 고압 및 빠른 유속의 유체일 때 적합
③ 수평배관 주로 사용

3) 스모렌스키 체크밸브

[스모렌스키 체크밸브 외형]

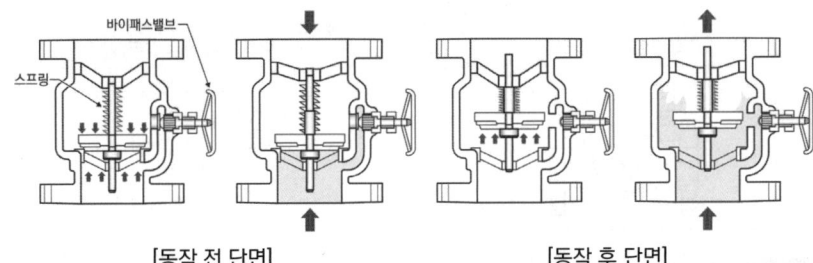

① 스프링으로 자동폐쇄시켜 수격작용방지
② 바이패스밸브가 부착되어 있어 필요 시 바이패스밸브를 개방하면 2차 측 물을 1차 측으로 보낼 수 있음

03   배점 5

원심펌프가 회전수 3600 [rpm]으로 회전할 때의 전양정은 128 [m]이고, 1.228 [m³/min]의 유량을 가진다. 비속도의 범위가 200 ~ 260 [rpm · m³/min · m]인 펌프를 설정할 때 몇 단 펌프가 되는지 구하시오.

○ 계산과정 :

○ 답 :

정답

☑ 계산과정

$$N_S(비속도) = \frac{N\sqrt{Q}}{\left(\dfrac{H}{n}\right)^{\frac{3}{4}}}$$

N: 회전수[rpm], Q: 유량[m^3/min], H: 전양정[m], n: 단수

① N_S가 200이라면

$$200 = \frac{3600\sqrt{1.228}}{\left(\frac{128}{단수}\right)^{\frac{3}{4}}}, \quad \left(\frac{128}{단수}\right) = \left(\frac{3600\sqrt{1.228}}{200}\right)^{\frac{4}{3}}$$

∴ 단수 = 2.37 [단]

② N_S가 260이라면

$$260 = \frac{3600\sqrt{1.228}}{\left(\frac{128}{단수}\right)^{\frac{3}{4}}}, \quad \left(\frac{128}{단수}\right) = \left(\frac{3600\sqrt{1.228}}{260}\right)^{\frac{4}{3}}$$

∴ 단수 = 3.36 [단]

따라서 2.37 [단] ≤ 단수 n ≤ 3.36 [단]이므로 3단 펌프를 선정한다.

답 | 3 [단]

04

배점 3

소방용 배관을 합성수지배관으로 설치할 수 있는 경우 3가지를 쓰시오. (단, 「소방용합성수지배관의 성능인증 및 제품검사의 기술기준」에 적합한 소방용 합성수지배관으로 설치한다)

①

②

③

정답

① 배관을 지하에 매설하는 경우

② 다른 부분과 내화구조로 구획된 덕트 또는 피트의 내부에 설치하는 경우

③ 천장과 반자를 불연재료 또는 준불연재료로 설치하고 소화배관 내부에 항상 소화수가 채워진 상태로 설치하는 경우

05

배점 4

실의 크기가 가로 20 [m] × 세로 15 [m] × 높이 5 [m]인 공간에서 큰 화염의 화재가 발생하여 t초 시간 후의 청결층 높이 y [m]의 값이 1.8 [m]가 되었을 때 다음 [조건]을 이용하여 각 물음에 답하시오.

조건

(1) $Q = \dfrac{A(H-y)}{t}$

　　Q : 연기 발생량 [m³/s], A : 화재실의 면적 [m²], H : 화재실의 높이 [m]

(2) 위 식에서 시간 t초는 다음의 Hinkley 식을 만족한다.

$t = \dfrac{20A}{P \times \sqrt{g}} \times \left(\dfrac{1}{\sqrt{y}} - \dfrac{1}{\sqrt{H}} \right)$

(단, [g]는 중력가속도는 9.81 [m/s²]이고 P는 화재경계의 길이[m]로서 큰 화염의 경우 12 [m], 중간 화염의 경우 6 [m], 작은 화염의 경우 4 [m]를 적용한다)

(3) 연기 생성률(M[kg/s])에 관한 식은 다음과 같다.

$M = 0.188 \times P \times y^{\frac{3}{2}}$

가. 상부의 배연구로부터 얼마의 연기를 배출[m³/min]하여야 청결층의 높이가 유지되는지 구하시오.

　○ 계산과정 :

　○ 답 :

나. 연기 생성률[kg/s]을 구하시오.

　○ 계산과정 :

　○ 답 :

정답

가. 계산과정 : $t = \dfrac{20 \times 20[m] \times 15[m]}{12[m] \times \sqrt{9.81[m/s^2]}} \times \left(\dfrac{1}{\sqrt{1.8[m]}} - \dfrac{1}{\sqrt{5[m]}} \right) = 47.595[s]$

$Q = \dfrac{20[m] \times 15[m] \times (5[m] - 1.8[m])}{47.595[s]} = 20.17[m^3/s] = 1210.2[m^3/min]$

답 | 1210.2 [m³/min]

나. 계산과정 : $M = 0.188 \times 12[m] \times (1.8[m])^{\frac{3}{2}} = 5.45[kg/s]$

답 | 5.45 [kg/s]

06

경유를 저장하는 위험물 옥외저장탱크의 높이가 7 [m], 직경 10 [m]인 콘루프탱크(Cone Roof Tank)에 Ⅱ형 포방출구 및 옥외 보조포소화전 2개가 설치되어 있다. 조건을 참고하여 다음 각 물음에 답하시오.

조건
(1) 배관의 마찰손실수두는 55 [m]이다.
(2) 배관 보정값은 무시한다.
(3) 방출구의 압력은 0.3 [MPa]이다. (단, 보조포 소화전의 압력수두는 무시)
(4) 펌프의 효율은 65 [%](전동기와 펌프 직결방식), K = 1.1이다.

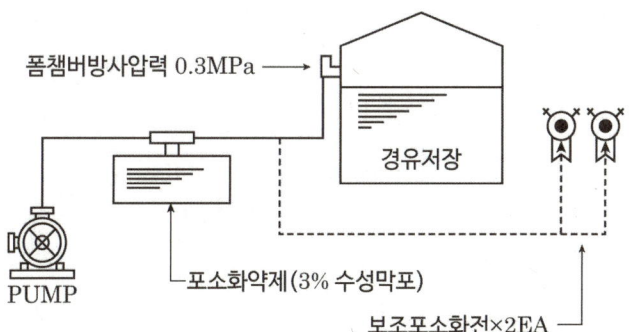

위험물의 종류	포방출구의 종류·방출량 및 방사시간	Ⅰ형		Ⅱ형		특형	
		방출량 [$L/m^2 \cdot$분]	방사시간 [분]	방출량 [$L/m^2 \cdot$분]	방사시간 [분]	방출량 [$L/m^2 \cdot$분]	방사시간 [분]
제4류 위험물(수용성의 것을 제외) 중 인화점이 21 [℃] 미만인 것		4	30	4	55	8	30
제4류 위험물(수용성의 것을 제외) 중 인화점이 21 [℃] 이상 70 [℃] 미만인 것		4	20	4	30	8	20
제4류 위험물(수용성의 것을 제외) 중 인화점이 70 [℃] 이상인 것		4	15	4	25	8	15
제4류 위험물 중 수용성의 것		8	20	8	30	–	–

가. 포소화약제량[L]

　○ 계산과정 :

　○ 답 :

나. 보조포약제량[L]

　○ 계산과정 :

　○ 답 :

다. 경유저장탱크의 포 약제량[L]
  ○ 계산과정 :
  ○ 답 :

라. 펌프 소요동력[kW]
  ○ 계산과정 :
  ○ 답 :

정답

가. 계산과정 : 포소화약제량 = 고정포방출구 + 보조포소화전 (배관보정량은 무시)

$$= \left\{\left(\frac{\pi \times 10^2}{4}\right)[m^2] \times 4[L/\min \cdot m^2] \times 30[\min] \times 0.03\right\} + (3 \times 400[L/\min] \times 20[\min] \times 0.03)$$

$$= 720 + 282.74 = 1002.74[L]$$

답 | 1002.74 [L]

나. 계산과정 : 보조포소화전 포소화약제량 $Q_2[L] = N \times 400[L/\min] \times 20[\min] \times S$

  N : 호스접결구의 수(최대 3개), S : 포소화약제의 사용농도 [%]

※ 보조소화전의 호스접결구가 단구형인지 쌍구형인지는 조건에 텍스트로 주어지지 않고 그림에 주어질 수 있으므로 반드시 주어진 그림을 확인한다.

$Q_2 = 3 \times 400[L/\min] \times 20[\min] \times 0.03 = 720[L]$

답 | 720 [L]

다. 계산과정 : 고정포방출구 포소화약제량

$Q_1[L] = A[m^2] \times Q_A[L/m^2 \cdot \min] \times T[\min] \times S$

  A : 탱크의 액표면적 [m²], Q_A : 단위포소화수용액의 양(방출률) [L/min·m²]
  T : 방출시간 [min], S : 포소화약제의 사용농도 [%]

$Q_1 = \left(\frac{\pi \times 10^2}{4}\right)[m^2] \times 4[L/\min \cdot m^2] \times 30[\min] \times 0.03 = 282.74[L]$

답 | 282.74 [L]

핵심이론 포소화약제의 저장량 - 고정포방출구방식

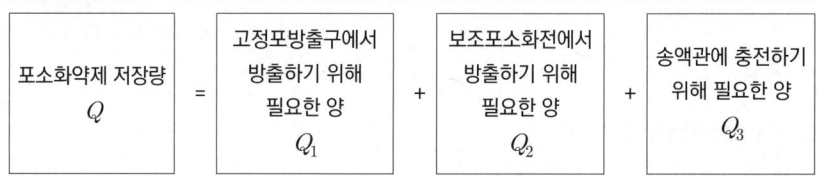

고정포방출구방식은 다음의 양을 합한 양 이상으로 할 것

1) 고정포방출구에서 방출하기 위하여 필요한 양

$$Q_1 = A \cdot Q_A \cdot T \cdot S$$

Q_1 : 포소화약제의 양 [L]
A : 탱크의 액표면적 [m²]
Q_A : 단위 포소화수용액의 양 [L/m²·min]
T : 방출시간 [min]
S : 포소화약제의 사용농도 [%]

2) 보조포소화전에서 방출하기 위하여 필요한 양

$$Q_2 = N \cdot 8000 \cdot S$$

Q_2 : 포소화약제의 양 [L]
N : 호스 접결구의 수(3개 이상인 경우는 3개)
S : 포소화약제의 사용농도 [%]

3) 가장 먼 탱크까지의 송액관에 충전하기 위하여 필요한 양(내경 75 [mm] 이하의 송액관은 제외)

$$Q_3 = V \times S \times 1000 [L/m^3]$$

Q_3 : 포소화약제의 양 [L]
V : 송액관 내부의 체적 [m³]
S : 포소화약제의 사용농도 [%]

* 송액관 : 수원으로부터 포헤드, 고정포방출구 또는 이동식 노즐에 급수하는 배관

라. 계산과정

[조건]에 따라 마찰손실수두 55 [m], 방사압 0.3 [MPa], 펌프 효율 65 [%], 전달계수 K = 1.1이므로

① 전양정 H = 실양정 + 마찰손실수두 + 방사압 환산수두 = 7 + 55 + 30 = 92 [m]
   (Ⅱ형 포방출구는 상부포주입방식으로 포방출구가 탱크 상단에 위치한다. 따라서 실양정에 '탱크의 높이 7 [m]'를 적용한다)

② $Q[L/min] = A[m^2] \times Q_A[L/m^2 \cdot min] + N \times 400[L/min]$

$$= \left(\frac{\pi \times 10^2}{4}[m^2] \times 4[L/min \cdot m^2] \right) + (3 \times 400[L/min])$$

$$= 1514.16 [L/min]$$

③ $P[kW] = \dfrac{\gamma Q H}{\eta} \times K = \dfrac{9.8[kN/m^3] \times \dfrac{1.51416}{60}[m^3/s] \times 92[m]}{0.65}$

$$= 38.50 [kW]$$

답 | 38.50 [kW]

07

분말소화설비의 전역방출방식에 있어서 방호구역의 체적인 400 [m³]일 때 설치되는 최소 분사헤드의 수는 몇 개인지 구하시오. (단, 분말은 제3종이며, 분사헤드 1개의 방출량은 10 [kg/min]이다)

○ 계산과정 :

○ 답 :

배점 3

정답

☑ 계산과정

분말소화설비 전역방출방식의 약제량 $W[kg] = (V \times \alpha) + (A \times \beta)$

V : 방호구역 체적 [m³]
α : 방호구역 1 [m³]에 대한 소화약제의 양 [kg/m³]
A : 개구부 면적 [m²], β : 개구부 가산량 [kg/m²]

소화약제의 종별	방호구역 체적 1 [m³]에 대한 소화약제량[kg]	개구부 면적 1 [m²]에 대한 소화약제량[kg]
제1종 분말	0.60 [kg]	4.5 [kg]
제2종·제3종 분말	0.36 [kg]	2.7 [kg]
제4종 분말	0.24 [kg]	1.8 [kg]

① 약제량[kg] $= V \times \alpha = 400[m^3] \times 0.36[kg/m^3] = 144[kg]$

② 전체유량[kg/min] $= \dfrac{144[kg]}{30[s]} = 4.8[kg/s] = 288[kg/min]$

(∵ 소화약제 저장량을 30초 이내에 방출할 수 있어야 하므로)

③ 분사헤드 수[개] $= \dfrac{288[kg/min]}{10[kg/min \cdot 개]} = 28.8 ≒ 29[개]$

답 | 29 [개]

08

득점 | 배점 6

다음은 옥내소화전설비의 가압송수방식 중 하나인 압력수조에 따른 설계도이다. 다음 각 물음에 답하시오. (단, 배관, 관 부속품 및 호스의 마찰손실수두는 6.5 [m]이다)

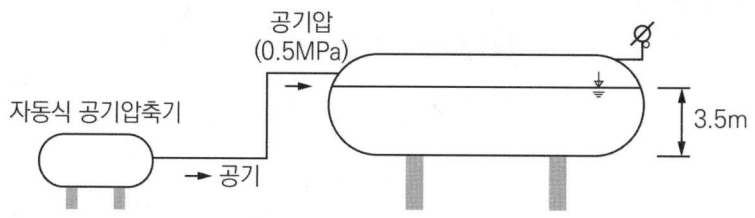

가. 탱크의 바닥압력[MPa]을 구하시오.
  ○ 계산과정 :
  ○ 답 :

나. 화재안전기술기준에 의한 규정방수압력에 적합하도록 설계할 수 있는 건축물의 높이[m]를 구하시오. (단, 압력수조의 수원은 소화 시 추가 보충되지 않는다)
  ○ 계산과정 :
  ○ 답 :

다. 자동식 공기압축기(에어컴프레셔, Air Compressor)의 설치목적에 대하여 설명하시오.
  ○ 답 :

정답

가. 계산과정

압력수조탱크의 바닥압력 = 공기압 + 낙차 = 0.5 [MPa] + 3.5 [m]

$$= 0.5[MPa] + \left(3.5[m] \times \frac{0.101325[MPa]}{10.332[m]}\right) = 0.53[MPa]$$

> ※ 낙차 $3.5[m] = 0.035[MPa]$로 풀이하여 0.54 [MPa]로 답을 도출해도 무방함
> ($1[MPa] = 100[m]$ 약식 변환 가능)
> 압력수조탱크의 바닥압력 = 공기압 + 낙차 = 0.5 [MPa] + 3.5 [m]
> $= 0.5[MPa] + 0.035[MPa] = 0.535 ≒ 0.54[MPa]$

답 | 0.53 [MPa]

나. 계산과정

> **옥내소화전설비의 화재안전기술기준(NFTC 102)**
> 2.2.3.1 압력수조의 압력은 다음의 식에 따라 계산하여 나온 수치 이상 유지되도록 할 것
> $$P = p_1 + p_2 + p_3 + 0.17 \text{(호스릴옥내소화전설비를 포함한다)}$$
> 여기에서 P : 필요한 압력 [MPa]
> p_1 : 호스의 마찰손실수두압 [MPa]
> p_2 : 배관의 마찰손실수두압 [MPa]
> p_3 : 낙차의 환산수두압 [MPa]

따라서 건축물의 높이에 대한 환산수두압은 $p_3 = P - p_1 - p_2 - 0.17$ 이고
이를 양정[m]으로 환산하면,

$$h_3 = \left(0.5[MPa] \times \frac{10.332[m]}{0.101325[MPa]}\right) - 6.5[m] - \left(0.17[MPa] \times \frac{10.332[m]}{0.101325[MPa]}\right)$$
$$= 27.15[m]$$

> ※ 압력수조탱크의 공기압 $0.5[MPa] = 50[m]$
> 옥내소화전 방사압 $0.17[MPa] = 17[m]$로 풀이하여 26.5[m]로 답을 도출해도 무방함($1[MPa] = 100[m]$ 약식 변환 가능)
> ∴ 건축물의 높이 $h_3 = H - h_1 - h_2 - 17[m]$
> $= 50[m] - 6.5[m] - 17[m] = 26.5[m]$

※ P에 공기압 0.5 [MPa]을 적용하는 이유
　압력수조의 수원은 소화 시 추가 보충되지 않으므로 수조 내 물의 높이에 대한 압력을 고려하지 않아야 하기 때문이다. 수조 내 물이 모두 방사되어 한 방울의 물이 남았다고 가정했을 때, 이 한 방울의 물은 공기압 0.5 [MPa]로 방사될 것이다 (문제에서 수원의 수위와 관련된 조건이 없다면 일반적으로 수원은 추가 보충되지 않는다고 보아야 한다).

답 | 27.15 [m]

다. 압력수조 내에서 누설되는 공기를 보충하여 항상 규정압력 이상을 유지하기 위해 설치함

참고 소문항 [나] 문제 변형

[변형문제] 화재안전기술기준에 의한 규정방수압력에 적합하도록 설계할 수 있는 건축물의 높이[m]를 구하시오. (단, 압력수조의 수위는 항상 일정하게 유지된다고 가정한다)

[계산과정]
$$h_3 = \left(0.53[MPa] \times \frac{10.332[m]}{0.101325[MPa]}\right) - 6.5[m] - \left(0.17[MPa] \times \frac{10.332[m]}{0.101325[MPa]}\right)$$
$$= 30.21[m]$$

※ 압력수조탱크의 공기압 $0.53[MPa] = 53[m]$, 옥내소화전 방사압
$0.17[MPa] = 17[m]$로 풀이하여 $29.5\,[m]$로 답을 도출해도 무방함
($1[MPa] = 100[m]$ 약식 변환 가능)
∴ 건축물의 높이 $h_3 = H - h_1 - h_2 - 17[m]$
$= 53[m] - 6.5[m] - 17[m] = 29.5[m]$

답 | 32.21 [m]

09

배점 4

다음은 할론 1301소화설비이다. 아래 그림의 방출방식 종류를 쓰고, 해당 방식의 특징에 대하여 설명하시오.

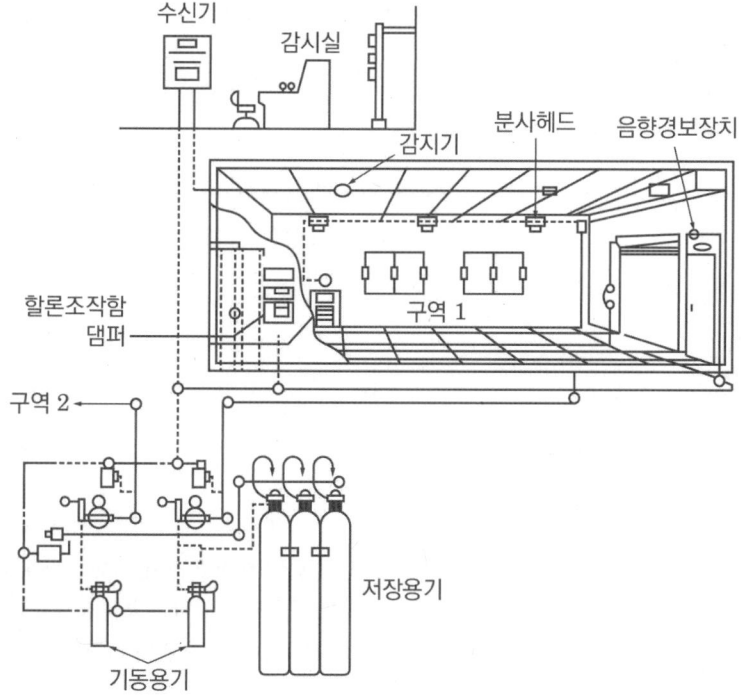

○ 답

(1) 방출방식의 종류 :

(2) 설명 :

정답

(1) 방출방식의 종류 : 전역방출방식
(2) 설명 : 할론소화약제 공급장치에 배관 및 분사헤드 등을 설치하여 밀폐 방호구역 전체에 할론소화약제를 방출하는 설비

10
배점 5

흡입 측 배관의 마찰손실수두가 2 [m]일 때 공동현상이 일어나지 않는 수원의 수면으로부터 소화펌프까지의 설치높이는 몇 [m] 미만으로 하여야 하는지 다음 [조건]을 참고하여 구하시오.

조건

(1) 물의 온도는 20 [℃]이고 흡입 측 속도수두는 무시한다.
(2) 대기압은 표준대기압이다.
(3) 포화수증기압은 2340 [Pa], 비중량은 9800 [N/m³]이다.
(4) 펌프의 필요흡입수두($NPSH_{re}$)는 7.5 [m]이다.

○ 계산과정 :

○ 답 :

정답

✓ 계산과정

유효흡입양정 $NPSH_{av} = \dfrac{P_a}{\gamma} - \dfrac{P_v}{\gamma} - H_f \pm H_s$

P_a : 흡입 수면의 대기압 [N/m²], γ : 9.8 [kN/m³]
P_v : 유체의 온도에 상당하는 포화증기압 [N/m²]
H_f : 흡입 측 배관의 마찰손실수두 [m]
H_s : 흡입양정(-) 또는 압입양정(+)일 때 [m]
($NPSH_{av} > NPSH_{re}$ 공동현상 방지영역)

$NPSH_{av} = 10.332 [m] - \dfrac{2340 [Pa]}{9800 [N/m^3]} - 2 [m] - H_s [m]$

$= 8.093 [m] - H_s [m]$

$8.093 [m] - H_s [m] > 7.5 [m]$, ∴ $H_s < 0.593 [m]$

답 | 0.59 [m]

11

스프링클러설비의 반응시간지수(Response Time Index)에 대하여 식을 포함해서 설명하시오.

○ 답 :

정답

- 정의 : 기류의 온도, 속도 및 작동시간에 대하여 스프링클러헤드의 반응시간을 예상한 지수
- 공식 : $RTI = \gamma\sqrt{u}$

여기서 RTI : 반응시간지수 $[m \cdot s]^{0.5}$
γ : 감열체의 시간상수 [초], u : 기류속도 [m/s]

12

그림은 어느 일제개방형 스프링클러설비의 계통을 나타내는 Isometric Diagram이다. 주어진 [조건]을 참조하여 이 설비가 작동되었을 경우 표의 유량, 구간손실, 손실계 등을 답란의 요구 순서대로 수리계산하여 산출하시오.

조건

(1) 설치된 개방형 헤드 A의 유량은 100 [LPM], 방수압은 0.25 [MPa]이다.
(2) 배관 부속 및 밸브류의 마찰손실은 무시한다.
(3) 수리계산 시 속도수두는 무시한다.
(4) 필요압은 노즐에서의 방사압과 배관 끝에서의 압력을 별도로 구한다.

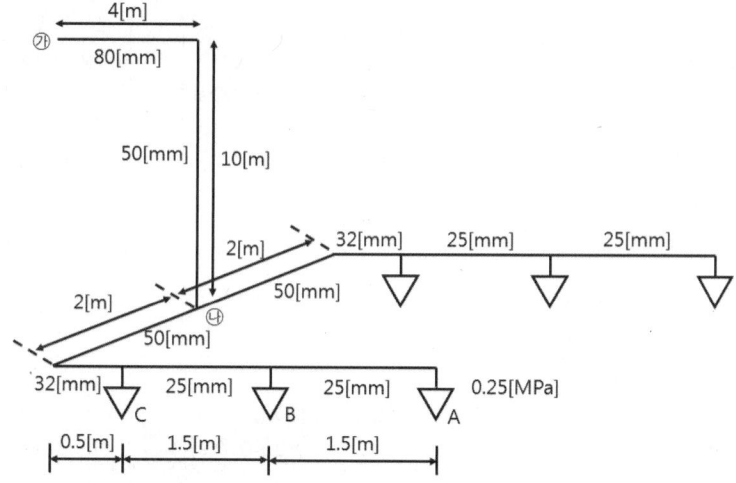

구간	유량 [LPM]	길이 [m]	1 [m]당 마찰손실 [MPa]	구간손실 [MPa]	낙차 [m]	손실계 [MPa]
헤드A	100	-	-	-	-	0.25
A ~ B	100	1.5	0.02	0.03	0	①
헤드B	②	-	-	-	-	-
B ~ C	③	1.5	0.04	④	0	⑤
헤드C	⑥	-	-	-	-	-
C ~ ㉯	⑦	2.5	0.06	⑧	-	⑨
㉯ ~ ㉮	⑩	14	0.01	⑪	-10	⑫

정답

구간	유량 [LPM]	길이 [m]	1 [m]당 마찰손실 [MPa]	구간손실 [MPa]	낙차 [m]	손실계 [MPa]
헤드A	100	-	-	-	-	0.25
A ~ B	100	1.5	0.02	0.03	0	① 0.25 + 0.03 = 0.28 [MPa]
헤드B	② i) K $Q = K\sqrt{10P}$ $100[L/\min] = K\sqrt{10 \times 0.25}$ ∴ $K = 63.246$ ii) Q_B $Q_B = 63.246\sqrt{10 \times 0.28}$ $= 105.83[L/\min]$	-	-	-	-	-
B ~ C	③ $Q_{B-C} = 105.83 + 100$ $= 205.83[L/\min]$	1.5	0.04	④ 1.5×0.04 $= 0.06$ [MPa]	0	⑤ $0.28 + 0.06$ $= 0.34$ [MPa]
헤드C	⑥ $Q_C = 63.246\sqrt{10 \times 0.34}$ $= 116.62[L/\min]$	-	-	-	-	-
C ~ ㉯	⑦ $Q_{C-㉯} = 205.83 + 116.62$ $= 322.45[L/\min]$	2.5	0.06	⑧ 2.5×0.06 $= 0.15$ [MPa]	-	⑨ $0.34 + 0.15$ $= 0.49$ [MPa]
㉯ ~ ㉮	⑩ 322.45×2 $= 644.90[L/\min]$	14	0.01	⑪ 14×0.01 $= 0.14$ [MPa]	-10	⑫ $0.49 + 0.14 - 0.1$ $= 0.53$ [MPa]

※ 추가해설

1) 표에서 길이[m] × 1 [m]당 마찰손실[MPa] = 구간손실[MPa]이다.
2) 손실계[MPa]는 구간이 헤드인 경우 그 지점에서 필요한 압력을 의미한다.
   구간이 A ~ B와 같이 배관 구간인 경우 그 배관에 물이 흐르기 시작하는 지점에서 필요한 압력을 의미한다([예시 1] A ~ B구간 손실계 : B점에서 필요한 압력, [예시 2] ㉯ ~ ㉮구간 손실계 : ㉮지점에서 필요한 압력).

13

배점 10

가로, 세로, 높이가 각각 12 [m], 15 [m], 4 [m]인 어느 전기실에 이산화탄소소화설비가 작동하여 화재가 진압되었다. 주어진 조건을 참조하여 다음 각 물음에 답하시오.

조건

(1) 공기 중 산소 부피는 21 [%]이다.
(2) 대기압은 760 [mmHg]이다(실내온도 20 [℃]).
(3) 이산화탄소를 방출한 후 실내 기압은 770 [mmHg]으로 변화되었다.
(4) 이산화탄소의 분자량은 44이다.
(5) 기체상수 R은 0.082 $[atm \cdot m^3/kmol \cdot K]$로 계산한다.
(6) 개구부에는 자동 폐쇄가 가능한 개구부가 설치되어 있다.

가. 이산화탄소 방출 후 산소 농도를 측정했더니 14 [%]였다. CO_2 체적 농도[%]를 구하시오.

  ○ 계산과정 :

  ○ 답 :

나. 약제 방출 후 전기실 내 CO_2양[kg]은?

  ○ 계산과정 :

  ○ 답 :

다. 용기 내에서 부피가 68 [L]이고 약제 충전비가 1.7인 CO_2 저장용기를 몇 병 설치하여야 하는가?

  ○ 계산과정 :

  ○ 답 :

라. 이산화탄소소화설비 설치 제외 장소 4가지를 쓰시오.

  ○ 답 :

> [암기] 일반기체상수 R
> = 0.082 [atm·m³/kmol·K]
> = 8.314 [kPa·m³/kmol·K]

정답

가. 계산과정

$$CO_2[\%] = \frac{21-O_2}{21} \times 100 = \frac{21-14[\%]}{21} \times 100 = 33.33[\%]$$

답 | 33.33 [%]

나. 계산과정

> **참고** 이상기체 상태방정식
>
> $$PV = nRT = \frac{W}{M}RT = W\left(\frac{R}{M}\right)T = W\overline{R}T$$
>
> P : 절대압력 [atm], V : 부피 [m³]
> W : 질량 [kg], n : 몰수 [kmol]
> T : 절대온도 [K]
> M : 분자량 [kg/kmol]
> R : 일반기체상수 [atm·m³/kmol·K]

이상기체 상태방정식 $PV = nRT = \frac{W}{M}RT$ ($R = 0.082[atm \cdot m^3/kmol \cdot K]$)

이산화탄소 체적 $CO_2[m^3] = \frac{21-O_2}{O_2} \times V[m^3]$

$$= \frac{21-14[\%]}{14} \times (12 \times 15 \times 4)[m^3] = 360[m^3]$$

P(실내기압) $= 770[mmHg] \times \frac{1[atm]}{760[mmHg]} = 1.013[atm]$

$$\therefore W = \frac{1.013[atm] \times 360[m^3] \times 44[kg/kmol]}{0.082[atm \cdot m^3/kmol \cdot K] \times (273+20)[K]} = 667.86[kg]$$

답 | 667.86 [kg]

다. 계산과정

한 병당 약제량[kg] $= \frac{68[L]}{1.7[L/kg]} = 40[kg]$

저장용기 수 $= \frac{667.86[kg]}{40[kg/병]} = 16.70[병] ≒ 17[병]$

답 | 17 [병]

라. 1. 방재실·제어실 등 사람이 상시 근무하는 장소
2. 니트로셀룰로스·셀룰로이드제품 등 자기연소성 물질을 저장·취급하는 장소
3. 나트륨·칼륨·칼슘 등 활성금속물질을 저장·취급하는 장소
4. 전시장 등의 관람을 위하여 다수인이 출입·통행하는 통로 및 전시실 등

14

배점 6

소화배관에 0.2 [m³/s]의 유량이 흐르고 있다가 A, B의 분기관으로 나뉘어 흐르다 다시 합쳐진다.

조건
(1) A, B 분기관의 관마찰계수는 0.02이다.
(2) A 분기관의 길이는 1000 [m]이고, 직경은 200 [mm]이다.
(3) B 분기관의 길이는 300 [m]이고, 직경은 150 [mm]이다.

가. 배관 A와 B의 유속[m/s]을 구하시오.
　　A :　　　　　　　　　　B :

나. 배관 A와 B의 유량[m³/s]을 구하시오.
　　A :　　　　　　　　　　B :

정답

가. 달시 - 웨버방정식 $h_L[m] = f \times \dfrac{L[m]}{D[m]} \times \dfrac{(V[m/s])^2}{2g[m/s^2]}$

$h_A = h_B$이므로

$0.02 \times \dfrac{1000}{0.2} \times \dfrac{V_A^2}{2 \times 9.8} = 0.02 \times \dfrac{300}{0.15} \times \dfrac{V_B^2}{2 \times 9.8}$

$V_A = \sqrt{\dfrac{300 \times 0.2}{1000 \times 0.15}} \times V_B = 0.632 V_B$

$Q = Q_A + Q_B$이므로

$\left(\dfrac{\pi \times 0.2^2}{4}[m^2] \times V_A[m/s]\right) + \left(\dfrac{\pi \times 0.15^2}{4}[m^2] \times V_B[m/s]\right) = 0.2[m^3/s]$

$\left(\dfrac{\pi \times 0.2^2}{4}[m^2] \times 0.632 V_B[m/s]\right) + \left(\dfrac{\pi \times 0.15^2}{4}[m^2] \times V_B[m/s]\right) = 0.2[m^3/s]$

$V_B = 5.329 ≒ 5.33[m/s]$
$V_A = 0.632 V_B = 0.632 \times 5.33 = 3.37[m/s]$

답 | A : 3.37 [m/s], B : 5.33 [m/s]

나. A지점의 유량 $Q_A = A_A \times V_A$

$\dfrac{\pi \times 0.2^2}{4}[m^2] \times V_A[m/s] = \dfrac{\pi \times 0.2^2}{4}[m^2] \times 3.37[m/s] = 0.106 ≒ 0.11[m^3/s]$

B지점의 유량 $Q_B = 0.2 - Q_A = 0.2[m^3/s] - 0.11[m^3/s] = 0.09[m^3/s]$

답 | A : 0.11 [m³/s], B : 0.009 [m³/s]

15 [배점 6]

다음 각 특정소방대상물의 해당 층에 피난기구를 설치하고자 한다. 다음 물음에 답하시오.

조건

(1) 각 특정소방대상물의 용도 및 구조는 다음과 같다.
   Ⓐ 바닥면적은 1200 [m²]이며, 주요구조부가 내화구조이고 거실의 각 부분으로 직접 복도로 피난할 수 있는 강의실 용도의 학교(4층)
   Ⓑ 바닥면적은 800 [m²]이며, 옥상층으로서 객실 수 6개인 숙박시설(5층)
   Ⓒ 바닥면적은 1000 [m²]이며, 주요구조부가 내화구조이고 피난계단이 2개소 설치된 병원(8층)
(2) 피난기구는 완강기를 설치하며, 간이완강기는 설치하지 않는 것으로 가정한다.
(3) 만약 피난기구를 설치하지 않아도 되는 경우에는 계산과정을 적지 아니하고 답란에 0을 적는다.
(4) 기타 조건 이외의 감소되거나 면제되는 조건은 없다.

가. 특정소방대상물의 각 층(Ⓐ, Ⓑ, Ⓒ)에 설치하여야 할 피난기구의 개수를 각각 구하시오.

1) Ⓐ에 설치하여야 할 피난기구의 개수
   - 계산과정 :
   - 답 :

2) Ⓑ에 설치하여야 할 피난기구의 개수
   - 계산과정 :
   - 답 :

3) Ⓒ에 설치하여야 할 피난기구의 개수
   - 계산과정 :
   - 답 :

나. Ⓑ의 경우 적응성 있는 피난기구 3가지를 쓰시오. (단, 완강기와 간이완강기는 제외하고 답할 것)
   - 답 :

정답

핵심이론 | 소방대상물의 설치장소별 피난기구의 적응성

장소별 \ 층별	1층	2층	3층	4층 이상 10층 이하
1. 노유자시설	• 미끄럼대 • 구조대 • 다수인피난장비 • 승강식 피난기 • 피난교	• 미끄럼대 • 구조대 • 다수인피난장비 • 승강식 피난기 • 피난교	• 미끄럼대 • 구조대 • 다수인피난장비 • 승강식 피난기 • 피난교	• 구조대[1] • 다수인피난장비 • 승강식 피난기 • 피난교
2. 의료시설·근린생활시설 중 입원실이 있는 의원·접골원·조산원	–	–	• 미끄럼대 • 구조대 • 다수인피난장비 • 승강식 피난기 • 피난교 • 피난용 트랩	• 구조대 • 다수인피난장비 • 승강식 피난기 • 피난교 • 피난용 트랩
3. 다중이용업소로서 영업장의 위치가 4층 이하인 다중이용업소	–	• 미끄럼대 • 구조대 • 다수인피난장비 • 승강식 피난기 • 완강기 • 피난사다리	• 미끄럼대 • 구조대 • 다수인피난장비 • 승강식 피난기 • 완강기 • 피난사다리	• 미끄럼대 • 구조대 • 다수인피난장비 • 승강식 피난기 • 완강기 • 피난사다리
4. 그 밖의 것	–	–	• 미끄럼대 • 구조대 • 다수인피난장비 • 승강식 피난기 • 완강기 • 간이완강기[2] • 공기안전매트 • 피난교 • 피난사다리 • 피난용 트랩	• 구조대 • 다수인피난장비 • 승강식 피난기 • 완강기 • 간이완강기[2] • 공기안전매트 • 피난교 • 피난사다리

[비고] 1) 구조대의 적응성은 장애인 관련 시설로서 주된 사용자 중 스스로 피난이 불가한 자가 있는 경우 추가로 설치하는 경우에 한한다.
2) 간이완강기의 적응성은 숙박시설의 3층 이상에 있는 객실에 추가로 설치하는 경우에 한한다.

가. 계산과정

1) Ⓐ : 바닥면적은 1200 [m²]이며, 주요구조부가 내화구조이고 거실의 각 부분으로 직접 복도로 피난 할 수 있는 강의실 용도의 학교(4층)는 <u>피난기구의 설치 제외 장소</u>이므로 0개

답 | 설치개수 0개

2) ⓑ : 바닥면적은 800 [m²]이며, 옥상 층으로서 객실 수 6개인 숙박시설(5층)

용도	피난기구 설치개수
숙박시설·노유자시설·의료시설	그 층의 바닥면적 500 [m²]마다 1개 이상
위락시설·문화집회 및 운동시설·판매시설로 사용되는 층 또는 복합용도의 층	그 층의 바닥면적 800 [m²]마다 1개 이상
그 밖의 용도의 층	그 층의 바닥면적 1000 [m²]마다 1개 이상
계단실형 아파트	각 세대마다

※ 숙박시설(휴양콘도미니엄 제외)의 경우 피난기구 설치개수
표[소방대상물의 설치장소별 피난기구의 적응성]에 따라 설치한 피난기구 외에 추가로 객실마다 완강기 또는 2 이상의 간이완강기 설치할 것
∴ 총 설치개수 = 기본설치개수(㉠) + 객실마다 추가 완강기(㉡)

㉠ 기본설치개수 = $\dfrac{바닥면적[m^2]}{500[m^2/개]} = \dfrac{800[m^2]}{500[m^2/개]} = 1.6[개] ≒ 2[개]$

㉡ 객실마다 추가할 완강기 개수 = 6개(객실 수 6개, 조건에 따라 간이완강기 설치 불가)

∴ 총 설치개수 = 2개 + 6개 = 8개

답 | 설치개수 8개

3) ⓒ : 바닥면적은 1000 [m²]이며, 주요구조부가 내화구조이고 피난계단이 2개소 설치된 병원(8층)

용도	피난기구 설치개수
숙박시설·노유자시설·의료시설	그 층의 바닥면적 500 [m²]마다 1개 이상
위락시설·문화집회 및 운동시설·판매시설로 사용되는 층 또는 복합용도의 층	그 층의 바닥면적 800 [m²]마다 1개 이상
그 밖의 용도의 층	그 층의 바닥면적 1000 [m²]마다 1개 이상
계단실형 아파트	각 세대마다

기본설치개수 = $\dfrac{바닥면적[m^2]}{500[m^2/개]} = \dfrac{1000[m^2]}{500[m^2/개]} = 2[개]$

설치감소 조건에 적합하므로 $2개 × \dfrac{1}{2}$ ➜ 설치개수 = 1개

> **참고** 피난기구의 설치 감소
> 피난기구를 설치하여야 할 소방대상물 중 다음의 기준에 적합한 층에는 피난기구의 2분의 1을 감소할 수 있다. 이 경우 설치하여야 할 피난기구의 수에 있어서 소수점 이하의 수는 1로 한다.
> 1. 주요구조부가 내화구조로 되어 있을 것
> 2. 직통계단인 피난계단 또는 특별피난계단이 2 이상 설치되어 있을 것

답 | 설치개수 1개

나. ⓑ : 4층 이상 10층 이하 숙박시설의 경우 적응성 있는 피난기구
　　(문제 조건에 따라 완강기, 간이완강기 제외)

답 | 구조대, 다수인피난장비, 승강식 피난기, 피난교, 피난사다리

> **참고** 피난기구의 설치 제외
>
> 피난구조설비의 설치 면제 요건의 규정에 따라 다음의 어느 하나에 해당하는 특정소방대상물 또는 그 부분에는 피난기구를 설치하지 않을 수 있다. 다만 숙박시설(휴양콘도미니엄을 제외한다)에 설치되는 완강기 및 간이완강기의 경우에는 그렇지 않다.
>
> 1. 다음의 기준에 적합한 층
>   ⑴ 주요구조부가 내화구조로 되어 있어야 할 것
>   ⑵ 실내의 면하는 부분의 마감이 불연재료·준불연재료 또는 난연재료로 되어 있고 방화구획이 적합하게 구획되어 있어야 할 것
>   ⑶ 거실의 각 부분으로부터 직접 복도로 쉽게 통할 수 있어야 할 것
>   ⑷ 복도에 2 이상의 피난계단 또는 특별피난계단이 적합하게 설치되어 있어야 할 것
>   ⑸ 복도의 어느 부분에서도 2 이상의 방향으로 각각 다른 계단에 도달할 수 있어야 할 것
> 2. 다음의 기준에 적합한 특정소방대상물 중 그 옥상의 직하층 또는 최상층(문화 및 집회시설, 운동시설 또는 판매시설을 제외한다)
>   ⋯⋯
> 5. 주요구조부가 내화구조로서 거실의 각 부분으로 직접 복도로 피난할 수 있는 학교(강의실 용도로 사용되는 층에 한한다)
>   ⋯⋯

16

배점 13

다음의 도면, 조건 및 덕트 설계도를 참고로 하여 제연설비의 설계과정 중의 배출풍량[m³/min], 덕트의 직경[cm]을 산출하시오.

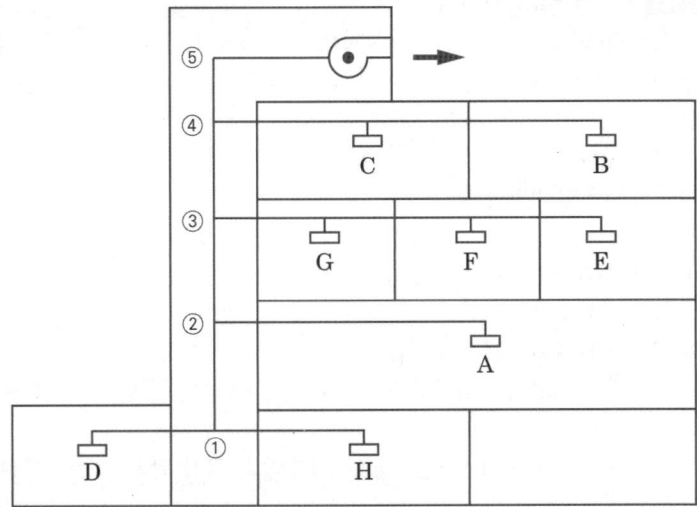

조건

(1) A ~ H는 각 거실의 명칭(제연구역)이다.
(2) ① ~ ④지점은 메인 덕트와 분기 덕트의 분기지점이다.
(3) A_Q ~ H_Q는 각 거실의 설계 배연 풍량[m³/min]이다.
(4) 배출풍도 계통 중 한 부분의 통과 풍량은 같은 분기덕트에 속하는 말단에 있는 배연구의 해당 풍량 가운데 최대 풍량의 2배가 통과할 수 있게 한다.
(5) 각 풍속은 분기덕트 10 [m/s] 이하, 메인덕트 15 [m/s] 이하로 한다.
(6) 각 제연구역 용적의 크기는 A > B > C > D > E > F > G > H이다.
(7) 덕트의 직경은 [별표 1]의 그래프를 참고하여 아래의 보기에서 선정한다.

[보기]
32 [cm], 40 [cm], 50 [cm], 60 [cm], 70 [cm], 80 [cm], 92 [cm], 115 [cm], 130 [cm]

(8) 각 거실의 설계 배출풍량은 다음 표와 같다.

구분	배출풍량[m³/min]	구분	배출풍량[m³/min]
A_Q	400	E_Q	180
B_Q	300	F_Q	150
C_Q	250	G_Q	100
D_Q	200	H_Q	80

마찰손실[mmAq/m]
(20℃ 60% 760mmHg 아연도금철판 ε=0.18mm)

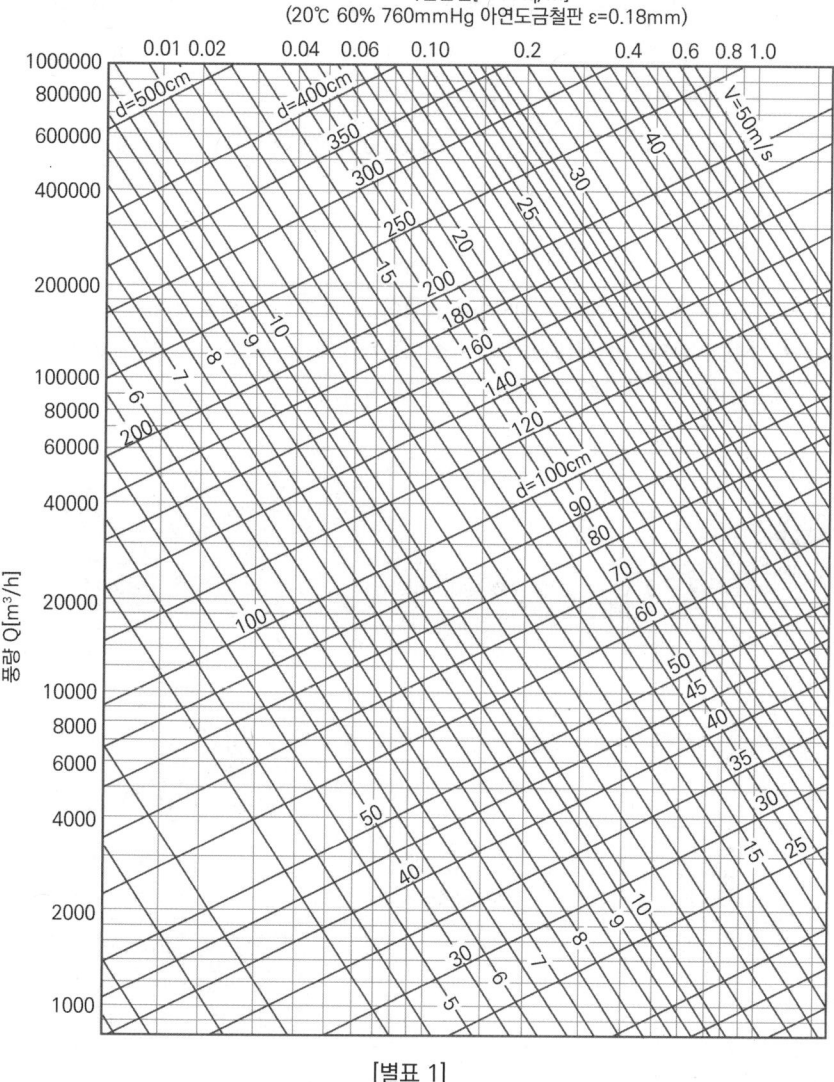

[별표 1]

가. 다음 ㉠ ~ ㉥을 구하시오.

배출풍도의 부분	통과풍량[m³/min]	덕트의 직경[cm]
D ~ ㉠	D_Q(200)	70
H ~ ㉠	H_Q(80)	50
㉠ ~ ㉡	$2D_Q$(400)	㉢
A ~ ㉡	A_Q(400)	92
㉡ ~ ㉢	$2A_Q$(800)	115
E ~ F	E_Q(180)	㉣
F ~ G	$2E_Q$(360)	92

배출풍도의 부분	통과풍량[m³/min]	덕트의 직경[cm]
G ~ ③	㉠	㉥
③ ~ ④	㉡	115
B ~ C	B₀(300)	80
C ~ ④	㉢	115
④ ~ ⑤	㉣	㉧

나. 이 덕트의 소요전압이 19.98 [mmAq]이고, 배출기는 터보형 원심송풍기를 사용하려고 한다. 이 배출기의 이론소요동력[kW]을 구하시오. (단, 송풍기의 효율은 50 [%]이며, 여유율은 고려하지 않는다).

> TIP ▶ 실제 시험에서는 '덕트의 직경[cm]'란에 최종 결과치만 작성할 것

정답

가.

배출풍도의 부분	통과풍량[m³/min]	덕트의 직경[cm]
D ~ ①	D₀(200)	70
H ~ ①	H₀(80)	50
① ~ ②	2D₀(400)	㉤ 풍량 : 24000[m³/h] 풍속 : 15[m/s](메인덕트) ∴ 덕트의 직경 80 [cm] 선정
A ~ ②	A₀(400)	92
② ~ ③	2A₀(800)	115
E ~ F	E₀(180)	㉥ 풍량 : 10800[m³/h] 풍속 : 10[m/s](분기덕트) ∴ 덕트의 직경 70 [cm] 선정
F ~ G	2E₀(360)	92
G ~ ③	㉠ 2E₀(2 × 180 = 360)	㉥ 풍량 : 21600[m³/h] 풍속 : 10[m/s](분기덕트) ∴ 덕트의 직경 92 [cm] 선정
③ ~ ④	㉡ 2A₀(2 × 400 = 800)	115
B ~ C	B₀(300)	80
C ~ ④	㉢ 2B₀(2 × 300 = 600)	115
④ ~ ⑤	㉣ 2A₀(2 × 400 = 800)	㉧ 풍량 : 48000[m³/h] 풍속 : 15[m/s](메인덕트) ∴ 덕트의 직경 115 [cm] 선정

나. 배연기의 동력[kW]

➡ 전동기의 동력 $P = \dfrac{P_T \times Q}{102 \times \eta} \times K$

$= \dfrac{19.98[\text{mmAq}] \times \dfrac{800}{60}[\text{m}^3/\text{s}]}{102 \times 0.5} = 5.223[\text{kW}] ≒ 5.22[\text{kW}]$

① 통과풍량[m³/min] (㉠ ~ ㉣)

배출풍도의 부분	담당제연구역								통과풍량 [m³/min]
	AQ (400)	BQ (300)	CQ (250)	DQ (200)	EQ (180)	FQ (150)	GQ (100)	HQ (80)	
D ~ ①				●					D_Q(200)
H ~ ①								●	H_Q(80)
① ~ ②				●				○	2 D_Q(400)
A ~ ②	●								A_Q(400)
② ~ ③	●			○				○	2 A_Q(800)
E ~ F					●				E_Q(180)
F ~ G					●	○			2 E_Q(360)
G ~ ③					●	○	○		㉠ 2 E_Q(360)
③ ~ ④	●			○	○	○	○	○	㉡ 2 A_Q(800)
B ~ C		●							B_Q(300)
C ~ ④		●							㉢ 2 B_Q(600)
④ ~ ⑤	●	○	○	○	○	○	○	○	㉣ 2 A_Q(800)

➡ 조건(4)에 따라 담당제연구역이 2개 이상인 경우에는 해당 계통에 흐르는 제연구역의 풍량 중 최대 풍량[●]의 2배를 적용한다.

② 덕트의 직경[cm] (㉤ ~ ㉧)

* [별표 1]을 활용하여 덕트의 직경을 선정한다.
* [절차] 1. 풍량[m³/h] 선정(위의 풀이 ①의 통과풍량 단위가 [m³/min] 이므로 단위 환산 필요)
  2. 풍속[m/s] 선정(조건 (5)에 따라 분기덕트 10 [m/s], 메인덕트 15 [m/s])
  3. 덕트의 직경[cm] 선정(조건 (6))

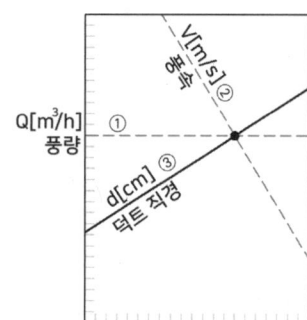

[보기]
32 [cm], 40 [cm], 50 [cm], 60 [cm], 70 [cm], 80 [cm], 92 [cm], 115 [cm], 130 [cm]

[덕트 직경 산출 예시]

$D_Q(200)$일 경우

1. 풍량 : $Q = 200[m^3/min] \times \dfrac{60[min]}{1[hr]} = 12000[m^3/h]$

2. 풍속 : 분기덕트이므로 $10[m/s]$

3. 덕트 직경 선정 : 덕트 직경이 약 66 [cm]이므로 보기 중 70 [cm] 선정

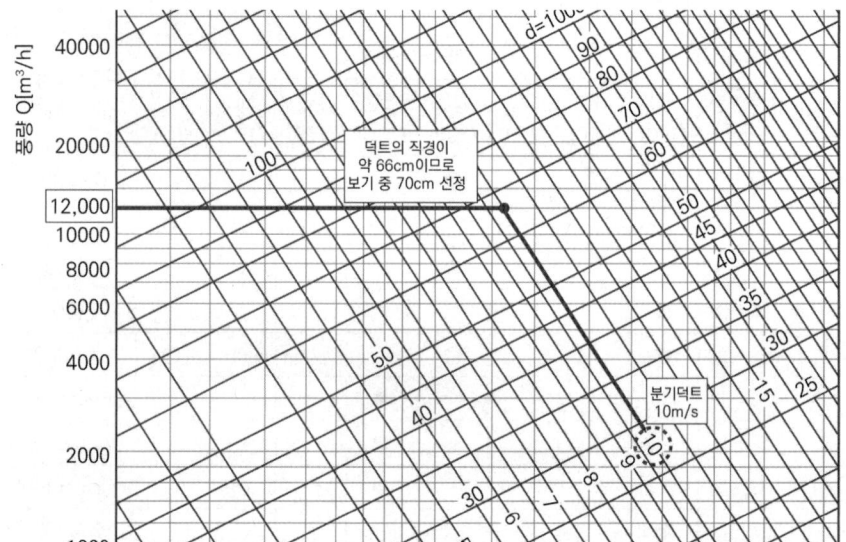

[㉺] 2 D_Q(400)일 경우 / [㉾] 2 A_Q(800)일 경우

1. 풍량 : $Q_{①~②} = 400[m^3/min] \times \dfrac{60[min]}{1[hr]} = 24000[m^3/h]$,

   $Q_{④~⑤} = 800[m^3/min] \times \dfrac{60[min]}{1[hr]} = 48000[m^3/h]$

2. 풍속 : 메인덕트이므로 15[m/s]

3. 덕트 직경 선정 : $D_{①~②}[㉺] = 80[cm]$ 선정, $D_{④~⑤}[㉾] = 115[cm]$ 선정

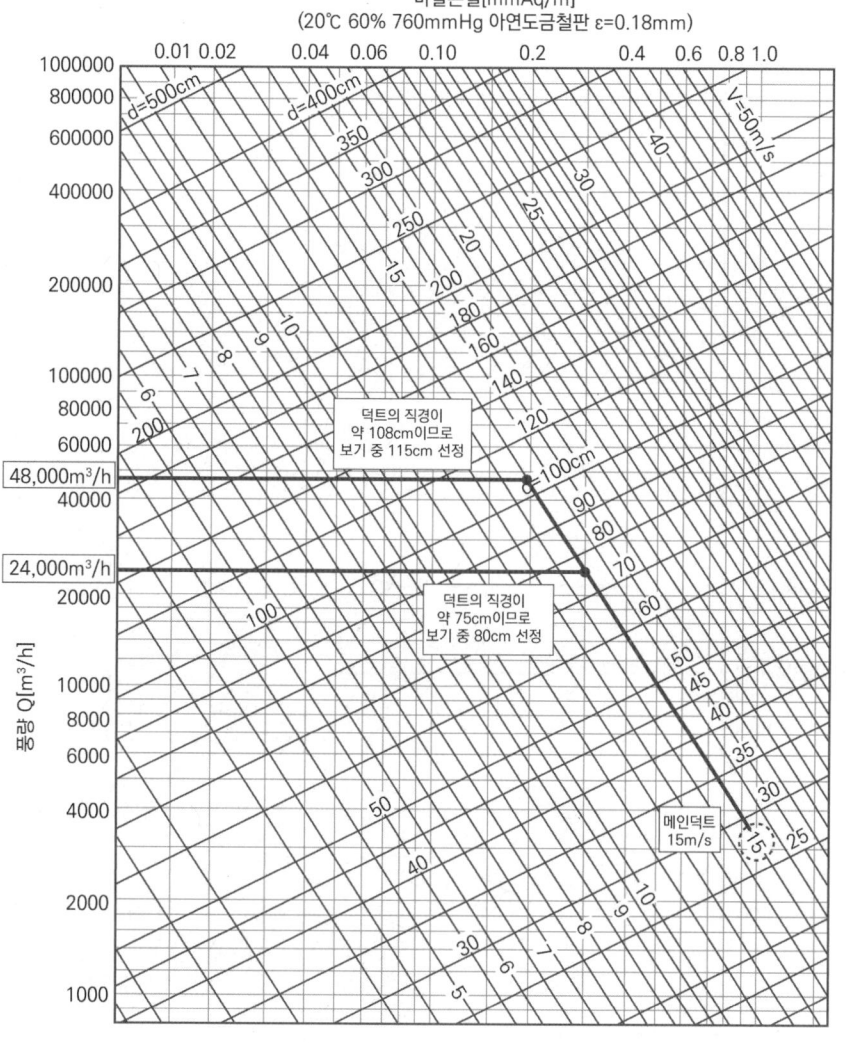

[㉯] $E_Q(180)$일 경우 / [㉰] 2 $E_Q(360)$일 경우

1. 풍량 : $Q_{E\sim F} = 180[m^3/min] \times \dfrac{60[min]}{1[hr]} = 10800[m^3/h]$

   $Q_{G\sim ③} = 360[m^3/min] \times \dfrac{60[min]}{1[hr]} = 21600[m^3/h]$

2. 풍속 : 분기덕트이므로 $10[m/s]$
3. 덕트 직경 선정 : $D_{E\sim F}[㉯] = 70[cm]$ 선정, $D_{G\sim ③}[㉰] = 92[cm]$ 선정

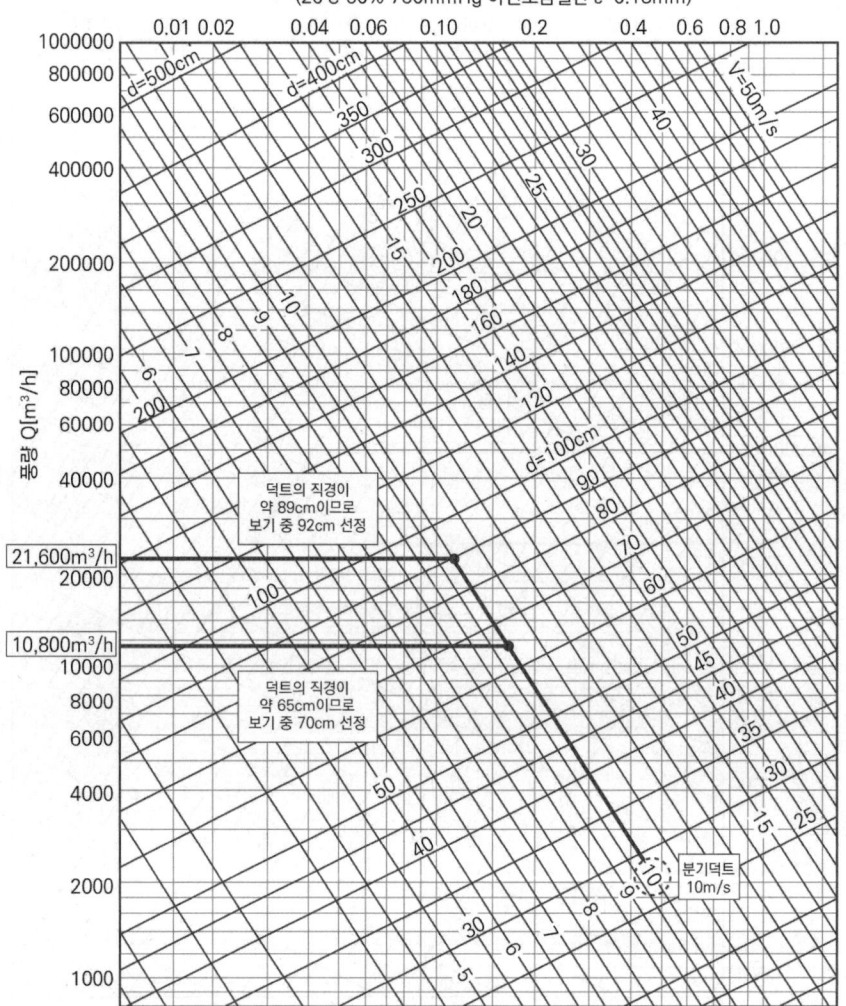

2021년 2회

01

그림에서 A실을 급기가압하며 옥외와의 압력차가 50 [Pa]이 유지되도록 하려고 한다. 다음 물음에 답하시오.

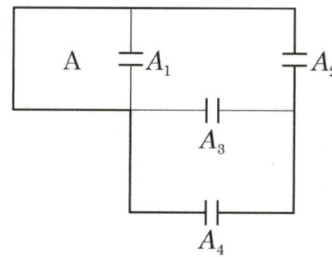

조건

(1) 그림에서 A_1, A_2, A_3, A_4는 닫힌 출입문으로 공기누설 틈새면적은 모두 0.01 [m^2]이다.
(2) 급기량(Q)은 $Q = 0.827 \times A \times \sqrt{P}$으로 계산한다.
　　　　여기서 Q : 급기량[m^3/s], A : 틈새면적[m^2], P : 차압[Pa]

가. 실의 전체 누설틈새면적[m^2]을 구하시오. (단, 소수점 아래 여섯째자리에서 반올림하여 소수점 아래 다섯째자리까지 나타내시오)

　○ 계산과정 :

　○ 답 :

나. 유입해야 할 풍량[m^3/min]을 구하시오.

　○ 계산과정 :

　○ 답 :

> **정답**
>
> ☑ 제연설비(누설틈새면적, 급기량)
>
> 가. 계산과정 : 누설틈새면적 A
>
> > **틈새면적[m²]의 합계 구하는 공식**
> > 1. 병렬상태인 경우 : $A_T[m^2] = A_1 + A_2 + \cdots + A_n$
> > 2. 직렬상태인 경우
> > $$A_T[m^2] = \frac{1}{\sqrt{(\frac{1}{A_1^2}+\frac{1}{A_2^2}+\cdots+\frac{1}{A_n^2})}} = (\frac{1}{A_1^2}+\frac{1}{A_2^2}+\cdots+\frac{1}{A_n^2})^{-\frac{1}{2}}$$
>
> ① $A_1 = A_2 = A_3 = A_4 = 0.01[m^2]$
>
> ② A_3와 A_4 직렬 : $\dfrac{1}{\sqrt{\dfrac{1}{0.01^2}+\dfrac{1}{0.01^2}}} = 0.00707[m^2]$
>
> ③ A_2와 $A_3 \sim A_4$ 병렬 : $0.01 + 0.00707 = 0.01707[m^2]$
>
> ④ A_1과 $A_2 \sim A_4$ 직렬 : $\dfrac{1}{\sqrt{\dfrac{1}{0.01^2}+\dfrac{1}{0.01707^2}}} = 0.00863[m^2]$
>
> 답 | 0.00863 [m²]
>
> 나. 계산과정 : 누설량
> $$Q = 0.827 \times 0.00863 \times \sqrt{50} = 0.0505[m^3/s] = 3.03[m^3/min]$$
>
> 답 | 3.03 [m³/min]

02

배점 4

안지름이 각각 300 [mm]와 450 [mm]의 원관이 직접 연결되어 있다. 안지름이 작은 관에서 큰 관 방향으로 매초 230 [L]의 물이 흐르고 있을 때 돌연확대부분에서의 손실[m]을 구하시오. (단, 중력가속도는 9.8 [m/s²]이다)

○ 계산과정 :

○ 답 :

정답

☑ 계산과정

① 유속 $V_1 = \dfrac{Q}{A_1} = \dfrac{0.23[m^3/s]}{\dfrac{\pi \times 0.3^2}{4}[m^2]} = 3.254[m/s]$

② 유속 $V_2 = \dfrac{Q}{A_2} = \dfrac{0.23[m^3/s]}{\dfrac{\pi \times 0.45^2}{4}[m^2]} = 1.446[m/s]$

③ 손실수두 $H = \dfrac{(V_1 - V_2)^2}{2g} = \dfrac{(3.254 - 1.446)^2}{2 \times 9.8} = 0.17[m]$

답 | 0.17 [m]

돌연 축소관 손실수두

$$h = \dfrac{(V_0 - V_2)^2}{2g} = K\dfrac{V_2^2}{2g}$$

h_L : 부차적 손실수두 [m]

K : 손실계수 $\left[K = \left(\dfrac{A_2}{A_0} - 1 \right)^2 = \left(\dfrac{1}{C_c} - 1 \right)^2 \right]$

C_c : 수축계수 $\left[C_c = \dfrac{A_0}{A_2} \right]$

V : 유속 [m/s]

g : 중력가속도 [m/s²]

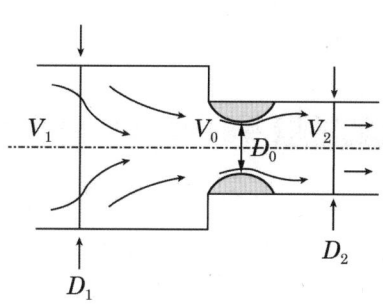

돌연 확대관 손실수두

$$h_L = \dfrac{(V_1 - V_2)^2}{2g} = K\dfrac{V_1^2}{2g}$$

h_L : 부차적 손실수두 [m]

K : 손실계수 $\left[K = \left(1 - \dfrac{A_1}{A_2} \right)^2 \right]$

V : 유속 [m/s]

g : 중력가속도 [m/s²]

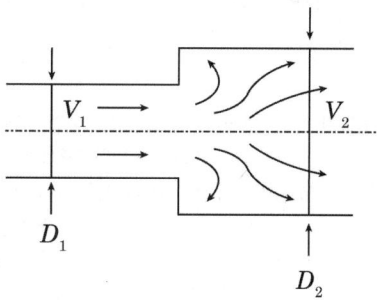

03   배점 4

지하 1층의 판매시설로서 해당 용도로 사용하는 바닥면적은 3000 [m²]이다. 판매시설에 능력단위가 A급 3단위인 분말소화기를 설치할 경우 소화기의 최소 개수를 구하시오.

○ 계산과정 :

○ 답 :

정답

☑ 계산과정 : 소화기의 개수

$$\frac{3000[m^2]}{100[m^2/단위]} = 30[단위], \quad 개수 = \frac{30[단위]}{3[단위/개]} = 10[개]$$

답 | 10 [개]

핵심이론 특정소방대상물별 소화기구의 능력단위 표

특정소방대상물	소화기구의 능력단위
1. 위락시설	해당 용도의 바닥면적 30 [m²]마다 능력단위 1단위 이상
2. 공연장, 집회장, 관람장, 문화재, 장례식장 및 의료시설	해당 용도의 바닥면적 50 [m²]마다 능력단위 1단위 이상
3. 근린생활시설, 판매시설, 운수시설, 숙박시설, 노유자시설, 전시장, 공동주택, 업무시설, 방송통신시설, 공장, 창고시설, 항공기 및 자동차 관련 시설 및 관광휴게시설	해당 용도의 바닥면적 100 [m²]마다 능력단위 1단위 이상
4. 그 밖의 것	해당 용도의 바닥면적 200 [m²]마다 능력단위 1단위 이상

[비고] 소화기구의 능력단위를 산출함에 있어서 건축물의 주요구조부가 내화구조이고, 벽 및 반자의 실내에 면하는 부분이 불연재료·준불연재료 또는 난연재료로 된 특정소방대상물에 있어서는 위 표의 바닥면적의 2배를 해당 특정소방대상물의 기준면적으로 한다.

04

배점 11

다음 조건을 기준으로 전역방출방식 이산화탄소소화설비의 심부화재에 대한 물음에 답하시오.

조건

(1) 특정소방대상물의 천장까지의 높이는 3 [m]이고, 방호구역의 크기와 용도는 다음과 같다.

전기설비실 가로 8 [m] × 세로 3 [m] 개구부 1 [m] × 2 [m] (자동폐쇄장치 미설치)	모피창고 가로 10 [m] × 세로 3 [m] 개구부 1 [m] × 2 [m] (자동폐쇄장치 미설치)
케이블실 가로 4 [m] × 세로 3 [m] 자동폐쇄장치 설치	서고 가로 10 [m] × 세로 7 [m] 자동폐쇄장치 설치
저장용기실	

(2) 소화약제는 고압저장방식으로 하고, 약제방출방식은 전역방출방식이다.
(3) 저장용기의 내용적은 68 [L]이고, 충전비는 1.511이다.
(4) 유압기기가 설치된 실은 없으며, 케이블실과 전기설비실은 약제가 동시 방출된다고 가정한다.
(5) 헤드의 방출률은 1.3 [kg/mm^2 · 분 · 개]이며, 헤드당 분구면적은 10 [mm^2]이다.
(6) 주어진 조건 외에는 소방관련법규 및 화재안전기술기준을 따른다.

가. 저장용기 1병당 저장량[kg]을 구하시오.
　　◯ 계산과정 :　　　　　　◯ 답 :

나. 집합관의 용기 수[병]를 구하시오.
　　◯ 계산과정 :　　　　　　◯ 답 :

다. 모피창고에 설치되는 헤드의 개수[개]를 구하시오.
　　◯ 계산과정 :　　　　　　◯ 답 :

라. 선택밸브의 개수[개]를 구하시오.
　　◯ 답 :

마. 서고의 선택밸브 직후의 유량[kg/min]을 구하시오.
　　◯ 계산과정 :　　　　　　◯ 답 :

> **정답**

☑ 계산과정 : 이산화탄소소화설비

가. 저장용기의 충전비 = $\dfrac{\text{소화약제 저장용기의 내부 용적}[L]}{\text{소화약제 중량}[kg]}$

∴ 소화약제 중량 = $\dfrac{68[L]}{1.511}$ = 45[kg]

답 | 45 [kg]

나. **★ 핵심이론** 이산화탄소소화설비 전역방출방식 심부화재 약제량 산정

W = (V × α) + (A × β)

W : 약제량 [kg], V : 방호구역 체적 [m³]
α : 방호구역 1 [m³]에 대한 소화약제의 양 [kg/m³]
A : 개구부 면적 [m²], β : 개구부 가산량(심부화재 : 10 [kg/m²])

방호대상물	방호구역 1 [m³]에 대한 소화약제의 양 α	설계농도 [%]	개구부 가산량[kg/m²] β (자동폐쇄장치 미설치 시)
유압기기를 제외한 전기설비, 케이블실	1.3 [kg/m³]	50	10 [kg/m²]
체적 55 [m³] 미만의 전기설비	1.6 [kg/m³]	50	
서고, 전자제품창고, 목재가공품 창고, 박물관	2.0 [kg/m³]	65	
고무류, 모피창고, 집진설비, 석탄창고, 면화류 창고	2.7 [kg/m³]	75	

① 전기설비실과 케이블실
　㉠ 전기설비실
　　ⓐ 필요약제량 = (V × α) + (A × β)
　　　= 8 × 3 × 3[m³] × 1.3[kg/m³] + 1 × 2[m²] × 10[kg/m²] = 113.6[kg]
　　ⓑ 용기 수 = $\dfrac{113.6[kg]}{45[kg/병]}$ = 2.52[병] ≒ 3[병]
　㉡ 케이블실
　　ⓐ 필요약제량 = V × α = 4 × 3 × 3[m³] × 1.3[kg/m³] = 46.8[kg]
　　ⓑ 용기 수 = $\dfrac{46.8[kg]}{45[kg/병]}$ = 1.04[병] ≒ 2[병]
　※ 조건 (4)에 따라 전기설비실과 케이블실을 동시 방호구역으로 설계함
　　따라서 전기설비실과 케이블실에 필요한 용기 수 = 3 [병] + 2 [병] = 5 [병]
② 모피창고
　㉠ 필요약제량 = (V × α) + (A × β)
　　= 10 × 3 × 3 [m³] × 2.7 [kg/m³] + 1 × 2 [m²] × 10 [kg/m²] = 263 [kg]
　㉡ 용기 수 = $\dfrac{263[kg]}{45[kg/병]}$ = 5.84[병] ≒ 6[병]

암기 ▶ 서전목박

암기 ▶ 고모집석면

③ 서고
  ㉠ 필요약제량 = V × α = 10 × 7 × 3 [m³] × 2 [kg/m³] = 420 [kg]
  ㉡ 용기 수 = $\frac{420[kg]}{45[kg/병]}$ = 9.33[병] ≒ 10[병]
④ 집합관의 저장용기 수[개] = 10병(최대 저장용기 개수 선정)   **답 | 10 [병]**

다. 헤드의 개수 = $\frac{6[병] \times 45[kg/병]}{1.3[kg/\min \cdot mm^2 \cdot 개] \times 7[\min] \times 10[mm^2]}$ = 2.97[개] ≒ 3[개]

답 | 3개

라. 선택밸브의 수는 방호구역의 수와 같으므로 3개이다.

  조건 (4)에서 케이블실과 전기설비실은 약제가 동시 방출된다고 가정하므로 1개의 방호구역으로 본다.   **답 | 3개**

마. 서고의 선택밸브 직후의 유량 = $\frac{10[병] \times 45[kg/병]}{7[\min]}$ = 64.29[kg/min]

> **이산화탄소소화설비의 화재안전기술기준(NFTC 106)**
> 2.5.2 배관의 구경은 이산화탄소소화약제의 소요량이 다음의 기준에 따른 시간 내에 방출될 수 있는 것으로 해야 한다.
> 2.5.2.2 전역방출방식에 있어서 종이, 목재, 석탄, 섬유류, 합성수지류 등 심부화재 방호대상물의 경우에는 7분. 이 경우 설계농도가 2분 이내에 30 [%]에 도달하여야 한다.

답 | 64.29 [kg/min]

05   배점 10

다음과 같이 옥내소화전을 설치하고자 한다. 물음에 답하시오.

[조건]
(1) 지표면으로부터 최상층 방수구까지의 거리는 28 [m]이고, 소방펌프는 지표면으로부터 3.5 [m] 아래에 설치되어 있으며, 흡입고는 1.5 [m]이다.
(2) 직관의 마찰손실 6 [m], 호스의 마찰손실 6.5 [m], 관 부속품의 마찰손실 8 [m]이다.
(3) 소화전의 설치개수는 1층 2개소, 2~4층까지 각 4개소씩, 5, 6층에 각 3개소, 옥상층에는 시험용 소화전을 설치하였다.
(4) 수원의 양은 옥상수조의 양을 포함하여 산정한다.
(5) 수원의 양 및 가압펌프의 토출량은 15 [%] 가산한 양으로 한다. (단, 중복 가산하지 않는다)

가. 수원의 용량[m³]을 구하시오.
  ○ 계산과정 :
  ○ 답 :

나. 옥내소화전 가압송수장치의 펌프토출량[L/min]을 구하시오.
  ○ 계산과정 :
  ○ 답 :

다. 펌프의 양정[m]을 구하시오.
  ○ 계산과정 :
  ○ 답 :

라. 가압송수장치의 전동기용량[kW]을 구하시오. (단, 전동기 효율 η는 0.65, 동력 전달계수 K는 1.1이다)
  ○ 계산과정 :
  ○ 답 :

정답

☑ 계산과정 : 옥내소화전설비

가. 전용수원 $= 2 \times 2.6[m^3] \times 1.15 = 5.98[m^3]$

옥상수원 $= 2 \times 2.6[m^3] \times 1.15 \times \dfrac{1}{3} = 1.993[m^3]$

조건 (4)에 의해 수원의 양 $= 5.98 + 1.993 = 7.973 ≒ 7.97[m^3]$

답 | 7.97 [m³]

나. $Q = 2 \times 130[L/min] \times 1.15 = 299[L/min]$

답 | 299 [L/min]

다. 전양정 $H = h_1 + h_2 + h_3 + 17[m]$
$= (1.5 + 3.5 + 28) + (6 + 6.5 + 8) + 17 = 70.5[m]$

답 | 70.5 [m]

라.

동력 $P[kW] = \dfrac{\gamma[kN/m^3] \times Q[m^3/s] \times H[m]}{\eta} \times K$

$P = \dfrac{\gamma QH}{\eta} \times K = \dfrac{9.8[N/m^3] \times \dfrac{0.299}{60}[m^3/s] \times 70.5[m]}{0.65} \times 1.1 = 5.83[kW]$

답 | 5.83 [kW]

06

배점 9

소화배관에 1500 [L/min]의 유량이 흐르고 있다가 Q_1, Q_2, Q_3의 분기배관으로 나누어 흐르다가 다시 합쳐져 흐르고 있다. 다음 조건을 참고하여 각 배관에 흐르는 유량 Q_1, Q_2, Q_3[L/min]을 구하시오. (단, 최종 답안은 반올림하여 정수로 나타내시오)

조건

(1) 각 분기관에서의 마찰손실은 10 [m]로 모두 동일하며, 배관의 마찰손실은 다음의 하젠-윌리엄공식으로 산정한다.

$$\Delta P_m = 6.053 \times 10^4 \times \frac{Q^{1.85}}{C^{1.85} \times D^{4.87}}$$

단, ΔP_m : 배관 1 [m]당 마찰손실압력 [MPa]
Q : 유량[L/min], C : 조도, D : 배관의 내경[mm]

(2) 배관의 조도는 모두 동일하며, 비중량은 9.8 [kN/m³]이다.

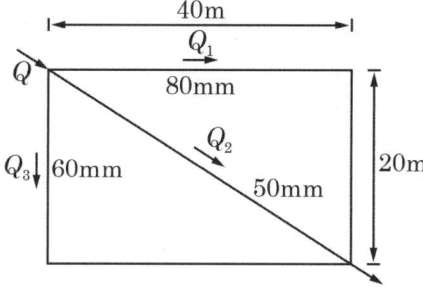

○ 계산과정 :

○ 답 :

정답

☑ 계산과정 : 소방유체역학 병렬관로

[풀이 1]

$Q = Q_1 + Q_2 + Q_3$ ·· (1)

$\Delta P_1 = \Delta P_2 = \Delta P_3$ ·· (2)

$\Delta P = 6.053 \times 10^4 \times \frac{Q^{1.85}}{C^{1.85} \times D^{4.87}} \times L$

여기서 ΔP : 배관의 마찰손실압력 [MPa], L : 배관의 길이[m]

이때 ΔP는 조건 (1)에 의해

$\Delta P_1 = \Delta P_2 = \Delta P_3 = 10[m] \times \frac{0.101325[MPa]}{10.332[m]} = 0.098[MPa]$

$$Q = \left(\frac{D^{4.87} \times \Delta P \times C^{1.85}}{6.053 \times 10^4 \times L}\right)^{\frac{1}{1.85}}$$

① 유량 $Q_1 = \left(\dfrac{80^{4.87} \times 0.098 \times C^{1.85}}{6.053 \times 10^4 \times 60}\right)^{\frac{1}{1.85}} = 8.288\,C$ ···················· (1)에 대입

② 유량 $Q_2 = \left(\dfrac{50^{4.87} \times 0.098 \times C^{1.85}}{6.053 \times 10^4 \times 44.721}\right)^{\frac{1}{1.85}} = 2.819\,C$ ···················· (1)에 대입

$(L = \sqrt{40^2 + 20^2} = 44.721\,[m])$

③ 유량 $Q_3 = \left(\dfrac{60^{4.87} \times 0.098 \times C^{1.85}}{6.053 \times 10^4 \times 60}\right)^{\frac{1}{1.85}} = 3.887\,C$ ···················· (1)에 대입

$1500\,L/\min = Q_1 + Q_2 + Q_3 = 8.288\,C + 2.819\,C + 3.887\,C = 14.994\,C$

$\therefore C = \dfrac{1500}{14.994} = 100.040$

① 유량 $Q_1 = 8.288 \times 100.04 = 829\,[L/\min]$

② 유량 $Q_2 = 2.819 \times 100.04 = 282\,[L/\min]$

③ 유량 $Q_3 = 3.887 \times 100.04 = 389\,[L/\min]$

[풀이 2]

$Q = Q_1 + Q_2 + Q_3$ ·· (1)

$\Delta P_1 = \Delta P_2 = \Delta P_3$ ·· (2)

$\Delta P = 6.053 \times 10^4 \times \dfrac{Q^{1.85}}{C^{1.85} \times D^{4.87}} \times L$

여기서 ΔP : 배관의 마찰손실압력 [MPa], L : 배관의 길이[m]

① $\Delta P_1 = \cancel{6.053 \times 10^4} \times \dfrac{Q_1^{1.85}}{\cancel{C^{1.85}} \times 80^{4.87}} \times (40 + 20)$

② $\Delta P_2 = \cancel{6.053 \times 10^4} \times \dfrac{Q_2^{1.85}}{\cancel{C^{1.85}} \times 50^{4.87}} \times \sqrt{(40^2 + 20^2)}$

③ $\Delta P_3 = \cancel{6.053 \times 10^4} \times \dfrac{Q_3^{1.85}}{\cancel{C^{1.85}} \times 60^{4.87}} \times (40 + 20)$

이때 $\Delta P_1 = \Delta P_2 = \Delta P_3$ 이므로

$\dfrac{Q_1^{1.85}}{80^{4.87}} \times (40 + 20) = \dfrac{Q_2^{1.85}}{50^{4.87}} \times \sqrt{(40^2 + 20^2)} = \dfrac{Q_3^{1.85}}{60^{4.87}} \times (40 + 20)$

① $\dfrac{Q_1^{1.85}}{80^{4.87}} \times (40 + 20) = \dfrac{Q_2^{1.85}}{50^{4.87}} \times \sqrt{(40^2 + 20^2)} \rightarrow Q_2 = 0.3401\,Q_1$ ········· (1)대입

② $\dfrac{Q_1^{1.85}}{80^{4.87}} \times (40 + 20) = \dfrac{Q_3^{1.85}}{60^{4.87}} \times (40 + 20) \rightarrow Q_3 = 0.4689\,Q_1$ ················ (1)대입

$$1500 L/\min = Q_1 + Q_2 + Q_3$$
$$= Q_1 + 0.3401 Q_1 + 0.4689 Q_1 = 1.809 Q_1$$

$Q_1 = 829.187 = 829 [L/\min]$

① 유량 $Q_1 = 829 [L/\min]$
② 유량 $Q_2 = 0.3401 \times 829 = 281.9429 = 282 [L/\min]$
③ 유량 $Q_3 = 0.4689 \times 829 = 388.7181 = 389 [L/\min]$

답 | $Q_1 = 829$ [L/min], $Q_2 = 282$ [L/min], $Q_3 = 389$ [L/min]

07

배점 8

다음 그림은 내화구조로 된 15층 업무시설의 1층 평면도이다. 이 건물의 1층에 정방형으로 습식 폐쇄형 스프링클러헤드를 설치하려고 한다. 다음 물음에 답하시오.

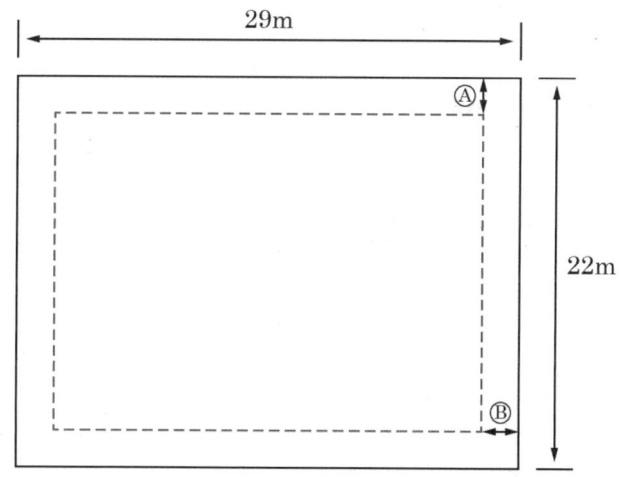

[업무시설의 1층 평면도]

가. 스프링클러헤드의 최소 소요개수[개]를 구하시오.
  ○ 계산과정 :
  ○ 답 :

나. 다음의 도면에 헤드를 배치하시오. (단, 헤드 배치 시에는 배치의 위치를 치수로서 표시하여야 하며 헤드 간 거리는 최대로 배치하고, 벽과 헤드 간 거리 Ⓐ, Ⓑ는 최소치를 한쪽으로 치우치지 않게 그리시오)

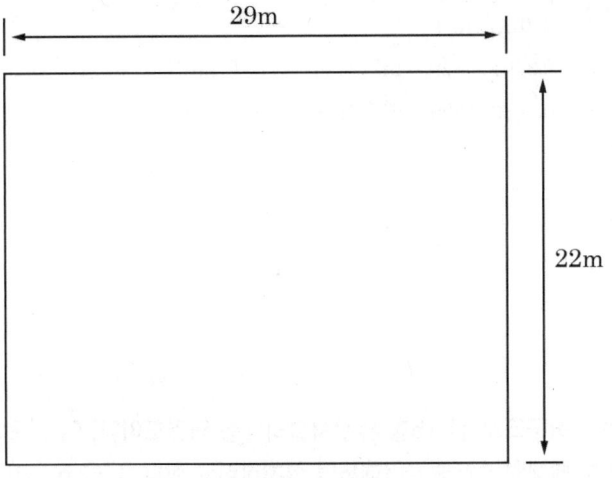

정답

☑ 스프링클러헤드 정방형 배치

가. 계산과정

설치장소별 수평거리 R

설치장소	수평거리(R)
• 특수가연물을 저장 또는 취급하는 장소 • 무대부	1.7 [m] 이하
• 기타구조로 된 경우 • 라지드롭형 스프링클러헤드를 설치하는 창고 　(단, ① 특수가연물을 저장 또는 취급하는 창고 : 1.7 [m] 이하 　　　② 내화구조로 된 창고 : 2.3 [m] 이하)	2.1 [m] 이하
• 내화구조로 된 경우	2.3 [m] 이하
• 아파트등의 세대 내	2.6 [m] 이하

R(수평거리) = 2.3 [m]

S(헤드 간 거리) = $2R\cos\theta = 2 \times 2.3 \times \cos 45° = 3.25$ [m]

① 가로변에 설치할 헤드 개수 : $\dfrac{29[m]}{3.25[m/개]} = 8.92[개] ≒ 9[개]$

② 세로변에 설치할 헤드 개수 : $\dfrac{22[m]}{3.25[m/개]} = 6.77[개] ≒ 7[개]$

∴ 헤드 개수 : 9[개] × 7[개] = 63[개]

답 | 63 [개]

보충 ▶ 스프링클러설비의 화재안전기술기준, 공동주택의 화재안전기술기준 및 창고시설의 화재안전기술기준에 명시된 내용을 반영한 표

나. 헤드 배치

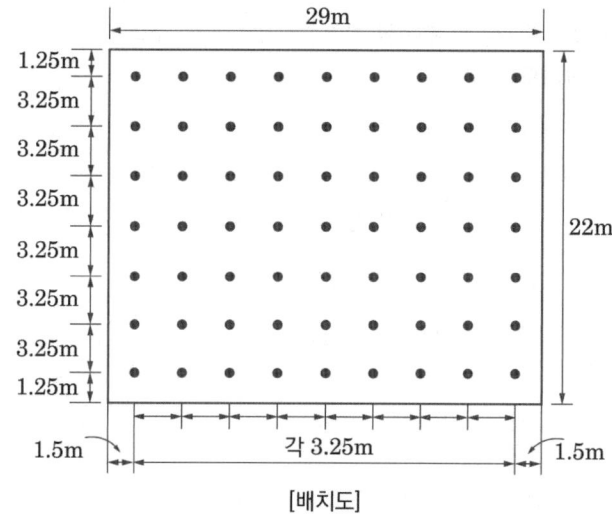

[배치도]

※ 벽과 헤드 간 거리 Ⓐ, Ⓑ

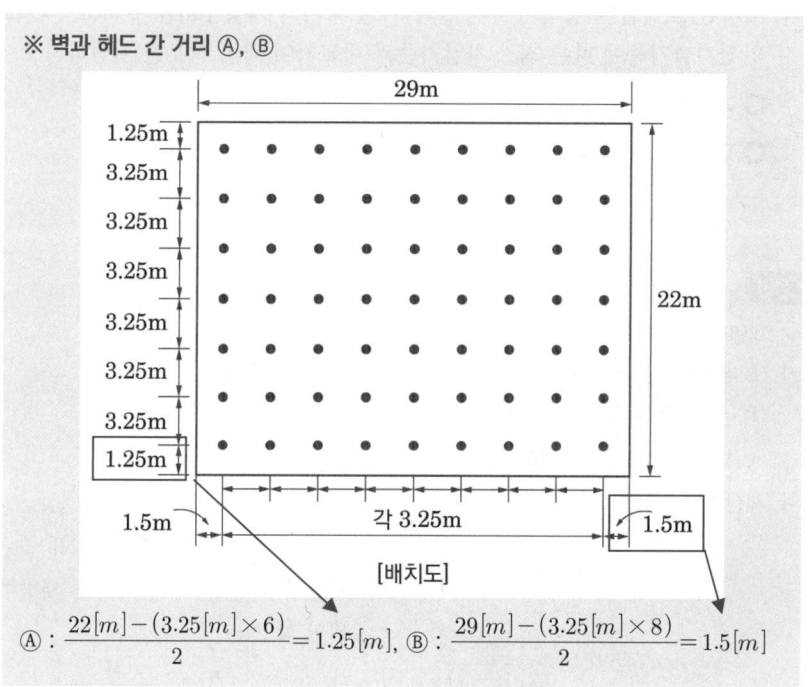

[배치도]

Ⓐ : $\dfrac{22[m]-(3.25[m]\times 6)}{2}=1.25[m]$, Ⓑ : $\dfrac{29[m]-(3.25[m]\times 8)}{2}=1.5[m]$

08 배점 7

특별피난계단의 계단실 및 부속실 제연설비에 대하여 주어진 조건을 참고하여 다음 각 물음에 답하시오.

> **[조건]**
> (1) 거실과 부속실의 출입문 개방에 필요한 힘 F_1 = 60 [N]이다.
> (2) 화재 시 거실과 부속실의 출입문 개방에 필요한 힘 F_2 = 110 [N]이다.
> (3) 출입문 폭(W)은 1 [m]이고, 높이(H)는 2.1 [m]이다.
> (4) 손잡이는 출입문 끝에 있다고 가정한다.
> (5) 스프링클러설비는 설치되어 있지 않다.

가. 제연구역 선정기준 3가지만 쓰시오.
  ○ 답 :

나. 제시된 조건을 이용하여 부속실과 거실 사이의 차압[Pa]을 구하고, 국가화재안전기술기준에 따른 최소 차압기준과 비교하여 적합 여부를 설명하시오.
  ○ 계산과정 :
  ○ 답 :

[정답]

✓ 제연설비 개방력

가. ① 계단실 및 그 부속실을 동시에 제연
   ② 부속실을 단독으로 제연
   ③ 계단실을 단독으로 제연

나. 계산과정

문을 개방하는 데 필요한 힘
$$F = F_{dc} + F_P$$
$$= F_{dc} + K_d \cdot \Delta P \cdot A \cdot \frac{W}{2(W-d)}$$

여기서 F_{dc} : 도어체크의 저항력 [N]
F_P : 차압이 작용할 때 방화문을 개방하기 위한 힘 [N]
$$(F_P = K_d \cdot \Delta P \cdot A \cdot \frac{W}{2(W-d)})$$
K_d : 출입문의 마찰계수
ΔP : 제연구역과 비제연구역의 차압 [Pa]
A : 방화문 면적 [m²], W : 문의 폭 [m]
d : 손잡이에서 문의 끝까지의 거리 [m]

$$F = F_{dc} + \Delta P \cdot A \cdot \frac{W}{2(W-d)}$$
$$110[N] = 60[N] + \Delta P[Pa] \cdot (1[m] \times 2.1[m]) \cdot \frac{1[m]}{2(1[m] - 0[m])}$$
$$\therefore \Delta P = 47.62 [Pa]$$

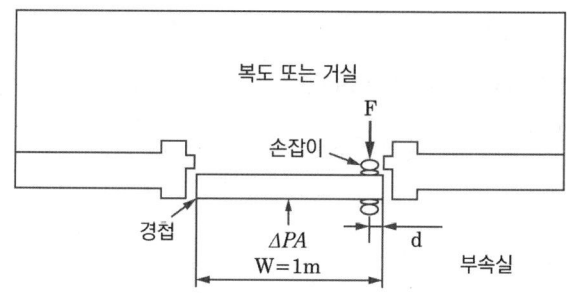

답 | • 부속실과 거실 사이의 차압[Pa] : 47.62 [Pa]
• 계산결과 차압이 47.62 [Pa]로서 화재안전기술기준에 의한 최소 차압 40 [Pa]보다 크기 때문에 적합하다.

09

득점 / 배점 8

다음은 분말소화설비에 관한 사항이다. 빈칸에 알맞은 답을 쓰시오.

소화약제 주성분	기타사항		
제1종 분말	안전밸브 작동압력	가압식	
제2종 분말		축압식	
제3종 분말	저장용기 충전비		
제4종 분말	가압용 가스용기를 3병 이상 설치한 경우의 전자개방밸브 수		

정답

☑ 분말소화설비

소화약제 주성분		기타사항		
제1종 분말	탄산수소나트륨	안전밸브 작동압력	가압식	최고사용압력의 1.8배 이하
제2종 분말	탄산수소칼륨		축압식	내압시험압력의 0.8배 이하
제3종 분말	인산암모늄	저장용기 충전비		0.8 이상
제4종 분말	탄산수소칼륨 + 요소	가압용 가스용기를 3병 이상 설치한 경우의 전자개방밸브 수		2병 이상

10

다음 지하구와 관련된 물음에 답하시오.

가. 다음은 지하구의 정의이다. 괄호 안에 들어갈 내용으로 적합한 것을 쓰시오.

> 전력·통신용의 전선이나 가스·냉난방용의 배관 또는 이와 비슷한 것을 집합수용하기 위하여 설치한 지하 인공구조물로서 사람이 점검 또는 보수를 하기 위하여 출입이 가능한 것 중 다음의 어느 하나에 해당하는 것
> 1) 전력 또는 통신사업용 지하 인공구조물로서 전력구(케이블 접속부가 없는 경우는 제외한다) 또는 통신구방식으로 설치된 것
> 2) 1) 외의 지하 인공구조물로서 폭이 (㉠) [m] 이상이고, 높이가 (㉡) [m] 이상이며, 길이가 (㉢) [m] 이상인 것

나. 연소방지설비의 교차배관의 최소 구경[mm]기준을 쓰시오.

○ 답 :

정답

☑ 연소방지설비

가. ㉠ 1.8, ㉡ 2, ㉢ 50

나. 40 [mm] 이상

11

다음은 스프링클러설비의 구성요소 중 시험장치에 관한 내용이다. 물음에 답하시오.

가. 습식 및 부압식 스프링클러설비의 경우 시험장치의 설치위치를 쓰시오.

○ 답 :

나. 건식 스프링클러설비의 경우 시험장치의 설치위치를 쓰시오.

○ 답 :

다. 시험장치 배관 끝 부분에 설치하는 구성요소 2가지를 쓰시오.

○ 답 :

정답

☑ 스프링클러설비 시험장치

가. 유수검지장치 2차 측 배관에 연결하여 설치

나. 유수검지장치에서 가장 먼 거리에 위치한 가지배관의 끝으로부터 연결하여 설치

다. ① 개폐밸브

② 반사판 및 프레임을 제거한 (오리피스만으로 설치된) 개방형 헤드 또는 스프링클러헤드와 동등한 방수성능을 가진 오리피스

> **참고** 스프링클러설비의 시험장치 설치기준
> 1. 습식 스프링클러설비 및 부압식 스프링클러설비에 있어서는 유수검지장치 2차 측 배관에 연결하여 설치하고 건식 스프링클러설비인 경우 유수검지장치에서 가장 먼 거리에 위치한 가지배관의 끝으로부터 연결하여 설치할 것. 이 경우 유수검지장치 2차 측 설비의 내용적이 2840 [L]를 초과하는 건식 스프링클러설비는 시험장치 개폐밸브를 완전 개방 후 1분 이내에 물이 방사되어야 한다.
> 2. 시험장치 배관의 구경은 25 [mm] 이상으로 하고, 그 끝에 개폐밸브 및 개방형 헤드 또는 스프링클러헤드와 동등한 방수성능을 가진 오리피스를 설치할 것. 이 경우 개방형 헤드는 반사판 및 프레임을 제거한 오리피스만으로 설치할 수 있다.
> 3. 시험배관의 끝에는 물받이 통 및 배수관을 설치하여 시험 중 방사된 물이 바닥에 흘러내리지 않도록 할 것. 다만 목욕실·화장실 또는 그 밖의 곳으로서 배수처리가 쉬운 장소에 시험배관을 설치한 경우에는 그렇지 않다.

12

배점 5

조건에 따라 다음 물음에 답하시오.

조건
(1) 항공기격납고로서 전역방출방식의 고발포용 고정포방출구가 설치되어 있다.
(2) 격납고의 크기는 20 [m] × 10 [m] × 3 [m](높이)이다.
(3) 개구부 등에는 자동폐쇄장치가 설치되어 있다.
(4) 방호대상물의 높이는 1.8 [m]이다.
(5) 합성계면활성제포 3 [%]를 사용한다.
(6) 포의 팽창비는 500이며, 1 [m³]에 대한 분당 포수용액 방출량은 0.29 [L]이다.

가. 고정포방출구의 개수[개]를 산정하시오.

○ 계산과정:

○ 답:

나. 포수용액의 양[m³]을 구하시오.
  ○ 계산과정 :
  ○ 답 :

다. 합성계면활성제소화약제량[L]을 구하시오.
  ○ 계산과정 :
  ○ 답 :

정답

☑ 계산과정 : 포소화설비 고발포용 고정포방출구

가. 고정포방출구의 수는 $500\,[m^2]$마다 1개 이상 설치하므로

$$고정포방출구 개수 = \frac{바닥면적\,[m^2]}{500\,[m^2/개]} = \frac{200\,[m^2]}{500\,[m^2/개]} = 0.4 \Rightarrow 1\,[개]$$

답 | 1 [개]

나. 포수용액 양 $Q = V_{관포} \times Q_V \times T$

$V_{관포}$: 관포체적 [m³]

Q_V : 1 [m³]에 대한 분당 포수용액 방출량 $[L/m^3 \cdot min]$

T : 방사시간 [min]

① 관포체적 $V_{관포} = 20\,[m] \times 10\,[m] \times (1.8 + 0.5)\,[m] = 460\,[m^3]$

② 포수용액 양 $Q = V_{관포} \times Q_V \times T$
$= 460\,[m^3] \times 0.29\,[L/m^3 \cdot min] \times 10\,[min] = 1334\,[L] = 1.33\,[m^3]$

답 | 1.33 [m³]

다. 포소화약제량 Q = 포수용액의 양 × 농도 = $1334\,[L] \times 0.03 = 40.02\,[L]$

답 | 40.02 [L]

참고 관포체적

해당 바닥 면으로부터 방호대상물의 높이보다 0.5 [m] 높은 위치까지의 체적

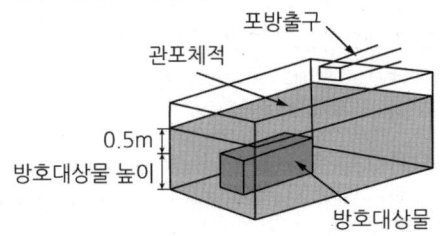

13

평상시에는 공조설비의 급기로 사용하고 화재 시에는 제연에 이용하는 배출기가 다음의 도면과 같이 설치되어 있다. 다음 물음에 답하시오.

가. 화재 시 유효하게 배연할 수 있도록 다음 도면의 필요한 곳에 절환댐퍼를 표시하시오. (단, 절환댐퍼는 4개로 설치하고, 댐퍼는 ⊘D₁, ⊘D₂ 등으로 표시한다)

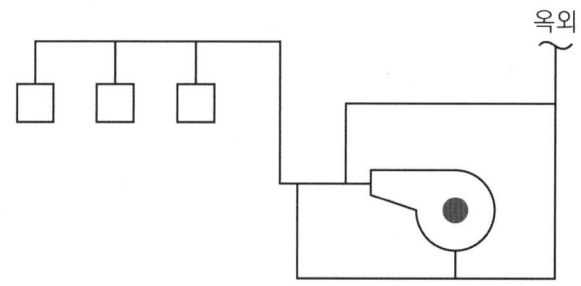

나. 평상시와 화재 시를 구분하여 각 절환댐퍼의 상태(○, ×)를 표시하시오. (○: Open, ×: Close)

구분	D1	D2	D3	D4
평상시				
화재 시				

정답

☑ 제연설비(공조설비 겸용)

가.
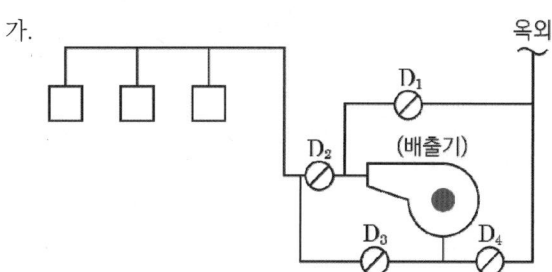

나.

구분	D1	D2	D3	D4
평상시	×	○	×	○
화재 시	○	×	○	×

1) 평상시에는 공조설비의 급기로 사용
   배출기의 급기 방향과 흡입 방향은 별색의 화살표와 같이 항상 같다.
   평상시에는 공조설비의 급기로 사용하기 위해 옥외의 외기를 실 안으로 들여보내야 한다.

따라서 옥외로부터 급기구를 통해 실내에 신선한 공기를 유입하기 위해 점선의 화살표와 같은 공기의 흐름이 필요하다. 따라서 D_2, D_4 댐퍼는 열어주고, D_1, D_3 댐퍼는 닫아준다.

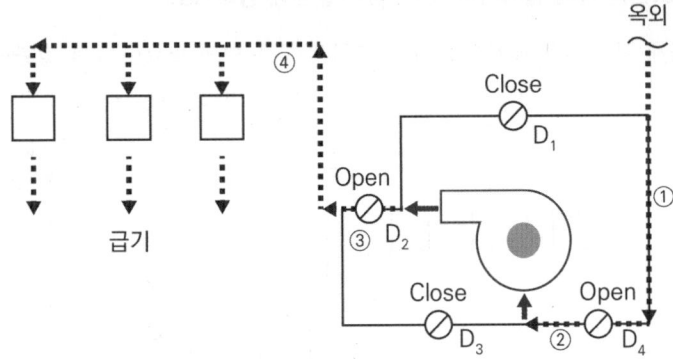

2) 화재 시에는 제연에 이용

　　배출기의 급기 방향과 흡입 방향은 별색의 화살표와 같이 항상 같다.

　　화재 시에는 제연에 이용하기 위해 실내의 연기를 옥외로 배출시켜야 한다.

　　따라서 실내 배출구로부터 옥외로 연기를 배출해야 하므로 점선의 화살표와 같은 연기의 흐름이 필요하다. 따라서 D_2, D_4 댐퍼는 닫아주고, D_1, D_3 댐퍼는 열어준다.

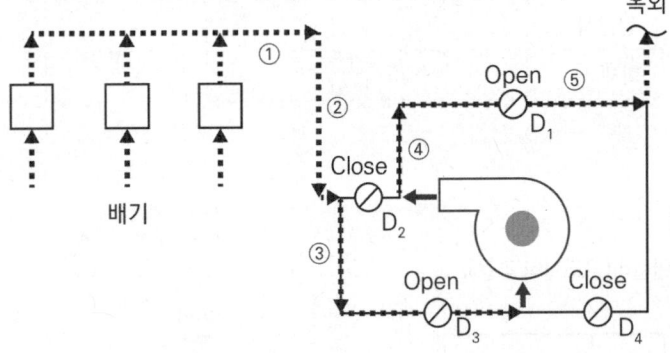

14

스프링클러설비의 배관의 안지름을 수리계산에 의하여 선정하고자 한다. 그림에서 B-C구간의 유량을 165 [L/min], E-F구간의 유량을 330 [L/min]이라고 가정할 때 다음을 구하시오. (단, 화재안전기술기준에서 정하는 유속기준을 만족하도록 해야 한다)

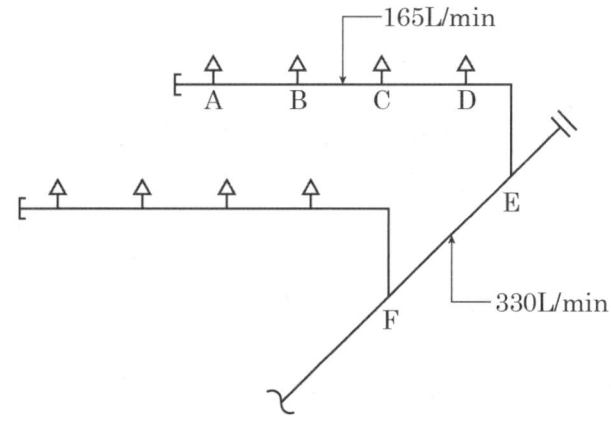

가. B - C구간의 배관 안지름[mm]의 최솟값을 구하시오.

　○ 계산과정 :

　○ 답 :

나. E - F구간의 배관 안지름[mm]의 최솟값을 구하시오.

　○ 계산과정 :

　○ 답 :

정답

☑ 스프링클러설비 수리계산(Q = AV공식)

가. 수리계산에 따르는 경우

　가지배관의 유속은 6 [m/s], 그 밖의 배관의 유속은 10 [m/s]를 초과할 수 없다.

　계산과정 : $Q = 165 [L/\min] = 0.165 [m^3/\min] = 0.00275 [m^3/s]$

　$D = \sqrt{\dfrac{4Q}{\pi V}} = \sqrt{\dfrac{4 \times 0.00275 [m^3/s]}{\pi \times 6 [m/s]}} = 0.02416 [m] = 24.16 [mm]$

답 | 24.16 [mm]

나. 계산과정 : $Q = 330 [L/\min] = 0.33 [m^3/\min] = 0.0055 [m^3/s]$

　$D = \sqrt{\dfrac{4Q}{\pi V}} = \sqrt{\dfrac{4 \times 0.0055 [m^3/s]}{\pi \times 10 [m/s]}} = 0.02646 [m] = 26.46 [mm]$

　교차배관은 최소 구경 40 [mm] 이상이 되어야 한다.

답 | 40 [mm]

15

배점 4

다음의 [표]를 참조하여 화재안전기술기준에 따라 할로겐화합물 및 불활성기체소화설비를 설치하려고 할 때 다음을 구하시오.

[압력배관용 탄소강관 SPPS 380[KS D 3562(Sch 40)]의 규격]

호칭지름[A]	DN25	DN32	DN40	DN50	DN65	DN100
바깥지름[mm]	34.3	42.7	48.6	60.5	76.3	114.3
관두께[mm]	3.4	3.6	3.7	3.9	5.2	6.0

가. 호칭지름이 32 [A]인 압력배관용 탄소강관(Sch 40)에 분사헤드가 접속되어 있다. 이때 분사헤드 오리피스의 최대 구경[mm]을 산출하시오.

○ 계산과정 :

○ 답 :

나. 호칭구경이 65 [A]인 압력배관용 탄소강관(Sch 40)을 사용하여 용접이음으로 배관을 접합할 경우 배관에 적용할 수 있는 최대 허용압력[MPa]을 구하시오. (단, 인장강도는 380 [MPa], 항복점은 220 [MPa]이며, 이 배관에 전기저항 용접배관을 함에 따라 배관이음효율은 0.85이다)

○ 계산과정 :

○ 답 :

정답

☑ 할로겐화합물 및 불활성기체소화설비

가. 계산과정

① 배관 구경 면적$[mm^2] = \dfrac{\pi \times (42.7 - 3.6 \times 2)^2}{4} = \dfrac{\pi \times 35.5^2}{4} = 989.798 [mm^2]$

② 오리피스의 최대 면적$[mm^2] = 989.798 [mm^2] \times 0.7 (70\%) = 692.859 [mm^2]$

③ 오리피스 최대 구경 $D = \sqrt{\dfrac{4A}{\pi}} = \sqrt{\dfrac{4 \times 692.859}{\pi}} = 29.7 [mm]$

참고 분사헤드의 오리피스면적(이산화탄소, 할론, 할로겐화합물 및 불활성기체소화설비)

분사헤드의 오리피스의 면적은 분사헤드가 연결되는 배관구경 면적의 70 [%] 이하가 되도록 할 것

답 | 29.7 [mm]

나. 계산과정

① 최대 허용응력 SE

- 인장강도 1/4 값 ⓐ : $380 \times \dfrac{1}{4} = 95[MPa]$

- 항복점의 2/3 값 ⓑ : $220 \times \dfrac{2}{3} = 146.667[MPa]$

SE = ⓐ, ⓑ 중 작은 값 × 배관이음효율 × 1.2
  (여기서 전기저항 용접배관의 이음효율 : 0.85)
  $= 95 \times 0.85 \times 1.2 = 96.9[MPa]$

② 최대 허용압력 P

최대 허용압력 $P = \dfrac{2SE \times (t-A)}{D} = \dfrac{2 \times 96.9[MPa] \times (5.2[mm] - 0[mm])}{76.3[mm]}$
$= 13.21[MPa]$

답 | 13.21 [MPa]

참고 할로겐화합물 및 불활성기체소화설비의 배관 – 배관의 두께

배관의 두께는 다음의 식에서 구한 값(t) 이상일 것. 다만 방출헤드 설치부는 제외한다.

$$배관의 두께(t) = \dfrac{PD}{2SE} + A$$

P : 최대 허용압력[kPa]

D : 배관의 바깥지름[mm]

SE : 최대 허용응력[kPa]

  (인장강도 1/4 값과 항복점의 2/3 값 중 작은 값 × 배관이음효율 × 1.2)

  ※ 배관이음효율

  - 이음매 없는 배관 : 1
  - 전기저항 용접배관 : 0.85
  - 가열맞대기 용접배관 : 0.6

A : 나사이음, 홈이음 등의 허용 값[mm] (헤드의 설치부분은 제외)

- 나사이음 : 나사의 높이
- 절단홈이음 : 홈의 깊이
- 용접이음 : 0

16

펌프가 수원보다 3 [m] 높은 위치에서 0.3 [m³/min]의 물을 이송하고 있다. 대기압은 표준대기압이고, 중력가속도는 9.8 [m/s²]이고, 흡입 측 배관의 마찰손실은 3.5 [kPa]이며, 포화수증기압은 2.33 [kPa](물의 온도 20 [℃])이다. 다음 물음에 답하시오.

배점 4

가. 유효흡입양정[m]을 구하시오.
   ○ 계산과정 :
   ○ 답 :

나. 필요흡입양정이 5 [m]일 때 공동현상이 발생하는지 여부를 판단하시오.
   ○ 답 :

정답

✓ 유효흡입양정

가. 계산과정

유효흡입수두 $NPSH_{av} = H_a - H_v - H_f \pm H_s$

$= 10.332[m] - 2.33[kPa] - 3.5[kPa] - 3[m]$

$= 7.332[m] - 5.83[kPa]$

$= 7.332[m] - (5.83[kPa] \times \dfrac{10.332[m]}{101.325[kPa]}) = 6.737[m]$

$\fallingdotseq 6.74[m]$

답 | 6.74 [m]

나. 공동현상을 방지하고 펌프를 사용할 수 있는 범위 $NPSH_{av} > NPSH_{re}$

① $NPSH_{av} = NPSH_{re}$: 발생한계
② $NPSH_{av} > NPSH_{re}$: 발생하지 않음

답 | $NPSH_{av}(6.74[m]) > NPSH_{re}(5[m])$이므로 공동현상은 발생하지 않는다.

2021년 4회

2021.11.13

01

그림의 스프링클러설비 가지배관에서의 구성부품과 규격 및 수량을 산출하여 다음 답란을 완성하시오.

조건

(1) 티는 모두 동일 구경을 사용하고 배관의 축소되는 부분은 반드시 레듀셔를 사용한다.
(2) 교차 배관은 제외한다.
(3) 구경에 따른 헤드 수는 다음과 같다.

25 [mm]	32 [mm]	40 [mm]	50 [mm]
2개	3개	4개	5개

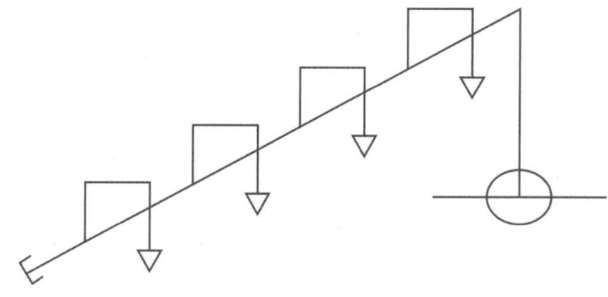

| 티 25×25×25mm, 32×32×32mm, 40×40×40mm 표시 |

구성부품	규격 및 수량
헤드	15 [mm] 4개
캡	
티	
90°엘보	
레듀셔	

정답

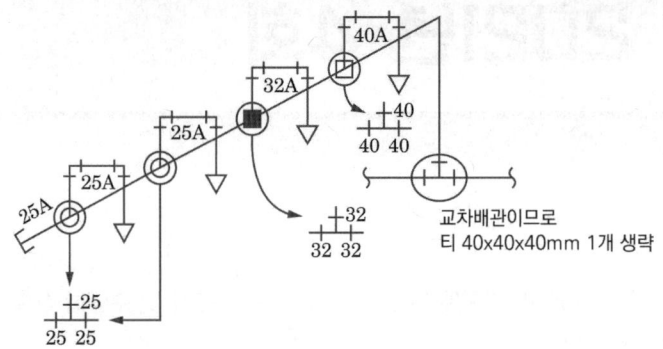

| 티 25x25x25mm, 32x32x32mm, 40x40x40mm 표시 |

구성부품	규격 및 수량
헤드	15 [mm] 4개
캡	캡 25 [mm] 1개
티	40 × 40 × 40 [mm] 1개 32 × 32 × 32 [mm] 1개 25 × 25 × 25 [mm] 2개
90°엘보	40 [mm] 1개 25 [mm] 8개
레듀셔	40 × 32 [mm] 1개 32 × 25 [mm] 2개 25 × 15 [mm] 4개 40 × 25 [mm] 1개

참고 배관 접속기구의 종류

구분	종류
(1) 관의 방향을 바꿀 때	[엘보(Elbow)]
(2) 2개의 관을 연결할 때	[유니온(Union)]　[플랜지(Flange)]　[니플(Nipple)]

구분	종류
(3) 관의 지름을 바꿀 때	[레듀서(Reducer)]
(4) 관의 끝을 막을 때	[플러그(Plug)] [캡(Cap)]
(5) 관을 도중에 분기할 때	[티(Tee)] [와이(Y)] [크로스(Cross)]

02

득점　**배점** 4

물올림장치의 설치기준에 대한 사항이다. (　) 알맞게 채우시오.

가. 물올림장치에는 전용의 (㉠)를 설치할 것

나. (㉠)의 유효수량은 (㉡) 이상으로 하되, 구경 (㉢) 이상의 (㉣)에 따라 해당 수조에 물이 계속 보급되도록 할 것

> **정답**
>
> ㉠ 수조, ㉡ 100 [L], ㉢ 15 [mm], ㉣ 급수배관

03

배점 7

다음은 수원 및 펌프가 중앙집결방식으로 설치된 A구역, B구역, C구역에 대한 설명이다. 다음 조건을 보고 물음에 답하시오.

설명

(1) A구역
 • 해당 구역에는 옥내소화전설비가 2개 설치되어 있고, 스프링클러설비는 헤드가 10개 설치되어 있다.

(2) B구역
 • 해당 구역에는 옥외소화전설비가 3개 설치되어 있고, 차고에 물분무소화설비가 설치되어 있으며, 토출량은 20 [L/min·m^2]이고, 바닥면적은 최소 바닥면적 50 [m^2]를 적용한다.

(3) C구역
 • 해당 구역에는 옥외에 완전 개방된 주차장에 설치하는 포소화전설비가 설치되어 있으며, 포소화전 방수구가 8개 설치되어 있다.
 • 포소화약제의 농도는 무시하고 산출한다.
 • 포소화전설비를 설치한 1개 층의 바닥면적은 200 [m^2]를 초과한다.

조건

(1) 펌프·배관과 소화수 또는 소화약제를 최종 방출하는 방출구가 고정된 설비로서, 고정식 소화설비가 2개 설치되어 있다.
(2) 각 구역의 소화설비가 설치된 부분이 방화벽과 방화문으로 구획되어 있으며, 각 소화설비에 지장이 없다.
(3) 수원의 양을 산정할 때 옥상수조는 제외한다.

가. 펌프의 최소 정격토출량[m^3/min]을 구하시오.
 ○ 계산과정 :
 ○ 답 :

나. 최소 수원의 양[m^3]을 구하시오.
 ○ 계산과정 :
 ○ 답 :

정답

> **참고** 포소화설비의 화재안전기술기준(NFTC 105)

2.13 수원 및 가압송수장치의 펌프 등의 겸용

2.13.1 포소화전설비의 수원을 옥내소화전설비·스프링클러설비·간이스프링클러설비·화재조기진압용 스프링클러설비·물분무소화설비 및 옥외소화전설비의 수원과 겸용하여 설치하는 경우의 저수량은 각 소화설비에 필요한 저수량을 합한 양 이상이 되도록 해야 한다. 다만 이들 소화설비 중 고정식 소화설비(펌프·배관과 소화수 또는 소화약제를 최종 방출하는 방출구가 고정된 설비를 말한다. 이하 같다)가 둘 이상 설치되어 있고, 그 소화설비가 설치된 부분이 방화벽과 방화문으로 구획되어 있는 경우에는 각 고정식 소화설비에 필요한 저수량 중 최대의 것 이상으로 할 수 있다.

2.13.2 포소화설비의 가압송수장치로 사용하는 펌프를 옥내소화전설비·스프링클러설비·간이스프링클러설비·화재조기진압용 스프링클러설비·물분무소화설비 및 옥외소화전설비의 가압송수장치와 겸용하여 설치하는 경우의 펌프의 토출량은 각 소화설비에 해당하는 토출량을 합한 양 이상이 되도록 해야 한다. 다만 이들 소화설비 중 고정식 소화설비가 둘 이상 설치되어 있고, 그 소화설비가 설치된 부분이 방화벽과 방화문으로 구획되어 있으며, 각 소화설비에 지장이 없는 경우에는 펌프의 토출량 중 최대인 것 이상으로 할 수 있다.

☑ 계산과정

가. 최소 정격토출량[m³/min]

① A구역
- 옥내소화전 : $2 \times 130 [L/min] = 260 [L/min]$
- 스프링클러설비 : $10 \times 80 [L/min] = 800 [L/min]$
- ∴ A구역에 필요한 펌프의 정격토출량 $= 260 + 800 = \underline{1060 [L/min]}$

② B구역
- 옥외소화전 : $2 \times 350 [L/min] = 700 [L/min]$
- 물분무소화설비 : $50 [m^2] \times 20 [L/min \cdot m^2] = 1000 [L/min]$
- ∴ B구역에 필요한 펌프의 정격토출량 $= 700 + 1000 = \underline{1700 [L/min]}$

③ C구역
- 주차장에 설치하는 포소화전설비
  $Q = N \times 300 [L/min] = 5 \times 300 [L/min] = 1500 [L/min]$
  (단, 차고 또는 주차장의 바닥면적이 200 m^2 이하인 경우 230 $[L/min]$ 적용한다)
  Q : 펌프의 토출량 (L/min), N : 호스 접결구의 수(5개 이상의 경우 5개)
- ∴ C구역에 필요한 펌프의 정격토출량 = $\underline{1500 [L/min]}$

④ A, B, C구역 펌프의 최소 정격토출량은 A, B, C구역에 필요한 정격토출량 중 최대의 것으로 산정

∴ $Q = 1700 [L/min] = 1.7 [m^3/min]$

답 | 1.7 [m³/min]

나. 최소 수원의 양[m³]

'가'에서 산출한 펌프의 정격토출량을 20분간 유지할 수 있어야 하므로

$Q = 1.7[m^3/min] \times 20[min] = 34[m^3]$

답 | 34 [m³]

04 배점 6

특정소방대상물의 용도 및 장소별로 설치해야 할 인명구조기구이다. ( )에 알맞은 답을 쓰시오.

특정소방대상물	종류	설치수량
지하층을 포함하는 층수가 7층 이상인 (㉠) 및 5층 이상인 병원	방열복 또는 방화복 (안전모, 보호장갑 및 안전화를 포함한다) (㉡) (㉢)	각 (㉣)개 이상 비치할 것. 다만 병원의 경우에는 (㉢)를 설치하지 않을 수 있다.
• 문화 및 집회시설 중 수용인원 (㉤)명 이상의 영화상영관 • 판매시설 중 대규모 점포 • 운수시설 중 지하역사 • 지하가 중 지하상가	(㉡)	층마다 (㉥)개 이상 비치할 것. 다만 각 층마다 갖추어 두어야 할 (㉡) 중 일부를 직원이 상주하는 인근 사무실에 갖추어 둘 수 있다.

정답

㉠ 관광호텔, ㉡ 공기호흡기, ㉢ 인공소생기, ㉣ 2, ㉤ 100, ㉥ 2

05 배점 5

체적이 150 [m³]인 밀폐된 전기실에 이산화탄소소화설비를 전역방출방식으로 적용하고자 한다. 이때 주어진 [조건]을 이용하여 다음 각 물음에 답하시오.

조건
(1) 설계농도가 50 [%]일 때 방출계수는 1.3 [kg/m³]이다.
(2) 저장용기의 충전비 : 1.8 [L/kg]
(3) 저장용기 내용적 : 68 [L]

가. 이 실에 필요한 소화약제의 양[kg]을 구하시오.
　○ 계산과정 :
　○ 답 :

나. 저장용기실에 저장하여야 하는 저장용기의 병 수를 구하시오.
　○ 계산과정 :
　○ 답 :

다. 해당 방호공간에 설치되는 이산화탄소소화설비는 고압식인지, 저압식인지 쓰시오.
　○ 답 :

라. 저장용기의 내압시험압력은 몇 [MPa]인가?
　○ 답 :

정답

가. 계산과정

핵심이론 이산화탄소소화설비 전역방출방식 심부화재 약제량 산정

$W = (V \times \alpha) + (A \times \beta)$

W : 약제량 [kg], V : 방호구역 체적 [m³]
α : 방호구역 1 [m³]에 대한 소화약제의 양 [kg/m³]
A : 개구부 면적 [m²], β : 개구부 가산량(심부화재 : 10 [kg/m²])

방호대상물	방호구역 1 [m³]에 대한 소화약제의 양 α	설계농도 [%]	개구부 가산량[kg/m²] β (자동폐쇄장치 미설치 시)
유압기기를 제외한 전기설비, 케이블실	1.3 [kg/m³]	50	10 [kg/m²]
체적 55 [m³] 미만의 전기설비	1.6 [kg/m³]	50	
서고, 전자제품창고, 목재가공품창고, 박물관	2.0 [kg/m³]	65	
고무류, 모피창고, 집진설비, 석탄창고, 면화류 창고	2.7 [kg/m³]	75	

암기 ▶ 서전목박

암기 ▶ 고모집석면

$W = 150 [m^3] \times 1.3 [kg/m^3] = 195 [kg]$

답 | 195 [kg]

나. 계산과정

충전비 = $\dfrac{\text{소화약제 저장용기의 내부 용적}[L]}{\text{소화약제 중량}[kg]}$, $1.8 = \dfrac{68[L]}{x[kg]}$, $\therefore x = 37.778[kg]$

저장용기의 병 수 = $\dfrac{195[kg]}{37.778[kg/병]} = 5.16[병] ≒ 6[병]$ **답 | 6 [병]**

다. 저장용기의 충전비는 고압식의 경우 1.5 이상 1.9 이하, 저압식의 경우 1.1 이상 1.4 이하이다.

따라서 충전비가 1.8이므로 고압식에 해당된다. **답 | 고압식**

라. 25 [MPa] 이상

06

제1석유류(비수용성)를 45000 L 저장하는 위험물의 옥외탱크에 II형 고정포방출구로 포소화설비를 다음 조건과 같이 설치하고자 할 때 다음 각 물음에 답하시오.

조건
(1) 탱크의 지름 : 12 [m]
(2) 탱크의 높이 : 40 [m]
(3) 펌프의 효율은 60 [%], 전달계수는 1.1로 한다.
(4) 포소화약제의 농도는 6 [%]이다.
(5) 고정포방출구의 약제 방출량은 4.2 [L/m²·min]이며, 방사시간은 30분이다.
(6) 배관 및 관 부속품의 총 마찰손실수두는 30 [m]이며, 포방출구의 압력은 350 [kPa]이다.
(7) 보조포 소화전은 1개소에 설치되어 있으며, 호스 접결구는 1개이다.
(8) 송액관의 길이는 30 [m](포원액탱크에서 포방출구까지), 관내경은 100 [mm]이며, 기타 조건은 무시한다.

가. 포소화약제의 원액량[L]을 구하시오.
 ◯ 계산과정 :
 ◯ 답 :

나. 포소화약제를 제외한 수원의 양[m³]을 구하시오.
 ◯ 계산과정 :
 ◯ 답 :

다. 펌프의 전양정[m]을 구하시오. (단, 낙차는 탱크의 높이로 한다)
 ◯ 계산과정 :
 ◯ 답 :

라. 펌프의 정격토출량[m³/min]을 구하시오.
  ○ 계산과정 :
  ○ 답 :

마. 펌프의 최소 동력[kW]를 구하시오.
  ○ 계산과정 :
  ○ 답 :

정답

가. 계산과정
  ① 고정포방출구의 포소화약제의 양
  $$Q_1[L] = A[m^2] \times Q_A[L/m^2 \cdot min] \times T[min] \times S$$
  $$= (\frac{\pi}{4} \times 12^2)[m^2] \times 4.2[L/min \cdot m^2] \times 30[min] \times 0.06 = 855.02[L]$$

  ② 보조포소화전의 포소화약제의 양
  $$Q_2[L] = N \times 400[L/min] \times 20[min] \times S$$
  $$= 1[개] \times 400[L/min] \times 20[min] \times 0.06 = 480[L]$$

  ③ 송액관의 소화약제 보정량
  $$Q_3[L] = V[m^3] \times S \times 1000[L/m^3]$$
  $$= (\frac{\pi}{4} \times 0.1^2 \times 30)[m^3] \times 0.06 \times 1000[L/m^3] = 14.137 ≒ 14.14[L]$$

  ∴ $Q = Q_1 + Q_2 + Q_3 = 855.02 + 480 + 14.14 = 1349.16[L]$

  답 | 1349.16 [L]

★ 핵심이론 포소화약제의 저장량 – 고정포방출구방식

포소화약제 저장량 Q = 고정포방출구에서 방출하기 위해 필요한 양 Q_1 + 보조포소화전에서 방출하기 위해 필요한 양 Q_2 + 송액관에 충전하기 위해 필요한 양 Q_3

고정포방출구방식은 다음의 양을 합한 양 이상으로 할 것

1) 고정포방출구에서 방출하기 위하여 필요한 양

  $Q_1 = A \cdot Q_A \cdot T \cdot S$

  Q_1 : 포소화약제의 양 [L]
  A : 탱크의 액표면적 [m²]
  Q_A : 단위 포소화수용액의 양 [L/m²·min]
  T : 방출시간 [min]
  S : 포소화약제의 사용농도 [%]

2) 보조포소화전에서 방출하기 위하여 필요한 양

$$Q_2 = N \cdot 8000 \cdot S$$

Q_2 : 포소화약제의 양 [L]
N : 호스 접결구의 수(3개 이상인 경우는 3개)
S : 포소화약제의 사용농도 [%]

3) 가장 먼 탱크까지의 송액관에 충전하기 위하여 필요한 양(내경 75 [mm] 이하의 송액관은 제외)

$$Q_3 = V \times S \times 1000 [L/m^3]$$

Q_3 : 포소화약제의 양 [L]
V : 송액관 내부의 체적 [m³]
S : 포소화약제의 사용농도 [%]

* 송액관 : 수원으로부터 포헤드, 고정포방출구 또는 이동식 노즐에 급수하는 배관

나. 계산과정

① 고정포방출구의 수원의 양

$$Q_1[L] = A[m^2] \times Q_A[L/m^2 \cdot min] \times T[min] \times (1-S)$$
$$= (\frac{\pi}{4} \times 12^2)[m^2] \times 4.2[L/min \cdot m^2] \times 30[min] \times 0.94 = 13395.25[L]$$

② 보조포소화전의 수원의 양

$$Q_2[L] = N \times 400[L/min] \times 20[min] \times (1-S)$$
$$= 1[개] \times 400[L/min] \times 20[min] \times 0.94 = 7520[L]$$

③ 송액관 보정량에 대한 수원의 양

$$Q_3[L] = V[m^3] \times (1-S) \times 1000[L/m^3]$$
$$= (\frac{\pi}{4} \times 0.1^2 \times 30)[m^3] \times 0.94 \times 1000[L/m^3] = 221.48[L]$$

∴ $Q = Q_1 + Q_2 + Q_3 = 13395.25 + 7520 + 221.48 = 21136.73[L] = 21.14[m^3]$

답 | 21.14 [m³]

다. 계산과정 : H = 실양정 + 마찰손실수두 + 방사압환산수두

$$H = 40[m] + 30[m] + \left(350[kPa] \times \frac{10.332[m]}{101.325[kPa]}\right) = 105.689 ≒ 105.69[m]$$

답 | 105.69 [m]

라. 계산과정

① 고정포방출구 : $Q_1[m^3/min] = A[m^2] \times Q_A[L/m^2 \cdot min] \times 10^{-3}[m^3/L]$
$$= (\frac{\pi}{4} \times 12^2)[m^2] \times 4.2[L/min \cdot m^2] \times 10^{-3}[m^3/L]$$
$$= 0.475[m^3/min]$$

② 보조포소화전 : $Q_2[m^3/min] = N \times 400[L/min] \times 10^{-3}[m^3/L]$
$$= 1[개] \times 400[L/min] \times 10^{-3}[m^3/L]$$
$$= 0.4[m^3/min]$$

∴ 토출량 $Q = 0.475 + 0.4 = 0.875 ≒ 0.88[m^3/min]$

답 | 0.88 [m³/min]

마. 계산과정 : $P = \dfrac{\gamma[kN/m^3] \times Q[m^3/s] \times H[m]}{\eta} \times K$

$P = \dfrac{9.8[kN/m^3] \times \dfrac{0.88}{60}[m^3/s] \times 105.69[m]}{0.6} \times 1.1 = 27.85[kW]$

답 | 27.85 [kW]

07

제연설비 중 연기배출 풍도와 배출FAN의 평면도이다. 각 실의 크기는 각각 A실 : 5 [m] × 6 [m], B실 : 20 [m] × 6 [m], C실 : 25 [m] × 6 [m] D실 : 20 [m] × 6 [m], E실 : 35 [m] × 6 [m]이다. 다음 물음에 답하시오. (단, 각 실은 독립배출방식이다)

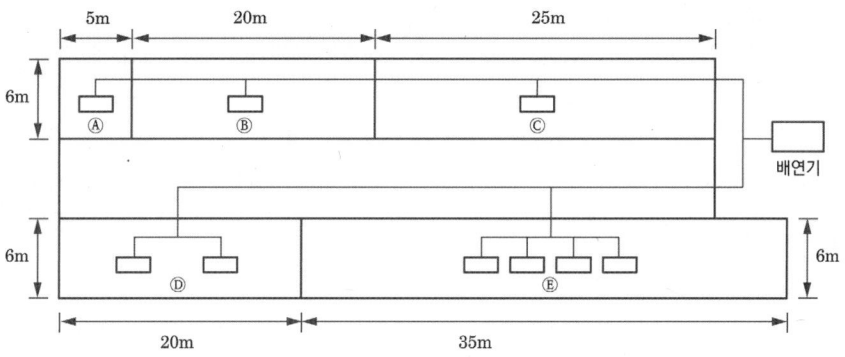

가. 댐퍼의 설치위치를 본문 그림에 표기하시오. (댐퍼표시기호는  로 한다)

나. 각 실의 최소 소요배출량[m³/h]을 계산하시오.

1) A실

　○ 계산과정 :

　○ 답 :

2) B실

　○ 계산과정 :

　○ 답 :

3) C실

　○ 계산과정 :

　○ 답 :

4) D실

　○ 계산과정 :

　○ 답 :

5) E실

　○ 계산과정 :

　○ 답 :

다. 배연기의 최소 소요배출량[m³/h]을 산출하시오.

　○ 답 :

정답

가.

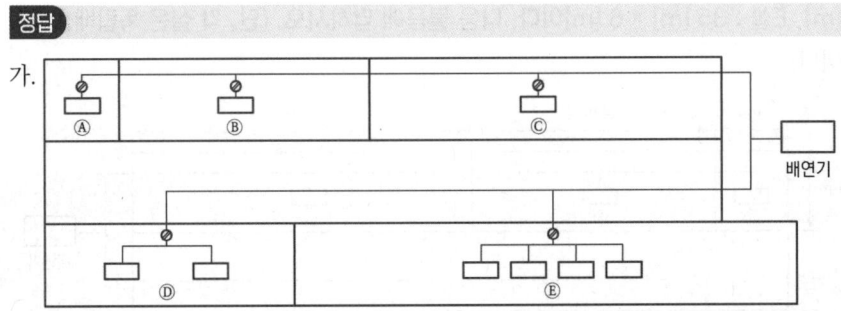

보충 ▶ 댐퍼는 각 실마다 최소 개수로 설치해야 하므로 위와 같이 실마다 1개씩 설치한다.

나. 계산과정

1) A실

　(1) 바닥면적 : $5 \times 6 = 30[m^2]$ → 바닥면적이 400 [m²] 미만

　(2) 배출량

　　$30[m^2] \times 1[CMM/m^2] = 30[CMM]$

　　→ 최소 배출량 $5000[CMH](=83.33[CMM])$보다 작으므로 배출량은 $5000[m^3/h]$이다.

답 | A실 5000 [CMH]

2) B실

　(1) 바닥면적 : $20 \times 6 = 120[m^2]$ → 바닥면적이 400 [m²] 미만

　(2) 배출량

　　$120[m^2] \times 1[CMM/m^2] = 120[CMM]$

　　→ 최소 배출량 $5000[CMH](=83.33[CMM])$보다 크므로 배출량은 $120[m^3/\min]$이다.

　　∴ $120[m^3/\min] \times \dfrac{60[\min]}{1[hr]} = 7200[m^3/h]$

답 | B실 7200 [CMH]

3) C실
   (1) 바닥면적 : $25 \times 6 = 150 [m^2]$ → 바닥면적이 $400 [m^2]$ 미만
   (2) 배출량
   $150[m^2] \times 1[CMM/m^2] = 150[CMM]$
   → 최소 배출량 $5000[CMH](= 83.33[CMM])$보다 크므로 배출량은 $150[m^3/min]$이다.
   $\therefore 150[m^3/min] \times \dfrac{60[min]}{1[hr]} = 9000[m^3/h]$

   답 | C실 9000 [CMH]

4) D실
   (1) 바닥면적 : $20 \times 6 = 120 [m^2]$ → 바닥면적이 $400 [m^2]$ 미만
   (2) 배출량
   $120[m^2] \times 1[CMM/m^2] = 120[CMM]$
   → 최소 배출량 $5000[CMH](= 83.33[CMM])$보다 크므로 배출량은 $120[m^3/min]$이다.
   $\therefore 120[m^3/min] \times \dfrac{60[min]}{1[hr]} = 7200[m^3/h]$

   답 | D실 7200 [CMH]

5) E실
   (1) 바닥면적 : $35 \times 6 = 210 [m^2]$ → 바닥면적이 $400 [m^2]$ 미만
   (2) 배출량
   $210[m^2] \times 1[CMM/m^2] = 210[CMM]$
   → 최소 배출량 $5000[CMH](= 83.33[CMM])$보다 크므로 배출량은 $210[m^3/min]$이다.
   $\therefore 210[m^3/min] \times \dfrac{60[min]}{1[hr]} = 12600[m^3/h]$

   답 | E실 12600 [CMH]

다. 12600 [CMH]

참고 제연설비의 화재안전기술기준(NFTC 501) – 배출량

1. 거실의 바닥면적이 400 [m²] 미만으로 구획된 예상제연구역에 대한 배출량 바닥면적 1 [m²]당 1 [m³/min] 이상으로 하되, 예상제연구역에 대한 최소 배출량은 5000 [m³/hr] 이상으로 할 것

   $Q = A[m^2] \times 1[m^3/min \cdot m^2] \times 60[min/hr]$

   여기서 Q : 배출량 [m³/hr] (최소 배출량은 5000 [m³/hr] 이상)
   A : 바닥면적 [m²]

2. 바닥면적 400 [m²] 이상인 거실의 예상제연구역의 배출량
  1) 예상제연구역이 직경 40 [m]인 원의 범위 안에 있을 경우
     배출량 40000 [m³/hr] 이상
     다만 예상제연구역이 제연경계로 구획된 경우에는 그 수직거리에 따른 배출량 으로 산정

수직거리	배출량
2 [m] 이하	40000 [m³/hr] 이상
2 [m] 초과 2.5 [m] 이하	45000 [m³/hr] 이상
2.5 [m] 초과 3 [m] 이하	50000 [m³/hr] 이상
3 [m] 초과	60000 [m³/hr] 이상

  2) 예상제연구역이 직경 40 [m]인 원의 범위를 초과할 경우
     배출량 45000 [m³/hr] 이상
     다만 예상제연구역이 제연경계로 구획된 경우에는 그 수직거리에 따른 배출량 으로 산정

수직거리	배출량
2 [m] 이하	45000 [m³/hr] 이상
2 [m] 초과 2.5 [m] 이하	50000 [m³/hr] 이상
2.5 [m] 초과 3 [m] 이하	55000 [m³/hr] 이상
3 [m] 초과	65000 [m³/hr] 이상

08

배점 7

다음 그림은 어느 실들의 평면도이다. 이 실들 중 A실을 급기가압하고자 할 때 주어진 조건을 이용하여 다음을 구하시오.

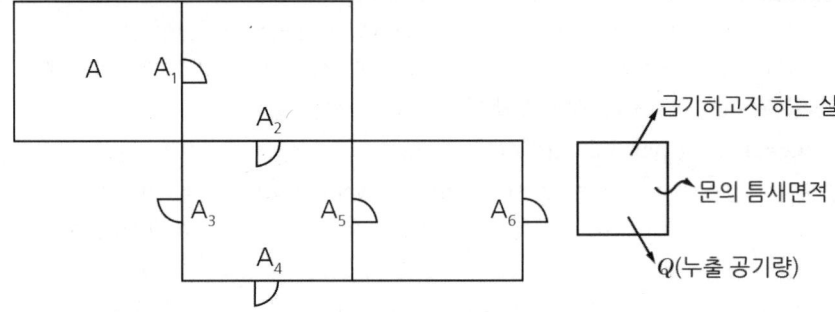

조건
(1) 실 외부 대기의 기압은 절대압력으로 101.3 [kPa]로서 일정하다.
(2) A실에 유지하고자 하는 기압은 절대압력으로 101.5 [kPa]이다.
(3) 각 실의 문들의 틈새면적은 0.01 [m²]이다.
(4) 급기량(Q)은 $Q = 0.827 \times A \times \sqrt{P}$ 으로 계산한다.
   여기서 Q : 급기량[m³/s], A : 틈새면적[m²], P : 차압[Pa]

가. A실의 전체 누설틈새면적[m²] (단, 소수점 아래 여섯째자리에서 반올림하여 소수점 아래 다섯째자리까지 나타내시오)
   ○ 계산과정 :
   ○ 답 :

나. A실에 유입해야 할 풍량[L/s]
   ○ 계산과정 :
   ○ 답 :

정답

가. 계산과정

틈새면적[m²]의 합계 구하는 공식
1. 병렬상태인 경우 : $A_T[m^2] = A_1 + A_2 + \cdots + A_n$
2. 직렬상태인 경우
$$A_T[m^2] = \frac{1}{\sqrt{\left(\frac{1}{A_1^2} + \frac{1}{A_2^2} + \cdots + \frac{1}{A_n^2}\right)}} = \left(\frac{1}{A_1^2} + \frac{1}{A_2^2} + \cdots + \frac{1}{A_n^2}\right)^{-\frac{1}{2}}$$

① 직렬 $A_5, A_6 = \left(\frac{1}{0.01^2} + \frac{1}{0.01^2}\right)^{-\frac{1}{2}} = 0.00707[m^2]$

② 병렬 $A_3, A_4, A_{5-6} = 0.01 + 0.01 + 0.00707 = 0.02707[m^2]$

③ 직렬 $A_1, A_2, A_{3-6} = \left(\frac{1}{0.01^2} + \frac{1}{0.01^2} + \frac{1}{0.02707^2}\right)^{-\frac{1}{2}} = 0.00684[m^2]$

답 | 0.00684 [m²]

나. 계산과정
① 차압
  $\triangle P = 101500 - 101300 = 200[Pa]$
② 급기량
  $Q = 0.827 \times A_T \times \sqrt{P}$
  $= 0.827 \times 0.00684 \times \sqrt{200}$
  $= 0.079998[m^3/s] = 79.998[L/s] ≒ 80[L/s]$

답 | 80 [L/s]

09

다음 그림은 어느 특정소방대상물을 방호하기 위한 옥외소화전설비의 평면도이다. 다음 각 물음에 답하시오.

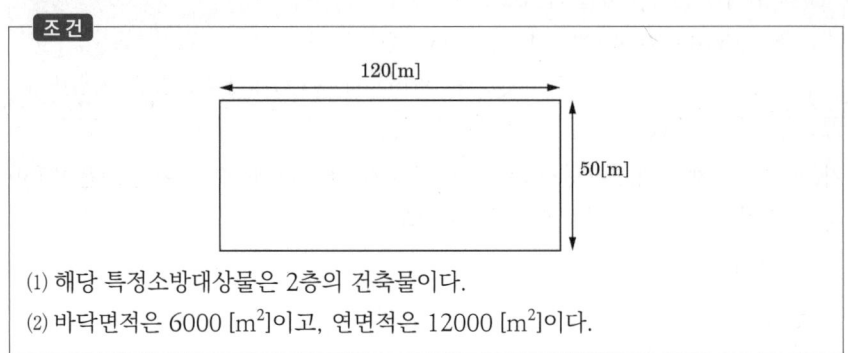

(1) 해당 특정소방대상물은 2층의 건축물이다.
(2) 바닥면적은 6000 [m²]이고, 연면적은 12000 [m²]이다.

가. 특정소방대상물의 각 부분으로부터 하나의 호스접결구까지의 수평거리는 몇 [m] 이하인가?
  ○ 답 :

나. 옥외소화전의 수량[개]을 산출하시오.
  ○ 계산과정 :   ○ 답 :

다. 옥외소화전의 토출량은 몇 [L/min]인가?
  ○ 계산과정 :   ○ 답 :

라. 옥외소화전의 수원의 양은 몇 [m³]인가?
  ○ 계산과정 :   ○ 답 :

정답

가. 40 [m]

나. 계산과정 : 수량 = $\dfrac{건물의\ 총\ 둘레길이}{수평거리 \times 2} = \dfrac{(120\times 2)+(50\times 2)}{80} = 4.25 ≒ 5[개]$

답 | 5개

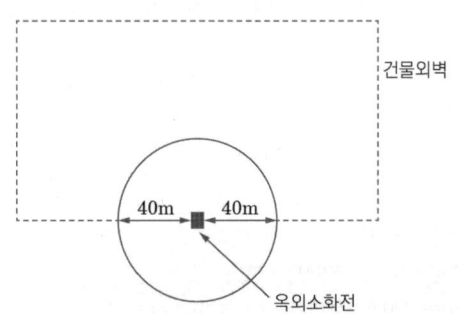

다. 계산과정 : $2 \times 350 [L/min] = 700 [L/min]$

답 | 700 [L/min]

라. 계산과정 : $2 \times 350 [L/min] \times 20 [min] \times 10^{-3} [m^3/L] = 14 [m^3]$

답 | 14 [m³]

10

득점 [ ] 배점 7

그림은 어느 배관 평면도이며 화살표의 방향으로 물이 흐르고 있다. 단, 주어진 조건을 참조하여 배관 ABCD 및 AEFD에 흐르는 유량 Q_1 [L/min], Q_2 [L/min]를 각각 계산하시오.

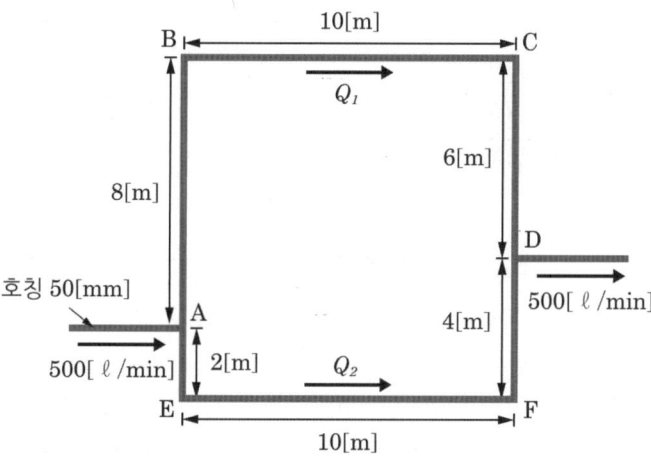

조건

(1) 하젠-윌리엄공식은 다음과 같다.

$$\Delta P_m = 6.05 \times 10^4 \times \frac{Q^{1.85}}{100^{1.85} \times D^{4.87}}$$

단, ΔP_m : 배관 1 [m]당 마찰손실압력 [MPa]

D : 배관의 내경[mm], Q : 유량[L/min]

(2) 호칭 50 [mm] 배관의 안지름은 54 [mm]이다.
(3) 호칭 50 [mm] 90°엘보의 등가길이는 1개당 1.6 [m]으로 한다.
(4) A 및 D점에 있는 티의 마찰손실은 무시한다.
(5) 루프배관의 호칭구경은 50 [mm]이다.

○ 계산과정 :

○ 답 :

정답

☑ **계산과정**

$Q_{ABCD} = Q_1$, $Q_{AEFD} = Q_2$

$Q_T = 500[L/\min] = Q_1 + Q_2$ ·················· (1)식

$\Delta P_1 = \Delta P_2$ ·················· (2)식

$\Delta P_1 = 6.05 \times 10^4 \times \dfrac{Q_1^{1.85}}{100^{1.85} \times 54^{4.87}} \times (8+10+6+\boxed{1.6 \times 2})$ → 90°엘보 2개

$\Delta P_2 = 6.05 \times 10^4 \times \dfrac{Q_2^{1.85}}{100^{1.85} \times 54^{4.87}} \times (2+10+4+\boxed{1.6 \times 2})$ → 90°엘보 2개

$\Delta P_1 = \Delta P_2$ 이므로

$Q_1^{1.85} \times (8+10+6+1.6 \times 2) = Q_2^{1.85} \times (2+10+4+1.6 \times 2)$

$27.2 \times Q_1^{1.85} = 19.2 \times Q_2^{1.85}$

$Q_1^{1.85} = \dfrac{19.2}{27.2} \times Q_2^{1.85}$

$\left(Q_1^{1.85}\right)^{\frac{1}{1.85}} = \left(\dfrac{19.2}{27.2}\right)^{\frac{1}{1.85}} \times \left(Q_2^{1.85}\right)^{\frac{1}{1.85}}$

$\therefore Q_1 = 0.828 \times Q_2$ ········ (1)식에 대입

$500[L/\min] = Q_1 + Q_2$

$500[L/\min] = (0.828 \times Q_2) + Q_2 = 1.828 Q_2$

$\therefore Q_2 = 273.52[L/\min]$

$\therefore Q_1 = 500 - 273.52 = 226.48[L/\min]$

답 | $Q_1 = 226.48[L/\min]$
$Q_2 = 273.52[L/\min]$

참고 배관 접속기구의 종류

구분	종류
(1) 관의 방향을 바꿀 때	[엘보(Elbow)]
(2) 2개의 관을 연결할 때	[유니온(Union)] [플랜지(Flange)] [니플(Nipple)]

구분	종류
(3) 관의 지름을 바꿀 때	[레듀서(Reducer)]
(4) 관의 끝을 막을 때	[플러그(Plug)]　[캡(Cap)]
(5) 관을 도중에 분기할 때	[티(Tee)]　[와이(Y)]　[크로스(Cross)]

11

득점　배점　5

할론소화설비에서 쇼킹타임(Soaking Time)에 대하여 간단히 설명하시오.

> 정답

할론소화약제를 심부화재 적용할 경우 재발화방지를 위해서 설계농도를 일정시간 유지해야 한다. 이때의 설계농도 유지시간을 쇼킹타임(Soaking Time)이라 한다.

12

다음 조건과 그림을 보고 물음에 답하시오.

조건
(1) 설계기준온도는 20 [℃]이고 이때 포화 수증기압은 2.45 [kPa]이다.
(2) 대기압은 0.1 [MPa]이다.
(3) 물의 비중량은 9800 [N/m^3]이다.
(4) 배관 내 마찰손실수두는 0.3 [m]이다.

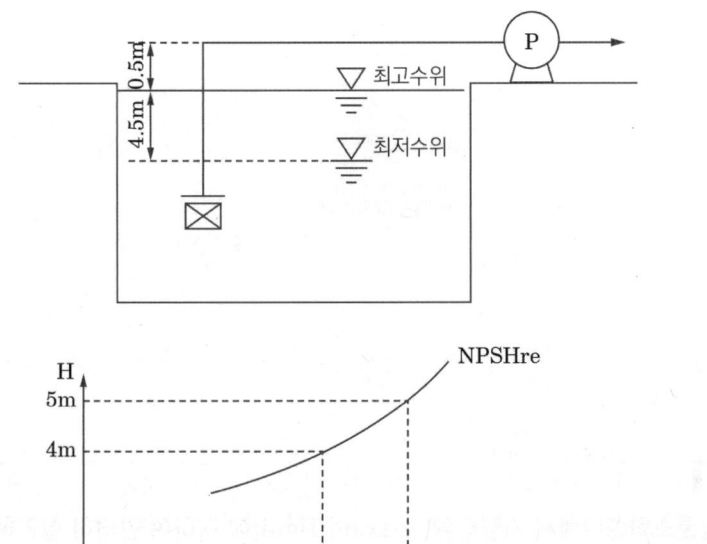

가. 유효흡입수두(NPSH$_{av}$)는 몇 [m]인가?

　○ 계산과정 :

　○ 답 :

나. 필요흡입수두(NPSH$_{re}$) 그래프를 보고 펌프의 사용 여부와 그 이유를 설명하시오.

　○ 계산과정 :

　○ 답 :

정답

☑ 계산과정

가. $NPSH_{av} = H_a - H_v - H_f - H_s$

$= \left(0.1[\text{MPa}] \times \dfrac{10.332[\text{m}]}{0.101325[\text{MPa}]}\right) - \left(2.45[\text{kPa}] \times \dfrac{10.332[\text{m}]}{101.325[\text{kPa}]}\right)$

$\quad -0.3[\text{m}] - (4.5[\text{m}] + 0.5[\text{m}])$

$= 4.647 ≒ 4.65[\text{m}]$

답 | 4.65 [m]

나. $NPSH_{av} > NPSH_{re}$ 일 때 공동현상 발생하지 않음

- 정격운전 시 : 유효흡입수두(4.65 [m])가 필요흡입수두(4 [m])보다 더 크므로 공동현상이 발생하지 않는다.
- 150 [%] 유량으로 운전 시 : 유효흡입수두(4.65 [m])가 필요흡입수두(5 [m])보다 더 작으므로 공동현상이 발생한다.

따라서 펌프의 운전이 불가능하다.

(소화설비용 펌프는 150 [%] 유량으로 운전 시, 정격토출압력의 65 [%] 이상이 되어야 하기 때문)

답 | 정격운전 시에는 공동현상이 발생하지 않지만, 150 [%] 유량으로 운전 시 공동현상이 발생하여 펌프 운전이 불가능하다.

13

득점 | 배점 6

지상 18층짜리 아파트에 스프링클러설비를 설치하고자 한다. 다음 조건을 참조하여 다음 각 물음에 답하시오.

조건

(1) 실양정은 65 [m]로 한다.
(2) 배관, 관 부속품의 총 마찰손실수두는 25 [m]이다.
(3) 배관 내 유속은 2 [m/s]이다.
(4) 펌프의 효율은 60 [%]이다.
(5) 헤드의 방사압력은 0.1 [MPa]이다.
(6) 단, 아파트의 각 동이 주차장으로 서로 연결된 구조가 아니다.

가. 이 설비의 펌프의 토출량[L/min]을 구하시오. (단, 헤드의 기준개수는 최대치를 적용한다)

○ 계산과정 :

○ 답 :

나. 이 설비가 확보하여야 할 수원의 양[m³]을 구하시오. (단, 옥상수조는 설치하지 않는다)
- 계산과정 :
- 답 :

다. 가압송수장치의 축동력[kW]을 구하시오.
- 계산과정 :
- 답 :

정답

가. 계산과정 : 기준개수 10개(아파트의 각 동이 주차장으로 서로 연결된 구조가 아니므로)
$10[개] \times 80[L/min] = 800[L/min]$

답 | 800 [L/min]

나. 계산과정 : $10[개] \times 1.6[m^3] = 16[m^3]$

답 | 16 [m³]

다. 계산과정 : $P[kW] = \dfrac{\gamma QH}{\eta}$ ($\gamma_w = 9.8[kN/m^3]$)

$P = \dfrac{9.8[kN/m^3] \times \dfrac{0.8}{60}[m^3/s] \times (65+25+10)[m]}{0.6} = 21.78[kW]$

답 | 21.78 [kW]

> **참고** 공동주택의 화재안전성능기준(NFPC 608) - 제7조(스프링클러설비) [시행 2024.1.1.]
>
> 제7조(스프링클러설비) 스프링클러설비는 다음 각 호의 기준에 따라 설치해야 한다.
> 1. 폐쇄형 스프링클러헤드를 사용하는 아파트등은 기준개수 10개(스프링클러헤드의 설치개수가 가장 많은 세대에 설치된 스프링클러헤드의 개수가 기준개수보다 작은 경우에는 그 설치개수를 말한다)에 1.6 [m³]를 곱한 양 이상의 수원이 확보되도록 할 것. 다만 아파트등의 각 동이 주차장으로 서로 연결된 구조인 경우 해당 주차장 부분의 기준개수는 30개로 할 것
> 2. 아파트등의 경우 화장실 반자 내부에는 「소방용 합성수지배관의 성능인증 및 제품검사의 기술기준」에 적합한 소방용 합성수지배관으로 배관을 설치할 수 있다. 다만 소방용 합성수지배관 내부에 항상 소화수가 채워진 상태를 유지할 것
> 3. 하나의 방호구역은 2개 층에 미치지 아니하도록 할 것. 다만 복층형 구조의 공동주택에는 3개 층 이내로 할 수 있다.
> 4. 아파트등의 세대 내 스프링클러헤드를 설치하는 경우 천장·반자·천장과 반자 사이·덕트·선반 등의 각 부분으로부터 하나의 스프링클러헤드까지의 수평거리는 2.6 [m] 이하로 할 것
>
> ...

14.

조건 정리
- 방호구역 체적 $V = 15 \times 20 \times 5 = 1500\ [m^3]$
- 전기화재(C급) → 설계농도 = A급 소화농도 × 1.35(안전계수)
- 방호구역 온도 $t = 20\ [℃]$

가. HCFC BLEND A의 최소 약제량 [kg]

○ 계산과정:

설계농도 $C = 7.2 \times 1.35 = 9.72\ [\%]$

$S = K_1 + K_2 \cdot t = 0.2413 + 0.00088 \times 20 = 0.2589\ [m^3/kg]$

$$W = \frac{V}{S} \times \frac{C}{100-C} = \frac{1500}{0.2589} \times \frac{9.72}{100-9.72} = 623.79\ [kg]$$

○ 답: **623.79 [kg]**

나. HCFC BLEND A의 최소 약제용기 수

○ 계산과정:

$$\text{병수} = \frac{623.79}{50} = 12.48\ \text{병} \;\Rightarrow\; 13\ \text{병}$$

○ 답: **13병**

다. IG-541의 최소 약제량 [m³]

○ 계산과정:

설계농도 $C = 31.25 \times 1.35 = 42.1875\ [\%]$

20 [℃]에서 $V_s / S = 1$(선형상수)이므로,

$$X = 2.303 \cdot \log\!\left(\frac{100}{100-C}\right) \cdot V = 2.303 \times \log\!\left(\frac{100}{100-42.1875}\right) \times 1500$$

$$= 2.303 \times \log(1.72973) \times 1500 = 821.79\ [m^3]$$

○ 답: **821.79 [m³]**

라. IG-541의 최소 약제용기 수

○ 계산과정:

$$\text{병수} = \frac{821.79}{12.4} = 66.27\ \text{병} \;\Rightarrow\; 67\ \text{병}$$

○ 답: **67병**

정답

✓ 계산과정

가. **핵심이론** 할로겐화합물소화설비의 소화약제량 산정 〈개정 2024.8.1.〉

$$W[kg] = \frac{V[m^3]}{S[m^3/kg]} \times \left(\frac{C[\%]}{100 - C[\%]}\right)$$

여기서 W: 소화약제의 무게 [kg]
V: 방호구역의 체적 [m^3]
S: 소화약제별 선형상수($K_1 + K_2 \times t$) [m^3/kg]
t: 방호구역의 최소예상온도 [℃]
C: 체적에 따른 소화약제의 설계농도 [%]
⇒ 설계농도는 소화농도(%)에
안전계수[A급 화재 1.2, B급 화재 1.3, <u>C급 화재 1.35</u>]를 곱한 값 이상으로 할 것

$C = 10 \times 1.35 (\text{C급}) = 13.5 [\%]$
$V = 15 \times 20 \times 5 = 1500 [m^3]$
$S = K_1 + K_2 \times t [℃] = 0.2413 + (0.00088 \times 20) = 0.2589 [m^3/kg]$

$\therefore W = \dfrac{1500[m^3]}{0.2589[m^3/kg]} \times \dfrac{13.5[\%]}{100 - 13.5[\%]} = 904.225 ≒ 904.23 [kg]$

답 | 904.23 [kg]

나. $\dfrac{904.23[kg]}{50[kg/병]} = 18.08 \to 19[병]$

답 | 19 [병]

다. **핵심이론** 불활성기체소화설비의 소화약제량 산정 〈개정 2024.8.1.〉

$$X[m^3] = 2.303 \times \frac{V_s[m^3/kg]}{S[m^3/kg]} \times \log\left[\frac{100}{100 - C[\%]}\right] \times V[m^3]$$

여기서 X: 소화약제의 부피 [m^3]
V_s: 20 [℃]에서 소화약제의 비체적[m^3/kg]
S: 소화약제별 선형상수($K_1 + K_2 \times t$)[m^3/kg]
t: 방호구역의 최소예상온도[℃]
V: 방호구역의 체적 [m^3]
C: 체적에 따른 소화약제의 설계농도 [%]
⇒ 설계농도는 소화농도(%)에
안전계수[A급 화재 1.2, B급 화재 1.3, <u>C급 화재 1.35</u>]를 곱한 값 이상으로 할 것

여기서 방호구역의 온도가 20 [℃]이므로 $V_S = S$
$C = 31.25 \times 1.35 (\text{C급}) = 42.1875 ≒ 42.188 [\%]$
$\therefore X = 2.303 \times \log_{10}\left(\dfrac{100}{100 - 42.188}\right) \times 1500 = 822.108 ≒ 822.11 [m^3]$

답 | 822.11 [m^3]

라. $\dfrac{822.11[m^3]}{12.4[m^3/병]} = 66.299 \to 67[병]$

답 | 67 [병]

15

소화펌프의 성능에서 임펠러 직경 150 [mm], 회전수 1770 [rpm], 유량 4000 [L/min]과 양정 50 [m]로 가압 송수하고 있을 때 펌프를 교환하여 임펠러 직경 200 [mm], 회전수 1170 [rpm]로 운전하면 유량[L/min], 양정[m]은 각각 얼마인가?

가. 유량[L/min]
  - 계산과정 :
  - 답 :

나. 양정[m]
  - 계산과정 :
  - 답 :

정답

✓ 계산과정

서로 다른 치수의 펌프를 비교(상사)했을 때

유량 $[m^3/s]$ $Q_2 = \left(\dfrac{N_2}{N_1}\right)^1 \times \left(\dfrac{D_2}{D_1}\right)^3 \times Q_1$

양정(압력) [m] $H_2 = \left(\dfrac{N_2}{N_1}\right)^2 \times \left(\dfrac{D_2}{D_1}\right)^2 \times H_1$

동력 [kW] $L_2 = \left(\dfrac{N_2}{N_1}\right)^3 \times \left(\dfrac{D_2}{D_1}\right)^5 \times L_1$

가. $Q_2 = \left(\dfrac{N_2}{N_1}\right)^1 \times \left(\dfrac{D_2}{D_1}\right)^3 \times Q_1 = \left(\dfrac{1170}{1770}\right)^1 \times \left(\dfrac{200}{150}\right)^3 \times 4000 = 6267.42$ [L/min]

답 | 6267.42 [L/min]

나. $H_2 = \left(\dfrac{N_2}{N_1}\right)^2 \times \left(\dfrac{D_2}{D_1}\right)^2 \times H_1 = \left(\dfrac{1170}{1770}\right)^2 \times \left(\dfrac{200}{150}\right)^2 \times 50 = 38.84$ [m]

답 | 38.84 [m]

16 · 배점 6

제연설비에서 사용되는 솔레노이드댐퍼, 모터댐퍼, 퓨즈댐퍼를 설명하시오.

O 답 :

> **정답**
> - 솔레노이드댐퍼 : 건축물 화재발생 시 화재감지기의 신호를 받아 전자밸브에 의하여 누름핀을 이동시킴으로써 로크(잠김)를 해제하여 스프링의 힘 또는 중력에 의하여 작동되는 댐퍼(제연경계, 도어폐쇄 등에 이용)
> - 모터댐퍼 : 전동댐퍼로서 화재 시 열, 연기감지기의 신호를 받아 모터에 의하여 누름핀을 이동시킴으로써 로크를 해제하여 스프링의 힘 또는 전동기 작동에 의하여 작동되는 댐퍼(방연댐퍼, 풍량조절댐퍼, 방화셔터 등에 쓰임)
> - 퓨즈댐퍼 : 화재 시 온도가 상승하여 70 [℃] 이상이 되면 퓨즈가 녹아 덕트가 폐쇄되는 댐퍼

모아바 www.moa-ba.com
모아소방전기학원 www.moate.co.kr

격차를 뛰어넘어 압도적인 격차를 만들다

2020

1,2회	2020.05.09
3회	2020.07.25
4회	2020.10.10
5회	2020.11.14

2020년 1, 2회

2020.05.09

01
건식 스프링클러설비에서 하향식 스프링클러헤드를 부착하는 경우 드라이펜던트 헤드를 설치한다. 이때 드라이펜던트 헤드의 설치목적을 쓰시오.

○답:

정답

동파가 우려되는 지역에서 동파를 방지하는 목적으로 사용한다.

> **참고** 스프링클러설비의 화재안전기술기준(NFTC 103)
>
> 2.7.7.7 습식 스프링클러설비 및 부압식 스프링클러설비 외의 설비에는 상향식 스프링클러헤드를 설치할 것. 다만 다음의 어느 하나에 해당하는 경우에는 그렇지 않다.
> (1) 드라이펜던트스프링클러헤드를 사용하는 경우
> (2) 스프링클러헤드의 설치장소가 동파의 우려가 없는 곳인 경우
> (3) 개방형 스프링클러헤드를 사용하는 경우

※ 드라이펜던트 헤드
동파방지를 위해 헤드의 롱니플 내에 질소가스 또는 부동액이 채워져 있고, 유로를 차단하는 플런저가 설치되어 있어 헤드가 개방되지 않으면 물이 헤드의 몸체로 들어가지 않도록 설계된 헤드

02
포소화약제 혼합방식 4가지를 서술하시오.

○답:

정답

① 펌프 프로포셔너방식, ② 라인 프로포셔너방식, ③ 프레셔 프로포셔너방식,
④ 프레셔사이드 프로포셔너방식, ⑤ 압축공기포 믹싱챔버방식

참고 | 포소화약제의 혼합장치

종류	설명
라인 프로포셔너 방식	펌프와 발포기의 중간에 설치된 벤추리관의 벤추리작용에 따라 포소화약제를 흡입·혼합하는 방식
펌프 프로포셔너 방식	펌프의 토출관과 흡입관 사이의 배관 도중에 설치한 흡입기에 펌프에서 토출된 물의 일부를 보내고, 농도 조정밸브에서 조정된 포소화약제의 필요량을 포소화약제 탱크에서 펌프 흡입 측으로 보내어 이를 혼합하는 방식
프레셔 프로포셔너 방식	펌프와 발포기의 중간에 설치된 벤추리관의 벤추리작용과 펌프 가압수의 포소화약제 저장탱크에 대한 압력에 따라 포소화약제를 흡입·혼합하는 방식이다.
프레셔 사이드 프로포셔너 방식	펌프의 토출관에 압입기를 설치하여 포소화약제 압입용 펌프로 포소화약제를 압입시켜 혼합하는 방식이다.
압축공기포 믹싱챔버방식	압축공기 또는 압축질소를 일정비율로 포수용액에 강제 주입 혼합하는 방식이다.

03

배점 5

옥외소화전 방수시의 그림에서 안지름이 65 [mm]인 옥외소화전 방수구의 높이(y)가 800 [mm], 방수된 물이 지면에 도달하는 거리(x)가 16 [m]일 때 방수량은 몇 [m³/s]이고, 동일 안지름의 방수구를 개방하였을 때 화재안전기술기준에 따른 방수량을 만족하려면 방출된 물이 지면에 도달하는 거리(x)가 최소 몇 [m] 이상이어야 하는지 구하시오. (단, 그림에서 y는 지면에서 방수구 중심 간 거리고, x는 방수구에서 물이 도달하는 부분의 중심 간 거리이다)

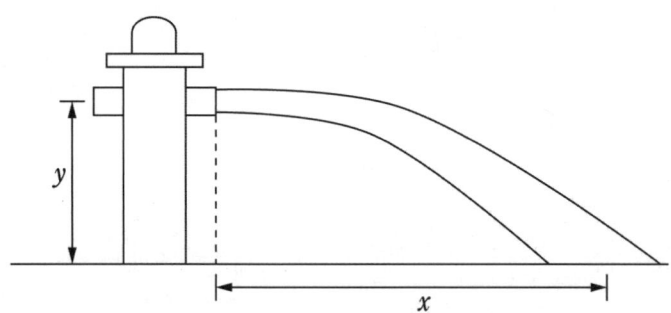

가. 방수된 물이 지면에 도달하는 거리(x)가 16 [m]일 때 방수량 Q [m³/s]를 구하시오.
  ○ 계산과정 :
  ○ 답 :

나. 방수구에 화재안전기술기준의 방수량을 만족하기 위해서는 방출된 물이 지면에 도달하는 거리(x)가 몇 [m] 이상이어야 하는지 구하시오.
  ○ 계산과정 :
  ○ 답 :

정답

☑ 계산과정

가. 자유낙하 공식 : $y(높이) = \frac{1}{2}g(중력가속도) \times t^2(낙하시간)$

$$t = \sqrt{\frac{y[m] \times 2}{g[m/s^2]}} = \sqrt{\frac{0.8[m] \times 2}{9.8[m/s^2]}} = 0.404[s]$$

도달거리 공식 : $x(도달거리) = t(시간) \times V(유속)$

$$V = \frac{16[m]}{0.404[s]} = 39.603[m/s]$$

$$Q = AV = \frac{\pi \times 0.065^2}{4}[m^2] \times 39.603[m/s] = 0.13[m^3/s]$$

답 | 0.13 [m³/s]

나. 해당 특정소방대상물에 설치된 옥외소화전(2개 이상 설치된 경우에는 2개의 옥외소화전)을 동시에 사용할 경우 각 옥외소화전의 노즐선단에서의 방수압력이 0.25 [MPa] 이상이고, 방수량이 350 [L/min] 이상이 되는 성능의 것으로 할 것

$$V = \frac{4Q}{\pi D^2} = \frac{4 \times \frac{0.35}{60}[\text{m}^3/\text{s}]}{\pi \times 0.065^2[\text{m}^2]} = 1.757[\text{m/s}]$$

$$x = t \times V = 0.404[\text{s}] \times 1.757[\text{m/s}] = 0.709 ≒ 0.71[\text{m}]$$

답 | 0.71 [m]

04 배점 6

그림과 같이 배관 ⓐ점에서 0.6 [m³/s]의 유량으로 물이 들어와서 ⓑ, ⓒ지점으로 0.2 [m³/s]와 0.4 [m³/s]의 유량으로 물이 빠져나간다. Q_1, Q_2, Q_3의 유량[m³/s]을 구하시오. (단, 달시-웨버공식을 이용하여 유량을 구하고, d_2와 d_3 배관의 마찰손실수두는 동일하다고 가정한다)

조건

(1) 내경 d_1 : 0.4 [m], d_2 : 0.4 [m], d_3 : 0.322 [m], d_4 : 0.322 [m]

(2) d_1, d_2의 관마찰계수 : 0.025

(3) d_3, d_4의 관마찰계수 : 0.028

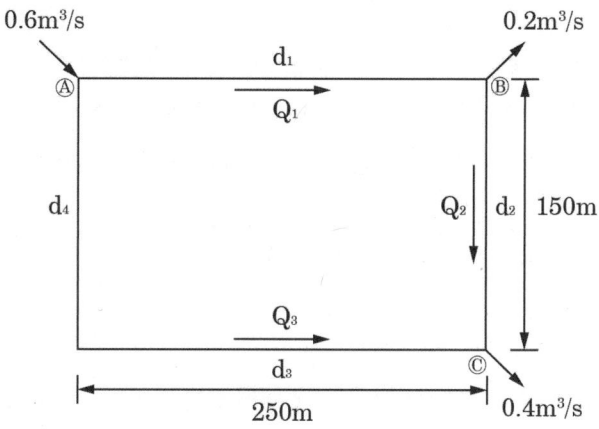

○ 계산과정 :

○ 답 :

정답

☑ 계산과정

달시 - 웨버방정식 $h_L[m] = f \times \dfrac{L[m]}{D[m]} \times \dfrac{(V[m/s])^2}{2g[m/s^2]}$

$Q_1 + Q_3 = 0.6\,[m^3/s]$ ·················· (1)식

$Q_1 = Q_2 + 0.2\,[m^3/s]$ ·················· (2)식

$Q_2 + Q_3 = 0.4\,[m^3/s]$ ·················· (3)식

d_2와 d_3배관의 마찰손실수두가 동일하므로

$\triangle h_2 = \triangle h_3$

$f_2 \times \dfrac{L_2}{d_2} \times \dfrac{V_2^2}{2g} = f_3 \times \dfrac{L_3}{d_3} \times \dfrac{V_3^2}{2g}$

$0.025 \times \dfrac{150}{0.4} \times \dfrac{V_2^2}{2 \times 9.8} = 0.028 \times \dfrac{250}{0.322} \times \dfrac{V_3^2}{2 \times 9.8}$

$V_2 = \sqrt{\dfrac{0.028 \times 250 \times 0.4}{0.025 \times 150 \times 0.322}} \times V_3 = 1.523 \times V_3$

$V_2 = 1.523 \times V_3$ ·················· (3)식에 대입

$A_2 \cdot V_2 + A_3 \cdot V_3 = 0.4\,[m^3/s]$

$\left(\dfrac{\pi \times 0.4^2}{4}[m^2] \times 1.523 \times V_3[m/s]\right) + \left(\dfrac{\pi \times 0.322^2}{4}[m^2] \times V_3[m/s]\right) = 0.4\,[m^3/s]$

$V_3 = 1.466\,[m/s]$

$\therefore Q_3 = A_3 \cdot V_3 = \dfrac{\pi \times 0.322^2}{4}[m^2] \times 1.466\,[m/s] = 0.12\,[m^3/s]$

(3) 식에서 $Q_2 + Q_3 = 0.4\,[m^3/s]$이므로 $Q_2 = 0.4 - 0.12 = 0.28\,[m^3/s]$

(2) 식에서 $Q_1 = Q_2 + 0.2\,[m^3/s]$이므로 $Q_1 = 0.28 + 0.2 = 0.48\,[m^3/s]$

답 | $Q_1 = 0.48\,[m^3/s]$, $Q_2 = 0.28\,[m^3/s]$, $Q_3 = 0.12\,[m^3/s]$

05

배점 7

다음은 아파트의 각 세대별 주방 및 오피스텔의 실별 주방에 설치하는 주거용 주방 자동소화장치의 설치기준이다. 아래 ( ) 안에 알맞은 말을 채우시오.

가. 소화약제 방출구는 (㉠)(주방에서 발생하는 열기류 등을 밖으로 배출하는 장치를 말한다. 이하 같다)의 청소부분과 분리되어 있어야 하며, 형식승인 받은 유효설치 높이 및 (㉡)에 따라 설치할 것

나. 감지부는 형식승인 받은 유효한 (ⓒ) 및 위치에 설치할 것

다. 차단장치(전기 또는 가스)는 상시 확인 및 점검이 가능하도록 설치할 것

라. 가스용 주방자동소화장치를 사용하는 경우 탐지부는 수신부와 분리하여 설치하되, 공기보다 가벼운 가스를 사용하는 경우에는 (②) 면으로부터 (⑩) 이하의 위치에 설치하고, 공기보다 무거운 가스를 사용하는 장소에는 (⑭) 면으로부터 (⊗) 이하의 위치에 설치할 것

마. 수신부는 주위의 열기류 또는 습기 등과 주위온도에 영향을 받지 않고 사용자가 상시 볼 수 있는 장소에 설치할 것

정답

㉠ 환기구, ㉡ 방호면적, ㉢ 높이, ㉣ 천장, ㉤ 30 [cm], ㉥ 바닥, ㉦ 30 [cm]

06

승강식 피난기 및 하향식 피난구용 내림식 사다리의 설치기준이다. 아래 ( ) 안에 알맞은 말을 채우시오.

가. 승강식 피난기 및 하향식 피난구용 내림식 사다리는 설치경로가 설치 층에서 피난층까지 연계될 수 있는 구조로 설치할 것. 다만 건축물의 구조 및 설치 여건상 불가피한 경우에는 그렇지 않다.

나. 대피실의 면적은 (㉠) [m²](2세대 이상일 경우에는 3 [m²]) 이상으로 하고, 「건축법 시행령」 제46조 제4항의 규정에 적합하여야 하며, 하강구(개구부) 규격은 직경 (㉡) 이상일 것. 다만 외기와 개방된 장소에는 그렇지 않다.

다. 하강구 내측에는 기구의 연결 금속구 등이 없어야 하며 전개된 피난기구는 하강구 수평투영면적 공간 내의 범위를 침범하지 않는 구조이어야 할 것. 다만 직경 60 [cm] 크기의 범위를 벗어난 경우이거나 직하층의 바닥 면으로부터 높이 50 [cm] 이하의 범위는 제외한다.

라. 대피실의 출입문은 (㉢)으로 설치하고, 피난방향에서 식별할 수 있는 위치에 "대피실" 표지판을 부착할 것. 다만 외기와 개방된 장소에는 그렇지 않다.

마. 착지점과 하강구는 상호 수평거리 (㉣) 이상의 간격을 둘 것

바. 대피실 내에는 비상조명등을 설치할 것

사. 대피실에는 층의 위치표시와 피난기구 사용설명서 및 주의사항 표지판을 부착할 것

아. 대피실 출입문이 개방되거나, 피난기구 작동 시 해당층 및 직하층 거실에 설치된 표시등 및 경보장치가 작동되고, 감시 제어반에서는 피난기구의 작동을 확인할 수 있어야 할 것

자. 사용 시 기울거나 흔들리지 않도록 설치할 것

차. 승강식 피난기는 (⑩) 또는 법 제46조 제1항에 따라 성능시험기관으로 지정받은 기관에서 그 성능을 검증받은 것으로 설치할 것

정답

㉠ 2, ㉡ 60 [cm], ㉢ 60분+ 방화문 또는 60분 방화문, ㉣ 15 [cm], ㉤ 한국소방산업기술원

승강식 피난기
사용자의 몸무게에 의하여 자동으로 하강하고 내려서면 스스로 상승하여 연속적으로 사용할 수 있는 무동력 승강식 기기

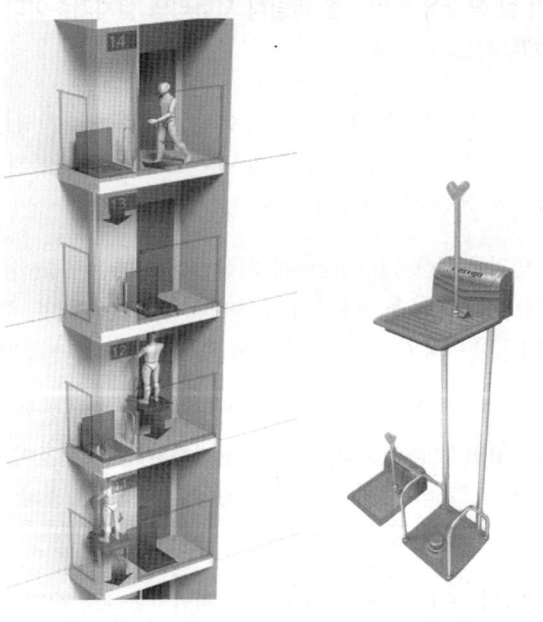

07

다음 각 물음에 답하시오.

가. 송풍기의 전압이 50 [mmAq], 풍량이 9.5 [m³/s], 회전수는 1200 [rpm]이고, 효율이 55 [%]인 다익송풍기 사용 시 전동기 축동력[kW]을 구하시오. (단, 송풍기의 여유율은 20 [%]이다)

　○ 계산과정 :

　○ 답 :

나. 풍량을 20 [%]를 증가시켰을 경우 회전수[rpm]는 얼마인가?

　○ 계산과정 :

　○ 답 :

정답

☑ 계산과정

가. $P[kW] = \dfrac{50[mmAq] \times 9.5[m^3/s]}{102 \times 0.55} \times 1.2 = 10.16[kW]$

답 | 10.16 [kW]

나. 상사의 법칙 $Q_2 = Q_1 \times \dfrac{N_2}{N_1} = Q_1 \times \dfrac{1.2 \times N_2}{N_1}$

∴ $1200 \times 1.2 = 1440 [rpm]$

> 서로 다른 치수의 펌프를 비교(상사)했을 때
>
> 유량 $[m^3/s]$　$Q_2 = \left(\dfrac{N_2}{N_1}\right)^1 \times \left(\dfrac{D_2}{D_1}\right)^3 \times Q_1$
>
> 양정(압력) [m]　$H_2 = \left(\dfrac{N_2}{N_1}\right)^2 \times \left(\dfrac{D_2}{D_1}\right)^2 \times H_1$
>
> 동력 [kW]　$L_2 = \left(\dfrac{N_2}{N_1}\right)^3 \times \left(\dfrac{D_2}{D_1}\right)^5 \times L_1$

답 | 1440 [rpm]

보충 ▶ 축동력을 구할 때 여유율은 곱해야 한다(전달계수를 고려하지 않는 것이 축동력).

08

배점 6

위험물의 옥외탱크에 Ⅰ형 고정포방출구로 포소화설비를 다음 조건과 같이 설치하고자 할 때 다음 각 물음에 답하시오.

[조건]
(1) 탱크의 지름 : 12 [m]
(2) 사용약제는 수성막포(6 [%])로 단위 포소화수용액의 양은 2.27 [L/m²·min]이며, 방사시간은 30분이다.
(3) 보조포 소화전은 1개소에 설치되어 있다.
(4) 배관의 길이는 20 [m](포원액탱크에서 포방출구까지), 관내경은 150 [mm]이며 기타 조건은 무시한다.

가. 포원액량 [L]은 얼마인가?
  ○ 계산과정 :
  ○ 답 :

나. 전용수원의 양은 몇 [m³]가 필요한가?
  ○ 계산과정 :
  ○ 답 :

[정답]

☑ 계산과정

가. 포원액량 = 고정포 포원액량 + 보조포 포원액량 + 송액관 포원액량

※ 조건에 보조포소화전의 쌍구형과 단구형의 여부를 알 수 없는 경우 단구형으로 가정하여 풀이한다.

포원액량 $= (A[m^2] \times Q_A[L/m^2 \cdot min] \times T[min] \times S)$
$\quad + (N[개] \times 400[L/min] \times 20[min] \times S)$
$\quad + (V \times S \times 1000[L/m^3])$
$= 963.32[L]$
$= \left(\dfrac{\pi}{4} \times 12^2[m^2] \times 2.27[L/m^2 \cdot min] \times 30[분] \times 0.06\right)$
$\quad + (1[개] \times 400[L/min] \times 20[min] \times 0.06)$
$\quad + \left(\dfrac{\pi}{4} \times 0.15^2[m^2] \times 20[m] \times 0.06 \times 1000[L/m^3]\right)$
$= 963.32[L]$

답 | 963.32 [L]

• 핵심이론 포소화약제의 저장량 – 고정포방출구방식

| 포소화약제 저장량 Q | = | 고정포방출구에서 방출하기 위해 필요한 양 Q_1 | + | 보조포소화전에서 방출하기 위해 필요한 양 Q_2 | + | 송액관에 충전하기 위해 필요한 양 Q_3 |

고정포방출구방식은 다음의 양을 합한 양 이상으로 할 것

1) 고정포방출구에서 방출하기 위하여 필요한 양

$$Q_1 = A \cdot Q_A \cdot T \cdot S$$

Q_1 : 포소화약제의 양 [L]
A : 탱크의 액표면적 [m²]
Q_A : 단위 포소화수용액의 양 [L/m²·min]
T : 방출시간 [min]
S : 포소화약제의 사용농도 [%]

2) 보조포소화전에서 방출하기 위하여 필요한 양

$$Q_2 = N \cdot 8000 \cdot S$$

Q_2 : 포소화약제의 양 [L]
N : 호스 접결구의 수(3개 이상인 경우는 3개)
S : 포소화약제의 사용농도 [%]

3) 가장 먼 탱크까지의 송액관에 충전하기 위하여 필요한 양(내경 75 [mm] 이하의 송액관은 제외)

$$Q_3 = V \times S \times 1000 [L/m^3]$$

Q_3 : 포소화약제의 양 [L]
V : 송액관 내부의 체적 [m³]
S : 포소화약제의 사용농도 [%]

* 송액관 : 수원으로부터 포헤드, 고정포방출구 또는 이동식 노즐에 급수하는 배관

나. 수원의 양 $= \{A[m^2] \times Q_A[L/m^2 \cdot min] \times T[min] \times (1-S)\}$
$\qquad + \{N[개] \times 400[L/min] \times 20[min] \times (1-S)\}$
$\qquad + \{V \times (1-S) \times 1000[L/m^3]\}$
$\quad = \left(\dfrac{\pi}{4} \times 12^2[m^2] \times 2.27[L/m^2 \cdot min] \times 30[min] \times 0.94\right)$
$\qquad + (1[개] \times 400[L/min] \times 20[min] \times 0.94)$
$\qquad + \left(\dfrac{\pi}{4} \times 0.15^2[m^2] \times 20[m] \times 0.94 \times 1000[L/m^3]\right)$
$\quad = 15092.04[L] = 15.09[m^3]$

답 | 15.09 [m³]

09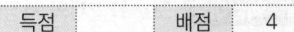

다음은 어느 실들의 평면도이다. 이 중 A실을 급기가압하고자 할 때 주어진 조건을 이용하여 다음을 구하시오.

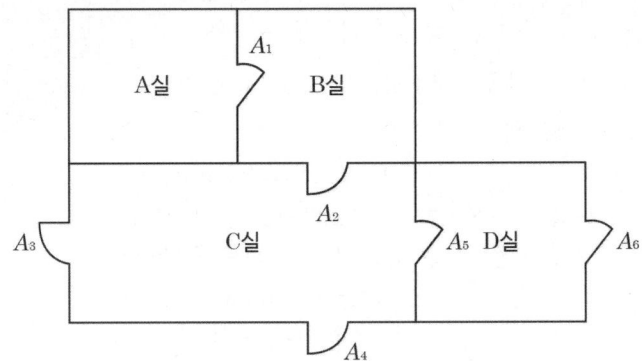

조건

(1) 실 외부대기의 기압은 101300 [Pa]로서 일정하다.
(2) A실에 유지하고자 하는 기압은 101500 [Pa]이다.
(3) 각 실의 문들의 틈새면적은 0.01 [m²]이다.
(4) 어느 실을 급기가압할 때 그 실의 문 틈새를 통하여 누출되는 공기의 양은 다음의 식에 따른다.

$$Q = 0.827 A \cdot P^{\frac{1}{2}}$$

Q : 누출되는 공기의 양 [m³/s]
A : 문의 전체 누설틈새면적 [m²]
P : 문을 경계로 한 기압차 [Pa]

가. A실의 전체 누설틈새면적 A [m²]을 구하시오. (단, 소수점 아래 여섯째자리에서 반올림하여 소수점 아래 다섯째자리까지 나타내시오)

　○ 계산과정 :

　○ 답 :

나. A실에 유입해야 할 풍량[m³/s]을 구하시오.

　○ 계산과정 :

　○ 답 :

정답

☑ 계산과정

가.
> **틈새면적[m²]의 합계 구하는 공식**
> 1. 병렬상태인 경우 : $A_T[m^2] = A_1 + A_2 + \cdots + A_n$
> 2. 직렬상태인 경우
> $$A_T[m^2] = \cfrac{1}{\sqrt{\left(\cfrac{1}{A_1^2} + \cfrac{1}{A_2^2} + \cdots + \cfrac{1}{A_n^2}\right)}} = \left(\cfrac{1}{A_1^2} + \cfrac{1}{A_2^2} + \cdots + \cfrac{1}{A_n^2}\right)^{-\frac{1}{2}}$$

① 직렬 $A_5, A_6 = \left(\dfrac{1}{0.01^2} + \dfrac{1}{0.01^2}\right)^{-\frac{1}{2}} = 0.00707[m^2]$

② 병렬 $A_3, A_4, A_{5-6} = 0.01 + 0.01 + 0.00707 = 0.02707[m^2]$

③ 직렬 $A_1, A_2, A_{3-6} = \left(\dfrac{1}{0.01^2} + \dfrac{1}{0.01^2} + \dfrac{1}{0.02707^2}\right)^{-\frac{1}{2}} = 0.00684[m^2]$

답 | 0.00684 [m²]

나. ① 차압
P = 101500 - 101300 = 200 [Pa]
② 급기량

$Q = 0.827 \times 0.00684[m^2] \times \sqrt{200[Pa]} = 0.08[m^3/s]$

답 | 0.08 [m³/s]

10

배점 5

그림은 CO_2소화설비의 소화약제 저장용기 주위의 배관 계통도이다. 방호구역은 A, B 두 부분으로 나누어지고, 각 구역의 소요 약제량은 A구역에 2B/T, B구역에 5B/T라 할 때 그림을 보고 다음 물음에 답하시오.

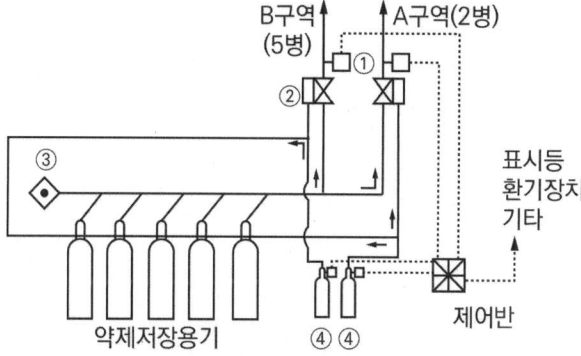

가. 각 방호구역에 소요 약제량을 방출할 수 있게 조작관에 설치할 체크밸브의 위치를 표시하시오.

나. ①, ②, ③, ④ 기구의 명칭은 무엇인가?
　○답 :

정답

가.

[집합관과 약제저장용기간의 체크밸브 표시한 완성된 도면]

나. ① 압력스위치, ② 선택밸브, ③ 안전밸브, ④ 기동용기

11

배점 4

다음 조건을 이용하여 컴퓨터실에 설치하는 할로겐화합물소화설비의 필요 약제량 [kg]을 구하시오.

[조건]

(1) 10초 동안 약제가 방출될 시 설계 농도의 95 [%]에 해당하는 약제가 방출된다.
(2) 방호구역은 가로 4 [m], 세로 5 [m], 높이 4 [m]이다.
(3) 소화약제량 산정 시 선형상수를 이용하도록 하며, 방사 시 기준온도는 20 [℃]이다.

소화약제	K_1	K_2
HCFC BLEND A	0.2413	0.00088

(4) A급, C급 화재가 발생 가능한 장소로서 소화농도는 8.5 [%]이다.
(5) 컴퓨터실의 화재는 전기화재로 가정한다.

○ 계산과정 :

○ 답 :

정답

✓ 계산과정

> **핵심이론** 할로겐화합물소화설비의 소화약제량 산정 〈개정 2024.8.1.〉
>
> $$W[kg] = \frac{V[m^3]}{S[m^3/kg]} \times \left(\frac{C[\%]}{100 - C[\%]}\right)$$
>
> 여기서 W : 소화약제의 무게 [kg], V : 방호구역의 체적 [m³]
> S : 소화약제별 선형상수($K_1 + K_2 \times t$) [m³/kg]
> t : 방호구역의 최소예상온도 [℃]
> C : 체적에 따른 소화약제의 설계농도 [%]
> ⇒ 설계농도는 소화농도(%)에
> 안전계수[A급 화재 1.2, B급 화재 1.3, <u>C급 화재 1.35</u>]를 곱한 값 이상으로 할 것

$W[kg] = \dfrac{V[m^3]}{S[m^3/kg]} \times \dfrac{C[\%]}{100 - C[\%]}$

$V = 4 \times 5 \times 4 = 80 [m^3]$

$S = K_1 + K_2 \times t[℃] = 0.2413 + 0.00088 \times 20 = 0.2589 [m^3/kg]$

$C = 8.5 \times 1.35 (C급 화재) = 11.475 [\%]$

$\therefore W = \dfrac{80}{0.2589} \times \dfrac{11.475}{100 - 11.475} = 40.053 = 40.05 [kg]$

답 | 40.05 [kg]

12

배점 3

펌프의 토출 측 압력계는 0.2 [MPa], 흡입 측 진공계는 300 [mmHg]을 지시하고 있다. 펌프의 전동기 효율[%]을 구하시오. (단, 토출 측 배관의 직경은 50 [mm]이고, 흡입 측 배관의 직경은 65 [mm]이다. 토출 측 압력계는 펌프로부터 50 [cm] 높은 곳에 설치되어 있다. 펌프의 출력은 5.86 [kW], 펌프의 토출량은 1 [m³/min]이다)

○ 계산과정:

○ 답:

정답

☑ 계산과정

베르누이방정식

$$\frac{P_1}{\gamma} + \frac{V_1^2}{2g} + Z_1 + H_P = \frac{P_2}{\gamma} + \frac{V_2^2}{2g} + Z_2 + H_L$$

P_1, P_2 : 압력 [N/m²]
γ : 비중량 [N/m³]
V_1, V_2 : 유속 [m/s]
g : 중력가속도 [m/s²]
Z_1, Z_2 : 위치수두 [m]
H_P : 펌프의 전양정 [m]
H_L : 배관의 마찰손실수두 [m]

① 흡입 측 유속(V_1)과 토출 측 유속(V_2)

$$V = \frac{4Q}{\pi D^2} \;(\because Q = AV)$$

→ 흡입 측 유속 $V_1 = \dfrac{4Q}{\pi D_1^2} = \dfrac{4 \times \frac{1}{60}[m^3/s]}{\pi \times (0.065[m])^2} = 5.0226 ≒ 5.023[m/s]$

→ 토출 측 유속 $V_2 = \dfrac{4Q}{\pi D_2^2} = \dfrac{4 \times \frac{1}{60}[m^3/s]}{\pi \times (0.05[m])^2} = 8.4882 ≒ 8.488[m/s]$

② 펌프의 전양정 H_P[m]

$$\frac{P_1}{\gamma} + \frac{V_1^2}{2g} + Z_1 + H_P = \frac{P_2}{\gamma} + \frac{V_2^2}{2g} + Z_2$$

→ 흡입 측 압력수두 $\dfrac{P_1}{\gamma}[m] = -300[mmHg] \times \dfrac{10.332[mAq]}{760[mmHg]} = -4.078[m]$

→ 흡입 측 속도수두 $\dfrac{V_1^2}{2g} = \dfrac{(5.023)^2}{2 \times 9.8}[m]$

→ 흡입 측 위치수두 $Z_1[m]$: 0 [m]

➡ 토출 측 압력수두 $\dfrac{P_2}{\gamma}$[m] : $\dfrac{200[kPa]}{9.8[kN/m^3]}$

(표준대기압 환산수두로 풀어도 무방함

$\dfrac{P_2}{\gamma} = 200[kPa] \times \dfrac{10.332[mAq]}{101.325[kPa]} = 20.394[m]$)

➡ 토출 측 속도수두 $\dfrac{V_2^2}{2g} = \dfrac{(8.488)^2}{2 \times 9.8}[m]$

➡ 토출 측 위치수두 $Z_2[m]$: 0.5 [m]

따라서 베르누이방정식에 적용하면

$-4.078[m] + \dfrac{5.023^2}{2 \times 9.8}[m] + 0[m] + H_P = \dfrac{200[kPa]}{9.8[kN/m^3]} + \dfrac{8.488^2}{2 \times 9.8}[m] + 0.5[m]$

$\therefore H_P = 27.374 = 27.37[m]$

③ 전동기의 효율

$P = \dfrac{\gamma Q H_P}{\eta}$

$5.86[kW] = \dfrac{9.8[kN/m^3] \times \dfrac{1}{60}[m^3/s] \times 27.37[m]}{\eta}$

$\therefore \eta = 0.7629$

따라서 $\eta[\%] = 0.7629 \times 100 = 76.29[\%]$

답 | 76.29 [%]

> [중요] 이 문제는 토출 측 배관과 흡입 측 배관의 직경이 다르기 때문에 토출 측과 흡입 측 배관 내 유속이 서로 다르다. 따라서 "펌프의 전양정 = 토출 측 전양정 + 흡입 측 전양정"으로 풀 수 없다. 왜냐하면 "펌프의 전양정 = 토출 측 전양정 + 흡입 측 전양정"으로 풀이하면 토출 측과 흡입 측의 속도 차가 값에 반영되지 않기 때문이다.

13

배점 10

다음 그림은 어느 스프링클러설비의 배관계통도를 나타낸 것이다. 이 도면과 주어진 조건에 따라 각 물음에 답하시오.

조건

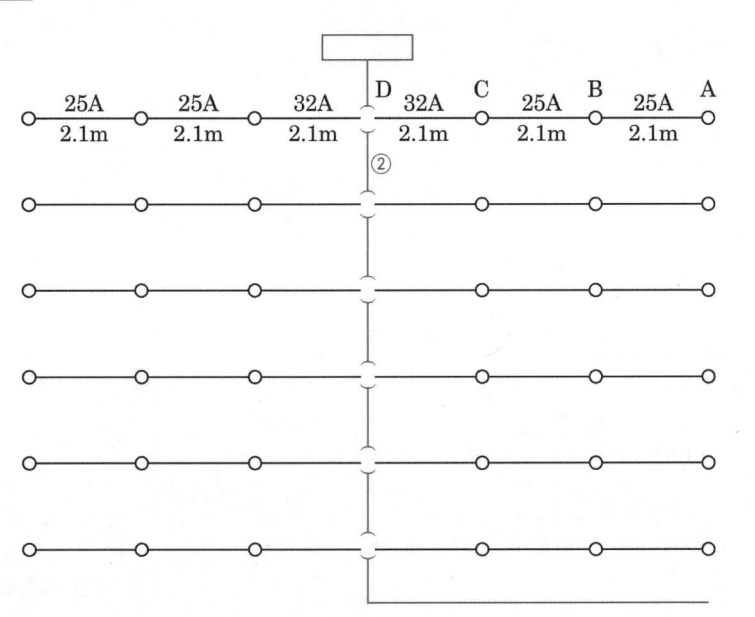

(1) 배관의 마찰손실압력은 하젠-윌리엄공식을 사용하되 아래의 식을 사용한다.

$$\triangle P = \frac{6 \times Q^2 \times 10^4}{C^2 \times d^5} \times L$$

여기서 $\triangle P$: 마찰손실압 [MPa]
Q : 배관 유량 [L/min], C : 관의 조도
d : 배관의 내경 [mm], L : 배관 길이 [m]

(2) 배관 호칭구경과 내경은 같다고 한다.
(3) 관 부속 마찰손실은 고려하지 않는다.
(4) 헤드는 개방형이고, 조도(C)는 120이다.
(5) 배관의 구경[mm]은 15, 20, 25, 32, 40, 50, 65, 80, 100으로 한다.
(6) A헤드의 방수압은 0.1 [MPa]이고, 방수량은 80 [L/min]으로 계산한다.
(7) 마찰손실압력과 압력은 소수점 넷째자리에서 반올림하여 소수점 셋째자리까지 구하시오.

가. 1) B ~ A 사이의 마찰손실압력[MPa]을 구하시오.
   ◉ 계산과정 :
   ◉ 답 :

   2) B 헤드 방사량[L/min]을 구하시오.
   ◉ 계산과정 :
   ◉ 답 :

나. 1) C ~ B 사이의 마찰손실압력[MPa]을 구하시오.
   ◉ 계산과정 :
   ◉ 답 :

   2) C 헤드 방사량[L/min]을 구하시오.
   ◉ 계산과정 :
   ◉ 답 :

다. D점에서의 압력[MPa]을 구하시오.
   ◉ 계산과정 :
   ◉ 답 :

라. ②지점의 배관 내 유량[L/min]을 구하시오.
   ◉ 계산과정 :
   ◉ 답 :

마. ②지점의 배관 최소 관경을 화재안전기술기준에 따른 배관 내 유속에 따라 교차배관의 관경[mm]을 선정하시오.
   ◉ 계산과정 :
   ◉ 답 :

정답

가. 1) 계산과정 : $\triangle P = \dfrac{6 \times 80^2 \times 10^4}{120^2 \times 25^5} \times 2.1 = 0.0057 = 0.006 [MPa]$

   답 | 0.006 [MPa]

   2) 계산과정 : $Q[L/min] = K\sqrt{10 \times P[MPa]}$, $K = \dfrac{80}{\sqrt{10 \times 0.1}} = 80$

   $Q = 80 \times \sqrt{10 \times (0.1 + 0.006)} = 82.37 [L/min]$

   답 | 82.37 [L/min]

나. 1) 계산과정 : $\triangle P = \dfrac{6 \times (80+82.37)^2 \times 10^4}{120^2 \times 25^5} \times 2.1 = 0.0236 = 0.024 [MPa]$

답 | 0.024 [MPa]

2) 계산과정 : $Q = 80 \times \sqrt{10 \times (0.1 + 0.006 + 0.024)} = 91.21 [L/\min]$

답 | 91.21 [L/min]

다. 계산과정 : $\triangle P = \dfrac{6 \times (80+82.37+91.21)^2 \times 10^4}{120^2 \times 32^5} \times 2.1 = 0.0168 = 0.017 [MPa]$

∴ 전체 손실압 P = 0.1 + 0.006 + 0.024 + 0.017 = 0.147 [MPa]

답 | 0.147 [MPa]

라. 계산과정 : $Q = (80 + 82.37 + 91.21) \times 2 = 507.16 [L/\min]$

답 | 507.16 [L/min]

마. 계산과정 : $D = \sqrt{\dfrac{4Q}{\pi V}} = \sqrt{\dfrac{4 \times \dfrac{0.50716}{60}[m^3/s]}{\pi \times 10 [m/s]}} = 0.032806 [m] = 32.81 [mm]$

교차 배관이므로 답은 40 [mm]로 산정

답 | 40 [mm]

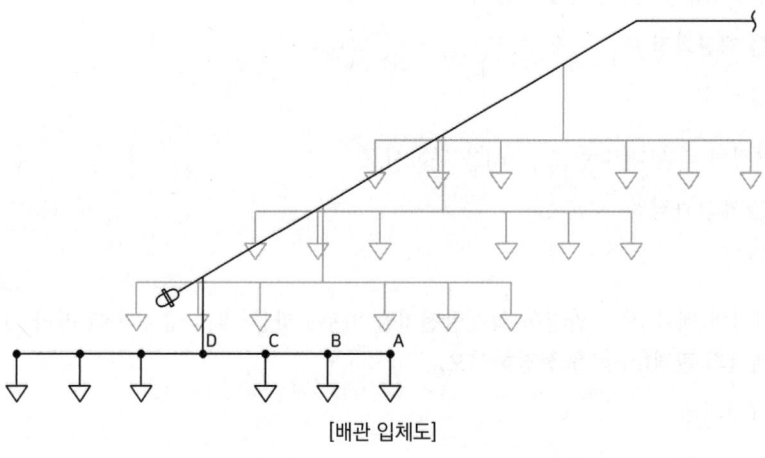

[배관 입체도]

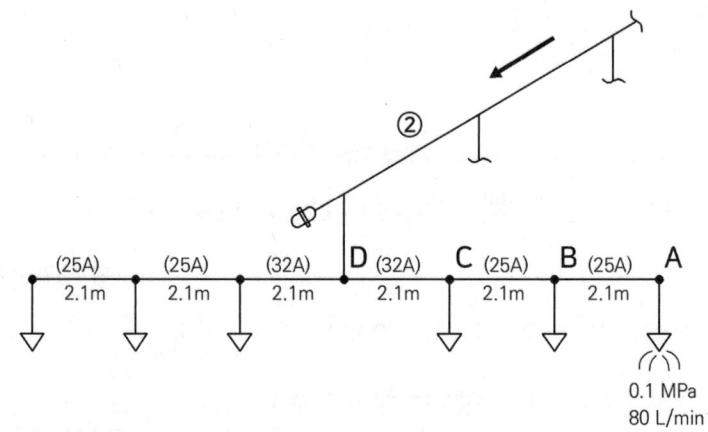

[배관 입체도 - A, B, C, D 상세도면]

14 배점 12

11층의 연면적 15000 [m²] 업무용 건축물에 옥내소화전설비를 국가화재안전기술기준에 따라 설치하려고 한다. 다음 [조건]을 참고하여 물음에 답하여라.

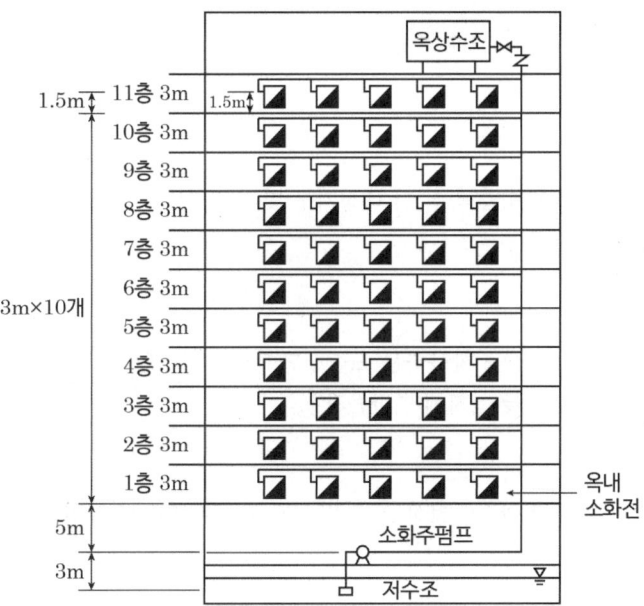

조건
(1) 펌프의 풋밸브로부터 11층 옥내소화전 호스 접결구까지의 마찰손실수두는 실양정의 25 [%]로 한다.
(2) 펌프의 전달계수 값은 1.1이다.
(3) 펌프의 효율은 68 [%]이다.
(4) 각 층당 옥내소화전은 5개씩 있다.
(5) 소방용 호스의 마찰손실수두는 7.8 [m]이다.

가. 펌프의 최소 유량[L/min]을 구하시오.
   ○ 계산과정 :
   ○ 답 :

나. 지하 수조의 최소 저수량[m³]을 구하시오.
   ○ 계산과정 :
   ○ 답 :

다. 옥상에 설치할 옥상수조의 용량[m³]을 구하시오.
   ○ 계산과정 :
   ○ 답 :

라. 펌프의 총 양정[m]을 구하시오.
　　○ 계산과정 :
　　○ 답 :

마. 펌프의 동력[kW]을 구하시오.
　　○ 계산과정 :
　　○ 답 :

바. 소방 노즐에서 방수압 측정 시 측정기구 및 측정방법을 쓰시오.
　　1) 측정기구 :
　　2) 측정방법 :

사. 하나의 옥내소화전을 사용하는 노즐선단에서의 방수압력이 몇 [MPa]을 초과할 경우 감압장치를 설치해야 하는가?
　　○ 답 :

아. 소방호스 노즐의 방수압력이 최대 방수압력을 초과할 경우 감압방법 2가지를 쓰시오.
　　○ 답 :

정답

가. 계산과정 : $Q = 2 \times 130 [L/min] = 260 [L/min]$　　답 | 260 [L/min]

나. 계산과정 : 지하수원 $= 2 \times 2.6 [m^3] = 5.2 [m^3]$　　답 | 5.2 [m³]

다. 계산과정 : 옥상수원 $= 5.2 [m^3] \times \dfrac{1}{3} = 1.73 [m^3]$　　답 | 1.73 [m³]

라. 계산과정
　　① 실양정 $h_1 = 3 + 5 + (3 \times 10) + 1.5 = 39.5 [m]$
　　② 배관의 마찰손실수두 $h_2 = 39.5 \times 0.25 = 9.875 [m]$
　　③ 호스의 마찰손실수두 $h_3 = 7.8 [m]$
　　∴ 전양정 $= h_1 + h_2 + h_3 + 17 = 39.5 + 9.875 + 7.8 + 17 = 74.175 ≒ 74.18 [m]$
　　　　　　　　　　　　　　　　　　　　　　　　　　　　　　　답 | 74.18 [m]

마. 계산과정

$$P[kW] = \dfrac{9.8[kN/m^3] \times \dfrac{0.26}{60}[m^3/s] \times 74.18[m]}{0.68} \times 1.1 = 5.095 ≒ 5.1 [kW]$$

답 | 5.1 [kW]

바. 방사압 측정기구 및 측정방법
  1) 측정기구 : 피토게이지(Pitot Gauge)
  2) 측정방법 : 노즐선단에서 노즐구경의 약 $\frac{1}{2}$배(즉, $\frac{D}{2}$, D : 노즐구경[mm])만큼 떨어진 곳에서 피토관 입구를 수류의 중심선과 일치하도록 하여 게이지상의 지침을 읽는다.

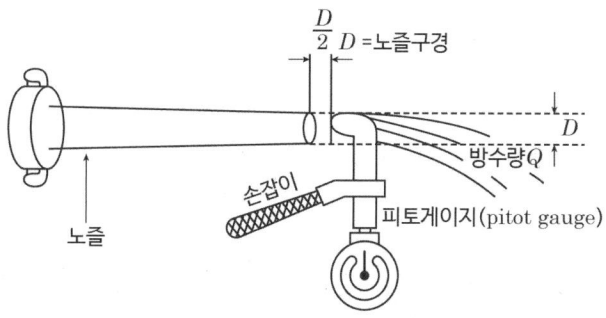

[방수압 측정]

사. 0.7 [MPa]

아. 감압방법은 아래에서 2가지 기술할 것
  ① 중계펌프에 의한 방법
  ② 고가수조에 의한 방법
  ③ 감압밸브에 의한 방법
  ④ 전용배관(배관계통)에 의한 방법

> **옥내소화전설비의 화재안전기술기준(NFTC 102)**
> 2.2.1.3 특정소방대상물의 어느 층에 있어서도 해당 층의 옥내소화전(2개 이상 설치된 경우에는 2개의 옥내소화전)을 동시에 사용할 경우 각 소화전의 노즐선단에서의 방수압력이 0.17 [MPa](호스릴옥내소화전설비를 포함한다) 이상이고, 방수량이 130 [L/min](호스릴옥내소화전설비를 포함한다) 이상이 되는 성능의 것으로 할 것. 다만 하나의 옥내소화전을 사용하는 노즐선단에서의 방수압력이 <u>0.7 [MPa]</u>을 초과할 경우에는 호스접결구의 인입 측에 감압장치를 설치해야 한다.

15

전기실에 제1종 분말소화약제를 사용한 분말소화설비를 전역방출방식의 가압식으로 설치하려고 한다. 다음 [조건]을 참조하여 각 물음에 답하시오.

> **조건**
> (1) 건물 크기는 가로 20 [m], 세로 10 [m], 높이 3.5 [m]이고 개구부는 없다.
>   (단, 이 실에 체적 100 [m^3]인 불연성 물질이 있다)
> (2) 분말 분사헤드의 사양은 1.5 [kg/s], 방출시간은 30초 기준이다.
> (3) 헤드 배치는 정방형으로 하고 헤드와 벽과의 간격은 헤드 간격의 1/2 이하로 한다.
> (4) 배관은 최단거리 토너먼트 배관으로 구성한다.
> (5) 소화약제량 산정 시 불연재료나 내열성의 재료로 밀폐된 구조물이 있는 경우에는 방호구역의 체적에서 그 구조물의 체적을 제외할 수 있다.

가. 소화약제량[kg]을 구하시오.
   ○ 계산과정 :
   ○ 답 :

나. 가압용 가스에 질소가스를 사용하는 경우 가압용 가스(질소)의 양[L]을 구하시오. (단, 35 [℃], 1기압으로 환산한 값을 구할 것)
   ○ 계산과정 :
   ○ 답 :

다. 분사헤드의 최소 개수는?
   ○ 계산과정 :
   ○ 답 :

라. 도면에 헤드를 표시하시오.

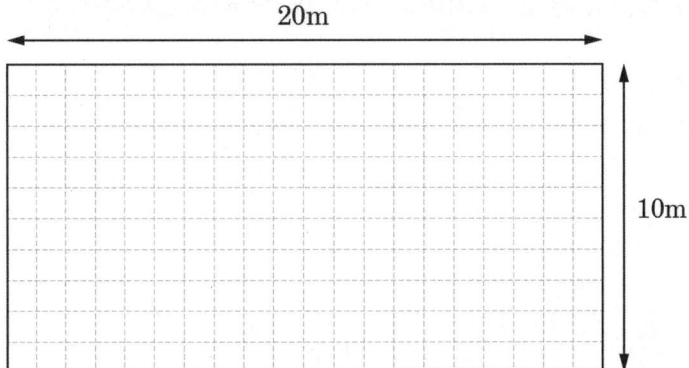

정답

가. 📖·참고 분말소화설비 전역방출방식 약제량 산정

W = (V × α) + (A × β)

W : 약제량 [kg], V : 방호구역체적 [m³]
α : 방호구역 1 [m³]에 대한 소화약제의 양 [kg/m³]
A : 개구부면적 [m²], β : 개구부 가산량 [kg/m²]
(개구부에 자동폐쇄장치 미설치 시 가산)

소화약제의 종별	방호구역 체적 1 [m³]에 대한 소화약제량[kg]	개구부 면적 1 [m²]에 대한 소화약제량[kg]
제1종 분말	0.60 [kg]	4.5 [kg]
제2종 · 제3종 분말	0.36 [kg]	2.7 [kg]
제4종 분말	0.24 [kg]	1.8 [kg]

계산과정
약제량 = (V × α) + (A × β) = {(20 × 10 × 3.5) [m³] - 100 [m³]} × 0.6 [kg/m³]
 = 360 [kg]

답 | 360 [kg]

나.

가압용 가스	• 질소가스는 소화약제 1 [kg]마다 40 [L] 이상 • 이산화탄소는 소화약제 1 [kg]에 대하여 20 [g] 이상	+	배관 청소에 필요한 양 (이산화탄소만 해당)
축압용 가스	• 질소가스는 소화약제 1 [kg]에 대하여 10 [L] 이상 • 이산화탄소는 소화약제 1 [kg]에 대하여 20 [g] 이상	+	배관 청소에 필요한 양 (이산화탄소만 해당)

* 배관의 청소에 필요한 양의 가스는 별도의 용기에 저장할 것

계산과정 : 가압용 가스(질소) 양 = 360 [kg] × 40 [L/kg] = 14400 [L]

답 | 14400 [L]

다. 계산과정 : $\dfrac{360[kg]}{1.5[kg/s \cdot 개] \times 30[s]} = 8[개]$

답 | 8 [개]

라.

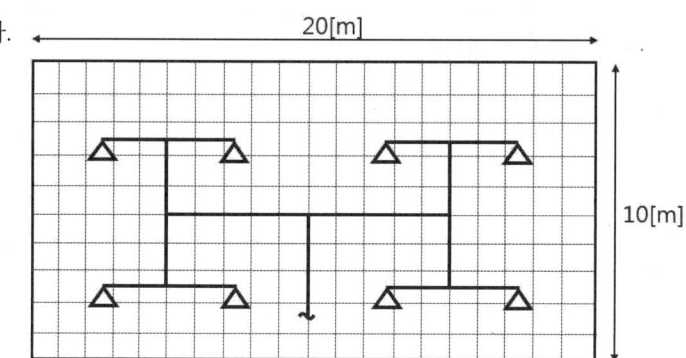

16 [배점 13]

통신기기실에 할론 1301 소화설비를 설치하려고 한다. 주어진 조건을 참고하여 각 물음에 답하시오.

[조건]
(1) 통신기기실의 크기는 가로 20 [m], 세로 20 [m], 높이 3 [m]이다.
(2) 개구부의 면적은 통신기기실은 6.5 [m²]이다.
(3) 개구부에는 자동폐쇄장치가 설치되어 있다.
(4) 저장용기는 내용적 68 [L]이며, 충전비는 최소치를 적용한다.
(5) 설치된 헤드 1개당 방사량은 1.2 [kg/s]이다.
(6) 저장용기실의 온도는 20 [℃], 방호구역의 온도는 30 [℃]이다.
(7) 기화된 할론 1301의 비체적은 20 [℃]일 때 0.16 [m³/kg], 30 [℃]일 때 0.17 [m³/kg]이다.

가. 통신기기실에 필요한 약제량은 몇 [kg]인가?
  ○ 계산과정 :
  ○ 답 :

나. 통신기기실에 필요한 용기수는 최소 몇 병인가?
  ○ 계산과정 :
  ○ 답 :

다. 통신기기실에 설치하여야 할 분사헤드의 개수는 최소 몇 개인가?
  ○ 계산과정 :
  ○ 답 :

라. 소화설비가 동작되었을 때 통신기기실의 할론소화약제의 농도는 몇 [%]인가?
(단, 최소기준을 적용하도록 한다)
  ○ 계산과정 :
  ○ 답 :

정답

☑ 계산과정

가. 필요한 약제량

> **참고** 할론소화설비(할론 1301) 전역방출방식 약제량 산정
>
> W = (V × α) + (A × β)
>
> W : 약제량 [kg], V : 방호구역체적 [m³]
> α : 방호구역 1 [m³]에 대한 소화약제의 양 [kg/m³]
> A : 개구부면적 [m²], β : 개구부 가산량 [kg/m²]
> (개구부에 자동폐쇄장치 미설치 시 가산)
>
> | 소방대상물 또는 그 부분 | 방호구역의 체적 1 [m³]당 소화약제의 양 [kg/m³] α | 개구부 가산량 [kg/m²] β |
> |---|---|---|
> | • 차고, 주차장, 전기실, 전산실, 통신기기실 등 이와 유사한 전기설비
• 특수가연물(가연성 고체류, 가연성 액체류, 합성수지류)을 저장·취급하는 소방대상물 또는 그 부분 | 0.32 이상
0.64 이하 | 2.4 |
> | 특수가연물(면화류, 나무껍질 및 대팻밥, 넝마 및 종이부스러기, 사류, 볏짚류, 목재가공품 및 나무부스러기)을 저장·취급하는 소방대상물 또는 그 부분 | 0.52 이상
0.64 이하 | 3.9 |

W = (V × α) + (A × β) = (20 [m] × 20 [m] × 3 [m]) × 0.32 [kg/m³] = 384 [kg]

답 | 384 [kg]

나. 필요한 용기 수

> **할론소화설비의 화재안전기술기준(NFTC 107)**
>
> 2.1.2.2 저장용기의 충전비는 할론 2402를 저장하는 것 중 가압식 저장용기는 0.51 이상 0.67 미만, 축압식 저장용기는 0.67 이상 2.75 이하, 할론 1211은 0.7 이상 1.4 이하, 할론 1301은 0.9 이상 1.6 이하로 할 것

① 충전비가 0.9일 때 1병당 소화약제 중량[kg]

$$충전비 = \frac{소화약제 저장용기의 내부용적[L]}{소화약제의 중량[kg]}$$

$$0.9 = \frac{68[L]}{1병당 소화약제 중량[kg]}, \quad 1병당 소화약제 중량 = 75.56 [kg]$$

② 필요한 용기 수

$$병 수 = \frac{최소 필요한 약제량[kg]}{한 병당 약제 저장량[kg/병]} = \frac{384[kg]}{75.56[kg/병]} = 5.08 ≒ 6[병]$$

답 | 6 [병]

다. 분사헤드의 개수

$$1.2[kg/s \cdot 개] = \frac{6[병] \times 75.56[kg]}{10[s] \times x[개]}$$

$$x = 37.78 ≒ 38[개]$$

답 | 38 [개]

라. 할론소화약제 농도 [%]

① 방호구역에 소화약제가 방출되었을 때 약제 체적[m³/kg]

소화약제의 체적[m³] = (6[병] × 75.56[kg]) × 0.17[m³/kg] = 77.071

≒ 77.07[m³]

② 방호구역 내 소화약제의 농도 [%]

> **핵심이론** 가스계소화약제 농도 [%]
>
> $$\text{약제 농도}[\%] = \frac{\text{방출한 소화약제의 체적}[m^3]}{\text{방호구역의 체적}[m^3] + \text{방출한 소화약제의 체적}[m^3]} \times 100$$

소화약제의 농도[%]

$$= \frac{\text{방출한 소화약제의 체적}[m^3]}{\text{방호구역의 체적}[m^3] + \text{방출한 소화약제의 체적}[m^3]} \times 100$$

$$= \frac{77.07[m^3]}{1200[m^3] + 77.07[m^3]} \times 100$$

$$= 6.034 ≒ 6.03[\%]$$

답 | 6.03 [%]

2020년 3회

2020.07.25

01

다음 소방시설 도시기호의 명칭을 쓰시오.

(1)

(2)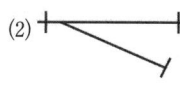

(3)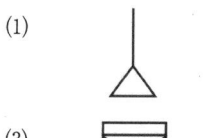

(4)

○ 답 : (1) (2)
　　　 (3) (4)

정답

(1) 분말·탄산가스·할로겐 헤드
(2) Y형 스트레이너
(3) 선택밸브
(4) 맹후렌지

02

그림은 어느 배관 평면도이며 화살표의 방향으로 물이 흐르고 있다. 단, 주어진 조건을 참조하여 배관 ABCD 및 AEFD에 흐르는 유량 Q_1[L/min], Q_2 [L/min]를 각각 계산하시오.

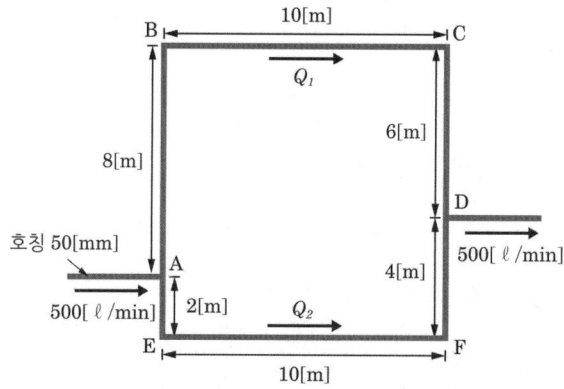

조건

(1) 하젠 - 윌리엄공식은 다음과 같다.

$$\Delta P_m = 6.05 \times 10^4 \times \frac{Q^{1.85}}{100^{1.85} \times D^{4.87}}$$

단, ΔP_m : 배관1 [m]당 마찰손실압력 [MPa]
Q : 배관 내 유수량 [L/min], D : 배관의 안지름 [mm]

(2) 루프배관의 호칭구경은 50 [mm]이며, 호칭 50 [mm] 배관의 안지름은 54 [mm] 이다.
(3) 호칭 50 [mm] 90°엘보의 등가길이는 1개당 1.6 [m]으로 한다.
(4) A 및 D점에 있는 티의 마찰손실은 무시한다.

○ 계산과정 :   ○ 답 :

정답

☑ 계산과정

$Q_{ABCD} = Q_1, \ Q_{AEFD} = Q_2$

$Q_T = 500 [L/\min] = Q_1 + Q_2$ ·· (1)식

$\Delta P_1 = \Delta P_2$ ·· (2)식

$\Delta P_1 = 6.05 \times 10^4 \times \dfrac{Q_1^{1.85}}{100^{1.85} \times 54^{4.87}} \times (8 + 10 + 6 + \boxed{1.6 \times 2})$ → 90°엘보 2개

$\Delta P_2 = 6.05 \times 10^4 \times \dfrac{Q_2^{1.85}}{100^{1.85} \times 54^{4.87}} \times (2 + 10 + 4 + \boxed{1.6 \times 2})$ → 90°엘보 2개

$\Delta P_1 = \Delta P_2$ 이므로

$Q_1^{1.85} \times (8 + 10 + 6 + 1.6 \times 2) = Q_2^{1.85} \times (2 + 10 + 4 + 1.6 \times 2)$

$27.2 \times Q_1^{1.85} = 19.2 \times Q_2^{1.85}$

$Q_1^{1.85} = \dfrac{19.2}{27.2} \times Q_2^{1.85}$

$\left(Q_1^{1.85}\right)^{\frac{1}{1.85}} = \left(\dfrac{19.2}{27.2}\right)^{\frac{1}{1.85}} \times \left(Q_2^{1.85}\right)^{\frac{1}{1.85}}$

$\therefore Q_1 = 0.828 \times Q_2$ ·· (1)식에 대입

$500 [L/\min] = Q_1 + Q_2$
$500 [L/\min] = (0.828 \times Q_2) + Q_2 = 1.828 Q_2$

$\therefore Q_2 = 273.52 [L/\min]$

$\therefore Q_1 = 500 - 273.52 = 226.48 [L/\min]$

답 | Q_1 = 226.48 [L/min], Q_2 = 273.52 [L/min]

> **참고** 배관 접속기구의 종류

구분	종류
(1) 관의 방향을 바꿀 때	[엘보(Elbow)]
(2) 2개의 관을 연결할 때	[유니온(Union)] [플랜지(Flange)] [니플(Nipple)]
(3) 관의 지름을 바꿀 때	[레듀서(Reducer)]
(4) 관의 끝을 막을 때	[플러그(Plug)] [캡(Cap)]
(5) 관을 도중에 분기할 때	[티(Tee)] [와이(Y)] [크로스(Cross)]

03

득점 / 배점 4

포소화설비의 배관방식에서 송액관에 배액밸브를 설치하는 목적과 설치장소를 간단히 설명하시오.

가. 설치목적 :

나. 설치위치 :

정답

가. 설치목적 : 포의 방출종료 후 배관 안의 액을 방출하기 위하여

나. 설치위치 : 송액관의 가장 낮은 부분

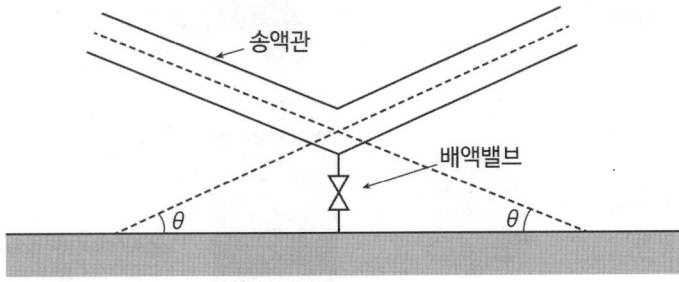

[배액밸브의 설치장소]

04 배점 10

다음은 옥내소화전설비에 관한 설명이다. 다음 물음에 답하시오.

조건

(1) 특정소방대상물의 층수는 5층이며 각 층의 층당 바닥면적은 2000 [m²]이다.
(2) 각 층에 설치된 옥내소화전의 개수는 6개이다.
(3) 옥내소화전설비의 실양정은 20 [m]이고, 배관 및 관 부속품의 마찰손실수두는 40 [m]이다.
(4) 소방용 호스는 15 [m] 길이로 된 2매를 사용하며, 호스의 마찰손실수두는 100 [m]당 26 [m]로 사용한다.
(5) 기타의 제시되지 않은 조건은 화재안전기술기준에 따른다.

가. 펌프의 토출량[L/min]은?

　○ 계산과정 :

　○ 답 :

나. 필요한 옥상수조의 수원량[m³]은?

　○ 계산과정 :

　○ 답 :

다. 옥내소화전설비에 필요한 양정[m]은?

　○ 계산과정 :

　○ 답 :

라. 정격토출량의 150 [%]로 운전할 경우 펌프의 토출압력은 최소 몇 [MPa] 이상이어야 하는가?
  ○ 계산과정 :
  ○ 답 :

마. 펌프의 주배관의 구경을 다음 〈보기〉에서 선정하시오.

  ─────[보기]─────
  25 [mm], 32 [mm], 40 [mm], 50 [mm], 65 [mm], 80 [mm], 100 [mm]

  ○ 계산과정 :
  ○ 답 :

바. 만일 펌프에서 제일 먼 거리에 있는 옥내소화전 노즐과 가장 가까운 곳의 옥내소화전 노즐의 방사압력 차이가 0.4 [MPa]이며, 펌프에서 제일 먼 거리에 있는 옥내소화전 노즐에서의 방사압력이 0.17 [MPa], 유량이 130 [LPM]일 경우 펌프에서 가장 가까운 소화전에서의 방사유량[L/min]은 얼마인가? (단, 유량은 소수점에서 절상하여 정수로 표시한다)
  ○ 계산과정 :
  ○ 답 :

사. '바'에서 산정된 방수량과 방수압력을 기준으로 노즐의 구경[mm]을 산정하시오.
  ○ 계산과정 :
  ○ 답 :

정답

☑ 계산과정

가. $2[개] \times 130[L/min] = 260[L/min]$ 답 | 260 [L/min]

나. $2[개] \times 2.6[m^3] \times \dfrac{1}{3} = 1.73[m^3]$ 답 | 1.73 [m³]

다. $H = h_1 + h_2 + h_3 + 17$
   $= 20[m] + 40[m] + \left(15[m] \times 2[매] \times \dfrac{26[m]}{100[m]}\right) + 17[m] = 84.8[m]$
   답 | 84.8 [m]

라. $0.848 \text{ [MPa]} \times 0.65 = 0.55 \text{ [MPa]}$ 답 | 0.55 [MPa]

마. $D = \sqrt{\dfrac{4 \times Q}{\pi \times V}} \times 1000 = \sqrt{\dfrac{4 \times \dfrac{0.26}{60}[m^3/s]}{\pi \times 4[m/s]}} = 0.037140\,[m] = 37.14\,[mm]$

→ 주배관 중 수직배관의 구경은 50 [mm] 이상으로 해야 하므로 50 [mm]가 답이다.

> **옥내소화전설비의 화재안전기술기준(NFTC 102)**
> 2.3.5 펌프의 토출 측 주배관의 구경은 유속이 4 [m/s] 이하가 될 수 있는 크기 이상으로 해야 하고, 옥내소화전방수구와 연결되는 가지배관의 구경은 40 [mm](호스릴옥내소화전설비의 경우에는 25 [mm]) 이상으로 해야 하며, 주배관 중 수직배관의 구경은 50 [mm](호스릴옥내소화전설비의 경우에는 32 [mm]) 이상으로 해야 한다.
> 2.3.6 연결송수관설비의 배관과 겸용할 경우의 주배관은 구경 100 [mm] 이상, 방수구로 연결되는 배관의 구경은 65 [mm] 이상의 것으로 해야 한다.

답 | 50 [mm]

바. $Q = 2.086 \times D^2 \times \sqrt{P}$ 이므로 $Q \propto \sqrt{P}$

$\sqrt{0.17} : 130 = \sqrt{0.57} : x$

$x = \dfrac{\sqrt{0.57}}{\sqrt{0.17}} \times 130 = 238.04\,[L/min]\,[절상] = 239\,[L/min]$

답 | 239 [L/min]

사. $Q = 2.086 \times D^2 \times \sqrt{P}$

$Q = 239[L/min]$, $P = 0.57\,[MPa]$

∴ $239[L/min] = 2.086 \times D^2 \times \sqrt{0.57[MPa]}$

$D = \sqrt{\dfrac{239}{2.086 \times \sqrt{0.57}}} = 12.318 ≒ 12.32$

답 | 12.32 [mm]

05

할로겐화합물 및 불활성기체소화약제의 구비조건 4가지를 쓰시오.

○ 답 : ①
　　　②
　　　③
　　　④

> **정답**

① 소화성능 : 소화성능이 기존 할론약제와 유사하여야 한다.
② 독성 : 독성이 낮아야 하며 설계농도는 NOAEL 이하이어야 한다.
③ 환경영향성 : 오존층파괴지수(ODP), 지구온난화지수(GWP), 대기권잔존수명(ALT)이 낮아야 한다.
④ 물성 : 소화 후 잔존물이 없고, 전기적으로 비전도성이며, 냉각효과가 커야 한다.
⑤ 안정성 : 저장 시 분해되지 않고 금속용기를 부식시키지 않아야 한다.
⑥ 경제성 : 기존 할론약제보다 설치비용이 크게 높지 않아야 한다.
위의 정답 중 4가지를 기술할 것

06

15 [m] × 20 [m] × 5 [m]의 경유를 연료로 사용하는 발전기실에 2가지의 할로겐화합물 및 불활성기체소화설비를 설치하고자 한다. 다음 조건과 국가화재 안전기준을 참고하여 다음 물음에 답하시오.

> **조건**

(1) 방호구역의 온도는 상온 20 [℃]이다.
(2) HCFC BLEND A 용기는 68 [L] 용 58 [kg], IG-541 용기는 80 [L]용 12.4 [m³]을 적용한다.
(3) 할로겐화합물 및 불활성기체소화약제의 소화농도

약제	상품명	소화농도	
		A급 화재	B급 화재
HCFC BLEND A	NAFS-Ⅲ	7.2	10
IG-541	Inergen	31.25	31.25

(4) K_1과 K_2값

약제	K_1	K_2
HCFC BLEND A	0.2413	0.00088
IG-541	0.65799	0.00239

(5) 해당 발전기실은 전기화재로 가정한다.

가. HCFC BLEND A의 최소 약제량[kg]은?
  ○ 계산과정 :
  ○ 답 :

나. HCFC BLEND A의 최소 약제용기는 몇 병이 필요한가?
  ○ 계산과정 :
  ○ 답 :

다. IG-541의 최소 약제량[m³]은? (단, 20 [℃]의 비체적은 선형상수이다)
  ○ 계산과정 :
  ○ 답 :

라. IG-541의 최소 약제용기는 몇 병이 필요한가?
  ○ 계산과정 :
  ○ 답 :

정답

☑ 계산과정

가. **핵심이론** 할로겐화합물소화설비의 소화약제량 산정 〈개정 2024.8.1.〉

$$W[kg] = \frac{V[m^3]}{S[m^3/kg]} \times \left(\frac{C[\%]}{100 - C[\%]}\right)$$

여기서 W : 소화약제의 무게 [kg], V : 방호구역의 체적 [m³]
S : 소화약제별 선형상수 $(K_1 + K_2 \times t)$ [m³/kg]
t : 방호구역의 최소예상온도 [℃]
C : 체적에 따른 소화약제의 설계농도 [%]
⇒ 설계농도는 소화농도(%)에

안전계수[A급 화재 1.2, B급 화재 1.3, C급 화재 1.35]를 곱한 값 이상으로 할 것

$C = 10 \times 1.35\,(\text{C급}) = 13.5\,[\%]$

$V = 15 \times 20 \times 5 = 1500\,[m^3]$

$S = K_1 + K_2 \times t[℃] = 0.2413 + (0.00088 \times 20) = 0.2589\,[m^3/kg]$

$\therefore W = \dfrac{1500[m^3]}{0.2589[m^3/kg]} \times \dfrac{13.5[\%]}{100 - 13.5[\%]} = 904.225 ≒ 904.23\,[kg]$

답 | 904.23 [kg]

나. $\dfrac{904.23[kg]}{50[kg/병]} = 18.08 \to 19[병]$

답 | 19 [병]

다. **⭐핵심이론** 불활성기체소화설비의 소화약제량 산정 〈개정 2024.8.1.〉

$$X[m^3] = 2.303 \times \frac{V_s[m^3/kg]}{S[m^3/kg]} \times \log\left[\frac{100}{100-C[\%]}\right] \times V[m^3]$$

여기서 X : 소화약제의 부피 [m³], V_s : 20 [℃]에서 소화약제의 비체적[m³/kg]
S : 소화약제별 선형상수($K_1 + K_2 \times t$)[m³/kg]
t : 방호구역의 최소예상온도[℃], V : 방호구역의 체적 [m³]
C : 체적에 따른 소화약제의 설계농도 [%]
⇒ 설계농도는 소화농도(%)에
안전계수[A급 화재 1.2, B급 화재 1.3, C급 화재 1.35]를 곱한 값 이상으로 할 것

$$X = 2.303 \times \frac{V_s[m^3/kg]}{S[m^3/kg]} \times \log\left(\frac{100}{100-C[\%]}\right) \times V[m^3]$$

여기서 방호구역의 온도가 20 [℃]이므로 $V_S = S$
$C = 31.25 \times 1.35 (C급) = 42.1875 ≒ 42.188 [\%]$

∴ $X = 2.303 \times \log_{10}\left(\frac{100}{100-42.188}\right) \times 1500 = 822.108 ≒ 822.11 [m^3]$

답 | 822.11 [m³]

라. $\frac{822.11[m^3]}{12.4[m^3/병]} = 66.299 → 67[병]$

답 | 67 [병]

07

배점 4

바닥면적이 24 [m] × 40 [m]인 다음의 장소에 분말소화기를 설치할 경우 각각의 장소에 필요한 분말소화기의 소화능력단위를 구하시오.

가. 위락시설 (단, 비내화구조이다)

○ 계산과정 :

○ 답 :

나. 집회장 (단, 비내화구조이다)

○ 계산과정 :

○ 답 :

다. 전시장 (단, 건축물의 주요구조부가 내화구조이고, 벽 및 반자의 실내에 면하는 부분이 불연재료로 되어 있다)

○ 계산과정 :

○ 답 :

정답

☑ 계산과정

가. $\dfrac{24[m] \times 40[m]}{30[m^2/단위]} = 32[단위]$

답 | 32 [단위]

나. $\dfrac{24[m] \times 40[m]}{50[m^2/단위]} = 19.2[단위]$

답 | 19.2 [단위]

다. $\dfrac{24[m] \times 40[m]}{(100 \times 2)[m^2/단위]} = 4.8[단위]$

답 | 4.8 [단위]

★ 핵심이론 특정소방대상물별 소화기구의 능력단위 표

특정소방대상물	소화기구의 능력단위
1. 위락시설	해당 용도의 바닥면적 30 [m²]마다 능력단위 1단위 이상
2. 공연장, 집회장, 관람장, 문화재, 장례식장 및 의료시설	해당 용도의 바닥면적 50 [m²]마다 능력단위 1단위 이상
3. 근린생활시설, 판매시설, 운수시설, 숙박시설, 노유자시설, 전시장, 공동주택, 업무시설, 방송통신시설, 공장, 창고시설, 항공기 및 자동차 관련 시설 및 관광휴게시설	해당 용도의 바닥면적 100 [m²]마다 능력단위 1단위 이상
4. 그 밖의 것	해당 용도의 바닥면적 200 [m²]마다 능력단위 1단위 이상

[비고] 소화기구의 능력단위를 산출함에 있어서 건축물의 주요구조부가 내화구조이고, 벽 및 반자의 실내에 면하는 부분이 불연재료·준불연재료 또는 난연재료로 된 특정소방대상물에 있어서는 위 표의 바닥면적의 2배를 해당 특정소방대상물의 기준면적으로 한다.

08 | 득점 | 배점 6 |

다음 혼합물의 연소상한계와 연소하한계 그리고 연소 가능 여부를 판단하시오.

물질	조성농도[%]	LFL[vol%]	UFL[vol%]
수소	5	4	75
메탄	10	5	15
프로판	5	2.1	9.5
부탄	5	1.8	8.4
에탄	5	3	12.4
공기	70	–	–
계	100	–	–

가. 연소하한계[vol%]를 구하시오.

　○ 계산과정 :

　○ 답 :

나. 연소상한계[vol%]를 구하시오.

　○ 계산과정 :

　○ 답 :

다. 연소 가능 여부를 판단하시오.

　○ 계산과정 :

　○ 답 :

정답

가. 계산과정 : 르샤틀리에법칙

$$\frac{100(=V_1+V_2+V_3+\cdots+V_n)}{L}=\frac{V_1}{L_1}+\frac{V_2}{L_2}+\frac{V_3}{L_3}+\cdots+\frac{V_n}{L_n}$$

L : 혼합가스의 폭발하한계 또는 상한계 [vol%]
V_1, V_2, V_3 : 각 폭발가스의 체적비율 [vol%]
L_1, L_2, L_3 : 각 폭발가스의 연소하한계 또는 상한계 [vol%]

$$L=\frac{30}{\frac{5}{4}+\frac{10}{5}+\frac{5}{2.1}+\frac{5}{1.8}+\frac{5}{3}}=2.978\fallingdotseq 2.98[vol\%]$$

답 | 2.98 [vol%]

나. 계산과정 : $U = \dfrac{30}{\dfrac{5}{75} + \dfrac{10}{15} + \dfrac{5}{9.5} + \dfrac{5}{8.4} + \dfrac{5}{12.4}} = 13.285 ≒ 13.29\,[vol\%]$

답 | 13.29 [vol%]

다. 계산과정 : 수소 + 메탄 + 프로판 + 부탄 + 에탄 = 5 + 10 + 5 + 5 + 5 = 30 [vol%]

답 | 연소범위가 2.98 [vol%]~13.29 [vol%]이므로 30 [vol%]에서는 연소하지 않는다.

> **참고** 연소범위
>
> 1) 정의
>   점화원 존재 시 발화나 폭발이 일어날 수 있는 공기 중 가연성 가스의 농도범위이다.
> 2) 특징
>   (1) 연소범위에는 상한계(UFL)와 하한계(LFL)가 존재한다.
>   (2) 연소범위의 상한계(UFL)가 높을수록, 하한계(LFL)가 낮을수록 위험성이 크다.
>   (3) 연소범위가 넓을수록 위험성이 크다.
>   (4) 연소범위의 값은 혼합가스의 체적농도이다.
>   (5) 온도와 농도가 높을수록 연소범위는 넓어진다.
>   (6) 압력 상승 시 연소 범위는 넓어진다.
>   (7) 불활성 기체를 첨가할수록 연소범위는 좁아진다.

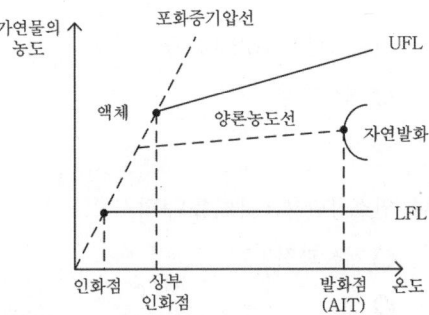

09 [배점 10]

다음은 제연방식 중 자연제연방식에 대한 내용이다. 주어진 〈조건〉을 참고하여 각 물음에 답하시오.

조건
(1) 연기층과 공기층의 높이차는 3 [m]이다.
(2) 외부온도는 27 [℃]이고 화재실의 온도는 707 [℃]이다.
(3) 공기의 평균분자량은 28이고, 연기의 평균분자량은 29라고 가정한다.
(4) 화재실 및 실외의 기압은 1기압이다.
(5) 동력의 여유율은 10 [%]로 한다.

가. 연기의 유출 속도[m/s]는?

  ○ 계산과정 :

  ○ 답 :

나. 외부 풍속[m/s]은?

  ○ 계산과정 :

  ○ 답 :

다. 현재 일반적으로 많이 사용하고 있는 제연방식의 종류를 3가지만 쓰시오.

  1)

  2)

  3)

라. 상기 제연방식을 변경하여 화재실 상부에 배연기를 설치하여 배출한다면 그 방식은 무엇인가?

  ○ 답 :

마. 화재 시 바닥면적 300 [m²], FAN효율 0.6, 전압 70 [mmAq]일 때 필요한 동력은 몇 [kW]인가?

  ○ 계산과정 :

  ○ 답 :

정답

가. **참고** 이상기체 상태방정식

$$PV = nRT = \frac{W}{M}RT$$

P : 절대압력 [atm], V : 부피 [m³]
W : 질량 [kg], n : 몰수 [kmol]
T : 절대온도 [K]
M : 분자량 [kg/kmol]
R : 일반기체상수 [atm·m³/kmol·K]

암기 일반기체상수 R
= 0.082 [atm·m³/kmol·K]
= 8.314 [kPa·m³/kmol·K]

계산과정 : $PV = \frac{W}{M}RT$

밀도 $\rho = \frac{W}{V} = \frac{PM}{RT}$ ($R = 0.082 [atm·m^3/kmol·K]$)

① 공기밀도 $\rho_a = \frac{PM}{RT} = \frac{1[atm] \times 28[kg/kmol]}{0.082[atm·m^3/kmol·K] \times (273+27)[K]}$
   $= 1.1382 [kg/m^3]$

② 연기밀도 $\rho_s = \dfrac{PM}{RT} = \dfrac{1[atm] \times 29[kg/kmol]}{0.082[atm \cdot m^3/kmol \cdot K] \times (273+707)[K]}$

$\qquad\qquad\qquad = 0.3609 \,[kg/m^3]$

③ $V_S[m/s] = \sqrt{2gh\left(\dfrac{\rho_a}{\rho_s} - 1\right)}$

$\qquad\qquad = \sqrt{2 \times 9.8 \times 3 \times \left(\dfrac{1.1382}{0.3609} - 1\right)} = 11.25\,[m/s]$

답 | 11.25 [m/s]

나. 계산과정

$\dfrac{V_a}{V_s} = \sqrt{\dfrac{\rho_s}{\rho_a}}$

$\therefore V_a = \sqrt{\dfrac{\rho_s}{\rho_a}} \times V_s = \sqrt{\dfrac{0.3609}{1.1382}} \times 11.25 = 6.33\,[m/s]$

답 | 6.33 [m/s]

다. 1) 기계제연방식, 2) 자연제연방식, 3) 스모크타워제연방식, 4) 밀폐제연방식

라. 제3종 기계제연방식

마. **참고** Fan의 동력

① 전압의 단위가 [mmAq]일 때

$P[kW] = \dfrac{P_t \times Q}{102 \times \eta} \times K$

$\qquad P_t$: 전압 [mmAq], Q : 풍량 [m³/s], η : 효율, K : 전달계수

② 전압의 단위가 [kPa]일 때

$P[kW] = \dfrac{P_t \times Q}{\eta} \times K$

$\qquad P_t$: 전압 [kPa], Q : 풍량 [m³/s], η : 효율, K : 전달계수

계산과정 : Q [m³/s] = 300 [m²] × 1 [CMM/m²] = 300 [CMM] = 5 [m³/s]

$P[kW] = \dfrac{70[mmAq] \times 5[m^3/s]}{102 \times 0.6} \times 1.1 = 6.29\,[kW]$

답 | 6.29 [kW]

10

득점 / 배점 3

바닥면적이 380 [m²]인 거실의 제연설비에 대한 다음 물음에 답하시오.

가. 소요 배출량[CMH]을 구하시오.
  ○ 계산과정 :
  ○ 답 :

나. 배출기의 흡입 측 풍도 높이를 최대 600 [mm]로 제한할 때 풍도의 최소 폭 [mm]을 구하시오.
  ○ 계산과정 :
  ○ 답 :

정답

가. 계산과정 : 거실의 바닥면적이 400 [m²] 미만이므로
$$Q = A[m^2] \times 1[\text{CMM/m}^2]$$
$$= 380[m^2] \times 1[CMM/m^2] = 380[CMM] \times \frac{60[\min]}{1[hr]} = 22800[CMH]$$

답 | 22800 [CMH]

나. 계산과정 : 배출기 흡입 측 풍도의 최대 풍속은 15 [m/s]이므로

$$A = \frac{Q}{V} = \frac{\frac{22800}{3600}[m^3/s]}{15[m/s]} = 0.422[m^2]$$

∴ 최소 폭 = $\frac{0.422[m^2]}{0.6[m]} = 0.70333[m] = 703.33[mm]$

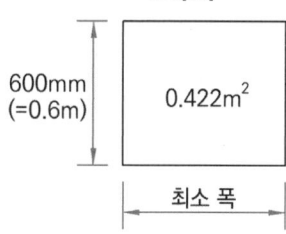

답 | 703.33 [mm]

> **참고** 제연설비의 화재안전기술기준(NFTC 501) - 배출량

1. 거실의 바닥면적이 400 [m²] 미만으로 구획된 예상제연구역에 대한 배출량
   바닥면적 1 [m²]당 1 [m³/min] 이상으로 하되, 예상제연구역에 대한 최소 배출량은 5000 [m³/hr] 이상으로 할 것
   $Q = A[m^2] \times 1[m^3/min \cdot m^2] \times 60[min/hr]$
   여기서 Q : 배출량 [m³/hr] (최소 배출량은 5000 [m³/hr] 이상)
   A : 바닥면적 [m²]

2. 바닥면적 400 [m²] 이상인 거실의 예상제연구역의 배출량
   1) 예상제연구역이 직경 40 [m]인 원의 범위 안에 있을 경우
      배출량 40000 [m³/hr] 이상
      다만 예상제연구역이 제연경계로 구획된 경우에는 그 수직거리에 따른 배출량으로 산정

수직거리	배출량
2 [m] 이하	40000 [m³/hr] 이상
2 [m] 초과 2.5 [m] 이하	45000 [m³/hr] 이상
2.5 [m] 초과 3 [m] 이하	50000 [m³/hr] 이상
3 [m] 초과	60000 [m³/hr] 이상

   2) 예상제연구역이 직경 40 [m]인 원의 범위를 초과할 경우
      배출량 45000 [m³/hr] 이상
      다만 예상제연구역이 제연경계로 구획된 경우에는 그 수직거리에 따른 배출량으로 산정

수직거리	배출량
2 [m] 이하	45000 [m³/hr] 이상
2 [m] 초과 2.5 [m] 이하	50000 [m³/hr] 이상
2.5 [m] 초과 3 [m] 이하	55000 [m³/hr] 이상
3 [m] 초과	65000 [m³/hr] 이상

11
배점 8

다음의 직사각형 거실에 장방형으로 스프링클러헤드를 배치하고자 한다. 다음 질문에 답하시오. (단, 해당 특정소방대상물은 내화구조이다)

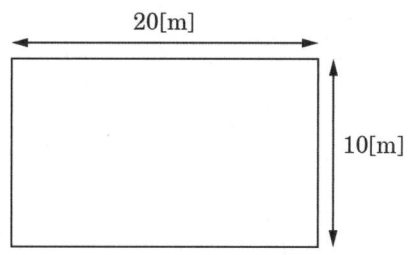

가. 다음 표는 헤드 배치의 가로 개수와 세로 개수를 나타낸 표이다. 대각선의 헤드 간격을 사용하여 다음 빈칸을 채우시오.

가로길이 배치 헤드의 수	5	6	7	8
세로길이 배치 헤드의 수	㉠ : ( )	㉡ : ( )	㉢ : ( )	㉣ : ( )
총 배치 헤드의 수	㉤ : ( )	㉥ : ( )	㉦ : ( )	㉧ : ( )

나. 표를 참고하여 다음 도면에 설치 가능한 최소 헤드의 개수[개]를 구하시오.

가로길이 배치 헤드의 수	5	6	7	8
세로길이 배치 헤드의 수	5	4	3	3
총 배치 헤드의 수	25	24	21	24

○ 계산과정 :
○ 답 :

정답

핵심이론 스프링클러 헤드를 장방형 배치할 때 헤드 간 거리

헤드 간 거리 $S_{긴변}$, $S_{짧은변}$
① $S_{긴변} = 2R\sin(\theta_{큰})$
② $S_{짧은변} = 2R\sin(\theta_{작은})$

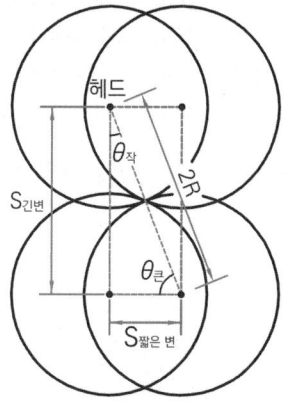

☑ 계산과정

가. 헤드의 대각선 간격 : $2 \times R = 2 \times 2.3[m] = 4.6[m]$

　㉠ 가로길이에 배치된 헤드 수가 5개인 경우 세로 길이 배치 헤드 수
　　• 가로열 헤드 간 거리
$$S = 2R\cos\theta = \frac{\text{실의 가로길이}}{\text{가로길이 배치 헤드의 수}} = \frac{20[m]}{5} = 4[m]$$
　　• 세로열 헤드 간 거리 $L = \sqrt{(2R)^2 - S^2} = \sqrt{4.6^2 - 4^2} = 2.271[m]$
　　∴ 세로길이 배치 헤드의 수 $= \dfrac{\text{실의 세로길이}}{L} = \dfrac{10}{2.271} = 4.4 = 5$개

　㉡ 가로길이에 배치된 헤드 수가 6개인 경우 세로 길이 배치 헤드 수
　　• 가로열 헤드 간 거리
$$S = 2R\cos\theta = \frac{\text{실의 가로길이}}{\text{가로길이 배치 헤드의 수}} = \frac{20[m]}{6} = 3.333[m]$$
　　• 세로열 헤드 간 거리 $L = \sqrt{(2R)^2 - S^2} = \sqrt{4.6^2 - 3.333^2} = 3.17[m]$
　　∴ 세로길이 배치 헤드의 수 $= \dfrac{\text{실의 세로길이}}{L} = \dfrac{10}{3.17} = 3.15 = 4$개

　㉢ 가로길이에 배치된 헤드 수가 7개인 경우 세로 길이 배치 헤드 수
　　• 가로열 헤드 간 거리
$$S = 2R\cos\theta = \frac{\text{실의 가로길이}}{\text{가로길이 배치 헤드의 수}} = \frac{20[m]}{7} = 2.857[m]$$
　　• 세로열 헤드 간 거리 $L = \sqrt{(2R)^2 - S^2} = \sqrt{4.6^2 - 2.857^2} = 3.605[m]$
　　∴ 세로길이 배치 헤드의 수 $= \dfrac{\text{실의 세로길이}}{L} = \dfrac{10}{3.605} = 2.77 = 3$개

　㉣ 가로길이에 배치된 헤드 수가 8개인 경우 세로 길이 배치 헤드 수
　　• 가로열 헤드 간 거리
$$S = 2R\cos\theta = \frac{\text{실의 가로길이}}{\text{가로길이 배치 헤드의 수}} = \frac{20[m]}{8} = 2.5[m]$$
　　• 세로열 헤드 간 거리 $L = \sqrt{(2R)^2 - S^2} = \sqrt{4.6^2 - 2.5^2} = 3.861[m]$
　　∴ 세로길이 배치 헤드의 수 $= \dfrac{\text{실의 세로길이}}{L} = \dfrac{10}{3.861} = 2.59 = 3$개

　㉤ 가로 × 세로 = 5개 × 5개 = 25개
　㉥ 가로 × 세로 = 6개 × 4개 = 24개
　㉦ 가로 × 세로 = 7개 × 3개 = 21개
　㉧ 가로 × 세로 = 8개 × 3개 = 24개

나. 가로길이 헤드의 수(7개) × 세로길이 헤드의 수(3개) = 21개

답 | 21 [개]

12

에탄저장창고에 이산화탄소소화설비를 다음 조건에 따라 고압식으로 설치하고자 한다. 다음 물음에 답하시오.

조건
(1) 이산화탄소소화설비의 설계농도는 40 [%]를 적용한다. (단, 보정계수 = 1.2)
(2) 약제방출방식은 전역방출방식이며, 표면화재를 가정한다.
(3) 개구부는 2 [m] × 1 [m] 1개소가 있으며, 자동폐쇄장치가 설치되어 있지 않다.
(4) 약제량의 충전비는 1.9이다.
(5) 저장용기의 체적은 68 [L]이다.
(6) 방호구역의 체적은 125 [m³]이다.

가. 이 실에 필요한 소화약제의 양[kg]을 산출하시오.

　○ 계산과정 :

　○ 답 :

나. 화재실에 이산화탄소가 조건 (1)의 설계농도만큼 방출되었을 경우 산소 농도 [%]를 구하시오.

　○ 계산과정 :

　○ 답 :

다. 저장용기실에 저장하여야 하는 저장용기의 병 수를 구하시오.

　○ 계산과정 :

　○ 답 :

라. 다음은 이산화탄소소화설비에 대한 설치기준이다. 주어진 조건을 적용하여 괄호를 채우시오.

- 이산화탄소소화약제의 방출압력은 (㉠) [MPa] 이상이어야 한다.
- 배관의 구경은 이산화탄소소화약제의 소요량이 (㉡) [분] 내에 방출될 수 있는 것으로 해야 한다.
- 이산화탄소소화약제의 저장용기실의 온도는 (㉢) [℃] 이하이어야 한다.
- 이산화탄소소화설비 강관을 사용하는 경우의 배관은 (㉣) 이상의 것 또는 이와 동등 이상의 강도를 가진 것으로 아연도금 등으로 방식 처리된 것을 사용해야 한다.

마. 이산화탄소소화설비에 화재감지기회로를 일반감지기로 설치하는 경우 어떠한 방식을 사용하여야 하는지 그 회로방식과 정의를 쓰시오.

　○ 답 :

정답

가. ★ 핵심이론 이산화탄소소화설비 전역방출방식 표면화재 약제량 산정

$$W = (V \times \alpha) \times N + (A \times \beta)$$

W : 약제량 [kg], V : 방호구역 체적 [m³]
α : 방호구역 1 [m³]에 대한 소화약제의 양 [kg/m³]
A : 개구부 면적 [m²], β : 개구부 가산량(표면화재 : 5 [kg/m²])
N : 보정계수(설계농도가 34 [%] 이상인 방호대상물의 소화약제량을 구할 때 보정계수를 곱하여 산출함)

방호구역 체적	방호구역의 체적 1 [m³]에 대한 소화약제의 양 α	최저 한도의 양	개구부 가산량[kg/m²] (자동폐쇄장치 미설치 시) β
45 [m³] 미만	1 [kg/m³]	45 [kg](1병)	5 [kg/m²]
45 [m³] 이상 150 [m³] 미만	0.9 [kg/m³]		
150 [m³] 이상 1450 [m³] 미만	0.8 [kg/m³]	135 [kg](3병)	
1450 [m³] 이상	0.75 [kg/m³]	1125 [kg](25병)	

에탄 저장창고 [표면화재]

계산과정 : $W = (V \times \alpha) \times N + (A \times \beta)$

① 방호구역의 체적이 45 [m³] 이상 150 [m³] 미만이므로
　화재안전기술기준상 체적 1[m³]에 대한 소화약제의 양 α = 0.9 [kg/m³]
② $V \times \alpha$를 먼저 계산한 뒤, 값이 최저한도의 양 미만이 될 경우에는 그 최저한도의 양으로 한다.
　⇨ $V \times \alpha = 125[m^3] \times 0.9[kg/m^3] = 112.5[kg]$ → 최저한도의 양(45 [kg])보다 큼
③ 위 기준에 따라 산출한 기본 소화약제량에 보정계수를 곱하여 산출한다.
　⇨ $W = (V \times \alpha) \times N + (A \times \beta)$
　　= 125 [m³] × 0.9 [kg/m³] × 1.2 + (2 × 1) [m²] × 5 [kg/m²] = 145 [kg]

답 | 145 [kg]

나. 계산과정

$$CO_2[\%] = \frac{21 - O_2[\%]}{21} \times 100$$

$40 = \frac{21 - O_2}{21} \times 100$, $\therefore O_2 = 12.6 [\%]$

답 | 12.6 [%]

다. 계산과정

충전비 = $\frac{\text{소화약제 저장용기의 내부 용적}[L]}{\text{소화약제 중량}[kg]}$, $1.9 = \frac{68[L]}{x[kg]}$, $\therefore x = 35.79 [kg]$

$\frac{145[kg]}{35.79[kg/병]} = 4.05[병] ≒ 5[병]$

답 | 5 [병]

라. ㉠ 2.1, ㉡ 1, ㉢ 40, ㉣ 압력배관용 탄소강관(KS D 3562) 중 스케줄 80
마. • 회로방식 : 교차회로방식
   • 정의 : 하나의 방호구역 내에서 2 이상의 화재감지기회로를 설치하고 인접한 2 이상의 화재감지기가 동시에 감지되는 때에 설비가 작동하는 방식

13 배점 5

다음은 연결송수관설비에 관한 설명이다. 다음 물음에 답하시오.

가. 가압송수장치를 설치하는 경우 건물의 높이와 가압송수장치를 설치하는 이유를 설명하시오.
   ○ 답 :

나. 연결송수관설비 방수구가 6개 설치된 경우 펌프 토출량[L/min]을 구하라. (단, 계단실 아파트가 아니다)
   ○ 계산과정 :
   ○ 답 :

다. 연결송수관설비 방수구가 2개 설치된 경우 펌프 토출량[L/min]을 구하라. (단, 계단실 아파트이다)
   ○ 답 :

라. 소방펌프의 흡입 측에 연성계 또는 진공계를 설치하지 아니할 수 있는 2가지를 쓰시오.
   ○ 답 :

마. 최상층 노즐선단의 방수압력[MPa]은 얼마 이상인가?
   ○ 답 :

바. 11층 이상의 건물에 방수구를 단구형으로 설치하는 경우 2가지를 서술하시오.
   ○ 답 :

정답

가. ① 건물 높이 : 지표면에서 최상층 방수구의 높이가 70 [m] 이상인 경우
　② 설치 이유 : 건물 높이가 높은 경우 소방차의 수압만으로는 규정 방사압력(0.35 [MPa] 이상)을 유지하기 어려우므로 가압송수장치를 설치

나. 계산과정 : 2400 + (800 × 2) = 4000 [L/min]
　※ 펌프의 토출량은 2400 [L/min] 이상 되는 것으로 할 것
　다만 해당 층에 설치된 방수구가 3개를 초과하는 것(방수구가 5개 이상인 경우에는 5개)에 있어서는 1개마다 800 [L/min]을 가산한 양이 되는 것으로 할 것

답 | 4000 [L/min]

다. 1200 [L/min](1 ~ 3개)

답 | 1200 [L/min]

라. ① 수원의 수위가 펌프의 위치보다 높은 경우
　② 수직회전축펌프 설치하는 경우

마. 0.35 [MPa]

바. ① 아파트의 용도로 사용되는 층
　② 스프링클러설비가 유효하게 설치되어 있고 방수구가 2개소 이상 설치된 층

★ 핵심이론 | 연결송수관설비의 화재안전기술기준(NFTC 502)

2.5.1.7 펌프의 토출량은 2400 [L/min](계단식 아파트의 경우에는 1200 [L/min]) 이상이 되는 것으로 할 것. 다만 해당 층에 설치된 방수구가 3개를 초과(방수구가 5개 이상인 경우에는 5개)하는 것에 있어서는 1개마다 800 [L/min](계단식 아파트의 경우에는 400 [L/min])를 가산한 양이 되는 것으로 할 것

2.5.1.8 펌프의 양정은 최상층에 설치된 노즐선단의 압력이 0.35 [MPa] 이상의 압력이 되도록 할 것

구분\층당 방수구	1 ~ 3개 이하	4개	5개 이상
일반건축물	2400 [L/min] 이상	3200 [L/min] 이상	4000 [L/min] 이상
계단식 아파트	1200 [L/min] 이상	1600 [L/min] 이상	2000 [L/min] 이상

14

배점 5

위험물을 보관하는 5 [m] × 6 [m] × 4 [m]의 저장용기에 제4종 분말소화약제를 사용하는 국소방출방식의 분말소화설비를 설치하려고 한다. 분말소화설비에 필요한 소화약제의 양[kg]을 구하시오.

조건

(1) 소화약제량을 산출하기 위한 X 및 Y의 값을 다음 표에 따른다.

소화약제의 종별	X	Y
제1종	5.2	3.9
제2종, 제3종	3.2	2.4
제4종	2.0	1.5

(2) 방호대상물의 벽 주변에는 동일한 크기의 벽이 설치되어 있으며, 바닥면적을 제외하고 4면을 기준으로 계산한다.

○ 계산과정 :   ○ 답 :

정답

✓ 계산과정

분말소화설비 국소방출방식 약제량 산정

$$W[kg] = V[m^3] \times \left(X - Y\frac{a}{A}\right)[kg/m^3] \times 1.1$$

V : 방호공간의 체적 [m³]
(방호대상물의 각 부분으로부터 0.6 [m]의 거리에 따라 둘러싸인 공간)
a : 방호대상물 주위에 설치된 벽면적의 합계 [m²]
A : 방호공간의 벽면적의 합계 [m²]
(벽이 없는 경우 : 벽이 있는 것으로 가정한 당해 부분의 면적)

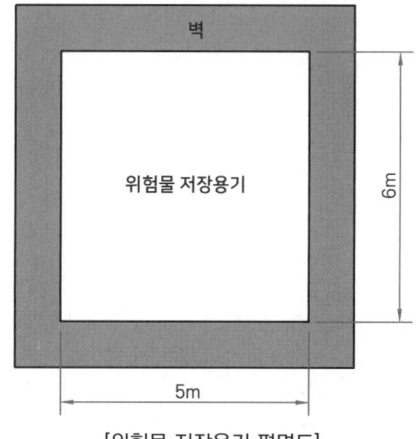

[위험물 저장용기 평면도]

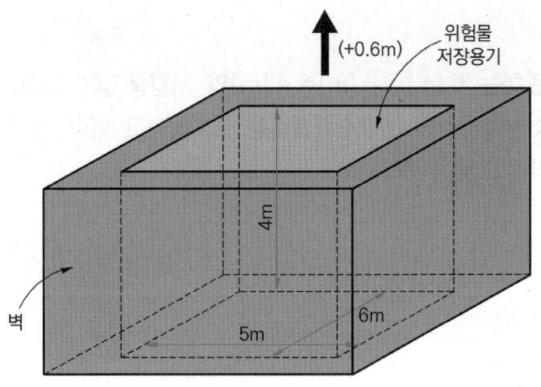

[위험물 저장용기 입체도]

$$V = 5 \times 6 \times (4+0.6) = 138 [m^3]$$
$$a = (5 \times 4 \times 2) + (6 \times 4 \times 2) = 88 [m^2]$$
$$A = (5 \times 4.6 \times 2) + (6 \times 4.6 \times 2) = 101.2 [m^2]$$
$$\therefore W = 138 \times \left(2 - 1.5 \times \frac{88}{101.2}\right) \times 1.1 = 105.6 [kg]$$

답 | 105.6 [kg]

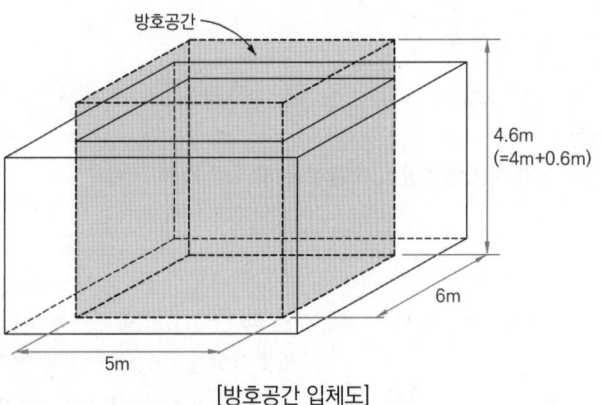

[방호공간 입체도]

15

득점 | 배점 5

다음은 모형 펌프를 기준으로 원형 펌프를 설계하고자 한다. 다음의 조건을 참조하여 원형 펌프의 유량[m³/s]과 축동력[MW]을 구하시오. (단, 모형 펌프와 원형 펌프는 상사한다)

조건

- 모형 펌프의 성능
  - (1) 직경 42 [cm]
  - (2) 양정 5.64 [m]
  - (3) 효율 89.3 [%]
  - (4) 축동력 16.5 [kW]
  - (5) 회전수 374 [rpm]
- 원형 펌프의 성능
  - (1) 직경 409 [cm]
  - (2) 양정 55 [m]

가. 원형 펌프의 유량[m³/s]
  - ○ 계산과정 :
  - ○ 답 :

나. 원형 펌프의 축동력[MW]
  - ○ 계산과정 :
  - ○ 답 :

정답

서로 다른 치수의 펌프를 비교(상사)했을 때

유량 [m^3/s] $Q_2 = \left(\dfrac{N_2}{N_1}\right)^1 \times \left(\dfrac{D_2}{D_1}\right)^3 \times Q_1$

양정(압력) [m] $H_2 = \left(\dfrac{N_2}{N_1}\right)^2 \times \left(\dfrac{D_2}{D_1}\right)^2 \times H_1$

동력 [kW] $L_2 = \left(\dfrac{N_2}{N_1}\right)^3 \times \left(\dfrac{D_2}{D_1}\right)^5 \times L_1$

☑ 계산과정

가. 원형 펌프의 유량[m^3/s]

$$Q_2 = \left(\dfrac{N_2}{N_1}\right) \times \left(\dfrac{D_2}{D_1}\right)^3 \times Q_1$$

① 모형 펌프의 유량 $Q_1 [m^3/s]$

축동력 $P[kW] = \dfrac{\gamma QH}{\eta}$ 이므로

$Q = \dfrac{P \times \eta}{\gamma \times H} = \dfrac{16.5[kW] \times 0.893}{9.8[kN/m^3] \times 5.64[m]} = 0.267 [m^3/s]$

② 원형펌프의 회전수 $N_2 [rpm]$

양정 $H_2 = \left(\dfrac{N_2}{N_1}\right)^2 \times \left(\dfrac{D_2}{D_1}\right)^2 \times H_1$

$55 = \left(\dfrac{N_2}{374}\right)^2 \times \left(\dfrac{409}{42}\right)^2 \times 5.64$ ∴ $N_2 = 119.933 [rpm]$

③ 원형펌프의 유량 $Q_2 [m^3/s]$

$Q_2 = \left(\dfrac{N_2}{N_1}\right) \times \left(\dfrac{D_2}{D_1}\right)^3 \times Q_1 = \left(\dfrac{119.933}{374}\right) \times \left(\dfrac{409}{42}\right)^3 \times 0.267 = 79.07 [m^3/s]$

답 | 원형펌프 유량 : 79.07 [m³/s]

나. 원형 펌프의 축동력 $[MW]$

$L_2 = \left(\dfrac{N_2}{N_1}\right)^3 \times \left(\dfrac{D_2}{D_1}\right)^5 \times L_2 = \left(\dfrac{119.933}{374}\right)^3 \times \left(\dfrac{409}{42}\right)^5 \times 16.5$

$= 47649.17 [kW] = 47.65 [MW]$

답 | 원형펌프 축동력 : 47.65 [MW]

16 배점 6

다음과 같은 탱크에서 물이 노즐을 통해 분출될 때 분출속도[m/s]를 구하시오.

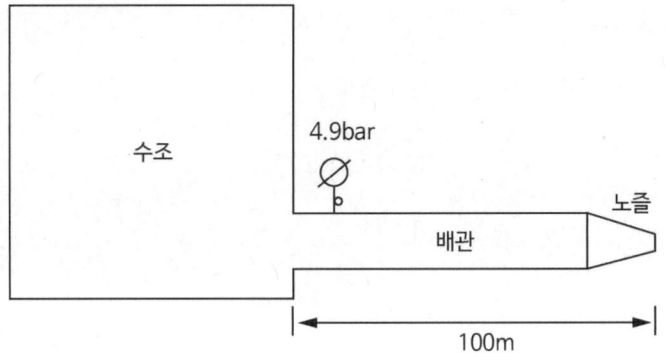

조건

(1) 배관의 구경은 60 [mm]이며, 노즐의 구경은 20 [mm]이다.
(2) 노즐의 손실은 무시한다.
(3) 배관의 길이는 100 [m]이며, 배관의 마찰손실계수는 0.025이다.

○ 계산과정 :

○ 답 :

정답

☑ 계산과정

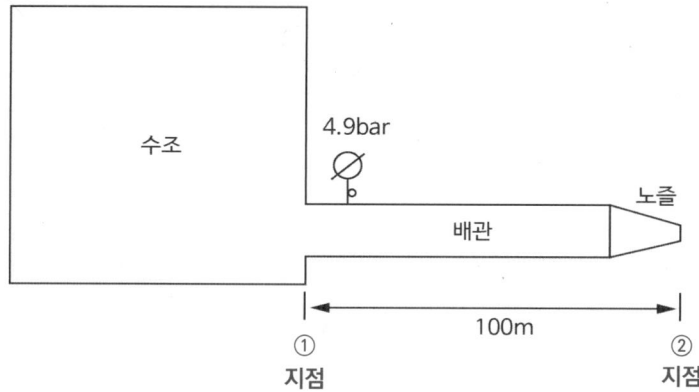

배관 입구 부분을 1, 노즐 끝 부분을 2라고 가정하고 베르누이방정식 적용

$$\frac{P_1}{\gamma} + \frac{V_1^2}{2g} + Z_1 = \frac{P_2}{\gamma} + \frac{V_2^2}{2g} + Z_2 + H_L$$

P_1, P_2 : 압력 [N/m²]
γ : 비중량 [N/m³]
V_1, V_2 : 유속 [m/s]
g : 중력가속도 [m/s²]
Z_1, Z_2 : 위치수두 [m]
H_L : 손실수두 [m]

$\frac{P_1}{\gamma} + \frac{V_1^2}{2g} + Z_1 = \frac{P_2}{\gamma} + \frac{V_2^2}{2g} + Z_2 + H_L$ ($P_2 = 0$[대기압], 수평 노즐이므로 $Z_1 = Z_2$)

$\frac{P_1}{\gamma} + \frac{V_1^2}{2g} = \frac{V_2^2}{2g} + H_L$

① 배관 입구의 압력 $P_1 [kPa]$

$P_1 = 4.9 [bar] \times \frac{101.325 [kPa]}{1.01325 [bar]} = 490 [kPa]$

② 배관 손실 $H_L [m]$

$A_1 V_1$(배관) $= A_2 V_2$(노즐)이므로 $V_1 = \frac{A_2}{A_1} \times V_2 = \left(\frac{20^2}{60^2}\right) \times V_2 = 0.111 V_2$

$H_L = f \times \frac{L}{D} \times \frac{V_1^2}{2g} = 0.025 \times \frac{100 [m]}{0.06 [m]} \times \frac{(0.111 V_2 [m/s])^2}{2 \times 9.8 [m/s^2]} = 0.026 \times V_2^2 [m]$

③ 노즐에서 분출 속도 $V_2 [m/s]$

$\frac{P_1}{\gamma} + \frac{V_1^2}{2g} = \frac{V_2^2}{2g} + H_L$

$\frac{490 [kPa]}{9.8 [kN/m^3]} + \frac{(0.111 V_2 [m/s])^2}{2 \times 9.8 [m/s^2]} = \frac{(V_2 [m/s])^2}{2 \times 9.8 [m/s^2]} + 0.026 \times V_2^2 [m]$

∴ $V_2 = 25.583 ≒ 25.58 [m/s]$

답 | 25.58 [m/s]

2020년 4회

01 | 득점 | 배점 10 |

지하 2층, 지상 10층인 특정소방대상물이 아래와 같은 조건에서 스프링클러설비를 설계하고자 할 때 다음 각 물음에 답하시오.

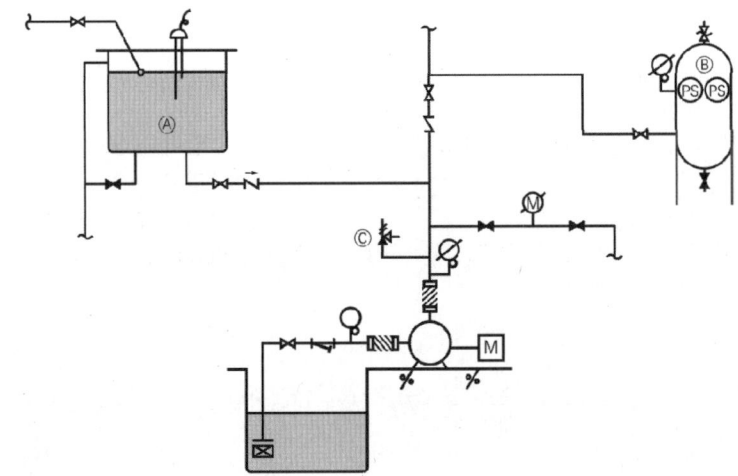

조건
(1) 해당 특정소방대상물은 지하층은 주차장 및 차고로, 지상층은 사무실로 사용한다.
(2) 해당 건축물은 내화구조이며 연면적 20000 [m²]이고, 층당 높이는 4 [m]이다.
(3) 해당 특정소방대상물은 동결의 우려가 없으며, 스프링클러헤드는 총 200개가 설치되어 있다.
(4) 펌프의 효율은 65 [%]이며, 전달계수는 1.1이다.
(5) 실양정은 52 [m]이고, 배관의 마찰손실은 실양정의 30 [%]를 적용한다.
(6) 해당 스프링클러헤드의 방수압력은 0.1 [MPa]이다.

가. 스프링클러헤드의 설치간격[m]을 구하시오. (단, 헤드는 정방형으로 배치한다)
  ○ 계산과정 :
  ○ 답 :

나. 펌프의 전동기용량[kW]을 구하시오.
  ○ 계산과정 :
  ○ 답 :

다. 수원의 양[m³]을 구하시오. (단, 옥상수원 설치 제외 장소에 해당하지 않으면 옥상 수원을 설치한다)

　○ 계산과정 :

　○ 답 :

라. 기호 Ⓐ의 명칭과 유효수량[L]을 쓰시오.

　○ 명칭 :

　○ 유효수량[L] :

마. 기호 Ⓑ의 명칭과 그 역할을 쓰시오.

　○ 명칭 :

　○ 역할 :

바. 기호 Ⓒ의 명칭과 작동압력범위를 쓰시오.

　○ 명칭 :

　○ 작동압력범위 :

정답

가. 설치장소별 수평거리 R

설치장소	수평거리(R)
• 특수가연물을 저장 또는 취급하는 장소 • 무대부	1.7 [m] 이하
• 기타구조로 된 경우 • 라지드롭형 스프링클러헤드를 설치하는 창고 　(단, ① 특수가연물을 저장 또는 취급하는 창고 : 1.7 [m] 이하 　　② 내화구조로 된 창고 : 2.3 [m] 이하)	2.1 [m] 이하
• 내화구조로 된 경우	2.3 [m] 이하
• 아파트등의 세대 내	2.6 [m] 이하

계산과정 : R(수평거리) = 2.3 [m]

S(헤드 간 거리) = $2R\cos\theta = 2 \times 2.3 \times \cos45° = 3.25$ [m]

답 | 3.25 [m]

나. 계산과정

① 토출량

$Q = N \times 80[L/min] = 10 \times 80[L/min] = 800[L/min]$

(지하층을 제외한 층수가 10층 이하인 특정소방대상물 → 그 밖의 것 → 헤드의 부착 높이가 8 [m] 미만인 것 : 기준개수 10개)

보충 ▶ 스프링클러설비의 화재안전기술기준, 공동주택의 화재안전기술기준 및 창고시설의 화재안전기술기준에 명시된 내용을 반영한 표

※ 폐쇄형 스프링클러헤드를 사용하는 경우 설치장소별 기준개수
[스프링클러설비의 설치장소별 스프링클러헤드의 기준개수]

스프링클러설비의 설치장소			기준개수
지하층을 제외한 층수가 10층 이하인 특정소방대상물	공장	특수가연물을 저장·취급하는 것	30개
		그 밖의 것	20개
	근린생활시설, 판매시설·운수시설 또는 복합건축물	판매시설 또는 복합건축물(판매시설이 설치되는 복합건축물)	30개
		그 밖의 것	20개
	그 밖의 것	헤드의 부착높이가 8 [m] 이상의 것	20개
		헤드의 부착높이가 8 [m] 미만의 것	10개
지하층을 제외한 층수가 11층 이상인 특정소방대상물·지하가 또는 지하역사			30개

[비고] 하나의 소방대상물이 2 이상의 "스프링클러헤드의 기준개수"란에 해당하는 때에는 기준개수가 많은 것을 기준으로 한다. 다만 각 기준개수에 해당하는 수원을 별도로 설치하는 경우에는 그렇지 않다.

② 전양정
1) 실양정 : 52 [m]
2) 배관의 마찰손실 : 52 × 0.3 = 15.6 [m]
3) 전양정 H = $h_1 + h_2 + 10$ = 52 + 15.6 + 10 = 77.6 [m]

③ 전동기의 용량[kW]

$$P = \frac{\gamma QH}{\eta} \times K = \frac{9.8 \times \frac{0.8}{60} \times 77.6}{0.65} \times 1.1 = 17.16 \text{ [kW]}$$

답 | 17.16 [kW]

다. 계산과정 : 옥상수원 설치 제외 대상이 아니므로 옥상수원을 설치하여야 하는 소방대상물이다.

① 전용수원의 양 : $N \times 1.6 = 10 \times 1.6 = 16$ [m³]

② 옥상수원의 양 : $16 \times \frac{1}{3} = 5.33$ [m³]

∴ 수원의 양 16 [m³] + 5.33 [m³] = 21.33 [m³]

답 | 21.33 [m³]

라. • 명칭 : 물올림장치
• 유효수량 : 100 [L] 이상

마. • 명칭 : 기동용 수압개폐장치(압력챔버)
• 역할 : 배관 내의 압력변동에 따라 펌프의 자동기동 및 정지를 위해 설치하며 설비 내 충격 완화

바. • 명칭 : 릴리프밸브
• 작동압력범위 : 체절압력 미만

02

배점 4

분말소화설비에서 분말약제 저장용기와 연결 설치되는 정압작동장치에 대한 다음 각 물음에 답하시오.

가. 정압작동장치의 설치목적은 무엇인지 쓰시오.
　　○답:

나. 정압작동장치의 종류 중 압력스위치방식에 대해 설명하시오.
　　○답:

정답

가. 저장용기의 내부압력이 설정압력이 되었을 때 주밸브를 개방시키는 장치

나. 가압용 가스가 저장용기 내에 가압되어 압력스위치가 동작되면 솔레노이드밸브가 동작되어 주밸브를 개방시키는 방식

03

배점 3

할론소화설비 전역방출방식의 분사헤드의 설치기준 3가지를 쓰시오.

○답: ①
　　　②
　　　③

정답

① 방출된 소화약제가 방호구역의 전역에 균일하게 신속히 확산할 수 있도록 할 것
② 할론 2402를 방출하는 분사헤드는 해당 소화약제가 무상으로 분무되는 것으로 할 것
③ 분사헤드의 방출압력은 할론 2402를 방출하는 것은 0.1 [MPa] 이상, 할론 1211을 방출하는 것은 0.2 [MPa] 이상, 할론 1301을 방출하는 것은 0.9 [MPa] 이상으로 할 것
④ 기준저장량의 소화약제를 10초 이내에 방출할 수 있는 것으로 할 것
위의 정답 중 3가지를 기술할 것

04

다음과 같은 원형 물탱크에서 밸브를 완전히 개방하였을 때 최저 유효 수면까지 물이 배수되는 소요시간[hr]을 구하시오. (단, 토리첼리의 정리를 이용하고, 탱크 수면 하강속도가 변화하는 점을 고려한다)

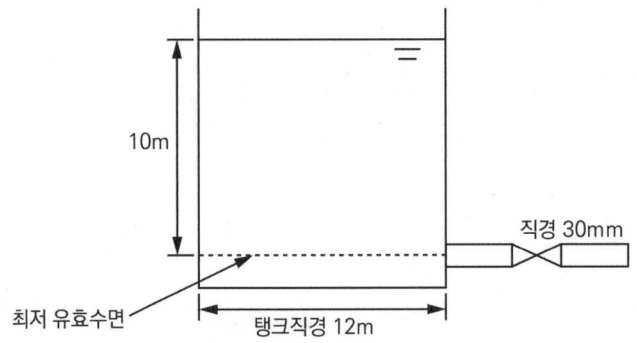

○ 계산과정 :

○ 답 :

정답

☑ 계산과정

탱크 내 물이 배수되는 데 필요한 소요시간

$$t[s] = \frac{A_1}{A_2} \times \frac{2}{\sqrt{2g}} \times \sqrt{H}$$

여기서 t : 방출 시간 [s]
A_1 : 수조의 면적(수면 면적) [m^2]
A_2 : 노즐의 면적 [m^2]
H : 노즐 중심으로부터 수조의 수면 높이 [m]
g : 중력가속도 [m/s^2]

$$\therefore t = \frac{\frac{\pi}{4} \times 12^2 [m^2]}{\frac{\pi}{4} \times 0.03^2 [m^2]} \times \frac{2[m/s]}{\sqrt{2 \times 9.8 [m/s^2]}} \times \sqrt{10[m]}$$

$$= 228571.43[s] = 228571.43[s] \times \frac{1[hr]}{3600[s]}$$

$$= 63.49[hr]$$

답 | 63.49 [hr]

Q·심화 수조 내 물이 배수되는 데 필요한 소요시간(s) 계산식 유도과정

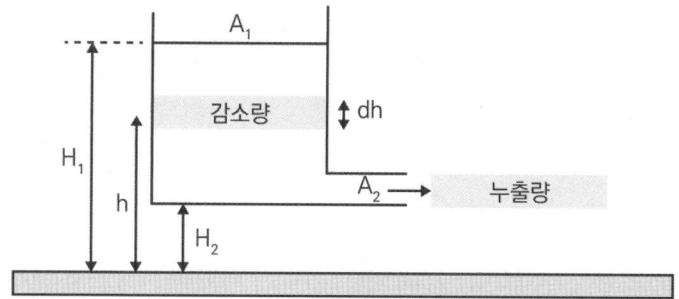

1) 수조 내의 수위가 h 일 때, 단위시간당 체적 감소량 $[m^3/s]$
   연속방정식에 의해

   Q = 수조 내 수면의 면적 (A_1) × 수조의 수위 변화량 $\left(-\dfrac{dh}{dt}\right)$

   $= -A_1 \times \dfrac{dh}{dt}$

   (여기서 수면의 높이가 감소하므로 부호는 -이다)

2) 수조 내의 수위가 h일 때, 토출구의 단위시간당 누출량 $[m^3/s]$

   Q = 토출구 노즐 면적 $(A_2) \times \sqrt{2gh}$

   $= A_2 \times \sqrt{2gh}$

   (여기서 방출계수는 1로 가정한다)

3) 수조 내의 수위가 h 일 때,

   수조 내에서 물의 체적 감소량 $[m^3/s]$ = 토출구의 누출량 $[m^3/s]$

   $-A_1 \times \dfrac{dh}{dt} = A_2 \times \sqrt{2gh}$

   $dt = -\dfrac{A_1}{A_2} \cdot \dfrac{1}{\sqrt{2gh}} dh$

   여기서 양변을 적분하면

   $\int dt = -\dfrac{A_1}{A_2} \cdot \int \dfrac{1}{\sqrt{2gh}} dh$

   $t = -\dfrac{A_1}{A_2} \cdot \int_{H_1}^{H_2} \dfrac{1}{\sqrt{2gh}} dh$

   $\left(\int \dfrac{1}{\sqrt{h}} dh = \int h^{-\frac{1}{2}} dh = \dfrac{1}{-\frac{1}{2}+1} h^{-\frac{1}{2}+1} = 2\sqrt{h}\right)$

   $t = -\dfrac{A_1}{A_2} \cdot \dfrac{1}{\sqrt{2g}} \cdot [2\sqrt{h}]_{H_1}^{H_2}$

   $t = -\dfrac{A_1}{A_2} \cdot \dfrac{2}{\sqrt{2g}} \cdot (\sqrt{H_2} - \sqrt{H_1})$

$$t = \frac{A_1}{A_2} \cdot \frac{2}{\sqrt{2g}} \cdot (\sqrt{H_1} - \sqrt{H_2})$$

물이 배수되는 데 소요되는 시간 t[s]

$$t[s] = \frac{1}{C} \cdot \frac{A_1}{A_2} \cdot \frac{2}{\sqrt{2g}} \cdot (\sqrt{H_1} - \sqrt{H_2})$$

A_1 : 수조의 면적(수면 면적) [m²]
A_2 : 노즐(토출구)의 면적 [m²]
H_1 : 수면으로부터 토출구 중심까지의 높이 [m]
H_2 : 수조 내 수면이 감소될 때 수면으로부터 토출구 중심까지의 높이 [m]
g : 중력가속도 [m/s²]
C : 유량계수

05 배점 6

아래의 그림과 조건을 참조하여 다음 물음에 답하시오.

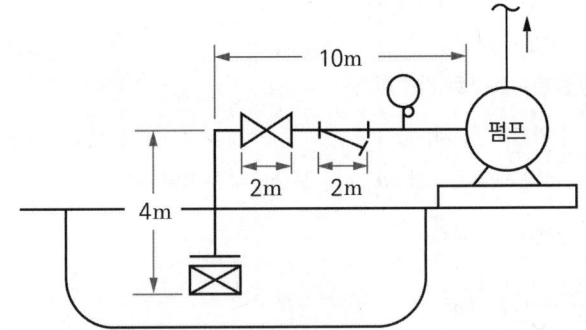

조건

(1) 흡입 측 배관의 관 부속품에 따른 상당길이는 15 [m]이다.
(2) 대기압은 10.3 [m]이며, 물의 포화수증기압은 0.2 [m]이다.
(3) 펌프의 유량 144 [m³/h]이고, 흡입배관의 구경은 125 [mm]이다.
(4) 배관의 마찰손실수두는 다음의 공식을 따라 계산하며, 속도수두는 무시한다.

$$\Delta H = 6 \times 10^6 \times \frac{Q^2}{120^2 \times d^5} \times L$$

여기서 ΔH : 배관의 마찰손실수두 [m], Q : 배관 내의 유량 [L/min]
d : 관의 내경 [mm], L : 배관의 길이 [m]

가. 조건에 주어진 공식을 이용하여 흡입배관의 마찰손실수두[m]를 구하시오.
  ○ 계산과정 :
  ○ 답 :

나. 유효흡입양정[m]을 구하시오.
  ○ 계산과정 :
  ○ 답 :

다. 펌프의 필요흡입수두가 4.5 [m]인 경우 펌프의 사용 가능 여부를 판정하시오.
  ○ 답 :

라. 펌프가 흡입이 안 될 경우 개선방법 2가지를 쓰시오.
  ○ 답 :

정답

가. 계산과정

$$\triangle H = 6 \times 10^6 \times \frac{Q^2}{120^2 \times d^5} \times L$$

$$= 6 \times 10^6 \times \frac{2400^2}{120^2 \times 125^5} \times \boxed{(15+10)} = 1.97[m]$$

→ 직관길이 + 상당길이

(펌프의 유량을 단위변환하면
$$Q = 144[m^3/hr] \times \frac{1[hr]}{60[\min]} \times \frac{1000[L]}{1[m^3]} = 2400[L/\min])$$

답 | 1.97 [m]

나. 계산과정

$$NPSH_{av} = \frac{P_a}{\gamma} - \frac{P_v}{\gamma} - H_f \pm H_s = 10.3[m] - 0.2[m] - 1.97[m] - 4[m]$$
$$= 4.13[m]$$

답 | 4.13 [m]

다. $NPSH_{av} < NPSH_{re}$ 이므로 공동현상이 발생하며 사용이 불가능하다.

라. ① 펌프의 설치높이를 될 수 있는 대로 낮추어 흡입양정을 짧게 한다.
  ② 흡입배관 관경을 크게 하여 유속을 낮춘다.
  ③ 회전속도를 낮추어 흡입속도를 줄인다.
  ④ 양흡입펌프를 사용한다.
  ⑤ 2대 이상의 펌프를 사용한다.
  ⑥ 흡입손실수두를 줄인다(흡입관의 관경을 크게 하고 흡입관을 단순 직관화하여 마찰손실을 줄인다).
  위 6가지 중 2가지를 기술할 것

참고 유효흡입양정과 필요흡입양정

1. 유효흡입양정 $NPSH_{av}$(Available Net Positive Suction Head)
   펌프 기동 시 펌프 내로 유입되는 유체의 절대압력

   $$NPSH_{av} = \frac{P_a}{\gamma} - \frac{P_v}{\gamma} - H_f \pm H_s \text{ [m]}$$

   여기서 P_a : 흡입 수면의 대기압 [N/m²]
   P_v : 유체의 온도에 상당하는 포화증기압 [N/m²]
   H_f : 흡입 측 배관의 마찰 손실 수두 [m]
   H_s : 흡입양정(−) 또는 압입 양정(+) [m]

   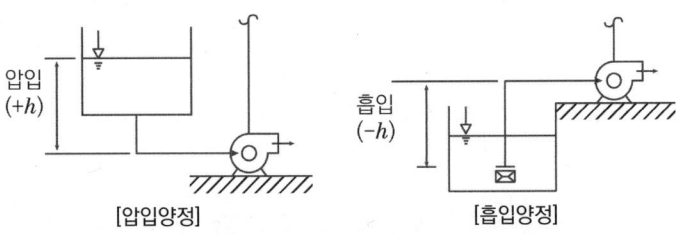

   [압입양정]　　　　　[흡입양정]

2. 필요흡입양정 $NPSH_{re}$(Required Net Positive Suction Head)
   펌프 기동 시 공동현상을 일으키지 않기 위해 펌프가 요구하는 최소한의 흡입유체의 절대압력

3. 공동현상 발생한계 조건

공동현상 발생 안함	$NPSH_{av} > NPSH_{re}$
공동현상 발생한계	$NPSH_{av} = NPSH_{re}$
공동현상 발생	$NPSH_{av} < NPSH_{re}$

   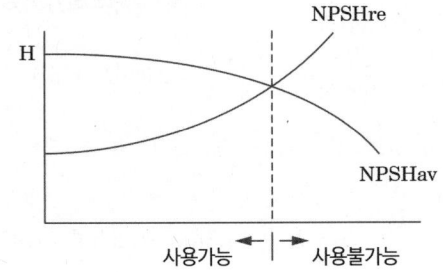

06

배점 6

다음은 연소방지설비에 관한 설명이다. ( ) 안에 적합한 단어를 쓰시오.

가. 하나의 배관에 부착하는 연소방지설비 전용헤드의 개수가 4개 또는 5개일 경우 배관의 구경은 (㉠) [mm]로 할 것

나. 헤드 간의 수평거리는 연소방지설비 전용헤드의 경우에는 (㉡) [m] 이하, 스프링클러헤드의 경우에는 (㉢) [m] 이하로 할 것

다. 소방대원의 출입이 가능한 환기구·작업구마다 지하구의 양쪽방향으로 살수헤드를 설정하되, 한쪽 방향의 살수구역의 길이는 (㉣) [m] 이상으로 할 것. 다만 환기구 사이의 간격이 (㉤) [m]를 초과할 경우에는 (㉥) [m] 이내마다 살수구역을 설정하되, 지하구의 구조를 고려하여 방화벽을 설치한 경우에는 그렇지 않다.

정답

㉠ 65, ㉡ 2, ㉢ 1.5, ㉣ 3, ㉤ 700

07

배점 3

4층 이상 10층 이하로 의료시설에 설치해야 할 피난기구 3가지를 쓰시오. (단, 의료시설의 부속시설로 설치한 장례식장은 제외)

○ 답 :

정답

구조대, 다수인피난장비, 승강식 피난기, 피난교, 피난용 트랩 중 3가지 선정

장소별 \ 층별	1층	2층	3층	4층 이상 10층 이하
노유자시설	• 미끄럼대 • 구조대 • 다수인피난장비 • 승강식 피난기 • 피난교	• 미끄럼대 • 구조대 • 다수인피난장비 • 승강식 피난기 • 피난교	• 미끄럼대 • 구조대 • 다수인피난장비 • 승강식 피난기 • 피난교	• 구조대[1] • 다수인피난장비 • 승강식 피난기 • 피난교

장소별 \ 층별	1층	2층	3층	4층 이상 10층 이하
의료시설·근린생활시설 중 입원실이 있는 의원·접골원·조산원	-	-	• 미끄럼대 • 구조대 • 다수인피난장비 • 승강식 피난기 • 피난교 • 피난용 트랩	• 구조대 • <u>다수인피난장비</u> • <u>승강식 피난기</u> • <u>피난교</u> • <u>피난용 트랩</u>

[비고] 1) 구조대의 적응성은 장애인 관련 시설로서 주된 사용자 중 스스로 피난이 불가한 자가 있는 경우 추가로 설치하는 경우에 한함

08 [배점 7]

가로, 세로, 높이가 각각 12 [m], 15 [m], 4 [m]인 어느 전기실에 이산화탄소소화설비가 작동하여 화재가 진압되었다. 주어진 조건을 참조하여 다음 각 물음에 답하시오.

[조건]
(1) 공기 중 산소 부피는 21 [%]이다.
(2) 대기압은 760 [mmHg]이다. (실내온도 20 [℃])
(3) 이산화탄소를 방출한 후 실내 기압은 770 [mmHg]으로 변화되었다.
(4) 이산화탄소의 분자량은 44 [kg/kmol]이다.
(5) 기체상수 R은 0.082 [atm·m³/kmol·K]로 계산한다.
(6) 개구부에는 자동폐쇄가 가능한 개구부가 설치되어 있다.

가. 이산화탄소 방출 후 산소 농도를 측정했더니 14 [%]였다. CO_2 농도 부피[%]를 구하시오.

　○ 계산과정 :

　○ 답 :

나. '가'에 따른 약제 방출 후 전기실 내 CO_2 양[kg]은?

　○ 계산과정 :

　○ 답 :

다. 약제 저장용기 1병당 체적이 68 [L]이고 충전비가 1.7인 CO_2 저장용기를 몇 병 설치하여야 하는지 '나'에서 답한 양을 기준으로 구하시오.

○ 계산과정 :

○ 답 :

라. 이산화탄소소화설비 설치 제외 장소 4가지를 쓰시오.

○ 답 :

정답

가. 계산과정

이산화탄소 농도 $CO_2[\%] = \dfrac{21-O_2}{21} \times 100$

$= \dfrac{21-14[\%]}{21} \times 100 = 33.33[\%]$

답 | 33.33 [%]

나. 계산과정

이상기체 상태방정식 $PV = nRT = \dfrac{W}{M}RT$ ($R = 0.082[atm \cdot m^3/kmol \cdot K]$)

이산화탄소 양 $CO_2[m^3] = \dfrac{21-O_2}{O_2} \times V[m^3]$

$= \dfrac{21-14[\%]}{14} \times (12 \times 15 \times 4)[m^3] = 360[m^3]$

P(실내기압) $= \dfrac{770[mmHg]}{760[mmHg]} \times 1[atm] = 1.013[atm]$

$\therefore W = \dfrac{1.013[atm] \times 360[m^3] \times 44[kg/kmol]}{0.082[atm \cdot m^3/kmol \cdot K] \times (273+20)[K]} = 667.86[kg]$

답 | 667.86 [kg]

다. 계산과정

충전비 $= \dfrac{\text{소화약제 저장용기의 내부용적}[L]}{\text{소화약제 중량}[kg]}$, 한 병당 약제량[kg]

$= \dfrac{68[L]}{1.7} = 40[kg]$

저장용기 수 $= \dfrac{667.86[kg]}{40[kg/\text{병}]} = 16.70[\text{병}] ≒ 17[\text{병}]$

답 | 17 [병]

라. ① 방재실·제어실 등 사람이 상시 근무하는 장소

② 니트로셀룰로스·셀룰로이드제품 등 자기연소성 물질을 저장·취급하는 장소

③ 나트륨·칼륨·칼슘 등 활성금속물질을 저장·취급하는 장소

④ 전시장 등의 관람을 위하여 다수인이 출입·통행하는 통로 및 전시실 등

09

다음은 제연설비에 관한 내용 중 일부이다. 다음 물음에 답하시오.

가. 연돌효과(Stack Effect)의 정의를 쓰시오.
　○ 답:

나. 고층건축물에서 연돌효과가 제연설비에 미치는 영향을 쓰시오.
　○ 답:

정답

가. 건축물 내부와 외부의 온도 차이로 인해 건물 내의 공기가 부력을 받아 유동하는 현상

나. (초)고층건축물은 계단실, 비상용 엘리베이터의 승강장 등 수직구획이 높아 연돌효과의 영향을 많이 받으므로 피난 시 출입문의 개폐 등 장애요소로 작용한다.

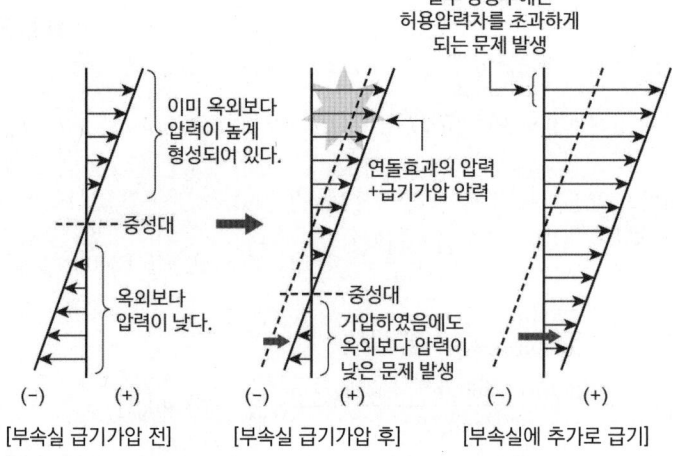

10

수평으로 곧게 설치되어 있는 40 [m] 길이의 파이프를 유량 600 [L/min]의 물이 흐를 때 다음 물음에 답하시오. (단, 레이놀즈수는 1200, 관직경 65 [mm]이며, 배관의 인입 측 수압계는 0.8 [MPa]을 가리키고 있다)

가. 달시방정식을 이용하여 손실수두[m]를 구하시오.
　○ 계산과정:　　　　○ 답:

나. 배관 출구에서의 수압[MPa]을 구하시오.
　○ 계산과정:　　　　○ 답:

정답

☑ 계산과정

가. 달시 - 웨버방정식 $h_L[m] = f \times \dfrac{L[m]}{D[m]} \times \dfrac{(V[m/s])^2}{2g[m/s^2]}$

마찰손실계수 $f = \dfrac{64}{Re(\text{레이놀즈 수})} = \dfrac{64}{1200} = 0.0533$

$\therefore V = \dfrac{4Q}{\pi D^2} = \dfrac{4 \times \dfrac{0.6}{60}[m^3/s]}{\pi \times (0.065[m])^2} = 3.014[m/s]$

$\therefore h_L = 0.0533 \times \dfrac{40[m]}{0.065[m]} \times \dfrac{(3.014[m/s])^2}{2 \times 9.8[m/s^2]} = 15.20[m]$

답 | 15.2 [m]

나. 배관의 출구압력 = 배관의 입구압력 − 마찰손실압력

① 마찰손실압력 $P = \gamma \times h = 9800[N/m^3] \times 15.2[m] = 148960[Pa]$
  $= 0.14896[MPa]$

② 배관의 출구압력 = 배관의 입구압력 − 마찰손실압력
  $= 0.8[MPa] - 0.14896[MPa] = 0.65104 ≒ 0.65[MPa]$

답 | 0.65 [MPa]

11

득점 / 배점 4

할로겐화합물 및 불활성기체소화설비에 다음 조건과 같은 압력배관용 탄소강관(SPPS 420)을 사용할 때 최대 허용압력[MPa]을 구하시오.

> **조건**
>
> (1) 압력배관용 탄소강관(SPPS 420)의 인장강도는 420 [MPa], 항복점은 250 [MPa]이다.
> (2) 용접이음에 따른 허용값[mm]은 무시한다.
> (3) 전기저항 용접배관으로 배관이음효율은 0.85로 한다.
> (4) 배관의 최대 허용응력(SE)은 배관재질 인장강도의 1/4과 항복점의 2/3 중 작은 값(σ_t)을 기준으로 다음의 식을 적용한다.
>   SE = σ_t × 배관이음효율 × 1.2
> (5) 적용되는 배관 바깥지름은 114.3 [mm]이고, 두께는 6.0 [mm]이다.
> (6) 헤드 설치 부분은 제외한다.

O 계산과정 :

O 답 :

정답

✅ 계산과정

① 최대 허용응력 SE

- 인장강도 1/4 값 Ⓐ : $420 \times \dfrac{1}{4} = 105 [MPa]$

- 항복점의 2/3 값 Ⓑ : $250 \times \dfrac{2}{3} = 166.67 [MPa]$

SE = Ⓐ, Ⓑ 중 작은 값 × 배관이음효율 × 1.2
  (여기서 전기저항 용접배관의 이음효율 : 0.85)
   $= 105 \times 0.85 \times 1.2 = 107.1 [MPa]$

② 최대 허용압력 $P[MPa]$

$$P = \dfrac{2 \times 107.1[MPa] \times 6[mm]}{114.3[mm]} = 11.24[MPa]$$

답 | 11.24 [MPa]

참고 : 할로겐화합물 및 불활성기체소화설비의 배관 – 배관의 두께

배관의 두께는 다음의 식에서 구한 값(t) 이상일 것, 다만 방출헤드 설치부는 제외한다.

$$\text{배관의 두께}(t) = \dfrac{PD}{2SE} + A$$

P : 최대 허용압력[kPa]
D : 배관의 바깥지름[mm]
SE : 최대 허용응력[kPa]
  (인장강도 1/4 값과 항복점의 2/3 값 중 작은 값 × 배관이음효율 × 1.2)
  ※ 배관이음효율
  - 이음매 없는 배관 : 1
  - 전기저항 용접배관 : 0.85
  - 가열맞대기 용접배관 : 0.6
A : 나사이음, 홈이음 등의 허용 값[mm] (헤드의 설치부분은 제외)
  - 나사이음 : 나사의 높이
  - 절단홈이음 : 홈의 깊이
  - 용접이음 : 0

12

물분무소화설비의 화재안전기술기준 중 차고 또는 주차장의 배수설비에 관한 내용이다. 다음 물음에 답하시오.

가. 차량이 주차하는 장소에 배수구를 설치할 때, 경계턱 높이기준을 쓰시오.
　○답 :

나. 배수구에는 새어나온 기름을 모아 소화할 수 있는 기름분리장치에 대한 기준을 쓰시오.
　○답 :

다. 차량이 주차하는 바닥의 기울기의 기준을 쓰시오.
　○답 :

정답

가. 차량이 주차하는 장소의 적당한 곳에 높이 10 [cm] 이상의 경계턱으로 배수구를 설치할 것

나. 배수구에는 새어나온 기름을 모아 소화할 수 있도록 길이 40 [m] 이하마다 집수관·소화핏트 등 기름분리장치를 설치할 것

다. 차량이 주차하는 바닥은 배수구를 향하여 100분의 2 이상의 기울기를 유지할 것

13

경유를 저장하는 탱크의 내부직경 40 [m]인 플로팅루프탱크에 포소화설비의 특형 방출구를 설치하여 방호하려고 할 때 다음 물음에 답하시오.

조건

(1) 소화약제는 3 [%]의 단백포를 사용하며, 수용액의 분당 방출량은 12 [L/m^2·min], 방사시간은 20분으로 한다.
(2) 탱크 내면과 굽도리판의 간격은 2.5 [m]로 한다.
(3) 펌프의 효율은 60 [%], 전동기 전달계수는 1.2로 한다.
(4) 보조포 소화전설비는 없는 것으로 한다.

가. 상기 탱크의 특형 방출구에 의하여 소화하는 데 필요한 수용액량, 수원량, 포소화약제 원액량은 각각 몇 [L] 이상이어야 하는가?

　1) 수용액량[L]
　　○계산과정 :　　　○답 :

2) 수원량[L]
   - 계산과정 :   - 답 :
3) 원액량[L]
   - 계산과정 :   - 답 :

나. 펌프 분당 방수량[L/min]을 계산하시오.
   - 계산과정 :   - 답 :

다. 펌프의 전양정이 100 [m]라고 할 때 전동기의 출력은 몇 [kW] 이상이어야 하는가?
   - 계산과정 :   - 답 :

라. 팽창비에 대한 다음 각 물음에 답하시오.
   1) 팽창비공식 :
   2) 고발포일 때 팽창비기준 :
   3) 저발포일 때 팽창비기준 :

마. 저발포소화약제 5가지를 쓰시오.
   - 답 :

바. 포소화약제의 환원시간 25 [%]의 의미에 대하여 쓰시오.
   - 답 :

정답

가. 계산과정

1) 수용액량[L]

$$Q_{수용액}[L] = A[m^2] \times Q_A[L/m^2 \cdot min] \times T[min]$$

$$= \frac{\pi \times (40^2 - 35^2)}{4}[m^2] \times 12[L/m^2 \cdot min] \times 20[min] = 70685.83[L]$$

답 | 70685.83 [L]

2) 수원량[L]

$$Q_{수원}[L] = (A[m^2] \times Q_A[L/m^2 \cdot min] \times T[min]) \times (1-S)$$

$$= 70685.83 [L] \times 0.97 = 68565.26 [L]$$

답 | 68565.26 [L]

3) 원액량[L]

$$Q_{원액}[L] = (A[m^2] \times Q_A[L/m^2 \cdot min] \times T[min]) \times S$$

$$= 70685.83 [L] \times 0.03 = 2120.57 [L]$$

답 | 2120.57 [L]

나. 계산과정

$$Q[L/min] = A[m^2] \times Q_A[L/m^2 \cdot min]$$
$$= \frac{\pi \times (40^2 - 35^2)}{4}[m^2] \times 12[L/m^2 \cdot min] = 3534.29[L/min]$$

답 | 3534.29 [L/min]

다. 계산과정

$$P = \frac{9.8[kN/m^3] \times \frac{3.53429}{60}[m^3/s] \times 100[m]}{0.6} \times 1.2 = 115.45[kW]$$

답 | 115.45 [kW]

라. 1) 팽창비 = $\dfrac{\text{최종 발생한 포체적}}{\text{원래 포수용액체적}}$

2) 고발포일 때 팽창비기준 : 80 이상 1000 미만

3) 저발포일 때 팽창비기준 : 20 이하

마. 단백포, 수성막포, 내알코올포, 불화단백포, 합성계면활성제포

바. 발포된 포의 25 [%]가 원래 포수용액으로 되돌아가는 데 걸리는 시간

14 [배점 13]

그림은 어느 공장에 설치된 지하 매설 소화용 배관도이다 '가' ~ '마'까지의 각각의 옥외소화전의 측정수압이 표와 같을 때 다음 각 물음에 답하시오.

위치 압력[MPa]	가	나	다	라	마
정압	0.557	0.517	0.572	0.586	0.552
방사압력	0.49	0.379	0.296	0.172	0.096

* 방사압력은 소화전의 노즐 캡을 열고 소화전 본체 직근에서 측정한 Residual Pressure을 말한다.

가. 다음은 동수경사선(Hydraulic Gradient)을 작성하기 위한 과정이다. 주어진 자료를 활용하여 표의 빈 곳을 채우시오. (단, 계산과정을 보일 것)

항목 소화전	구경 [mm]	실관장 [m]	측정압력 [MPa]		펌프로부터 각 소화전까지 전 마찰손실 [MPa]	소화전 간의배관 마찰손실 [MPa]	Gauage Elevation [MPa]	경사선의 Elevation [MPa]
			정압	방사압력				
가	-	-	0.557	0.49	①	-	0.029	0.519
나	200	277	0.517	0.379	②	⑤	0.069	⑩
다	200	152	0.572	0.296	③	0.138	⑧	0.31
라	150	133	0.586	0.172	0.414	⑥	0	⑪
마	200	277	0.552	0.096	④	⑦	⑨	⑫

(단, 기준 elevation으로부터의 정압은 0.586 [MPa]으로 본다)

나. 상기 (가)항에서 완성된 표를 자료로 하여 답안지의 동수경사선과 Pipe Profile 을 완성하시오.

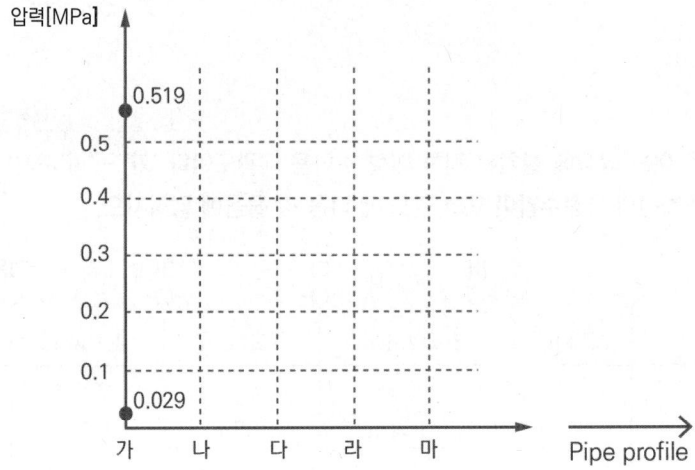

정답

가. - 펌프로부터 각 소화전까지 전 마찰손실(정압 - 방사압)
  ① 0.557 - 0.49 = 0.067   답 | 0.067 [MPa]
  ② 0.517 - 0.379 = 0.138   답 | 0.138 [MPa]
  ③ 0.572 - 0.296 = 0.276   답 | 0.276 [MPa]
  ④ 0.552 - 0.096 = 0.456   답 | 0.456 [MPa]

- 소화전 간의 배관 마찰손실(소화전과 소화전 사이의 압력 차)
  ⑤ 0.138 - 0.067 = 0.071 (② - ①)   답 | 0.071 [MPa]
  ⑥ 0.414 - 0.276 = 0.138 (0.414 - ③)   답 | 0.138 [MPa]
  ⑦ 0.456 - 0.414 = 0.042 (④ - 0.414)   답 | 0.042 [MPa]

- Gauage Elevation(기준정압 - 정압)
  ⑧ 0.586 - 0.572 = 0.014   답 | 0.014 [MPa]
  ⑨ 0.586 - 0.552 = 0.034   답 | 0.034 [MPa]

- 경사선의 Elevation(방사압력 + Gauage Elevation)
  ⑩ 0.379 + 0.069 = 0.448   답 | 0.448 [MPa]
  ⑪ 0.172 + 0 = 0.172   답 | 0.172 [MPa]
  ⑫ 0.096 + 0.034 = 0.13   답 | 0.13 [MPa]

나.

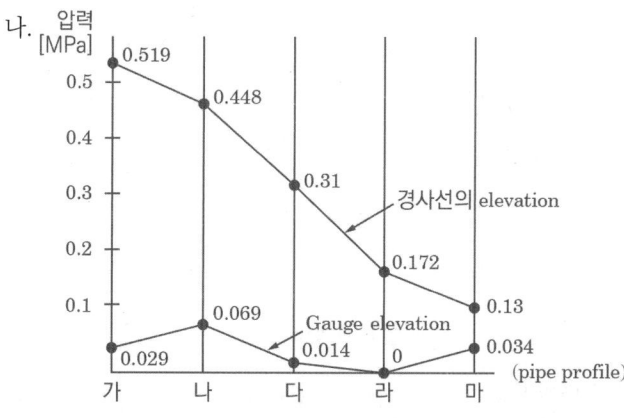

항목\소화전	구경 [mm]	실관장 [m]	측정압력 [MPa]		펌프로부터 각 소화전까지 전 마찰손실 [MPa]	소화전 간의배관 마찰손실 [MPa]	Gauage Elevation [MPa]	경사선의 Elevation [MPa]
			정압	방사압력				
가	-	-	0.557	0.49	① 정압 - 방사압력	-	0.029	0.519
나	200	277	0.517	0.379	② 정압 - 방사압력	⑤ ② - ①	0.069	⑩ 방사압력 + Gauage Elevation

항목 소화전	구경 [mm]	실관장 [m]	측정압력 [MPa]		펌프로부터 각 소화전까지 전 마찰손실 [MPa]	소화전 간의배관 마찰손실 [MPa]	Gauage Elevation [MPa]	경사선의 Elevation [MPa]
			정압	방사압력				
다	200	152	0.572	0.296	③ 정압 - 방사압력	0.138	⑧ 0.586 - 정압	0.31
라	150	133	0.586	0.172	0.414	⑥ 0.414 - ③	0	⑪ 방사압력 + Gauage Elevation
마	200	277	0.552	0.096	④ 정압 - 방사압력	⑦ ④ - 0.414	⑨ 0.586 - 정압	⑫ 방사압력 + Gauage Elevation

> 정압(Static Pressure)과 잔여압력(Residual Pressure)
> 1) 정압(Static Pressure)
>   방출되지 않는 상태에서 시험 압력계에 지시되는 압력
> 2) 잔여압력(Residual Pressure)
>   방출하고 있는 소화전(Flow Hydrants)에서 유동 값이 측정될 때, 소화전 직근에서 측정된 급수설비의 압력(정압)

15

다음은 펌프의 성능에 관한 내용이다. 다음 물음에 답하시오.

가. 체절운전점에 대해 설명하시오.

　○답 :

나. 100 [%] 운전점(설계점)에 대해 설명하시오.

　○답 :

다. 150 [%] 운전점에 대해 설명하시오.

　○답 :

라. 펌프의 성능곡선(유량 - 양정)을 그리시오.

　○답 :

마. 옥내소화전설비가 4개 설치된 특정소방대상물에 설치된 펌프의 성능시험표이다. 해당 성능시험표의 빈 칸을 채우시오.

구분	체절운전	정격운전	과부하운전
유량 Q [L/min]	0	260	ⓒ
압력 P [MPa]	ⓐ	0.7	ⓔ

정답

가. 토출량이 0인 상태로 운전 시 압력은 정격압력의 140 [%]를 넘지 않을 것

나. 정격토출량(100 [%])으로 운전 시 정격토출압력(100 [%])로 운전할 것

다. 정격토출량의 150 [%]로 운전 시 정격토출압력의 65 [%] 이상으로 운전할 것

라.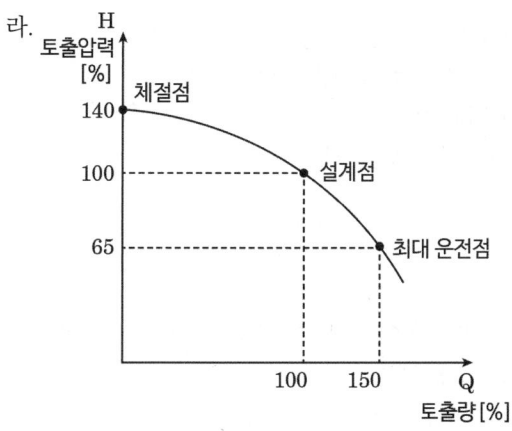

마. ⓐ P = 0.7 [MPa] × 1.4 = 0.98 [MPa]
ⓒ Q = 260 [L/min] × 1.5 = 390 [L/min]
ⓔ P = 0.7 [MPa] × 0.65 = 0.46 [MPa]

16

다음 그림은 어느 실들의 평면도이다. 이 실들 중 A실을 급기가압하고자 할 때 주어진 조건을 이용하여 다음을 구하시오.

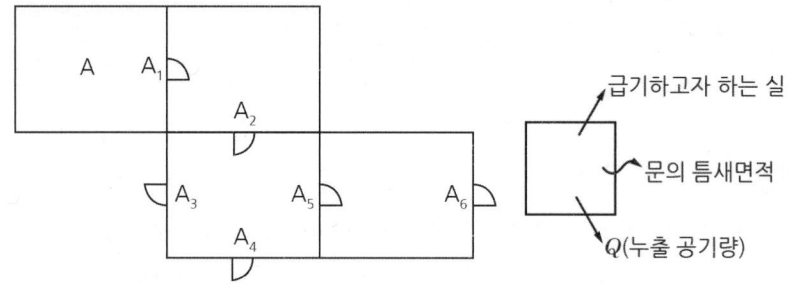

조건

(1) 실외부 대기의 기압은 절대압력으로 101.3 [kPa]로서 일정하다.
(2) A실에 유지하고자 하는 기압은 절대압력으로 101.4 [kPa]이다.
(3) 각 실의 문들의 틈새면적은 0.01 [m²]이다.
(4) 급기량(Q)은 $Q = 0.827 \times A \times \sqrt{P}$ 으로 계산한다.

여기서 Q : 급기량[m³/s]
A : 틈새면적[m²], P : 차압[Pa]

가. A실의 전체 누설틈새면적[m²] (단, 소수점 아래 여섯째자리에서 반올림하여 소수점 아래 다섯째자리까지 나타내시오)

　○ 계산과정 :

　○ 답 :

나. A실에 유입해야 할 풍량[m³/s] (단, 소수점 아래 다섯째자리에서 반올림하여 소수점 아래 넷째자리까지 나타내시오)

　○ 계산과정 :

　○ 답 :

정답

☑ 계산과정

가.

> **틈새면적[m²]의 합계 구하는 공식**
> 1. 병렬상태인 경우 : $A_T[m^2] = A_1 + A_2 + \cdots + A_n$
> 2. 직렬상태인 경우
> $$A_T[m^2] = \frac{1}{\sqrt{\left(\frac{1}{A_1^2} + \frac{1}{A_2^2} + \cdots + \frac{1}{A_n^2}\right)}} = \left(\frac{1}{A_1^2} + \frac{1}{A_2^2} + \cdots + \frac{1}{A_n^2}\right)^{-\frac{1}{2}}$$

① 직렬상태 $A_5, A_6 = \left(\dfrac{1}{0.01^2} + \dfrac{1}{0.01^2}\right)^{-\frac{1}{2}} = 0.00707[m^2]$

② 병렬상태 $A_3, A_4, A_{5-6} = 0.01 + 0.01 + 0.00707 = 0.02707[m^2]$

③ 직렬상태 $A_1, A_2, A_{3-6} = \left(\dfrac{1}{0.01^2} + \dfrac{1}{0.01^2} + \dfrac{1}{0.02707^2}\right)^{-\frac{1}{2}} = 0.00684[m^2]$

답 | 0.00684 [m²]

나. ① 차압

$\triangle P = 101400 - 101300 = 100[Pa]$

② 급기량

$Q = 0.827 \times A_T \times \sqrt{P} = 0.827 \times 0.00684 \times \sqrt{100} = 0.0566\ [m^3/s]$

답 | 0.0566 [m³/s]

2020년 5회

2020.11.14

01
배점 3

소화펌프의 유량 240 [m³/h], 양정 80 [m], 회전수 1565 [rpm]로 가압송수하고 있다. 해당 소화펌프의 시험결과 최상층의 법정토출압력에 적합하기에 양정이 20 [m] 부족하다. 펌프의 양정을 20 [m] 올리기 위해 필요한 회전수[rpm]를 구하시오.

○ 계산과정:

○ 답:

보충 ▶ 이 문제를 풀 때 유량조건은 쓰이지 않는다.

정답

☑ 계산과정

$H_1 = 80\,[\mathrm{m}]$, $N_1 = 1565\,[\mathrm{rpm}]$, $H_2 = 80+20\,[\mathrm{m}] = 100\,[\mathrm{m}]$, $N_2 = ?\,[\mathrm{rpm}]$

양정 [m](압력) $H_2 = H_1 \times \left(\dfrac{N_2}{N_1}\right)^2$ 이므로 $100 = 80 \times \left(\dfrac{N_2}{1565}\right)^2$ 이다.

$N_2 = 1565 \times \sqrt{\dfrac{100}{80}} = 1749.72\,[\mathrm{rpm}]$

답 | 1749.72 [rpm]

02

주어진 평면도와 설계조건을 기준으로 방호대상구역별로 소요되는 전역방출방식의 할론소화설비에서 각 실의 방출 노즐당 설계방출량[kg/s]을 구하시오.

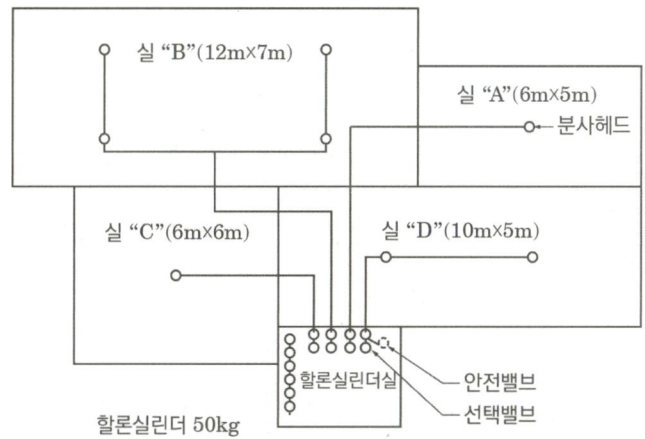

[할론 배관 평면도]

조건

(1) 할론저장용기는 고압식 용기로서 각 용기의 약제량은 50 [kg]이다.
(2) 용기밸브의 작동방식은 가스압력식으로 한다.
(3) 방호구역은 4개구역으로서 각 구역마다 개구부는 무시한다.
(4) 각 방호대상구역에서 체적[m^3]당 소요약제량 기준은 다음과 같다.

A실	B실	C실	D실
0.33 [kg/m^3]	0.52 [kg/m^3]	0.33 [kg/m^3]	0.52 [kg/m^3]

(5) 각 실의 바닥으로부터 천장까지의 높이는 모두 5 [m]이다.
(6) 분사헤드의 수량은 도면 수량을 기준으로 한다.
(7) 설계방출량[kg/s] 계산 시 약제용량은 적용되는 용기의 용량을 기준으로 한다.

가. A실의 방출노즐당 설계방출량[kg/s]

  ○ 계산과정 :

  ○ 답 :

나. B실의 방출노즐당 설계방출량[kg/s]

  ○ 계산과정 :

  ○ 답 :

다. C실의 방출노즐당 설계방출량[kg/s]

  ○ 계산과정 :

  ○ 답 :

라. D실의 방출노즐당 설계방출량[kg/s]
　○ 계산과정 :
　○ 답 :

정답

참고 할론소화설비(할론 1301) 전역방출방식 약제량 산정

$W = (V \times \alpha) + (A \times \beta)$

W : 약제량 [kg], V : 방호구역체적 [m³]
α : 방호구역 1 [m³]에 대한 소화약제의 양 [kg/m³]
A : 개구부면적 [m²], β : 개구부 가산량 [kg/m²]
(개구부에 자동폐쇄장치 미설치 시 가산)

소방대상물 또는 그 부분	방호구역의 체적 1 [m³]당 소화약제의 양 [kg/m³] α	개구부 가산량 [kg/m²] β
• 차고, 주차장, 전기실, 전산실, 통신기기실 등 이와 유사한 전기설비 • 특수가연물(가연성 고체류, 가연성 액체류, 합성수지류)을 저장·취급하는 소방대상물 또는 그 부분	0.32 이상 0.64 이하	2.4
특수가연물(면화류, 나무껍질 및 대팻밥, 넝마 및 종이부스러기, 사류, 볏짚류, 목재가공품 및 나무부스러기)을 저장·취급하는 소방대상물 또는 그 부분	0.52 이상 0.64 이하	3.9

※ 방호구역의 체적 1 [m³]당 소화약제의 양 [kg/m³]은 조건 (4)를 적용한다.

☑ 계산과정

가. ① 소요약제량 : (6 × 5 × 5) [m³] × 0.33 [kg/m³] = 49.5 [kg]

　② 용기 수 : $\dfrac{49.5[kg]}{50[kg/병]} = 0.99[병] ≒ 1[병]$

　③ 방출량 : $\dfrac{50[kg/병] \times 1[병]}{1[개] \times 10[s]} = 5[kg/s]$

답 | 5 [kg/s]

나. ① 소요약제량 : (12 × 7 × 5) [m³] × 0.52 [kg/m³] = 218.4 [kg]

　② 용기 수 : $\dfrac{218.4[kg]}{50[kg/병]} = 4.37[병] ≒ 5[병]$

　③ 방출량 : $\dfrac{50[kg/병] \times 5[병]}{4[개] \times 10[s]} = 6.25[kg/s]$

답 | 6.25 [kg/s]

다. ① 소요약제량 : (6 × 6 × 5) [m³] × 0.33 [kg/m³] = 59.4 [kg]

② 용기 수 : $\dfrac{59.4[kg]}{50[kg/병]} = 1.19[병] ≒ 2[병]$

③ 방출량 : $\dfrac{50[kg/병] \times 2[병]}{1[개] \times 10[s]} = 10[kg/s]$

답 | 10 [kg/s]

라. ① 소요약제량 : (10 × 5 × 5) [m³] × 0.52 [kg/m³] = 130 [kg]

② 용기 수 : $\dfrac{130[kg]}{50[kg/병]} = 2.6[병] ≒ 3[병]$

③ 방출량 : $\dfrac{50[kg/병] \times 3[병]}{2[개] \times 10[s]} = 7.5[kg/s]$

답 | 7.5 [kg/s]

03   득점   배점 7

경유를 저장하는 내부직경이 50 [m]인 플로팅루프탱크에 포소화설비를 설치하여 방호하려고 할 때 다음 물음에 답하시오.

조건

(1) 소화약제는 3 [%]용의 단백포를 사용하며, 수용액의 분당 방출량은 8 [L/m²·min]이고, 방사시간은 30분으로 한다.
(2) 포소화약제의 혼합방식은 라인프로포셔너방식이다.
(3) 펌프의 효율은 65 [%]이다.
(4) 탱크 내면과 굽도리판의 간격은 1 [m]로 한다.
(5) 전양정은 80 [m]이다.

가. 탱크의 액표면적[m²]을 구하시오.

○ 계산과정 :

○ 답 :

나. 상기 탱크를 소화하는 데 필요한 포수용액의 양[L], 포원액의 양[L], 수원의 양[L]을 구하시오.

1) 포수용액의 양[L]

○ 계산과정 :

○ 답 :

2) 포원액의 양[L]

○ 계산과정 :

○ 답 :

3) 수원의 양[L]
  ㅇ 계산과정 :
  ㅇ 답 :

다. 수원의 펌프 동력[kW]을 구하시오.
  ㅇ 계산과정 :
  ㅇ 답 :

정답

☑ 계산과정

가. $\dfrac{\pi \times (50^2 - 48^2)}{4}[m^2] = 153.94[m^2]$

답 | 153.94 [m²]

나. 1) 포수용액의 양[L]
$Q[L] = A[m^2] \times Q_A[L/m^2 \cdot min] \times T[min]$
$= 153.94\,[m^2] \times 8\,[L/m^2 \cdot min] \times 30\,[min] = 36945.6\,[L]$

답 | 36945.6 [L]

2) 포원액의 양[L]
$Q[L] = (A[m^2] \times Q_A[L/m^2 \cdot min] \times T[min]) \times S$
$= 36945.6\,[L] \times 0.03 = 1108.37\,[L]$

답 | 1108.37 [L]

3) 수원의 양[L]
$Q[L] = (A[m^2] \times Q_A[L/m^2 \cdot min] \times T[min]) \times (1-S)$
$= 36945.6\,[L] \times 0.97 = 35837.23\,[L]$

답 | 35837.23 [L]

다. $P = \dfrac{\gamma Q H}{\eta} \times K$

여기서 $Q = 153.94[m^2] \times 8[L/m^2 \cdot min] = 1231.52[L/min]$

$P = \dfrac{\gamma Q H}{\eta} \times K = \dfrac{9.8[kN/m^3] \times \dfrac{1.23152}{60}[m^3/s] \times 80[m]}{0.65} = 24.76[kW]$

답 | 24.76 [kW]

04 [배점 11]

지하 2층, 지상 12층의 사무소 건물에 있어서 스프링클러설비를 설계하려고 한다. 해당 스프링클러설비를 화재안전기술기준과 다음 조건을 이용하여 각 물음에 답하시오.

[조건]
(1) 11층 및 12층에 설치하는 폐쇄형 스프링클러헤드의 수량은 각각 80개이다.
(2) 입상배관의 내경은 150 [mm]이고, 배관길이는 40 [m]이다.
(3) 펌프의 풋밸브로부터 최상층 스프링클러헤드까지의 실양정은 50 [m]이다.
(4) 입상배관의 마찰손실수두를 제외한 펌프의 풋밸브로부터 최상층의 가장 먼 스프링클러헤드까지 마찰손실수두는 15 [m]이다.
(5) 모든 규격치는 최소량을 적용한다.
(6) 펌프의 효율은 65 [%]이다.

가. 펌프가 가져야 할 정격송수량[L/min]을 구하시오.
　○ 계산과정 :
　○ 답 :

나. 수원의 최소 유효저수량[m³]을 구하시오. (단, 옥상수원은 고려하지 않는다)
　○ 계산과정 :
　○ 답 :

다. 입상관에서의 마찰손실수두[m]을 구하시오. (단, 입상배관은 직관으로 간주하며, 달시 - 웨버식을 사용하고, 마찰손실계수는 0.02이다)
　○ 계산과정 :
　○ 답 :

라. 펌프가 가져야 할 정격 송출압력[kPa]을 구하시오.
　○ 계산과정 :
　○ 답 :

마. 펌프의 운전에 필요한 전동기의 최소 동력[kW]을 구하시오.
　○ 계산과정 :
　○ 답 :

바. 불연재료로 된 천장에 헤드를 아래 그림과 같이 정방형으로 배치하려고 한다. A 및 B의 최대 길이[m]를 계산하시오. (단, 건물은 내화구조이다)

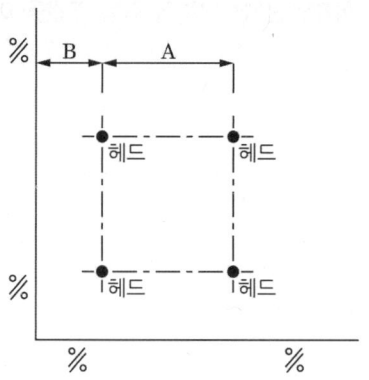

○ 계산과정 :

○ 답 :

정답

☑ 계산과정

가. Q = 30 [개] × 80 [L/min] = 2400 [L/min]

(지하층을 제외한 층수가 11층 이상의 특정소방대상물 : 기준개수 30개)

※ 폐쇄형 스프링클러헤드를 사용하는 경우 설치장소별 기준개수

[스프링클러설비의 설치장소별 스프링클러헤드의 기준개수]

스프링클러설비의 설치장소			기준개수
지하층을 제외한 층수가 10층 이하인 특정소방대상물	공장	특수가연물을 저장·취급하는 것	30개
		그 밖의 것	20개
	근린생활시설, 판매시설·운수시설 또는 복합건축물	판매시설 또는 복합건축물(판매시설이 설치되는 복합건축물)	30개
		그 밖의 것	20개
	그 밖의 것	헤드의 부착높이가 8 [m] 이상의 것	20개
		헤드의 부착높이가 8 [m] 미만의 것	10개
지하층을 제외한 층수가 11층 이상인 특정소방대상물·지하가 또는 지하역사			30개
[비고] 하나의 소방대상물이 2 이상의 "스프링클러헤드의 기준개수"란에 해당하는 때에는 기준개수가 많은 것을 기준으로 한다. 다만 각 기준개수에 해당하는 수원을 별도로 설치하는 경우에는 그렇지 않다.			

답 | 2400 [L/min]

나. 2400 [L/min] × 20 [min] = 48000 [L] = 48 [m³]

답 | 48 [m³]

다. $h = f \times \dfrac{L}{D} \times \dfrac{V^2}{2g} = 0.02 \times \dfrac{40}{0.15} \times \dfrac{2.264^2}{2 \times 9.8} = 1.39 [m]$

$\left(V = \dfrac{4Q}{\pi D^2} = \dfrac{4 \times \dfrac{2.4}{60}[m^3/s]}{\pi \times (0.15)^2 [m^2]} = 2.264 [m/s] \right)$

TIP ▶ 마찰손실수두 h를 구할 때 V에 10 [m/s]를 대입하는 실수 유의할 것

답 | 1.39 [m]

라. • 전양정 = 50 + (15 + 1.39) + 10 = 76.39 [m]
  • 양정[m]을 압력[kPa]으로 전환
  $76.39 [m] \times \dfrac{101.325 [kPa]}{10.332 [m]} = 749.15 [kPa]$

답 | 749.15 [kPa]

마. $P = \dfrac{9.8 [kN/m^3] \times \dfrac{2.4}{60}[m^3/s] \times 76.39 [m]}{0.65} = 46.07 [kW]$

답 | 46.07 [kW]

바. S = 2 × 2.3 × cos45° = 3.25 [m](벽과 헤드 간 거리는 $\dfrac{1}{2}$이하이므로

$3.25 \times \dfrac{1}{2} = 1.63 [m]$)

∴ A = 3.25 [m], B = 1.63 [m]

답 | A = 3.25 [m], B = 1.63 [m]

05

득점 _____ 배점 9

그림과 같은 옥내소화전설비를 다음 조건과 화재안전기술기준에 따라 설치하려고 한다. 각 물음에 답하시오.

조건

(1) P_1 = 옥내소화전펌프, P_2 = 일반용 펌프이다.
(2) 펌프의 풋밸브로부터 9층 옥내소화전함 호스접결구까지의 마찰손실 및 저항손실수두는 실양정의 25 [%]로 한다.
(3) 펌프의 효율은 70 [%]이다.
(4) 옥내소화전의 개수는 각 층당 2개씩이다.
(5) 소방호스의 마찰손실수두는 7.8 [m]이다.
(6) 펌프 P_1의 풋밸브와 바닥면과의 간격은 0.2 [m]이다.

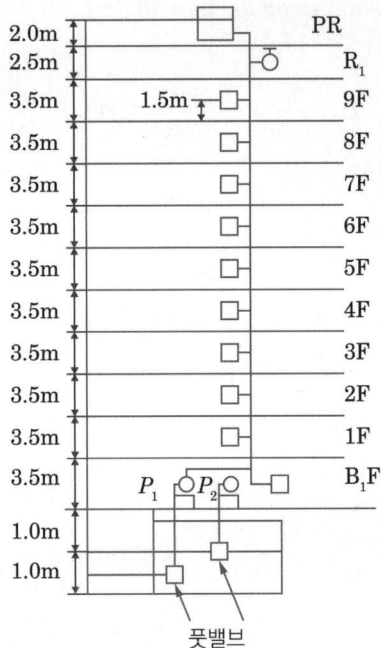

가. 펌프의 최소 유량[L/min]을 구하시오.

　　○ 계산과정 :

　　○ 답 :

나. 수원의 최소 유효저수량[m³]을 구하시오. (단, 옥상수원은 고려하지 않는다)

　　○ 계산과정 :

　　○ 답 :

다. 펌프의 양정[kPa]을 구하시오.

　　○ 계산과정 :

　　○ 답 :

라. 펌프의 축동력[kW]을 구하시오.

　　○ 계산과정 :

　　○ 답 :

정답

☑ 계산과정

가. Q = 2 [개] × 130 [L/min] = 260 [L/min]

답 | 260 [L/min]

나. $260[L/min] \times 20[min] = 5200[L] = 5.2[m^3]$

답 | 5.2 [m³]

다. ① 실양정 = (1 - 0.2) + 1 + 3.5 × 9 + 1.5 = 34.8 [m]
② 전양정 = 34.8 + (34.8 × 0.25) + 7.8 + 17 = 68.3 [m]

$$\therefore 68.3[m] \times \frac{101.325[kPa]}{10.332[m]} = 669.81[kPa]$$

답 | 669.81 [kPa]

라. $P[kW] = \dfrac{\gamma[kN/m^3] \times Q[m^3/s] \times H[m]}{\eta}$

$$P = \frac{9.8[kN/m^3] \times \frac{0.26}{60}[m^3/s] \times 68.3[m]}{0.7} = 4.14[kW]$$

답 | 4.14 [kW]

06

득점 ___ 배점 4

이산화탄소소화설비의 전역방출방식에 있어서 표면화재 방호대상물의 경우 방호구역 체적에 따른 소화약제 및 최저한도의 양에 대한 표를 나타낸 것이다. 빈칸에 적당한 수치를 채우시오.

방호구역의 체적	방호구역의 1 [m³]에 대한 소화약제의 양	소화약제 저장량의 최저한도의 양
45 [m³] 미만	(㉠) [kg]	(㉢) [kg]
45 [m³] 이상 150 [m³] 미만	0.9 [kg]	
150 [m³] 이상 1450 [m³] 미만	(㉡) [kg]	135 [kg]
1450 [m³] 이상	0.75 [kg]	(㉣) [kg]

정답

㉠ 1, ㉡ 0.8, ㉢ 45, ㉣ 1125

07

9 [m] × 10 [m] × 8 [m]의 전기실에 다음의 할로겐화합물 및 불활성기체소화설비를 설치하고자 한다. 다음의 조건과 국가화재안전기술기준을 참고하여 다음 물음에 답하시오.

[조건]
(1) 방호구역의 온도는 50 [℃]이며, 20 [℃]에서의 소화약제 비체적은 0.697 [m³/kg]이다.
(2) IG-541 용기는 80 [L]용 12.4 [m³]를 적용한다.
(3) 불활성기체소화약제의 설계농도는 37 [%]이다.
(4) 소화약제량 산정 시 선형상수를 이용하도록 한다.

약제	K1	K2
IG-541	0.65799	0.00239

가. IG-541의 소화약제의 필요 약제량[m³]을 구하시오.
  ○ 계산과정:
  ○ 답:

나. IG-541의 최소 약제용기의 개수[병]을 구하시오.
  ○ 계산과정:
  ○ 답:

[정답]

✓ 계산과정

가. $X[m^3] = 2.303 \times \dfrac{V_s[m^3/kg]}{S[m^3/kg]} \times \log\left[\dfrac{100}{100-C[\%]}\right] \times V[m^3]$

$V_S = 0.697 [m^3/kg]$ ← 조건 (1)에 주어진 비체적

$S = K_1 + K_2 \times t = 0.65799 + 0.00239 \times 50 = 0.77749 [m^3/kg]$

$C = 37 [\%]$ (주어진 [조건]이 소화농도가 아닌 설계농도임을 조심해야 한다)

$V = 9 \times 10 \times 8 = 720 [m^3]$

∴ $X = 2.303 \times \dfrac{0.697}{0.77749} \times \log\left(\dfrac{100}{100-37}\right) \times 720 = 298.28 [m^3]$

※ 20 [℃]에서의 소화약제 비체적

1) 조건 (1)에 주어진 20 [℃]에서의 소화약제 비체적
   $V_S = 0.697 [m^3/kg]$

2) 조건 (4)의 선형상수를 통해 산출한 20 [℃]에서의 소화약제 비체적
   $V_S = K_1 + K_2 \times 20 = 0.65799 + 0.00239 \times 20 = 0.70579 [m^3/kg]$

조건 (1)에 주어진 값과 조건 (4)에 의해 산출한 20 [℃]에서의 소화약제 비체적이 서로 다르나, 조건 (1)에 명확하게 "20 [℃]에서의 소화약제 비체적"으로 명시하였으므로 조건 (1)의 값을 적용하여 풀이한다.

답 | 298.28 [m³]

나. 병 수 = $\dfrac{298.28 [m^3]}{12.4 [m^3/병]}$ = 24.05 [병] ≒ 25 [병]

답 | 25 [병]

08

배점 6

아래 그림과 같이 물이 흐르는 배관의 ⓐ점은 직경 50 [mm], 압력 12 [kPa], ⓑ점은 직경 50 [mm], 압력 11.5 [kPa], ⓒ점은 직경 30 [mm], 압력 10.5 [kPa]이며, 유량은 5 [L/s]이다. 각 물음에 답하시오.

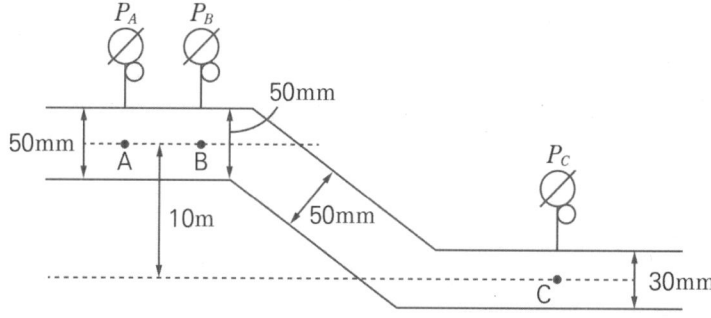

가. ⓐ지점에서 유속[m/s]을 구하시오.

　○ 계산과정 :　　　　　　　○ 답 :

나. ⓒ지점에서 유속[m/s]을 구하시오.

　○ 계산과정 :　　　　　　　○ 답 :

다. ⓐ지점과 ⓑ지점 간의 마찰손실[m]을 구하시오.

　○ 계산과정 :　　　　　　　○ 답 :

라. ⓐ지점과 ⓒ지점 간의 마찰손실[m]을 구하시오.

　○ 계산과정 :　　　　　　　○ 답 :

정답

☑ 계산과정

가. $V_A = \dfrac{4Q}{\pi D_A^2} = \dfrac{4 \times 5 \times 10^{-3}[m^3/s]}{\pi \times 0.05^2[m^2]} = 2.546 ≒ 2.55[m/s]$

답 | 2.55 [m/s]

나. $V_C = \dfrac{4Q}{\pi D_C^2} = \dfrac{4 \times 5 \times 10^{-3}[m^3/s]}{\pi \times 0.03^2[m^2]} = 7.074 ≒ 7.07[m/s]$

답 | 7.07 [m/s]

다. $\dfrac{P_A}{\gamma} + \dfrac{V_A^2}{2g} + Z_A = \dfrac{P_B}{\gamma} + \dfrac{V_B^2}{2g} + Z_B + h_L$

여기서 $V_A = V_B$ (∵ Ⓐ점과 Ⓑ점의 배관구경이 동일하므로), $Z_A = Z_B$

$h_L = \dfrac{P_A - P_B}{\gamma} = \dfrac{(12 - 11.5)[kPa]}{9.8[kN/m^3]} = 0.051 ≒ 0.05[m]$

답 | 0.05 [m]

라. $\dfrac{P_A}{\gamma} + \dfrac{V_A^2}{2g} + Z_A = \dfrac{P_C}{\gamma} + \dfrac{V_C^2}{2g} + Z_C + h_L$

$h_L = \dfrac{P_A - P_C}{\gamma} + \dfrac{V_A^2 - V_C^2}{2g} + (Z_A - Z_C)$

$= \dfrac{(12 - 10.5)[kPa]}{9.8[kN/m^3]} + \dfrac{(2.55^2 - 7.07^2)[m/s]^2}{2 \times 9.8[m/s^2]} + 10[m] = 7.934 ≒ 7.93[m]$

답 | 7.93 [m]

09

한 개의 방호구역으로 구성된 가로 15 [m], 세로 26 [m], 높이 7 [m]인 랙식 창고에 특수가연물을 저장하고 있고 라지드롭형 스프링클러헤드를 정방형으로 설치하려고 한다. 해당 창고에 설치되는 스프링클러헤드의 총 개수를 구하시오. (단, 건축구조는 비내화구조이며 주어진 조건 외의 것은 고려하지 않는다)

○ 계산과정 :

○ 답 :

정답

✓ 계산과정

설치장소별 수평거리 R

설치장소	수평거리(R)
• 특수가연물을 저장 또는 취급하는 장소 • 무대부	1.7 [m] 이하
• 기타구조로 된 경우 • 라지드롭형 스프링클러헤드를 설치하는 창고 　(단, ① 특수가연물을 저장 또는 취급하는 창고 : 1.7 [m] 이하 　　　② 내화구조로 된 창고 : 2.3 [m] 이하)	2.1 [m] 이하
• 내화구조로 된 경우	2.3 [m] 이하
• 아파트등의 세대 내	2.6 [m] 이하

R(수평거리) = 1.7 [m]

① S(헤드 간 거리) = $2R\cos\theta = 2 \times 1.7 \times \cos 45 = 2.404 [m]$

② 가로 변에 설치할 헤드 수 : $\dfrac{15[m]}{2.404[m/개]} = 6.24[개] ≒ 7[개]$

③ 세로 변에 설치할 헤드 수 : $\dfrac{26[m]}{2.404[m/개]} = 10.82[개] ≒ 11[개]$

④ 랙 높이에 따른 열 수 : $\dfrac{7[m]}{3[m/열]} = 2.33 \Rightarrow 3열$

⑤ 설치할 총 헤드 수 : 7 [개] × 11 [개] × 3 [열] = 231 [개]

답 | 231개

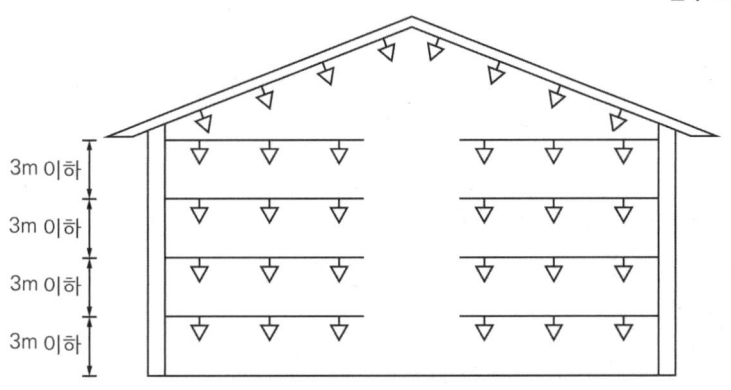

[랙식 창고 – 라지드롭형 스프링클러헤드를 랙 높이 3 [m] 이하마다 설치]

보충 ▶ 스프링클러설비의 화재안전기술기준, 공동주택의 화재안전기술기준 및 창고시설의 화재안전기술기준에 명시된 내용을 반영한 표

보충 ▶ 랙식 창고의 경우에는 라지드롭형 스프링클러헤드를 랙 높이 3 [m] 이하마다 설치할 것

10

어느 특정소방대상물에 옥외소화전 2개를 설치하려고 한다. 다음 물음에 답하시오.

배점 8

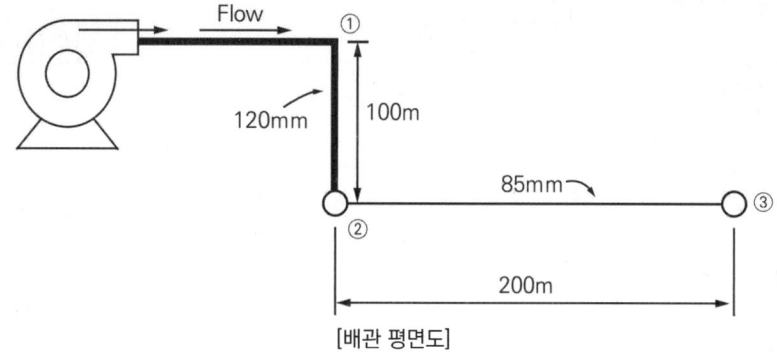

[배관 평면도]

조건

(1) ①~②구간의 배관길이는 100 [m]이며, 배관의 관경은 120 [mm], 유량은 700 [L/min]이다.

(2) ②~③구간의 배관길이는 200 [m]이며, 배관의 관경은 85 [mm], 유량은 350 [L/min]이다.

(3) 호스 및 관 부속품에 의한 마찰손실은 무시하며, 수원은 펌프보다 1 [m] 아래에 있다.

(4) $\Delta P = 6.053 \times 10^4 \times \dfrac{Q^{1.85}}{C^{1.85} \times D^{4.87}} \times L$

여기서 ΔP : 마찰손실압 [MPa]
Q : 배관 유량 [L/min], C : 관의 조도
D : 배관의 내경 [mm], L : 배관길이 [m]

가. ①~②구간 배관의 마찰손실수두[m]을 구하시오. (단, 하젠-윌리엄의 식을 사용하고, 조도는 120이다)

○ 계산과정 :

○ 답 :

나. ②~③구간 배관의 마찰손실수두[m]을 구하시오. (단, 하젠-윌리엄의 식을 사용하고, 조도는 120이다)

○ 계산과정 :

○ 답 :

다. 펌프의 토출압력[kPa]은? (방사압은 화재안전기술기준상 최소압력으로 구한다)

○ 계산과정 :

○ 답 :

라. 방수량이 350 [L/min]이고, 방수압력이 0.25 [MPa]인 옥외소화전설비가 있다. 이때 방수량이 500 [L/min]로 변경되었을 때 방수압력[kPa]을 구하시오.
○ 계산과정 :
○ 답 :

정답

☑ 계산과정

가. 하젠-윌리엄의 식 $\Delta P = 6.053 \times 10^4 \times \dfrac{Q^{1.85}}{C^{1.85} \times D^{4.87}} \times L$ (C = 120)

$\Delta P = 6.053 \times 10^4 \times \dfrac{700^{1.85}}{120^{1.85} \times 120^{4.87}} \times 100 = 0.0118 [MPa]$

압력을 양정으로 변환 $0.0118 [MPa] \times \dfrac{10.332 [mAq]}{0.101325 [MPa]} = 1.20 [m]$

답 | 1.2 [m]

나. $\Delta P = 6.053 \times 10^4 \times \dfrac{350^{1.85}}{120^{1.85} \times 85^{4.87}} \times 200 = 0.0352 [MPa]$

압력을 양정으로 변환 $0.0352 [MPa] \times \dfrac{10.332 [mAq]}{0.101325 [MPa]} = 3.59 [m]$

답 | 3.59 [m]

다. $H = h_1 + h_2 + h_3 + 25 = 1 + 1.2 + 3.59 + 25 = 30.79 [m]$

압력을 양정으로 변환 $30.79 [m] \times \dfrac{101.325 [kPa]}{10.332 [mAq]} = 301.95 [kPa]$

※ 유의

조건상의 그림은 '평면도'이므로 ① ~ ②구간의 길이 100 [m]는 낙차가 아니다. 따라서 펌프의 전양정을 구할 때 실양정은 수원이 펌프보다 1 [m] 아래에 있으므로 흡입 측 실양정만 고려한다. 또한 토출 측 실양정은 조건상 언급되지 않았으므로 무시한다.
(평면도 : 건물이나 물체의 위치를 알기 위해서 위에서 내려다본 모습을 그린 그림)

답 | 301.95 [kPa]

라. $Q = K\sqrt{10P}$, $Q \propto \sqrt{P}$

$350 [L/min] : \sqrt{0.25 [MPa]} = 500 [L/min] : \sqrt{P}$

∴ $P = \left(\dfrac{500}{350}\right)^2 \times 0.25 = 0.51020 [MPa] = 510.20 [kPa]$

답 | 510.2 [kPa]

11

배점 3

다음은 물분무소화설비를 설치하는 차고 또는 주차장에 설치하는 배수설비의 설치기준이다. 괄호 안에 적합한 내용을 쓰시오.

(1) 차량이 주차하는 장소의 적당한 곳에 높이 (㉠) [cm] 이상의 경계턱으로 배수구를 설치할 것
(2) 배수구에는 새어 나온 기름을 모두 소화할 수 있도록 길이 (㉡) [m] 이하마다 집수관, 소화핏트 등 기름분리장치를 설치할 것
(3) 차량이 주차하는 바닥은 배수를 향하여 (㉢) 이상의 기울기를 유지할 것
(4) 배수설비는 가압송수장치의 최대 송수능력의 수량을 유효하게 배수할 수 있는 크기 및 기울기로 할 것

정답

㉠ 10, ㉡ 40, ㉢ $\dfrac{2}{100}$

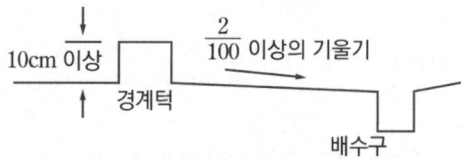

12

배점 6

다음은 거실제연설비를 설치한 어느 건물의 도면을 나타낸 것이다. 각 실은 공동예상제연구역으로 별도의 칸막이로 구획되어 있다. (단, 각 실의 크기는 가로 9 [m], 세로 10 [m]로 동일하고, 실의 높이는 2.5 [m]이다)

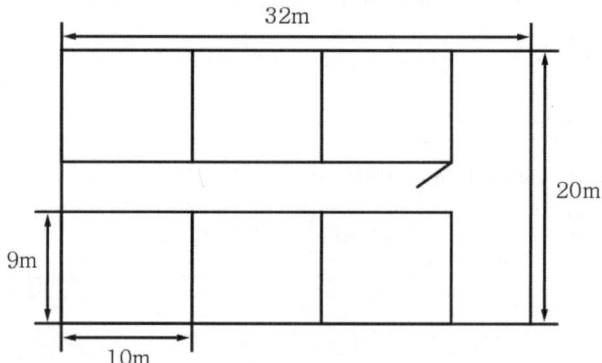

가. 거실제연, 통로급기방식에서 공동제연방식으로 배출 시 소요풍량의 합계 [m³/h]는?

　○ 계산과정 :

　○ 답 :

나. 배출기의 흡입 측 주덕트의 최소 면적[m²]을 구하시오.

　○ 계산과정 :

　○ 답 :

다. 배출기의 배출 측 주덕트의 최소 면적[m²]을 구하시오.

　○ 계산과정 :

　○ 답 :

정답

☑ 계산과정

가. ① 각 실의 소요 풍량
　　(1) 바닥면적 90 [m²] → 400 [m²] 미만
　　(2) 배출량 Q
　　　Q = 90 [m²](소규모 거실) × 1 [CMM/m²] = 90 [CMM] = 5400 [CMH]
　② 총 소요 풍량
　　5400 [CMH] × 6구역 = 32400 [CMH]

답 | 32400 [CMH]

나. 흡입 측 주덕트 최소 면적(배출기 흡입 측 최대 풍속 : 15 [m/s])

$$A = \frac{Q}{V} = \frac{\frac{32400}{3600}[m^3/s]}{15[m/s]} = 0.6[m^2]$$

답 | 0.6 [m²]

다. 배출 측 주덕트 최소 면적(배출기 배출 측 최대 풍속 : 20 [m/s])

$$A = \frac{Q}{V} = \frac{\frac{32400}{3600}[m^3/s]}{20[m/s]} = 0.45[m^2]$$

답 | 0.45 [m²]

13

배관의 총 마찰손실 중 부차적 손실이 발생하는 원인 3가지를 쓰시오.

○ 답: ①
   ②
   ③

정답

① 배관의 급격한 확대에 의한 손실
② 배관의 급격한 축소에 의한 손실
③ 배관 부속품에 의한 손실

14

다음은 제연설비에 대한 설명이다. 다음 물음에 답하시오.

가. 화재실의 바닥면적이 350 [m²], FAN의 효율은 65 [%]이고, 전압이 75 [mmAq]일 때 필요한 동력[kW]을 구하시오. (단, 동력의 여유율은 10 [%]로 한다)

○ 계산과정:
○ 답:

나. 유입공기의 배출방식 3가지를 쓰시오.

○ 답:

다. 다음은 옥내로부터 제연구역 내로 연기의 유입을 유효하게 방지할 수 있는 풍속인 방연풍속의 기준표이다. 빈칸을 채우시오.

제연구역		방연풍속
계단실 및 그 부속실을 동시에 제연하는 것 또는 계단실만 단독으로 제연하는 것		(㉠) [m/s] 이상
부속실만 단독으로 제연하는 것	부속실 또는 승강장이 면하는 옥내가 거실인 경우	(㉡) [m/s] 이상
	부속실이 면하는 옥내가 복도로서 그 구조가 방화구조(내화시간이 30분 이상인 구조를 포함한다)인 것	(㉢) [m/s] 이상

○ 답:

정답

가. 계산과정

$$P[kW] = \frac{P_t[mmAq] \times Q[m^3/s]}{102\eta}$$

바닥면적이 400 [m²] 미만이므로

배출량 $Q = 350[m^2] \times 1[CMM/m^2] = 350[CMM]$

$$\therefore P = \frac{75[mmAq] \times \frac{350}{60}[m^3/s]}{102 \times 0.65} \times 1.1 = 7.26[kW]$$

답 | 7.26 [kW]

나. 수직풍도에 따른 배출, 배출구에 따른 배출, 제연설비에 따른 배출

다. ㉠ 0.5, ㉡ 0.7, ㉢ 0.5

15
득점 | 배점 5

특별피난계단의 계단실 및 부속실 제연설비에 대한 주어진 조건을 참고하여 부속실과 거실 사이의 차압[Pa]을 구하시오.

조건

(1) 거실과 부속실의 출입문 개방에 필요한 힘 F_1 = 30 [N]이다.
(2) 화재 시 거실과 부속실의 출입문 개방에 필요한 힘은 화재안전기술기준 최대치로 한다.
(3) 출입문 폭(W)은 0.9 [m]이고, 높이(H)은 2.1 [m]이다.
(4) 문 손잡이와 출입문 끝까지 거리는 0.1 [m]이다.
(5) 스프링클러설비는 설치되어 있지 않다.

○ 계산과정 :

○ 답 :

정답

☑ 계산과정

문을 개방하는 데 필요한 힘
$$F = F_{dc} + F_P$$
$$= F_{dc} + K_d \cdot \Delta P \cdot A \cdot \frac{W}{2(W-d)}$$

여기서 F_{dc} : 도어체크의 저항력 [N]
F_P : 차압이 작용할 때 방화문을 개방하기 위한 힘 [N]
$(F_P = K_d \cdot \Delta P \cdot A \cdot \frac{W}{2(W-d)})$
K_d : 출입문의 마찰계수
ΔP : 제연구역과 비제연구역의 차압 [Pa]
A : 방화문 면적 [m²], W : 문의 폭 [m]
d : 손잡이에서 문의 끝까지의 거리 [m]

$$F = F_{dc} + \Delta P \cdot A \cdot \frac{W}{2(W-d)}$$

$$110[N] = 30[N] + \Delta P[Pa] \cdot (2.1[m] \times 0.9[m]) \cdot \frac{0.9[m]}{2(0.9[m] - 0.1[m])}$$

∴ $\Delta P = 75.25[Pa]$

답 | 75.25 [Pa]

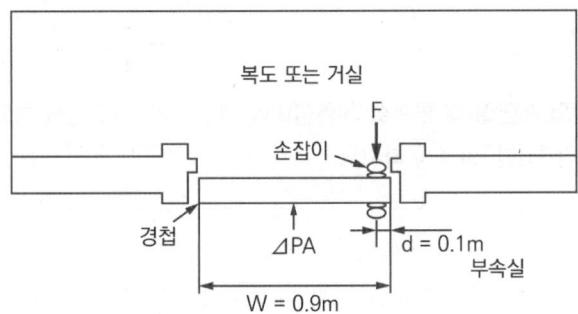

16

배점 6

건축물 내부에 설치된 주차장에 전역방출방식의 분말소화설비를 설치하고자 한다. 조건을 참조하여 다음 각 물음에 답하시오.

【조건】

(1) 방호구역의 바닥면적은 600 [m²]이고 높이는 4 [m]이다.
(2) 방호구역에는 자동폐쇄장치가 설치되지 아니한 개구부가 있으며 그 면적은 10 [m²]이다.
(3) 소화약제는 인산암모늄이 주성분인 분말소화약제를 사용한다.
(4) 축압용 가스는 질소가스를 사용한다.

가. 최소 소화약제량[kg]을 구하시오.
- 계산과정 :
- 답 :

나. 필요한 축압용 가스의 최소량[m³]을 구하시오. (단, 35 [℃], 1기압으로 환산한 값을 구할 것)
- 계산과정 :
- 답 :

> **정답**

✓ 계산과정

가. 분말소화설비 전역방출방식의 약제량 W[kg] = (V×α) + (A×β)

V : 방호구역 체적 [m³]
α : 방호구역 1 [m³]에 대한 소화약제의 양 [kg/m³]
A : 개구부 면적 [m²], β : 개구부 가산량 [kg/m²]

소화약제의 종별	방호구역 체적 1 [m³]에 대한 소화약제량[kg]	개구부 면적 1 [m²]에 대한 소화약제량[kg]
제1종 분말	0.60 [kg]	4.5 [kg]
제2종·제3종 분말	0.36 [kg]	2.7 [kg]
제4종 분말	0.24 [kg]	1.8 [kg]

$V = 600[m^2] \times 4[m] = 2400[m^3]$

약제량 $= 2400[m^3] \times 0.36[kg/m^3] + 10[m^2] \times 2.7[kg/m^2] = 891[kg]$

답 | 891 [kg]

나.

가압용 가스	• 질소가스는 소화약제 1 [kg]마다 40 [L] 이상 • 이산화탄소는 소화약제 1 [kg]에 대하여 20 [g] 이상	+	배관 청소에 필요한 양 (이산화탄소만 해당)
축압용 가스	• 질소가스는 소화약제 1 [kg]에 대하여 10 [L] 이상 • 이산화탄소는 소화약제 1 [kg]에 대하여 20 [g] 이상	+	배관 청소에 필요한 양 (이산화탄소만 해당)

* 배관의 청소에 필요한 양의 가스는 별도의 용기에 저장할 것

축압용 가스(질소) 양 $891[kg] \times 10[L/kg] = 8910[L] = 8.91[m^3]$

답 | 8.91 [m³]

격차를 뛰어넘어 압도적인 격차를 만들다

2019

1회	2019.04.14
2회	2019.06.29
4회	2019.11.09

2019년 1회

2019.04.14

01
배점 4

포소화설비 중 배액밸브를 설치하는 목적과 설치위치에 대하여 쓰시오.

가. 설치목적 :

나. 설치장소 :

정답

가. 설치목적 : 포의 방출종료 후 배관 안의 액을 방출하기 위하여

나. 설치장소 : 송액관의 가장 낮은 부분

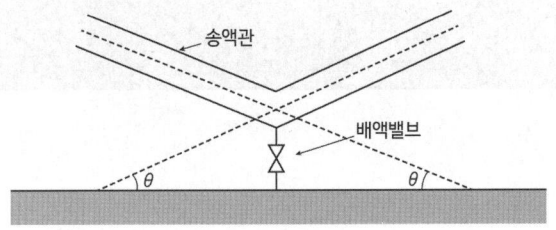

[배액밸브의 설치장소]

02
배점 10

아래 그림은 어느 거실에 대한 급기 및 배출풍도와 급기 및 배출 FAN을 나타내고 있는 평면도이다. 그림 및 [조건]을 참조하여 각 물음에 답하시오. (단, 각 구역의 바닥면적은 같다고 가정한다)

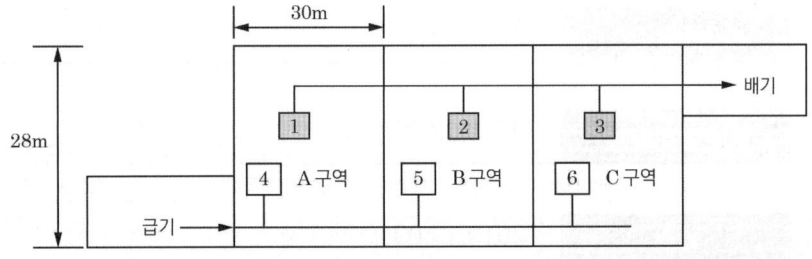

조건
(1) 제연방식은 인접구역 상호제연방식으로 한다.
(2) 각 예상제연구역은 제연경계로 구획되어 있다.
(3) 바닥으로부터 천장까지의 높이는 3.5 [m]이다.
(4) 바닥으로부터 반자까지의 높이는 3 [m]이다.
(5) 제연경계의 폭은 0.8 [m]이다.

가. 공동예상제연구역에 대한 최소 배출량[m³/hr]을 산정하시오.
  ○ 계산과정 :
  ○ 답 :

나. B구역 화재 시 댐퍼의 동작상태를 쓰시오.

댐퍼의 작동 여부(○ : open ● : close)

구분	배기			급기		
	1	2	3	4	5	6
B실 화재						

정답

가. 계산과정
  ① 바닥면적 : 30 × 28 = 840 [m²] (바닥면적이 400 [m²] 이상)
  ② 실의 대각선 거리 : $\sqrt{30^2 + 28^2}$ = 41.04[m]이므로 직경 40 [m] 원의 범위를 초과함
  ③ 수직거리 : 3 - 0.8 = 2.2 [m]이므로 "2 [m] 초과 2.5 [m] 이하"에 해당한다.
  ∴ 배출량은 50000 [m³/hr]

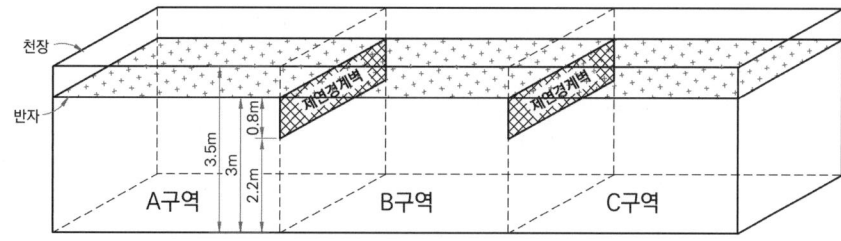

답 | 50000 [m³/hr]

나. B구역 화재 시 댐퍼의 동작상태

댐퍼의 작동 여부(○ : open ● : close)

구분	배기			급기		
	1	2	3	4	5	6
B실 화재	●	○	●	○	●	○

> **참고** 제연설비의 화재안전기술기준(NFTC 501) - 배출량

1. 거실의 바닥면적이 400 [m²] 미만으로 구획된 예상제연구역에 대한 배출량
   바닥면적 1 [m²]당 1 [m³/min] 이상으로 하되, 예상제연구역에 대한 최소 배출량은 5000 [m³/hr] 이상으로 할 것

   $Q = A[m^2] \times 1[m^3/min \cdot m^2] \times 60[min/hr]$

   여기서 Q : 배출량 [m³/hr] (최소 배출량은 5000 [m³/hr] 이상)
   A : 바닥면적 [m²]

2. 바닥면적 400 [m²] 이상인 거실의 예상제연구역의 배출량

   1) 예상제연구역이 직경 40 [m]인 원의 범위 안에 있을 경우
      배출량 40000 [m³/hr] 이상
      다만 예상제연구역이 제연경계로 구획된 경우에는 그 수직거리에 따른 배출량으로 산정

수직거리	배출량
2 [m] 이하	40000 [m³/hr] 이상
2 [m] 초과 2.5 [m] 이하	45000 [m³/hr] 이상
2.5 [m] 초과 3 [m] 이하	50000 [m³/hr] 이상
3 [m] 초과	60000 [m³/hr] 이상

   2) 예상제연구역이 직경 40 [m]인 원의 범위를 초과할 경우
      배출량 45000 [m³/hr] 이상
      다만 예상제연구역이 제연경계로 구획된 경우에는 그 수직거리에 따른 배출량으로 산정

수직거리	배출량
2 [m] 이하	45000 [m³/hr] 이상
2 [m] 초과 2.5 [m] 이하	50000 [m³/hr] 이상
2.5 [m] 초과 3 [m] 이하	55000 [m³/hr] 이상
3 [m] 초과	65000 [m³/hr] 이상

03

득점 | 배점 5

바닥면적 400 [m²], 높이 3.5 [m]되는 통신기기실에 이산화탄소소화설비를 설치하고자 한다. 저장용기(68 [L]/45 [kg])에 저장된 약제량을 표준대기압, 온도 20 [℃]인 방호구역 내에 전부 방출한다고 할 때 다음 [조건]을 참조하여 각 물음에 답하시오.

조건
(1) 전역방출방식을 적용하고 심부화재로 간주한다.
(2) 이산화탄소 저장용기에 한 병당 45 [kg]의 이산화탄소가 저장되어 있다.
(3) 기체상수 $R = 8.3143$ [kJ/kmol·K]로 한다.
(4) 방호구역에는 5 [m²]의 개구부가 있으며 자동폐쇄장치가 설치되어 있지 않다.
(5) 선택밸브 내의 온도와 압력조건은 방호구역의 온도 및 압력과 동일하다고 가정한다.

가. 이산화탄소 저장용기의 최소 병 수를 구하시오.
   ○ 계산과정 :   ○ 답 :

나. 저장용기의 최소 병 수를 기준으로 이산화탄소를 모두 방출한다고 할 때 선택밸브 1차 측 배관에서의 최소 유량[m³/min]은 얼마인가?
   ○ 계산과정 :   ○ 답 :

정답

✓ 계산과정

가. **핵심이론** 이산화탄소소화설비 전역방출방식 심부화재 약제량 산정

$W = (V \times \alpha) + (A \times \beta)$

W : 약제량 [kg], V : 방호구역 체적 [m³]
α : 방호구역 1 [m³]에 대한 소화약제의 양 [kg/m³]
A : 개구부 면적 [m²], β : 개구부 가산량(심부화재 : 10 [kg/m²])

방호대상물	방호구역 1 [m³]에 대한 소화약제의 양 α	설계농도 [%]	개구부 가산량[kg/m²] β (자동폐쇄장치 미설치 시)
유압기기를 제외한 전기설비, 케이블실	1.3 [kg/m³]	50	10 [kg/m²]
체적 55 [m³] 미만의 전기설비	1.6 [kg/m³]	50	
서고, 전자제품창고, 목재가공품 창고, 박물관	2.0 [kg/m³]	65	
고무류, 모피창고, 집진설비, 석탄창고, 면화류 창고	2.7 [kg/m³]	75	

암기 ▶ 서전목박

암기 ▶ 고모집석면

$$W = 400 \times 3.5 \, [m^3] \times 1.3 \, [kg/m^3] + 5 \, [m^2] \times 10 \, [kg/m^2] = 1870 \, [kg]$$

$$\therefore \text{병 수} = \frac{1870 \, [kg]}{45 \, [kg/\text{병}]} = 41.56 \, [\text{병}] \fallingdotseq 42 \, [\text{병}]$$

답 | 42 [병]

나. **참고** 이상기체 상태방정식

$$PV = nRT = \frac{W}{M}RT$$

P : 절대압력 [kPa], V : 부피 [m^3]
W : 질량 [kg], n : 몰수 [kmol]
T : 절대온도 [K]
M : 분자량 [kg/kmol]
R : 일반기체상수 [kPa·m^3/kmol·K]
  = [kJ/kmol·K]

암기 ▶ 일반기체상수 R
= 0.082 [atm·m^3/kmol·K]
= 8.314 [kPa·m^3/kmol·K]

실제 약제 저장량 = 42 [병] × 45 [kg/병] = 1890 [kg]
20 [℃], 1 [atm] 상태에서의 CO_2 약제 체적은 이상기체 상태방정식에 의해

$$PV = \frac{W}{M}RT$$

$$V = \frac{W \cdot R \cdot T}{P \cdot M} = \frac{1890 \, [kg] \times 8.3143 \, [kJ/kmol \cdot K] \times (273+20) \, [K]}{101.325 \, [kPa] \times 44 \, [kg/kmol]}$$

$$= 1032.728 \, [m^3]$$

체적유량 $Q = \dfrac{1032.728 \, [m^3]}{7 \, [\min]} = 147.533 \fallingdotseq 147.53 \, [m^3/\min]$

이산화탄소소화설비의 화재안전기술기준(NFTC 106)
2.5.2 배관의 구경은 이산화탄소소화약제의 소요량이 다음의 기준에 따른 시간 내에 방출될 수 있는 것으로 해야 한다.
2.5.2.1 전역방출방식에 있어서 가연성 액체 또는 가연성 가스 등 표면화재 방호대상물의 경우에는 1분
2.5.2.2 전역방출방식에 있어서 종이, 목재, 석탄, 섬유류, 합성수지류 등 심부화재 방호대상물의 경우에는 7분. 이 경우 설계농도가 2분 이내에 30 [%]에 도달하여야 한다.
2.5.2.3 국소방출방식의 경우에는 30초

답 | 147.43 [m^3/min]

04

|득점| |배점 10|

다음의 그림은 어느 옥내소화전설비의 계통을 나타내는 Isometric Diagram이다. 이 옥내소화전설비에서 펌프의 소요 정격토출량은 200 [L/min]이다. 주어진 [조건]을 참고로 하여 각 물음에 답하시오.

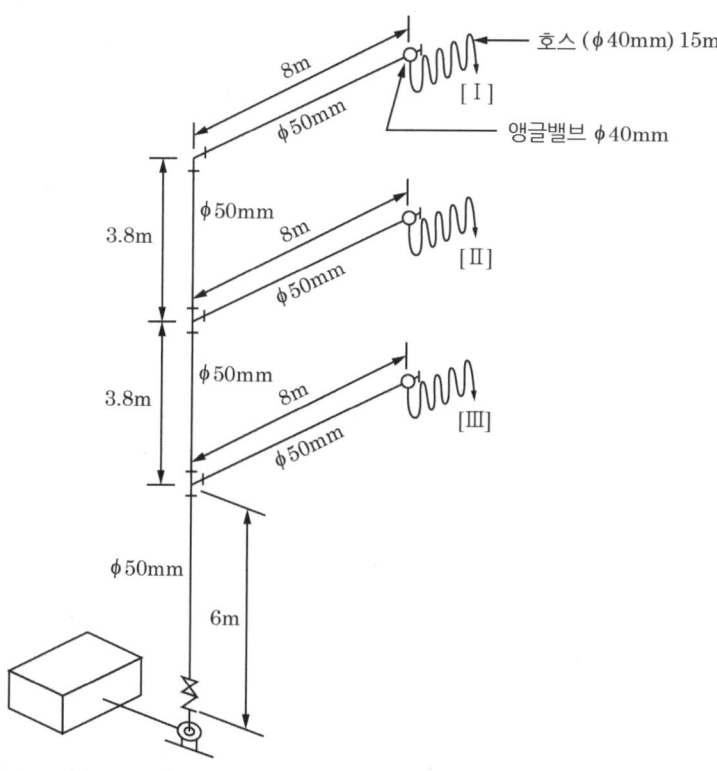

조건

(1) 옥내소화전 최상층 [Ⅰ]에서 옥내소화전 호스 노즐 선단에서의 방사량은 130 [L/min], 방사압은 0.17 [MPa]이다.

(2) 이 상태에서는 호스길이 100 [m]당 마찰손실수두 15 [m]이고, 마찰손실수두의 크기는 유량의 제곱에 정비례한다.

(3) 밸브 및 관 부속품에 대한 각 등가길이는 다음과 같다.

앵글밸브(40 [A]) : 10 [m]　　90°엘보(50 [A]) : 1 [m]

분류티(50 [A]) : 4 [m]　　게이트밸브(50 [A]) : 1 [m]

체크밸브(50 [A]) : 5 [m]

(4) 배관의 마찰손실의 압력은 다음 식을 적용한다.

$$\Delta P = 6 \times 10^4 \frac{Q^2}{C^2 \times d^5}$$

여기서 ΔP : 배관길이 1 [m]당 마찰손실압력 [MPa/m]

Q : 유량 [L/min], d : 관의 내경 [mm]

(단, $C = 120$이며, 50 [A]는 내경 53 [mm], 40 [A]는 내경 42 [mm]이다)

(5) 펌프의 양정은 토출량의 대소에 관계없이 일정하다고 가정한다.
(6) 정답을 산출할 때 펌프 흡입 측의 마찰손실수두, 정압, 동압 등은 일체 계산에 포함시키지 않는다.
(7) 본 조건에 자료가 제시되지 아니한 것은 계산에 포함되지 아니한다.

가. 최고위 앵글밸브의 호스 접결구에서 노즐선단까지의 마찰손실수두[m]를 구하시오.
  ○ 계산과정 :
  ○ 답 :

나. 최고위 앵글밸브에서의 마찰손실압력[kPa]을 계산하시오.
  ○ 계산과정 :
  ○ 답 :

다. 펌프 토출구로부터 최고위 앵글밸브 입구까지 관의 총 등가길이[m]를 계산하시오.
  ○ 계산과정 :
  ○ 답 :

라. 펌프 토출구로부터 최고위 앵글밸브 입구까지 마찰손실압력[kPa]을 구하시오.
  ○ 계산과정 :
  ○ 답 :

마. 펌프모터의 소요동력[kW]을 계산하시오. (단, 효율은 0.55, 전달 계수는 1.1 이다)
  ○ 계산과정 :
  ○ 답 :

바. 옥내소화전(III)을 조작하여 방수하였을 때의 방수량을 Q[L/min]이라고 할 때
  1) 소화전 호스를 통하여 일어나는 마찰손실압력[Pa]은 어떤 식으로 표현하는가? (단, Q는 기호 그대로 사용하고, 마찰손실의 크기는 유량의 제곱에 정비례한다)
    ○ 계산과정 :
    ○ 답 :
  2) 당해 앵글밸브 입구로부터 펌프 토출구까지의 마찰손실압력[Pa]은 얼마인가? (단, Q는 기호 그대로 사용한다)
    ○ 계산과정 :
    ○ 답 :

3) 당해 앵글밸브의 마찰손실압력[Pa]은 얼마인가? (단, Q는 기호 그대로 사용한다)
　○ 계산과정 :
　○ 답 :

사. 옥내소화전(Ⅲ) 노즐 관창 선단의 방수량[L/min]과 방수압[kPa]을 구하시오.
　○ 계산과정 :
　○ 답 :

정답

가. 계산과정 : $15\,[m] \times \dfrac{15\,[m]}{100\,[m]} = 2.25\,[m]$　　　　답 | 2.25 [m]

나. 계산과정 : $\triangle P = 6 \times 10^4 \times \dfrac{130^2}{120^2 \times 42^5} \times 10 = 0.005388\,[MPa] = 5.39\,[kPa]$

답 | 5.39 [kPa]

다. 계산과정

① 직관 길이 = 6 + 3.8 + 3.8 + 8 = 21.6 [m]
② 관 부속품에 대한 등가길이 = 5 + 1 + 1 = 7 [m]

> 등가길이
> • 체크밸브(50 [A]) : 5 [m]
> • 게이트밸브(50 [A]) : 1 [m]
> • 90°엘보(50 [A]) : 1 [m]

③ 총 등가길이 = 직관길이 + 관 부속품에 대한 등가길이
　　　　　　 = 21.6 + 7 = 28.6 [m]　　　　답 | 28.6 [m]

라. 계산과정 : $\triangle P = 6 \times 10^4 \times \dfrac{130^2}{120^2 \times 53^5} \times 28.6 = 0.004816\,[MPa] = 4.82\,[kPa]$

답 | 4.82 [kPa]

마. 계산과정 : $P[kW] = \dfrac{\gamma \times Q \times H}{\eta} \times K$

① $Q[m^3/s] = \dfrac{0.2}{60}\,[m^3/s]$

(∵ 문제에 펌프의 소요 정격토출량은 200 [L/min]로 주어짐)

② $H[m]$ = 실양정 + 마찰손실수두 + 방사압환산수두
　ⓐ 실양정[m] = 6 + 3.8 + 3.8
　ⓑ 마찰손실수두[m] = 2.25 + 0.539 + 0.482

> 등가길이
> • 호스 마찰손실 : 2.25 [m]
> • 앵글밸브 마찰손실 : 0.539 [m]
> • 배관 마찰손실 : 0.482 [m]

ⓒ 방사압환산수두[m] = 17

∴ $H[m]$ = 실양정 + 마찰손실수두 + 방사압환산수두
= (6 + 3.8 + 3.8) + (2.25 + 0.539 + 0.482) + 17 = 33.871 [m]

③ $P[kW] = \dfrac{9.8 \times \dfrac{0.2}{60} \times 33.871}{0.55} \times 1.1 = 2.21 [kW]$

답 | 2.21 [kW]

바. 1) 계산과정

$\Delta P \propto Q^2$이므로 [Ⅰ]에서 호스의 마찰손실과 [Ⅲ]에서 호스의 마찰손실 간의 비례식을 세운다.

[Ⅰ]호스에서의 마찰손실 : ([Ⅰ]의 방사량)^2 = [Ⅲ]호스에서의 마찰손실 : ([Ⅲ]의 방사량)^2

$22065.55[Pa] : (130[L/min])^2 = \Delta P : Q^2$

([Ⅰ]에서 호스 마찰손실을 [Pa]단위로 변환 : $2.25[m] = 2.25[m] \times \dfrac{101325[Pa]}{10.332[m]}$

≒ 22065.55[Pa])

$\Delta P[Pa] = \dfrac{22065.55}{130^2} \times Q^2 = 1.31 \times Q^2 [Pa]$

답 | = 1.31 × Q^2 [Pa]

2) 계산과정

① 직관 길이 : 6 + 8 = 14 [m]

② 관 부속품에 대한 등가길이 : 5 + 1 + 4 = 10 [m]

등가길이
• 체크밸브(50 [A]) : 5 [m]
• 게이트밸브(50 [A]) : 1 [m]
• 분류티(50 [A]) : 4 [m]

③ 총 등가길이 : 14 + 10 = 24 [m]

따라서 마찰손실압력은

$\Delta P = 6 \times 10^4 \times \dfrac{Q^2}{120^2 \times 53^5} \times 24$

$= 2.391 \times 10^{-7} \times Q^2 [MPa]$

$= 2.391 \times 10^{-1} \times Q^2 [Pa] = 0.2391 \times Q^2 [Pa] = 0.24 \times Q^2 [Pa]$

답 | = 0.24 × Q^2 [Pa]

3) 계산과정

$\Delta P = 6 \times 10^4 \times \dfrac{Q^2}{120^2 \times 42^5} \times 10$

$= 3.188 \times 10^{-7} \times Q^2 [MPa]$

$= 3.188 \times 10^{-1} \times Q^2 [Pa] = 0.3188 \times Q^2 [Pa] = 0.32 \times Q^2 [Pa]$

등가길이
• 앵글밸브(40 [A]) : 10 [m]

답 | = 0.32 × Q^2 [Pa]

사. 계산과정

　　방수량 $Q[L/\min] = K\sqrt{10 \times P[MPa]}$

　① 방출계수 K

　　　$130[L/\min] = K\sqrt{10 \times 0.17[MPa]}$ 　　　∴ $K = 99.71$

　② 방수압 P [MPa]

　　(※ 유의사항 : $Q[L/\min] = K\sqrt{10 \times P[MPa]}$ 에 방수압 P를 [MPa]단위로 대입
　　하여 방수량 Q를 구해야 하므로 방수압 P를 [MPa]단위로 먼저 구한다)

　　$P_{방수압} = P_{토출압} - P_{전체 마찰손실압} - P_{실양정 환산압}$

　　(∵ $P_{토출압} = P_{전체 마찰손실압} + P_{실양정 환산압} + P_{방사압}$ 이므로)

　　ⓐ $P_{토출압}$: 33.871 [m] = 0.33871 [MPa] ≒ 0.339 [MPa]

　　　　(∵ '마' 문항에서 전양정 H = 33.871 [m])

　　ⓑ $P_{전체마찰손실압}$: $(1.31 \times 10^{-6} \times Q^2) + (0.24 \times 10^{-6} \times Q^2) + (0.32 \times 10^{-6} \times Q^2)$

　　　　$= 1.87 \times 10^{-6} \times Q^2 [MPa]$

　　　┌───┐
　　　│ (가)문항 : 호스를 통하여 일어나는 마찰손실압력[Pa]
　　　│　　　　　$= 1.31 \times Q^2 [Pa] \rightarrow 1.31 \times 10^{-6} \times Q^2 [MPa]$
　　　│ (나)문항 : 앵글밸브입구로부터 펌프 토출구까지 마찰손실압력[Pa]
　　　│　　　　　$= 0.24 \times Q^2 [Pa] \rightarrow 0.24 \times 10^{-6} \times Q^2 [MPa]$
　　　│ (다)문항 : 앵글밸브의 마찰손실압력[Pa]
　　　│　　　　　$= 0.32 \times Q^2 [Pa] \rightarrow 0.32 \times 10^{-6} \times Q^2 [MPa]$
　　　└───┘

　　ⓒ $P_{실양정 환산압}$: 6 [m] = 0.06 [MPa]

　　　∴ $P_{방수압}[MPa] = P_{토출압} - P_{전체 마찰손실압} - P_{실양정 환산압}$
　　　　　　　　　　$= 0.339 - (1.87 \times 10^{-6} \times Q^2) - 0.06$
　　　　　　　　　　$= 0.279 - (1.87 \times 10^{-6} \times Q^2)$

　③ 방수량 Q[L/min]

　　$Q = K\sqrt{10 \times P[MPa]} = 99.71 \times \sqrt{10 \times \{0.279 - (1.87 \times 10^{-6} \times Q^2)\}}$
　　　$= 99.71 \times \sqrt{2.79 - (1.87 \times 10^{-5} \times Q^2)}$

　　$Q^2 = 99.71^2 \times \{2.79 - (1.87 \times 10^{-5} \times Q^2)\}$
　　　　$= (99.71^2 \times 2.79) - \{99.71^2 \times (1.87 \times 10^{-5} \times Q^2)\}$

　　$Q^2 + \{99.71^2 \times (1.87 \times 10^{-5} \times Q^2)\} = 99.71^2 \times 2.79$

　　$Q = 152.937 ≒ 152.94 [L/\min]$

　∴ 방수량 Q = 152.94 [L/min]

　∴ 방수압 P $= 0.279 - (1.87 \times 10^{-6} \times Q^2) = 0.279 - (1.87 \times 10^{-6} \times 152.94^2)$
　　　　　　$= 0.235259 [MPa] = 235.26 [kPa]$

답 | 방수량 : 152.94 [L/min], 방수압 : 235.26 [kPa]

참고 배관 접속기구의 종류

구분	종류
(1) 관의 방향을 바꿀 때	[엘보(Elbow)]
(2) 2개의 관을 연결할 때	[유니온(Union)] [플랜지(Flange)] [니플(Nipple)]
(3) 관의 지름을 바꿀 때	[레듀서(Reducer)]
(4) 관의 끝을 막을 때	[플러그(Plug)] [캡(Cap)]
(5) 관을 도중에 분기할 때	[티(Tee)] [와이(Y)] [크로스(Cross)]

05

배점 4

가로 4 [m], 세로 3 [m], 높이 2 [m]인 방호대상물에 국소방출방식으로 고압식 이산화탄소소화설비가 설치되어 있다. 이 설비에 필요한 약제량[kg]을 계산하시오. (단, 화재 시 가연물이 비산할 우려가 있고 방호대상물 주위에는 설치된 벽이 없는 것으로 간주한다)

○ 계산과정 :

○ 답 :

정답

✓ 계산과정

핵심이론 이산화탄소소화설비 국소방출방식 약제량 산정

$$W[kg] = V[m^3] \times \left(8 - 6\frac{a}{A}\right)[kg/m^3] \times h(할증계수)$$

여기서 W: 약제량 [kg]
V: 방호공간의 체적 [m³]
(방호대상물의 각 부분으로부터 0.6 [m]의 거리에 따라 둘러싸인 공간)
a : 방호대상물 주위에 설치된 벽면적의 합계 [m²]
A : 방호공간의 벽면적의 합계 [m²]
(벽이 없는 경우 : 벽이 있는 것으로 가정한 당해 부분의 면적)
h : 할증계수(고압식 : 1.4, 저압식 : 1.1)

$W[kg] = V[m^3] \times \left(8 - 6\frac{a}{A}\right)[kg/m^3] \times h(할증계수)$ 에서

① $V[m^3] = (4+1.2) \times (3+1.2) \times (2+0.6) = 56.784[m^3]$

② 설치된 벽이 없으므로 $\frac{a}{A} = 0$

∴ $W = 56.784[m^3] \times 8[kg/m^3] \times 1.4 = 635.98[kg]$

답 | 635.98 [kg]

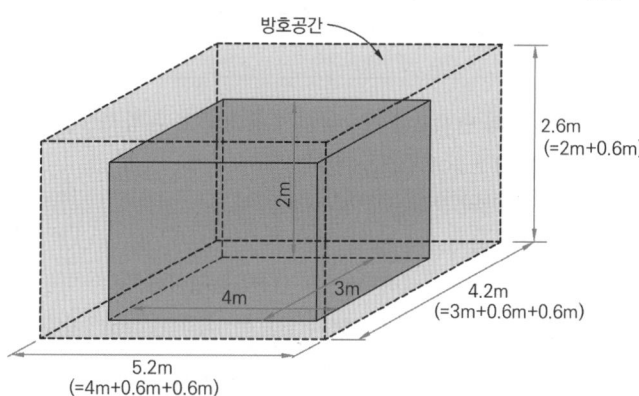

06 배점 9

경유를 저장하는 내부직경이 50 [m]인 플로팅루프탱크(부상식 지붕구조)에 포방출구를 설치하여 방호하려고 할 때 아래의 [조건]을 참조하여 다음 각 물음에 답하시오.

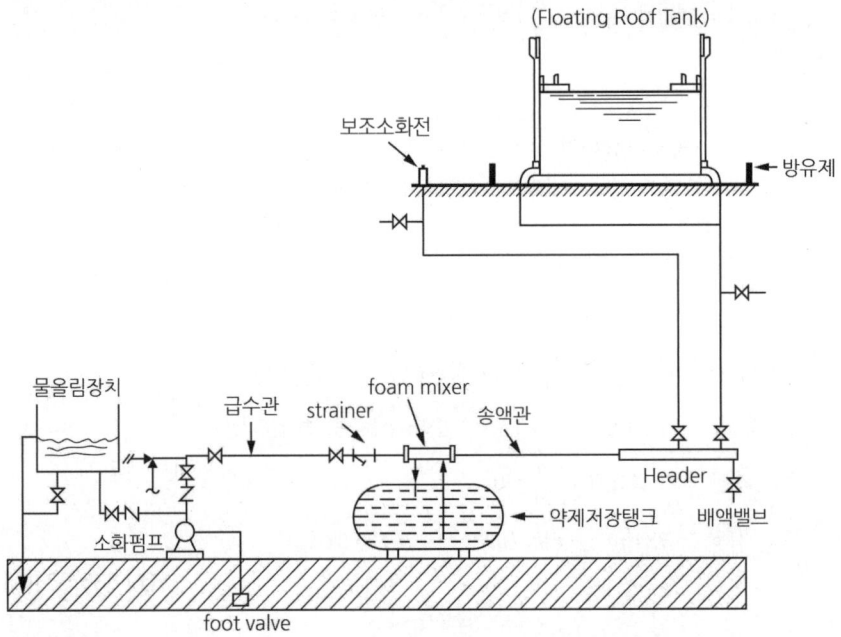

조건
(1) 소화약제는 6 [%]용의 단백포를 사용하며 수용액의 표준 방사량은 8 [L/m²·분]이고, 방사시간은 30분을 기준으로 한다.
(2) 탱크 내면과 굽도리판의 간격은 1.2 [m]로 한다.
(3) 보조포소화전은 3개 설치되어 있다.
(4) 송액배관의 길이는 200 [m]이며, 내경은 100 [mm]이다.
(5) 물의 밀도는 1000 [kg/m³], 포수용액의 밀도는 1050 [kg/m³]이다.
(6) 단, 수원의 양은 다음의 기준을 따른다.
  ※ 약제 농도 x [%] : 포수용액(약제 + 물)을 100 [%]로 보았을 때, x [%]를 약제 농도로 한다.

가. 고정식 포방출구의 종류는 무엇인가?
  ○답 :

나. 포수용액을 토출하는 가압송수장치의 최소 분당 토출량 [L/min]을 계산하시오.
  ○계산과정 :
  ○답 :

다. 최소 수원의 양[m³]을 계산하시오.

　　○ 계산과정 :

　　○ 답 :

라. 최소 포소화약제의 양[L]을 계산하시오.

　　○ 계산과정 :

　　○ 답 :

마. 포수용액을 토출하는 가압송수장치의 최소 질량유량[kg/s]을 계산하시오.

　　○ 계산과정 :

　　○ 답 :

바. 포소화약제의 혼합방식을 쓰시오.

　　○ 답 :

정답

가. 특형 방출구

나. 계산과정

① 고정포 : $Q_1[L/\min] = A[m^2] \times Q_A[L/m^2 \cdot \min]$

$$= \frac{\pi \times (50^2 - 47.6^2)}{4}[m^2] \times 8[L/m^2 \cdot \min]$$

$$= 1471.773[L/\min]$$

② 보조포 : $Q_2[L/\min] = N \times 400[L/\min] = 3 \times 400[L/\min] = 1200[L/\min]$

∴ ① + ② = 1471.773 + 1200 = 2671.773 [L/min]

답 | 2671.77 [L/min]

다. 계산과정

① 고정포 : $Q_1[L] = A[m^2] \times Q_A[L/m^2 \cdot \min] \times T[\min] \times (1-S)$

$$= \frac{\pi \times (50^2 - 47.6^2)}{4}[m^2] \times 8[L/m^2 \cdot \min] \times 30[\min] \times 0.94$$

$$= 41504.008[L]$$

② 보조포 : $Q_2[L] = N \times 400[L/\min] \times 20[\min] \times (1-S)$

$$= 3 \times 400[L/\min] \times 20[\min] \times 0.94 = 22560[L]$$

③ 배관 보정량 : $Q_3[L] = V[m^3] \times (1-S) \times 1000[L/m^3]$

$$= \left(\frac{\pi \times 0.1^2}{4}\right)[m^2] \times 200[m] \times 0.94 \times 1000[L/m^3]$$

$$= 1476.549[L]$$

∴ ① + ② + ③ = 41504.008 + 22560 + 1476.549 = 65540.557 [L] = 65.54 [m³]

답 | 65.54 [m³]

라. 계산과정

① 고정포 : $Q_1[L] = A[m^2] \times Q_A[L/m^2 \cdot min] \times T[min] \times S$

$= \dfrac{\pi \times (50^2 - 47.6^2)}{4}[m^2] \times 8[L/m^2 \cdot min] \times 30[min] \times 0.06$

$= 2649.192[L]$

② 보조포 : $Q_2[L] = N \times 400[L/min] \times 20[min] \times S$

$= 3 \times 400[L/min] \times 20[min] \times 0.06 = 1440[L]$

③ 배관 보정량 : $Q_3[L] = V[m^3] \times S \times 1000[L/m^3]$

$= \left(\dfrac{\pi \times 0.1^2}{4}\right)[m^2] \times 200[m] \times 0.06 \times 1000[L/m^3]$

$= 94.248[L]$

∴ ① + ② + ③ = 2649.192 + 1440 + 94.248 = 4183.44 [L]   답 | 4183.44 [L]

핵심이론 포소화약제의 저장량 – 고정포방출구방식

포소화약제 저장량 Q = 고정포방출구에서 방출하기 위해 필요한 양 Q_1 + 보조포소화전에서 방출하기 위해 필요한 양 Q_2 + 송액관에 충전하기 위해 필요한 양 Q_3

고정포방출구방식은 다음의 양을 합한 양 이상으로 할 것

1) 고정포방출구에서 방출하기 위하여 필요한 양

$Q_1 = A \cdot Q_A \cdot T \cdot S$

Q_1 : 포소화약제의 양 [L]
A : 탱크의 액표면적 [m²]
Q_A : 단위 포소화수용액의 양 [L/m²·min]
T : 방출시간 [min]
S : 포소화약제의 사용농도 [%]

2) 보조포소화전에서 방출하기 위하여 필요한 양

$Q_2 = N \cdot 8000 \cdot S$

Q_2 : 포소화약제의 양 [L]
N : 호스 접결구의 수(3개 이상인 경우는 3개)
S : 포소화약제의 사용농도 [%]

3) 가장 먼 탱크까지의 송액관에 충전하기 위하여 필요한 양(내경 75 [mm] 이하의 송액관은 제외)

$Q_3 = V \times S \times 1000[L/m^3]$

Q_3 : 포소화약제의 양 [L]
V : 송액관 내부의 체적 [m³]
S : 포소화약제의 사용농도 [%]

* 송액관 : 수원으로부터 포헤드, 고정포방출구 또는 이동식 노즐에 급수하는 배관

마. 계산과정 : 포수용액의 질량유량[kg/s]

$\dot{m} = \rho_{약제} \cdot A \cdot V = \rho_{약제} \cdot Q = 1050[kg/m^3] \times \dfrac{2.67177}{60}[m^3/s] = 46.756 ≒ 46.76[kg/s]$

답 | 46.76 [kg/s]

바. 프레셔 프로포셔너방식(압입식)

참고 포소화약제의 혼합장치

종류	설명
라인 프로포셔너 방식	펌프와 발포기의 중간에 설치된 벤추리관의 벤추리작용에 따라 포소화약제를 흡입·혼합하는 방식
펌프 프로포셔너 방식	펌프의 토출관과 흡입관 사이의 배관 도중에 설치한 흡입기에 펌프에서 토출된 물의 일부를 보내고, 농도 조정밸브에서 조정된 포소화약제의 필요량을 포소화약제 탱크에서 펌프 흡입 측으로 보내어 이를 혼합하는 방식
프레셔 프로포셔너 방식	펌프와 발포기의 중간에 설치된 벤추리관의 벤추리작용과 펌프 가압수의 포소화약제 저장탱크에 대한 압력에 따라 포소화약제를 흡입·혼합하는 방식이다.
프레셔 사이드 프로포셔너 방식	펌프의 토출관에 압입기를 설치하여 포소화약제 압입용 펌프로 포소화약제를 압입시켜 혼합하는 방식이다.
압축공기포 믹싱챔버방식	압축공기 또는 압축질소를 일정비율로 포수용액에 강제 주입 혼합하는 방식이다.

07

옥상수조에 급수펌프로 물을 공급하고자 한다. 다음 [조건]을 참조하여 각 물음에 답하시오.

[조건]
(1) 펌프의 토출량은 0.37 [m³/min]이다.
(2) 직관의 길이는 100 [m]이다.
(3) 펌프에서 옥상수조까지 낙차는 50 [m]이다.
(4) 배관 부속은 90°엘보 4개, 게이트밸브 1개, 체크밸브 1개, 풋밸브 1개이다.
(5) 관이음 및 밸브 등의 등가길이는 다음 표를 이용할 것

[관이음 및 밸브 등의 등가길이]

관이음 및 밸브의 호칭경 [mm(in)]	90° (엘보)	45° (엘보)	90°T (분류)	90°T (직류)	게이트 밸브	글로브 밸브	앵글 밸브
	등가길이[m]						
40(1½)	1.5	0.9	2.1	0.45	0.30	13.5	6.5
50(2)	2.1	1.2	3.0	0.60	0.39	16.5	8.4
65(2½)	2.4	1.5	3.5	0.95	0.48	19.5	10.2
80(3)	3.0	1.8	4.5	0.90	0.60	24.0	12.0
100(4)	4.2	2.4	6.3	1.20	0.81	37.5	16.5
125(5)	5.1	3.0	7.5	1.50	0.99	42.0	21.0
150(6)	6.0	3.6	9.0	1.80	1.20	49.5	24.0

※ 체크밸브와 풋밸브는 앵글밸브에 준한다.

가. 펌프 토출 측 배관 내 유속을 2.4 [m/s] 이하로 하는 경우 관경을 표에서 구하시오.

○ 계산과정 :

○ 답 :

나. 펌프의 전 양정[m]을 계산하시오. (단, 직관 1 [m]당 마찰손실은 80 [mmAq])

○ 계산과정 :

○ 답 :

다. 펌프의 동력[kW]을 계산하시오. (효율 68 [%], 전달계수 1.1)

○ 계산과정 :

○ 답 :

> **정답**

☑ 계산과정

가. $D = \sqrt{\dfrac{4Q}{\pi V}} = \sqrt{\dfrac{4 \times \dfrac{0.37}{60}[m^3/s]}{\pi \times 2.4[m/s]}} = 0.057197[m] = 57.20[mm]$

답 | 65 [A]

나. • 배관길이
   ① 직관길이 : 100 [m]
   ② 관 부속류 등가길이[m]
      ㈀ 65 [A] 90°엘보 : 4개 × 2.4 [m] = 9.6 [m]
      ㈁ 65 [A] 게이트밸브 : 1개 × 0.48 [m] = 0.48 [m]
      ㈂ 65 [A] 체크밸브 : 1개 × 10.2 [m] = 10.2 [m]
      ㈃ 65 [A] 풋밸브 : 1개 × 10.2 [m] = 10.2 [m]
      ∴ 직관길이 + 등가길이 = 100 + 9.6 + 0.48 + 10.2 + 10.2 = 130.48 [m]
• 배관의 마찰손실 : 130.48 [m] × 80 [mmAq/m]
                 = 10438.4 [mmAq] = 10.44 [mAq]
• 전양정 = 50 + 10.44 = 60.44 [m]

답 | 60.44 [m]

다. $P[kW] = \dfrac{\gamma QH}{\eta} \times K = \dfrac{9.8[kN/m^3] \times \dfrac{0.37}{60}[m^3/s] \times 60.44[m]}{0.68} \times 1.1$
$= 5.91[kW]$

답 | 5.91 [kW]

> **참고** 배관 접속기구의 종류

구분	종류
(1) 관의 방향을 바꿀 때	[엘보(Elbow)]
(2) 2개의 관을 연결할 때	[유니온(Union)] [플랜지(Flange)] [니플(Nipple)]
(3) 관의 지름을 바꿀 때	[레듀서(Reducer)]

구분	종류
(4) 관의 끝을 막을 때	[플러그(Plug)]　　[캡(Cap)]
(5) 관을 도중에 분기할 때	[티(Tee)]　　[와이(Y)]　　[크로스(Cross)]

08

배점 5

가로 8 [m], 세로 10 [m], 높이 4 [m]인 전산실에 할로겐화합물소화약제 중 FK-5-1-12를 사용할 경우 아래 [조건]을 참조하여 다음 각 물음에 답하시오.

조건

(1) FK-5-1-12의 설계농도는 12 [%]이다.
(2) FK-5-1-12의 저장용기는 80 [L]이며, 충전밀도는 1441 [kg/m^3]이다.
(3) 소화약제량 산정 시 선형상수를 이용하며 방출 시 기준온도는 21 [℃]이다.

소화약제	K1	K2
FK-5-1-12	0.0664	0.0002741

(4) 전산실의 화재는 전기화재로 가정한다.

가. FK-5-1-12의 필요한 약제량은 최소 몇 [kg]인가?

　○ 계산과정 :

　○ 답 :

나. FK-5-1-12의 저장용기 수는 최소 몇 병인가?

　○ 계산과정 :

　○ 답 :

정답

☑ 계산과정

가. ★ **핵심이론** 할로겐화합물소화설비의 소화약제량 산정 〈개정 2024.8.1.〉

$$W[kg] = \frac{V[m^3]}{S[m^3/kg]} \times \left(\frac{C[\%]}{100 - C[\%]}\right)$$

여기서 W : 소화약제의 무게 [kg]
V : 방호구역의 체적 [m³]
S : 소화약제별 선형상수($K_1 + K_2 \times t$) [m³/kg]
t : 방호구역의 최소예상온도 [℃]
C : 체적에 따른 소화약제의 설계농도 [%]
⇒ 설계농도는 소화농도(%)에
안전계수[A급 화재 1.2, B급 화재 1.3, C급 화재 1.35]를 곱한 값 이상으로 할 것

$$W[kg] = \frac{V[m^3]}{S[m^3/kg]} \times \frac{C[\%]}{100 - C[\%]}$$

$V = 8 \times 10 \times 4 = 320 [m^3]$

$S = K_1 + K_2 \times t[℃] = 0.0664 + 0.0002741 \times 21 = 0.07216 [m^3/kg]$

$C = 12 [\%]$ (주어진 [조건]이 소화농도가 아닌 설계농도임을 조심해야 한다)

$\therefore W = \dfrac{320[m^3]}{0.07216[m^3/kg]} \times \dfrac{12[\%]}{100 - 12[\%]} = 604.72 [kg]$

답 | 604.72 [kg]

나. 충전밀도 1441 [kg/m³]

병당 약제량 $1.441[kg/L] \times 80[L] = 115.28[kg]$

$\therefore \dfrac{604.72[kg]}{115.28[kg/병]} = 5.25 [병] ≒ 6 [병]$

답 | 6 [병]

09

득점 / 배점 5

가압송수장치의 펌프방식에서 펌프의 성능곡선, 성능기준, 성능시험배관에 대한 다음 각 물음에 답하시오.

조건

(1) 펌프의 정격토출량은 800 [LPM]이다.
(2) 펌프의 정격토출양정은 80 [m]이다.

가. 원심펌프의 성능특성곡선을 그리고 체절점, 설계점, 150 [%] 유량점을 명시하시오.

○ 답 :

나. 펌프의 성능에 대한 기준을 2가지만 쓰시오.
  ○ 답 :

다. 펌프의 성능시험배관의 설치기준을 2가지만 쓰시오.
  ○ 답 :

정답

가.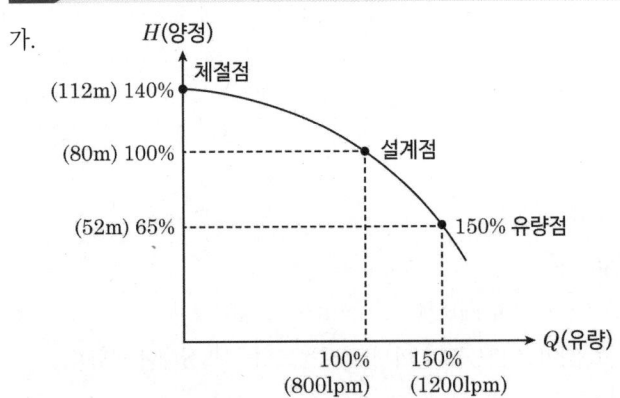

나. 1. 펌프의 성능은 체절운전 시 정격토출압력의 140 [%]를 초과하지 않을 것
   2. 정격토출량의 150 [%]로 운전 시 정격토출압력의 65 [%] 이상이 되어야 할 것

다. 1. 성능시험배관은 펌프의 토출 측에 설치된 개폐밸브 이전에서 분기하여 직선으로 설치하고, 유량측정장치를 기준으로 전단 직관부에는 개폐밸브를 후단 직관부에는 유량조절밸브를 설치할 것. 이 경우 개폐밸브와 유량측정장치 사이의 직관부 거리 및 유량측정장치와 유량조절밸브 사이의 직관부 거리는 해당 유량측정장치 제조사의 설치사양에 따르고, 성능시험배관의 호칭지름은 유량측정장치의 호칭지름에 따른다.
   2. 유량측정장치는 펌프의 정격토출량의 175 [%] 이상 측정할 수 있는 성능이 있을 것

10

| 득점 | | 배점 | 8 |

아래 그림과 같이 바닥이 자갈로 되어 있는 절연유 봉입변압기에 물분무소화설비를 하고자 한다. 다음 각 물음에 답하시오.

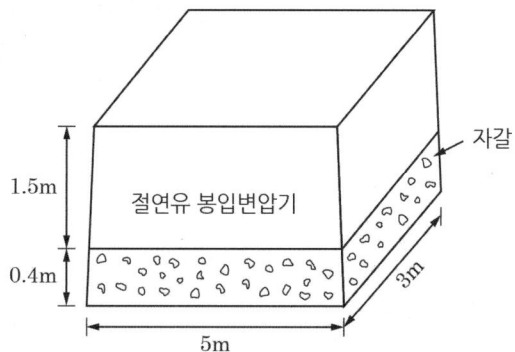

가. 소화펌프의 ① 최소 토출량[L/min]을 구하고, 필요한 ② 최소 수원의 양[m³]을 구하시오.

○ 계산과정 :

○ 답 :

나. 고압의 전기기기가 있을 경우 물분무헤드와 전기기기의 이격기준인 다음의 표를 완성하시오.

전압[kV]	거리[cm]	전압[kV]	거리[cm]
66 이하	(㉠) 이상	154 초과 181 이하	180 이상
66 초과 77 이하	80 이상	181 초과 220 이하	(㉡) 이상
77 초과 110 이하	110 이상	220 초과 275 이하	260 이상
110 초과 154 이하	150 이상		

정답

가. 계산과정

수원량 [L] = A [m²] × 10 [L/min·m²] × 20 [min]
　　　(A : 바닥부분 제외 변압기 표면적)

① $A = (5 \times 1.5 \times 2) + (3 \times 1.5 \times 2) + (5 \times 3) = 39 [m^2]$

② 토출량 $= 39[m^2] \times 10 [L/min \cdot m^2] = 390 [L/min]$

　수원량 $= 390[L/min] \times 20[min] = 7800[L] = 7.8[m^3]$

답 | 토출량 390 [L/min], 수원의 양 7.8 [m³]

나. ㉠ 70, ㉡ 210

핵심이론 · 물분무소화설비 수원의 저수량

소방대상물	수원량 산정방법	비고
특수가연물을 저장·취급하는 특정소방대상물 또는 그 부분	A [m²] × 10 [L/min·m²] × 20 [min] 이상 (A : 바닥면적)	최대 방수구역의 바닥면적을 기준으로 함 50 [m²] 이하인 경우에는 50 [m²]
절연유 봉입 변압기	A [m²] × 10 [L/min·m²] × 20 [min] 이상 (A : 바닥부분을 제외한 표면적을 합한 면적)	-
컨베이어벨트 등	A [m²] × 10 [L/min·m²] × 20 [min] 이상 (A : 벨트 부분의 바닥면적)	-
케이블 트레이, 케이블 덕트 등	A [m²] × 12 [L/min·m²] × 20 [min] 이상 (A : 투영된 바닥면적)	-
차고·주차장	A [m²] × 20 [L/min·m²] × 20 [min] 이상 (A : 바닥면적)	최대 방수구역의 바닥면적을 기준으로 함 50 [m²] 이하인 경우에는 50 [m²]

11 [배점 8]

습식 스프링클러설비를 백화점(1 ~ 9층)에 아래의 [조건]을 이용하여 시공하는 경우 다음 각 물음에 답하시오.

[조건]
(1) 최상층의 가장 먼 말단헤드의 방수압력은 0.11 [MPa]을 기준으로 한다.
(2) 펌프의 진공계 눈금은 300 [mmHg]이다.
(3) 배관 및 부속류의 총 마찰손실은 펌프 자연 낙차압의 40 [%]이다.
(4) 펌프에서 최상층의 헤드까지의 수직높이는 50 [m]이다.
(5) 헤드의 오리피스 구경은 11 [mm]로 가정한다.

가. 주 펌프의 양정[m]을 구하시오.
  ○ 계산과정 :
  ○ 답 :

나. 필요한 최소 수원의 양 [m³]을 구하시오. (단, 조건 (1)과 (5)를 기준으로 헤드의 방수량을 산출하여 계산한다. 또한 스프링클러헤드는 최대 기준개수 이상 설치된 것으로 가정하고 옥상수조는 고려하지 않는다)
  ○ 계산과정 :
  ○ 답 :

정답

☑ 계산과정

가. 흡입양정 $= 300[mmHg] \times \dfrac{10.332[mAq]}{760[mmHg]} = 4.078[m]$

토출 실양정 $= 50[m]$

총 마찰손실 $= 50[m] \times 0.4 = 20[m]$

방수압 환산수두 $= 11[m]$

∴ 주펌프의 양정 $= 4.078 + 50 + 20 + 11 = 85.078 ≒ 85.08[m]$

답 | 85.08 [m]

나. 헤드 오리피스 구경이 주어졌으므로 한 개의 방수량을 따로 구해야 한다.

헤드 한 개의 유량 $Q = 2.107 \times D^2 \times \sqrt{P}$
$= 2.107 \times (11[mm])^2 \times \sqrt{0.11[MPa]} = 84.556[L/min]$

수원량 = 30 [개] × 84.556 [L/min] × 20 [min] = 50733.6 [L] = 50.73 [m³]

답 | 50.73 [m³]

12

득점 [ ] 배점 5

전력 통신 배선 전용 지하구에 연소방지설비를 설치하고자 한다. 다음 각 물음에 답하시오. (단, 지하구의 크기는 폭 4 [m], 높이 3 [m]이며, 환기구 사이의 간격 1000 [m]이다. 지하구의 양쪽 끝에 환기구가 설치되어 있으며, 환기구에는 지하구의 양쪽 방향으로 살수헤드가 이미 설치되어 있다)

가. 환기구 사이에 살수구역은 최소 몇 개를 설치하여야 하는가?

○ 계산과정 :

○ 답 :

나. 1개의 살수구역에 설치되는 연소방지설비 전용헤드의 최소 수량을 구하시오. (단, 살수구역의 길이는 화재안전기술기준의 최소 길이를 적용하고, 헤드는 천장에만 설치한다)

○ 계산과정 :

○ 답 :

다. 1개의 살수구역에 설치하는 연소방지설비 전용헤드의 전체 수량에 적합한 최소 배관구경[mm]은 얼마인가?

○ 답 :

정답

> **핵심이론** 지하구의 화재안전기술기준(NFTC 605)
>
> 2.4.2 연소방지설비의 헤드는 다음의 기준에 따라 설치해야 한다.
> 2.4.2.1 천장 또는 벽면에 설치할 것
> 2.4.2.2 헤드 간의 수평거리는 <u>연소방지설비 전용헤드의 경우에는 2 [m] 이하, 개방형 스프링클러헤드의 경우에는 1.5 [m] 이하로 할 것</u>
> 2.4.2.3 소방대원의 출입이 가능한 환기구·작업구마다 지하구의 양쪽방향으로 살수헤드를 설정하되, 한쪽 방향의 살수구역의 길이는 3 [m] 이상으로 할 것. 다만 환기구 사이의 간격이 <u>700 [m]를 초과할 경우에는 700 [m]</u> 이내마다 살수구역을 설정하되, 지하구의 구조를 고려하여 방화벽을 설치한 경우에는 그렇지 않다.
> 2.4.2.4 연소방지설비 전용헤드를 설치할 경우에는 「소화설비용헤드의 성능인증 및 제품검사 기술기준」에 적합한 살수헤드를 설치할 것

가. 계산과정

$$살수구역\ 개수 = \frac{1000[m]}{700[m]} - 1 = 0.428(여기서\ 절상) \rightarrow 1\ [개]$$

답 | 1 [개]

나. 계산과정 : 천장면에 설치해야 하는 헤드의 개수

① 지하구 폭(4 [m])에 설치해야 하는 헤드 개수 = $\frac{4[m]}{2[m/개]} = 2[개]$

② 최소 살수구역 길이(3 [m])에 설치해야 하는 헤드 개수 = $\frac{3[m]}{2[m/개]} = 1.5 \rightarrow 2\ [개]$

∴ 1개 살수구역에 설치하는 헤드의 개수 = 2[개] × 2[개] = 4[개]

답 | 4 [개]

다. 1개 살수구역에 설치하는 헤드의 개수가 4개이므로, 배관의 구경은 65 [mm]로 해야 한다.

> **참고** 지하구의 화재안전기술기준(NFTC 605)
>
> 2.4.1.3 배관의 구경은 다음의 기준에 적합한 것이어야 한다.
> 2.4.1.3.1 연소방지설비전용헤드를 사용하는 경우에는 다음 표에 따른 구경 이상으로 할 것

하나의 배관에 부착하는 연소방지설비 전용헤드의 개수	1개	2개	3개	4개 또는 5개	6개 이상
배관구경[mm]	32	40	50	65	80

답 | 65 [mm]

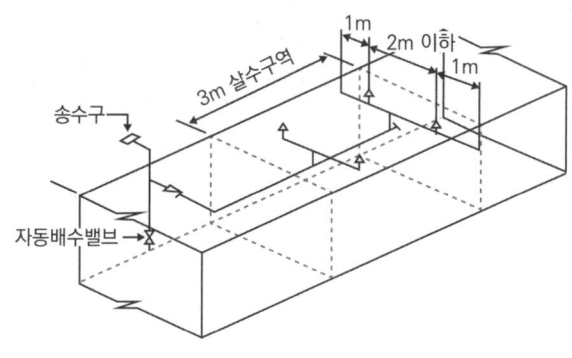

[지하구에 설치되는 연소방지설비]

13

[조건]을 참고하여 건물 각 층의 소화기의 설치개수를 산정하시오.

> **조건**
> (1) 지하 2층과 지하 1층은 주차장 용도이고, 지상 1 ~ 3층은 사무실이다.
> (2) 각 층의 바닥면적은 1500 [m²]이다.
> (3) 지하 2층에는 100 [m²]의 보일러실이 포함되어 있다.
> (4) 해당 특정소방대상물은 비내화구조이며, 전 층에 소화설비가 없는 것으로 가정한다.
> (5) A급 3단위 소화기로 설치하며, 자동확산소화기는 소화기 개수 산정에서 제외한다.

가. 지하 1층

  ○ 계산과정 :

  ○ 답 :

나. 지하 2층

  ○ 계산과정 :

  ○ 답 :

다. 지상 1 ~ 3층 사무실

  ○ 계산과정 :

  ○ 답 :

정답

☑ 계산과정

가. 지하 1층

- 능력단위 = $\dfrac{1500[\text{m}^2]}{100[\text{m}^2/\text{단위}]} = 15[\text{단위}]$

- 소화기의 개수 = $\dfrac{15[\text{단위}]}{3[\text{단위/개}]} = 5[\text{개}]$

답 | 5 [개]

나. 지하 2층

소화기 개수 = 특정소방대상물별 설치해야 할 소화기 + 부속용도별로 추가해야 할 소화기

① 특정소방대상물별 설치해야 할 소화기의 개수(주차장)

- 능력단위 = $\dfrac{1500[\text{m}^2]}{100[\text{m}^2/\text{단위}]} = 15[\text{단위}]$

- 소화기의 개수 = $\dfrac{15[\text{단위}]}{3[\text{단위/개}]} = 5[\text{개}]$

② 부속용도별로 추가해야 할 소화기 개수(보일러실)

- 능력단위 : $\dfrac{100[\text{m}^2]}{25[\text{m}^2/\text{단위}]} = 4[\text{단위}]$

- 소화기의 개수 = $\dfrac{4[\text{단위}]}{3[\text{단위/개}]} = 1.333 \rightarrow 2[\text{개}]$

따라서 총 개수 = 5 + 2 = 7 [개]

답 | 7 [개]

다. 지상 1 ~ 3층

- 1개의 층에 필요한 능력단위 = $\dfrac{1500[\text{m}^2]}{100[\text{m}^2/\text{단위}]} = 15[\text{단위}]$

- 1개의 층에 설치해야 할 소화기의 개수 = $\dfrac{15[\text{단위}]}{3[\text{단위/개}]} = 5[\text{개}]$

- 지상 1 ~ 3층에 설치해야 할 소화기의 개수 = $5[\text{개/층}] \times 3[\text{층}] = 15[\text{개}]$

답 | 15 [개]

핵심이론 특정소방대상물별 소화기구의 능력단위 표

특정소방대상물	소화기구의 능력단위
1. 위락시설	해당 용도의 바닥면적 30 [m^2]마다 능력단위 1단위 이상
2. 공연장, 집회장, 관람장, 문화재, 장례식장 및 의료시설	해당 용도의 바닥면적 50 [m^2]마다 능력단위 1단위 이상
3. 근린생활시설, 판매시설, 운수시설, 숙박시설, 노유자시설, 전시장, 공동주택, 업무시설, 방송통신시설, 공장, 창고시설, 항공기 및 자동차 관련 시설 및 관광휴게시설	해당 용도의 바닥면적 100 [m^2]마다 능력단위 1단위 이상
4. 그 밖의 것	해당 용도의 바닥면적 200 [m^2]마다 능력단위 1단위 이상

[비고] 소화기구의 능력단위를 산출함에 있어서 건축물의 주요구조부가 내화구조이고, 벽 및 반자의 실내에 면하는 부분이 불연재료·준불연재료 또는 난연재료로 된 특정소방대상물에 있어서는 위 표의 바닥면적의 2배를 해당 특정소방대상물의 기준면적으로 한다.

핵심이론 부속용도별로 추가해야 할 소화기구 및 자동소화장치

용도별	소화기구의 능력단위
1. 다음 각 목의 시설. 다만 스프링클러설비·간이스프링클러설비·물분무등소화설비 또는 상업용 주방자동소화장치가 설치된 경우에는 자동확산소화기를 설치하지 않을 수 있다. 가. 보일러실(아파트의 경우 방화구획된 것을 제외)·건조실·세탁소·대량화기취급소 나. 음식점(지하가의 음식점을 포함)·다중이용업소·호텔·기숙사·노유자시설·의료시설·업무시설·공장·장례식장·교육연구시설·교정 및 군사시설의 주방. 다만 의료시설·업무시설 및 고장의 주방은 공동취사를 위한 것에 한한다. 다. 관리자의 출입이 곤란한 변전실·송전실·변압기실 및 배전반실(불연재료로 된 상자 안에 장치된 것을 제외)	1. 해당 용도의 바닥면적 25 [m^2]마다 능력단위 1단위 이상의 소화기로 할 것. 이 경우 나목의 주방에 설치하는 소화기 중 1개 이상은 주방화재용 소화기(K급)로 설치해야 한다. 2. 자동확산소화기는 해당 용도의 바닥면적을 기준으로 10 [m^2] 이하는 1개, 10 [m^2] 초과는 2개 이상을 설치하되, 보일러, 조리기구, 변전설비 등 방호대상에 유효하게 분사될 수 있는 위치에 배치될 수 있는 수량으로 설치할 것
2. 발전실·변전실·송전실·변압기실·배전반실·통신기기실·전산기기실 기타 이와 유사한 시설이 있는 장소. 다만 제1호 다목의 장소를 제외한다.	해당 용도의 바닥면적 50 [m^2]마다 적응성이 있는 소화기 1개 이상 또는 유효설치방호체적 이내의 가스·분말·고체에어로졸 자동소화장치, 캐비닛형 자동소화장치

14 배점 6

지하 1층, 지상 9층의 백화점에 습식 스프링클러설비를 아래의 [조건]을 이용하여 시공할 경우 다음 각 물음에 답하시오.

조건

(1) 펌프는 지하 1층에 설치하였으며, 펌프 중심으로부터 최상층 스프링클러헤드까지 수직거리는 45 [m]이다.
(2) 배관 및 부속류의 총 마찰손실은 펌프 자연낙차압의 20 [%]이다.
(3) 펌프 흡입 측 진공계의 눈금은 350 [mmHg]이다.
(4) 층당 설치된 스프링클러헤드 수는 80개이다.
(5) 펌프의 효율은 68 [%]이다.
(6) 기타의 제시되지 않은 조건은 화재안전기술기준에 따른다.

가. 펌프의 체절압력[MPa]을 산출하시오.
  ○ 계산과정 :
  ○ 답 :

나. 펌프의 축동력[kW]을 산출하시오.
  ○ 계산과정 :
  ○ 답 :

정답

✓ 계산과정

가. 흡입 측 양정 = $350[mmHg] \times \dfrac{10.332[mAq]}{760[mmHg]} = 4.76[m]$

H = 흡입 측 양정 + 토출 측 실양정 + 마찰손실 + 10
  = 4.76 + 45 + (45 × 0.2) + 10
  = 68.76 [m]
체절압력 = 전압력의 140 [%]에 해당, 68.76 [m] × 1.4 = 96.26 [m] = 0.96 [MPa]

답 | 0.96 [MPa]

나. 방수량 Q = N(기준개수) × 80 [L/min]
  = 30 × 80 [L/min] = 2400 [L/min]

※ 폐쇄형 스프링클러헤드를 사용하는 경우 설치장소별 기준개수

[스프링클러설비의 설치장소별 스프링클러헤드의 기준개수]

스프링클러설비의 설치장소			기준개수
지하층을 제외한 층수가 10층 이하인 특정소방대상물	공장	특수가연물을 저장·취급하는 것	30개
		그 밖의 것	20개
	근린생활시설, 판매시설·운수시설 또는 복합건축물	판매시설 또는 복합건축물(판매시설이 설치되는 복합건축물)	30개
		그 밖의 것	20개
	그 밖의 것	헤드의 부착높이가 8 [m] 이상의 것	20개
		헤드의 부착높이가 8 [m] 미만의 것	10개
지하층을 제외한 층수가 11층 이상인 특정소방대상물·지하가 또는 지하역사			30개

[비고] 하나의 소방대상물이 2 이상의 "스프링클러헤드의 기준개수"란에 해당하는 때에는 기준개수가 많은 것을 기준으로 한다. 다만 각 기준개수에 해당하는 수원을 별도로 설치하는 경우에는 그렇지 않다.

따라서, 펌프의 축동력(P)은

$$P[kW] = \frac{\gamma QH}{\eta} = \frac{9.8[kN/m^3] \times \frac{2.4}{60}[m^3/s] \times 68.76[m]}{0.68} = 39.64[kW]$$

답 | 39.64 [kW]

15

배점 3

제연설비의 설치장소는 다음 기준에 따른 제연구역으로 구획하여야 한다. ( ) 안에 알맞은 답을 쓰시오.

(1) 하나의 제연구역의 면적은 (㉠) [m²] 이내로 할 것
(2) 하나의 제연구역은 직경 (㉡) [m] 원 내에 들어갈 수 있을 것
(3) 하나의 제연구역은 (㉢) 이상 층에 미치지 않도록 할 것, 다만 층의 구분이 불분명한 부분은 그 부분을 다른 부분과 별도로 제연 구획해야 한다.

정답

㉠ 1000

㉡ 60

㉢ 2

16

배점 5

주차장에 할론 1301을 전역방출방식으로 설치하려고 한다. 방호구역 1 [m³]에 대한 소화약제량이 0.52 [kg]이라고 할 때 약제량에 대한 소화약제의 농도[%]를 계산하시오. (단, 할론 1301의 비체적은 0.162 [m³/kg]이다)

○ 계산과정 :

○ 답 :

정답

✓ 계산과정

> 📌 **핵심이론** 가스계소화약제 농도[%]
>
> $$\text{약제 농도[\%]} = \frac{\text{방출한 소화약제의 체적}[m^3]}{\text{방호구역의 체적}[m^3] + \text{방출한 소화약제의 체적}[m^3]} \times 100$$

※ 방호구역 전체에 대한 소화약제의 농도[%] = 방호구역 1 [m³]에 대한 소화약제의 농도이기 때문에 소화약제의 농도[%]를 산출 시, '방호구역 1 [m³]에 대한 소화약제의 농도'를 구한다.

① 방호구역 1 [m³]에 방출한 소화약제의 체적[m³]

$= 0.52 [kg/m^3] \times 0.162 [m^3/kg]$

$= 0.0842 \fallingdotseq 0.084 [m^3]$

② 방호구역 1 [m³]에 대한 소화약제의 농도[%]

$$\text{약제 농도[\%]} = \frac{\text{방출한 소화약제의 체적}[m^3]}{\text{방호구역의 체적}[m^3] + \text{방출한 소화약제의 체적}[m^3]} \times 100$$

$$= \frac{0.084}{1 + 0.084} \times 100 = 7.749 \fallingdotseq 7.75 [\%]$$

답 | 7.75 [%]

2019.06.29

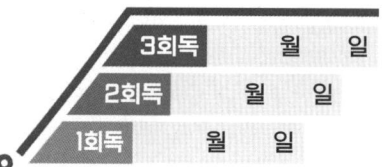

01

다음 도면은 어느 폐쇄형 습식 스프링클러설비에 대한 가지배관의 최고 말단부를 나타낸 것이다. 다음 [조건]을 참조하여 각 물음에 답하시오.

조건

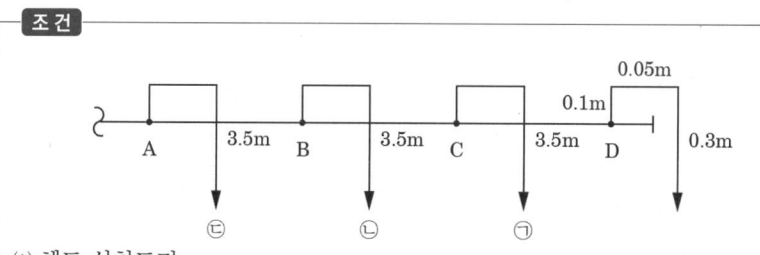

(1) 헤드 설치도면
(2) 배관에 설치된 관 부속품의 등가길이 [m]는 다음 표와 같다.

호칭경	90°엘보	분류 T	직류 T
50 [A]	2.1	3.0	0.6
40 [A]	1.5	2.1	0.45
32 [A]	1.2	1.8	0.36
25 [A]	0.9	1.5	0.27

(3) 호칭경에 따른 내경표는 다음 표와 같다.

호칭경	50 [A]	40 [A]	32 [A]	25 [A]
내경[mm]	53	42	36	28

(4) 최종 헤드의 방사압력은 0.1 [MPa]이다. (방출계수는 80)
(5) 배관 내의 유수에 따른 마찰손실압력은 하젠 - 윌리엄공식을 적용하되, 공식은 다음과 같다고 가정한다.

$$\triangle P = \frac{6 \times Q^2 \times 10^4}{C^2 \times d^5} \times L$$

여기서 $\triangle P$: 마찰손실압 [MPa]
Q : 배관유량[L/min], C : 관의 조도(120)
d : 배관의 내경 [mm], L : 배관길이 [m]

(6) 회향식 배관의 마찰손실압력은 모두 같다고 가정한다.
(7) 헤드는 모두 개방상태라고 가정한다.
(8) 계산결과는 소수점 넷째자리에서 반올림하여 소수점 셋째자리까지 나타낼 것
(9) 배관 내의 모든 낙차는 무시한다.

가. 각 구간별(A → B, B → C, C → D, D → 최종헤드) 배관의 마찰손실압력은 몇 [MPa]인가?

1) A → B구간(구경 32 [A])
   ○ 계산과정 :   ○ 답 :

2) B → C구간(구경 25 [A])
   ○ 계산과정 :   ○ 답 :

3) C → D구간(구경 25 [A])
   ○ 계산과정 :   ○ 답 :

4) D → 최종 헤드 구간(구경 25 [A])
   ○ 계산과정 :   ○ 답 :

나. A점에서 최종 헤드까지의 총 손실압력은 몇 [MPa]인가?
   ○ 계산과정 :   ○ 답 :

다. D, C, B, A점에서의 압력은 몇 [MPa]인가?
   ○ 계산과정 :   ○ 답 :

라. ㉠, ㉡, ㉢ 헤드에서의 방사압력은 몇 [MPa]인가?
   ○ 계산과정 :   ○ 답 :

정답

가. 1) A → B구간(구경 32 [A])

계산과정

$Q_㉡ = 80\sqrt{10 \times (㉡의\ 방사압)}$
$= 80\sqrt{10 \times (P_B - 회향식\ 배관의\ 마찰손실압력)}$
$= 80\sqrt{10 \times \{(0.1+0.003+0.008+0.032)-0.003\}} = 94.657[L/min]$

$\triangle P_{A \sim B} = \dfrac{6 \times (Q_{최종헤드} + Q_㉠ + Q_㉡)^2 \times 10^4}{120^2 \times 36^5} \times L$

① 직관길이 : 3.5 [m]
② 32A 분류T 1개 : 1.8 [m]

$= \dfrac{6 \times (80+83.138+94.657)^2 \times 10^4}{120^2 \times 36^5} \times (3.5+1.8) = 0.024[MPa]$

답 | 0.024 [MPa]

2) B → C구간(구경 25 [A])

계산과정

$Q_㉠ = 80\sqrt{10 \times (㉠의\ 방사압)}$
$= 80\sqrt{10 \times (P_C - 회향식\ 배관의\ 마찰손실압력)}$
$= 80\sqrt{10 \times \{(0.1+0.003+0.008)-0.003\}} = 83.138[L/min]$

$$\triangle P_{B\sim C} = \frac{6\times(Q_{최종헤드}+Q_{㉠})^2\times 10^4}{120^2\times 28^5}\times L$$

① 직관길이 : 3.5 [m]
② 25 [A] 분류T 1개 : 1.5 [m]

$$= \frac{6\times(80+83.138)^2\times 10^4}{120^2\times 28^5}\times \boxed{(3.5+1.5)} = 0.032 [\text{MPa}]$$

답 | 0.032 [MPa]

3) C → D구간(구경 25 [A])
   계산과정

① 직관길이 : 3.5 [m]
② 25 [A] 분류T 1개 : 1.5 [m]

$$\triangle P_{C\sim D} = \frac{6\times 80^2\times 10^4}{120^2\times 28^5}\times \boxed{(3.5+1.5)} = 0.008 [\text{MPa}]$$

답 | 0.008 [MPa]

4) D → 최종 헤드 구간(구경 25 [A])
   계산과정

① 직관길이 : 0.45 [m] (0.1 + 0.05 + 0.3)
② 25 [A] 90°엘보 2개 : 1.8 [m] (0.9 × 2)

$$Q_{최종헤드} = 80\sqrt{10\times 0.1} = 80 [L/min]$$

$$\triangle P_{D\sim 최종헤드} = \frac{6\times 80^2\times 10^4}{120^2\times 28^5}\times \boxed{(0.45+1.8)} = 0.003 [\text{MPa}]$$

답 | 0.003 [MPa]

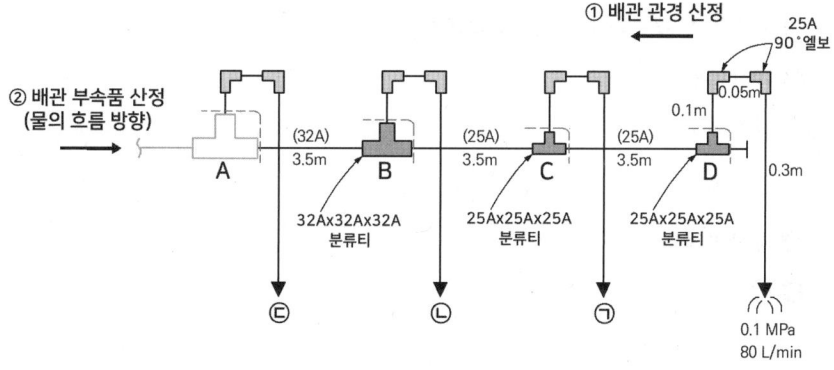

[배관 관경 및 관 부속품 산정]

나. 계산과정 : $\triangle P_{A\sim 최종헤드} = 0.003 + 0.008 + 0.032 + 0.024 = 0.067 [\text{MPa}]$

답 | 0.067 [MPa]

다. 계산과정

① D점에서의 압력 = 0.1 + 0.003 = 0.103 [MPa]
② C점에서의 압력 = 0.103 + 0.008 = 0.111 [MPa]
③ B점에서의 압력 = 0.111 + 0.032 = 0.143 [MPa]
④ A점에서의 압력 = 0.143 + 0.024 = 0.167 [MPa]

답 | P_A : 0.167 [MPa]
     P_B : 0.143 [MPa]
     P_C : 0.111 [MPa]
     66P_D : 0.103 [MPa]

라. 계산과정

① ㉠ 헤드 방사압력 = 0.111 - 0.003 = 0.108 [MPa]
② ㉡ 헤드 방사압력 = 0.143 - 0.003 = 0.14 [MPa]
③ ㉢ 헤드 방사압력 = 0.167 - 0.003 = 0.164 [MPa]

답 | ㉠ 헤드 방사압력 : 0.108 [MPa]
㉡ 헤드 방사압력 : 0.14 [MPa]
㉢ 헤드 방사압력 : 0.164 [MPa]

02   배점 5

지상 4층 건물에 호스릴 옥내소화전을 설치하려고 한다. 각 층에 호스릴 옥내소화전 4개씩을 배치하며, 이때 실양정은 50 [m], 배관의 마찰손실수두는 실양정의 25 [%]라고 본다. 또 호스의 마찰손실수두가 3.5 [m]이며, 20분간 연속 방수되는 것으로 하였을 때 다음 각 물음에 답하시오.

가. 펌프의 최소 토출량[L/min]을 구하시오.
- 계산과정 :
- 답 :

나. 펌프의 최소 토출압력[MPa]을 구하시오.
- 계산과정 :
- 답 :

정답

✔ 계산과정

가. 2 [개] × 130 [L/min · 개] = 260 [L/min]

답 | 260 [L/min]

나. $H = h_1 + h_2 + h_3 + 17[m]$

H = 50 [m] + (50 × 0.25) [m] + 3.5 [m] + 17 [m] = 83 [m] = 0.83 [MPa]

답 | 0.83 [MPa]

참고 | 배관 접속기구의 종류

구분	종류
(1) 관의 방향을 바꿀 때	[엘보(Elbow)]
(2) 2개의 관을 연결할 때	[유니온(Union)]　[플랜지(Flange)]　[니플(Nipple)]
(3) 관의 지름을 바꿀 때	[레듀서(Reducer)]
(4) 관의 끝을 막을 때	[플러그(Plug)]　[캡(Cap)]
(5) 관을 도중에 분기할 때	[티(Tee)]　[와이(Y)]　[크로스(Cross)]

03

배점 10

지상 16층의 계단실형(계단식) APT에 옥내소화전설비(호스릴방식)와 스프링클러설비를 설치한다. 옥내소화전은 3개/층, 폐쇄형 스프링클러헤드는 28개/층 설치되며 소화펌프는 옥내소화전설비와 스프링클러설비 겸용으로 사용한다. 다음 각 물음에 답하시오. (단, 아파트의 각 동이 주차장으로 서로 연결된 구조가 아니다)

가. 소화펌프의 전양정[m]을 산출하시오. (단, 실양정은 70 [m], 배관마찰손실수두는 25 [m], 안전율 10 [m]를 고려한다)
- 계산과정 :
- 답 :

나. 소화설비에 필요한 수원의 최소 저수량[m^3]을 산출하시오. (단, 옥상수조를 포함하여 구한다)
- 계산과정 :
- 답 :

다. 전동기의 소요동력[kW]을 산출하시오. (단, 전달계수는 1.1, 펌프효율은 65 [%]로 한다)
- 계산과정 :
- 답 :

라. 감시제어반과 동력제어반으로 구분하여 설치하지 아니할 수 있는 경우를 3가지만 쓰시오.
- 답 :

정답

가. 계산과정
(1) 옥내소화전 전양정
$H_{옥내} = h_1 + h_2 + h_3 + 17 = 70 + 25 + 10 + 17 = 122 \,[m]$

(2) 스프링클러설비 전양정
$H_{SP} = h_1 + h_2 + 10 = 70 + 25 + 10 + 10 = 115 \,[m]$

펌프 겸용 시 전양정은 최댓값으로 산정하므로
∴ $H = 122 \,[m]$

답 | 122 [m]

나. 계산과정

   (1) 옥내소화전 수원량(옥상수조 포함)

$$V_{옥내} = 주수원 + 옥상수원 = (2 \times 2.6[m^3]) + (2 \times 2.6[m^3] \times \frac{1}{3}) = 6.93[m^3]$$

   (2) 스프링클러설비 수원량(옥상수조 포함)

$$V_{SP} = 주수원 + 옥상수원 = (10 \times 1.6[m^3]) + (10 \times 1.6[m^3] \times \frac{1}{3}) = 21.33[m^3]$$

   (여기서 아파트의 각 동이 주차장으로 서로 연결된 구조가 아니므로 기준개수 10개)

   수원 겸용 시 합산한 값으로 산정하므로

   ∴ $V = 6.93 + 21.33 = 28.26[m^3]$

답 | 28.26 [m³]

다. 계산과정

   (1) 옥내소화전 토출량 : $Q_{옥내} = 2 \times 130[L/min] = 260[L/min]$

   (2) 스프링클러설비 토출량 : $Q_{SP} = 10 \times 80[L/min] = 800[L/min]$

   (3) 펌프 토출량 : $Q = 260 + 800 = 1060[L/min]$ (펌프 겸용 시 펌프 토출량은 합산한 값으로 산정)

   (4) $P[kW] = \dfrac{9.8[kN/m^3] \times \dfrac{1.060}{60}[m^3/s] \times 122[m]}{0.65} \times 1.1 = 35.75[kW]$

답 | 35.75 [kW]

라. (1) 내연기관에 따른 가압송수장치를 사용하는 경우
   (2) 고가수조에 따른 가압송수장치를 사용하는 경우
   (3) 가압수조에 따른 가압송수장치를 설치하는 경우

> **참고** 감시제어반과 동력제어반으로 구분하여 설치하지 않을 수 있는 경우

소화설비에는 제어반을 설치하되, 감시제어반과 동력제어반으로 구분하여 설치해야 한다. 다만 다음의 어느 하나에 해당하는 경우에는 감시제어반과 동력제어반으로 구분하여 설치하지 않을 수 있다.

1) 다음의 어느 하나에 해당하지 않는 특정소방대상물에 설치되는 경우
   (1) 지하층을 제외한 층수가 7층 이상으로서 연면적이 2000 [m²] 이상인 것
   (2) (1)에 해당하지 않는 특정소방대상물로서 지하층의 바닥면적 합계가 3000 [m²] 이상인 것
2) 내연기관에 따른 가압송수장치를 사용하는 경우
3) 고가수조에 따른 가압송수장치를 사용하는 경우
4) 가압수조에 따른 가압송수장치를 사용하는 경우

04 　　　　　　　　　　　　　　　　　　　　배점 12

소방법상 옥내소화전 설치 대상 건축물로서 소화전 설치 수가 지하 1층 2개소, 1 ~ 3층까지 각 5개소씩, 5, 6층에 각 3개소, 옥상층에는 시험용 소화전을 설치하였다. 다음 각 물음에 답하시오.

가. 수원의 최소 유효저수량은 몇 [m³]인가? (단, 옥상수조를 포함하여 구한다)
　○ 계산과정 :
　○ 답 :

나. 펌프의 토출량[L/min]은 얼마인가?
　○ 계산과정 :
　○ 답 :

다. 도면에서 번호에 따른 명칭을 적으시오.

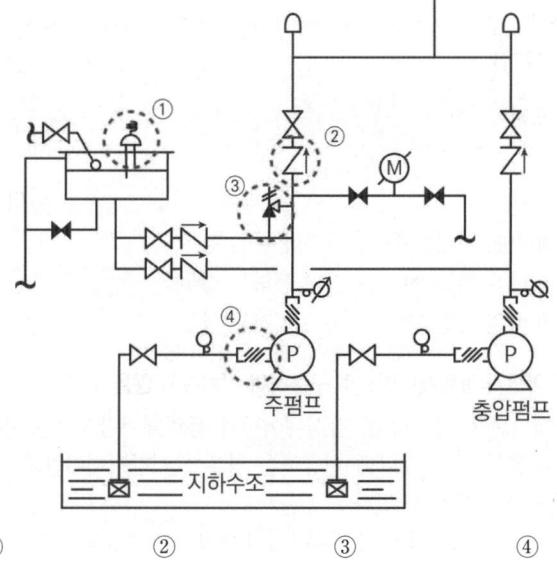

　○ 답 : ①　　　②　　　③　　　④

라. '다' 도면에 표시된 ④의 설치목적은 무엇인가?
　○ 답 :

마. '다' 도면에 표시된 ③의 설치목적은 무엇인가?
　○ 답 :

바. 옥내소화전 노즐의 내경이 13 [mm]이고 토출압력이 0.25 [MPa]일 때 10분 간 노즐에서 방수되는 물의 양[L]은 얼마인가?
　○ 계산과정 :
　○ 답 :

정답

가. 계산과정

전용수원량 = 2 [개] × 130 [L/min·개] × 20 [min] = 5200 [L] = 5.2 [m³]

옥상수원량 = $5.2 \times \frac{1}{3}$ = 1.73 [m³]

유효저수량 = 5.2 + 1.73 = 6.93 [m³]

답 | 6.93 [m³]

나. 계산과정 : 2 [개] × 130 [L/min·개] = 260 [L/min]

답 | 260 [L/min]

다. ① 감수경보장치, ② 체크밸브, ③ 릴리프밸브, ④ 플렉시블조인트

라. 플렉시블조인트는 펌프의 진동이나 소음을 흡수하는 역할을 한다.

마. 펌프의 체절운전 시 체절압력에서 배관 내 수온 상승을 방지하여 펌프설비와 배관을 보호하는 역할을 한다.

바. 계산과정 : $Q[L/\min] = 2.086 \times (D[mm])^2 \times \sqrt{P[MPa]}$
$= 2.086 \times 13^2 \times \sqrt{0.25} = 176.267 [L/\min]$

∴ $176.267[L/\min] \times 10[\min] = 1762.67[L]$

답 | 1762.67 [L]

05 배점 2

소화설비의 배관상에 설치하는 계기류 중 압력계, 진공계, 연성계의 설치위치와 측정범위를 쓰시오.

가. 설치 위치

 1) 진공계 : 2) 연성계 : 3) 압력계 :

나. 측정범위

 1) 진공계 : 2) 연성계 : 3) 압력계 :

정답

가. 1) 진공계 : 펌프 흡입 측 배관
  2) 연성계 : 펌프 흡입 측 배관
  3) 압력계 : 펌프 토출 측 배관

나. 1) 진공계 : 대기압 이하
  2) 연성계 : 대기압 이하와 대기압 이상
  3) 압력계 : 대기압 이상

06

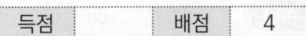

다음과 같은 직육면체(바닥면적은 6 [m] × 6 [m])의 물탱크에서 밸브를 완전히 개방하였을 때 최저 유효 수면까지 물이 배수되는 소요시간[시간, 분, 초]을 구하라. (단, 토출 측 관 안지름은 80 [mm]이고, 탱크 수면 하강속도가 변화하는 점을 고려)

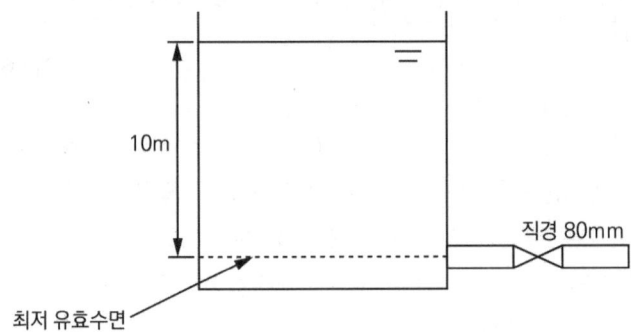

○ 계산과정: ○ 답:

정답

✓ 계산과정

> 탱크 내 물이 배수되는 데 필요한 소요시간
>
> $$t[s] = \frac{A_1}{A_2} \times \frac{2}{\sqrt{2g}} \times \sqrt{H}$$
>
> 여기서 t : 방출 시간 [s]
> A_1 : 수조의 면적(수면 면적) [m²], A_2 : 노즐의 면적 [m²]
> H : 노즐 중심으로부터 수조의 수면 높이 [m], g : 중력가속도 [m/s²]

$$\therefore t = \frac{6 \times 6 [m^2]}{\frac{\pi}{4} \times 0.08^2 [m^2]} \times \frac{2}{\sqrt{2 \times 9.8 [m/s^2]}} \times \sqrt{10[m]}$$
$$= 10231 [s] = 2\text{시간}\,50\text{분}\,31\text{초}$$

답 | 2시간 50분 31초

[단위 환산]

$10231[s] \times \dfrac{1[hr]}{3600[s]} = 2.8419[hr]$

$0.8419[hr] \times \dfrac{60[min]}{1[hr]} = 50.514[min]$

$0.514[min] \times \dfrac{60[s]}{1[min]} = 30.84 ≒ 31[s]$

Q·심화 수조 내 물이 배수되는 데 필요한 소요시간(s) 계산식 유도과정

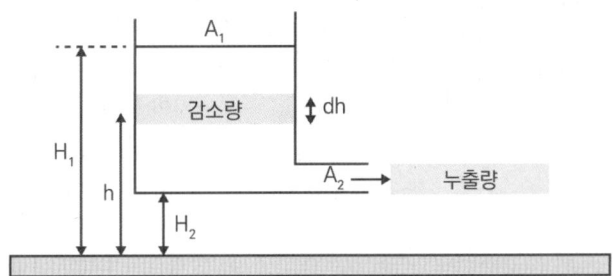

1) 수조 내의 수위가 h 일 때, 단위시간당 체적 감소량 $[m^3/s]$
   연속방정식에 의해

   Q = 수조 내 수면의 면적 (A_1) × 수조의 수위 변화량 $\left(-\dfrac{dh}{dt}\right)$

   $= -A_1 \times \dfrac{dh}{dt}$

   (여기서 수면의 높이가 감소하므로 부호는 − 이다)

2) 수조 내의 수위가 h 일 때, 토출구의 단위시간당 누출량 $[m^3/s]$

   Q = 토출구 노즐 면적 $(A_2) \times \sqrt{2gh}$

   $= A_2 \times \sqrt{2gh}$

   (여기서 방출계수는 1로 가정한다)

3) 수조 내의 수위가 h 일 때,
   수조 내에서 물의 체적 감소량 $[m^3/s]$ = 토출구의 누출량 $[m^3/s]$

   $-A_1 \times \dfrac{dh}{dt} = A_2 \times \sqrt{2gh}$

   $dt = -\dfrac{A_1}{A_2} \cdot \dfrac{1}{\sqrt{2gh}} dh$

   여기서 양변을 적분하면

   $\int dt = -\dfrac{A_1}{A_2} \cdot \int \dfrac{1}{\sqrt{2gh}} dh$

   $t = -\dfrac{A_1}{A_2} \cdot \int_{H_1}^{H_2} \dfrac{1}{\sqrt{2gh}} dh$

   $(\int \dfrac{1}{\sqrt{h}} dh = \int h^{-\frac{1}{2}} dh = \dfrac{1}{-\frac{1}{2}+1} h^{-\frac{1}{2}+1} = 2\sqrt{h}\,)$

   $t = -\dfrac{A_1}{A_2} \cdot \dfrac{1}{\sqrt{2g}} \cdot [2\sqrt{h}]_{H_1}^{H_2}$

   $t = -\dfrac{A_1}{A_2} \cdot \dfrac{2}{\sqrt{2g}} \cdot (\sqrt{H_2} - \sqrt{H_1})$

   $t = \dfrac{A_1}{A_2} \cdot \dfrac{2}{\sqrt{2g}} \cdot (\sqrt{H_1} - \sqrt{H_2})$

물이 배수되는 데 소요되는 시간 t [s]

$$t[s] = \frac{1}{C} \cdot \frac{A_1}{A_2} \cdot \frac{2}{\sqrt{2g}} \cdot (\sqrt{H_1} - \sqrt{H_2})$$

A_1 : 수조의 면적(수면 면적) [m²]
A_2 : 노즐(토출구)의 면적 [m²]
H_1 : 수면으로부터 토출구 중심까지의 높이 [m]
H_2 : 수조 내 수면이 감소될 때 수면으로부터 토출구 중심까지의 높이 [m]
g : 중력가속도 [m/s²]
C : 유량계수

07

배점 4

어떤 소방대상물의 소화설비로 옥외소화전을 5개 설치하였다. 다음 각 물음에 답하시오.

가. 수원의 저수량(m³)은 얼마 이상인가?
  ○ 계산과정 :
  ○ 답 :

나. 가압송수장치의 토출량(L/min)은 얼마 이상인가?
  ○ 계산과정 :
  ○ 답 :

다. 다음은 배관 등 설치기준이다. ( ) 안에 알맞은 답을 쓰시오.

> 호스접결구는 지면으로부터 높이가 (㉠)의 위치에 설치하고 특정소방대상물의 각 부분으로부터 하나의 호스접결구까지의 수평거리가 (㉡)가 되도록 설치해야 한다.

정답

가. 계산과정 : $Q = N \times 350[L/min] \times 20[min] = 2 \times 350 \times 20 = 14000[L] = 14[m^3]$

답 | 14 [m³]

나. 계산과정 : $Q = N \times 350[L/min] = 2 \times 350 = 700[L/min]$

답 | 700 [L/min]

다. ㄱ. 0.5 [m] 이상 1 [m] 이하
    ㄴ. 40 [m] 이하

08

포소화설비의 포소화약제 혼합장치의 종류를 5가지만 쓰시오.

① 　　　　　　　　　　　　　　②
③ 　　　　　　　　　　　　　　④
⑤

정답

① 라인 프로포셔너, ② 펌프 프로포셔너, ③ 프레셔 프로포셔너,
④ 프레셔사이드 프로포셔너, ⑤ 압축공기포 믹싱챔버방식

참고 포소화약제의 혼합장치

종류	설명	
라인 프로포셔너 방식	펌프와 발포기의 중간에 설치된 벤추리관의 벤추리작용에 따라 포소화약제를 흡입·혼합하는 방식	
펌프 프로포셔너 방식	펌프의 토출관과 흡입관 사이의 배관 도중에 설치한 흡입기에 펌프에서 토출된 물의 일부를 보내고, 농도 조정 밸브에서 조정된 포소화약제의 필요량을 포소화약제 탱크에서 펌프 흡입 측으로 보내어 이를 혼합하는 방식	
프레셔 프로포셔너 방식	펌프와 발포기의 중간에 설치된 벤추리관의 벤추리작용과 펌프 가압수의 포소화약제 저장탱크에 대한 압력에 따라 포소화약제를 흡입·혼합하는 방식이다.	[압송식] / [압입식]

종류	설명	
프레셔 사이드 프로포셔너 방식	펌프의 토출관에 압입기를 설치하여 포소화약제 압입용 펌프로 포소화약제를 압입시켜 혼합하는 방식이다.	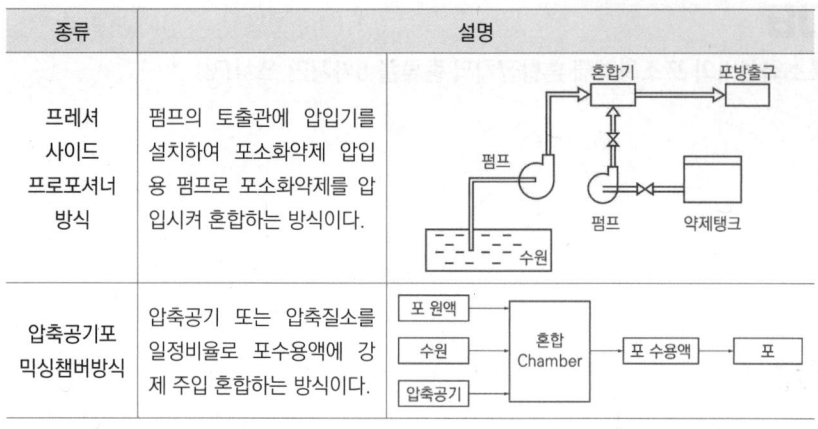
압축공기포 믹싱챔버방식	압축공기 또는 압축질소를 일정비율로 포수용액에 강제 주입 혼합하는 방식이다.	

09

배점 6

다음 [조건]을 참조하여 할로겐화합물소화설비의 10초 동안 방출된 소화약제량 [kg]을 구하시오.

조건

(1) 10초 동안 약제가 방출될 시 설계농도의 95 [%]에 해당하는 약제가 방출된다.
(2) 방호구역의 크기는 가로 4 [m], 세로 5 [m], 높이 4 [m]이다.
(3) $K_1 = 0.2413$, $K_2 = 0.00088$, 실온은 20 [℃]이다.
(4) A, C급 화재발생가능 장소로서 소화농도는 8.5 [%]이다.
(5) 해당 방호구역의 화재는 일반화재로 가정한다.

○ 계산과정 :

○ 답 :

정답

✓ 계산과정

📌 **핵심이론** 할로겐화합물소화설비의 소화약제량 산정 〈개정 2024.8.1.〉

$$W[kg] = \frac{V[m^3]}{S[m^3/kg]} \times \left(\frac{C[\%]}{100 - C[\%]}\right)$$

여기서 W : 소화약제의 무게 [kg]
V : 방호구역의 체적 [m³]
S : 소화약제별 선형상수 ($K_1 + K_2 \times t$) [m³/kg]
t : 방호구역의 최소예상온도 [℃]
C : 체적에 따른 소화약제의 설계농도 [%]
⇒ 설계농도는 소화농도(%)에
안전계수[A급 화재 1.2, B급 화재 1.3, C급 화재 1.35]를 곱한 값 이상으로 할 것

※ 유의사항
문제에서 10초 동안 방출된 소화약제량[kg]을 구하라고 하였으므로 <u>설계농도의 95 [%]에 해당하는 약제량</u>을 구한다.

$$W[kg] = \frac{V[m^3]}{S[m^3/kg]} \times \frac{C[\%] \times 0.95}{100 - C[\%] \times 0.95}$$

$V = 4 \times 5 \times 4 = 80 [m^3]$
$S = K_1 + K_2 \times t[℃] = 0.2413 + 0.00088 \times 20 = 0.2589 [m^3/kg]$
$C = 8.5 \times 1.2 (A급 화재) = 10.2 [\%]$

$$\therefore W = \frac{80}{0.2589} \times \frac{10.2 \times 0.95}{100 - 10.2 \times 0.95} = 33.154 = 33.15 [kg]$$

답 | 33.15 [kg]

할로겐화합물 및 불활성기체소화설비의 화재안전기술기준(NFTC 107A)
2.7.3 배관의 구경은 해당 방호구역에 <u>할로겐화합물소화약제는 10초 이내에, 불활성기체소화약제는 A·C급 화재 2분, B급 화재 1분 이내</u>에 방호구역 각 부분에 <u>최소 설계농도의 95 [%] 이상에 해당하는 약제량</u>이 방출되도록 해야 한다.

10 배점 6

피난기구에 대하여 다음 각 물음에 답하시오.

가. 의료시설에 설치해야 하는 피난기구를 층별로 구분하여 답하시오.

　　1) 지상 3층 :

　　2) 지상 4층 이상 10층 이하 :

나. 피난기구 설치 시 개구부에 관련되는 사항으로 (　) 안에 알맞은 답을 쓰시오.

> 피난기구는 계단·피난구 기타 피난시설로부터 적당한 거리에 있는 안전한 구조로 된 피난 또는 소화활동상 유효한 개구부[가로 (㉠) [m] 이상 세로 (㉡) [m] 이상인 것을 말한다. 이 경우 개구부 하단이 바닥에서 (㉢) [m] 이상이면 발판 등을 설치하여야 하고, 밀폐된 창문은 쉽게 파괴할 수 있는 파괴장치를 비치해야 한다]에 고정하여 설치하거나 필요한 때에 신속하고 유효하게 설치할 수 있는 상태에 둘 것

정답

가. 1) 지상 3층 : 미끄럼대, 구조대, 다수인피난장비, 승강식 피난기, 피난교, 피난용 트랩

　　2) 지상 4층 이상 10층 이하 : 구조대, 다수인피난장비, 승강식 피난기, 피난교, 피난용 트랩

장소별＼층별	1층	2층	3층	4층 이상 10층 이하
의료시설· 근린생활시설 중 입원실이 있는 의원· 접골원·조산원	-	-	• 미끄럼대 • 구조대 • 다수인피난장비 • 승강식 피난기 • 피난교 • 피난용 트랩	• 구조대 • 다수인피난장비 • 승강식 피난기 • 피난교 • 피난용 트랩

나. ㉠ 0.5, ㉡ 1, ㉢ 1.2

11

배점 8

다음의 [조건]을 참조하여 제연설비의 배출기에 대한 다음 각 물음에 답하시오.

조건
(1) 거실 바닥면적은 390 [m²]이다.
(2) Duct의 길이는 150 [m]이고, Duct 저항은 0.8 [mmAq/m]이다.
(3) 배출구 저항은 8 [mmAq], 그릴 저항은 3 [mmAq], 관 부속류는 Duct 저항의 50 [%]로 한다.
(4) 효율[E]은 60 [%]로 하고, 전동기 전달계수 K = 1.1이다.

가. 배출기의 최소 배출량(풍량)[CMH]을 구하시오.
  ○ 계산과정 :   ○ 답 :

나. 배출기의 최소 전압[mmAq]을 구하시오.
  ○ 계산과정 :   ○ 답 :

다. 배출기의 전동기 최소 동력[kW]을 구하시오.
  ○ 계산과정 :   ○ 답 :

라. 해당 배출기에 다익형(Multiblade) 팬을 설치하였다. 이 팬의 장점을 2가지 쓰시오.
  ○ 답 :

정답

가. 계산과정
$390[m^2] \times 1[CMM/m^2] = 390[CMM] = 23400[CMH]$
답 | 23400 [CMH]

나. 계산과정
$P_t = (150[m] \times 0.8[mmAq/m]) + 8[mmAq] + 3[mmAq]$
$\quad + (150 \times 0.8 \times 0.5)[mmAq]$
$\quad = 191[mmAq]$
답 | 191 [mmAq]

다. 계산과정
$P[kW] = \dfrac{191[mmAq] \times \dfrac{23400}{3600}[m^3/s]}{102 \times 0.6} \times 1.1 = 22.314 \fallingdotseq 22.31[kW]$
답 | 22.31 [kW]

라. 다익팬의 장점 : ① 풍량 변화 시 풍압변화가 작다. ② 비교적 큰 풍량을 얻을 수 있다.

12 [배점 4]

특별피난계단의 계단실 및 부속실제연설비에 대한 제연구역과 옥내와의 차압[Pa]을 다음 [조건]을 참조하여 계산하시오.

조건
(1) 제연설비가 가동되었을 때 실제 출입문개방에 필요한 힘을 측정하여보니 100[N]이었다.
(2) 출입문의 폭(W)은 0.9 [m], 높이(H)는 2.1 [m]이다.
(3) 자동폐쇄장치 및 경첩에 의해 폐쇄되는 힘은 30 [N]이다.
(4) 문의 손잡이와 문의 끝까지(모서리까지)의 거리는 0.1 [m]이다.
(5) K_d(상수) = 1.0으로 한다.

○ 계산과정 : ○ 답 :

정답

✓ **계산과정**

문을 개방하는 데 필요한 힘

$$F = F_{dc} + F_P$$
$$= F_{dc} + K_d \cdot \Delta P \cdot A \cdot \frac{W}{2(W-d)}$$

여기서 F_{dc} : 도어체크의 저항력 [N]
F_P : 차압이 작용할 때 방화문을 개방하기 위한 힘 [N]
$(F_P = K_d \cdot \Delta P \cdot A \cdot \frac{W}{2(W-d)})$
K_d : 출입문의 마찰계수
ΔP : 제연구역과 비제연구역의 차압 [Pa]
A : 방화문 면적 [m²], W: 문의 폭 [m]
d : 손잡이에서 문의 끝까지의 거리 [m]

$$F = F_{dc} + K_d \cdot \Delta P \cdot A \cdot \frac{W}{2(W-d)}$$

$$100[N] = 30[N] + \Delta P[Pa] \cdot (2.1[m] \times 0.9[m]) \cdot \frac{0.9[m]}{2(0.9[m] - 0.1[m])}$$

$$\therefore \Delta P = 65.84[Pa]$$

답 | 65.84 [Pa]

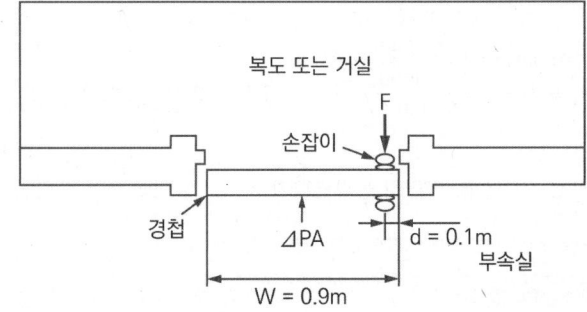

13

아래 그림과 같은 루프(Loop) 배관에 직접 연결된 살수헤드에서 210 [L/min]의 유량으로 물이 방수되고 있다. 화살표 방향으로 흐르는 Q_1 및 Q_2의 유량[L/min]을 산출하시오. (단, 계산 조건은 아래와 같다)

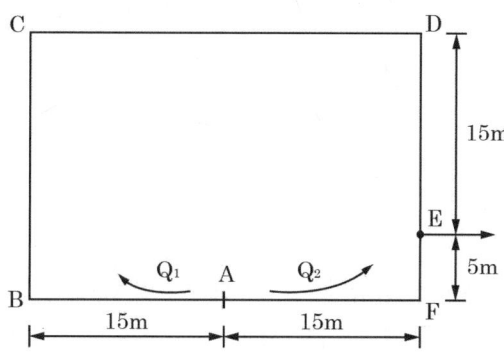

조건

(1) 배관 마찰손실은 하젠-윌리엄공식을 사용하되 계산 편의상 다음과 같다고 가정한다.

$$\Delta P = \frac{6 \times 10^4 \times Q^2}{100^2 \times d^5}$$

단, ΔP : 배관 1 [m]당 마찰손실압력 [MPa]
Q : 배관 내 유수량 [L/min], d : 배관의 안지름 [mm]

(2) 루프(Loop) 배관의 안지름은 40 [mm]이다.
(3) 배관 부속품의 등가길이는 전부 무시한다.
(4) 살수헤드는 E지점에 설치되어 있다.

○ 계산과정 :

○ 답 :

정답

✓ 계산과정

$Q_{ABCDE} = Q_1$, $Q_{AFE} = Q_2$으로 가정한다.

$Q_1 + Q_2 = 210 [L/min]$ ·· (1) 식

$\triangle P_1 = \triangle P_2$ ·· (2) 식

$\triangle P_1 = \dfrac{6 \times 10^4 \times Q_1^2}{100^2 \times 40^5} \times (15 + 20 + 30 + 15)$

$$\triangle P_2 = \frac{6 \times 10^4 \times Q_2^2}{100^2 \times 40^5} \times (15+5)$$

$\therefore 80Q_1^2 = 20Q_2^2$, $Q_2 = \sqrt{\frac{80}{20}}\,Q_1 = 2Q_1$을 (1)식에 대입한다.

$Q_1 + 2Q_1 = 210$, $\therefore Q_1 = 70[L/min]$, $Q_2 = 140[L/min]$

답 | Q₁ = 70 [L/min], Q₂ = 140 [L/min]

14

특수가연물을 저장 또는 취급하는 랙식 창고에 스프링클러헤드를 설치하고자 한다. [조건]을 참조하여 다음 각 물음에 답하시오.

조건
(1) 헤드는 라지드롭형 스프링클러헤드를 정방형으로 설치한다.
(2) 랙식 창고의 크기는 가로 15 [m], 세로 15 [m], 높이 8 [m]이다.
(3) 화재조기진압용 스프링클러설비는 적용하지 않는다.

가. 랙식 창고에 소요되는 헤드의 개수는 몇 개인가?
  ◯ 계산과정 :
  ◯ 답 :

나. 헤드 1개당 160 [L/min]으로 방출 시 펌프 토출량[L/min]은 얼마인가?
  ◯ 계산과정 :
  ◯ 답 :

다. 창고에 설치한 스프링클러설비에 필요한 수원의 유효수량[m³]은 얼마인가?
  (단, 주수원 이외의 수원은 고려하지 않는다)
  ◯ 계산과정 :
  ◯ 답 :

정답

✓ 계산과정

가. 설치장소별 수평거리 R

설치장소	수평거리(R)
• 특수가연물을 저장 또는 취급하는 장소 • 무대부	1.7 [m] 이하
• 기타구조로 된 경우 • 라지드롭형 스프링클러헤드를 설치하는 창고 (단, ① 특수가연물을 저장 또는 취급하는 창고 : 1.7 [m] 이하 ② 내화구조로 된 창고 : 2.3 [m] 이하)	2.1 [m] 이하
• 내화구조로 된 경우	2.3 [m] 이하
• 아파트등의 세대 내	2.6 [m] 이하

R(수평거리) = 1.7 [m]

① S(헤드 간 거리) = $2R\cos\theta = 2 \times 1.7 \times \cos 45 = 2.40 [m]$

② 가로 변 및 세로 변에 설치할 헤드 수 : $\dfrac{15[m]}{2.4[m/개]} = 6.25[개] ≒ 7[개]$

③ 랙 높이에 따른 열 수 : $\dfrac{8[m]}{3[m/열]} = 2.67 \Rightarrow 3열$

④ 설치할 총 헤드 수 : 7 [개] × 7 [개] × 3 [열] = 147개

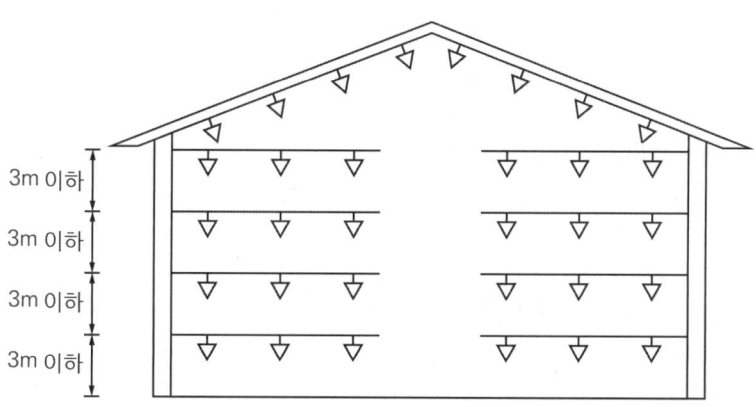

[랙식 창고 – 라지드롭형 스프링클러헤드를 랙 높이 3 [m] 이하마다 설치]

답 | 147개

> 보충 ▶ 스프링클러설비의 화재안전기술기준, 공동주택의 화재안전기술기준 및 창고시설의 화재안전기술기준에 명시된 내용을 반영한 표

> 보충 ▶ 랙식 창고의 경우에는 라지드롭형 스프링클러헤드를 랙 높이 3 [m] 이하마다 설치할 것

나. 창고시설 – 가압송수장치의 송수량

$$Q[L/min] = N \times 160[L/min]$$

N : 라지드롭형 스프링클러헤드의 설치개수가 가장 많은 방호구역의 설치개수 (30개 이상 설치된 경우에는 30개)

$$Q[L/min] = 30 \times 160[L/min] = 4800[L/min]$$

답 | 4800 [L/min]

다. 창고시설 – 스프링클러설비의 수원의 저수량

1. 일반 창고 : $Q[m^3] = N \times 3.2[m^3]$
2. 랙식 창고 : $Q[m^3] = N \times 9.6[m^3]$

N : 라지드롭형 스프링클러헤드의 설치개수가 가장 많은 방호구역의 설치개수 (30개 이상 설치된 경우에는 30개)

$$Q[m^3] = 30 \times 9.6[m^3] = 288[m^3]$$

답 | 288 [m³]

> **참고** 창고시설의 화재안전성능기준(NFPC 609) 제7조(스프링클러설비) [시행 2024.1.1.]
>
> ① 스프링클러설비의 설치방식은 다음 각 호에 따른다.
>   1. 창고시설에 설치하는 스프링클러설비는 라지드롭형 스프링클러헤드를 습식으로 설치할 것
>   다만 다음 각 목의 어느 하나에 해당하는 경우에는 건식 스프링클러설비로 설치할 수 있다.
>   가. 냉동창고 또는 영하의 온도로 저장하는 냉장창고
>   나. 창고시설 내에 상시 근무자가 없어 난방을 하지 않는 창고시설
>   2. 랙식 창고의 경우에는 제1호에 따라 설치하는 것 외에 라지드롭형 스프링클러헤드를 랙 높이 3 [m] 이하마다 설치할 것. 이 경우 수평거리 15 [cm] 이상의 송기공간이 있는 랙식 창고에는 랙 높이 3 [m] 이하마다 설치하는 스프링클러헤드를 송기공간에 설치할 수 있다.
>   3. 창고시설에 적층식 랙을 설치하는 경우 적층식 랙의 각 단 바닥면적을 방호구역 면적으로 포함할 것
>   4. 제1호 내지 제3호에도 불구하고 천장 높이가 13.7 [m] 이하인 랙식 창고에는 「화재조기진압용 스프링클러설비의 화재안전성능기준(NFPC 103B)」에 따른 화재조기진압용 스프링클러설비를 설치할 수 있다.
>
> ② 수원의 저수량은 다음 각 호의 기준에 적합해야 한다.
>   1. 라지드롭형 스프링클러헤드의 설치개수가 가장 많은 방호구역의 설치개수(30개 이상 설치된 경우에는 30개)에 3.2(랙식 창고의 경우에는 9.6) [m³]를 곱한 양 이상이 되도록 할 것
>   2. 제1항 제4호에 따라 화재조기진압용 스프링클러설비를 설치하는 경우 「화재조기진압용 스프링클러설비의 화재안전성능기준(NFPC 103B)」 제5조 제1항에 따를 것

③ 가압송수장치의 송수량은 다음 각 호의 기준에 적합해야 한다.
   1. 가압송수장치의 송수량은 0.1 [MPa]의 방수압력기준으로 분당 160 [L] 이상의 방수성능을 가진 기준개수의 모든 헤드로부터의 방수량을 충족시킬 수 있는 양 이상인 것으로 할 것. 이 경우 속도수두는 계산에 포함하지 않을 수 있다.
   2. 제1항 제4호에 따라 화재조기진압용 스프링클러설비를 설치하는 경우「화재조기진압용 스프링클러설비의 화재안전성능기준(NFPC 103B)」제6조 제1항 제9호에 따를 것
④ 교차배관에서 분기되는 지점을 기점으로 한쪽 가지배관에 설치되는 헤드의 개수(반자 아래와 반자 속의 헤드를 하나의 가지배관 상에 병설하는 경우에는 반자 아래에 설치하는 헤드의 개수)는 4개 이하로 해야 한다. 다만 제1항 제4호에 따라 화재조기진압용 스프링클러설비를 설치하는 경우에는 그렇지 않다.
⑤ 스프링클러헤드는 다음 각 호의 기준에 적합해야 한다.
   1. 라지드롭형 스프링클러헤드를 설치하는 천장·반자·천장과 반자 사이·덕트·선반 등의 각 부분으로부터 하나의 스프링클러헤드까지의 수평거리는「화재의 예방 및 안전관리에 관한 법률 시행령」별표2의 특수가연물을 저장 또는 취급하는 창고는 1.7 [m] 이하, 그 외의 창고는 2.1 [m](내화구조로 된 경우에는 2.3 [m]를 말한다) 이하로 할 것
   2. 화재조기진압용 스프링클러헤드는「화재조기진압용 스프링클러설비의 화재안전성능기준(NFPC 103B)」제10조에 따라 설치할 것

15

전력 통신 배선 전용 지하구에 연소방지설비를 설치하고자 한다. 다음 각 물음에 답하시오. (단, 지하구의 크기는 폭 4 [m], 높이 3 [m]이며, 환기구 사이의 간격 1000 [m]이다. 환기구에는 지하구의 양쪽방향으로 살수헤드가 이미 최소 수량으로 설치되어 있다)

가. 환기구 사이에 살수구역은 최소 몇 개를 설치하여야 하는가?
   ○ 계산과정 :
   ○ 답 :

나. 1개의 살수구역에 설치되는 연소방지설비 전용헤드의 최소 수량을 구하시오. (단, 살수구역의 길이는 화재안전기술기준의 최소 길이를 적용하고, 헤드는 천장에만 설치한다)
   ○ 계산과정 :
   ○ 답 :

다. 1개의 살수구역에 설치하는 연소방지설비 전용헤드의 전체 수량에 적합한 최소 배관구경[mm]은 얼마인가?

○ 답 :

> **정답**
>
> 📌 **핵심이론** 지하구의 화재안전기술기준(NFTC 605)
>
> 2.4.2 연소방지설비의 헤드는 다음의 기준에 따라 설치해야 한다.
> 2.4.2.1 천장 또는 벽면에 설치할 것
> 2.4.2.2 헤드 간의 수평거리는 연소방지설비 전용헤드의 경우에는 2 [m] 이하, 개방형 스프링클러헤드의 경우에는 1.5 [m] 이하로 할 것
> 2.4.2.3 소방대원의 출입이 가능한 환기구·작업구마다 지하구의 양쪽방향으로 살수헤드를 설정하되, 한쪽 방향의 살수구역의 길이는 3 [m] 이상으로 할 것. 다만 환기구 사이의 간격이 700 [m]를 초과할 경우에는 700 [m] 이내마다 살수구역을 설정하되, 지하구의 구조를 고려하여 방화벽을 설치한 경우에는 그렇지 않다.
> 2.4.2.4 연소방지설비 전용헤드를 설치할 경우에는 「소화설비용 헤드의 성능인증 및 제품검사 기술기준」에 적합한 살수헤드를 설치할 것

가. 계산과정 : 살수구역 개수 $= \dfrac{1000[m]}{700[m]} - 1 = 0.428 \rightarrow 1 [개]$

답 | 1 [개]

나. 계산과정 : 천장면에 설치해야 하는 헤드의 개수

① 지하구 폭(4 [m])에 설치해야 하는 헤드 개수 $= \dfrac{4[m]}{2[m/개]} = 2[개]$

② 최소 살수구역 길이(3 [m])에 설치해야 하는 헤드 개수 $= \dfrac{3[m]}{2[m/개]} = 1.5 \rightarrow 2 [개]$

∴ 1개 살수구역에 설치하는 헤드의 개수 $= 2[개] \times 2[개] = 4[개]$

답 | 4 [개]

다. 1개 살수구역에 설치하는 헤드의 개수가 4개이므로, 배관의 구경은 65 [mm]로 해야 한다.

> 📁 **참고** 지하구의 화재안전기술기준(NFTC 605)
>
> 2.4.1.3 배관의 구경은 다음의 기준에 적합한 것이어야 한다.
> 2.4.1.3.1 연소방지설비전용헤드를 사용하는 경우에는 다음 표에 따른 구경 이상으로 할 것

하나의 배관에 부착하는 연소방지설비 전용헤드의 개수	1개	2개	3개	4개 또는 5개	6개 이상
배관구경[mm]	32	40	50	65	80

답 | 65 [mm]

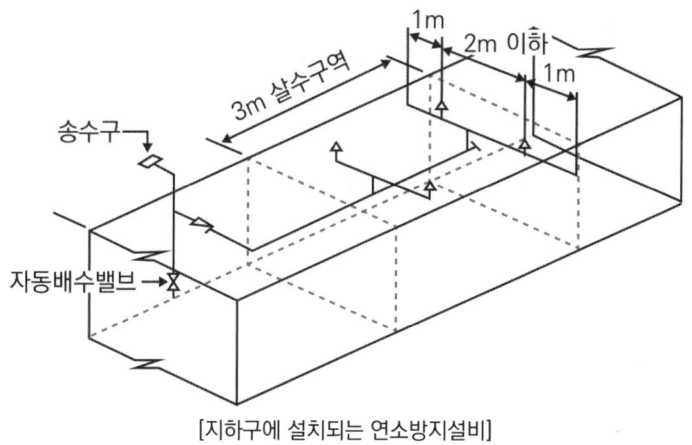

[지하구에 설치되는 연소방지설비]

16 | 득점 | 배점 13 |

다음 [조건]을 기준으로 이산화탄소소화설비에 대한 물음에 답하시오.

조건

(1) 특정소방대상물의 천장까지의 높이는 3 [m]이고 방호구역의 크기와 용도는 다음과 같다.

통신기기실 가로 12 [m] × 세로 10 [m] 자동폐쇄장치 설치	전자제품창고 가로 20 [m] × 세로 10 [m] 개구부 2 [m] × 2 [m]
위험물저장창고 가로 32 [m] × 세로 10 [m] 자동폐쇄장치 설치	

(2) 소화약제는 고압저장방식으로 하고 한 병당 소화약제 충전량은 45 [kg]이다.
(3) 통신기기실과 전자제품창고는 전역방출방식으로 설치하고 위험물 저장창고에는 국소방출방식을 적용한다.
(4) 개구부 가산량은 10 [kg/m²], 사용하는 CO_2는 순도 99.5 [%], 헤드의 방출률은 1.3 [kg/mm²·min·개]이다.
(5) 위험물 저장창고에는 가로 세로가 각각 5 [m], 높이가 2 [m]인 개방된 용기에 제4류 위험물을 저장한다.
(6) 주어진 조건 외는 소방 관련 법규 및 화재안전기술기준에 준한다.

가. 각 방호구역에 대한 필요 약제량은 몇 [kg] 이상인가?

　1) 통신기기실
　　○ 계산과정 :
　　○ 답 :

　2) 전자제품창고
　　○ 계산과정 :
　　○ 답 :

　3) 위험물저장창고
　　○ 계산과정 :
　　○ 답 :

나. 각 방호구역별 약제저장용기는 몇 병인가?

　1) 통신기기실
　　○ 계산과정 :
　　○ 답 :

　2) 전자제품창고
　　○ 계산과정 :
　　○ 답 :

　3) 위험물저장창고
　　○ 계산과정 :
　　○ 답 :

다. 통신기기실 헤드의 방출압력은 몇 [MPa]이어야 하는가?
　○ 답 :

라. 통신기기실에서 설계농도에 도달하는 시간은 몇 분 이내이어야 하는가?
　○ 답 :

마. 통신기기실의 헤드 수를 14개로 할 때 헤드의 분구면적[mm^2]을 구하시오.
　○ 계산과정 :
　○ 답 :

바. 약제저장용기는 몇 [MPa] 이상의 내압시험압력에 합격한 것으로 하여야 하는가?
　○ 답 :

사. 전자제품창고에 저장된 약제가 모두 분사되었을 때 CO_2의 체적은 몇 [m³]이 되는가? (단, 온도는 25 [℃]이다)

○ 계산과정 :

○ 답 :

아. 소화설비용으로 강관을 사용할 때의 배관기준을 설명하시오.

> 강관을 사용하는 경우의 배관은 압력배관용 탄소강관(KS D 3562) 중 스케줄 (㉠) 이상의 것 또는 이와 동등 이상의 강도를 가진 것으로 (㉡) 등으로 방식 처리된 것을 사용할 것. 다만 배관의 호칭구경이 20 [mm] 이하인 경우에는 스케줄 40 이상인 것을 사용할 수 있다.

정답

가. **핵심이론** 이산화탄소소화설비 전역방출방식 심부화재 약제량 산정

$$W = (V \times \alpha) + (A \times \beta)$$

W : 약제량 [kg], V : 방호구역 체적 [m³]
α : 방호구역 1 [m³]에 대한 소화약제의 양 [kg/m³]
A : 개구부 면적 [m²], β : 개구부 가산량(심부화재 : 10 [kg/m²])

방호대상물	방호구역 1 [m³]에 대한 소화약제의 양 α	설계농도 [%]	개구부 가산량[kg/m²] β (자동폐쇄장치 미설치 시)
유압기기를 제외한 전기설비, 케이블실	1.3 [kg/m³]	50	10 [kg/m²]
체적 55 [m³] 미만의 전기설비	1.6 [kg/m³]	50	
서고, 전자제품창고, 목재가공품 창고, 박물관	2.0 [kg/m³]	65	
고무류, 모피창고, 집진설비, 석탄창고, 면화류 창고	2.7 [kg/m³]	75	

암기 ▶ 서전목박

암기 ▶ 고모집석면

계산과정

1) V = 12 × 10 × 3 = 360 [m³]

∴ W = V × α = 360 [m³] × 1.3 [kg/m³] = 468 [kg]

순도를 고려한 약제량 = $\dfrac{468}{0.995}$ = 470.35 [kg]

▶ 순도 : 순물질이 차지하는 비율 (보통 중량%[wt%])

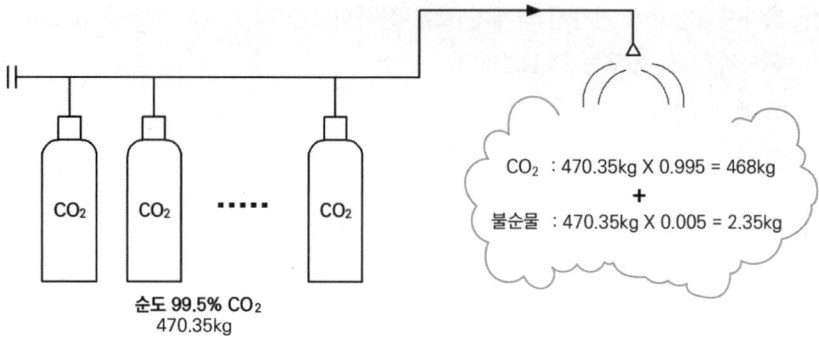

2) $V = 20 \times 10 \times 3 = 600 \ [m^3]$

   ∴ $W = (600 \ [m^3] \times 2 \ [kg/m^3]) + ((2 \times 2) \ [m^2] \times 10 \ [kg/m^2]) = 1240 \ [kg]$

   순도를 고려한 약제량 = $\dfrac{1240}{0.995} = 1246.23 \ [kg]$

3) 이산화탄소소화설비 국소방출방식 약제량 산정(윗면이 개방된 용기에 저장하는 경우와 화재 시 연소면이 한정되고 가연물이 비산할 우려가 없는 경우)

   W(약제량) $= A \ [m^2] \times 13 \ [kg/m^2] \times$ 할증계수[h]

   $A = 5 \times 5 = 25 \ [m^2]$

   ∴ $W = 25 \ [m^2] \times 13 \ [kg/m^2] \times 1.4$(고압식) $= 455 \ [kg]$

   순도를 고려한 약제량 = $\dfrac{455}{0.995} = 457.29 \ [kg]$

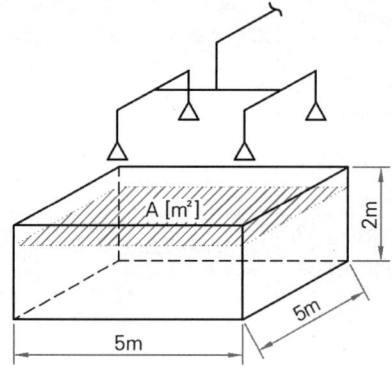

[위험물저장창고의 개방된 용기]

※ $W = (V \times \alpha) + (A \times \beta)$ 식을 통해 산출한 약제량 $W[kg]$은 불순물이 전혀 없는 "순수 이산화탄소에 대한 약제량"이다. 그러나 조건에서 "CO_2는 순도 99.5 [%]"라고 하였기 때문에 각 실에 필요한 약제량을 구할 때는 불순물이 포함된 CO_2의 약제량을 구해야 한다.

답 | 1) 470.35 [kg], 2) 1246.23 [kg], 3) 457.29 [kg]

나. 계산과정

1) $\dfrac{470.35\,[kg]}{45\,[kg/병]} = 10.45\,[병] ≒ 11\,[병]$

2) $\dfrac{1246.23\,[kg]}{45\,[kg/병]} = 27.69\,[병] ≒ 28\,[병]$

3) $\dfrac{457.29\,[kg]}{45\,[kg/병]} = 10.16\,[병] ≒ 11\,[병]$

답 | 1) 11 [병], 2) 28 [병], 3) 11 [병]

다. 2.1 [MPa] 이상[분사헤드의 방출압력이 2.1 [MPa](저압식은 1.05 [MPa]) 이상의 것으로 할 것]

라. 7분 이내(이 경우 설계농도가 2분 이내에 30 [%]에 도달하여야 한다)

> **이산화탄소소화설비의 화재안전기술기준(NFTC 106)**
> 2.5.2 배관의 구경은 이산화탄소소화약제의 소요량이 다음의 기준에 따른 시간 내에 방출될 수 있는 것으로 해야 한다.
> 2.5.2.1 전역방출방식에 있어서 가연성 액체 또는 가연성 가스 등 표면화재 방호대상물의 경우에는 1분
> 2.5.2.2 <u>전역방출방식</u>에 있어서 종이, 목재, 석탄, 섬유류, 합성수지류 등 <u>심부화재</u> 방호대상물의 경우에는 <u>7분</u>. 이 경우 설계농도가 2분 이내에 30 [%]에 도달하여야 한다.
> 2.5.2.3 국소방출방식의 경우에는 30초

마. 계산과정 : 분구면적

$[mm^2] = \dfrac{11\,[병] \times 45\,[kg/병]}{1.3\,[kg/mm^2\cdot min\cdot 개] \times 7\,[min] \times 14\,[개]} = 3.89\,[mm^2]$ **답 | 3.89 [mm²]**

바. 25 [MPa]

사. 계산과정 : 이상기체 상태방정식 $PV = \dfrac{W}{M}RT$

$V = \dfrac{WRT}{PM}$
$= \dfrac{(28\,[병] \times 45\,[kg/병] \times 0.995)\,[kg] \times 8.314\,[kJ/kmol\cdot K] \times (273+25)\,[K]}{101.325\,[kPa] \times 44\,[kg/kmol]}$
$= 696.71\,[m^3]$

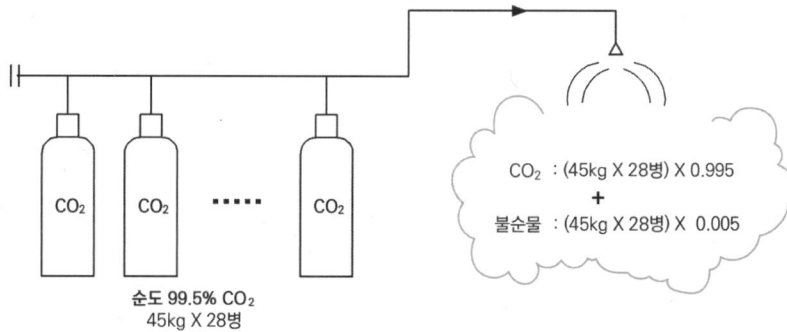

CO₂ : (45kg × 28병) × 0.995
+
불순물 : (45kg × 28병) × 0.005

순도 99.5% CO₂
45kg × 28병

※ 문제에서 요구한 "약제가 모두 분사되었을 때 CO_2의 체적"은 불순물을 제외한 "순수 이산화탄소에 대한 약제량의 체적"이다. 따라서 불순물이 섞여있는 약제용기 내 약제량의 체적을 구하는 것이 아니라, 저장된 약제량의 99.5 [%]인 순수 이산화탄소"를 구해야 함을 유의한다.

답 | 696.71 [m³]

아. ㉠ 80, ㉡ 아연도금

2019년 4회

2019.11.09

01 배점 12

표면화재 방호대상물에 아래와 같은 조건으로 전역방출방식의 고압식 이산화탄소 소화설비를 설치하였을 경우 각 물음에 답하시오.

조건

(1) 방호구역의 조건
- 발전기실 : 면적 12 × 5 [m^2], 높이 5 [m], 개구부 면적 5.2 [m^2](자동폐쇄장치 설치)
- 축전지실 : 면적 13 × 2 [m^2], 높이 5 [m], 개구부 면적 2.4 [m^2](자동폐쇄장치 설치)

(2) 이산화탄소 저장용기는 내용적 68 [L], 충전량 45 [kg]인 것을 사용하는 것으로 한다.

(3) CO_2 방출시간은 1분을 기준으로 한다.

가. 각 방호구역별 필요한 약제저장용기의 수는 몇 [병]인가?
- 계산과정 :
- 답 :

나. 용기저장소에 저장해야 하는 소화약제의 용기 수는 몇 [병]인가?
- 답 :

다. 각 방호구역별 선택밸브 직후의 유량은 몇 [kg/s]인가? (실제 방출 병 수로 계산)
- 계산과정 :
- 답 :

라. 저장용기는 몇 [MPa] 이상의 내압시험에 합격한 것으로 하여야 하는가?
- 답 :

마. 저장용기와 선택밸브 또는 개폐밸브 사이에 설치하는 안전장치와 관련하여 다음 [보기]에서 괄호 안에 들어갈 말을 찾아 쓰시오.

[보기]
최소사용설계압력, 최대사용설계압력, 최소허용압력,
최대허용압력, 내부, 외부, 용전식, 파열판식, 중추식, 스프링식

이산화탄소소화약제 저장용기와 선택밸브 또는 개폐밸브 사이에는 배관의 (①)과 (②) 사이의 압력에서 작동하는 안전장치를 설치해야 하며, 안전장치를 통하여 나온 소화가스는 전용의 배관 등을 통하여 건축물 (③)로 배출될 수 있도록 해야 한다. 이 경우 안전장치로 (④)을 사용해서는 안 된다.

바. 분사헤드의 방출압력 몇 [MPa] 이상으로 하여야 하는가?

　　○답 :

사. 약제저장용기밸브의 작동방식을 3가지로 분류하여 쓰시오.

　　○답 :

정답

가. ★핵심이론 이산화탄소소화설비 전역방출방식 표면화재 약제량 산정

$$W = (V \times \alpha) \times N + (A \times \beta)$$

W : 약제량 [kg], V : 방호구역 체적 [m^3]
α : 방호구역 1 [m^3]에 대한 소화약제의 양 [kg/m^3]
A : 개구부 면적 [m^2], β : 개구부 가산량(표면화재 : 5 [kg/m^2])
N : 보정계수(설계농도가 34 [%] 이상인 방호대상물의 소화약제량을 구할 때 보정계수를 곱하여 산출함)

방호구역 체적	방호구역의 체적 1 [m^3]에 대한 소화약제의 양 α	최저 한도의 양	개구부 가산량[kg/m^2] (자동폐쇄장치 미설치 시) β
45 [m^3] 미만	1 [kg/m^3]	45 [kg](1병)	5 [kg/m^2]
45 [m^3] 이상 150 [m^3] 미만	0.9 [kg/m^3]		
150 [m^3] 이상 1450 [m^3] 미만	0.8 [kg/m^3]	135 [kg](3병)	
1450 [m^3] 이상	0.75 [kg/m^3]	1125 [kg](25병)	

계산과정

1) 발전기실

① 발전기실 소요약제량[kg]

W = (V × α) + (A × β)

㉠ 발전기실의 체적 V[m³]

V = 12 × 5 × 5 = 300 [m³] ⇒ 따라서 α = 0.8 [kg/m³]

㉡ V × α = 300 [m³] × 0.8 [kg/m³] = 240 [kg] (최저 한도의 양 135 [kg] 이상)

∴ W = 240 [kg] (자동폐쇄장치를 설치했으므로 개구부 가산량은 더하지 않음)

② 발전기실 가스용기 본수 : 240 [kg] ÷ 45 [kg/병] = 5.33 [병] ≒ 6 [병]

2) 축전지실

① 축전지실 소요약제량[kg]

W = (V × α) + (A × β)

㉠ 축전지실의 체적 V[m³]

V = 13 × 2 × 5 = 130 [m³] ⇒ 따라서 α = 0.9 [kg/m³]

㉡ V × α = 130 [m³] × 0.9 [kg/m³] = 117 [kg] (최저 한도의 양 45 [kg] 이상)

∴ W = 117 [kg] (자동폐쇄장치를 설치했으므로 개구부 가산량은 더하지 않음)

② 축전지실 가스용기 본수 : 117 [kg] ÷ 45 [kg/병] = 2.6 [병] ≒ 3 [병]

답 | 발전기실 6 [병], 축전지실 3 [병]

나. 6 [병]

다. 계산과정

① 발전기실 : $\dfrac{6[병] \times 45[kg/병]}{60[s]} = 4.5[kg/s]$

② 축전지실 : $\dfrac{3[병] \times 45[kg/병]}{60[s]} = 2.25[kg/s]$

답 | ① 발전기실 4.5 [kg/s], ② 축전지실 2.25 [kg/s]

라. 25 [MPa] 이상

마. 이산화탄소소화약제 저장용기와 선택밸브 또는 개폐밸브 사이에는 배관의 (① 최소사용설계압력)과 (② 최대허용압력) 사이의 압력에서 작동하는 안전장치를 설치해야 하며, 안전장치를 통하여 나온 소화가스는 전용의 배관 등을 통하여 건축물 (③ 외부)로 배출될 수 있도록 해야 한다. 이 경우 안전장치로 (④ 용전식)을 사용해서는 안 된다.

바. 2.1 [MPa]

사. ① 전기식, ② 기계식, ③ 가스압력식

02

배점 4

가로 19 [m], 세로 9 [m]인 직사각형 형태의 무대부가 있다. 이 무대부에는 기둥이 없고 상부는 반자로 고르게 마감되어 있다. 이 무대부에 스프링클러헤드를 정방형 형태로 설치하고자 할 때 헤드의 소요개수를 계산하시오. (단, 반자 속에는 헤드를 설치하지 아니하며 헤드 설치 시 장애물은 모두 무시한다)

○ 계산과정 :

○ 답 :

보충 ▶ 스프링클러설비의 화재안전기술기준, 공동주택의 화재안전기술기준 및 창고시설의 화재안전기술기준에 명시된 내용을 반영한 표

정답

☑ 계산과정

설치장소별 수평거리 R

설치장소	수평거리(R)
• 특수가연물을 저장 또는 취급하는 장소 • 무대부	1.7 [m] 이하

• 기타구조로 된 경우
• 라지드롭형 스프링클러헤드를 설치하는 창고
   (단, ① 특수가연물을 저장 또는 취급하는 창고 : 1.7 [m] 이하
     ② 내화구조로 된 창고 : 2.3 [m] 이하)
	2.1 [m] 이하

• 내화구조로 된 경우	2.3 [m] 이하
• 아파트등의 세대 내	2.6 [m] 이하

R(수평거리) = 1.7 [m]

S(헤드 간 거리) = $2R\cos\theta = 2 \times 1.7 \times \cos 45 = 2.404 [m]$

가로 : $\dfrac{19[m]}{2.404[m/개]} = 7.90[개] ≒ 8[개]$

세로 : $\dfrac{9[m]}{2.404[m/개]} = 3.74[개] ≒ 4[개]$

∴ 8 × 4 = 32 [개]

답 | 32 [개]

03

그림은 서로 직렬로 연결된 2개의 실 Ⅰ, Ⅱ의 평면도로서 A_1, A_2는 출입문이며, 각 실은 출입문 이외의 틈새가 없다고 한다. 출입문이 닫힌 상태에서 실 Ⅰ을 급기 가압하여 실 Ⅰ과 외부 간에 50 [Pa]의 기압 차를 얻기 위하여 실 Ⅰ에 급기시켜야 할 풍량은 몇 [m³/s]가 되겠는가? (단, 닫힌 문 A_1, A_2에 의해 공기가 유동할 수 있는 틈새의 면적은 각각 0.02 [m²]이며, 임의의 어느 실에 대한 급기량 Q [m³/s]와 얻고자 하는 기압차[Pa]의 관계식은 $Q = 0.827 \times A \times P^{1/2}$이다. 여기서 Q : 누출되는 공기의 양 [m³/s], A : 문의 전체 누설틈새면적 [m²], P : 문을 경계로 한 기압 차 [Pa]이다)

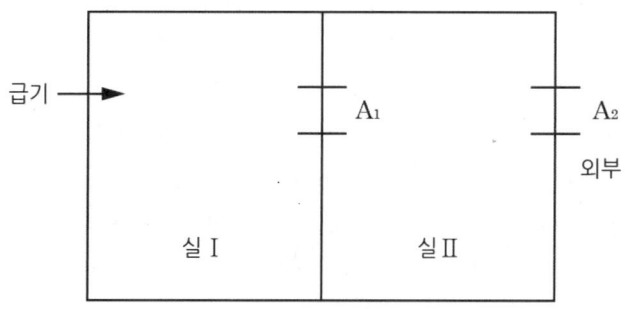

○ 계산과정 :

○ 답 :

정답

☑ 계산과정

틈새면적[m²]의 합계 구하는 공식

1. 병렬상태인 경우 : $A_T[m^2] = A_1 + A_2 + \cdots + A_n$
2. 직렬상태인 경우

$$A_T[m^2] = \frac{1}{\sqrt{\left(\frac{1}{A_1^2} + \frac{1}{A_2^2} + \cdots + \frac{1}{A_n^2}\right)}} = \left(\frac{1}{A_1^2} + \frac{1}{A_2^2} + \cdots + \frac{1}{A_n^2}\right)^{-\frac{1}{2}}$$

∴ 직렬 $A_1 \sim A_2 = \left(\frac{1}{0.02^2} + \frac{1}{0.02^2}\right)^{-\frac{1}{2}} = 0.014 [m^2]$

$Q = 0.827 \times 0.014 [m^2] \times \sqrt{50 [Pa]} = 0.082 [m^3/s]$

답 | 0.08 [m³/s]

04

배점 4

스프링클러설비의 수원은 산출된 유효수량 외에 유효수량의 3분의 1 이상을 옥상에 설치하여야 한다. 그러나 옥상에 설치하지 않아도 되는 경우를 4가지만 쓰시오.

① 　　　　　　　　　　　　②
③ 　　　　　　　　　　　　④

정답

☑ 옥상수조 설치 제외기준(다음 내용 중 4가지만 적으면 됨)
① 지하층만 있는 건축물
② 고가수조를 가압송수장치로 설치한 경우
③ 수원이 건축물의 최상층에 설치된 헤드보다 높은 위치에 설치된 경우
④ 건축물의 높이가 지표면으로부터 10 [m] 이하인 경우
⑤ 주펌프와 동등 이상의 성능이 있는 별도의 펌프로서 내연기관의 기동과 연동하여 작동되거나 비상전원을 연결하여 설치한 경우
⑥ 가압수조를 가압송수장치로 설치한 경우

05

배점 8

할로겐화합물 및 불활성기체소화설비에 대한 다음 각 물음에 답하시오.

가. 할로겐화합물소화약제란 어떤 원소를 기본성분으로 하는지 원소의 명칭을 쓰시오.

　○ 답 :

나. 불활성기체소화약제란 어떤 원소를 기본성분으로 하는지 원소의 명칭을 쓰시오.

　○ 답 :

다. 다음은 할로겐화합물 및 불활성기체소화설비의 약제저장용기를 재충전하거나 저장용기를 교체해야 하는 기준이다. ( ) 안에 알맞은 답을 쓰시오.

> 저장용기의 약제량 손실이 (㉠)를 초과하거나 압력손실이 (㉡)를 초과할 경우에는 재충전하거나 저장용기를 교체할 것. 다만 불활성기체소화약제 저장용기의 경우에는 압력손실이 (㉢)를 초과할 경우 재충전하거나 저장용기를 교체해야 한다.

라. 할로겐화합물 및 불활성기체소화설비 설치 제외 장소를 2가지만 쓰시오.
  ○ 답 :

마. 할로겐화합물소화약제를 1가지만 쓰시오. (단, 할론 1301, 할론 2402, 할론 1211, 할론 1011은 제외한다)
  ○ 답 :

정답

가. 불소, 염소, 브롬, 요오드
  ("할로겐화합물소화약제"란 불소, 염소, 브롬 또는 요오드 중 하나 이상의 원소를 포함하고 있는 유기화합물을 기본성분으로 하는 소화약제를 말한다)

나. 네온, 아르곤, 질소, 헬륨
  ("불활성기체소화약제"란 헬륨, 네온, 아르곤 또는 질소가스 중 하나 이상의 원소를 기본 성분으로 하는 소화약제를 말한다)

다. ㉠ 5 [%], ㉡ 10 [%], ㉢ 5 [%]

라. ① 사람이 상주하는 곳으로써 최대 허용설계농도를 초과하는 장소
  ② 제3류 위험물 및 제5류 위험물을 사용하는 장소. 다만 소화성능이 인정되는 위험물은 제외한다.

마. HCFC BLEND A

핵심이론 | 할로겐화합물 및 불활성기체소화약제의 분자식 및 최대 허용 설계농도

계열	소화약제	분자식	최대 허용 설계농도(%)
FC	FC-3-1-10	C_4F_{10}	40
	FK-5-1-12	$CF_3CF_2C(O)CF(CF_3)_2$	10
HFC	FIC-13I1	CF_3I	0.3
	HFC-23	CHF_3	30
	HFC-125	CHF_2CF_4	11.5
	HFC-236fa	$CF_3CH_2CF_3$	12.5
	HFC-227ea	CF_3CHFCF_3	10.5
HCFC	HCFC BLEND A	HCFC - 22($CHClF_2$) : 82 [%] HCFC - 123($CHCl_2CF_3$) : 4.75 [%] HCFC - 124($CHClFCF_3$) : 9.5 [%] $C_{10}H_{16}$: 3.75 [%]	10
	HCFC - 124	$CHClFCF_3$	1.0

계열	소화약제	분자식	최대 허용 설계농도(%)
IG	IG-541	N_2 : 52 [%], Ar : 40 [%], CO_2 : 8 [%]	43
	IG-01	Ar : 100 [%]	
	IG-55	N_2 : 50 [%], Ar : 50 [%]	
	IG-100	N_2 : 100 [%]	

06

배점 6

지상 5층이고 각 층의 바닥면적이 6000 [m²]인 특정소방대상물에 소화수조 및 저수조를 설치하고자 한다. 다음 각 물음에 답하시오.

가. 소화수조의 저수량은 몇 [m³]인가?

  O 계산과정 :

  O 답 :

나. 흡수관투입구는 몇 개 이상으로 설치하여야 하는가?

  O 답 :

다. 가압송수장치를 설치하는 경우 1분당 양수량은 몇 [L] 이상으로 하여야 하는가?

  O 답 :

정답

가. 계산과정

① 기준면적

지상 1, 2층의 바닥면적의 합계(6000 + 6000 = 12000 [m²])가 15000 [m²] 미만이므로

기준면적 = 12500 [m²]

② 저수량

$$\frac{연면적}{기준면적} = \frac{30000 [m^2]}{12500 [m^2]} = 2.4 ≒ 3 (소수점 이하 절상)$$

$3 \times 20 [m^3] = 60 [m^3]$

> **핵심이론** 소화수조 또는 저수조의 저수량

소화수조 또는 저수조의 저수량은 소방대상물의 연면적을 기준면적으로 나누어 얻은 수(소수점 이하의 수는 1로 본다)에 20 [m³]을 곱한 양 이상이 되도록 해야 한다.

[소방대상물별 기준면적]

소방대상물의 구분	기준면적
1층 2층 바닥면적 합계가 15000 [m²] 이상인 소방대상물	7500 [m²]
그 외	12500 [m²]

※ 소화수조 저수량

$$[m^3] = \frac{\text{소방대상물의 연면적}[m^2]}{\text{기준면적}[m^2]}(\text{소수점 이하 절상}) \times 20[m^3]$$

답 | 60 [m³]

나. 1 [개]

> **핵심이론** 소화수조 및 저수조 - 흡수관투입구와 채수구

1. 흡수관투입구

   지하에 설치하는 소화용수설비의 흡수관투입구는 그 한변이 0.6 [m] 이상이거나 직경이 0.6 [m] 이상인 것으로 하고, 소요수량이 80 [m³] 미만인 것은 1개 이상, 80 [m³] 이상인 것은 2개 이상을 설치해야 하며, "흡수관투입구"라고 표시한 표지를 할 것

2. 채수구

   채수구는 다음 표에 따라 소방용 호스 또는 소방용 흡수관에 사용하는 구경 65 [mm] 이상의 나사식 결합금속구를 설치할 것

   [소요수량에 따른 채수구의 수]

소요수량	20 [m³] 이상 40 [m³] 미만	40 [m³] 이상 100 [m³] 미만	100 [m³] 이상
채수구의 수	1개	2개	3개

다. 2200 [L/min]

> **핵심이론** 소화수조 및 저수조 - 가압송수장치

1. 소화수조 또는 저수조가 지표면으로부터의 깊이(수조 내부바닥까지의 길이를 말함)가 4.5 [m] 이상인 지하에 있는 경우에는 다음 표에 따라 가압송수장치를 설치해야 한다. 다만 기준에 따른 저수량을 지표면으로부터 4.5 [m] 이하인 지하에서 확보할 수 있는 경우에는 소화수조 또는 저수조의 지표면으로부터의 깊이에 관계없이 가압송수장치를 설치하지 않을 수 있다.

[소요수량에 따른 가압송수장치의 1분당 양수량]

소요수량	20 [m³] 이상 40 [m³] 미만	40 [m³] 이상 100 [m³] 미만	100 [m³] 이상
가압송수장치의 1분당 양수량	1100 [L/min] 이상	2200 [L/min] 이상	3300 [L/min] 이상

2. 소화수조가 옥상 또는 옥탑의 부분에 설치된 경우에는 지상에 설치된 채수구에서의 압력이 0.15 [MPa] 이상이 되도록 해야 한다.

07

득점 / 배점 4

이산화탄소소화설비의 분사헤드를 설치해서는 안 되는 장소에 대하여 다음 괄호 안을 완성하시오.

- 방재실·제어실 등 사람이 (㉠)하는 장소
- 니트로셀룰로스·셀룰로이드제품 등 (㉡)을 저장·취급하는 장소
- 나트륨·칼륨·칼슘 등 (㉢)을 저장·취급하는 장소
- 전시장 등의 관람을 위하여 (㉣)이 출입·통행하는 통로 및 전시실 등

정답

㉠ 상시 근무
㉡ 자기연소성 물질
㉢ 활성금속물질
㉣ 다수인

08

득점 / 배점 12

옥내소화전에 관한 설계 시 아래 [조건]을 읽고 답하시오. (단, 소수점 이하는 반올림하여 정수만 나타내시오)

조건

(1) 건물규모 : 3층 × 각 층의 바닥면적 1200 [m²]
(2) 옥내소화전 수량 : 총 12개(각 층당 4개 설치)
(3) 소화펌프에서 최상층 소화전 호스접결구까지 수직거리 : 15 [m]
(4) 소방호스 : ∅40 [mm] × 15 [m](고무내장)
(5) 호스 100 [m]당 마찰손실수두

구분 유량[L/min]	호스의 호칭구경[mm]					
	40		50		65	
	마호스	고무내장 호스	마호스	고무내장 호스	마호스	고무내장 호스
130	26 [m]	12 [m]	7 [m]	3 [m]	-	-
350	-	-	-	-	10 [m]	4 [m]

(6) 배관 및 관 부속의 마찰손실수두 합계 : 30 [m]
(7) 배관의 내경

호칭구경[mm]	15	20	25	32	40	50	65	80	100
내경[mm]	16.4	21.9	27.5	36.2	42.1	53.2	69	81	105

(8) 펌프의 동력 전달계수

동력전달형식	전달계수	동력전달형식	전달계수
전동기	1.1	전동기 이외의 것	1.2

(9) 펌프의 구경에 따른 효율 (단, 펌프의 구경은 펌프의 토출 측 주배관의 구경과 같다)

펌프의 구경[mm]	40	50~65	80	100	125~150
펌프의 효율[E]	0.45	0.55	0.60	0.65	0.70

가. 소방펌프의 ① 정격유량[L/min]과 ② 정격양정[m]을 계산하시오. (단, 흡입양정은 무시한다)
  ○ 계산과정 :
  ○ 답 :

나. 소방펌프 토출 측 수직 주배관의 최소 관경을 결정하여 호칭구경[mm]으로 답하시오.
  ○ 계산과정 :
  ○ 답 :

다. 소화펌프의 소요동력[kW]를 계산하시오. (단, 펌프는 디젤엔진 구동방식이다)
  ○ 계산과정 :
  ○ 답 :

라. ( ) 안에 알맞은 답을 쓰시오.

> 펌프의 성능은 체절운전 시 정격토출압력의 (㉠)[%]를 초과하지 않고, 정격토출량의 150 [%]로 운전 시 정격토출압력의 65 [%] 이상이 되어야 하며, 펌프의 성능을 시험할 수 있는 성능시험배관을 설치할 것. 다만 충압펌프의 경우에는 그렇지 않다. 유량측정장치는 펌프의 정격토출량의 (㉡) [%] 이상까지 측정할 수 있는 성능이 있을 것

  ○ 답 :

마. 만일 펌프에서 제일 먼 거리에 있는 옥내소화전 노즐과 가장 가까운 곳의 옥내소화전 노즐의 방사압력 차이가 0.4 [MPa]이며, 펌프에서 제일 먼 거리에 있는 옥내소화전 노즐에서의 방사압력이 0.17 [MPa], 유량이 130 [LPM]일 경우 펌프에서 가장 가까운 소화전의 방수유량 [LPM]은 얼마인가?
  ○ 계산과정 :
  ○ 답 :

바. 옥상에 저장하여야 할 수원의 양[m³]은 얼마인가?
  ○ 계산과정 :
  ○ 답 :

정답

가. 계산과정

① 정격유량 : 2개 × 130 [L/min·개] = 260 [L/min]

② 정격양정 : $15 + 30 + \left(15 \times \dfrac{12}{100}\right) + 17 = 63.8[m] ≒ 64[m]$

답 | ① 정격유량 : 260 [L/min], ② 정격양정 : 64 [m]

나. 계산과정 : $Q = A \cdot V$

$$\dfrac{0.26}{60}[m^3/s] = \dfrac{\pi \times D^2}{4}[m^2] \times 4[m/s]$$

∴ $D = 0.03714[m] = 37.14[mm] ≒ 37[mm] \rightarrow 50[mm]$

(옥내소화전 주배관 중 수직 배관의 구경은 50 [mm] 이상으로 해야 함)

> **옥내소화전설비의 화재안전기술기준(NFTC 102)**
> 2.3.5 펌프의 토출 측 주배관의 구경은 유속이 4 [m/s] 이하가 될 수 있는 크기 이상으로 해야 하고, 옥내소화전방수구와 연결되는 가지배관의 구경은 40 [mm](호스릴옥내소화전설비의 경우에는 25 [mm]) 이상으로 해야 하며, 주배관 중 수직배관의 구경은 50 [mm](호스릴옥내소화전설비의 경우에는 32 [mm]) 이상으로 해야 한다.
> 2.3.6 연결송수관설비의 배관과 겸용할 경우의 주배관은 구경 100 [mm] 이상, 방수구로 연결되는 배관의 구경은 65 [mm] 이상의 것으로 해야 한다.

답 | 50 [A]

다. 계산과정

조건 (9)에 따라 펌프의 구경이 50 ~ 65 [A] → 펌프의 효율 0.55 적용
조건 (8)에 따라 전동기 이외의 것 → 전달계수 1.2 적용

$$P = \dfrac{9.8[kN/m^3] \times \dfrac{0.26}{60}[m^3/s] \times 64[m]}{0.55} \times 1.2 = 5.929[kW] ≒ 6[kW]$$

답 | 6 [kW]

라. ㉠ 140, ㉡ 175

마. 계산과정

방사량 $Q = 2.086 \times D^2 \times \sqrt{P}$ 이므로 $Q \propto \sqrt{P}$

$\sqrt{0.17} : 130 = \sqrt{(0.4 + 0.17)} : x$

∴ $x = \dfrac{\sqrt{0.57}}{\sqrt{0.17}} \times 130 = 238.043[L/min] ≒ 238[L/min]$

답 | 238 [L/min]

바. 계산과정

$2[개] \times 2.6 [m^3] \times \dfrac{1}{3} = 1.73 [m^3] ≒ 2 [m^3]$

답 | 2 [m³]

09

다음은 할론소화설비에 대한 화재안전기술기준이다. ( ) 안에 알맞은 답을 쓰시오.

가. 축압식 저장용기의 압력은 온도 20 [℃]에서 할론 1211을 저장하는 것은 (㉠) [MPa] 또는 (㉡) [MPa], 할론 1301을 저장하는 것은 (㉢) [MPa] 또는 (㉣) [MPa]이 되도록 질소가스로 축압할 것

나. 가압용 가스용기는 질소가스가 충전된 것으로 하고, 그 압력은 21 [℃]에서 (㉤) [MPa] 또는 (㉥) [MPa]이 되도록 해야 한다.

다. 가압식 저장용기에는 (㉦) [MPa] 이하의 압력으로 조정할 수 있는 압력조정장치를 설치해야 한다.

라. 하나의 구역을 담당하는 소화약제 저장용기의 소화약제량의 체적합계보다 그 소화약제 방출 시 방출경로가 되는 배관(집합관 포함)의 내용적이 (㉧)배 이상일 경우에는 해당 방호구역에 대한 설비는 별도 독립방식으로 해야 한다.

정답

㉠ 1.1, ㉡ 2.5, ㉢ 2.5, ㉣ 4.2, ㉤ 2.5, ㉥ 4.2, ㉦ 2.0, ㉧ 1.5

핵심이론 | 할론소화설비의 화재안전기술기준(NFTC 107) 일부 발췌

1. 할론소화약제의 저장용기는 다음의 기준에 적합해야 한다.
   ① 축압식 저장용기의 압력은 온도 20 [℃]에서 할론 1211을 저장하는 것은 1.1 [MPa] 또는 2.5 [MPa], 할론 1301을 저장하는 것은 2.5 [MPa] 또는 4.2 [MPa]이 되도록 질소가스로 축압할 것
   ② 저장용기의 충전비는 할론 2402를 저장하는 것 중 가압식 저장용기는 0.51 이상 0.67 미만, 축압식 저장용기는 0.67 이상 2.75 이하, 할론 1211은 0.7 이상 1.4 이하, 할론 1301은 0.9 이상 1.6 이하로 할 것
   ③ 동일 집합관에 접속되는 저장용기의 소화약제 충전량은 동일 충전비의 것으로 할 것
2. 가압용 가스용기는 질소가스가 충전된 것으로 하고, 그 압력은 21 [℃]에서 2.5 [MPa] 또는 4.2 [MPa]이 되도록 해야 한다.
3. 할론소화약제 저장용기의 개방밸브는 전기식·가스압력식 또는 기계식에 따라 자동으로 개방되고 수동으로도 개방되는 것으로서 안전장치가 부착된 것으로 해야 한다.
4. 가압식 저장용기에는 2.0 [MPa] 이하의 압력으로 조정할 수 있는 압력조정장치를 설치해야 한다.
5. 하나의 방호구역을 담당하는 소화약제 저장용기의 소화약제량의 체적합계보다 그 소화약제 방출 시 방출경로가 되는 배관(집합관을 포함한다)의 내용적의 비율이 1.5배 이상일 경우에는 해당 방호구역에 대한 설비는 별도 독립방식으로 해야 한다.

10

배점 4

포소화약제 중 수성막포의 장점과 단점을 각각 2가지씩 쓰시오.

가. 장점 :
  1)
  2)

나. 단점 :
  1)
  2)

정답

가. 장점
  1) 화학적으로 안정하여 보존성이 우수하다
  2) 분말소화약제와 겸용이 가능하다(내약품성이 우수).

나. 단점
  1) 다른 약제에 비해 가격이 비싸다.
  2) 내열성이 좋지 않아 윤화현상(Ring Fire) 발생 우려가 있다.

11

배점 5

연결송수관설비가 설치된 높이 120 [m]인 건물이 있다. 가압송수장치가 설치된 경우 다음 물음에 답하시오.

가. 가압송수장치 설치 대상을 쓰시오.
  ○ 답 :

나. 가압송수장치 펌프의 토출량은 몇 [m³/min] 이상이어야 하는지 쓰시오. (단, 계단식 아파트가 아니고, 당해 층에 설치된 방수구가 3개 이하이다)
  ○ 계산과정 :
  ○ 답 :

다. 최상층 노즐 선단의 방수압력은 몇 [MPa] 이상이어야 하는지 쓰시오.
  ○ 답 :

정답

가. 지표면에서 최상층 방수구의 높이가 70 [m] 이상의 특정소방대상물에는 연결송수관설비의 가압송수장치를 설치하여야 한다.

나. 계산과정 : $2400[L/min] \times \dfrac{1[m^3]}{1000[L]} = 2.4[m^3/min]$ 답 | 2.4 [m³/min]

다. 0.35 [MPa]

핵심이론 연결송수관설비의 화재안전기술기준(NFTC 502)

2.5.1.7 펌프의 토출량은 2400 [L/min](계단식 아파트의 경우에는 1200 [L/min]) 이상이 되는 것으로 할 것. 다만 해당 층에 설치된 방수구가 3개를 초과(방수구가 5개 이상인 경우에는 5개)하는 것에 있어서는 1개마다 800 [L/min](계단식 아파트의 경우에는 400 [L/min])를 가산한 양이 되는 것으로 할 것
2.5.1.8 펌프의 양정은 최상층에 설치된 노즐선단의 압력이 0.35 [MPa] 이상의 압력이 되도록 할 것

12 배점 4

주방의 식용유 화재에는 중탄산나트륨계의 분말약제가 비누화현상 때문에 특히 소화에 유효하다. 비누화현상을 간단히 설명하고 소화효과 2가지만 쓰시오.

가. 비누화현상

　○답 :

나. 소화효과

　○답 :

정답

가. 비누화현상 발생원리 : $NaHCO_3$를 지방이나 식용유의 화재에 사용하면 탄산수소나트륨의 Na^+이온과 기름(지방이나 식용유)의 지방산이 결합하여 비누거품을 형성하게 된다.

나. ① 비누거품이 가연물을 덮어 산소공급을 차단하여 질식소화한다.
　② 부촉매소화(억제소화)한다.

13

전압이 100 [mmAq]이고 송풍기 효율은 50 [%], ①실의 소요배출량이 8000 [m³/h], ②실의 소요배출량이 8000 [m³/h]일 때 다음 각 물음에 답하시오.

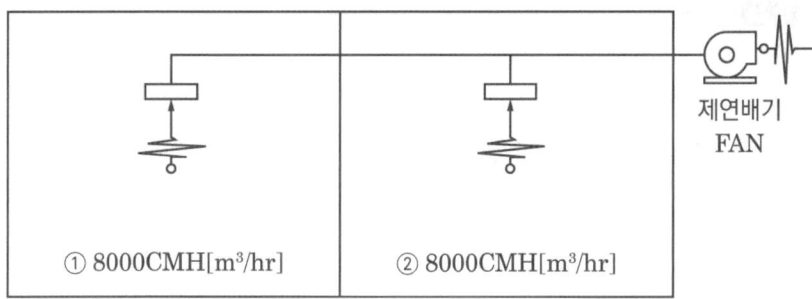

① 8000CMH[m³/hr]   ② 8000CMH[m³/hr]

가. 송풍기의 소요 풍량[m³/min]을 계산하시오.
   ○ 계산과정 :
   ○ 답 :

나. 송풍기의 축동력[kW]을 계산하시오.
   ○ 계산과정 :
   ○ 답 :

정답

가. 계산과정

8000 + 8000 = 16000 [m³/hr] = 266.67 [m³/min]

답 | 266.67 [m³/min]

나. 계산과정

$$P[kW] = \frac{P_t \times Q}{102 \times \eta} = \frac{100[mmAq] \times \frac{266.67}{60}[m^3/s]}{102 \times 0.5} = 8.71[kW]$$

답 | 8.71 [kW]

14

배점 9

가로 15 [m] 세로 14 [m] 높이 3.2 [m]인 전기실에 불활성기체소화약제인 IG-541을 사용할 경우 아래 [조건]을 참조하여 다음 각 물음에 답하시오.

조건

(1) IG-541의 소화농도는 33 [%]이다.
(2) IG-541의 저장용기는 80 [L]용 12.5 [m³/병]을 적용하며 충전압력은 19.996 [MPa]이다.
(3) 소화약제량 산정 시 선형상수를 이용하며 방출 시 기준온도는 30 [℃]이다.

K1	K2
0.65799	0.00239

(4) 전기실의 화재는 전기화재로 가정한다.

가. 필요한 소화약제 저장용기는 몇 [병]인가?
   ○ 계산과정 :
   ○ 답 :

나. 배관구경은 몇 [분] 이내에 방호구역 각 부분에 최소 설계농도의 몇 [%] 이상 해당하는 약제량이 방출되도록 하여야 하는가?
   ○ 답 :

정답

가. **핵심이론** 불활성기체소화설비의 소화약제량 산정 〈개정 2024.8.1.〉

$$X[m^3] = 2.303 \times \frac{V_s[m^3/kg]}{S[m^3/kg]} \times \log\left[\frac{100}{100-C[\%]}\right] \times V[m^3]$$

여기서 X : 소화약제의 부피 [m³]
V_s : 20 [℃]에서 소화약제의 비체적 [m³/kg]
S : 소화약제별 선형상수($K_1 + K_2 \times t$) [m³/kg]
t : 방호구역의 최소예상온도 [℃]
V : 방호구역의 체적 [m³]
C : 체적에 따른 소화약제의 설계농도 [%]
⇒ 설계농도는 소화농도(%)에 안전계수[A급 화재 1.2, B급 화재 1.3, <u>C급 화재 1.35</u>]를 곱한 값 이상으로 할 것

계산과정

$V = 15 \times 14 \times 3.2 = 672 [m^3]$

$V_S = K_1 + K_2 \times 20[℃] = 0.65799 + (0.00239 \times 20) = 0.70579 [m^3/kg]$

$S = K_1 + K_2 \times t[℃] = 0.65799 + (0.00239 \times 30) = 0.72969 [m^3/kg]$

$C = 33 \times 1.35 = 44.55 [\%]$

$\therefore X = 2.303 \times \left(\dfrac{0.70579}{0.72969}\right) \times \log_{10}\left[\dfrac{100}{100-44.55}\right] \times 672 = 383.36 [m^3]$

병 수 $= \dfrac{383.36 [m^3]}{12.5 [m^3/병]} = 30.67 ≒ 31 [병]$

답 | 31 [병]

나. 2분 이내에 최소 설계농도의 95 [%] 이상에 해당하는 약제량이 방출되도록 해야 한다.

> **할로겐화합물 및 불활성기체소화설비의 화재안전기술기준(NFTC 107A)**
> 2.7.3 배관의 구경은 해당 방호구역에 <u>할로겐화합물소화약제는 10초 이내에, 불활성기체소화약제는 A·C급 화재 2분, B급 화재 1분 이내에</u> 방호구역 각 부분에 <u>최소 설계농도의 95 [%] 이상에 해당하는 약제량</u>이 방출되도록 해야 한다.

15 배점 5

1시간 30분 동안에 50톤의 물이 길이가 350 [m]이고 안지름이 155 [mm]인 수평 배관에 흐르고 있다. 배관의 마찰손실계수는 0.03일 때 다음 각 물음에 답하시오.

가. 배관 내 물의 유속[m/s]을 계산하시오.

○ 계산과정 :

○ 답 :

나. 배관 내 마찰손실압력[kPa]을 계산하시오.

○ 계산과정 :

○ 답 :

정답

가. 계산과정

물 1 [kg] = 1 [L]
물 1 [ton] = 1 [m³]

$$V = \frac{4Q}{\pi D^2} = \frac{4 \times \frac{50[m^3]}{(1.5 \times 3600)[s]}}{\pi \times 0.155^2 [m^2]} = 0.49[m/s]$$

답 | 0.49 [m/s]

나. 계산과정

Darcy Weisbach방정식 : $h_L[m] = f \times \frac{L[m]}{D[m]} \times \frac{(V[m/s])^2}{2g[m/s^2]}$

$h_L = 0.03 \times \frac{350[m]}{0.155[m]} \times \frac{(0.49[m/s])^2}{2 \times 9.8[m/s^2]} = 0.830[m]$

$0.830[m] \times 9.8[kN/m^3] = 8.13[kN/m^2 = kPa]$

답 | 8.13 [kPa]

16

배점 9

어떤 소방대상물에 옥외소화전 3개를 화재안전기술기준 등과 다음 [조건]을 따라 설치하려고 한다. 다음 각 물음에 답하시오.

조건

(1) 옥외소화전은 지상용 A형을 사용한다.
(2) 펌프에서 첫째 옥외소화전까지의 직관길이는 150 [m], 관의 내경은 100 [mm]이다.
(3) 모든 규격치는 최소량을 적용한다.

가. 수원의 최소 유효저수량은 몇 [m³]인가?
  ○ 계산과정 :
  ○ 답 :

나. 펌프의 최소 토출량[LPM]은 얼마인가?
  ○ 계산과정 :
  ○ 답 :

다. 직관부분에서의 마찰손실수두[m]는 얼마인가? (Darcy Weisbach의 식을 사용하고 마찰손실계수는 0.02이다)
  ○ 계산과정 :
  ○ 답 :

정답

가. 계산과정

$$Q = N \times 350[L/\min] \times 20[\min] = 2 \times 350 \times 20 = 14000[L] = 14[m^3]$$

답 | 14 [m³]

나. 계산과정

$$Q = N \times 350[L/\min] = 2 \times 350 = 700[L/\min]$$

답 | 700 [L/min]

다. 계산과정

Darcy Weisbach방정식 : $h_L[m] = f \times \dfrac{L[m]}{D[m]} \times \dfrac{(V[m/s])^2}{2g[m/s^2]}$

$$V = \dfrac{4Q}{\pi D^2} = \dfrac{4 \times \dfrac{0.7}{60}[m^3/s]}{\pi \times 0.1^2[m^2]} = 1.485[m/s]$$

$$\therefore h_L = 0.02 \times \dfrac{150}{0.1} \times \dfrac{1.485^2}{2 \times 9.8} = 3.38[m]$$

답 | 3.38 [m]

격차를 뛰어넘어 압도적인 격차를 만들다

2018

1회	2018.04.15
2회	2018.06.30
4회	2018.11.10

2018년 1회 (2018.04.15)

01 [배점 11]

경유를 저장하는 내부 직경이 50 [m]인 플로팅루프탱크에 포소화설비의 고정포방출구를 설치하여 방호하려고 할 때 다음 물음에 답하시오.

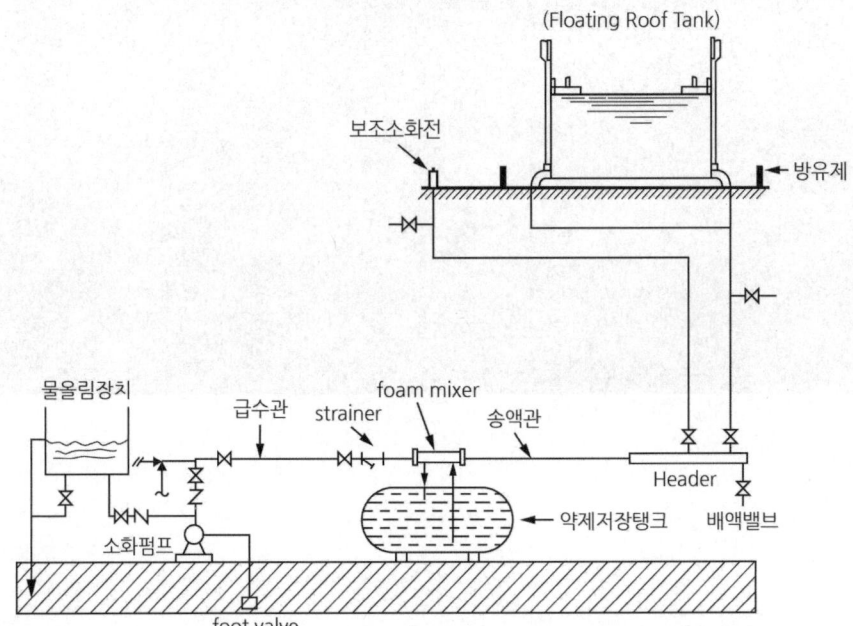

조건

(1) 소화약제는 6 [%]용의 단백포를 사용하며, 수용액의 분당 방출량은 8 [L/m²·min]이고, 방사시간은 30분을 기준으로 한다.
(2) 탱크 내면과 굽도리판의 간격은 1.2 [m]로 한다.
(3) 보조포 소화전은 3개 설치되어 있다.
(4) 송액관의 길이는 200 [m]이며, 송액관의 내경은 100 [mm]이다.
(5) 물의 밀도는 1000 [kg/m³]이며 포수용액의 밀도는 1050 [kg/m³]이다.
(6) 단, 수원의 양은 다음의 기준을 따른다.
   ※ 약제 농도 x [%] : 포수용액(약제 + 물)을 100 [%]로 보았을 때, x [%]를 약제 농도로 한다.

가. 고정포방출구의 종류는 무엇인가?
   ○ 답 :

나. 포수용액을 토출하는 가압송수장치의 분당 토출량[L/min]은 얼마 이상이어야 하는지 구하시오.
   ○ 계산과정 :   ○ 답 :

다. 저장하여야 하는 수원의 최소량[m³]을 구하시오.
   ○ 계산과정 :   ○ 답 :

라. 저장하여야 하는 포소화약제의 양[L]을 계산하시오.
   ○ 계산과정 :   ○ 답 :

마. 포수용액을 토출하는 가압송수장치의 최소 질량유량[kg/s]을 계산하시오.
   ○ 계산과정 :   ○ 답 :

정답

가. 특형 방출구

나. 계산과정 : 포수용액을 토출하는 가압송수장치의 분당 토출량[L/min]

① 고정포 : $Q_1[L/min] = A[m^2] \times Q_A[L/m^2 \cdot min]$

$$= \frac{\pi \times (50^2 - 47.6^2)}{4}[m^2] \times 8[L/m^2 \cdot min]$$

$$= 1471.773[L/min]$$

② 보조포 : $Q_2[L/min] = N \times 400[L/min] = 3 \times 400[L/min] = 1200[L/min]$

∴ ① + ② = 1471.773 + 1200 = 2671.773 [L/min]   **답 | 2671.77 [L/min]**

다. 계산과정 : 수원의 최소량[m³]

① 고정포 : $Q_1[L] = A[m^2] \times Q_A[L/m^2 \cdot min] \times T[min] \times (1-S)$

$$= \frac{\pi \times (50^2 - 47.6^2)}{4}[m^2] \times 8[L/m^2 \cdot min] \times 30[min] \times 0.94$$

$$= 41504.008[L]$$

② 보조포 : $Q_2[L] = N \times 400[L/min] \times 20[min] \times (1-S)$

$$= 3 \times 400[L/min] \times 20[min] \times 0.94 = 22560[L]$$

③ 배관 보정량 : $Q_3[L] = V[m^3] \times (1-S) \times 1000[L/m^3]$

$$= \left(\frac{\pi \times 0.1^2}{4}\right)[m^2] \times 200[m] \times 0.94 \times 1000[L/m^3]$$

$$= 1476.549[L]$$

∴ ① + ② + ③ = 41504.008 + 22560 + 1476.549 = 65540.557 [L]
              = 65.54 [m³]   **답 | 65.54 [m³]**

라. 계산과정 : 포소화약제의 양[L]

① 고정포 : $Q_1[L] = A[m^2] \times Q_A[L/m^2 \cdot min] \times T[min] \times S$

$= \dfrac{\pi \times (50^2 - 47.6^2)}{4}[m^2] \times 8[L/m^2 \cdot min] \times 30[min] \times 0.06$

$= 2649.192[L]$

② 보조포 : $Q_2[L] = N \times 400[L/min] \times 20[min] \times S$

$= 3 \times 400[L/min] \times 20[min] \times 0.06 = 1440[L]$

③ 배관 보정량 : $Q_3[L] = V[m^3] \times S \times 1000[L/m^3]$

$= \left(\dfrac{\pi \times 0.1^2}{4}\right)[m^2] \times 200[m] \times 0.06 \times 1000[L/m^3]$

$= 94.248[L]$

∴ ① + ② + ③ = 2649.192 + 1440 + 94.248 = 4183.44 [L]

답 | 4183.44 [L]

핵심이론 포소화약제의 저장량 – 고정포방출구방식

| 포소화약제 저장량 Q | = | 고정포방출구에서 방출하기 위해 필요한 양 Q_1 | + | 보조포소화전에서 방출하기 위해 필요한 양 Q_2 | + | 송액관에 충전하기 위해 필요한 양 Q_3 |

고정포방출구방식은 다음의 양을 합한 양 이상으로 할 것

1) 고정포방출구에서 방출하기 위하여 필요한 양

$$Q_1 = A \cdot Q_A \cdot T \cdot S$$

Q_1 : 포소화약제의 양 [L]
A : 탱크의 액표면적 [m^2]
Q_A : 단위 포소화수용액의 양 [$L/m^2 \cdot min$]
T : 방출시간 [min]
S : 포소화약제의 사용농도 [%]

2) 보조포소화전에서 방출하기 위하여 필요한 양

$$Q_2 = N \cdot 8000 \cdot S$$

Q_2 : 포소화약제의 양 [L]
N : 호스 접결구의 수(3개 이상인 경우는 3개)
S : 포소화약제의 사용농도 [%]

3) 가장 먼 탱크까지의 송액관에 충전하기 위하여 필요한 양(내경 75 [mm] 이하의 송액관은 제외)

$$Q_3 = V \times S \times 1000 [L/m^3]$$

Q_3 : 포소화약제의 양 [L]
V : 송액관 내부의 체적 [m^3]
S : 포소화약제의 사용농도 [%]

마. 계산과정 : 포수용액의 질량유량[kg/s]

$$\dot{m} = \rho_{약제} \cdot A \cdot V = \rho_{약제} \cdot Q$$
$$= 1050[kg/m^3] \times \frac{2.67177}{60}[m^3/s] = 46.756 ≒ 46.76[kg/s]$$

답 | 46.76 [kg/s]

02

배점 5

스프링클러설비의 화재안전기술기준 중 조기반응형 스프링클러헤드를 설치하여야 하는 장소를 5가지만 쓰시오.

O 답 : ①　　　　　　　　　　②
　　　 ③　　　　　　　　　　④
　　　 ⑤

정답

① 공동주택의 거실　　② 노유자시설의 거실
③ 오피스텔의 침실　　④ 숙박시설의 침실
⑤ 병원의 입원실　　　⑥ 의원의 입원실
위 6가지 중 5가지 기술하면 정답 [시행 2024.4.1]

03

배점 8

특정소방대상물의 보와 가장 가까운 스프링클러헤드는 다음 표의 기준에 따라 설치하여야 한다. 빈칸에 알맞은 답을 쓰시오.

스프링클러헤드의 반사판 중심과 보의 수평거리	스프링클러 헤드의 반사판 높이와 보의 하단 높이의 수직거리
0.75 [m] 미만	(　　　　　　)
0.75 [m] 이상 1 [m] 미만	(　　　　　　)
1 [m] 이상 1.5 [m] 미만	(　　　　　　)
1.5 [m] 이상	(　　　　　　)

정답

스프링클러헤드의 반사판 중심과 보의 수평거리	스프링클러 헤드의 반사판 높이와 보의 하단 높이의 수직거리
0.75 [m] 미만	보의 하단보다 낮을 것
0.75 [m] 이상 1 [m] 미만	0.1 [m] 미만일 것
1 [m] 이상 1.5 [m] 미만	0.15 [m] 미만일 것
1.5 [m] 이상	0.3 [m] 미만일 것

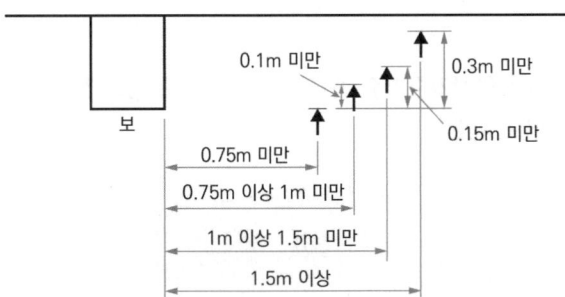

04 배점 5

연결살수설비의 점검표 중 헤드의 점검항목을 3가지만 쓰시오.

○ 답 : ①
　　　②
　　　③

정답

① 헤드의 변형·손상 유무

② 헤드 설치위치·장소·상태(고정) 적정 여부

③ 헤드 살수장애 여부

참고 연결살수설비 헤드의 점검항목

○ 헤드의 변형·손상 유무
○ 헤드 설치위치·장소·상태(고정) 적정 여부
○ 헤드 살수장애 여부

※ 점검항목 중 "●"는 종합점검의 경우에만 해당한다.
[참고] 연결살수설비 헤드의 점검항목에는 종합점검항목이 없음

05

배점 7

다음 그림과 같이 스프링클러설비의 가압송수장치를 고가수조방식으로 할 경우 다음을 구하시오.

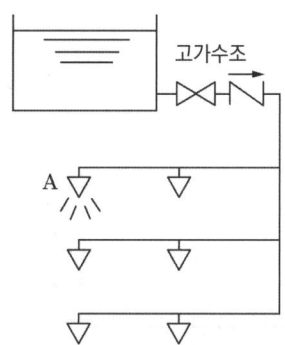

가. 고가수조에서 최상부층 말단 스프링클러 헤드까지의 낙차가 15 [m]이고, 배관 마찰손실압력이 0.04 [MPa]일 때 최상부층 말단 스프링클러 헤드 선단에서의 방수압력[kPa]을 구하시오.

○ 계산과정 :

○ 답 :

나. '가'에서 산출한 말단 헤드 선단에서의 방수압력을 0.12 [MPa] 이상으로 나오게 하려면 현재 위치에서 고가수조를 몇 [m] 더 높여야 하는지 구하시오. (단, 배관 마찰손실압력은 0.04 [MPa] 기준이다)

○ 계산과정 :

○ 답 :

정답

☑ 계산과정

가. 0.1 [MPa] = 10 [m]

　방수압력[MPa] = 낙차의 환산수두압 − 배관의 마찰손실압력
　　　　　　　 = 0.15 [MPa] − 0.04 [MPa] = 0.11 [MPa] = 110 [kPa]

답 | 110 [kPa]

나. 0.12 [MPa] − 0.11 [MPa] = 0.01 [MPa] = 1 [m]

　따라서 현재 위치에서 1 [m]를 높여야 한다.

답 | 1 [m]

06

배점 5

다음 그림은 위험물 저장탱크에 국소방출방식의 이산화탄소소화설비를 설치한 도면이다. 각 물음에 답하시오. (단, 고압식이며 방호대상물 주위에는 동일한 크기의 벽이 설치되어 있다)

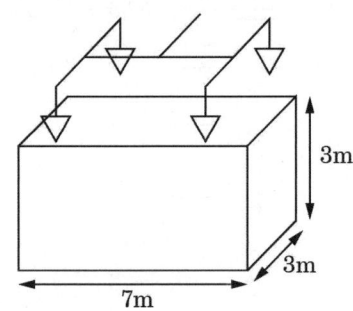

가. 방호공간의 체적[m³]을 구하시오.
　○ 계산과정 :
　○ 답 :

나. 이 설비에 필요한 소화약제의 양[kg]은 얼마인가?
　○ 계산과정 :
　○ 답 :

다. 저압식으로 할 때 필요한 소화약제의 양[kg]은 얼마인가?
　○ 계산과정 :
　○ 답 :

정답

☑ 계산과정

가. V = 7 × 3 × (3 + 0.6) = 75.6 [m³]　　　　답 | 75.6 [m³]

나. 이산화탄소소화설비 국소방출방식 약제량 산정

$$W[kg] = V[m^3] \times \left(8 - 6\frac{a}{A}\right)[kg/m^3] \times h(\text{할증계수})$$

W : 약제량 [kg], V : 방호공간의 체적 [m³]
(방호대상물의 각 부분으로부터 0.6 [m]의 거리에 따라 둘러싸인 공간)
a : 방호대상물 주위에 설치된 벽면적의 합계 [m²]
A : 방호공간의 벽면적의 합계 [m²]
(벽이 없는 경우 : 벽이 있는 것으로 가정한 당해 부분의 면적)
h : 할증계수(고압식 : 1.4, 저압식 : 1.1)

① a : (7 × 3 × 2) + (3 × 3 × 2) = 60 [m²]
② A : (7 × 3.6 × 2) + (3 × 3.6 × 2) = 72 [m²]

∴ $W = 75.6[m^3] \times \left(8 - 6 \times \dfrac{60}{72}\right)[kg/m^3] \times 1.4 = 317.52[kg]$

답 | 317.52 [kg]

다. ∴ $W = 75.6[m^3] \times \left(8 - 6 \times \dfrac{60}{72}\right)[kg/m^3] \times 1.1 = 249.48[kg]$

답 | 249.48 [kg]

07

배점 5

어느 물분무소화설비의 배관에 물이 흐르고 있다. 두 지점에 흐르는 물의 압력은 각각 0.5 [MPa], 0.42 [MPa]이었다. 만약 유량을 2배로 송수한다면 두 지점 간의 압력 차[MPa]는 얼마인가? (단, 배관의 마찰손실압력은 하젠 – 윌리엄공식을 이용하시오)

○ 계산과정 :

○ 답 :

정답

☑ 계산과정

하젠 – 윌리엄공식 $\Delta P[MPa] = 6.053 \times 10^4 \times \dfrac{Q[L/min]^{1.85}}{C^{1.85} \times D[mm]^{4.87}} \times L$

ΔP : 마찰손실압력 [MPa]
Q : 유량 [L/min], C : 조도
D : 직경 [mm], L : 배관의 길이 [m]

$\Delta P_Q : Q^{1.85} = \Delta P_{2Q} : (2Q)^{1.85}$

$(0.5 - 0.42)[MPa] : Q^{1.85} = \Delta P : (2Q)^{1.85}$

$Q^{1.85} \times \Delta P = (2Q)^{1.85} \times (0.5 - 0.42)$

$\Delta P = 0.288 ≒ 0.29 [MPa]$

답 | 0.29 [MPa]

08

배점 6

주차장에 제3종 분말약제를 사용한 분말소화설비를 전역방출방식으로 설치하고자 한다. 다음 [조건]을 참조하여 각 물음에 답하시오.

조건
(1) 주차장의 바닥면적은 600 [m²]이고, 층고는 4 [m]이다.
(2) 자동폐쇄장치가 없는 개구부의 크기는 10 [m²]이다.

가. 소화설비에 필요한 약제량은 몇 [kg]인가?
- 계산과정 :
- 답 :

나. 축압용 가스로 질소를 사용할 때 필요한 양[m³]은 얼마인가? (단, 35 [℃], 1기압으로 환산한 값을 구할 것)
- 계산과정 :
- 답 :

정답

☑ 계산과정

가. **참고** 분말소화설비 전역방출방식 약제량 산정

$W = (V \times \alpha) + (A \times \beta)$

W : 약제량 [kg], V : 방호구역의 체적 [m³]
α : 방호구역 1 [m³]에 대한 소화약제의 양 [kg/m³]
A : 개구부 면적 [m²], β : 개구부 가산량 [kg/m²]
(개구부에 자동폐쇄장치 미설치 시 가산)

소화약제의 종별	방호구역 체적 1 [m³]에 대한 소화약제량[kg]	개구부 면적 1 [m²]에 대한 소화약제량[kg]
제1종 분말	0.60 [kg]	4.5 [kg]
제2종 · 제3종 분말	0.36 [kg]	2.7 [kg]
제4종 분말	0.24 [kg]	1.8 [kg]

$V = 600 [m^2] \times 4 [m] = 2400 [m^3]$

약제량 $W = (V \times \alpha) + (A \times \beta)$
$= 2400 [m^3] \times 0.36 [kg/m^3] + 10 [m^2] \times 2.7 [kg/m^2] = 891 [kg]$

답 | 891 [kg]

나.	가압용 가스	• 질소가스는 소화약제 1 [kg]마다 40 [L] 이상 • 이산화탄소는 소화약제 1 [kg]에 대하여 20 [g] 이상	+	배관 청소에 필요한 양 (이산화탄소만 해당)
	축압용 가스	• 질소가스는 소화약제 1 [kg]에 대하여 10 [L] 이상 • 이산화탄소는 소화약제 1 [kg]에 대하여 20 [g] 이상	+	배관 청소에 필요한 양 (이산화탄소만 해당)

* 배관의 청소에 필요한 양의 가스는 별도의 용기에 저장할 것

축압용 가스(질소) 양 $891[kg] \times 10[L/kg] = 8910[L] = 8.91[m^3]$ 답 | 8.91 [m³]

09

득점 ____ 배점 5

건식 스프링클러설비 가압송수장치(펌프방식)의 성능시험을 실시하고자 한다. 다음 주어진 도면을 참조하여 성능시험 순서 및 시험결과 판정기준을 쓰시오.

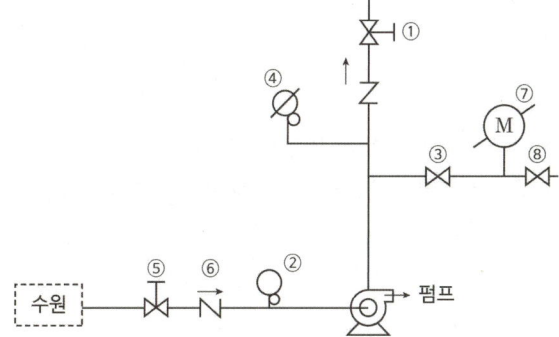

정답

☑ 성능시험방법

가. 준비
   ⓐ 제어반에서 주, 충압펌프 선택스위치를 수동위치로 전환
   ⓑ 펌프 토출 측 주밸브 ①번 폐쇄
나. 체절운전
   ⓐ 주펌프 수동기동
   ⓑ 체절압력(정격토출압력의 140 [%]) 미만에서 릴리프밸브가 작동하는지 확인
   ⓒ 주펌프 수동정지
다. 정격부하운전
   ⓐ 성능시험배관상의 개폐밸브 ③번 완전 개방
   ⓑ 주펌프 수동기동
   ⓒ 유량조절밸브 ⑧을 서서히 개방하여 유량계 ⑦이 정격토출량(100 [%] 유량)일 때의 압력계 ④의 토출압력을 측정, 이때 토출압력은 정격압력 이상이어야 한다.

라. 최대 운전
    ⓐ 유량조절밸브 ⑧을 더욱 개방하여 유량계 ⑦이 정격토출량의 150 [%]일 때의 압력계 ④의 토출압력을 측정한다. 이때 토출압력은 정격압력의 65 [%] 이상이어야 한다.
    ⓑ 주펌프 수동 정지
마. 복구
    ⓐ 펌프 토출 측 ①번 밸브 개방, 성능시험배관상의 개폐밸브 ③번과 유량조절밸브 ⑧번 폐쇄
    ⓑ 제어반에서 주, 충압펌프 선택스위치를 자동으로 전환

[판정기준]
체절운전 시 정격토출압력의 140 [%]를 초과하지 않고, 정격토출량의 150 [%]로 운전 시 정격토출압력의 65 [%] 이상이면 정상

10   배점 7

15 [m] × 20 [m] × 5 [m]의 경유를 연료로 사용하는 발전기실에 2가지의 할로겐화합물 및 불활성기체소화약제 소화설비를 설치하고자 한다. 다음 조건과 국가화재안전기술기준을 참고하여 다음 물음에 답하시오.

조건

(1) 방호구역의 온도는 상온 20 [℃]이다.
(2) HCFC BLEND A 용기는 68 [L]용 58 [kg], IG-541 용기는 80 [L]용 12.4 [m³]을 적용한다.
(3) 할로겐화합물 및 불활성기체소화약제의 소화농도

약제	상품명	소화농도	
		A급 화재	B급 화재
HCFC BLEND A	NAFS-Ⅲ	7.2	10
IG-541	Inergen	31.25	31.25

(4) K_1과 K_2값

약제	K_1	K_2
HCFC BLEND A	0.2413	0.00088
IG-541	0.65799	0.00239

(5) 해당 발전기실은 전기화재로 가정한다.

가. HCFC BLEND A의 최소 약제량[kg]은?
  ○ 계산과정 :
  ○ 답 :

나. HCFC BLEND A의 최소 약제용기는 몇 병이 필요한가?
  ○ 계산과정 :
  ○ 답 :

다. IG-541의 최소 약제량[m³]은? (단, 20 [℃]의 비체적은 선형상수이다)
  ○ 계산과정 :
  ○ 답 :

라. IG-541의 최소 약제용기는 몇 병이 필요한가?
  ○ 계산과정 :
  ○ 답 :

정답

✓ 계산과정

가. **핵심이론** 할로겐화합물소화설비의 소화약제량 산정 〈개정 2024.8.1.〉

$$W[kg] = \frac{V[m^3]}{S[m^3/kg]} \times \left(\frac{C[\%]}{100-C[\%]}\right)$$

여기서 W : 소화약제의 무게 [kg]
V : 방호구역의 체적 [m³]
S : 소화약제별 선형상수($K_1 + K_2 \times t$) [m³/kg]
t : 방호구역의 최소예상온도 [℃]
C : 체적에 따른 소화약제의 설계농도 [%]
⇒ 설계농도는 소화농도(%)에
안전계수[A급 화재 1.2, B급 화재 1.3, C급 화재 1.35]를 곱한 값 이상으로 할 것

$W[kg] = \dfrac{V[m^3]}{S[m^3/kg]} \times \dfrac{C[\%]}{100-C[\%]}$ 에서

$C = 10 \times 1.35 \,(C급) = 13.5 \,[\%]$

$V = 15 \times 20 \times 5 = 1500 \,[m^3]$

$S = K_1 + K_2 \times t[℃] = 0.2413 + (0.00088 \times 20) = 0.2589 \,[m^3/kg]$

$\therefore W = \dfrac{1500[m^3]}{0.2589[m^3/kg]} \times \dfrac{13.5[\%]}{100-13.5[\%]} = 904.225 ≒ 904.23 \,[kg]$

답 | 904.23 [kg]

나. $\dfrac{904.23[kg]}{50[kg/병]} = 18.08 \to 19[병]$

답 | 19 [병]

다. 📌 **핵심이론** 불활성기체소화설비의 소화약제량 산정 〈개정 2024.8.1.〉

$$X[m^3] = 2.303 \times \dfrac{V_s[m^3/kg]}{S[m^3/kg]} \times \log\left[\dfrac{100}{100-C[\%]}\right] \times V[m^3]$$

여기서 X : 소화약제의 부피 [m³]
V_s : 20 [℃]에서 소화약제의 비체적[m³/kg]
S : 소화약제별 선형상수($K_1 + K_2 \times t$)[m³/kg]
t : 방호구역의 최소예상온도[℃]
V : 방호구역의 체적 [m³]
C : 체적에 따른 소화약제의 설계농도 [%]
⇒ 설계농도는 소화농도(%)에
안전계수[A급 화재 1.2, B급 화재 1.3, C급 화재 1.35]를 곱한 값 이상으로 할 것

$X = 2.303 \times \dfrac{V_s[m^3/kg]}{S[m^3/kg]} \times \log\left(\dfrac{100}{100-C[\%]}\right) \times V[m^3]$ 에서

여기서 방호구역의 온도가 20 [℃]이므로 $V_S = S$

$C = 31.25 \times 1.35 (\text{C급}) = 42.1875 ≒ 42.188 [\%]$

$\therefore X = 2.303 \times \log_{10}\left(\dfrac{100}{100-42.188}\right) \times 1500 = 822.108 ≒ 822.11 [m^3]$

답 | 822.11 [m³]

라. $\dfrac{822.11[m^3]}{12.4[m^3/병]} = 66.299 \to 67[병]$

답 | 67 [병]

11

배점 14

어느 건물의 지하층에 그림과 같이 제연설비를 설계하고자 한다. [조건]을 참조하여 다음 각 물음에 답하시오.

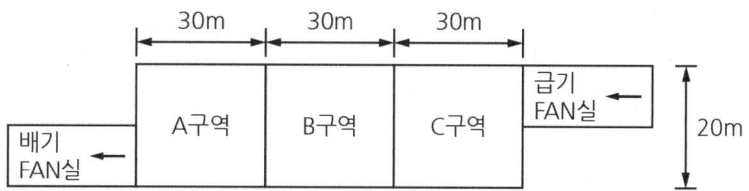

조건

(1) 덕트는 단선으로 표시한다.
(2) 급기덕트의 풍속은 15 [m/s]이다.
(3) 배기덕트의 풍속은 20 [m/s]이다.
(4) FAN의 전압은 40 [mmAq]이다.
(5) 천장 높이는 2.5 [m]이다.
(6) 제연방식은 상호제연방식으로 공동예상제연구역이 각각 제연경계로 구획되어 있다.

가. 제연구역의 배출기 배출량[m³/hr]은 얼마인가?

  ○ 계산과정 :

  ○ 답 :

나. FAN 동력[kW]을 구하시오. (단, 효율은 0.65, 여유율 10 [%]이다)

  ○ 계산과정 :

  ○ 답 :

다. 설계조건에 따라 급기구와 배기구를 설치할 때, 도면에 덕트 및 댐퍼를 표기하고 댐퍼의 작동 여부를 표에 작성하시오.

설계조건

(1) 덕트의 높이는 400 [mm]이다.
(2) 급기구 및 배기구의 형태는 정사각형이고, 배기구는 제연구역당 4개, 급기구는 제연구역당 3개를 설치하는 것으로 한다.
(3) 각종 효율은 무시한다.
(4) 덕트는 단선으로 표기한다.
(5) 댐퍼는 ⌀로 표기한다.
(6) 댐퍼의 작동 여부는 아래 표에 작성한다(○ : open, ● : close).
(7) 급기구 및 배기구의 단면적은 1 CMM당 35 [cm²] 이상으로 한다.
(8) 예상제연구역에 대한 전체 공기유입량은 배출량과 같다.

1) 덕트 및 댐퍼 표기

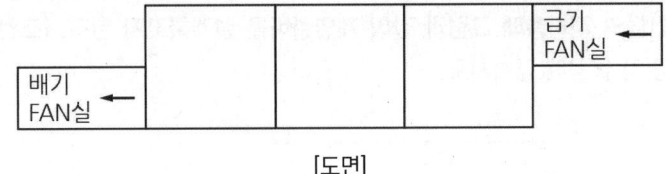

[도면]

2) 댐퍼의 작동 여부

구분	배기			급기		
	A실	B실	C실	A실	B실	C실
A실 화재						
B실 화재						
C실 화재						

라. 다음 표를 완성하시오. (단, 풍량, 덕트단면적, 덕트크기의 계산결과는 소수점 첫째자리에서 반올림하여 정수로 나타내시오)

덕트의 구분		풍량[CMH]	덕트단면적[mm²]	덕트크기(가로[mm] × 세로[mm])
배기덕트	A	①	⑦	⑬
배기덕트	B	②	⑧	⑭
배기덕트	C	③	⑨	⑮
급기덕트	A	④	⑩	⑯
급기덕트	B	⑤	⑪	⑰
급기덕트	C	⑥	⑫	⑱

마. 급기구의 단면적[cm²] 및 크기(가로[mm] × 세로[mm])를 구하시오. (단, 계산결과는 소수점 첫째자리에서 반올림하여 정수로 나타내시오)

○ 계산과정 :

○ 답 :

바. 배기구의 단면적[cm²] 및 크기(가로[mm] × 세로[mm])를 구하시오. (단, 계산결과는 소수점 첫째자리에서 반올림하여 정수로 나타내시오)

○ 계산과정 :

○ 답 :

정답

가. 계산과정

① 바닥면적 : 30 × 20 = 600 [m²]
   (바닥면적이 400 [m²] 이상)

② 실의 대각선 길이
   $\sqrt{30^2 + 20^2} = 36.06[m]$ 이므로
   직경 40 [m] 원 내에 들어온다.

③ 수직거리 : 2.5 - 0.6 = 1.9 [m]
   이므로 2 [m] 이하이다.

∴ 배출량은 40000 [CMH]

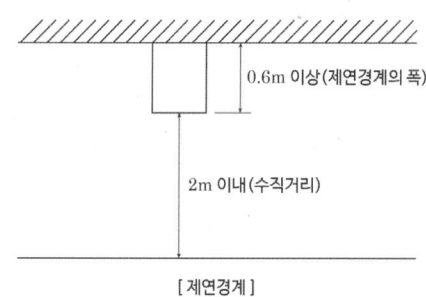

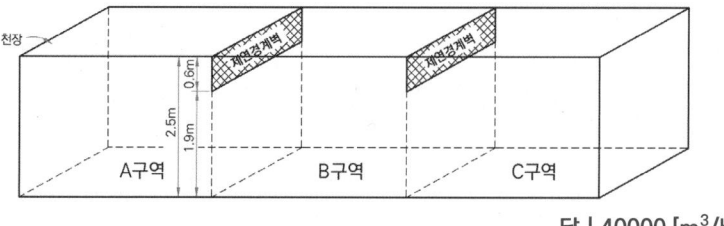

답 | 40000 [m³/hr]

나. 계산과정

동력 $P[kW] = \dfrac{P_t[mmAq] \times Q[m^3/s]}{102 \times \eta} \times K$

$= \dfrac{40[mmAq] \times \dfrac{40000}{3600}[m^3/s]}{102 \times 0.65} \times 1.1 = 7.37[kW]$

답 | 7.37 [kW]

다. 1) 덕트 및 댐퍼 표기

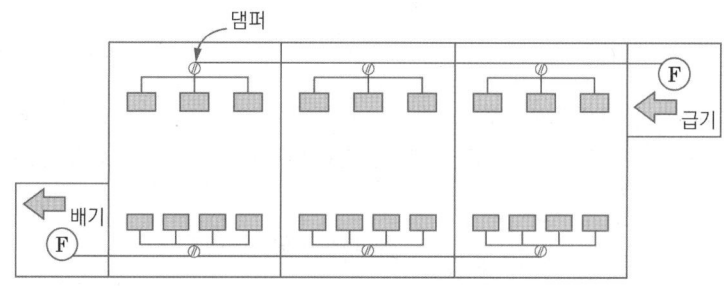

2) 댐퍼의 작동 여부

구분	배기			급기		
	A실	B실	C실	A실	B실	C실
A실 화재	○	●	●	●	○	○
B실 화재	●	○	●	○	●	○
C실 화재	●	●	○	○	○	●

라.

덕트의 구분		풍량[CMH]	덕트단면적[mm²]	덕트크기(가로[mm] × 세로[mm])
배기덕트	A	40000	555556	1389 × 400
배기덕트	B	40000	555556	1389 × 400
배기덕트	C	40000	555556	1389 × 400
급기덕트	A	20000	370370	926 × 400
급기덕트	B	20000	370370	926 × 400
급기덕트	C	20000	370370	926 × 400

[세부 계산과정]
- ① ~ ③은 '가' 문항에 의하여 모두 40000 [CMH]
- ④ ~ ⑥은 주덕트의 급기풍량 40000 [CMH]를 2개 구역으로 나누어 20000 [CMH]
- ⑦ ~ ⑨은 배기덕트 풍속이 조건에 의해 20 [m/s]이므로

  $Q = A \cdot V$

  $A = \dfrac{Q}{V} = \dfrac{40000}{20 \times 3600} = 0.5555555 [m^2] = 555555.5 [mm^2]$

  소수점 첫째자리에서 반올림하여 답을 구하면 555556 [mm²]

- ⑩ ~ ⑫은 급기덕트 풍속이 조건에 의해 15 [m/s]이므로

  $A = \dfrac{Q}{V} = \dfrac{20000}{15 \times 3600} = 0.370370 [m^2] = 370370.4 [mm^2]$

  소수점 첫째자리에서 반올림하여 답을 구하면 370370 [mm²]

- ⑬ ~ ⑮은 조건에 의해 덕트의 높이가 400 [mm]이므로

  $\dfrac{555556}{400} = 1388.89 = 1389 [mm]$

  ∴ 1389 × 400으로 표시한다.

- ⑯ ~ ⑱은 조건에 의해 덕트의 높이가 400 [mm]이므로

  $\dfrac{370370}{400} = 925.93 = 926 [mm]$

  ∴ 926 × 400으로 표시한다.

마. 계산과정 : 조건에 의해 급기구 및 배기구 단면적은 1 CMM당 35 [cm²] 이상이므로

$\dfrac{\frac{20000}{60}[CMM]}{3[개]} \times 35 [cm^2/CMM] = 3888.89 = 3889 [cm^2]$

급기구는 정사각형이므로 $L^2 = 3889 [cm^2]$

$L = \sqrt{3889} [cm] = 62.36 [cm] = 623.6 [mm] = 624 [mm]$

답 | 단면적 : 3889 [cm²]
크기 : 624 [mm] × 624 [mm]

바. 계산과정 : 조건에 의해 급기구 및 배기구 단면적은 1 CMM당 35 [cm²] 이상이므로

$$\frac{\frac{40000}{60}[CMM]}{4[개]} \times 35[cm^2/CMM] = 5833[cm^2]$$

배기구는 정사각형이므로 $L^2 = 5833[cm^2]$
$L = \sqrt{5833}[cm] = 76.37[cm] = 763.7[mm] = 764[mm]$

답 | 단면적 : 5833 [cm²]
크기 : 764 [mm] × 764 [mm]

12

득점 　　　배점 10

다음 그림은 어느 습식 스프링클러설비에서 배관의 일부를 나타내는 평면도이다. 점선 내에 필요한 관 부속품의 개수를 답란의 빈칸에 기입하시오.

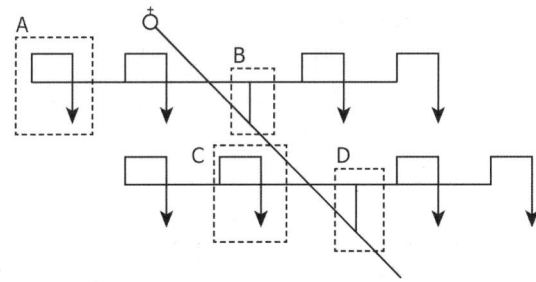

번호	관 부속	규격	수량(개)	번호	관 부속	규격	수량(개)
A	엘보	25 A		B	티	40 × 40 × 40 A	
	레듀셔	25 × 15 A			레듀셔	40 × 25 A	
C	티	25 × 25 × 25 A		D	티	50 × 50 × 40 A	
	엘보	25 A			티	40 × 40 × 40 A	
	레듀셔	25 × 15 A			레듀셔	50 × 40 A	
-	-	-	-		레듀셔	40 × 25 A	

정답

번호	관 부속	규격	수량(개)	번호	관 부속	규격	수량(개)
A	엘보	25 A	3	B	티	40 × 40 × 40 A	2
	레듀셔	25 × 15 A	1		레듀셔	40 × 25 A	2
C	티	25 × 25 × 25 A	1	D	티	50 × 50 × 40 A	1
	엘보	25 A	2		티	40 × 40 × 40 A	1
	레듀셔	25 × 15 A	1		레듀셔	50 × 40 A	1
–	–	–	–		레듀셔	40 × 25 A	2

1) 문제에서 습식 스프링클러설비라고 했으므로 설치된 헤드는 폐쇄형 헤드이며, 이외 다른 조건이 없으므로 '스프링클러헤드 수별 급수관의 구경 산정 표'에 따라 '가'란을 적용하여 배관구경을 산정한다.

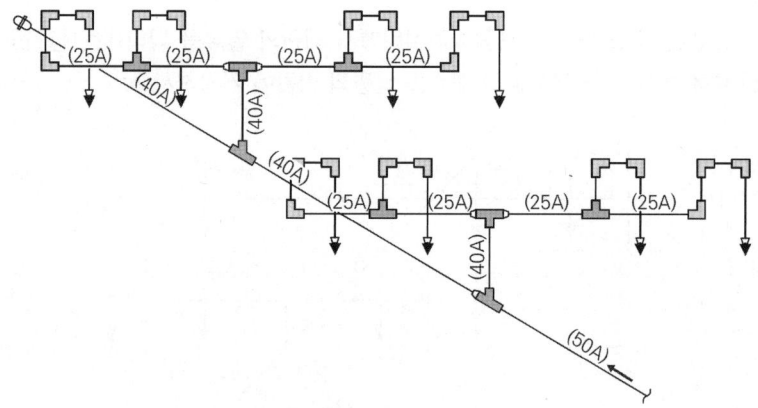

[배관구경 산정]

★ 핵심이론   스프링클러헤드 수별 급수관의 구경

구분 \ 구경	25	32	40	50	65	80	90	100	125	150
가	2	3	5	10	30	60	80	100	160	161 이상
나	2	4	7	15	30	60	65	100	160	161 이상
다	1	2	5	8	15	27	40	55	90	91 이상

① 폐쇄형 스프링클러헤드를 설치하는 경우에는 '가'란의 헤드 수에 따를 것
② 폐쇄형 스프링클러헤드를 설치하고 반자 아래의 헤드와 반자 속의 헤드를 동일 급수관의 가지관상에 병설하는 경우에는 '나'란의 헤드 수에 따를 것
③ 무대부나 특수가연물을 저장 또는 취급하는 장소에 폐쇄형 스프링클러헤드를 설치하는 설비의 배관구경은 '다'란에 따를 것
④ 개방형 스프링클러헤드를 설치하는 경우 하나의 방수구역이 담당하는 헤드의 개수가 30개 이하일 때는 '다'란의 헤드 수에 의하고, 30개를 초과할 때는 수리계산방법에 따를 것

2) 배관구경 산정 후 다음과 같이 필요한 관 부속품 및 관 부속품의 개수를 산출한다.

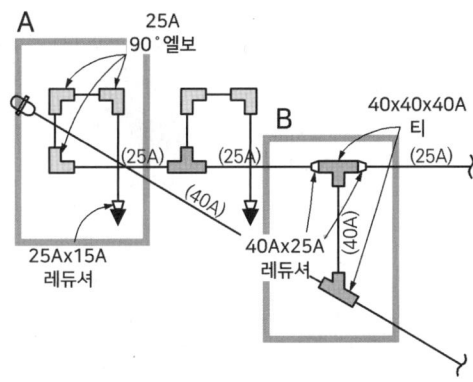

[A와 B의 관 부속품]

번호	관 부속	규격	수량(개)	번호	관 부속	규격	수량(개)
A	엘보	25 A	3	B	티	40 × 40 × 40 A	2
	레듀셔	25 × 15 A	1		레듀셔	40 × 25 A	2

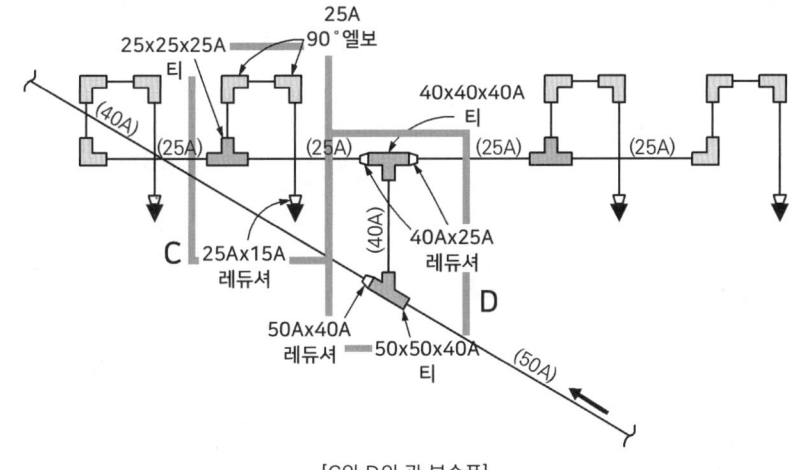

[C와 D의 관 부속품]

번호	관 부속	규격	수량(개)	번호	관 부속	규격	수량(개)
C	티	25 × 25 × 25 A	1	D	티	50 × 50 × 40 A	1
	엘보	25 A	2		티	40 × 40 × 40 A	1
	레듀셔	25 × 15 A	1		레듀셔	50 × 40 A	1
–	–	–	–		레듀셔	40 × 25 A	2

참고 | 배관 접속기구의 종류

구분	종류
(1) 관의 방향을 바꿀 때	[엘보(Elbow)]
(2) 2개의 관을 연결할 때	[유니온(Union)] [플랜지(Flange)] [니플(Nipple)]
(3) 관의 지름을 바꿀 때	[레듀서(Reducer)]
(4) 관의 끝을 막을 때	[플러그(Plug)] [캡(Cap)]
(5) 관을 도중에 분기할 때	[티(Tee)] [와이(Y)] [크로스(Cross)]

13

층수	지하 2층	지하 1층	지상 1층	지상 2층	지상 3층
바닥면적	2500 [m²]	2500 [m²]	13500 [m²]	13500 [m²]	500 [m²]

소화용수설비를 설치하는 지하 2층, 지상 3층의 특정소방대상물의 연면적이 32500 [m²]이고, 각 층의 바닥면적이 다음과 같을 때 물음에 답하시오.

가. 소화수조의 저수량[m³]을 구하시오.
  ○ 계산과정 :
  ○ 답 :

나. 저수조에 설치하여야 할 흡수관투입구, 채수구의 최소 설치수량을 구하시오.
  ○ 답
   • 흡수관투입구의 개수 :
   • 채수구의 개수 :

다. 저수조에 설치하는 가압송수장치의 송수량[L/min]은?
  ○ 답 :

정답

가. 계산과정 : 지상 1, 2층의 바닥면적의 합계가 15000 [m²] 이상 → 기준면적 7500 [m²]

$$\frac{연면적}{기준면적} = \frac{32500[m^2]}{7500[m^2]} = 4.33 ≒ 5 (소수점 이하 절상)$$

$$5 \times 20 [m^3] = 100 [m^3]$$

핵심이론 소화수조 또는 저수조의 저수량

소화수조 또는 저수조의 저수량은 소방대상물의 연면적을 기준면적으로 나누어 얻은 수(소수점 이하의 수는 1로 본다)에 20 [m³]을 곱한 양 이상이 되도록 해야 한다.

[소방대상물별 기준면적]

소방대상물의 구분	기준면적
1층 2층 바닥면적 합계가 15000 [m²] 이상인 소방대상물	7500 [m²]
그 외	12500 [m²]

※ 소화수조 저수량

$$[m^3] = \frac{소방대상물의 연면적 [m^2]}{기준면적 [m^2]} (소수점 이하 절상) \times 20 [m^3]$$

답 | 100 [m³]

나. 흡수관투입구의 개수 : 2개, 채수구의 개수 : 3개

> **★ 핵심이론** 소화수조 및 저수조 – 흡수관투입구와 채수구
>
> 소화수조 또는 저수조는 다음의 기준에 따라 흡수관투입구 또는 채수구를 설치해야 한다.
> 1. 흡수관투입구
>   지하에 설치하는 소화용수설비의 흡수관투입구는 그 한변이 0.6 [m] 이상이거나 직경이 0.6 [m] 이상인 것으로 하고, <u>소요수량이 80 [m³] 미만인 것은 1개 이상, 80 [m³] 이상인 것은 2개 이상을 설치</u>해야 하며, "흡수관투입구"라고 표시한 표지를 할 것
> 2. 채수구
>   1) 채수구는 다음 표에 따라 소방용 호스 또는 소방용 흡수관에 사용하는 구경 65 [mm] 이상의 나사식 결합금속구를 설치할 것
>
>   [소요수량에 따른 채수구의 수]
>
> | 소요수량 | 20 [m³] 이상
40 [m³] 미만 | 40 [m³] 이상
100 [m³] 미만 | 100 [m³] 이상 |
> |---|---|---|---|
> | 채수구의 수 | 1개 | 2개 | 3개 |
>
>   2) 채수구는 지면으로부터의 높이가 0.5 [m] 이상 1 [m] 이하의 위치에 설치하고 "채수구"라고 표시한 표지를 할 것

다. 3300 [L/min]

> **★ 핵심이론** 소화수조 및 저수조 – 가압송수장치
>
> 1. 소화수조 또는 저수조가 지표면으로부터의 깊이(수조 내부바닥까지의 길이를 말함)가 4.5 [m] 이상인 지하에 있는 경우에는 다음 표에 따라 가압송수장치를 설치해야 한다. 다만 기준에 따른 저수량을 지표면으로부터 4.5 [m] 이하인 지하에서 확보할 수 있는 경우에는 소화수조 또는 저수조의 지표면으로부터의 깊이에 관계없이 가압송수장치를 설치하지 않을 수 있다.
>
>   [소요수량에 따른 가압송수장치의 1분당 양수량]
>
> | 소요수량 | 20 [m³] 이상
40 [m³] 미만 | 40 [m³] 이상
100 [m³] 미만 | 100 [m³] 이상 |
> |---|---|---|---|
> | 가압송수장치의
1분당 양수량 | 1100 [L/min] 이상 | 2200 [L/min] 이상 | 3300 [L/min] 이상 |
>
> 2. 소화수조가 옥상 또는 옥탑의 부분에 설치된 경우에는 지상에 설치된 채수구에서의 압력이 0.15 [MPa] 이상이 되도록 해야 한다.

14

실의 크기가 가로 20 [m] × 세로 15 [m] × 높이 5 [m]인 공간에서 큰 화염의 화재가 발생하여 t초 시간 후의 청결층 높이 y[m]의 값이 1.8 [m]가 되었을 때 다음 [조건]을 이용하여 각 물음에 답하시오.

[조건]

(1) $Q = \dfrac{A(H-y)}{t}$

Q : 연기 발생량 [m³/s], A : 화재실의 면적 [m²], H : 화재실의 높이 [m]

(2) 위 식에서 시간 t초는 다음의 Hinkley 식을 만족한다.

$t = \dfrac{20A}{P \times \sqrt{g}} \times \left(\dfrac{1}{\sqrt{y}} - \dfrac{1}{\sqrt{H}}\right)$

(단, g는 중력가속도는 9.81 [m/s²]이고 P는 화재경계의 길이 [m]로서 큰 화염의 경우 12 [m], 중간 화염의 경우 6 [m], 작은 화염의 경우 4 [m]를 적용한다)

(3) 연기 생성률(M[kg/s])에 관한 식은 다음과 같다.

$M = 0.188 \times P \times y^{\frac{3}{2}}$

가. 상부의 배연구로부터 얼마의 연기를 배출[m³/min]하여야 청결층의 높이가 유지되는지 구하시오.

○ 계산과정 :

○ 답 :

나. 연기 생성률[kg/s]을 구하시오.

○ 계산과정 :

○ 답 :

정답

가. 계산과정

$t = \dfrac{20 \times 20[m] \times 15[m]}{12[m] \times \sqrt{9.81[m/s^2]}} \times \left(\dfrac{1}{\sqrt{1.8[m]}} - \dfrac{1}{\sqrt{5[m]}}\right) = 47.595[s]$

$Q = \dfrac{20[m] \times 15[m] \times (5[m] - 1.8[m])}{47.595[s]} = 20.17[m^3/s] = 1210.2[m^3/min]$

답 | 1210.2 [m³/min]

나. 계산과정

$M = 0.188 \times 12\,[m] \times (1.8[m])^{\frac{3}{2}} = 5.45\,[kg/s]$

답 | 5.45 [kg/s]

2018년 2회 (2018.06.30)

01 배점 8

도면은 어느 전기실(A실), 발전기실(B실), 방재반실(C실), 및 배터리실(D실)을 방호하기 위한 할론 1301설비의 배관평면도이다. 물음에 답하시오.

조건

(1) 약제용기는 고압식이다.
(2) 하나의 용기 내에 저장되는 약제는 50 [kg]이며, 용기의 내용적은 68 [L]이다.
(3) 평면도상에 나타나 있는 각 실에 대한 배관(용기실 내의 입상관 포함)은 그 내용적이 다음과 같다.
 • A실에 대한 배관 내용적 : 198 [L]
 • B실에 대한 배관 내용적 : 78 [L]
 • C실에 대한 배관 내용적 : 28 [L]
 • D실에 대한 배관 내용적 : 10 [L]
(4) A실에 대한 할론 집합관의 내용적은 88 [L]이다.
(5) 할론 용기밸브와 집합관 간의 연결관에 대한 내용적은 무시한다.
(6) 설계기준온도는 20 [℃]이다.
(7) 20 [℃]에서의 액화 할론 1301의 비중은 1.6이다.
(8) 각 실에 개구부의 존재는 없다고 가정한다.
(9) 소요약제량 산출 시 각 실내부의 기둥과 내용물의 체적은 무시한다.
(10) 각 실의 바닥으로부터 천정까지의 높이는 각각 다음과 같다.
 • A실 및 B실 : 5 [m]
 • C실 및 D실 : 3 [m]

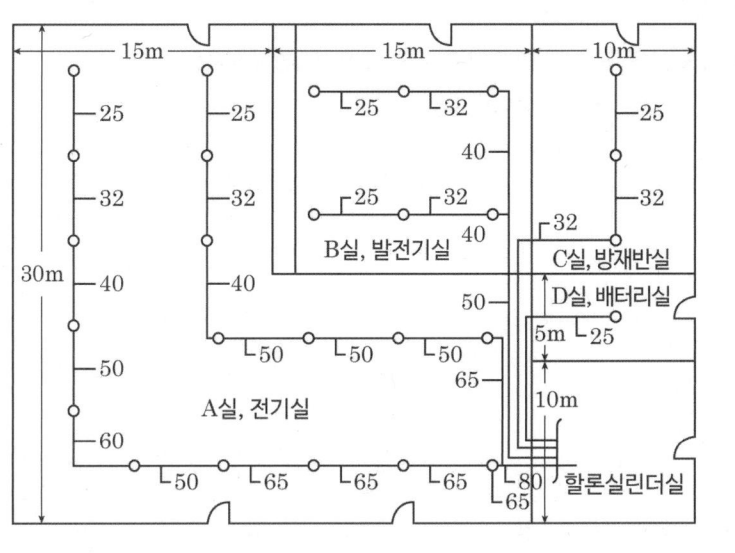

가. A실(전기실)에 들어갈 저장용기 수는?
   ○ 계산과정 :
   ○ 답 :

나. B실(발전기실)에 들어갈 저장용기 수는?
   ○ 계산과정 :
   ○ 답 :

다. C실(방재반실)에 들어갈 저장용기 수는?
   ○ 계산과정 :
   ○ 답 :

라. D실(배터리실)에 들어가 저장용기 수는?
   ○ 계산과정 :
   ○ 답 :

마. 저장하여야 할 약제 병 수는 최소 몇 병인가?
   ○ 계산과정 :
   ○ 답 :

정답

가. **참고** 할론소화설비(할론 1301) 전역방출방식 약제량 산정

$$W = (V \times \alpha) + (A \times \beta)$$

W : 약제량 [kg], V : 방호구역체적 [m³]
α : 방호구역 1 [m³]에 대한 소화약제의 양 [kg/m³]
A : 개구부면적 [m²], β : 개구부 가산량 [kg/m²]
(개구부에 자동폐쇄장치 미설치 시 가산)

소방대상물 또는 그 부분	방호구역의 체적 1 [m³]당 소화약제의 양 [kg/m³] α	개구부 가산량 [kg/m²] β
• 차고, 주차장, 전기실, 전산실, 통신기기실 등 이와 유사한 전기설비 • 특수가연물(가연성 고체류, 가연성 액체류, 합성수지류)을 저장·취급하는 소방대상물 또는 그 부분	0.32 이상 0.64 이하	2.4
특수가연물(면화류, 나무껍질 및 대팻밥, 넝마 및 종이부스러기, 사류, 볏짚류, 목재가공품 및 나무부스러기)을 저장·취급하는 소방대상물 또는 그 부분	0.52 이상 0.64 이하	3.9

계산과정

$$W = (30 \times 30 - 15 \times 15) \times 5\,[m^3] \times 0.32\,[kg/m^3] = 1080\,[kg]$$

용기 수 $= \dfrac{1080\,[kg]}{50\,[kg/병]} = 21.6\,[병] ≒ 22\,[병]$

답 | 22 [병]

나. 계산과정

$$W = (15 \times 15 \times 5)\,[m^3] \times 0.32\,[kg/m^3] = 360\,[kg]$$

용기 수 $= \dfrac{360\,[kg]}{50\,[kg/병]} = 7.2\,[병] ≒ 8\,[병]$

답 | 8 [병]

다. 계산과정

$$W = (15 \times 10 \times 3)\,[m^3] \times 0.32\,[kg/m^3] = 144\,[kg]$$

용기 수 $= \dfrac{144\,[kg]}{50\,[kg/병]} = 2.88\,[병] ≒ 3\,[병]$

답 | 3 [병]

라. 계산과정

$$W = (10 \times 5 \times 3)\,[m^3] \times 0.32\,[kg/m^3] = 48\,[kg]$$

용기 수 $= \dfrac{48\,[kg]}{50\,[kg/병]} = 0.96\,[병] ≒ 1\,[병]$

답 | 1 [병]

마. **계산과정** : 하나의 구역을 담당하는 소화약제 저장용기의 소화약제량의 체적합계보다 그 소화약제 방출 시 방출경로가 되는 배관(집합관 포함)의 내용적이 1.5배 이상일 경우에는 해당 방호구역에 대한 설비는 별도 독립방식으로 해야 한다.

> **참고** 별도 독립방식
>
> $\dfrac{배관\ 내용적}{약제량의\ 체적합계} \geq 1.5$일 경우 별도 독립방식

- 액화 할론 1301의 밀도 $\rho[kg/L]$ (조건 (7)에 의해)

  $\rho = S \times \rho_W = 1.6 \times 1000[kg/m^3] = 1600[kg/m^3] = 1600[kg/m^3] \times \dfrac{1[m^3]}{1000[L]}$

  $= 1.6[kg/L]$

- 약제량의 체적 $[L]$

  $= \dfrac{소화약제의\ 질량[kg]}{소화약제의\ 밀도[kg/L]} = \dfrac{병수[병] \times 저장용기\ 1병당\ 저장량[kg/병]}{소화약제의\ 밀도[kg/L]}$

① A실

   (a) 약제량의 체적$[L] = \dfrac{소화약제의\ 질량[kg]}{소화약제의\ 밀도[kg/L]}$

   $= \dfrac{22[병] \times 50[kg/병]}{1.6[kg/L]} = 687.5[L]$

   (b) $\dfrac{배관\ 내용적[L]}{약제량의\ 체적[L]} = \dfrac{198[L]+88[L]}{687.5[L]} = 0.416[배]$ … $0.416 < 1.5$이므로

   별도 독립방식 ×

② B실

   (a) 약제량의 체적$[L] = \dfrac{소화약제의\ 질량[kg]}{소화약제의\ 밀도[kg/L]} = \dfrac{8[병] \times 50[kg/병]}{1.6[kg/L]} = 250[L]$

   (b) $\dfrac{배관\ 내용적[L]}{약제량의\ 체적[L]} = \dfrac{78[L]+88[L]}{250[L]} = 0.664[배]$ … $0.664 < 1.5$이므로

   별도 독립방식 ×

③ C실

   (a) 약제량의 체적$[L] = \dfrac{소화약제의\ 질량[kg]}{소화약제의\ 밀도[kg/L]}$

   $= \dfrac{3[병] \times 50[kg/병]}{1.6[kg/L]} = 93.75[L]$

   (b) $\dfrac{배관\ 내용적[L]}{약제량의\ 체적[L]} = \dfrac{28[L]+88[L]}{93.75[L]} = 1.237[배]$ … $1.237 < 1.5$이므로

   별도 독립방식 ×

④ D실

(a) 약제량의 체적$[L]$ = $\dfrac{\text{소화약제의 질량}[kg]}{\text{소화약제의 밀도}[kg/L]}$

= $\dfrac{1[\text{병}] \times 50[kg/\text{병}]}{1.6[kg/L]}$ = $31.25[L]$

(b) $\dfrac{\text{배관 내용적}[L]}{\text{약제량의 체적}[L]}$ = $\dfrac{10[L]+88[L]}{31.25[L]}$ = $3.136[\text{배}]$ ⋯ $3.136 > 1.5$ 이므로 별도 독립방식 ○

D실은 배관의 내용적이 약제 체적 합계의 1.5배 이상이므로 별도 독립방식으로 해야 한다.

∴ 최소 저장용기 수 = $22[\text{병}] + 1[\text{병}] = 23[\text{병}]$

답 | 23 [병]

02   배점 13

다음 그림은 어느 스프링클러설비의 Isometric Diagram이다. 이 도면과 주어진 조건에 의하여 헤드 A만을 개방하였을 때 설계방수량을 계산하시오.

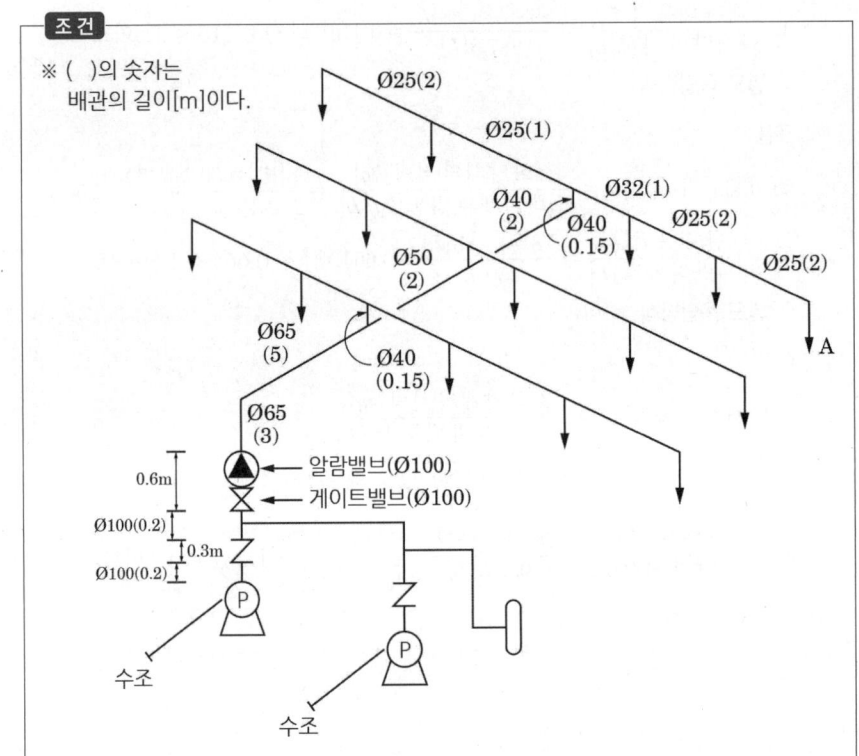

[산출근거]

(1) 펌프의 양정력은 토출량에 관계없이 일정하다고 가정한다(펌프 토출압 = 0.3 [MPa]).

(2) 헤드의 방출계수[K]는 90이다.

(3) 배관의 마찰손실은 하젠-윌리엄공식을 따르되 계산의 편의상 다음 식과 같다고 가정한다. $\Delta P = \dfrac{6 \times 10^4 \times Q^2}{120^2 \times d^5}$

단, ΔP : 배관 1 [m]당 마찰손실압력 [MPa/m]
Q : 배관 내의 유수량 [L/min]
d : 배관의 안지름 [mm]

(4) 배관의 호칭구경별 안지름은 다음과 같다.

호칭구경	25 [A]	32 [A]	40 [A]	50 [A]	65 [A]	80 [A]	100 [A]
내경	28	37	43	54	69	81	107

(5) 배관 부속 및 밸브류의 등가길이[m]는 아래 표와 같으며, 이 표에 없는 부속 또는 밸브류의 등가길이는 무시해도 좋다.

호칭구경	25 [A]	32 [A]	40 [A]	50 [A]	65 [A]	80 [A]	100 [A]
90° 엘보	0.8	1.1	1.3	1.6	2.0	2.4	3.2
티 (측류)	1.7	2.2	2.5	3.2	4.1	4.9	6.3
게이트 밸브	0.2	0.2	0.3	0.3	0.4	0.5	0.7
체크 밸브	2.3	3.0	3.5	4.4	5.6	6.7	8.7
알람 밸브	-	-	-	-	-	-	8.7

(6) 가지관과 헤드 간의 마찰손실은 무시한다.

가. 배관 1 [m]당 마찰손실, 등가길이, 마찰손실압력에 대한 표를 채우시오.

호칭구경	배관 1 [m]당 마찰손실[MPa] 산출	등가길이[m] 산출	마찰손실압력[MPa]
25 [A]	$\Delta P = 2.421 \times 10^{-7} \times Q^2$	직관 : 2 + 2 = 4 90°엘보 : 1 × 0.8 = 0.8 계 : 4.8 [m]	$1.162 \times 10^{-6} \times Q^2$
32 [A]			
40 [A]			
50 [A]			
65 [A]			
100 [A]			

나. 배관의 마찰손실압력[MPa]
- 계산과정 :
- 답 :

다. 실 층고 환산 낙차수두[m]
- 계산과정 :
- 답 :

라. 방수량[$L/\min$]
- 계산과정 :
- 답 :

마. 방수압[MPa]
- 계산과정 :
- 답 :

정답

가.

호칭구경	배관 1 [m]당 마찰손실[MPa] 산출	등가길이[m] 산출	마찰손실압력[MPa]
25 [A]	$\Delta P = 2.421 \times 10^{-7} \times Q^2$	직관 : 2 + 2 = 4 [m] 90°엘보 : 1 × 0.8 = 0.8 [m] 계 : 4.8 [m]	$1.162 \times 10^{-6} \times Q^2$

호칭구경	배관 1 [m]당 마찰손실[MPa] 산출	등가길이[m] 산출	마찰손실압력[MPa]
32 [A]	$\Delta P = \dfrac{6 \times 10^4 \times Q^2}{120^2 \times 37^5}$ $= 6.009 \times 10^{-8} \times Q^2$	직관 : 1 [m] 계 : 1 [m]	$1 \times 6.009 \times 10^{-8} \times Q^2$ $= 6.009 \times 10^{-8} \times Q^2$
40 [A]	$\Delta P = \dfrac{6 \times 10^4 \times Q^2}{120^2 \times 43^5}$ $= 2.834 \times 10^{-8} \times Q^2$	직관 : 2 + 0.15 = 2.15 [m] 90°엘보 : 1 × 1.3 = 1.3 [m] 티(측류) : 1 × 2.5 = 2.5 [m] 계 : 5.95 [m]	$5.95 \times 2.834 \times 10^{-8} \times Q^2$ $= 1.686 \times 10^{-7} \times Q^2$
50 [A]	$\Delta P = \dfrac{6 \times 10^4 \times Q^2}{120^2 \times 54^5}$ $= 9.074 \times 10^{-9} \times Q^2$	직관 : 2 [m] 계 : 2 [m]	$2 \times 9.074 \times 10^{-9} \times Q^2$ $= 1.815 \times 10^{-8} \times Q^2$
65 [A]	$\Delta P = \dfrac{6 \times 10^4 \times Q^2}{120^2 \times 69^5}$ $= 2.664 \times 10^{-9} \times Q^2$	직관 : 5 + 3 = 8 [m] 90°엘보 : 1 × 2.0 = 2 [m] 계 : 10 [m]	$10 \times 2.664 \times 10^{-9} \times Q^2$ $= 2.664 \times 10^{-8} \times Q^2$
100 [A]	$\Delta P = \dfrac{6 \times 10^4 \times Q^2}{120^2 \times 107^5}$ $= 2.971 \times 10^{-10} \times Q^2$	직관 : 0.2 + 0.2 = 0.4 [m] 체크밸브 : 1 × 8.7 = 8.7 [m] 게이트밸브 : 1 × 0.7 = 0.7 [m] 알람밸브 : 1 × 8.7 = 8.7 [m] 계 : 18.5 [m]	$18.5 \times 2.971 \times 10^{-10} \times Q^2$ $= 5.496 \times 10^{-9} \times Q^2$

나. 배관 마찰손실압력[MPa]

계산과정

$(1.162 \times 10^{-6} \times Q^2) + (6.009 \times 10^{-8} \times Q^2) + (1.686 \times 10^{-7} \times Q^2)$
$+ (1.815 \times 10^{-8} \times Q^2) + (2.664 \times 10^{-8} \times Q^2) + (5.496 \times 10^{-9} \times Q^2)$
$= 1.44 \times 10^{-6} \times Q^2$ [MPa]

답 | 1.44 × 10^{-6} × Q² [MPa]

다. 층고 환산 낙차 수두[m]

계산과정 : 0.2 + 0.3 + 0.2 + 0.6 + 3 + 0.15 = 4.45 [m]

답 | 4.45 [m]

라. 방수량[L/min]

계산과정

$Q = 90 \sqrt{10 \times (0.3 - 0.0445 - 1.44 \times 10^{-6} \times Q^2)}$

⇒ 계산기 solve기능으로 Q 값 도출

∴ $Q = 136.138 ≒ 136.14 [L/min] = 136.14 [L/min]$

답 | 136.14 [L/min]

마. 방수압[MPa]

계산과정 : P = 펌프 토출압 - 낙차압 - 마찰손실압
$= 0.3 - 0.0445 - (1.44 \times 10^{-6} \times 136.14^2) = 0.23 [MPa]$

답 | 0.23 [MPa]

참고 | 배관 접속기구의 종류

구분	종류
(1) 관의 방향을 바꿀 때	[엘보(Elbow)]
(2) 2개의 관을 연결할 때	[유니온(Union)] [플랜지(Flange)] [니플(Nipple)]
(3) 관의 지름을 바꿀 때	[레듀서(Reducer)]
(4) 관의 끝을 막을 때	[플러그(Plug)] [캡(Cap)]
(5) 관을 도중에 분기할 때	[티(Tee)] [와이(Y)] [크로스(Cross)]

03
배점 6

윤활유를 사용하는 기계실에 IG-541소화약제를 사용한 소화설비가 설치되어 있다. [조건]을 참고하여 다음 물음에 답하시오.

조건
(1) 방호구역의 체적은 $10 \times 20 \times 4\ [m^3]$이다.
(2) 소화농도는 25 [%]이다.
(3) IG-541의 저장용기는 80 [L]이며 저장압력은 20000 [kPa](게이지압)이다.
(4) 소화약제량 산정 시 선형상수를 이용한다.

K1	K2
0.65799	0.00239

(5) 화재는 B급 화재로 가정하고, 방호구역의 온도는 20 [℃]를 적용한다.

가. IG-541의 필요 약제량[m^3]은 얼마인가?
- 계산과정 :
- 답 :

나. IG-541의 저장용기 수를 구하시오.
- 계산과정 :
- 답 :

다. 배관구경 산정조건에 따라 IG-541의 방출 유량[m^3/s]을 구하시오.
- 계산과정 :
- 답 :

정답

가. **핵심이론** 불활성기체소화설비의 소화약제량 산정 〈개정 2024.8.1.〉

$$X[m^3] = 2.303 \times \frac{V_s[m^3/kg]}{S[m^3/kg]} \times \log\left[\frac{100}{100-C[\%]}\right] \times V[m^3]$$

여기서 X : 소화약제의 부피 [m^3]
V_s : 20 [℃]에서 소화약제의 비체적[m^3/kg]
S : 소화약제별 선형상수($K_1 + K_2 \times t$)[m^3/kg]
t : 방호구역의 최소예상온도[℃], V : 방호구역의 체적 [m^3]
C : 체적에 따른 소화약제의 설계농도 [%]
⇒ 설계농도는 소화농도(%)에 안전계수[A급 화재 1.2, B급 화재 1.3, C급 화재 1.35]를 곱한 값 이상으로 할 것

계산과정

$V_S = S$

$C = 25 \times 1.3 (\text{B급}) = 32.5 [\%]$

$\therefore X = 2.303 \times \log\left(\dfrac{100}{100-32.5}\right) \times (10 \times 20 \times 4) = 314.49 [m^3]$

답 | 314.49 [m³]

나. 계산과정

저장용기 수 $= \dfrac{\text{최소 필요 약제량}[m^3]}{1\text{병에 충전된 약제량}[m^3]} = \dfrac{\text{최소 필요 약제량}[m^3]}{1\text{병에 대한 약제 방출후 체적}[m^3]}$

① 1병에 대한 방출 후 가스 체적[m³]

$$(P_a + P_1) \times V_1 = (P_a + P_2) \times V_2$$

여기서 P_a : 대기압 [kPa], P_1 : 충전압력 [kPa], V_1 : 저장용기의 체적 [m³]

P_2 : 방출 후 압력 [kPa], V_2 : 방출 후 가스의 체적 [m³]

따라서 용기 1병에 대한 방출 후 가스 체적 V_2 [m³]를 구하면

$(P_a + P_1) \times V_1 = (P_a + P_2) \times V_2$

$(101.325 + 20000)[kPa] \times 0.08[m^3] = 101.325[kPa] \times V_2$

$\therefore V_2 = 15.87 [m^3]$

② 저장용기 수

$$\text{저장용기 수} = \dfrac{\text{최소 필요 약제량}[m^3]}{1\text{병에 대한 약제 방출후 체적}[m^3]}$$

저장용기 수 $= \dfrac{314.49 [m^3]}{15.87 [m^3/\text{병}]} = 19.82 ≒ 20 [\text{병}]$

답 | 20 [병]

참고 1병에 대한 방출 후 가스 체적[m³]

$$\dfrac{(P_a + P_1) \times V_1}{T_1} = \dfrac{(P_a + P_2) \times V_2}{T_2}$$

여기서 P_a : 대기압 [kPa], P_1 : 충전압력 [kPa]

V_1 : 저장용기의 체적 [m³], T_1 : 저장용기실의 온도 [K]

P_2 : 방출 후 압력 [kPa], V_2 : 방출 후 가스의 체적 [m³]

T_2 : 방호구역의 온도 [K]

만약 문제에서 '저장용기실의 온도'가 주어진다면 '보일 - 샤를의 법칙'을 적용하여 산출해야 한다.

단, 이 문제에서는 저장용기실의 온도가 주어지지 않았으므로 온도 변화에 따른 체적 변화는 고려하지 않는다.

다. 계산과정

① 설계농도의 95 [%]에 해당하는 약제량

$$X = 2.303 \times \frac{V_s[m^3/kg]}{S[m^3/kg]} \times \log\left(\frac{100}{100-C[\%]\times 0.95}\right) \times V[m^3], \ V_S = S$$

$$X = 2.303 \times \log\left(\frac{100}{100-32.5\times 0.95}\right) \times (10\times 20\times 4) = 295.46[m^3]$$

② 방출유량$[m^3/s] = \frac{295.46[m^3]}{60[s]} = 4.92[m^3/s]$

할로겐화합물 및 불활성기체소화설비의 화재안전기술기준(NFTC 107A)
2.7.3 배관의 구경은 해당 방호구역에 할로겐화합물소화약제는 10초 이내에, 불활성기체소화약제는 A·C급 화재 2분, B급 화재 1분 이내에 방호구역 각 부분에 최소 설계농도의 95 [%] 이상에 해당하는 약제량이 방출되도록 해야 한다.

답 | 4.92 [m³/s]

04   배점 10

경유를 저장하는 위험물 저장탱크의 높이가 7 [m], 직경이 10 [m]인 콘루프탱크에 II형 포방출구 및 옥외보조포소화전 2개가 설치되어 있다.

조건
(1) 배관의 마찰손실수두는 55 [m]이다.
(2) 배관 보정값은 무시한다.
(3) 방출구의 압력은 0.3 [MPa]이다. (단, 보조포 소화전의 압력수두는 무시)
(4) 펌프의 효율은 65 [%](전동기와 펌프 직결방식), K = 1.1이다.

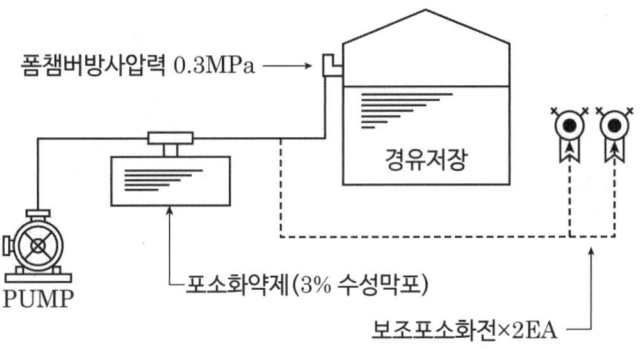

포방출구의 종류· 방출량 및 방사시간 위험물의 종류	I형		II형		특형	
	방출량 [L/m^2· 분]	방사 시간 [분]	방출량 [L/m^2· 분]	방사 시간 [분]	방출량 [L/m^2· 분]	방사 시간 [분]
제4류 위험물(수용성의 것을 제외) 중 인화점이 21 [℃] 미만인 것	4	30	4	55	8	30
제4류 위험물(수용성의 것을 제외) 중 인화점이 21 [℃] 이상 70 [℃] 미만인 것	4	20	4	30	8	20
제4류 위험물(수용성의 것을 제외) 중 인화점이 70 [℃] 이상인 것	4	15	4	25	8	15
제4류 위험물 중 수용성의 것	8	20	8	30	-	-

가. 포소화약제량[L]

　○ 계산과정 :

　○ 답 :

나. 보조포약제량[L]

　○ 계산과정 :

　○ 답 :

다. 경유저장탱크의 포 약제량[L]

　○ 계산과정 :

　○ 답 :

라. 펌프 소요동력[kW]

　○ 계산과정 :

　○ 답 :

정답

☑ 계산과정

가. 포소화약제량 = 고정포방출구 + 보조포소화전 (배관보정량은 무시)

$$= \left\{\left(\frac{\pi \times 10^2}{4}\right)[m^2] \times 4[L/\min \cdot m^2] \times 30[\min] \times 0.03\right\}$$
$$+ (3 \times 400[L/\min] \times 20[\min] \times 0.03)$$
$$= 720 + 282.74 = 1002.74[L]$$

답 | 1002.74 [L]

나. 보조포소화전 포소화약제량 $Q[L] = N \times 400[L/\min] \times 20[\min] \times S$

N : 호스접결구의 수(최대 3개), S : 포소화약제의 사용농도 [%]

※ 보조소화전의 호스접결구가 단구형인지 쌍구형인지는 조건에 텍스트로 주어지지 않고 그림에 주어질 수 있으므로 반드시 주어진 그림을 확인한다.

$Q = 3 \times 400[L/\min] \times 20[\min] \times 0.03 = 720[L]$

답 | 720 [L]

다. 고정포방출구 포소화약제량 $Q[L] = A \cdot Q_A \cdot T \cdot S$

A : 탱크의 액표면적 [m²], Q_A : 단위포소화수용액의 양(방출률) [L/min·m²]
T : 방출시간 [min], S : 포소화약제의 사용농도 [%]

$Q = \left(\frac{\pi \times 10^2}{4}\right)[m^2] \times 4[L/\min \cdot m^2] \times 30[\min] \times 0.03 = 282.74[L]$

답 | 282.74 [L]

라. ① 전양정 H = 7 + 55 + 30 = 92 [m]

(Ⅱ형 포방출구는 상부포주입방식으로 포방출구가 탱크 상단에 위치한다. 따라서 실양정에 '탱크의 높이 7 [m]'를 적용한다)

② $Q = \left(\frac{\pi \times 10^2}{4}[m^2] \times 4[L/\min \cdot m^2]\right) + (3 \times 400[L/\min]) = 1514.16[L/\min]$

③ 펌프 소요동력

$$\text{동력 } P[kW] = \frac{\gamma[kN/m^3] \times Q[m^3/s] \times H[m]}{\eta} \times K$$

$P[kW] = \frac{\gamma QH}{\eta} \times K = \frac{9.8[kN/m^3] \times \frac{1.51416}{60}[m^3/s] \times 92[m]}{0.65} \times 1.1$
$= 38.50[kW]$

답 | 38.50 [kW]

> **핵심이론** 포소화약제의 저장량 – 고정포방출구방식

$$\text{포소화약제 저장량 } Q = \text{고정포방출구에서 방출하기 위해 필요한 양 } Q_1 + \text{보조포소화전에서 방출하기 위해 필요한 양 } Q_2 + \text{송액관에 충전하기 위해 필요한 양 } Q_3$$

고정포방출구방식은 다음의 양을 합한 양 이상으로 할 것

1) 고정포방출구에서 방출하기 위하여 필요한 양

$$Q_1 = A \cdot Q_A \cdot T \cdot S$$

Q_1 : 포소화약제의 양 [L]
A : 탱크의 액표면적 [m²]
Q_A : 단위 포소화수용액의 양 [L/m²·min]
T : 방출시간 [min]
S : 포소화약제의 사용농도 [%]

2) 보조포소화전에서 방출하기 위하여 필요한 양

$$Q_2 = N \cdot 8000 \cdot S$$

Q_2 : 포소화약제의 양 [L]
N : 호스 접결구의 수(3개 이상인 경우는 3개)
S : 포소화약제의 사용농도 [%]

3) 가장 먼 탱크까지의 송액관에 충전하기 위하여 필요한 양(내경 75 [mm] 이하의 송액관은 제외)

$$Q_3 = V \times S \times 1000 \, [L/m^3]$$

Q_3 : 포소화약제의 양 [L]
V : 송액관 내부의 체적 [m³]
S : 포소화약제의 사용농도 [%]

* 송액관 : 수원으로부터 포헤드, 고정포방출구 또는 이동식 노즐에 급수하는 배관

05 [배점 10]

특수가연물을 저장하는 창고에 포소화설비를 설치하고자 한다. 다음 [조건]을 참조하여 각 물음에 답하시오.

> **조건**
> (1) 창고의 크기는 가로 20 [m], 세로 10 [m]이다.
> (2) 포헤드를 정방형으로 배치한다.
> (3) 포원액은 3 [%] 수성막포를 사용한다.
> (4) 전양정은 35 [m], 효율은 65 [%], 여유율은 10 [%]이다.
> (5) 단, 수원의 양은 다음의 기준을 따른다.
>   ※ 약제 농도 x [%] : 포수용액(약제 + 물)을 100 [%]로 보았을 때, x [%]를 약제 농도로 한다.

가. 헤드를 정방형으로 배치할 때 포헤드의 설치개수를 구하시오.
- 계산과정 :
- 답 :

나. 수원의 저수량은 몇 [m³] 이상으로 하여야 하는가?
- 계산과정 :
- 답 :

다. 포원액의 최소 소요량[L]을 구하시오.
- 계산과정 :
- 답 :

라. 펌프의 토출량[L/min]을 구하시오.
- 계산과정 :
- 답 :

마. 전동기의 출력은 몇 [kW]인가?
- 계산과정 :
- 답 :

정답

가. 계산과정 : 포헤드 정방형 배치

S = 2R × cos45°

S : 포헤드 상호 간의 거리[m]
R : 유효반경 [2.1 m]

① $S = 2 \times 2.1 \times \cos45° = 2.970[m]$

② 가로 : $\dfrac{20[m]}{2.970[m/개]} = 6.73[개] ≒ 7[개]$

③ 세로 : $\dfrac{10[m]}{2.970[m/개]} = 3.37[개] ≒ 4[개]$

④ 헤드 개수 : 7 × 4 = 28 [개]

답 | 28 [개]

나. 계산과정

포헤드의 포소화약제의 양
Q = A [m²] × Q_A [L/m²·min] × 10 [min] × S

Q : 포소화약제의 양 [L]
A : 포헤드설비가 설치된 부분의 바닥면적 [m²] (단, ① 특수가연물을 저장·취급하는 공장·창고, ② 차고·주차장 : 최대 바닥면적 200 [m²])
Q_A : 1분당 바닥면적 1 [m²]에 대한 방사량 [L/m²·min]
S : 포소화약제의 사용농도 [%]

소방대상물	포소화약제의 종류	1분당 바닥면적 1 [m²]에 대한 방사량 Q_A
차고·주차장 및 항공기격납고	단백포소화약제	6.5 [L] 이상
	합성계면활성제포소화약제	8.0 [L] 이상
	수성막포소화약제	3.7 [L] 이상
특수가연물 저장 취급하는 소방대상물	단백포소화약제	6.5 [L] 이상
	합성계면활성제포소화약제	6.5 [L] 이상
	수성막포소화약제	6.5 [L] 이상

수원량 = $A[m^2] \times Q_A[L/m^2 \cdot min] \times T[min] \times (1-S)$
= $(20 \times 10)[m^2] \times 6.5[L/m^2 \cdot min] \times 10[min] \times 0.97 = 12610[L]$
= $12.61[m^3]$

답 | 12.61 [m³]

다. 계산과정 : 약제량 = $A[m^2] \times Q_A[L/m^2 \cdot min] \times T[min] \times S$
= $(20 \times 10)[m^2] \times 6.5[L/m^2 \cdot min] \times 10[min] \times 0.03 = 390[L]$

답 | 390 [L]

라. 계산과정 : $A[m^2] \times Q_A[L/m^2 \cdot min]$
= $(20 \times 10)[m^2] \times 6.5[L/m^2 \cdot min] = 1300[L/min]$

답 | 1300 [L/min]

마. 계산과정 : $P[kW] = \dfrac{9.8[kN/m^3] \times \dfrac{1.3}{60}[m^3/s] \times 35[m]}{0.65} \times 1.1 = 12.58[kW]$

답 | 12.58 [kW]

06

특별피난계단의 계단실 및 부속실 제연설비이다. 주어진 [조건]을 참고하여 각 물음에 답하시오.

조건
(1) 거실과 부속실의 출입문 개방에 필요한 힘 $F_1 = 60[N]$이다.
(2) 화재 시 거실과 부속실의 출입문 개방에 필요한 힘 $F_2 = 110[N]$이다.
(3) 출입문 폭(W) = 1 [m], 높이(h) = 2.1 [m]
(4) 손잡이는 출입문 끝에 달려 있다고 가정한다.
(5) 단, 스프링클러설비는 설치되어 있지 않다.

가. 제연구역 선정기준 3가지를 쓰시오.
  1)
  2)
  3)

나. 제시된 조건을 이용하여 부속실과 거실 사이의 차압[Pa]을 구하고 화재안전기술기준에 의한 최소 차압기준을 비교하여 적합 여부를 설명하시오.
  ◯ 계산과정 :
  ◯ 답 :

정답

가. 1) 계단실 및 그 부속실을 동시에 제연하는 것
   2) 부속실을 단독으로 제연하는 것
   3) 계단실을 단독 제연하는 것

나. 계산과정

문을 개방하는 데 필요한 힘
$$F = F_{dc} + F_P = F_{dc} + K_d \cdot \Delta P \cdot A \cdot \frac{W}{2(W-d)}$$

여기서 F_{dc} : 도어체크의 저항력 [N]
F_P : 차압이 작용할 때 방화문을 개방하기 위한 힘 [N]
$$(F_P = K_d \cdot \Delta P \cdot A \cdot \frac{W}{2(W-d)})$$
K_d : 출입문의 마찰계수
ΔP : 제연구역과 비제연구역의 차압 [Pa]
A : 방화문 면적 [m²], W : 문의 폭 [m]
d : 손잡이에서 문의 끝까지의 거리 [m]

$$F = F_{dc} + \Delta P \cdot A \cdot \frac{W}{2(W-d)}$$

$$110[N] = 60[N] + \Delta P[Pa] \cdot (1[m] \times 2.1[m]) \cdot \frac{1[m]}{2(1[m]-0[m])}$$

$$\therefore \Delta P = 47.62[Pa]$$

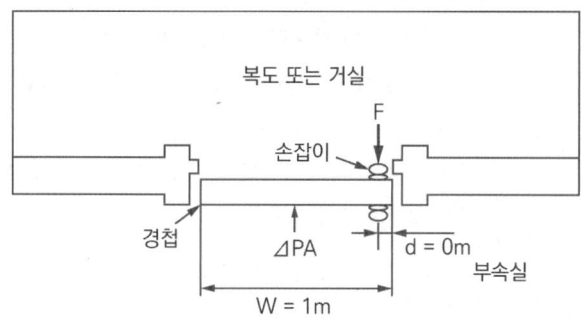

답 | 계산결과 차압이 47.62 [Pa]로 화재안전기술기준에 의한 최소 차압 40 [Pa]보다 크기 때문에 적합하다.

07

득점 / 배점 12

11층의 연면적 15000 [m²] 업무용 건축물에 옥내소화전설비를 화재안전기술기준에 따라 설치하려고 한다. 다음 [조건]을 참고하여 물음에 답하여라.

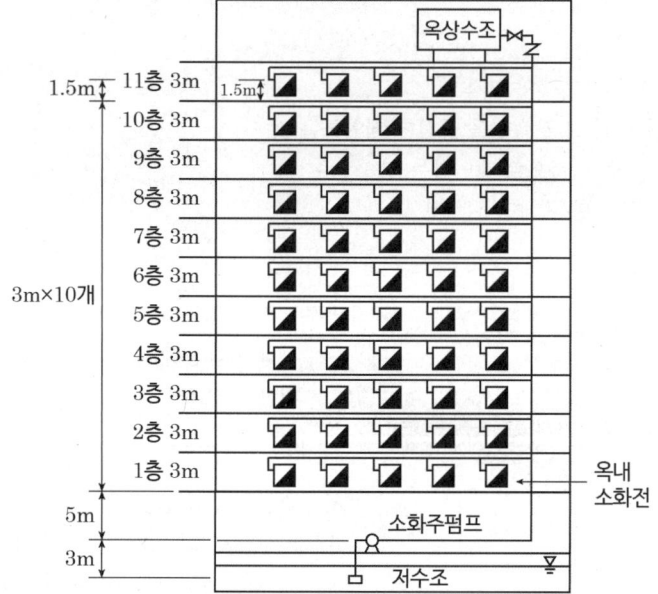

[조건]
(1) 펌프의 풋밸브로부터 11층 옥내소화전 호스 접결구까지의 마찰손실수두는 실양정의 25 [%]로 한다.
(2) 펌프의 전달계수 값은 1.1이다.
(3) 펌프의 효율은 68 [%]이다.
(4) 각 층당 옥내소화전은 5개씩 있다.
(5) 소방용 호스의 마찰손실수두는 7.8 [m]이다.

가. 펌프의 최소 유량[L/min]을 구하시오.
  ○ 계산과정 :
  ○ 답 :

나. 지하 수조의 최소 저수량[m³]을 구하시오.
  ○ 계산과정 :
  ○ 답 :

다. 옥상에 설치할 옥상수조의 용량[m³]을 구하시오.
  ○ 계산과정 :
  ○ 답 :

라. 펌프의 총 양정[m]을 구하시오.
  ○ 계산과정 :
  ○ 답 :

마. 축동력[kW]을 구하시오.
  ○ 계산과정 :
  ○ 답 :

바. 펌프의 동력[kW]을 구하시오.
  ○ 계산과정 :
  ○ 답 :

사. 소방 노즐에서 방수압 측정 시 측정기구 및 측정방법을 쓰시오.
  1) 측정기구 :
  2) 측정방법 :

아. 소방호스 노즐의 방수압력이 0.7 [MPa] 초과 시 감압방법 2가지를 쓰시오.
  ○ 답 :

정답

가. 계산과정 : $Q = 2 \times 130 [L/min] = 260 [L/min]$ 　　　　답 | 260 [L/min]

나. 계산과정 : 지하수원 $= 2 \times 2.6 [m^3] = 5.2 [m^3]$ 　　　　답 | 5.2 [m³]

다. 계산과정 : 옥상수원 $= 5.2 [m^3] \times \dfrac{1}{3} = 1.73 [m^3]$ 　　　　답 | 1.73 [m³]

라. 계산과정

① 실양정 $= 3 + 5 + (3 \times 10) + 1.5 = 39.5 [m]$
② 배관의 마찰손실수두 $= 39.5 \times 0.25 = 9.875 [m]$
③ 호스의 마찰손실수두 $= 7.8 [m]$
∴ 전양정 $= h_1 + h_2 + h_3 + 17 = 39.5 + 9.875 + 7.8 + 17 = 74.175 ≒ 74.18 [m]$

　　　　답 | 74.18 [m]

마. 계산과정 : $P[kW] = \dfrac{9.8[kN/m^3] \times \dfrac{0.26}{60}[m^3/s] \times 74.18[m]}{0.68} = 4.63[kW]$

　　　　답 | 4.63 [kW]

바. 계산과정

전동기동력 $=$ 축동력 $\times$ 전달계수 K
$= 4.63[kW] \times 1.1 = 5.09[kW]$

　　　　답 | 5.09 [kW]

사. 방사압 측정기구 및 측정방법

① 측정기구 : 피토게이지(Pitot Gauge)

② 측정방법 : 노즐선단에서 노즐구경의 약 $\dfrac{1}{2}$배(즉, $\dfrac{D}{2}$, D : 노즐구경[mm])만큼 떨어진 곳에서 피토관 입구를 수류의 중심선과 일치하도록 하여 게이지상의 지침을 읽는다.

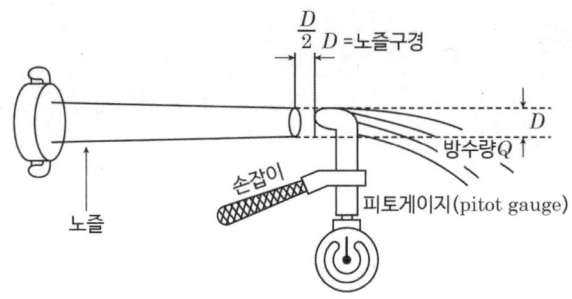

[방수압 측정]

아. 감압방법 2가지

① 중계펌프에 의한 방법 　　　② 고가수조에 의한 방법
③ 감압밸브에 의한 방법 　　　④ 전용배관(배관계통)에 의한 방법

08

펌프의 흡입관에 버터플라이밸브를 사용하지 않는 이유를 2가지만 쓰시오.

①
②

정답

① 유효흡입양정 감소로 공동현상이 발생
② 밸브의 순간적인 개폐로 수격작용이 발생

09

이산화탄소소화설비의 점검표에 의한 점검항목 중 수동식 기동장치의 점검항목 4가지를 쓰시오.

①
②
③
④

정답

① 기동장치 부근에 비상스위치 설치 여부
② 방호구역별 또는 방호대상별 기동장치 설치 여부
③ 기동장치 설치 적정(출입구 부근 등, 높이, 보호장치, 표지, 전원표시등) 여부
④ 방출용 스위치 음향경보장치 연동 여부

참고 이산화탄소소화설비 수동식 기동장치의 점검항목

○ 기동장치 부근에 비상스위치 설치 여부
● 방호구역별 또는 방호대상별 기동장치 설치 여부
○ 기동장치 설치 적정(출입구 부근 등, 높이, 보호장치, 표지, 전원표시등) 여부
○ 방출용 스위치 음향경보장치 연동 여부

※ 점검항목 중 "●"는 종합점검의 경우에만 해당한다.

10

펌프의 체절압력 확인하고 릴리프밸브의 개방압력을 조절하는 방법을 설명하시오.

득점 / 배점 7

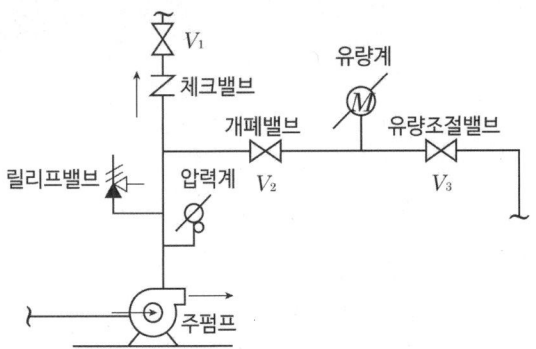

조건

(1) 수동운전
(2) 체절압력의 90 [%]에 개방하도록 한다(릴리프밸브).
(3) 주펌프의 2차 측 V_1밸브를 폐쇄한다.
(4) 조정 전 V_2, V_3밸브를 잠근 상태에서 체절압력 90 [%] 압력의 유량을 성능시험 배관을 이용하여 조절한다.

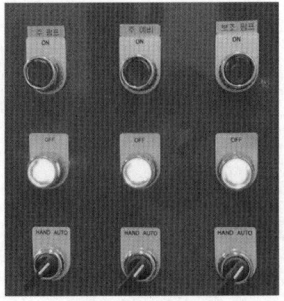

[동력제어반]

정답

① 주밸브 V_1 폐쇄 및 릴리프밸브 완전 폐쇄
② 제어반에서 펌프를 수동기동
③ 토출 측 압력계를 확인하여 체절압력을 확인
④ 개폐밸브(V_2)를 완전히 개방하고 유량조절밸브(V_3)를 서서히 개방하여 압력계가 체절압력의 90 [%]가 되도록 한다.
⑤ 릴리프밸브 개방하여 과압수가 방출되도록 한다.
⑥ 제어반에서 주펌프 정지 및 자동기동으로 전환
⑦ 정상상태로 복구(V_1 개방, V_2 및 V_3 폐쇄)

11

상수도소화용수설비가 설치되지 않은 2층짜리 특정소방대상물에 옥외소화전설비를 설치하고자 한다. 아래 도면을 참조하여 다음 각 물음에 답하시오.

조건

(1) 아래 그림은 어느 특정소방대상물의 가로 120 [m], 세로 50 [m]의 평면도이다.

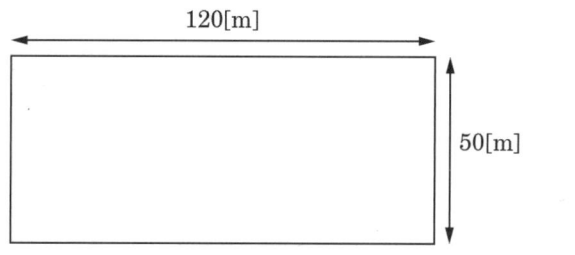

(2) 해당 특정소방대상물은 2층의 건축물이다.
(3) 바닥면적은 6000 [m²]이고, 연면적은 12000 [m²]이다.

가. 설치하여야 할 옥외소화전의 최소 개수를 산출하시오.
  ○ 계산과정 :
  ○ 답 :

나. 펌프의 최소 토출량[L/min]을 계산하시오.
  ○ 계산과정 :
  ○ 답 :

다. 수원의 최소 유효저수량[m³]을 계산하시오.
  ○ 계산과정 :
  ○ 답 :

정답

☑ 계산과정

가. 특정소방대상물의 각 부분으로부터 하나의 호스접결구까지의 수평거리 : 40 [m] 이하

$$수량 = \frac{건물의\ 총\ 둘레길이}{수평거리 \times 2} = \frac{(120 \times 2) + (50 \times 2)}{80} = 4.25 ≒ 5[개]$$

답 | 5 [개]

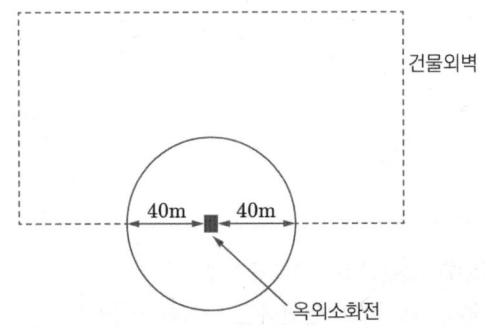

나. $Q = 2[개] \times 350[L/min] = 700[L/min]$

답 | 700 [L/min]

다. 수원량 $= 2 \times 350[L/min] \times 20[min] \times 10^{-3}[m^3/L] = 14[m^3]$

답 | 14 [m³]

12

배점 4

스프링클러설비에서 드라이펜던트형 스프링클러헤드를 사용하는 목적과 구조에 대하여 간단히 쓰시오.

가. 목적 :

나. 구조 :

정답

가. 목적 : 겨울철의 동파방지

나. 구조 : 헤드 니플 속에 질소가스(또는 부동액)가 들어 있어 평상시 물의 유입을 방지하는 헤드

> **참고** 스프링클러설비의 화재안전기술기준(NFTC 103)

2.7.7.7 습식 스프링클러설비 및 부압식 스프링클러설비 외의 설비에는 상향식 스프링클러헤드를 설치할 것. 다만 다음의 어느 하나에 해당하는 경우에는 그렇지 않다.
(1) 드라이펜던트스프링클러헤드를 사용하는 경우
(2) 스프링클러헤드의 설치장소가 동파의 우려가 없는 곳인 경우
(3) 개방형 스프링클러헤드를 사용하는 경우

※ 드라이펜던트 헤드
동파방지를 위해 헤드의 롱니플 내에 질소가스 또는 부동액이 채워져 있고, 유로를 차단하는 플런저가 설치되어 있어 헤드가 개방되지 않으면 물이 헤드의 몸체로 들어가지 않도록 설계된 헤드

13   배점 4

건식 스프링클러시스템에 설치하는 건식 밸브의 평상시 기능과 화재 시 기능을 구분하여 쓰시오.

가. 평상시 기능

나. 화재 시 기능

정답

가. 평상시 기능 : 체크밸브의 기능
   클래퍼를 중심으로 2차 측의 압축공기가 1차 측으로 유입되는 것을 방지
나. 화재 시 기능 : 자동경보의 기능
   화재 시 건식 밸브의 클래퍼가 개방되어 가압수가 압력스위치를 작동시켜 화재 경보를 함

14
배점 5

이산화탄소소화설비의 과압배출구를 설치해야 하는 장소를 쓰시오.

O 답:

> **정답**
>
> 방호구역에 소화약제 방출 시 과(부)압으로 인한 구조물 등에 손상이 생길 우려가 있는 장소

이산화탄소 화재안전기술기준(NFTC 106) – 2.14 과압배출구
2.14.1 이산화탄소소화설비의 방호구역에는 소화약제 방출 시 발생하는 과(부)압으로 인한 구조물 등의 손상을 방지하기 위해 2.14.1.1부터 2.14.1.4까지의 내용을 검토하여 과압배출구를 설치해야 한다. 다만 과(부)압이 발생해도 구조물 등에 손상이 생길 우려가 없음을 시험 또는 공학적인 자료로 입증하는 경우 설치하지 않을 수 있다. 〈개정 2024.8.1.〉
2.14.1.1 방호구역 누설면적 〈신설 2024.8.1.〉
2.14.1.2 방호구역의 최대 허용압력 〈신설 2024.8.1.〉
2.14.1.3 소화약제 방출 시의 최고압력 〈신설 2024.8.1.〉
2.14.1.4 소화농도 유지시간 〈신설 2024.8.1.〉

2018년 4회

2018.11.10

01
배점 4

분말소화설비에서 분말약제 저장용기와 연결 설치되는 정압작동장치에 대한 다음 각 물음에 답하시오.

가. 정압작동장치의 설치목적은 무엇인지 쓰시오.
  ○답 :

나. 정압작동장치의 종류 중 압력스위치방식에 대해 설명하시오.
  ○답 :

정답

가. 저장용기의 내부압력이 설정압력이 되었을 때 주밸브를 개방시키는 장치
나. 가압용 가스가 저장용기 내에 가압되어 압력스위치가 동작되면 솔레노이드밸브가 동작되어 주밸브를 개방시키는 방식

02
배점 6

스프링클러설비에 설치되는 폐쇄형 헤드와 개방형 헤드에 대한 다음 각 물음에 답하시오.

가. 폐쇄형 헤드와 개방형 헤드의 기능상 차이점을 쓰시오.
  ○답 :

나. 폐쇄형 헤드와 개방형 헤드를 사용하는 스프링클러설비의 종류를 쓰시오.
  ○답 :

정답

가. • 폐쇄형 헤드 : 방수구가 닫혀 있고 감열부가 있다.
　　• 개방형 헤드 : 방수구가 열려 있고 감열부가 없다.
나. • 폐쇄형 헤드 : 습식 스프링클러설비, 건식 스프링클러설비,
　　　　　　　　준비작동식 스프링클러설비, 부압식 스프링클러설비
　　• 개방형 헤드 : 일제살수식 스프링클러설비

03 [배점 5]

운전 중인 펌프의 압력계를 측정하였더니 흡입 측 진공계의 눈금이 150 [mmHg], 토출 측 압력계는 0.294 [MPa]이었다. 펌프의 전양정[m]을 구하시오. (단, 토출 측 압력계는 흡입 측 진공계보다 50 [cm] 높은 곳에 있고, 직경은 동일하다)

○ 계산과정 :

○ 답 :

정답

✓ 계산과정

[풀이 1] 흡입 측 전양정 + 토출 측 전양정 + 실양정

흡입 측 전양정 : $150[mmHg] \times \dfrac{10.332[m]}{760[mmHg]} = 2.039[m]$

토출 측 전양정 : $0.294[MPa] \times \dfrac{10.332[m]}{0.101325[MPa]} = 29.978[m]$

∴ $H_P = 2.039 + 29.978 + 0.5 = 32.517[m] ≒ 32.52[m]$

[풀이 2] 베르누이방정식

베르누이방정식
$\dfrac{P_1}{\gamma} + \dfrac{V_1^2}{2g} + Z_1 + H_P = \dfrac{P_2}{\gamma} + \dfrac{V_2^2}{2g} + Z_2 + H_L$

P_1, P_2 : 압력 [N/m²]
γ : 비중량 [N/m³]
V_1, V_2 : 유속 [m/s]
g : 중력가속도 [m/s²]
Z_1, Z_2 : 위치수두 [m]
H_P : 펌프의 전양정 [m]
H_L : 배관의 마찰손실수두 [m]

$$\dfrac{P_1}{\gamma} + \dfrac{V_1^2}{2g} + Z_1 + H_P = \dfrac{P_2}{\gamma} + \dfrac{V_2^2}{2g} + Z_2$$

(여기서 흡입 측 직경과 토출 측 직경이 같으므로 $V_1 = V_2$)

→ 흡입 측 압력수두 $\frac{P_1}{\gamma}$[m] : $-150[mmHg] \times \frac{10.332[m]}{760[mmHg]} = -2.039[m]$

→ 흡입 측 위치수두 Z_1[m] : 0 [m]

→ 토출 측 압력수두 $\frac{P_2}{\gamma}$[m] : $0.294[MPa] \times \frac{10.332[m]}{0.101325[MPa]} = 29.978[m]$

→ 토출 측 위치수두 Z_2[m] : 0.5 [m]

따라서 베르누이방정식에 적용하면

$-2.039[m] + 0[m] + 0[m] + H_P = 29.978 + 0[m] + 0.5[m]$

$\therefore H_P = 2.039 + 29.978 + 0.5 = 32.517[m] ≒ 32.52[m]$

답 | 32.52 [m]

참고

1) 베르누이방정식으로 펌프의 전수두를 구할 때 압력

베르누이방정식에서 펌프 흡입 측 압력과 토출 측 압력을 모두 게이지압을 대입하여 펌프의 전수두를 구할 때 펌프 흡입 측의 진공압을 (-)부호로 넣는 이유는 펌프 토출 측의 게이지압력과의 압력 차이를 반영하기 위함이다.

(※ 베르누이방정식에서 펌프 흡입 측 압력과 토출 측 압력을 모두 절대압력으로 반영해도 무방하다)

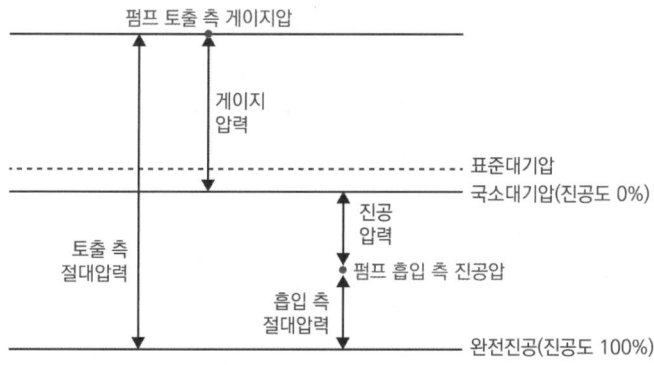

[절대압력과 게이지압력]

2) 게이지압력, 진공압, 절대압력

(1) 게이지압력(= 계기압력) : 압력계로 측정한 압력으로 대기압을 기준으로 그 이상의 압력
(2) 진공압(= 진공게이지압) : 진공계로 측정한 압력으로 대기압을 기준으로 그 이하의 압력
(3) 절대압력 : 완전진공을 기준으로 측정한 압력
  ① 절대압력 = 대기압 + 게이지압력
  ② 절대압력 = 대기압 - 진공압

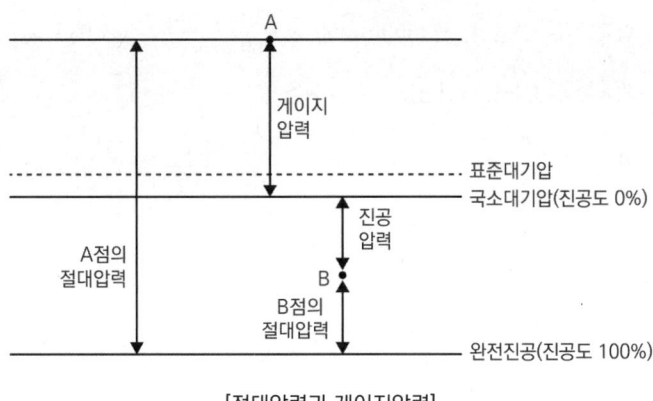

[절대압력과 게이지압력]

04
배점 5

다음 보기는 제연설비에서 제연구역을 구획하는 기준을 나열한 것이다. ㉠ ~ ㉤까지의 빈칸을 채우시오.

[보기]
(1) 하나의 제연구역의 면적은 (㉠) [m²] 이내로 할 것
(2) 거실과 통로는 각각 (㉡)할 것
(3) 통로상의 제연구역은 보행중심선의 길이가 (㉢) [m]를 초과하지 않을 것
(4) 하나의 제연구역은 직경 (㉣) [m] 원 내에 들어갈 수 있을 것
(5) 하나의 제연구역은 (㉤) 이상의 층에 미치지 않도록 할 것. 다만 층의 구분이 불분명한 부분은 그 부분을 다른 부분과 별도로 제연구획해야 한다.

정답

㉠ 1000, ㉡ 제연구획, ㉢ 60, ㉣ 60, ㉤ 2

05

다음은 연소방지설비에 관한 설명이다. ( ) 안에 적합한 단어를 쓰시오.

가. 연소방지설비의 전용헤드 사용하는 경우 살수헤드의 수가 4개 또는 5개일 경우 배관의 구경은 (㉠) [mm]로 할 것

나. 헤드 간의 수평거리는 연소방지설비 전용헤드의 경우에는 (㉡) [m] 이하, 개방형 스프링클러헤드의 경우에는 (㉢) [m] 이하로 할 것

다. 소방대원의 출입이 가능한 환기구·작업구마다 지하구의 양쪽 방향으로 살수헤드를 설정하되, 한쪽 방향의 살수구역의 길이는 (㉣) [m] 이상으로 할 것. 다만 환기구 사이의 간격이 (㉤) [m]를 초과할 경우에는 (㉥) [m] 이내마다 살수구역을 설정하되, 지하구의 구조를 고려하여 방화벽을 설치한 경우에는 그렇지 않다.

정답

㉠ 65, ㉡ 2, ㉢ 1.5, ㉣ 3, ㉤ 700

06

피난설비 중 인명구조기구 종류 3가지만 쓰시오.

① ② ③

정답

① 방열복 및 방화복, ② 공기호흡기, ③ 인공소생기

[방열복]   [방화복]   [공기호흡기]   [인공소생기]

07

헤드 H-1의 방수압력이 0.1 [MPa]이고 방수량이 80 [L/min]인 폐쇄형 스프링클러설비의 수리계산에 대하여 [조건]을 참고하여 다음 각 물음에 답하시오. (단, 계산과정을 쓰고 최종 답은 반올림하여 소수점 둘째자리까지 구할 것)

배점 12

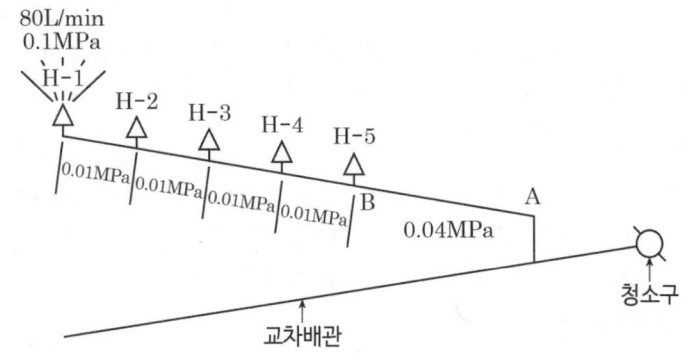

조건

(1) 헤드 H-1에서 H-5까지의 각 헤드마다의 방수압력 차이는 0.01 [MPa]이다.
  (단, 계산 시 헤드와 가지배관 사이의 배관에서의 마찰손실은 무시한다)
(2) A-B구간의 마찰손실압은 0.04 [MPa]이다.
(3) 헤드 H-1에서의 방수량은 80 [L/min]이다.

가. A지점에서의 필요 최소 압력은 몇 [MPa]인가?
  ○ 계산과정 :
  ○ 답 :

나. 각 헤드에서의 방수량은 몇 [L/min]인가?
  ○ 계산과정 :
  ○ 답 :

다. A-B구간에서의 유량은 몇 [L/min]인가?
  ○ 계산과정 :
  ○ 답 :

라. A-B구간에서의 최소 내경은 몇 [m]인가?
  ○ 계산과정 :
  ○ 답 :

정답

가. 계산과정

$0.1 + (0.01 \times 4) + 0.04 = 0.18 \text{ [MPa]}$

답 | 0.18 [MPa]

나. 계산과정

$Q[L/\min] = K\sqrt{10 \times P[MPa]}$

$80[L/\min] = K\sqrt{10 \times 0.1[MPa]}, \quad K = 80$

① $H-1 : Q_1 = 80\sqrt{10 \times 0.1} = 80.00[L/\min]$

② $H-2 : Q_2 = 80\sqrt{10 \times (0.1+0.01)} = 83.90[L/\min]$

③ $H-3 : Q_3 = 80\sqrt{10 \times (0.1+0.01+0.01)} = 87.64[L/\min]$

④ $H-4 : Q_4 = 80\sqrt{10 \times (0.1+0.01+0.01+0.01)} = 91.21[L/\min]$

⑤ $H-5 : Q_5 = 80\sqrt{10 \times (0.1+0.01+0.01+0.01+0.01)} = 94.66[L/\min]$

답 | $H-1$: 80.00 [L/min], $H-2$: 83.90 [L/min], $H-3$: 87.64 [L/min]
$H-4$: 91.21 [L/min], $H-5$: 94.66 [L/min]

다. 계산과정

$Q = 80 + 83.90 + 87.64 + 91.21 + 94.66 = 437.41[L/\min]$

답 | 437.41 [L/min]

라. 계산과정

$D = \sqrt{\dfrac{4Q}{\pi V}} = \sqrt{\dfrac{4 \times \dfrac{0.4374}{60}}{\pi \times 6}} = 0.0393[m] = 0.04[m]$

답 | 0.04 [m]

08

득점 | 배점 5

미분무소화설비의 화재안전기술기준에 관한 다음 ( ) 안을 완성하시오.

"미분무"란 물만을 사용하여 소화하는 방식으로 최소 설계압력에서 헤드로부터 방출되는 물입자 중 99 [%]의 누적체적분포가 (㉠) [μm] 이하로 분무되고 (㉡)급 화재에 적응성을 갖는 것을 말한다.

㉠   ㉡

정답

㉠ 400, ㉡ A, B, C

09

배점 6

펌프의 이상 운전 중 공동현상(Cavitation)에 대한 다음 각 물음에 답하시오.

가. 공동현상의 발생 원인을 압력과 관련하여 설명하시오.
  ○ 답 :

나. 공동현상 방지대책 4가지를 쓰시오.
  ○ 답 : ①　　　　　　　　　②
  　　　③　　　　　　　　　④

정답

가. 배관 내 유체의 정압이 물의 포화 증기압보다 낮아지면 발생한다.
나. 방지대책
  ① 펌프 흡입 구경을 크게 하여 유속을 낮춘다.
  ② 수조와 펌프 사이의 높이 차를 작게 하여 흡입양정을 줄인다.
  ③ 임펠러의 회전수를 작게 한다.
  ④ 수직펌프를 사용한다.
  ⑤ 양흡입펌프를 사용한다.
  ⑥ 수조의 수온을 낮춘다.
  위 6가지 중 4가지를 기술할 것

10

배점 8

18층의 복도식 아파트 1동에 아래와 같은 조건으로 습식 스프링클러소화설비를 설치하고자 한다. 아래의 문제에 답하시오.

조건

(1) 층별 방호면적은 990 [m^2]이다.
(2) 실양정이 65 [m], 전체 마찰손실수두 25 [m]이다.
(3) 말단 헤드에서의 방사압력이 0.1 [MPa]이다.
(4) 배관 내의 유속 2.0 [m/s]이다.
(5) 펌프의 효율은 60 [%], 전달계수는 1.1이다.
(6) 아파트의 각 동이 주차장으로 서로 연결된 구조가 아니다.

가. 본 소화설비의 주 펌프의 토출량[L/min]을 구하시오. (단, 헤드 적용 수량은 최대 기준개수를 적용한다)

   ○ 계산과정 :

   ○ 답 :

나. 수원의 유효수량[m³]을 구하시오. (단, 옥상수원은 설치하지 않는다)

   ○ 계산과정 :

   ○ 답 :

다. 소화펌프의 축동력[kW]을 구하시오.

   ○ 계산과정 :

   ○ 답 :

정답

가. 계산과정

   기준개수 10개(아파트의 각 동이 주차장으로 서로 연결된 구조가 아니므로)
   $10[개] \times 80[L/min] = 800[L/min]$ 답 | 800 [L/min]

나. 계산과정 : $10[개] \times 1.6[m^3] = 16[m^3]$ 답 | 16 [m³]

다. 계산과정 : $P = \dfrac{9.8[kN/m^3] \times \dfrac{0.8}{60}[m^3/s] \times (65+25+10)[m]}{0.6} = 21.78[kW]$

답 | 21.78 [kW]

> **참고** 공동주택의 화재안전성능기준(NFPC 608) - 제7조(스프링클러설비) [시행 2024.1.1.]
>
> 제7조(스프링클러설비) 스프링클러설비는 다음 각 호의 기준에 따라 설치해야 한다.
>
> 1. 폐쇄형 스프링클러헤드를 사용하는 아파트등은 기준개수 10개(스프링클러헤드의 설치개수가 가장 많은 세대에 설치된 스프링클러헤드의 개수가 기준개수보다 작은 경우에는 그 설치개수를 말한다)에 1.6 [m³]를 곱한 양 이상의 수원이 확보되도록 할 것. 다만 아파트등의 각 동이 주차장으로 서로 연결된 구조인 경우 해당 주차장 부분의 기준개수는 30개로 할 것
> 2. 아파트등의 경우 화장실 반자 내부에는 「소방용 합성수지배관의 성능인증 및 제품검사의 기술기준」에 적합한 소방용 합성수지배관으로 배관을 설치할 수 있다. 다만 소방용 합성수지배관 내부에 항상 소화수가 채워진 상태를 유지할 것
> 3. 하나의 방호구역은 2개 층에 미치지 아니하도록 할 것. 다만 복층형 구조의 공동주택에는 3개 층 이내로 할 수 있다.
> 4. 아파트등의 세대 내 스프링클러헤드를 설치하는 경우 천장·반자·천장과 반자 사이·덕트·선반 등의 각 부분으로부터 하나의 스프링클러헤드까지의 수평거리는 2.6 [m] 이하로 할 것
>
> …

11 배점 9

다음은 어느 실들의 평면도이다. 이 중 A실을 급기가압하고자 할 때 주어진 [조건]을 이용하여 다음을 구하시오.

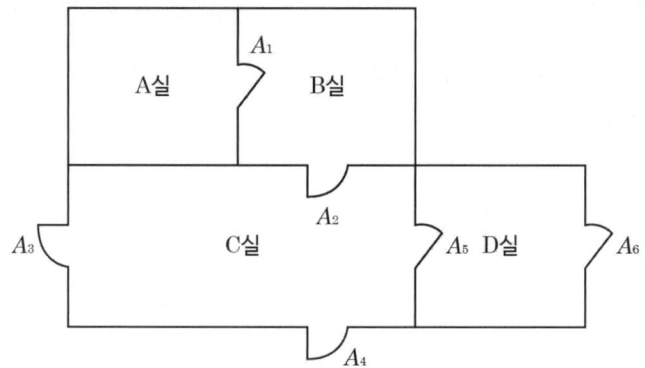

조건

(1) 실 외부 대기의 기압은 101300 [Pa]로서 일정하다.
(2) A실에 유지하고자 하는 기압은 101500 [Pa]이다.
(3) 각 실의 문들의 틈새면적은 0.01 [m²]이다.
(4) 어느 실을 급기가압할 때 그 실의 문 틈새를 통하여 누출되는 공기의 양은 다음의 식에 따른다.

$$Q = 0.827 \times A \times P^{\frac{1}{2}}$$

여기서 Q : 누출되는 공기의 양 [m³/s]
A : 문의 전체 누설틈새면적 [m²]
P : 문을 경계로 한 기압 차 [Pa]

가. A실의 전체 누설틈새면적 A[m²]을 구하시오. (단, 소수점 아래 여섯째자리에서 반올림하여 소수점 아래 다섯째자리까지 나타내시오)

   ○ 계산과정 :

   ○ 답 :

나. A실에 유입해야 할 풍량[m³/s]을 구하시오.

   ○ 계산과정 :

   ○ 답 :

> **정답**

가. 계산과정

> **틈새면적[m²]의 합계 구하는 공식**
> 1. 병렬상태인 경우 : $A_T[m^2] = A_1 + A_2 + \cdots + A_n$
> 2. 직렬상태인 경우 :
> $$A_T[m^2] = \frac{1}{\sqrt{(\frac{1}{A_1^2} + \frac{1}{A_2^2} + \cdots + \frac{1}{A_n^2})}} = (\frac{1}{A_1^2} + \frac{1}{A_2^2} + \cdots + \frac{1}{A_n^2})^{-\frac{1}{2}}$$

① 직렬 $A_5, A_6 = \left(\dfrac{1}{0.01^2} + \dfrac{1}{0.01^2}\right)^{-\frac{1}{2}} = 0.00707[m^2]$

② 병렬 $A_3, A_4, A_{5-6} = 0.01 + 0.01 + 0.00707 = 0.02707[m^2]$

③ 직렬 $A_1, A_2, A_{3-6} = \left(\dfrac{1}{0.01^2} + \dfrac{1}{0.01^2} + \dfrac{1}{0.02707^2}\right)^{-\frac{1}{2}} = 0.00684[m^2]$

답 | 0.00684 [m²]

나. 계산과정 : P = 101500 - 101300 = 200 [Pa]

$Q = 0.827 \times A \times P^{\frac{1}{2}}$

$= 0.827 \times 0.00684[m^2] \times \sqrt{200[Pa]} = 0.08[m^3/s]$

답 | 0.08 [m³/s]

12 배점 6

그림과 같이 바닥면이 자갈로 되어 있는 절연유 봉입 변압기에 물분무소화설비를 설치하고자 한다. 물분무소화설비의 화재안전기술기준을 참고하여 다음 각 물음에 답하시오.

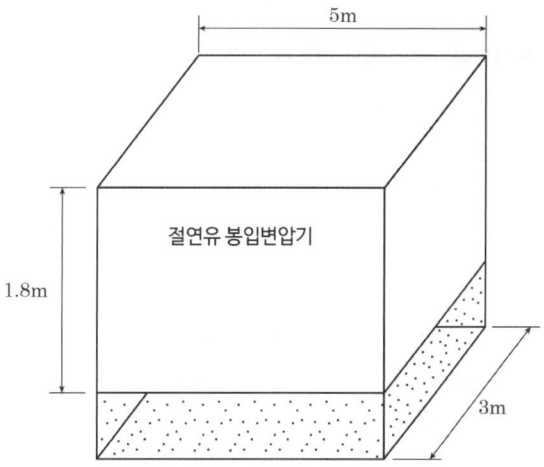

가. 소화펌프의 ① 최소 토출량[L/min]을 구하고, 필요한 ② 최소 수원양[m³]을 구하시오.

　○ 계산과정 :

　○ 답

　　① 최소 토출량 :　　　　　　② 최소 수원양 :

나. 고압의 전기기기가 있을 경우 물분무헤드와 전기기기의 이격기준인 다음의 표를 완성하시오.

전압[kV]	거리[cm]	전압[kV]	거리[cm]
66 이하	(㉠) 이상	154 초과 181 이하	180 이상
66 초과 77 이하	80 이상	181 초과 220 이하	(㉡) 이상
77 초과 110 이하	110 이상	220 초과 275 이하	260 이상
110 초과 154 이하	150 이상	-	-

정답

가. 계산과정 : 수원량[L] = A [m²] × 10 [L/min·m²] × 20 [min] (A : 바닥부분 제외 변압기 표면적)

　① $A = (5 \times 1.8 \times 2) + (3 \times 1.8 \times 2) + (5 \times 3) = 43.8 [m^2]$

　② $Q = 43.8 [m^2] \times 10 [L/min \cdot m^2] = 438$ [L/min]

　수원량 $= 438 [L/min] \times 20 [min] = 8760 [L] = 8.76 [m^3]$

답 | ① 토출량 438 [L/min], ② 수원량 8.76 [m³]

나. ㉠ 70, ㉡ 210

핵심이론　물분무소화설비 수원의 저수량

소방대상물	수원량 산정방법	비고
특수가연물을 저장·취급하는 특정소방대상물 또는 그 부분	A [m²] × 10 [L/min·m²] × 20 [min] 이상 (A : 바닥면적)	최대 방수구역의 바닥면적을 기준으로 함 50 [m²] 이하인 경우에는 50 [m²]
절연유 봉입 변압기	A [m²] × 10 [L/min·m²] × 20 [min] 이상 (A : 바닥부분을 제외한 표면적을 합한 면적)	-
컨베이어벨트 등	A [m²] × 10 [L/min·m²] × 20 [min] 이상 (A : 벨트 부분의 바닥면적)	-

소방대상물	수원량 산정방법	비고
케이블 트레이, 케이블 덕트 등	A [m²] × 12 [L/min·m²] × 20 [min] 이상 (A : 투영된 바닥면적)	-
차고·주차장	A [m²] × 20 [L/min·m²] × 20 [min] 이상 (A : 바닥면적)	최대 방수구역의 바닥면적을 기준으로 함 50 [m²] 이하인 경우에는 50 [m²]

13 [배점 10]

지상 6층의 근린생활시설에 옥내소화전설비를 설치할 경우 아래의 [조건]을 참조하여 다음 각 물음에 답하시오.

[조건]
(1) 옥내소화전이 가장 많이 설치된 층의 설치개수는 4개이다.
(2) 실양정은 25 [m], 배관(관 부속 포함) 및 소방호스의 마찰손실수두는 10 [m]이다.
(3) 펌프의 효율은 65 [%], 전달계수는 1.1을 적용한다.
(4) 배관의 호칭구경은 다음 표를 참조한다.

호칭구경[mm]	40	50	65	80	100	125	150
배관 안지름[mm]	42.1	53.2	69.0	81.0	105.3	130.1	155.5

(5) 유량측정장치(유량계)는 오리피스 형식(Orifice Type)을 사용하며 규격은 다음과 같다.

호칭구경[mm]	32	40	50	65	80	100	125
유량 범위[L/min]	70 ~ 360	110 ~ 550	220 ~ 1100	540 ~ 2200	700 ~ 3300	900 ~ 4500	1200 ~ 6000

가. 토출 측 주배관은 호칭구경이 몇 [mm]인 배관을 사용하여야 하는가?
  ○ 계산과정 :
  ○ 답 :

나. 펌프의 최대 체절압력은 몇 [kPa]인가?
  ○ 계산과정 :
  ○ 답 :

다. 성능시험배관에 설치하는 유량측정장치(유량계)의 최소 호칭구경은 몇 [mm]인가?
- 계산과정 :
- 답 :

라. 펌프를 정격토출량의 150 [%]로 운전할 때의 최소 양정은 몇 [m]인가?
- 계산과정 :
- 답 :

마. ㉠, ㉡밸브의 명칭은 각각 무엇인가? (단, 화재안전기술기준에서 사용하는 명칭을 따른다)

> 성능시험배관은 펌프의 토출 측에 설치된 개폐밸브 이전에서 분기하여 직선으로 설치하고, 유량측정장치를 기준으로 전단 직관부에는 (㉠)를 후단 직관부에는 (㉡)를 설치할 것. 이 경우 개폐밸브와 유량측정장치 사이의 직관부 거리 및 유량측정장치와 유량조절밸브 사이의 직관부 거리는 해당 유량측정장치 제조사의 설치사양에 따르고, 성능시험배관의 호칭지름은 유량측정장치의 호칭지름에 따른다.

- 답
  ㉠ :   ㉡ :

정답

가. 계산과정

$$Q = A \cdot V = \frac{\pi \times D^2}{4} \times V \, [\text{m/s}]$$

따라서 $D = \sqrt{\dfrac{4Q}{\pi V}}$

여기서 $Q = 2[\text{개}] \times 130[\text{L/min}] = 260[\text{L/min}] = \dfrac{0.26}{60}[\text{m}^3/\text{s}]$ 이므로

$$D = \sqrt{\frac{4Q}{\pi V}} = \sqrt{\frac{4 \times \frac{0.26}{60}[\text{m}^3/\text{s}]}{\pi \times 4[\text{m/s}]}} = 0.03714[\text{m}] = 37.14[\text{mm}] \rightarrow 50\,[\text{mm}]$$

(옥내소화전 주배관 중 수직 배관의 구경은 50 [mm] 이상으로 해야 함)

> **옥내소화전설비의 화재안전기술기준(NFTC 102)**
> 2.3.5 펌프의 토출 측 주배관의 구경은 유속이 4 [m/s] 이하가 될 수 있는 크기 이상으로 해야 하고, 옥내소화전방수구와 연결되는 가지배관의 구경은 40 [mm](호스릴옥내소화전설비의 경우에는 25 [mm]) 이상으로 해야 하며, 주배관 중 수직배관의 구경은 50 [mm](호스릴옥내소화전설비의 경우에는 32 [mm]) 이상으로 해야 한다.
> 2.3.6 연결송수관설비의 배관과 겸용할 경우의 주배관은 구경 100 [mm] 이상, 방수구로 연결되는 배관의 구경은 65 [mm] 이상의 것으로 해야 한다.

답 | 50 [mm]

나. 계산과정

H = 25 [m] + 10 [m] + 17 [m] = 52 [m]

펌프의 체절압력은 정격토출압(정격양정)의 140 [%]를 초과하지 않아야 하므로

최대 $52[m] \times 1.4 = 72.8[m] \rightarrow 72.8[m] \times \dfrac{101.325[kPa]}{10.332[mAq]} = 713.94[kPa]$

답 | 713.94 [kPa]

다. 계산과정

유량측정장치는 펌프의 정격토출량의 175 [%] 이상까지 측정할 수 있는 성능이 있을 것

① 정격토출량 : $2 \times 130[L/min] = 260[L/min]$
② 유량계 최대 유량측정 값 : $260[L/min] \times 1.75 = 455[L/min]$

∴ 정격토출량 260 [L/min] ~ 최대 455 [L/min]를 측정할 수 있는 유량계의 호칭구경은 40 [mm], 50 [mm]이다. 따라서 최소 호칭구경은 40 [mm]이다.

답 | 40 [mm]

라. 계산과정

펌프의 성능은 정격토출량의 150 [%]로 운전할 때 정격토출압력의 65 [%] 이상

∴ 52 [m] × 0.65 = 33.8 [m]

답 | 33.8 [m]

마. ㉠ 개폐밸브, ㉡ 유량조절밸브

14

옥외저장탱크에 포소화설비를 설치하려고 한다. 그림 및 [조건]을 참고하여 다음 각 물음에 답하시오.

조건

(1) 탱크용량 및 형태
- 원유저장탱크 : 플로팅루프탱크(부상지붕구조)이며, 탱크 내 측면과 굽도리판 사이의 거리는 1.2 [m]이다.
- 등유저장탱크 : 콘루프탱크

(2) 고정포방출구
- 원유저장탱크 : 특형, 방출구수 2개
- 등유저장탱크 : Ⅰ형, 방출구수 2개

(3) 보조포소화약제의 종류 : 단백포 3 [%]

(4) 보조포소화전 : 4개 설치

(5) 고정포방출구의 방출량 및 방사시간

포방출구의 종류 방출량 및 방사시간	Ⅰ형	Ⅱ형	특형
방출량[L/min·m²]	4	4	8
방사시간[min]	30	55	30

(6) 구간별 배관길이

배관번호	①	②	③	④	⑤	⑥	⑦	⑧
배관길이[m]	20	10	10	50	50	100	47.9	50

(7) 송액관 내의 유속은 3 [m/s] 이하이다.

(8) 탱크 2대에서의 동시화재는 없는 것으로 간주한다.

(9) 그림이나 조건에 없는 것은 제외한다.

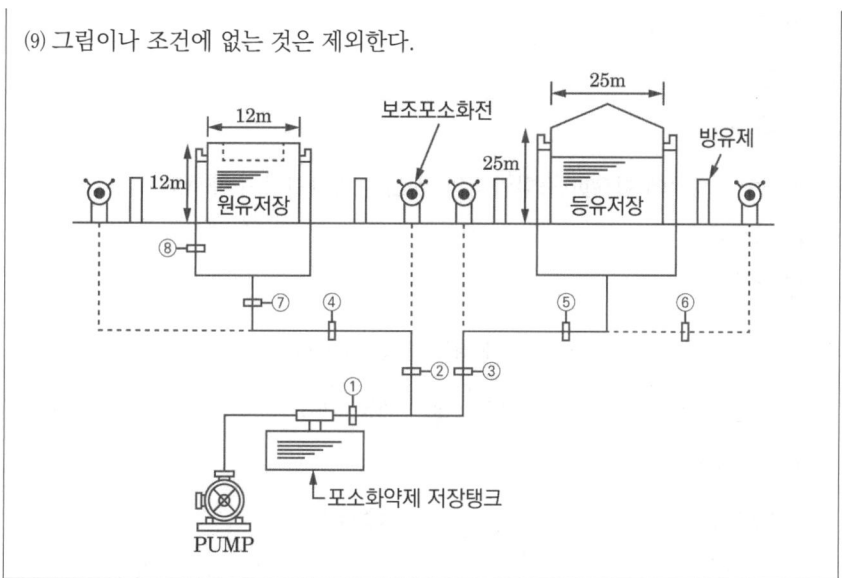

가. 각 탱크에 필요한 포수용액의 양[L/min]은 얼마인지 구하시오.

  1) 원유저장탱크

    ○ 계산과정 :

    ○ 답 :

  2) 등유저장탱크

    ○ 계산과정 :

    ○ 답 :

나. 보조포소화전에 필요한 포수용액의 양[L/min]은 얼마인지 구하시오.

  ○ 계산과정 :

  ○ 답 :

다. 각 탱크에 필요한 포소화약제의 양[L]은 얼마인지 구하시오.

  1) 원유저장탱크

    ○ 계산과정 :

    ○ 답 :

2) 등유저장탱크
   ○ 계산과정 :
   ○ 답 :

라. 보조포소화전에 필요한 소화약제의 양[L]은 얼마인지 구하시오.
   ○ 계산과정 :
   ○ 답 :

마. 각 송액관의 구경을 구하여 호칭경[mm]으로 답하시오.

| 호칭경[mm] | 25 | 32 | 40 | 50 | 65 | 80 | 90 | 100 | 125 | 150 |

1) ① 배관
   ○ 계산과정 :   ○ 답 :
2) ② 배관
   ○ 계산과정 :   ○ 답 :
3) ③ 배관
   ○ 계산과정 :   ○ 답 :
4) ④ 배관
   ○ 계산과정 :   ○ 답 :
5) ⑤ 배관
   ○ 계산과정 :   ○ 답 :
6) ⑥ 배관
   ○ 계산과정 :   ○ 답 :
7) ⑦ 배관
   ○ 계산과정 :   ○ 답 :
8) ⑧ 배관
   ○ 계산과정 :   ○ 답 :

바. 송액관에 필요한 포소화약제의 양[L]은 얼마인지 구하시오.
   ○ 계산과정 :
   ○ 답 :

사. 포소화설비에 필요한 소화약제의 총량[L]은 얼마인지 구하시오.
   ○ 계산과정 :
   ○ 답 :

정답

가. 1) 원유저장탱크

※ 포수용액의 양 단위가 [L/min]이므로 문제에서 '분당 포수용액의 양'을 묻는 것이다.

계산과정 : $Q[L/\min] = A[m^2] \times Q_A[L/m^2 \cdot \min]$

$$= \frac{\pi \times (12^2 - 9.6^2)}{4}[m^2] \times 8[L/\min \cdot m^2] = 325.72[L/\min]$$

답 | 325.72 [L/min]

2) 등유저장탱크

※ 포수용액의 양 단위가 [L/min]이므로 문제에서 '분당 포수용액의 양'을 묻는 것이다.

계산과정 : $Q[L/\min] = A[m^2] \times Q_A[L/m^2 \cdot \min]$

$$= \frac{\pi \times 25^2}{4}[m^2] \times 4[L/\min \cdot m^2] = 1963.50[L/\min]$$

답 | 1963.5 [L/min]

나. 계산과정

※ 포수용액의 양 단위가 [L/min]이므로 문제에서 '분당 포수용액의 양'을 묻는 것이다.

$Q[L/\min] = N \times 400[L/\min]$

$= 3[개] \times 400[L/\min] = 1200[L/\min]$

답 | 1200 [L/min]

다. 1) 원유저장탱크

계산과정 : $Q[L] = A[m^2] \times Q_A[L/m^2 \cdot \min] \times T[\min] \times S$

$$= \frac{\pi \times (12^2 - 9.6^2)}{4}[m^2] \times 8[L/\min \cdot m^2] \times 30[\min] \times 0.03$$

$= 293.15[L]$

답 | 293.15 [L]

2) 등유저장탱크

계산과정 : $Q[L] = A[m^2] \times Q_A[L/m^2 \cdot \min] \times T[\min] \times S$

$$= \frac{\pi \times 25^2}{4}[m^2] \times 4[L/\min \cdot m^2] \times 30[\min] \times 0.03 = 1767.15[L]$$

답 | 1767.15 [L]

라. 계산과정 : $Q[L] = N \times 400[L/\min] \times 20[\min] \times S$

$= 3[개] \times 400[L/\min] \times 20[\min] \times 0.03 = 720[L]$

답 | 720 [L]

마. 1) 계산과정 : $Q = 1963.5[L/\min] + 1200[L/\min] = 3163.5[L/\min]$

$$D = \sqrt{\frac{4Q}{\pi V}} = \sqrt{\frac{4 \times \frac{3.1635}{60}[m^3/s]}{\pi \times 3[m/s]}} = 0.1496[m] = 149.6[mm]$$

답 | 150 [mm]

2) 계산과정 : $Q = 325.72[L/\min] + (3[개] \times 400[L/\min]) = 1525.72[L/\min]$

$$D = \sqrt{\frac{4Q}{\pi V}} = \sqrt{\frac{4 \times \frac{1.52572}{60}[m^3/s]}{\pi \times 3[m/s]}} = 0.1039[m] = 103.9[mm]$$

답 | 125 [mm]

3) 계산과정 : $Q = 1963.5[L/\min] + (3[개] \times 400[L/\min]) = 3163.5[L/\min]$

$$D = \sqrt{\frac{4Q}{\pi V}} = \sqrt{\frac{4 \times \frac{3.1635}{60}[m^3/s]}{\pi \times 3[m/s]}} = 0.1496[m] = 149.6[mm]$$

답 | 150 [mm]

4) 계산과정 : $Q = 325.72[L/\min] + (2[개] \times 400[L/\min]) = 1125.72[L/\min]$

$$D = \sqrt{\frac{4Q}{\pi V}} = \sqrt{\frac{4 \times \frac{1.12572}{60}[m^3/s]}{\pi \times 3[m/s]}} = 0.0892[m] = 89.2[mm]$$

답 | 90 [mm]

5) 계산과정 : $Q = 1963.5[L/\min] + (2[개] \times 400[L/\min]) = 2763.5[L/\min]$

$$D = \sqrt{\frac{4Q}{\pi V}} = \sqrt{\frac{4 \times \frac{2.7635}{60}[m^3/s]}{\pi \times 3[m/s]}} = 0.1398[m] = 139.8[mm]$$

답 | 150 [mm]

6) 계산과정 : $Q = 2[개] \times 400[L/\min] = 800[L/\min]$

$$D = \sqrt{\frac{4Q}{\pi V}} = \sqrt{\frac{4 \times \frac{0.8}{60}[m^3/s]}{\pi \times 3[m/s]}} = 0.0752[m] = 75.2[mm]$$

답 | 80 [mm]

7) 계산과정 : $Q = 325.72[L/\min]$

$$D = \sqrt{\frac{4Q}{\pi V}} = \sqrt{\frac{4 \times \frac{0.32572}{60}[m^3/s]}{\pi \times 3[m/s]}} = 0.0480[m] = 48[mm]$$

답 | 50 [mm]

8) 계산과정 : $Q = \dfrac{325.72[L/\min]}{2}$

$$D = \sqrt{\frac{4Q}{\pi V}} = \sqrt{\frac{4 \times \frac{0.32572}{2 \times 60}[m^3/s]}{\pi \times 3[m/s]}} = 0.0339[m] = 33.9[mm]$$

답 | 40 [mm]

바. 계산과정

$$\left\{\left(\frac{\pi}{4} \times 0.15^2 \times 20\right) + \left(\frac{\pi}{4} \times 0.125^2 \times 10\right) + \left(\frac{\pi}{4} \times 0.15^2 \times 10\right) + \left(\frac{\pi}{4} \times 0.09^2 \times 50\right) \right.$$
$$\left. + \left(\frac{\pi}{4} \times 0.15^2 \times 50\right) + \left(\frac{\pi}{4} \times 0.08^2 \times 100\right)\right\}[m^3] \times 0.03 \times 1000[L/m^3] = 70.72[L]$$

→ 구경 75 [mm] 이하의 송액관은 제외

답 | 70.72 [L]

사. 계산과정

고정포방출구에서 필요한 양 + 보조포소화전에서 필요한 양 + 송액관 충전량
= 1767.15 + 720 + 70.72 = 2557.87 [L]

답 | 2557.87 [L]

핵심이론 포소화약제의 저장량 – 고정포방출구방식

| 포소화약제 저장량 Q | = | 고정포방출구에서 방출하기 위해 필요한 양 Q_1 | + | 보조포소화전에서 방출하기 위해 필요한 양 Q_2 | + | 송액관에 충전하기 위해 필요한 양 Q_3 |

고정포방출구방식은 다음의 양을 합한 양 이상으로 할 것

1) 고정포방출구에서 방출하기 위하여 필요한 양

$$Q_1 = A \cdot Q_A \cdot T \cdot S$$

Q_1 : 포소화약제의 양 [L]
A : 탱크의 액표면적 [m²]
Q_A : 단위 포소화수용액의 양 [L/m²·min]
T : 방출시간 [min]
S : 포소화약제의 사용농도 [%]

2) 보조포소화전에서 방출하기 위하여 필요한 양

$$Q_2 = N \cdot 8000 \cdot S$$

Q_2 : 포소화약제의 양 [L]
N : 호스 접결구의 수(3개 이상인 경우는 3개)
S : 포소화약제의 사용농도 [%]

3) 가장 먼 탱크까지의 송액관에 충전하기 위하여 필요한 양(내경 75 [mm] 이하의 송액관은 제외)

$$Q_3 = V \times S \times 1000 [L/m^3]$$

Q_3 : 포소화약제의 양 [L]
V : 송액관 내부의 체적 [m³]
S : 포소화약제의 사용농도 [%]

* 송액관 : 수원으로부터 포헤드, 고정포방출구 또는 이동식 노즐에 급수하는 배관

격차를 뛰어넘어 압도적인 격차를 만들다

2017

1회	2017.04.16
2회	2017.06.25
4회	2017.11.11

2017년 1회 (2017.04.16)

01 배점 12

교육연구시설(연구소)에 스프링클러설비를 설치하고자 한다. [조건]을 참고하여 다음 각 물음에 답하시오.

조건

(1) 건물의 층별 높이는 다음과 같으며 지상층은 모두 창문이 있는 건물이다.

구분	지하 2층	지하 1층	지상 1층	지상 2층	지상 3층	지상 4층	지상 5층
층 높이[m]	5.5	4.5	4.5	4.5	4	4	4
반자 높이[m] (헤드 설치 시)	5.0	4.0	4.0	4.0	3.5	3.5	3.5
바닥면적[m²]	2500	2500	2000	2000	2000	1800	900

(2) 지상 1층에 있는 국제회의실은 바닥으로부터 반자까지의 높이가 8.5 [m]이다.
(3) 지하 2층 물탱크실의 저수조에는 바닥으로부터 3 [m] 높이에 일반용 풋밸브가 위치해 있으며, 이 높이까지 항상 물이 차 있으며, 저수조는 일반급수용과 소방용을 겸용하며 내부 크기는 가로 8 [m], 세로 5 [m], 높이 4 [m]이다.
(4) 스프링클러헤드 설치 시 반자(헤드 부착면) 높이는 위 표에 따른다.
(5) 배관 및 관 부속의 마찰손실수두는 실양정의 30 [%]이다.
(6) 펌프의 효율은 60 [%], 전달계수는 1.1
(7) 산출량은 최소치를 적용할 것
(8) 소방관련법령 및 화재안전기술기준을 따른다.

가. 이 건물에서 스프링클러설비를 설치하여야 하는 층을 모두 쓰시오.
   ○ 답 :

나. 일반급수펌프의 흡수구와 소화펌프의 흡수구 사이의 수직거리[m]는?
   ○ 계산과정 :
   ○ 답 :

다. 옥상수조를 설치할 경우 옥상수조에 보유하여야 할 저수량[m³]은?

　○ 계산과정 :

　○ 답 :

라. 소방펌프의 정격토출량[L/min]은?

　○ 계산과정 :

　○ 답 :

마. 소화펌프의 전양정[m]은?

　○ 계산과정 :

　○ 답 :

바. 소화펌프의 전동기 동력[kW]은?

　○ 계산과정 :

　○ 답 :

정답

가. 지하 2층, 지하 1층, 지상 4층

> **참고** 소방시설 설치 및 관리에 관한 법률 시행령 [별표 4]
>
> 특정소방대상물의 관계인이 특정소방대상물의 설치·관리해야 하는 소방시설의 종류(제11조 관련)
>
> 1. 소화설비
>
> …
>
> 라. 스프링클러설비를 설치해야 하는 특정소방대상물(위험물 저장 및 처리시설 중 가스시설 및 지하구는 제외한다)은 다음의 어느 하나에 해당하는 것으로 한다.
>
> …
>
> 7) 특정소방대상물의 지하층·무창층(축사는 제외한다) 또는 층수가 4층 이상인 층으로서 바닥면적이 1천 [m²] 이상인 층이 있는 경우에는 해당 층
>
> …

나. 계산과정

　소방용 유효수량[m³] = N × 80 [L/min] × 20 [min]

　　　　　　　　　　 = 10 [개] × 80 [L/min] × 20 [min] = 16 [m³]

　따라서 16 [m³] = 8 [m] × 5 [m] × H [m]

　　　H = 0.4 [m]　　　　　　　　　　　　　　　　답 | 0.4 [m]

다. 계산과정 : $16[m^3] \times \dfrac{1}{3} = 5.33[m^3]$

답 | 5.33 [m³]

라. 계산과정

$10[개] \times 80[L/min] = 800[L/min]$

답 | 800 [L/min]

마. 계산과정

전양정 = 실양정 + 마찰손실수두 + 10[m], $H = h_1 + h_2 + 10[m]$

① $h_1 = (5.5 - 3 + 0.4) + 4.5 + 4.5 + 4.5 + 4 + 3.5 = 23.9[m]$

② $h_2 = 23.9 \times 0.3 = 7.17[m]$

∴ $H = 7.17 + 23.9 + 10 = 41.07[m]$

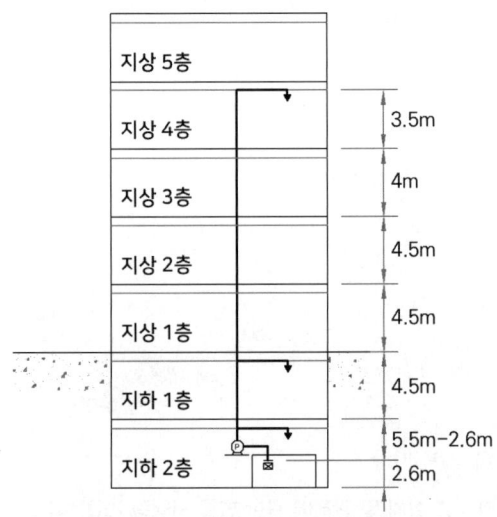

실양정 = 풋밸브로부터 지상 4층 반자까지의 높이

답 | 41.07 [m]

바. 계산과정

$P[kW] = \dfrac{\gamma QH}{\eta} \times K, \quad (\gamma_w = 9.8[kN/m^3])$

$P[kW] = \dfrac{9.8[kN/m^3] \times \dfrac{0.8[m^3/s]}{60} \times 41.07[m]}{0.6} \times 1.1 = 9.84[kW]$

답 | 9.84 [kW]

02

펌프의 흡입관에 버터플라이밸브를 사용하지 않는 이유를 2가지만 쓰시오.

①
②

정답

① 유효흡입양정 감소로 공동현상이 발생할 우려가 있다.
② 밸브의 순간적인 개폐로 수격작용이 발생할 우려가 있다.

03

스프링클러설비의 배관방식 중 그리드방식(Grid System)과 루프방식(Loop System)의 대표적인 그림을 그리시오.

가. 그리드방식	나. 루프방식

정답

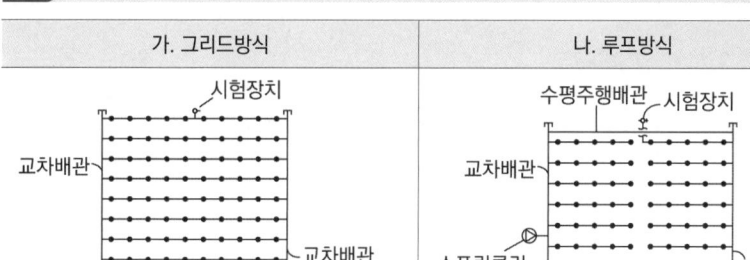

참고 스프링클러설비의 배관방식

구분	그리드(격자) 배관방식	루프 배관방식	트리 배관방식
설명	2개의 교차배관에 사이에 가지배관이 접속되어, 스프링클러설비 작동 시 2방향 이상으로 급수가 공급되는 방식으로 압력손실이 적고 방사압력이 균일하다.	2개의 교차배관에 사이에 가지배관이 접속되어, 스프링클러설비 작동 시 2방향 이상으로 급수가 공급되나 가지배관은 서로 연결되지 않는 방식이다.	주배관 → 수평주행배관 → 교차배관 → 가지배관 → 헤드의 방향으로 유수되며, 화재안전기준에 따라 일반적으로 사용하는 스프링클러 배관방식이다.
장점	① 급수배관이 분산되어 마찰손실이 적고, 균일한 방사량 및 방사압력으로 방사가 가능 ② 배관의 균열, 누수에도 소화수 공급 지속 ③ 소화설비의 증설 및 이설이 용이	① 유수의 흐름을 분산시켜 마찰손실이 적음 ② 배관의 균열, 누수에도 소화수 공급 지속 ③ 습식, 건식 설비에 적용 가능	수계산을 이용한 설계가 가능한 배관방식
단점	① 습식 설비에만 적용 가능 (건식, 준비작동식은 배관 내 과다한 공기로 방사가 지연됨) ② 배관 설계 프로그램만으로 설계가 가능	① 격자형에 비해 수력특성은 좋지 못함	① 배관의 균열, 누수 시 방사 능력 저하 ② 가압송수장치에서 멀어질수록 방사압력이 작아짐(수력특성이 안 좋음) ③ 가지배관에 설치되는 헤드 개수에 제한이 있음

※ 최근 들어 수력 특성이 우수한 격자배관과 루프배관방식이 많이 채택되고 있음

04

헤드 H-1의 방수압력이 0.1 [MPa]이고 방수량이 80 [L/min]인 폐쇄형 스프링클러설비의 수리계산에 대하여 [조건]을 참고하여 다음 각 물음에 답하시오. (단, 계산과정을 쓰고 최종 답은 반올림하여 소수점 둘째자리까지 구할 것)

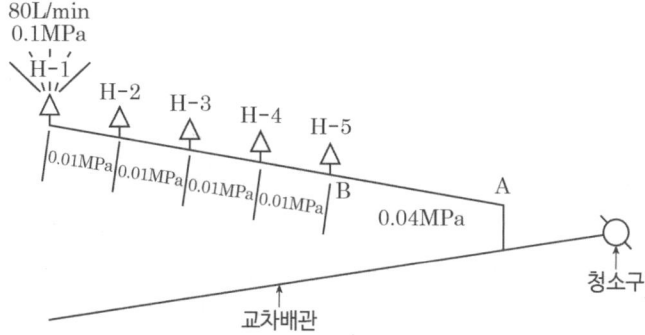

조건

(1) 헤드 H-1에서 H-5까지의 각 헤드마다의 방수압력 차이는 0.01 [MPa]이다.
  (단, 계산 시 헤드와 가지배관 사이의 배관에서의 마찰손실은 무시한다)
(2) A-B구간의 마찰손실압은 0.04 [MPa]이다.
(3) H-1 헤드에서의 방수량은 80 [L/min]이다.

가. A지점에서의 필요 최소 압력은 몇 [MPa]인가?

  ○ 계산과정 :

  ○ 답 :

나. 각 헤드에서의 방수량은 몇 [L/min]인가?

  ○ 계산과정 :

  ○ 답 :

다. A-B구간에서의 유량은 몇 [L/min]인가?

  ○ 계산과정 :

  ○ 답 :

라. A-B구간에서의 최소 내경은 몇 [m]인가?

  ○ 계산과정 :

  ○ 답 :

정답

가. 계산과정 : 0.1 + (0.01 × 4) + 0.04 = 0.18 [MPa]   답 | 0.18 [MPa]

나. 계산과정

$$Q[L/\min] = K\sqrt{10 \times P[MPa]}$$
$$80[L/\min] = K\sqrt{10 \times 0.1[MPa]}, \quad K = 80$$

① $H-1$: $Q_1 = 80\sqrt{10 \times 0.1} = 80.00[L/\min]$

② $H-2$: $Q_2 = 80\sqrt{10 \times (0.1+0.01)} = 83.90[L/\min]$

③ $H-3$: $Q_3 = 80\sqrt{10 \times (0.1+0.01+0.01)} = 87.64[L/\min]$

④ $H-4$: $Q_4 = 80\sqrt{10 \times (0.1+0.01+0.01+0.01)} = 91.21[L/\min]$

⑤ $H-5$: $Q_5 = 80\sqrt{10 \times (0.1+0.01+0.01+0.01+0.01)} = 94.66[L/\min]$

답 | $H-1$: 80.00 [L/min], $H-2$: 83.90 [L/min], $H-3$: 87.64 [L/min], $H-4$: 91.21 [L/min], $H-5$: 94.66 [L/min]

다. 계산과정 : $Q = 80 + 83.90 + 87.64 + 91.21 + 94.66 = 437.41[L/\min]$

답 | 437.41 [L/min]

라. 계산과정 : $D = \sqrt{\dfrac{4Q}{\pi V}} = \sqrt{\dfrac{4 \times \dfrac{0.4374}{60}}{\pi \times 6}} = 0.0393[m] = 0.04[m]$ 답 | 0.04 [m]

05

배점 6

그림은 CO_2 소화설비의 소화약제 저장용기 주위의 배관 계통도이다. 방호구역은 A, B 두 부분으로 나누어지고, 각 구역의 소요 약제량은 A구역에 2B/T, B구역에 5B/T라 할 때 그림을 보고 다음 물음에 답하시오.

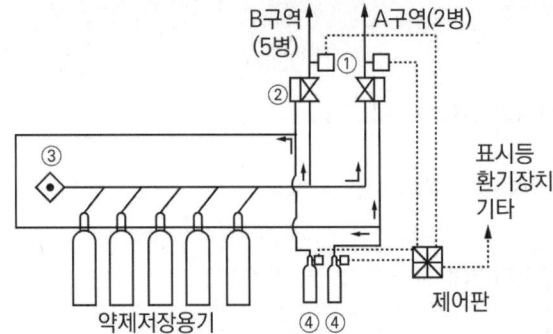

가. 각 방호구역에 소요 약제량을 방출할 수 있게 조작관에 설치할 체크밸브의 위치를 표시하시오.

나. ①, ②, ③, ④ 기구의 명칭은 무엇인가?

정답

가.

[집합관과 약제저장용기간의 체크밸브 표시한 완성된 도면]

나. ① 압력스위치, ② 선택밸브, ③ 안전밸브, ④ 기동용기

06 | 득점 | 배점 10 |

다음 혼합물의 연소상한계와 연소하한계 그리고 연소 가능 여부를 판단하시오.

물질	조성농도[%]	LFL[vol%]	UFL[vol%]
수소	5	4	75
메탄	10	5	15
프로판	5	2.1	9.5
부탄	5	1.8	8.4
에탄	5	3	12.4
공기	70	–	–
계	100	–	–

가. 연소하한계[vol%]를 구하시오.

  ○ 계산과정 :

  ○ 답 :

나. 연소상한계[vol%]를 구하시오.

  ○ 계산과정 :

  ○ 답 :

다. 연소 가능 여부를 판단하시오.
  ○ 계산과정 :
  ○ 답 :

> **정답**

가. 계산과정 : 르샤틀리에법칙

$$\frac{100(=V_1+V_2+V_3+\cdots+V_n)}{L}=\frac{V_1}{L_1}+\frac{V_2}{L_2}+\frac{V_3}{L_3}+\cdots+\frac{V_n}{L_n}$$

L : 혼합가스의 폭발하한계 또는 상한계
V_1, V_2, V_3 : 각 폭발가스의 체적비율
L_1, L_2, L_3 : 각 폭발가스의 연소하한계 또는 상한계

$$L=\frac{30}{\frac{5}{4}+\frac{10}{5}+\frac{5}{2.1}+\frac{5}{1.8}+\frac{5}{3}}=2.978 ≒ 2.98[vol\%]$$

답 | 2.98 [vol%]

나. 계산과정 : $U=\dfrac{30}{\dfrac{5}{75}+\dfrac{10}{15}+\dfrac{5}{9.5}+\dfrac{5}{8.4}+\dfrac{5}{12.4}}=13.285 ≒ 13.29[vol\%]$

답 | 13.29 [vol%]

다. 계산과정 : 수소 + 메탄 + 프로판 + 부탄 + 에탄 = 5 + 10 + 5 + 5 + 5 = 30 [vol%]

답 | 연소범위가 2.98 [vol%] ~ 13.29 [vol%]이므로 30 [vol%]에서는 연소하지 않는다.

07 배점 5

다음은 서로 직렬로 연결된 2개의 실 Ⅰ, Ⅱ 평면도이다. 실 Ⅰ에 급기가압할 때 누설량[m³/s]을 구하시오. (단, A_1, A_2의 누설틈새면적은 각각 0.02 [m²]이고, 압력차가 50 Pa이다)

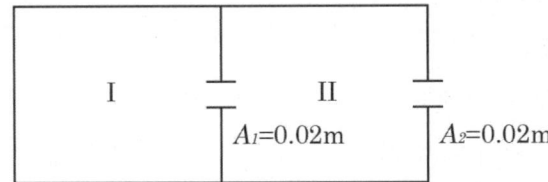

○ 계산과정 :
○ 답 :

정답

☑ 계산과정

틈새면적[m²]의 합계 구하는 공식
1. 병렬상태인 경우 : $A_T[m^2] = A_1 + A_2 + \cdots + A_n$
2. 직렬상태인 경우 :

$$A_T[m^2] = \frac{1}{\sqrt{\left(\frac{1}{A_1^2} + \frac{1}{A_2^2} + \cdots + \frac{1}{A_n^2}\right)}} = \left(\frac{1}{A_1^2} + \frac{1}{A_2^2} + \cdots + \frac{1}{A_n^2}\right)^{-\frac{1}{2}}$$

직렬 $A_1 \sim A_2 = \dfrac{1}{\sqrt{\dfrac{1}{0.02^2} + \dfrac{1}{0.02^2}}} = 0.014[m^2]$

누설량[m³/s] $Q = 0.827 \times A \times \sqrt{P}$

A : 틈새면적[m²], P : 차압[Pa]

$Q = 0.827 \times 0.014 \times \sqrt{50} = 0.081 ≒ 0.08[m^3/s]$

답 | 0.08 [m³/s]

08

배점 4

지하 1층 용도가 판매시설로서 본 용도로 사용하는 바닥면적이 3000 [m²]일 경우 이 장소에 분말소화기 1개의 소화능력단위가 A급 화재안전기술기준으로 3단위의 소화기로 설치할 경우 본 판매장소에 필요한 분말소화기의 개수는 최소 몇 개인지 구하시오.

○ 계산과정 :

○ 답 :

정답

☑ 계산과정

$\dfrac{3000[m^2]}{100[m^2/단위]} = 30[단위]$, $\dfrac{30[단위]}{3[단위/개]} = 10[개]$

답 | 10개

핵심이론 특정소방대상물별 소화기구의 능력단위 표

특정소방대상물	소화기구의 능력단위
위락시설	해당 용도의 바닥면적 30 [m²]마다 능력단위 1단위 이상
공연장, 집회장, 관람장, 문화재, 장례식장 및 의료시설	해당 용도의 바닥면적 50 [m²]마다 능력단위 1단위 이상
근린생활시설, 판매시설, 운수시설, 숙박시설, 노유자시설, 전시장, 공동주택, 업무시설, 방송통신시설, 공장, 창고시설, 항공기 및 자동차 관련 시설 및 관광휴게시설	해당 용도의 바닥면적 100 [m²]마다 능력단위 1단위 이상
그 밖의 것	해당 용도의 바닥면적 200 [m²]마다 능력단위 1단위 이상

[비고] 소화기구의 능력단위를 산출함에 있어서 건축물의 주요구조부가 내화구조이고, 벽 및 반자의 실내에 면하는 부분이 불연재료·준불연재료 또는 난연재료로 된 특정소방대상물에 있어서는 위 표의 바닥면적의 2배를 해당 특정소방대상물의 기준면적으로 한다.

09

득점 □ 배점 5

다음 [조건]을 참조하여 제연설비에 대한 다음 각 물음에 답하시오.

조건
(1) 배연기의 풍량은 50000 [CMH]이다.
(2) 배연 Duct의 길이는 120 [m]이고 Duct의 저항은 1 [m]당 0.2 [mmAq]이다.
(3) 배출구 저항은 8 [mmAq], 배기 그릴저항은 4 [mmAq], 관 부속품의 저항은 Duct 저항의 40 [%]이다.
(4) 효율은 50 [%]이고, 여유율은 10 [%]로 한다.

가. 배연기의 소요전압[mmAq]을 구하시오.
○ 계산과정 :
○ 답 :

나. 배출기의 이론소요동력[kW]을 구하시오.
○ 계산과정 :
○ 답 :

정답

가. 계산과정

$$P_t = (120[m] \times 0.2[mmAq/m]) + 8[mmAq] + 4[mmAq]$$
$$+ (120 \times 0.2)[mmAq] \times 0.4$$
$$= 45.6[mmAq]$$

답 | 45.6 [mmAq]

나. 계산과정 : $P[kW] = \dfrac{P_t[mmAq] \times Q[m^3/s]}{102\eta} \times K$

$$\dfrac{45.6[mmAq] \times \dfrac{50000}{3600}[m^3/s]}{102 \times 0.5} \times 1.1 = 13.66[kW]$$

답 | 13.66 [kW]

10

배점 7

경유를 저장하는 내부 직경이 40 [m]인 플로팅루프탱크에 포소화설비의 특형 방출구를 설치하여 방호하려고 할 때 다음 물음에 답하시오.

조건

(1) 소화약제는 3 [%]용의 단백포를 사용하며, 수용액의 분당 방출량은 8 [L/m²·min]이고, 방사시간은 20분을 기준으로 한다.
(2) 탱크 내면과 굽도리판의 간격은 2.5 [m]로 한다.
(3) 펌프의 효율은 60 [%], 전동기 전달계수는 1.1로 한다.
(4) 포소화약제의 혼합장치로는 프레셔 프로포셔너방식을 사용한다.

가. 상기탱크의 특형 방출구에 의하여 소화하는 데 필요한 수용액량, 수원의 양, 포소화약제 원액량은 각각 얼마[L] 이상이어야 하는지 각 항의 요구에 따라 구하시오.

1) 수용액의 양[L]
   - 계산과정 :   답 :
2) 수원의 양[L]
   - 계산과정 :   답 :
3) 원액의 양[L]
   - 계산과정 :   답 :

나. 수원을 공급하는 가압송수장치의 분당토출량[L/min]은 얼마 이상이어야 하는지 구하시오. (단, 보조포 소화전은 고려하지 않는다)
- 계산과정 :
- 답 :

다. 펌프의 전양정이 80 [m]라고 할 때 전동기의 출력[kW]은 얼마 이상이어야 하는지 구하시오.
- 계산과정 :
- 답 :

정답

가. 1) 수용액의 양[L]

계산과정 : $Q_1[L] = A[m^2] \times Q_A[L/m^2 \cdot min] \times T[min]$

$= \dfrac{\pi \times (40^2 - 35^2)}{4}[m^2] \times 8[L/m^2 \cdot min] \times 20[min]$

$= 47123.89[L]$

답 | 47123.89 [L]

2) 수원의 양[L]

계산과정 : 수용액의 양 × (1-S) = 47123.89 [L] × 0.97 = 45710.17 [L]

답 | 45710.17 [L]

3) 원액의 양[L]

계산과정 : 수용액의 양 × S = 47123.89 [L] × 0.03 = 1413.72 [L]

답 | 1413.72 [L]

나. 계산과정

$Q = A \times Q_A = \dfrac{\pi \times (40^2 - 35^2)}{4}[m^2] \times 8[L/m^2 \cdot min] = 2356.19[L/min]$

답 | 2356.19 [L/min]

> **참고** 포소화설비의 화재안전기술기준(NFTC 105)
>
> 2.3.1.4 펌프의 토출량은 포헤드·고정포방출구 또는 이동식 포노즐의 설계압력 또는 노즐의 방사압력의 허용범위 안에서 포수용액을 방출 또는 방사할 수 있는 양 이상이 되도록 할 것
> ⇨ 펌프의 토출량은 포수용액을 기준으로 산정

다. 계산과정

$P = \dfrac{\gamma[kN/m^3] \times Q[m^3/s] \times H[m]}{\eta} \times K$

$= \dfrac{9.8[kN/m^3] \times \dfrac{2.35619}{60}[m^3/s] \times 80[m]}{0.6} \times 1.1 = 56.44[kW]$

답 | 56.44 [kW]

> **핵심이론** 포소화약제의 저장량 – 고정포방출구방식

포소화약제 저장량 Q = 고정포방출구에서 방출하기 위해 필요한 양 Q_1 + 보조포소화전에서 방출하기 위해 필요한 양 Q_2 + 송액관에 충전하기 위해 필요한 양 Q_3

고정포방출구방식은 다음의 양을 합한 양 이상으로 할 것

1) 고정포방출구에서 방출하기 위하여 필요한 양

$$Q_1 = A \cdot Q_A \cdot T \cdot S$$

Q_1 : 포소화약제의 양 [L]
A : 탱크의 액표면적 [m²]
Q_A : 단위 포소화수용액의 양 [L/m²·min]
T : 방출시간 [min]
S : 포소화약제의 사용농도 [%]

2) 보조포소화전에서 방출하기 위하여 필요한 양

$$Q_2 = N \cdot 8000 \cdot S$$

Q_2 : 포소화약제의 양 [L]
N : 호스 접결구의 수(3개 이상인 경우는 3개)
S : 포소화약제의 사용농도 [%]

3) 가장 먼 탱크까지의 송액관에 충전하기 위하여 필요한 양(내경 75 [mm] 이하의 송액관은 제외)

$$Q_3 = V \times S \times 1000 [L/m^3]$$

Q_3 : 포소화약제의 양 [L]
V : 송액관 내부의 체적 [m³]
S : 포소화약제의 사용농도 [%]

* 송액관 : 수원으로부터 포헤드, 고정포방출구 또는 이동식 노즐에 급수하는 배관

11

연결송수관설비의 송수구 설치기준에 관한 다음 ( ) 안을 완성하시오.

(1) 지면으로부터 높이가 (㉠) [m] 이상 (㉡) [m] 이하의 위치에 설치할 것
(2) 송수구의 부근에는 자동배수밸브 및 체크밸브를 설치하되 건식의 경우에는 송수구·(㉢)·(㉣)·(㉤)의 순으로 설치할 것
(3) 구경 (㉥) [mm]의 (㉦)형으로 할 것
(4) 송수구는 연결송수관의 수직배관마다 (㉧)개 이상을 설치할 것. 다만 하나의 건축물에 설치된 각 수직배관이 중간에 (㉨)밸브가 설치되지 아니한 배관으로 상호 연결되어 있는 경우에는 건축물마다 (㉩)개씩 설치할 수 있다.

○ 답

㉠	㉡	㉢	㉣	㉤	㉥	㉦	㉧	㉨	㉩

정답

㉠	㉡	㉢	㉣	㉤	㉥	㉦	㉧	㉨	㉩
0.5	1	자동배수밸브	체크밸브	자동배수밸브	65	쌍구	1	개폐	1

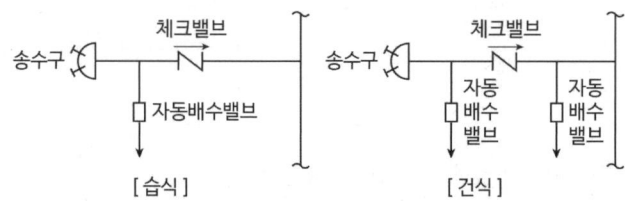

12

배점 5

펌프의 성능시험을 위하여 오리피스로 시험한 결과 그림과 같이 수은주의 높이차가 47 [cm]로 측정되었다. 이 오리피스를 통과하는 유량[L/s]은 얼마인가? (단, 수은의 비중은 13.6, 속도계수 C_v = 0.9, 중력가속도 g = 9.8 [m/s²]이다)

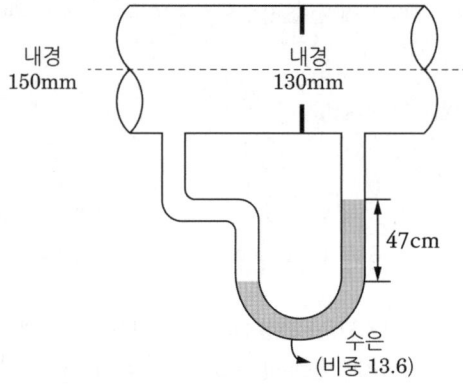

○ 계산과정 :

○ 답 :

정답

☑ 계산과정

오리피스 유량계의 유량 공식

$$Q = C_v \frac{A_2}{\sqrt{1-\left(\frac{A_2}{A_1}\right)^2}} \sqrt{2gh\left(\frac{\gamma_0}{\gamma}-1\right)} = K \times A_2 \sqrt{2gh\left(\frac{\gamma_0}{\gamma}-1\right)}$$

Q : 유량[m³/s], C_v : 속도계수

K : 유량계수 $\left(K = \dfrac{C_v}{\sqrt{1-\left(\frac{A_2}{A_1}\right)^2}}\right)$

h : 마노미터 높이차[m], A_1 : 배관 단면적

A_2 : 오리피스(벤추리관) 단면적, $\dfrac{A_2}{A_1}$: 개구비

γ : 배관유체 비중량[N/m^3]

γ_0 : U자관 액주계유체 비중량[N/m^3]

$$Q = C_v \frac{A_2}{\sqrt{1-\left(\frac{A_2}{A_1}\right)^2}} \sqrt{2gh\left(\frac{s_0}{s}-1\right)}$$

$$= 0.9 \times \frac{\pi \times 0.13^2}{4} \times \frac{1}{\sqrt{1-\left(\frac{0.13^2}{0.15^2}\right)^2}} \times \sqrt{2 \times 9.81 \times 0.47 \times \left(\frac{13.6}{1}-1\right)}$$

$$= 0.195048[\text{m}^3/\text{s}] = 195.048[\text{L/s}] \fallingdotseq 195.05[\text{L/s}]$$

답 | 195.05 [L/s]

🔍 심화 오리피스 유량계의 유량 공식

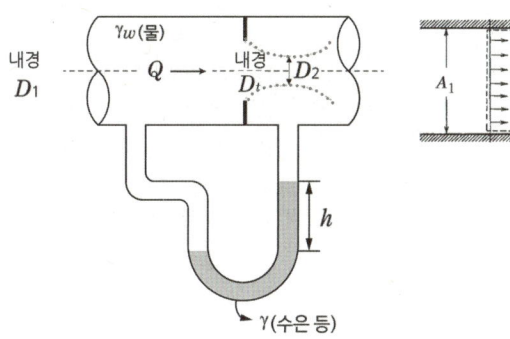
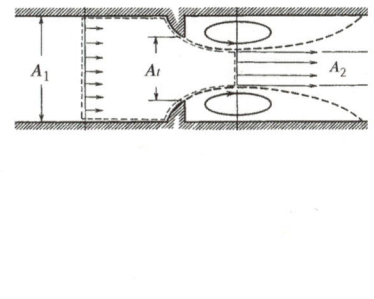

1) 오리피스 유량계의 이론 유속

$$\text{이론 } V_2 = \frac{1}{\sqrt{1-\left(\frac{D_2}{D_1}\right)^4}} \sqrt{2gh\left(\frac{\gamma}{\gamma_w}-1\right)}$$

이론 V_2 : 이론 유속 [m/s]
D_2 : 분류 수축부 직경 [m]
D_1 : 배관의 직경 [m]
g : 중력가속도 [m/s²]
γ : 유체 비중량 [N/m³]
γ_w : 물의 비중량 [N/m³]
h : 높이 [m]

2) 오리피스 유량계의 이론 유량

$$\text{이론 } Q = \frac{A_2}{\sqrt{1-\left(\frac{D_2}{D_1}\right)^4}} \sqrt{2gh\left(\frac{\gamma}{\gamma_w}-1\right)}$$

이론 Q : 이론 유량 [m³/s]
A_2 : 분류 수축부 단면적 [m²]
D_2 : 분류 수축부 직경 [m]
D_1 : 배관의 직경 [m]
g : 중력가속도 [m/s²]
γ : 유체 비중량 [N/m³]
γ_w : 물의 비중량 [N/m³]
h : 높이 [m]

※ 오리피스 유량계에서 분류 수축부의 직경 D_2, 분류 수축부의 단면적 A_2를 정확하게 측정할 수 없기 때문에 유동계수 K가 주어져야 실제 유량을 구할 수 있다.

3) 오리피스 유량계의 실제 유량

$$\text{실제 } Q = C_d \cdot \frac{A_t}{\sqrt{1-\left(\frac{D_2}{D_1}\right)^4}} \sqrt{2gh\left(\frac{\gamma}{\gamma_w}-1\right)}$$
$$= K \cdot A_t \cdot \sqrt{2gh\left(\frac{\gamma}{\gamma_w}-1\right)}$$

실제 Q : 실제 유량 [m³/s]
C_d : 방출계수
K : 유동계수(= 유량계수)

$$\left(K = \frac{C_d}{\sqrt{1-\left(\frac{D_2}{D_1}\right)^4}}\right)$$

A_t : 교축부 단면적 [m²]
D_t : 교축부 직경 [m]
D_1 : 배관의 직경 [m]
D_2 : 분류 수축부 직경 [m]
g : 중력가속도 [m/s²]
γ : 유체 비중량 [N/m³]
γ_w : 물의 비중량 [N/m³]
h : 높이 [m]

4) K 유동계수(= 유량계수), Flow Coefficient

$$K = \frac{C_d}{\sqrt{1-\left(\frac{D_2}{D_1}\right)^4}}$$

13

소화펌프는 상사의 법칙에 의하면 펌프의 임펠러 회전속도에 따라 유량, 양정, 축동력이 변화한다. 어느 소화펌프의 전양정이 150 [m]이고, 토출량이 30 [m³/min]로 운전하다가 소화펌프의 회전수를 증가시켜 토출량이 40 [m³/min]로 변화되었을 때의 전양정은 몇 [m]인지 계산하시오.

○ 계산과정 :

○ 답 :

정답

☑ 계산과정

서로 다른 치수의 펌프를 비교(상사)했을 때

유량 $[m^3/s]$ $\quad Q_2 = \left(\dfrac{N_2}{N_1}\right)^1 \times \left(\dfrac{D_2}{D_1}\right)^3 \times Q_1$

양정(압력) [m] $\quad H_2 = \left(\dfrac{N_2}{N_1}\right)^2 \times \left(\dfrac{D_2}{D_1}\right)^2 \times H_1$

동력 [kW] $\quad L_2 = \left(\dfrac{N_2}{N_1}\right)^3 \times \left(\dfrac{D_2}{D_1}\right)^5 \times L_1$

유량$[m^3/s]$ $Q_2 = \dfrac{N_2}{N_1} \times Q_1$ 이므로 $\dfrac{N_2}{N_1} = \dfrac{Q_2}{Q_1}$

양정[m] $H_2 = H_1 \times \left(\dfrac{N_2}{N_1}\right)^2 = H_1 \times \left(\dfrac{Q_2}{Q_1}\right)^2$

$H_2 = 150[m] \times \left(\dfrac{40[m^3/\min]}{30[m^3/\min]}\right)^2 = 266.67[m]$

답 | 266.67 [m]

14

소방시설에서 앵글밸브가 사용되는 경우 3가지를 쓰시오.

①

②

③

> 정답
>
> ① 옥내소화전설비의 방수구
> ② 연결송수관설비의 방수구
> ③ 스프링클러설비 교차배관 끝의 청소구

15 득점 　 배점 5

관 부속품 중 앵글밸브(Angle Valve)와 글로브밸브(Glove Valve)의 기능에 대하여 쓰시오.

가. 앵글밸브 :

나. 글로브밸브 :

> 정답
>
> 가. 앵글밸브 : 유체의 흐름방향을 90°로 변환하는 밸브
> 나. 글로브밸브 : 유량을 제어하는 밸브

앵글밸브	글로브밸브

2017년 2회

2017.06.25

01

배점 12

가로 15 [m], 세로 14 [m], 높이 3.5 [m]인 전산실에 할로겐화합물 및 불활성기체 소화약제 중 HFC-23과 IG-541을 사용할 시 [조건]을 참고하여 다음 각 물음에 답하시오.

조건

(1) HFC-23의 소화농도는 A, C급 화재는 38 [%], B급 화재는 35 [%]이다.
(2) HFC-23의 저장용기는 68 [L]이며, 충전밀도는 720.8 [kg/m³]이다.
(3) IG-541의 소화농도는 33 [%]이다.
(4) IG-541의 저장용기는 80 [L]용 15.8 [m³/병]을 적용하며, 충전압력은 19.996 [MPa]이다.
(5) 소화약제량 산정 시 선형상수를 이용하도록 하며, 방출 시 기준온도는 30 [℃]이다.

소화약제	K_1	K_2
HFC-23	0.3164	0.0012
IG-541	0.65799	0.00239

(6) 전산실의 화재는 전기화재로 가정한다.

가. HFC-23의 필요한 약제량은 최소 몇 [kg]인가?
   ○ 계산과정 :   ○ 답 :

나. HFC-23의 저장용기 수는 최소 몇 병인가?
   ○ 계산과정 :   ○ 답 :

다. 배관구경 산정조건에 따라 HFC-23의 약제량 방출 시 유량은 몇 [kg/s]인가?
   ○ 계산과정 :   ○ 답 :

라. IG-541의 필요한 약제량은 몇 [m³]인가?
   ○ 계산과정 :   ○ 답 :

마. IG-541의 저장용기 수는 최소 몇 병인가?
   ○ 계산과정 :   ○ 답 :

바. 배관구경 산정조건에 따라 IG-541의 약제량 방출 시 유량은 몇 $[m^3/s]$인가?
  ㅇ 계산과정 :   ㅇ 답 :

정답

가. 계산과정

> **핵심이론** 할로겐화합물소화설비의 소화약제량 산정 〈개정 2024.8.1.〉
>
> $$W[kg] = \frac{V[m^3]}{S[m^3/kg]} \times \left(\frac{C[\%]}{100 - C[\%]}\right)$$
>
> 여기서 W : 소화약제의 무게 [kg]
> V : 방호구역의 체적 $[m^3]$
> S : 소화약제별 선형상수$(K_1 + K_2 \times t)$ $[m^3/kg]$
> t : 방호구역의 최소예상온도 [℃]
> C : 체적에 따른 소화약제의 설계농도 [%]
> ⇒ 설계농도는 소화농도(%)에
> 안전계수[A급 화재 1.2, B급 화재 1.3, C급 화재 1.35]를 곱한 값 이상으로 할 것

$V = 15 \times 14 \times 3.5 = 735 [m^3]$
$S = K_1 + K_2 \times t[℃] = 0.3164 + (0.0012 \times 30) = 0.3524 [m^3/kg]$
$C = 38 \times 1.35 = 51.3 [\%]$
(안전계수 A급 화재는 1.2, B급 화재는 1.3, C급 화재는 1.35)

$\therefore W = \dfrac{735}{0.3524} \times \dfrac{51.3}{100-51.3} = 2197.049 ≒ 2197.05 [kg]$ **답 | 2197.05 [kg]**

나. 계산과정

충전밀도 $= 720.8 [kg/m^3] = 0.7208 [kg/L]$ (← 용기 1 [L]당 0.7208 [kg]의 약제를 충전할 수 있다는 의미)
한 병당 약제량 $= 68 [L] \times 0.7208 [kg/L] = 49.01 [kg]$

$\therefore$ 병 수 $= \dfrac{2197.05 [kg]}{49.01 [kg/병]} ≒ 44.82 \rightarrow 45 [병]$ **답 | 45 [병]**

다. 계산과정

① 설계농도의 95 [%]에 해당하는 약제량

$$W[kg] = \frac{V[m^3]}{S[m^3/kg]} \times \frac{C[\%] \times 0.95}{100 - C[\%] \times 0.95}$$

$= \dfrac{735}{0.3524} \times \left(\dfrac{51.3 \times 0.95}{100 - 51.3 \times 0.95}\right) ≒ 1982.766 [kg]$

② 방출 시 유량 $= \dfrac{W[kg]}{T[s]} = \dfrac{1982.766 [kg]}{10 [s]} = 198.2776 ≒ 198.28 [kg/s]$

답 | 198.28 [kg/s]

라. 계산과정

> **핵심이론** 불활성기체소화설비의 소화약제량 산정 〈개정 2024.8.1.〉
>
> $$X[m^3] = 2.303 \times \frac{V_s[m^3/kg]}{S[m^3/kg]} \times \log\left[\frac{100}{100-C[\%]}\right] \times V[m^3]$$
>
> 여기서 X : 소화약제의 부피 [m^3]
> V_s : 20 [℃]에서 소화약제의 비체적[m^3/kg]
> S : 소화약제별 선형상수($K_1 + K_2 \times t$)[m^3/kg]
> t : 방호구역의 최소예상온도[℃]
> V : 방호구역의 체적 [m^3]
> C : 체적에 따른 소화약제의 설계농도 [%]
> ⇒ 설계농도는 소화농도 [%]에
> 안전계수[A급 화재 1.2, B급 화재 1.3, C급 화재 1.35]를 곱한 값 이상으로 할 것

$V_S = K_1 + K_2 \times 20[℃] = 0.65799 + (0.00239 \times 20) = 0.70579[m^3/kg]$

$S = K_1 + K_2 \times t[℃] = 0.65799 + (0.00239 \times 30) = 0.72969[m^3/kg]$

$C = 33 \times 1.35 = 44.55[\%]$

(안전계수 A급 화재는 1.2, B급 화재는 1.3, C급 화재는 1.35)

$\therefore X = 2.303 \times \left(\frac{0.70579}{0.72969}\right) \times \log_{10}\left[\frac{100}{100-44.55}\right] \times 735 = 419.30[m^3]$

답 | 419.3 [m^3]

마. 계산과정 : 병 수 = $\frac{419.3[m^3]}{15.8[m^3/병]} ≒ 26.537 \rightarrow 27$ [병]   **답 | 27 [병]**

바. 계산과정

① 설계농도의 95 [%]에 해당하는 약제량

$$X[m^3] = 2.303 \times \frac{V_S[m^3/kg]}{S[m^3/kg]} \times \log_{10}\left[\frac{100}{100-C[\%] \times 0.95}\right] \times V[m^3]$$

$= 2.303 \times \left(\frac{0.70579}{0.72969}\right) \times \log_{10}\left[\frac{100}{100-44.55 \times 0.95}\right] \times 735 = 391.295[m^3]$

② 방출 시 유량 = $\frac{X[m^3]}{T[s]} = \frac{391.295[m^3]}{120[s]} = 3.26[m^3/s]$

답 | 3.26 [m^3/s]

할로겐화합물 및 불활성기체소화설비의 화재안전기술기준(NFTC 107A)
2.7.3 배관의 구경은 해당 방호구역에 할로겐화합물소화약제는 10초 이내에, 불활성기체소화약제는 A·C급 화재 2분, B급 화재 1분 이내에 방호구역 각 부분에 최소 설계농도의 95 [%] 이상에 해당하는 약제량이 방출되도록 해야 한다.

02

다음과 같이 휘발유탱크 1기와 경유탱크 1기를 옥외탱크저장소에 설치하려고 한다. [조건]을 참조하여 다음 각 물음에 답하시오. (단, 그림에서 길이 단위는 mm이다)

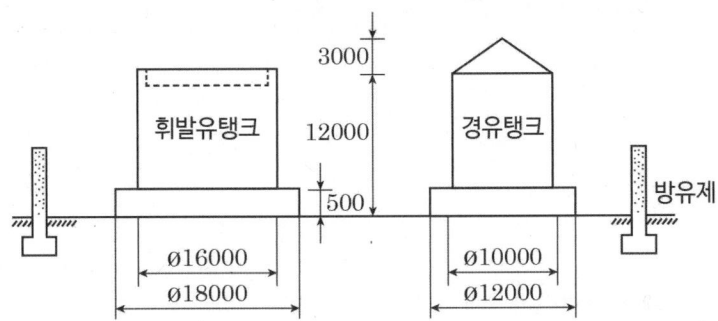

조건

(1) 휘발유 저장탱크
- 2000 [m³]으로 지정수량의 10000배가 저장되어 있다.
- 부상지붕구조의 플로팅루프탱크가 설치되어 있다.
- 탱크 내 측면과 굽도리판 사이의 거리는 0.6 [m]이다.
- 특형 방출구 수는 2개이다.

(2) 경유 저장탱크
- 콘루프탱크가 설치되어 있다.
- Ⅱ형 방출구 수는 2개이다.

(3) 약제는 수성막포 3 [%]형을 사용한다.
(4) 보조포소화전은 2개를 설치하고, 방출구는 쌍구형으로 한다.
(5) 송액관은 호칭경 100 A, 길이 50 [m]를 설치한다. (단, 호칭경을 내경으로 가정한다)
(6) 고정포방출구의 방출량 및 방사시간

포방출구의 종류 방출량 및 방사시간 위험물의 종류	Ⅰ형 방출량 [L/m²·분]	Ⅰ형 방사시간 [분]	Ⅱ형 방출량 [L/m²·분]	Ⅱ형 방사시간 [분]	특형 방출량 [L/m²·분]	특형 방사시간 [분]
제4류 위험물(수용성의 것을 제외) 중 인화점이 섭씨 21 [℃] 미만의 것	4	30	4	55	8	30
제4류 위험물(수용성의 것을 제외) 중 인화점이 섭씨 21 [℃] 이상 70 [℃] 미만인 것	4	20	4	30	8	20
제4류 위험물(수용성의 것을 제외) 중 인화점이 섭씨 70 [℃] 이상인 것	4	15	4	25	8	15
제4류 위험물 중 수용성의 것인 것	-	-	-	-	-	-

(7) 옥외탱크저장소의 보유공지

옥외저장탱크의 주위에는 그 저장 또는 취급하는 위험물의 최대 수량에 따라 옥외저장탱크의 측면으로부터 다음 표에 의한 너비의 공지를 보유하여야 한다.

저장 또는 취급하는 위험물의 최대 수량	공지의 너비
지정수량의 500배 이하	3 [m] 이상
지정수량의 500배 초과 1000배 이하	5 [m] 이상
지정수량의 1000배 초과 2000배 이하	9 [m] 이상
지정수량의 2000배 초과 3000배 이하	12 [m] 이상
지정수량의 3000배 초과 4000배 이하	15 [m] 이상
지정수량의 4000배 초과	당해 탱크의 수평단면의 최대 지름과 높이 중 큰 것과 같은 거리 이상. 다만 30 [m] 초과의 경우에는 30 [m] 이상으로 할 수 있고, 15 [m] 미만인 경우에는 15 [m] 이상으로 하여야 한다.

(8) 포소화약제 저장탱크용량 (단, 저장탱크의 용량은 포소화약제의 저장량을 의미한다)

─── [보기] ───
700 [L], 750 [L], 800 [L], 850 [L], 900 [L], 1000 [L], 1200 [L]

가. 다음 A, B, C, D의 법적으로 가능한 최소 거리[m]를 구하시오. (단, 탱크 측판의 보온 두께는 무시한다)

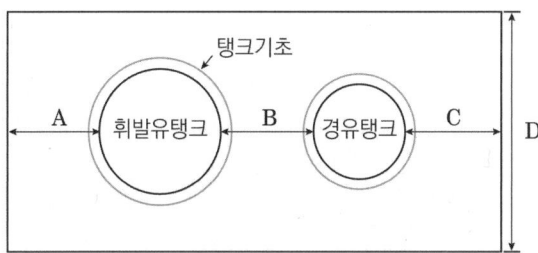

1) A(휘발유탱크 측판과 방유제 내측거리)[m]

  ○ 계산과정 :

  ○ 답 :

2) B(휘발유탱크 측판과 경유탱크 측판거리)[m]

  ○ 계산과정 :

  ○ 답 :

3) C(경유탱크 측판과 방유제 내측거리)[m]
- 계산과정 :
- 답 :

4) D(방유제 최소 폭)[m]
- 계산과정 :
- 답 :

나. 포소화약제 저장탱크용량[L]은 얼마인가?
- 계산과정 :
- 답 :

다. 수원의 양[L]은 얼마인가?
- 계산과정 :
- 답 :

라. 펌프의 토출량은 몇[L/min]인가?
- 계산과정 :
- 답 :

마. 프레셔 프로포셔너에서의 ① 최소 유량[L/min]과 ② 최대 유량[L/min]을 산출하시오.
- 계산과정 :
- 답 :

정답

가. 탱크 측판과 방유제 내측거리기준

탱크지름	이격거리
15 [m] 미만	탱크 높이의 $\frac{1}{3}$ 이상
15 [m] 이상	탱크 높이의 $\frac{1}{2}$ 이상

1) A(휘발유탱크 측판과 방유제 내측거리) [m]

계산과정 : $A = 12 \times \frac{1}{2} = 6$ [m]

답 | 6 [m]

2) B(휘발유탱크 측판과 경유탱크 측판 사이 거리) [m]

계산과정

• 휘발유탱크

조건 (1)에 따라 휘발유탱크는 지정수량의 10000배이므로 조건 (7)의 표에서 '지정수량의 4000배 초과'를 적용한다.

휘발유탱크의 공지너비는 탱크의 최대 지름(16 [m])과 탱크의 높이(12 [m]) 중 큰 것과 같은 거리 이상이므로

⇨ 휘발유탱크의 보유공지 = 16 [m] 이상

• 경유탱크

$$지정수량의\ 배수 = \frac{탱크의\ 저장량}{지정수량}$$

경유탱크의 저장량 :

$(\frac{\pi \times 10^2}{4}[m^2] \times (12-0.5)[m]) = 903.20789[m^3] = 903207.89[L]$

경유(제4류 위험물 제2석유류 비수용성)의 지정수량 : 1000 [L]

따라서 지정수량의 배수 = $\frac{903207.89[L]}{1000[L]} ≒ 903[배]$

경유탱크의 저장량은 지정수량의 903배이므로 조건 (7)의 표에서 '지정수량의 500배 초과 1000배 이하'를 적용한다.

⇨ 경유탱크의 보유공지 = 5 [m] 이상

∴ B = 16 [m] (보유공지 중 최댓값 선정) **답 | 16 [m]**

3) C(경유탱크 측판과 방유제 내측거리) [m]

계산과정 : C = $12 \times \frac{1}{3}$ = 4 [m] **답 | 4 [m]**

4) D(방유제 최소 폭)[m]

계산과정 : D = 6 + 16 + 6 = 28 [m] **답 | 28 [m]**

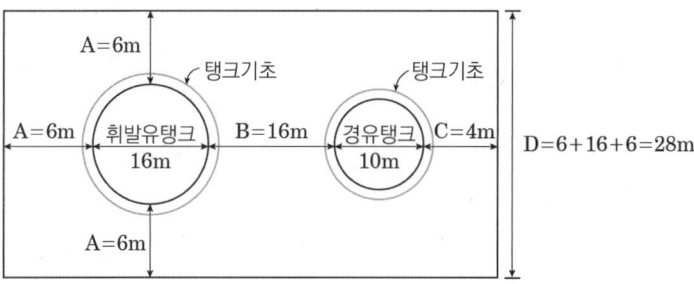

나. 계산과정

① 고정포

휘발유탱크 : $Q[L] = A[m^2] \times Q_A[L/m^2 \cdot min] \times T[min] \times S$

$= \frac{\pi \times (16^2 - 14.8^2)}{4}[m^2] \times 8[L/m^2 \cdot min] \times 30[min] \times 0.03$

$= 209.004[L]$

경유탱크 : $Q[L] = A[m^2] \times Q_A[L/m^2 \cdot min] \times T[min] \times S$

$= \dfrac{\pi \times 10^2}{4}[m^2] \times 4[L/m^2 \cdot min] \times 30[min] \times 0.03$

$= 282.743[L]$

→ 최댓값 282.743 [L] 산정

② 보조포 : $Q[L] = N \times 400[L/min] \times 20[min] \times S$

$= 3[개] \times 400[L/min] \times 20[min] \times 0.03 = 720[L]$

③ 배관 보정량 : $Q[L] = V[m^3] \times S \times 1000[L/m^3]$

$= \left(\dfrac{\pi \times 0.1^2}{4}[m^2] \times 50[m]\right) \times 0.03 \times 1000[L/m^3]$

$= 11.781[L]$

∴ ① + ② + ③ = 282.743 + 720 + 11.781 = 1014.524 [L]

포소화약제 1014.524 [L]이므로 조건 (8)에 따라 탱크용량은 1200 [L]로 한다.

답 | 1200 [L]

★ 핵심이론 포소화약제의 저장량 – 고정포방출구방식

포소화약제 저장량 Q = 고정포방출구에서 방출하기 위해 필요한 양 Q_1 + 보조포소화전에서 방출하기 위해 필요한 양 Q_2 + 송액관에 충전하기 위해 필요한 양 Q_3

고정포방출구방식은 다음의 양을 합한 양 이상으로 할 것

1) 고정포방출구에서 방출하기 위하여 필요한 양

$Q_1 = A \cdot Q_A \cdot T \cdot S$

Q_1 : 포소화약제의 양 [L]
A : 탱크의 액표면적 [m^2]
Q_A : 단위 포소화수용액의 양 [$L/m^2 \cdot min$]
T : 방출시간 [min]
S : 포소화약제의 사용농도 [%]

2) 보조포소화전에서 방출하기 위하여 필요한 양

$Q_2 = N \cdot 8000 \cdot S$

Q_2 : 포소화약제의 양 [L]
N : 호스 접결구의 수(3개 이상인 경우는 3개)
S : 포소화약제의 사용농도 [%]

3) 가장 먼 탱크까지의 송액관에 충전하기 위하여 필요한 양(내경 75 [mm] 이하의 송액관은 제외)

$Q_3 = V \times S \times 1000[L/m^3]$

Q_3 : 포소화약제의 양 [L]
V : 송액관 내부의 체적 [m^3]
S : 포소화약제의 사용농도 [%]

* 송액관 : 수원으로부터 포헤드, 고정포방출구 또는 이동식 노즐에 급수하는 배관

다. 계산과정

① 고정포 : $Q[L] = A[m^2] \times Q_A[L/m^2 \cdot \min] \times T[\min] \times (1-S)$

$= \dfrac{\pi \times 10^2}{4}[m^2] \times 4[L/m^2 \cdot \min] \times 30[\min] \times 0.97 = 9142.035[L]$

② 보조포 : $Q[L] = N \times 400[L/\min] \times 20[\min] \times (1-S)$

$= 3[개] \times 400[L/\min] \times 20[\min] \times 0.97 = 23280[L]$

③ 배관 보정량 : $Q[L] = V[m^3] \times (1-S) \times 1000[L/m^3]$

$= \left(\dfrac{\pi \times 0.1^2}{4}[m^2] \times 50[m]\right) \times 0.97 \times 1000[L/m^3]$

$= 380.918[L]$

∴ ① + ② + ③ = 9142.035 + 23280 + 380.918 = 32802.953 ≒ 32802.95 [L]

답 | 32802.95 [L]

라. 계산과정

① 고정포 : $Q[L/\min] = A[m^2] \times Q_A[L/m^2 \cdot \min]$

$= \dfrac{\pi \times 10^2}{4}[m^2] \times 4[L/m^2 \cdot \min] = 314.159[L/\min]$

② 보조포 : $Q[L] = N \times 400[L/\min]$

$= 3[개] \times 400[L/\min] = 1200[L/\min]$

∴ ① + ② = 314.159 + 1200 = 1514.159 ≒ 1514.16 [L/min]

답 | 1514.16 [L/min]

마. 계산과정 : 프레셔 프로포셔너방식의 유량 범위는 정격유량의 50 [%] 이상 200 [%] 이하이므로

최소 유량 : 1514.16 × 0.5 = 757.08 [L/min]

최대 유량 : 1514.16 × 2.0 = 3028.32 [L/min]

답 | 최소 유량 757.08 [L/min]
최대 유량 3028.32 [L/min]

참고 포소화약제의 혼합장치

종류	설명	
라인 프로포셔너 방식	펌프와 발포기의 중간에 설치된 벤추리관의 벤추리작용에 따라 포소화약제를 흡입·혼합하는 방식	

종류	설명	
펌프 프로포셔너 방식	펌프의 토출관과 흡입관 사이의 배관 도중에 설치한 흡입기에 펌프에서 토출된 물의 일부를 보내고, 농도조정밸브에서 조정된 포소화약제의 필요량을 포소화약제 탱크에서 펌프 흡입측으로 보내어 이를 혼합하는 방식	
프레셔 프로포셔너 방식	펌프와 발포기의 중간에 설치된 벤추리관의 벤추리작용과 펌프 가압수의 포소화약제 저장탱크에 대한 압력에 따라 포소화약제를 흡입·혼합하는 방식이다.	[압송식] [압입식]
프레셔 사이드 프로포셔너 방식	펌프의 토출관에 압입기를 설치하여 포소화약제 압입용 펌프로 포소화약제를 압입시켜 혼합하는 방식이다.	
압축공기포 믹싱챔버방식	압축공기 또는 압축질소를 일정비율로 포수용액에 강제 주입 혼합하는 방식이다.	

03

특별피난계단의 계단실 및 부속실 제연설비에서 차압 등에 관한 다음 ( ) 안을 완성하시오.

- 제연구역과 옥내와의 사이에 유지해야 하는 최소 차압은 (㉠) [Pa](옥내에 스프링클러설비가 설치된 경우에는 (㉡) [Pa]) 이상으로 해야 한다.
- 제연설비가 가동되었을 경우 출입문의 개방에 필요한 힘은 (㉢) [N] 이하로 해야 한다.
- 계단실과 부속실을 동시에 제연하는 경우 부속실의 기압은 계단실과 같게 하거나 계단실의 기압보다 낮게 할 경우에는 부속실과 계단실의 압력 차이는 (㉣) [Pa] 이하가 되도록 해야 한다.

정답

㉠ 40, ㉡ 12.5, ㉢ 110, ㉣ 5

04

할로겐화합물 및 불활성기체소화설비에 다음 조건과 같은 압력배관용 탄소강관(SPPS 420, Sch 40)을 사용할 때 최대 허용압력[MPa]를 구하시오.

조건

(1) 압력배관용 탄소강관(SPPS 420)의 인장강도는 420 [MPa]이고 항복점은 인장강도의 80 [%]이다.
(2) 용접이음에 따른 허용값[mm]은 무시한다.
(3) 가열맞대기 용접배관으로 한다.
(4) 배관의 최대 허용응력(SE)은 배관재질 인장강도의 1/4과 항복점의 2/3 중 작은 값(σ_t)을 기준으로 다음의 식을 적용한다.

$$SE = \sigma_t \times 배관이음효율 \times 1.2$$

(5) 적용되는 배관 바깥지름은 114.3 [mm]이고, 두께는 6.0 [mm]이다.
(6) 헤드 설치 부분은 제외한다.

○ 계산과정 :

○ 답 :

정답

✓ 계산과정

① 최대 허용응력 SE

- 인장강도 1/4 값 Ⓐ : $420 \times \dfrac{1}{4} = 105\,[MPa]$

- 항복점의 2/3 값 Ⓑ : $(420 \times 0.8) \times \dfrac{2}{3} = 224\,[MPa]$

SE = Ⓐ, Ⓑ 중 작은 값 × 배관이음효율 × 1.2 (여기서 가열맞대기 용접배관의 이음효율 : 0.6)

$\quad = 105 \times 0.6 \times 1.2 = 75.6\,[MPa]$

② 최대 허용압력 $P[MPa]$

$$P = \dfrac{2 \times 75.6\,[MPa] \times 6\,[mm]}{114.3\,[mm]} = 7.94\,[MPa]$$

답 | 7.94 [MPa]

> **참고** 할로겐화합물 및 불활성기체소화설비의 배관 – 배관의 두께

배관의 두께는 다음의 식에서 구한 값(t) 이상일 것, 다만 방출헤드 설치부는 제외한다.

$$\text{배관의 두께}(t) = \dfrac{PD}{2SE} + A$$

P : 최대 허용압력 [kPa]
D : 배관의 바깥지름 [mm]
SE : 최대 허용응력 [kPa]
　(인장강도 1/4 값과 항복점의 2/3 값 중 작은 값 × 배관이음효율 × 1.2)
　※ 배관이음효율
　　• 이음매 없는 배관 : 1
　　• 전기저항 용접배관 : 0.85
　　• 가열맞대기 용접배관 : 0.6
A : 나사이음, 홈이음 등의 허용 값 [mm](헤드의 설치부분은 제외)
　• 나사이음 : 나사의 높이
　• 절단홈이음 : 홈의 깊이
　• 용접이음 : 0

05

옥외소화전 방수시의 그림에서 안지름이 65 [mm]인 옥외소화전 방수구의 높이(y)가 800 [mm], 방수된 물이 지면에 도달하는 거리(x)가 16 [m]일 때 방수량은 몇 [m³/s]이고, 동일 안지름의 방수구를 개방하였을 때 화재안전기술기준에 따른 방수량을 만족하려면 방출된 물이 지면에 도달하는 거리(x)가 최소 몇 [m] 이상이어야 하는지 구하시오. (단, 그림에서 y는 지면에서 방수구 중심 간의 거리이고, x는 방수구에서 물이 도달하는 부분의 중심 간 거리이다)

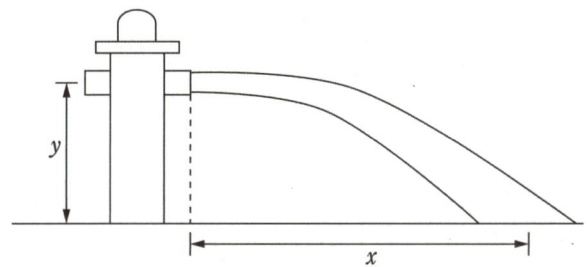

가. 방수된 물이 지면에 도달하는 거리(x)가 16 [m]일 때 방수량 Q [m³/s]를 구하시오.
  ○ 계산과정 :
  ○ 답 :

나. 방수구에 화재안전기술기준의 방수량을 만족하기 위해서는 방출된 물이 지면에 도달하는 거리(x)가 몇 [m] 이상이어야 하는지 구하시오.
  ○ 계산과정 :
  ○ 답 :

정답

☑ 계산과정

가. 자유낙하 공식 : $y(높이) = \frac{1}{2}g(중력가속도) \times t^2(낙하시간)$

$$t = \sqrt{\frac{y[m] \times 2}{g[m/s^2]}} = \sqrt{\frac{0.8[m] \times 2}{9.8[m/s^2]}} = 0.404[s]$$

도달거리 공식 : $x(도달거리) = t(시간) \times V(유속)$

$$V = \frac{16[m]}{0.404[s]} = 39.603[m/s]$$

$$Q = AV = \frac{\pi \times 0.065^2}{4}[m^2] \times 39.603[m/s] = 0.13[m^3/s]$$

답 | 0.13 [m³/s]

나. 해당 특정소방대상물에 설치된 옥외소화전(2개 이상 설치된 경우에는 2개의 옥외소화전)을 동시에 사용할 경우 각 옥외소화전의 노즐선단에서의 방수압력이 0.25 [MPa] 이상이고, 방수량이 350 [L/min] 이상이 되는 성능의 것으로 할 것

$$V = \frac{4Q}{\pi D^2} = \frac{4 \times \frac{0.35}{60}[\text{m}^3/\text{s}]}{\pi \times 0.065^2 [\text{m}^2]} = 1.757 [\text{m/s}]$$

$$x = t \times V = 0.404[\text{s}] \times 1.757[\text{m/s}] = 0.709 ≒ 0.71[\text{m}]$$

답 | 0.71 [m]

06

득점 / 배점 6

그림은 내화구조로 된 15층 건물의 1층 평면도이다. 이 건물 2층에 폐쇄형 스프링클러헤드를 정방형으로 설치하고자 한다. 스프링클러헤드의 최소 소요수를 계산하고 배치도를 작성하시오. (단, 헤드 배치 시에는 헤드 배치의 위치를 치수로서 표시해야 한다)

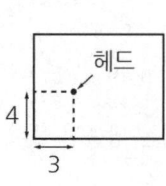
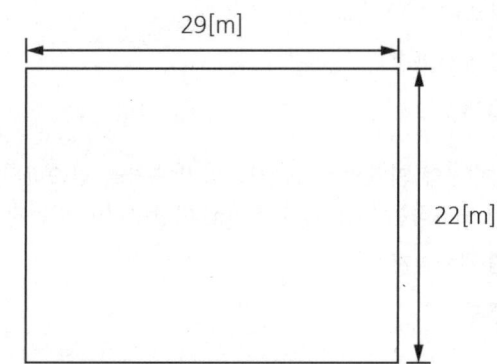

○ 계산과정 :
○ 답 :

정답

☑ 계산과정

설치장소별 수평거리 R

설치장소	수평거리(R)
• 특수가연물을 저장 또는 취급하는 장소 • 무대부	1.7 [m] 이하
• 기타구조로 된 경우 • 라지드롭형 스프링클러헤드를 설치하는 창고 (단, ① 특수가연물을 저장 또는 취급하는 창고 : 1.7 [m] 이하 ② 내화구조로 된 창고 : 2.3 [m] 이하)	2.1 [m] 이하
• 내화구조로 된 경우	2.3 [m] 이하
• 아파트등의 세대 내	2.6 [m] 이하

R(수평거리) = 2.3 [m]

① S(헤드 간 거리) = $2R\cos\theta = 2 \times 2.3 \times \cos45° = 3.25$ [m]

② 가로 헤드 개수 : $\dfrac{29[m]}{3.25[m/개]} = 8.92[개] ≒ 9[개]$

③ 세로 헤드 개수 : $\dfrac{22[m]}{3.25[m/개]} = 6.77[개] ≒ 7[개]$

④ 헤드 개수 : $9[개] \times 7[개] = 63[개]$

답 | 63 [개]

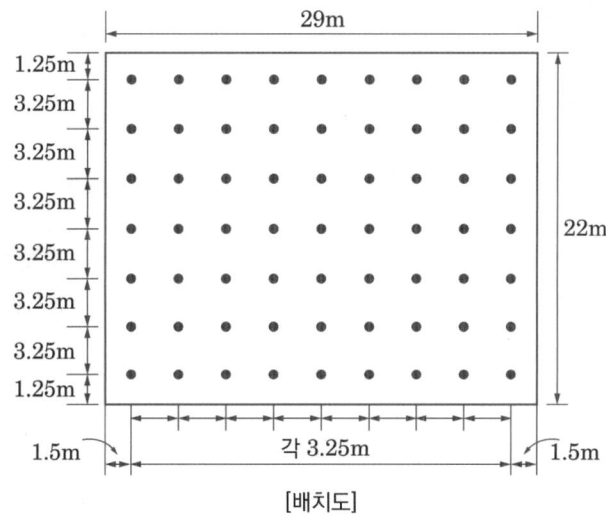

[배치도]

> 보충 ▶ 스프링클러설비의 화재안전기술기준, 공동주택의 화재안전기술기준 및 창고시설의 화재안전기술기준에 명시된 내용을 반영한 표

07   배점 8

수계소화설비에 설치한 충압펌프가 빈번한 기동과 정지를 할 때 원인이라고 추정되는 것 4가지를 쓰시오.

①
②
③
④

정답

① 옥상수조의 배관에 설치된 체크밸브에서 역류하는 경우
② 송수구의 체크밸브에서 역류하는 경우
③ 펌프 토출 측의 체크밸브 2차 측 배관 파손에 의해 누수되는 경우
④ 압력챔버의 배수밸브에서 누수되는 경우
⑤ 압력챔버 압력스위치의 불량
⑥ 스프링클러의 시험밸브에서 누수되는 경우
위의 정답 중 4가지를 기술할 것

08   배점 4

알람체크밸브가 설치된 습식 스프링클러설비에서 시험밸브 개방 시 알람경보가 울리지 않는 원인 및 대책 2가지를 쓰시오. (단, 알람체크밸브에는 리타딩챔버가 설치되어 있는 것으로 한다)

①
②

정답

① 리타딩챔버 상단의 압력스위치 불량 : 압력스위치 교체
② 리타딩챔버 하단의 오리피스 불량 : 오리피스 교체

09 배점 3

옥내소화전설비 가압송수장치 중 펌프방식의 종합점검항목 3가지를 쓰시오.

①
②
③

정답

① 동결방지조치상태 적정 여부
② 감압장치 설치 여부(방수압력 0.7 [MPa] 초과 조건)
③ 다른 소화설비와 겸용인 경우 펌프 성능 확보 가능 여부
④ 기동장치 적정 설치 및 기동압력 설정 적정 여부
⑤ 주펌프와 동등 이상 펌프 추가설치 여부
⑥ 물올림장치 설치 적정(전용 여부, 유효수량, 배관구경, 자동급수) 여부
⑦ 충압펌프 설치 적정(토출압력, 정격토출량) 여부

위의 정답 중 3가지를 기술할 것

핵심이론 옥내소화전설비 가압송수장치 펌프방식 점검항목

- ● 동결방지조치상태 적정 여부
- ○ 옥내소화전 방수량 및 방수압력 적정 여부
- ● 감압장치 설치 여부(방수압력 0.7 [MPa] 초과 조건)
- ○ 성능시험배관을 통한 펌프 성능시험 적정 여부
- ● 다른 소화설비와 겸용인 경우 펌프 성능 확보 가능 여부
- ○ 펌프 흡입 측 연성계·진공계 및 토출 측 압력계 등 부속장치의 변형·손상 유무
- ● 기동장치 적정 설치 및 기동압력 설정 적정 여부
- ○ 기동스위치 설치 적정 여부(ON/OFF방식)
- ● 주펌프와 동등 이상 펌프 추가설치 여부
- ● 물올림장치 설치 적정(전용 여부, 유효수량, 배관구경, 자동급수) 여부
- ● 충압펌프 설치 적정(토출압력, 정격토출량) 여부
- ○ 내연기관방식의 펌프 설치 적정(정상기동(기동장치 및 제어반) 여부, 축전지상태, 연료량) 여부
- ○ 가압송수장치의 "옥내소화전펌프" 표지설치 여부 또는 다른 소화설비와 겸용 시 겸용설비 이름 표시 부착 여부

※ 점검항목 중 "●"는 종합점검의 경우에만 해당한다.

10

관부속류 또는 배관방식 등에 관한 다음 소방시설 도시기호 명칭 또는 도시기호를 그리시오.

가. 선택밸브
나. 편심레듀셔
다.
라.

정답

가.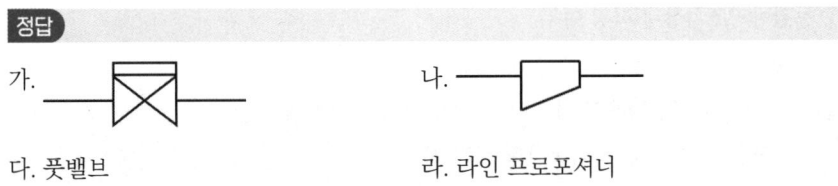

나.

다. 풋밸브
라. 라인 프로포셔너

11

그림은 어느 일제개방형 스프링클러설비의 계통을 나타내는 Isometric Diagram 이다. 주어진 [조건]을 참조하여 이 설비가 작동되었을 경우 표의 유량, 구간손실, 손실계 등을 답란의 요구 순서대로 수리계산하여 산출하시오.

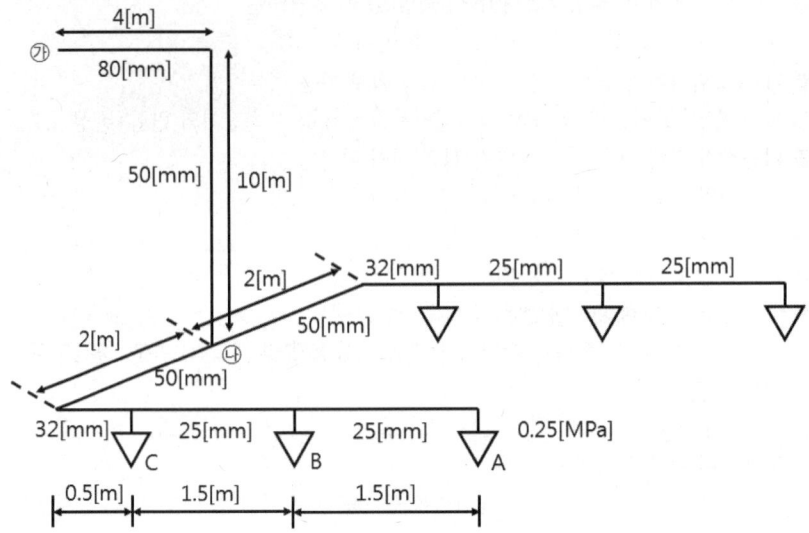

조건

(1) 설치된 개방형 헤드 A의 유량은 100 [LPM], 방수압은 0.25 [MPa]이다.
(2) 배관 부속 및 밸브류의 마찰손실은 무시한다.
(3) 수리계산 시 속도수두는 무시한다.
(4) 필요압은 노즐에서의 방사압과 배관 끝에서의 압력을 별도로 구한다.

구간	유량 [LPM]	길이[m]	1 [m]당 마찰손실 [MPa]	구간손실 [MPa]	낙차[m]	손실계 [MPa]
헤드A	100	–	–	–	–	0.25
A ~ B	100	1.5	0.02	0.03	0	①
헤드B	②	–	–	–	–	–
B ~ C	③	1.5	0.04	④	0	⑤
헤드C	⑥	–	–	–	–	–
C ~ ㉴	⑦	2.5	0.06	⑧	–	⑨
㉴ ~ ㉮	⑩	14	0.01	⑪	– 10	⑫

정답

구간	유량 [LPM]	길이 [m]	1 [m]당 마찰손실 [MPa]	구간손실 [MPa]	낙차 [m]	손실계 [MPa]
헤드A	100	–	–	–	–	0.25
A ~ B	100	1.5	0.02	0.03	0	① 0.25 + 0.03 = 0.28 [MPa]
헤드B	② i) K $Q = K\sqrt{10P}$ $100[L/\min] = K\sqrt{10 \times 0.25}$ $\therefore K = 63.246$ ii) Q_B $Q_B = 63.246\sqrt{10 \times 0.28}$ $= 105.83[L/\min]$	–	–	–	–	–
B ~ C	③ $Q_{B-C} = 105.83 + 100$ $= 205.83[L/\min]$	1.5	0.04	④ 1.5×0.04 $= 0.06$ [MPa]	0	⑤ $0.28 + 0.06$ $= 0.34$ [MPa]

구간	유량 [LPM]	길이 [m]	1 [m]당 마찰손실 [MPa]	구간손실 [MPa]	낙차 [m]	손실계 [MPa]
헤드C	⑥ $Q_C = 63.246\sqrt{10 \times 0.34}$ $= 116.62 [L/min]$	-	-	-	-	-
C ~ ㉯	⑦ $Q_{C-㉯} = 205.83 + 116.62$ $= 322.45 [L/min]$	2.5	0.06	⑧ 2.5×0.06 $= 0.15 [MPa]$	-	⑨ $0.34 + 0.15$ $= 0.49 [MPa]$
㉯ ~ ㉮	⑩ $322.45 \times 2 = 644.90 [L/min]$	14	0.01	⑪ 14×0.01 $= 0.14 [MPa]$	10	⑫ $0.49 + 0.14 - 0.1$ $= 0.53 [MPa]$

※ 추가해설

1) 표에서 길이[m] × 1[m]당 마찰손실[MPa] = 구간손실[MPa]이다.
2) 손실계[MPa]는 구간이 헤드인 경우 그 지점에서 필요한 압력을 의미한다.
   구간이 A ~ B와 같이 배관 구간인 경우 그 배관에 물이 흐르기 시작하는 지점에서 필요한 압력을 의미한다([예시 1] A ~ B구간 손실계 : B점에서 필요한 압력, [예시 2] ㉯ ~ ㉮구간 손실계 : ㉮지점에서 필요한 압력).

12

배점 11

그림은 어느 공장에 설치된 지하 매설 소화용 배관도이다 '가' ~ '마'까지의 각각의 옥외소화전의 측정수압이 표와 같을 때 다음 각 물음에 답하시오.

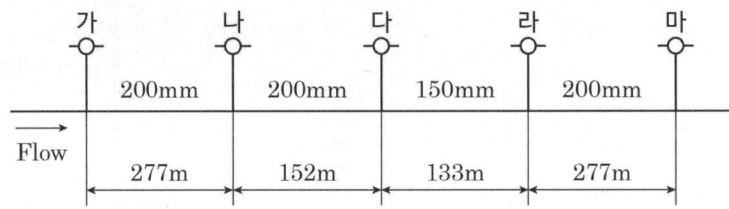

압력[MPa] \ 위치	가	나	다	라	마
정압	0.557	0.517	0.572	0.586	0.552
방사압력	0.49	0.379	0.296	0.172	0.096

* 방사압력은 소화전의 노즐 캡을 열고 소화전 본체 직근에서 측정한 Residual Pressure을 말한다.

가. 다음은 동수경사선(Hydraulic Gradient)을 작성하기 위한 과정이다. 주어진 자료를 활용하여 표의 빈 곳을 채우시오. (단, 계산과정을 보일 것)

항목 소화전	구경 [mm]	실관장 [m]	측정압력 [MPa]		펌프로부터 각 소화전까지 전 마찰손실 [MPa]	소화전 간의 배관마찰 손실 [MPa]	Gauage Elevation [MPa]	경사선의 Elevation [MPa]
			정압	방사압력				
가	-	-	0.557	0.49	①	-	0.029	0.519
나	200	277	0.517	0.379	②	⑤	0.069	⑩
다	200	152	0.572	0.296	③	0.138	⑧	0.31
라	150	133	0.586	0.172	0.414	⑥	0	⑪
마	200	277	0.552	0.096	④	⑦	⑨	⑫

(단, 기준 elevation으로부터의 정압은 0.586 [MPa]으로 본다)

○ 계산과정 :

○ 답

　①

　②

　③

　④

　⑤

　⑥

　⑦

　⑧

　⑨

　⑩

　⑪

　⑫

나. 상기 (가)항에서 완성된 표를 자료로 하여 답안지의 동수경사선과 Pipe Profile을 완성하시오.

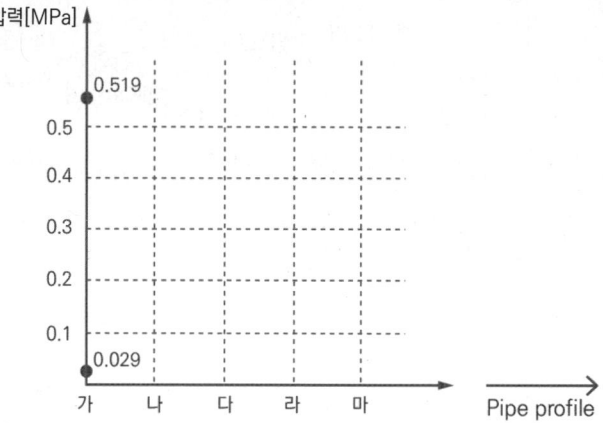

정답

가. 계산과정

- 펌프로부터 각 소화전까지 전 마찰손실(정압 – 방사압)
  - ① 0.557 – 0.49 = 0.067　　　　　　　　　　　답 | 0.067 [MPa]
  - ② 0.517 – 0.379 = 0.138　　　　　　　　　　답 | 0.138 [MPa]
  - ③ 0.572 – 0.296 = 0.276　　　　　　　　　　답 | 0.276 [MPa]
  - ④ 0.552 – 0.096 = 0.456　　　　　　　　　　답 | 0.456 [MPa]

- 소화전 간의 배관 마찰손실(소화전과 소화전 사이의 압력 차)
  - ⑤ 0.138 – 0.067 = 0.071 (② – ①)　　　　　답 | 0.071 [MPa]
  - ⑥ 0.414 – 0.276 = 0.138 (0.414 – ③)　　　답 | 0.138 [MPa]
  - ⑦ 0.456 – 0.414 = 0.042 (④ – 0.414)　　　답 | 0.042 [MPa]

- Gauage Elevation(기준정압 – 정압)
  - ⑧ 0.586 – 0.572 = 0.014　　　　　　　　　　답 | 0.014 [MPa]
  - ⑨ 0.586 – 0.552 = 0.034　　　　　　　　　　답 | 0.034 [MPa]

- 경사선의 Elevation(방사압력 + Gauage Elevation)
  - ⑩ 0.379 + 0.069 = 0.448　　　　　　　　　　답 | 0.448 [MPa]
  - ⑪ 0.172 + 0 = 0.172　　　　　　　　　　　　답 | 0.172 [MPa]
  - ⑫ 0.096 + 0.034 = 0.13　　　　　　　　　　　답 | 0.13 [MPa]

나.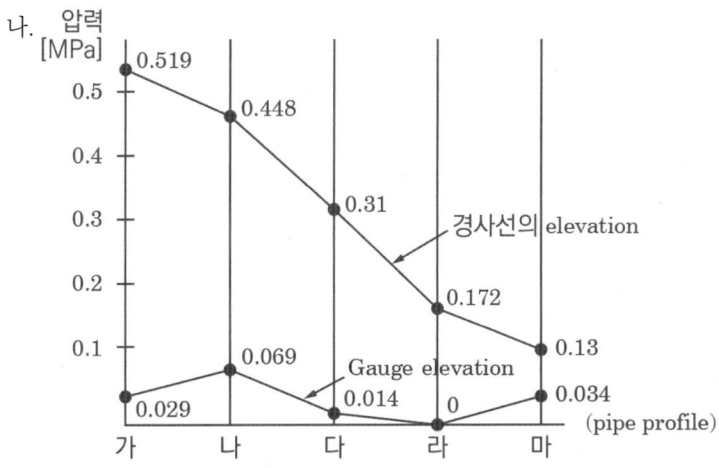

항목 소화전	구경 [mm]	실관장 [m]	측정압력 [MPa]		펌프로부터 각 소화전까지 전 마찰손실 [MPa]	소화전 간의 배관 마찰손실 [MPa]	Gauage Elevation [MPa]	경사선의 Elevation [MPa]
			정압	방사압력				
가	–	–	0.557	0.49	① 정압-방사압력	–	0.029	0.519
나	200	277	0.517	0.379	② 정압-방사압력	⑤ ②-①	0.069	⑩ 방사압력 +Gauage Elevation
다	200	152	0.572	0.296	③ 정압-방사압력	0.138	⑧ 0.586-정압	0.31
라	150	133	0.586	0.172	0.414	⑥ 0.414-③	0	⑪ 방사압력 +Gauage Elevation
마	200	277	0.552	0.096	④ 정압-방사압력	⑦ ④-0.414	⑨ 0.586-정압	⑫ 방사압력 +Gauage Elevation

13 배점 6

관부속품에 관한 다음 각 물음에 답하시오.

가. 물올림장치의 순환배관에 설치하는 안전밸브를 쓰시오.
　○ 답 :

나. 설비된 배관 내의 이물질 제거(여과)기능을 하는 것을 쓰시오.
　○ 답 :

다. 관 내 유체의 흐름방향을 변경시킬 때 사용되는 밸브를 쓰시오.
　○ 답 :

라. 밸브의 개폐상태 여부를 용이하게 육안 판별하기 위한 밸브를 쓰시오.
　○ 답 :

마. 성능시험배관의 유량계의 후단에 설치하여야 하는 밸브를 쓰시오.
　○ 답 :

바. 배관 연결부분에 가스켓(Gasket)을 삽입하고 볼트로 체결하는 관이음방법을 쓰시오.
　○ 답 :

정답

가. 릴리프밸브
나. 스트레이너
다. 앵글밸브
라. 개폐표시형 밸브
마. 유량조절밸브
바. 플랜지이음

14

배점 8

연결송수관설비가 겸용된 옥내소화전설비가 설치된 어느 건물이 있다. 옥내소화전이 2층에 3개, 3층에 4개, 4층에 5개일 때 [조건]을 참고하여 다음 각 물음에 답하시오.

조건

(1) 실양정은 20 [m], 배관의 마찰손실수두는 실양정의 20 [%], 관 부속품의 마찰손실수두는 배관 마찰손실수두의 50 [%]로 본다.
(2) 소방호스의 마찰손실수두값은 호스의 100 [m]당 26 [m]이며, 호스길이는 15 [m]이다.
(3) 배관직경 산정기준은 정격토출량의 150 [%]로 운전 시 정격토출압력의 65 [%] 기준으로 계산한다.

가. 펌프의 전양정[m]을 구하시오.
  ○ 계산과정 :
  ○ 답 :

나. 성능시험배관의 관경[mm]을 구하시오.
  ○ 계산과정 :
  ○ 답 :

다. 펌프의 성능시험을 위한 유량측정장치의 최대 측정유량[L/min]을 구하시오.
  ○ 계산과정 :
  ○ 답 :

라. 토출 측 주배관에서 배관의 최소 구경[mm]을 구하시오. (단, 유속은 최대 유속을 적용한다)
  ○ 계산과정 :
  ○ 답 :

정답

☑ 계산과정

가. 실양정 $h_1 = 20[m]$, 배관 및 관 부속품의 마찰손실수두
  $h_2 = (20 \times 0.2) + (20 \times 0.2 \times 0.5) = 6[m]$

  호스의 마찰손실수두 $h_3 = 15 \times \dfrac{26}{100} = 3.9[m]$

  따라서 전양정 $H = h_1 + h_2 + h_3 + 17 = 20 + 6 + 3.9 + 17 = 46.9[m]$ **답 | 46.9 [m]**

나. $Q = 2[개] \times 130[L/min] = 260[L/min]$

조건에 따라 $Q \times 1.5 = 2.086 \times D^2 \times \sqrt{0.65 \times P}$

$260[L/min] \times 1.5 = 2.086 \times D^2 \times \sqrt{0.65 \times 0.469[MPa]}$

$D = \sqrt{\dfrac{1.5 \times 260}{2.086 \times \sqrt{0.65 \times 0.469}}} = 18.40[mm]$

답 | 18.40 [mm]

다. 유량측정장치는 펌프의 정격토출량의 175 [%] 이상까지 측정할 수 있는 성능이 있을 것

$260 \times 1.75 = 455[L/min]$

답 | 455 [L/min]

라. $Q = A \times V = \dfrac{\pi}{4} D^2 \times V$

$D = \sqrt{\dfrac{4Q}{\pi V}} = \sqrt{\dfrac{4 \times \dfrac{0.26}{60}[m^3/s]}{\pi \times 4[m/s]}} = 0.03714[m] = 37.14[mm] \rightarrow 100[mm]$

연결송수관설비의 배관과 겸용할 경우의 주배관은 구경 100 [mm] 이상의 것으로 해야 한다.

> ※ 옥내소화전설비의 화재안전기술기준(NFTC 102)
> 2.3.5 펌프의 토출 측 주배관의 구경은 유속이 4 [m/s] 이하가 될 수 있는 크기 이상으로 해야 하고, 옥내소화전방수구와 연결되는 가지배관의 구경은 40 [mm](호스릴옥내소화전설비의 경우에는 25 [mm]) 이상으로 해야 하며, 주배관 중 수직배관의 구경은 50 [mm](호스릴옥내소화전설비의 경우에는 32 [mm]) 이상으로 해야 한다.
> 2.3.6 연결송수관설비의 배관과 겸용할 경우의 주배관은 구경 100 [mm] 이상, 방수구로 연결되는 배관의 구경은 65 [mm] 이상의 것으로 해야 한다.

답 | 100 [mm]

2017년 4회

01

미분무소화설비의 화재안전기술기준에 관한 다음 ( ) 안을 완성하시오.

"미분무"란 물만을 사용하여 소화하는 방식으로 최소 설계압력에서 헤드로부터 방출되는 물입자 중 99 [%]의 누적체적분포가 (㉠) [μm] 이하로 분무되고 (㉡)급 화재에 적응성을 갖는 것을 말한다.

정답

㉠ 400, ㉡ A, B, C

02

다음은 어느 실들의 평면도이다. 이 중 A실을 급기가압하고자 할 때 주어진 [조건]을 이용하여 다음을 구하시오.

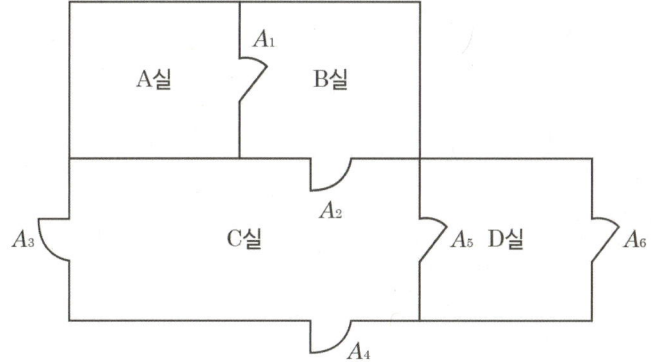

조건

(1) 실 외부대기의 기압은 101300 [Pa]로서 일정하다.
(2) A실에 유지하고자 하는 기압은 101500 [Pa]이다.
(3) 각 실의 문들의 틈새면적은 0.01 [m^2]이다.
(4) 어느 실을 급기가압할 때 그 실의 문 틈새를 통하여 누출되는 공기의 양은 다음의 식에 따른다.

$$Q = 0.827 A \cdot P^{\frac{1}{2}}$$

여기서 Q : 누출되는 공기의 양 [m^3/s]
A : 문의 전체 누설틈새면적 [m^2]
P : 문을 경계로 한 기압차 [Pa]

가. A실의 전체 누설틈새면적 A [m^2]을 구하시오. (단, 소수점 아래 여섯째자리에서 반올림하여 소수점 아래 다섯째자리까지 나타내시오)

　○ 계산과정 :　　　　　　　　○ 답 :

나. A실에 유입해야 할 풍량[m^3/s]을 구하시오.

　○ 계산과정 :　　　　　　　　○ 답 :

정답

☑ 계산과정

가.
틈새면적[m^2]의 합계 구하는 공식

1. 병렬상태인 경우 : $A_T[m^2] = A_1 + A_2 + \cdots + A_n$

2. 직렬상태인 경우

$$A_T[m^2] = \frac{1}{\sqrt{\frac{1}{A_1^2} + \frac{1}{A_2^2} + \cdots + \frac{1}{A_n^2}}} = \left(\frac{1}{A_1^2} + \frac{1}{A_2^2} + \cdots + \frac{1}{A_n^2}\right)^{-\frac{1}{2}}$$

① 직렬 $A_5 \sim A_6 = \left(\frac{1}{0.01^2} + \frac{1}{0.01^2}\right)^{-\frac{1}{2}} = 0.00707 [m^2]$

② 병렬 $A_3, A_4, A_{5-6} = 0.01 + 0.01 + 0.00707 = 0.02707 [m^2]$

③ 직렬 $A_1, A_2, A_{3-6} = \left(\frac{1}{0.01^2} + \frac{1}{0.01^2} + \frac{1}{0.02707^2}\right)^{-\frac{1}{2}} = 0.00684 [m^2]$

답 | 0.00684 [m^2]

나. P = 101500 − 101300 = 200 [Pa]
$Q = 0.827 \times 0.00684 [m^2] \times \sqrt{200 [Pa]} = 0.08 [m^3/s]$

답 | 0.08 [m^3/s]

03

스프링클러설비에 사용되는 개방형 헤드와 폐쇄형 헤드의 차이점과 적용설비를 쓰시오.

구분	개방형 헤드	폐쇄형 헤드
차이점	•	•
적용설비	•	• • •

정답

구분	개방형 헤드	폐쇄형 헤드
차이점	• 감열부가 없다.	• 감열부가 있다.
적용설비	• 일제살수식 스프링클러설비	• 습식 스프링클러설비 • 건식 스프링클러설비 • 준비작동식 스프링클러설비

04

지상 18층짜리 아파트에 스프링클러설비를 설치하려고 할 때 [조건]을 보고 다음 각 물음에 답하시오. (단, 아파트의 각 동이 주차장으로 서로 연결된 구조가 아니다)

조건
(1) 실양정 : 65 [m]
(2) 배관, 관부속품의 총 마찰손실수두 : 25 [m]
(3) 배관 내 유속 : 2 [m/s]
(4) 펌프의 효율 : 60 [%]
(5) 전달계수 : 1.1

가. 이 설비의 펌프의 토출량[L/min]을 구하시오. (단, 헤드의 기준개수는 최대치를 적용한다)

○ 계산과정 :

○ 답 :

나. 이 설비가 확보하여야 할 수원의 양[m³]을 구하시오. (단, 옥상수조는 고려하지 않는다)

○ 계산과정 :

○ 답 :

다. 가압송수장치의 축동력[kW]을 구하시오.
   ○ 계산과정 :
   ○ 답 :

정답

✓ 계산과정

가. 기준개수 10개(아파트의 각 동이 주차장으로 서로 연결된 구조가 아니므로)
$$10[개] \times 80[L/min] = 800[L/min]$$

답 | 800 [L/min]

나. $10[개] \times 1.6[m^3] = 16[m^3]$

답 | 16 [m³]

다. $P = \dfrac{9.8[kN/m^3] \times \dfrac{0.8}{60}[m^3/s] \times (65+25+10)[m]}{0.6} = 21.78[kW]$

답 | 21.78 [kW]

▶ 참고 공동주택의 화재안전성능기준(NFPC 608) – 제7조(스프링클러설비)

제7조(스프링클러설비) 스프링클러설비는 다음 각 호의 기준에 따라 설치해야 한다.

1. 폐쇄형 스프링클러헤드를 사용하는 아파트등은 기준개수 10개(스프링클러헤드의 설치개수가 가장 많은 세대에 설치된 스프링클러헤드의 개수가 기준개수보다 작은 경우에는 그 설치개수를 말한다)에 1.6 [m³]를 곱한 양 이상의 수원이 확보되도록 할 것. 다만 아파트등의 각 동이 주차장으로 서로 연결된 구조인 경우 해당 주차장 부분의 기준개수는 30개로 할 것
2. 아파트등의 경우 화장실 반자 내부에는 「소방용 합성수지배관의 성능인증 및 제품검사의 기술기준」에 적합한 소방용 합성수지배관으로 배관을 설치할 수 있다. 다만 소방용 합성수지배관 내부에 항상 소화수가 채워진 상태를 유지할 것
3. 하나의 방호구역은 2개 층에 미치지 아니하도록 할 것. 다만 복층형 구조의 공동주택에는 3개 층 이내로 할 수 있다.
4. 아파트등의 세대 내 스프링클러헤드를 설치하는 경우 천장·반자·천장과 반자 사이·덕트·선반 등의 각 부분으로부터 하나의 스프링클러헤드까지의 수평거리는 2.6 [m] 이하로 할 것

...

05

운전 중인 펌프의 압력계를 측정하였더니 흡입 측 진공계의 눈금이 150 [mmHg], 토출 측 압력계는 0.294 [MPa]이었다. 펌프의 전양정[m]을 구하시오. (단, 토출 측 압력계는 흡입 측 진공계보다 50 [cm] 높은 곳에 있고, 직경은 동일하다)

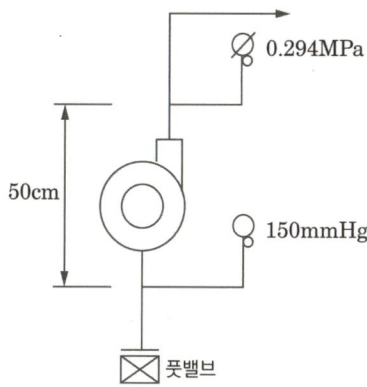

O 계산과정 :

O 답 :

정답

☑ 계산과정

[풀이 1] 흡입 측 전양정 + 토출 측 전양정 + 실양정

흡입 측 전양정 : $150[mmHg] \times \dfrac{10.332[m]}{760[mmHg]} = 2.039[m]$

토출 측 전양정 : $0.294[MPa] \times \dfrac{10.332[m]}{0.101325[MPa]} = 29.978[m]$

∴ $H_P = 2.039 + 29.978 + 0.5 = 32.517[m] ≒ 32.52[m]$

[풀이 2] 베르누이방정식

베르누이방정식
$\dfrac{P_1}{\gamma} + \dfrac{V_1^2}{2g} + Z_1 + H_P = \dfrac{P_2}{\gamma} + \dfrac{V_2^2}{2g} + Z_2 + H_L$

P_1, P_2 : 압력 [N/m²]
γ : 비중량 [N/m³]
V_1, V_2 : 유속 [m/s]
g : 중력가속도 [m/s²]
Z_1, Z_2 : 위치수두 [m]
H_P : 펌프의 전양정 [m]
H_L : 배관의 마찰손실수두 [m]

$\dfrac{P_1}{\gamma} + \dfrac{V_1^2}{2g} + Z_1 + H_P = \dfrac{P_2}{\gamma} + \dfrac{V_2^2}{2g} + Z_2$

(여기서 흡입 측 직경과 토출 측 직경이 같으므로 $V_1 = V_2$)

→ 흡입 측 압력수두 $\dfrac{P_1}{\gamma}$[m] : $-150[mmHg] \times \dfrac{10.332[m]}{760[mmHg]} = -2.039[m]$

→ 흡입 측 위치수두 Z_1[m] : 0 [m]

→ 토출 측 압력수두 $\dfrac{P_2}{\gamma}$[m] : $0.294[MPa] \times \dfrac{10.332[m]}{0.101325[MPa]} = 29.978[m]$

→ 토출 측 위치수두 Z_2[m] : 0.5 [m]

따라서 베르누이방정식에 적용하면

$-2.039[m] + 0[m] + 0[m] + H_P = 29.978 + 0[m] + 0.5[m]$

$\therefore H_P = 2.039 + 29.978 + 0.5 = 32.517[m] ≒ 32.52[m]$

답 | 32.52 [m]

06 [배점 5]

다음 보기는 제연설비에서 제연구역을 구획하는 기준을 나열한 것이다. ㉠ ~ ㉤까지의 빈칸을 채우시오.

[보기]
(1) 하나의 제연구역의 면적은 (㉠) [m²] 이내로 할 것
(2) 거실과 통로는 각각 (㉡)할 것
(3) 통로상의 제연구역은 보행중심선의 길이가 (㉢) [m]를 초과하지 않을 것
(4) 하나의 제연구역은 직경 (㉣) [m] 원 내에 들어갈 수 있을 것
(5) 하나의 제연구역은 (㉤) 이상의 층에 미치지 않도록 할 것. 다만 층의 구분이 불분명한 부분은 그 부분을 다른 부분과 별도로 제연구획해야 한다.

정답

㉠ 1000, ㉡ 제연구획, ㉢ 60, ㉣ 60, ㉤ 2

07

헤드 H-1의 방수압력이 0.1 [MPa]이고 방수량이 80 [L/min]인 폐쇄형 스프링클러설비의 수리계산에 대하여 [조건]을 참고하여 다음 각 물음에 답하시오. (단, 계산과정을 쓰고 최종 답은 반올림하여 소수점 둘째자리까지 구할 것)

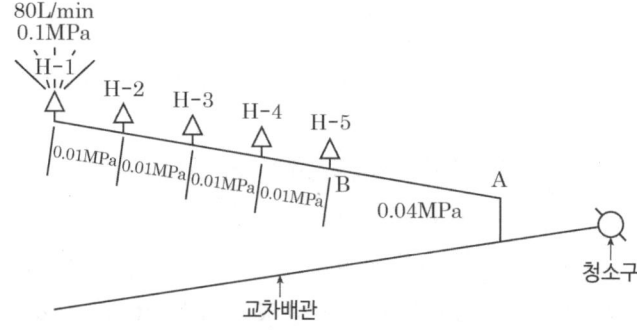

조건

(1) 헤드 H-1에서 H-5까지의 각 헤드마다의 방수압력 차이는 0.01 [MPa]이다.
   (단, 계산 시 헤드와 가지배관 사이의 배관에서의 마찰손실은 무시한다)
(2) A-B구간의 마찰손실압은 0.04 [MPa]이다.
(3) H-1 헤드에서의 방수량은 80 [L/min]이다.

가. A지점에서의 필요 최소 압력은 몇 [MPa]인가?
  ○ 계산과정 :
  ○ 답 :

나. 각 헤드에서의 방수량은 몇 [L/min]인가?
  ○ 계산과정 :
  ○ 답 :

다. A-B구간에서의 유량은 몇 [L/min]인가?
  ○ 계산과정 :
  ○ 답 :

라. A-B구간에서의 최소 내경은 몇 [m]인가?
  ○ 계산과정 :
  ○ 답 :

정답

☑ 계산과정

가. $0.1 + (0.01 \times 4) + 0.04 = 0.18 \, [MPa]$

답 | 0.18 [MPa]

나. $Q[L/min] = K\sqrt{10 \times P[MPa]}$

$80[L/min] = K\sqrt{10 \times 0.1[MPa]}$, $K = 80$

① $H-1 : Q_1 = 80\sqrt{10 \times 0.1} = 80.00[L/min]$
② $H-2 : Q_2 = 80\sqrt{10 \times (0.1+0.01)} = 83.90[L/min]$
③ $H-3 : Q_3 = 80\sqrt{10 \times (0.1+0.01+0.01)} = 87.64[L/min]$
④ $H-4 : Q_4 = 80\sqrt{10 \times (0.1+0.01+0.01+0.01)} = 91.21[L/min]$
⑤ $H-5 : Q_5 = 80\sqrt{10 \times (0.1+0.01+0.01+0.01+0.01)} = 94.66[L/min]$

답 | $H-1$: 80.00 [L/min], $H-2$: 83.90 [L/min], $H-3$: 87.64 [L/min], $H-4$: 91.21 [L/min], $H-5$: 94.66 [L/min]

다. $Q = 80 + 83.90 + 87.64 + 91.21 + 94.66 = 437.41[L/min]$

답 | 437.41 [L/min]

라. $D = \sqrt{\dfrac{4Q}{\pi V}} = \sqrt{\dfrac{4 \times \dfrac{0.4374}{60}}{\pi \times 6}} = 0.0393[m] = 0.04[m]$

답 | 0.04 [m]

08   득점   배점 4

분말소화설비에서 분말약제 저장용기와 연결 설치되는 정압작동장치에 대한 다음 각 물음에 답하시오.

가. 정압작동장치의 설치목적은 무엇인지 쓰시오.

나. 정압작동장치의 종류 중 압력스위치방식에 대해 설명하시오.

정답

가. 저장용기의 내부압력이 설정압력이 되었을 때 주밸브를 개방시키는 장치

나. 가압용 가스가 저장용기 내에 가압되어 압력스위치가 동작되면 솔레노이드밸브가 동작되어 주밸브를 개방시키는 방식

09

다음은 연소방지설비에 관한 설명이다. ( ) 안에 적합한 단어를 쓰시오.

가. 연소방지설비의 전용헤드 사용하는 경우 살수헤드의 수가 4개 또는 5개일 경우 배관의 구경은 (㉠) [mm]로 할 것

나. 헤드 간의 수평거리는 연소방지설비 전용헤드의 경우에는 (㉡) [m] 이하, 개방형 스프링클러헤드의 경우에는 (㉢) [m] 이하로 할 것

다. 소방대원의 출입이 가능한 환기구·작업구마다 지하구의 양쪽방향으로 살수헤드를 설정하되, 한쪽 방향의 살수구역의 길이는 (㉣) [m] 이상으로 할 것. 다만 환기구 사이의 간격이 (㉤) [m]를 초과할 경우에는 (㉥) [m] 이내마다 살수구역을 설정하되, 지하구의 구조를 고려하여 방화벽을 설치한 경우에는 그렇지 않다.

정답

㉠ 65, ㉡ 2, ㉢ 1.5, ㉣ 3, ㉤ 700

10

피난설비 중 인명구조기구 종류 3가지만 쓰시오.

①
②
③

정답

① 방열복 또는 방화복
② 공기호흡기
③ 인공소생기

11

배점 6

그림과 같이 바닥면이 자갈로 되어 있는 절연유 봉입 변압기에 물분무소화설비를 설치하고자 한다. 물분무소화설비의 화재안전기술기준을 참고하여 다음 각 물음에 답하시오.

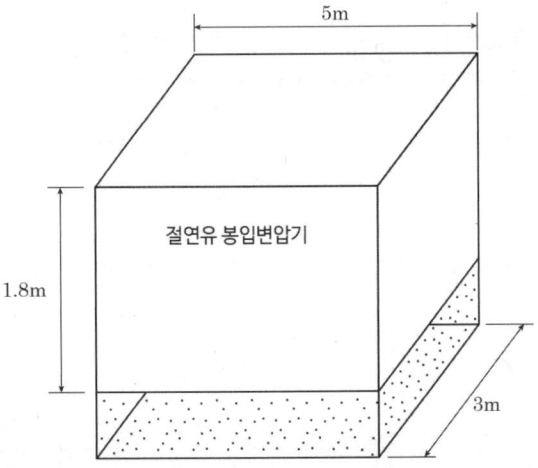

가. 소화펌프의 1) 최소 토출량[L/min]을 구하고, 필요한 2) 최소 수원 양[m³]을 구하시오.

1) 최소 토출량[L/min]

　○ 계산과정 :

　○ 답 :

2) 최소 수원 양[m³]

　○ 계산과정 :

　○ 답 :

나. 고압의 전기기기가 있을 경우 물분무헤드와 전기기기의 이격기준인 다음의 표를 완성하시오.

전압[kV]	거리[cm]	전압[kV]	거리[cm]
66 이하	(㉠) 이상	154 초과 181 이하	180 이상
66 초과 77 이하	80 이상	181 초과 220 이하	(㉡) 이상
77 초과 110 이하	110 이상	220 초과 275 이하	260 이상
110 초과 154 이하	150 이상	−	−

정답

가. 계산과정

수원량[L] = A[m^2] × 10 [$L/min \cdot m^2$] × 20 [min]
(A : 바닥부분 제외 변압기 표면적)

1) $A = (5 \times 1.8 \times 2) + (3 \times 1.8 \times 2) + (5 \times 3) = 43.8[m^2]$
   $Q = 43.8[m^2] \times 10 [L/min \cdot m^2] = 438 [L/min]$

답 | 토출량 438 [L/min]

2) 수원량 = $438[L/min] \times 20[min] = 8760[L] = 8.76[m^3]$

답 | 수원량 8.76 [m^3]

나. ㉠ 70, ㉡ 210

핵심이론 물분무소화설비 수원의 저수량

소방대상물	수원량 산정방법	비고
특수가연물을 저장·취급하는 특정소방대상물 또는 그 부분	A [m^2] × 10 [$L/min \cdot m^2$] × 20 [min] 이상 (A : 바닥면적)	최대 방수구역의 바닥면적을 기준으로 함 50 [m^2] 이하인 경우에는 50 [m^2]
절연유 봉입 변압기	A [m^2] × 10 [$L/min \cdot m^2$] × 20 [min] 이상 (A : 바닥부분을 제외한 표면적을 합한 면적)	-
컨베이어벨트 등	A [m^2] × 10 [$L/min \cdot m^2$] × 20 [min] 이상 (A : 벨트 부분의 바닥면적)	-
케이블 트레이, 케이블 덕트 등	A [m^2] × 12 [$L/min \cdot m^2$] × 20 [min] 이상 (A : 투영된 바닥면적)	-
차고·주차장	A [m^2] × 20 [$L/min \cdot m^2$] × 20 [min] 이상 (A : 바닥면적)	최대 방수구역의 바닥면적을 기준으로 함 50 [m^2] 이하인 경우에는 50 [m^2]

12

득점 | 배점 12

지상 6층의 근린생활시설에 옥내소화전설비를 설치할 경우 아래의 [조건]을 참조하여 다음 각 물음에 답하시오.

조건

(1) 옥내소화전이 가장 많이 설치된 층의 설치개수는 4개이다.
(2) 실양정은 25 [m], 배관(관부속 포함) 및 소방호스의 마찰손실수두는 10 [m]이다.
(3) 펌프의 효율은 65 [%], 전달계수는 1.1을 적용한다.
(4) 배관의 호칭구경은 다음 표를 참조한다.

호칭구경[mm]	40	50	65	80	100	125	150
배관 안지름[mm]	42.1	53.2	69.0	81.0	105.3	130.1	155.5

(5) 유량측정장치(유량계)는 오리피스 형식(Orifice Type)을 사용하며 규격은 다음과 같다.

호칭구경[mm]	32	40	50	65	80	100	125
유량 범위[L/min]	70 ~ 360	110 ~ 550	220 ~ 1100	540 ~ 2200	700 ~ 3300	900 ~ 4500	1200 ~ 6000

가. 토출 측 수직 주배관은 호칭구경이 몇 [mm]인 배관을 사용하여야 하는가?
  ○ 계산과정 :
  ○ 답 :

나. 펌프의 최대 체절압력은 몇 [kPa]인가?
  ○ 계산과정 :
  ○ 답 :

다. 성능시험배관에 설치하는 유량측정장치(유량계)의 최소 호칭구경은 몇 [mm]인가?
  ○ 계산과정 :
  ○ 답 :

라. 펌프를 정격토출량의 150 [%]로 운전할 때의 최소 양정은 몇 [m]인가?
  ○ 계산과정 :
  ○ 답 :

마. ㉠, ㉡밸브의 명칭은 각각 무엇인가? (단, 화재안전기술기준에서 사용하는 명칭을 따른다)

> 성능시험배관은 펌프의 토출 측에 설치된 개폐밸브 이전에서 분기하여 직선으로 설치하고, 유량측정장치를 기준으로 전단 직관부에는 (㉠)를 후단 직관부에는 (㉡)를 설치할 것. 이 경우 개폐밸브와 유량측정장치 사이의 직관부 거리 및 유량측정장치와 유량조절밸브 사이의 직관부 거리는 해당 유량측정장치 제조사의 설치사양에 따르고, 성능시험배관의 호칭지름은 유량측정장치의 호칭지름에 따른다.

O 답:

정답

가. 계산과정

$$Q = A \cdot V = \frac{\pi \times D^2}{4} \times 4 [\text{m/s}]$$

$$Q = 2[\text{개}] \times 130[\text{L/min}] = 260[\text{L/min}]$$

$$D = \sqrt{\frac{4Q}{\pi V}} = \sqrt{\frac{4 \times \frac{0.26}{60}[\text{m}^3/\text{s}]}{\pi \times 4[\text{m/s}]}} = 0.03714[\text{m}] = 37.14[\text{mm}] \rightarrow 50[\text{mm}]$$

(옥내소화전 주배관 중 수직 배관의 구경은 50 [mm] 이상으로 해야 함)

> **옥내소화전설비의 화재안전기술기준(NFTC 102)**
> 2.3.5 펌프의 토출 측 주배관의 구경은 유속이 4 [m/s] 이하가 될 수 있는 크기 이상으로 해야 하고, 옥내소화전방수구와 연결되는 가지배관의 구경은 40 [mm](호스릴옥내소화전설비의 경우에는 25 [mm]) 이상으로 해야 하며, 주배관 중 수직배관의 구경은 50 [mm](호스릴옥내소화전설비의 경우에는 32 [mm]) 이상으로 해야 한다.
> 2.3.6 연결송수관설비의 배관과 겸용할 경우의 주배관은 구경 100 [mm] 이상, 방수구로 연결되는 배관의 구경은 65 [mm] 이상의 것으로 해야 한다.

답 | 50 [mm]

나. 계산과정

H = 25 [m] + 10 [m] + 17 [m] = 52 [m]

펌프의 체절압력은 정격토출압(정격양정)의 140 [%]를 초과하지 않아야 하므로

최대 $52[\text{m}] \times 1.4 = 72.8[\text{m}] \rightarrow 72.8[\text{m}] \times \frac{101.325[\text{kPa}]}{10.332[\text{mAq}]} = 713.94[\text{kPa}]$

답 | 713.94 [kPa]

다. 계산과정

유량측정장치는 펌프의 정격토출량의 175 [%] 이상까지 측정할 수 있는 성능이 있을 것

① 정격토출량 : $2 \times 130[L/min] = 260[L/min]$

② 유량계 최대 유량측정 값 : $260[L/min] \times 1.75 = 455[L/min]$

∴ 정격토출량 260 [L/min] ~ 최대 455 [L/min]를 측정할 수 있는 유량계의 호칭구경은 40 [mm], 50 [mm]이다. 따라서 최소 호칭구경은 40 [mm]이다.

답 | 40 [mm]

라. 계산과정

> 펌프의 성능은 체절운전 시 정격토출압력의 140 [%]를 초과하지 않고, 정격토출량의 150 [%]로 운전 시 정격토출압력의 65 [%] 이상이 되어야 하며, 펌프의 성능을 시험할 수 있는 성능시험배관을 설치할 것. 다만 충압펌프의 경우에는 그렇지 않다.

∴ 52 [m] × 0.65 = 33.8 [m]

답 | 33.8 [m]

마. ㉠ 개폐밸브, ㉡ 유량조절밸브

13

배점 6

소방시설의 가압송수장치에서 주로 사용하는 펌프로 터빈펌프와 볼류트펌프가 있다. 이들 펌프의 특징을 비교하여 다음 표의 빈칸에 유, 무, 대, 소, 고, 저 등으로 작성하시오.

구분	볼류트펌프	터빈펌프
임펠러의 안내날개(유, 무)		
송출유량(대, 소)		
송수압력(고, 저)		

정답

구분	볼류트펌프	터빈펌프
임펠러의 안내날개(유, 무)	무	유
송출유량(대, 소)	대	소
송수압력(고, 저)	저	고

14

옥외저장탱크에 포소화설비를 설치하려고 한다. 그림 및 [조건]을 참고하여 다음 각 물음에 답하시오.

조건

(1) 탱크용량 및 형태
  - 원유저장탱크 : 플로팅루프탱크(부상지붕구조)이며 탱크 내 측면과 굽도리판 사이의 거리는 1.2 [m]이다.
  - 등유저장탱크 : 콘루프탱크
(2) 고정포방출구
  - 원유저장탱크 : 특형, 방출구수 2개
  - 등유저장탱크 : I형, 방출구수 2개
(3) 보조포소화약제의 종류 : 단백포 3 [%]
(4) 보조포소화전 : 4개 설치
(5) 고정포방출구의 방출량 및 방사시간

포방출구의 종류 방출량 및 방사시간	I형	II형	특형
방출량[L/min·m²]	4	4	8
방사시간[min]	30	55	30

(6) 구간별 배관길이

배관번호	①	②	③	④	⑤	⑥	⑦	⑧
배관길이[m]	20	10	10	50	50	100	47.9	50

(7) 송액관 내의 유속은 3 [m/s] 이하이다.
(8) 탱크 2대에서의 동시화재는 없는 것으로 간주한다.
(9) 그림이나 조건에 없는 것은 제외한다.

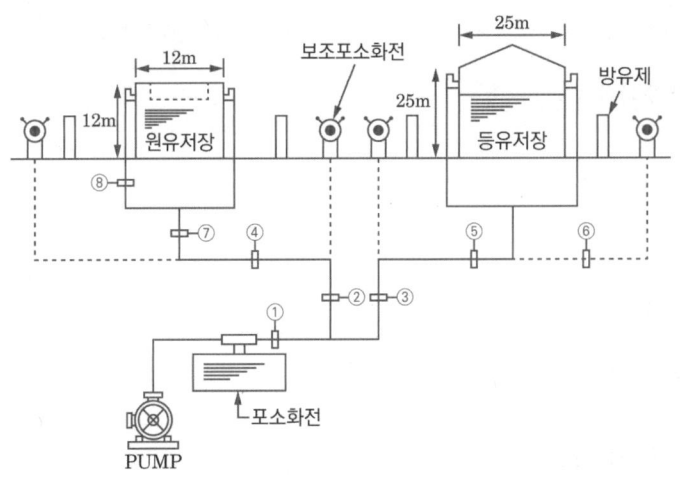

가. 각 탱크에 필요한 포수용액의 양[L/min]은 얼마인지 구하시오.

  1) 원유저장탱크

    ○ 계산과정 :

    ○ 답 :

  2) 등유저장탱크

    ○ 계산과정 :

    ○ 답 :

나. 보조포소화전에 필요한 포수용액의 양[L/min]은 얼마인지 구하시오.

  ○ 계산과정 :

  ○ 답 :

다. 각 탱크에 필요한 포소화약제의 양[L]은 얼마인지 구하시오.

  1) 원유저장탱크

    ○ 계산과정 :

    ○ 답 :

  2) 등유저장탱크

    ○ 계산과정 :

    ○ 답 :

라. 보조포소화전에 필요한 소화약제의 양[L]은 얼마인지 구하시오.

  ○ 계산과정 :

  ○ 답 :

마. 각 송액관의 구경을 구하여 호칭경[mm]으로 답하시오.

호칭경[mm]	25	32	40	50	65	80	90	100	125	150

  1) ○ 계산과정 :

    ○ 답 :

  2) ○ 계산과정 :

    ○ 답 :

  3) ○ 계산과정 :

    ○ 답 :

  4) ○ 계산과정 :

    ○ 답 :

  5) ○ 계산과정 :

    ○ 답 :

6) ◯ 계산과정 :
   ◯ 답 :
7) ◯ 계산과정 :
   ◯ 답 :
8) ◯ 계산과정 :
   ◯ 답 :

바. 송액관에 필요한 포소화약제의 양[L]은 얼마인지 구하시오.
   ◯ 계산과정 :
   ◯ 답 :

사. 포소화설비에 필요한 소화약제의 총량[L]은 얼마인지 구하시오.
   ◯ 계산과정 :
   ◯ 답 :

정답

가. 1) 원유저장탱크

계산과정 : $Q[L/\min] = A[m^2] \times Q_A[L/m^2 \cdot \min]$

$$= \frac{\pi \times (12^2 - 9.6^2)}{4}[m^2] \times 8[L/\min \cdot m^2] = 325.72[L/\min]$$

답 | 325.72 [L/min]

2) 등유저장탱크

계산과정 : $Q[L/\min] = A[m^2] \times Q_A[L/m^2 \cdot \min]$

$$= \frac{\pi \times 25^2}{4}[m^2] \times 4[L/\min \cdot m^2] = 1963.50[L/\min]$$

답 | 1963.5 [L/min]

나. 계산과정 : $Q[L/\min] = N \times 400[L/\min]$

$$= 3[개] \times 400[L/\min] = 1200[L/\min]$$

답 | 1200 [L/min]

다. 1) 원유저장탱크

계산과정 : $Q[L] = A[m^2] \times Q_A[L/m^2 \cdot \min] \times T[\min] \times S$

$$= \frac{\pi \times (12^2 - 9.6^2)}{4}[m^2] \times 8[L/\min \cdot m^2] \times 30[\min] \times 0.03$$

$$= 293.15[L]$$

답 | 293.15 [L]

2) 등유저장탱크

계산과정 : $Q[L] = A[m^2] \times Q_A[L/m^2 \cdot \min] \times T[\min] \times S$

$= \dfrac{\pi \times 25^2}{4}[m^2] \times 4[L/\min \cdot m^2] \times 30[\min] \times 0.03 = 1767.15[L]$

답 | 1767.15 [L]

라. 계산과정 : $Q[L] = N \times 400[L/\min] \times 20[\min] \times S$

$= 3[개] \times 400[L/\min] \times 20[\min] \times 0.03 = 720[L]$

답 | 720 [L]

마. 1) 계산과정 : $Q = 1963.5[L/\min] + 1200[L/\min] = 3163.5[L/\min]$

$D = \sqrt{\dfrac{4 \times \dfrac{3.1635}{60}[m^3/s]}{\pi \times 3[m/s]}} = 0.1496[m] = 149.6[mm]$

답 | 150 [mm]

2) 계산과정 : $Q = 325.72[L/\min] + (3[개] \times 400[L/\min]) = 1525.72[L/\min]$

$D = \sqrt{\dfrac{4 \times \dfrac{1.52572}{60}[m^3/s]}{\pi \times 3[m/s]}} = 0.1039[m] = 103.9[mm]$ **답 | 125 [mm]**

3) 계산과정 : $Q = 1963.5[L/\min] + (3[개] \times 400[L/\min]) = 3163.5[L/\min]$

$D = \sqrt{\dfrac{4 \times \dfrac{3.1635}{60}[m^3/s]}{\pi \times 3[m/s]}} = 0.1496[m] = 149.6[mm]$ **답 | 150 [mm]**

4) 계산과정 : $Q = 325.72[L/\min] + (2[개] \times 400[L/\min]) = 1125.72[L/\min]$

$D = \sqrt{\dfrac{4 \times \dfrac{1.12572}{60}[m^3/s]}{\pi \times 3[m/s]}} = 0.0892[m] = 89.2[mm]$ **답 | 90 [mm]**

5) 계산과정 : $Q = 1963.5[L/\min] + (2[개] \times 400[L/\min]) = 2763.5[L/\min]$

$D = \sqrt{\dfrac{4 \times \dfrac{2.7635}{60}[m^3/s]}{\pi \times 3[m/s]}} = 0.1398[m] = 139.8[mm]$ **답 | 150 [mm]**

6) 계산과정 : $Q = 2[개] \times 400[L/\min] = 800[L/\min]$

$D = \sqrt{\dfrac{4 \times \dfrac{0.8}{60}[m^3/s]}{\pi \times 3[m/s]}} = 0.0752[m] = 75.2[mm]$ **답 | 80 [mm]**

7) 계산과정 : $Q = 325.72[L/\min]$

$D = \sqrt{\dfrac{4 \times \dfrac{0.32572}{60}[m^3/s]}{\pi \times 3[m/s]}} = 0.0480[m] = 48[mm]$ **답 | 50 [mm]**

8) 계산과정 : $Q = \dfrac{325.72[L/min]}{2}$

$$D = \sqrt{\dfrac{4 \times \dfrac{0.32572}{2 \times 60}[m^3/s]}{\pi \times 3[m/s]}} = 0.0339[m] = 33.9[mm]$$ **답 | 40 [mm]**

바. 계산과정

$$\left\{\left(\dfrac{\pi}{4} \times 0.15^2 \times 20\right) + \left(\dfrac{\pi}{4} \times 0.125^2 \times 10\right) + \left(\dfrac{\pi}{4} \times 0.15^2 \times 10\right) + \left(\dfrac{\pi}{4} \times 0.09^2 \times 50\right)\right.$$
$$\left. + \left(\dfrac{\pi}{4} \times 0.15^2 \times 50\right) + \left(\dfrac{\pi}{4} \times 0.08^2 \times 100\right)\right\}[m^3] \times 0.03 \times 1000[L/m^3] = 70.72[L]$$

→ 구경 75 [mm] 이하의 송액관은 제외 **답 | 70.72 [L]**

사. 계산과정

고정포방출구에서 필요한 양 + 보조포소화전에서 필요한 양 + 송액관 충전량
= 1767.15 + 720 + 70.72 = 2557.87 [L] **답 | 2557.87 [L]**

격차를 뛰어넘어 압도적인 격차를 만들다

2016

1회	2016.04.17
2회	2016.06.26
4회	2016.11.12

2016년 1회

2016.04.17

01 배점 5

수계소화설비의 가압펌프에서 정격토출압력 및 정격토출유량이 각각 80 [m] 및 800 [LPM]인 원심펌프의 성능 특성 곡선을 그리고 체절점, 설계점, 최대 운전점 등을 명시하시오.

○ 답

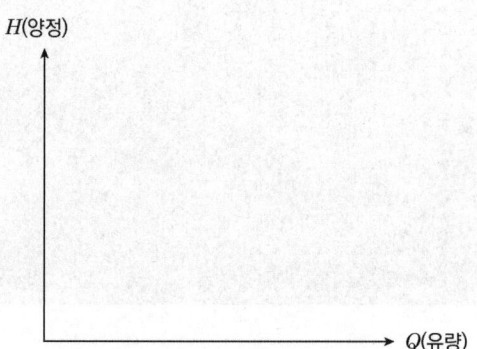

정답

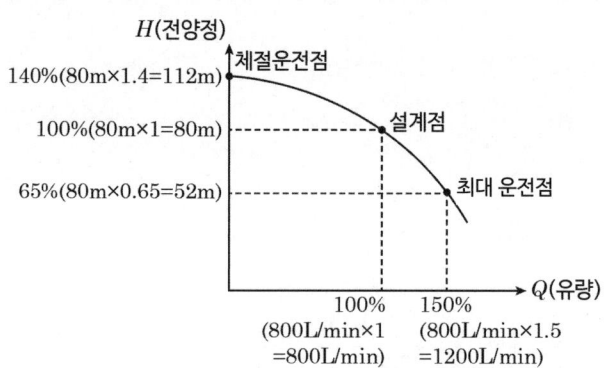

[펌프의 성능특성곡선(유량과 양정이 주어졌을 때)]

02

배점 4

다음 도면 중 A, B, C, D 배관명칭을 쓰시오.

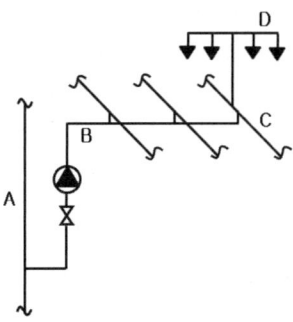

○ 답

정답

A : 주배관, B : 수평주행배관, C : 교차배관, D : 가지배관

03

배점 6

토너먼트 배관을 설치해야 하는 소화설비의 종류 4가지를 기술하고, 스프링클러설비에는 토너먼트 배관설비를 설치하지 못하는 이유를 2가지 기술하시오.

가. 토너먼트 배관 설치하는 설비

○ 답

①
②
③
④

나. 토너먼트 배관설비를 설치하지 못하는 이유

○ 답

①
②

> **정답**
>
> 가. 토너먼트 배관 설치하는 설비
>   ① 이산화탄소소화설비
>   ② 할론소화설비
>   ③ 분말소화설비
>   ④ 할로겐화합물 및 불활성기체소화설비
>   ⑤ 압축공기포소화설비
>
> 나. 토너먼트 배관설비를 설치하지 못하는 이유
>   ① 마찰손실이 크다.
>   ② 분기지점에 수격작용 발생

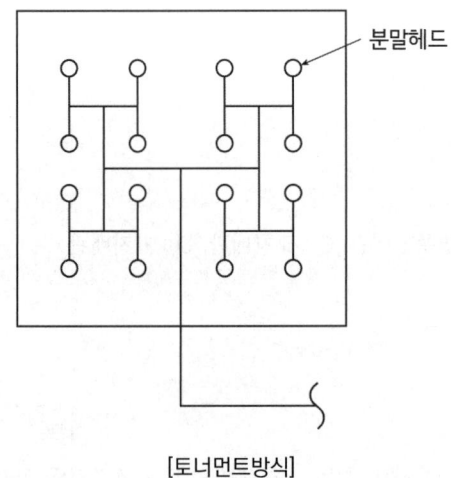

[토너먼트방식]

04 배점 4

절연유 봉입 변압기에 물분무소화설비를 그림과 같이 적용하고자 한다. 바닥 부분을 제외한 변압기의 표면적을 100 [m²]라고 할 때, 다음 물음에 답하시오. (단, 물분무헤드의 방사압력은 0.4 [MPa]로 한다)

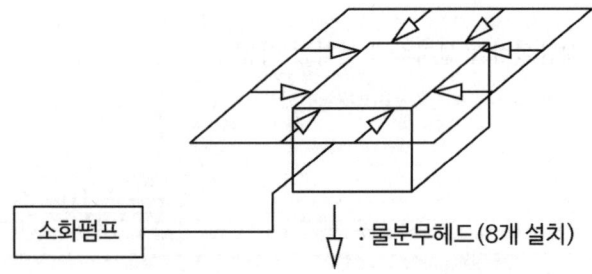

가. 펌프의 분당 토출량은 몇 [L/min]인가?
  ○ 계산과정 :
  ○ 답 :

나. 헤드 1개당 방사량은 몇 [L/min]인가?
  ○ 계산과정 :
  ○ 답 :

다. 방출계수 K값은 얼마인가?
  ○ 계산과정 :
  ○ 답 :

정답

☑ 계산과정

가. 펌프의 분당 토출량 [L/min]

핵심이론 물분무소화설비 수원의 저수량

소방대상물	수원량 산정방법	비고
특수가연물을 저장·취급하는 특정소방대상물 또는 그 부분	A [m²] × 10 [L/min·m²] × 20 [min] 이상 (A : 바닥면적)	최대 방수구역의 바닥면적을 기준으로 함 50 [m²] 이하인 경우에는 50 [m²]
절연유 봉입 변압기	A [m²] × 10 [L/min·m²] × 20 [min] 이상 (A : 바닥부분을 제외한 표면적을 합한 면적)	-
컨베이어벨트 등	A [m²] × 10 [L/min·m²] × 20 [min] 이상 (A : 벨트 부분의 바닥면적)	-
케이블 트레이, 케이블 덕트 등	A [m²] × 12 [L/min·m²] × 20 [min] 이상 (A : 투영된 바닥면적)	-
차고·주차장	A [m²] × 20 [L/min·m²] × 20 [min] 이상 (A : 바닥면적)	최대 방수구역의 바닥면적을 기준으로 함 50 [m²] 이하인 경우에는 50 [m²]

∴ 100 [m²] × 10 [L/min·m²] = 1000 [L/min] **답 |** 1000[L/min]

나. $\frac{1000[L/min]}{8[개]} = 125[L/min \cdot 개]$ **답 |** 125[L/min·개]

다. $125[L/min \cdot 개] = K\sqrt{10 \times 0.4[MPa]}$
  ∴ $K = 62.5$ **답 |** 62.5

05

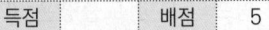

다음은 저압식 이산화탄소소화설비의 계통도이다. 상시 폐쇄되어 있는 밸브와 상시 개방되어 있는 밸브의 번호를 쓰시오.

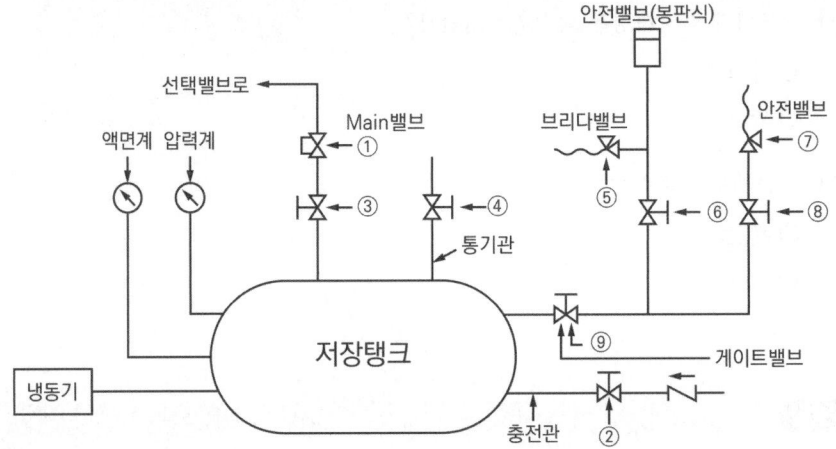

○ 답

가. 상시 폐쇄되어 있는 밸브 :

나. 상시 개방되어 있는 밸브 :

> 정답

가. 상시 폐쇄되어 있는 밸브 : 1, 2, 4, 5, 7
나. 상시 개방되어 있는 밸브 : 3, 6, 8, 9

06

전기실에 제 1종 분말소화약제를 사용한 분말소화설비를 전역방출방식의 가압식으로 설치하려고 한다. 다음 [조건]을 참조하여 각 물음에 답하시오.

> 조건

(1) 건물 크기는 가로 20 [m], 세로 10 [m], 높이 3 [m]이고 개구부는 없다.
(2) 분말 분사헤드의 사양은 1.5 [kg/s], 방출시간은 30초 기준이다.
(3) 헤드 배치는 정방형으로 하고 헤드와 벽과의 간격은 헤드 간격의 1/2 이하로 한다.
(4) 배관은 최단거리 토너먼트 배관으로 구성한다.

가. 소화약제량[kg]을 구하시오.
  ○ 계산과정 :
  ○ 답 :

나. 가압용 가스로 질소가스를 사용하는 경우 가스(질소)의 최소 필요양[L] (35 [℃], 1기압의 압력상태로 환산한 것)을 구하시오.
  ○ 계산과정 :
  ○ 답 :

다. 분사헤드의 최소 개수는?
  ○ 계산과정 :
  ○ 답 :

라. 헤드 배치도 및 개략적인 배관도를 작성하시오. (단, 눈금 1개의 간격은 1 [m]이고, 분말소화배관 연결지점은 상부 중간에서 분기하며 토너먼트방식으로 한다)

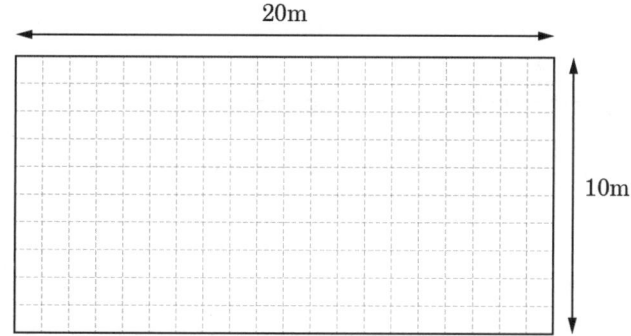

  ○ 답 :

정답

가. 계산과정 : 분말소화설비 전역방출방식 약제량 $W[kg] = (V \times \alpha) + (A \times \beta)$

V : 방호구역 체적 [m³]
α : 방호구역 1 [m³]에 대한 소화약제의 양 [kg/m³]
A : 개구부 면적 [m²], β : 개구부 가산량 [kg/m²]

소화약제의 종별	방호구역 체적 1 [m³]에 대한 소화약제량[kg]	개구부 면적 1 [m²]에 대한 소화약제량[kg]
제1종 분말	0.60 [kg]	4.5 [kg]
제2종 · 제3종 분말	0.36 [kg]	2.7 [kg]
제4종 분말	0.24 [kg]	1.8 [kg]

약제량 = (20 × 10 × 3) [m³] × 0.6 [kg/m³] = 360 [kg]

답 | 360[kg]

나.

가압용 가스	• 질소가스는 소화약제 1 [kg]마다 40 [L] 이상 • 이산화탄소는 소화약제 1 [kg]에 대하여 20 [g] 이상	+	배관 청소에 필요한 양 (이산화탄소만 해당)
축압용 가스	• 질소가스는 소화약제 1 [kg]에 대하여 10 [L] 이상 • 이산화탄소는 소화약제 1 [kg]에 대하여 20 [g] 이상	+	배관 청소에 필요한 양 (이산화탄소만 해당)

* 배관의 청소에 필요한 양의 가스는 별도의 용기에 저장할 것

계산과정 : 가압용 가스(질소) 양 = 360 [kg] × 40 [L/kg] = 14400 [L]

답 | 14400[L]

다. 계산과정 : $\dfrac{360[kg]}{1.5[kg/s \cdot 개] \times 30[s]} = 8[개]$

답 | 8개

라.
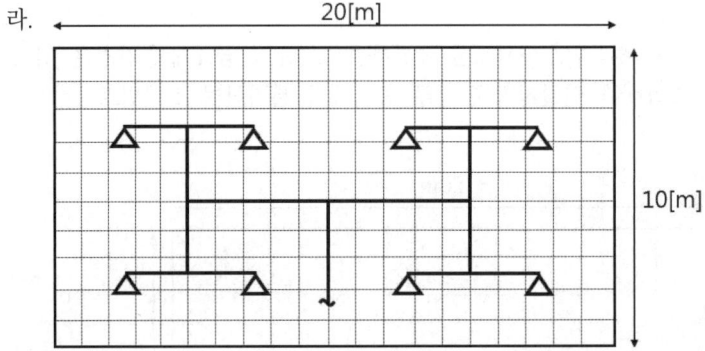

07

배점 5

할로겐화합물 및 불활성기체소화설비에서 저장용기의 기준에 관한 설명이다. ( ) 안에 알맞은 답을 쓰시오.

저장용기의 약제량 손실이 (①)를 초과하거나 압력손실이 (②)를 초과할 경우에는 재충전하거나 저장용기를 교체할 것. 다만 불활성기체소화약제 저장용기의 경우에는 압력손실이 (③)를 초과할 경우 재충전하거나 저장용기를 교체해야 한다.

O 답 :

정답

① 5 [%] ② 10 [%] ③ 5 [%]

08

그림에서 ㉮실을 급기 가압하여 옥외와의 압력 차가 50 [Pa]이 유지되도록 하려고 한다. 급기량은 약 몇 [m³/min]이어야 하는가?

조건

① 급기량(Q)은 $Q = 0.827 \times A \times \sqrt{P}$로 구한다.
  (여기서 Q : 급기량[m³/s], A : 틈새면적[m²], P : 급기 가압실 내의 기압[Pa])
② 그림에서 A_1, A_2, A_3, A_4는 닫힌 출입문으로 공기누설 틈새면적은 모두 0.01 [m²]으로 한다.

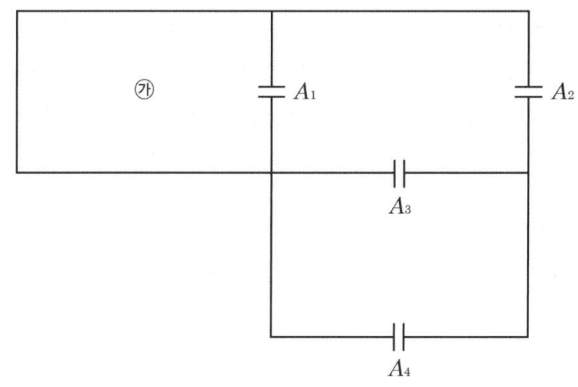

○ 계산과정 :

○ 답 :

정답

✓ 계산과정

틈새면적[m²]의 합계 구하는 공식

1. 병렬상태인 경우 : $A_T[m^2] = A_1 + A_2 + \cdots + A_n$
2. 직렬상태인 경우

$$A_T[m^2] = \frac{1}{\sqrt{\frac{1}{A_1^2} + \frac{1}{A_2^2} + \cdots + \frac{1}{A_n^2}}} = \left(\frac{1}{A_1^2} + \frac{1}{A_2^2} + \cdots + \frac{1}{A_n^2}\right)^{-\frac{1}{2}}$$

직렬 A_3, A_4 : $A_{3-4} = \left(\frac{1}{0.01^2} + \frac{1}{0.01^2}\right)^{-\frac{1}{2}} = 0.00707 \ [m^2]$

병렬 A_2, A_{3-4} : $A_{2-4} = (0.01 + 0.00707) = 0.01707 \ [m^2]$

직렬 $A_1, A_{2-4} : A_{1-4} = (\dfrac{1}{0.01^2} + \dfrac{1}{0.01707^2})^{-\frac{1}{2}} = 0.00863 \,[\text{m}^2]$

급기량 $Q = 0.827 \times A \times \sqrt{P}$

$Q = 0.827 \times 0.00863 \times \sqrt{50} = 0.05047\,[m^3/s] = 3.03\,[m^3/min]$

답 | 3.03 [m³/min]

09

| 득점 | | 배점 | 5 |

소화펌프의 성능에서 임펠러 직경 150 [mm], 회전수 1770 [rpm], 유량 4,000 [L/min]과 양정 50 [m]로 가압 송수하고 있을 때, 펌프를 교환하여 임펠러직경 200 [mm], 회전수 1170 [rpm]로 운전하면 유량 [L/min], 양정[m]은 각각 얼마인가?

가. 유량 [L/min]
   ○ 계산과정 :   ○ 답 :

나. 양정 [m]
   ○ 계산과정 :   ○ 답 :

정답

가. 계산과정

서로 다른 치수의 펌프를 비교(상사)했을 때

유량 $[m^3/s]$ $Q_2 = \left(\dfrac{N_2}{N_1}\right)^1 \times \left(\dfrac{D_2}{D_1}\right)^3 \times Q_1$

양정(압력) [m] $H_2 = \left(\dfrac{N_2}{N_1}\right)^2 \times \left(\dfrac{D_2}{D_1}\right)^2 \times H_1$

동력 [kW] $L_2 = \left(\dfrac{N_2}{N_1}\right)^3 \times \left(\dfrac{D_2}{D_1}\right)^5 \times L_1$

$Q_2 = \left(\dfrac{N_2}{N_1}\right)^1 \times \left(\dfrac{D_2}{D_1}\right)^3 \times Q_1 = \left(\dfrac{1,170}{1,770}\right)^1 \times \left(\dfrac{200}{150}\right)^3 \times 4,000 = 6,267.42\,[\text{L/min}]$

답 | 6,267.42 [L/min]

나. 계산과정

$H_2 = \left(\dfrac{N_2}{N_1}\right)^2 \times \left(\dfrac{D_2}{D_1}\right)^2 \times H_1 = \left(\dfrac{1,170}{1,770}\right)^2 \times \left(\dfrac{200}{150}\right)^2 \times 50 = 38.84\,[\text{m}]$

답 | 38.84 [m]

10

배점 5

다음 그림을 보고 Q_3 [m³/s] 및 V_3 [m/s]를 구하시오.

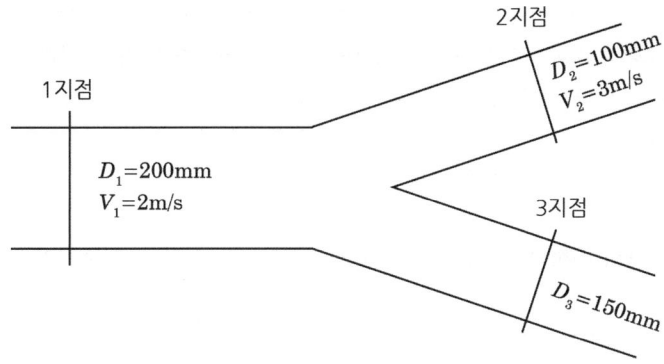

○ 계산과정 :

○ 답 :

정답

☑ 계산과정

$Q_1 = Q_2 + Q_3$

$Q_1 = \dfrac{\pi \times 0.2^2}{4}[m^2] \times 2[m/s] = 0.063[m^3/s]$

$Q_2 = \dfrac{\pi \times 0.1^2}{4}[m^2] \times 3[m/s] = 0.024[m^3/s]$

$Q_3 = Q_1 - Q_2 = 0.063 - 0.024 = 0.039[m^3/s]$

$0.039[m^3/s] = \dfrac{\pi \times 0.15^2}{4} \times V_3, \quad V_3 = 2.21[m/s]$

답 | $Q_3 = 0.04\,[m^3/s],\ V_3 = 2.21\,[m/s]$

11

다음 [조건]을 참고하여 건물 각 층의 소화기의 설치개수를 산정하시오.

조건

(1) 지하 2층과 지하 1층은 주차장 용도이고, 지상 1 ~ 3층은 사무실이다.
(2) 각 층의 바닥면적은 1500 [m²]이다.
(3) 지하 2층에는 100 [m²]의 보일러실이 포함되어 있다.
(4) 해당 특정소방대상물은 비내화구조이며, 전 층에 소화설비가 없는 것으로 가정한다.
(5) A급 3단위 소화기로 설치하며, 자동확산소화기는 소화기 개수 산정에서 제외한다.

가. 지하 1층
  ○ 계산과정 :
  ○ 답 :

나. 지하 2층
  ○ 계산과정 :
  ○ 답 :

다. 지상 1 ~ 3층 사무실
  ○ 계산과정 :
  ○ 답 :

정답

☑ 계산과정

가. 지하 1층

- 능력단위 $= \dfrac{1500[m^2]}{100[m^2/단위]} = 15[단위]$

- 소화기의 개수 $= \dfrac{15[단위]}{3[단위/개]} = 5[개]$

답 | 5 [개]

나. 지하 2층

소화기 개수 = 특정소방대상물별 설치해야 할 소화기 + 부속용도별로 추가해야 할 소화기

① 특정소방대상물별 설치해야 할 소화기의 개수(주차장)

- 능력단위 = $\dfrac{1500[\text{m}^2]}{100[\text{m}^2/\text{단위}]} = 15[\text{단위}]$

- 소화기의 개수 = $\dfrac{15[\text{단위}]}{3[\text{단위}/\text{개}]} = 5[\text{개}]$

② 부속용도별로 추가해야 할 소화기 개수(보일러실)

- 능력단위 : $\dfrac{100[\text{m}^2]}{25[\text{m}^2/\text{단위}]} = 4[\text{단위}]$

- 소화기의 개수 = $\dfrac{4[\text{단위}]}{3[\text{단위}/\text{개}]} = 1.333 \rightarrow 2[\text{개}]$

따라서 총 개수 = 5 + 2 = 7 [개]

답 | 7 [개]

다. 지상 1 ~ 3층

- 1개의 층에 필요한 능력단위 = $\dfrac{1500[\text{m}^2]}{100[\text{m}^2/\text{단위}]} = 15[\text{단위}]$

- 1개의 층에 설치해야 할 소화기의 개수 = $\dfrac{15[\text{단위}]}{3[\text{단위}/\text{개}]} = 5[\text{개}]$

- 지상 1 ~ 3층에 설치해야 할 소화기의 개수 = $5[\text{개}/\text{층}] \times 3[\text{층}] = 15[\text{개}]$

답 | 15 [개]

핵심이론 특정소방대상물별 소화기구의 능력단위 표

특정소방대상물	소화기구의 능력단위
1. 위락시설	해당 용도의 바닥면적 30 [m²]마다 능력단위 1단위 이상
2. 공연장, 집회장, 관람장, 문화재, 장례식장 및 의료시설	해당 용도의 바닥면적 50 [m²]마다 능력단위 1단위 이상
3. 근린생활시설, 판매시설, 운수시설, 숙박시설, 노유자시설, 전시장, 공동주택, 업무시설, 방송통신시설, 공장, 창고시설, 항공기 및 자동차 관련 시설 및 관광휴게시설	해당 용도의 바닥면적 100 [m²]마다 능력단위 1단위 이상
4. 그 밖의 것	해당 용도의 바닥면적 200 [m²]마다 능력단위 1단위 이상

[비고] 소화기구의 능력단위를 산출함에 있어서 건축물의 주요구조부가 내화구조이고, 벽 및 반자의 실내에 면하는 부분이 불연재료·준불연재료 또는 난연재료로 된 특정소방대상물에 있어서는 위 표의 바닥면적의 2배를 해당 특정소방대상물의 기준면적으로 한다.

핵심이론 부속용도별로 추가해야 할 소화기구 및 자동소화장치

용도별	소화기구의 능력단위
1. 다음 각 목의 시설. 다만 스프링클러설비·간이스프링클러설비·물분무등소화설비 또는 상업용 주방자동소화장치가 설치된 경우에는 자동확산소화기를 설치하지 않을 수 있다. 가. 보일러실(아파트의 경우 방화구획된 것을 제외)·건조실·세탁소·대량화기취급소 나. 음식점(지하가의 음식점을 포함)·다중이용업소·호텔·기숙사·노유자시설·의료시설·업무시설·공장·장례식장·교육연구시설·교정 및 군사시설의 주방. 다만 의료시설·업무시설 및 공장의 주방은 공동취사를 위한 것에 한한다. 다. 관리자의 출입이 곤란한 변전실·송전실·변압기실 및 배전반실(불연재료로 된 상자 안에 장치된 것을 제외)	1. 해당 용도의 바닥면적 25 [m²]마다 능력단위 1단위 이상의 소화기로 할 것. 이 경우 나목의 주방에 설치하는 소화기 중 1개 이상은 주방화재용 소화기(K급)로 설치해야 한다. 2. 자동확산소화기는 해당 용도의 바닥면적을 기준으로 10 [m²] 이하는 1개, 10 [m²] 초과는 2개 이상을 설치하되, 보일러, 조리기구, 변전설비 등 방호대상에 유효하게 분사될 수 있는 위치에 배치될 수 있는 수량으로 설치할 것
2. 발전실·변전실·송전실·변압기실·배전반실·통신기기실·전산기기실 기타 이와 유사한 시설이 있는 장소. 다만 제1호 다목의 장소를 제외한다.	해당 용도의 바닥면적 50 [m²]마다 적응성이 있는 소화기 1개 이상 또는 유효설치방호체적 이내의 가스·분말·고체에어로졸 자동소화장치, 캐비닛형 자동소화장치

12

내경이 10 [cm]인 소방용 호스에 내경이 3 [cm]인 노즐이 부착되어 있다. 1.5 [m³/min]의 방수량으로 대기 중에 방사할 경우 아래 조건에 따라 각 물음에 답하시오. (단, 마찰손실은 무시한다)

가. 소방용 호스의 평균유속[m/s]을 계산하시오.
　○ 계산과정 :
　○ 답 :

나. 소방용 호스에 부착된 노즐의 유속[m/s]을 계산하시오.
　○ 계산과정 :
　○ 답 :

다. 소방용 노즐의 반동력[N]을 계산하시오.
　○ 계산과정 :
　○ 답 :

정답

가. 계산과정 : $V = \dfrac{4Q}{\pi D^2} = \dfrac{4 \times \dfrac{1.5}{60}}{\pi \times 0.1^2} = 3.183 ≒ 3.18 [m/s]$　　답 | 3.18 [m/s]

나. 계산과정 : $V = \dfrac{4Q}{\pi D^2} = \dfrac{4 \times \dfrac{1.5}{60}}{\pi \times 0.03^2} = 35.367 ≒ 35.37 [m/s]$　　답 | 35.37 [m/s]

다. 계산과정

$F_x [N] = P_1 [Pa] \times A_1 [m^2] - \rho [kg/m^3] \times Q [m^3/s] \times \Delta V [m/s]$

여기서 P_1은 베르누이방정식으로부터 도출한다.

$\dfrac{P_1}{\gamma} + \dfrac{V_1^2}{2g} + Z_1 = \dfrac{P_2}{\gamma} + \dfrac{V_2^2}{2g} + Z_2 \quad (Z_1 = Z_2, P_2 = 0 [대기압])$

$\dfrac{P_1 [Pa]}{9800 [N/m^3]} + \dfrac{(3.18 [m/s])^2}{2 \times 9.8 [m/s^2]} = \dfrac{(35.37 [m/s])^2}{2 \times 9.8 [m/s^2]}$

∴ $P_1 = 620462.25 [Pa]$

$F_x [N] = P_1 [Pa] \times A_1 [m^2] - \rho [kg/m^3] \times Q [m^3/s] \times \Delta V [m/s]$

$= (620462.25 \times \dfrac{\pi \times 0.1^2}{4}) - \left\{ 1000 \times \dfrac{1.5}{60} \times (35.37 - 3.18) \right\}$

$= 4068.35 [N]$

답 | 4068.35 [N]

13

폐쇄형 헤드를 사용한 스프링클러설비의 말단 배관 중 K점에 필요한 압력수의 수압 [MPa]을 주어진 [조건]을 이용하여 산정하시오.

득점 / 배점 10

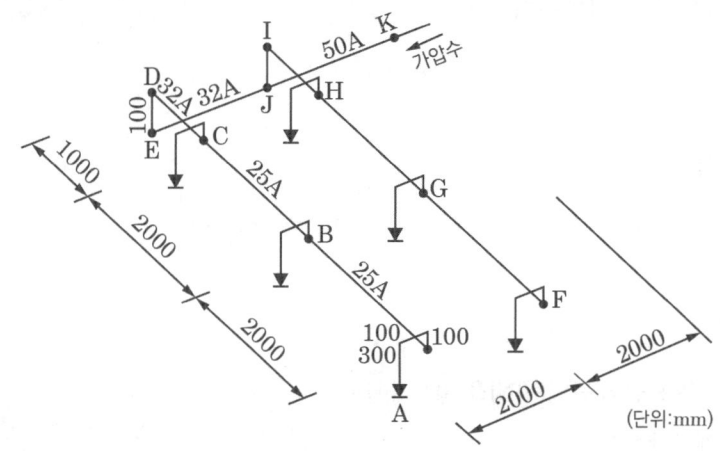

조건

(1) 직관 마찰손실수두(100 [m]당)   (단위 : m)

개수	유량	25 [A]	32 [A]	40 [A]	50 [A]
1	80 [L/min]	39.82	11.38	5.40	1.68
2	160 [L/min]	150.42	42.84	20.29	6.32
3	240 [L/min]	307.77	87.66	41.51	12.93
4	320 [L/min]	521.92	148.66	70.40	21.93
5	400 [L/min]	789.04	224.75	106.31	32.99
6	480 [L/min]		321.55	152.26	47.43

(2) 관이음쇠 마찰손실에 해당하는 직관길이   (단위 : m)

관이음	25 [A]	32 [A]	40 [A]	50 [A]
90°엘보	0.9	1.2	1.5	2.1
레듀셔	0.54	0.72	0.9	1.2
티(직류)	0.27	0.36	0.45	0.6
티(분류)	1.5	1.8	2.1	3.0

(3) 헤드 나사는 $PT\frac{1}{2}$(15 [A])를 기준으로 한다.

(4) 말단 헤드의 방사압은 0.1 [MPa]이다.

(5) 동일 구경의 티를 사용할 것

(6) 수압산정에 필요한 계산과정을 상세히 명시할 것

(7) 관이음쇠 및 마찰손실에 해당하는 직관길이 산출 시 호칭구경이 큰 쪽에 따른다.

가. 배관의 마찰손실수두[m] (다만 다음 표에 나온 구간별로 계산하시오)

구간	관경	유량	등가 관장길이[m]	마찰손실수두[m]
J – K	50 [A]	480 [L/min]		
C – J	32 [A]	240 [L/min]		
B – C	25 [A]	160 [L/min]		
A – B	25 [A]	80 [L/min]		

나. 위치수두[m]를 구하시오.
- 계산과정 :
- 답 :

다. 방사요구 압력수두[m]를 구하시오.
- 답 :

라. K점의 최소 요구압력[MPa]
- 계산과정 :
- 답 :

정답

가.

구간	관경	유량	등가 관장길이[m]	마찰손실 수두[m]
J – K	50 [A]	480 [L/min] (헤드 6개)	– 직관길이 : 2 [m] – 상당길이 ① 분류T 1개 : 3 [m] ② 레듀셔(50 × 32) 1개 : 1.2 [m] ∴ 총합 : 2 + 3 + 1.2 = 6.2 [m]	$6.2[m] \times \dfrac{47.43[m]}{100[m]}$ $= 2.94[m]$

C – J	32 [A]	240 [L/min]
		(헤드 3개)
			– 직관길이 : 2 + 0.1 + 1 = 3.1 [m]
			– 상당길이
			① 90°엘보 2개 :
			   2 × 1.2 = 2.4 [m]
			② 분류T 1개 : 1.8 [m]
			③ 레듀셔(32 × 25) 1개 :
			   0.72 [m]
			∴ 총합 : 3.1 + 2.4 + 1.8 + 0.72
			     = 8.02 [m]
				$8.02[m] \times \dfrac{87.66[m]}{100[m]}$
				$= 7.03[m]$

B – C	25 [A]	160 [L/min] (헤드 2개)	– 직관길이 : 2 [m] – 상당길이 ① 분류T 1개 : 1.5 [m] ∴ 총합 : 2 + 1.5 = 3.5 [m]	$3.5[m] \times \dfrac{150.42[m]}{100[m]}$ $= 5.26[m]$

구간	관경	유량	등가 관장길이[m]	마찰손실 수두[m]
A – B	25 [A]	80 [L/min] (헤드 1개)	- 직관길이 : 2 + 0.1 + 0.1 + 0.3 = 2.5 [m] - 상당길이 ① 90°엘보 3개 : 3 × 0.9 = 2.7 [m] ② 레듀셔(25 × 15) 1개 : 0.54 [m] ∴ 총합 : 2.5 + 2.7 + 0.54 = 5.74 [m]	$5.74[m] \times \dfrac{39.82[m]}{100[m]}$ $= 2.29[m]$

나. 계산과정 : 0.1 + 0.1 - 0.3 = -0.1 [m]

답 | -0.1 [m]

다. 10 [m]

라. 계산과정 : 낙차압 = -0.001 [MPa]
    총 마찰손실수두 = 2.94 + 7.03 + 5.26 + 2.29 = 17.52 [m]
    K점 필요압력(토출압) = 낙차압[MPa] + 마찰손실압[MPa] + 방사압[MPa]
                                   = (-0.001 [MPa]) + 0.1752 [MPa] + 0.1 [MPa]
                                   = 0.2742 [MPa]
  ∴ K점 필요압력(토출압) = 0.27 [MPa]

답 | 0.27 [MPa]

14   배점 5

압력챔버의 안전밸브 작동압력과 기능을 설명하시오.

가. 안전밸브의 작동압력

나. 압력챔버의 기능

> **정답**

가. 안전밸브의 작동압력 : 호칭압력에서 호칭압력의 1.3배 압력범위 이내

나. 압력챔버의 기능 : 펌프의 자동기동 및 정지, 압력챔버 내 공기로 인한 수격방지기 역할, 순간적인 압력변화를 안정적으로 감지하여 펌프 및 동력제어반 보호

15

배점 5

길이 800 [m]인 관로 속을 2.5 [m/s] 속도로 물이 흐르고 있을 때 출구의 밸브를 1.3초 후에 잠그면 압력 상승은 몇 [kPa]인가? (단, 수관 속의 음속은 a = 1000 [m/s]이다)

○ 계산과정 :

○ 답 :

정답

☑ 계산과정

핵심이론 수격작용에 의한 상승압력 ΔP

$$\Delta P = \frac{\gamma \times a \times V}{g} = \frac{9.8 \times a \times V}{g}$$

여기서 ΔP : 상승압력 [kPa]
γ : 관로 속 유체 비중량 [kN/m³]
a : 압력파의 전파속도(= 음속) [m/s]
(충격파 속도는 유체 내 음속과 동일)
V : 유속 [m/s], g : 중력가속도 [9.8 m/s²]

$$\Delta P = \frac{\gamma \times a \times V}{g} = \frac{9.8 \times a \times V}{g} = \frac{9.8 \times 1000 \times 2.5}{9.8} = 2500 \, [kPa]$$

답 | 2500 [kPa]

16

배점 6

특별피난계단의 부속실에 설치하는 제연설비에 관한 다음 물음에 답하시오.

가. 옥내의 압력이 750 [mmHg]일 때 화재 시 부속실에 유지하여야 할 최소 압력은 절대압력은 몇 [kPa]인지를 구하시오. (단, 옥내에 스프링클러가 설치되지 아니한 경우이다)

○ 계산과정 :

○ 답 :

나. 부속실만 단독으로 제연하는 방식이며 부속실이 면하는 옥내가 복도로서 그 구조가 방화구조이다. 제연구역에는 옥내와 면하는 2개의 출입문이 있으며 각 출입문의 크기는 가로 1 [m], 세로 2 [m]이다. 이때 유입공기의 배출을 배출구에 따른 배출방식으로 할 경우 개폐기의 개구면적은 최소 몇 [m²]인지 구하시오.

○ 계산과정 :

○ 답 :

정답

가. 계산과정

스프링클러설비가 설치되지 않은 경우
부속실에 유지하여야 할 최소 압력 = 옥내의 압력 + 40 [Pa]

① 옥내의 절대압

$$750[mmHg] \times \frac{101,325[Pa]}{760[mmHg]} = 99,991.78[Pa]$$

② 부속실에 유지하여야 할 최소 압력

99,991.77 [Pa] + 40 [Pa] = 100,031.78 [Pa] = 100.03 [kPa]

특별피난계단의 계단실 및 부속실 제연설비의 화재안전기술기준(NFTC 501A)

2.3 차압 등

2.3.1 2.1.1.1의 기준에 따라 제연구역과 옥내와의 사이에 유지해야 하는 최소 차압은 40 [Pa](옥내에 스프링클러설비가 설치된 경우에는 12.5 [Pa]) 이상으로 해야 한다.

2.3.2 제연설비가 가동되었을 경우 출입문의 개방에 필요한 힘은 110 [N] 이하로 해야 한다.

2.3.3 2.1.1.2의 기준에 따라 출입문이 일시적으로 개방되는 경우 개방되지 않은 제연구역과 옥내와의 차압은 2.3.1의 기준에도 불구하고 2.3.1의 기준에 따른 차압의 70 [%] 이상이어야 한다.

2.3.4 계단실과 부속실을 동시에 제연하는 경우 부속실의 기압은 계단실과 같게 하거나 계단실의 기압보다 낮게 할 경우에는 부속실과 계단실의 압력 차이는 5 [Pa] 이하가 되도록 해야 한다.

답 | 100.03 [kPa]

나. 계산과정

> **핵심이론** 개폐기의 개구면적
>
> 개폐기의 개구면적은 다음 식에 따라 산출한 수치 이상으로 할 것
>
> $$A_0 = \frac{Q_N}{2.5}$$
>
> A_0 : 개폐기의 개구면적 [m²]
> Q_N : 수직풍도가 담당하는 1개 층의 제연구역의 출입문 1개의 면적[m²]과 방연풍속[m/s]를 곱한 값 [m³/s]
> (여기서 출입문은 옥내와 면하는 출입문을 말한다)

① Q_N = 출입문 1개의 면적[m²] × 방연풍속[m/s]
 - 출입문 1개의 면적 : $1 \times 2 \, [m^2]$
 - 방연풍속(제연구역이 '부속실이 면하는 옥내가 복도'일 때) : $0.5 \, [m/s]$
 ∴ $Q_N = (1 \times 2)[m^2] \times 0.5[m/s] = 1[m^3/s]$

② $A_0 = \dfrac{Q_N}{2.5} = \dfrac{1}{2.5} = 0.4[m^2]$

> **핵심이론** 방연풍속[m/s] : 연기유입을 방지할 수 있는 풍속

제연구역		방연풍속
계단실 및 그 부속실을 동시에 제연하는 것 또는 계단실만 단독으로 제연하는 것		0.5 [m/s] 이상
부속실만 단독으로 제연하는 것	부속실 또는 승강장이 면하는 옥내가 거실인 경우	0.7 [m/s] 이상
	부속실이 면하는 옥내가 복도로서 그 구조가 방화구조(내화시간이 30분 이상인 구조를 포함)인 것	0.5 [m/s] 이상

답 | 0.4 [m²]

2016년 2회

2016.06.26

01

배점 4

외경이 2 [m]이고 길이 1.5 [m]인 원통형 내압용기가 두께 3 [mm]인 연강판으로 제작되었다. 용접에 의한 허용 응력감소를 무시할 때 이 용기 내부에 허용할 수 있는 최고 압력[MPa]을 구하시오. (단, 내압용기에 재료의 허용응력은 $SE = 250$ [MPa]이다)

○ 계산과정 :

○ 답 :

정답

☑ 계산과정

> **참고** 할로겐화합물 및 불활성기체소화설비의 배관 – 배관의 두께
>
> 배관의 두께는 다음의 식에서 구한 값(t) 이상일 것, 다만 방출헤드 설치부는 제외한다.
>
> $$배관의 두께(t) = \frac{PD}{2SE} + A$$
>
> P : 최대 허용압력 [kPa]
> D : 배관의 바깥지름 [mm]
> SE : 최대 허용응력 [kPa]
>   (인장강도 1/4 값과 항복점의 2/3 값 중 작은 값 × 배관이음효율 × 1.2)
>   ※ 배관이음효율
>   • 이음매 없는 배관 : 1
>   • 전기저항 용접배관 : 0.85
>   • 가열맞대기 용접배관 : 0.6
> A : 나사이음, 홈이음 등의 허용 값 [mm](헤드의 설치부분은 제외)
>   • 나사이음 : 나사의 높이
>   • 절단홈이음 : 홈의 깊이
>   • 용접이음 : 0

$$P = \frac{t \times 2 \times SE}{D} = \frac{3 \times 2 \times 250}{2 \times 10^3} = 0.75 \, [MPa]$$

답 | 0.75[MPa]

02

배점 5

수원의 수위가 펌프보다 낮은 위치에 있는 가압송수장치에 설치해야 하는 물올림장치의 설치기준 2가지를 쓰시오.

①

②

정답

① 물올림 장치에는 전용의 수조를 설치할 것
② 수조의 유효수량은 100 [L] 이상으로 하되, 구경 15 [mm] 이상의 급수배관에 따라 해당 수조에 물이 계속 보급되도록 할 것

03

배점 5

아래 도면은 준비작동식 스프링클러설비의 계통도를 나타낸 것이다. 화재발생 시 수신반, 감지기, 압력스위치, 전자밸브, 준비작동밸브 등 상호 간의 작동 연계성을 간단히 쓰시오.

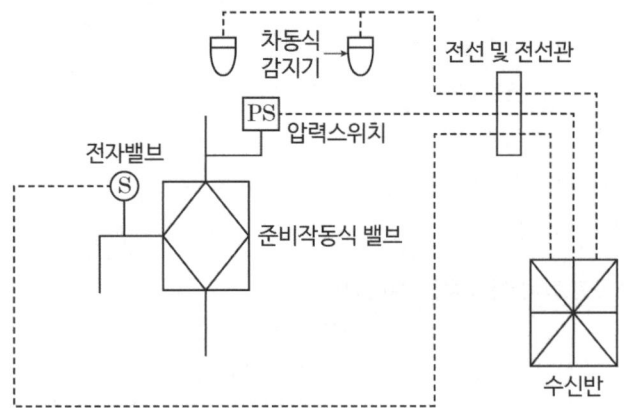

- 1단계 :
- 2단계 :
- 3단계 :
- 4단계 :
- 5단계 :
- 6단계 :

> TIP ▶ 문제의 계통도에 명시된 용어를 사용하여 답하는 것을 권장한다. 또한 계통도상에 사이렌이 없으므로 사이렌은 기재하지 않는 것이 좋다.

정답

- 1단계 : 감지기 A, B 작동
- 2단계 : 수신반에 신호(화재표시등 및 지구표시등 점등)
- 3단계 : 전자밸브(솔레노이드밸브) 작동
- 4단계 : 준비작동식 밸브 개방
- 5단계 : 압력스위치 작동
- 6단계 : 수신반에 신호(기동표시등 및 밸브개방표시등 점등)

04 [배점 5]

습식 스프링클러설비의 시험장치의 시험 작동 시 확인할 수 있는 사항 5가지를 쓰시오.

①
②
③
④
⑤

정답

① 습식유수검지장치의 작동 유무
② 규정방수량 및 방수압 확인
③ 음향경보장치의 작동 확인
④ 제어반의 화재표시등 및 밸브개방표시등 점등 확인
⑤ 펌프의 자동기동 확인

> 📌 **참고** 스프링클러설비의 시험장치 설치기준
>
> 1. 습식 스프링클러설비 및 부압식 스프링클러설비에 있어서는 유수검지장치 2차 측 배관에 연결하여 설치하고 건식 스프링클러설비인 경우 유수검지장치에서 가장 먼 거리에 위치한 가지배관의 끝으로부터 연결하여 설치할 것. 이 경우 유수검지장치 2차 측 설비의 내용적이 2840 [L]를 초과하는 건식 스프링클러설비는 시험장치 개폐밸브를 완전 개방 후 1분 이내에 물이 방사되어야 한다.
> 2. 시험장치 배관의 구경은 25 [mm] 이상으로 하고, 그 끝에 개폐밸브 및 개방형 헤드 또는 스프링클러헤드와 동등한 방수성능을 가진 오리피스를 설치할 것. 이 경우 개방형 헤드는 반사판 및 프레임을 제거한 오리피스만으로 설치할 수 있다.
> 3. 시험배관의 끝에는 물받이 통 및 배수관을 설치하여 시험 중 방사된 물이 바닥에 흘러내리지 않도록 할 것. 다만 목욕실·화장실 또는 그 밖의 곳으로서 배수처리가 쉬운 장소에 시험배관을 설치한 경우에는 그렇지 않다.

05

배관 내의 유체온도 및 외부온도의 변화에 따라 배관이 팽창 또는 수축을 하므로 배관 또는 기구의 파손이나 굽힘을 방지하기 위하여 배관 도중에 사용되는 신축이음의 종류 5가지를 쓰시오.

①
②
③
④
⑤

정답

① 슬리브형 이음
② 루프형 이음
③ 벨로즈형 이음
④ 스위블형 이음
⑤ 볼조인트 이음

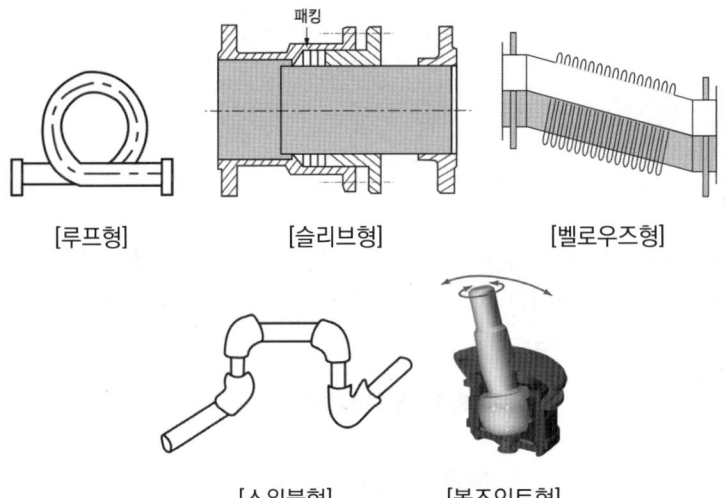

[루프형] [슬리브형] [벨로우즈형]

[스위블형] [볼조인트형]

06

배관 속의 물이 3000 [N/s]의 유량으로 흐르고 있다. 배관의 직경은 300 [mm]이다.

가. 배관에서의 유속 V [m/s]을 구하시오.
  ○ 계산과정 :
  ○ 답 :

나. 유속 V = 9.74 [m/s]일 때 직경 D [m]을 구하시오.
  ○ 계산과정 :
  ○ 답 :

정답

☑ 계산과정

가. $\dot{G} = \gamma A V$

$$V = \frac{G}{\gamma A} = \frac{3000 [N/s]}{9800 [N/m^3] \times \frac{\pi}{4} \times 0.3^2 [m^2]} = 4.33 [m/s]$$

답 | 4.33 [m/s]

나. $\dot{G} = \gamma A V$

$$D = \sqrt{\frac{G \times 4}{\gamma \times \pi \times V}} = \sqrt{\frac{3000 [N/s] \times 4}{9800 [N/m^3] \times \pi \times 9.74 [m/s]}} = 0.2 [m]$$

답 | 0.2 [m]

07

관로를 유동하는 물의 유속을 측정하고자 아래 그림과 같은 장치를 설치하였다. U자 관의 읽음이 20 [cm]일 때 유속은 몇 [m/s]인지 구하시오. (단, 수은의 비중은 13.6, 속도계수는 1이다)

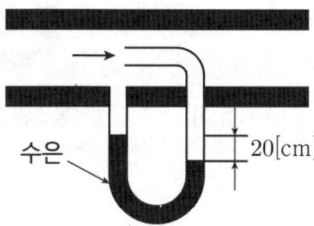

○ 계산과정 :
○ 답 :

> **정답**
>
> ☑ 계산과정
>
> **오리피스 유량계의 유량 공식**
>
> $$Q = C_v \frac{A_2}{\sqrt{1-\left(\frac{A_2}{A_1}\right)^2}} \sqrt{2gh\left(\frac{\gamma_0}{\gamma}-1\right)} = K \times A_2 \sqrt{2gh\left(\frac{\gamma_0}{\gamma}-1\right)}$$
>
> Q : 유량[m³/s], C_v : 속도계수
>
> K : 유량계수 $\left(K = \dfrac{C_v}{\sqrt{1-\left(\frac{A_2}{A_1}\right)^2}}\right)$
>
> h : 마노미터 높이차[m], A_1 : 배관 단면적
>
> A_2 : 오리피스(벤추리관) 단면적, $\dfrac{A_2}{A_1}$: 개구비
>
> γ : 배관유체 비중량$[N/m^3]$
>
> γ_0 : U자관 액주계유체 비중량$[N/m^3]$

$$V = C_v \times \sqrt{2gh\left(\frac{S_0}{S}-1\right)}$$

$$= 1 \times \sqrt{2 \times 9.8 \times 0.2 \times \left(\frac{13.6}{1}-1\right)} = 7.03 [m/s]$$

여기서 C_v : 속도계수, S : 배관유체 비중
S_0 : U자관 액주계유체 비중

답 | 7.03 [m/s]

08 배점 5

다음 그림과 같이 관에 중량 유량이 980 [N/min]로 40℃의 물이 흐르고 있다. ②점에서 공동현상이 발생하지 않는 ①점에서의 최소압력[kPa]을 구하시오. (단, 관의 손실은 무시하고 40 [℃] 물의 증기압은 55.32 [mmHg]이며 소수점 여섯째자리에서 반올림하여 소수점 다섯째자리까지 구하시오)

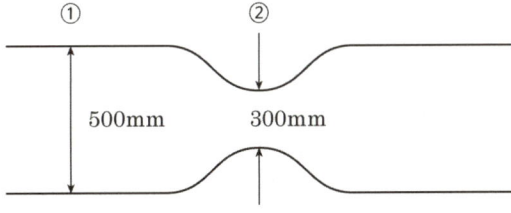

○ 계산과정 :   ○ 답 :

정답

✓ 계산과정

공동현상이 발생하지 않을 조건 : P_2(②점에서의 압력) $\geq P_v$(40 [℃] 물의 증기압)

$$\frac{P_1}{\gamma}+\frac{V_1^2}{2g}+Z_1=\frac{P_2}{\gamma}+\frac{V_2^2}{2g}+Z_2$$

여기서 ②점에서 공동현상이 발생하지 않는 ①점에서의 최소압력은 "$P_2=P_v$일 때의 P_1"이 된다.
또한 관이 수평하므로 $Z_1=Z_2$이다.

$$\frac{P_1}{\gamma}+\frac{V_1^2}{2g}=\frac{P_v}{\gamma}+\frac{V_2^2}{2g}$$

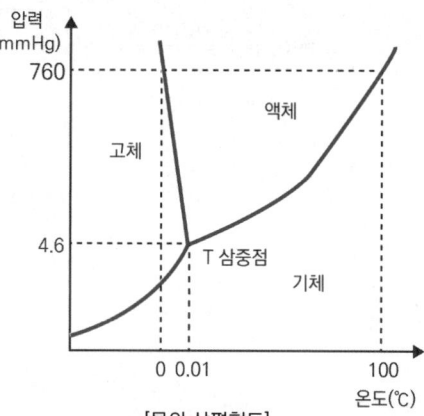

[물의 상평형도]

① V_1[m/s], V_2[m/s]

$$\dot{G}=\gamma_w \cdot A \cdot V\,(\gamma_w=9800\,[\text{N/m}^3])$$

$$V_1=\frac{\dot{G}}{\gamma_w \times A_1}=\frac{\frac{980}{60}[N/s]}{9,800[N/m^3]\times\frac{\pi\times 0.5^2}{4}[m^2]}=0.008488\,[m/s]$$

$$V_2=\frac{\dot{G}}{\gamma_w \times A_2}=\frac{\frac{980}{60}[N/s]}{9,800[N/m^3]\times\frac{\pi\times 0.3^2}{4}[m^2]}=0.023578\,[m/s]$$

② $\frac{P_v}{\gamma}$[mAq]

$H[mAq]=\frac{P}{\gamma}$이므로 $\frac{P_v}{\gamma}=55.32\,[\text{mmHg}]\times\frac{10.332\,[\text{mAq}]}{760\,[\text{mmHg}]}=0.752060\,[mAq]$

③ P_1[kPa]

$$\frac{P_1}{\gamma}+\frac{V_1^2}{2g}=\frac{P_v}{\gamma}+\frac{V_2^2}{2g}$$

$$\frac{P_1}{9.8[\text{kN/m}^3]}+\frac{(0.008488\,[\text{m/s}])^2}{2\times 9.8\,[\text{m/s}^2]}=0.752060\,[mAq]+\frac{(0.023578\,[\text{m/s}])^2}{2\times 9.8\,[\text{m/s}^2]}$$

$\therefore P_1=7.370429 ≒ 7.37043\,[\text{kPa}]$

답 | 7.37043 [kPa]

09 　　　　　　　　　　　　　　　　　　득점　　　배점　7

폐쇄형 헤드를 사용한 스프링클러설비에서 나타난 스프링클러헤드 중 A지점에 설치된 헤드 1개만이 개방되었을 때 다음 각 물음에 답하시오. (단, 주어진 조건을 적용하여 계산하고, 답은 소수점 다섯째자리에서 반올림하여 소수점 넷째자리까지 구하시오)

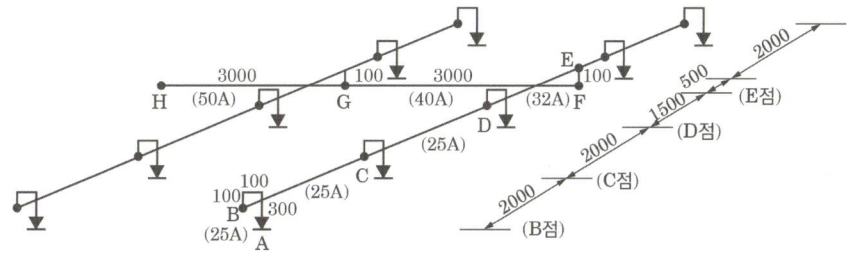

※ 설비 도면의 길이단위는 [mm]이다.

조건

(1) 급수관 중 H점에서의 가압수 압력은 0.15 [MPa]로 계산한다.
(2) 티 및 엘보는 직경이 다른 티, 엘보는 사용치 않는다.
(3) 스프링클러헤드는 15 [A]용 헤드가 설치된 것으로 한다.
(4) 직관 마찰손실(100 [m]당)

(단위 : m)

유량	25 [A]	32 [A]	40 [A]	50 [A]
80 [L/min]	39.82	11.38	5.40	1.68

(A에서의 헤드 방수량을 80 [L/min]로 계산한다)

(5) 관경이 변하는 관 부속품은 관경이 큰 쪽으로 손실수두를 계산한다.
(6) 관이음쇠 마찰손실에 해당하는 직관길이

(단위 : m)

구분	25 [A]	32 [A]	40 [A]	50 [A]
90°엘보	0.90	1.20	1.50	2.10
레듀셔	(25 × 15 [A]) 0.54	(32 × 25 [A]) 0.72	(40 × 32 [A]) 0.90	(50 × 40 [A]) 1.20
티(직류)	0.27	0.36	0.45	0.60
티(분류, 측류)	1.50	1.80	2.10	3.00

가. A ~ H까지의 전체 배관 마찰손실압력[MPa] (단, 직관 및 관이음쇠를 모두 고려하여 구한다)

  ○ 계산과정 :

  ○ 답 :

나. H지점을 기준으로 한 A지점의 낙차[m]
  ○ 계산과정 :
  ○ 답 :

다. A지점에서의 방사압력[MPa]
  ○ 계산과정 :
  ○ 답 :

정답

가. 계산과정 : 배관의 마찰손실압력
  ① 50 [A] [H - G]

[50 [A] (H - G구간)]

  ㉠ 직관길이 : 3 [m]
  ㉡ 상당길이
    • 50 × 40 [A] 레듀셔 : 1개 × 1.20 = 1.20 [m]
    • 50 × 50 × 50 [A] 직류티 : 1개 × 0.60 = 0.60 [m]
  ㉢ 직관길이 및 상당길이 합계 : 4.8 [m]
  ㉣ 마찰손실수두 = $4.8 \times \frac{1.68}{100}$ = 0.08064 [m]

  ② 40 [A] [G - E]

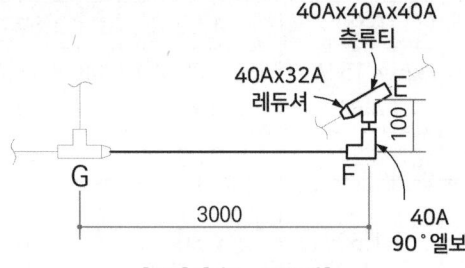

[40 [A] (G - E구간)]

  ㉠ 직관길이 : 0.1 + 3 = 3.1 [m]
  ㉡ 상당길이
    • 40 × 32 [A] 레듀셔 : 1개 × 0.90 = 0.90 [m]
    • 40 [A] 90°엘보 : 1개 × 1.50 = 1.50 [m]
    • 40 × 40 × 40 [A] 측류티 : 1개 × 2.10 = 2.10 [m]

ⓒ 직관길이 및 상당길이 합계 : 7.6 [m]

ⓓ 마찰손실수두 = 7.6 × $\dfrac{5.40}{100}$ = 0.4104 [m]

③ 32 [A] [E - D]

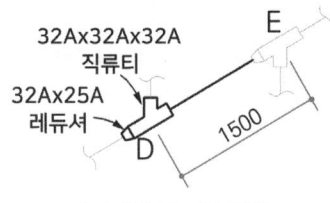

[32 [A] (E - D구간)]

㉠ 직관길이 : 1.5 [m]

㉡ 상당길이
- 32 × 25 [A] 레듀셔 : 1개 × 0.72 = 0.72 [m]
- 32 × 32 × 32 [A] 직류티 : 1개 × 0.36 = 0.36 [m]

㉢ 직관길이 및 상당길이 합계 : 2.58 [m]

㉣ 마찰손실수두 = 2.58 × $\dfrac{11.38}{100}$ = 0.2936 [m]

④ 25 [A] [D - A]

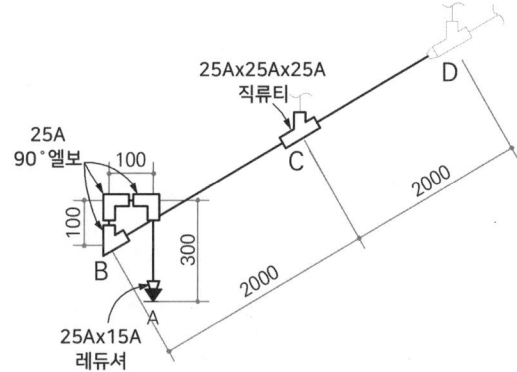

[25 [A] (D - A구간)]

㉠ 직관길이 : 0.1 + 0.1 + 0.3 + 2 + 2 = 4.5 [m]

㉡ 상당길이
- 25 × 15 [A] 레듀셔 : 1개 × 0.54 = 0.54 [m]
- 25 [A] 90°엘보 : 3개 × 0.9 = 2.7 [m]
- 25 × 25 × 25 [A] 직류티 : 1개 × 0.27 = 0.27 [m]

㉢ 직관길이 및 상당길이 합계 : 8.01 [m]

㉣ 마찰손실수두 = 8.01 × $\dfrac{39.82}{100}$ = 3.1895 [m]

⑤ 배관의 마찰손실수두 합계 = 3.1895 + 0.2936 + 0.4104 + 0.0806
= 3.9741 [m]

∴ 배관 마찰손실압력 = 0.0397 [MPa]

답 | 0.0397 [MPa]

나. 계산과정 : H지점을 기준으로 한 A지점의 낙차
  낙차 H = 0.1 + 0.1 - 0.3 = -0.1[m]
  (기준점으로부터 올라가면 +, 내려가면 -)

답 | - 0.1 [m]

다. 계산과정 : A지점에서의 방사압력
  A지점에서의 방사압력 = H점에서의 압력 - H점과 A점 사이 마찰손실압력 - 낙차압
  = 0.15[MPa] - 0.0397[MPa] - (-0.001[MPa])

답 | 0.1113 [MPa]

10

득점 ___ 배점 7

최상층의 옥내소화전 방수구까지의 수직높이가 85 [m]인 24층 건축물의 1층에 설치된 소화펌프의 정격토출압력은 1.2 [MPa]이고, 옥내소화전설비의 요구압력이 0.27 [MPa]이며, 펌프의 기동 설정압력(Setting)은 0.8 [MPa]이다. 기타 마찰손실을 무시할 경우 다음 물음에 답하시오.

가. 펌프 사양(양정)의 적합성 여부
  ○ 계산과정 :   ○ 답 :

나. 펌프의 자동 기동 여부
  ○ 답 :

정답

가. 계산과정
  ① 정격토출양정 120 [m](1.2 [MPa]) > 펌프의 필요 양정일 때, 펌프 사양이 적합하다.
  ② 펌프의 필요 양정 = 실양정 + 마찰손실 + 방사압력환산수두 = 85 [m] + 27 [m] = 112 [m]
  ∴ 정격토출양정 120 [m](1.2 [MPa]) > 펌프의 필요 양정(112 [m])이므로 펌프는 적합하다.

답 | 펌프 사양 적합

나. ① 자연낙차(85 [m]) = 자연압(0.85 [MPa])
  펌프가 자동 기동하기 위해서는 기동점이 자연압(0.85 [MPa])보다는 커야 한다.
  기동 설정 압력 0.8 [MPa] > 자연압 0.85 [MPa]이므로 자동 기동 불가

답 | 자동 기동 불가

📁 참고 자연압

펌프 중심으로부터 말단 방수구까지의 높이를 압력으로 환산한 값

11

지하 2층, 지상 11층의 사무소 건물에 있어서 스프링클러설비를 설계하려고 한다. 해당 스프링클러설비를 화재안전기술기준과 다음 조건을 이용하여 각 물음에 답하시오.

조건

① 건축물은 내화구조이며, 건축물의 평면도는 다음과 같다.

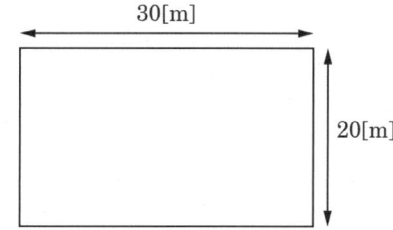

② 펌프의 풋밸브로부터 최상층 스프링클러 헤드까지의 실양정은 48 [m]이다.
③ 펌프가 소요 최소정격용량으로 작동할 때 최상층의 시스템까지 유수에 의하여 일어나는 배관 내 마찰손실수두는 12 [m]이다.
④ 펌프의 효율은 65 [%], 물의 비중량은 9800 [N/m³], 동력전달계수는 1.1이다.
⑤ 모든 규격치는 최소량을 적용한다.

가. 그림과 같이 내화구조인 건축물에 스프링클러헤드를 정방형으로 배치하려고 한다. 지상층의 헤드 개수를 산정하시오.
  ○ 계산과정 :
  ○ 답 :

나. 소화수 공급배관인 입상배관의 구경은 몇 [mm] 이상으로 하여야 하는가? (단, 호칭경[mm]으로 답하고 유속 4 [m/s]를 적용할 것)
  ○ 계산과정 :
  ○ 답 :

다. 펌프의 전양정[m]은 얼마인가?
  ○ 계산과정 :
  ○ 답 :

라. 펌프의 운전에 필요한 전동기의 최소동력은 몇 [kW] 이상인가?
  ○ 계산과정 :
  ○ 답 :

[보충] 스프링클러설비의 화재안전기술기준, 공동주택의 화재안전기술기준 및 창고시설의 화재안전기술기준에 명시된 내용을 반영한 표

정답

☑ 계산과정

가. 설치장소별 수평거리 R

설치장소	수평거리(R)
• 특수가연물을 저장 또는 취급하는 장소 • 무대부	1.7 [m] 이하
• 기타구조로 된 경우 • 라지드롭형 스프링클러헤드를 설치하는 창고 　(단, ① 특수가연물을 저장 또는 취급하는 창고 : 1.7 [m] 이하 　　　② 내화구조로 된 창고 : 2.3 [m] 이하)	2.1 [m] 이하
• 내화구조로 된 경우	2.3 [m] 이하
• 아파트등의 세대 내	2.6 [m] 이하

R(수평거리) = 2.3 [m]

S(헤드 간 거리) = $2R\cos\theta = 2 \times 2.3 \times \cos 45°= 3.25$ [m]

① 가로 = $\frac{30}{3.25}$ = 9.23 ≒ 10[개]

② 세로 = $\frac{20}{3.25}$ = 6.15 ≒ 7[개]

1개 층에 설치하는 헤드는 70개이므로 총 헤드 수는 70개 × 11층(지상층) = 770개

답 | 770 [개]

나. 층수가 11층 이상인 특정소방대상물의 폐쇄형 헤드 기준개수 30개

※ 폐쇄형 스프링클러헤드를 사용하는 경우 설치장소별 기준개수
[스프링클러설비의 설치장소별 스프링클러헤드의 기준개수]

스프링클러설비의 설치장소			기준개수
지하층을 제외한 층수가 10층 이하인 특정소방대상물	공장	특수가연물을 저장·취급하는 것	30개
		그 밖의 것	20개
	근린생활시설, 판매시설·운수시설 또는 복합건축물	판매시설 또는 복합건축물(판매시설이 설치되는 복합건축물)	30개
		그 밖의 것	20개
	그 밖의 것	헤드의 부착높이가 8 [m] 이상의 것	20개
		헤드의 부착높이가 8 [m] 미만의 것	10개
지하층을 제외한 층수가 11층 이상인 특정소방대상물·지하가 또는 지하역사			30개
[비고] 하나의 소방대상물이 2 이상의 "스프링클러헤드의 기준개수"란에 해당하는 때에는 기준개수가 많은 것을 기준으로 한다. 다만 각 기준개수에 해당하는 수원을 별도로 설치하는 경우에는 그렇지 않다.			

$$Q = AV = \frac{\pi D^2}{4} \times V$$

따라서 $D = \sqrt{\frac{4Q}{\pi V}}$

여기서 $Q = 30$개 $\times 80[L/\min] = 2400[L/\min] = 2.4[m^3/\min] = 0.04[m^3/s]$

$\therefore D = \sqrt{\frac{4Q}{\pi V}} = \sqrt{\frac{4 \times 0.04[m^3/s]}{\pi \times 4[m/s]}} = 0.11284[m] = 112.84[mm] \Rightarrow 125[mm]$

답 | 125 [mm]

다. $H = h_1 + h_2 + 10m = 48 + 12 + 10 = 70[m]$

답 | 70 [m]

라. $P[kW] = \frac{\gamma QH}{\eta} \times K$ ($\gamma_w = 9.8[kN/m^3]$)

$P[kW] = \frac{9.8[kN/m^3] \times 0.04[m^3/s] \times 70[m]}{0.65} \times 1.1 = 46.44[kW]$

답 | 46.44 [kW]

12

배점 4

방호구역의 체적이 300 [m³]인 소방대상물에 이산화탄소소화설비를 하였다. 이곳에 80 [kg]을 방출하였을 때 이산화탄소의 농도 [%]를 구하시오. (단, 실내압력은 121 [kPa]이고, 온도는 22 [℃]이다)

○ 계산과정 :   ○ 답 :

정답

☑ 계산과정

참고 이상기체 상태방정식

$$PV = W\overline{R}T$$
$$PV = nRT = \frac{W}{M}RT = W\left(\frac{R}{M}\right)T = W\overline{R}T$$

P : 절대압력 [kPa]   V : 부피 [m³]
W : 질량 [kg]   n : 몰수 [kmol]
T : 절대온도 [K]   M : 분자량 [kg/kmol]
R : 일반기체상수 [kPa·m³/kmol·K] = [kJ/kmol·K]
$\overline{R}$: 특정기체상수 [kPa·m³/kg·K] = [kJ/kg·K]

암기 ▶ 일반기체상수 R
= 0.082 [atm·m³/kmol·K]
= 8.314 [kPa·m³/kmol·K]

이상기체 상태방정식 $PV = \dfrac{W}{M}RT$

$R = 0.082\,[atm \cdot m^3/kmol \cdot K] = 8.314\,[kJ/kmol \cdot K]$

CO_2 체적$[m^3]$ $V = \dfrac{WRT}{PM}$

$= \dfrac{80\,[kg] \times 8.314\,[kJ/kmol \cdot K] \times (273+22)\,[K]}{121\,[kPa] \times 44\,[kg/kmol]} = 36.85\,[m^3]$

CO_2 농도$[\%] = \dfrac{\text{방출}CO_2\text{가스체적}}{\text{방호구역체적} + \text{방출}CO_2\text{가스체적}} \times 100$

$= \dfrac{36.85}{300 + 36.85} \times 100 = 10.94\,[\%]$

답 | 10.94 [%]

13   배점 10

다음 제연설비 관련 도면을 보고 각 물음에 답하시오.

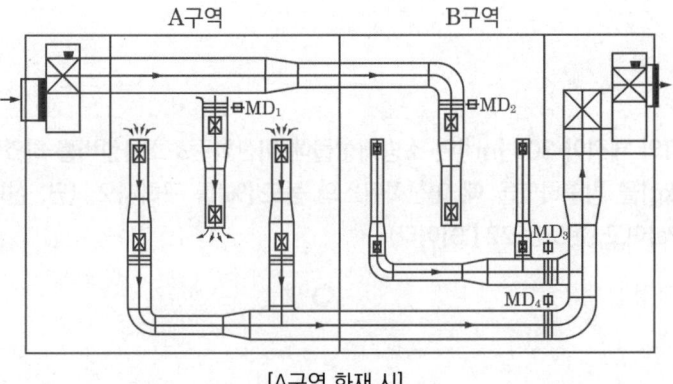

[A구역 화재 시]

조건
(1) 그림에서 $MD_1 \sim MD_4$는 모터로 구동되는 댐퍼이다.
(2) 그림의 왼쪽은 급기설비, 오른쪽은 배기설비를 나타낸다.

가. 동일실 제연방식이란 무엇인가?
   ○ 답 :

나. 인접구역 상호제연방식이란 무엇인가?
   ○ 답 :

다. 다음 제연방식을 택할 경우 댐퍼의 상태를 OPEN, CLOSE로 표시하시오.

1) 동일실 제연방식을 택할 경우

구분	급기	배기
A실 화재 시	MD₁ :	MD₄ :
	MD₂ :	MD₃ :
B실 화재 시	MD₂ :	MD₃ :
	MD₁ :	MD₄ :

2) 인접구역 상호제연방식을 택할 경우

구분	급기	배기
A실 화재 시	MD₂ :	MD₄ :
	MD₁ :	MD₃ :
B실 화재 시	MD₁ :	MD₃ :
	MD₂ :	MD₄ :

정답

가. 화재구역에서 급기와 배기를 동시에 하는 방식

나. 화재구역에서 배기하고 인접구역에서 급기가압하는 방식

다. 1) 동일실 제연방식을 택할 경우

구분	급기	배기
A실 화재 시	MD₁ : OPEN	MD₄ : OPEN
	MD₂ : CLOSE	MD₃ : CLOSE
B실 화재 시	MD₂ : OPEN	MD₃ : OPEN
	MD₁ : CLOSE	MD₄ : CLOSE

2) 인접구역 상호제연방식을 택할 경우

구분	급기	배기
A실 화재 시	MD₂ : OPEN	MD₄ : OPEN
	MD₁ : CLOSE	MD₃ : CLOSE
B실 화재 시	MD₁ : OPEN	MD₃ : OPEN
	MD₂ : CLOSE	MD₄ : CLOSE

14

득점 / 배점 8

전기실에 제1종 분말소화약제를 사용한 분말소화설비를 전역방출방식의 가압식으로 설치하려고 한다. 다음 [조건]을 참조하여 각 물음에 답하시오.

조건

(1) 특정소방대상물의 크기는 가로 11 [m], 세로 9 [m], 높이 4.5 [m]인 내화구조로 되어 있다.
(2) 특정소방대상물의 중앙에 가로 1 [m], 세로 1 [m]의 기둥이 있고, 기둥을 중심으로 가로, 세로 보가 교차되어 있으며, 보는 천장으로부터 0.6 [m], 너비 0.4 [m]의 크기이고, 보와 기둥은 내열성 재료이다.
(3) 전기실에는 0.7 [m] × 1 [m], 1.2 [m] × 0.8 [m]인 개구부가 각각 1개씩 설치되어 있으며, 1.2 [m] × 0.8 [m]인 개구부에는 자동폐쇄장치가 설치되어 있다.
(4) 소화약제량 산정 시 불연재료나 내열성의 재료로 밀폐된 구조물이 있는 경우에는 방호구역의 체적에서 그 구조물의 체적을 제외할 수 있다.
(5) 분사헤드의 방출률은 7.82 [kg/mm²·min·개]이다.
(6) 약제저장용기 1개의 내용적은 50 [L]이다.
(7) 방출헤드 1개의 오리피스(방출구) 면적은 0.45 [cm²]이다.
(8) 소화약제 산정기준 및 기타 필요한 사항은 국가화재안전기술기준에 준한다.

가. 저장해야 하는 분말소화약제의 최소량[kg]은?
  ○ 계산과정 :
  ○ 답 :

나. 저장해야 하는 약제저장용기의 병수는?
  ○ 계산과정 :
  ○ 답 :

다. 설치에 필요한 분사헤드의 최소 개수는?
  ○ 계산과정 :
  ○ 답 :

라. 설치에 필요한 전체 분사헤드의 오리피스 면적[mm²]을 구하시오.
  ○ 계산과정 :
  ○ 답 :

마. 분사헤드 1개의 방출량[kg/min]은?
  ○ 계산과정 :
  ○ 답 :

바. '나'에서 산출한 저장용기수의 소화약제가 전부 다 방출되어 모두 열분해 시 발생한 CO_2의 양은 몇 [kg]이며, 이때 CO_2의 부피는 몇 [m^3]인가? (단, 방호구역 내의 압력은 120 [kPa], 주위온도는 500 [℃]이고, 제1종 분말소화약제 주성분에 대한 각 원소의 원자량은 다음과 같으며, 이상기체 상태방정식을 따른다고 한다)

원소기호	Na	H	C	O
원자량	23	1	12	16

○ 계산과정 :

○ 답 :

정답

가. 계산과정 : 분말소화설비 전역방출방식 약제량[kg] $= (V \times \alpha) + (A \times \beta)$

V : 방호구역 체적 [m^3]

α : 방호구역 1 [m^3]에 대한 소화약제의 양 [kg/m^3]

A : 개구부 면적 [m^2], β : 개구부 가산량 [kg/m^2]

소화약제의 종별	체적 1 [m^3]에 대한 소화약제량[kg]	면적 1 [m^2]에 대한 소화약제량[kg]
제1종 분말	0.60 [kg]	4.5 [kg]
제2종, 제3종 분말	0.36 [kg]	2.7 [kg]
제4종 분말	0.24 [kg]	1.8 [kg]

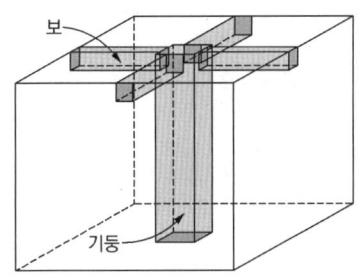

① 실의 체적 : $11 \times 9 \times 4.5 = 445.5 [m^3]$

② 기둥 체적 : $1 \times 1 \times 4.5 = 4.5 [m^3]$

③ 보의 체적
- 가로 보의 체적$(0.6 \times 0.4 \times 5 \times 2) = 2.4$ [m^3]
- 세로 보의 체적$(0.6 \times 0.4 \times 4 \times 2) = 1.92$ [m^3]

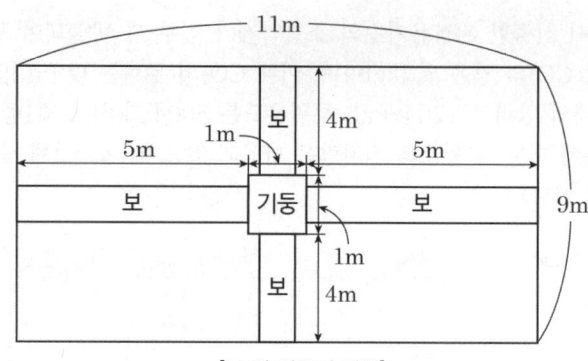

[보 및 기둥의 배치]

∴ 약제량
= {(V - 기둥 - 가로 보 - 세로 보) × α} + (A × β)
= {(445.5 - 4.5 - 2.4 - 1.92) [m³] × 0.6 [kg/m³]} + (0.7 × 1 [m²] × 4.5 [kg/m²])
= 265.16 [kg]

답 | 265.16 [kg]

나. 계산과정 : 1개의 내용적이 50 [L], 제1종 분말소화약제의 충전비가 0.8이므로 병당 약제량은

$$0.8 = \frac{50[L]}{x[kg]} \quad \therefore \text{한 병당 약제량 } x = 62.5[kg]$$

병 수 : $\frac{265.16[kg]}{62.5[kg/병]} = 4.24$ [병] ≒ 5 [병]

답 | 5 [병]

다. 계산과정 : 분사헤드 1개의 방출률 7.82 [kg/mm²·min·개]

$$= \frac{5[병] \times 62.5[kg/병]}{45[mm^2] \times 0.5[\min] \times N[개]}$$

$N = 1.78$ [개] ≒ 2 [개]

답 | 2 [개]

라. 계산과정 : 분사헤드 분구면적 = 2 [개] × 0.45 [cm²] = 0.9 [cm²] = 90 [mm²]

답 | 90 [mm²]

마. 계산과정 : $\frac{5[병] \times 62.5[kg/병]}{2[개] \times 0.5[\min]} = 312.5[kg/\min]$

답 | 312.5 [kg/min]

바. 계산과정
① 이산화탄소의 약제량[kg]
$\boxed{2NaHCO_3} \rightarrow Na_2CO_3 + \boxed{CO_2} + H_2O$

제1종 분말소화약제($NaHCO_3$) 2 [kmol]이 완전 연소했을 때, 생성되는 이산화탄소(CO_2)는 1 [kmol]이다. 따라서 아래와 같은 비례식을 세울 수 있다.

$NaHCO_3$ 2 [kmol]의 질량 : CO_2 1 [kmol]의 질량
= 약제가 모두 방출될 때 $NaHCO_3$의 질량 : 약제가 모두 열분해 시 발생한 CO_2의 질량

① $NaHCO_3$ 2 [kmol]에 대한 질량 : 2 × (23 + 1 + 12 + 16×3) = 168 [kg]
② CO_2 1 [kmol]에 대한 질량 : 12 + 16 × 2 = 44 [kg]
③ 저장용기수의 소화약제가 전부 다 방출될 때 약제의 질량 :
   62.5[kg/병] × 5[병] = 312.5[kg]
④ 저장용기수의 소화약제가 모두 열분해 시 발생한 CO_2의 질량 : x [kg]

$168[kg] : 44[kg] = 312.5[kg] : x[kg]$ ∴ $x = 81.85[kg]$

② 이산화탄소의 부피[m³]

$$PV = \frac{W}{M}RT$$

$$\therefore V = \frac{81.85[kg] \times 8.314[kJ/kmol \cdot K] \times (273+500)[K]}{120[kPa] \times 44[kg/kmol]} = 99.63[m^3]$$

답 | ① 이산화탄소의 약제량 81.85 [kg], ② 이산화탄소 부피 99.63 [m³]

15   배점 5

분말소화설비가 설치된 장소이다. 다음 도면을 완성시키시오.

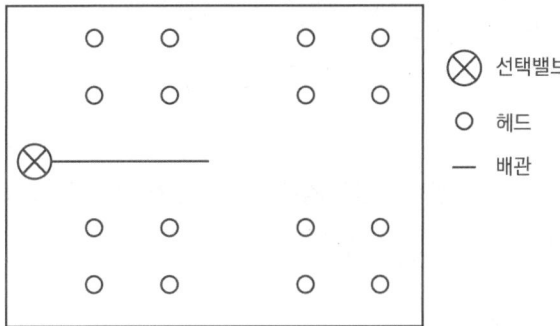

정답

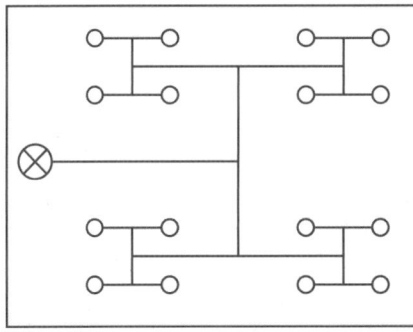

16 　　배점 12

바닥면적이 380 [m²]인 거실의 제연설비에 대한 다음 물음에 답하시오.

가. 소요 배출량[CMH]을 구하시오.
　○ 계산과정 :
　○ 답 :

나. 배출기의 흡입 측 풍도 높이를 최대 600 [mm]로 제한할 때 풍도의 최소 폭 [mm]을 구하시오.
　○ 계산과정 :
　○ 답 :

다. 송풍기의 전압이 50 [mmAq], 회전수는 1200 [rpm]이고 효율이 55 [%]인 다익송풍기 사용 시 전동기동력[kW]을 구하시오. (단, 송풍기의 여유율은 20 [%]이다)
　○ 계산과정 :
　○ 답 :

라. 송풍기의 회전차 크기를 변경하지 않고 배출량을 20 [%] 증가시키고자 할 때 회전수[rpm]를 구하시오.
　○ 계산과정 :
　○ 답 :

마. '라'의 계산결과 회전수로 운전할 경우 송풍기의 전압[mmAq]을 구하시오.
　○ 계산과정 :
　○ 답 :

바. '마'에서의 계산결과를 근거로 15 [kW] 전동기를 설치 후 풍량의 20 [%]를 증가시켰을 경우 전동기 가능 여부를 설명하시오. (단, 전달계수는 1.1이고 효율은 55 [%]이다)
　○ 계산과정 :
　○ 답 :

정답

가. 계산과정 : $380[m^2] \times 1[CMM/m^2] = 380[CMM] = 22800[CMH]$

답 | 22800 [CMH]

나. 계산과정 : 배출기 흡입 측 풍도 유속은 15 [m/s] 이하이므로

$$A = \frac{Q}{V} = \frac{\frac{22800}{3600}[m^3/s]}{15[m/s]} = 0.422[m^2]$$

$\therefore$ 최소 폭 = $\frac{0.422[m^2]}{0.6[m]} = 0.70333[m] = 703.33[mm]$

답 | 703.33 [mm]

다. 계산과정 : $P[kW] = \dfrac{50[mmAq] \times \dfrac{22800}{3600}[m^3/s]}{102 \times 0.55} \times 1.2 = 6.77[kW]$

답 | 6.77 [kW]

라. 계산과정 : 상사의 법칙 $Q_2 = \left(\dfrac{N_2}{N_1}\right) \times Q_1$

$N_2 = N_1 \times \dfrac{Q_2}{Q_1}$

$\therefore 1200 \times \dfrac{1.2}{1} = 1440[rpm]$

답 | 1440 [rpm]

마. 계산과정 : 상사의 법칙

> 서로 다른 치수의 펌프를 비교(상사)했을 때
>
> 유량 $[m^3/s]$ $Q_2 = \left(\dfrac{N_2}{N_1}\right)^1 \times \left(\dfrac{D_2}{D_1}\right)^3 \times Q_1$
>
> 양정(압력) [m] $H_2 = \left(\dfrac{N_2}{N_1}\right)^2 \times \left(\dfrac{D_2}{D_1}\right)^2 \times H_1$
>
> 동력 [kW] $L_2 = \left(\dfrac{N_2}{N_1}\right)^3 \times \left(\dfrac{D_2}{D_1}\right)^5 \times L_1$

$H_2 = \left(\dfrac{N_2}{N_1}\right)^2 \times H_1$

$\therefore H_2 = \left(\dfrac{N_2}{N_1}\right)^2 \times H_1 = \left(\dfrac{1440}{1200}\right)^2 \times 50 = 72[mmAq]$

답 | 72 [mmAq]

바. 계산과정

$P[kW] = \dfrac{P_t[mmAq] \times Q[m^3/s]}{102 \times \eta} \times K$

$P[kW] = \dfrac{72[mmAq] \times \left(\dfrac{22800}{3600} \times 1.2\right)[m^3/s]}{102 \times 0.55} \times 1.1 = 10.73[kW]$

답 | 전동기의 이론소요동력이 10.73 [kW]이므로 15 [kW] 전동기는 사용 가능하다.

> **참고** 제연설비의 화재안전기술기준(NFTC 501) – 배출량

1. 거실의 바닥면적이 400 [m²] 미만으로 구획된 예상제연구역에 대한 배출량
   바닥면적 1 [m²]당 1 [m³/min] 이상으로 하되, 예상제연구역에 대한 최소 배출량은 5000 [m³/hr] 이상으로 할 것

   $Q = A[m^2] \times 1[m^3/min \cdot m^2] \times 60[min/hr]$

   여기서 Q : 배출량 [m³/hr] (최소 배출량은 5000 [m³/hr] 이상)
   A : 바닥면적 [m²]

2. 바닥면적 400 [m²] 이상인 거실의 예상제연구역의 배출량
   1) 예상제연구역이 직경 40 [m]인 원의 범위 안에 있을 경우
      배출량 40000 [m³/hr] 이상
      다만 예상제연구역이 제연경계로 구획된 경우에는 그 수직거리에 따른 배출량으로 산정

수직거리	배출량
2 [m] 이하	40000 [m³/hr] 이상
2 [m] 초과 2.5 [m] 이하	45000 [m³/hr] 이상
2.5 [m] 초과 3 [m] 이하	50000 [m³/hr] 이상
3 [m] 초과	60000 [m³/hr] 이상

   2) 예상제연구역이 직경 40 [m]인 원의 범위를 초과할 경우
      배출량 45000 [m³/hr] 이상
      다만 예상제연구역이 제연경계로 구획된 경우에는 그 수직거리에 따른 배출량으로 산정

수직거리	배출량
2 [m] 이하	45000 [m³/hr] 이상
2 [m] 초과 2.5 [m] 이하	50000 [m³/hr] 이상
2.5 [m] 초과 3 [m] 이하	55000 [m³/hr] 이상
3 [m] 초과	65000 [m³/hr] 이상

2016년 4회

2016.11.12

01

A실에 대한 개구면적은 $A_1, A_2, A_3, A_4, A_5, A_6 : 0.01\ [m^2]$이다. 총 틈새면적 $[m^2]$은 얼마인가?

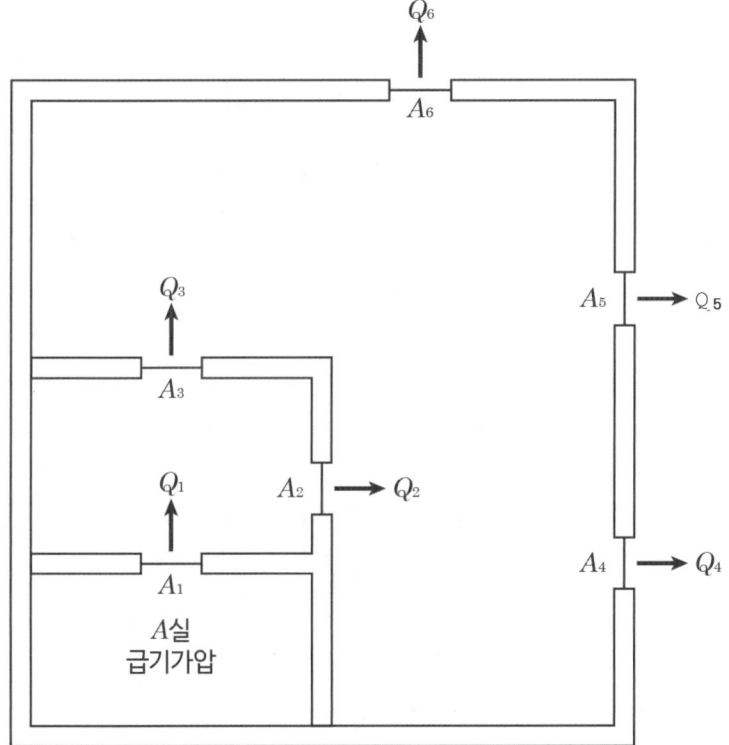

○ 계산과정 :

○ 답 :

정답

☑ 계산과정

틈새면적[m²]의 합계 구하는 공식

1. 병렬상태인 경우 : $A_T[m^2] = A_1 + A_2 + \cdots + A_n$

2. 직렬상태인 경우 :

$$A_T[m^2] = \dfrac{1}{\sqrt{\dfrac{1}{A_1^2} + \dfrac{1}{A_2^2} + \cdots + \dfrac{1}{A_n^2}}} = \left(\dfrac{1}{A_1^2} + \dfrac{1}{A_2^2} + \cdots + \dfrac{1}{A_n^2}\right)^{-\frac{1}{2}}$$

$$A_T = \dfrac{1}{\sqrt{\left(\dfrac{1}{A_1^2} + \dfrac{1}{A_2^2} + \cdots + \dfrac{1}{A_n^2}\right)}} = \left(\dfrac{1}{A_1^2} + \dfrac{1}{A_2^2} + \cdots + \dfrac{1}{A_n^2}\right)^{-\frac{1}{2}}$$

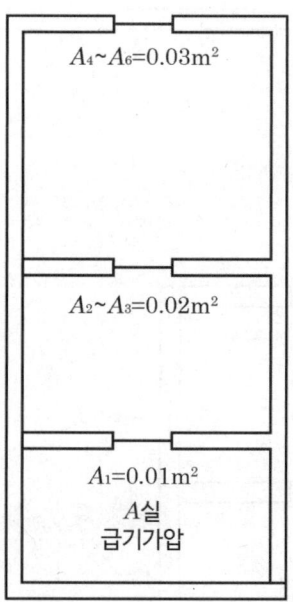

병렬 A_4, A_5, A_6 : $A_{4-6} = 0.01 + 0.01 + 0.01 = 0.03\,[m^2]$

병렬 A_2, A_3 : $A_{2-3} = 0.01 + 0.01 = 0.02\,[m^2]$

직렬 A_1, A_{2-3}, A_{4-6}

$A_{1-6} = \left(\dfrac{1}{0.01^2} + \dfrac{1}{0.02^2} + \dfrac{1}{0.03^2}\right)^{-\frac{1}{2}} = 8.5714 \times 10^{-3} = 0.008\,[m^2] = 0.01\,[m^2]$

답 | 0.01 [m²]

02

배점 10

다음의 그림은 어느 옥내소화전설비의 계통을 나타내는 Isometric Diagram이다. 이 옥내소화전설비에서 펌프의 소요 정격토출량은 200 [L/min]이다. 주어진 [조건]을 참고로 하여 각 물음에 답하시오.

조건

(1) 옥내소화전 최상층 [Ⅰ]에서 옥내소화전 호스 노즐 선단에서의 방사량은 130 [L/min], 방사압은 0.17 [MPa]이다. (다만 압력계산 시 0.1 [MPa] = 10 [m]로 한다)

(2) 이 상태에서는 호스길이 100 [m]당 마찰손실수두 15 [m]이고, 마찰손실수두의 크기는 유량의 제곱에 정비례한다.

(3) 밸브 및 관 부속품에 대한 각 등가길이는 다음과 같다.
   - 앵글밸브(40 [A]) : 10 [m]
   - 90°엘보(50 [A]) : 1 [m]
   - 분류(측류)티(50 [A]) : 4 [m]
   - 게이트밸브(50 [A]) : 1 [m]
   - 체크밸브(50 [A]) : 5 [m]

(4) 배관의 마찰손실의 압력은 다음 식을 적용한다.

$$\Delta P = 6 \times 10^4 \frac{Q^2}{C^2 \times d^5}$$

여기서 ΔP : 배관길이 1 [m]당 마찰손실압력 [MPa/m]
Q : 유량 [L/min], d : 관의 내경 [mm]
(단, $C = 120$이며, 50 [A]는 내경 53 [mm]
40 [A]는 내경 42 [mm]이다)

(5) 펌프의 양정은 토출량의 대소에 관계없이 일정하다고 가정한다.

(6) 정답을 산출할 때 펌프 흡입 측의 마찰손실수두, 정압, 동압 등은 일체 계산에 포함시키지 않는다.

(7) 본 조건에 자료가 제시되지 아니한 것은 계산에 포함되지 아니한다.

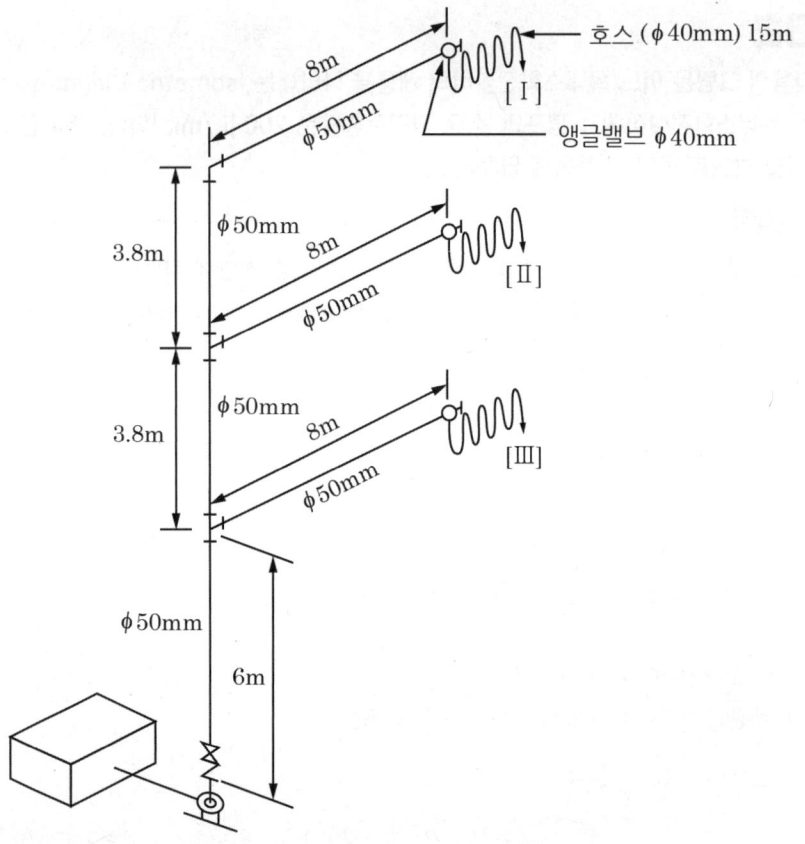

가. 최고위 앵글밸브의 호스 접결구에서 노즐선단까지의 마찰손실수두[m]를 구하시오.
  ○ 계산과정 :
  ○ 답 :

나. 최고위 앵글밸브에서의 마찰손실압력[kPa]을 계산하시오.
  ○ 계산과정 :
  ○ 답 :

다. 펌프 토출구로부터 최고위 앵글밸브 입구까지 관의 총 등가길이[m]를 계산하시오.
  ○ 계산과정 :
  ○ 답 :

라. 펌프 토출구로부터 최고위 앵글밸브 입구까지 마찰손실압력[kPa]을 구하시오.
  ○ 계산과정 :
  ○ 답 :

마. 방사량을 만족하기 위한 소화펌프의 소요동력[kW]을 계산하시오. (단, 효율은 0.55, 전달 계수는 1.1이다)

　○ 계산과정 :

　○ 답 :

바. 옥내소화전(Ⅲ)을 조작하여 방수하였을 때의 방수량을 Q[L/min]이라고 할 때
　1) 소화전 호스를 통하여 일어나는 마찰손실압력[Pa]은 어떤 식으로 표현하는가? (단, Q는 기호 그대로 사용하고, 마찰손실의 크기는 유량의 제곱에 정비례한다)

　　○ 계산과정 :

　　○ 답 :

　2) 당해 앵글밸브 입구로부터 펌프 토출구까지의 마찰손실압력[Pa]은 얼마인가? (단, Q는 기호 그대로 사용한다)

　　○ 계산과정 :

　　○ 답 :

　3) 당해 앵글밸브의 마찰손실압력[Pa]은 얼마인가? (단, Q는 기호 그대로 사용한다)

　　○ 계산과정 :

　　○ 답 :

사. 옥내소화전(Ⅲ) 노즐관창 선단의 방수량[L/min]과 방수압[kPa]을 구하시오.

　○ 계산과정 :

　○ 답 :

정답

가. 계산과정 : $15\,[m] \times \dfrac{15\,[m]}{100\,[m]} = 2.25\,[m]$

　　　　　　　　　　　　　　　　　　　　　답 | 2.25 [m]

나. 계산과정 : $\triangle P = 6 \times 10^4 \times \dfrac{130^2}{120^2 \times 42^5} \times 10 = 0.005388\,[MPa] = 5.39\,[kPa]$

　　　　　　　　　　　　　　　　　　　　　답 | 5.39 [kPa]

다. 계산과정
　① 직관 길이 = 6 + 3.8 + 3.8 + 8 = 21.6 [m]
　② 관부속류 등가길이 = 5 + 1 + 1 = 7 [m]

　　　　　　　　　　　　　　　　　　　　　답 | 28.6 [m]

라. 계산과정 : $\triangle P = 6 \times 10^4 \times \dfrac{130^2}{120^2 \times 53^5} \times 28.6 = 0.004816 \,[\text{MPa}] = 4.82 \,[\text{kPa}]$

답 | 4.82 [kPa]

마. 계산과정 : $P[kW] = \dfrac{\gamma \times Q \times H}{\eta} \times K$

① $Q[m^3/s] = \dfrac{0.13}{60}[m^3/s]$ (∵ 방사량이 130 [L/min]이므로)

② $H[m]$ = 실양정 + 마찰손실수두 + 방사압환산수두
 ⓐ 실양정[m] = 6 + 3.8 + 3.8 = 13.6 [m]
 ⓑ 마찰손실수두[m] = 2.25 + 0.539 + 0.482 = 3.271 [m]
 ⓒ 방사압환산수두[m] = 17 [m]
 ∴ $H[m]$ = 13.6 + 3.271 + 17 = 33.871 [m]

③ $P[kW] = \dfrac{9.8 \times \dfrac{0.13}{60} \times 33.871}{0.55} \times 1.1 = 1.438 ≒ 1.44\,[kW]$

답 | 1.44 [kW]

바. 1) 계산과정

$\triangle P \propto Q^2$ 이므로

$22065.55\,[Pa] : 130\,[L/\min])^2 = \triangle P : Q^2$

(∵ $2.25\,[m] = 2.25\,[m] \times \dfrac{101325\,[Pa]}{10.332\,[m]} ≒ 22065.55\,[Pa]$)

$\triangle P[Pa] = \dfrac{22065.55}{130^2} \times Q^2 = 1.31 \times Q^2 [Pa]$

답 | $1.31 \times Q^2$ [Pa]

2) 계산과정
 ① 직관 길이 : 6 + 8 = 14 [m]
 ② 관부속류 등가길이 : 5 + 1 + 4 = 10 [m]

$\triangle P = 6 \times 10^4 \times \dfrac{Q^2}{120^2 \times 53^5} \times 24$

$= 2.391 \times 10^{-7} \times Q^2 [\text{MPa}]$

$= 2.391 \times 10^{-1} \times Q^2 [Pa] = 0.2391 \times Q^2 [Pa] = 0.24 \times Q^2 [Pa]$

답 | $0.24 \times Q^2$ [Pa]

3) 계산과정

$\triangle P = 6 \times 10^4 \times \dfrac{Q^2}{120^2 \times 42^5} \times 10$

$= 3.188 \times 10^{-7} \times Q^2 [\text{MPa}]$

$= 3.188 \times 10^{-1} \times Q^2 [Pa] = 0.3188 \times Q^2 [Pa] = 0.32 \times Q^2 [Pa]$

답 | $0.32 \times Q^2$ [Pa]

사. 계산과정

방수량 $Q[\ell/\min] = K\sqrt{10 \times P[MPa]}$

① 방출계수 K

$130[\ell/\min] = K\sqrt{10 \times 0.17[MPa]}$

∴ $K = 99.71$

② 방수압 P [MPa]

$P_{방수압} = P_{토출압} - P_{전체 마찰손실압} - P_{실양정 환산압}$

(∵ $P_{토출압} = P_{전체 마찰손실압} + P_{실양정 환산압} + P_{방사압}$ 이므로)

ⓐ $P_{토출압}$: 33.871 [m] = 0.33871 [MPa] ≒ 0.339 [MPa]

(∵ (5) 문항에서 전양정 H = 33.871 [m])

ⓑ $P_{전체마찰손실압}$: $(1.31 \times 10^{-6} \times Q^2) + (0.24 \times 10^{-6} \times Q^2) + (0.32 \times 10^{-6} \times Q^2)$

= $1.87 \times 10^{-6} \times Q^2 [MPa]$

> (가) 문항 : 호스를 통하여 일어나는 마찰손실압력[Pa]
> = $1.31 \times Q^2 [Pa] \rightarrow 1.31 \times 10^{-6} \times Q^2 [MPa]$
>
> (나) 문항 : 앵글밸브입구로부터 펌프 토출구까지 마찰손실압력[Pa]
> = $0.24 \times Q^2 [Pa] \rightarrow 0.24 \times 10^{-6} \times Q^2 [MPa]$
>
> (다) 문항 : 앵글밸브의 마찰손실압력[Pa]
> = $0.32 \times Q^2 [Pa] \rightarrow 0.32 \times 10^{-6} \times Q^2 [MPa]$

ⓒ $P_{실양정 환산압}$: 6 [m] = 0.06 [MPa]

∴ $P_{방수압} [MPa] = P_{토출압} - P_{전체 마찰손실압} - P_{실양정 환산압}$

$= 0.339 - (1.87 \times 10^{-6} \times Q^2) - 0.06$

$= 0.279 - (1.87 \times 10^{-6} \times Q^2)$

③ 방수량 Q [L/min]

$Q = K\sqrt{10 \times P[MPa]} = 99.71 \times \sqrt{10 \times \{0.279 - (1.87 \times 10^{-6} \times Q^2)\}}$

$= 99.71 \times \sqrt{2.79 - (1.87 \times 10^{-5} \times Q^2)}$

$Q^2 = 99.71^2 \times \{2.79 - (1.87 \times 10^{-5} \times Q^2)\}$

$= (99.71^2 \times 2.79) - \{99.71^2 \times (1.87 \times 10^{-5} \times Q^2)\}$

$Q^2 + \{99.71^2 \times (1.87 \times 10^{-5} \times Q^2)\} = 99.71^2 \times 2.79$

$Q = 152.937 ≒ 152.94 [\ell/\min]$

∴ 방수량 Q = $152.94 [\ell/\min]$

∴ 방수압 P = $0.279 - (1.87 \times 10^{-6} \times Q^2) = 0.279 - (1.87 \times 10^{-6} \times 152.94^2)$

$= 0.235259 [MPa] = 235.26 [kPa]$

답 | 방수량 : 152.94 [$\ell/\min$], 방수압 : 235.26 [kPa]

> **TIP**
>
> $Q[L/\min] = K\sqrt{10 \times P[MPa]}$ 에 방수압 P를 [MPa] 단위로 대입하여 방수량 Q를 구해야 하므로 방수압 P를 [MPa]단위로 먼저 구한다.

03

배점 4

공동제연방식의 제연구역 1실, 2실의 소요 풍량 합계[m³/min]와 축동력[kW]를 구하시오. (이때 송풍기전압 100 [mmAq]이며 전압효율은 50 [%]이다)

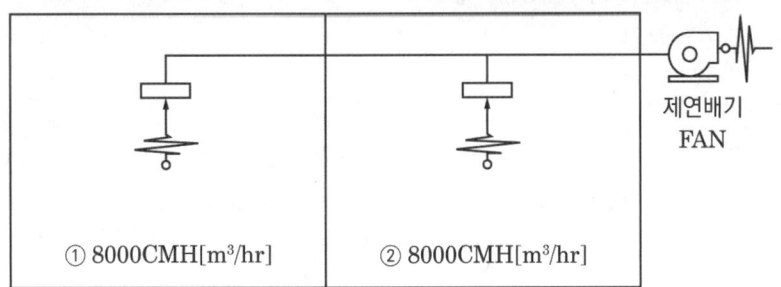

가. 소요 풍량 합계[m³/min]
- 계산과정 :
- 답 :

나. 축동력[kW]
- 계산과정 :
- 답 :

정답

☑ 계산과정

가. 소요 풍량 합계[m³/min] = 8000 + 8000 = 16000 $[m^3/hr]$
= 266.67 $[m^3/min]$

답 | 266.67 [m³/min]

나. 축동력[kW] = $\dfrac{100[mmAq] \times \dfrac{266.67}{60}[m^3/s]}{102 \times 0.5}$ = 8.71 $[kW]$

답 | 8.71 [kW]

04

득점 ___ 배점 8

스프링클러설비의 배관의 안지름을 수리계산에 의하여 선정하고자 한다. 그림에서 B - C구간의 유량을 165 [L/min], E - F구간의 유량을 330 [L/min]이라고 가정할 때 다음을 구하시오. (단, 화재안전기술기준에서 정하는 유속기준을 만족하도록 해야 한다)

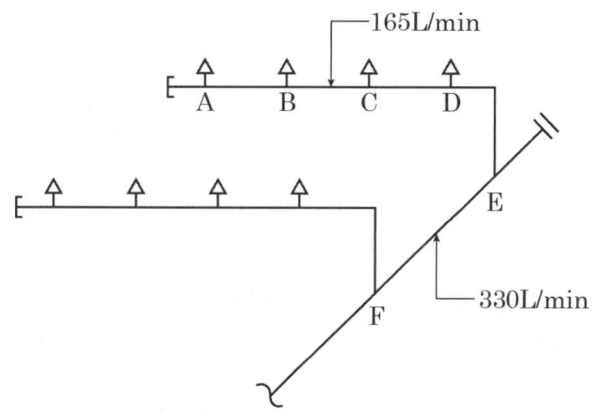

가. B - C 내경[mm] (가지배관)

  ○ 계산과정 :

  ○ 답 :

나. E - F 내경[mm] (교차배관)

  ○ 계산과정 :

  ○ 답 :

정답

가. 계산과정 : $Q = 165 [L/\min] = \dfrac{0.165}{60} [m^3/s]$

$D = \sqrt{\dfrac{4Q}{\pi V}} = \sqrt{\dfrac{4 \times \dfrac{0.165}{60}[m^3/s]}{\pi \times 6[m/s]}} = 0.02416[m] = 24.16[mm]$

답 | 24.16 [mm]

TIP ▶ 수리계산에 따르는 경우 가지배관의 유속은 6 [m/s], 그 밖의 배관의 유속은 10 [m/s]를 초과할 수 없다.

나. 계산과정 : $Q = 330[L/\min] = \dfrac{0.33}{60}[m^3/s]$

$$D = \sqrt{\dfrac{4Q}{\pi V}} = \sqrt{\dfrac{4 \times \dfrac{0.33}{60}[m^3/s]}{\pi \times 10[m/s]}} = 0.02646[m] = 26.46[mm]$$

교차배관은 최소 구경이 40 [mm] 이상이 되도록 할 것 → 따라서 답은 40 [mm]

답 | 40 [mm]

05 배점 12

다음 그림은 어느 일제개방형 스프링클러설비의 계통을 나타내는 Isometric Diagram이다. 주어진 [조건]을 참조하여 이 설비가 작동되었을 경우 방수압, 방수량 등을 답란의 요구순서대로 수리계산하여 산출하시오.

조건

(1) 설치된 개방형 헤드의 방출계수(K)는 80이다.
(2) 살수 시 최저방수압이 걸리는 헤드에서의 방수압은 0.1 [MPa]이다.
  (단, 각 헤드의 방수압이 같지 않음을 유의할 것)
(3) 사용배관은 KS D 3507 탄소강관으로서 아연도금강관이다.
(4) 가지관으로부터 헤드까지의 마찰손실은 무시한다.
(5) 호칭구경 50 [A] 이하의 배관은 나사 접속식, 65 [A] 이상의 배관은 용접 접속식이다.
(6) 배관 내의 유수에 따른 마찰손실압력은 하젠 – 윌리엄공식을 적용하되, 계산의 편의상 공식은 다음과 같다고 가정한다.

$$\triangle P = \dfrac{6 \times Q^2 \times 10^4}{120^2 \times D^5}$$

  $\triangle P$: 배관의 길이 1 [m]당 마찰손실압력 [MPa/m]
  Q : 배관 내의 유수량 [L/min]
  D : 배관의 내경 [mm]

(7) 배관의 내경은 호칭구경별로 다음과 같다고 가정한다.

호칭구경[A]	25	32	40	50	65	80	100
내경[mm]	27	36	42	53	69	81	105

(8) 배관 부속 및 밸브류의 마찰손실은 무시한다.
(9) 수리계산 시 속도수두는 무시한다.
(10) 계산 시 소수점 셋째자리 이하의 숫자는 반올림하여 소수점 둘째자리까지 나타낸다.
(11) 살수 시 중력수조 내의 수위의 변동은 없다고 가정한다.

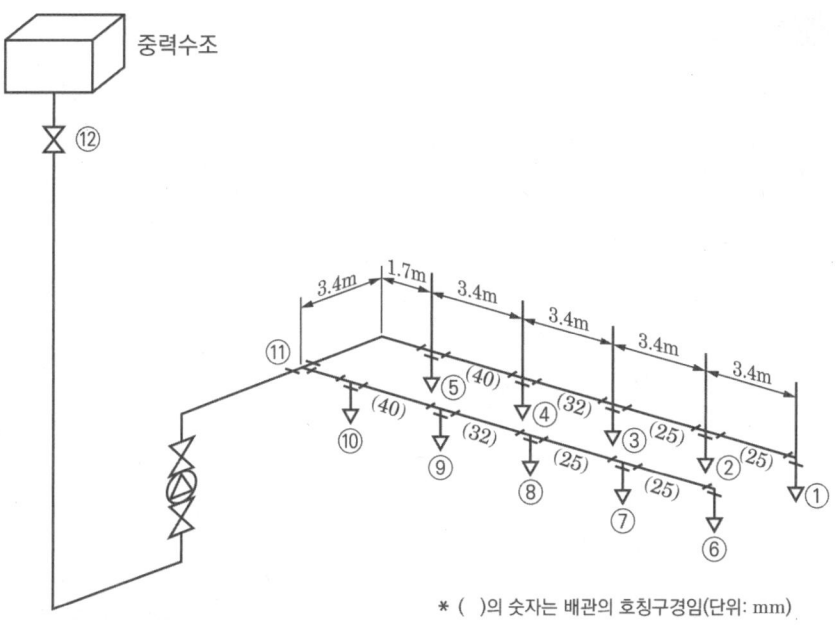

* ( )의 숫자는 배관의 호칭구경임(단위: mm)

가. 스프링클러헤드의 방수압 및 방수량 계산

항목	헤드번호	방수압[MPa]	방수량[L/min]
1	①	$P_1 = 0.1 [MPa]$	$Q_1 = K\sqrt{10P}$ $= 80 \times \sqrt{10 \times 0.1}$ $= 80 [L/min]$
2	②	계산과정 : ① 방사압 + ①, ② 간 관로 손실압	계산과정 : $Q_2 = K\sqrt{10P}$
3	③	계산과정 : ② 방사압 + ②, ③ 간 관로 손실압	계산과정 : $Q_3 = K\sqrt{10P}$
4	④	계산과정 : ③ 방사압 + ③, ④ 간 관로 손실압	계산과정 : $Q_4 = K\sqrt{10P}$
5	⑤	계산과정 : ④ 방사압 + ④, ⑤ 간 관로 손실압	계산과정 : $Q_5 = K\sqrt{10P}$

나. 도면의 배관 구간 ⑤ ~ ⑪의 매분 유량[L/min]은? (단, 배관의 호칭구경은 40 [A] 이다)

○ 계산과정 :

○ 답 :

정답

가.

항목	헤드 번호	방수압[MPa]	방수량[L/min]
1	①	$P_1 = 0.1[\text{MPa}]$	$Q_1 = K\sqrt{10P}$ $= 80 \times \sqrt{10 \times 0.1}$ $= 80[L/min]$
2	②	계산 : ① 노즐 방사압 + ①, ② 간 관로 손실압 $= 0.1 + \dfrac{6 \times 80^2 \times 10^4}{120^2 \times 27^5} \times 3.4 = 0.11[MPa]$	$Q_2 = K\sqrt{10P}$ $= 80 \times \sqrt{10 \times 0.11}$ $= 83.9[L/min]$
3	③	계산 : ② 노즐 방사압 + ②, ③ 간 관로 손실압 $= 0.11 + \dfrac{6 \times (80+83.9)^2 \times 10^4}{120^2 \times 27^5} \times 3.4 = 0.14[MPa]$	$Q_3 = K\sqrt{10P}$ $= 80 \times \sqrt{10 \times 0.14}$ $= 94.66[L/min]$
4	④	계산 : ③ 노즐 방사압 + ③, ④ 간 관로 손실압 $= 0.14 + \dfrac{6 \times (80+83.9+94.66)^2 \times 10^4}{120^2 \times 36^5} \times 3.4$ $= 0.16[MPa]$	$Q_4 = K\sqrt{10P}$ $= 80 \times \sqrt{10 \times 0.16}$ $= 101.19[L/min]$
5	⑤	계산 : ④ 노즐 방사압 + ④, ⑤ 간 관로 손실압 $= 0.16 + \dfrac{6 \times (80+83.9+94.66+101.19)^2 \times 10^4}{120^2 \times 42^5} \times 3.4$ $= 0.17[MPa]$	$Q_5 = K\sqrt{10P}$ $= 80 \times \sqrt{10 \times 0.17}$ $= 104.31[L/min]$

나. 계산과정

구간 ⑤ ~ ⑪의 유량[L/min] = $Q_1 + Q_2 + Q_3 + Q_4 + Q_5$
= 80 + 83.9 + 94.66 + 101.19 + 104.31
= 464.06 [L/min]

답 | 464.06 [L/min]

06

배점 8

주어진 평면도와 설계조건을 기준으로 방호대상구역별로 소요되는 전역방출방식의 할론소화설비에서 각 실의 방출 노즐당 설계방출량[kg/s]을 구하시오.

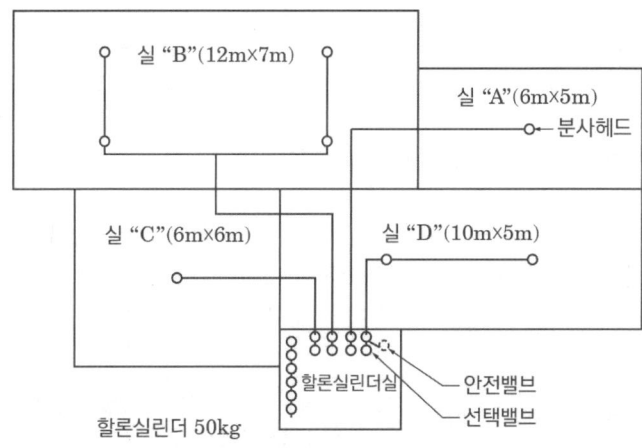

[할론 배관 평면도]

조건
(1) 할론저장용기는 고압식 용기로서 각 용기의 약제량은 50 [kg]이다.
(2) 용기밸브의 작동방식은 가스압력식으로 한다.
(3) 방호구역은 4개구역으로서 각 구역마다 개구부는 무시한다.
(4) 각 방호대상구역에서 체적[m^3]당 소요약제량 기준은 다음과 같다.

A실	B실	C실	D실
0.33 [kg/m^3]	0.52 [kg/m^3]	0.33 [kg/m^3]	0.52 [kg/m^3]

(5) 각 실의 바닥으로부터 천장까지의 높이는 모두 5 [m]이다.
(6) 분사헤드의 수량은 도면 수량을 기준으로 한다.
(7) 설계방출량[kg/s] 계산 시 약제용량은 적용되는 용기의 용량을 기준으로 한다.

가. A실의 방출노즐당 설계방출량[kg/s]
  ○ 계산과정 :
  ○ 답 :

나. B실의 방출노즐당 설계방출량[kg/s]
  ○ 계산과정 :
  ○ 답 :

다. C실의 방출노즐당 설계방출량[kg/s]
  ○ 계산과정 :
  ○ 답 :

라. D실의 방출노즐당 설계방출량[kg/s]
  ○ 계산과정 :
  ○ 답 :

정답

참고 할론소화설비(할론 1301) 전역방출방식 약제량 산정

$W = (V \times \alpha) + (A \times \beta)$

W : 약제량 [kg], V : 방호구역체적 [m³]
α : 방호구역 1 [m³]에 대한 소화약제의 양 [kg/m³]
A : 개구부면적 [m²], β : 개구부 가산량 [kg/m²]
(개구부에 자동폐쇄장치 미설치 시 가산)

소방대상물 또는 그 부분	방호구역의 체적 1 [m³]당 소화약제의 양 [kg/m³] α	개구부 가산량 [kg/m²] β
• 차고, 주차장, 전기실, 전산실, 통신기기실 등 이와 유사한 전기설비 • 특수가연물(가연성 고체류, 가연성 액체류, 합성수지류)을 저장·취급하는 소방대상물 또는 그 부분	0.32 이상 0.64 이하	2.4
특수가연물(면화류, 나무껍질 및 대팻밥, 넝마 및 종이부스러기, 사류, 볏짚류, 목재가공품 및 나무부스러기)을 저장·취급하는 소방대상물 또는 그 부분	0.52 이상 0.64 이하	3.9

※ 방호구역의 체적 1 [m³]당 소화약제의 양 [kg/m³]은 조건 ⑷를 적용한다.

가. 계산과정
  ① 소요약제량 : $(6 \times 5 \times 5)$ [m³] $\times 0.33$ [kg/m³] = 49.5 [kg]
  ② 용기 수 : $\dfrac{49.5[kg]}{50[kg/병]} = 0.99[병] = 1[병]$
  ③ 방출량 : $\dfrac{50[kg/병] \times 1[병]}{1[개] \times 10[s]} = 5[kg/s]$

답 | 5 [kg/s]

나. 계산과정
  ① 소요약제량 : $(12 \times 7 \times 5)$ [m³] $\times 0.52$ [kg/m³] = 218.4 [kg]
  ② 용기 수 : $\dfrac{218.4[kg]}{50[kg/병]} = 4.37[병] = 5[병]$
  ③ 방출량 : $\dfrac{50[kg/병] \times 5[병]}{4[개] \times 10[s]} = 6.25[kg/s]$

답 | 6.25 [kg/s]

다. 계산과정

① 소요약제량 : $(6 \times 6 \times 5)$ [m³] × 0.33 [kg/m³] = 59.4 [kg]

② 용기 수 : $\dfrac{59.4[kg]}{50[kg/병]} = 1.19[병] ≒ 2[병]$

③ 방출량 : $\dfrac{50[kg/병] \times 2[병]}{1[개] \times 10[s]} = 10[kg/s]$ 답 | 10 [kg/s]

라. 계산과정

① 소요약제량 : $(10 \times 5 \times 5)$ [m³] × 0.52 [kg/m³] = 130 [kg]

② 용기 수 : $\dfrac{130[kg]}{50[kg/병]} = 2.6[병] ≒ 3[병]$

③ 방출량 : $\dfrac{50[kg/병] \times 3[병]}{2[개] \times 10[s]} = 7.5[kg/s]$ 답 | 7.5 [kg/s]

07 배점 7

포소화설비의 배관방식에서 송액관에 배액밸브 및 완충장치를 설치하는 목적과 설치장소를 간단히 설명하시오.

가. 배액밸브 설치목적 :

나. 배액밸브 설치위치 :

다. 완충장치의 설치목적 :

라. 완충장치의 설치위치 :

정답

가. 배액밸브 설치목적 : 포의 방출 종료 후 배관 안의 액을 방출하기 위하여

나. 배액밸브 설치위치 : 송액관의 가장 낮은 부분

다. 완충장치의 설치목적 : 펌프의 진동 흡수

라. 완충장치의 설치위치 : 펌프의 흡입 측 및 토출 측 부근

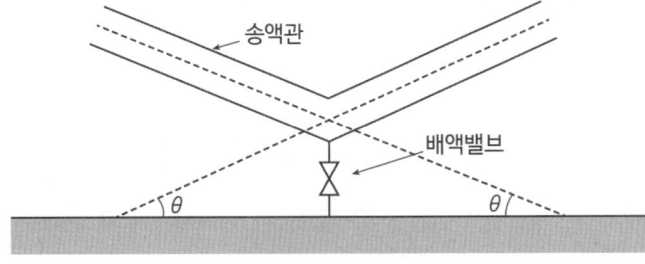

[배액밸브의 설치장소]

08

배점 5

소방배관에는 배관용 탄소강관, 이음매 없는 구리 및 구리합금관, 배관용 스테인리스 강관을 사용하는데 소방용 합성수지배관으로 설치할 수 있는 경우 3가지를 쓰시오.

○답
① ② ③

정답

① 배관을 지하에 매설하는 경우
② 다른 부분과 내화구조로 구획된 덕트 또는 피트의 내부에 설치하는 경우
③ 천장과 반자를 불연재료 또는 준불연재료로 설치하고 소화배관 내부에 항상 소화수가 채워진 상태로 설치하는 경우

09

배점 5

다음 각 물음에 답하시오.

가. 설비된 배관 내의 이물질 제거(여과)기능을 하는 것을 쓰시오.
  ○답 :

나. 관 내 유체의 흐름 방향을 변경시킬 때 사용되는 밸브를 쓰시오.
  ○답 :

다. 물올림장치의 순환배관에 설치하는 안전밸브를 쓰시오.
  ○답 :

라. 관경이 서로 다른 두 관을 연결하는 경우에 사용되는 관 부속품을 쓰시오.
  ○답 :

마. 유량이 흐름 반대로 흐를 수 있는 것을 방지하기 위해서 설치하는 밸브를 쓰시오.
  ○답 :

정답

가. 스트레이너 나. 앵글밸브 다. 릴리프밸브 라. 레듀셔 마. 체크밸브

10 [배점 10]

15 [m] × 20 [m] × 5 [m]의 경유를 연료로 사용하는 발전기실에 2가지의 할로겐화합물 및 불활성기체소화약제 소화설비를 설치하고자 한다. 다음 조건과 국가 화재안전기술기준을 참고하여 다음 물음에 답하시오.

조건

(1) 방호구역의 온도는 상온 20 [℃]이다.
(2) HCFC BLEND A 용기는 68 [L]용 50 [kg], IG - 541 용기는 80 [L]용 12.4 [m³]을 적용한다.
(3) 할로겐화합물 및 불활성기체소화약제의 소화농도

약제	상품명	소화농도	
		A급 화재	B급 화재
HCFC BLEND A	NAFS-Ⅲ	7.2	10
IG-541	Inergen	31.25	31.25

(4) K_1과 K_2값

약제	K_1	K_2
HCFC BLEND A	0.2413	0.00088
IG-541	0.65799	0.00239

(5) 해당 발전기실은 전기화재로 가정한다.

가. HCFC BLEND A의 최소 약제량[kg]은?

○ 계산과정 :

○ 답 :

나. HCFC BLEND A의 최소 약제용기는 몇 병이 필요한가?

○ 계산과정 :

○ 답 :

다. IG-541의 최소 약제량[m³]은? (단, 20 [℃]의 비체적은 선형상수이다)

○ 계산과정 :

○ 답 :

라. IG-541의 최소 약제용기는 몇 병이 필요한가?

○ 계산과정 :

○ 답 :

> [정답]

가. 계산과정

> ★ **핵심이론** 할로겐화합물소화설비의 소화약제량 산정 〈개정 2024.8.1.〉
>
> $$W[kg] = \frac{V[m^3]}{S[m^3/kg]} \times \left(\frac{C[\%]}{100-C[\%]}\right)$$
>
> 여기서 W: 소화약제의 무게 [kg]
> V: 방호구역의 체적 [m³]
> S: 소화약제별 선형상수($K_1 + K_2 \times t$) [m³/kg]
> t: 방호구역의 최소예상온도 [℃]
> C: 체적에 따른 소화약제의 설계농도 [%]
> ⇒ 설계농도는 소화농도(%)에
>
> 안전계수[A급 화재 1.2, B급 화재 1.3, <u>C급 화재 1.35</u>]를 곱한 값 이상으로 할 것

$C = 10 \times 1.35 (\text{C급}) = 13.5 [\%]$
$V = 15 \times 20 \times 5 = 1500 [m^3]$
$S = K_1 + K_2 \times t [℃] = 0.2413 + (0.00088 \times 20) = 0.2589 [m^3/kg]$
$\therefore W = \frac{1500[m^3]}{0.2589[m^3/kg]} \times \frac{13.5[\%]}{100-13.5[\%]} = 904.225 ≒ 904.23 [kg]$

답 | 904.23 [kg]

나. 계산과정 : $\frac{904.23[kg]}{50[kg/병]} = 18.08 → 19[병]$

답 | 19 [병]

다. 계산과정

> ★ **핵심이론** 불활성기체소화설비의 소화약제량 산정 〈개정 2024.8.1.〉
>
> $$X[m^3] = 2.303 \times \frac{V_s[m^3/kg]}{S[m^3/kg]} \times \log\left[\frac{100}{100-C[\%]}\right] \times V[m^3]$$
>
> 여기서 X: 소화약제의 부피 [m³]
> V_s: 20 [℃]에서 소화약제의 비체적 [m³/kg]
> S: 소화약제별 선형상수($K_1 + K_2 \times t$) [m³/kg]
> t: 방호구역의 최소예상온도 [℃]
> V: 방호구역의 체적 [m³]
> C: 체적에 따른 소화약제의 설계농도 [%]
> ⇒ 설계농도는 소화농도(%)에
>
> 안전계수[A급 화재 1.2, B급 화재 1.3, <u>C급 화재 1.35</u>]를 곱한 값 이상으로 할 것

여기서 방호구역의 온도가 20 [℃]이므로 $V_S = S$
$C = 31.25 \times 1.35 (\text{C급}) = 42.1875 ≒ 42.188 [\%]$
$\therefore X = 2.303 \times \log_{10}\left(\frac{100}{100-42.188}\right) \times 1500 = 822.108 ≒ 822.11 [m^3]$

답 | 822.11 [m³]

라. 계산과정 : $\dfrac{822.11[m^3]}{12.4[m^3/병]} = 66.299 \to 67[병]$ 답 | 67 [병]

11

배점 6

어느 방호대상물에 할로겐화합물 및 불활성기체소화설비를 설치하고자 한다. [조건]을 참고하여 다음 각 물음에 답하시오.

조건

(1) 방출 헤드 1개의 유량이 초당 29.4 [kg]이다.
(2) 노즐 방출 압력에서의 방출률은 14.7 [kg/s·cm^2]
(3) 분사헤드에 접속되는 배관의 구경은 65 [A]이다.
(4) 배관의 인장강도는 420 [MPa], 항복점은 250 [MPa]이다.
(5) 배관이음방법은 이음매 없는 배관으로 나사이음, 홈이음 등의 허용값[mm]은 무시한다.
(6) 적용되는 배관의 바깥지름은 114.3 [mm]이고 두께는 6.0 [mm]이다.
(7) 배관의 두께 계산 시 방출헤드 설치부는 제외한다.

가. 방출헤드의 오리피스 구경[mm]을 다음 표에서 정하시오.

오리피스 구경[mm]	10	15	20	25	30	35	40

○ 계산과정 :

○ 답 :

나. 배관의 최대 허용압력[MPa]을 구하시오.

○ 계산과정 :

○ 답 :

정답

가. 계산과정

분구면적 $= \dfrac{29.4[kg/s.개]}{14.7[kg/s.cm^2.개]} = 2[cm^2] = 200[mm^2]$

오리피스 직경 : $200[mm^2] = \dfrac{\pi \times D^2}{4}$

∴ $D = 15.96[mm]$ 답 | 20 [mm]

나. 계산과정

> 📖 **참고** 할로겐화합물 및 불활성기체소화설비의 배관 – 배관의 두께
>
> 배관의 두께는 다음의 식에서 구한 값(t) 이상일 것, 다만 방출헤드 설치부는 제외한다.
>
> $$\text{배관의 두께}(t) = \frac{PD}{2SE} + A$$
>
> P : 최대 허용압력 [kPa]
> D : 배관의 바깥지름 [mm]
> SE : 최대 허용응력 [kPa] (인장강도 1/4 값과 항복점의 2/3 값 중 작은 값 × 배관이음효율 × 1.2)
>   ※ 배관이음효율
>   • 이음매 없는 배관 : 1
>   • 전기저항 용접배관 : 0.85
>   • 가열맞대기 용접배관 : 0.6
> A : 나사이음, 홈이음 등의 허용 값 [mm] (헤드의 설치부분은 제외)
>   • 나사이음 : 나사의 높이
>   • 절단홈이음 : 홈의 깊이
>   • 용접이음 : 0

① 최대 허용응력 SE

　- 인장강도 1/4 값 Ⓐ : $420 \times \dfrac{1}{4} = 105\,[MPa]$

　- 항복점의 2/3 값 Ⓑ : $250 \times \dfrac{2}{3} = 166.67\,[MPa]$

　$SE =$ Ⓐ, Ⓑ 중 작은 값 × 배관이음효율 × 1.2 (여기서 이음매 없는 배관의 이음효율 : 1)
　　$= 105 \times 1 \times 1.2 = 126\,[MPa]$

② 최대 허용압력 P

$$t = \frac{PD}{2SE} + A$$

$$6\,[mm] = \frac{P \times 114.3\,[mm]}{2 \times 126\,[MPa]} + 0\,[mm]$$

$$\therefore P = 13.23\,[MPa]$$

답 | 13.23 [MPa]

12

S/P 급수배관의 개폐밸브에 설치하는 템퍼스위치(Temper Switch)의 설치목적과 실제 설치위치 4개소를 적으시오.

가. 설치목적 :

나. 실제 설치위치 :

정답

가. 급수배관에 설치되는 개폐밸브에 설치하여 밸브의 개폐상태를 제어반에서 감시할 수 있도록 한 것으로 밸브가 폐쇄될 경우 제어반에 경보 및 표시가 된다.

나. ① 펌프의 흡입 측 개폐밸브
　② 펌프의 토출 측 개폐밸브
　③ 스프링클러설비의 옥외송수관에 설치하는 개폐표시형 밸브
　④ 유수검지장치 및 일제개방밸브 1차 측 및 2차 측 개폐밸브
　⑤ 고가수조와 스프링클러설비 입상관과 접속되는 부분의 개폐밸브

위 5개소 중 4개소 적으면 정답

참고 템퍼스위치

밸브의 개폐상태를 감시제어반에서 확인하기 위하여 설치함

13

옥내소화전설비의 감시제어반이 갖춰야 할 기능 5가지를 쓰시오.

○ 답

①
②
③
④
⑤

정답

① 각 펌프의 작동 여부를 확인할 수 있는 표시등 및 음향경보기능이 있어야 할 것

② 각 펌프를 자동 및 수동으로 작동시키거나 중단시킬 수 있어야 할 것

③ 비상전원을 설치한 경우에는 상용전원 및 비상전원의 공급 여부를 확인할 수 있어야 할 것

④ 수조 또는 물올림수조가 저수위로 될 때 표시등 및 음향으로 경보할 것

⑤ 각 확인회로마다 도통시험 및 작동시험을 할 수 있어야 할 것(확인회로 : 기동용 수압개폐장치의 압력스위치회로·수조 또는 물올림수조의 감시회로·개폐밸브의 폐쇄상태 확인회로·그 밖 이와 비슷한 회로를 말한다)

14 [배점 5]

다음 [조건]을 참조하여 유효흡입양정($NPSH_{av}$)를 구하시오.

조건

(1) 소화수조의 포화수증기압 : 2.16 [kPa]
(2) 국소대기압 : 101.3 [kPa]
(3) 흡입배관의 마찰손실수두 : 2 [m]
(4) 풋밸브에서 펌프까지 수직거리 : 4 [m](흡상)

○ 계산과정 :

○ 답 :

정답

☑ 계산과정

유효흡입양정 $NPSH_{av} = \dfrac{P_a}{\gamma} - \dfrac{P_v}{\gamma} - H_f \pm H_s$

P_a : 흡입 수면의 대기압[N/m²]

γ : 9.8[kN/m³]

P_v : 유체의 온도에 상당하는 포화증기압[N/m²]

H_f : 흡입 측 배관의 마찰손실수두[m]

H_s : 흡입 양정(-) 또는 압입양정(+)일 때[m]

$\therefore NPSH_{av} = \dfrac{101.3[kPa]}{9.8[kN/m^3]} - \dfrac{2.16[kPa]}{9.8[kN/m^3]} - 2[m] - 4[m] = 4.12[m]$

답 | 4.12 [m]

15

위험물의 옥외탱크에 Ⅰ형 고정포방출구로 포소화설비를 다음 조건과 같이 설치하고자 할 때 다음 각 물음에 답하시오.

조건
(1) 탱크의 지름 : 12 [m]
(2) 사용약제는 수성막포(6 [%])로 단위 포소화수용액의 양은 2.27 [L/m²·min]이며, 방사시간은 30분이다.
(3) 보조포소화전 1개소에 설치되어 있다.
(4) 배관의 길이는 20 [m](포원액탱크에서 포방출구까지), 관 내경은 150 [mm]이며, 기타 조건은 무시한다.

가. 포원액량[L]은 얼마인가?
  ○ 계산과정 :
  ○ 답 :

나. 전용수원의 양은 몇 [m³]가 필요한가?
  ○ 계산과정 :
  ○ 답 :

정답

가. 계산과정

포원액량 $[L]$ = 고정포방출구 포원액량($A[m^2] \times Q_A[L/m^2 \cdot min] \times T[min] \times S$)
          + 보조소화전에 필요한 포원액량($N \times 400[L/min] \times 20[min] \times S$)
          + 송액관에 충전하기 위한 포원액량($V[m^3] \times S \times 1000[L/m^3]$)

※ 조건에 보조포소화전의 쌍구형과 단구형의 여부를 알 수 없는 경우 단구형을 가정하여 문제풀이한다.

$Q[L] = A[m^2] \times Q_A[L/m^2 \cdot min] \times T[min] \times S$
   $+ N \times 400[L/min] \times 20[min] \times S$
   $+ V[m^3] \times S \times 1000[L/m^3]$

$= \left(\dfrac{\pi \times 12^2}{4}[m^2] \times 2.27[L/m^2 \cdot min] \times 30[min] \times 0.06\right)$
 $+ (1[개] \times 400[L/min] \times 20[min] \times 0.06)$
 $+ \left(\dfrac{\pi}{4} \times 0.15^2[m^2] \times 20[m] \times 0.06 \times 1000[L/m^3]\right)$

$= 963.32[L]$

답 | 963.32 [L]

나. 계산과정

$$Q[L] = A[m^2] \times Q_A[L/m^2 \cdot \min] \times T[\min] \times (1-S)$$
$$+ N \times 400[L/\min] \times 20[\min] \times (1-S)$$
$$+ V[m^3] \times (1-S) \times 1000[L/m^3]$$
$$= \left(\frac{\pi \times 12^2}{4}[m^2] \times 2.27[L/m^2 \cdot \min] \times 30[\min] \times 0.94\right)$$
$$+ (1[\text{개}] \times 400[L/\min] \times 20[\min] \times 0.94)$$
$$+ \left(\frac{\pi}{4} \times 0.15^2[m^2] \times 20[m] \times 0.94 \times 1000[L/m^3]\right)$$
$$= 15092.04[L] = 15.09[m^3]$$

답 | 15.09 [m³]

격차를 뛰어넘어 압도적인 격차를 만들다

모아's Pick! plus N제⁺

15개년 소방설비기사부터 산업기사까지의 이전 기출문제를 폭넓게 분석, 가장 중요하고 핵심적인 문제들만 주제별로 Pick!
최신 출제경향에 맞게 변경한 신유형 문제인 "plus N제"를 풀어보고 기출 유형을 폭넓게 경험함으로써 수험생들이 마지막 한 문제까지 놓치지 않도록 구성하였습니다.

plus N제 +

CHAPTER 01	수계소화설비
CHAPTER 02	가스계소화설비
CHAPTER 03	소화활동설비 및 기타설비

CHAPTER 01 수계소화설비

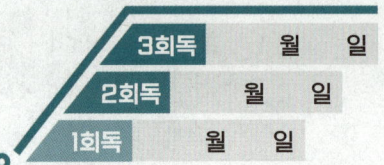

01

지상 200 [m] 높이의 고층건축물에서 1층 부분에 발생하는 압력차는 몇 [Pa]인지 계산하시오. (단, 겨울철의 외기온도는 0 [℃], 실내온도는 22 [℃]이다. 중성대는 건물의 높이 중앙에 있다) 2015년 1회(기사)

○ 계산과정 :

○ 답 :

보충 ▶ 중성대 : 실내와 실외의 정압이 같아지는 경계면

정답

☑ 계산과정

중성대의 높이를 이용한 압력차 ΔP

$$\Delta P = 3460 \left(\frac{1}{T_1} - \frac{1}{T_2} \right) h$$

여기서 ΔP : 굴뚝효과에 따른 압력차 [Pa](= 부력에 의한 상승력)
T_1 : 외기절대온도 [K], T_2 : 실내절대온도 [K](= 화재실 화염의 온도)
h : 중성대로부터 건물(또는 실)의 높이 [m]

$$\Delta P = 3460 \times \left(\frac{1}{273+0} - \frac{1}{273+22} \right) \times \frac{200}{2} = 94.52 [Pa]$$

답 | 94.52 [Pa]

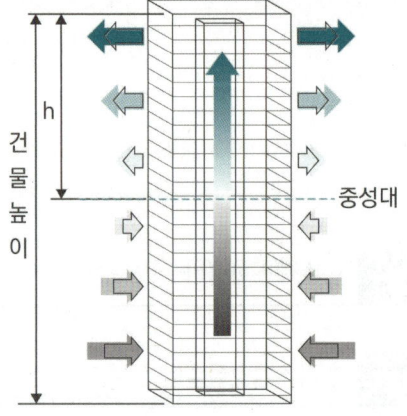

02

지름이 500 [mm] 배관의 끝에 지름이 25 [mm]인 노즐이 부착되어 있고, 이 노즐에서 300 [L/min]의 물이 방출되고 있다. 노즐 끝에서 발생하는 압력손실[kPa]을 구하시오. (단, 노즐의 부차적 손실계수는 5.5이다) 〔2015년 2회(기사)〕

○ 계산과정 :

○ 답 :

정답

☑ 계산과정

돌연 축소관에서의 손실 $H = K \dfrac{V_2^2}{2g}$

① $V_2 = \dfrac{Q}{A_2} = \dfrac{4Q}{\pi D_2^2} = \dfrac{4 \times \dfrac{0.3}{60}}{\pi \times (0.025)^2} = 10.186 \,[m/s]$

② $H = K \dfrac{V_2^2}{2g} = 5.5 \times \dfrac{10.186^2}{2 \times 9.8} = 29.115 \,[m]$

③ $P = 29.115\,[m] \times \dfrac{101.325\,[kPa]}{10.332\,[m]} = 285.528 ≒ 285.53\,[kPa]$

답 | 285.53 [kPa]

돌연 축소관 손실수두

$$h = \dfrac{(V_0 - V_2)^2}{2g} = K \dfrac{V_2^2}{2g}$$

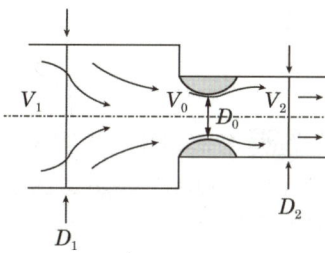

h_L : 부차적 손실수두 [m]

K : 손실계수 $\left[K = \left(\dfrac{A_2}{A_0} - 1 \right)^2 = \left(\dfrac{1}{C_c} - 1 \right)^2 \right]$

C_c : 수축계수 $\left[C_c = \dfrac{A_0}{A_2} \right]$

V : 유속 [m/s]

g : 중력가속도 [m/s²]

돌연 확대관 손실수두

$$h_L = \frac{(V_1 - V_2)^2}{2g} = K\frac{V_1^2}{2g}$$

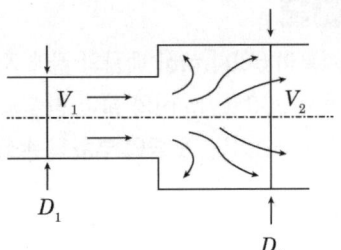

h_L : 부차적 손실수두 [m]

K : 손실계수 $\left[K = \left(1 - \frac{A_1}{A_2}\right)^2 \right]$

V : 유속 [m/s]

g : 중력가속도 [m/s²]

03

기동용 수압개폐장치(압력챔버)에 설치되는 압력스위치에 표시되어 있는 DIFF와 RANGE가 의미하는 것을 쓰시오. 2015년 2회(기사)

○ 답 • DIFF :
 • RANGE :

정답

답 | • DIFF : 펌프의 작동정지점에서 기동점과의 압력 차이
 • RANGE : 펌프의 작동정지점

참고 펌프의 기동점과 정지점

압력스위치에는 "Range", "Diff" 눈금이 있어 압력스위치 상단에 있는 나사를 조정하여 세팅

Range는 펌프의 정지점이며 Diff는 "정지점과 기동점의 차"펌프가 Diff만큼 압력이 떨어지면 펌프는 기동하게 된다.

1) Range : 펌프의 정지점(기동정지압력)
 (단, 주펌프의 정지점은 주펌프의 체절운전점 이상으로 해야 한다. 화재 시 한번 기동된 주펌프는 자동정지되어서는 안 되며 수동 정지해야 하기 때문이다. 따라서 주펌프는 체절운전점 이상으로 설정하여 기동 후 정지되지 않도록 한다)

2) Diff : 펌프 정지점과 기동점의 압력 차이(Difference)
3) 펌프의 기동점
   펌프의 기동점(기동압력) = Range값 - Diff값

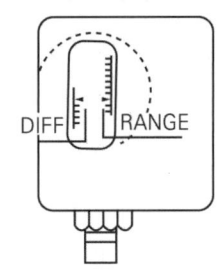

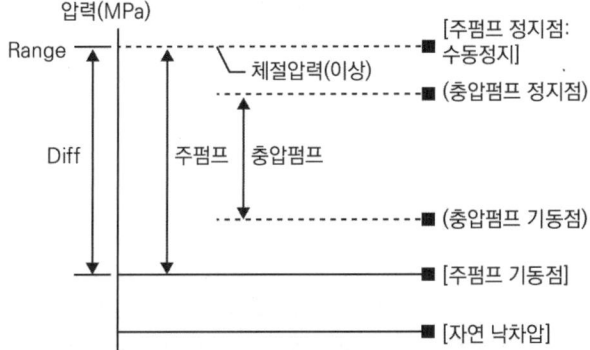

[주의] 충압펌프의 기동점은 자연낙차압보다 높아야 한다.
   펌프의 기동압력이 펌프에 가해지는 자연낙차압보다 작은 경우 자동기동이 불가능하다. 왜냐하면 압력챔버는 수직배관에 차 있는 물로 인해 자연낙차압이 가해지고 있으므로 평상시 압력챔버 내의 압력이 건물의 자연낙차압 아래로 내려가지 않기 때문이다.

04
옥내소화전설비를 작동시켜 호스의 노즐로부터 살수하면서 피토게이지를 사용하여 노즐 선단의 방수압을 측정하였더니 0.25 [MPa]이었다. 노즐 선단으로부터 방사되는 순간의 물의 유속은 몇 [m/s]인가? (단, 중력가속도는 9.81로 가정한다)

(2015년 4회(기사))

○ 계산과정 :

○ 답 :

정답

☑ 계산과정

> 방수압을 이용한 노즐 선단의 유속 공식(토리첼리 공식)
> $$V = \sqrt{2gh} = \sqrt{2g\frac{P}{\gamma}} = \sqrt{2g\frac{P}{\rho g}}$$
> 여기서 V : 유속[m/s]
> g : 중력가속도[m/s²]
> h : 수두[m]

$$V = \sqrt{2gh} = \sqrt{2 \times 9.81[m/s^2] \times \frac{250[kPa]}{9.81[kN/m^3]}} = 22.36[m/s]$$

($\because \gamma = \rho g = 1000[N \cdot s^2/m^4] \times 9.81[m/s^2] = 9810[N/m^3] = 9.81[kN/m^3]$)

답 | 22.36 [m/s]

05

어느 사무실(내화구조)은 가로 30 [m], 세로 20 [m]인 직사각형 형태의 실평면도이다. 이 사무실 내부에는 기둥이 없고 상부는 반자로 고르게 마감되어 있다. 이 사무실에 스프링클러헤드를 직사각형으로 배치하여 가로 및 세로 변의 최대 및 최소 개수를 구하고자 할 때 다음을 구하시오. (단, 반자 속에는 헤드를 설치하지 아니하며 전등 또는 공조용 디퓨져 등 모듈(MODULE)을 무시하고, 헤드 배치 간격은 헤드 배치 각도를 30°, 60° 2가지로 최소, 최대치를 정하시오) 〔2012년 4회(기사)〕

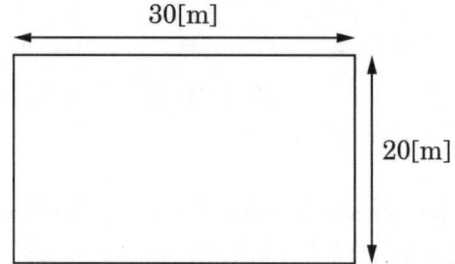

가. 가로변 설치 헤드 최대 개수를 구하시오.
   ○ 계산과정 :
   ○ 답 :

나. 가로변 설치 헤드 최소 개수를 구하시오.
   ○ 계산과정 :
   ○ 답 :

다. 세로변 설치 헤드 최대 개수를 구하시오.

　○ 계산과정 :

　○ 답 :

라. 세로변 설치 헤드 최소 개수를 구하시오.

　○ 계산과정 :

　○ 답 :

마. 보기와 같은 방법으로 표를 만들어서 헤드 배치수량을 나타내시오.

─────────── [보기] ───────────

가로변 최소 헤드 수 [6개], 가로변 최대 헤드 수 [9개],
세로변 최소 헤드 수 [3개], 세로변 최대 헤드 수 [5개]라고 가정하면

가로변 헤드 수 세로변 헤드 수	6	7	8	9
3	18	21	24	27
4	24	28	32	36
5	30	35	40	45

○ 답

가로변 헤드 수 세로변 헤드 수							

바. 만약 정방형으로 헤드를 배치할 때 헤드의 설치 간격[m]을 구하시오.

　○ 계산과정 :

　○ 답 :

사. 정사각형으로 헤드 배치 시 설치해야 하는 헤드 개수를 구하시오.

　○ 계산과정 :

　○ 답 :

아. 헤드가 폐쇄형으로 표시온도가 79 [℃]일 때 작동온도의 범위를 구하시오.
(단, 유리벌브를 사용하지 아니한 헤드이다)
- 계산과정 :
- 답 :

> 암기 ▶ 특수 무기 창 내아

정답

설치장소별 수평거리 R

설치장소	수평거리(R)
• 특수가연물을 저장 또는 취급하는 장소 • 무대부	1.7 [m] 이하
• 기타구조로 된 경우 • 라지드롭형 스프링클러헤드를 설치하는 창고 　(단, ① 특수가연물을 저장 또는 취급하는 창고 : 1.7 [m] 이하 　　　② 내화구조로 된 창고 : 2.3 [m] 이하)	2.1 [m] 이하
• 내화구조로 된 경우	2.3 [m] 이하
• 아파트	2.6 [m] 이하

공동주택 및 창고시설의 화재안전성능기준 제정 [시행 2024.1.1.]

핵심이론 스프링클러 헤드를 장방형 배치할 때 헤드 간 거리

헤드 간 거리 $S_{긴변}$, $S_{짧은변}$
① $S_{긴변} = 2R\sin(\theta_{큰})$
② $S_{짧은변} = 2R\sin(\theta_{작은})$

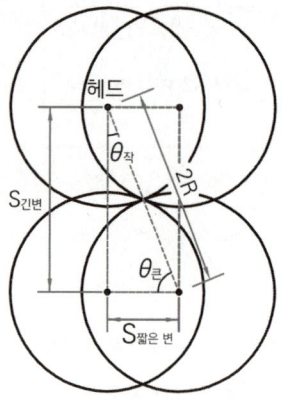

가. 가로변 헤드 최대 개수

계산과정 : $\dfrac{가로변 길이}{S_{짧은변}} = \dfrac{가로변 길이}{2R\sin 30^o} = \dfrac{30}{2 \times 2.3 \times \sin 30^o} = 13.04 ≒ 14 [개]$

답 | 14개

나. 가로변 헤드 최소 개수

계산과정 : $\dfrac{가로변 길이}{S_{긴변}} = \dfrac{가로변 길이}{2R\sin 60^o} = \dfrac{30}{2 \times 2.3 \times \sin 60^o} = 7.53 ≒ 8 [개]$

답 | 8개

다. 세로변 헤드 최대 개수

계산과정 : $\dfrac{세로변 길이}{S_{짧은변}} = \dfrac{세로변 길이}{2R\sin 30°} = \dfrac{20}{2 \times 2.3 \times \sin 30°} = 8.70 ≒ 9[개]$

답 | 9개

라. 세로변 헤드 최소 개수

계산과정 : $\dfrac{세로변 길이}{S_{긴변}} = \dfrac{세로변 길이}{2R\sin 60°} = \dfrac{20}{2 \times 2.3 \times \sin 60°} = 5.02 ≒ 6[개]$

답 | 6개

마. 헤드 배치 수량표

가로 세로	8	9	10	11	12	13	14
6	48	54	60	66	72	78	84
7	56	63	70	77	84	91	98
8	64	72	80	88	96	104	112
9	72	81	90	99	108	117	126

바. 계산과정

$S = 2R\cos 45°$ (정방형 배치 헤드 간 거리)
$= 2 \times 2.3 \times \cos 45° = 3.25[m]$

답 | 3.25 [m]

사. 계산과정

① 가로변에 설치할 헤드 수 : $\dfrac{가로변 길이}{S} = \dfrac{30}{3.25} = 9.23 ≒ 10[개]$

② 세로변에 설치할 헤드 수 : $\dfrac{세로변 길이}{S} = \dfrac{20}{3.25} = 6.15 ≒ 7[개]$

∴ 설치개수 : 10 × 7 = 70 [개]

답 | 70 [개]

아. 계산과정

(79 × 0.97) ~ (79 × 1.03) [℃] → 76.63 ~ 81.37 [℃]

답 | 76.63 ~ 81.37 [℃]

참고 스프링클러헤드의 형식승인 및 제품검사의 기술기준 – 제12조(작동시험)

폐쇄형 헤드는 작동시험에서 다음 각 호의 규정에 적합해야 한다.

1. 폐쇄형 헤드를 액조 내에 넣어 그 헤드의 표시온도보다 10 [℃] 낮은 온도로부터 매분 1 [℃] 이내의 비율로 온도를 상승시키는 경우 헤드가 작동하는 온도의 실제 측정한 값은 <u>그 표시온도의 97 [%]에서 103 [%]까지</u>(유리벌브를 사용한 헤드는 95 [%]에서 115 [%]까지)의 범위 안이어야 한다.

…

06

다음 그림은 어느 작은 주차장에 설치하고자 하는 포소화설비의 평면도이다. 그림과 주어진 조건을 이용하여 요구사항에 답하시오. 2010년 1회(기사)

조건

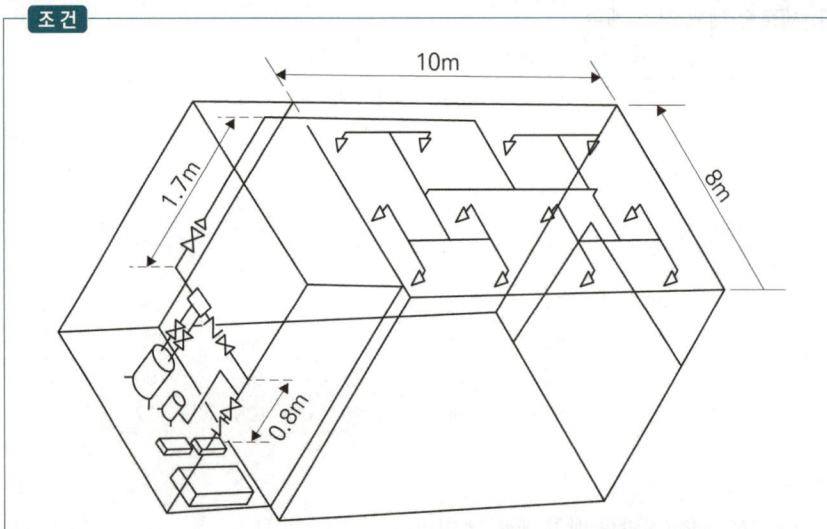

(1) 주차장에 설치된 포소화설비는 포헤드이며, 포헤드의 최소 방사압력은 0.25 [MPa]이다.
(2) 펌프 토출구로부터 말단 포헤드까지 마찰손실압력은 0.14 [MPa]이다.
(3) 포수용액의 비중은 물의 비중과 같다고 가정한다.
(4) 사용하는 포원액은 단백포로서 3 [%]용이다.
(5) 펌프의 효율은 0.6, 축동력 전달계수는 1.1이다.

가. 포원액의 최소 소요량[L]은 얼마인가?
  ○ 계산과정 :
  ○ 답 :

나. 펌프의 최소양정[m], 최소토출량[L/min], 최소소요동력[kW]을 계산하시오.
  1) 최소양정
    ○ 계산과정 :
    ○ 답 :
  2) 최소토출량
    ○ 계산과정 :
    ○ 답 :

3) 최소소요동력

    ○ 계산과정 :

    ○ 답 :

다. 펌프 흡입 측에 설치된 레듀셔는 편심레듀셔를 사용하는 것이 가장 합리적이다. 이유는 무엇인가?

    ○ 답 :

정답

핵심이론 포헤드 설치기준

1. 포헤드는 특정소방대상물의 천장 또는 반자에 설치하되, 바닥면적 9 [m²]마다 1개 이상으로 하여 해당 방호대상물의 화재를 유효하게 소화할 수 있도록 할 것
2. 포헤드는 특정소방대상물별로 그에 사용되는 포소화약제에 따라 1분당 방사량이 다음 표에 따른 양 이상이 되는 것으로 할 것(10분간 방사할 수 있는 양 이상)

$Q = A \times Q_A \times T[10\min] \times S$

Q : 포소화약제의 양 [L]
A : 포헤드설비가 설치된 부분의 바닥면적 [m²](단, ① 특수가연물을 저장·취급하는 공장·창고, ② 차고·주차장 : 최대 바닥면적 200 [m²])
Q_A : 1분당 바닥면적 1 [m²]에 대한 방사량 [L/m²·min]
S : 포소화약제의 사용농도 [%]

소방대상물	포소화약제의 종류	바닥면적 1 [m²]당 방사량 (Q_A)
차고·주차장 및 항공기격납고	단백포소화약제	6.5 [L] 이상
	합성계면활성제포소화약제	8.0 [L] 이상
	수성막포소화약제	3.7 [L] 이상
특수가연물 저장 취급하는 소방대상물	단백포소화약제	6.5 [L] 이상
	합성계면활성제포소화약제	
	수성막포소화약제	

가. 포원액의 최소 소요량[L]

    계산과정 : $Q = A \times Q_A \times T[10\min] \times S$

                   $= (10 \times 8)[m^2] \times 6.5[L/m^2 \cdot \min] \times 10[\min] \times 0.03 = 156[L]$

    답 | 156 [L]

나. 계산과정

1) 최소양정

$$H = h_1 + h_2 + h_3$$

여기에서 H : 펌프의 양정[m]
h_1 : 낙차
h_2 : 배관의 마찰손실수두
h_3 : 방출구의 설계압력 환산수두 또는 노즐 선단의 방사압력 환산수두

$$H = (0.8 + 1.7) + 14 + 25 = 41.5 [m]$$

답 | 41.5 [m]

2) 최소토출량

$$Q = A \times Q_A = (10 \times 8) \times 6.5 = 520 [L/\min]$$

답 | 520 [L/min]

3) 최소소요동력

$$P[kW] = \frac{\gamma[kN/m^3] \times Q[m^3/s] \times H[m]}{\eta} \times K$$

$$P = \frac{9.8 \times \frac{0.52}{60} \times 41.5}{0.6} \times 1.1 = 6.462 ≒ 6.46 [kW]$$

답 | 6.46 [kW]

다. 공기고임이 생기는 것을 방지하고 마찰손실을 줄이기 위하여

> **참고** 원심레듀셔와 편심레듀셔

원심레듀셔(Concentric Reducer)	편심레듀셔(Eccentric Reducer)

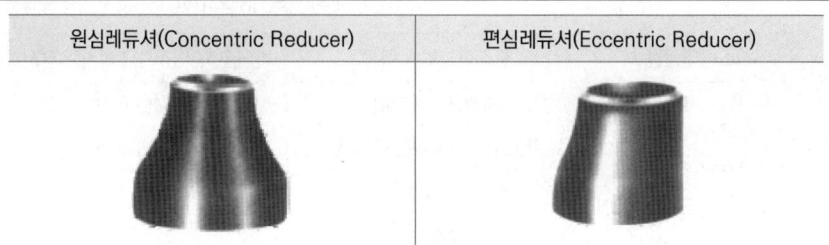

나. 계산과정

1) 최소양정

$$H = h_1 + h_2 + h_3$$

여기에서 H : 펌프의 양정[m]
h_1 : 낙차
h_2 : 배관의 마찰손실수두
h_3 : 방출구의 설계압력 환산수두 또는 노즐 선단의 방사압력 환산수두

$$H = (0.8 + 1.7) + 14 + 25 = 41.5[m]$$

답 | 41.5 [m]

2) 최소토출량

$$Q = A \times Q_A = (10 \times 8) \times 6.5 = 520[L/min]$$

답 | 520 [L/min]

3) 최소소요동력

$$P[kW] = \frac{\gamma[kN/m^3] \times Q[m^3/s] \times H[m]}{\eta} \times K$$

$$P = \frac{9.8 \times \frac{0.52}{60} \times 41.5}{0.6} \times 1.1 = 6.462 ≒ 6.46[kW]$$

답 | 6.46 [kW]

다. 공기고임이 생기는 것을 방지하고 마찰손실을 줄이기 위하여

참고 원심레듀셔와 편심레듀셔

원심레듀셔(Concentric Reducer)	편심레듀셔(Eccentric Reducer)

3) 최소소요동력

　　○ 계산과정 :

　　○ 답 :

다. 펌프 흡입 측에 설치된 레듀셔는 편심레듀셔를 사용하는 것이 가장 합리적이다. 이유는 무엇인가?

　　○ 답 :

정답

핵심이론 포헤드 설치기준

1. 포헤드는 특정소방대상물의 천장 또는 반자에 설치하되, 바닥면적 9 [m^2]마다 1개 이상으로 하여 해당 방호대상물의 화재를 유효하게 소화할 수 있도록 할 것
2. 포헤드는 특정소방대상물별로 그에 사용되는 포소화약제에 따라 1분당 방사량이 다음 표에 따른 양 이상이 되는 것으로 할 것(10분간 방사할 수 있는 양 이상)

$Q = A \times Q_A \times T[10\min] \times S$

Q : 포소화약제의 양 [L]
A : 포헤드설비가 설치된 부분의 바닥면적 [m^2](단, ① 특수가연물을 저장·취급하는 공장·창고, ② 차고·주차장 : 최대 바닥면적 200 [m^2])
Q_A : 1분당 바닥면적 1 [m^2]에 대한 방사량 [L/m^2·min]
S : 포소화약제의 사용농도 [%]

소방대상물	포소화약제의 종류	바닥면적 1 [m^2]당 방사량 (Q_A)
차고·주차장 및 항공기격납고	단백포소화약제	6.5 [L] 이상
	합성계면활성제포소화약제	8.0 [L] 이상
	수성막포소화약제	3.7 [L] 이상
특수가연물 저장 취급하는 소방대상물	단백포소화약제	6.5 [L] 이상
	합성계면활성제포소화약제	
	수성막포소화약제	

가. 포원액의 최소 소요량[L]

계산과정 : $Q = A \times Q_A \times T[10\min] \times S$
$= (10 \times 8)[\text{m}^2] \times 6.5[L/m^2 \cdot \min] \times 10[\min] \times 0.03 = 156[L]$

답 | 156 [L]

06

다음 그림은 어느 작은 주차장에 설치하고자 하는 포소화설비의 평면도이다. 그림과 주어진 조건을 이용하여 요구사항에 답하시오. 2010년 1회(기사)

조건

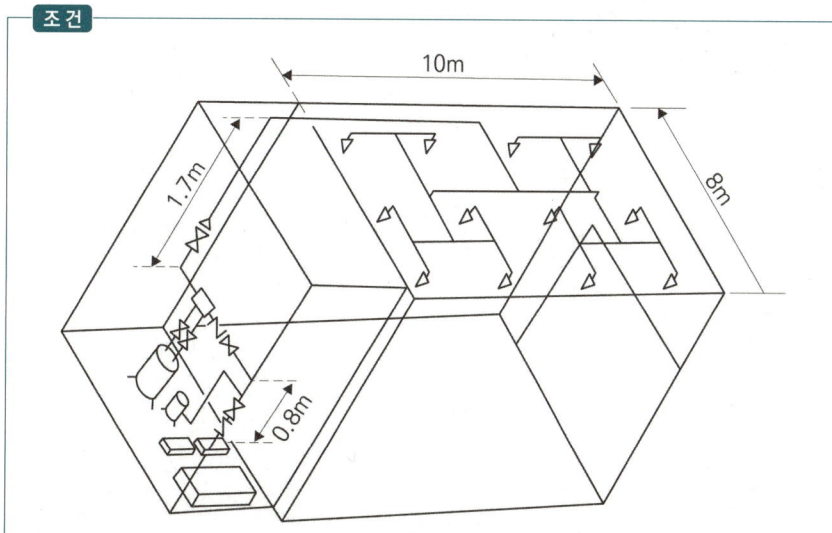

(1) 주차장에 설치된 포소화설비는 포헤드이며, 포헤드의 최소 방사압력은 0.25 [MPa]이다.
(2) 펌프 토출구로부터 말단 포헤드까지 마찰손실압력은 0.14 [MPa]이다.
(3) 포수용액의 비중은 물의 비중과 같다고 가정한다.
(4) 사용하는 포원액은 단백포로서 3 [%]용이다.
(5) 펌프의 효율은 0.6, 축동력 전달계수는 1.1이다.

가. 포원액의 최소 소요량[L]은 얼마인가?
  ○ 계산과정 :
  ○ 답 :

나. 펌프의 최소양정[m], 최소토출량[L/min], 최소소요동력[kW]을 계산하시오.
  1) 최소양정
     ○ 계산과정 :
     ○ 답 :
  2) 최소토출량
     ○ 계산과정 :
     ○ 답 :

다. 세로변 헤드 최대 개수

계산과정 : $\dfrac{세로변 길이}{S_{짧은변}} = \dfrac{세로변 길이}{2R\sin 30°} = \dfrac{20}{2 \times 2.3 \times \sin 30°} = 8.70 ≒ 9[개]$

답 | 9개

라. 세로변 헤드 최소 개수

계산과정 : $\dfrac{세로변 길이}{S_{긴변}} = \dfrac{세로변 길이}{2R\sin 60°} = \dfrac{20}{2 \times 2.3 \times \sin 60°} = 5.02 ≒ 6[개]$

답 | 6개

마. 헤드 배치 수량표

가로 세로	8	9	10	11	12	13	14
6	48	54	60	66	72	78	84
7	56	63	70	77	84	91	98
8	64	72	80	88	96	104	112
9	72	81	90	99	108	117	126

바. 계산과정

$S = 2R\cos 45°$ (정방형 배치 헤드 간 거리)
$= 2 \times 2.3 \times \cos 45° = 3.25[m]$

답 | 3.25 [m]

사. 계산과정

① 가로변에 설치할 헤드 수 : $\dfrac{가로변 길이}{S} = \dfrac{30}{3.25} = 9.23 ≒ 10[개]$

② 세로변에 설치할 헤드 수 : $\dfrac{세로변 길이}{S} = \dfrac{20}{3.25} = 6.15 ≒ 7[개]$

∴ 설치개수 : 10 × 7 = 70 [개]

답 | 70 [개]

아. 계산과정

$(79 \times 0.97) \sim (79 \times 1.03)$ [℃] → 76.63 ~ 81.37 [℃]

답 | 76.63 ~ 81.37 [℃]

> **참고** 스프링클러헤드의 형식승인 및 제품검사의 기술기준 – 제12조(작동시험)

폐쇄형 헤드는 작동시험에서 다음 각 호의 규정에 적합해야 한다.

1. 폐쇄형 헤드를 액조 내에 넣어 그 헤드의 표시온도보다 10 [℃] 낮은 온도로부터 매분 1 [℃] 이내의 비율로 온도를 상승시키는 경우 헤드가 작동하는 온도의 실제 측정한 값은 <u>그 표시온도의 97 [%]에서 103 [%]까지</u>(유리벌브를 사용한 헤드는 95 [%]에서 115 [%]까지)의 범위 안이어야 한다.

…

07

각 층당 48 [m²]의 주차면적을 가지고 있는 지상 4층 규모의 주차용 건축물에 물분무소화설비를 설치하려고 한다. 다음 물음에 답하시오. (2024년 1회(기사) 변형)

가. 물분무소화설비의 펌프 최소 토출량[L/min]을 계산하시오.
- 계산과정 :
- 답 :

나. 수원의 최소 저수량[m³]을 계산하시오.
- 계산과정 :
- 답 :

정답

☑ 계산과정

가. $Q = A\,[m^2] \times 20\,[L/\min \cdot m^2]$

여기서 A : 바닥면적(단, 최대 방수구역의 바닥면적을 기준으로 함. 50 [m²] 이하인 경우에는 50 [m²])

$Q = 50\,[m^2] \times 20\,[L/m^2 \cdot \min] = 1000\,[L/\min]$

답 | 1000 [L/min]

나. 수원의 양[m³] = $1000\,[L/\min] \times 20\,[\min] = 20000\,[L] = 20\,[m^3]$

답 | 20 [m³]

핵심이론 물분무소화설비 수원의 저수량

소방대상물	수원량 산정방법	비고
특수가연물을 저장·취급하는 특정소방대상물 또는 그 부분	A [m²] × 10 [L/min·m²] × 20 [min] 이상 (A : 바닥면적)	최대 방수구역의 바닥면적을 기준으로 함 50 [m²] 이하인 경우에는 50 [m²]
절연유 봉입 변압기	A [m²] × 10 [L/min·m²] × 20 [min] 이상 (A : 바닥부분을 제외한 표면적을 합한 면적)	-
컨베이어벨트 등	A [m²] × 10 [L/min·m²] × 20 [min] 이상 (A : 벨트 부분의 바닥면적)	-
케이블 트레이, 케이블 덕트 등	A [m²] × 12 [L/min·m²] × 20 [min] 이상 (A : 투영된 바닥면적)	-
차고 · 주차장	A [m²] × 20 [L/min·m²] × 20 [min] 이상 (A : 바닥면적)	최대 방수구역의 바닥면적을 기준으로 함 50 [m²] 이하인 경우에는 50 [m²]

08

폭 1 [m], 길이 285 [m]의 컨베이어벨트에 물분무소화설비를 설치하고자 할 때 다음 물음에 답하시오. (2020년 2회(산업기사))

가. 펌프의 최소 토출량[L/min]을 구하시오.
- 계산과정 :
- 답 :

나. 필요한 최소 수원의 양[L]을 구하시오.
- 계산과정 :
- 답 :

정답

☑ 계산과정

가. $Q = A\,[m^2] \times 10\,[L/min \cdot m^2]$

여기서 A : 벨트 부분의 바닥면적

$Q = (1[m] \times 285[m]) \times 10[L/m^2 \cdot min] = 2850[L/min]$

답 | 2850 [L/min]

나. 수원의 양$[m^3] = 2850[L/min] \times 20[min] = 57000[L]$

답 | 57000 [L]

핵심이론 물분무소화설비 수원의 저수량

소방대상물	수원량 산정방법	비고
특수가연물을 저장·취급하는 특정소방대상물 또는 그 부분	A [m²] × 10 [L/min·m²] × 20 [min] 이상 (A : 바닥면적)	최대 방수구역의 바닥면적을 기준으로 함 50 [m²] 이하인 경우에는 50 [m²]
절연유 봉입 변압기	A [m²] × 10 [L/min·m²] × 20 [min] 이상 (A : 바닥부분을 제외한 표면적을 합한 면적)	-
컨베이어벨트 등	A [m²] × 10 [L/min·m²] × 20 [min] 이상 (A : 벨트 부분의 바닥면적)	-
케이블 트레이, 케이블 덕트 등	A [m²] × 12 [L/min·m²] × 20 [min] 이상 (A : 투영된 바닥면적)	-
차고·주차장	A [m²] × 20 [L/min·m²] × 20 [min] 이상 (A : 바닥면적)	최대 방수구역의 바닥면적을 기준으로 함 50 [m²] 이하인 경우에는 50 [m²]

CHAPTER 02 가스계소화설비

09

위험물 저장탱크에 국소방출방식의 고압식 이산화탄소소화설비를 설치하려고 한다. 다음 위험물 저장탱크의 평면도와 조건을 참조하여 각 물음에 답하시오.

조건
(1) 위험물 저장탱크의 크기는 가로 3 [m], 세로 2 [m], 높이 2 [m]이다.

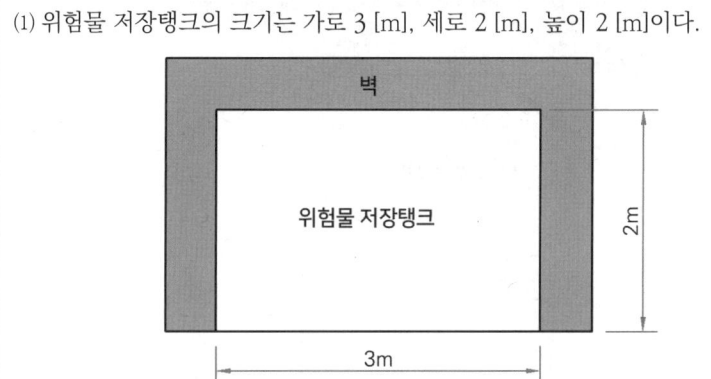

(2) 방호대상물 주위에 3면에만 그림과 같이 방호대상물과 동일한 크기의 벽이 설치되어 있다.
(3) 윗면이 개방된 용기에 저장하는 경우와 화재 시 연소면이 한정되고 가연물이 비산할 우려가 없는 경우가 아니다.

가. 방호공간의 체적[m³]을 구하시오.
  ○ 계산과정 :
  ○ 답 :

나. 필요한 소화약제량[kg]은 얼마인가?
  ○ 계산과정 :
  ○ 답 :

다. 필요한 소화약제량을 기준으로 이산화탄소를 모두 방출한다고 할 때 방출량[kg/min]은 얼마인가?
  ○ 계산과정 :
  ○ 답 :

정답

✓ 계산과정

가. 방호공간의 체적[m³]

    V = 3 × (2 + 0.6) × (2 + 0.6) = 20.28 [m³]

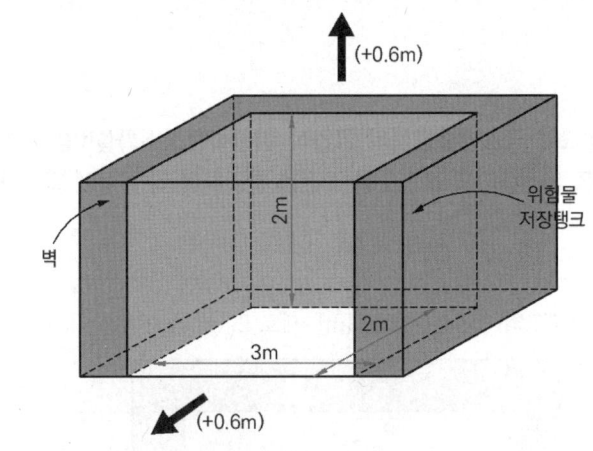

[위험물저장탱크 입체도]

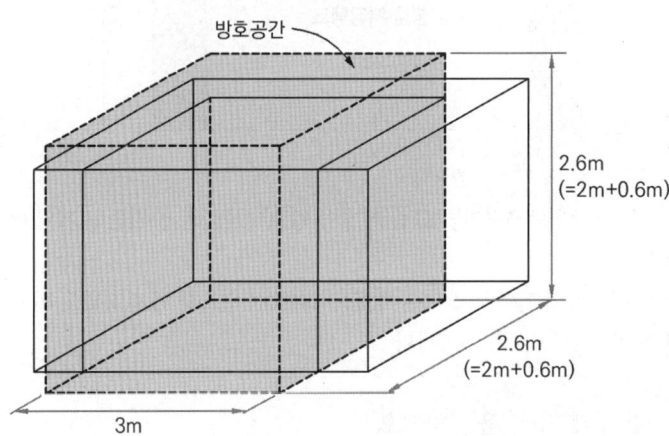

[방호공간 입체도]

답 | 20.28[m³]

나. 이산화탄소소화설비 국소방출방식 약제량 산정

핵심이론 이산화탄소소화설비 국소방출방식 약제량

1) 윗면이 개방된 용기에 저장하는 경우와 화재 시 연소면이 한정되고 가연물이 비산할 우려가 없는 경우에는 방호대상물의 표면적 1 [m²]에 대하여 13 [kg]을 저장한다.

$$W[kg] = A[m^2] \times 13[kg/m^2] \times h$$

W : 약제량 [kg]
A : 방호대상물의 표면적 [m²]
h : 할증계수(고압식 : 1.4, 저압식 : 1.1)

2) 그 외의 경우

$$W[kg] = V[m^3] \times \left(8 - 6\frac{a}{A}\right)[kg/m^3] \times h$$

W : 약제량 [kg]

V : 방호공간의 체적 [m³]
(방호대상물의 각 부분으로부터 0.6 [m]의 거리에 따라 둘러싸인 공간)

a : 방호대상물 주위에 설치된 벽면적의 합계 [m²]

A : 방호공간의 벽면적의 합계 [m²](벽이 없는 경우 : 벽이 있는 것으로 가정한 당해 부분의 면적)

h : 할증계수(고압식 : 1.4, 저압식 : 1.1)

$$W[kg] = V[m^3] \times \left(8 - 6\frac{a}{A}\right)[kg/m^3] \times h$$

① a : (3 × 2) + (2 × 2) × 2 = 14 [m²]
② A : (3 × 2.6 × 2) + (2.6 × 2.6 × 2) = 29.12 [m²]

$$\therefore W = 20.28[m^3] \times \left(8 - 6 \times \frac{14}{29.12}\right)[kg/m^3] \times 1.4 = 145.236 ≒ 145.24[kg]$$

답 | 145.24 [kg]

다. 방출량[kg/min]

$$\frac{145.24[kg]}{0.5[\min]} = 290.48[kg/\min]$$

답 | 290.48 [kg/min]

> **참고** 이산화탄소소화설비의 화재안전기술기준(NFTC 106)
>
> 2.5.2 배관의 구경은 이산화탄소소화약제의 소요량이 다음의 기준에 따른 시간 내에 방출될 수 있는 것으로 해야 한다.
> 2.5.2.1 전역방출방식에 있어서 가연성 액체 또는 가연성 가스 등 표면화재 방호대상물의 경우에는 1분
> 2.5.2.2 전역방출방식에 있어서 종이, 목재, 석탄, 섬유류, 합성수지류 등 심부화재 방호대상물의 경우에는 7분. 이 경우 설계농도가 2분 이내에 30 [%]에 도달하여야 한다.
> 2.5.2.3 국소방출방식의 경우에는 30초

10

컴퓨터실(바닥면적이 1000 [m²], 층고가 3 [m])에 할론 1301 소화설비를 전역방출방식으로 설치하려고 한다. 다음 물음에 답하시오. (다만 컴퓨터실은 내화구조이며, 3 [m] × 2 [m]의 자동폐쇄되지 않는 개구부 1개소가 있다) (심화)

가. 할론 1301의 최소 약제량[kg]을 계산하시오.
   ○ 계산과정 :   ○ 답 :

나. 할론 1301 소화약제 저장용기 수를 계산하시오. (다만 저장용기는 50 [kg/1병] 약제를 저장한다)
   ○ 계산과정 :   ○ 답 :

다. 약제 방출률이 2 [kg/sec·cm²]이고, 방사 헤드수가 25개, 노즐 1개의 방사압이 20 [kg/cm²]일 경우 노즐의 최소 오리피스 분구면적[mm²]을 계산하시오.
   ○ 계산과정 :   ○ 답 :

정답

✓ 계산과정

가. 할론 1301의 최소 약제량[kg]

> **참고** 할론소화설비(할론 1301) 전역방출방식 약제량 산정
>
> $W = (V \times \alpha) + (A \times \beta)$
>
> W : 약제량 [kg], V : 방호구역체적 [m³]
> α : 방호구역 1 [m³]에 대한 소화약제의 양 [kg/m³]
> A : 개구부면적 [m²], β : 개구부 가산량 [kg/m²]
> (개구부에 자동폐쇄장치 미설치 시 가산)

소방대상물 또는 그 부분	방호구역외 체적 1 [m³]당 소화약제의 양 [kg/m³] α	개구부 가산량 [kg/m²] β
• 차고, 주차장, 전기실, 전산실, 통신기기실 등 이와 유사한 전기설비 • 특수가연물(가연성 고체류, 가연성 액체류, 합성수지류)을 저장·취급하는 소방대상물 또는 그 부분	0.32 이상 0.64 이하	2.4
특수가연물(면화류, 나무껍질 및 대팻밥, 넝마 및 종이부스러기, 사류, 볏짚류, 목재가공품 및 나무부스러기)을 저장·취급하는 소방대상물 또는 그 부분	0.52 이상 0.64 이하	3.9

$$W = (V \times \alpha) + (A \times \beta)$$
$$= (1000 \times 3)[m^3] \times 0.32[kg/m^3] + (3 \times 2)[m^2] \times 2.4[kg/m^2] = 974.4[kg]$$

답 | 974.4 [kg]

나. 할론 1301 소화약제 저장용기 수

$$\frac{974.4[kg]}{50[kg/병]} = 19.49 \rightarrow 20[병]$$

답 | 20 [병]

다. 노즐의 최소 오리피스 분구면적[mm²]

$$2[kg/\sec \cdot cm^2 \cdot 개] = \frac{50[kg] \times 20[병]}{10[\sec] \times x[cm^2] \times 25[개]}$$

$$x = 2[cm^2] = 2[cm^2] \times \frac{100[mm^2]}{1[cm^2]} = 200[mm^2]$$

답 | 200 [mm²]

11

조건과 같이 제4류 위험물을 저장하는 위험물 저장탱크에 국소방출방식의 이산화탄소소화설비를 설치하고자 한다. 다음 물음에 답하시오. (기출 변형)

조건

(1) 위험물 저장탱크에 저압식 이산화탄소소화설비를 국소방출방식 설치한다.
(2) 직경이 5 [m]인 저장탱크는 윗면이 개방된 용기이며, 연소면이 한정되어 비산할 우려가 없다.
(3) 설치된 이산화탄소의 헤드 수량은 2개이며, 이산화탄소의 순도는 99 [%]이다.

가. 소화약제의 양[kg]을 계산하시오.

　○ 계산과정 :

　○ 답 :

나. 계산된 약제량에 따른 헤드의 방출량[kg/s]을 계산하시오.

　○ 계산과정 :

　○ 답 :

정답

☑ 계산과정

가. 소화약제의 양[kg]

> **핵심이론** 이산화탄소소화설비 국소방출방식 약제량
>
> 1) 윗면이 개방된 용기에 저장하는 경우와 화재 시 연소면이 한정되고 가연물이 비산할 우려가 없는 경우에는 방호대상물의 표면적 1 [m²]에 대하여 13 [kg]을 저장한다.
>
> $$W[kg] = A[m^2] \times 13[kg/m^2] \times h$$
>
> W : 약제량 [kg]
> A : 방호대상물의 표면적 [m²]
> h : 할증계수(고압식 : 1.4, 저압식 : 1.1)
>
> 2) 그 외의 경우
>
> $$W[kg] = V[m^3] \times \left(8 - 6\frac{a}{A}\right)[kg/m^3] \times h$$
>
> W : 약제량 [kg]
> V : 방호공간의 체적 [m³]
> a : 방호대상물 주위에 설치된 벽면적의 합계 [m²]
> A : 방호공간의 벽면적의 합계 [m²](벽이 없는 경우 : 벽이 있는 것으로 가정한 당해 부분의 면적)
> h : 할증계수(고압식 : 1.4, 저압식 : 1.1)

$$W[kg] = A[m^2] \times 13[kg/m^2] \times h(\text{할증계수})$$
$$= \frac{\pi \times 5^2}{4}[m^2] \times 13[kg/m^2] \times 1.1 = 280.78[kg]$$

순도를 고려한 약제량 $= \dfrac{280.78[kg]}{0.99} = 283.62[kg]$

답 | 283.62 [kg]

나. 헤드의 방출량[kg/s]

헤드의 방출량 $= \dfrac{283.62[kg]}{30[s] \times 2[\text{개}]} = 4.727 ≒ 4.73[kg/s]$

> **참고** 이산화탄소소화설비의 화재안전기술기준(NFTC 106)
>
> 2.5.2 배관의 구경은 이산화탄소소화약제의 소요량이 다음의 기준에 따른 시간 내에 방출될 수 있는 것으로 해야 한다.
> 2.5.2.1 전역방출방식에 있어서 가연성 액체 또는 가연성 가스 등 표면화재 방호대상물의 경우에는 1분
> 2.5.2.2 전역방출방식에 있어서 종이, 목재, 석탄, 섬유류, 합성수지류 등 심부화재 방호대상물의 경우에는 7분. 이 경우 설계농도가 2분 이내에 30 [%]에 도달하여야 한다.
> 2.5.2.3 <u>국소방출방식의 경우에는 30초</u>

답 | 4.73 [kg/s]

CHAPTER 03 소화활동설비 및 기타설비

12
다음 그림와 같이 무도회장에 제연설비를 설치하려고 한다. 배출구 1개당 배출량 [m³/hr]를 구하시오. (심화)

조건
(1) 무도회장의 제연구역 도면은 다음과 같다.

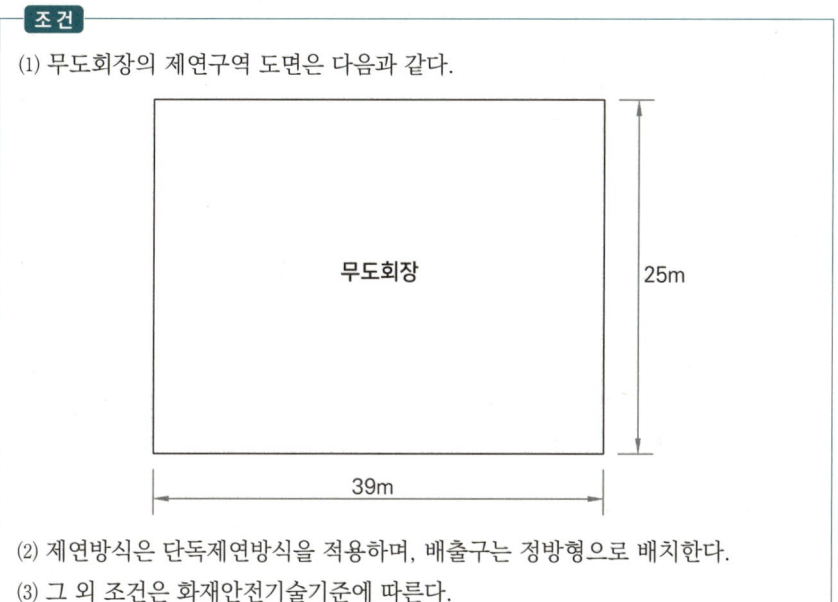

(2) 제연방식은 단독제연방식을 적용하며, 배출구는 정방형으로 배치한다.
(3) 그 외 조건은 화재안전기술기준에 따른다.

○ 계산과정 :   ○ 답 :

정답

☑ 계산과정
① 무도회장의 바닥면적 : 39 × 25 = 975 [m²] (바닥면적이 400 [m²] 이상)
② 실의 대각선 거리 : $\sqrt{39^2+25^2}=46.32$[m]이므로 직경 40 [m] 원의 범위를 초과함
③ 무도회장의 최소 배출량은 45000 [m³/hr]
④ 배출구의 설치 수량

> **제연설비의 화재안전기술기준(NFTC 501)**
> 2.4.2 예상제연구역의 각 부분으로부터 하나의 배출구까지의 수평거리는 <u>10 [m] 이내</u>가 되도록 해야 한다.

$S = 2R\cos 45°$

㉠ 배출구 간의 거리 $S = 2R\cos 45° = 2 \times 10[m] \times \cos 45° = 14.142 ≒ 14.14[m]$

㉡ 가로 변에 설치할 배출구 수 : $\dfrac{39[m]}{14.14[m]} = 2.76 \Rightarrow 3개$

㉢ 세로 변에 설치할 배출구 수 : $\dfrac{25[m]}{14.14[m]} = 1.77 \Rightarrow 2개$

∴ 전체 배출구의 설치개수 $= 3 \times 2 = 6[개]$

⑤ 배출구의 1개당 배출량[m³/hr] : $\dfrac{45000[m^3/hr]}{6[개]} = 7500[m^3/hr]$

답 | 7500 [m³/hr]

참고 | 제연설비의 화재안전기술기준(NFTC 501) – 배출량

1. 거실의 바닥면적이 400 [m²] 미만으로 구획된 예상제연구역에 대한 배출량

   바닥면적 1 [m²]당 1 [m³/min] 이상으로 하되, 예상제연구역에 대한 최소 배출량은 5000 [m³/hr] 이상으로 할 것

   $Q = A[m^2] \times 1[m^3/min \cdot m^2] \times 60[min/hr]$

   여기서 Q : 배출량 [m³/hr] (최소 배출량은 5000 [m³/hr] 이상)
   A : 바닥면적 [m²]

2. 바닥면적 400 [m²] 이상인 거실의 예상제연구역의 배출량

   1) 예상제연구역이 직경 40 [m]인 원의 범위 안에 있을 경우

      배출량 40000 [m³/hr] 이상

      다만 예상제연구역이 제연경계로 구획된 경우에는 그 수직거리에 따른 배출량으로 산정

수직거리	배출량
2 [m] 이하	40000 [m³/hr] 이상
2 [m] 초과 2.5 [m] 이하	45000 [m³/hr] 이상
2.5 [m] 초과 3 [m] 이하	50000 [m³/hr] 이상
3 [m] 초과	60000 [m³/hr] 이상

   2) 예상제연구역이 직경 40 [m]인 원의 범위를 초과할 경우

      배출량 45000 [m³/hr] 이상

      다만 예상제연구역이 제연경계로 구획된 경우에는 그 수직거리에 따른 배출량으로 산정

수직거리	배출량
2 [m] 이하	45000 [m³/hr] 이상
2 [m] 초과 2.5 [m] 이하	50000 [m³/hr] 이상
2.5 [m] 초과 3 [m] 이하	55000 [m³/hr] 이상
3 [m] 초과	65000 [m³/hr] 이상

13

옥내와의 차압이 60 [Pa]로 급기되고 있는 특별피난계단 부속실의 출입문을 모두 닫은 상태에서 크기가 1.2 [m] × 2.1 [m]인 출입문을 부속실 쪽으로 열 때, 필요한 힘[N]을 계산하시오. (다만 이 출입문의 자동폐쇄장치의 폐쇄력과 출입문 경첩의 마찰력은 각각 13 [N], 2 [N]이며 손잡이는 출입문 끝으로부터 10 [cm] 떨어져 있다) 〔기출 변형 | 심화〕

○ 계산과정 :

○ 답 :

정답

☑ 계산과정

문을 개방하는 데 필요한 힘

$$F = F_{dc} + F_P$$
$$= F_{dc} + K_d \cdot \Delta P \cdot A \cdot \frac{W}{2(W-d)}$$

여기서 F_{dc} : 도어체크의 저항력 [N]

F_P : 차압이 작용할 때 방화문을 개방하기 위한 힘 [N]

$$(F_P = K_d \cdot \Delta P \cdot A \cdot \frac{W}{2(W-d)})$$

K_d : 출입문의 마찰계수

ΔP : 제연구역과 비제연구역의 차압 [Pa]

A : 방화문 면적 [m²], W : 문의 폭 [m]

d : 손잡이에서 문의 끝까지의 거리 [m]

① 도어체크의 저항력 F_{dc} [N]

도어체크의 저항력 F_{dc} = 자동폐쇄장치의 폐쇄력 + 경첩의 마찰력
$$= 13[N] + 2[N] = 15[N]$$

② 출입문을 개방하는 데 필요한 힘 [N]

$$F = F_{dc} + \Delta P \cdot A \cdot \frac{W}{2(W-d)}$$

$$F[N] = 15[N] + 1 \times 60[Pa] \cdot (1.2[m] \times 2.1[m]) \cdot \frac{1.2[m]}{2(1.2[m] - 0.1[m])}$$

$$\therefore F = 97.472 \fallingdotseq 97.47[N]$$

답 | 97.47 [N]

14

특별피난계단의 계단실 및 부속실 제연설비의 화재안전기술기준에 따라 부속실에 제연설비를 설치하고자 한다. 아래 조건에 따라 다음에 대하여 답하시오. (심화)

조건

(1) 제연구역에 설치된 출입문의 크기는 폭 1.6 [m], 높이 2.0 [m]이다.
(2) 외여닫이문으로 제연구역의 실내 쪽으로 열린다.
(3) 출입문의 틈새면적은 다음의 식에 따라 산출하는 수치를 기준으로 한다.

$$A = (L/\ell) \times Ad$$

여기에서,
A : 출입문의 틈새 [m²]
L : 출입문 틈새의 길이 [m]
　다만 L의 수치가 ℓ의 수치 이하인 경우에는 ℓ의 수치로 할 것
ℓ : 외여닫이문이 설치되어 있는 경우에는 5.6, 쌍여닫이문이 설치되어 있는 경우에는 9.2, 승강기의 출입문이 설치되어 있는 경우에는 8.0으로 할 것
Ad : 외여닫이문으로 제연구역의 실내 쪽으로 열리도록 설치하는 경우에는 0.01, 제연구역의 실외 쪽으로 열리도록 설치하는 경우에는 0.02, 쌍여닫이문의 경우에는 0.03, 승강기의 출입문에 대하여는 0.06으로 할 것

(4) 주어진 조건 외에는 고려하지 않으며 계산값은 소수점 넷째자리에서 반올림하여 소수점 셋째자리까지 구한다.

가. 출입문의 누설틈새 면적[m²]을 산출하시오.

　◯ 계산과정 :

　◯ 답 :

나. 위 '가'의 누설틈새를 통한 최소 누설량[m³/s]을 아래의 식을 이용하여 산출하시오.

[보기]

$$Q = 0.827 \times A \times \sqrt{P}$$

여기서 Q : 누출되는 공기의 양 [m³/s]
A : 문의 전체 누설틈새면적 [m²]
P : 문을 경계로 한 기압차 [Pa]

　◯ 계산과정 :

　◯ 답 :

정답

☑ 계산과정

가. 출입문의 누설틈새 면적[m²]

A = (L/ℓ) × Ad

여기서 출입문 틈새의 길이 ($L = 2 \times (1.6 + 2) = 7.2[m]$)를 적용하고, 외여닫이문 기준 틈새길이(ℓ = 5.6 [m])에 따른 틈새면적 (Ad = 0.01 [m²])을 대입하면,

$$A = \frac{7.2[m]}{5.6[m]} \times 0.01[m^2] = 0.0128 \fallingdotseq 0.013[m^2]$$

답 | 0.013 [m²]

나. 누설량

$$Q = 0.827 \times A \times \sqrt{P}$$
$$= 0.827 \times 0.013 \times \sqrt{40} = 0.0679 \fallingdotseq 0.068[m^3/s]$$

답 | 0.068 [m³/s]

특별피난계단의 계단실 및 부속실 제연설비의 화재안전기술기준(NFTC 501A)

2.9.1 제연구역으로부터 공기가 누설하는 틈새면적은 다음의 기준에 따라야 한다.

2.9.1.1 출입문의 틈새면적은 다음의 식 (2.9.1.1)에 따라 산출하는 수치를 기준으로 할 것. 다만 방화문의 경우에는 「한국산업표준」에서 정하는 「문세트(KS F 3109)」에 따른 기준을 고려하여 산출할 수 있다.

A = (L/ℓ) × Ad ⋯ (2.9.1.1)

여기에서

A : 출입문의 틈새[m²]

L : 출입문 틈새의 길이[m]

　다만 [L]의 수치가 [ℓ]의 수치 이하인 경우에는 [ℓ]의 수치로 할 것

ℓ : 외여닫이문이 설치되어 있는 경우에는 5.6, 쌍여닫이문이 설치되어 있는 경우에는 9.2, 승강기의 출입문이 설치되어 있는 경우에는 8.0으로 할 것

Ad : 외여닫이문으로 제연구역의 실내 쪽으로 열리도록 설치하는 경우에는 0.01, 제연구역의 실외 쪽으로 열리도록 설치하는 경우에는 0.02, 쌍여닫이문의 경우에는 0.03, 승강기의 출입문에 대하여는 0.06으로 할 것

15

각 제연구역의 소요 배출량을 산출하였다. 그 결과 A실은 6000 [CMH], B실은 7000 [CMH], C실은 5000 [CMH], D실은 13000 [CMH], E실은 15000 [CMH]로 산정되었다. 제연방식으로 A, B, C실은 공동제연방식으로, D, E실은 단독제연방식으로 설치할 경우 배출 FAN의 소요풍량[CMH]을 계산하시오. (기출 변형)

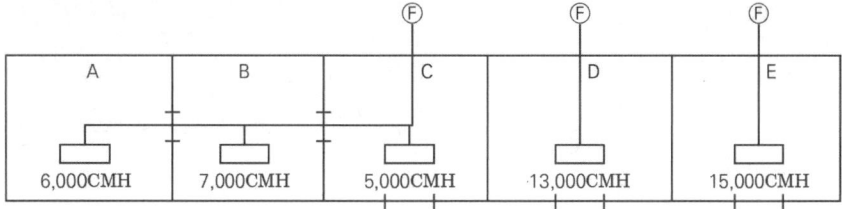

○ 계산과정 :

○ 답 :

① A, B, C실 :

② D실 :

③ E실 :

정답

☑ 계산과정
① A, B, C실 공동제연 : 6000 + 7000 + 5000 = 18000 [CMH]
② D실 단독제연 : 13000 [CMH]
③ E실 단독제연 : 15000 [CMH]

답 | ① A, B, C실 : 18000 [CMH]
② D실 : 13000 [CMH]
③ E실 : 15000 [CMH]

모아바 www.moa-ba.com
모아소방전기학원 www.moate.co.kr

2026 초격차 소방설비기사 과년도 10개년 실기 기계

발행일	2026년 1월 1일 개정판 1쇄
지은이	황모아, 이지원
발행인	황모아
발행처	(주)모아교육그룹
주 소	서울특별시 영등포구 영신로 32길 29 세화빌딩 2층
전 화	02-2068-2393(출판, 주문)
등 록	제2015-000006호 (2015.1.16.)
이메일	moagbooks@naver.com
ISBN	979-11-6804-517-0 (13500)

이 책의 가격은 뒤표지에 있습니다.

Copyright ⓒ (주)모아교육그룹 Co., Ltd. All Rights Reserved.
이 책은 저작권법에 의해 보호를 받는 저작물이므로 저자와 출판사의 서면 허락 없이 내용의 전부 또는 일부를 이용하는 것을 금합니다.

" 지금 **초격차**와 함께하는 **당신의 다짐**을 적어보세요! "

나는
_____년 제 _____ 회
소방설비(산업)기사 자격 시험에
최선을 다해 합격할 것입니다.

_____ 년 ____ 월 ____ 일

2026 초격차 시리즈

👉 **결과로 증명하는, 초압축 전략 교재!**

모아소방전기학원, 모아바(moa-ba.com),
전국 온/오프라인 서점에서 만나보실 수 있습니다.

소방설비기사

필기
- 소방설비기사 · 산업기사 [필기 공통]
- 소방설비기사 · 산업기사 [필기 기계]
- 소방설비기사 과년도 7개년 [필기 기계]
- 소방설비기사 · 산업기사 [필기 전기]
- 소방설비기사 과년도 7개년 [필기 전기]

실기
- 소방설비기사 · 산업기사 [실기 기계]
- 소방설비기사 과년도 10개년 [실기 기계]
- 소방설비기사 · 산업기사 [실기 전기]
- 소방설비기사 과년도 10개년 [실기 전기]

소방설비산업기사

필기
- 소방설비기사 · 산업기사 [필기 공통]
- 소방설비기사 · 산업기사 [필기 기계]
- 소방설비산업기사 과년도 7개년 [필기 기계]
- 소방설비기사 · 산업기사 [필기 전기]
- 소방설비산업기사 과년도 7개년 [필기 전기]

실기
- 소방설비기사 · 산업기사 [실기 기계]
- 소방설비산업기사 과년도 7개년 [실기 기계]
- 소방설비기사 · 산업기사 [실기 전기]
- 소방설비산업기사 과년도 7개년 [실기 전기]

여러분의 합격은

모아의 보람입니다.

MOAG

정오표 안내

틀린 부분을 바로잡는 것은 모아의 책임입니다!
더 정확한 교재를 만들기 위해 항상 노력하겠습니다!

QR로 확인하실 경우

교재 뒤표지에 있는 **QR코드** 스캔

▼

정오표를 확인하실 수 있습니다.

PC로 확인하실 경우

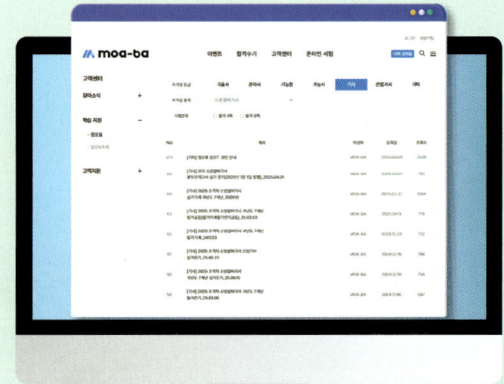

모아바(moa-ba.com) 접속

▼

온라인서점

▼

정오표로 이동

▼

자격증 등급에서 **기사** 선택

▼

자격증 종목에서 **소방설비기사** 선택

▼

정오표를 확인하실 수 있습니다.

*모바일도 동일합니다.